Transportvorgänge in der Verfahrenstechnik

Matthias Kraume

Transportvorgänge in der Verfahrenstechnik

Grundlagen und apparative Umsetzungen

2. Aufl. 2012

Springer Vieweg

Matthias Kraume
Institut für Prozess- und Verfahrenstechnik
Technische Universität Berlin
Berlin
Deutschland

ISBN 978-3-642-25148-1
ISBN 978-3-642-25149-8 (eBook)
DOI 10.1007/978-3-642-25149-8

Die Deutsche Nationalbibliothek verzeichnet diese Publikation in der Deutschen Nationalbibliografie; detaillierte bibliografische Daten sind im Internet über http://dnb.d-nb.de abrufbar.

Springer Vieweg

Gedruckt auf säurefreiem und chlorfrei gebleichtem Papier

Springer Vieweg ist eine Marke von Springer DE. Springer DE ist Teil der Fachverlagsgruppe Springer Science+Business Media
www.springer-vieweg.de

Vorwort zur 2 Auflage

Eine zweite Auflage zeigt nicht nur ein vorhandenes Interesse an der Thematik eines Buches, sondern eröffnet auch die willkommene Möglichkeit, eine Reihe von Korrekturen und Verbesserungen vorzunehmen. Die fortwährende Diskussion der Inhalte mit Studierenden führt zu einer kontinuierlichen Überarbeitung des Stoffes mit dem Ziel einer noch präziseren, homogeneren und damit insgesamt besser verständlichen Darstellung. Natürlich entsteht damit auch das Bedürfnis, weitere Inhalte einzubeziehen. Diesem Wunsch stehen aber stets Begrenzungen entgegen. Sei es durch die Zahl der Vorlesungsstunden bzw. der Leistungspunkte oder durch den realisierbaren Umfang eines Lehrbuchs. Daher konzentriert sich dieses Buch wie bisher auf fluiddynamische und Stofftransportphänomene. Exemplarisch werden die durch die Analogie zwischen Energie- und Stofftransport bestehenden Verknüpfungen genutzt, um auch Aspekte des Energietransports darzustellen.

Wesentliche Änderungen in der 2 Aufl. resultieren aus der Verschmelzung der beiden Kapitel, die sich bisher mit partikulären Systemen befassten, und der Überführung dieses Kapitels in den Grundlagenteil. Diese Struktur entspricht stärker dem Gedanken, im ersten Teil des Buches Grundlagen und Methoden als „Handwerkszeug" zusammenzustellen. Dieses Wissen bildet dann die Basis für die im zweiten Teil dargestellten apparativen Anwendungen. Zusätzlich wurde ein Kapitel zum Thema Pumpen eingefügt, um der außerordentlich hohen technischen Bedeutung der Strömungsmaschinen Rechnung zu tragen.

Wie bisher werden zu Beginn jedes Kapitels die physikalisch-technischen Bedeutungen der jeweiligen Inhalte erläutert. Zusätzlich gibt es noch eine komprimierte Zusammenstellung der Ziele des Kapitels. Am Kapitelende finden sich Verständnisfragen, die eine selbstständige Überprüfung gestatten, ob die wesentlichen Inhalte des Kapitels erfasst wurden. Um auch einen kleinen historischen Hintergrund zu vermitteln, geben Fußnoten kurze Informationen über bedeutende Persönlichkeiten, die mit ihren Arbeiten wichtige wissenschaftliche Beiträge geliefert haben.

Die Übungsaufgaben stellen einen Fundus dar, mit dem die Kenntnisse des zugehörigen Kapitels zur Lösung technisch relevanter Problemstellungen eigenständig umgesetzt und vertieft werden können. Lösungen der Aufgaben finden sich in unterschiedlich detaillierter Form auf der Webseite des Fachgebiets Verfahrenstechnik (www.verfahrenstechnik.tu-berlin.de) unter dem Punkt Informationen „Lösungen zum Lehrbuch".

Das Literaturverzeichnis am Ende jedes Kapitels ist gegliedert in einen allgemeinen und einen speziellen Teil. Die Literatur, die ebenfalls die wesentlichen Kapitelinhalte zusammenhängend behandelt und damit eine sinnvolle Ergänzung bietet, findet sich im allgemeinen Teil. Quellen, aus denen nur ausgesuchte Detailergebnisse entnommen wurden, sind, wie in wissenschaftlichen Texten obligatorisch, in dem speziellen Teil zitiert.

Ohne die zahlreichen fruchtbaren Diskussionen mit Studierenden wäre diese zweite Auflage sicherlich nicht entstanden, wofür ich allen Beteiligten danken möchte. Großer Dank gilt speziell Verena Kramer und Prof. Reinhard Sperling für ihre intensive Unterstützung beim Aufbau des Kap. 14. Meinen wissenschaftlichen Mitarbeitern danke ich für die Korrektur von neuen und alten Fehlern im Text.

Abschließend aber keinesfalls zuletzt danke ich meiner Familie. Sie hat mich beim Schreiben, das (wieder) weit mehr Zeit und Kraft beanspruchte als von mir erwartet, mit viel Geduld und hoher Toleranz außerordentlich unterstützt.

Berlin, im November 2011 Matthias Kraume

Vorwort zur 1 Auflage

Transportvorgänge spielen eine bedeutende Rolle in verfahrenstechnischen Prozessen, die in unterschiedlichen stoffumwandelnden Industriezweigen die essenzielle Basis der Produktherstellung bilden. Entsprechend ihrer Bedeutung werden Transportvorgänge in einer Reihe exzellenter Lehrbücher behandelt, so dass es notwendig erscheint, die Erstellung eines weiteren zu erläutern. Viele Bücher geben einen tiefen, theoretischen Überblick über das Gebiet, wobei die technischen Umsetzungen weniger im Vordergrund stehen. Dies ist der klassische Zuschnitt für die Spezialisten, deren „Handwerkszeug" auf diese Weise grundlegend aufbereitet wird. Bei der überwiegenden Zahl der Ingenieurinnen und Ingenieure weist die heutige Entwicklung ihrer Tätigkeitsfelder allerdings weg von der Spezialisierung hin zu einer mehr generalistischen Ausrichtung. Dieser Personenkreis bedarf vor allem einer grundsätzlichen Lösungskompetenz zur Bewältigung der spezifischen Aufgaben ihres beruflichen Alltags. An diesen Bedürfnissen orientiert sich die Konzeption des vorliegenden Buchs. Dabei umfasst die Zielgruppe alle in stoffumwandelnden Industriezweigen tätigen Fachdisziplinen. Ingenieure der Verfahrenstechnik, der Umwelt- und Energietechnik, des Maschinenbaus, der Lebensmitteltechnik und der Biotechnologie sollen ebenso wie technische Chemiker und Physiker angesprochen werden. Natürlich sind auch die Studierenden der entsprechenden Fachrichtungen einbezogen, schließlich entstand diese Zusammenstellung aus einer Hauptstudiumsvorlesung. Das Buch richtet sich als Einführung und Nachschlagewerk an all diejenigen, die sich in ihrer beruflichen Praxis immer wieder mit Transportvorgängen beschäftigen.

Den inhaltlichen Schwerpunkt bilden Stofftransportvorgänge. Kriterien für die Auswahl der Inhalte waren einerseits deren technische Relevanz sowie andererseits ihre Bedeutung als Grundlage für weitergehende Anwendungen. Das Konzept des Buchs zielt darauf, beim Leser die Fähigkeit zu entwickeln, eigenständig diejenigen Probleme lösen zu können, die innerhalb der beruflichen Tätigkeit auftreten und für die keine „Standardlösung" verfügbar ist. An den Anfang sind daher grundlegende Darstellungen sowie eine Reihe elementarer einphasiger Anwendungen gestellt. Hieran schließen sich die Beschreibungen der in unterschiedlichen technischen Umsetzungen auftretenden komplexeren Zusammenhänge an. Dabei steht nicht allein das methodische Wissen im Vordergrund. Vielmehr werden die verwickelten Vorgänge analysiert, um sie anschließend unter Verwendung vereinfachender Überlegungen auf elementare und mathematisch einfacher zu behandelnde Zusammenhänge zurückzuführen. Auf diese Weise soll auch die grundsätzliche Strategie bei der Behandlung verfahrenstechnischer Problemstellungen verdeutlicht werden. Zur weiteren Stärkung der Methoden- und Lösungskompetenz dienen die in größerer Zahl integrierten Übungsaufgaben, an denen die Erarbeitung von Lösungen trainiert werden kann. Die ausgearbeiteten Lösungen der Aufgaben sind im Internet auf der Homepage meiner Arbeitsgruppe (www.tu-berlin.de/~ivtfg1/) verfügbar. Die zitierten Veröffentlichungen sind in ihrer Anzahl bewusst stark konzentriert. Neben den genutzten Quellen sind lediglich einige wenige Literaturstellen angegeben, in denen neben einer zusammenfassenden Behandlung der Inhalte des jeweiligen Kapitels auch ein weitergehender Überblick über die Spezialliteratur zu finden ist.

Auch wenn Lehrbücher von einem Einzelnen geschrieben werden sollten, um für eine einheitliche Darstellung zu sorgen, so sind doch wesentlich mehr Personen daran beteiligt. Diesen allen will ich spätestens an dieser Stelle meinen herzlichen Dank aussprechen. Bei einigen möchte ich dies in besonderem Maß tun. In vielen intensiven und engagierten Diskussionen wurden über viele Jahre von den Studierenden argumentative Schwächen identifiziert und z. T. gemeinsam mit ihnen verständlichere Darstellungen erarbeitet.

Folgende meiner derzeitigen und ehemaligen wissenschaftlichen Mitarbeiter haben inhaltliche Impulse gegeben, die einzelnen Kapitel kritisch gesichtet sowie an der Auswahl der Übungsaufgaben einschließlich ihrer Lösungen maßgeblich mitgearbeitet: Christian Adam, Robert Angst, Anja Drews, Patrick Mier, Dr. Anja Paschedag, Alexander Pawelski, Dr. Joachim Ritter, Dr. Sandra Rosenberger, Kai Schulze. Für die kritische Durchsicht einzelner Kapitel bedanke ich mich im besonderen Maß bei folgenden Kollegen der Technischen Universität Berlin: Professor Wolfgang Arlt (Kap. 6), Professor Hein Auracher (Kap. 10, 15) und Professor Günter Wozny (Kap. 16, 17). Gleicher Dank geht an Dr. Peter Zehner/Ludwigshafen für seine substanziellen Hinweise zu den Kap. 18, 19.

Einen ganz besonderen Dank schulde ich Christine Heimerl-Rötsch, die bei der Erstellung des Manuskripts stets größte Sorgfalt und Eigenständigkeit an den Tag legte. Darüber hinaus erledigte sie in den langen Jahren immer wieder geduldigst und freundlichst meine mehr oder minder wichtigen Änderungen und entwickelte dabei noch höchste graphologische Fähigkeiten.

Trotz aller Hilfen liegen selbstverständlich sämtliche Unzulänglichkeiten ausschließlich in der Verantwortung des Autors.

Berlin, im Juni 2003 Matthias Kraume

Inhalt

Teil I Grundlagen und Methoden

Symbolverzeichnis

Lateinische Zeichen

Symbole	Einheit	Größe
A	(m^2)	Fläche
A	(-)	Konstante
A_p	(-)	Partialdruckverhältnis (Gl. 6.41)
$\dot{A}$	(variabel)	Summe der aus einem System austretenden Mengen (Impuls, Masse, Energie)
a	(-)	Aktivität
a	(-)	Konstante
a	(m^{-1})	Volumenspez. Oberfläche (Gl. 8.2)
a	(m^2/s)	Temperaturleitfähigkeit (Gl. 1.6)
a_P	(m^{-1})	Spez. Oberfläche (Gl. 8.1)
B	(m)	Breite
$\dot{B}$	(mol/s)	Sumpfproduktstrom
B^*	(-)	Berieselungsdichte (Gl. 13.30)
b	(m)	Breite
b	(-)	Konstante
$b_{d,i}$	(mol s/kg)	Beweglichkeit (Gl. 9.49)
C	(-)	Geschwindigkeitsverhältnis (Gl. 16.10)
C_i	(-)	Konstante (Gl. 11.7)
c	(-)	Bez. Oberflächengeschwindigkeit (Gl. 6.39)
c	(-)	Konstante
c	(mol/m^3)	Molare Konzentration
c_p, c_v	(J/kg K)	Spez. Wärmekapazität
D	(m^2/s)	Dispersionskoeffizient (Gl. 4.9)
D	(-)	Durchmesser
D_{AB}	(m^2/s)	Diffusionskoeffizient der Komponente A im Gemisch mit B
D_{io}	(m^2/s)	Thermodynamischer Diffusionskoeffizient (Gl. 9.50)
$\dot{D}$	(mol/s)	Destillatstrom
d	(m)	Rührer- oder Rohrdurchmesser
d_h	(m)	Hydraulischer Durchmesser (Gln. 5.36 und 8.6)
d_{32}	(m)	Sauterdurchmesser (Gl. 8.4)
E	(J)	Energie
E	(-)	Beschleunigungsfaktor (Gl. 2.16)
E	(s^{-1})	Verteilungsdichtefunktion der Verweilzeit

Symbole	Einheit	Größe
Eg	(-)	Verstärkungsverhältnis (Gln. 12.30 und 12.31)
E_A	(J/mol)	Aktivierungsenergie (Gl. 1.44)
E	(-)	Exzentrizität
e	(J/kg)	Massenspez. Energie
F	($bar^{1/2}$)	F-Faktor (Gl. 12.11)
F	(N)	Kraft
F	(-)	Verteilungssummenfunktion der Verweilzeit
$\dot{F}$	(mol/s)	Zulaufstrom
F_D	(-)	Funktion (Gl. 15.17)
f_ε	(-)	Anordnungsfaktor (Gl. 8.24)
$\dot{G}$	(mol/s)	Gas-bzw. Dampfstrom
g	(m/s^2)	Erdbeschleunigung
H	(m)	Höhe
H	(m)	Förderhöhe (Gl. 14.1)
H	(bar)	Henry Koeffizient (Gl. 3.28)
H_{og}	(m)	Höhe einer gasseitigen Übergangseinheit (Gl. 13.41)
H^*	(-)	Henryzahl (Gl. 7.74)
h	(J/kmol)	Spez. Enthalpie
h	(m)	Höhe
I	(Ns)	Impuls
$\dot{I}$	(N)	Impulsstrom (Gl. 1.18)
J_P	(L/m^2h)	Permeatfluss (Gl. 9.35)
j	(J/kg)	Spez. Dissipationsenergie (Gl. 14.26)
K	(-)	Konstante
K_D	(-)	Funktion (Gl. 15.18)
K_F	(-)	Flüssigkeitskennzahl (Gl. 7.25)
K_V	(m/s)	Gasbelastungsfaktor (Gl. 12.10)
k	(J/molK)	Boltzmannkonstante
k	(variabel)	Konstante
k	(kg/ms^{2-n})	Ostwaldfaktor (Gl. 1.106)
k	(m/s)	Stoffdurchgangskoeffizient (Gl. 3.32)
k	(-)	Formfaktor (Gl. 13.42)
k	(variabel)	Reaktionsgeschwindigkeitskonstante (Gl. 1.43)
k_0	(variabel)	Häufigkeitsfaktor (Gl. 1.44)
k_1	(1/s)	Reaktionsgeschwindigkeitskonstante, homogene Reaktion 1. Ordnung
k_2	($m^3/mols$)	Reaktionsgeschwindigkeitskonstante, homogene Reaktion 2. Ordnung
L^*	(-)	Dimensionslose Lauflänge
L	(m)	Länge
$\dot{L}$	(mol/s)	Flüssigkeitsstrom
l	(m)	Mischungsweg
l	(m)	Rohrlänge
M	(kg)	Masse
M	(-)	Mischungsgrad bzw. Mischgüte (Gl. 4.6)
$\dot{M}$	(kg/s)	Massenstrom
$\widetilde{M}$	(kg/kmol)	Molmasse
M_k	(variabel)	Moment k-ter Ordnung (Gl. 4.16)
$\dot{m}$	(kg/m^2s)	Massenstromdichte

Symbole	Einheit	Größe
N	(mol)	Molmenge
N_A	(1/mol)	Avogadro-Konstante
N_{og}	(-)	Anzahl der Übergangseinheiten (Gln. 12.34 und 13.40)
$\dot{N}$	(kmol/s)	Molstrom
n	(-)	Anzahl
n	(s^{-1})	Drehfrequenz
n	(-)	Fließexponent (Gl. 1.106)
$\dot{n}$	(kmol/m^2s)	Molstromdichte
P	(W)	Leistung
P	(L/m^2 h bar)	Permeabilität (Gl. 9.36)
p	(bar)	Druck
$\dot{Q}$	(J/s)	Wärmestrom
q_3	(-)	Massenverteilungsdichte
$\dot{q}$	(J/sm^2)	Wärmestromdichte
R	(m)	Rohrradius
R	(J/kmol K)	Allg. Gaskonstante
R	(1/m)	Widerstand (Gln. 9.42 und 9.47)
R_i	(-)	Rückhaltevermögen (Gl. 9.37)
r	(m)	Radiale Ortskoordinate
$\dot{r}$	(kmol/m^3s)	Reaktionsstromdichte für eine homogene Reaktion (Gl. 1.40)
$\dot{r}_w$	(kmol/m^2s)	Reaktionsstromdichte für eine heterogene Reaktion (Gl. 2.18)
S	(-)	Schlupf (Gl. 17.14)
S_{ij}	(-)	Selektivität (Gl. 9.38)
$\dot{S}$	(variabel)	Änderung der in einem System gespeicherten Menge (Impuls, Masse, Energie)
s	(m)	Weglänge
s	[J/(kg K)]	Spez. Entropie
T	(K)	Temperatur
T_D	(-)	Funktion (Gl. 17.19)
T_f	(-)	Funktion (Gl. 13.35)
Tu	(-)	Turbulenzgrad (Gl. 6.16)
t	(s)	Zeit
U	(J)	Innere Energie
u	(J/mol)	Spez. innere Energie
$\vec{u}$	(m/s)	Umfangsgeschwindigkeit
V	(m^3)	Volumen
$\dot{V}$	(m^3/s)	Volumenstrom
$\tilde{V}$	(m^3/kmol)	Partiell molares Volumen
v	(m/s)	Leerrohrgeschwindigkeit
v	(m^3/kg)	Spez. Volumen
v_f	(m/s)	Flüssigkeitsbelastung
$\vec{v}$	(m/s)	Relativgeschwindigkeit zum Laufrad
$\dot{W}$	(variabel)	Summe der in einem System gewandelten Mengen (Impuls, Masse, Energie)
w_τ	(m/s)	Schubspannungsgeschwindigkeit (Gl. 5.20)
w	(m/s)	Geschwindigkeit
$\vec{w}$	(m/s)	Absolute Geschwindigkeit
w'	(m/s)	Turb. Schwankungsgeschwindigkeit
X	(-)	Beladung (Flüssigkeit)
X	(-)	Martinelli-Parameter (Gl. 17.16)
X_G	(-)	Gutsfeuchte

Symbole	Einheit	Größe
x	(mol/mol)	Molenbruch (Flüssigkeit)
x	(m)	Ortskoordinate
x_g	(-)	Massengasgehalt (Gl. 17.4)
x^*	(m)	Einlaufkennzahl (Gl. 11.29)
Y	(-)	Beladung (Gas) (Gl. 10.4)
Y	(m^2/s^2)	Spez. Arbeit (Gl. 14.2)
$\dot{x}$	(-)	Strömungsmassengehalt (Gl. 17.9)
y	(m)	Ortskoordinate
y	(mol/mol)	Molenbruch (Gas)
y^*	(-)	Dimensionslose Grenzschichtdicke (Gl. 5.29)
Z_R	(m^2/s^2)	Kanalreibungsverluste
Z_{St}	(m^2/s^2)	Stoßverluste
Z'	(m)	Sprudelschichthöhe
$\dot{Z}$	(kg/s)	Summe der in ein System eintretenden Menge (Impuls, Masse, Energie)
z	(m)	Längenkoordinate
z^*	(m)	Einlaufkennzahl (Gl. 5.47)

Griechische Zeichen

Symbole	Einheit	Größe
α	$[W/(m^2\ K)]$	Wärmeübergangskoeffizient(Gl. 1.26)
α	(-)	Belastungsverhältnis (Gl. 13.23)
α	(rad)	Steigungswinkel
α_V	$(1/m^2)$	Filterkuchenwiderstand
β	(1/m)	Filtermediumwiderstand (Gl. 9.22)
β	(m/s)	Stoffübergangskoeffizient (Gl. 1.27)
γ	(rad)	Winkel des Schrägblattrührers
δ	(m)	Durchmesserzahl (Gl. 14.63)
δ	(m)	Filmdicke
δ	(-)	Rel. Abweichung (Gln. 4.4 und 4.5)
ε	(-)	Lückengrad, Porosität oder bezogenes Lückenvolumen (Gl. 8.5)
ε	(-)	Gasgehalt (Gl. 17.3)
$\dot{\varepsilon}$	(-)	Strömungsgasgehalt (Gl. 17.8)
ζ	(-)	Widerstandsbeiwert (Gl. 5.32)
ζ_f	(-)	Reibungsbeiwert (Gl. 6.11)
η	(-)	Effektivitätsfaktor (Gl. 2.21)
η	[kg/(m s)]	Dynamische Viskosität
η	(-)	Wirkungsgrad (Gl. 14.43)
Θ	(rad)	Strömungswinkel
Θ	(s)	Mischzeit
ϑ	(-)	Flüssigkeitsrandwinkel
ϑ	(°C)	Temperatur
κ	(m^2/s)	Feuchtigkeitsleitkoeffizient (Gl. 10.3)
λ	[W/(m K)]	Wärmeleitfähigkeit
$\hat{\lambda}$	(-)	Leistungszahl (Gl. 14.61)
$\hat{\lambda}_s^*$	(-)	Widerstandsbeiwert durch Partikel-Wandstöße (Gl. 16.09)

Symbole	Einheit	Größe
μ	(-)	Feststoffbeladung (Gl. 16.1)
μ	(1/s)	Spez. Wachstumsrate (Gl. 1.52)
μ_P	(-)	Diffusionswiderstandszahl (Gl. 10.46)
μ	(kJ/kmol)	Chemisches Potenzial
ν	(m^2/s)	Kinematische Viskosität
ν	(-)	Rücklaufverhältnis (Gl. 12.3a und b)
ν_i	(-)	Stöchiometrische Koeffizienten
ξ	(-)	Bez. Dichtedifferenz
π	(1/s)	Spez. Produktionsrate (Gl. 1.50)
π_i	(1/s)	Osmotischer Druck (Gl. 9.53)
ρ	(kg/m^3)	Dichte
σ	(N/m)	Oberflächenspannung
σ	(1/s)	Spez. Substratabbaurate (Gl. 1.51)
σ	(-)	Schnellläufigkeit (Gl. 14.62)
σ_t	(-)	Standardabweichung (Gl. 4.19)
τ	(N/m^2)	Impulsstromdichte, Schubspannung
τ	(-)	Tortuosität (Gl. 8.55)
τ	(s)	Trocknungszeit
τ	(s)	Kontaktzeit (Gl. 3.20)
φ	(-)	Relative Feuchte (Gl. 10.9)
φ	(-)	Abscheidegrad bzw. Trenngrad (Gl. 9.5)
φ	(-)	Feststoffvolumenanteil (Gl. 7.40)
φ	(-)	Lieferzahl (Gl. 14.60)
Ψ	(-)	Formfaktor oder Sphärizität (Gl. 7.18)
Ψ	(-)	Druckzahl (Gl. 14.59)
Ψ_K	(-)	Korrekturfunktion (Gln. 17.39 und 17.40)
ω	(1/s)	Winkelgeschwindigkeit

Indizes

Symbole	Bezeichnung	Symbole	Bezeichnung
A	Komponente A	c	Zirkulation
A	Auftrieb	D	Dampf
A	Ablauf	D	Kolonnenkopf
a	Austritt	D	Deckschicht
abs	Absolut	Disp	Dispersion
ar	Arithmetisch	d	Dynamisch
ak	Aktive Bodenfläche	d	Disperse Phase
aus	Austritt	E	Eintritt
B	Komponente B	E	Größte, stabile Partikel
B	Blasen	ein	Eintritt
B	Behälter	e	Effektiv
B	Kolonnensumpf	e	Eintritt
Bl	Blase	e	Endwert
b	Beschleunigung	eq	Gleichgewicht
b	Instationär	F	Feed
c	Konzentration	Fl	Flutpunkt
c	Kontinuierliche Phase	Fl	Flüssigkeitsindex

Symbole	Bezeichnung	Symbole	Bezeichnung
f	Flüssigkeit	S	Sättigung
G	Gewicht	S	Schüttung
G	Grenze	S	Feststoff (solids)
g	Gasphase	S	Strombrecher
g	Gravitation	Sch	Schaufel
ges	Gesamt	SD	Sättigungsdampfdruck
h	Hydraulisch	SS	Schwarmsink, Strähne
h	Hydrostatisch	ST	Stofftransport
h	Haftflüssigkeit	s	Scheinbar
HR	Hub- und Wandreibung	st	Statisch
hom	Homogen	sus	Suspension
K	Kapillare	T	Tropfen
K	Konvektion	T	Trägheit
K	Kugel	t	Trocken
Kap	Kapillar	t	Zeit
krit	kritisch	tip	Blattspitze eines Rührers
L	Lauflänge	turb	Turbulent
L	Loch	UW	Unterer Flüssigkeitsspiegel
L	Luft	V	Volumen
lam	Laminar	v	Verdrängung
log	Logarithmisch	v	Volumen
lok	Lokal	v	Vertikal
ln	Logarithmisch	W	Widerstand
M	Membran	W	Wehr
Mod	Modell	WS	Wandstöße
m	Masse	WS	Wirbelschicht
m	Molekularer Transport	w	Wand
m	Mittel	x	In x-Richtung
max	Maximal	y	In y-Richtung
min	Minimal	Z	Zusatz
n-N	Nicht-Newtonsch	z	In z-Richtung
OW	Oberer Flüssigkeitsspiegel	0	Phasengrenzfläche
Pl	Platte	σ	Oberflächenspannung
P	Partikel	η	Zähigkeit
P	Permeat	δ	Grenzschicht
P	Poren	τ	Impuls
PW	Partikelwolke	τ	Kontaktzeit
q	Wärme	∞	unendlich
R	Reaktion	1	Disperse Phase
R	Rohr	1g	Einphasenströmung gasförmig
R	Rest	1f	Einphasenströmung flüssig
R	Rührer	2	Kontinuierliche Phase
RV	Rückvermischung	2ph	Zweiphasenströmung
r	Rohgas bzw. Waschflüssigkeit		

Exponenten

Symbole	Bezeichnung
äqui	Äquimolar
eins	Einseitig
m	Konstante
n	Konstante
n	Ordnung
*	Gleichgewicht
*	Bez. dimensionsloser Wert

Dimensionslose Kennzahlen

$Ar \equiv d^3 g(\rho_s - \rho_f)/(v_f^2\, \rho_f)$	Archimedeszahl
$Bo \equiv wL/D_{ax}$	Bodensteinzahl
$Da \equiv k_1 L^2/D_{AB}$	Damköhlerzahl
$Eo \equiv g(\rho_p - \rho)d_p^2/\sigma$	Eötvöszahl
$Fo \equiv at/L^2$	Fourierzahl
$Fr \equiv w^2/(gL)$	Froudezahl
$Fr' \equiv (\rho/\Delta\rho)Fr$	Erweiterte Froudezahl
$Ga \equiv gL^3/\nu^2$	Galileizahl
$Ha \equiv (k_1 D_{AB}/\beta^2)1/2$	Hattazahl
$Le \equiv a/D$	Lewiszahl
$Ne \equiv P/(\rho n^3 d^5)$	Newtonzahl
$Nu \equiv \alpha L/\lambda$	Nusseltzahl
$Pe \equiv wL/D_{AB}$	Pecletzahl
$Pr \equiv \nu/a$	Prandtlzahl
$Re \equiv wL/\nu$	Reynoldszahl
$Sc \equiv \nu/D$	Schmidtzahl
$Sh \equiv \beta\, L/D_{AB}$	Sherwoodzahl
$We \equiv w^2 Lg/\sigma$	Weberzahl

Teil I
Grundlagen und Methoden

Kapitel 1
Grundlagen der Transportprozesse

Die in der Verfahrenstechnik angewendeten Grundoperationen (unit operations) lassen sich auf verschiedene Effekte des Energie-, Impuls- und Stoffaustausches zurückführen. Diese Austauschvorgänge unterliegen in einem gewissen Umfang analogen mathematischen Beschreibungen, wodurch einerseits eine einheitliche, übersichtliche Darstellung der einzelnen Austauscheffekte möglich ist und andererseits aus den betreffenden mathematischen Beziehungen eines Grundvorganges, z. B. des Impulsaustausches, auf die beiden anderen Vorgänge geschlossen werden kann und umgekehrt.

Ziel dieses Kapitels ist die Erläuterung von Transportprozessen anhand der auftretenden Mechanismen und der zugehörigen mathematischen Beziehungen. Hierzu gehören einerseits die molekularen, konvektiven und turbulenten Transportvorgänge einschließlich der Transportgleichungen. Darauf aufbauend wird andererseits die Bilanzierung der in den Transportgleichungen auftretenden Größen Masse, Energie und Impuls in Form differenzieller und integraler Bilanzgleichungen hergeleitet. Schließlich werden für die Transportkoeffizienten einige elementare Zusammenhänge dargestellt. Die insgesamt erarbeiteten Kenntnisse finden in den darauf folgenden Kapiteln ihre weitere Anwendung.

1.1 Molekulare Transportvorgänge

Als *molekularer Transportstrom* wird der durch die *thermische Bewegung der Moleküle* bewirkte Strom der jeweiligen Austauschgröße (Energie, Impuls, Masse) bezeichnet. Unter bestimmten vereinfachenden Voraussetzungen kann angenommen werden, dass die molekularen Transportvorgänge der verschiedenen Austauschgrößen bis zu einem gewissen Grad analoge Gesetzmäßigkeiten befolgen, die im Weiteren vorgestellt werden.

Ein Impulsstrom kann nur in einem strömenden Fluid auftreten, nicht aber in einem ruhenden System. Das mag zunächst überraschen, da beispielsweise auch in einem ruhenden Gas die Moleküle eine thermische Bewegung mit unterschiedlichen Geschwindigkeiten ausführen. Betrachtet man das Ergebnis einer sehr großen Zahl

M. Kraume, *Transportvorgänge in der Verfahrenstechnik*,
DOI 10.1007/978-3-642-25149-8_1,

von Bewegungen und Zusammenstößen, dann ergibt sich kein gerichteter Impulsstrom, d. h., aus makroskopischer Sicht tritt kein Impulsstrom auf. Innere Kräfte können den Impuls eines Volumenelements nicht ändern. Solche inneren Kräfte $\vec{F}_i$ heben sich gemäß dem Newtonschen Axiom von der Gleichheit von Wirkung und Gegenwirkung immer paarweise auf. Da

$$\vec{F}_i = \frac{d(M_i \vec{w}_i)}{dt} \quad und \quad \sum \vec{F}_i = 0,$$

folgt nach zeitlicher Integration $\Sigma M_i \vec{w} = $ konst. (konstanter Impuls). Nur wenn der thermischen Bewegung beispielsweise durch ein Druckgefälle eine gerichtete Bewegung überlagert wird, ist ein Impulsstrom möglich.

Im Gegensatz zum Impulstransport kann der Energietransport sowohl in ruhenden als auch in strömenden Medien stattfinden. Der Energietransport in ruhenden Medien ist dadurch möglich, dass die einem System über die Systemgrenze als Wärme zugeführte Energie in kinetische Energie der Moleküle umgewandelt und dann transportiert werden kann. Ist die Dichte eines Mediums wie bei Gasen gering, dann ist die Zahl der Moleküle je Volumeneinheit und somit auch die Zahl der Zusammenstöße klein bei gleichzeitig sehr großer mittlerer freier Weglänge. Unter diesen Bedingungen werden sich die Moleküle mit der größeren kinetischen Energie sehr schnell innerhalb des gesamten verfügbaren Volumens verteilen. Das heißt also, dass sich innerhalb eines Mediums mit sehr geringer Dichte ein makroskopisches Energiegefälle sehr schnell ausgleicht. Ein mikroskopisches Energiegefälle zwischen benachbarten Molekülen bleibt bestehen, bis dieses durch Molekülstöße ausgeglichen wird. Somit erfolgt durch Platzwechsel der Moleküle ein *Grobausgleich* und durch Zusammenstöße ein *Feinausgleich* des Energiegefälles. Im Fall von Gasen, also Medien geringer Dichte, bedeutet dies, dass einerseits die möglichen Energieströme nur sehr gering sind, da die dafür maßgebende Zahl der Moleküle sehr klein ist. Hierauf ist die schlechte Wärmeleitung in Gasen zurückzuführen. Andererseits erfolgt der Grobausgleich in Gasen wesentlich schneller als in Flüssigkeiten, da der Platzwechsel der Moleküle mit abnehmender Dichte der Medien erleichtert wird.

Da nicht nur Energie, sondern auch Impuls vor allem durch Molekülstöße transportiert werden, liefern die obigen Betrachtungen folgende allgemeinen Hinweise: In Medien mit großer Dichte können sehr viel *größere Impuls- und Energieströme* auftreten als in Medien mit geringer Dichte. Das heißt, dass die molekularen Transportkoeffizienten des Impulses und der Energie, die dynamische Viskosität η und die Wärmeleitfähigkeit λ, für Flüssigkeiten wesentlich größer sind als für Gase. Weiterhin ergibt sich aber auch, dass sich Moleküle mit großer kinetischer Energie und damit auch großem Impuls sehr schnell innerhalb eines Volumenelementes verteilen, wenn die Dichte des Mediums sehr gering ist. Die *Schnelligkeit des Ausgleichs* eines Impulsgefälles ist auf die Beweglichkeit, d. h. auf die Ortsveränderung der Moleküle, nicht aber auf die Zusammenstöße zurückzuführen. Daher sind die diese Phänomene beschreibenden Austauschkoeffizienten für Impuls und Energie, die kinematische Viskosität ν und die Temperaturleitfähigkeit a, für Flüssigkeiten deutlich niedriger als für Gase.

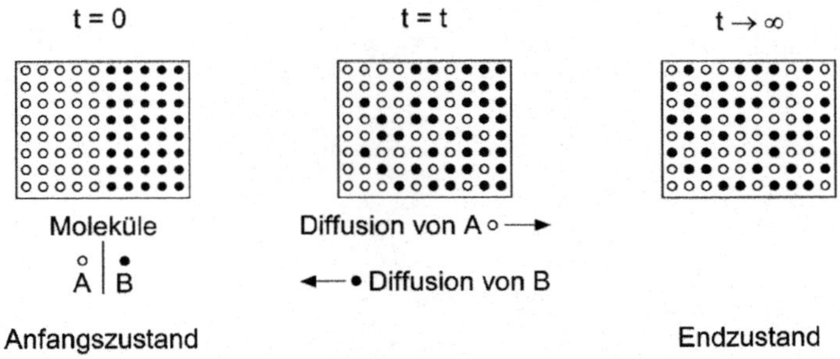

Abb. 1.1 Zur Erläuterung der Molekülbewegung bei der zweiseitigen (äquimolaren) Diffusion

Die große Bedeutung des Ortswechsels der Moleküle tritt auch bei der Betrachtung des Stofftransports hervor. Stoff kann nur durch Ortswechsel der Moleküle, nicht aber durch deren Zusammenstöße transportiert werden. Durch Zusammenstöße der Moleküle wird der Stofftransport nur behindert. In Abb. 1.1 ist der Transport von Molekülen A und B innerhalb eines Volumenelementes in stark schematisierter Form dargestellt. Anfänglich seien die Moleküle von A und B durch eine Wand getrennt. Zum Zeitpunkt $t = 0$ werde diese Wand entfernt und die Spezies A und B dringen jeweils in die benachbarten Bereiche vor. Im Endzustand ($t \to \infty$) sind die Moleküle A und B im Volumen stochastisch verteilt. Der für den Stofftransport maßgebende molekulare Transportkoeffizient, der Diffusionskoeffizient D von Gasen ist größer als der von Flüssigkeiten oder der von festen Medien. Für den Diffusionskoeffizienten liegen daher gerade umgekehrte Verhältnisse vor wie für die Transportkoeffizienten der Wärme und des Impulses.

1.1.1 Molekularer Impulstransport

Der molekulare Impulstransport wurde erstmals von Newton[1] beschrieben. Dabei ging Newton von der Vorstellung aus, dass bei einer konvektiven Strömung innerhalb des Mediums infolge der inneren Reibung normal zur Strömungsrichtung Geschwindigkeitsunterschiede auftreten, wodurch ein molekularer Impulstransport von Schichten mit höherer Geschwindigkeit und damit höherem Impuls zu Schichten mit niedrigerem Impuls erfolgt.

Für die molekulare Impulsstromdichte in laminar strömenden Medien hat Newton (Newton 1726) den folgenden Ansatz, der als *Fließgesetz* bezeichnet wird, eingeführt:

$$\boxed{\frac{F}{A} = \tau_m = \eta \frac{dw_x}{dy}.} \tag{1.1}$$

---

[1] Sir Isaac Newton 1642–1727, englischer Physiker, Mathematiker und Astronom, verfasste u. a. die Grundgesetze der Bewegung in seiner Schrift *Philosophiae Naturalis Principia Mathematica (1687).*

Abb. 1.2 Zur Definition der molekularen Impulsstromdichte

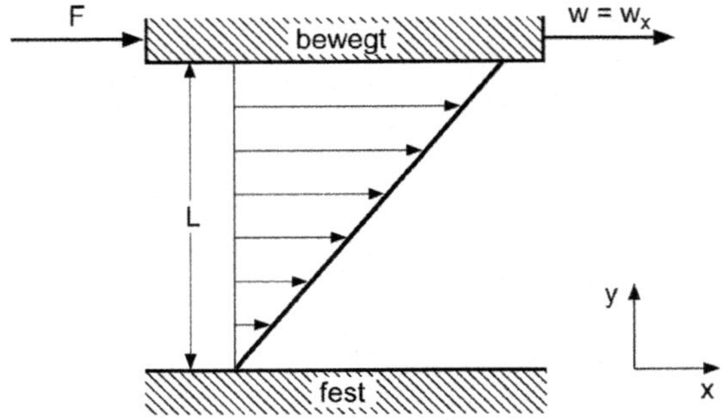

Hierbei stellt dw_x/dy den Geschwindigkeitsgradienten senkrecht zur Strömungsrichtung dar. Der Index m weist darauf hin, dass diese Impulsstromdichte allein durch molekularen Transport bedingt ist. Die *dynamische Viskosität* η stellt den *molekularen Transportkoeffizienten* des Impulses dar. Wie alle Transportkoeffizienten ist die Viskosität eine Stoffgröße.

In Abb. 1.2 wird die Geschwindigkeitsverteilung dargestellt, die sich zwischen zwei parallelen Platten einstellt, wenn sich die obere mit einer konstanten Geschwindigkeit w in x-Richtung bewegt, während die untere feststeht. Die Flüssigkeit haftet an beiden Platten, bewegt sich also an der oberen Platte mit der Wandgeschwindigkeit $w_x\,(y = L)$ und ruht an der unteren. In dem Zwischenbereich nimmt die Fluidgeschwindigkeit linear mit dem Abstand von der unteren Wand als Folge des molekularen Impulstransportes zu. τ_m wird üblicherweise als *Schub-* oder *Scherspannung* bezeichnet. Die Schubspannung ist eine vektorielle Größe. Es gelte die folgende Konvention für das Vorzeichen der Schubspannung: Es sei positiv, wenn einer aus der Flüssigkeit in positiver (negativer) y-Richtung herauszeigenden Normalen eine äußere Kraft in positiver (negativer) x-Richtung entspricht. (Hinweis: Es findet sich auch die entgegengesetzte Definition, die hier genutzte ist die bei weitem häufigste.) Die in Abb. 1.2 von der ruhenden Wand auf die Flüssigkeit ausgeübte Kraft wirkt demzufolge richtigerweise entgegen der Bewegungsrichtung des Fluids.

Nimmt man an, dass die Dichte ρ des strömenden Fluids konstant ist, dann lässt sich der Newtonsche Ansatz auch in der Form

$$\tau_m = \nu \frac{d(w_x \rho)}{dy} \tag{1.2}$$

schreiben. Hierin ist $\nu = \eta/\rho$ die *kinematische Viskosität*. Da $w_x\rho$ den Impuls je Volumeneinheit darstellt, besagt Gl. (1.2), dass die Impulsstromdichte proportional dem Gradienten des Impulses je Volumeneinheit ist. Sowohl die kinematische als auch die dynamische Viskosität sind in isotropen Fluiden richtungsunabhängig. Laminar strömende Fluide dürfen im Allgemeinen als isotrop[2] angesehen werden.

Diejenigen Fluide, deren Fließverhalten durch Gl. (1.1) beschrieben wird, werden *Newtonsche Fluide* genannt. Als Beispiele für Newtonsche Fluide seien erwähnt:

[2] Isotropie: Unabhängigkeit einer Eigenschaft von der Richtung.

alle Gase, die anorganischen Flüssigkeiten sowie eine ganze Reihe der organischen Flüssigkeiten, deren dynamische Viskosität nicht zu groß ist.

Eine größere Zahl von Flüssigkeiten lässt sich nicht durch das von Newton aufgestellte Fließgesetz beschreiben. Die Viskosität derartiger Flüssigkeiten hängt selbst von dem Geschwindigkeitsgradienten ab, daher gilt folgendes Fließgesetz:

$$\tau = \eta_{n-N} \frac{dw_x}{dy}, \quad \eta_{n-N} = f\left(\frac{dw_x}{dy}\right). \tag{1.3}$$

Dabei kann sich die Viskosität dieser sogenannten *nicht-Newtonschen Flüssigkeiten* um mehrere Zehnerpotenzen infolge Scherung ändern. Typische Vertreter nicht-Newtonscher Flüssigkeiten finden sich in der Lebensmittel-, Lack- und Kunststoffindustrie sowie in einer Reihe von biotechnologischen Prozessen.

Für nicht-Newtonsche Flüssigkeiten gelten andere Schubspannungsansätze, die in Abschn. 1.7 separat behandelt werden.

1.1.2 Molekularer Energietransport

Die Ursachen für den molekularen Energietransport sind komplex und umfassen Phänomene wie Molekülstöße in Gasen, Gitterschwingungen in Kristallen sowie die Bewegung von freien Elektronen in Metallen. Für die ingenieurtechnische Anwendung greift man auf die phänomenologische Erfassung des molekularen Energietransports durch die Größen Temperatur, Wärmestrom und Wärmestromdichte zurück, was für die technisch relevanten Problemstellungen vollständig ausreicht. Dabei stellt die Wärmeleitung den Energietransport zwischen benachbarten Molekülen aufgrund eines im Material vorhandenen Temperaturgradienten dar. Die Berechnung der molekularen Wärmestromdichte $\dot{q}_m$ erfolgt mit Hilfe des Gesetzes von Fourier[3] (Fourier 1821):

$$\boxed{\frac{\dot{Q}_m}{A} = \dot{q}_m = -\lambda \frac{dT}{dy}.} \tag{1.4}$$

Der hierin auftretende molekulare Transportkoeffizient λ heißt *Wärmeleitfähigkeit* und ist eine vom Stoff und dem physikalischen Zustand des betreffenden Systems abhängige Größe. Wie alle Stoffwerte ist sie mit dem Druck und der Temperatur veränderlich (s. Abschn. 0).

Erweitert man Gl. (1.4) mit dem Produkt $\rho \cdot c_p$ aus Dichte ρ und spezifischer Wärmekapazität c_p, so erhält man bei konstantem $\rho \cdot c_p$ für die molekulare Wärmestromdichte $\dot{q}_m$ eine Beziehung, die auf dem Gradienten des Produktes $\rho \cdot c_p \cdot T$ basiert:

$$\dot{q}_m = -a \frac{d(\rho c_p T)}{dy}. \tag{1.5}$$

---

[3] Jean Baptiste Joseph Fourier 1768–1830, französischer Mathematiker, entwickelte u. a. die mathematische Analyse mit Fourierreihen und stellte das Gesetz zur Wärmeausbreitung in Festkörpern auf.

Die physikalische Größe

$$a \equiv \frac{\lambda}{\rho c_p} \tag{1.6}$$

wird als *Temperaturleitfähigkeit* bezeichnet und ist ebenso wie λ ein reiner Stoffwert.

1.1.3 Molekularer Stofftransport

Zur Darstellung des molekularen Stofftransports, der *Diffusion*[4], werden üblicherweise die Massenstromdichte $\dot{m}$ oder die Molstromdichte $\dot{n}$ herangezogen. Diffusionsströme treten in einem Gemisch auf, das aus mindestens zwei Komponenten besteht (im Weiteren mit A und B bezeichnet). Die Komponenten unterscheiden sich durch ihre Massenkonzentrationen ρ_A und ρ_B bzw. molaren Konzentrationen c_A und c_B. Betrachtet man ein abgeschlossenes System, in dem zu einem bestimmten Zeitpunkt für die Komponente A örtliche Konzentrationsunterschiede bestehen, dann werden diese durch molekulare Diffusion ausgeglichen (s. Abb. 1.1). Zum besseren Verständnis dieses Vorgangs werden einzelne Moleküle A im Anfangszustand betrachtet. Es existieren sechs gleichberechtigte Möglichkeiten (drei Raumrichtungen mit je zwei Orientierungen) der Bewegung der Moleküle in einem Volumen. Die Wahrscheinlichkeit eines Moleküls, sich *nicht* in Richtung der Moleküle B zu bewegen, ist dann $w = 5/6$. Wenn der Konzentrationsunterschied aufrechterhalten werden soll, dann müssten *alle* Moleküle diese Bewegungsrichtung meiden. Die Wahrscheinlichkeit hierfür ist allerdings bei einer Anzahl von n Molekülen (1 Mol Gas entspricht $6{,}023 \times 10^{23}$ Molekülen):

$$W = (5/6)^n \xrightarrow{n\to\infty} 0.$$

Es tritt also aufgrund der regellosen Bewegung der Moleküle ein Ausgleichsvorgang auf. Bei Vorliegen von Konzentrationsunterschieden führt dies zu einer Diffusionsstromdichte $\dot{m}_{Am}$ in Richtung abnehmender Konzentration. Aus Kontinuitätsgründen muss der Diffusionsstromdichte $\dot{m}_{Am}$ der Komponente A eine Diffusionsstromdichte $\dot{m}_{Bm}$ der Komponente B entgegengerichtet sein. Man spricht daher von einer *zweiseitigen Diffusion.* Stimmt die Zahl der sich pro Zeiteinheit in entgegengesetzten Richtungen bewegenden Moleküle überein, dann handelt es sich um eine *äquimolare Diffusion.* Im Allgemeinen ist die Diffusion jedoch nicht-äquimolar. Reagieren beispielsweise Stoffe an einer katalytischen Oberfläche, so unterscheiden sich vielfach der antransportierte Edukt- und der abtransportierte Produktstrom. Ein Sonderfall der nicht-äquimolaren Diffusion ist die *einseitige Diffusion.* Auf diese besonderen Formen der Diffusion wird im Folgenden eingegangen. Um möglichst einfache Gleichungen zu erhalten, wird nur die Diffusion in binären Gemischen behandelt.

[4] lat. diffundere: ausgießen, verstreuen, ausbreiten.

Äquimolare Diffusion Bei der äquimolaren Diffusion in Zweistoffgemischen existieren zwei Stoffströme mit entgegengesetzten Richtungen. Sie kann in festen und ruhenden fluiden Stoffen sowie in laminar strömenden Medien auftreten: Aus dem von Fick[5] (Fick 1855) für den allgemeinen Fall der nicht-äquimolaren Diffusion angegebenen Ansatz folgt für den speziellen Fall der äquimolaren Diffusion unter Berücksichtigung einer konstanten Dichte ρ des Gemisches die Beziehung:

$$\boxed{\dot{m}_{Am} = -D_{AB}\frac{d\rho_A}{dy}.} \tag{1.7}$$

Darin bedeuten ρ_A die Massenkonzentration oder Partialdichte der Komponente A, y die Ortskoordinate und D_{AB} den molekularen Transportkoeffizienten des Stoffes, der als *Diffusionskoeffizient* bezeichnet wird. Der Index AB verdeutlicht, dass die Diffusion der Komponente A in einem aus den Spezies A und B bestehenden Zweistoffgemisch betrachtet wird.

Dem Stoffstrom der Komponente A ist derjenige der Komponente B entgegengerichtet:

$$\dot{m}_{Bm} = -D_{BA}\frac{d\rho_B}{dy}. \tag{1.8}$$

Mit D_{BA} wird der Diffusionskoeffizient der Komponente B in dem aus den Komponenten A und B bestehenden Gemisch bezeichnet.

Wird statt der Massenstromdichte die Molenstromdichte betrachtet, so ergeben sich analog zu Gl. (1.7) und (1.8) folgende Zusammenhänge:

$$\dot{n}_{Am} = -D_{AB}\frac{dc_A}{dy}, \tag{1.9}$$

$$\dot{n}_{Bm} = -D_{BA}\frac{dc_B}{dy}. \tag{1.10}$$

Bei äquimolarer Diffusion stimmen die Molstromdichten der Komponenten A und B überein:

$$\dot{n}_{Am}^{äqui} = -\dot{n}_{Bm}^{äqui}. \tag{1.11}$$

Das unterschiedliche Vorzeichen ergibt sich aus den entgegengesetzten Richtungen, in die beide Komponenten strömen. Für ideale Gase folgt hieraus, dass die Volumenströme der beiden diffundierenden Komponenten den gleichen Betrag haben und somit keine Volumenänderung des betrachteten Systems eintritt. Man spricht daher auch von einer volumenkonstanten Diffusion.

---

[5] Adolf Eugen Fick 1829–1901, deutscher Mediziner, stellte auf empirischer Basis die beiden Grundgesetze der Diffusion auf.

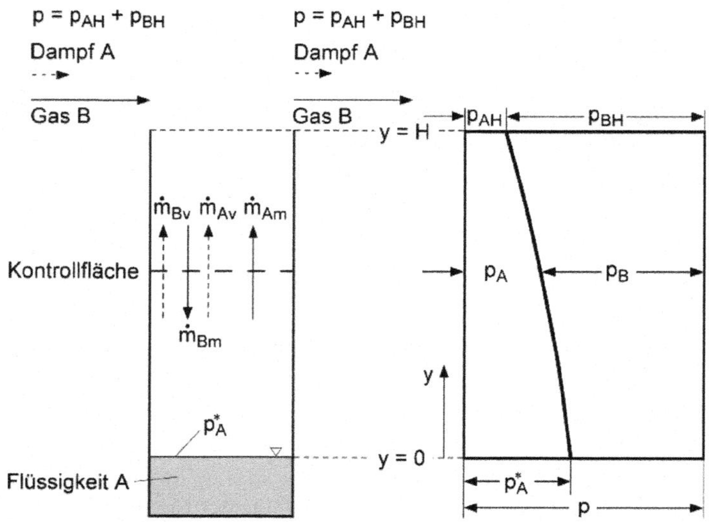

Abb. 1.3 Zur Berechnung der einseitigen Diffusion

Einseitige Diffusion Von einer einseitigen Diffusion spricht man, wenn dem Diffusionsstrom einer Komponente A kein Diffusionsstrom einer Komponente B entgegengerichtet ist. Bei der einseitigen Diffusion muss daher der Fall vorliegen, dass durch eine gedachte Kontrollfläche oder Wand nur die Komponente A, nicht aber die Komponente B hindurchtreten kann. Als Beispiel für eine solche *semipermeable* oder *halbdurchlässige Wand* sei die Oberfläche einer Flüssigkeit genannt.

Durch die Flüssigkeitsoberfläche können nur die Moleküle der Flüssigkeit hindurchtreten und in den darüber befindlichen Gasraum gelangen. Dieser Vorgang setzt ein, wenn der Partialdruck von A an der Phasengrenzfläche Gas/Flüssigkeit $p_A{}^*$ größer als im restlichen Gasraum ist. Die Flüssigkeit verdunstet dann. Oberhalb der Flüssigkeit bildet sich ein Gas/Dampf-Gemisch. Die Gasmoleküle können nicht durch die Phasengrenzfläche hindurchtreten und somit auch nicht in das Flüssigkeitsvolumen eindringen. Ein solches System ist in Abb. 1.3 dargestellt. In einem zylindrischen Gefäß verdunstet eine Flüssigkeit A in ein über die Gefäßöffnung strömendes Gemisch aus den Stoffen A und B mit den konstanten Partialdrücken p_{AH} und p_{BH}. Aufgrund des Konzentrationsgefälles von A existiert ein Konzentrationsgradient für die Komponente B, der zu einem molekularen Stoffstrom von B in Richtung Flüssigkeitsoberfläche führt. Da diese für B jedoch nicht durchlässig ist, wird aus Kontinuitätsgründen ein *Verdrängungsstrom* (*Stefan-Strom*) ausgelöst, durch den B wieder aus dem Gefäß transportiert wird.

Durch diesen nach Stefan[6] (Stefan 1871) benannten Strom wird anteilig auch der Stoff A zusätzlich zur reinen molekularen Diffusion transportiert. Wenn sich A und

[5] Josef Stefan 1835–1893, österreichischer Physiker und Mathematiker, stellte u. a. zusammen mit Boltzmann das Stefan-Boltzmann-Gesetz für Wärmestrahlung auf, womit Stefan als erster die Temperatur der Sonne berechnen konnte.

B wie ideale Gase verhalten, resultiert hieraus der Verdrängungsstrom:

$$\dot{m}_v = \dot{m}_{Av} + \dot{m}_{Bv} = w_v \frac{p_A}{TR/\tilde{M}_A} + w_v \frac{p_B}{TR/\tilde{M}_B}. \tag{1.12}$$

Zur Berechnung der Verdrängungsgeschwindigkeit w_v wird die Bedingung verwendet, nach der sich die entgegengerichteten Stoffstromdichten $\dot{m}_{Bm}^{äqui}$ und $\dot{m}_{Bv}$ des Gases gerade aufheben:

$$\dot{m}_{Bm}^{eins} = \dot{m}_{Bm}^{äqui} + \dot{m}_{Bv} = -\frac{D_{BA}}{TR/\tilde{M}_B}\frac{dp_B}{dy} + w_v \frac{p_B}{TR/\tilde{M}_B} = 0. \tag{1.13}$$

Diese Gleichung besagt, dass die Stoffstromdichte für die Komponente B durch die Wirkung des Stefan-Stromes gerade zum Verschwinden gebracht wird. Aus Gl. (1.13) erhält man die sogenannte *Verdrängungsgeschwindigkeit* zu:

$$w_v = \frac{D_{BA}}{p_B}\frac{dp_B}{dy} = -\frac{D_{AB}}{p_B}\frac{dp_A}{dy}. \tag{1.14}$$

Dieser Zusammenhang berücksichtigt auch die Tatsache, dass für Gase $D_{AB} = D_{BA}$ gilt.

Die Stoffstromdichte der Komponente A ist durch die Verdrängungsströmung verstärkt worden und setzt sich wie folgt zusammen:

$$\dot{m}_{Am}^{eins} = \dot{m}_{Am}^{äqui} + \dot{m}_{Av}. \tag{1.15}$$

Unter Berücksichtigung von Gl. (1.14) für die Verdrängungsgeschwindigkeit erhält man die für die einseitige Diffusion maßgebende Stoffstromdichte:

$$\dot{m}_{Am}^{eins} = \dot{m}_{Am}^{äqui} + \dot{m}_{Av} = -\frac{D_{AB}}{TR/\tilde{M}_A}\frac{p}{p - p_A}\frac{dp_A}{dy}. \tag{1.16}$$

Durch Vergleich mit dem Fickschen Gesetz stellt man fest, dass die Stoffstromdichte bei der *Stefan-Diffusion* um das Druckverhältnis $p/(p - p_A)$ größer ist als die Stoffstromdichte bei der Fickschen Diffusion. Bei stationärem Stofftransport gemäß Abb. 1.3 ergibt die Lösung der Gl. (1.16) für den Partialdruck der Komponente A:

$$\frac{p - p_A(y)}{p - p_A^*} = \left(\frac{p - p_{AH}}{p - p_A^*}\right)^{y/H}. \tag{1.17}$$

Bei der Lösung der Differenzialgleichung wurden folgende Randbedingungen berücksichtigt:

1. RB : $y = 0 \quad p_A = p_A^*(T)$ (Sättigungsdampfdruck der Flüssigkeit)
2. RB : $y = H \quad p_A = p_{AH}$

Die Vergrößerung des molekularen Stoffstroms wirkt sich indes nur dann aus, wenn der Partialdruck p_A der diffundierenden Komponente nicht zu klein ist im Vergleich zum Gesamtdruck p. In vielen praktischen Fällen wird man auch bei einseitiger Diffusion die Stoffstromdichte mit dem für die äquimolare, zweiseitige Diffusion geltenden Fickschen Ansatz behandeln dürfen. Bei Diffusionsvorgängen in Flüssigkeiten und Feststoffen ist die Näherung $\dot{m}_{Am}^{eins} = \dot{m}_{Am}^{äqui}$ meist hinreichend genau.

1.2 Konvektive Transportvorgänge

Die in Abschn. 1.1 beschriebenen molekularen Transportströme haben ihre Ursache in der Brownschen Molekularbewegung. Diese kann in einem ruhenden Medium ebenso vorhanden sein wie in einem strömenden. Im letzteren tritt aber zusätzlich zum molekularen Transport ein Transport infolge der Strömung, das heißt der Ortsveränderung des Mediums, auf. Diesen die Ortsveränderung beschreibenden Transport nennt man *Konvektion* oder *konvektiven Transport.* Gegenüber dem konvektiven Transport ist der molekulare Energie-, Impuls- bzw. Stofftransport fast immer klein. Daher können molekulare Transportvorgänge in Strömungsrichtung nahezu immer vernachlässigt werden, während sie für den Transport quer zur Strömung, vor allem in den wandnahen Bereichen, maßgebend sind.

1.2.1 Konvektiver Impulstransport

Die mathematische Beschreibung des konvektiven Impulstransports führt zum Geschwindigkeits- und Druckfeld, wodurch das Strömungsfeld eindeutig festgelegt ist und berechnet werden kann.

Um zu einer quantitativen Beschreibung des konvektiven Transports zu gelangen, wird im Folgenden ein strömendes, inkompressibles, reibungsfreies Medium betrachtet. Ein einzelnes differenzielles Volumenelement $dV = A \times ds$ einer Stromröhre nach Abb. 1.4 beinhaltet den differenziellen Anteil des Impulses $dI = d(Mw)$.

Durch die für einen beliebig gewählten Bezugspunkt konstante Querschnittsfläche A des Krümmers soll der konvektive Impulsstrom $\dot{I}$ fließen:

$$\dot{I} = \frac{dI}{dt} = \frac{d(Mw)}{dt}. \tag{1.18}$$

Durch Umformung der Gl. (1.18) unter Berücksichtigung von $I = f(V, t)$ erhält man:

$$\dot{I} = \frac{dI}{dt} = \frac{dI}{dV}\frac{dV}{dt}. \tag{1.19}$$

Der erste Ausdruck stellt die Impulsdichte dar:

$$\frac{dI}{dV} = \frac{d(Mw)}{dV} = M\frac{dw}{dV} + w\frac{dM}{dV} = \rho w \tag{1.20}$$

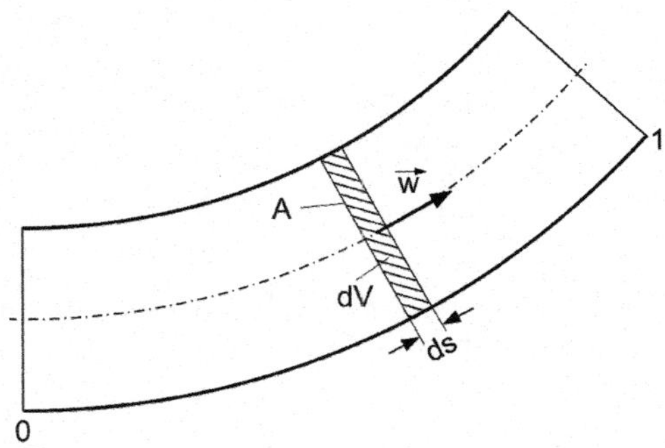

Abb. 1.4 Zur Erklärung des konvektiven Transports

Bei der Ableitung des Klammerausdrucks wird berücksichtigt, dass aufgrund der Kontinuitätsbeziehung (s. Abschn. 1.6.1) die Ableitung dw/dV wegen A = konst. gleich null ist. Der zweite Ausdruck in Gl. (1.19) lässt sich unter Berücksichtigung der Kontinuitätsbedingung in folgender Weise umformen (dA/dt = 0)

$$\frac{dV}{dt} = A\frac{ds}{dt} = Aw, \tag{1.21}$$

wenn das nach Abb. 1.4 eine infinitesimale Weglänge in Strömungsrichtung bedeutet.

Damit ergibt sich für den konvektiven Impulsstrom die allgemeine Beziehung:

$$\dot{I} = \rho A w^2. \tag{1.22}$$

1.2.2 *Konvektiver Energietransport*

Die Energie E eines strömenden Mediums umfasst die innere Energie U, die kinetische Energie $Mw^2/2$ infolge der Strömung sowie die potenzielle Energie Mgz infolge der Schwerkraft, wenn das betreffende Teilchen die geodätische Höhe z aufweist. In vielen Fällen können die kinetische und die potenzielle Energie gegenüber der inneren Energie vernachlässigt werden, so dass die Energie des strömenden Mediums gleich dem Produkt aus Masse und massenspezifischer innerer Energie u ist. Analog zum konvektiven Impulstransport ergibt sich dann für den Energiestrom:

$$\dot{Q} = \rho u\, A w. \tag{1.23}$$

Die innere Energie besteht aus vier Arten. Die für die weiteren Betrachtungen bedeutsamste Form ist die kinetische Energie der Atome („Wärmeenergie"), deren Maß die Temperatur ist. Abstandsänderungen zwischen Molekülen führen je nach Richtung zu einer Erhöhung oder Erniedrigung der potenziellen Energie eines jeden Molekülpaares (van-der-Waals-Energie). Der dritte Beitrag zur inneren Energie ist die chemische Bindungsenergie der Moleküle (Reaktionsenergie). Schließlich führt auch die Spaltung schwerer Atomkerne oder die Fusion leichter Kerne zur Freisetzung von Energie (Kernenergie).

Für die Bilanzierung der Energie können neben der inneren Energie u formal auch noch andere Größen herangezogen werden, wie z. B. die Enthalpie $h = u + pv$ oder die fühlbare isochore bzw. isobare Wärme in der Form $c_v T$ bzw. $c_p T$. Für inkompressible Medien berechnet sich der konvektive Wärmestrom nach:

$$\dot{Q} = \rho c_p T A w. \tag{1.24}$$

Unter einem *konvektiven Wärmestrom* versteht man die von einem Massenstrom mitgeführte thermische Energie.

1.2.3 Konvektiver Stofftransport

Der konvektiv transportierte Stoffstrom kann entweder auf Basis der Masse oder der Stoffmenge beschrieben werden. Es gilt:

$$\dot{M} = \rho \cdot A \cdot w \quad bzw. \quad \dot{N} = c \cdot A \cdot w. \tag{1.25}$$

1.3 Konvektiver Energie- und Stoffübergang

Die in diesem Abschnitt zu behandelnden Grundgleichungen für den konvektiven Energie- und Stoffübergang stimmen in formaler Hinsicht überein. Dies ist zugleich ein Hinweis darauf, dass Energie- und Stofftransport in sehr vielen Fällen als analoge Prozesse anzusehen sind.

Konvektiver Energie- und Stoffübergang tritt auf, wenn Energie bzw. Stoff nicht allein durch molekularen Austausch transportiert wird, sondern auch durch eine makroskopische Bewegung des Fluids, also durch Konvektion. Liegt ein Temperatur- bzw. Konzentrationsunterschied zwischen Wand und Fluid vor, so findet ein Austausch zwischen Wand und Fluid statt, wie in Abb. 1.5 schematisch dargestellt. Unmittelbar an der Wand kann der Transport aufgrund der Wandhaftung des Fluids nur durch molekularen Transport erfolgen. Der treibende Temperatur- bzw. Konzentrationsgradient wird hierbei allerdings i. Allg. durch den konvektiven Transport bestimmt. Zur Berechnung des beim konvektiven Wärmeübergang auftretenden Energiestromes $\dot{Q}$ hat Newton das folgende *Abkühlungsgesetz* vorgeschlagen:

$$\boxed{\dot{Q} \equiv \alpha A \Delta T.} \tag{1.26}$$

Hierin bedeuten A die Grenzfläche zwischen den beiden Phasen, ΔT eine das Temperaturgefälle zwischen der Grenzfläche und der energieaufnehmenden Phase bezeichnende Temperaturdifferenz und α den *Wärmeübergangskoeffizienten*. Bei der praktischen Anwendung von Gl. (1.26) ist sehr sorgfältig auf die Definition der Temperaturdifferenz ΔT zu achten. Die Definition kann von Problem zu Problem

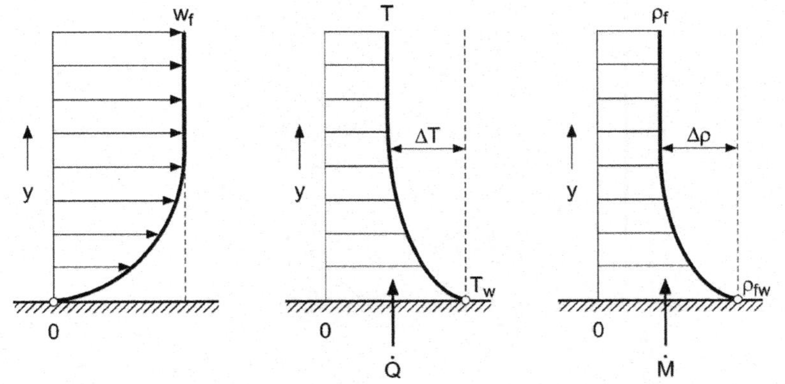

Abb. 1.5 Geschwindigkeits-, Temperatur- und Konzentrationsverläufe bei der konvektiven Wärme- und Stoffübertragung an einer Wand

wechseln. Die Gl. (1.26) darf daher nur als Definitionsgleichung für den Wärmeübergangskoeffizienten in Verbindung mit der jeweiligen Temperaturdifferenz angesehen werden.

Das dem Newtonschen Abkühlungsgesetz analoge Gesetz für den konvektiven Stoffübergang lautet:

$$\boxed{\dot{M}_A \equiv \beta A \Delta\rho_A = \beta A \tilde{M}_A \Delta c_A = \beta A \frac{1}{TR/\tilde{M}_A} \Delta p_A.} \tag{1.27}$$

Mit $\dot{M}_A$ wird der Stoffstrom der Komponente A in Form des Massenstromes bezeichnet. Das für den Stoffstrom maßgebende Gefälle ist angegeben als Differenz $\Delta\rho_A$ der Partialdichte der Komponente A, als Differenz Δc_A der molaren Konzentration und als Differenz $\Delta p_A = (R/\tilde{M}_A)\, T\Delta\rho_A$ der Partialdrücke für ideale Gase. Verändert man das Maß für das Konzentrationsgefälle, dann wird bei der Definition gemäß Gl. (1.27) die Einheit des *Stoffübergangskoeffizienten* β nicht verändert.

Wie beim Wärmeübergang muss auch bei Stoffübergangsbeziehungen die Definition der Konzentrationsdifferenz genau berücksichtigt werden, da für verschiedene Anwendungen differierende Definitionen eingesetzt werden.

Die konvektiven Transportkoeffizienten α und β sind nichts anderes als für viele ingenieurtechnische Problemstellungen sehr zweckmäßige Rechengrößen. Ihre Definitionsgleichungen geben keinen Hinweis auf eine physikalische Bedeutung, da die beteiligten Transportmechanismen undifferenziert zusammengefasst werden.

Die Problematik der unterschiedlichen Temperatur- bzw. Konzentrationsdifferenzen soll an einem Beispiel erläutert werden: Es wird der Stoffübergang von der Innenwand eines Rohres an ein in x-Richtung strömendes Fluid betrachtet (s. Abb. 1.6), das mit der Konzentration $c_{A\text{ein}}$ in das Rohr einströmt. Die Konzentration an der Rohrwand beträgt stets c_{Aw} und ist größer als $c_{A\text{ein}}$. Mit zunehmender Lauflänge x steigt die Konzentration an A im Fluid $c_A(x)$ als Folge des Stoffübergangs an. Aus diesem Grund ändert sich die an der Stelle x über dem Rohrquerschnitt

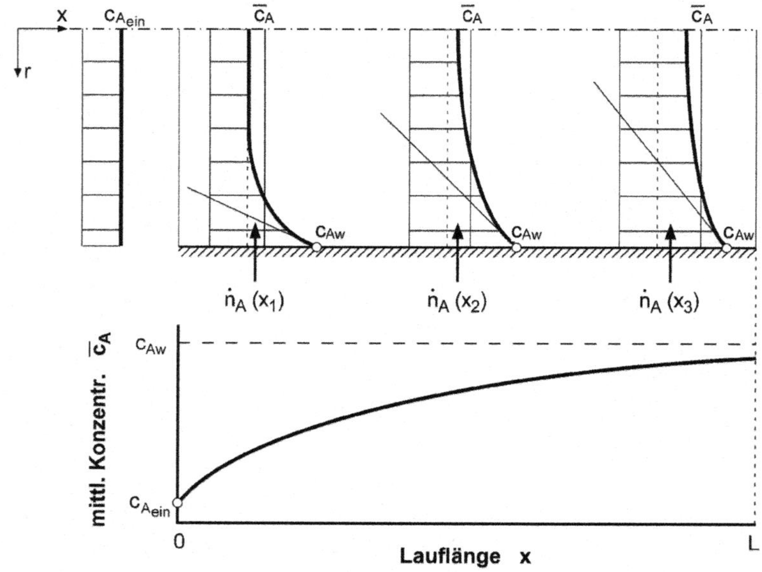

Abb. 1.6 Qualitative Konzentrationsprofile und treibende Konzentrationsdifferenzen in einer Rohrströmung als Funktion der Lauflänge

gemittelte Konzentration $\bar{c}_A(x)$ mit der Lauflänge. In diesem Fall ist von der Stoffübertragung an einer differenziellen Wandfläche $dA = \pi \cdot d \cdot dx$ auszugehen:

$$\frac{\dot{V} d\bar{c}_A(x)}{\pi d \, dx} = \beta(x) \, (c_{Aw} - \bar{c}_A(x)) \,. \tag{1.28}$$

Hierin ist $\dot{V}$ der Volumenstrom des Fluids und die Größe $\bar{c}_A(x)$ die mittlere Konzentration bei der Lauflänge x. Wird Gl. (1.28) integriert und hat sich nach der Lauflänge $x = L$ die Kernkonzentration von c_{Aein} auf den Wert $\bar{c}_{Aaus}$ geändert, erhält man:

$$-ln\left(\frac{c_{Aw} - \bar{c}_{Aaus}}{c_{Aw} - c_{Aein}}\right) = \frac{\pi d}{\dot{V}} \int_0^L \beta(x) dx = \frac{\pi dL}{\dot{V}} \beta. \tag{1.29}$$

β stellt den über die Lauflänge gemittelten Stoffübergangskoeffizienten dar. Die über die gesamte Rohroberfläche π d L gemittelte Stoffstromdichte $\dot{n}_{Aw}$ beträgt:

$$\dot{n}_{Aw} = \frac{\dot{V}}{\pi dL} (\bar{c}_{Aaus} - c_{Aein}). \tag{1.30}$$

Diese Stromdichte wird nun gleich dem Produkt aus dem Stoffübergangskoeffizienten β und einem zu bestimmenden Konzentrationsgefälle $\Delta c_{A,ln}$ gesetzt:

$$\dot{n}_{Aw} = \beta \Delta c_{A,ln}. \tag{1.31}$$

Ein Vergleich der Gln. (1.29) sowie (1.30) und (1.31) liefert:

$$\Delta c_{A,ln} = \frac{\overline{c}_{Aaus} - c_{Aein}}{ln[(c_{Aw} - c_{Aein})/(c_{Aw} - \overline{c}_{Aaus})]}. \tag{1.32}$$

Bei konstanter Wandkonzentration c_{Aw} ist somit der *logarithmische Mittelwert der Konzentrationsdifferenz* zu verwenden. Ist die Konzentrationsdifferenz $\overline{c}_{Aaus} - c_{Aein}$ verhältnismäßig klein, dann lässt sich der logarithmische Konzentrationsverlauf durch eine Gerade annähern. In diesem Fall ist es sinnvoll, einen arithmetischen Mittelwert zu verwenden:

$$\Delta c_{A,ar} = \frac{1}{2}\left[(c_{Aw} - \overline{c}_{Aaus}) + (c_{Aw} - c_{Aein})\right]. \tag{1.33}$$

Ändert sich die Wandkonzentration mit der Lauflänge x und herrscht am Anfang des Rohres die größte Konzentrationsdifferenz Δc_{Aein} und am Ende die kleinste Konzentrationsdifferenz Δc_{Aaus}, so berechnet sich die *mittlere logarithmische Konzentrationsdifferenz* zu:

$$\Delta c_{A,ln} = \frac{\Delta c_{Aein} - \Delta c_{Aaus}}{ln\,(\Delta c_{Aein}/\Delta c_{Aaus})}. \tag{1.34}$$

In der obigen Ableitung wurde der über die Lauflänge gemittelte Stoffübergangskoeffizient β verwendet. Tatsächlich ändert sich der Stoffübergangskoeffizient in vielen Fällen mit der Lauflänge x. Daher muss zwischen dem örtlichen Stoffübergangskoeffizienten $\beta(x)$ und dem mittleren Koeffizienten β unterschieden werden.

Der *örtliche Stoffübergangskoeffizient* $\beta(x)$ ist durch die Gleichung

$$\beta(x) = \frac{D_{AB}(\partial c_A/\partial r)_{r=R}}{[c_{Aw} - \overline{c}_A\,(x)]} \tag{1.35}$$

gegeben. Der in das Fluid übergehende Stofffluss $\beta(x)[c_{Aw} - \overline{c}_A(x)]$ ist gleich dem unmittelbar von der Wand in das Fluid diffundierenden Molenstrom, der durch rein molekularen Transport hervorgerufen wird. Zur Berechnung des gesamten übergehenden Stoffstroms $\dot{N}_{Aw}$ ist über die Fläche A zu integrieren:

$$\dot{N}_{Aw} = \int_0^A \dot{n}_{Aw}\, dA = \int_0^A [c_{Aw} - \overline{c}_A(x)]\, \beta(x) dA = \beta A \Delta c_{A,ln}. \tag{1.36}$$

Der mittlere Stoffübergangskoeffizient β beträgt dann:

$$\beta = \frac{1}{\Delta c_{A,ln} A} \int_0^A \left[D_{AB}(\partial c_A/\partial r)_{r=R}\right] dA. \tag{1.37}$$

Die im Folgenden und auch in der Literatur mitgeteilten Werte sind im Allgemeinen mittlere Stoffübergangskoeffizienten. Wenn die Stoffstromdichte und die Konzentrationsdifferenz überall an der Phasengrenzfläche gleich sind, gilt $\beta(x) = \beta$. Die anhand der Stoffübertragung aufgezeigten Schwierigkeiten bei der Verwendung einer treibenden Konzentrationsdifferenz existieren völlig analog beim Wärmeübergang. Die für den Stoffübergangskoeffizienten und die Konzentrationsdifferenz abgeleiteten Zusammenhänge gelten demzufolge in entsprechender Weise auch für den Wärmeübergang.

1.4 Turbulente Transportvorgänge

Mit den bisher angeführten Transportbeziehungen lassen sich die molekularen und konvektiven Transporteffekte in ruhenden bzw. laminar strömenden Systemen beschreiben. Finden Transportvorgänge jedoch in einem turbulent strömenden System statt, so tritt zu den beiden erwähnten Transporteffekten noch ein turbulenter Transporteffekt hinzu. Dieser erfolgt auf Grund unregelmäßiger, der mittleren Strömungsgeschwindigkeit des Mediums w überlagerter Schwankungsbewegungen. Im Gegensatz zum molekularen Transport, bei welchem der Transport einer Austauschgröße (Energie, Impuls, Masse) durch die Molekülbewegung erfolgt, stellt man sich beim turbulenten Transport den Austausch infolge sich ständig neu bildender und wieder zerfallender Wirbel, sogenannter *Turbulenzballen*, von unterschiedlicher Größe vor. Die maximalen Abmessungen werden dabei allein durch die räumliche Ausdehnung des strömenden Systems bestimmt. Je geringer die räumliche Ausdehnung des Strömungsfeldes ist, desto kleiner sind auch die Turbulenzballen und umgekehrt. Die minimale Wirbelgröße bewegt sich vielfach in einer Größenordnung von 10^2 bis 10^3 µm und ist demzufolge um ein Vielfaches größer als die mittlere freie Weglänge der Moleküle. Aus diesem Grund kann die Turbulenz prinzipiell als spezielle Form der konvektiven Strömung betrachtet und mathematisch behandelt werden.

Die Bewegung der Turbulenzballen ist mit zeitlichen Schwankungen der örtlichen Geschwindigkeiten verbunden. Um sich hiervon eine einfache Vorstellung machen zu können, denkt man sich den zeitlich nach Richtung und Größe schnell ändernden Geschwindigkeitsvektor als in zwei Anteile zerlegbar. Der eine ist der zeitlich unveränderliche Vektor der mittleren Geschwindigkeit $\vec{\overline{w}}$ und der andere der zeitlich veränderliche Vektor der *Schwankungsgeschwindigkeit* $\vec{w}'$, der in Richtung der Raumkoordinaten x, y und z die Komponenten w_x', w_y'und w_z' besitzt. In Abb. 1.7 ist als Beispiel der zeitliche Verlauf einer turbulenten Geschwindigkeit w und ihre Aufteilung in die zeitlich unveränderliche Geschwindigkeit $\overline{w}$ und die überlagerte Schwankungsgeschwindigkeit w_y' dargestellt. Für einen genügend großen Zeitabschnitt ist der Mittelwert w_y' der Schwankungsgeschwindigkeit stets null.

Durch den turbulenten Transport werden Ortswechsel diskreter Volumenelemente des Fluids erzwungen. Die Turbulenzballen legen dabei relativ große Distanzen zurück. Der Ausgleich von Unterschieden in der Verteilung des Impulses, der Energie und einer bestimmten Stoffkomponente innerhalb eines Strömungsfeldes kann auf Grund des turbulenten Transportes lediglich grob sein. (Die turbulenten Wirbel oder Turbulenzballen weisen im Vergleich zu den Molekülabmessungen immer noch

Abb. 1.7 Zur Erläuterung der turbulenten Schwankungsbewegung

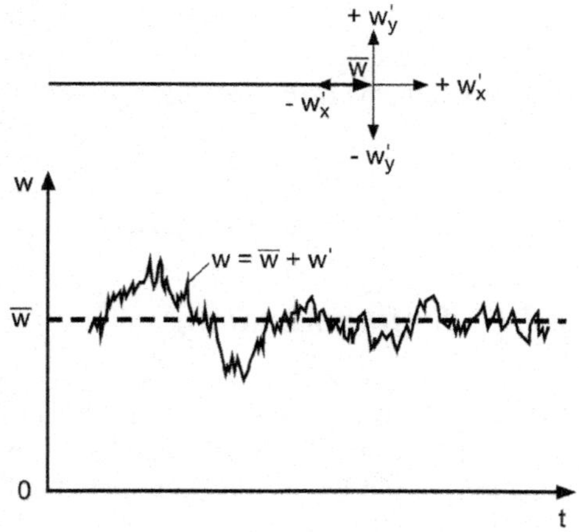

um mehrere Zehnerpotenzen größere Ausdehnungen auf.) Der feinere Ausgleich erfolgt durch den gleichzeitig stattfindenden molekularen Transport. Der turbulente Transport verstärkt also den molekularen, indem er vor allem für eine größere Beweglichkeit der Molekülgruppen sorgt. Zur quantitativen Erfassung des turbulenten Transports werden gemäß eines Ansatzes von Boussinesq[7] (Boussinesq 1877) sogenannte *turbulente Austauschkoeffizienten* ν_t, a_t und D_t eingesetzt. Diese werden in Anlehnung an die betreffende Beziehung für den molekularen Transportstrom formuliert.

$$\text{Impuls} \quad \tau_t \equiv \rho \nu_t \frac{d\overline{w}}{dy} \tag{1.38a}$$

$$\text{Energie} \quad \dot{q}_t \equiv -\rho c_p a_t \frac{d\overline{T}}{dy} \tag{1.38b}$$

$$\text{Stoff} \quad \dot{m}_t \equiv -D_t \frac{d\overline{\rho}}{dy} \tag{1.38c}$$

Im Gegensatz zu den molekularen sind die turbulenten Transportkoeffizienten keine Stoffwerte sondern Systemgrößen und damit abhängig vom Strömungszustand. Die Größe ν_t wird auch als *Wirbelviskosität* bezeichnet.

Bei vielen Problemen des Impuls-, Energie- und Stofftransports ist nun bedeutsam, wie das Verhältnis von kinematischer Viskosität ν und turbulenter Viskosität ν_t ist und wie es sich (z. B. beim durchströmten Rohr oder bei der überströmten Platte) mit dem Wandabstand ändert. Entsprechende Betrachtungen führen zu dem Schluss, dass in Wandnähe die kinematische Viskosität ν gegenüber der turbulenten Viskosität ν_t dominiert. In einem großen Wandabstand ist es gerade umgekehrt. Hier überwiegt

---

[7] Valentin Joseph Boussinesq 1842–1929, französischer Mathematiker und Physiker, war Professor für Integral- und Differenzialrechnung an der Université Lille Nord de France, erweiterte die inkompressible Navier-Stokes-Gleichung.

der turbulente Austauschkoeffizient. Es ist daher für turbulente Strömungen nahe liegend, eine Unterteilung in eine wandnahe *laminare Unter-* oder *Grenzschicht* ($\nu_t \ll \nu$) und eine *turbulente Kernzone* ($\nu_t \gg \nu$) vorzunehmen (s. Abschn. 5.1.2).

1.5 Umwandlungsvorgänge

1.5.1 Stoffumwandlung

Stöchiometrische Formalkinetiken Stoffumwandlungen sind eine Folge chemischer oder biologischer Vorgänge. (Nukleare Zerfallsreaktionen, die ebenfalls zu Stoffwandlungen führen, werden hier nicht berücksichtigt.) Die weiteren Betrachtungen werden zunächst anhand einer chemischen Reaktion durchgeführt. Diese Reaktion möge beispielsweise folgende Reaktionsgleichung besitzen

$$\nu_A A + \nu_B B \rightarrow \nu_C C + \nu_D D, \tag{1.39}$$

wobei ν_i die *stöchiometrischen Koeffizienten* sind. Für die mathematische Behandlung dieser Reaktionsgleichungen gilt per Definition: $\nu_i > 0$ für Produkte, $\nu_i < 0$ für Edukte. Da die umgesetzten und die gebildeten Mengen der verschiedenen Komponenten durch Gl. (1.39) verknüpft sind, gilt für die volumenbezogene Reaktionsstromdichte $\dot{r}$, die vielfach auch als *Reaktionsgeschwindigkeit* bezeichnet wird, folgender Zusammenhang:

$$\boxed{\dot{r} \equiv \frac{1}{V_R \nu_i} \frac{dN_i}{dt}.} \tag{1.40}$$

Bleibt das Volumen V_R während der Reaktion konstant, dann kann die Reaktionsgeschwindigkeit als Änderung der Konzentration ausgedrückt werden:

$$\dot{r} = \frac{1}{\nu_i} \frac{dc_i}{dt}, \quad \dot{r}_i = \frac{dc_i}{dt}. \tag{1.41}$$

Die Reaktionsgeschwindigkeit $\dot{r}$ sowie die individuellen Reaktionsgeschwindigkeiten $\dot{r}_i$ der Produkte sind demzufolge immer positiv, während die Reaktionsgeschwindigkeiten der Edukte $\dot{r}_i$ immer negativ sind. Für die Konzentrationsänderung gilt:

$$\frac{1}{\nu_A} \frac{dc_A}{dt} = \frac{1}{\nu_B} \frac{dc_B}{dt} = \frac{1}{\nu_C} \frac{dc_C}{dt} = \frac{1}{\nu_D} \frac{dc_D}{dt}. \tag{1.42}$$

Für viele einfache und komplexe Reaktionen gilt ein empirischer Zusammenhang der Form:

$$\boxed{\dot{r} = k \prod_i {c_i}^{n_i}.} \tag{1.43}$$

Eine solche Gleichung bezeichnet man als *formalkinetischen Geschwindigkeitsansatz*. Die Exponenten n_i stellen die individuelle Ordnung (Teilordnung) bezüglich der entsprechenden Reaktionskomponente dar. Die Summe aller im Geschwindigkeitsausdruck auftretenden Exponenten, also Σn_i, wird als Gesamtordnung n, häufig schlechthin als *Ordnung einer Reaktion* bezeichnet.

Der Proportionalitätsfaktor k ist die *Geschwindigkeitskonstante* oder der Geschwindigkeitskoeffizient der Reaktion. Seine Dimension ist $[\text{Konzentration}]^{1-n} \times [\text{Zeit}]^{-1}$, wobei n die Gesamtordnung der Reaktion bedeutet.

Die Änderung der Reaktionsgeschwindigkeit mit der Temperatur kann bei vielen Reaktionen durch die von Arrhenius[8] aufgestellte Beziehung

$$k = k_0 e^{-E_A/(RT)} \tag{1.44}$$

wiedergegeben werden. E_A ist die Arrheniussche oder scheinbare Aktivierungsenergie, k_0 der Häufigkeitsfaktor (Aktionskonstante, Frequenzfaktor).

Chemische Umsetzungen, die innerhalb des Volumens einer Phase ablaufen, nennt man *homogene*. Bei *heterogenen* beschränkt sich der Reaktionsort dagegen auf eine Phasengrenzfläche. Technisch ist von den heterogenen Reaktionen diejenige besonders bedeutsam, bei der eine der beteiligten Phasen ein Feststoff ist, der lediglich als Reaktionsmittler auftritt und selber nicht durch die Reaktion verändert wird. Derartige Reaktionen werden heterogen katalysierte Reaktionen genannt.

Formalkinetiken enzymatisch katalysierter Reaktionen Der formalkinetische Geschwindigkeitsansatz gemäß Gl. (1.43) ist ein empirischer Ansatz, der umso eher gilt, je weniger Zwischenschritte in einer Reaktion enthalten sind. Bei komplexen chemischen Reaktionen, in denen das Produkt über verschiedene Zwischenprodukte synthetisiert wird und diese Schritte geschwindigkeitsbestimmend sind, reicht dieser Ansatz im Allgemeinen nicht aus.

Auch bei biologischen Prozessen haben sich andere formalkinetische Ansätze bewährt. Die einfache, enzymatische Umsetzung eines Substrates in ein Produkt kann mit der *Michaelis*[9]*-Menten*[10]*-Kinetik* beschrieben werden. In Gl. (1.45) ist der Reaktionsmechanismus schematisch dargestellt. Wenn das Enzym (E) und das Substrat (S) zusammentreffen, wird ein Enzymsubstratkomplex (ES) gebildet, der zum Produkt (P) weiter reagiert. Das Enzym ist ein Biokatalysator und geht aus der Reaktion idealerweise unverändert hervor. Da nur die Bildung des Komplexes reversibel ist, bestimmen drei Geschwindigkeitskonstanten die Kinetik:

$$\mathrm{E} + \mathrm{S} \underset{k_2}{\overset{k_1}{\rightleftarrows}} \mathrm{ES} \overset{k_3}{\rightarrow} \mathrm{E} + \mathrm{P} \tag{1.45}$$

[8] Svante Arrhenius 1859–1927, schwedischer Physiker und Chemiker, Nobelpreisträger Chemie, war ein vielfältiger Wissenschaftler (arbeitete u. a. mit Ostwald und Boltzmann zusammen); wurde später zum Direktor des Nobelinstitutes für physikalische Chemie.

[9] Leonor Michaelis 1875–1949, deutsch-amerikanischer Mediziner, neben seinen Arbeiten zur Enzymkinetik entdeckte er das grundlegende Prinzip von Dauerwellen.

[10] Maud Menten 1879–1960, kanadische Medizinerin, war eine der ersten Frauen, die ein Medizinstudium in Kanada abschloss; entwickelte in Berlin mit Michaelis die Theorie zur Enzymkinetik.

Die *Produktionsrate* $\dot{r}_P$ ist definiert als die zeitliche Änderung der Produktmenge pro Volumen, die in einem geschlossenen System durch die Reaktion erfolgt:

$$\dot{r}_P \equiv \frac{dc_P}{dt}.$$

Die Dimension von $\dot{r}_P$ ist [Stoffmenge · Volumen^{-1} · Zeit^{-1}]. Unter der Annahme, dass sich die Konzentration des Komplexes ES nicht ändert (*Steady State Approximation*) lässt sich aus Gl. (1.45) folgender Zusammenhang für die Produktionsrate herleiten:

$$\dot{r}_P = \dot{r}_{P,max} \frac{c_S}{K_M + c_S}. \tag{1.46}$$

K_M und $\dot{r}_{P,max}$ sind Konstanten, die experimentell bestimmt werden müssen. Sie hängen von den Geschwindigkeitskonstanten der Einzelschritte und der Enzymkonzentration ab:

$$K_M = \frac{k_3 + k_2}{k_1},$$
$$\dot{r}_{P,max} = k_3 c_{E,ges}. \tag{1.47}$$

Die Substratabbaurate ist in der Michaelis-Menten-Kinetik betragsgleich mit der Produktionsrate, es gilt $\dot{r}_S = -\dot{r}_P$. Die Reaktionsrate entspricht in ihrer Form einer heterogenen chemischen Reaktion inklusive Adsorptionsterm (Langmuir). Der erste Schritt der Reaktionskinetik ist in diesem Fall keine Komplexbildung, sondern der Phasenwechsel der Reaktanden vom gelösten in den adsorbierten Zustand. Diese Analogie ist nachvollziehbar, da die mikrobielle Stoffumwandlung auch eine Sorption des Substrates in die Zelle beinhaltet.

Eine weitere wichtige Kinetik für biologische Prozesse ist die sogenannte *Substratüberschusshemmung*. Dabei wird die Reaktion bei hohen Substratkonzentrationen durch das Substrat selbst gehemmt und läuft langsamer ab. Substratüberschusshemmung liegt zum Beispiel beim Abbau von Alkoholen oder Ammonium vor. Im Reaktionsschema ist zu berücksichtigen, dass das Substrat als Inhibitor mit dem ES-Komplex einen zweiten Komplex bildet, der aber nicht zum Produkt weiterreagieren kann und daher die Produktion hemmt:

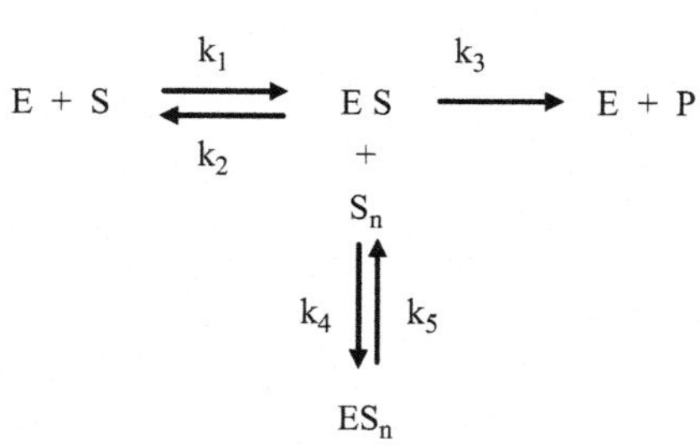

(1.48)

Für die Produktionsrate gilt folgender Zusammenhang:

$$\dot{r}_P = \dot{r}_{P,max} \frac{c_S}{c_S + K_M + \frac{1}{K_I} c_S^2}. \tag{1.49}$$

Die Substratabbaurate ist wiederum betragsgleich mit der Produktionsrate: $\dot{r}_S = -\dot{r}_P$. Die Konstante K_I ist ebenfalls von den einzelnen Geschwindigkeitskonstanten und der Enzymkonzentration abhängig.

Die Konstanten der in den Gln. (1.46) und (1.49) genannten Enzymkinetiken sind, wie man in Gl. (1.47) sieht, nur konstant, wenn die Gesamtkonzentration des Katalysators konstant ist. Dies ist beispielsweise häufig in biotechnologischen Prozessen, bei denen reine Enzyme eingesetzt werden, der Fall. Wenn sich die Konzentration des Katalysators aber während des Prozesses ändert, ist es praktisch spezifische Reaktionsraten wie die spezifische Produktionsrate π oder die spezifische Substratabbaurate σ zu verwenden, die auf die Katalysatorkonzentration bezogen sind:

$$\pi \equiv \frac{1}{c_E(t)} \frac{dc_P}{dt}, \tag{1.50}$$

$$\sigma \equiv \frac{1}{c_E(t)} \frac{dc_S}{dt}. \tag{1.51}$$

Dies ist in den vielen mikrobiellen Prozessen der Fall. In diesen werden üblicherweise die Mikroorganismen selbst als Biokatalysatoren betrachtet und die Reaktionsraten auf die Biomassekonzentration c_B bezogen. Zur Modellierung des Wachstums bzw. der Vermehrung mikrobieller Organismen wird z. B. die *spezifische Wachstumsrate* μ verwendet. Da die Biomasse beim Wachstum sowohl Produkt als auch Katalysator ist, ist μ definiert als die Änderung der Biomassekonzentration, bezogen auf die momentan vorhandene Biomassekonzentration:

$$\mu \equiv \frac{1}{c_B(t)} \frac{\partial c_B}{\partial t}. \tag{1.52}$$

Die Dimension von μ ist [Zeit^{-1}]. Die exponentielle und abklingende Wachstumsphase von Mikroorganismen wird häufig mit der *Monod*[11]*-Kinetik* beschrieben, die analog zur Michaelis-Menten-Kinetik ist:

$$\mu = \mu_{\max} \frac{c_S}{K_S + c_S}. \tag{1.53}$$

Auch das Wachstum von Mikroorganismen kann durch Substratüberschuss gehemmt werden. Die entsprechende Wachstumskinetik geht auf Edwards und Andrews zurück und ist analog zur Enzymkinetik in Gl. (1.49):

$$\mu = \mu_{\max} \frac{c_S}{c_S + K_S + \frac{1}{K_I} c_S^2}. \tag{1.54}$$

[11] Jacques Monod 1910–1976, französischer Biochemiker, erhielt für die Entwicklung des Operon-Modells den Medizin Nobelpreis 1965.

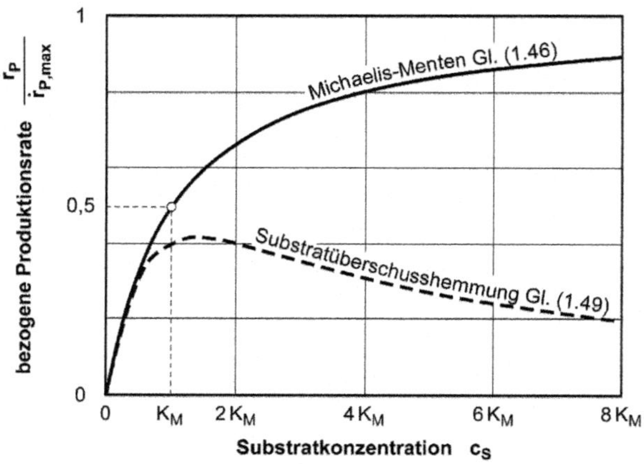

Abb. 1.8 Abhängigkeit der Produktionsrate gemäß Michaelis-Menten-Kinetik sowie bei Substratüberschusshemmung von der Substratkonzentration

In Abb. 1.8 ist der Zusammenhang zwischen der Produktionsrate und der Substratkonzentration für die Michaelis-Menten-Kinetik und die Substratüberschusshemmung nach den Gln. (1.46) und (1.49) dargestellt. Dieselben Verläufe ergeben sich für die Wachstumskinetiken nach den Gln. (1.53) und (1.54). Für die Michaelis-Menten-bzw. die Monod-Kinetik gilt $\dot{r}_P(c_S = K_M) = 0{,}5 \cdot \dot{r}_{max}$ bzw. $\mu\,(c_S = K_S) = 0{,}5 \cdot \mu_{max}$.

Weitere wichtige Kinetiken der Bioverfahrenstechnik wie die *kompetetive Hemmung* und die *nicht-kompetetive Hemmung* können z. B. bei (Wolf 1991; Chmiel 1986) nachgelesen werden.

1.5.2 Energieumwandlung

Zur Energieumwandlung existiert eine Reihe unterschiedlicher Vorgänge, so z. B.

- Umwandlung von Verdrängungsarbeit infolge eines Druckfeldes in innere Energie bzw. „Wärmeenergie",
- Umwandlung von kinetischer Energie in innere Energie durch Reibung,
- Umwandlung von chemischer Bindungsenergie in „Wärmeenergie" infolge einer chemischen Reaktion.

An dieser Stelle wird speziell auf den letzten Punkt eingegangen, da er i. Allg. der bedeutsamste ist.

Bei chemischen Reaktionen tritt eine – oft recht beträchtliche – Wärmetönung auf; sie entspricht der Differenz zwischen den Bindungsenergien der Reaktionsprodukte und denen der Reaktionspartner. Von praktischem Interesse ist in erster Linie die Wärmetönung bei konstantem Druck, deren negativer Wert als *Reaktionsenthalpie* (Δh_R) bezeichnet wird. Die Reaktionsenthalpie einer *exothermen Reaktion* ist negativ, die einer *endothermen Reaktion* positiv. Damit ergibt sich für den aus der Reaktionsenthalpie resultierenden Wärmestrom in einem Volumen V_R:

$$\dot{Q}_R = -\dot{r}\,\Delta h_R V_R. \tag{1.55}$$

Dieser Wärmestrom führt bei konstantem Druck zu einer Enthalpieänderung, die in einphasigen Systemen eine Temperaturänderung bedeutet.

1.5.3 Impulsänderung

Impulsänderungen resultieren allein aus äußeren Kräften. So wie sie beispielsweise durch Wandkräfte, ein Druckfeld oder auch durch Gravitationskräfte entstehen.

1.6 Bilanzgleichungen

Die Basis zur Erstellung von Stoff-, Energie- (Wärme-) und Impulsbilanzen stellen die Erhaltungssätze für Masse, Energie und Impuls dar. Hierbei unterscheidet man *differenzielle* und *integrale* Bilanzgleichungen. Differenzielle Bilanzgleichungen werden erstellt, wenn es gilt, einen Vorgang in einem differenziellen Volumenelement eines Apparates oder an der Grenzfläche zweier Phasen zu untersuchen. Dazu ist es notwendig, die entsprechenden Differenzialgleichungen sowie die dazugehörigen Randbedingungen aufzustellen und diese zu integrieren. Differenzielle Bilanzgleichungen werden im Wesentlichen zur Berechnung der Geschwindigkeits-, Konzentrations- und Temperaturfeldern in Systemen bzw. an deren Grenzflächen verwendet.

Integrale Bilanzgleichungen dienen zur Ermittlung der in ein System ein- bzw. austretenden Ströme. Als System kann ein Apparat, eine Verfahrensstufe oder ein ganzes Verfahren betrachtet werden. Es interessieren in diesem Falle nicht die Vorgänge im Innern eines Apparates, sondern allein das betreffende System als Ganzes.

Unter *System* wird der Bilanzbereich verstanden, meist ein dreidimensionaler Raum vom Volumen V. Technisch ist dies eine Anlage (Apparat, Rohr, etc.) oder ein Teilbereich (z. B. Katalysator, Tropfen). Die Grenze des Systems (*Bilanzgrenze*) ist eine konkrete Wand bzw. Oberfläche oder eine gedachte Grenze, die bei einem geometrisch dreidimensionalen System dann als eine Fläche gegeben ist, die das System vollständig einschließt.

Das betrachtete System steht i. Allg. mit der Umgebung (als Rest des Gesamtsystems) in stofflicher, energetischer sowie kräftemäßiger Wechselwirkung. Man unterteilt Systeme je nach ihren Wechselwirkungen in folgende Gruppen:

- *abgeschlossene* Systeme: sämtliche Transportströme sind null.
- *geschlossene* Systeme: alle Stofftransportströme sind null, Energieströme können auftreten.
- *offene* Systeme: Stoff- und Energieströme treten über die Systemgrenzen.

Die *allgemeine Bilanzgleichung* der einzelnen Austauschgrößen lässt sich im Fall eines offenen Systems in nachstehender Weise formulieren, wobei unter einer *Menge* hierbei die Menge der betreffenden Austauschgröße verstanden wird.

Austauschgrößen sind Energie, Impuls und Stoffmenge:

$$\underset{\dot{S}}{\begin{bmatrix} \textit{Änderung der} \\ \textit{im System} \\ \textit{gespeicherten} \\ \textit{Mengen} \end{bmatrix}} + \underset{\dot{A}}{\begin{bmatrix} \textit{Summe der} \\ \textit{aus dem System} \\ \textit{austretenden} \\ \textit{Mengen} \end{bmatrix}} - \underset{\dot{Z}}{\begin{bmatrix} \textit{Summe der} \\ \textit{in das System} \\ \textit{eintretenden} \\ \textit{Mengen} \end{bmatrix}} = \underset{\dot{W}}{\begin{bmatrix} \textit{Summe der} \\ \textit{im System} \\ \textit{gewandelten} \\ \textit{Mengen} \end{bmatrix}} \tag{1.56}$$

Bei einem geschlossenen System entfällt der zweite und dritte Term.

1.6.1 Differenzielle Bilanzgleichungen

Die Anwendung des allgemeinen Erhaltungssatzes nach Gl. (1.56) auf ein differenzielles, ortsfestes Volumenelement führt mit der Masse, der Energie und dem Impuls als jeweilige Austauschgrößen auf ein System von Differenzialgleichungen, bestehend aus Stoff-, Energie- und Impulsbilanzen. Diese erfassen zusammen mit den Rand-, Anfangs- und Nebenbedingungen vollständig das zeit- und ortsabhängige Verhalten der Konzentrations-, Temperatur- und Geschwindigkeitsfelder innerhalb des betrachteten Systems. Für jedes System ist die Zahl der Stoffbilanzen gleich jener der Einzelkomponenten k im System. Mit der Energie- und Impulsbilanz als zusätzlichen Beziehungen ergeben sich damit für ein System insgesamt $(k+2)$ unabhängige Bilanzgleichungen.

Eine Zielsetzung der Anwendung von differenziellen Bilanzen, die tatsächliche Berechnung von Feldern, ist bis auf wenige Ausnahmefälle analytisch nicht möglich. Für die Lösung muss auf numerische Rechenverfahren zurückgegriffen werden. Derartige Aufgaben können mit sogenannten *Computational Fluid Dynamics* (CFD) Programmen bearbeitet werden, die mit geeigneten Lösungsalgorithmen ausgestattet sind. Die entsprechende Software wurde in den letzten Jahren intensiv weiterentwickelt. Heute liegt eine Reihe kommerzieller und nicht kommerzieller Programme vor, die Lösungen sogar auf dem PC ermöglichen. Zur weiteren Vertiefung in dieses Arbeitsfeld sei hier auf die einführende Literatur verwiesen (z. B. Patankar 1980; Versteegt und Malalasekera 1995; Paschedag 2004). Doch auch ohne Lösung der Bilanzgleichungen eröffnet die Herleitung der Bilanzen zumindest einen vertieften Einblick in einen Prozess, der ein grundsätzliches Verständnis der ablaufenden Vorgänge voraussetzt.

Differenzielle Massenbilanz Der Stofferhaltungssatz oder die Massenbilanz einer Komponente oder eines chemisch einheitlichen Stoffes lässt sich anschaulich herleiten, wenn in einem kartesischen Koordinatennetz ein quaderförmiges Volumenelement $\Delta V = \Delta x\ \Delta y\ \Delta z$ betrachtet wird, wie in Abb. 1.9 dargestellt. Für dieses Element werden die einzelnen Summanden gemäß Gl. (1.56) zusammengestellt.

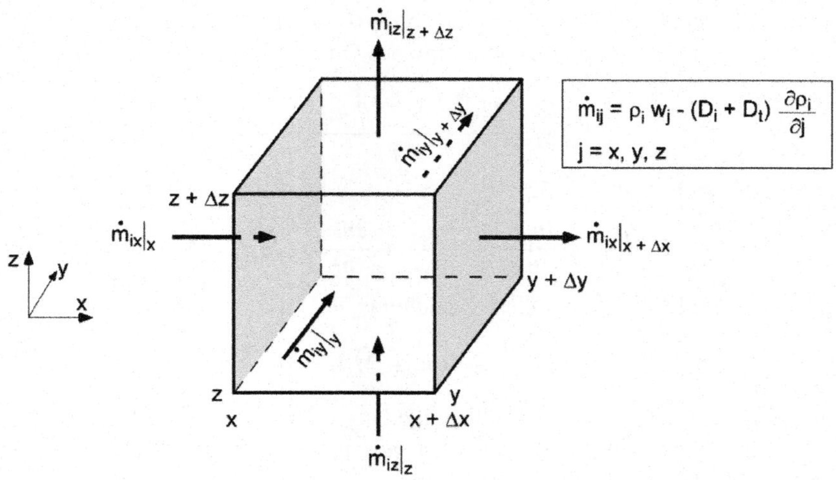

Abb. 1.9 Volumenelement für die allgemeine Stoffbilanz

Die Speicherung der Komponente i im Volumenelement pro Zeit beträgt (wenn $\dot{S}$ die Dimension Masse pro Zeit besitzt):

$$\dot{S} = \frac{\partial M_i}{\partial t} = \frac{\partial(\rho_i \Delta x \Delta y \Delta z)}{\partial t} = \Delta x \Delta y \Delta z \frac{\partial \rho_i}{\partial t}. \tag{1.57}$$

Die Differenz $\dot{Z} - \dot{A}$ ist die Differenz aus Zu- und Abstrom und damit gleich dem Nettostrom, der von der Richtung abhängt. In x-Richtung ergibt sich:

$$\dot{Z}_x - \dot{A}_x = \dot{m}_{ix}\,|_x \Delta y \Delta z - \dot{m}_{ix}\,|_{x+\Delta x} \Delta y \Delta z. \tag{1.58}$$

Entsprechend erhält man in y-Richtung

$$\dot{Z}_y - \dot{A}_y = \dot{m}_{iy}\,\big|_y \Delta x \Delta z - \dot{m}_{iy}\,\big|_{y+\Delta y} \Delta x \Delta z \tag{1.59}$$

und in z-Richtung:

$$\dot{Z}_z - \dot{A}_z = \dot{m}_{iz}\,|_z \Delta x \Delta y - \dot{m}_{iz}\,|_{z+\Delta z} \Delta x \Delta y. \tag{1.60}$$

Der Umwandlungsstrom $\dot{W}$, welcher durch eine chemische oder biologische Reaktion mit der individuellen Reaktionsgeschwindigkeit $\dot{r}_i$ (Einheit: mol/(m^{3}s)) verursacht wird, beträgt:

$$\dot{W} = \widetilde{M}_i \dot{r}_i \Delta x \Delta y \Delta z. \tag{1.61}$$

Setzt man die einzelnen Terme in Gl. (1.56) ein, erhält man:

$$\frac{\partial \rho_i}{\partial t} + \frac{\dot{m}_{ix}\,\big|_{x+\Delta x} - \dot{m}_{ix}\,\big|_x}{\Delta x} + \frac{\dot{m}_{iy}\,\Big|_{y+\Delta y} - \dot{m}_{iy}\,\Big|_y}{\Delta y} + \frac{\dot{m}_{iz}\,\big|_{z+\Delta z} - \dot{m}_{iz}\,\big|_z}{\Delta z} - \widetilde{M}_i \dot{r}_i = 0. \tag{1.62}$$

Beim Grenzübergang Δx oder Δy oder $\Delta z \to 0$ oder allgemein mit der Achsenkoordinate j, ergibt sich gemäß der Definition des Differenzialquotienten:

$$lim_{\Delta j \to 0} \frac{\dot{m}_{ij}\big|_{j+\Delta j} - \dot{m}_{ij}\big|_j}{\Delta j} = \frac{\partial \dot{m}_{ij}}{\partial j}. \tag{1.63}$$

Dann ergibt sich aus Gl. (1.62):

$$\frac{\partial \rho_i}{\partial t} + \frac{\partial \dot{m}_{ix}}{\partial x} + \frac{\partial \dot{m}_{iy}}{\partial y} + \frac{\partial \dot{m}_{iz}}{\partial z} - \widetilde{M}_i \dot{r}_i = 0. \tag{1.64}$$

In Vektorschreibweise lautet diese Beziehung:

$$\frac{\partial \rho_i}{\partial t} + \nabla \vec{\dot{m}}_i - \widetilde{M}_i \dot{r}_i = 0. \tag{1.65}$$

Die Gln. (1.64) bzw. (1.65) stellen die *Stofferhaltungs-* oder *Kontinuitätsgleichung* der Komponente i dar. Für den *gesamten* Stoffstrom gilt die allgemeine Kontinuitätsgleichung:

$$\frac{\partial \rho}{\partial t} + \nabla \vec{\dot{m}} = 0. \tag{1.65a}$$

Für ein inkompressibles Fluid, das nur aus einem Stoff besteht, folgt hieraus:

$$\nabla \vec{w} = \frac{\partial w_x}{\partial x} + \frac{\partial w_y}{\partial y} + \frac{\partial w_z}{\partial z} = 0. \tag{1.65b}$$

Als Massenstromdichte $\dot{m}_i$ der Komponente i ist die Summe aller Ströme einzusetzen, welche auftreten und bedeutsam sind. Hierzu zählen die durch molekularen, konvektiven und turbulenten Transport hervorgerufenen Massenströme. (Die durch Druck- und Thermodiffusion sowie aufgrund von äußeren Kräften entstehenden Massenströme bleiben hier unberücksichtigt.) Wenn für den diffusiven Term der Fall äquimolarer Diffusion oder einer Diffusion bei sehr niedriger Partialdichte ρ_i angenommen wird, nimmt die differenzielle Stoffbilanz nachstehende Form an

$$\frac{\partial \rho_i}{\partial t} + \frac{\partial}{\partial x}\left[\rho_i w_x - (D_i + D_t)\frac{\partial \rho_i}{\partial x}\right] + \frac{\partial}{\partial y}\left[\rho_i w_y - (D_i + D_t)\frac{\partial \rho_i}{\partial y}\right]$$
$$+ \frac{\partial}{\partial z}\left[\rho_i w_z - (D_i + D_t)\frac{\partial \rho_i}{\partial z}\right] - \widetilde{M}_i \dot{r}_i = 0 \tag{1.66a}$$

bzw. in vektorieller Schreibweise:

$$\frac{\partial \rho_i}{\partial t} + \nabla[\rho_i \vec{w} - (D_i + D_t)\nabla \rho_i] - \widetilde{M}_i \dot{r}_i = 0. \tag{1.66b}$$

Bei turbulentem Transport verstehen sich die ρ_i ebenso wie w_x, w_y und w_z als Mittelwerte.

Bei der Integration dieser Differenzialgleichungen ergeben sich Integrationskonstanten, welche durch Anfangs- und Randbedingungen zu bestimmen sind. Im Folgenden sollen kurz einige wesentliche Bedingungen diskutiert werden. Dabei wird exemplarisch hier der Stofftransport betrachtet. Analoge Anfangs- und Randbedingungen treten auch beim Energie- und Impulstransport auf.

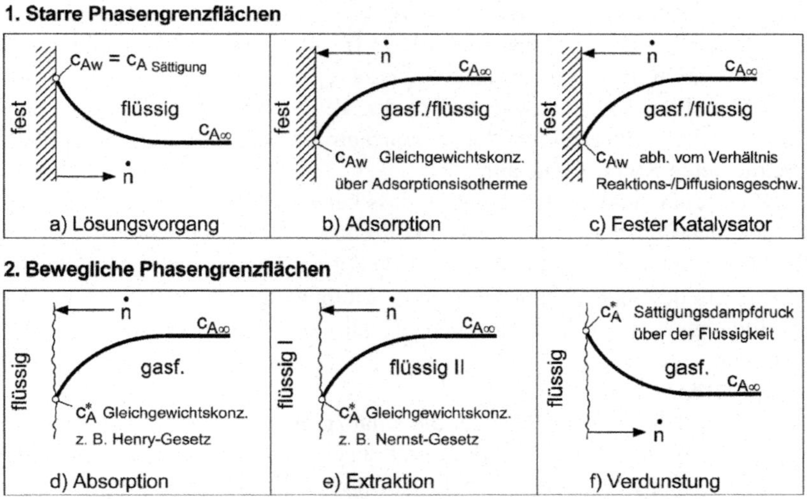

Abb. 1.10 Phasengrenzflächenkonzentrationen für unterschiedliche Grundoperationen

Anfangsbedingung Bei instationären Vorgängen ist das Konzentrationsprofil zu Beginn der Stoffübertragung bekannt. Im einfachsten Fall liegt in dem Bilanzraum überall dieselbe Konzentration c_A $(t=0)$ vor.

Randbedingungen

1. *Phasengrenzflächenkonzentration* (s. Abb. 1.10):
   In einer Vielzahl technischer Anwendungen wird Stoff von einer Phasengrenze in ein Fluid oder von einem Fluid an eine Phasengrenze übertragen. Die Phasengrenze kann starr oder fluid sein. Beispiele für starre Phasengrenzen sind Feststoffe, welche sich in einer Flüssigkeit auflösen; an der Feststoffoberfläche herrscht dann die Sättigungskonzentration c_{Aw} (a). Bei der Adsorption wird Stoff aus einer fluiden Phase an ein festes Adsorbens angelagert (b). Die zugehörige Gleichgewichtskonzentration ergibt sich aus der Adsorptionsisotherme. Bei der heterogenen Katalyse wandern die Reaktanden zur Feststoffoberfläche (c). Die Phasengrenzflächenkonzentration ergibt sich aus der Äquivalenz von Stofftransport- und Reaktionsstrom. Dagegen geht Stoff bei der Desorption, beim Trocknen und beim Abtransport der Produkte einer chemischen Fest/fluid-Reaktion von der festen Phase in die fluide Umgebung über. Bei der Absorption geht Stoff aus einem Gas in eine Flüssigkeit (d) und bei der Flüssig/flüssig-Extraktion ein Stoff aus einer flüssigen Phase in eine andere flüssige Phase (e) über. In beiden Fällen besteht zwischen dem Molenbruch y_A^* in der einen (Gas- oder Raffinatphase) und dem Molenbruch x_A der anderen flüssigen Phase bei kleinen Konzentrationen der Gleichgewichtszusammenhang:

$$y_A^* = m\, x_A, \quad m = konst. \tag{1.67}$$

(*Henrysches* bzw. *Nernstsches Gesetz*, y_A^* ist hierbei die zur Konzentration x_A gehörige Gleichgewichtskonzentration.) Ist in solchen Fällen die Grenzflächenkonzentration in der einen Phase (y_A^* oder x_A^*) bekannt, folgt die in der anderen aus dem Phasengleichgewicht. Bei der Verdunstung einer Flüssigkeit in ein Gas (f) tritt als Phasengrenzflächenkonzentration der Sättigungsdampfdruck der betrachteten Komponente auf.

Zusammenfassend lässt sich sagen, dass bei vielen praktischen Stoffübergangsproblemen die Phasengrenzflächenkonzentration c_{A0} und damit die Bedingung am Rand des Konzentrationsfeldes bekannt ist. Dieser Typ der Randbedingung entspricht dem der Anfangsbedingung. Mathematisch handelt es sich um Randbedingungen erster Art, die auch als Dirichlet-Randbedingungen bezeichnet werden.

2. *Definierter Stoffstrom:*
In einigen Fällen liegen der über die Bilanzgrenze transportierte Stoffstrom und damit der dort vorliegende Konzentrationsgradient aufgrund äußerer Bedingungen fest. Häufigstes Beispiel ist die stoffdichte Wand, für die gilt:

$$\left.\frac{dc_A}{dx}\right|_{Rand} = 0 \tag{1.68}$$

Dies sind Randbedingungen zweiter Art oder Neumann-Randbedingungen.

3. *Stofftransport mit heterogener chemischer Reaktion:*
Bei heterogenen chemischen Reaktionen, welche an einer festen Phasengrenzfläche ablaufen, ist die Molenstromdichte an der Grenzfläche gleich der flächenbezogenen Reaktionsstromdichte. Die entsprechende mathematisch formulierte Randbedingung lautet beispielsweise

$$-D_{AB}\left.\frac{dc_A}{dx}\right|_{Rand} = k_{Anw}\cdot c^n_{A\,Rand} \tag{1.69}$$

und wird als Randbedingung dritter Art oder Cauchy-Randbedingung bezeichnet. Handelt es sich im Vergleich zum Stofftransport um „sehr schnelle" Reaktionen, kann im Grenzfall die Phasengrenzflächenkonzentration $c_{A\,Rand}$ zu null werden $c_{A\,Rand} = 0$.

Das ortsfeste, formstabile Bilanzgebiet nach Abb. 1.9 stellt nur *eine* unter vielen Möglichkeiten eines infinitesimalen Gebietes dar, das analytischen Ansätzen zugrunde gelegt werden kann. In der Strömungslehre und der Aerodynamik betrachtet man oft auch Bilanzgebiete, die sich, von einer massedichten Hülle umschlossen, mit der Strömung bewegen. Es ist üblich, die sich auf ein im Raum festes Gebiet beziehenden, zeitlichen Änderungen mit $\partial \ldots/\partial t$ zu bezeichnen. Man spricht dann von *lokalen Ableitungen*. Demgegenüber bezieht sich die *substanzielle Ableitung* $d\Phi/dt$ einer Größe Φ (x, y, z, t) auf ein mit dem Fluid bewegtes System und es gilt:

$$\frac{d\Phi(x,y,z,t)}{dt} = \frac{\partial\Phi}{\partial t} + w_x\frac{\partial\Phi}{\partial x} + w_y\frac{\partial\Phi}{\partial y} + w_z\frac{\partial\Phi}{\partial z}.$$

Differenzielle Energiebilanz Die Herleitung der differenziellen Energiebilanz erfolgt völlig analog zur Stoffbilanz. Die zu bilanzierende Gesamtenergie E eines strömenden Mediums setzt sich i. Allg. aus der spezifischen inneren Energie u, der kinetischen Energie und der potenziellen Energie zusammen. Da vielfach die kinetische und die potenzielle Energie gegenüber der inneren Energie vernachlässigt werden können, ergibt sich als Bilanzgröße:

$$E = U = Mu \quad bzw. \quad e = \frac{E}{V}. \tag{1.70}$$

Die an dem in Abb. 1.9 dargestellten Volumenelement durchgeführte Energiebilanz führt analog zu Gl. (1.64) zu dem Ergebnis:

$$\frac{\partial(\rho u)}{\partial t} + \frac{\partial}{\partial x}\dot{e}_x + \frac{\partial}{\partial y}\dot{e}_y + \frac{\partial}{\partial z}\dot{e}_z - \sum \dot{q}_{Wandlung} = 0. \tag{1.71}$$

Stellt die innere Energie die Bilanzgröße dar, so wird eine mögliche Reaktionswärme durch die Größe u mit erfasst und muss nicht im Umwandlungsterm berücksichtigt werden. Als Umwandlungseffekte können auftreten:

- Umwandlung von Verdrängungsarbeit infolge eines Druckfeldes und
- Umwandlung von kinetischer Energie in Reibungswärme.

Beide Effekte sollen im Weiteren vernachlässigt werden, d. h., Druckänderungen werden ebenso wie Schubspannungen nicht betrachtet.

Die innere Energie kann durch die Enthalpie h ersetzt werden über die Zusammenhänge

$$h = u + p/\rho \tag{1.72}$$

sowie

$$\frac{\partial(\rho u)}{\partial t} = \frac{\partial(\rho h)}{\partial t}, \tag{1.73}$$

da $\partial p/\partial t = 0$ gemäß obiger Vereinfachung (konstanter Druck) sein soll.

Die zu- bzw. abgeführten Energieströme setzen sich wiederum aus einem molekularen, einem konvektiven und einem turbulenten Anteil zusammen:

$$\dot{e}_i = \rho u\, w_i \underbrace{-\lambda \frac{\partial T}{\partial i}}_{\dot{q}_m} \underbrace{- a_t \frac{\partial}{\partial i}\left(\rho c_p T\right)}_{\dot{q}_t}. \tag{1.74}$$

Durch Einsetzen von Gl. (1.73) und (1.74) in (1.71), folgt für inkompressible Fluide:

$$\rho\left(\frac{\partial h}{\partial t} + w_x\frac{\partial h}{\partial x} + w_y\frac{\partial h}{\partial y} + w_z\frac{\partial h}{\partial z}\right) + \frac{\partial}{\partial x}(\dot{q}_m + \dot{q}_t) + \frac{\partial}{\partial y}(\dot{q}_m + \dot{q}_t) + \frac{\partial}{\partial z}(\dot{q}_m + \dot{q}_t) = 0. \tag{1.75}$$

Die ersten vier Summanden sind gleich der substanziellen, das heißt auf ein bewegtes Teilchen bezogenen Ableitung:

$$\rho\frac{dh}{dt} = \rho\left(\frac{\partial h}{\partial t} + w_x\frac{\partial h}{\partial x} + w_y\frac{\partial h}{\partial y} + w_z\frac{\partial h}{\partial z}\right). \tag{1.76}$$

Bei unveränderlichem Druck gilt für diese Ableitung:

$$\rho\frac{dh}{dt} = \rho c_p\frac{dT}{dt} + \dot{r}\Delta h_R. \tag{1.77}$$

Das Auftreten des Reaktionsterms auf der rechten Gleichungsseite folgt daraus, dass sowohl die „Wärmeenergie" als auch die chemische Bindungsenergie Bestandteile der inneren Energie sind und entsprechend berücksichtigt werden müssen, wenn die einzelnen Anteile der inneren Energie aufgeführt werden.

Damit folgt aus Gl. (1.75) unter der Annahme konstanter spezifischer Wärme und Dichte ($\rho c_p = \text{konst.}$):

$$\begin{aligned}\rho c_p\frac{\partial T}{\partial t} &+ \rho c_p\left(w_x\frac{\partial T}{\partial x} + w_y\frac{\partial T}{\partial y} + w_z\frac{\partial T}{\partial z}\right)\\ &- (\lambda + a_t\rho c_p)\left(\frac{\partial^2 T}{\partial x^2} + \frac{\partial^2 T}{\partial y^2} + \frac{\partial^2 T}{\partial z^2}\right) + \dot{r}\Delta h_R = 0.\end{aligned} \tag{1.78}$$

Diese Beziehung entspricht vollständig der allgemeinen Formulierung der Bilanzgleichung, wenn die allgemeine Austauschgröße u durch die sogenannte *fühlbare Wärme* mc_pT und die Energiedichte durch ρc_pT ersetzt wird. Die Größe $\dot{r}\Delta h_R$ stellt entsprechend den Umwandlungsterm dar.

Differenzielle Impulsbilanz Die analog zur Stoff- und Energiebilanz durchführbare differenzielle Impulsbilanz führt u. a. zur sogenannten *Navier-Stokesschen Bewegungsgleichung* (Navier[12] 1827; Stokes[13] 1849). Diese gilt für inkompressible, Newtonsche Fluide mit räumlich konstanter Zähigkeit und ermöglicht die Berechnung des Geschwindigkeitsfeldes in strömenden Fluiden. Auf eine Ableitung wird an dieser Stelle verzichtet (s. z. B. Schade und Kunz 2007).

In Tab. 1.1, 1.2, 1.3 sind die allgemeinen Bilanzgleichungen für Energie, Impuls und Stoff für laminare Strömungen in verschiedenen Koordinatensystemen wiedergegeben.

1.6.2 Integrale Bilanzgleichungen

Die integrale oder globale Bilanzgleichung der Ströme dient der realen Überprüfung von Vorgängen in technischen Systemen auf Basis der üblichen Massen- oder

[12] Claude Louis Marie Henri Navier 1785–1836, französischer Mathematiker und Physiker, entwickelte mit Stokes die Bewegungsgleichungen für viskose Flüssigkeiten.

[13] Sir George Gabriel Stokes 1819–1903, irischer Mathematiker und Physiker, neben seinen Untersuchungen zur Hydrodynamik entdeckte er das Phänomen der Fluoreszenz.

Tab. 1.1 Bilanzgleichungen für das kartesische Koordinatensystem (x, y, z)

Kontinuitätsgleichung	$\frac{\partial \rho}{\partial t} + \frac{\partial}{\partial x}(\rho w_x) + \frac{\partial}{\partial y}(\rho w_y) + \frac{\partial}{\partial z}(\rho w_z) = 0$	(1.79)
Impulsgleichung (Navier-Stokes-Gleichungen)	$\rho\left(\frac{\partial w_x}{\partial t} + w_x\frac{\partial w_x}{\partial x} + w_y\frac{\partial w_x}{\partial y} + w_z\frac{\partial w_x}{\partial z}\right) = -\frac{\partial p}{\partial x} + \eta\left(\frac{\partial^2 w_x}{\partial x^2} + \frac{\partial^2 w_x}{\partial y^2} + \frac{\partial^2 w_x}{\partial z^2}\right) + \rho g_x$	(1.80)
	$\rho\left(\frac{\partial w_y}{\partial t} + w_x\frac{\partial w_y}{\partial x} + w_y\frac{\partial w_y}{\partial y} + w_z\frac{\partial w_y}{\partial z}\right) = -\frac{\partial p}{\partial y} + \eta\left(\frac{\partial^2 w_y}{\partial x^2} + \frac{\partial^2 w_y}{\partial y^2} + \frac{\partial^2 w_y}{\partial z^2}\right) + \rho g_y$	(1.81)
	$\rho\left(\frac{\partial w_z}{\partial t} + w_x\frac{\partial w_z}{\partial x} + w_y\frac{\partial w_z}{\partial y} + w_z\frac{\partial w_z}{\partial z}\right) = -\frac{\partial p}{\partial z} + \eta\left(\frac{\partial^2 w_z}{\partial x^2} + \frac{\partial^2 w_z}{\partial y^2} + \frac{\partial^2 w_z}{\partial z^2}\right) + \rho g_z$	(1.82)
Energiegleichung	$\rho c_p\left(\frac{\partial T}{\partial t} + w_x\frac{\partial T}{\partial x} + w_y\frac{\partial T}{\partial y} + w_z\frac{\partial T}{\partial z}\right) = \lambda\left(\frac{\partial^2 T}{\partial x^2} + \frac{\partial^2 T}{\partial y^2} + \frac{\partial^2 T}{\partial z^2}\right) - \dot{r}\Delta h_R$	
zuzüglich Dissipation	$+ 2\eta\left\{\left(\frac{\partial w_x}{\partial x}\right)^2 + \left(\frac{\partial w_y}{\partial y}\right)^2 + \left(\frac{\partial w_z}{\partial z}\right)^2\right\} + \eta\left\{\left(\frac{\partial w_x}{\partial y} + \frac{\partial w_y}{\partial x}\right)^2 + \left(\frac{\partial w_x}{\partial z} + \frac{\partial w_z}{\partial x}\right)^2 + \left(\frac{\partial w_y}{\partial z} + \frac{\partial w_z}{\partial y}\right)^2\right\}$	(1.83)
Stofftransportgleichung	$\frac{\partial \rho_A}{\partial t} + w_x\frac{\partial \rho_A}{\partial x} + w_y\frac{\partial \rho_A}{\partial y} + w_z\frac{\partial \rho_A}{\partial z} = D_{AB}\left(\frac{\partial^2 \rho_A}{\partial x^2} + \frac{\partial^2 \rho_A}{\partial y^2} + \frac{\partial^2 \rho_A}{\partial z^2}\right) + \dot{r}_A\widetilde{M}_A$	(1.84)

Tab. 1.2 Bilanzgleichungen für zylindrische Koordinatensysteme (r, φ, z)

Kontinuitätsgleichung	$\frac{\partial \rho}{\partial t} + \frac{1}{r}\frac{\partial}{\partial r}(\rho r\, w_r) + \frac{1}{r}\frac{\partial}{\partial \varphi}(\rho w_\varphi) + \frac{\partial}{\partial z}(\rho w_z) = 0$	(1.85)
Impulsgleichung (Navier-Stokes-Gleichungen)	$\rho\left(\frac{\partial w_r}{\partial t} + w_r\frac{\partial w_r}{\partial r} + \frac{w_\varphi}{r}\frac{\partial w_r}{\partial \varphi} - \frac{w_\varphi^2}{r} + w_z\frac{\partial w_r}{\partial z}\right) = -\frac{\partial p}{\partial r}$	
	$+\,\eta\left\{\frac{\partial}{\partial r}\left(\frac{1}{r}\frac{\partial}{\partial r}(r\, w_r)\right) + \frac{1}{r^2}\frac{\partial^2 w_r}{\partial \varphi^2} - \frac{2}{r^2}\frac{\partial w_\varphi}{\partial \varphi} + \frac{\partial^2 w_r}{\partial z^2}\right\} + \rho g_r$	(1.86)
	$\rho\left(\frac{\partial w_\varphi}{\partial t} + w_r\frac{\partial w_\varphi}{\partial r} + \frac{w_\varphi}{r}\frac{\partial w_\varphi}{\partial \varphi} + \frac{w_r w_\varphi}{r} + w_z\frac{\partial w_\varphi}{\partial z}\right) = -\frac{1}{r}\frac{\partial p}{\partial \varphi}$	
	$+\,\eta\left\{\frac{\partial}{\partial r}\left(\frac{1}{r}\frac{\partial}{\partial r}(r\, w_\varphi)\right) + \frac{1}{r^2}\frac{\partial^2 w_\varphi}{\partial \varphi^2} + \frac{2}{r^2}\frac{\partial w_r}{\partial \varphi} + \frac{\partial^2 w_\varphi}{\partial z^2}\right\} + \rho g_\varphi$	(1.87)
	$\rho\left(\frac{\partial w_z}{\partial t} + w_r\frac{\partial w_z}{\partial r} + \frac{w_\varphi}{r}\frac{\partial w_z}{\partial \varphi} + w_z\frac{\partial w_z}{\partial z}\right) = -\frac{\partial p}{\partial z} + \eta\left\{\frac{1}{r}\frac{\partial}{\partial r}\left(r\frac{\partial w_z}{\partial r}\right) + \frac{1}{r^2}\frac{\partial^2 w_z}{\partial \varphi^2} + \frac{\partial^2 w_z}{\partial z^2}\right\} + \rho g_z$	(1.88)
Energiegleichung	$\rho c_p\left(\frac{\partial T}{\partial t} + w_r\frac{\partial T}{\partial r} + \frac{w_\varphi}{r}\frac{\partial T}{\partial \varphi} + w_z\frac{\partial T}{\partial z}\right) = \lambda\left\{\frac{1}{r}\frac{\partial}{\partial r}\left(r\frac{\partial T}{\partial r}\right) + \frac{1}{r^2}\frac{\partial^2 T}{\partial \varphi^2} + \frac{\partial^2 T}{\partial z^2}\right\} - \dot{r}\,\Delta h_R$	
zuzüglich Dissipation	$+\,2\eta\left\{\left(\frac{\partial w_r}{\partial r}\right)^2 + \left[\frac{1}{r}\left(\frac{\partial w_\varphi}{\partial \varphi} + w_r\right)\right]^2 + \left(\frac{\partial w_x}{\partial z}\right)^2\right\} + \eta\left\{\left(\frac{\partial w_\varphi}{\partial z} + \frac{1}{r}\frac{\partial w_z}{\partial \varphi}\right)^2\right.$	(1.89)
	$\left. +\left(\frac{\partial w_z}{\partial r} + \frac{\partial w_r}{\partial r}\right)^2 + \left[\frac{1}{r}\frac{\partial w_r}{\partial \varphi} + r\frac{\partial}{\partial r}\left(\frac{w_\varphi}{r}\right)\right]^2\right\}$	
Stofftransportgleichung	$\frac{\partial \rho_A}{\partial t} + w_r\frac{\partial \rho_A}{\partial r} + w_\varphi\frac{1}{r}\frac{\partial \rho_A}{\partial \varphi} + w_z\frac{\partial \rho_A}{\partial z} = D_{AB}\left\{\frac{1}{r}\frac{\partial}{\partial r}\left(r\frac{\partial \rho_A}{\partial r}\right) + \frac{1}{r^2}\frac{\partial^2 \rho_A}{\partial \varphi^2} + \frac{\partial^2 \rho_A}{\partial z^2}\right\} + \dot{r}_A\widetilde{M}_A$	(1.90)

Tab. 1.3 Bilanzgleichungen für sphärische Koordinatensysteme (r, Θ, φ)

Kontinuitätsgleichung	$\frac{\partial \rho}{\partial t} + \frac{1}{r^2}\frac{\partial}{\partial r}(\rho r^2 w_r) + \frac{1}{r\sin\theta}\frac{\partial}{\partial\theta}(\rho w_\theta \sin\theta) + \frac{1}{r\sin\theta}\frac{\partial}{\partial\varphi}(\rho w_\varphi) = 0$	(1.91)
Impulsgleichung (Navier-Stokes-Gleichungen)	$\rho\left(\frac{\partial w_r}{\partial t} + w_r\frac{\partial w_r}{\partial r} + \frac{w_\theta}{r}\frac{\partial w_r}{\partial\theta} + \frac{w_\varphi}{r\sin\theta}\frac{\partial w_r}{\partial\varphi} - \frac{w_\theta^2 + w_\varphi^2}{r}\right) = -\frac{\partial p}{\partial r}$ $+\eta\left(\nabla^2 w_r - \frac{2}{r^2}w_r - \frac{2}{r^2}\frac{\partial w_\theta}{\partial\theta} - \frac{2}{r^2}w_\theta\cot\theta - \frac{2}{r^2\sin\theta}\frac{\partial w_\varphi}{\partial\varphi}\right) + \rho g_r$	(1.92)
	$\rho\left(\frac{\partial w_\theta}{\partial t} + w_r\frac{\partial w_\theta}{\partial r} + \frac{w_\theta}{r}\frac{\partial w_\theta}{\partial\theta} + \frac{w_\varphi}{r\sin\theta}\frac{\partial w_\theta}{\partial\varphi} + \frac{w_r w_\theta}{r} - \frac{w_\varphi^2\cot\theta}{r}\right) = -\frac{1}{r}\frac{\partial p}{\partial\theta}$ $+\eta\left(\nabla^2 w_\theta + \frac{2}{r^2}\frac{\partial w_r}{\partial\theta} - \frac{w_\theta}{r^2\sin^2\theta} - \frac{2\cos\theta}{r^2\sin^2\theta}\frac{\partial w_\varphi}{\partial\varphi}\right) + \rho g_\theta$	(1.93)
	$\rho\left(\frac{\partial w_\varphi}{\partial t} + w_r\frac{\partial w_\varphi}{\partial r} + \frac{w_\theta}{r}\frac{\partial w_\varphi}{\partial\theta} + \frac{w_\varphi}{r\sin\theta}\frac{\partial w_\varphi}{\partial\varphi} + \frac{w_\varphi w_r}{r} + \frac{w_\theta w_\varphi}{r}\cot\theta\right) = -\frac{1}{r\sin\theta}\frac{\partial p}{\partial\varphi}$ $+\eta\left(\nabla^2 w_\varphi - \frac{w_\varphi}{r^2\sin^2\theta} + \frac{2}{r^2\sin^2\theta}\frac{\partial w_r}{\partial\varphi} + \frac{2\cos\theta}{r^2\sin^2\theta}\frac{\partial w_\theta}{\partial\varphi}\right) + \rho g_\varphi$	(1.94)
Energiegleichung	$\rho c_p\left(\frac{\partial T}{\partial t} + w_r\frac{\partial T}{\partial r} + \frac{w_\theta}{r}\frac{\partial T}{\partial\theta} + \frac{w_\varphi}{r\sin\theta}\frac{\partial T}{\partial\varphi}\right) = \lambda\nabla^2 T - \dot{r}\Delta h_R$	
zuzüglich Dissipation	$+2\eta\left\{\left(\frac{\partial w_r}{\partial r}\right)^2 + \left(\frac{1}{r}\frac{\partial w_\theta}{\partial\theta} + \frac{w_r}{r}\right)^2 + \left(\frac{1}{r\sin\theta}\frac{\partial w_\varphi}{\partial\varphi} + \frac{w_r}{r} + \frac{w_\theta\cot\theta}{r}\right)^2\right\}$ $+\eta\left\{\left[r\frac{\partial}{\partial r}\left(\frac{w_\theta}{r}\right) + \frac{1}{r}\frac{\partial w_r}{\partial\theta}\right]^2 + \left[\frac{1}{r\sin\theta}\frac{\partial w_r}{\partial\varphi} + r\frac{\partial}{\partial r}\left(\frac{w_\varphi}{r}\right)\right]^2\right.$ $\left.+\left[\frac{\sin\theta}{r}\frac{\partial}{\partial\theta}\left(\frac{w_\varphi}{\sin\theta}\right) + \frac{1}{r\sin\theta}\frac{\partial w_\theta}{\partial\varphi}\right]^2\right\}$	(1.95)
Stofftransportgleichung	$\frac{\partial\rho_A}{\partial t} + w_r\frac{\partial\rho_A}{\partial r} + w_\theta\frac{1}{r}\frac{\partial\rho_A}{\partial\theta} + w_\varphi\frac{1}{r\sin\theta}\frac{\partial\rho_A}{\partial\varphi} = D_{AB}\nabla^2\rho_A + \dot{r}_A\widetilde{M}_A$	(1.96)
In den Gleichungen (1.92) bis (1.96) bedeutet	$\nabla^2 = \frac{1}{r^2}\frac{\partial}{\partial r}\left(r^2\frac{\partial}{\partial r}\right) + \frac{1}{r^2\sin\theta}\frac{\partial}{\partial\theta}\left(\sin\theta\frac{\partial}{\partial\theta}\right) + \frac{1}{r^2\sin^2\theta}\left(\frac{\partial^2}{\partial\varphi^2}\right)$	(1.97)

Energiebilanzen. Sie kann auch dazu verwendet werden, theoretische Analysen über das Zeitverhalten von Systemen durchzuführen. Sie dient also der Behandlung der Vorgänge in technischen Anlagen, Apparaten oder einzelnen Partikeln in Apparaten, wenn nur die Ströme selbst bekannt sind. Auf diese Weise kann beispielsweise die ordnungsgemäße Funktion einzelner Prozessschritte überprüft werden.

Im Folgenden werden die integralen Bilanzgleichungen für Masse und Energie dargestellt.

Integrale Stoffbilanzgleichungen Bei der Bilanzierung einer Masse oder Stoffmenge kommt als Transportgröße entweder die Komponentenmasse M_i, die Gesamtmasse M, die Komponentenmolmenge N_i oder die Gesamtmolmenge N in Betracht. Man wird sich im Allgemeinen entweder auf die Masse oder die Molmenge beschränken und dabei jene dieser beiden Größen heranziehen, die für den betreffenden Fall am zweckmäßigsten ist. Die Molmenge wird insbesondere dann von Vorteil sein, wenn die genauen stöchiometrischen Verhältnisse der betreffenden chemischen Reaktion bekannt sind. Was die zugehörigen Austauscheffekte, insbesondere die Umwandlungseffekte anbelangt, so ist von besonderer Bedeutung, ob der jeweilige Vorgang mit chemischen oder biologischen Reaktionen verbunden ist oder nicht.

Ausgehend von der allgemeinen integralen Bilanzgleichung erhält man für die Komponentenmasse M_i unter Berücksichtigung der Reaktionsgeschwindigkeit $\dot{r}$ nachstehende integrale Bilanzgleichung der partiellen Masse M_i:

$$\frac{dM_i}{dt} = \dot{M}_{i,ein} - \dot{M}_{i,aus} + \sum_j \left(V_{ges}\dot{r}\nu_i\tilde{M}_i\right)_j. \tag{1.98}$$

Dabei ist der allgemeine Fall zugrunde gelegt, dass im betreffenden Bilanzgebiet mehrere Reaktionen (angezeigt durch den laufenden Index j) vorhanden sein können. Im Fall, dass nur eine Umwandlung vorliegt, ist j = 1, und es gilt:

$$\frac{dM_i}{dt} = \dot{M}_{i,ein} - \dot{M}_{i,aus} + V_{ges}(\dot{r}\nu_i\tilde{M}_i). \tag{1.99}$$

Im Einzelnen bedeuten dM_i/dt den Speicherterm, $\dot{M}_{i,ein} - \dot{M}_{i,aus}$ den Nettotransportstrom und $V_{ges}(\dot{r}\nu_i\tilde{M}_i)$ den Umwandlungsterm der Komponente, wobei V_{ges} das betreffende Reaktionsvolumen bezeichnet. Die Division von Gl. (1.99) durch das Molekulargewicht $\tilde{M}_i$ ergibt die entsprechende Stoffmengenbilanz.

Integrale Energiebilanzgleichungen Die integrale Bilanzgleichung für die Energie lautet:

$$\frac{dE}{dt} = \dot{E}_{ein} - \dot{E}_{aus}. \tag{1.100}$$

Der Term auf der linken Seite von Gl. (1.100) erfasst die Speicherung, während die anderen Terme den Nettotransportstrom und die durch Umwandlungseffekte bedingten Energieströme beschreiben. Die Energie E kann dabei folgende Größen umfassen:

$$E = Mh + \frac{Mw^2}{2} + Mgz = M\left(h + \frac{w^2}{2} + gz\right). \tag{1.101}$$

Für den betreffenden Energiestrom gilt:

$$\dot{E} = \dot{M}h + \frac{\dot{M}w^2}{2} + \dot{M}gz = \dot{M}\left(h + \frac{w^2}{2} + gz\right). \tag{1.102}$$

Wird statt der Enthalpie die „Wärmeenergie“ als Bilanzgröße gewählt, so muss der Energieumsatz einer chemischen Reaktion separat berücksichtigt werden. Die durch eine chemische oder biologische Reaktion frei werdende oder verbrauchte Energie führt zu folgendem Umwandlungsenergiestrom:

$$\dot{E}_{Wandlung} \equiv \dot{r}\,\Delta h_R V_{ges}. \tag{1.103}$$

Werden über die Systemgrenzen Wärmeströme $\dot{Q}_{\mathrm{Rand}}$ ausgetauscht (Vorzeichenkonvention: Zufuhr positiv, Abfuhr negativ), so sind diese in der integralen Energiebilanz zu berücksichtigen. Werden die kinetische und die potenzielle Energie vernachlässigt und wird für den Umwandlungsstrom lediglich Gl. (1.103) eingesetzt, so lautet die vereinfachte integrale Energiebilanz:

$$V_{ges}\rho c_P \frac{dT}{dt} = \dot{M}c_P(T_{ein} - T_{aus}) + \dot{Q}_{Rand} + \dot{r}\,\Delta h_R V_{ges}. \tag{1.104}$$

Das besondere Merkmal integraler Bilanzgleichungen besteht darin, dass bei den inneren Austauschvorgängen des Systems nur die Speicher- und Umwandlungseffekte berücksichtigt werden müssen. Dagegen müssen die Transporteffekte nur an den Bilanzgrenzen erfasst werden. Das bedingt eine erhebliche Vereinfachung der rechnerischen Auswertung, worauf die große praktische Bedeutung dieser Gleichungen beruht. Die Lösung der integralen Bilanzgleichungen liefert somit keine unmittelbare Information über die Vorgänge im Inneren des Systems. Die Genauigkeit der Aussage integraler Bilanzgleichungen hängt somit davon ab, inwieweit die Vorgänge innerhalb des Systems durch geeignete Ansätze annähernd exakt beschrieben werden.

1.7 Molekulare Transportkoeffizienten und Stoffgrößen

Zu den molekularen Transportkoeffizienten gibt es eine große Zahl von Messdaten, z. B. (Landolt-Börnstein 1960; VDI 2006; Perry et al. 1984). Dennoch sind bei weitem nicht alle Reinstoffe und erst recht nicht alle Stoffgemische vermessen. Hierbei ist noch zu berücksichtigen, dass die Transportkoeffizienten sowohl eine Druck- als auch eine Temperaturabhängigkeit aufweisen. Daher existiert eine Reihe von *Berechnungsmethoden*, z. B. (VDI 2006, Da 1–38), die eine mehr oder weniger genaue rein rechnerische Bestimmung der jeweiligen Größen ermöglichen. Diese Methoden basieren in aller Regel auf Kenntnissen über den inneren Aufbau der Moleküle und über die zwischenmolekularen Wechselwirkungen.

Abb. 1.11 Fließkurven für verschiedene Fluide

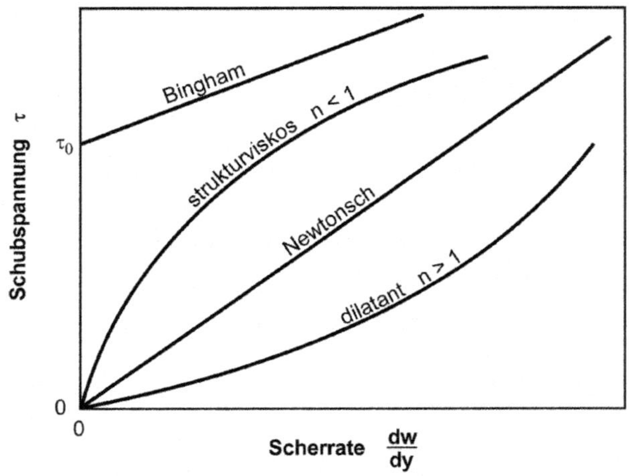

1.7.1 *Viskosität*

Das Fließverhalten von Stoffen ist für zahlreiche verfahrenstechnische Anwendungen von hoher Bedeutung. Das Verformungs- und Fließverhalten verschiedener Materialien weist enorme Unterschiede auf. Die Rheologie[14] beschäftigt sich als Wissenschaftsdisziplin mit diesen Eigenschaften. Sie befasst sich sowohl mit kontinuumsmechanischen Problemen als auch mit der Bestimmung der benötigten Materialgesetze, wie dem bereits eingeführten Newtonschen Fließgesetz (Gl. (1.1)).

Die Viskosität ist ein Maß für die Fließfähigkeit eines Fluids. Üblicherweise wird mit dem Begriff Viskosität die Viskosität einer Scherung verbunden, es ist allerdings auch möglich, die Viskosität einer Dehnung (Dehnviskosität) zu messen. Viskositäten werden daher i. Allg. in eindimensionalen Scherströmungen gemessen. Demzufolge wird das Flüssigkeitsverhalten eingeteilt nach den Scherkräften, die unter eindimensionaler Beanspruchung entstehen. Die entsprechenden grafischen Darstellungen des Zusammenhangs zwischen Schubspannung und Schergeschwindigkeit (s. Abb. 1.11) werden als *Fließkurve* bezeichnet.

Newtonsche Fluide Newtonsche Fluide zeigen keinerlei Veränderung der Viskosität bei Veränderung der Scherbeanspruchung, d. h., die entsprechenden Fließkurven stellen Geraden dar, deren Steigung der Viskosität η entspricht. Dynamische Viskositäten einer größeren Zahl von Stoffen als Funktion der reziproken Temperatur werden in Abb. 1.12 dargestellt. Das Diagramm zeigt, dass die Viskositäten von Gasen alle etwa innerhalb einer Zehnerpotenz liegen. Dagegen unterscheiden sich diejenigen der Flüssigkeiten um mehr als fünf Zehnerpotenzen. Die geringe dynamische Viskosität der Gase ist auf deren geringe Dichte zurückzuführen, wodurch die Zahl der Moleküle und daher auch die Zahl der Zusammenstöße, durch die allein

[14] von griechisch rhei „fließen“ und logo „Lehre“.

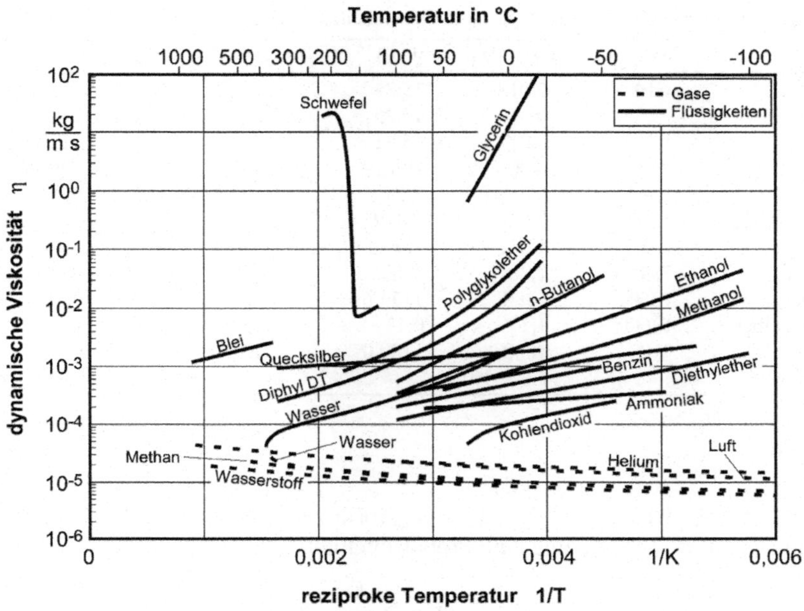

Abb. 1.12 Dynamische Viskosität von Fluiden in Abhängigkeit von der Temperatur

Impuls übertragen werden kann, klein ist. Flüssigkeiten besitzen eine verhältnismäßig große dynamische Viskosität, da aufgrund ihrer hohen Dichten die Molekülstöße häufig und damit die intermolekularen Wechselwirkungen groß sind.

Während Gase mit steigender Temperatur zäher werden, fällt die Viskosität der Flüssigkeiten in aller Regel mit T ab. Dafür verantwortlich sind zwei unterschiedliche Mechanismen, von denen der eine in Flüssigkeiten, der andere in Gasen überwiegt. Bei Flüssigkeiten müssen bei einer Scherung die *intermolekularen Anziehungskräfte* überwunden werden. Diese Kräfte werden mit steigender Temperatur in der Regel schwächer, weil sich die Flüssigkeit ausdehnt und der mittlere Abstand wächst. Zusätzlich steigen die mittleren kinetischen Energien der Moleküle und damit die Häufigkeit von Platzwechseln. Beides führt zu verringerter Zähigkeit bei steigender Temperatur.

Der mittlere Molekülabstand bei Gasen ist um Größenordnungen höher als der von Flüssigkeiten. Daher können intermolekulare Kräfte zwischen ihnen häufig vernachlässigt werden (die Viskosität ist deshalb für ideale Gase bis zu Drücken von 100 bar nahezu druckunabhängig, obwohl die Molekülabstände bei dieser Druckänderung stark abnehmen und damit die zwischen den Molekülen wirkenden Kräfte um Zehnerpotenzen anwachsen). Hier ergibt sich ein Widerstand aufgrund der Molekularbewegung, die dazu führt, dass Moleküle unterschiedlicher mittlerer Geschwindigkeit zusammenstoßen und Impulse austauschen. Makroskopisch macht sich das als Schubspannung bemerkbar. Mit steigender Temperatur nehmen die Molekularbewegung und damit auch die Zähigkeit zu. Die kinetische Gastheorie führt zu einem Viskositätsanstieg gemäß $\eta \sim T^{1/2}$.

Tab. 1.4 Stoffdaten verschiedener Gase und Flüssigkeiten bei 20 °C und 1 bar

	ρ (kg/m^3)	η (mPas)	ν (10^{-6} m^2/s)	λ (10^{-3} W/mK)	a (10^{-6} m^2/s)
Luft	1,19	0,018	15,35	25,69	21,47
O_2	1,33	0,020	15,26	26	21,43
N_2	1,15	0,017	15,31	25,6	21,38
H_2	0,08	0,008	106,19	179	149,22
CO_2	1,95	0,0138	7,05	14,64	9,08
Jodwasserstoff	5,39	0,636	118,0	6	4,93
H_2O	998,21	1,002	1,0	598,4	0,14
Ethanol	789	1,201	1,52	173	0,09
Glycerin	1260	1480	1174,6	286	0,10
Quecksilber	13600[a]	1,5	0,11	8330	4,9
Olivenöl	910[a]	1000	1100,0	15,2	0,01
Honig		50×10^3			

[a] 0 °C und 1 bar

Die in Abb. 1.12 gewählte Auftragungsform zeigt, dass für viele Flüssigkeiten zumindest in erster Näherung eine Proportionalität

$$\ln \eta \sim \frac{1}{T}$$

besteht, da sich ein annähernd linearer Verlauf in dem Diagramm ergibt. Dieser Zusammenhang kann durch einfache Modellvorstellungen auf molekularer Ebene abgeleitet werden (Eyring 1936). Das reale Verhalten zeigt allerdings durchaus mehr oder weniger starke Abweichungen von der einfachen Proportionalität.

Tabelle 1.4 unterstreicht nochmals, dass die Transportkoeffizienten von Flüssigkeiten in der Regel größer als die von Gasen sind.

Nicht-Newtonsche Fluide Im Gegensatz zum Newtonschen Fluid zeigen nicht-Newtonsche Fluide eine Änderung der Viskosität bei Änderung der Scherbeanspruchung. Die wesentlichen nicht-Newtonschen Fluide werden im Folgenden dargestellt.

Pseudoplastische oder *strukturviskose Flüssigkeiten* zeigen eine Abnahme der *scheinbaren* Viskosität

$$\eta_s \equiv \frac{\tau}{\left(\dfrac{dw}{dy}\right)}$$

mit steigender Scherbeanspruchung dw/dy (s. Abb. 1.11). In Abb. 1.13 ist die Abhängigkeit der scheinbaren Viskosität einer Polyacrylamidlösung von der Scherrate direkt aufgetragen. Für kleine Scherraten ergibt sich ein konstanter Wert der Viskosität η_0, während bei sehr hohen Scherraten ebenfalls ein konstanter, aber geringerer Viskositätswert η_∞ erreicht wird. Dieses Verhalten erklärt sich bei Polymerlösungen oder -schmelzen durch die Streckung der Molekülketten infolge der Scherung. Die Moleküle werden beweglicher und die Viskosität nimmt bis auf einen bestimmten Endwert ab. Geringe Scherraten führen zu keiner wesentlichen Veränderung der

Abb. 1.13 Viskosität als Funktion der Scherrate für eine Polyacrylamid-Suspension. (Nach Boger und Yeow 2002)

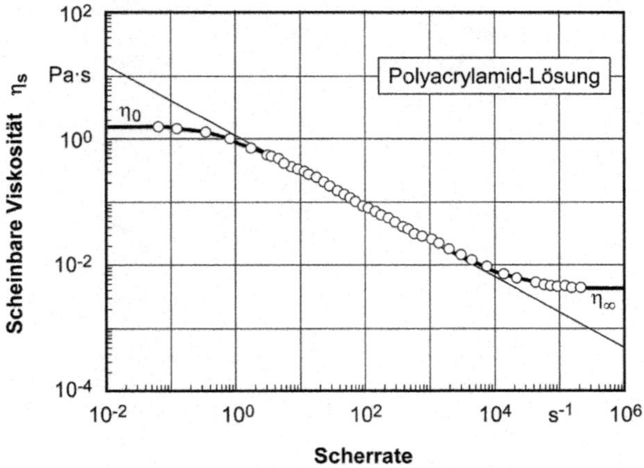

Molekülknäuel mehr, die Viskosität bleibt unverändert. Völlig analoge Verhältnisse können in biologischen Systemen auftreten, wenn filamentöse (fädige) Bakterien zu Flockenstrukturen führen, die unter der Wirkung einer Scherbeanspruchung aufgelöst werden können. Auch in diesem Fall resultiert strukturviskoses Verhalten.

Einige Suspensionen zeigen bei hohen Feststoffkonzentrationen eine Zunahme der Viskosität mit der Scherrate, wie dies Abb. 1.14 am Beispiel einer Titandioxid-Suspension verdeutlicht. Bei der höchsten Feststoffkonzentration steigt die Viskosität ab einer kritischen Scherrate deutlich an. Dieses Verhalten lässt sich am Beispiel „nasser Sand" gut erläutern: Bei geringem Schergefälle, z. B. niedriger Rührerdrehzahl, existiert zwischen den Sandkörnern ein Wasserfilm, der wie ein Schmiermittel wirkt und die Reibung der Sandkörner aneinander vermindert. Bei steigenden Geschwindigkeitsgradienten reißt der Wasserfilm auf, und die Sandkörner reiben unmittelbar aneinander. Auch *dilatante*[15] *Flüssigkeiten* verhalten sich bei sehr kleinen und sehr großen Geschwindigkeitsgradienten wie Newtonsche Fluide.

Die Fließkurve einer *Bingham*[16]*-Flüssigkeit* (Bingham 1922) ist ebenfalls in Abb. 1.11 dargestellt. Erst wenn eine Mindestschubspannung, die *Fließgrenze* τ_0, überwunden ist, beginnt die Bingham-Flüssigkeit zu fließen. Der entsprechende Beschreibungsansatz lautet:

$$\tau = \tau_0 + \eta_B \frac{dw_x}{dy}. \tag{1.105}$$

In Abb. 1.15 wird ein solches Fließverhalten am Beispiel eines Fleischextraktes verdeutlicht. Weitere Beispiele für Bingham-Flüssigkeiten sind Zahnpasta, Hefeteig, Lacke (Vermeidung von „Lacknasen") und Ketchup.

[15] Dilatanz (1885 entdeckt von Osborne Reynolds): grundlegende Eigenschaft eines körnigen, granularen Materials, sein Volumen unter der Einwirkung von Scherkräften durch Auflockerung zu vergrößern.

[16] Eugene Cook Bingham 1878–1945, amerikanischer Chemiker, führte u. a. zusammen mit Reiner den Begriff Rheologie ein.

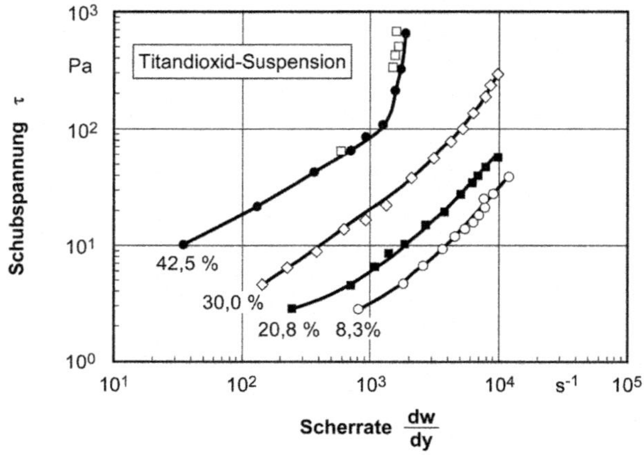

Abb. 1.14 Fließkurve für eine Titandioxid-Suspension. (Nach Boger und Yeow 2002)

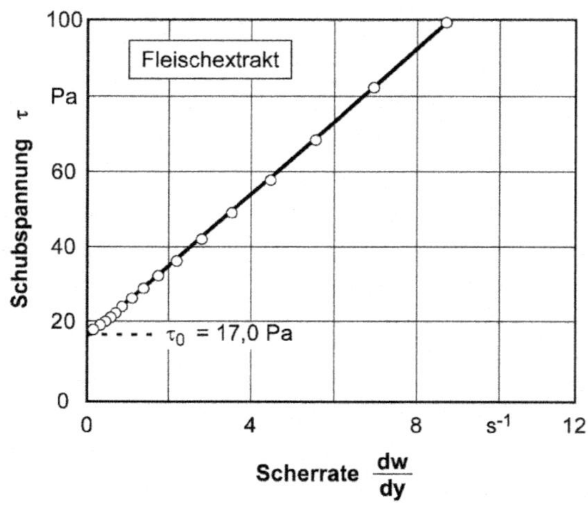

Abb. 1.15 Fließkurve für Fleischextrakt. (Nach Boger und Yeow 2002)

Charakteristische Formen von Fließkurven wurden anhand der Abb. 1.11 bis 1.15 erläutert. Es ergibt sich die Frage, wie der i. Allg. nichtlineare Verlauf am zweckmäßigsten analytisch beschrieben werden kann. Solche Ansätze sollen von möglichst einfacher mathematischer Form sein, um für die Lösung ingenieurmäßiger Aufgaben angewandt werden zu können. Allerdings müssen die Grenzen der Gültigkeit solcher Ansätze besonders sorgfältig beachtet werden. Im Folgenden sollen nur die dilatanten und die strukturviskosen Flüssigkeiten betrachtet werden.

Innerhalb bestimmter Grenzen des Geschwindigkeitsgradienten kann das Fließverhalten dilatanter und strukturviskoser Flüssigkeiten durch einen *Potenzansatz* beschrieben werden, der nach seinen Entwicklern als *Ostwald*[17]*-de Waele*[18]*-Ansatz* bezeichnet wird:

$$\boxed{\tau = k\left(\frac{\partial w_x}{\partial y}\right)^n.} \tag{1.106}$$

Der Parameter k ist ein empirischer Zahlenwert, der *Ostwaldfaktor* genannt wird, n ist der *Fließexponent*. Flüssigkeiten, die sich durch diesen Ansatz näherungsweise beschreiben lassen, werden auch Ostwald-Flüssigkeiten, oder im angelsächsischen *power-law fluids* genannt. Der Ostwaldfaktor k ist stark temperaturabhängig, jedoch im Gegensatz zur Viskosität unabhängig von der Scherrate. Der Fließexponent n ist üblicherweise unabhängig von der Temperatur.

Die Abb. 1.11 beinhaltet Fließkurven, die gemäß Gl. (1.106) berechnet werden. Für $n = 1$ geht der Ansatz von Ostwald – de Waele in den Newtonschen Schubspannungsansatz über, k ist dann mit der Viskosität η identisch. Für $n > 1$ erhält man eine Kurve für dilatante, für $n < 1$ für strukturviskose Flüssigkeiten. Für das Beispiel der Polyacrylamid-Lösung in Abb. 1.13 ergibt sich ein Fließexponent von $n = 0{,}41$.

Die Fließkurve für $n < 1$ weist im Nullpunkt eine senkrechte Tangente auf, wie sich durch Ableitung von Gl. (1.107) zeigen lässt:

$$\frac{d\tau}{d\left(\dfrac{\partial w_x}{\partial y}\right)} = nk\left(\frac{dw_x}{dy}\right)^{n-1}, \tag{1.107}$$

$$\text{für n} < 1: \text{aus} \quad \frac{\partial w_x}{\partial y} \to 0 \quad \text{folgt}: \quad \frac{\partial \tau}{\partial\left(\dfrac{\partial w_x}{\partial y}\right)} \to \infty. \tag{1.108}$$

Diese Eigenschaft des Potenzgesetzes würde für eine reale strukturviskose Flüssigkeit bedeuten, dass es nicht aus der Ruhe gebracht werden kann, da unendliche Schubspannungen aufgebracht werden müssten, um es in Bewegung zu versetzen. Anders ausgedrückt: Es besäße eine unendlich hohe Viskosität und verhielte sich wie ein Feststoff. Der Potenzansatz ist also nicht geeignet, das Verhalten im Nullpunkt zu beschreiben, das durch konstante Viskosität η_0 gekennzeichnet ist.

Für $n > 1$, bei dilatanten Fluiden, zeigt sich ein entsprechend umgekehrtes Nullpunktverhalten: Die Tangente an der Fließkurve hat im Ursprung die Steigung von null. Dies bedeutet, dass ein dilatantes Fluid, das dem Potenzansatz gehorcht, nie zur Ruhe gebracht werden könnte, da auch bei unendlich kleinen Schubspannungen die Fließbewegung einsetzt. Man könnte auch sagen, dass die Flüssigkeit eine Viskosität von null hat. Im mittleren Bereich des Geschwindigkeitsgradienten kann jedoch mit dem Ostwald-de Waele-Ansatz gearbeitet werden, wie anhand von Abb. 1.16

[17] Wilhelm Ostwald 1853–1932, baltisch-deutscher Chemiker, erhielt den Nobelpreis für Chemie 1909 für seine Forschungen auf dem Gebiet der Katalyse, sowie für seine grundlegenden Untersuchungen über chemische Gleichgewichtsverhältnisse und Reaktionsgeschwindigkeiten.

[18] Armand de Waele 1887–1966, britischer Chemiker, arbeitete auf dem Gebiet der Rheologie.

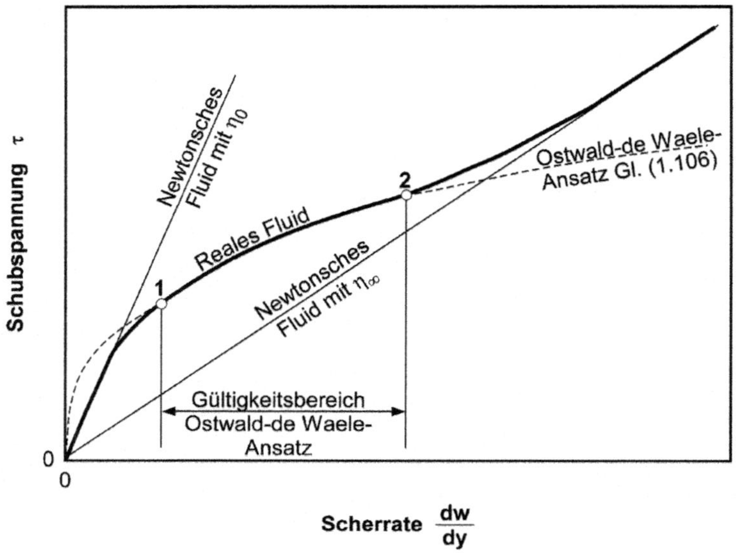

Abb. 1.16 Fließkurve einer strukturviskosen Flüssigkeit im Vergleich zum Ostwald-de Waele-Ansatz

deutlich wird. In dieser Abbildung sind schematisch die Ergebnisse aus Abb. 1.13 in Form der Fließkurve dargestellt. Ausgehend vom Nullpunkt verläuft die Schubspannung einer realen strukturviskosen Flüssigkeit zunächst näherungsweise entlang einer Geraden, die Newtonsches Verhalten mit der Viskosität η_0 beschreibt. Nach Erreichen eines Punktes 1 läuft die Schubspannung entlang einer Kurve, die gemäß dem Potenzansatz für einen konstanten Wert von n gilt. Ab einem Punkt 2 entfernt sich die Messwertkurve wieder und mündet abermals in Newtonsches Verhalten ein, welches durch eine Gerade mit η_∞ beschrieben wird. Zwischen dem Punkt 1 und 2 kann der Ostwald-de Waele-Ansatz zur Beschreibung verwendet werden. Diese am Beispiel der strukturviskosen Flüssigkeit angestellten Betrachtungen gelten analog für dilatante Flüssigkeiten.

Auf das außerordentlich komplizierte Verhalten thixotroper, rheopexer und anderer nicht-Newtonschen Fluide soll an dieser Stelle nicht weiter eingegangen werden. Hier tritt u. a. neben der Abhängigkeit der Viskosität von der Scherrate noch ein Einfluss der Zeit auf.

1.7.2 Wärmeleitfähigkeit

In Abb. 1.17 ist die Temperaturabhängigkeit der Wärmeleitfähigkeit verschiedener fluider Stoffe dargestellt. Im Gegensatz zur Viskosität ist der Temperatureinfluss auf die Wärmeleitfähigkeit nicht stark ausgeprägt, so dass er vielfach vernachlässigt

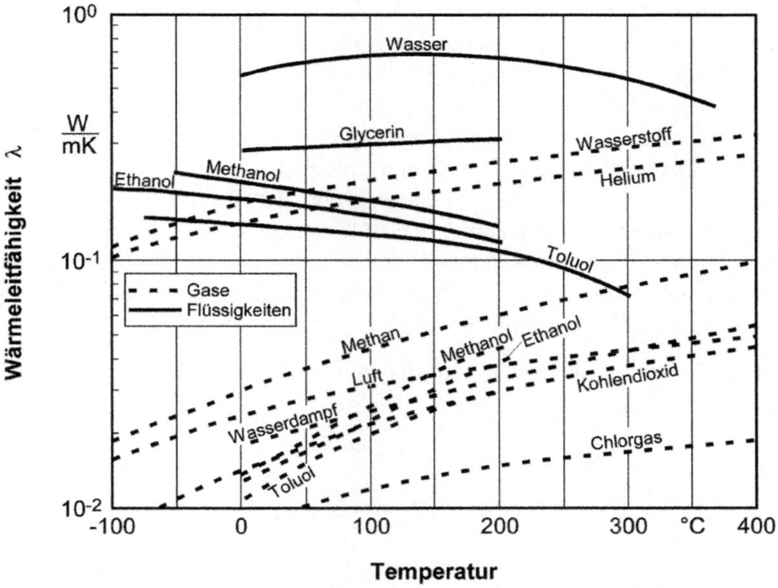

Abb. 1.17 Wärmeleitfähigkeit in Abhängigkeit von der Temperatur für verschiedene fluide Stoffe. (Nach Mersmann 1980)

werden kann. Gase weisen gegenüber Flüssigkeiten üblicherweise deutlich geringere Werte für λ auf. Die Wärmeleitfähigkeit fester Materialien ist dagegen vielfach wesentlich höher, z. B. Diamant 2300 W/mK oder Silber bei 20 °C 427 W/mK.

Wie Tab. 1.4 verdeutlicht, liegt demgegenüber der Ausgleichskoeffizient, die Temperaturleitfähigkeit a der Gase oberhalb derjenigen der Flüssigkeiten. Wiederum sind die Mechanismen auf molekularer Ebene zu unterscheiden. Der Transport der thermischen Energie erfolgt molekular durch intermolekulare Wechselwirkung oder Platzwechsel der Moleküle.

In Flüssigkeiten oder Feststoffen kommt es vor allem zu Energietransport infolge der *Wechselwirkung der Moleküle*. In Gasen mit ihrer viel geringeren Dichte können fast nur Platzwechsel zum Energietransport beitragen. Das führt einerseits dazu, dass die Transportstromdichte und damit die Wärmeleitfähigkeit sehr klein sind. Andererseits haben die großen mittleren Abstände zur Folge, dass nicht nur die Diffusionskoeffizienten, sondern auch die Temperaturleitfähigkeiten von Gasen größer sind als die der Flüssigkeiten oder der Feststoffe.

1.7.3 Diffusionskoeffizienten

Der Diffusionskoeffizient D_{AB} ist die wichtigste Transportgröße bei der Stoffübertragung in binären Gemischen. Diese Größe hängt vom Druck, von der Temperatur und der Konzentration ab. Die Vermutung, dass diese wichtige Größe entweder durch

Messungen oder theoretische Überlegungen für die Mehrzahl der Stoffübertragungen bekannt ist, trifft nicht zu. Dies hängt damit zusammen, dass exakte Messungen des Diffusionskoeffizienten schwierig und aufwendig sind. Deshalb wird man in vielen Fällen auf mehr oder minder theoretische oder empirisch-theoretische Beziehungen zur Vorausberechnung von Diffusionskoeffizienten ausweichen. Die Qualität der so berechneten Daten ist allerdings sehr unterschiedlich.

Da die Diffusionskoeffizienten in Gasen große ($10^{-6} < D_{AB} < 10^{-4}$ m²/s für 1 bar und 20 °C), in Flüssigkeiten mittlere ($10^{-10} < D_{AB} < 10^{-8}$ m²/s für $\eta = 1$ mPas und 20 °C) und in Feststoffen kleine Werte ($0 < D_{AB} < 10^{-10}$ m²/s) besitzen und je nach Aggregatzustand von unterschiedlichen Einflussgrößen abhängen, werden Gase und Flüssigkeiten getrennt betrachtet.

Gase Für eine Mischung zweier Komponenten gleicher Molekülmasse M_A und gleichem Moleküldurchmesser d_A gilt:

$$D_{AA} = \frac{2}{3}\sqrt{\frac{k^3}{\pi^3 M_A}}\frac{\sqrt{T^3}}{pd_A^2}. \tag{1.109}$$

Hierin ist k die Boltzmann[19]-Konstante $k = R/N_A$ (auf ein Molekül bezogene Gaskonstante, N_A: Avogadro-Konstante $6{,}022 \times 10^{23}$ Moleküle/mol). Die Molekülmassen ergeben sich aus:

$$M_i = k \cdot \widetilde{M}_i / R = \widetilde{M}_i / N_A.$$

Besitzen die Komponenten A und B unterschiedliche Molekülmassen M_A bzw. M_B sowie unterschiedliche Durchmesser d_A bzw. d_B, erhält man eine ähnliche aufgebaute Beziehung:

$$D_{AB} = \frac{2}{3}\sqrt{\frac{k^3}{\pi^3}}\sqrt{\frac{1}{2M_A} + \frac{1}{2M_B}}\frac{\sqrt{T^3}}{p[(d_A + d_B)/2]^2}. \tag{1.110}$$

Danach ist der Diffusionskoeffizient dem Gesamtdruck p des Gases umgekehrt proportional und steigt mit der Potenz 3/2 der absoluten Temperatur an. Viele Messergebnisse des Diffusionskoeffizienten zeigen, dass diese Aussagen für manche Gase bei niedrigem Druck erfüllt sind. Es gibt allerdings auch mehr oder minder starke Abweichungen. Hier sei auf verfeinerte Berechnungsansätze in der Literatur (z. B. VDI 2006) verwiesen.

Tabelle 1.5 gibt einige experimentelle Ergebnisse für Diffusionskoeffizienten in Gasen wieder.

---

[19] Ludwig Boltzmann 1844–1906, österreichischer Physiker und Philosoph, ehemaliger Student und Assistent von Stefan *(Stefan-Boltzmann-Gesetz)*, begründete mit Maxwell die statistische Mechanik; definierte die Entropie als mikroskopische Größe.

Tab. 1.5 Diffusionskoeffizienten in Gasen

Stoffsystem A - B	T (°C)	D_{AB} (10^{-6} m²/s)
Luft - H_2	0	49,3
Luft - H_2	23,7	56,5
Luft - O_2	20	9,1
Luft - J_2	25	10,8
Luft - H_2O	0	21,6
Luft - Benzol	26,9	9,26
Luft - Methanol	25,6	16,2
H_2 - Benzol	23	36,6
O_2 - Benzol	23	9,2

Tab. 1.6 Diffusionskoeffizienten in Flüssigkeiten

Stoffsystem A - B	T (°C)	D_{AB} (10^{-9} m²/s)
He - H_2O	22	5,8
H_2 - H_2O	24,5	4,9
N_2 - H_2O	25	2,34
O_2 - H_2O	25	2,51
Cl_2 - H_2O	25	1,51
C_2H_4 - H_2O	25,4	1,08
C_4H_{10} - H_2O	24,8	0,96
Benzol - H_2O	20	1,02
CH_4 - C_6H_{14}	25	0,087
CH_4 - CCl_4	25	2,89
C_5H_{12} - C_6H_{14}	20	2,15

Flüssigkeiten Zur Vorausberechnung von Diffusionskoeffizienten hat sich die sogenannte hydrodynamische Theorie bewährt. Diese Theorie fußt auf einer Gleichung von Nernst-Einstein, wonach der Diffusionskoeffizient der Boltzmann-Konstanten k, der absoluten Temperatur T und der Mobilität w_A/F_A eines Partikels oder eines gelösten Moleküls A durch ein unbewegtes Medium B proportional ist:

$$D_{AB} = kTw_A/F_A. \tag{1.111}$$

w_A ist hierbei die Geschwindigkeit eines Partikels oder Moleküls A. Für schleichende Strömungen ($Re_p < 1$) ergibt sich die Kraft F_A aus der Fluiddynamik. Entsprechende Überlegungen führen zu dem häufig bestätigten Zusammenhang:

$$\frac{D_{AB}\eta_B}{T} = konst. \tag{1.112}$$

Da die dynamische Viskosität η von Flüssigkeiten etwa proportional zu exp (1/T) ist, steigt der Diffusionskoeffizient mit zunehmender Temperatur überproportional an.

Tabelle 1.6 gibt experimentelle Ergebnisse für Diffusionskoeffizienten in Flüssigkeiten wieder.

1.8 Verständnisfragen

1. Woraus resultiert der molekulare Transportstrom?
2. Erläutern Sie den Mechanismus des molekularen Energietransports.
3. Erläutern Sie den Unterschied zwischen Transport- und Ausgleichskoeffizienten.
4. Wie lauten die beschreibenden Gleichungen für die molekularen Transportströme?
5. Erläutern Sie den Vorgang der einseitigen Diffusion anhand eines Beispiels. Skizzieren Sie den zugehörigen Konzentrationsverlauf.
6. Erläutern Sie den Stefan-Strom.
7. Woraus resultiert der konvektive Transport?
8. Wie lauten die beschreibenden Gleichungen für den konvektiven Wärme- und Stoffstrom? Wie ist jeweils das treibende Gefälle definiert?
9. Wodurch unterscheiden sich der örtliche und der mittlere Stoffübergangskoeffizient? Geben Sie die beschreibenden Gleichungen an.
10. Erläutern Sie die Ursache und den Mechanismus des turbulenten Transports. Geben Sie beschreibende Gleichungen für die turbulenten Transportströme an.
11. Wie ist die Reaktionsgeschwindigkeit definiert, und wie wird sie vielfach in Abhängigkeit von den Konzentrationen der verschiedenen Stoffe beschrieben?
12. Warum ist die dynamische Viskosität von Gasen geringer als diejenige von Flüssigkeiten? Wie erklärt sich die Temperaturabhängigkeit der dynamischen Viskosität von Flüssigkeiten und Gasen?
13. Wie lautet die allgemeine Bilanzgleichung? Erläutern Sie auftretende Terme.
14. Worin unterscheiden sich differenzielle und integrale Bilanzen?
15. Wie lauten typische Anfangs- und Randbedingungen zur Lösung differenzieller Massenbilanzen?
16. Werden für die integralen Bilanzgleichungen unmittelbare Informationen über die Vorgänge im Innern des Systems benötigt? Begründen Sie Ihre Antwort.
17. Skizzieren Sie die Fließkurven verschiedener nicht-Newtonscher Flüssigkeiten. Geben Sie eine physikalische Erklärung für das beobachtete Verhalten.
18. Wie kann das Fließverhalten nicht-Newtonscher Flüssigkeiten mathematisch beschrieben werden? Welchen Einschränkungen unterliegt der Ansatz von Ostwald de Waele?

1.9 Aufgaben

1. Bei Stauseen in heißen, trockenen Gebieten ist der Wasserverlust durch Verdunstung ein ernstes Problem, da pro Kubikmeter Wasser 0,23 kWh elektrischer Energie erzeugt werden. Der Kariba-Stausee, welcher den Zambesi-River aufstaut, bedeckt eine Fläche von 5180 km^2. Die relative Luftfeuchtigkeit $\varphi = p_{H_2O}/p^*_{H_2O}$ beträgt bei Windstille 0,5 m über dem See konstant 20 %. Die Temperatur betrage 30 °C bei 1 bar Umgebungsdruck. Der Sättigungsdampfdruck

von Wasser beträgt bei dieser Temperatur 42 mbar und der Diffusionskoeffizient in Luft 2,58 $\times$ 10^{-5} m^2/s.

Annahme: In der Luftschicht bis 0,5 m oberhalb des Wasserspiegels findet eine einseitige Diffusion statt.
Berechnen Sie:

a. den täglichen Verdunstungsstrom an Wasser,
b. dessen Geschwindigkeit,
c. welche Energie dem vorhandenen Wasserkraftwerk dadurch verloren geht.

2. In einem zylindrischen, offenen Behälter von 0,5 m Durchmesser befindet sich Schwefelsäure. Der Abstand von der Flüssigkeitsoberfläche zur oberen Behälteröffnung beträgt 1 m. Darüber strömt laminar Luft mit einer Temperatur von 20 °C und einer relativen Feuchte 0,5. Der Sättigungsdampfdruck von Wasser beträgt bei diesen Bedingungen 23 mbar. Der in der Luft vorhandene Wasserdampf wird von der Schwefelsäure absorbiert. Dabei tritt in der flüssigen Phase kein Diffusionswiderstand auf, d. h., der Partialdruck der löslichen Komponente ist null. Der Diffusionskoeffizient für Luft-Wasserdampf beträgt 2,45 $\times$ 10^{-5} m^2/s.
Berechnen Sie den übergehenden Wassermengenstrom und skizzieren Sie den Konzentrationsverlauf des Wassers oberhalb der Flüssigkeitsoberfläche im Behälter. Diese Aufgabe ist mit folgenden physikalischen Größen für die Triebkraft zu lösen:

a. Druck,
b. Konzentration,
c. Molanteil.

3. In einem Reaktor findet eine heterogene katalytische Reaktion statt, die sich modellmäßig folgendermaßen beschreiben lässt: Jedes Katalysatorkorn ist umgeben von einem stagnierenden Gasfilm, durch den die Komponente A zur Katalysatoroberfläche diffundiert. An der Katalysatoroberfläche läuft die Reaktion $3\,A \rightarrow B$ augenblicklich ab, und das Produkt B diffundiert durch den Gasfilm in die turbulente Gaskernströmung (bestehend aus den Komponenten A, B).

Annahmen:

1. Stationäres System,
2. isothermes System,
3. eindimensionaler Vorgang; Partikelkrümmung wird vernachlässigt,
4. konstante molare Gesamtkonzentration c,
5. konstanter Diffusionskoeffizient,
6. Reaktionswärme sei vernachlässigbar.

Bestimmen Sie unter Berücksichtigung der Stöchiometrie den molaren Fluss der Komponente A, wenn die effektive Gasfilmdicke δ und die Zusammensetzung im Hauptgasstrom (y_{A0} und y_{B0}) bekannt sind. Berechnen Sie dazu zunächst, ausgehend von der differenziellen Molenbilanz für ein Volumenelement des Gasfilms, das Molanteilprofil im Gasfilm.

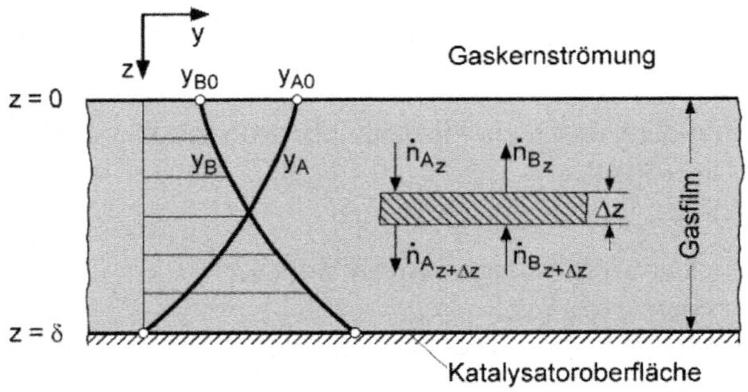

Modell des Diffusionsproblems in der Nähe eines Katalysatorkorns

Hinweise:

1. Im stationären System gilt für die molaren Stoffflüsse der Komponenten A und B im Gasfilm unter Berücksichtigung der Stöchiometrie:

$$n_{Bz} = -\frac{1}{3} n_{Az} \text{ (in z-Richtung)}$$

2. Differenziationsregel:

$$y = a^{mx} \quad y' = \frac{dy}{dx} = m \cdot \ln(a) \cdot a^{mx}$$

4. Ein ideal durchmischter Rührbehälter von 15 m³ Flüssigkeitsinhalt wird kontinuierlich von 0,01 m³/s Kokosnussöl durchströmt. Zum Zeitpunkt t_0 wird auf Palmöl umgestellt, welches mit dem gleichen Volumenstrom in den Behälter gefördert wird.[20]
Nach welcher Zeit enthält das ausströmende Öl weniger als 1 % Kokosnussöl?
5. Für eine Reaktion $A + B \rightarrow C + D$ sind in einem vollständig vermischten Laborreaktor folgende Messwerte aufgenommen worden:

t (s)	c_A (kmol/m³)	c_B (kmol/m³)
0	0,51	0,26
450	0,443	0,193
720	0,41	0,16
950	0,392	0,142
1280	0,367	0,117

Überprüfen Sie, ob es sich um eine Reaktion 1. oder 2. Ordnung handelt.

Hinweise:

- Die Lösung ergibt sich aus Linearisierung der jeweiligen Ansätze

$$\dot{r}_1 = k_1 c_A = \frac{1}{-1} \frac{dc_A}{dt},$$

[20] nach (Beek et al. 1999).

$$\dot{r}_2 = k_2 c_A c_B = \frac{1}{-1}\frac{dc_A}{dt}$$

d. h. durch Integration und Auftragung der Daten über t.

- Integrationsregel:

$$\int \frac{dx}{xy} = -\frac{1}{b}\, ln\, \frac{y}{x}; \qquad y = ax + b$$

- Pro Molekül A wird ein Molekül B verbraucht, d. h.:

$$c_{A0} - c_{B0} = c_A - c_B$$

6. Die homogene Zersetzung von Acetaldehyd verläuft wie folgt:

$$CH_3CHO \rightarrow CH_4 + CO$$

Zur Bestimmung der Reaktionskinetik wird die Reaktion isotherm in einem 0,8 m langen Rohrreaktor mit einem Durchmesser von 3,3 cm durchgeführt. Dabei wird der Umsatz X_A in Abhängigkeit des eintretenden Molenstroms von CH_3CHO(A) gemessen:

$\dot{N}_{Aein}$ (10^{-7} kmol/s)	9,65	3,16	1,31	0,68	0,425
X_A	0,05	0,13	0,24	0,35	0,44

Bestimmen Sie die Reaktionsgeschwindigkeitskonstante und die Reaktionsordnung.

Hinweise:

$$\text{Umsatz:} \quad X_A = \frac{\dot{N}_{Aein} - \dot{N}_{Aaus}}{\dot{N}_{Aein}}$$

Integrationsregel:

$$\int \frac{1+x}{1-x} dx = -x - 2\, ln\, (1-x)$$

$$\int \left(\frac{1+x}{1-x}\right)^2 dx = \frac{4}{1-x} + 4\, ln\, (1-x) + x - 4$$

7. In einem Rotationsviskosimeter wurden folgende Daten für Belebtschlamm aufgenommen:

dw/dx (1/s)	τ (Pa)
5,4	1,55
62,8	3,22
143,4	4,52
270,5	6,08
690,9	9,87
1112,3	12,95
1532,1	15,36
2164,0	19,33

Das rheologische Verhalten des Schlamms ist nicht-Newtonsch und soll mittels Ostwald-de Waele-Ansatz beschrieben werden.

a. Bestimmen Sie aus den Messdaten k und n.
b. Welche rheologischen Eigenschaften besitzt der Schlamm?

Literatur

Allgemein

Baehr HD, Stephan K (2010) Wärme- und Stoffübertragung. 7. Aufl. Springer, Berlin
Beek WJ, Muttzall KMK, Heuven JW van (1999) Transport Phenomena. 2. Aufl. Wiley, Chichester
Brauer H (1971) Stoffaustausch. Sauerländer, Aarau
Chmiel H (2006) Bioprozesstechnik. Spektrum Akad., Heidelberg
Kögl B, Moser F (1981) Grundlagen der Verfahrenstechnik. Springer, Wien
Mersmann A (1986) Stoffübertragung. Springer, Berlin

Speziell

Bingham EC (1922) Fluidity and plasticity. McGraw-Hill, New York
Boger DV, Yeow YL (2002) Fluid Mechanics. In: Ullmann's Encyclopedia of industrial chemistry. 7. Aufl. Wiley-VCH, Weinheim
Boussinesq J (1877) Essai sur la théorie des eaux courantes. Mémoires présentés par divers savants à l'Académie des Sciences Paris, T 23 u. 24
Eyring H (1936) Viscosity, plasticity, and diffusion as examples of absolute reaction rates. J Chem Phys 4:283–291
Fick A (1855) Über Diffusion. Poggendorffs Ann Phys Chem 94:59–86
Fourier JB (1821) Theorie analytique de la chaleur. Paris
Landolt-Börnstein (1960) Zahlenwerte und Funktionen. Springer, Berlin
Mersmann A (1980) Thermische Verfahrenstechnik. Springer, Berlin
Navier M (1827) Memoire sur les Lois du Mouvement des Fluides. Mem. De l'Acad D Sci 6:389–416
Newton I (1726) Philosophiae Naturalis Principia Mathematica. 3rd Ed, Cambridge
Paschedag AR (2004) CFD in der Verfahrenstechnik. WILEY-VCH, Weinheim

Patankar SV (1980) Numerical heat transfer and fluid flow. Hemisphere Publishing Corporation, Washington

Perry RH, Green DW, Maloney JO (1984) Perry's Chemical Engineers' Handbook. 6. Aufl., McGraw-Hill, New York

Schade H, Kunz E (2007) Strömungslehre. 3. Aufl., Walter de Gruyter, Berlin

Schütt E, Nietsch T, Rogowski A (1990) Prozessmodelle Bilanzgleichungen in der Verfahrenstechnik und Energietechnik. VDI-Verlag, Düsseldorf

Stefan J (1871) Über das Gleichgewicht und die Bewegung, insbesondere die Diffusion von Gasmengen. Sitzungsb Akad Wiss Wien 63:63–124

Stokes GG (1849) On the Theories of the Internal Friction of Fluids in Motion, and of the Equilibrium and Motion of Elastic Solids. Trans Cambr Phil Soc 8:287–319

VDI (Hrsg) (2006) VDI-Wärmeatlas. 9. Aufl., VDI-Verlag, Düsseldorf

Versteegt HK, Malalasekera W (1995) An introduction to computational fluid dynamics. The finite volume methode. Layman, Harlow

Wolf K-H (1991) Kinetik in der Bioverfahrenstechnik. Behr's Verl., Hamburg

Kapitel 2
Diffusion in ruhenden Medien

Der molekulare Transport von Energie (Wärmeleitung) und Stoff (Diffusion) erfolgt weitgehend analog und kann vielfach gleichartig mathematisch behandelt werden. Allerdings zeigen Stofftransportprobleme eine deutlich größere Anzahl und höhere Komplexität der Randbedingungen. Die heterogene Katalyse ist ein typisches Beispiel für eine solche komplexere Randbedingung (s. Abschn. 1.6.1).

Um eine analytische mathematische Behandlung zu ermöglichen, werden lediglich eindimensionale Geometrien betrachtet. Gekoppelte Energie- und Stofftransportvorgänge oder eine Ortsabhängigkeit des Diffusionskoeffizienten bleiben unberücksichtigt, obwohl sie in technischen Anwendungen an vielen Stellen auftreten. Derartige Problemstellungen und insbesondere dreidimensionale Vorgänge müssen unter Verwendung der bekannten Transportgleichungen numerisch unter Verwendung von beispielsweise Computational Fluid Dynamics (CFD) Programmen gelöst werden.

Ziel des Kapitels ist die Erklärung der mathematischen Modellierung molekularer Transportvorgänge, wobei allein die Diffusion dargestellt wird, da der molekulare Energietransport analog zu behandeln ist. Zunächst wird der einfachste Anwendungsfall betrachtet, die rein stationäre Diffusion durch eine ebene Wand. Im Anschluss werden die durch eine parallele homogene Reaktion entstehende Vergrößerung des Stofftransports und deren Quantifizierung mittels des Beschleunigungsfaktors erläutert. Die Beschreibung der Auswirkungen heterogener Reaktionen auf Diffusionsvorgänge speziell auch auf die mathematischen Randbedingungen folgt. Abschließend wird die instationäre Diffusion in einer ebenen Platte bzw. einer Kugel behandelt und die Fourierzahl als charakteristische dimensionslose Kennzahl eingeführt. An diesem Beispiel wird zusätzlich die Herleitung von Stoffübergangskoeffizienten aus berechneten Konzentrationsfeldern dargestellt.

2.1 Stationäre Diffusion

Der durch Diffusion innerhalb einer Phase bewirkte Ausgleichsvorgang beruht auf dem Austausch von Stoff (Masse, Molmenge) durch die thermische Molekularbewegung. Diese ist bei Gasen relativ schnell – im Mittel etwa 50–70 m/s -, während

M. Kraume, *Transportvorgänge in der Verfahrenstechnik*,
DOI 10.1007/978-3-642-25149-8_2,

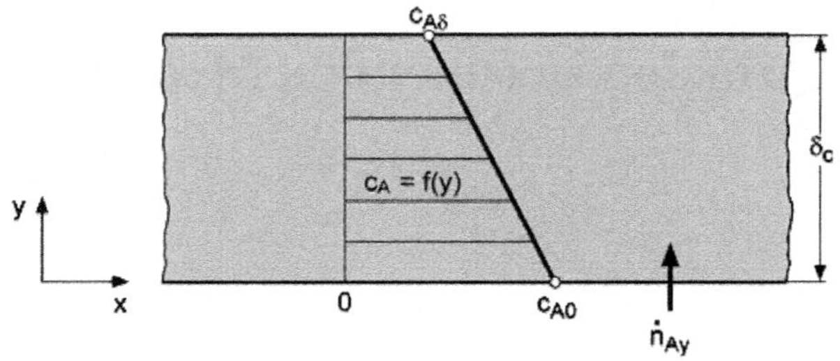

Abb. 2.1 Stationäre Diffusion durch eine ebene Platte oder eine ebene, unbewegte Fluidschicht

sie bei Flüssigkeiten und Feststoffen bedeutend langsamer ist. Daraus folgt, dass die Diffusionsvorgänge je nach Art der Phase, in der sie stattfinden, unterschiedlich schnell sind.

2.1.1 Diffusion ohne chemische Reaktion in einer ebenen Schicht

In Abb. 2.1 ist eine ebene Wand oder eine unbewegte Fluidschicht mit der Dicke δ_c dargestellt. Überall an der Unterseite möge die Konzentration c_{A0}, überall an der Oberseite die Konzentration $c_{A\delta}$ herrschen, wobei $c_{A\delta} < c_{A0}$ ist. Aufgrund des Konzentrationsgefälles $c_{A0} - c_{A\delta}$ tritt die Stoffstromdichte $\dot{n}_{Ay}$ in y-Richtung durch die Platte.

Wenn die Gesamtkonzentration ρ bzw. c überall in der Platte gleich ist, gilt für den Stofferhaltungssatz Gl. (1.84) nach Division durch $\widetilde{M}_A$:

$$\frac{\partial c_A}{\partial t} + \nabla[c_A\vec{w} - (D_{AB} + D_t)\nabla c_A] - \nu_A\dot{r} = 0. \tag{2.1}$$

Handelt es sich um eine stationäre, eindimensionale Diffusion in y-Richtung mit ortsunabhängigen Diffusionskoeffizienten D_{AB} und treten in der Platte weder Konvektionsströme ($\vec{w} = 0$) noch chemische Reaktionen ($\dot{r} = 0$) auf, vereinfacht sich Gl. (2.1) zu:

$$D_{AB}\frac{d^2c_A}{dy^2} = 0. \tag{2.2}$$

Die Diffusion wird als äquimolar angesehen, und es gilt die einfachste Form des Fickschen Gesetzes. Dieses Gesetz darf auch bei nichtäquimolarer Diffusion (s. Abschn. 1.1.3) angewendet werden, wenn die mittlere Konzentration der diffundierenden Komponente genügend klein ist im Vergleich zur Gesamtkonzentration. Diese Bedingung ist bei der überwiegenden Zahl der praktisch bedeutsamen Diffusionsvorgänge erfüllt. Hierauf ist die große Bedeutung des Fickschen Gesetzes für die äquimolare Diffusion zurückzuführen.

Eine zweimalige Integration der Gl. (2.2) liefert:

$$c_A = c_{1y} + c_2. \tag{2.3}$$

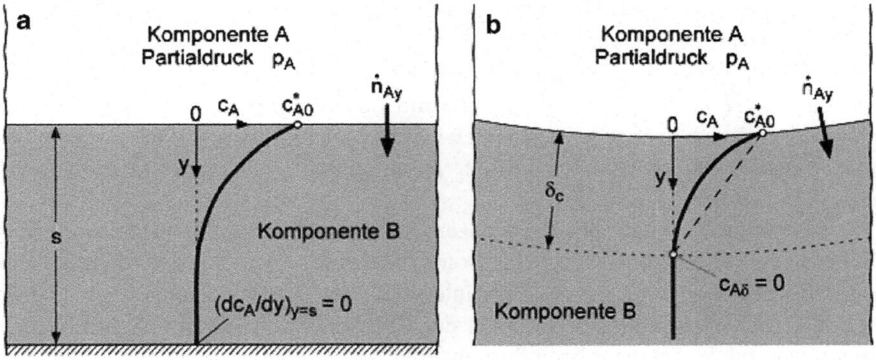

Abb. 2.2 Stationäre Diffusion mit homogener chemischer Reaktion (nach Mersmann 1986), **a** Diffusion mit der Randbedingung $(dc_A/dy)_{y=s} = 0$, **b** Diffusion in der Konzentrationsgrenzschicht mit der Dicke δ_c und Reaktionsfront im Abstand $y = \delta_c$

Die Integrationskonstanten C_1 und C_2 ergeben sich aus den Randbedingungen:

1. RB: Für $y = 0$ ist $c_A = c_A 0$.
2. RB: Für $y = \delta_c$ ist $c_A = c_{A\delta}$.

Mit $C_2 = c_{A0}$ und $C_1 = (c_{A\delta} - c_{A0})/\delta_c$ erhält man schließlich:

$$\frac{c_A - c_{A0}}{c_{A\delta} - c_{A0}} = \frac{y}{\delta_c}. \tag{2.4}$$

Demzufolge liegt ein linearer Zusammenhang zwischen den Größen c_A und y vor. Ein lineares Konzentrationsprofil ist nicht nur in einer ebenen Wand, sondern auch in der Fluidschicht zu erwarten, sofern darin keine makroskopische Strömung auftritt. Die Gültigkeit von Gl. (2.4) setzt weiterhin voraus, dass es sich um eine ebene Geometrie handeln muss.

2.1.2 Diffusion mit homogener chemischer Reaktion

Bei homogenen Reaktionssystemen ist der diffusive Stofftransport mit einer chemischen Reaktion gekoppelt. Es gibt zahlreiche chemisch-physikalische und technische Vorgänge, bei denen eine Komponente A durch einen Feststoff, eine Paste oder ein makroskopisch unbewegtes Fluid diffundiert und dabei ein Teil des Stoffes A mit einem Reaktanden im festen oder fluiden Medium homogen reagiert. So dringt z. B. Sauerstoff in ein festes oder halbfestes Lebensmittel (Käse, Butter) ein und ist dann wesentlich an Verderbsreaktionen beteiligt. Bei der biologischen Abwasserreinigung gelangt Sauerstoff aus dem Innern einer Luft- oder Sauerstoffblase ins umgebende Abwasser und wird darin von den Mikroorganismen verbraucht. Die linke Seite a) von Abb. 2.2 zeigt, wie eine Komponente A in das Medium B (poröser oder pastenartiger Feststoff oder makroskopisch unbewegtes Fluid) diffundiert und darin chemisch abreagiert. Dabei möge es sich um eine Reaktion erster Ordnung bezüglich der Komponente A handeln.

In Abb. 2.2b ist ein Teil einer Gasblase dargestellt. An der Blasenoberfläche herrscht die Konzentration c^*_{A0}, welche mit dem Partialdruck p_A im Innern der Blase im thermodynamischen Gleichgewicht steht. Die Flüssigkeit in der Nähe der Phasengrenzfläche bewegt sich mit der Blase aufwärts, sodass keine zusätzliche Konvektion auftritt.

Im Weiteren wird zunächst das Konzentrationsprofil der Komponente A im Medium B und anschließend die Stoffstromdichte von A berechnet. Dies geschieht unter Berücksichtigung der beiden unterschiedlichen Randbedingungen gemäß Abb. 2.2. Weiterhin soll die Diffusion der Komponente A durch das entstehende Reaktionsprodukt AB nicht beeinflusst werden.

Ausgangspunkt ist die Stoffbilanz für die Komponente A. Wenn keine konvektiven Ströme vorhanden sind und stationäre Diffusion nur in y-Richtung auftritt, erhält man für eine infinitesimale Schicht mit der Dicke dy aus der Stoffbilanz nach Gl. (2.1):

$$D_{AB}\frac{d^2c_A}{dy^2} = k_1 c_A. \tag{2.5}$$

Hierin ist k_1 die Reaktionsgeschwindigkeitskonstante der chemischen Reaktion gemäß der Gleichung $\dot{r}_A = \nu_A \dot{r} = -k_1 c_A$. Der Index 1 zeigt die Reaktionsordnung 1 an. Diese gewöhnliche Differenzialgleichung zweiter Ordnung lässt sich mit folgendem Ansatz lösen:

$$c_A = C_1 \exp\left(-\sqrt{\frac{k_1}{D_{AB}}}y\right) + C_2 \exp\left(\sqrt{\frac{k_1}{D_{AB}}}y\right). \tag{2.6}$$

Die Randbedingungen der Vorgänge gemäß Abb. 2.2a und b sind unterschiedlich. Zuerst soll der Fall a behandelt werden. Hierfür lauten die Randbedingungen:

1. RB: Für $y = 0$ ist $c_A = c^*_{A0}$.
2. RB: Für $y = s$ ist $\left(\frac{dc_A}{dy}\right)_{y=s} = 0$. (Durch die feste Wand kann A nicht hindurchtreten.)

Unter Verwendung dieser Randbedingungen können die Integrationskonstanten C_1 und C_2 bestimmt werden, woraus sich folgendes Konzentrationsprofil $c_A = f(y)$ ergibt:

$$\frac{c_A}{c^*_{A0}} = \frac{\cosh\left[\sqrt{k_1 s^2/D_{AB}}(1 - y/s)\right]}{\cosh\sqrt{k_1 s^2/D_{AB}}}. \tag{2.7}$$

Den Verlauf der hyperbolischen Funktionen sinh, cosh und tanh zeigt Abb. 2.3.

Abb. 2.3 Darstellung der Verläufe der hyperbolischen Funktionen sinh, cosh und tanh

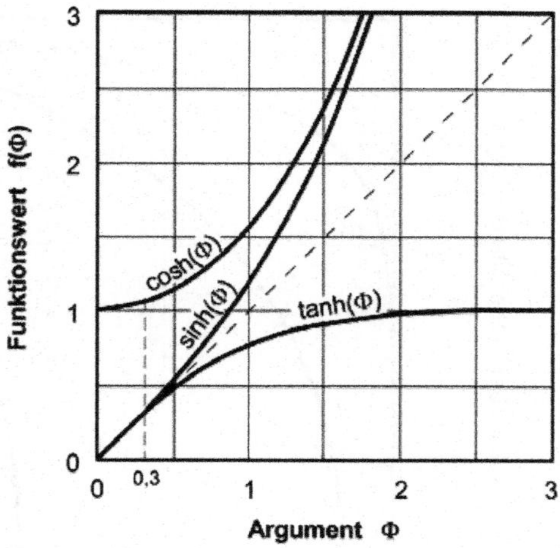

Aus der Kenntnis des Konzentrationsfeldes lässt sich nun die Stoffstromdichte $\dot{n}_{Ay}(y = 0)$ der Komponente A, die über die Phasengrenzfläche transportiert wird, berechnen:

$$\dot{n}_{Ay}(y = 0) = -D_{AB}\left(\frac{dc_A}{dy}\right)_{y=0}. \tag{2.8}$$

Wenn die Konzentration c_A in Gl. (2.7) nach der Koordinate y differenziert und der Differenzialquotient in Gl. (2.8) eingesetzt wird, erhält man:

$$\dot{n}_{Ay}(y = 0) = c^*_{A0}\sqrt{D_{AB}\,k_1}\ tanh\sqrt{\frac{k_1 s^2}{D_{AB}}}. \tag{2.9}$$

Gl. (2.9) zeigt, dass die Stoffstromdichte $\dot{n}_{Ay}(y = 0)$ der Oberflächenkonzentration c^*_{A0} und damit bei Gültigkeit des Henryschen Gesetzes (Gl. (3.28)) auch dem Partialdruck p_A der Komponente A im Gasraum proportional ist. Dagegen besteht kein einfacher Zusammenhang zwischen der Stoffstromdichte und den Größen D_{AB} sowie k_1.

Mit

$$Da \equiv \frac{k_1 s^2}{D_{AB}}\left(\hat{=}\frac{Reaktionsgeschwindigkeit}{Diffusionsgeschwindigkeit}\right) \tag{2.10}$$

wird die *Damköhlerzahl*[1] bezeichnet, die in der vorliegenden Form für eine homogene Reaktion erster Ordnung gilt. Sie lässt sich als das Verhältnis aus Reaktionsgeschwindigkeit $k_1 s$ und Diffusionsgeschwindigkeit D_{AB}/s deuten. In Abb. 2.4 ist das Ergebnis der Gl. (2.7) für fünf Werte der Damköhlerzahl Da dargestellt. Für

[1] Gerhard Damköhler (1908–1944), deutscher Chemiker, begründete die chemische Reaktionstechnik am Institut für physikalische Chemie in Göttingen.

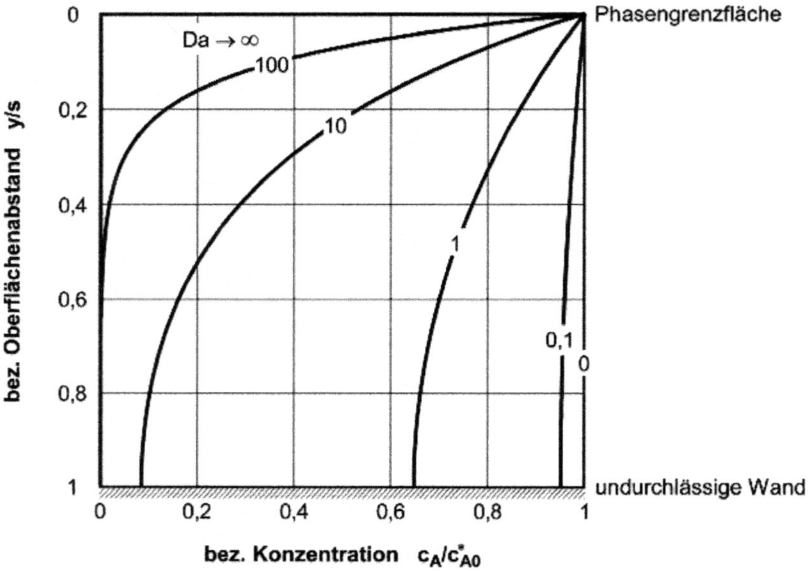

Abb. 2.4 Konzentrationsverteilungen bei stationär verlaufender, homogener Reaktion in einer ebenen Schicht

$Da \rightarrow 0$ stellt sich über den ganzen Querschnitt der ebenen Schicht $c_A/c^*_{A0} = 1$ ein, da die Reaktionsgeschwindigkeit im Vergleich zur Diffusionsgeschwindigkeit verschwindend klein wird. Die chemisch umgesetzten Moleküle der Komponente A werden durch Diffusion sofort nachgeliefert. Innerhalb der Schicht kann die Konzentration der Komponente A daher nicht abnehmen. Die Reaktion ist demzufolge der langsamere der beiden Vorgänge. Im zweiten Grenzfall, $Da \rightarrow \infty$, ist die Diffusionsgeschwindigkeit verschwindend klein im Vergleich zur Reaktionsgeschwindigkeit. Bei derartig hohen Reaktionsgeschwindigkeiten wird demzufolge die Diffusion der geschwindigkeitsbestimmende Schritt für den Ausgleich des Konzentrationsprofils.

Die Randbedingungen gemäß Abb. 2.2b unterscheiden sich von Fall a dadurch, dass nicht im Abstand ($y = s$) von der Phasengrenzfläche $dc_A/dy = 0$ angenommen wird, sondern nunmehr die Komponente A durch eine Konzentrationsgrenzschicht mit der Dicke δ_c diffundiert und innerhalb dieser Schicht mit dem Reaktanden B reagiert. Außerhalb der Grenzschicht möge überall die konstante Konzentration $c_{A\delta}$ herrschen. Die mathematischen Randbedingungen lauten dann:

1. RB: Für $y = 0$ ist $c_A = c^*_{A0}$
2. RB: Für $y = \delta_c$ ist $c_A = c_{A_\delta}$.

Hiermit lassen sich wiederum die Konstanten C_1 und C_2 des Lösungsansatzes Gl. (2.6) bestimmen und damit der Konzentrationsverlauf:

$$\frac{c_A}{c^*_{A0}} = \frac{c_{A\delta}/c^*_{A0} sinh(\sqrt{Da}\ y/\delta_c) + sinh(\sqrt{Da}(1 - y/\delta_c))}{sinh\ \sqrt{Da}}. \tag{2.11}$$

Das Konzentrationsprofil $c_A = f(y)$ hängt demzufolge von den Konzentrationen c^*_{A0} und $c_{A\delta}$, der Damköhlerzahl und der Schichtdicke δ_c ab.

Die Stoffstromdichte $\dot{n}_{Ay}(y = 0)$ an der Phasengrenzfläche für den Fall b in Abb. 2.2 ergibt sich wiederum nach Gl. (2.8) und unter Nutzung von Gl. (2.11) zu:

$$\dot{n}_{Ay}(y=0) = D_{AB}\sqrt{\frac{k_1}{D_{AB}}}\left[\frac{c^*_{A0}}{tanh\,\sqrt{Da}} - \frac{c_{A\delta}}{sinh\,\sqrt{Da}}\right]. \tag{2.12}$$

Hier zeigt sich, dass die Stoffstromdichte nicht der Konzentrationsdifferenz (c^*_{A0}–$c_{A\delta}$) proportional ist.

In Abschn. 1.3 wurde mit Gl. (1.27) der Stoffübergangskoeffizient β eingeführt, der als Quotient aus der Stoffstromdichte $\dot{n}_{Ay}$ und einer Konzentrationsdifferenz Δc_A definiert wurde, also:

$$\beta \equiv \frac{\dot{n}_{Ay}}{\Delta c_A}.$$

Bei dem Beispiel nach Abb. 2.2b liegt es nahe, für die treibende Konzentrationsdifferenzzu $\Delta c_A = c^*_{A0} - c_{A\delta}$ zu setzen. Im Falle einer chemischen Reaktion wird die Verwendung des Stoffübergangskoeffizienten problematisch, da die Stoffstromdichte nicht linear mit der Konzentrationsdifferenz ansteigt. Diese Schwierigkeit wird üblicherweise dadurch umgangen, dass anstelle des Stoffübergangskoeffizienten β für den Fall des rein physikalischen Transports ohne chemische Reaktion das Produkt β E aus Stoffübergangskoeffizient β und einem *Beschleunigungsfaktor* E benutzt wird. Die Stoffstromdichte beträgt also im Falle der Stoffübertragung mit chemischer Reaktion:

$$\left(\dot{n}_{Ay}(y=0)\right)_R = \beta E \Delta c_A. \tag{2.13}$$

Wenn die Damköhlerzahl (Gl. (2.10)) viel größer als eins ist, liegt eine schnelle chemische Reaktion mit sehr großer Reaktionsgeschwindigkeitskonstante k_1 vor. Die Komponente A reagiert dann schon in einer dünnen Schicht der Dicke δ_c ab und diffundiert nicht weit in das Medium B. Die Konzentration $c_{A\delta}$ im Inneren der Flüssigkeit ($y > \delta_c$) ist also sehr klein und kann vernachlässigt werden ($c_{A\delta} \approx 0$). Dann vereinfacht sich Gl. (2.12), da $\tanh\sqrt{Da} \approx 1$ ist, zu:

$$\dot{n}_{Ay}\,(y=0) \approx c^*_{A0}\sqrt{D_{AB}k_1}. \tag{2.14}$$

Bei rein physikalischer Absorption ergibt sich mit $c_{A\delta} = 0$:

$$\dot{n}_{Ay}(y=0) = \beta c^*_{A0}. \tag{2.15}$$

Das Verhältnis der Stoffstromdichten nach den Gln. (2.12) und (2.15) ist für $c_{A\delta} \approx 0$ gleich dem Beschleunigungsfaktor E. Hierfür erhält man mit $\beta = D_{AB}/\delta_c$ (aus der Filmtheorie, s. Kap. 3):

$$E = \frac{\sqrt{D_{AB}k_1/\beta^2}}{tanh\sqrt{D_{AB}k_1/\beta^2}}. \tag{2.16}$$

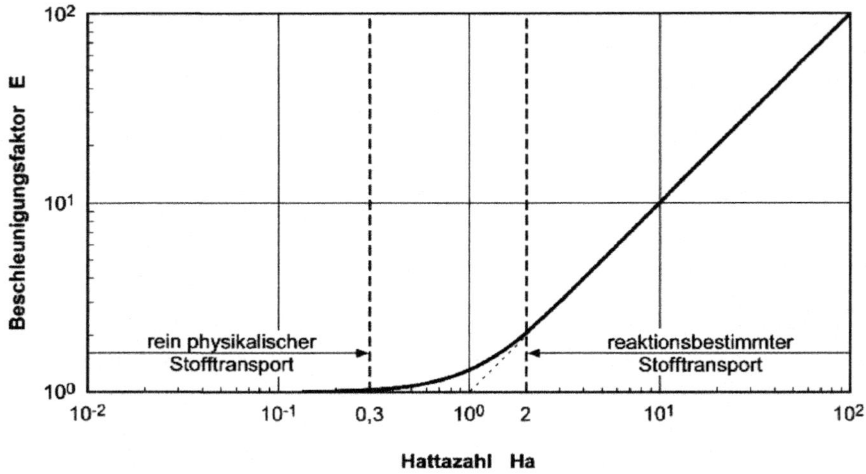

Abb. 2.5 Zusammenhang zwischen dem Beschleunigungsfaktor E und der Hattazahl Ha

Der Stoffübergangskoeffizient β kennzeichnet die Stoffübertragung für den Fall, dass keine chemische Reaktion auftritt. Der Ausdruck

$$Ha \equiv \sqrt{D_{AB} k_1 / \beta^2}$$

wird als *Hattazahl*[2] bezeichnet (Hatta 1932). Die Abb. 2.5 zeigt den Zusammenhang zwischen Beschleunigungsfaktor und Hattazahl gemäß Gl. (2.16).

Mit abnehmender Reaktionsgeschwindigkeitskonstante verringert sich die Beschleunigung der Stoffübertragung. Die Stoffstromdichte nähert sich dem kleinsten Wert bei rein physikalischer Stoffübertragung ($E \rightarrow 1$). Für $Ha \leq 0{,}3$ gilt aufgrund der Eigenschaften des Tangens Hyperbolicus $\tanh Ha \approx Ha$ und damit $E \approx 1$. Wenn andererseits eine sehr schnelle chemische Reaktion vorliegt, also $Ha \gg 1$ ist, reagiert die Komponente A in einer sehr dünnen Konzentrationsgrenzschicht und gelangt gar nicht ins Innere des Mediums B. Für $Ha > 2$ ist $\tanh Ha \approx 1$ und damit $E = Ha$. Dann spielen weder die Dicke δ_c ($\delta_c \rightarrow 0$) noch der Stoffübergangskoeffizient β ($\beta \rightarrow \infty$) eine Rolle. Die Stoffübertragung hängt allein noch von der Geschwindigkeit der chemischen Reaktion ab, sofern nur ein Stoffübergangswiderstand in der flüssigen Phase mit der Überschusskomponente B vorhanden ist.

Die in diesem Abschnitt durchgeführten Betrachtungen zeigen exemplarisch die Bedeutung der Randbedingungen für die Lösung einer Differenzialgleichung. Trotz identischer Differenzialgleichungen ergeben sich stark differierende Ergebnisse für die unterschiedlichen Bedingungen.

---

[2] Shiôrji Hatta unterrichtete an der Tohoku Universität, Japan. Entwickelte erstmalig die in diesem Abschnitt dargestellten Zusammenhänge unter Einführung der Hattazahl.

2.1.3 *Diffusion mit heterogener chemischer Reaktion*

Es wird nochmals das Beispiel gemäß Abb. 2.1 betrachtet, diesmal soll sich jedoch bei $y = \delta_c$ eine Oberfläche befinden, an der eine heterogene chemische Reaktion abläuft, die den Stoff A verbraucht und zu B umsetzt. Heterogene Reaktionen finden an der Grenzfläche zweier aneinandergrenzender Phasen statt. Bei der heterogenen Katalyse ist dies üblicherweise die Oberfläche des Katalysators, und die Reaktanten befinden sich in dem den Katalysator umgebenden Fluid. Die Reaktionsrate wird dementsprechend vom Transport der Reaktanten zur Grenzfläche und dem Rücktransport der Produkte in das Fluid beeinflusst. Reale Katalysatoren weisen in aller Regel eine poröse Struktur auf, um eine möglichst große Reaktionsoberfläche zu realisieren. Daher findet ein zusätzlicher Stofftransport im Inneren der Poren statt, der durch die Diffusion gesteuert wird. An dieser Stelle werden der Einfachheit halber porenfreie Oberflächen betrachtet, wie sie beispielsweise bei Oxidationsreaktionen, die durch Platindraht katalysiert werden, auftreten.

Im Gegensatz zu homogenen Reaktionssystemen sind bei heterogenen Reaktionen Stofftransport und Stoffumwandlung hintereinander geschaltet. Damit ist auch keine Beschleunigung des Stofftransportes möglich, da der Stoffübergangskoeffizient durch die heterogene Reaktion nicht beeinflusst wird. Die beschreibende differenzielle Stoffbilanz ist demzufolge wiederum durch Gl. (2.2) gegeben. Die durch zweifache Integration gewonnene Lösung ist wiederum Gl. (2.3). Es ändert sich durch die heterogene Reaktion lediglich die zweite Randbedingung, die nun lautet:

2. RB: Für $y = \delta_c$

$$\dot{n}_{Ay}(y = \delta_c) = -D_{AB}\frac{dc_A}{dy} = -\nu_A \cdot \dot{r}_w. \tag{2.17}$$

Der durch den rein diffusiven Stofftransport die Wand erreichende Molenstrom wird durch die Reaktion vollständig verbraucht. Da heterogene Reaktionen an die Oberfläche gebunden sind, wird die Reaktionsrate als *flächenbezogene* Größe angegeben, beispielsweise für eine Reaktion erster Ordnung:

$$\dot{r}_{Aw} = \nu_A \dot{r}_w = -\nu_A k_{1w} c_{Aw} = -k_{A1w} c_{Aw}. \tag{2.18}$$

Die Größe c_{Aw} stellt die Konzentration von A in unmittelbarer Oberflächennähe dar, die sich im Gleichgewicht zur Konzentration von A auf der Oberfläche befindet. Damit ergibt sich für das Konzentrationsprofil (s. Abb. 2.6):

$$\frac{c_A}{c_{A0}} = 1 - \frac{Da_w}{1 + Da_w}\frac{y}{\delta_c}. \tag{2.19}$$

Hierbei gilt für die Damköhlerzahl Da_w:

$$Da_w \equiv \frac{k_{A1w}\delta_c}{D_{AB}}. \tag{2.20}$$

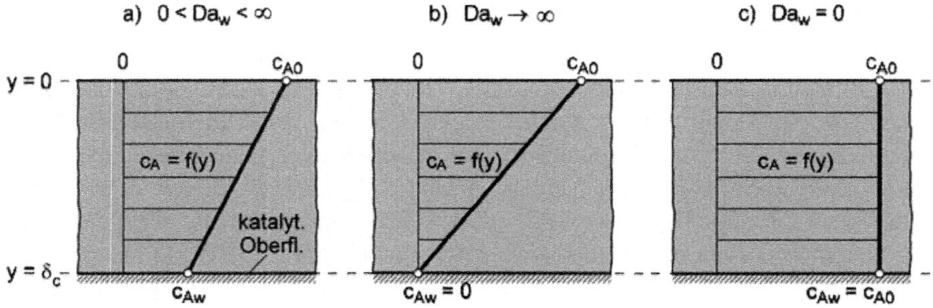

Abb. 2.6 Konzentrationsprofile in einer ebenen Schicht bei einer heterogenen chemischen Reaktion

Analog zur homogenen Reaktion lässt sich ein *Effektivitätsfaktor* für den Stofftransport definieren:

$$\eta \equiv \frac{\textit{tatsächliche Konzentration an katalytischer Oberfläche}}{\textit{max. mögliche Konzentration an katalytischer Oberfläche}} = \frac{c_{Aw}}{c_{A0}}. \tag{2.21}$$

Unter Verwendung von Gl. (2.19) ergibt sich:

$$\eta = \frac{1}{1 + Da_w}. \tag{2.22}$$

Bei *schnellen Reaktionen* ($Da_w \to \infty$) gilt $\eta \to 0$ somit $c_{Aw} \to 0$ (s. Abb. 2.6b). Für den Stofffluss gilt dann:

$$\dot{n}_A = \frac{D_{AB}}{\delta_c} c_{A0}. \tag{2.23}$$

Dies ist der rein diffusive Molenfluss für $c_{Aw} = 0$. In diesem Fall ist die Diffusion geschwindigkeitsbestimmend, es liegt eine *Diffusionshemmung* vor.

Für *langsame Reaktionen* $Da \to 0$ gilt $\eta \to 1$ (Abb. 2.6, c). Damit gilt für den Stoffumsatz:

$$\dot{n}_A = k_{A1w} c_{A0}. \tag{2.24}$$

Es liegt eine reine Limitierung über die Reaktionskinetik (*Reaktionshemmung*) vor.

Die Lösung zeigt, dass bei Vorliegen einer heterogenen chemischen Reaktion im Gegensatz zur homogenen Reaktion *keine* Beschleunigung des Stofftransports auftritt. Die heterogene Reaktion bewirkt lediglich eine Veränderung der Randbedingungen für den diffusiven Transport, während die homogene Reaktion in den Transport selbst eingreift, wie der Vergleich der entsprechenden Bilanzgleichungen (2.2) und (2.5) verdeutlicht.

2.2 Instationäre Diffusion

Die in Kap. 1 angegebenen partiellen Differenzialgleichungen (1.84, 1.90, 1.96) für die allgemeinen Stoffbilanzen umfassen auch die instationären Diffusionsvorgänge. Diese treten in einer großen Zahl technischer Anwendungen auf und werden deshalb hier etwas ausführlicher behandelt.

Für die eindimensionale Diffusion der Komponente A in y-Richtung in einem ruhenden ebenen System ohne chemische Reaktion vereinfacht sich Gl. (1.84) zu:

$$\frac{\partial c_A}{\partial t} = D_{AB}\frac{\partial^2 c_A}{\partial y^2}. \tag{2.25}$$

Eine der verschiedenen Methoden zur Lösung dieser Gleichung besteht darin, die Variablen zu trennen (s. z. B. Crank 1956). Es wird eine Lösung der Form

$$c_A = Y(y)T(t) \tag{2.26}$$

unterstellt, worin Y(y) und T(t) Funktionen der Ortskoordinate y bzw. der Zeit t sind. Die allgemeine Lösung ergibt sich als Summe von Lösungen:

$$c_A = \sum_{m=1}^{\infty} (A_m \sin(\lambda_m y) + B_m \cos(\lambda_m y)) \exp\left(-\lambda_m^2\, D_{AB} t\right). \tag{2.27}$$

Die Konstanten A_m, B_m und λ_m sind durch die Anfangs- und Randbedingungen des Problems zu finden.

2.2.1 *Instationäre Diffusion ohne chemische Reaktion in einer Platte*

Betrachtet man die instationäre Diffusion in einer ebenen Schicht mit der Dicke δ_c und nimmt an, dass die Komponente A am Anfang zur Zeit $t = 0$ gleichmäßig in der Platte verteilt ist, während an der Oberfläche stets $c_A = 0$ herrscht (s. Abb. 2.7), ergeben sich die Anfangs- bzw. Randbedingungen:

AB: $c_A = c_{A\alpha}$ für $t = 0$ und $0 < y < \delta_c$.
1. RB: $c_A = 0$ für $y = 0$ und $t \geq 0$.
2. RB: $c_A = 0$ für $y = \delta_c$ und $t \geq 0$.

Die Randbedingungen liefern

$$B_m = 0 \textit{ und } \lambda_m = \frac{m\pi}{\delta_c},$$

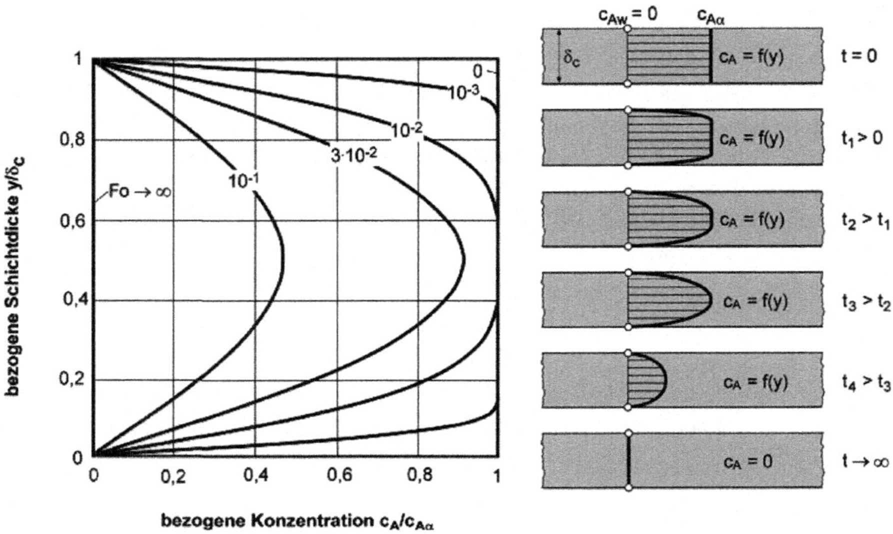

Abb. 2.7 Zeitliche Entwicklung der Konzentrationsprofile in einer ebenen Platte nach Gl. (2.30) (*links*); schematische Darstellung der Konzentrationsverläufe (*rechts*)

und die Anfangsbedingung führt dann zu:

$$c_{A\alpha} = \sum_{m=1}^{\infty} A_m \sin\left(\frac{m\pi y}{\delta_c}\right) \qquad \textit{für } 0 < y < \delta_c. \tag{2.28}$$

Durch Multiplikation beider Seiten dieser Gleichung mit $\sin(p\pi y/\delta_c)$ und Integration von 0 bis δ_c ergeben sich folgende Beziehungen:

$$\int_0^{\delta_c} sin\left(\frac{p\pi y}{\delta_c}\right) sin\left(\frac{m\pi y}{\delta_c}\right) dy = \begin{cases} 0 & \textit{für } m \neq p, \\ \dfrac{\delta_c}{2} & \textit{für } m = p \end{cases} \tag{2.29}$$

Alle Terme mit geraden Werten von m verschwinden. Außerdem ergibt sich A_m zu:

$$A_m = \frac{4c_{A\alpha}}{m\pi} \; mit \; m = 1{,}3{,}5\ldots$$

Die allgemeine Lösung lautet somit:

$$\frac{c_A(y,t)}{c_{A\alpha}} = \frac{4}{\pi} \sum_{n=0}^{\infty} \frac{1}{2n+1} exp\left(-D_{AB}(2n+1)^2\pi^2 t/\delta_c^2\right) \, sin\left(\frac{(2n+1)\pi y}{\delta_c}\right) \tag{2.30}$$

Hierin ist m = (2n + 1), sodass die Größe n die Werte n = 0, 1, 2 ... annimmt. Gl. (2.30) konvergiert gut für mittlere und lange Zeiten.

Die in Gl. (2.30) auftretende Parameterkombination $D_{AB}\ t/\delta_c^2$ ist die charakteristische dimensionslose Größe für instationäre Stofftransportvorgänge. Sie wird als *Fourierzahl* bezeichnet:

$$Fo \equiv \frac{D_{AB} \cdot t}{{\delta_c}^2}. \tag{2.31}$$

Eine etwas andere Lösung ergibt sich für den Fall, dass zu Beginn ($t = 0$) die Platte keinen Stoff A enthält ($c_A = 0$) und an der einen Oberfläche ($y = 0$) die Konzentration c_{Aw} und an der Oberfläche ($y = \delta_c$) die Konzentration $c_{A\delta}$ aufrecht erhalten wird. Die Anfangs- und Randbedingungen lauten dann:

AB: $c_A = 0$	für $0 < y < \delta_c$	und $t = 0$
1. RB: $c_A = c_{Aw}$	für $y = 0$	und $t \geq 0$.
2. RB: $c_A = c_{A\delta}$	für $y = \delta_c$	und $t \geq 0$.

Die Lösung für diesen Fall lautet:

$$(c_A(y) - c_{Aw}) - (c_{A\delta} - c_{Aw})\frac{y}{\delta_c} = \frac{2}{\pi}\sum_{n=1}^{\infty}\frac{c_{A\delta}cos(n\pi) - c_{Aw}}{n} \times sin\left(\frac{n\pi y}{\delta_c}\right) exp\left(-\frac{D_{AB}n^2\pi^2 t}{\delta_c^2}\right). \tag{2.32}$$

Nach unendlich langer Zeit ($t \to \infty$) verschwindet die rechte Seite dieser Gleichung ($1/e^{\infty} = 0$), und der Vorgang wird stationär. Das Konzentrationsprofil in der Platte ist dann linear und identisch mit Gl. (2.4) (vgl. Abb. 2.1):

$$\frac{c_A(y) - c_{Aw}}{c_{A\delta} - c_{Aw}} = \frac{y}{\delta_c}.$$

Weitere Lösungen von Gl. (2.25) ergeben sich bei veränderten Randbedingungen. Exemplarisch sei hier der sogenannte *unendliche Halbraum* betrachtet. Hierunter ist eine Schicht zu verstehen, deren eine Seite begrenzt ist, während auf der anderen Seite eine Diffusion in einen unbeschränkten Raum hinein stattfindet. In diesem Fall lauten die Anfangs- und Randbedingungen:

AB: $c_A = c_{A\infty}$	für $0 < y < \infty$	und $t = 0$.
1. RB: $c_A = c_{Aw}$	für $y = 0$	und $t \geq 0$.
2. RB: $c_A = c_{A_\infty}$	für $y \to \infty$	und $t \geq 0$.

Als Lösung für die dimensionslose Konzentration ξ ergibt sich in diesem Fall:

$$\xi(y,t) \equiv \frac{c_A(y,t) - c_{A\infty}}{c_{Aw} - c_{A\infty}} = 1 - erf\left(\frac{y}{\sqrt{4\ D_{AB}\, t}}\right). \tag{2.33}$$

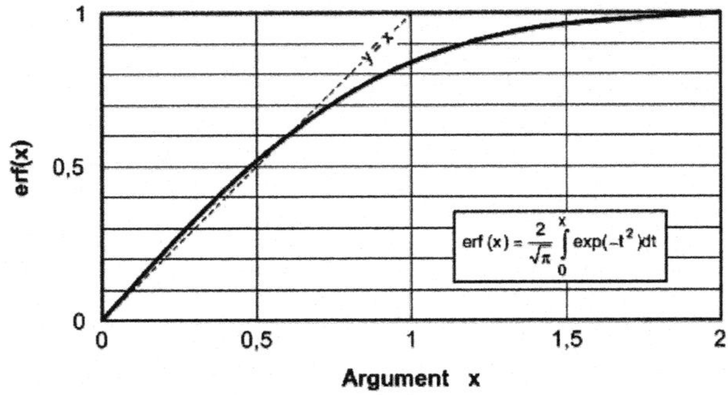

Abb. 2.8 Gaußsche Fehlerfunktion

In Abb. 2.8 ist der Verlauf der Gaußschen Fehlerfunktion

$$erf(x) = \frac{2}{\sqrt{\pi}} \int_0^x e^{-t^2} dt \tag{2.34}$$

dargestellt. Die Abb. 2.9 enthält die mit Gl. (2.33) beschriebene zeitabhängige Konzentrationsverteilung.

Die Verschiebungen, die einzelne Moleküle infolge der Brownschen Molekularbewegung ausführen, lassen sich mit einer Verteilungsfunktion erfassen. Als mittlere Verschiebung ergibt sich (s. z. B. Jost 1972):

$$\Delta y^2 = 2D_{AB}t. \tag{2.35}$$

Demzufolge benötigen Moleküle zum Zurücklegen einer Distanz $\sqrt{\Delta y^2}$ von 1 cm in:

- Gasen ($D_{AB} = 5 \times 10^{-5}$ m²/s) $t \approx 1$ s
- Flüssigkeiten ($D_{AB} = 10^{-10}$ m²/s) t = 5,7 Tage
- Feststoffen ($D_{AB} = 10^{-12}$ m²/s) t = 1,6 Jahre

Diese Werte illustrieren, dass bei Flüssigkeiten allein aufgrund der Diffusion keine wirtschaftliche Vermischung möglich ist, wenn größere Längenskalen Δy zu überwinden sind. Müssen dagegen nur 10 µm als Distanz überwunden werden (Mikromischer, s. Abschn. 18.4), so reduziert sich der Zeitbedarf um den Faktor 10^6 auf 0,5 s.

Der instationäre Stofffluss in das Medium hinein berechnet sich aus Gl. (2.33) gemäß:

$$\dot{n}_A\big|_{y=0} = -D_{AB}\left.\frac{\partial c_A}{\partial y}\right|_{y=0,t} = D_{AB}\frac{c_{Aw} - c_{A\infty}}{\sqrt{\pi\ D_{AB}\ t}}. \tag{2.36}$$

Die Tangente an den Konzentrationsverlauf bei $y = 0$ geht demzufolge durch den Punkt $c_A = c_{A\infty}$ für $y = \sqrt{\pi D_{AB} t}$. Die Distanz $y = \sqrt{\pi D_{AB} t}$ wird als

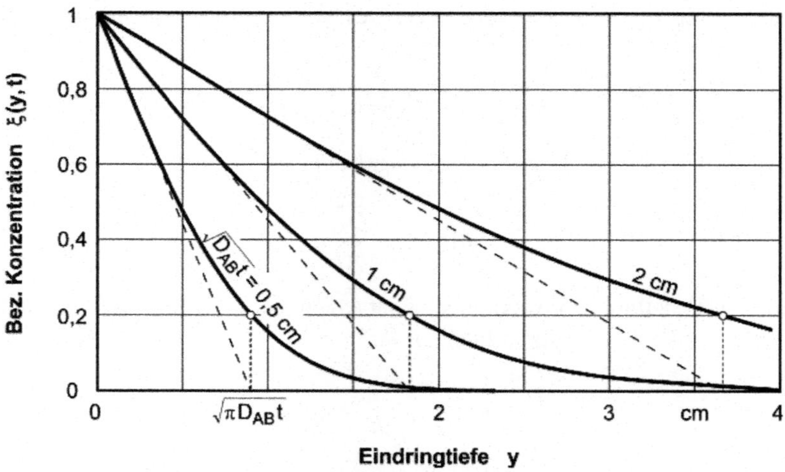

Abb. 2.9 Konzentrationsverteilung durch Diffusion für den unendlichen Halbraum

Penetrationstiefe bezeichnet, die die Strecke repräsentiert, innerhalb derer der Konzentrationsunterschied $c_{Aw} - c_{A\infty}$ bei $y = 0$ auf 20 % des ursprünglichen Werts abfällt.

Gleichung (2.36) ist eine der wichtigen Beziehungen für technische Stofftransportvorgänge, sie wird als *Penetrationstheorie* bezeichnet (s. Abschn. 3.1.3). Diese geht davon aus, dass in fluiden Systemen Fluidelemente aus dem Kern der Phase an die Phasengrenzfläche gelangen und dort über eine bestimmte Kontaktzeit diffusiv einen Stoff aufnehmen oder abgeben. Dieser erreicht allerdings nur geringe Eindringtiefen, sodass Gl. (2.36) diesen Vorgang beschreibt. Die Zahl erfolgreicher Anwendungen dieser Theorie ist sehr hoch, da die Bestimmung einer charakteristischen Zeit für den Stofftransport in vielen technischen Fällen möglich ist. Als Beispiel seien Gaswäscher genannt, in denen Tropfen in einen Gasstrom eingedüst werden und während ihres Fallweges aus der Gasphase eine oder mehrere Komponenten aufnehmen. Wenn die Penetrationstiefe $\sqrt{\pi D_{AB} t}$ geringer als der Tropfenradius R ist, kann vereinfachend angenommen werden, dass die Flüssigkeit halbunendlich ausgedehnt ist. Die Beziehung

$$\sqrt{\pi D_{AB} t} \ll R \tag{2.37}$$

lässt sich dimensionslos darstellen:

$$Fo = \frac{D_{AB} t}{R^2} \ll 0{,}3. \tag{2.38}$$

Im Fall eines Flüssigkeitstropfens von 2 mm Durchmesser mit $D_{AB} = 2 \times 10^{-9}\ \mathrm{m^2/s}$ entspricht dies einer Zeit von $t \ll^3 150\ \mathrm{s}$. Für die exakte Berechnung s. Abschn. 2.2.2.

[3] Unter den Zeichen ≪sowie≫ wird üblicherweise mindestens ein Unterschied von einer Größenordnung also einer Zehnerpotenz verstanden.

Wird der Stoffübergangskoeffizient zur Beschreibung des *momentanen* Stoffflusses verwendet

$$\dot{n}_A|_{y=0} = \beta(t)(c_{Aw} - c_{A\infty}), \tag{2.39}$$

so folgt für den *momentanen Stoffübergangskoeffizienten*:

$$\beta(t) = \sqrt{\frac{D_{AB}}{\pi t}}. \tag{2.40}$$

Dauert der Penetrationsprozess eine Kontaktzeit τ, so ergibt sich der *mittlere Stoffübergangskoeffizient* durch Integration:

$$\beta = \frac{1}{\tau}\int_0^\tau \beta(t)\,dt = 2\sqrt{\frac{D_{AB}}{\pi\tau}}. \tag{2.41}$$

2.2.2 *Instationäre Diffusion in einer Kugel*

Die in diesem Abschnitt behandelte Diffusion innerhalb einer Kugel dient auch als grundsätzliches Beispiel für die Herleitung des Zusammenhangs zwischen dem Konzentrationsfeld und dem Stoffübergang repräsentiert durch den Stoffübergangskoeffizienten β.

Für den Fall einer rein radial erfolgenden Diffusion, wie dies in einer Kugel auftritt, aus der eine Komponente A herausdiffundiert, vereinfacht sich die Stoffbilanz gemäß Gl. (1.96) zu:

$$\frac{\partial c_A}{\partial t} = D_{AB}\frac{1}{r^2}\frac{\partial}{\partial r}\left(r^2\frac{\partial c_A}{\partial r}\right). \tag{2.42}$$

Die Kugel bestehe aus einem Feststoff oder einem unbewegten Fluid. Die Gleichungen werden für folgende Anfangs- und Randbedingungen gelöst:

	AB: $c_A = c_{A\alpha}$	für $t = 0$	und $0 \le r < R$.
1.	RB: $c_A = c_{A0}$	für $t \ge 0$	und $r = R$.
2.	RB: $\partial c_A/\partial r = 0$	für $t \ge 0$	und $r = 0$ (aufgrund Symmetrie).

Damit ergibt sich folgende Lösung der Differenzialgleichung (2.42) in dimensionsloser Form (erstmalig von Newman 1931 s. auch Crank 1956):

$$\xi_A(r,t) \equiv \frac{c_A(r,t) - c_{A0}}{c_{A\alpha} - c_{A0}} = -\frac{2R}{\pi r}\sum_{n=1}^{\infty}\frac{(-1)^n}{n} sin\left(\frac{n\pi r}{R}\right)\, exp\left(-\frac{D_{AB}n^2\pi^2 t}{R^2}\right). \tag{2.43}$$

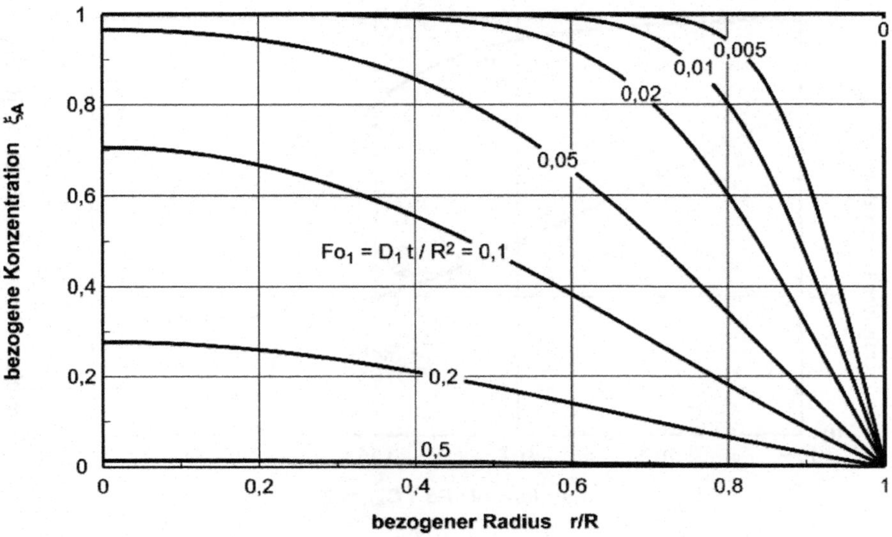

Abb. 2.10 Konzentrationsverhältnis ξ_A in Abhängigkeit vom bezogenen Radius r/R für unterschiedliche Fourierzahlen bei instationärer Diffusion in einer Kugel

Für $t \to \infty$ verschwindet der Exponentialausdruck, sodass $c_A = c_{A0}$ bzw. $\xi_A = 0$ wird. Das System befindet sich im Gleichgewicht, und der Stofftransport ist abgeschlossen. In Abb. 2.10 ist das Konzentrationsverhältnis abhängig vom bezogenen Radius r/R mit der dimensionslosen Zeit, also der Fourierzahl, als Parameter dargestellt. Der Index 1 kennzeichnet die Kugel und die dort vorliegenden Stoffdaten, während die Umgebung mit dem Index 2 gekennzeichnet wird (s. insb. Abschn. 7.4 und 7.5).

Die mittlere Konzentration $\overline{\xi}_A$ des diffundierenden Stoffes ergibt sich über die Integration des Konzentrationsfelds

$$\overline{\xi}_A = \frac{1}{V}\int_0^V \xi_A \, dV = \frac{3}{4\pi R^3}\int_0^R \xi_A \cdot 4\pi r^2 \, dr = \frac{3}{R^3}\int_0^R \xi_A r^2 \, dr \tag{2.44}$$

als:

$$\overline{\xi}_A = \frac{6}{\pi^2}\sum_{n=1}^{\infty}\frac{1}{n^2} exp\left(-n^2\pi^2 \frac{D_{AB}\cdot t}{R^2}\right). \tag{2.45}$$

Unter Verwendung dieser Konzentration lässt sich der zeitabhängige, mittlere Stoffübergangskoeffizient β bestimmen. Dieser Koeffizient beschreibt den zeitlich gemittelten Stoffstrom bezogen auf die Kugeloberfläche und die treibende Konzentrationsdifferenz:

$$\overline{\dot{N}_A} \equiv A_{Kugel}\cdot\beta\cdot\Delta c_{A,ln} = V_{Kugel}\,\frac{c_{A\alpha} - \bar{c}_A}{t} \tag{2.46}$$

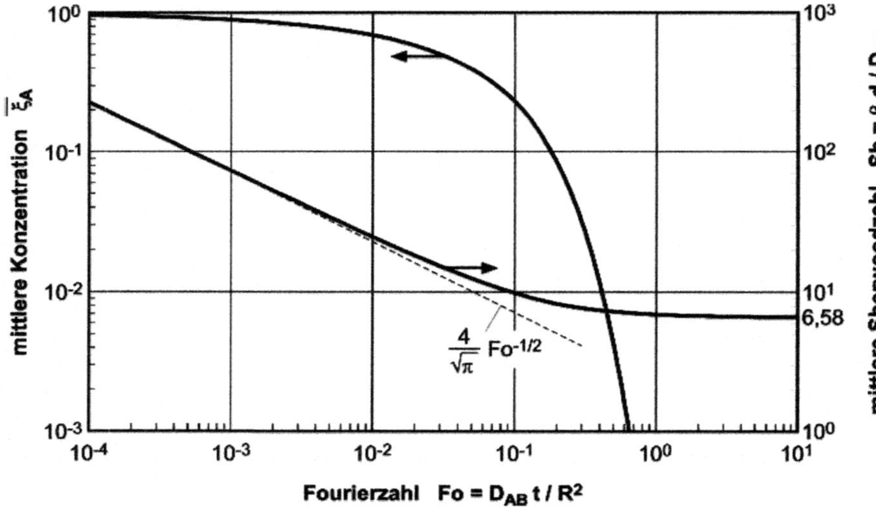

Abb. 2.11 Zeitabhängigkeit der mittleren Konzentration sowie des Stoffübergangs in einer ruhenden Kugel, nur Innenwiderstand bei reiner Diffusion (Re = 0). (s. auch Abschn. 7.5.6)

mit der logarithmischen Konzentrationsdifferenz:

$$\Delta c_{A,ln} = \frac{(c_{A\alpha} - c_{A0}) - (\bar{c}_A - c_{A0})}{ln \dfrac{c_{A\alpha} - c_{A0}}{\bar{c}_A - c_{A0}}}. \tag{2.47}$$

Aus beiden Gleichungen folgt

$$\beta = \frac{-R}{3t} ln\, \overline{\xi_A} \tag{2.48}$$

und mit Gl. (2.45)

$$\beta = -\frac{d_p}{6t}\ \ln\left[\frac{6}{\pi^2}\sum_{n=1}^{\infty}\frac{1}{n^2}\exp\left(-n^2\pi^2\ \frac{D_{AB}\cdot t}{R^2}\right)\right] \tag{2.49}$$

bzw. unter Einführung der charakteristischen dimensionslosen Kennzahl zur Beschreibung des Stofftransports, der zeitlich gemittelten *Sherwoodzahl*[4] Sh:

$$Sh \equiv \frac{\beta d_p}{D_{AB}} = -\frac{2}{3Fo} ln\left[\frac{6}{\pi^2}\sum_{n=1}^{\infty}\frac{1}{n^2} exp\left(-Fo\pi^2 n^2\right)\right]. \tag{2.50}$$

Die zeitliche Entwicklung der Konzentration und des Stoffübergangskoeffizienten in Form der dimensionslosen Darstellung zeigt Abb. 2.11. Ebenfalls eingetragen ist der

[4] Thomas Kilgore Sherwood 1903–1976, amerikanischer Verfahrenstechniker, veröffentlichte grundlegende Lehrbücher zum molekularen und konvektiven Stofftransport.

instationäre Stoffübergangskoeffizient, der sich aus der Penetrationstheorie gemäß Gl. (2.41) ergibt. Die entsprechende dimensionslose Formulierung lautet:

$$Sh = \frac{4}{\sqrt{\pi}} Fo^{-1/2}. \tag{2.51}$$

Bei niedrigen Fourierzahlen stimmen die Ergebnisse der Gln. (2.50) und (2.51) überein. Für Fo > 0,01 ergeben sich höhere Stoffübergangskoeffizienten für die allgemeine Lösung (Gl. (2.50)) des Problems. Ein Charakteristikum instationärer Austauschprozesse ist die Ausbildung eines konstanten, von null verschiedenen asymptotischen Endwerts, wie es auch Abb. 2.11 zeigt (Sh $\rightarrow$ 6,58). Zwar geht der pro Zeit übertragene Stoffstrom für t $\rightarrow \infty$ gegen null, doch dies wird durch die dann ebenfalls gegen null gehende treibende Konzentrationsdifferenz (Gl. (2.47)) erfasst. Der Stoffübergangskoeffizient kann daher einen endlichen Endwert annehmen.

2.3 Verständnisfragen

1. Skizzieren Sie den Konzentrationsverlauf beim Stoffübergang von einer festen Kugel (c_{Aw}) an ein umgebendes Fluid, dessen Konzentration an A in unendlicher Entfernung $c_{A\infty}$ beträgt. Nutzen Sie die zugehörige Bilanzgleichung.
2. Wie lauten typische Randbedingungen bei stationärer Diffusion in ruhenden Medien?
3. Welches Verhältnis kennzeichnet die Damköhlerzahl?
4. Skizzieren Sie die stationären Konzentrationsverteilungen bei einer homogenen chemischen Reaktion in einer ebenen, unbewegten Schicht bei gleichzeitigem Stoffübergang.
5. Welchen Effekt beschreibt der Beschleunigungsfaktor E, und wie ist er definiert? Wie hängt E von der Hattazahl ab?
6. Durch welchen Term in der differenziellen Bilanzgleichung wird eine heterogene chemische Reaktion berücksichtigt?
7. Wie lautet die charakteristische Randbedingung bei Auftreten heterogener chemischer Reaktionen?
8. Skizzieren Sie die Konzentrationsprofile bei der instationären Diffusion ohne chemische Reaktion in einer ebenen Platte. (Annahme t = 0: in der Platte c_A, an der Phasengrenze $c_A = 0$ auf beiden Seiten der Platte) für verschiedene Zeiten.

2.4 Aufgaben

1. Helium lässt sich aus Erdgas über ein Diffusionsverfahren gewinnen. Dieses Verfahren basiert darauf, dass bestimmte Materialien (z. B. Pyrex-Glas) für sämtliche gasförmigen Komponenten bis auf Helium nahezu undurchlässig sind. Bei einem

solchen Diffusionsverfahren durchströmt das heliumhaltige Erdgas ein zylindrisches Pyrex-Glasrohr der Länge L. Dabei diffundiert Helium durch die Rohrwand (Innendurchmesser D, Wanddicke s) nach außen.[5]

Annahmen:

1. Die molare Gesamtkonzentration c ist konstant.
2. Die anderen Komponenten des Erdgasgemisches diffundieren nicht durch die Pyrex-Glasrohrwand.
3. Der Diffusionskoeffizient $D_{He/Pyr}$ ist konstant.
4. Der Molanteil des Heliums im Erdgas $y_{He} \ll 1$.

Bestimmen Sie, ausgehend von der differenziellen Massenbilanz in der Glasrohrwand, den Massenstrom des Heliums durch die Rohrwand in Abhängigkeit vom Diffusionskoeffizienten $D_{He/Pyrex}$, der Helium-Konzentration an der inneren und äußeren Berandung des Pyrex-Glasrohres und den Rohrabmessungen.

2. In einem kugelförmigen 1-Liter-Stahltank mit 2 mm Wandstärke wird Wasserstoff bei 400 °C gelagert. Der Anfangsdruck beträgt 9 bar, außen herrscht ein Vakuum. Der Diffusionskoeffizient beträgt $D_{H_2/Stahl}$ (400 °C) = 1,7 × 10^{-9} m²/s, die Stahldichte 7800 kg/m³. Für die Löslichkeit von H_2 in Stahl gilt folgende Beziehung für die Massenkonzentration:

$$\rho_{H_2} = \rho_{St}\, 2{,}09 \times 10^{-4} exp\left(-\frac{3950K}{T}\right)(p/1bar)^{1/2}$$

Nach welcher Zeit ist der Druck auf 5 bar gefallen?

Hinweise:

1. Da die Wandstärke klein im Vergleich zum Tankradius ist, kann der Vorgang als Diffusion durch eine ebene Schicht betrachtet werden.
2. Quasistationärer Vorgang.

3. Ein kugelförmiger Kristall aus Kupfersulfat ($\rho_s = 3600\,kg/m^3$) mit dem Radius $R_0 = 5$ mm fällt durch einen Tank, der mit reinem Wasser von 30 °C gefüllt ist. Dabei löst sich das Sulfat langsam auf.
Für eine erste Abschätzung der Auflösungsgeschwindigkeit wird angenommen, dass das Teilchen von einem unbewegten Flüssigkeitsfilm der Dicke $\delta = 0{,}1$ mm umgeben ist, in dem ein reiner Diffusionsprozess abläuft. Die Sättigungskonzentration des Kupfersulfats in Wasser beträgt 169 g/L, der Diffusionskoeffizient $D_{CuSO_4/H_2O} = 6{,}2 \times 10^{-10}$ m²/s. An der Filmaußenseite liegt reines Wasser vor. Der Vorgang kann als stationär angesehen werden.
Wie groß ist die Auflösegeschwindigkeit?

[5] Nach (Bird et al. 2002).

4. Das Ranzigwerden von Butter beruht zum Teil darauf, dass die ungesättigten Fettsäuren (etwa 35 Mass-%) durch Sauerstoff oxidiert werden. Durch diese Oxidation entstehen Peroxide, deren Abbauprodukte den Geschmack der Butter beeinträchtigen. Experimentelle Untersuchungen haben gezeigt, dass eine maximale Peroxidkonzentration von 5 mol Peroxid/m^3 Butter gerade noch zulässig ist. Vereinfacht entstehen die Peroxide durch eine bimolekulare Reaktion[6].

$$RH + O_2 \rightarrow ROOH$$

Die Reaktion sei bezüglich der Sauerstoffkonzentration 1. Ordnung mit einer Reaktionsgeschwindigkeit von $0{,}43 \times 10^{-5}$ 1/s.
Untersuchungen an kompakten Lebensmitteln haben gezeigt, dass das Feld der Sauerstoffkonzentration schnell ausgebildet ist und sich dann zeitlich kaum noch ändert.

   a. Bilanzieren Sie in einem infinitesimalen Volumenelement den Sauerstofftransport in der Butter. Stellen Sie die Gleichung für die Sauerstoffkonzentration in der Butter über eine Stoffbilanz für die Richtung senkrecht zur Oberfläche auf.

   Hinweis:

   Die Lösung der Differenzialgleichung für die Sauerstoffkonzentration lautet mit den entsprechenden Randbedingungen:

   1. RB: bei $y = 0$ ist $c_S = c_{S0}$
   2. RB: bei $y = s$ ist $dc_S/dy = 0$

$$c_S = c_{S0} \frac{cosh\left[\sqrt{\frac{k_1 s^2}{D_s}}\left(1 - \frac{y}{s}\right)\right]}{cosh\sqrt{\frac{k_1 s^2}{D_s}}}.$$

   b. Stellen Sie dazu die instationäre Differenzialgleichung für die Peroxidkonzentration analog zum Teil a) auf.
   c. Berechnen Sie die Lagerzeit einer Butterschicht der Dicke 0,035 m, wenn die zulässige Peroxidkonzentration 3 mm unterhalb der Oberfläche der Butterschicht nicht überschritten werden darf. Die Oberflächenkonzentration beträgt 7,3 mol O_2/m^3 Butter, der Diffusionskoeffizient $0{,}22 \times 10^{-10}$ m^2/s.

Hinweis:

Der Diffusionskoeffizient D_p der Peroxide ist nahezu null, weil sie in der Butter fest gebunden sind.

---

[6] Nach (Mersmann 1986).

5. Bei der heterogenen Reaktion 1. Ordnung von CO zu CO_2 ist die Güte der Katalysatoren von großer Bedeutung. Es herrsche konstanter Druck und konstante Temperatur. Der Diffusionskoeffizient beträgt $4{,}0 \times 10^{-5}$ m²/s. Es stehen drei unterschiedlich alte Katalysatoren mit den Reaktionsgeschwindigkeiten $k_{w1} = 6{,}7 \times 10^{-7}$ m/s, $k_{w2} = 8{,}3 \times 10^{-3}$ m/s und $k_{w3} = 5{,}2$ m/s zur Verfügung.
   a. Ermitteln Sie die Wandkonzentrationen unter der Annahme, dass die Konzentration in einer Entfernung von mehr als 0,5 mm 0,5 kmol/m³ beträgt.
   b. Zeichnen Sie den Verlauf der Konzentrationen für die verschiedenen Damköhlerzahlen in ein Diagramm.
6. Eine in wässriger Lösung von 25 °C dispergierte, kugelförmige Luftblase (Molanteil $y_{O_2} = 0{,}21$) mit dem Anfangsdurchmesser $d_{B0} = 5$ mm verarmt durch chemische Reaktion in der Gas/Flüssigkeits-Phasengrenzfläche an Sauerstoff. Für die Molstromdichte des abreagierenden Sauerstoffs gilt:

$$\dot{n}_{O_2} = k\, {c^*_{O_2}}^{2/3}$$

   mit $k = 3{,}02 \times 10^{-3}$ mol$^{1/3}$/s. Die Phasengrenzflächenkonzentration $c^*_{O_2}$ ergibt sich aus dem thermodynamischen Gleichgewicht und lässt sich mittels Henry-Gesetz $y_{O_2} p_{ges} = H \cdot c^*_{O_2}$ ($H = 9{,}46 \cdot 10^4$ Nm/mol, gebildet mit der molaren Konzentration in der Flüssigkeit und dem Partialdruck im Gas) berechnen. Der Gesamtdruck $p_{ges} = 1{,}2 \times 10^5$ Pa sei ebenso wie der Wasserdampfpartialdruck $p_{SW} = 3{,}2 \times 10^3$ Pa konstant (T = 25 °C). Es gilt das ideale Gasgesetz.
   a. Geben Sie eine Beziehung für den zeitlichen Verlauf der molaren Konzentration des Sauerstoffs an.
   b. Nach welcher Zeit ist der gesamte Sauerstoff verbraucht?
7. Aus einer ebenen Kunststoffplatte der Dicke 10 mm soll Wasser durch Trocknung entfernt werden. Dabei wird die Wasserkonzentration in den beiden Oberflächen der Platte auf null reduziert. Die Anfangsfeuchte ρ_{W0} beträgt 50 g/L und der Diffusionskoeffizient $D_{WK} = 4 \times 10^{-8}$ m²/h.
   a. Nach welcher Zeit ist die mittlere Wasserkonzentration in der Platte auf 1 g/L reduziert?
   b. Welche zusätzliche Zeit wird benötigt, wenn die mittlere Konzentration lediglich 0,1 g/L betragen soll?
8. Ein Wassertropfen mit einem Durchmesser von 2 mm fällt mit einer stationären Geschwindigkeit von 1,8 m/s 4 m tief durch die Luft. Zu Beginn enthält er keinen Sauerstoff. Die thermodynamische Gleichgewichtskonzentration des Sauerstoffs in Wasser lässt sich nach dem Henry-Gesetz gemäß obiger Aufgabe 6 berechnen[7].

[7] Nach (Beek et al. 1999).

a. Wie groß ist die mittlere Sauerstoffkonzentration nach 4 m?
b. Wie groß ist die Konzentration nach 4 m für den Fall, dass der Tropfen zu Beginn bereits 5 mg O_2/L enthält?
c. Welche Tropfengröße ist erforderlich, um den Stoffübergangskoeffizienten zu verdoppeln? Die Fallgeschwindigkeit ist proportional zur Wurzel des Durchmessers.

Literatur

Allgemein

Baehr HD, Stephan K (2010) Wärme- und Stoffübertragung. 7. Aufl. Springer, Berlin
Beek WJ, Muttzall KMK, Heuven JW van (1999) Transport Phenomena. 2. Aufl. John Wiley, Chichester
Bird RB, Stewart WE, Lightfoot EN (2002) Transport phenomena. 2. Bd. John Wiley, New York
Brauer H (1971) Stoffaustausch. Sauerländer, Aarau
Mersmann A (1986) Stoffübertragung. Springer, Berlin

Speziell

Crank J (1956) The mathematics of diffusion. Oxford University Press, London
Hatta S (1932) Absorption velocity of gases by liquids II. Theoretical consideration of gas absorption due to chemical reaction. Techn Rpts Tohoku Imp Univ 10:119–135
Jost W, Hauffe K (1972) Diffusion, Methoden der Messung und Auswertung. Steinkopff-Verlag, Darmstadt
Newman AB (1931) The drying of porous solid. Diffusion and surface emission effects. TranS AIChE 27:203

Kapitel 3
Stoffaustausch zwischen zwei fluiden Phasen

Der Wärmeaustausch zwischen zwei Medien erfolgt in technischen Prozessen überwiegend indirekt also über feste Wände hinweg, um eine Vermischung der Medien zu vermeiden. Dagegen findet der Stoffaustausch mit wenigen Ausnahmen (z. B. Umkehrosmose s. Abschn. 9.5.5) direkt statt, da eine feste Trennwand üblicherweise mit einem unzulässig großen Stofftransportwiderstand verbunden ist. Die beteiligten Medien sind hierbei allenfalls geringfügig mit einander mischbar. Derartige zwei- oder mehrphasige Systeme können zu einer Reihe komplexer Problemstellungen für eine mathematische Beschreibung führen. So ist beispielsweise beim Aufstieg einer Gasblase in einer Flüssigkeit weder deren Größe noch ihre Form noch ihre Aufstiegsgeschwindigkeit bekannt. Zusätzlich tritt an der Phasengrenzfläche aufgrund ihrer freien Beweglichkeit nicht mehr zwingend eine Geschwindigkeit von null auf, wie dies bei festen Berandungen der Fall ist. Die Geschwindigkeit an der Phasengrenze ihrerseits übt einen starken Einfluss auf die Energie- und Stofftransportprozesse aus und muss in den entsprechenden mathematischen Modellansätzen oder Berechnungen berücksichtigt werden.

Formal wird das Gebiet der Mehrphasensysteme nach den beteiligten Aggregatzuständen eingeteilt. Eine feste Phase tritt ausschließlich in Form von Partikeln auf und demzufolge diskontinuierlich als so genannte *disperse Phase*. Die *kontinuierliche Phase* wird stets durch ein Fluid also ein Gas oder eine Flüssigkeit gebildet. Flüssige als auch gasförmige Phasen können auch eine disperse Phase (Tropfen, Blasen) bilden. Es sind allerdings auch zwei kontinuierliche fluide Phasen möglich (z. B. beim Rieselfilm).

Ein ganz wesentlicher Aspekt mehrphasiger Systeme ist die Tatsache, dass sie durch äußere Einwirkungen – z. B. einen aufgeprägten Volumenstrom oder einen mechanischen Energieeintrag – permanent aufrechterhalten werden müssen, da sie sich ansonsten infolge der Dichteunterschiede mehr oder weniger schnell trennen.

Um die Komplexität der Vorgänge nicht noch weiter zu steigern, ohne dass sich hieraus ein wesentlicher, zusätzlicher Erkenntnisgewinn erzielen lässt, werden im Weiteren bis auf wenige Ausnahmen *zwei*phasige Systeme betrachtet.

Das Ziel dieses Kapitels ist die Erläuterung der wesentlichen Modellansätze zur vereinfachten Modellierung des Stoffaustausches zwischen zwei Fluiden. Zusätzlich

M. Kraume, *Transportvorgänge in der Verfahrenstechnik*,
DOI 10.1007/978-3-642-25149-8_3,

zu den Stoffübergangstheorien werden der Stoffdurchgang und seine aus der Thermodynamik bedingten Besonderheiten im Vergleich zum Wärmedurchgang behandelt. Abschließend werden die Auswirkungen einer homogenen chemischen Reaktion dargestellt und unter Verwendung der Penetrations- und der Filmtheorie mathematisch beschrieben.

3.1 Stoffübergangstheorien

Der konvektive Stoffübergang kann für einfache Geometrien und Strömungsverhältnisse, wie in den drei anschließenden Kapiteln gezeigt wird, durch Nutzung der fundamentalen Bilanzgleichungen sowie der jeweiligen Transportprozesse mathematisch beschrieben werden. In vielen technischen Fällen liegen komplexere Strömungen oder Geometrien vor, die einer exakten mathematischen Modellierung nicht oder nur mit hohem numerischen Aufwand zugänglich sind. In allen Fällen werden Stoffübergangskoeffizienten (Definitionsgl. (1.27)) zur Beschreibung herangezogen. Die Berechnung des Stoffübergangskoeffizienten β kann dabei in verschiedener Weise erfolgen. Bei einfachen Strömungsverhältnissen und Geometrien liefern analytische oder numerische Lösungen exakte Werte für β (s. Kap. 5, 6 und 7). In komplexen Systemen werden bestimmte *Stoffübergangstheorien* zur Beschreibung genutzt. Die wichtigsten sind die Film-, die Grenzschicht-, die Penetrations- sowie die Turbulenztheorie, die im Folgenden erläutert werden.

3.1.1 Filmtheorie

Die *Filmtheorie* stellt die einfachste und älteste Modellvorstellung dar (Lewis und Whitman 1924). Zur Erläuterung der Filmtheorie werde angenommen, dass von einer festen oder ruhenden flüssigen Oberfläche, in Abb. 3.1 als ebene Schicht gezeichnet, ein Stoff A an ein strömendes Fluid B übertragen wird. Die Konzentration des Stoffes A fällt vom Wert c_{A0} an der Schichtoberfläche auf den Wert $c_{A\delta}$ im Innern des vollständig vermischten Fluids. Die Filmtheorie geht nun von der häufig zutreffenden Annahme aus, dass der Stoffübergang nur in einem dünnen wandnahen ruhenden *Fluidfilm* der Dicke δ stattfindet, daher der Name Filmtheorie. Gemäß Abb. 3.1 ist eine solche Vereinfachung selbst in Systemen mit Konvektion zulässig, wenn die Geschwindigkeitsgrenzschicht δ_w deutlich größer als die Konzentrationsgrenzschicht δ_c ist, da dann die Fluidgeschwindigkeiten innerhalb δ_c sehr niedrig sind. Diese Verhältnisse treten üblicherweise bei Flüssigkeiten ($Sc > 1$) auf.

Konzentrationen und Geschwindigkeiten sollen sich nur in Richtung der y-Achse, nicht aber, so wird weiter angenommen, mit der Zeit oder in Richtung der anderen Koordinatenachsen ändern. In diesem Film findet der Stofftransport allein durch molekulare Diffusion statt. Das hat zur Folge, dass bei stationärer Strömung die in Richtung der y-Achse übertragene Stoffmengenstromdichte $\dot{n}_A$ zeitlich konstant

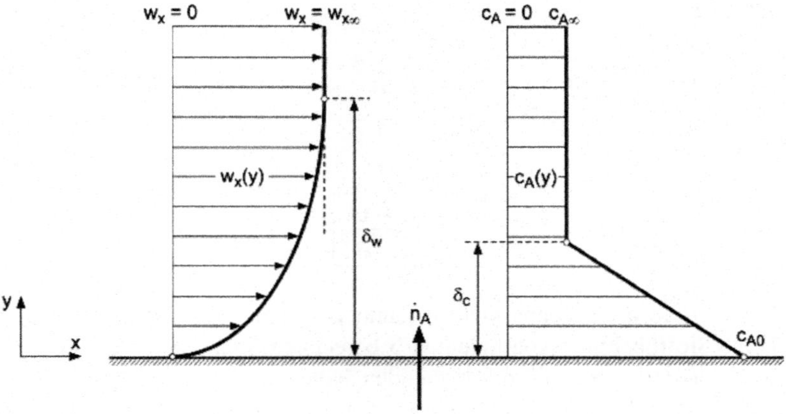

Abb. 3.1 Konzentrations- und Geschwindigkeitsprofil an einer überströmten Oberfläche nach der Filmtheorie

bleibt. Wäre dies nicht der Fall, würde also in ein Volumenelement des Fluids beispielsweise mehr Stoff A ein- als ausströmen, so würde sich in dem Volumenelement die Konzentration des Stoffes A mit der Zeit ändern, oder es müsste in x-Richtung Stoff A abfließen, damit sich die Konzentration nicht mit der Zeit ändert. Beides ist aber voraussetzungsgemäß nicht zulässig. Nach der Filmtheorie ist somit:

$$\frac{d\dot{n}_A}{dy} = 0. \tag{3.1}$$

Daraus ergibt sich für verschwindenden Konvektionsstrom, also bei äquimolarer Diffusion (s. Abschn. 1.1.3) $\dot{\text{n}} = \dot{\text{n}}_\text{A} + \dot{\text{n}}_\text{B} = 0$ in Richtung der y-Achse, wegen

$$\dot{n}_A = \dot{n}_{Am} + x_A\dot{n} = \dot{n}_{Am} = -D_{AB}\, dc_A/dy$$

auch

$$\frac{d^2c_A}{dy^2} = 0,$$

wenn man konstante Werte von D_AB voraussetzt. Das Konzentrationsprofil im Film ist eine Gerade (s. Abb. 3.1):

$$\frac{c_A - c_{A0}}{c_{A\infty} - c_{A0}} = \frac{y}{\delta_c}. \tag{3.2}$$

Weiterhin lässt sich der Stoffübergang auch mit dem Stoffübergangskoeffizienten β beschreiben:

$$\dot{n}_A = \beta(c_{A0} - c_{A\infty}) = -D_{AB}\left(\frac{dc_A}{dy}\right)_{y=0}. \tag{3.3}$$

Nach Gl. (3.2) ist

$$-D_{AB}\left(\frac{dc_A}{dy}\right)_{y=0} = -\frac{D_{AB}}{\delta_c}(c_{A\infty} - c_{A0}) = \frac{D_{AB}}{\delta_c}(c_{A0} - c_{A\infty})$$

und daher:

$$\boxed{\beta = \frac{D_{AB}}{\delta_c}.} \tag{3.4}$$

Da die *Filmdicke* δ_c meistens nicht bekannt ist, kann man aus dieser Gleichung zwar keine Stoffübergangskoeffizienten β berechnen, man kann sich diese jedoch für die in der Praxis häufig vorkommenden Fälle aus der einschlägigen Literatur (z. B. (Brauer und Mewes 1971; Perry et al. 1984)) verschaffen und dann mit Gl. (3.4) die Konzentrationsfilmdicke abschätzen. Dies ist dann von Vorteil, wenn der Einfluss einer chemischen Reaktion auf den Stoffübergang diskutiert wird. In diesen Fällen ist die Reaktion bisweilen auf das Filmvolumen beschränkt, da nur dort die übergehende Komponente auftritt. Die Kenntnis dieses Reaktionsvolumens eröffnet dann die Möglichkeit, entsprechende Reaktionsströme zu berechnen.

Der Stoffübergangskoeffizient β für äquimolare Diffusion ist nach der Filmtheorie proportional dem Diffusionskoeffizienten. Zu einem anderen Ergebnis kommt man für die *einseitige Diffusion*. Wie in Abschn. 1.1.3 gezeigt, berechnet sich die Stoffstromdichte nach:

$$\dot{n}_{Am}^{eins} = \dot{n}_{Am}^{äqui} + \dot{n}_{Av} = -\frac{c}{c - c_A} D_{AB} \frac{dc_A}{dy}. \tag{1.16}$$

Diese Stromdichte setzt sich aus einem diffusiven und einem konvektiven Anteil zusammen. Der Stoffübergangskoeffizient berücksichtigt in diesem Fall demzufolge sowohl konvektive als auch diffusive Beiträge:

$$\dot{n}_{Am}^{eins} = \beta^{eins}(c_{A0} - c_{A\infty}). \tag{3.5}$$

Für den Stoffübergangskoeffizienten gilt bei einseitiger Diffusion:

$$\beta^{eins} = -\frac{c}{c - c_A} \frac{1}{(c_{A0} - c_{A\infty})} D_{AB} \left(\frac{dc_A}{dy}\right)_{y=0}. \tag{3.6}$$

Das Konzentrationsprofil bei einseitiger Diffusion wird in diesem Fall beschrieben durch:

$$\frac{c - c_A}{c - c_{A0}} = \left(\frac{c - c_{A\infty}}{c - c_{A0}}\right)^{y/\delta_c}. \tag{3.7}$$

Für den Gradienten an der Phasengrenzfläche (y = 0) gilt demzufolge:

$$\left(\frac{dc_A}{dy}\right)_{y=0} = -\frac{(c - c_{A0})}{\delta_c} \ln\left(\frac{c - c_{A\infty}}{c - c_{A0}}\right). \tag{3.8}$$

Durch Einsetzen in Gl. (3.6) folgt für $y = 0$ ($c_A = c_{A0}$):

$$\beta^{eins} = \frac{D_{AB}}{\delta_c} \frac{ln\frac{c - c_{A\infty}}{c - c_{A0}}}{c_{A0} - c_{A\infty}} c. \tag{3.9}$$

Das Verhältnis der Stoffübergangskoeffizienten $\beta^{eins}/\beta^{äqui}$ ergibt sich aus den Gln. (3.4) und (3.9) zu:

$$\frac{\beta^{eins}}{\beta^{äqui}} = \frac{c \, ln\left(\frac{c - c_{A\infty}}{c - c_{A0}}\right)}{c_{A0} - c_{A\infty}} \geq 1. \tag{3.10}$$

Durch den Stefan-Strom wird, wie bereits in Kap. 1 erläutert, der Stoffübergang demzufolge intensiviert.

Findet der Stofftransport zwischen zwei fluiden Phasen statt, so muss der Transportwiderstand in beiden Filmen berücksichtigt werden (Zweifilmtheorie, s. Abschn. 3.2).

3.1.2 *Grenzschichttheorie*

Der *Grenzschichttheorie* liegt ebenso wie der Filmtheorie die Vorstellung zugrunde, dass der Stoffübergang wie in Abb. 3.1 skizziert in einer dünnen, wandnahen Schicht erfolgt. Im Gegensatz zur Filmtheorie werden jedoch einerseits konvektive Stoffströme berücksichtigt, und andererseits dürfen sich die Konzentrationen und Geschwindigkeiten nicht nur in Richtung der y-Achse, sondern auch in Richtung der x-Achse ändern. Die Grenzschichttheorie liefert dann brauchbare Ergebnisse, wenn $\partial^2 c_A/\partial x^2 \ll \partial^2 c_A/\partial y^2$ gilt. In diesem Fall liegt eine dünne wandnahe Konzentrationsgrenzschicht vor, in der die Änderung des Konzentrationsprofils groß im Vergleich zur Änderung in Richtung der übrigen Koordinatenachsen ist. Dann genügt es, bei der Diffusion nur diejenige in Richtung der y-Achse zu berücksichtigen. Die analoge Annahme wird für das Geschwindigkeitsprofil getroffen, so dass die Geschwindigkeitsänderung in x-Richtung gegenüber derjenigen in y-Richtung vernachlässigt werden kann.

Da die Grenzschichttheorie vor allem für Vorgänge in der Nähe fester überströmter Grenzflächen große Bedeutung besitzt, wird die Grenzschichttheorie in den Abschn. 6.1 und 6.2 für Strömungen an ebenen Platten hergeleitet und diskutiert. Im Folgenden wird kurz auf den engen Zusammenhang zwischen Geschwindigkeits- und Konzentrationsprofilen in überströmten Systemen eingegangen, der sich mithilfe der Grenzschichttheorie gut herausstellen lässt.

Die Grenzschichttheorie betrachtet eine stationäre, reibungsbehaftete, zweidimensionale Strömung in x und y Richtung, in der keine Feldkräfte auftreten. Für die x-Richtung mit den dimensionslosen Größen $w_x{}^* = w_x/w_{x\infty}$; $w_y{}^* = w_y/w_{x\infty}$;

$x^* = x/L$ und $y^* = y/L$ lautet die Navier-Stokes-Gleichung unter Vernachlässigung des Viskositätsterms in x-Richtung dann:

$$w_x^* \frac{\partial w_x^*}{\partial x^*} + w_y^* \frac{\partial w_x^*}{\partial y^*} = \frac{1}{\mathrm{Re}_L} \frac{\partial^2 w_x^*}{\partial y^{*2}}. \tag{3.11}$$

Hierin ist $\mathrm{Re_L} \equiv w_{x\infty}\, L/\nu$ die *Reynoldszahl*[1]. Diese wohl bekannteste dimensionslose Kennzahl ist für nahezu alle Transportprozesse, die in strömenden Medien auftreten, bedeutsam.

Bei der Formulierung der Stofftransportgleichung wird angenommen, dass die Diffusion in x-Richtung gegenüber der in y-Richtung vernachlässigbar ist: $\partial^2 c_A/\partial y^2 \gg \partial^2 c_A/\partial x^2$. In Abschn. 2.1.1 wurde der Stofferhaltungssatz für die stationäre zweidimensionale Diffusion ohne chemische Reaktion bereits abgeleitet. Berücksichtigt man die Vereinfachungen gemäß Grenzschichttheorie, lautet hierfür der Stofferhaltungssatz mit dimensionslosen Größen:

$$w_x^* \frac{\partial \xi}{\partial x^*} + w_y^* \frac{\partial \xi}{\partial y^*} = \frac{1}{Pe_L} \frac{\partial^2 \xi}{\partial y^{*2}}. \tag{3.12}$$

Hierin ist $\mathrm{Pe_L} \equiv w_{x\infty}\, L/D_{AB}$ die *Pécletzahl*[2] der Stoffübertragung. (Zwischen der Péclet- und der Reynoldszahl besteht folgender Zusammenhang:

$$Pe = Re \cdot Sc.$$

Die dimensionslose *Schmidtzahl*[3] $\mathrm{Sc} \equiv \nu/D_{AB}$ beschreibt das Verhältnis von viskosem Impulstransport und diffusiven Stofftransport. Außerdem enthält Gl. (3.12) die dimensionslose Konzentration ξ, die wie folgt definiert ist:

$$\xi \equiv \frac{c_A - c_{A\infty}}{c_{A0} - c_{A\infty}}. \tag{3.13}$$

Hierin ist die Größe c_{A0} die Konzentration an der Phasengrenze und $c_{A\infty}$ die Konzentration im großen Abstand davon, vgl. Abb. 3.1.

Die Erhaltungssätze für den Impuls (Gl. (3.11)) und den Stoff (Gl. (3.12)) sind analog, und darüber hinaus sind sogar die Randbedingungen ähnlich.

Für die Strömung gilt:

1. RB: $y^* = 0$: $w_x^* = 0$
2. RB: $y^* \to \infty$: $w_x^* = 1$

---

[1] Osborne Reynolds 1842–1912, britischer Physiker, neben seinen Arbeiten zur Strömungsmechanik befasste er sich auch mit der Dilatanz von Sand.

[2] Jean Claude Eugène Péclet 1793–1857, französischer Physiker, Professor an der École Centrale des Arts et Manufactures in Paris.

[3] Ernst Schmidt 1892–1975, deutscher Thermodynamiker, beschäftigte sich u. a. mit der Thermodynamik von Raketenmotoren.

Für die Diffusion gilt, wenn die Komponente A gemäß Abb. 3.1 in das Fluid wandert:

1. RB: $y^* = 0$: $\xi = 1$
2. RB: $y^* \to \infty$: $\xi = 0$

Hieraus folgt, dass für den Fall $Re_L = Pe_L$, also für $Sc = 1$, die dimensionslosen Profile der Geschwindigkeit und der Konzentration sich entsprechen. Für diesen Sonderfall kann also die Steigung – $(\partial\xi/\partial y^*)_{y^*=0}$ des Konzentrationsprofils an der Phasengrenze gleich der Steigung $(\partial w_x^*/\partial y^*)_{y^*=0}$ des Geschwindigkeitsprofils gesetzt werden:

$$\left(\frac{\partial w_x^*}{\partial y^*}\right)_{y^*=0} = -\left(\frac{\partial \xi}{\partial y^*}\right)_{y^*=0}.$$

Im Falle der laminar überströmten Platte gilt (s. Kap. 6.1.1)

$$\left(\frac{\partial w_x}{\partial y}\right)_{y=0} = 0{,}332\sqrt{\frac{w_{x\infty}^3}{\nu x}} \tag{6.9}$$

woraus in der dimensionsbehafteten Darstellung folgt:

$$\left(\frac{\partial c_A}{\partial y}\right)_{y=0} = -0{,}332\sqrt{\frac{w_{x\infty}}{\nu x}}(c_{A0} - c_{A\infty}). \tag{3.14}$$

So erhält man für die Stoffstromdichte an der Phasengrenze:

$$\dot{n}_{Ay}\big|_{y=0} = -D_{AB}\left(\frac{\partial c_A}{\partial y}\right)_{y=0} = 0{,}332\ D_{AB}\sqrt{\frac{w_{x\infty}}{\nu x}}(c_{A0} - c_{A\infty}). \tag{3.15}$$

Aufgrund der Definition des lokalen Stoffübergangskoeffizienten $\beta(x)$ gemäß

$$\dot{n}_{Ay}\big|_{y=0} = \beta(x)(c_{A0} - c_{A\infty}) \tag{3.16}$$

erhält man schließlich

$$\beta(x) = 0{,}332\ D_{AB}\sqrt{\frac{w_{x\infty}}{\nu x}} \tag{3.17}$$

und

$$Sh_x = \frac{x\beta(x)}{D_{AB}} = 0{,}332\sqrt{\frac{w_{x\infty}x}{\nu}} = 0{,}332\sqrt{Re_x} \tag{3.18}$$

bzw. für die mittlere Sherwoodzahl:

$$\boxed{\boldsymbol{Sh_L = \frac{\beta \cdot L}{D_{AB}} = 0{,}664\sqrt{Re_L}}.} \tag{3.19}$$

Diese Gleichung für den örtlichen Stoffübergang der laminar überströmten Platte ist nur für $Sc = 1$, kleine Stoffstromdichten (äquimolare Diffusion) und konstante Werte für c und D_{AB} gültig.

Wenn die Schmidtzahl $Sc < 1$ ist, was für Gase zutrifft, ist die Dicke der Geschwindigkeitsgrenzschicht kleiner als diejenige der Konzentration. Bei Flüssigkeiten ($Sc > 1$) ist es umgekehrt. Für $Sc \neq 1$ sind die entsprechenden Sherwood-Beziehungen in Gleichungen (6.25a) und (6.25b) angegeben und in (Pohlhausen 1921) hergeleitet.

Eine analoge dimensionslose Beziehung lässt sich für den Wärmeübergang in Form einer Beziehung für die *Nußeltzahl*[4] $Nu \equiv \alpha L/\lambda$ ableiten.

3.1.3 Penetrations- und Oberflächenerneuerungstheorie

Die Film- und die Grenzschichttheorie setzen einen stationären Stofftransport voraus, gelten also nicht mehr, wenn sich in einem Volumenelement Stoff ansammelt, so dass sich die Konzentration mit der Zeit ändert. In vielen Stoffaustauschapparaten werden jedoch Fluide miteinander oder Fluide mit Feststoffen während so kurzer Zeiten in Kontakt gebracht, dass sich kein stationärer Zustand einstellen kann. Steigt beispielsweise eine Luftblase in Wasser auf, so wird nur an den Stellen Wasser in die Luftblase verdunsten, an denen sich die Blase gerade befindet. Die Kontaktzeit mit der Wassermenge, welche die Luftblase umgibt, ist etwa gleich der Zeit, die erforderlich ist, damit sich die Luftblase um einen Durchmesser weiter bewegt. An einem festen Ort wird daher nur kurzzeitig Stoff übertragen. Die so genannte *Penetrationstheorie* wurde von (Higbie 1935) für den hier geschilderten kurzzeitigen Stoffaustausch zwischen Dampfblasen und Flüssigkeiten entwickelt. Nach dieser Vorstellung wird die Annahme von laminaren Grenzschichten an der Grenzfläche aufgegeben und stattdessen eine Ausbreitung der Turbulenz bis zur Grenzfläche vorausgesetzt. Durch diese Turbulenzeinflüsse gelangen aus dem vollständig vermischten Kern einer Flüssigkeit fortwährend frischeFluidteilchen an die Phasengrenze, welche demzufolge einer kontinuierlichen Erneuerung unterworfen ist (s. Abb. 3.2). Diese neuen Flüssigkeitselemente besitzen eine konstante Anfangskonzentration $\bar{c}_A$, die derjenigen des Flüssigkeitskerns entspricht. An der Phasengrenze tritt nun ein instationärer Stofftransport durch Diffusion in das Element hinein oder aus ihm heraus auf. Es kommt damit zu einer An- bzw. Abreicherung des Stoffes A im Element. Nach der Kontaktzeit τ tritt das Flüssigkeitselement von der Phasengrenzfläche in den Flüssigkeitskern zurück und vermischt sich vollständig mit ihm. Der entscheidende Gedanke dieses Modells besteht in der Annahme, dass die *Eindringtiefe* oder *Penetrationstiefe* δ_c der Komponente A sehr klein ist. Die Konzentration c_A fällt also innerhalb dieser dünnen Schicht vom Oberflächenwert c_{A0} auf den Wert im Flüssigkeitskern $\bar{c}_A$, der bei entsprechend hohen Reaktionsgeschwindigkeiten gegen null gehen kann.

Wie Higbie zeigte, ist der mittlere Stoffübergangskoeffizient umgekehrt proportional der Wurzel aus der Kontaktzeit τ und gegeben durch:

---

[4] Wilhelm Nusselt 1882–1957, deutscher Physiker, begründete u. a. die Ähnlichkeitstheorie der Wärmeübertragung und entwickelte die Nußeltsche Wasserhauttheorie.

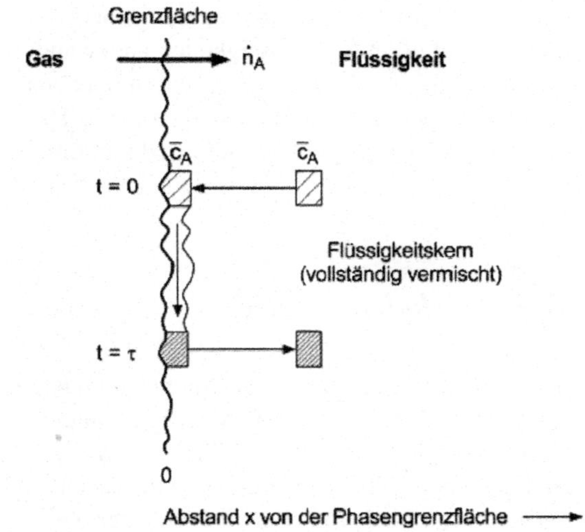

Abb. 3.2 Schematische Darstellung des Stoffaustauschvorgangs gemäß Penetrationshypothese

$$\boxed{\beta = \frac{2}{\sqrt{\pi}}\sqrt{\frac{D_{AB}}{\tau}}.} \tag{3.20}$$

Diese Beziehung wurde bereits in Abschn. 2.2.1 abgeleitet: Während der Kontaktzeit des Fluidelements an der Phasengrenze belädt es sich zunehmend mit der Übergangskomponente, wobei dieser Vorgang als instationärer Stofftransport in eine ebene Schicht (s. Abb. 2.9) mathematisch behandelt wird und mit dem entsprechenden Stoffübergangskoeffizienten beschrieben werden kann.

In Gl. 3.20 ist β der mittlere Stoffübergangskoeffizient von der Zeit $t = 0$ bis zur Zeit τ. Wie die Erfahrung zeigt, erhält man brauchbare Werte des Stoffübergangskoeffizienten, wenn man die Kontaktzeit aus der mittleren Steig- oder Sinkgeschwindigkeit w_P von Blasen oder Tropfen und ihrem Durchmesser d_P berechnet: $\tau = d_P/w_P$. Schwieriger ist es, die Kontaktzeit in gasdurchströmten Füllkörperschüttungen zu bestimmen, in denen eine Flüssigkeit herabrieselt.

Die von (Danckwerts[5] 1951) entwickelte *Oberflächenerneuerungstheorie* stellt eine Erweiterung der Penetrationstheorie dar. Während Higbie stets an allen Orten eines Apparates gleiche Kontaktzeiten zwischen den Phasen voraussetzte, nahm Danckwerts an, dass Fluidelemente, die miteinander in Kontakt geraten, verschiedene Verweilzeiten haben, die durch ein Verweilzeitspektrum beschrieben werden. Gemäß dieser Vorstellung läuft der Stoffaustausch zwischen zwei fluiden Phasen verschiedener miteinander in Kontakt gebrachter Stoffe in einzelnen Strömungszellen ab. Die Kontaktzeit zwischen den einzelnen Fluidelementen gehorcht einer Verteilungsfunktion, und nach einer gewissen Zeit kann ein Fluidelement wieder von der Kontaktfläche verdrängt und durch ein anderes ersetzt werden. Aus diesem Grund

[5] Peter Victor Danckwerts (1916–1984), Professor für Chemical Engineering an der Universität Cambridge. Forschte vor allem im Bereich Mischvorgänge und Gasabsorption.

spricht man von Oberflächenerneuerungstheorie. Sie ist mit Erfolg auf die Absorption von Gasen in gerührten Flüssigkeiten angewandt worden. Meistens sind jedoch die Zeitanteile bis zur Oberflächenerneuerung ebenso wenig bekannt wie die Kontaktzeiten der Penetrationstheorie, so dass beide Theorien zwar für das Verständnis von Stoffaustauschvorgängen nützlich, zu deren Berechnung oft jedoch nicht anwendbar sind.

3.1.4 Turbulenztheorie

Die Stoffübertragung in turbulenten Strömungsfeldern ist technisch sehr bedeutsam, so dass gegenwärtig große Anstrengungen unternommen werden, die entsprechenden Transportvorgänge mittels der *Turbulenztheorie* zu beschreiben. Typische Eigenschaften einer solchen Strömung wie Geschwindigkeit, Druck, Temperatur und Konzentration sind vom Ort und von der Zeit abhängig und unterliegen stochastischen Schwankungen (s. Abschn. 1.4). Bezeichnet man eine solche Eigenschaft allgemein mit der Größe $g_i(t)$, so gilt:

$$g_i(t) = \overline{g}_i + g'_i. \tag{3.21}$$

Die instationäre Größe $g_i(t)$ addiert sich aus dem *zeitlichen Mittelwert* $\overline{g}_i$ und dem *Schwankungswert* g'_i. Der zeitliche Mittelwert folgt aus:

$$\overline{g}_i = \frac{1}{\tau} \int_0^{\tau} g_i(t) dt. \tag{3.22}$$

Es ist üblich, verschiedene Turbulenzarten zu unterscheiden, ausgelöst durch unterschiedliche Ursachen (s. Abb. 3.3) (Brauer 1979):

a. *Reynoldssche Turbulenz*: Werden Rohre oder Kanäle einphasig durchströmt oder werden Körper wie Platten, Zylinder, Partikel oder dergl. einphasig überströmt, tritt von gewissen Reynoldszahlen an Reynoldssche Turbulenz auf. Turbulenz innerhalb einer Phase in turbulent strömenden Mehrphasensystemen kann ebenfalls Reynoldsscher Art sein.
b. *Deformationsturbulenz* wird durch stochastische Formänderungen der fluiden Phasengrenze in zwei- oder mehrphasigen Systemen ab bestimmten Re-Zahlen hervorgerufen. Beispiele hierfür sind fluide Partikel wie Blasen und Tropfen mit Formänderungen sowie wellige Rieselfilme.
c. *Gitterturbulenz* tritt auf, wenn ein Fluid feste Widerstände wie Gitter, Einbauten oder Schüttungen durchströmt und dabei Ablösevorgänge verursacht werden, welche Turbulenz induzieren.
d. *Schwarmturbulenz* wird durch einen Schwarm freibeweglicher fluider oder fester Partikeln in dem umgebenden Fluid erzeugt.

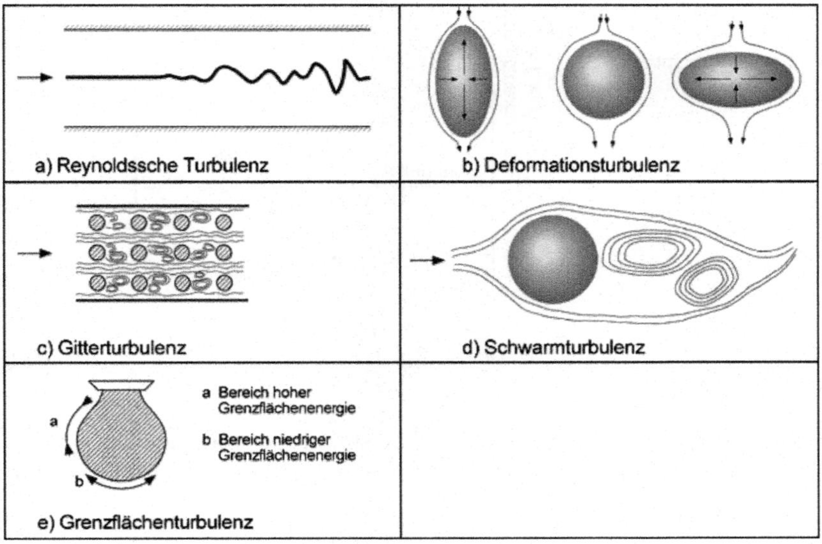

Abb. 3.3 Arten der Turbulenz

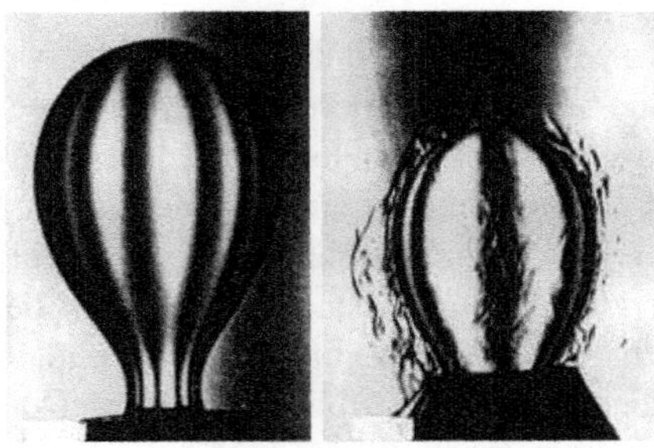

Abb. 3.4 Toluol- (*links*) und Acetylaceton- (*rechts*) Tropfen in Wasser. Düsendurchmesser jeweils 2 mm. Links stabile Oberfläche, rechts mit Grenzflächeninstabilität infolge Grenzflächenturbulenz (Marr 1978)

e. *Grenzflächenturbulenz* tritt in fluiden Phasengrenzflächen auf, wenn es darin lokale Unterschiede der Grenzflächenspannung aufgrund von Temperatur- oder Konzentrationsunterschieden gibt. Diese Unterschiede lösen turbulente Stoffströme an der Grenzfläche aus und führen zu dieser Turbulenzart mit stochastischen Bewegungen der Phasengrenze als Folge (s. Abb. 3.4) die auch als *Marangonikonvektion* bezeichnet wird.

Zur quantitativen Beschreibung des turbulenten Transports werden die jeweiligen auf zeitlicher Mittelung basierenden turbulenten Austauschkoeffizienten verwendet (Abschn. 1.4). Diese hängen von Art und Intensität der Turbulenz ab. Die Bestimmung der turbulenten Austauschkoeffizienten ist i. Allg. schwierig. Zur Berechnung

Abb. 3.5 Molanteile beim Stoffübergang von einer Gas- in eine Flüssigphase

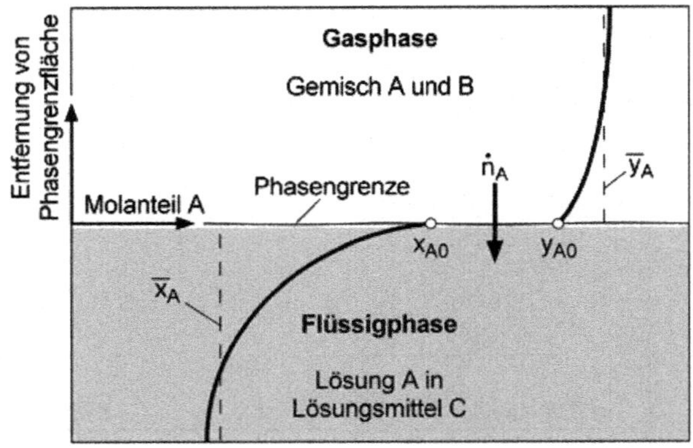

von Stoffübergangskoeffizienten in turbulent strömenden Flüssigkeiten gibt es eine Reihe unterschiedlicher Beziehungen, die in den folgenden Kapiteln betrachtet wird.

3.2 Stoffdurchgang

Während Wärme häufig von einem Fluid durch eine feste Wand an ein anderes Fluid übertragen wird, werden bei der Stoffübertragung meistens eine oder mehrere Komponenten aus einer Phase in eine andere überführt, die sich direkt berühren und nicht durch eine feste Wand getrennt sind. In strömenden Fluiden wird die Phasengrenze durch die zwischen den Fluiden ausgeübten Kräften unregelmäßig verformt.

Als Beispiel sei die Übertragung einer Komponente A betrachtet, die aus einem gasförmigen Zweistoffgemisch der Komponenten A und B in eine Flüssigkeit C transportiert wird, in der sich nur Stoff A und nicht B löst. Den Verlauf des Molanteils y_A in der gasförmigen und x_A in der flüssigen Phase gibt Abb. 3.5 wieder.

Mit $\bar{y}_A$ und $\bar{x}_A$ sind die integralen Mittelwerte des Molanteils in jeder Phase bezeichnet. Die Komponente A hat auf ihrem Weg von der gasförmigen in die flüssige Phase drei *Stofftransportwiderstände* zu überwinden:

Den der gasförmigen Phase, einen Widerstand beim Übergang von der gasförmigen in die flüssige Phase und einen Widerstand bei der Wanderung in die flüssige Phase hinein. Der Stoffübergang der Komponente A von der gasförmigen in die flüssige Phase an der Phasengrenze läuft jedoch sehr schnell ab verglichen mit dem viel langsameren Transport durch die gasförmige und die flüssige Phase. Die Phasengrenze wird also als unendlich dünn und ohne Speicherkapazität betrachtet. Tatsächlich bewegt sich die Dicke von Phasengrenzen in der Größenordnung von etwa 10 nm. Der Stoffübergangswiderstand der Phasengrenze wird vernachlässigt und gleichzeitig *thermodynamisches Gleichgewicht* hinsichtlich des Stoffaustausches unterstellt. Da der Stoffübergang durch die Diffusion an der Grenze zwischen den *beiden* Phasen bestimmt wird, spricht man von der *Zweifilmtheorie* des Stoffaustausches.

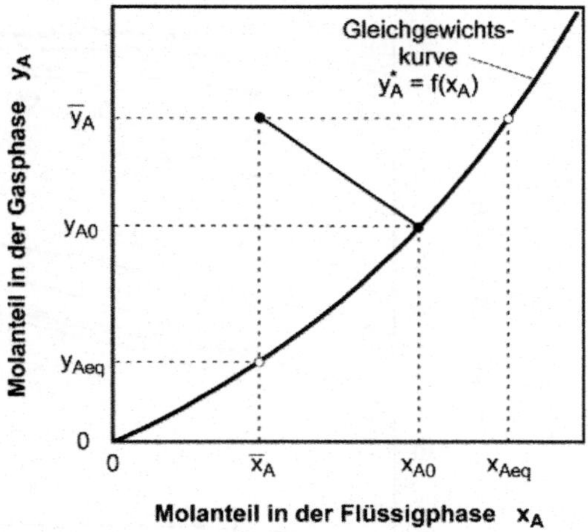

Abb. 3.6 Verlauf der Molanteile der Komponente A in der Gas- und der Flüssigphase im Bereich der Phasengrenzfläche

Im Fall des Gleichgewichts an der Phasengrenze sind bei vorgegebenen Werten von Druck oder Temperatur die Molanteile y_{A0} und x_{A0} an der Phasengrenze durch eine Beziehung

$$y_{A0} = f(x_{A0}) \tag{3.23}$$

miteinander verknüpft, wie in Abb. 3.6 dargestellt. Die eingezeichnete Gerade kennzeichnet die in beiden Phasen auftretenden Konzentrationsbereiche.

Beachtet man den Zusammenhang zwischen Molanteil und molarer Volumenkonzentration, so gilt für die Stoffstromdichte in der Gasphase

$$\dot{n}_A = \beta_g c_g(\overline{y}_A - y_{A0}) = \beta_g(\overline{c}_{Ag} - c_{A0g}) \tag{3.24}$$

und in der Flüssigphase:

$$\dot{n}_A = \beta_f c_f(x_{A0} - \overline{x}_A) = \beta_f(c_{A0f} - \overline{c}_{Af}). \tag{3.25}$$

Daraus folgt

$$\overline{y}_A - y_{A0} = \frac{\dot{n}_A}{\beta_g c_g} \tag{3.26}$$

und:

$$x_{A0} - \overline{x}_A = \frac{\dot{n}_A}{\beta_f c_f}. \tag{3.27}$$

Die Molanteile y_{A0} und x_{A0} an der Phasengrenze sind hierin durch eine thermodynamische Beziehung (3.23) voneinander abhängig. Da Gase nur schwach in Flüssigkeiten löslich sind, ist der Molanteil x_{A0} meistens sehr klein. Gl. (3.23) kann

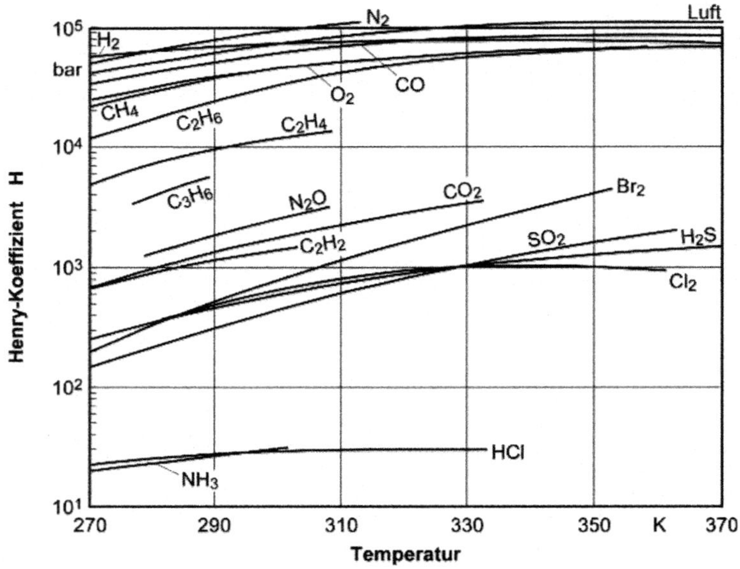

Abb. 3.7 Abhängigkeit des Henry-Koeffizienten von der Temperatur für verschiedene Gase in Wasser

daher in vielen Fällen durch den als *Henrysches*[6] *Gesetz* bekannten linearen Ansatz der

Form

$$y_{A0} = H x_{A0}/p \tag{3.28}$$

angenähert werden, in dem der *Henry-Koeffizient* H(T) für Zweistoffgemische nur von der Temperatur abhängt, wie dies Abb. 3.7 für die Löslichkeit einiger Gase in Wasser verdeutlicht.

Dem Molanteil $\overline{x}_A$ in der Flüssigkeit kann mit Hilfe der jeweiligen Gleichgewichtsbeziehung ein fiktiver Molanteil y_{Aeq} in der Gasphase zugeordnet werden, der mit der Flüssigkeit im Gleichgewicht steht (s. Abb. 3.6). Wenn die Gleichgewichtskurve nicht allzu stark gekrümmt ist, kann das Steigungsmaß, der *Gleichgewichtskoeffizient* m, für weitere Rechnungen verwendet werden:

$$m \equiv \frac{dy_A^*}{dx_A} \approx \frac{y_{A0} - y_{Aeq}}{x_{A0} - \overline{x}_A} \approx \frac{\overline{y}_A - y_{A0}}{x_{Aeq} - x_{A0}}. \tag{3.29}$$

Mit (3.29) geht (3.27) über in:

$$y_{A0} - y_{Aeq} = \frac{\dot{n}_A m}{\beta_f c_f}. \tag{3.30}$$

[6] William Henry 1775–1836, englischer Chemiker, erforschte insbesondere das Verhalten von Gasen.

Die Addition von (3.26) und (3.30) ergibt:

$$\overline{y}_A - y_{Aeq} = \dot{n}_A \left[\frac{1}{\beta_g c_g} + \frac{m}{\beta_f c_f} \right].$$

Dies lässt sich auffassen als

$$\dot{n}_A = k_g(\overline{y}_A - y_{Aeq}) \qquad (3.31)$$

mit dem auf den Unterschied der Molanteile in der Gasphase bezogenen *Stoffdurchgangskoeffizienten*:

$$\frac{1}{k_g} = \frac{1}{\beta_g c_g} + \frac{m}{\beta_f c_f}. \qquad (3.32)$$

Eliminiert man in (3.26) die Differenz $\overline{y}_A - y_{A0}$ auf analoge Weise durch (3.29), so erhält man mit (3.27) die der Gl. (3.31) äquivalente Beziehung

$$\dot{n}_A = k_f(x_{Aeq} - \overline{x}_A) \qquad (3.33)$$

mit dem auf den Unterschied der Molanteile in der Flüssigphase bezogenen Stoffdurchgangskoeffizienten:

$$\frac{1}{k_f} = \frac{1}{m\beta_g c_g} + \frac{1}{\beta_f c_f}. \qquad (3.34)$$

Der Widerstand für den Stoffdurchgang nach (3.32) und (3.34) setzt sich aus den Stoffübergangswiderständen in der Gas- und in der Flüssigphase zusammen. Aus beiden Gleichungen erkennt man, wie sich der Stoffübergangswiderstand auf die Phasen verteilt. Damit lässt sich nachprüfen, ob einer der Stoffübergangswiderstände im Vergleich zum anderen vernachlässigt werden kann, so dass man nur den Stoffübergang in einer Phase zu untersuchen hat.

Stoffdurchgangskoeffizienten lassen sich jedoch nur dann in so einfacher Weise, wie hier gezeigt, aus den Stoffübergangskoeffizienten bilden, wenn das Phasengleichgewicht durch einen linearen Ansatz nach Art von Gl. (3.29) beschrieben werden kann. Dieses trifft hauptsächlich auf Vorgänge der Absorption von Gasen in Flüssigkeiten zu, weil die Löslichkeit von Gasen in Flüssigkeiten gering ist und daher durch das Henrysche Gesetz (3.28) beschrieben werden kann; in diesem Fall ist $m = H/p$.

Das Gleichgewicht zwischen zwei flüssigen Phasen lässt sich durch ein ähnliches Gesetz, das *Nernstsche*[7] *Gesetz* beschreiben, sofern wiederum eine verdünnte Lösung vorliegt:

$$y_A = K_A x_A. \qquad (3.35)$$

[7] Walther Nernst 1864–1941, deutscher Physiker und Chemiker, erhielt für seine Arbeiten in der Thermochemie den Nobelpreis für Chemie 1920.

Hierin ist die Größe y_A der Molanteil in der Raffinat- und x_A der Molanteil in der Extraktphase. Der Gleichgewichts- oder *Verteilungskoeffizient* K_A hängt von den Wechselwirkungen der verschiedenen Molekülarten ab. Schließlich lassen sich auch sogenannte ideale Flüssigkeitsgemische durch einen linearen Ansatz beschreiben (Raoultsches Gesetz). Sie kommen in der Technik jedoch nur selten vor. Aufgrund der oftmals sehr komplexen Gleichgewichtszusammenhänge spielen Berechnungen mit Stoffdurchgangskoeffizienten in der Stoffübertragung eine geringere Rolle als das Rechnen mit Wärmedurchgangskoeffizienten in der Wärmeübertragung.

3.3 Stoffaustausch mit homogener chemischer Reaktion

Systeme mit zwei fluiden Phasen treten nicht nur in rein physikalischen Stofftransportprozessen (z. B. Rektifikation, Extraktion) auf, sondern sind häufig auch mit chemischen bzw. biologischen Umwandlungen verknüpft. Für das Verständnis der in entsprechenden Apparaten ablaufenden Stofftransportprozesse ist die Kenntnis über das Zusammenwirken von diffusiven und konvektiven Transportmechanismen mit stofflichen Umsetzungen, die durch eine chemische Reaktion hervorgerufen werden, notwendig. Beispielhaft werde der Stofftransport in einem System betrachtet, das aus zwei aneinandergrenzenden Fluidschichten besteht. Der Transportprozess mit homogener chemischer Reaktion wird sowohl unter Anwendung der Penetrations- als auch der Filmtheorie beschrieben. Hierbei besteht ein enger Zusammenhang mit den bereits in Abschn. 2.1.2 abgeleiteten Gesetzmäßigkeiten.

3.3.1 Penetrationstheorie

In den weiteren Ausführungen wird ein ruhendes System betrachtet, in dem ein instationärer Stofftransport lediglich in y-Richtung aus der Gas- in die Flüssigphase erfolgt. Die allgemeine Bilanzgleichung (1.84) vereinfacht sich daher zu:

$$\frac{\partial c_A}{\partial t} = D_{AB} \frac{\partial^2 c_A}{\partial y^2} + \dot{r}_A.$$

Die Penetrationstheorie geht von kleinen Flüssigkeitselementen aus, die aus dem Kern der ideal durchmischten Flüssigkeit an die Phasengrenzfläche transportiert werden, dort die Kontaktzeit τ verbleiben und anschließend in den Flüssigkeitskern zurückkehren und sich dort wieder vollständig vermischen (s. Abb. 3.2). Alle Flüssigkeitselemente aus dem Flüssigkeitskern weisen die Anfangskonzentration $\bar{c}_A$ auf. An der Phasengrenzfläche findet der Stofftransport durch Diffusion statt.

Definitionsgemäß sei A eine reagierende Komponente, daher ist die Reaktionsgeschwindigkeit negativ. Im Fall einer Reaktion 1. Ordnung gilt:

$$\dot{r}_A = -k_1 c_A. \tag{3.36}$$

Damit lautet die beschreibende Differenzialgleichung:

$$\frac{\partial c_A}{\partial t} = D_{AB} \frac{\partial^2 c_A}{\partial y^2} - k_1 c_A. \tag{3.37}$$

Aus dem eigentlich stationären Vorgang entsteht durch die Annahme der Penetrationstheorie ein instationäres Problem. Zur Lösung werden folgende Anfangs- und Randbedingungen benötigt:

AB	t = 0	y > 0 :	$c_A = \overline{c}_A = 0$	(y = 0 : Phasengrenzfläche)
1. RB	t > 0	y = 0 :	$c_A = c_{A0}$	
2. RB	t > 0	y → ∞ :	$c_A = \overline{c}_A = 0$	

Die zweite Randbedingung folgt aus der für die Penetrationstheorie charakteristischen Annahme, dass die Eindringtiefe für Stoff A sehr klein im Vergleich zur Ausdehnung der gesamten Flüssigkeit ist. Aus diesem Grund bleibt der Flüssigkeitskern von den Transportvorgängen an der Oberfläche (im Bereich der Penetrationstiefe) vollständig unbetroffen. Damit ergibt sich die Lösung für den Konzentrationsverlauf (zum mathematischen Lösungsweg s. z. B. Westerterp et al. 1984):

$$\begin{aligned} \frac{c_A}{c_{A0}} = & \frac{1}{2} exp\left(-y\sqrt{\frac{k_1}{D_{AB}}}\right) \left[1 - erf\left(\frac{y}{2\sqrt{D_{AB}t}} - \sqrt{k_1 t}\right)\right] \\ & + \frac{1}{2} exp\left(y\sqrt{\frac{k_1}{D_{AB}}}\right) \left[1 - erf\left(\frac{y}{2\sqrt{D_{AB}t}} + \sqrt{k_1 t}\right)\right]. \end{aligned} \tag{3.38}$$

(Den Verlauf der *Fehlerfunktion* $erf\ x = \frac{2}{\sqrt{\pi}} \int_0^x e^{-t^2} dt$ zeigt Abb. 2.8).

Qualitativ ist dieser Konzentrationsverlauf in Abb. 3.8 dargestellt. Mit zunehmender Zeit dringt die Komponente A tiefer in die Flüssigkeit ein, ohne dass hierdurch gemäß der Voraussetzung der Flüssigkeitskern betroffen wird.

Aus der Ableitung von c_A nach y an der Phasengrenzfläche y = 0 lässt sich die *momentane* Stoffstromdichte über die Phasengrenzfläche zur Zeit t berechnen:

$$\dot{n}_{At} = -D_{AB} \left(\frac{\partial c_A}{\partial y}\right)_{t,y=0} = \sqrt{k_1 D_{AB}} \left[erf(\sqrt{k_1 t}) + \frac{1}{\sqrt{\pi k_1 t}} e^{-k_1 t}\right] c_{A0}. \tag{3.39}$$

Aus der Mittelung dieses Flusses über die Kontaktzeit τ

$$\overline{\dot{n}}_{A\tau} = \frac{1}{\tau} \int_0^\tau \dot{n}_{At} dt$$

folgt der *mittlere* Molenfluss während der gesamten Kontaktzeit τ, gültig für $\overline{c}_A = 0$:

$$\overline{\dot{n}}_{A\tau} = \sqrt{k_1 D_{AB}} \left[\left(1 + \frac{1}{2k_1 \tau}\right) erf\left(\sqrt{k_1 \tau}\right) + \frac{1}{\sqrt{\pi k_1 \tau}} \mathrm{e}^{-k_1 \tau}\right] c_{A0}. \tag{3.40}$$

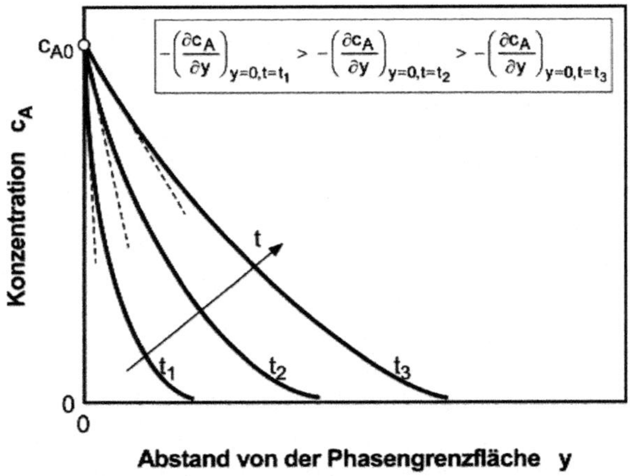

Abb. 3.8 Änderung der Konzentrationsverläufe und der Konzentrationsgradienten an der Phasengrenzfläche ($y = 0$) mit der Zeit (Penetrationshypothese) in einem Fluidelement, das zum Zeitpunkt $t = 0$ an die Phasengrenze transportiert wurde

Die Abhängigkeit der Molenflüsse $\dot{n}_{At}$ bzw. $\overline{\dot{n}}_{A\tau}$ gemäß der Gln. (3.39) und (3.40) von dem Produkt k_1t bzw. $k_1\tau$ zeigt Abb. 3.9. Beide Molenflüsse nehmen mit der Zeit t bzw. der Kontaktzeit τ ab. Einfache asymptotische Lösungen der Gl. (3.39) können für $k_1t < 0{,}5$ bzw. $k_1t > 2$ angegeben werden. Für $k_1t > 2$ ergibt sich der stationäre Minimalwert des Stoffflusses ($\text{erf}(\sqrt{k_1t}) \approx 1$, $\exp(-k_1t) \ll 1$)

$$\dot{n}_{At} = \sqrt{k_1 D_{AB}}\, c_{A0}. \tag{3.41}$$

Für $k_1\,\tau > 2$ vereinfacht sich Gl. (3.40) zu ($\text{erf}(\sqrt{k_1\tau}) \approx 1, \exp(-k_1\tau) \ll 1$):

$$\overline{\dot{n}}_{A\tau} = \sqrt{k_1 D_{AB}}\left(1 + \frac{1}{2k_1\tau}\right) c_{A0}. \tag{3.42}$$

Für $k_1\tau > 5$ wird die Stoffstromdichte annähernd unabhängig von τ($< 10\%$ Abweichung):

$$\overline{\dot{n}}_{A\tau} = \sqrt{k_1 D_{AB}} c_{A0}. \tag{3.43}$$

Im Fall des rein physikalischen Transports, also ohne chemische Reaktion, tritt im stationären Zustand kein Stoffstrom mehr auf, da dann die Sättigung der Flüssigkeit mit A erreicht ist. Dagegen bleibt bei einer homogenen Reaktion 1. Ordnung gemäß Gl. (3.36) stets eine Konzentrationsdifferenz zwischen Flüssigkeitskern und Grenzschicht bestehen, und es tritt eine von null verschiedene Stoffstromdichte auf. Bei $k_1\tau > 5$ kann das Konzentrationsprofil als stationär angesehen werden. Das dimensionslose Produkt $k_1\tau$ lässt sich auffassen als Verhältnis der Reaktionsgeschwindigkeit zur Rate der Flüssigkeitselementerneuerung ($1/\tau$) und damit der rein physikalischen Transportgeschwindigkeit. $k_1\tau$ ist dementsprechend umso größer, je höher die Reaktionsrate im Vergleich zum physikalischen Stofftransport ist. Offensichtlich ist für $k_1\tau > 5$ die Reaktionsgeschwindigkeit so hoch, dass nahezu der gesamte Umsatz an A im Bereich der Grenzfläche stattfindet. Daher ist der Stofffluss dann unabhängig

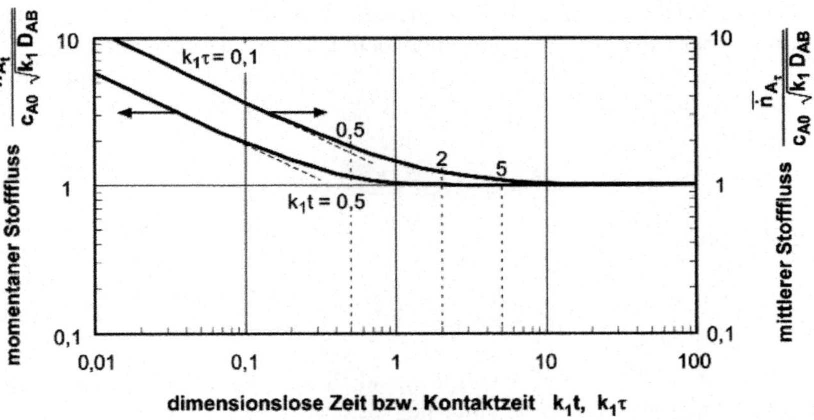

Abb. 3.9 Stofffluss als Funktion der dimensionslosen Zeit t bzw. mittlerer Stofffluss als Funktion der dimensionslosen Kontaktzeit τ

von der dimensionslosen Zeit $k_1\tau$, weil ein stationäres Konzentrationsprofil bereits zuvor ($k_1 t > 2$) erreicht wird.

Gemäß Gl. (3.20) gilt bei Anwendung der Penetrationshypothese für den mittleren Stoffübergangskoeffizienten (zur besseren Unterscheidung wird dieser rein physikalisch bedingte Stoffübergangskoeffizient hier als β_{oR} bezeichnet):

$$\beta_{oR} = 2\sqrt{\frac{D_{AB}}{\pi\tau}}.$$

Daraus folgt für das Produkt $k_1\tau$:

$$k_1\tau = k_1 \frac{4D_{AB}}{\pi\beta_{oR}^2} = \frac{4}{\pi} Ha^2. \tag{3.44}$$

Die Größe $\sqrt{k_1 D_{AB}}/\beta$ wird, wie in Abschn. 2.1.2 bereits erwähnt, als *Hattazahl* Ha für Reaktionen 1. Ordnung bezeichnet. Die Hattazahl stellt das Verhältnis von Reaktions- zur Stofftransportgeschwindigkeit dar und ähnelt sehr stark der Damköhlerzahl, die das Verhältnis von Reaktions- zur Diffusionsgeschwindigkeit beschreibt. Durch Einsetzen von Gl. (3.44) in Gl. (3.42) folgt

$$\bar{\dot{n}}_{A\tau} = \sqrt{k_1 D_{AB}}\left(1 + \frac{\pi}{8Ha^2}\right) c_{A0}, \tag{3.45}$$

gültig für $k_1\tau > 2$ bzw. $Ha > \sqrt{\pi/2}$. Für $k_1\tau > 5$ oder $Ha > \sqrt{5\pi/4} \approx 2$ ergibt sich entsprechend:

$$\bar{\dot{n}}_{A\tau} = \sqrt{k_1 D_{AB}}\, c_{A0}. \tag{3.46}$$

Aus Gl. (3.38) folgt, dass für $k_1 t > 2$ das Konzentrationsprofil als stationär angesehen werden kann (wie auch Abb. 3.9 verdeutlicht):

$$\frac{c_A}{c_{A0}} = exp\left(-y\sqrt{\frac{k_1}{D_{AB}}}\right). \tag{3.47}$$

Demzufolge verringert sich die Eindringtiefe für die Komponente A mit zunehmender Reaktionsgeschwindigkeit bzw. abnehmendem Diffusionskoeffizienten.

Eine weitere Grenzbetrachtung lässt sich für den Stofffluss durchführen, wenn $k_1 t < 0{,}5$ ist. Für $k_1 t < 0{,}5$ lässt sich Gl. (3.39) vereinfachen zu

$$\dot{n}_{At} \approx \sqrt{\frac{D_{AB}}{\pi t}}(1 + k_1 t)\, c_{A0} \tag{3.48}$$

bzw. Gl. (3.40)

$$\bar{\dot{n}}_{A\tau} \approx 2\sqrt{\frac{D_{AB}}{\pi \tau}}\left(1 + \frac{k_1 \tau}{3}\right) c_{A0} \tag{3.49}$$

für $k_1\tau < 0{,}5$. Falls $k_1\tau < 0{,}1$ entsprechend $Ha < \sqrt{0{,}1\pi/4} \approx 0{,}3$ ist, lässt sich diese Beziehung noch weiter vereinfachen:

$$\bar{\dot{n}}_{A\tau} \approx 2\sqrt{\frac{D_{AB}}{\pi \tau}}\, c_{A0} = \beta_{oR} c_{A0}. \tag{3.50}$$

In diesem Grenzfall ist die Reaktionsgeschwindigkeit im Vergleich zum Stofftransport derart niedrig, dass die Reaktion keinen Einfluss auf den Transportvorgang ausübt. Gl. (3.50) entspricht demzufolge der angegebenen Gl. (3.20) von Higbie. In allen anderen Fällen findet eine *Beschleunigung des Stofftransports durch die Reaktion* statt. Hervorgerufen wird dies durch die Vergrößerung des Konzentrationsgradienten $\partial c_A/\partial y$ an der Phasengrenzfläche, die durch den zusätzlichen Abbau von A infolge der Reaktion entsteht. Dieser Effekt wird durch den bereits in Abschn. 2.1.2 eingeführten *Beschleunigungsfaktor*

$$E_A \equiv \frac{\beta_{mit\ Reaktion}}{\beta_{oR}} \tag{3.51}$$

beschrieben. Für beide Stoffflüsse wird hierbei die gleiche treibende Konzentrationsdifferenz zwischen Phasengrenzfläche und Flüssigkeitskern herangezogen (hier $\bar{c}_A = 0$). Aus den obigen Ausführungen folgt, dass der Beschleunigungsfaktor zwischen $E_A = 1$ für $Ha < 0{,}3$ und

$$E_A = \frac{\sqrt{k_1 D_{AB}}}{\beta_{oR} c_{A0}} c_{A0} = Ha \tag{3.52}$$

für $Ha > 2$ bzw. $k_1\tau > 5$ variiert, wenn eine Reaktion 1. Ordnung und $\bar{c}_A = 0$ vorliegt.

3.3.2 Filmtheorie

Der Filmtheorie liegt die Vorstellung zugrunde, dass ein linearer Konzentrationsabfall von der Phasengrenzfläche zum Flüssigkeitskern innerhalb einer Konzentrationsgrenzschicht δ_c stattfindet (s. Abschn. 3.1.1). Die chemische Reaktion muss in der Massenbilanz als additiver Term berücksichtigt werden, daher ergibt sich eine gegenüber Gl. (3.1) erweiterte Bilanzgleichung:

$$0 = D_{AB} \frac{\partial^2 c_A}{\partial y^2} + \dot{r}_A. \tag{3.53}$$

Die zugehörigen Randbedingungen lauten (vgl. Abb. 3.1)

1. RB $y = 0 : c_A = c_{A0}$
2. RB $y = \delta_c : c_A = c_{A\infty}$

Bei Annahme einer Reaktion 1. Ordnung $\dot{r}_A = -k_1 c_A$ ergibt sich für den Bereich der Grenzschicht $0 \leq y \leq \delta_c$ folgende Lösung:

$$\frac{c_A}{c_{A0}} = \frac{1}{sinh\Phi} \left[sinh\left(\Phi - y\sqrt{\frac{k_1}{D_{AB}}}\right) + \frac{c_{A\infty}}{c_{A0}} sinh\left(y\sqrt{\frac{k_1}{D_{AB}}}\right)\right] \quad mit\ \Phi = \delta_c\sqrt{\frac{k_1}{D_{AB}}}. \tag{3.54}$$

(Der Verlauf hyperbolischer Funktionen wird in Abb. 2.3 dargestellt.) Die physikalische Bedeutung des Parameters Φ wird deutlich, wenn dieser etwas anders dargestellt wird:

$$\Phi^2 = \frac{k_1 c_{A0} \delta_c}{\frac{D_{AB}}{\delta_c}(c_{A0} - 0)}. \tag{3.55}$$

Φ^2 entspricht dem maximalen Reaktionsumsatz im Film bezogen auf die Phasengrenzfläche, dividiert durch den maximalen diffusiven Stofftransport durch den Film bei Abwesenheit einer Reaktion. Für die Filmdicke in Fluiden gilt:

$$\delta_c = \frac{D_{AB}}{\beta_{oR}}.$$

Damit ergibt sich Φ^2 als:

$$\Phi^2 = \frac{k_1 D_{AB}}{\beta_{oR}^2} = Ha^2. \tag{3.56}$$

Die Ableitung von Gl. (3.54) nach y führt zum Stofffluss $\dot{n}_A$ durch die Grenzfläche:

$$\dot{n}_{A0} = -D_{AB}\left(\frac{dc_A}{dy}\right)_{y=0} = \frac{D_{AB}}{\delta_c}\left(c_{A0} - \frac{c_{A\infty}}{cosh\Phi}\right)\frac{\Phi}{tanh\Phi}. \tag{3.57}$$

Hier wird deutlich, dass der Stofffluss in Wirklichkeit nicht proportional zur Konzentrationsdifferenz $(c_{A0} - c_{A\infty})$ ist. Für den Stofffluss existieren wie bei der Penetrationshypothese zwei asymptotische Lösungen für $\Phi > 2$ und $\Phi < 0{,}3$. Für

$\Phi > 2$ ist $c_{A\infty}/\cosh\Phi \ll c_{A0}$ sowie $\tanh\Phi = 1$. Demzufolge ist die chemische Reaktion derart schnell, dass die mittlere Konzentration an A im Kern der Flüssigkeit gleich null ist. Damit vereinfacht sich Gl. (3.57) für $\Phi > 2$ zu:

$$\dot{n}_{A0} = \frac{D_{AB}}{\delta_c} c_{A0}\Phi = \sqrt{k_1 D_{AB}}\ c_{A0}. \tag{3.58}$$

Der Molenfluss bei rein physikalischem Stofftransport für den Fall, dass $c_{A\infty}$ gleich null ist, ergibt sich gemäß:

$$\dot{n}_{AoR} = \beta_{oR}(c_{A0} - c_{A\infty}) = \beta_{oR} c_{A0} = \frac{D_{AB}}{\delta_c} c_{A0}. \tag{3.59}$$

Der Beschleunigungsfaktor berechnet sich für $\Phi > 2$ demzufolge nach:

$$E_A = \frac{\beta_{mit\ Reaktion}}{\beta_{oR}} = \frac{\dot{n}_{A\ mit\ Reaktion}}{\dot{n}_{AoR}} = \frac{\frac{D_{AB}}{\delta_c}\Phi c_{A0}}{\frac{D_{AB}}{\delta_c} c_{A0}} = \Phi. \tag{3.60}$$

Dieses Ergebnis stimmt exakt mit dem der Penetrationstheorie überein. Die Reaktionsgeschwindigkeit ist in diesem Fall derart hoch, dass die übergehende Komponente bereits innerhalb der Grenzschicht vollständig abgebaut wird. Im Fall geringer Reaktionsgeschwindigkeiten $\Phi < 0{,}3$ ergibt sich

$$\begin{aligned} &sinh\Phi \approx tanh\Phi \approx \Phi, cosh\Phi \approx 1 \\ &\dot{n}_{A0} = \frac{D_{AB}}{\delta_c}(c_{A0} - c_{A\infty}) = \beta_{oR}(c_{A0} - c_{A\infty}). \end{aligned} \tag{3.61}$$

und damit dieselbe asymptotische Lösung wie im Fall der Penetrationstheorie für $c_{A\infty} = 0$ (s. Gl. (3.50)).

3.3.3 Generelle Auswirkungen einer homogenen Reaktion erster Ordnung auf den Stofftransport

Die vorgestellten Stofftransportmodelle unterscheiden sich nachhaltig in ihrer Konzeption. Auch die abgeleiteten mathematischen Beziehungen scheinen auf den ersten Blick sehr unterschiedlich. Betrachtet man jedoch die rein numerischen Ergebnisse, so sind die Unterschiede weitaus weniger stark ausgeprägt. Tatsächlich beträgt die maximale Abweichung der Stoffflüsse aus beiden Modellen (bei Ha = 1) weniger als 10 % für $c_{A\infty} = 0$ bzw. weniger als 20 % für $c_{A\infty} \neq 0$.

Ein wichtiger Gesichtspunkt ist die Tatsache, dass für

$$\delta_c \sqrt{\frac{k_1}{D_{AB}}} > 2$$

der Stofftransport vom Stoffübergangskoeffizienten unabhängig wird. Für derart schnelle Reaktionen muss zwangsläufig auch die Konzentration der übergehenden Phase im Flüssigkeitskern gleich null sein. Damit verhält sich dieser Flüssigkeitsanteil bezüglich der Reaktion inert. Demzufolge ist der Strömungszustand im Flüssigkeitskern für den Stofftransport bedeutungslos.

3.4 Verständnisfragen

1. Von welchen Annahmen gehen die Film- bzw. die Grenzschichttheorie aus?
2. Leiten Sie den Zusammenhang zwischen dem Stoffübergangskoeffizienten β und den Diffusionskoeffizienten D_{AB} bei Gültigkeit der Filmtheorie ab.
3. Wann können die Ergebnisse der Grenzschichttheorie für das Strömungsfeld auf die Verhältnisse beim Stofftransport übertragen werden?
4. Von welchen Überlegungen gehen die Penetrations- und die Oberflächenerneuerungstheorie aus?
5. Welche Turbulenzarten werden unterschieden?
6. Welche Widerstände treten beim Übergang eines Stoffes aus einer gasförmigen in eine flüssige Phase auf und wie werden sie mathematisch beschrieben?
7. Welche Zusammenhänge gelten für die auf die Gas- bzw. Flüssigphase bezogenen Stoffdurchgangskoeffizienten bei Gültigkeit des Henryschen Gesetzes?
8. Skizzieren Sie schematisch die Änderung des Konzentrationsverlaufs sowie des Gradienten an der Phasengrenzfläche beim Stofftransport gemäß Penetrationstheorie von der Gas- in die Flüssigphase.
9. Was lässt sich über das Verhältnis von Reaktions- zu Oberflächenerneuerungsgeschwindigkeit bei $Ha < 0{,}3$ bzw. $Ha > 2$ feststellen, und was bedeutet dies für den Stofftransport?
10. Woraus resultiert die Beschleunigung eines Stofftransports? Wie hängt der Beschleunigungsfaktor von der Hattazahl ab?
11. Worauf beruht der Stoffübergang bei der Filmtheorie?
12. Wann ist beim Stoffübergang mit homogener Flüssigphasenreaktion der Strömungszustand im Kern der Flüssigkeit bedeutungslos?

3.5 Aufgaben

1. Auf eine Wasserschicht wird eine Schicht aus Toluol zum Zeitpunkt $t = 0$ aufgebracht[8]. Beide nicht mischbaren Flüssigkeiten enthalten 10 kg/m^3 einer jodhaltigen Komponente I. Der Verteilungskoeffizient dieser Komponente I zwischen Toluol und Wasser beträgt $K = c_{it}/c_{iw} = 10$. Das Verhältnis der Diffusionskoeffizienten von I in Wasser und Toluol beträgt 4.

---

[8] nach (Beek et al. 1999).

a. In welche Richtung wird die Komponente I transportiert?
b. Berechnen Sie für kurze Zeiten die Konzentrationen an der Phasengrenzfläche in beiden Phasen unter der Annahme, dass der Transport rein diffusiv erfolgt.
c. Skizzieren Sie die Konzentrationsverläufe in beiden Phasen.

2. Ein kurzer laminarer Wasserstrahl (T = 20 °C) fällt durch reines SO_2 (T = 20 °C, p = 1 bar) (s. Fußnote 8).

a. Mit welcher Stofftransporttheorie lässt sich die Absorptionsrate des Gases beschreiben?
b. Berechnen Sie die Oberflächentemperatur des Wasserstrahls unter der Annahme einer Gleichgewichtskonzentration des SO_2 in Wasser von 1,54 kmol/m^3 unter den herrschenden Bedingungen. Die Lösungsenthalpie beträgt 28 kJ/mol und die Lewiszahl ($Le = a/D_{AB}$) ist gleich 90. Der Wärmeübergang in die Gasphase und in den Strahlkern kann vernachlässigt werden.
c. Um wie viel nimmt die Absorptionsrate zu, wenn die Strahlgeschwindigkeit verdoppelt wird?
d. Welchen Einfluss besitzt der Strahldurchmesser bei konstantem Volumenstrom auf die Absorptionsrate?

3. Für reibungsfreie Fluide ergibt sich für den Stoffübergang bei laminarer Rohrströmung und geringen Einlaufkennzahlen z^* der Zusammenhang

$$Sh = \frac{2}{\sqrt{\pi}}\sqrt{Pe\frac{d}{z}}$$

wie in Abb. 5.13 dargestellt.

a. Leiten Sie diese Beziehung unter Anwendung der Penetrationstheorie ab.

Hinweis

Aufgrund der geringen Eindringtiefe kann die Aufgabe als ebenes Problem behandelt werden.

b. Überprüfen Sie die Gültigkeit des vereinfachenden Hinweises. Hierzu ist die Eindringtiefe zu bestimmen, bis zu der die diffundierende Komponente eingedrungen ist, wenn die Sherwoodzahl gemäß Abb. 5.13 signifikant von derjenigen der Penetrationstheorie abweicht.

4. Der Flüssigkeitsinhalt ε_f in einer Füllkörperkolonne lässt sich bei niedrigen Gasbelastungen in Anlehnung an die Gleichung des laminaren Rieselfilms berechnen gemäß:

$$\varepsilon_f = a\left(\frac{3 v_f \eta_f}{\rho_f g a}\right)^{1/3} \quad (\text{in } m^3{}_f/m^3{}_{Kolonne})$$

Hierbei ist v_f die Flüssigkeitsleerrohrgeschwindigkeit $\dot{V}_f/A_{Kol}$. Die Filmdicke berechnet sich analog zum laminaren Rieselfilm nach:

$$\delta = 3\sqrt{\frac{3\dot{V}_f}{B} \cdot \frac{\eta_f}{\rho_f g}} \quad \text{B: Filmbreite}$$

Die mittlere Verweilzeit beträgt:

$$\tau_f = \varepsilon_f \frac{H}{v_f} \quad \text{H: Höhe des Füllkörpers}$$

Bestimmen Sie den Stoffübergangskoeffizienten in einer Füllkörperkolonne, die mit 25 mm Raschigringen ($a = 200\ m^2/m^3$) bei einer Flüssigkeitsleerrohrgeschwindigkeit $v_f = 10^{-3}$ m/s mit Wasser betrieben wird ($D_{AB} = 2{,}5 \times 10^{-9}\ m^2/s$).

5. Ein Reaktant A liegt gasförmig mit der Konzentration $\bar{c}_{Ag} = 0{,}01\ kmol/m^3$ in einer Mischung mit Stickstoff vor[9]. Das Gas wird in einer Flüssigkeit dispergiert, in der A absorbiert und in einer Reaktion 1. Ordnung umgesetzt wird. Der absorbierte Anteil ist so gering, dass die Konzentration von A in der Gasphase als konstant betrachtet werden kann. Für das thermodynamische Gleichgewicht gilt $m = 1$. Weiterhin gilt $\beta_g = 10^{-2}$ m/s, $\beta_f = 10^{-4}$ m/s und $D_{AB} = 10^{-9}\ m^2/s$. Die Geschwindigkeitskonstante k_1 variiert je nach Katalysatorkonzentration zwischen 4×10^{-3} und $40 \times 10^6\ s^{-1}$.

   a. Es soll ein analytischer Ausdruck für die Stoffstromdichte $\dot{n}_A$ von A durch die Phasengrenzfläche hergeleitet werden, die allein die bekannten Parameter sowie k_1 enthält.
   b. Die Abhängigkeit von $\dot{n}_A$ sowie dem Beschleunigungsfaktor E_A von $Ha = \sqrt{k_1 D_{AB}}/\beta_f$ ist grafisch darzustellen.

6. Am Beispiel eines Rieselfilms soll ein Vergleich der Filmtheorie mit der Penetrationstheorie durchgeführt werden. Beide Ergebnisse sollen anschließend mit einer theoretisch abgesicherten numerisch gewonnenen Lösung verglichen werden.

   Annahmen:

   - Der Stofftransport erfolgt von der Gas- in die Flüssigphase.
   - Widerstand gegen den Stofftransport tritt nur in der Flüssigphase auf.
   - An der Phasengrenzfläche gilt das Henrysche Gesetz

   Daten:

$L = 0{,}5$ m	$\delta_f = 0{,}5$ mm
$\eta_f = 10$ mPas	$\rho_f = 1000\ kg/m^3$
$D_{AB} = 1 \times 10^{-9}\ m^2/s$	$\delta_c(x = L) = \delta_f/2$

[9] nach (Westerterp et al. 1984).

a. Filmtheorie

- Skizzieren Sie den Konzentrationsverlauf unter Annahme der Filmtheorie.
- Erläutern Sie den Ansatz für die Berechnung des Stoffübergangskoeffizienten.
- Bestimmen Sie die für die Filmtheorie entscheidende Grenzschichtdicke.
- Berechnen Sie den Stoffübergangskoeffizienten.

b. Penetrationstheorie

- Bestimmen Sie die Kontaktzeit eines Fluidelementes.
- Berechnen Sie den Stoffübergangskoeffizienten.

c. Berechnen Sie den Stoffübergangskoeffizienten mit Hilfe der für den Rieselfilm numerisch bestimmten Gleichung für die Sherwoodzahl (s. Abschn. 11.3.1).

$$Sh_\delta = 3{,}41 + \frac{0{,}276 \cdot x^{*-1{,}2}}{1 + 0{,}2 \cdot x^{*-0{,}7}} x^* = \frac{1}{Pe_\delta} \cdot \frac{x}{\delta_f} \tag{11.30}$$

$$Pe_\delta = Re \cdot Sc = \frac{\overline{w} \cdot \delta_f}{D_{AB}} \qquad \overline{w} = \frac{w_{\max}}{1{,}5} \qquad w_{\max} = \frac{g\,\delta_f^2}{2\nu}$$

d. Vergleichen Sie die drei Ergebnisse und erklären Sie auftretende Abweichungen.

Literatur

Allgemein

Baehr HD, Stephan K (2010) Wärme- und Stoffübertragung, 7. Aufl. Springer, Berlin
Beek WJ, Muttzall KMK, van Heuven JW (1999) Transport phenomena, 2. Aufl. Wiley, Chichester
Bird RB, Stewart WE, Ligthfoot EN (2002) Transport phenomena, 2. Aufl. Wiley, New York
Grassmann P, Widmer F (1974) Einführung in die thermische Verfahrenstechnik. Verlag Walter de Gruyter, Berlin
Mersmann A (1986) Stoffübertragung. Springer, Berlin
Trambouze P, van Landeghem H, Wanquier (1988) Chemical reactors. Editions Technip, Paris
Westerterp KA, van Swaaij WPM, Beenackers AACM (1984) Chemical reactor design and operation, 2. Aufl. Wiley, Chichester

Speziell

Brauer H, Mewes D (1971) Stoffaustausch einschließlich chemischer Reaktion. Verlag Sauerländer, Aarau
Brauer H (1979) Turbulenz in mehrphasigen Strömungen. Chem Ing Tech 51:934–948

Danckwerts VP (1951) Significance of liquid-film coefficients in gas absorption. Ind Eng Chem 43:1460–1467

Higbie R (1935) The rate of absorption of a pure gas into a still liquid during short periods of exposure. Trans Am Inst Chem Eng 31:365–389

Lewis WK, Whitman WG (1924) Principles of gas absorption. Ind Eng Chem 16:1215–1220

Marr R (1978) Extraktionskolonnen mit rotierenden Einbauten. Chem Ing Tech 50:337–344

Perry RH, Green DW, Maloney JO (1984) Perry's chemical engineers handbook. Mc-Graw-Hill, New York, 6. Aufl

Pohlhausen E (1921) Der Wärmeaustausch Zwischen festen Körpern und Flüssigkeiten mit kleiner Reibung und Wärmeleitung. Z angew Math. Mech 1:115–121

Kapitel 4
Beschreibung von Ausgleichsvorgängen in technischen Systemen

In einer Vielzahl technischer Systeme werden Prozesse mit dem Ziel durchgeführt, bestimmte stoffliche oder thermische Ausgleichsvorgänge ablaufen zu lassen. Eine ganz wesentliche Aufgabenstellung stellt hierbei die Vermischung unterschiedlicher Komponenten dar. Dabei ist es unerheblich, ob es sich um ein- oder mehrphasige Systeme handelt. Die mathematische Herangehensweise zur Beschreibung dieser Vorgänge basiert auf den in Abschn. 1.6 erläuterten allgemeinen Energie-, Impuls- und Stoffbilanzen.

Ziel dieses Kapitels ist die Erklärung der physikalischen Hintergründe von Ausgleichsvorgängen, ihrer messtechnischen Erfassung und ihrer mathematischen Beschreibung. Zunächst werden mit dem idealen Strömungsrohr sowie dem idealen Rührkessel Apparate eingeführt, die extreme idealisierte Ausgleichsvorgänge repräsentieren. Die bei realen Apparaten auftretenden Abweichungen von den idealisierten Mischvorgängen lassen sich mit verschiedenen mathematischen Ansätzen beschreiben. Von diesen werden das Dispersionsmodell sowie die Kombination idealer Apparate detailliert erläutert. Mit der Verweilzeitanalyse wird abschließend eine häufig angewendete Methode zur Charakterisierung des Vermischungsverhaltens technischer Apparate dargestellt.

4.1 Idealisierte Modellapparate

Die Grundlagen der Ausgleichsvorgänge sowie der zugehörigen mathematischen Beschreibungsansätze lassen sich anhand idealisierter Modellapparate darlegen. Da in vielen Fällen neben den rein physikalischen Transportvorgängen auch chemische Reaktionen auftreten, ist es üblich, hier von *idealen Reaktoren* (idealer Rührkessel, ideales Strömungsrohr; s. Abb. 4.1) zu sprechen. Ihre generelle Bedeutung lässt sich anhand folgender Punkte aufzeigen:

1. Die Idealtypen entsprechen den Grundformen technischer Apparate bzw. Reaktoren und gleichzeitig den Grenzfällen der Strömungsformen (keine oder vollständige Vermischung). Sie können reale Reaktoren häufig hinreichend genau repräsentieren. Das liegt nicht zuletzt auch daran, dass konstruktiv große

M. Kraume, *Transportvorgänge in der Verfahrenstechnik*,
DOI 10.1007/978-3-642-25149-8_4, © Springer-Verlag Berlin Heidelberg 2012

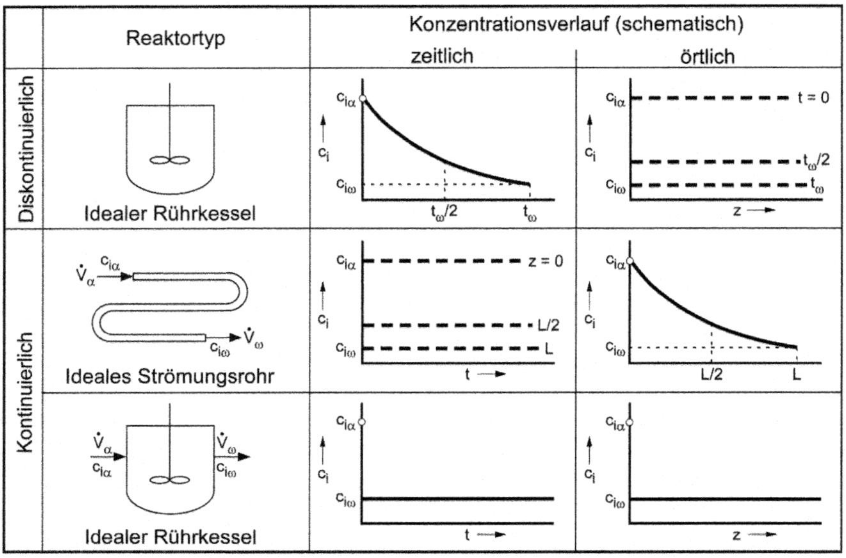

Abb. 4.1 Zeitlicher und örtlicher Konzentrationsverlauf in idealen Reaktoren. (Nach Dialer und Löwe 1975)

Anstrengungen unternommen werden, den Unterschied zwischen realem Reaktor und dem entsprechenden Idealtyp – z. T. aus Gründen der Temperaturführung – weitestgehend zu minimieren.

2. Laborapparaturen zur Ermittlung kinetischer Daten sind meist hinlänglich ideal.
3. Abweichungen vom Idealverhalten lassen sich oft durch einfache mathematische Korrekturen berücksichtigen.
4. Komplexe Strömungsformen können durch Schaltungen der Idealtypen modelliert werden.
5. Schaltungen der Idealtypen, parallel oder in Reihe, sind technisch verwirklicht (z. B. Rohrbündel, Kaskade).
6. Auch in dispersen Systemen entspricht die Strömungsform der einzelnen Phasen häufig einer Idealform.

4.1.1 *Idealer Rührkessel*

Ein idealer Rührkessel ist durch die Ortsunabhängigkeit von Konzentrationen und Temperatur gekennzeichnet. Der Kesselinhalt ist demzufolge *ideal durchmischt*. Daher kann in den Stoffbilanzen für ein homogenes System sowohl der konvektive als auch der diffusive Term innerhalb des Behälterinhalts zu null gesetzt werden. Als Bilanzvolumen ist der Kesselinhalt V_R zu wählen.

Diskontinuierlich betriebener idealer Rührkessel Aus der allgemeinen Bilanzgleichung (1.84) ergibt sich für den diskontinuierlichen idealen Rührkessel folgender Zusammenhang bei N parallelen Reaktionen:

$$\frac{dc_i}{dt} = \sum_j^N \nu_{ij}\,\dot{r}_j. \tag{4.1}$$

Hiermit lassen sich in entsprechenden Laborapparaten Reaktionsgeschwindigkeiten ermitteln. Vorausgesetzt wird in dieser Gleichung, dass keine Veränderung des Reaktionsvolumens V_R erfolgt. (Da es sich i. Allg. hier um Flüssigphasenreaktionen handelt, kann in der überwiegenden Zahl der Fälle eine nennenswerte Dichteänderung infolge der Reaktion ausgeschlossen werden.)

Solange vom großtechnischen Apparat erwartet werden kann, dass er sich (annähernd) ideal verhält und entsprechend auch isotherm gehalten werden kann, genügt es, den zeitlichen Konzentrationsverlauf c_i (t) einer oder mehrerer Produktkomponenten aus Laborversuchen zu kennen, um damit die Dimensionierung des Großapparates vorzunehmen.

Idealer kontinuierlicher Rührkessel Im Vergleich zum diskontinuierlich betriebenen Rührkessel, der ein typisches *geschlossenes System* (s. Abschn. 1.6) darstellt, treten bei kontinuierlicher Fahrweise eines idealen Rührkessels noch zu- und ablaufende Ströme auf. Die vorausgesetzte stoffliche Homogenität eines idealen Rührkessels bedeutet für den kontinuierlichen Betrieb, dass sich die zur Zeit $t = 0$ in den kontinuierlichen Rührkessel getrennt eingespeisten Komponenten momentan unter Ausgleich sämtlicher Gradienten bis auf die molekulare Ebene vermischen. Statistisch gesehen sollen sich in unendlich kurzer Zeit in jedem Volumenelement gleiche Verteilungen einstellen.

Unter dieser Voraussetzung wird dem im Rührkessel vorhandenen Reaktionsgemisch kontinuierlich die Komponente i mit der Konzentration $c_{i\alpha}$ zugeführt, und zwar mit einem Volumenstrom $\dot{V}$. Entsprechend verlässt das Fluid mit der im Rührkessel vorhandenen Konzentration $c_{i\omega}$ das Reaktionsvolumen. Zur Ableitung des Konzentrationsverlaufs für den idealen homogenen kontinuierlichen Rührkessel kann auf die allgemeine Bilanzgleichung (1.56) zurückgegriffen werden. Unter Verwendung der mittleren Verweilzeit $\bar{t} = V_R/\dot{V}$ folgt für ein volumenbeständiges System:

$$\frac{dc_i}{dt} = \frac{c_{i\alpha}}{\bar{t}} - \frac{c_i}{\bar{t}} + \nu_i\,\dot{r}. \tag{4.2}$$

Diese Gleichung ist der Ausgangspunkt zur Untersuchung instationärer Vorgänge im idealen kontinuierlichen Rührkessel. Dazu gehören Anfahren, Umstellen, Verweilzeitverhalten und Stabilitätsfragen. Im stationären Betrieb ist $dc_i/dt = 0$.

Das grundlegende Problem einer Reaktorauslegung besteht in der Berechnung des Reaktionsvolumens für einen bestimmten Produktionsmengenstrom. Dieses Volumen lässt sich aus dem erforderlichen Umsatzgrad sowie der zugehörigen Zeit ermitteln. Ein solches Vorgehen ist möglich, da die Reaktionszeit unabhängig vom Reaktorvolumen ist. Dies folgt aus der Annahme einer vollständigen Vermischung des Reaktorvolumens. In der Praxis übt die Reaktorgröße allerdings einen Einfluss auf die Reaktionszeit aus, da die Umsetzungsgeschwindigkeit durch die unvollständige Vermischung oder Temperaturunterschiede z. B. in der Nähe von Heiz- bzw. Kühlflächen beeinflusst werden kann.

4.1.2 Ideales Strömungsrohr

Im idealen Strömungsrohr ist die Strömungsgeschwindigkeit w_z über den Querschnitt konstant. Es liegt eine *Pfropfen-* oder *Kolbenströmung* vor. Außerdem findet keine Diffusion oder, allgemeiner ausgedrückt, keine *Dispersion* oder Vermischung in axialer Richtung statt. In diesem Modellreaktor liegt gegenüber dem Rührkessel der andere Extremfall einer völlig fehlenden Vermischung vor. Daher ist im idealen Strömungsrohr die Verweilzeit aller Fluidelemente gleich.

Zur Aufstellung des zeitlich-örtlichen Konzentrationsverlaufs des idealen Strömungsrohrs wird die Stofftransportgleichung (1.90) herangezogen. Aufgrund des über den Querschnitt konstanten Konzentrationsprofils gilt $\partial c_i/\partial \varphi = \partial c_i/\partial r = 0$. Da Diffusionsvorgänge ausgeschlossen sind ($D_i = 0$), ergibt sich für den Konzentrationsverlauf:

$$\frac{\partial c_i}{\partial t} = -w_z \frac{\partial c_i}{\partial z} + \nu_i \, \dot{r}. \tag{4.3}$$

Das vorausgesetzte ebene Profil der Pfropfenströmung ist bei turbulenter Strömung in technischen Apparaten recht gut realisiert (s. z. B. Abschn. 5.1.2 turbulente Rohrströmung).

4.2 Reale Apparate

Der tatsächliche fluiddynamische Zustand und damit auch die entsprechenden Austauschvorgänge sind i. Allg. wesentlich komplexer. Es wird eine Fülle von Abweichungen vom Idealverhalten beobachtet, die z. B. hervorgerufen werden durch *Kurzschlussströmungen, Zirkulationsströmungen* und *Totzonen*. Reales Strömungsverhalten kann in einem technischen System in unterschiedlichen Zonen mit differierenden Ausdehnungen erfolgen.

4.2.1 Mischvorgänge[1]

Im Gegensatz zum idealen Rührbehälter, in dem die Vermischung zweier Komponenten spontan erfolgt, benötigt ein Mischvorgang in realen Mischapparaten (u. a.

[1] nach (Hiby 1979).

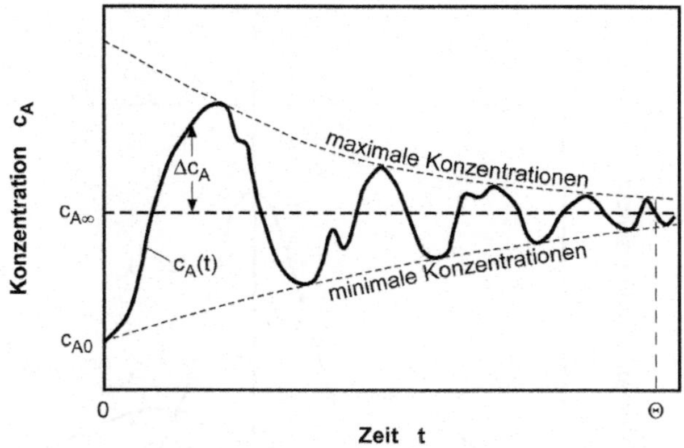

Abb. 4.2 Zeitlicher Ablauf von lokalen Konzentrationsdifferenzen beim diskontinuierlichen Mischen

Rührbehälter) stets eine endliche Zeit, die so genannte *Mischzeit*. Grundsätzlich umfassen Mischaufgaben sowohl ein- als auch mehrphasige Systeme. Die weiteren Ausführungen beziehen sich der Einfachheit halber auf die physikalischen Vorgänge, die in homogenen Flüssigkeitssystemen auftreten.

Sind Flüssigkeiten vollständig ineinander, d. h. bis auf die molekulare Ebene, löslich, so ist eine Verteilung der Komponenten bis zu molekularen Abmessungen möglich. Dies erfolgt zunächst durch die Deformation makroskopischer Substanzgebiete und abschließend durch die molekulare Diffusion. Das Prozessziel ist die Erreichung eines vorgegebenen Mischungsgrades, also der Abbau zeitlicher und räumlicher Inhomogenitäten einer skalaren Größe (Konzentration, Temperatur) bis auf einen angestrebten Wert. Die Zeit bzw. der Strömungsweg (Rohrstrecke) bis zur Erreichung dieses Zustandes wird als Misch- oder Homogenisierzeit θ bzw. als Mischlänge L_H bezeichnet. Beide sind von den Prozessbedingungen und dem geforderten Mischungsgrad abhängig.

Bei der Vermischung von zwei ineinander löslichen Flüssigkeiten ist eine Kennzeichnung des Zustandes im Mischvolumen erforderlich, die angibt, wie weit das System noch von der Homogenität entfernt ist. Es sei angenommen, dass durch Zumischen der Komponente A zu einer Flüssigkeit die Konzentration von A im Gemisch auf den homogenen Endwert $c_{A\infty}$ gebracht wird. Während des Mischvorgangs schwankt die örtliche Konzentration c_A als Funktion der Zeit und des Ortes um den Endwert $c_{A\infty}$, wie dies Abb. 4.2 verdeutlicht.

Die zeitlich abhängige Abweichung $\Delta c_A = |c_A - c_{A\infty}|$ kann z. B. auf die Endkonzentration $c_{A\infty}$ bezogen werden und ergibt damit eine *relative* Abweichung. Für die Beschreibung der Vermischung von zwei Flüssigkeiten A und B ist es zweckmäßig, den Volumenanteil $\varphi_{V_A} = V_A/V_{ges}$ zu verwenden. Der örtliche Volumenanteil von B ist demnach $1-\varphi_{V_A}$. Mit A soll die Flüssigkeit bezeichnet werden, die mit dem geringeren Volumen bzw. Volumenstrom am Mischvorgang teilnimmt. ($\varphi_{V_{A\infty}} \leq 0{,}5$. Dies ist die Komponente, deren relative Homogenisierung schwieriger zu erreichen ist, da in den nachfolgend definierten Ausdrücken für die relative Abweichung stets $\varphi_{V_{A\infty}}$ im Nenner steht.) Während des Mischvorgangs liegt im gesamten Mischvolumen in

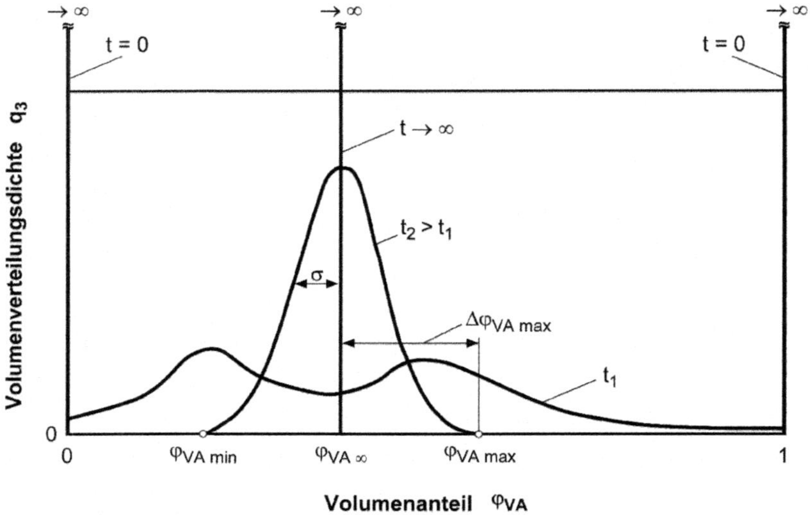

Abb. 4.3 Volumenverteilungsdichte q_3 für verschiedene Zeiten; Volumenanteil von A an der Mischung $\varphi_{V_{A\infty}} = 1/3$. (Nach Hiby 1979)

jedem Augenblick eine Volumenverteilungsdichte q_3 der örtlichen Konzentration φ_{V_A} vor, die sich als Funktion der Zeit ändert. Dabei bezeichnet $q_3\ d\varphi_{V_A}$ denjenigen Anteil am Gesamtvolumen, dessen örtliche Konzentration zwischen φ_{V_A} und $\varphi_{V_A} + d\ \varphi_{V_A}$ liegt. Das Integral über die Volumenverteilungsdichte (Wahrscheinlichkeitsdichte für φ_{V_A}) ist demnach stets:

$$\int_0^1 q_3\, d\varphi_{V_A} = 1.$$

Die zeitliche Entwicklung der Volumenverteilungsdichte zeigt qualitativ Abb. 4.3. Zu Beginn des Mischprozesses ($t = 0$) liegen die reinen Komponenten A und B getrennt vor, die örtliche Konzentration φ_{V_A} in dem Mischapparat beträgt demzufolge entweder 0 oder 1. Während des Homogenisierungsvorgangs wird die Konzentrationsverteilung zunehmend enger. Nach völliger Homogenisierung ($t \rightarrow \infty$) liegt im gesamten Mischbehälter die Endkonzentration $\varphi_{V_{A\infty}}$ vor; beim Verhältnis der Anfangsvolumina $V_A/V_B = 1/2$ in Abb. 4.3 gilt:

$$\varphi_{V_{A\infty}} = 1/(1+2) = 1/3.$$

Zur Beschreibung der Abweichung von der Homogenität bzw. des Mischungsgrads zu einem Zeitpunkt t bestehen verschiedene Möglichkeiten. Zwei Definitionen seien hier vorgestellt.

1. Der *maximale* Betrag der relativen Abweichung:

$$\delta_{\max} = \Delta\varphi_{V_A\max}/\varphi_{V_{A\infty}}. \tag{4.4}$$

Mit $\Delta\varphi_{V_A}$ sei der Betrag $|\varphi_{V_A} - \varphi_{V_{A\infty}}|$ bezeichnet; demnach ist bei Annahme einer symmetrischen Verteilungsfunktion $\Delta\varphi_{V_{A\max}} = \varphi_{V_{A\max}} - \varphi_{V_{A\infty}} = \varphi_{V_{A\infty}} - \varphi_{V_{A\min}}$.
2. Der *örtlich gemittelte* Betrag der relativen Abweichung:

$$\bar{\delta} = \frac{\overline{\Delta\varphi_{V_A}}}{\varphi_{V_{A\infty}}} = \frac{1}{\varphi_{V_{A\infty}}} \int\limits_0^1 \Delta\varphi_{V_A}\, q_3\, d\varphi_{V_A}. \tag{4.5}$$

Als *Mischungsgrad* oder *Mischgüte* definiert man:

$$M \equiv 1 - \delta. \tag{4.6}$$

Dabei ist anzugeben, welcher Ausdruck δ für die relative Abweichung von der Endkonzentration gewählt wird.

Diese Definitionen besitzen jedoch einen Schönheitsfehler. Sie streben zwar gegen $M = 1$, zu Beginn des Mischvorgangs gilt jedoch nicht $M = 0$ bei beliebigen Werten $\varphi_{VA\infty}$. Ist beispielsweise am Anfang eines Homogenisiervorgangs die Konzentration von A im Gemisch $\varphi_{VA} = 1/6$ und wird dann A bis zu einem Mittelwert $\varphi_{VA\infty} = 1/3$ zugegeben, so ergibt sich für $\delta_{\max}$ zu Beginn des Mischvorgangs:

$$\delta_{\max} = \frac{|1/6 - 1/3|}{1/3} = 1/2 \qquad \rightarrow \qquad M = 1 - \delta_{\max} = 1/2 \neq 0.$$

Als Mischzeit θ_M bezeichnet man bei einem diskontinuierlichen Mischungsprozess den Zeitbedarf für eine bestimmte Annäherung an die Homogenität. Der geforderte Mischungsgrad kann zahlenmäßig als Index angegeben werden; z. B. wird $M = 97$ % nach der Zeit θ_{97} erreicht. Zusätzlich sind nähere Angaben zu machen über die verwendete Definition der relativen Abweichung sowie über den Ort der Messung im Mischvolumen, z. B. in Rührernähe oder in einem Totraum.

Bei Mischprozessen unter konstanten Bedingungen klingen in der Regel die Konzentrationsschwankungen exponentiell ab, s. Abb. 4.4. Es gilt:

$$\ln\delta = C_1 - C_2\,\theta_M, \quad C_1, C_2 : \text{Konstanten}. \tag{4.7}$$

In Abb. 4.4 ist C_1 gleich null.

Aus zwei Mischzeitmessungen für verschiedene M lassen sich demnach alle anderen Mischzeiten berechnen. Da bei hohen Mischgüten aufgrund der dann sehr geringen Schwankungen δ die Messgenauigkeit für θ_M abnimmt, ist zu empfehlen, bei nicht zu geringen Abweichungen zu messen, sondern etwa mit $\delta = 0{,}05$ eine Mischgüte von $M = 95$ % anzustreben. Die Abb. 4.4 zeigt, dass zum Erreichen einer Mischgüte von 90 % die gleiche Zeit erforderlich ist, wie zur Steigung der Mischgüte von 90 auf 99 % bzw. von 99 auf 99,9 % usw.

Abb. 4.4 Relative Abweichung δ in Abhängigkeit vom Mischzeitverhältnis Θ/Θ_{99}

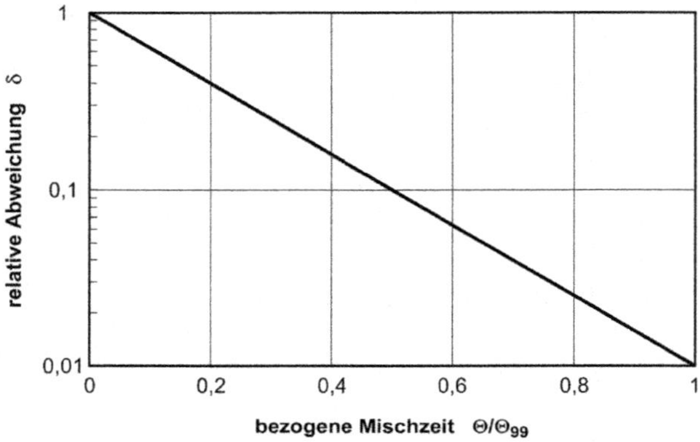

4.2.2 *Kontinuierlich betriebene reale Apparate*

Bei der in realen technischen Apparaten üblicherweise vorliegenden turbulenten Strömung wird neben der mittleren Transportgeschwindigkeit eine instationäre Schwankungsbewegung infolge von Turbulenzballen beobachtet. So kommt es zu einer vorauseilenden bzw. verzögerten Bewegung von Fluidelementen in Strömungsrichtung. Dieser Effekt führt zusammen mit Geschwindigkeitsunterschieden im Strömungsquerschnitt zur sogenannten *Dispersion*[2]. Ein sich mit der mittleren Strömungsgeschwindigkeit bewegender Beobachter hat somit den Eindruck, ein vorauseilendes Volumenelement führe eine Vorwärtsbewegung, ein zurückbleibendes Volumenelement führe eine Rückwärtsbewegung aus.

Die jeweilige Relativbewegung eines Volumenelements ist beendet, wenn es durch die Wirkung der Querkomponenten anderer Wirbel vermischt und stofflich angeglichen wird. Mit diesem *makroskopischen Ausgleichsprozess* hat es seine Individualität verloren.

Das so genannte *Dispersionsmodell* ist dann anwendbar, wenn die Vermischung durch Effekte stochastischer Natur, wie z. B. durch turbulente Diffusion, erzeugt wird. Die modellmäßige Erfassung der Dispersion lehnt sich deshalb an den instationären molekularen Transport einer Komponente i an. Für den eindimensionalen Fall gilt bei gleichzeitig vorhandener Konvektion in z-Richtung:

$$\frac{\partial c_i}{\partial t} = -w_z \frac{\partial c_i}{\partial z} + D_i \frac{\partial^2 c_i}{\partial z^2}. \tag{4.8}$$

Der durch die Dispersion entstehende Stoffstrom, der durch die Verlagerung endlicher Stoffmengen infolge von Geschwindigkeitsunterschieden entsteht, weist wie der rein molekulare Transport eine lineare Abhängigkeit vom Konzentrationsgradienten

[2] lat.: dispergere „ausbreiten, zerstreuen"

auf. Daher kann unter formaler Einführung des sogenannten *axialen Dispersionskoeffizienten* D_{ax} der Dispersionsstofffluss in z-Richtung folgendermaßen beschrieben werden:

$$\boxed{\dot{n}_i \equiv -D_{ax}\frac{\partial c_i}{\partial z}.} \tag{4.9}$$

Damit ergibt sich für die eindimensionale Stoffbilanz:

$$\frac{\partial c_i}{\partial t} = -w_z\frac{\partial c_i}{\partial z} + D_{ax}\frac{\partial^2 c_i}{\partial z^2}. \tag{4.10}$$

Der Dispersionskoeffizient D_{ax} ist im Gegensatz zum Diffusionskoeffizienten keine Stoff- sondern eine Systemgröße, die von der Apparategeometrie und der Fluiddynamik innerhalb eines technischen Apparates abhängt. D_{ax} beinhaltet aufgrund seiner Definition auch den infolge Diffusion auftretenden Stoffstrom. In den folgenden Kapiteln werden mathematische Beziehungen für D_{ax} in Rohren (Kap. 5), Festbettapparaten (Kap. 8), Wirbelschichten (Kap. 16) und Blasensäulen (Kap. 12) angegeben.

Abhängig von Geometrie und Strömungszustand tritt die Dispersion nicht nur in einer Koordinatenrichtung sondern generell in allen drei Richtungen auf. So muss bisweilen die radiale Dispersion in technischen Apparaten ebenfalls berücksichtigt werden. Vielfach sind jedoch die Konsequenzen für den Stoffaustausch in Strömungsrichtung (zumeist die axiale Richtung in einem Apparat) die überwiegenden.

Durch Einführung der dimensionslosen Zeit $t^* = t/\bar{t}$ ($\bar{t}$: mittlere Verweilzeit, $\bar{t} = L/w_z$), der dimensionslosen Konzentration $\xi = c_i/c_{i\alpha}$ und einer dimensionslosen Länge $z^* = z/L$ in Gl. (4.10) folgt die dimensionslose Formulierung des Dispersionsmodells:

$$\frac{\partial \xi}{\partial t^*} = -\frac{\partial \xi}{\partial z^*} + \frac{D_{ax}}{w_z \cdot L}\frac{\partial^2 \xi}{\partial z^{*2}}. \tag{4.11}$$

Die in dieser Gleichung auftretende dimensionslose Größe w_zL/D_{ax} wird als *Bodensteinzahl*[3] Bo bezeichnet:

$$Bo \equiv \frac{w_z \cdot L}{D_{ax}}. \tag{4.12}$$

Als Grenzfälle des Dispersionsmodells ergeben sich:

- rückvermischungsfreie Strömung (ideales Strömungsrohr) für $Bo \to \infty$ bzw. $D_{ax} \to 0$
- vollständige Vermischung (idealer Rührbehälter) für $Bo \to 0$ bzw. $D_{ax} \to \infty$.

[3] Max Bodenstein 1871–1942, deutscher Physiko-Chemiker, begründete die chemische Kinetik mit Untersuchungen zur Chlor-Knallgas-Reaktion.

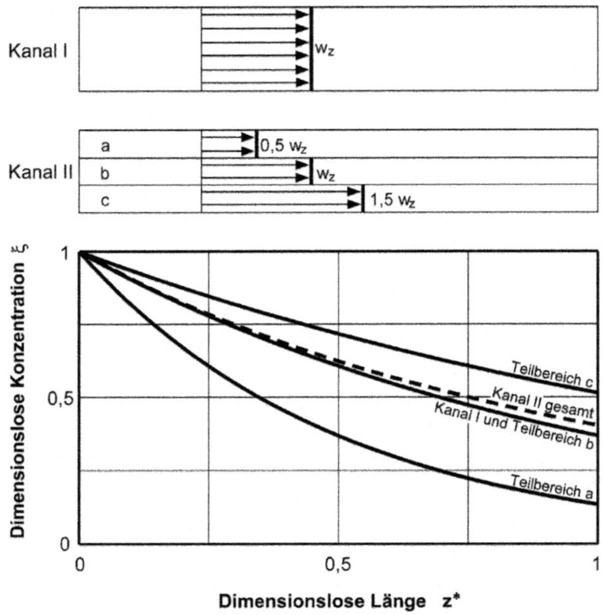

Abb. 4.5 Konzentrationsverlauf in einem idealen Strömungskanal (*Kanal I*) und bei Auftreten von vor- und nacheilenden Stoffströmen mit ebenfalls idealem Verhalten (*Kanal II*)

Zur Erläuterung der Ursachen und der Bedeutung der Dispersion diene folgendes Beispiel. Es werden zwei identische Kanäle mit quadratischem Querschnitt (Kantenlänge B) als ideale Strömungsrohre (ohne Dispersion) durchströmt (s. Abb. 4.5). Gleichzeitig laufe eine homogene chemische Reaktion 1. Ordnung $\dot{r} = -k_1 c_A$ ab. Kanal I wird über die gesamte Fläche mit der Geschwindigkeit w_z durchströmt, während Kanal II in drei getrennte Teilbereiche jeweils gleicher Querschnittsfläche unterteilt ist. Ein Bereich (b) wird mit w_z durchströmt, ein Bereich (a) eilt mit 0,5 w_z nach und ein Bereich (c) eilt mit 1,5 w_z vor. Im Mittel wird damit der gesamte Kanal II wie Kanal I mit w_z durchströmt. Die Eintrittskonzentration betrage in beiden Kanälen $c_{A\alpha}$; das Verhältnis $k_1 \cdot L/w_z$ sei gleich eins.

Der sich einstellende axiale Konzentrationsverlauf wird gemäß Gl. (1.84) (keine Diffusion, Konvektion nur in axialer Richtung, stationärer Zustand) beschrieben durch:

$$w_z \frac{dc_A}{dz} = -k_1 c_A. \tag{4.13}$$

Durch Integration unter Berücksichtigung der Anfangsbedingung $z = 0$: $c_A = c_{A\alpha}$, folgt für den dimensionslosen axialen Konzentrationsverlauf:

$$\xi = \frac{c_A(z)}{c_{A\alpha}} = exp\left(-\frac{k_I \cdot L}{w_z} z^*\right). \tag{4.14}$$

Damit folgt für Kanal I und Teilbereich b in Kanal II als Austrittskonzentration:

$$\xi_I(z^* = 1) = exp(-1 \cdot 1) = 0{,}368.$$

Im Kanal II ergeben sich für die beiden Teilbereiche a und c mit 0,5 w_z bzw. 1,5 w_z folgende Austrittskonzentrationen:

$$a : \xi(z^* = 1) = exp\left(-\frac{1}{0{,}5} \cdot 1\right) = 0{,}135,$$

$$c : \xi(z^* = 1) = exp\left(-\frac{1}{1{,}5} \cdot 1\right) = 0{,}513.$$

Der gesamte axiale Konzentrationsverlauf ist in Abb. 4.5 dargestellt. Die mittlere Austrittskonzentration des Kanals II ergibt sich durch Summation:

$$\begin{aligned} w_z B^2 \bar{\xi}_{\mathrm{II}} &= (\dot{V}_a \cdot \xi_a + \dot{V}_b \xi_b + \dot{V}_c \xi_c) \\ &= \frac{1}{3} B^2 \cdot 0{,}5\ w_z \cdot 0{,}135 + \frac{1}{3} B^2 \cdot w_z \cdot 0{,}368 + \frac{1}{3} B^2 1{,}5\ w_z \cdot 0{,}513. \end{aligned}$$

Daraus folgt:

$$\bar{\xi}_{II} = 0{,}402 > 0{,}368 = \bar{\xi}_I .$$

Als Konsequenz der Dispersion, also des Vor- und Nacheilens von Volumenströmen bzw. Volumenelementen, nimmt der Umsatz der chemischen Reaktion in Kanal II gegenüber dem Kanal I ohne Geschwindigkeitsunterschiede ab.

4.3 Verweilzeitverteilung

Da es in den meisten Fällen nicht möglich ist, die Fluiddynamik und das daraus resultierende Vermischungsverhalten technischer Apparaten vorauszusagen oder zu beschreiben, besteht vielfach die Notwendigkeit, vereinfachte Strömungsmodelle zu erstellen und diese mit experimentell ermittelten Daten abzustimmen. Hierzu wird die so genannte Verweilzeitverteilung verwendet. Die Analyse der Verweilzeitverteilung ist ein sehr leistungsfähiger statistischer Ansatz für die Ermittlung der Strömungs- und Vermischungsverhältnisse in technischen Apparaten. Hiermit lassen sich nicht nur Probleme bei bestehenden Produktionsapparaten analysieren, sondern auch z. B. Reaktoren für eine bestimmte Produktionsleistung auslegen. Das Konzept wurde zuerst von MacMullin und Weber (1935) vorgeschlagen, aber erst nach den Arbeiten von Danckwerts (1953) intensiv genutzt.

Die mittlere Verweilzeit eines strömenden Mediums in einem Apparat oder Reaktor sagt nichts über die reale Verweilzeit individueller Elemente dieses Stoffstroms, wie z. B. einzelner Moleküle oder dispergierter Teilchen, aus. Mit Ausnahme des idealen Strömungsrohrs ist die effektive Verweilzeit einzelner Elemente in einem Apparat unterschiedlich. Für Elemente, die zum gleichen Zeitpunkt in einen Apparat eingespeist werden, ergibt sich demzufolge ein ganzes Spektrum von Verweilzeiten.

Die Verweilzeitanalyse betrachtet ein beliebiges Fluidelement nach seinem Eintritt in einen Reaktor und seine individuelle Verweilzeit im Apparat. Die Wahrscheinlichkeit dafür, dass dieses Fluidelement den Reaktor nach einer bestimmten

Abb. 4.6 Wahrscheinlichkeit für den Austritt eines Fluidelementes aus einem Reaktor zu einem Zeitpunkt E(t) und in einem Zeitraum F(t)

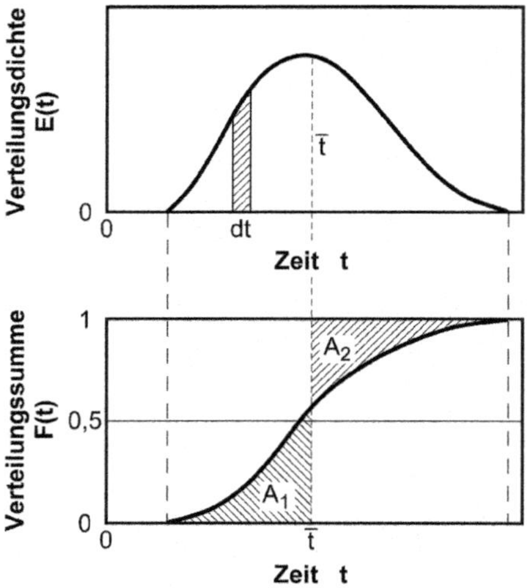

Verweilzeit wieder verlässt, wird durch eine *Verweilzeitverteilungsfunktion* ausgedrückt. (Üblicherweise wird bei der mathematischen Beschreibung vorausgesetzt, dass ein einmal in den Reaktor eingetretenes Fluidelement nicht wieder durch die Zulauföffnung, z. B. durch Diffusion oder Dispersion, hinausgelangen kann. Ebenso wird auch für die Ablauföffnung festgelegt, dass ausgetretene Fluidelemente nicht wieder in den Reaktor gelangen können. Andere Ansätze sind allerdings auch möglich.)

Mit der *Verteilungsdichtefunktion* der Verweilzeit E (t) (s. Abb. 4.6) wird zu jedem Zeitpunkt $t \geq 0$ die Wahrscheinlichkeit angegeben, mit der ein zum Zeitpunkt $t = 0$ eingetretenes Fluidelement den Reaktor innerhalb des Zeitraums dt verlässt. Zu einem beliebigen Zeitpunkt t repräsentiert die gestrichelte Fläche E(t) dt (Abb. 4.6) den Anteil der Flüssigkeitselemente, die bei $t = 0$ in den Apparat gelangt sind und ihn zwischen t und $t + dt$ wieder verlassen. Die Wahrscheinlichkeit ist also gerade $E(t) \times dt$. Da für $t \to \infty$ das betreffende Fluidelement mit der Wahrscheinlichkeit 1 den Reaktor verlassen haben muss, folgt für E(t):

$$M_0 = \int_0^\infty E(t)\, dt = 1. \tag{4.15}$$

M_0 ist die Fläche unter der Verteilungskurve bzw. deren *nulltes Moment* M_0. Momente werden für die Beschreibung der Verweilzeitverteilungsfunktion in Form statistischer Parameter wie z. B. der mittleren Verweilzeit, der Spreizung der Verweilzeiten oder der Schrägheit der Verteilung verwendet. Die Momente sind definiert als

$$M_k \equiv \int_0^\infty t^k E(t)\, dt, \tag{4.16}$$

wobei M_k das k-te Moment bezüglich des Ursprungs darstellt.

Die *mittlere Verweilzeit* $\bar{t}$ ist gleich dem ersten Moment:

$$\bar{t} \equiv M_1 = \int_0^\infty t\,E(t)\,dt. \tag{4.17}$$

Weist der betrachtete Apparat keine Totzonen auf, so entspricht $\bar{t}$ der rechnerischen *hydraulischen Verweilzeit* τ, die sich aus dem Füllvolumen des Apparates oder Reaktors V_R sowie dem zugeführten Volumenstrom $\dot{V}$ des Fluids ergibt:

$$\tau = \frac{V_R}{\dot{V}}. \tag{4.18}$$

Die Spreizung der Verweilzeiten wird durch die *Standardabweichung* σ_t oder die *Varianz* $\sigma_t{}^2$ beschrieben

$$\sigma_t{}^2 \equiv \int_0^\infty (t-\bar{t})^2 E(t)\,dt = M_2 - M_1{}^2 \tag{4.19}$$

mit:

$$M_2 = \int_0^\infty t^2 E(t)\,dt. \tag{4.20}$$

Betrachtet man abermals ein zum Zeitpunkt $t = 0$ in den Reaktor eingetretenes Element, so kann die Wahrscheinlichkeit, dass das Element im Zeitraum $0 \leq t$ den Reaktor verlässt, mit der sogenannten *Verteilungssummenfunktion* der Verweilzeit F(t) dargestellt werden (Abb. 4.6 unten). Die Wahrscheinlichkeit für den sofortigen Wiederaustritt ist null, die Wahrscheinlichkeit für einen Austritt im Zeitraum $0 \leq t < \infty$ ist eins:

$$F(t=0) = 0 \quad \textit{und} \quad F(t \to \infty) = M_0 = 1.$$

Zwischen den Funktionen E und F besteht folgende Beziehung:

$$F(t) = \int_0^t E(t)\,dt. \tag{4.21}$$

Die mittlere Verweilzeit lässt sich demzufolge auch noch anders als durch Gl. (4.17) bestimmen:

$$\bar{t} = \int_0^\infty t\,E(t)dt = \int_0^1 t dF(t) = -\int_0^1 t d[1-F(t)] = \int_0^\infty [1-F(t)]\,dt. \tag{4.22}$$

Ein Charakteristikum der Verweilzeitsummenfunktion besteht darin, dass grundsätzlich die Fläche A_1 (s. Abb. 4.6 unten) unterhalb der Kurve F(t) zwischen $t = 0$ und

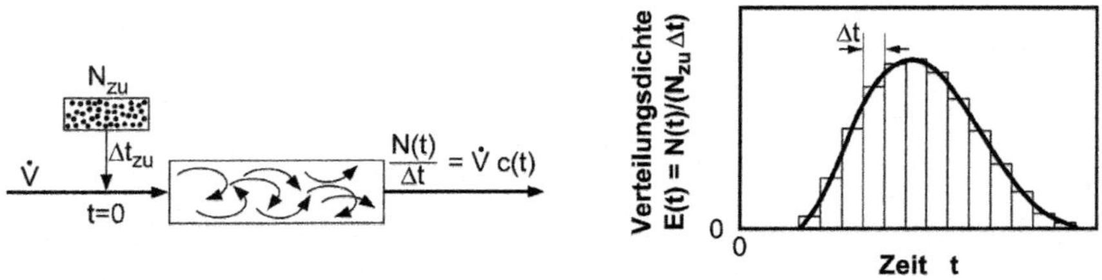

Abb. 4.7 Schematischer Versuchsaufbau der Verweilzeitermittlung mittels eines Stoßsignals (*links*) mit der resultierenden Verteilungsdichte (*rechts*)

$t = \bar{t}$ gleich groß wie die Fläche A_2 zwischen der Kurve und dem Wert eins für $t > \bar{t}$ ist. Diese Tatsache leitet sich aus der integralen Massenbilanz ab und stellt ein sehr scharfes Kriterium zur Überprüfung der Genauigkeit experimentell aufgenommener F(t) Kurven dar.

4.3.1 Experimentelle Bestimmung einer Verweilzeitverteilung

Da sich die einzelnen Elemente eines strömenden Mediums, die zum gleichen Zeitpunkt in einen Reaktor eingespeist wurden aber eine unterschiedliche Verweilzeit aufweisen, nicht unterscheiden, ist eine indirekte Bestimmung der individuellen Verweilzeit notwendig. Um den Verlauf von E(t) oder F(t) an einem technischen Apparat zu ermitteln, wird daher in der Regel eine Markierungssubstanz (Tracer) verwendet, die am Eintritt in den Reaktor zugegeben wird. Hierbei handelt es sich beispielsweise um einen Farbstoff, eine radioaktive Komponente oder eine Salzlösung. Am Reaktorausgang wird die Konzentration der Markierungssubstanz mit einem geeigneten Detektor so lange bestimmt, wie sich Konzentrationsänderungen zeigen. Die als Funktion der Zeit variierte Konzentration des Tracers am Reaktoreintritt $c_{zu}(t)$ bezeichnet man als Eingangssignal, die Konzentration am Austritt c(t) als Antwortsignal des Systems auf das Eingangssignal. Die häufigsten Arten der Zugabe der Markierungssubstanz werden mathematisch durch eine Stoß- bzw. Sprungfunktion beschrieben. Auch die Nutzung einer Sinusfunktion ist möglich, die resultierenden Zusammenhänge sind allerdings derart komplex, dass für die Erläuterung dieses Falls auf Spezialliteratur (z. B. Kramers und Alberda 1953) verwiesen wird.

Stoßmarkierung Erfolgt die Zugabe, wie in Abb. 4.7 dargestellt, in Form eines kurzzeitigen Pulses (*Stoßsignal*), so kann die Verteilungsdichte E(t) auf einfache Weise bestimmt werden. Nach der möglichst kurzzeitigen Zugabe (Δt_{zu}) einer bestimmten Tracermenge N_{zu} wird die den Austritt je Zeiteinheit Δt mit dem Volumen ΔV und der Konzentration c(t) verlassende Trancermenge N(t) gemessen. Die Verweilzeitdichte E(t) ergibt sich dann aus der gemessenen Traceraustrittskonzentration c(t) als:

$$E(t) = \frac{\textit{pro Zeiteinheit austretende Elemente}}{\textit{Summe aller zugeführten Elemente}} = \frac{N(t)/\Delta t}{N_{zu}}$$
$$= \frac{\Delta V\ c(t)/\Delta t}{N_{zu}} = \frac{\dot{V} c(t)}{V_R\ c_{R0}} = \frac{c(t)}{c_{R0}\ \tau}. \quad (4.23)$$

Die Konzentration c_{R0} stellt die Anfangskonzentration des Tracers dar, die sich rechnerisch ergibt, wenn die stoßweise zugeführte Tracermenge N_{zu} auf das gesamte Apparatevolumen (N_{zu}/V_R) bezogen wird.

Eine solche Stoßmarkierung wird immer dann angewandt, wenn der Produktionsprozess nicht unterbrochen werden soll. Allerdings werden wegen der großen Verdünnung des Tracers hohe Anforderungen an die Genauigkeit der Konzentrationsbestimmung des Tracers gestellt.

Sprungmarkierung Als zweite wesentliche Markierungstechnik wird eine Sprungfunktion verwendet. Der Tracer wird dabei ab dem Zeitpunkt $t = 0$ kontinuierlich, also in Form eines *Stufen-* oder *Sprungsignals,* mit der Konzentration c_{zu} zugegeben. Zu einem Zeitpunkt t ist dann der Bruchteil aller Fluidelemente F(t), deren Verweilzeit kleiner als t ist, mit der Konzentration c_{zu} am Austritt des Reaktors. Die restlichen Volumenelemente 1-F(t) am Austritt weisen keine Markierungssubstanz auf. Zum Zeitpunkt t ergibt sich also für die Austrittskonzentration des Tracers c(t):

$$c(t) = F(t) \cdot c_{zu}. \quad (4.24)$$

Daher ergibt sich aus dem Konzentrationsverhältnis $c(t)/c_{zu}$ bei einer Sprungmarkierung unmittelbar die Verweilzeitsummenfunktion.

4.3.2 Verweilzeitverteilung idealer Apparate

Stellt man einen ideal durchmischten Rührkessel einem mit Kolbenprofil durchströmten idealen Rohrreaktor gegenüber, so erhält man die beiden Grenzfälle, zwischen denen sich alle realen Apparatedurchströmungen bewegen (Abb. 4.8). Im Fall des idealen Strömungsrohrs tritt bei der mittleren Verweilzeit direkt der Stoß bzw. Sprung der Markierungssubstanz ohne Veränderung auf. Für den idealen Rührkessel lässt sich mittels einer Massenbilanz folgender Zusammenhang für die Verweilzeitsummenfunktion ableiten:

$$F(t) = 1 - \exp(-t/\bar{t}) = \left(\frac{c(t)}{c_{zu}}\right)_{Sprung}. \quad (4.25)$$

Für die Verweilzeitdichte ergibt sich demzufolge:

$$E(t) = \frac{dF(t)}{dt} = \frac{1}{\bar{t}} \exp(-t/\bar{t}). \quad (4.26)$$

Eine *Kaskade idealer Rührkessel* wird häufig für die mathematische Modellierung des Verhaltens von technischen Reaktoren verwendet. Dabei wird vorausgesetzt, dass

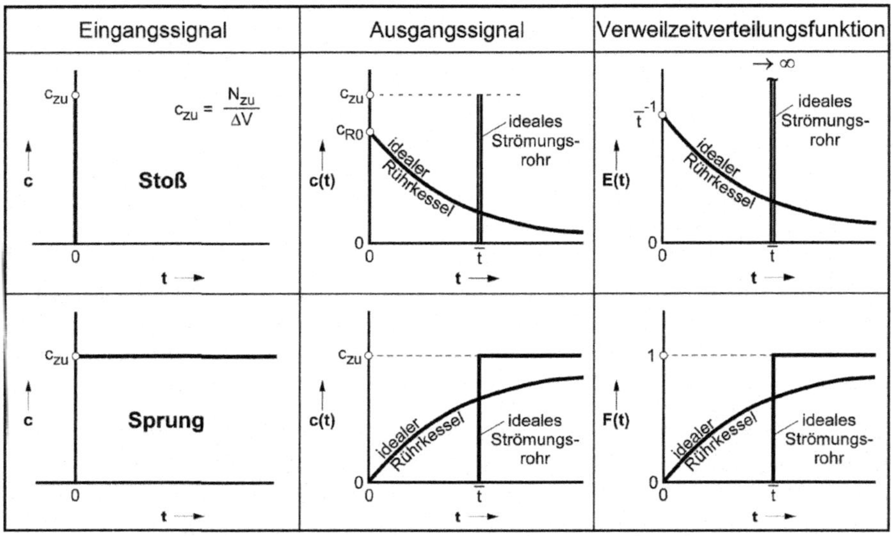

Abb. 4.8 Stoß- und Sprungantwort eines idealen Strömungsrohrs sowie eines idealen Rührreaktors

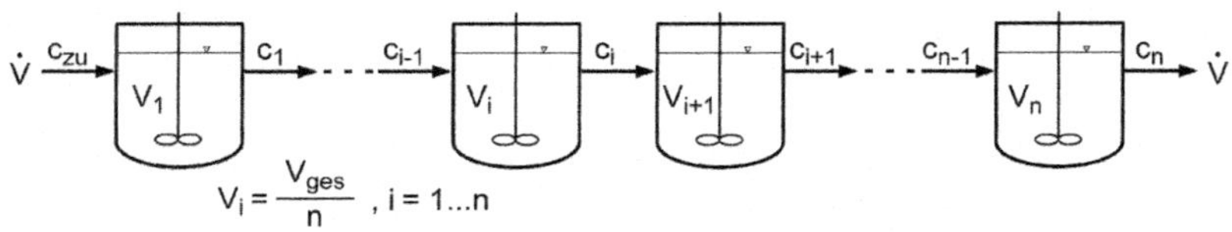

Abb. 4.9 Kaskade aus n idealen Rührkesseln

alle Rührkessel gleich groß und ideal durchmischt sind sowie kein Rücktransport von Stoff in einen zuvor durchströmten Kessel möglich ist (s. Abb. 4.9). Da in diesem Fall $\tau = \bar{t}_{ges}$ wird mit

$$t^* = t\frac{\dot{V}}{V_{ges}} = \frac{t}{\tau} = \frac{t}{\bar{t}_{ges}} \tag{4.27}$$

eine dimensionslose Zeitkoordinate und mit

$$\xi = \frac{c}{c_{zu}} \tag{4.28}$$

eine dimensionslose Tracerkonzentration eingeführt.

Am Ausgang der Rührkesselkaskade (wie auch bei jedem anderen zu untersuchenden System) kann bei Aufgabe eines Konzentrationssprungs die Funktion F(t*) direkt aufgenommen werden:

$$F(t^*) = \xi(t^*) = \frac{c(t^*)}{c_{zu}}. \tag{4.29}$$

Damit können E(t*) bzw. F(t*) bestimmt werden, die wiederum durch E(t*) = dF(t*)/dt* verknüpft sind. Hieraus lässt sich ebenfalls folgender Zusammenhang zwischen E(t) und E(t*) herleiten:

$$E(t^*) = E(t) \cdot \bar{t}. \tag{4.30}$$

Die analytische Lösung für die zeitabhängige bezogene Austrittskonzentration des Tracers an einem einzelnen ideal durchmischten Kessel kann anhand der integralen Bilanz

$$V_{ges}\frac{dc}{dt} = \dot{V}(c_{zu} - c) \quad bzw. \quad \frac{d\xi}{dt^*} = 1 - \xi \tag{4.31}$$

durch Integration unter Verwendung der Anfangsbedingung c (t = 0) = 0 gewonnen werden:

$$\xi(t^*) = 1 - e^{-t^*}. \tag{4.32}$$

Löst man die Bilanzen für eine zwei- und dreistufige ideale Rührkesselkaskade ebenfalls, kann durch Vergleiche der Lösungen auf die Lösung der n-stufigen Rührerkaskade geschlossen werden:

$$F(t^*) = \xi(t^*) = 1 - e^{(-nt^*)}\sum_{i=1}^{n}\frac{(nt^*)^{i-1}}{(i-1)!}. \tag{4.33}$$

Durch Ableitung von F(t*) nach t* ergibt sich die Verteilungsdichtefunktion E(t*):

$$E(t^*) = n \cdot e^{(-nt^*)}\frac{(nt^*)^{n-1}}{(n-1)!}. \tag{4.34}$$

Die Funktionen E(t*) und F(t*) sind in Abb. 4.10 und 4.11 über t* für verschiedene Werte der Rührkesselanzahl dargestellt. Die Grenzfälle n = 1 und n → ∞ geben die oben diskutierten Strömungsformen ideale Durchmischung und Kolbenströmung wieder.

Die Verteilungsdichte weist ein Maximum für t* = (n−1)/n auf. Für die Varianz der E(t*) Funktion gilt:

$$\sigma^2 = \frac{\sigma_t^2}{\bar{t}^2} = \frac{1}{n}. \tag{4.35}$$

Technisch bedeutet dies, dass für Prozesse, die eine möglichst enge Verweilzeitverteilung benötigen, eine Rührkesselkaskade mit einer entsprechend großen Anzahl von Rührkesseln einzusetzen ist. Alternativ kann grundsätzlich auch ein Strömungsrohr verwendet werden. Dies ist allerdings nicht immer realisierbar, wie z. B. bei den meisten zweiphasigen Systemen, die sich aufgrund von Dichteunterschieden trennen.

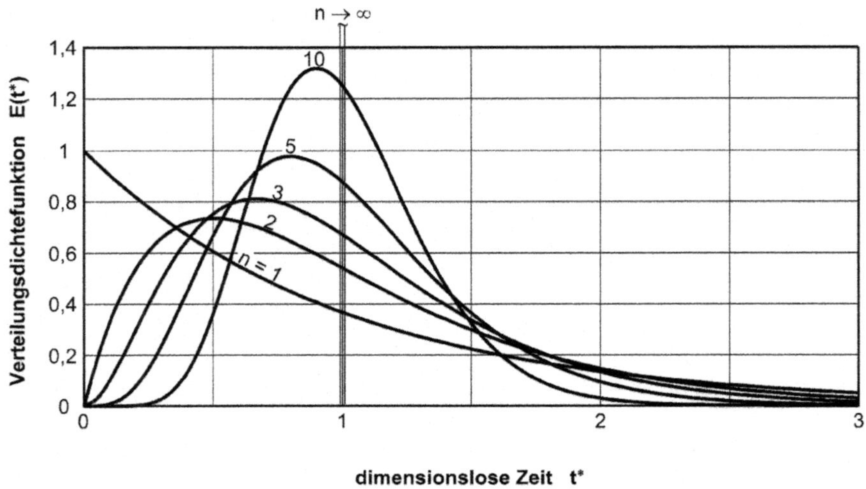

Abb. 4.10 Stoßantwort einer idealen Rührkesselkaskade

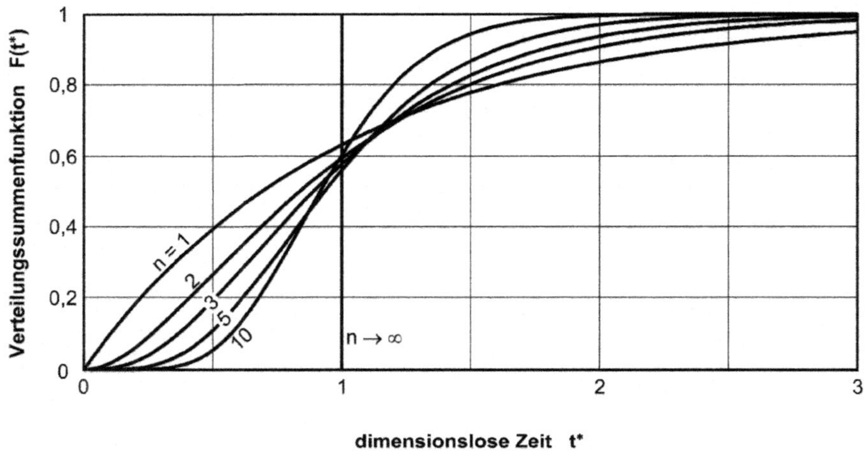

Abb. 4.11 Sprungantwort einer idealen Rührkesselkaskade

Grundsätzlich kann der Vermischungsvorgang auch mit Hilfe des Dispersionsmodells (s. Abschn. 4.2.2) beschrieben werden. Hierzu muss lediglich die differenzielle Massenbilanz

$$\frac{\partial \xi}{\partial t^*} = -\frac{\partial \xi}{\partial z^*} + \frac{1}{Bo}\frac{\partial^2 \xi}{\partial z^{*2}} \tag{4.36}$$

für das jeweilige Eingangssignal gelöst werden. Für ein stoßförmiges Signal (zum Zeitpunkt t = 0, am Eintritt z = 0 des Apparates) lässt sich eine analytische Lösung (s. Abb. 4.12) bestimmen.

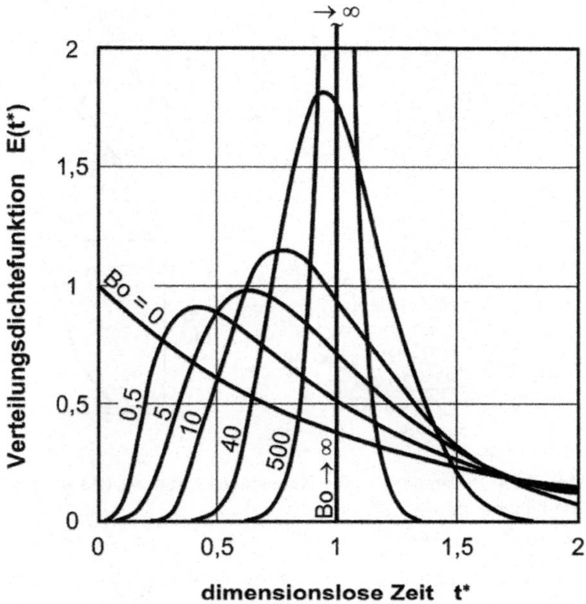

Abb. 4.12 Verweilzeitdichteverteilungen E(t*) für verschiedene Bodensteinzahlen

Die vereinfachte Lösung für den Fall Bo > 100 lautet bei einem Fehler kleiner 5 % (Levenspiel und Smith 1957)

$$E(t^*) = \xi = \sqrt{\frac{Bo}{4\pi}} \exp\left[-(1-t^*)^2 \frac{Bo}{4}\right] \tag{4.37}$$

und stellt eine Gaußverteilung dar. Für große Bodensteinzahlen liegt das Maximum von E bei t* = 1. Für kleine Werte von Bo (< 100) verschiebt sich das Maximum zu t* < 1.

Um experimentell bestimmte E(t*) Kurven an eine theoretische Kurve anpassen zu können, lassen sich die Varianzen vergleichen. In einem Apparat mit vernachlässigbaren Einlaufeffekten lässt sich aus der Lösung von Gl. (4.11) die Varianz berechnen (Levenspiel und Smith 1957)

$$\sigma^2 = \frac{2}{Bo} - \frac{2}{Bo^2}[1 - \exp(-Bo)], \tag{4.38}$$

die sich für Bo > 100 noch weiter vereinfacht zu:

$$\sigma^2 = \frac{2}{Bo}. \tag{4.39}$$

Die Gegenüberstellung der Gln. (4.35) und (4.39) zeigt, dass das Dispersionsmodell und die Rührkesselkaskade für hohe Bodensteinzahlen ineinander überführt werden können mittels:

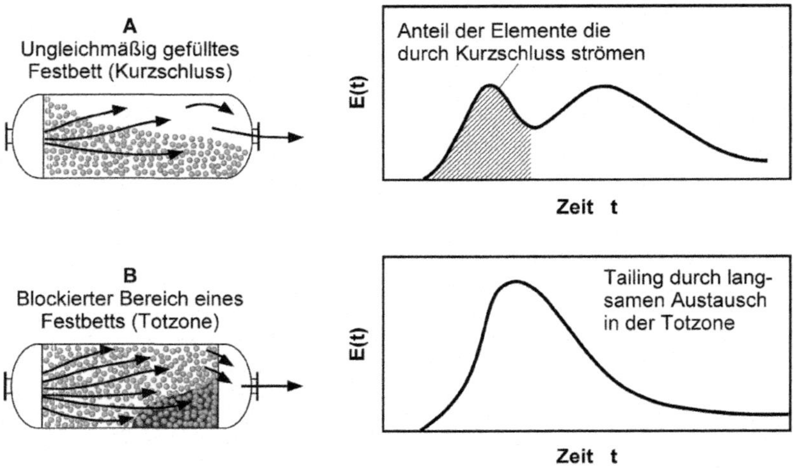

Abb. 4.13 Beispiele für eine Kurzschlussströmung (A) und Totzonen (B) mit dem zugehörigen E(t)-Diagramm

$$n = \frac{Bo}{2}. \tag{4.40}$$

Experimentell bestimmte Verweilzeitverteilungen können zur Identifikation von Fehlfunktionen eines Apparates insbesondere eines Reaktors eingesetzt werden. Zwei typische Fälle werden in Abb. 4.13 illustriert. Wenn im Apparat ein Kurzschlussstrom vorhanden ist, wird dies bei kurzen Zeiten in der Dichtefunktion erkennbar. Ein signifikanter Anteil der Fluidelemente weist dann eine sehr kurze Verweilzeit auf (Fall A).

Wenn sich im Apparat Totzonen befinden (Fall B), dann ist die mittlere Verweilzeit $\bar{t}$ aus der Verweilzeitanalyse geringer als die hydraulische Verweilzeit $\tau = V/\dot{V}$. Stellen die Totzonen lediglich sehr schlecht durchströmte Bereiche dar, verbleiben einige Fluidelemente wesentlich länger im Apparat als andere, was zu einem verzögerten Abklingen der E(t)-Kurve führt („Tailing“). Auch in diesem Fall ist die gemessene mittlere Verweilzeit geringer als der Wert τ, da Markierungselemente, die erst nach sehr langen Verweilzeiten den Reaktor verlassen, üblicherweise messtechnisch nicht mehr erfasst werden. Wenn im umgekehrten Fall aus dem E(t)-Diagramm eine Verweilzeit folgt, die wesentlich länger ist als die hydraulische Verweilzeit τ, erklärt sich dies u. a. durch Adsorptions/Desorptions-Effekte der Tracersubstanz.

Treten zwei oder mehr Phasen auf (z. B. Gas/Flüssigkeits-Systeme), wird die Analyse erheblich schwieriger, da die Verweilzeitverteilungen für sämtliche Phasen berücksichtigt werden müssen. Für die kontinuierlichen Phasen ergeben sich hierbei keine Änderungen im Vergleich zum einphasigen System. Der Vermischungszustand der dispersen Phase hängt dagegen von Koaleszenz- und Zerteilungsvorgängen der Tropfen oder Blasen ab. Dabei wird die Koaleszenz nicht nur durch die Kollisionsfrequenz der Tropfen bzw. Blasen bestimmt, sondern auch durch das Stoffverhalten.

Die Koaleszenzneigung wird neben der Grenzflächenspannung durch oberflächenaktive Substanzen beeinflusst. Die Zerteilvorgänge werden durch turbulente Wirbel ausgelöst und hängen demzufolge von der Turbulenz und damit dem gesamten Strömungszustand ab.

4.4 Verständnisfragen

1. Welche idealen Reaktoren gibt es und durch welche Eigenschaften sind sie gekennzeichnet?
2. Welchen Vorgang kennzeichnet eine Mischzeit und wovon hängt sie ab?
3. Skizzieren Sie die zeitliche Entwicklung der Volumenverteilungsdichte während eines Mischvorgangs.
4. Wie sind die relative Abweichung von der Homogenität sowie der Mischungsgrad definiert?
5. Wie hängen Mischzeit und Mischungsgrad bzw. relative Abweichung von der Homogenität ab?
6. Welches Phänomen kennzeichnet die Dispersion, und wie ist der axiale Dispersionskoeffizient definiert?
7. Was kennzeichnet die Bodensteinzahl und welche Grenzfälle werden durch $Bo = 0$ bzw. $Bo \rightarrow \infty$ erfasst?
8. Was versteht man unter einer Verweilzeitfunktion?
9. Wodurch unterscheiden sich die Verweilzeitdichtefunktion und die Verweilzeitsummenfunktion, und wie lautet ihr mathematischer Zusammenhang?
10. Skizzieren Sie die Stoß- und die Sprungantwort eines idealen Rührkessels und eines idealen Strömungsrohrs.
11. Leiten Sie die Verweilzeitsummenfunktion einer idealen Rührkesselkaskade her, und skizzieren Sie die Lösung.
12. Wodurch können Kurzschlussströmungen sowie Totzonen in einer Verweilzeitverteilung erkannt werden?

4.5 Aufgaben

1. In einem Membranbioreaktor (s. Abb. 4.14) befinden sich 23 L belebter Schlamm[4]. Diesem werden stündlich 2 L Abwasser mit einer CSB-Konzentration[5] von 4000 mg/L zugeführt. Über die Membran wird das bis auf 400 mg

[4] Unter belebtem Schlamm versteht man eine Suspension von Mikroorganismen, die unter Belüftung Abwasserinhaltsstoffe abbauen.

[5] Der CSB (Chemischer Sauerstoffbedarf) ist die auf das Flüssigkeitsvolumen bezogene Masse an Sauerstoff, die benötigt wird, um organische Stoffe auf chemischem Wege zu oxidieren; er ist also ein pauschales Maß für die organische Schadstoffkonzentration eines Abwassers.

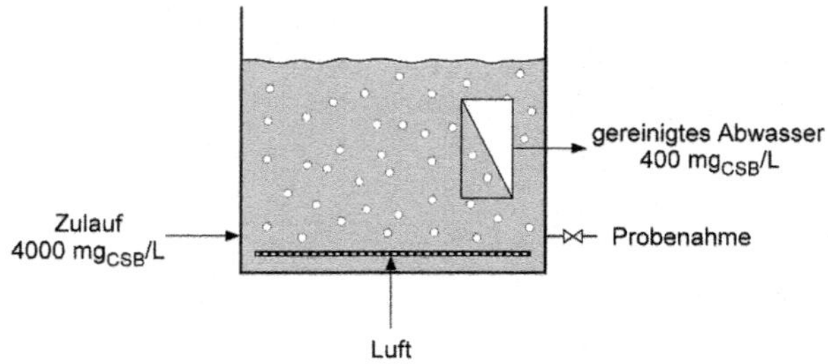

Abb. 4.14 Schematische Darstellung eines Membranbioreaktors

CSB/L gereinigte, organismenfreie Wasser abgezogen. Täglich werden 500 mL Probe aus dem Reaktor entnommen.
Berechnen Sie unter der Annahme, dass es sich um einen ideal durchmischten Reaktor handelt, die Reaktionsstromdichte $\dot{r}_{CSB}$.

2. Es sollen ein Rohrreaktor und ein Rührkessel betrachtet werden, in denen eine Reaktion erster Ordnung mit einer Reaktionsgeschwindigkeitskonstante von $k = 0{,}87 \times 10^{-2}$ 1/s abläuft.

   a. Wie lang muss die Verweilzeit im Rohrreaktor bemessen sein, wenn der bestimmende Reaktionspartner mit 1,25 kmol/m^3 in den Reaktor eintritt und sein Umsatz 80 % betragen soll? Welche Konzentration liegt am Reaktoraustritt vor?
   b. Wie ändern sich Umsatz und Austrittskonzentration, wenn die gleiche Reaktion in einem kontinuierlichen, ideal durchmischten Rührreaktor mit gleicher mittlerer Verweilzeit durchgeführt wird?
   c. Wie sind die Unterschiede zu erklären?

3. Für eine zweistufige Kaskade idealer Rührkessel (jeder mit einer Verweilzeit von $\bar{t}/2$) soll die Verweilzeitdichte- und die Verweilzeitsummenfunktion hergeleitet werden.
Die Ergebnisse sind mit den Gln. (4.33) und (4.34) zu vergleichen.
4. Es ist zu zeigen, dass für totraumfreie Apparate:

   a. die in Abb. 4.6 schraffierten Flächen A1 und A2 stets übereinstimmen und
   b. die mittleren Verweilzeiten sich berechnen lassen gemäß Gl. (4.22).

5. In einer kontinuierlichen Desodorierungsanlage werden Aromastoffe aus Speiseölen entfernt.[6] Zur Zeit $t = 0$ wird der Zulauf von Bohnenöl auf Kokosnussöl umgestellt. Am Austritt wird die Konzentration mittels Brechungsindexmessung in Abhängigkeit der Zeit bestimmt.

Zeit t in min	30	40	45	50	55	60	65	70	80
Kokosnussöl in %	0	5	16,5	34,5	52	70,5	83	92	99

[6] nach (Beek et al. 1999).

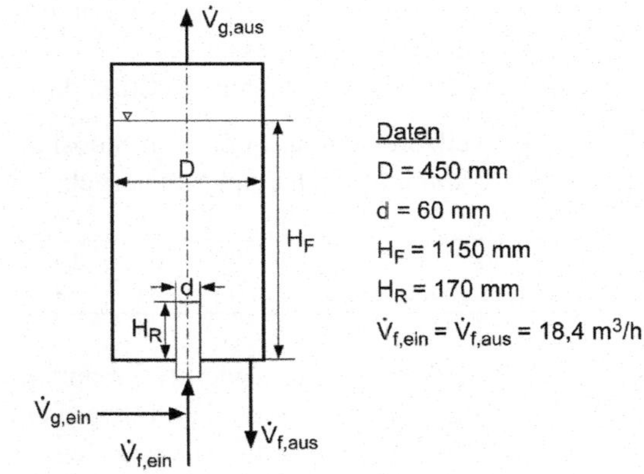

Abb. 4.15 Schematische Darstellung des Strahldüsenreaktors

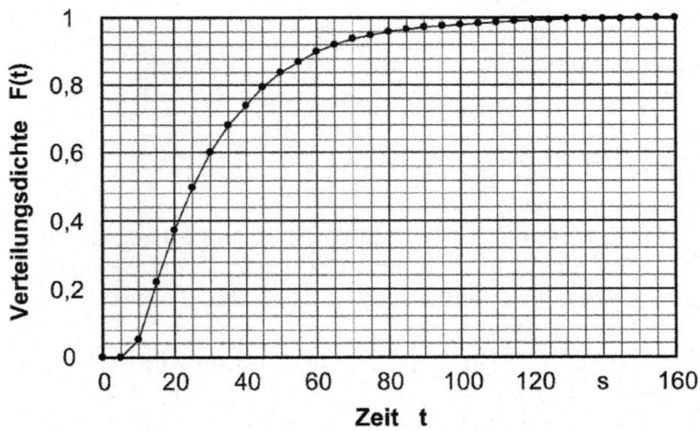

Abb. 4.16 Experimentell bestimmte Sprungantwort des Strahlschlaufenreaktors

a. Wie groß ist die mittlere Verweilzeit?
b. Wie viele ideale Rührkessel in Reihe würden die gleiche Verweilzeitverteilung ergeben?
c. Wie groß ist die mit dem Dispersionsmodell berechnete Bodensteinzahl?

6. Für einen verfahrenstechnischen Apparat (Abmessungen s. Abb. 4.15), einen sogenannten Strahldüsenreaktor, der häufig für Gas/Flüssigkeits-Reaktionen mit kurzer Verweilzeit eingesetzt wird, soll das Vermischungsverhalten bestimmt werden. Zu diesem Zweck wird die Verweilzeitverteilung mit NaCl-Lösung als Tracer aufgenommen.
Die Salzlösung wird durch Ausnutzung der Selbstansaugung (Prinzip Wasserstrahlpumpe) isokinetisch annähernd als Stoß zugegeben und die Leitfähigkeit im Ablauf als Funktion der Zeit gemessen. Hieraus resultiert die dargestellte Sprungantwort (Abb. 4.16).

a. Bestimmt werden sollen:

i) die mittlere Verweilzeit $\bar{t}$ des Reaktors sowie
ii) die Standardabweichung σ_t und die Varianz σ_t^2.

b. Wie vielen Kesseln in Reihe entspricht dieser Reaktor analog zum Modell der Kaskade idealer Rührkessel?
c. Wie ist das Mischverhalten des Strahldüsenreaktors zu bewerten?

7. Eine Verweilzeitmessung mit einem Stoßsignal führte zu folgendem Ausgangssignal des kontinuierlich einphasig betriebenen Apparates:

Zeit t (min)	0	5	10	15	20	25	30	35
Tracer Konzentration (g/L)	0	3	5	5	4	2	1	0

a. Es ist der Verlauf E(t) sowie E(t*) graphisch darzustellen.
b. Unter der Annahme, dass das Antwortverhalten mittels des Dispersionsmodells erfasst werden kann, ist die Bodensteinzahl zu bestimmen.

Literatur

Allgemein

Dialer K, Löwe A (1975) Chemische Reaktionstechnik. Carl Hauser, München
Fitzer E, Fritz W (1982) Technische Chemie, 2. Aufl. Springer, Berlin
Hayes RE (2001) Introduction to Chemical Reactor Analysis. Gordon and Breach Science Publishers, Amsterdam
Jakubith M (1998) Grundoperationen und chemische Reaktionstechnik. Wiley-VCH, Weinheim
Levenspiel O (1999) Chemical reaction engineering, 3. Aufl. Wiley, New York
Westerterp KR, van Swaaij WPM, Beenackers AACM (1984) Chemical Reactor Design and Operation. Wiley
Westerterp KR (1992) Principles of Chemical Reaction Engineering. In: Ullmann's Encyclopedia of Industrial Chemistry, VCH-Verlag, Weinheim

Speziell

Danckwerts PV (1953) Continuous flow systems. Distribution of residence times. Chem Eng Sci 2:1–13
Hiby JW (1979) Definition und Messung der Mischgüte in flüssigen Gemischen. Chem Ing Tech 51:704–709
Kramers H, Alberda, G (1953) Frequency response analysis of continuous flow systems. Chem Eng Sci 2:173–181
Levenspiel O, Smith WK (1957) Notes on the diffusion-type model for the longitudinal mixing of fluids in flow. Chem Eng Sci 6:227–235
MacMullin RB, Weber M (1935) The theory of short-circuiting in continuous-flow mixing vessels in series and kinetics of chemical reactions in such systems. Trans Am Inst Chem Eng 31(2): 409–458

Kapitel 5
Strömungen in Rohren

Aufgrund zahlloser Anwendungen in unterschiedlichsten Industriebranchen stellen Transportvorgänge bei der Strömung von Fluiden in Rohren ein klassisches Feld der Verfahrenstechnik dar. Wegen der hohen technischen Relevanz liegt ein außerordentlich umfassendes Wissen auf diesem Gebiet vor. Neben der Anwendungsnähe kommt diesem Kapitel aber auch noch weitergehende Bedeutung zu. Die hier diskutierten Grundlagen werden für eine große Zahl komplexerer verfahrenstechnischer Problemstellungen genutzt, indem diese durch geschickte Vereinfachungen auf die Vorgänge bei der Rohrströmung zurückgeführt werden. Eine solche Vorgehensweise bei der Erstellung mathematischer Modelle für komplexe Aufgabenstellungen – die Vereinfachung und anschließende Rückführung eines Problems auf gut beschriebene Grundlagenphänomene – stellt eine für die Verfahrenstechnik typische Strategie dar.

Ziel des Kapitels ist die Erläuterung und Berechnung des Druckverlusts sowie des Stoffübergangs bei Rohrströmungen. Hierzu werden zuerst die Geschwindigkeitsprofile bei laminarer und turbulenter Strömung erläutert. Darauf basierend wird der Widerstandsbeiwert zur Berechnung des Druckverlusts eingeführt. Die Bestimmung des Stoffübergangs erfolgt anschließend mittels einer differenziellen Massenbilanz, die zu dimensionslosen Berechnungsgleichungen für die Sherwoodzahlen führt. Die Auswirkungen heterogener chemischer Reaktionen auf den Stoffübergang sowie nicht-Newtonscher Flüssigkeiten auf die Fluiddynamik werden abschließend ebenso dargestellt wie auftretende Dispersionseffekte.

5.1 Impulstransport

5.1.1 Laminare Rohrströmung

Bei der *laminaren Rohrströmung* bewegen sich die Fluidelemente auf *parallelen Stromfäden*, ohne einen Platzwechsel quer zur Strömungsrichtung auszuführen. Druckverlust und Geschwindigkeitsprofil lassen sich theoretisch herleiten. Hierzu werden die in Kap. 1 aufgeführten *Navier-Stokes-Gleichungen* angewandt. Das Differenzialgleichungssystem wird durch folgende physikalische Bedingungen stark vereinfacht:

M. Kraume, *Transportvorgänge in der Verfahrenstechnik*,
DOI 10.1007/978-3-642-25149-8_5, © Springer-Verlag Berlin Heidelberg 2012

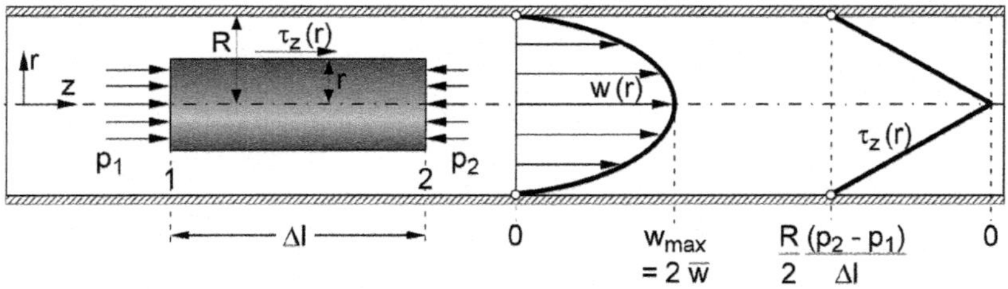

Abb. 5.1 Kräftebilanz sowie radiale Geschwindigkeits- und Schubspannungsverteilung bei der laminaren Rohrströmung

1. Aus Symmetriegründen sind die Geschwindigkeitsprofile rotationssymmetrisch, daher existiert kein Einfluss des Winkels φ (u. a. $w_\varphi = 0$).
2. Die Fluidelemente bewegen sich auf parallelen Stromfäden in z-Richtung, daher gilt $w_r = 0$.
3. Die Strömung ist stationär und ausgebildet: $\frac{\partial w_z}{\partial t} = \frac{\partial w_z}{\partial z} = 0$

Bei laminarer Rohrströmung führen die Navier-Stokes-Gleichungen zu einer einzigen Differenzialgleichung:

$$-\frac{dp}{dz} + \eta \frac{1}{r} \frac{d}{dr}\left(r \frac{dw_z}{dr}\right) = 0. \tag{5.1}$$

Der Druckverlust wird durch die Schubspannungen an der Wand verursacht. Diese resultieren aus dem Geschwindigkeitsgradienten, der wiederum bei der vollständig ausgebildeten Strömung konstant ist. Daher gilt für den Druckgradienten $dp/dz = (p_2 - p_1)/\Delta l = \text{konst.} < 0$. Die Integration von Gl. (5.1) führt zu:

$$r \frac{dw_z}{dr} = \frac{\Delta p}{\Delta l} \frac{1}{\eta} \frac{r^2}{2} + C_1. \tag{5.2}$$

Aufgrund der Symmetrie ist der Gradient dw_z/dr in der Rohrachse ($r = 0$) gleich null und damit auch C_1:

$$\Delta p r^2 = 2r \Delta l \eta \frac{dw}{dr}. \tag{5.3}$$

Das gleiche Ergebnis folgt aus einer einfachen Kräftebilanz an dem in Abb. 5.1 dargestellten Fluidzylinder:

$$\Delta p \pi r^2 = 2\pi r \Delta l \tau_z = 2\pi r \Delta l \eta \frac{dw}{dr}. \tag{5.4}$$

Die Integration führt unter Berücksichtigung der *Wandhaftbedingung* $w(r = R) = 0$ zu:

$$w(r) = \frac{1}{4\eta} \frac{\Delta p}{\Delta l} \left(r^2 - R^2\right). \tag{5.5}$$

In Abb. 5.1 wird dieses parabolische Geschwindigkeitsprofil dargestellt. Durch Integration über die Fläche ergibt sich der Volumenstrom, der für technische Zwecke bedeutsam ist:

$$\dot{V} = \int_0^A w(r) dA = \int_0^R w(r) 2\pi r dr = \frac{\pi R^4}{8\eta} \frac{(-\Delta p)}{\Delta l}. \tag{5.6}$$

Diese Beziehung, auch *Hagen*[1]*-Poiseuille*[2] *Gleichung* genannt, verknüpft den längenbezogenen Druckverlust mit dem Volumenstrom. Die *mittlere Geschwindigkeit* $\overline{w}$ ergibt sich gemäß:

$$\overline{w} = \frac{\dot{V}}{\pi R^2} = \frac{R^2}{8\eta} \frac{(-\Delta p)}{\Delta l}. \tag{5.7}$$

Die maximale Geschwindigkeit in der Rohrachse berechnet sich nach:

$$w_{\max} = w(r = 0) = \frac{R^2}{4\eta} \frac{(-\Delta p)}{\Delta l} = 2\overline{w}. \tag{5.8}$$

5.1.2 Turbulente Rohrströmung

Bei turbulenter Strömung führt der stark erhöhte Impulsaustausch quer zur Strömungsrichtung zu einer Verflachung des Geschwindigkeitsprofils (s. Abb. 5.2), gleichzeitig nimmt der Geschwindigkeitsgradient an der Wand zu. Die Stauchung des Geschwindigkeitsprofils kommt besonders deutlich durch das Verhältnis der maximalen Geschwindigkeit $w_{\max}$ in der Rohrachse zur mittleren Geschwindigkeit $\overline{w}$ zum Ausdruck. Das Verhältnis $w_{\max}/\overline{w}$ beträgt bei laminarer Strömung 2 und bei turbulenter Strömung etwa 1,2. Für viele Fälle lässt sich das Geschwindigkeitsprofil bei der turbulenten Strömung in Rohren näherungsweise durch die empirische Beziehung

$$\frac{w}{w_{\max}} = \left(\frac{y}{R}\right)^n \tag{5.9}$$

sehr gut wiedergeben. Hierin ist $y = R - r$ der Wandabstand und n ein mit der Reynoldszahl schwach veränderlicher Wert. Bei mittleren Werten der Reynoldszahl, $Re = \overline{w}d/\nu$, etwa $Re = 10^4$ bis 10^5, kann man $n = 1/7$ setzen.

[1] Gotthilf H. L. Hagen 1797–1884, deutscher Ingenieur des Fachgebietes Wasserbau, entwickelte unabhängig von Poiseuille die Gesetzmäßigkeiten der laminaren Strömung viskoser Flüssigkeiten. Er wirkte an Planung und Ausbau zahlreicher deutscher Flüsse und Häfen mit, z. B. Wilhelmshaven. Seine Methoden zur Dünenbefestigung finden heute noch Anwendung.

[2] Jean Louis Marie Poiseuille 1797–1869, französischer Physiologe und Physiker, beschäftigte sich hauptsächlich mit der Blutbewegung in menschlichen Gefäßen und leitete daraus das Strömungsverhalten von Flüssigkeiten in Röhren ab.

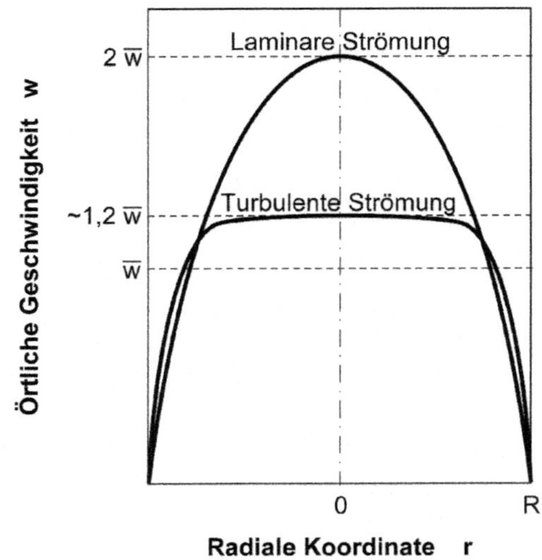

Abb. 5.2 Geschwindigkeitsprofile bei der Rohrströmung

Da dieser Wert der am häufigsten angewendete ist, wird Gl. (5.9) auch als *1/7-Potenzgesetz* (v. Kármán 1921[3]) bezeichnet.

Infolge der Turbulenz tritt ein erhöhter Impulsaustausch auf, dessen Beschreibung z. B. mit dem in Abschn. 1.4 bereits vorgestellten Ansatz

$$\tau_t = \rho \nu_t \frac{d\overline{w}}{dy} \tag{1.38a}$$

erfolgen kann. Ursächlich hierfür sind die turbulenten Schwankungen, die von Fluidteilchen unterschiedlicher Größe (*Turbulenzballen*) ausgeführt werden. Diese Ballen bestehen aus hinreichend vielen Molekülen, so dass die Bilanzgleichungen weiterhin gelten. Bei technischen Wärme- bzw. Stoffübertragungsprozessen besteht weniger Interesse an den zeitlich veränderlichen Schwankungswerten als vielmehr an den Mittelwerten. Diese sind jedoch nicht einfach zu bestimmen, denn als Folge der Nichtlinearität der konvektiven Glieder in den Bilanzgleichungen haben Geschwindigkeits-, Temperatur- und Konzentrationsschwankungen auch einen Einfluss auf die Mittelwerte. Die mit diesen gebildeten Bilanzgleichungen enthalten zusätzliche Ausdrücke, die sich nicht aus den Gleichungen selbst ergeben. Die Gleichungen werden als Reynolds-gemittelte Navier-Stokes-Gleichungen bezeichnet (Reynolds-averaged Navier-Stokes equations, RANS).

Die Aufspaltung der Geschwindigkeit in Mittelwert und Schwankungsgeschwindigkeit

$$w = \overline{w} + w'$$

---

[3] Theodore von Kármán 1881–1963, deutsch-ungarisch-amerikanischer Ingenieur, gilt als Pionier der modernen Aerodynamik und der Luftfahrtforschung.

führt zu folgender *Kontinuitätsgleichung* für inkompressible Fluide:

$$\frac{\partial}{\partial x}(\overline{w}_x + w'_x) + \frac{\partial}{\partial y}(\overline{w}_y + w'_y) + \frac{\partial}{\partial z}(\overline{w}_z + w'_z)$$
$$= \frac{\partial \overline{w}_x}{\partial x} + \frac{\partial w'_x}{\partial x} + \frac{\partial \overline{w}_y}{\partial y} + \frac{\partial w'_y}{\partial y} + \frac{\partial \overline{w}_z}{\partial z} + \frac{\partial w'_z}{\partial z} = 0. \quad (5.10)$$

Nach zeitlicher Mittelung bleibt:

$$\frac{\partial \overline{w}_x}{\partial x} + \frac{\partial \overline{w}_y}{\partial y} + \frac{\partial \overline{w}_z}{\partial z} = 0. \quad (5.11)$$

Für die konvektiven Glieder in der *Impulsgleichung* kann man unter Berücksichtigung der Kontinuitätsgleichung auch schreiben (beispielhaft nur für die Bilanz in x-Richtung):

$$w_x \frac{\partial w_x}{\partial x} + w_y \frac{\partial w_x}{\partial y} + w_z \frac{\partial w_x}{\partial z} = \frac{\partial}{\partial x} w_x w_x + \frac{\partial}{\partial y} w_x w_y + \frac{\partial}{\partial z} w_x w_z. \quad (5.12)$$

Für die turbulente Strömung ergibt sich:

$$\frac{\partial}{\partial x}[(\overline{w}_x + w'_x)(\overline{w}_x + w'_x)] + \frac{\partial}{\partial y}[(\overline{w}_x + w'_x)(\overline{w}_y + w'_y)]$$
$$+ \frac{\partial}{\partial z}[(\overline{w}_x + w'_x)(\overline{w}_z + w'_z)]$$
$$= \frac{\partial}{\partial x}(\overline{w}_x\overline{w}_x + \overline{w}_x w'_x + \overline{w}_x w'_x + w'_x w'_x)$$
$$+ \frac{\partial}{\partial y}(\overline{w}_x\overline{w}_y + \overline{w}_x w'_y + w'_x\overline{w}_y + w'_x w'_y)$$
$$+ \frac{\partial}{\partial z}(\overline{w}_x\overline{w}_z + \overline{w}_x w'_z + w'_x\overline{w}_z + w'_x w'_z). \quad (5.13)$$

Nach zeitlicher Mittelung verschwinden alle in w' linearen Glieder und es resultiert:

$$\overline{\left(w_x \frac{\partial w_x}{\partial x} + w_y \frac{\partial w_x}{\partial y} + w_z \frac{\partial w_x}{\partial z}\right)} = \overline{w}_x \frac{\partial \overline{w}_x}{\partial x} + \overline{w}_y \frac{\partial \overline{w}_x}{\partial y} + \overline{w}_z \frac{\partial \overline{w}_x}{\partial z}$$
$$+ \frac{\partial}{\partial x}\overline{w'_x w'_x} + \frac{\partial}{\partial y}\overline{w'_x w'_y} + \frac{\partial}{\partial z}\overline{w'_x w'_z}. \quad (5.14)$$

Die auf diese Weise resultierenden Gleichungen stimmen mit denen für die laminare Strömung überein bis auf die Glieder der Form $\overline{w'_i w'_j}$, die den Einfluss der turbulenten Schwankungsbewegung auf den Impuls beschreiben. Der Ausdruck $-\rho\overline{w'_x w'_y}$ ist ein gemittelter Impulsfluss je Flächeneinheit, also vergleichbar mit einer Schubspannung: An einer Fläche senkrecht zur Achse x wird eine Kraft in Richtung der Achse y hervorgerufen. Daher werden die Terme $-\rho\overline{w'_i w'_j}$ als *Reynoldssche Spannungen* oder *turbulente Schubspannungen* bezeichnet.

In Verbindung mit Gl. (1.38a) ergibt sich folgender Zusammenhang mit dem Ansatz von (Boussinesq 1877):

$$\tau_t = -\rho\overline{w'_x w'_y} = \rho \nu_t \frac{\partial \overline{w}_x}{\partial y}. \tag{5.15}$$

Die turbulenten Schwankungsgrößen klingen in Richtung zur Rohrwand ab und werden unmittelbar an der Rohrwand zu null, da dort die Wandhaftbedingung gilt. Das heißt aber, dass die Strömung in Wandnähe, wenn auch nur in einer außerordentlich dünnen Strömungsschicht, laminar sein muss. Diese Schicht wird als *laminare Unterschicht* bezeichnet. Da die turbulenten Schubspannungen bei Annäherung an die Wand verschwinden, kann ν_t keine Konstante sein. Das wandnahe Geschwindigkeitsprofil ist nur vom Wandabstand abhängig. Bezeichnet man mit w_x die zur Wand parallele Geschwindigkeit und mit y die wandnormale Koordinate, so ist $w_x(y)$, während die übrigen Geschwindigkeitskomponenten verschwinden, $w_y = w_z = 0$. In ebenen stationären, laminaren Strömungen mit geringem und deshalb vernachlässigbarem Druckgradienten vereinfacht sich die Impulsgleichung (1.80) zu

$$\frac{\partial}{\partial y}\left(\eta \frac{\partial w_x}{\partial y}\right) = 0 \quad oder \quad \frac{\partial \tau_x(y)}{\partial y} = 0, \tag{5.16}$$

woraus sich ein lineares Geschwindigkeitsprofil $w_x(y)$ und eine konstante Schubspannung $\tau_x(y)$ ergeben. Es ist also $\tau_x(y) = \tau_w = \text{konst}$. Da die Ausdehnung der laminaren Unterschicht klein im Vergleich zum Rohrdurchmesser ist, kann die ebene Betrachtung auch auf die Rohrströmung übertragen werden.

Im Fall der quasi-stationären turbulenten zweidimensionalen Grenzschichtströmung (bei der der Druckgradient vernachlässigt werden kann) ist

$$\frac{\partial}{\partial y}\left(\eta \frac{\partial \overline{w}_x}{\partial y} - \rho\overline{w'_x w'_y}\right) = 0, \tag{5.17}$$

woraus durch Integration

$$\eta \frac{\partial \overline{w}_x}{\partial y} - \rho\overline{w'_x w'_y} = const = \tau_w \tag{5.18}$$

folgt. Die Integrationskonstante ist gleich der Wandschubspannung, da an der Wand $y = 0$ die Reynoldsschen Spannungen $\rho\overline{w'_x w'_y} = 0$ verschwinden. Demzufolge ist die Geschwindigkeit $\overline{w}_x(y)$ eine nichtlineare Funktion von y. Gleichung (5.18) lässt sich umformen in:

$$\frac{\tau_w}{\rho} = \nu \frac{\partial \overline{w}_x}{\partial y} - \overline{w'_x w'_y}. \tag{5.19}$$

Wie man daraus erkennt, besitzt die Größe τ_w/ρ die Dimension eines Quadrats einer Geschwindigkeit. Man bezeichnet daher

$$w_\tau \equiv \sqrt{\tau_w/\rho} \tag{5.20}$$

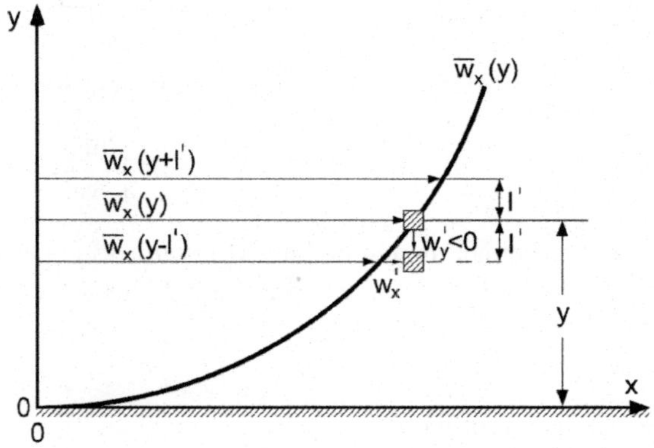

Abb. 5.3 Zur Prandtlschen Mischungsweghypothese

als *Schubspannungsgeschwindigkeit*. Um $\overline{w}_x$ und damit den Geschwindigkeitsverlauf in Wandnähe durch Lösen der Differenzialgleichungen (5.19) berechnen zu können, müssen die Reynoldsschen Spannungen $\overline{w_x' w_y'}$ bekannt sein. Hierzu kann die von (Prandtl 1959[4]) aufgestellte *Mischungsweghypothese* genutzt werden:

Ein Fluidelement befinde sich in einer turbulenten Grenzschicht im Abstand y von der Wand wie in Abb. 5.3 dargestellt. Dieses besitze im Abstand y die mittlere Geschwindigkeit $\overline{w}_x(y)$ und möge sich mit der Geschwindigkeit $w_y' < 0$ der Wand um eine kleine Strecke l' nähern. Falls das Fluidelement dabei seine ursprüngliche mittlere Geschwindigkeit beibehält, besitzt es am neuen Ort eine um $\Delta\overline{w}_x$ größere Geschwindigkeit als seine Umgebung. Der Geschwindigkeitsunterschied

$$\Delta\overline{w}_x = \overline{w}_x(y) - \overline{w}_x(y - l') = l' \frac{\partial \overline{w}_x}{\partial y} \tag{5.21}$$

ist ein Maß für die Schwankungsgeschwindigkeit w_x'. Das Fluidelement verdrängt am neuen Ort andere und erzeugt so eine Quergeschwindigkeit w_y', die unter der Annahme kleiner Schwankungsgeschwindigkeiten proportional zur Schwankungsgeschwindigkeit w_x' ist. Es sind daher w_x' und w_y' proportional zu $(l' \cdot \partial\overline{w}_x/\partial y)$ mit der Proportionalitätskonstante C und somit

$$\tau_t = -\rho\overline{w_x' w_y'} = \rho C l'^2 \left|\frac{\partial \overline{w}_x}{\partial y}\right| \frac{\partial \overline{w}_x}{\partial y} \tag{5.22}$$

oder mit $Cl'^2 = l^2$:

$$\tau_t = -\rho\overline{w_x' w_y'} = \rho l^2 \left|\frac{\partial \overline{w}_x}{\partial y}\right| \frac{\partial \overline{w}_x}{\partial y}. \tag{5.23}$$

Durch die Schreibweise mit den Betragsstrichen wird sichergestellt, dass entsprechend dem Newtonschen Ansatz für die laminare Strömung

$$\tau_x(y) = \eta \frac{\partial w_x(y)}{\partial y} \tag{5.24}$$

[4] Ludwig Prandtl 1875–1953, deutscher Physiker, lieferte grundlegende Erkenntnisse für Verständnis der Strömungsmechanik; nach ihm wurde die Prandtlzahl Pr benannt.

auch die turbulente Schubspannung τ_t das gleiche Vorzeichen wie der Geschwindigkeitsgradient $\partial \overline{w}_x/\partial y$ besitzt.

Nach (5.23) gilt für die turbulente kinematische Viskosität ν_t:

$$\nu_t = l^2 \left| \frac{\partial \overline{w}_x}{\partial y} \right|. \tag{5.25}$$

Man bezeichnet die Größe l als *Mischungsweg*. Da die Reynoldsschen Spannungen an der Wand verschwinden, hat Prandtl hierfür den einfachen Ansatz

$$l = \kappa y \tag{5.26}$$

gewählt. Damit wird:

$$\tau_t = -\rho \overline{w'_x w'_y} = \rho \nu_t \frac{\partial \overline{w}_x}{\partial y} = \rho \kappa^2 y^2 \left| \frac{\partial \overline{w}_x}{\partial y} \right| \frac{\partial \overline{w}_x}{\partial y}. \tag{5.27}$$

Gleichung (5.19) für die Schichtenströmung geht über in:

$$w_\tau{}^2 = \nu \frac{d\overline{w}_x}{dy} + \kappa^2 y^2 \left(\frac{d\overline{w}_x}{dy} \right)^2. \tag{5.28}$$

Da $(d\overline{w}_x/dy) > 0$ sein soll, wurde hierbei $|d\overline{w}_x/dy\,|\,(d\overline{w}_x/dy)$ zu $(d\overline{w}_x/dy)^2$ vereinfacht. Durch Integration ergeben sich folgende Lösungen:

1. In der laminaren Unterschicht ($y \to 0$) ist der zweite Term vernachlässigbar und damit:

$$\frac{\overline{w}_x(y)}{w_\tau} = \frac{w_\tau \cdot y}{\nu} = y^*. \tag{5.29}$$

   Das Geschwindigkeitsprofil wird in der laminaren Unterschicht durch eine Gerade ersetzt.

2. Im vollturbulenten Bereich in großer Entfernung von der Wand ($y \to \infty$) überwiegt der zweite Term, und es gilt:

$$w_\tau{}^2 = \kappa^2 y^2 \left(\frac{d\overline{w}_x}{dy} \right)^2. \tag{5.30}$$

   Die Integration ergibt ein logarithmisches Geschwindigkeitsprofil:

$$\frac{\overline{w}_x(y)}{w_\tau} = \frac{1}{\kappa} \ln \frac{w_\tau y}{\nu} + C. \tag{5.31}$$

Die Konstanten κ und C müssen aus Experimenten ermittelt werden. Man findet $\kappa \approx 0{,}4$ und $C \approx 5$.

Abb. 5.4 Geschwindigkeitsverteilung bei der turbulenten Rohrströmung in Wandnähe

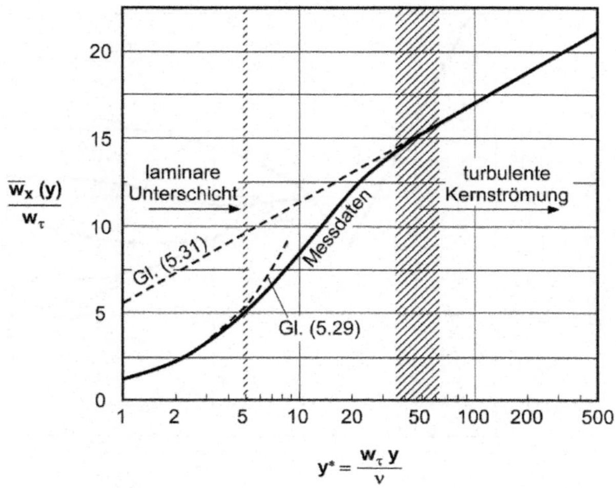

Tatsächlich geht die laminare Unterschicht kontinuierlich in den vollturbulenten Bereich über. Zwischen beiden liegt ein Übergangsbereich, so dass man die Geschwindigkeitsverteilung an der Wand in drei Bereiche unterteilen kann, deren Grenzen aufgrund von Experimenten bestimmt wurden. Die laminare Unterschicht erstreckt sich über den Bereich $0 < w_\tau y/\nu < 5$, der Übergangsbereich über $5 < w_\tau y/\nu < 40 \ldots 60$ und der vollturbulente Bereich über $w_\tau y/\nu > 60$. Den vollständigen Verlauf des Geschwindigkeitsprofils $\overline{w}_x/w_\tau$ als Funktion von $w_\tau y/\nu$ zeigt Abb. 5.4.

Die für die Rohrströmung gefundenen Zusammenhänge gelten analog auch für die Strömung an Platten und in Kanälen mit nicht kreisförmigem Querschnitt.

5.1.3 *Strömungswiderstand in Rohren*

Zur Berechnung des durch Wandreibung entstehenden Druckverlustes wird folgende Beziehung verwendet:

$$\boxed{\Delta p \equiv \zeta \frac{\rho}{2} \overline{w}^2 \frac{L}{d}.} \tag{5.32}$$

Durch Gl. (5.32) wird der dimensionslose *Widerstandsbeiwert* ζ definiert. Für die laminare Rohrströmung ergibt sich aus den Gln. (5.7) und (5.32):

$$\boxed{\zeta = \frac{64}{Re}.} \tag{5.33}$$

Ab etwa $Re \approx 2300$ wird die laminare Strömung unter normalen Bedingungen instabil, so dass durch Störungen erzeugte Geschwindigkeitsschwankungen nicht mehr abgebaut werden können. Die Strömung geht in den turbulenten Zustand über.

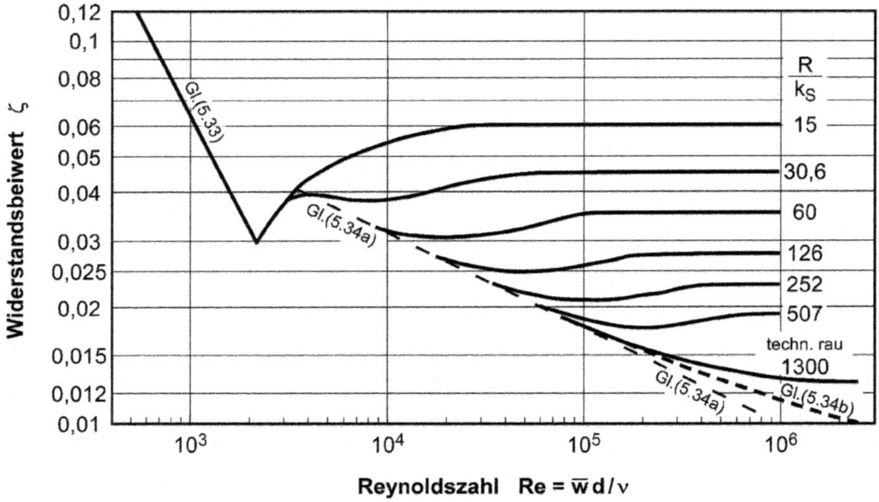

Abb. 5.5 Widerstandsbeiwert in Abhängigkeit von der Re-Zahl für verschiedene Rauigkeiten. (Nach Nikuradse 1933; Galavics 1936; Eck 1978)

Dieser Übergang macht sich in dem Widerstandsbeiwert ζ bemerkbar. Die Abhängigkeit ζ von der Reynoldszahl und verschiedenen bezogenen Rohrrauigkeiten R/k_S aus einer klassischen Arbeit von (Nikuradse[5] 1933) zeigt Abb. 5.5. Bei diesen Versuchen wurde eine exakt bestimmte Rohrrauigkeit durch das Aufkleben ausgesiebten Sands einer definierten Korngröße erzeugt. Hierbei ist k_S die Rauigkeitstiefe in mm gleichbedeutend mit dem Sandkorndurchmesser.

Nach dem Übergangsbereich ($Re \approx 5000$) kann ζ für glatte Rohre bis $Re = 10^5$ durch das *Blasiussche Gesetz* (Blasius[6] 1913)

$$\zeta = (100\ Re)^{-1/4} \tag{5.34a}$$

beschrieben werden. Für höhere Bereiche von $Re \approx 2 \times 10^4$ bis $Re \approx 2 \times 10^6$ gilt:

$$\zeta = 0{,}0054 + \frac{0{,}3964}{Re^{0{,}3}}. \tag{5.34b}$$

Bei noch höheren Reynoldszahlen ($> 10^6$) ist die implizite Gleichung von Prandtl und v. Kármán zu verwenden:

$$\frac{1}{\sqrt{\zeta}} = -0{,}8 + 2 log(Re \cdot \sqrt{\zeta}). \tag{5.34c}$$

[5] Johann Nikuradse 1894–1979, deutscher Ingenieur und Physiker, geboren in Georgien. War Doktorand bei Ludwig Prandtl und später Professor an der Universität Breslau und der RWTH Aachen.

[6] Heinrich Blasius 1883–1970, deutscher Ingenieur und Hochschullehrer an der heutigen Hochschule für Angewandte Wissenschaften Hamburg, befasste sich in seiner wissenschaftlichen Arbeit mit der mathematischen Behandlung der Grenzschichtgleichungen und war an der Universität Göttingen einer der ersten Doktoranden von Ludwig Prandtl.

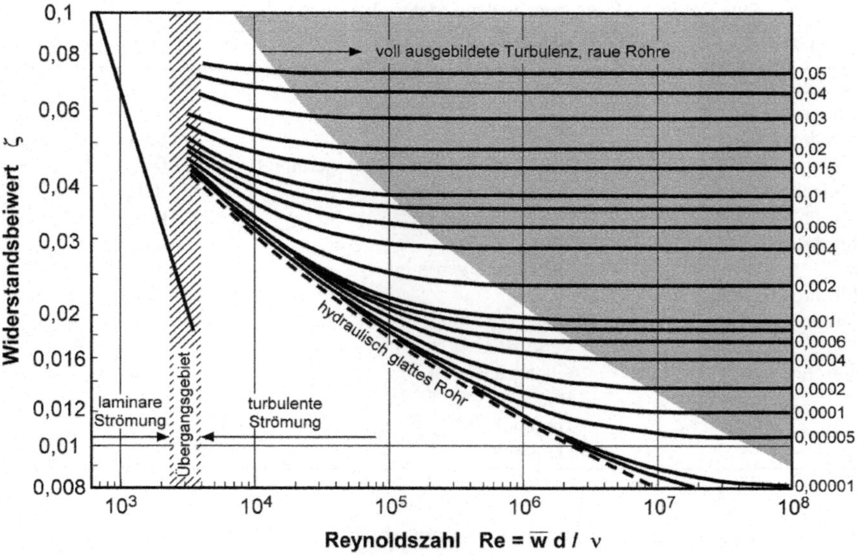

Abb. 5.6 Widerstandsbeiwert ζ von technisch rauen Rohren. (Nach Moody 1944)

Im laminaren Gebiet ist kein Einfluss der Rohrrauigkeit vorhanden. Die laminare Strömung „verschluckt" die Unebenheiten und macht sie praktisch unwirksam. Im turbulenten Gebiet bleiben die Kurven umso länger auf der Kurve für glatte Rohre, je kleiner die Rauigkeit ist. Erst wenn die Rauigkeitsspitzen aus der laminaren Unterschicht ragen, wirken sich die Rauigkeiten in einer Strömungsstörung mit Wirbelbildung aus. Die laminare Unterschicht wird gemäß Abschn. 5.1.2 mit zunehmender Reynoldszahl dünner, so dass von einer gewissen Reynoldszahl an die Rauigkeitsspitzen aus der Unterschicht herausragen. Schließlich gehen alle Kurven in Abb. 5.5 in eine horizontale Gerade über. Damit ist dann das Gebiet der vollständig ausgebildeten Turbulenz erreicht, der Widerstandsbeiwert ist dann unabhängig von der Reynoldszahl.

Die Messwerte in Abb. 5.5 sind mit künstlich und auf diese Weise sehr gleichmäßig angerauten Rohren ermittelt worden. Technische Rohre weisen eine deutlich ungleichmäßigere Oberflächenbeschaffenheit auf. Die Abb. 5.6[7] enthält Widerstandsbeiwerte für technisch raue Rohre sowie Tab. 5.1 einige Angaben zu typischen Rauigkeiten unterschiedlicher Materialien.

Die in diesem Abschnitt angegebenen Gleichungen gelten stets unter zwei Voraussetzungen. Einerseits muss es sich bei dem strömenden Fluid um ein Newtonsches Fluid handeln. Auf den Strömungswiderstand von nicht-Newtonschen Fluiden wird in Abschn. 5.4 eingegangen. Andererseits muss ein voll ausgebildetes Strömungsprofil vorliegen. Tatsächlich besteht am Eintritt des Fluids in das Rohr

[7] Lewis Ferry Moody 1880–1953, amerikanischer Ingenieur, erster Professor für Strömungsmechanik in Princeton

Tab. 5.1 Absolute Rauigkeit k für verschiedene Materialien in mm. (Kast 2002)

Material	Bearbeitung	k (mm)
Glas, Blei-, Kupfer-, Messingrohre gezogen		0 bis 0,0015
Stahlrohre gezogen	Neu	0,04 (0,02 bis 0,1)
	Nach längerem Gebrauch gereinigt	0,15 bis 0,20
Stahlblech verzinkt	Glatt (Lüfterrohre)	0,07
Stahlrohre verzinkt	Normal galvanisiert	0,15
Stahlrohre geschweißt	Neu	0,05 (bis 0,1)
	Gebraucht, gereinigt	0,15 bis 0,20
Stahlrohre genietet		0,9 (0,5 bis 10)
Gussrohre	Neu	0,26 (bis 1)
	Verkrustet	1,5 bis 4,0
Betonrohre	Glattstrich	0,3 (bis 0,8)
	Rau	1,2 (bis 3)
Bretter	Ungehobelt	0,7
	Gehobelt	0,2

eine Sondersituation, solange das Geschwindigkeitsprofil noch nicht vollständig ausgebildet ist.

In Abb. 5.7 ist ein von einem Fluid durchströmtes Rohr dargestellt, und zwar oben für die laminare und unten für die turbulente Strömung. In beiden Fällen strömt das Fluid an der Stelle $z = 0$ mit einem Kolbenprofil entsprechend der mittleren Geschwindigkeit $\overline{w}$ in das Rohr ein. Wie bei der überströmten Platte (Kap. 6) bildet sich eine fluiddynamische Grenzschicht aus, deren Dicke δ mit der Lauflänge z anwächst. Bei der laminaren Strömung erreicht die Grenzschicht nach der Einlauflänge z_{ein} die Rohrachse. Dann wird $\delta = R$. Für $z > z_{ein}$ bleibt das dann parabelförmige Geschwindigkeitsprofil erhalten. Dies bedeutet, dass die Geschwindigkeit in der Rohrachse vom Wert $\overline{w}$ bei $z = 0$ auf den Wert $w_{max} = 2\,\overline{w}$ bei $z = z_{ein}$ ansteigt und dann konstant bleibt. Die *fluiddynamische Einlauflänge* beträgt

$$\frac{z_{ein}}{d} \approx 0{,}058\,Re, \tag{5.35}$$

wenn sich die Geschwindigkeit in der Rohrachse bis auf eine Abweichung von 1 % dem Wert der Poiseuille-Strömung genähert hat (Stephan 1959).

Bei der turbulenten Strömung ändert sich das Strömungsprofil ebenfalls. Es bildet sich eine zunächst laminare Grenzschicht aus, welche anfangs zunimmt und nach einer gewissen kritischen Lauflänge $z_{krit.}$ turbulent wird. Dann entsteht in Rohrwandnähe die laminare Unterschicht. Die turbulente Einlaufstrecke bis zur vollständigen Ausbildung des Geschwindigkeitsprofils bewegt sich in dem Größenbereich (Kays und Crawford 1980):

$$10 \leq \frac{z_{ein}}{d} \leq 60.$$

Im Rahmen von Berechnungen des Wärme- und Stoffübergangs können turbulente Strömungen bereits nach einer Einlauflänge von etwa 10 d als fluiddynamisch voll ausgebildet angenommen werden.

Abb. 5.7 Fluiddynamischer Einlauf bei laminarer (*oben*) und turbulenter (*unten*) Rohrströmung (δ: fluiddynamische Grenzschichtdicke); Zulauf jeweils als Kolbenströmung

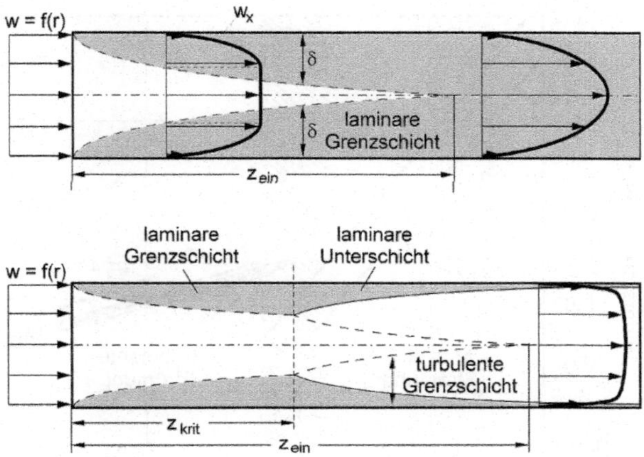

Bei nicht kreisförmigen Querschnitten können für die turbulente Strömung die Gesetzmäßigkeiten des runden Rohrs übernommen werden. Der Rohrdurchmesser d ist in Gl. (5.32) und der Reynoldszahl durch den so genannten *hydraulischen Durchmesser*

$$\boxed{d_h \equiv 4\frac{\textit{durchströmte Fläche}}{\textit{benetzter Umfang}}} \tag{5.36}$$

zu ersetzen. Die Widerstandsbeiwerte können dann aus den Ergebnissen des runden Rohres ermittelt werden. Einen Überblick über experimentell bestimmte Widerstandsbeiwerte für ausgewählte Querschnittsgeometrien vermittelt Abb. 5.8. (Weitere Ergebnisse s. (Kast 2002).) Für die laminare Strömung führen die hydraulischen Durchmesser zu fehlerhaften Berechnungen und können nicht verwendet werden. In diesen Fällen müssen die Navier-Stokesschen Gleichungen gelöst werden.

5.1.4 Strömungen durch Rohrleitungssysteme

Bei der Berechnung des Druckabfalls in komplexen Rohrleitungen müssen außer den Verlusten in den geraden Rohrstecken auch diejenigen, die aus Einbauten, Querschnittsänderung und Umlenkungen entstehen, berücksichtigt werden. Außer den Druckänderungen, die sich gemäß der *Bernoulli*[8] Gleichung

$$\boxed{0 = \int_1^2 \frac{1}{\rho} dp + g(H_2 - H_1) + \frac{1}{2}\left(\overline{w}_2^2 - \overline{w}_1^2\right) + \frac{\Delta p_R}{\rho}} \tag{5.37}$$

[8] Daniel Bernoulli 1700–1782, Schweizer Mathematiker und Physiker aus der Gelehrtenfamilie Bernoulli, die bis heute viele berühmte Wissenschaftler und Künstler hervorgebracht hat. Zeitgenosse und Freund Leonhard Eulers mit dem er die nach ihnen benannten Gleichungen erarbeitete. Der Bernoulli-Effekt hat größte Bedeutung in der Aerodynamik.

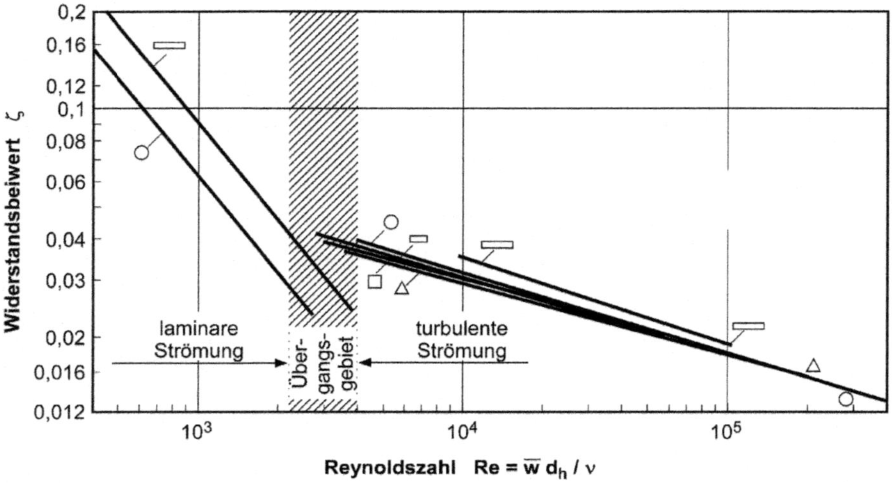

Abb. 5.8 Widerstandsbeiwerte ζ für glatte, gerade Rohre unterschiedlichen Querschnitts. (Nach Schiller 1922)

infolge von Geschwindigkeits- bzw. Höhenänderungen ergeben, tritt demgemäß ein zusätzlicher Druckverlust

$$\Delta p_R = \zeta_E \frac{\rho}{2} \overline{w}^2 \tag{5.38}$$

auf. In der Praxis hängt der Widerstandsbeiwert ζ_E allein von der Geometrie ab und ist im voll turbulenten Zustand unabhängig von der Reynoldszahl Re. Für $\overline{\text{w}}$ wird üblicherweise die mittlere Geschwindigkeit stromabwärts nach dem örtlichen Hindernis eingesetzt.

Um den Gesamtwiderstand eines Rohrleitungssystems zu berechnen, werden sämtliche Teilwiderstände in einer Rohrleitung addiert:

$$\Delta p_{Rges} = \sum_i \left(\zeta \frac{\rho}{2} \overline{w}^2 \frac{L}{d} \right)_i + \sum_j \left(\zeta_E \frac{\rho}{2} \overline{w}^2 \right)_j . \tag{5.39}$$

Hierbei stellt die erste Summe den Druckverlust aller geraden Rohrabschnitte dar, während die zweite Summe mit allen lokalen zusätzlichen Widerständen gebildet wird.

Für inkompressible Fluide ergibt sich, falls keine mechanische Energie (z. B. über eine Pumpe) eingetragen wird, zusammen mit der Bernoulli Gleichung folgender Zusammenhang:

$$\Delta p_{Rges} = (p_1 - p_2) + \frac{\rho}{2} \left(\overline{w}_1^2 - \overline{w}_2^2 \right) + \rho g (H_1 - H_2). \tag{5.40}$$

Für die verschiedenen Einbauten, Querschnittsänderungen und Umlenkungen existiert eine Vielzahl von Messungen (s. z. B. Kast 2002). Ausgewählte Werte des Widerstandsbeiwerts ζ_E für unterschiedliche Geometrien enthält Abb. 5.9.

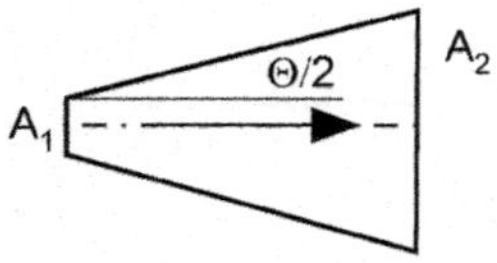

$$\zeta_E = k\left(\frac{A_2}{A_1}-1\right)^2$$

Θ	>10	10°	20°	30°	40°	50°	60°	70°	80°	90°
k	°0	0,17	0,41	0,71	0,90	1,03	1,12	1,13	1,10	1,05

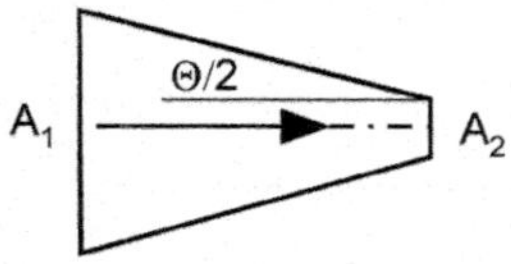

Θ	10°	20°	30°	40°	50°	60°	70°	80°
ζ_E	0,16	0,20	0,24	0,28	0,31	0,52	0,34	0,35

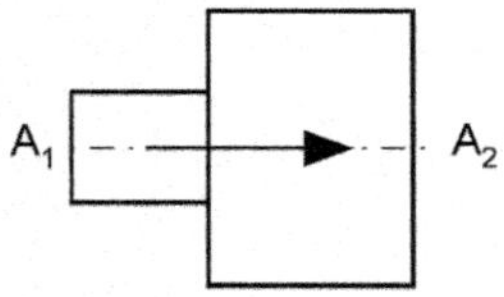

$$\zeta_E = \left(\frac{A_2}{A_1}-1\right)^2$$

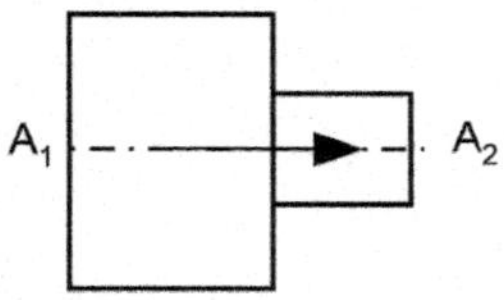

$$\zeta_E = 0{,}45\left(1-\frac{A_2}{A_1}\right)$$

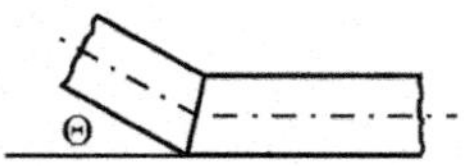

Θ	20°	40°	60°	80°	90°	100°	120°	140
ζ_E	0,05	0,14	0,36	0,74	0,98	1,26	1,86	2,43

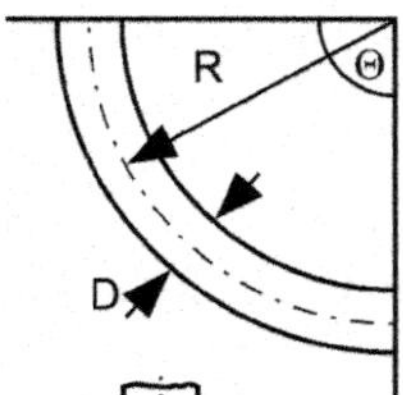

$$\zeta_E = \left(0{,}131+0{,}163\left(\frac{D}{R}\right)^{3,5}\right)\frac{\Theta}{90°}$$

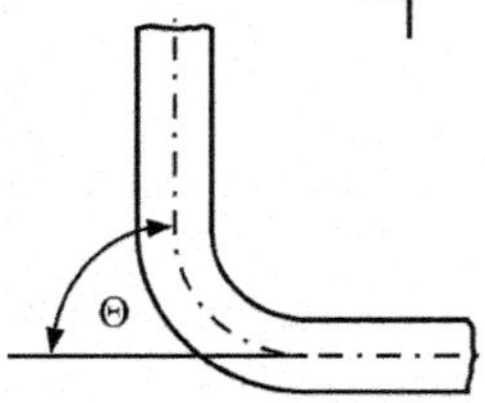

Θ	15°	30°	45°	60°	90°
ζ_E	0,02	0,11	0,26	0,50	1,20

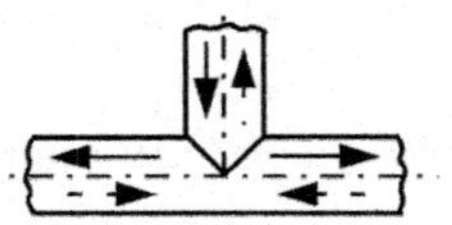

— $\zeta_E = 2$ --- $\zeta_E \sim 0{,}75$

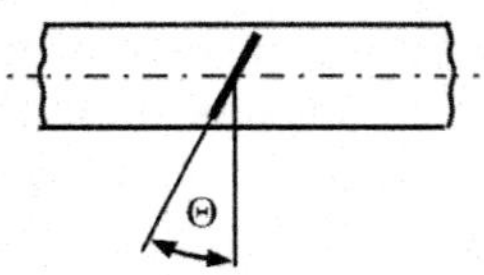

Θ	20°	30°	40°	50°	60°	70°	80°	85°
ζ_E	751	118	33	11	4	1,5	0,52	0,24

Abb. 5.9 Widerstandsbeiwerte ζ_E (bezogen auf die Abstromgeschwindigkeit) verschiedener Rohreinbauten und -umlenkungen für Re > 10^5. (Nach Beek et al. 1999)

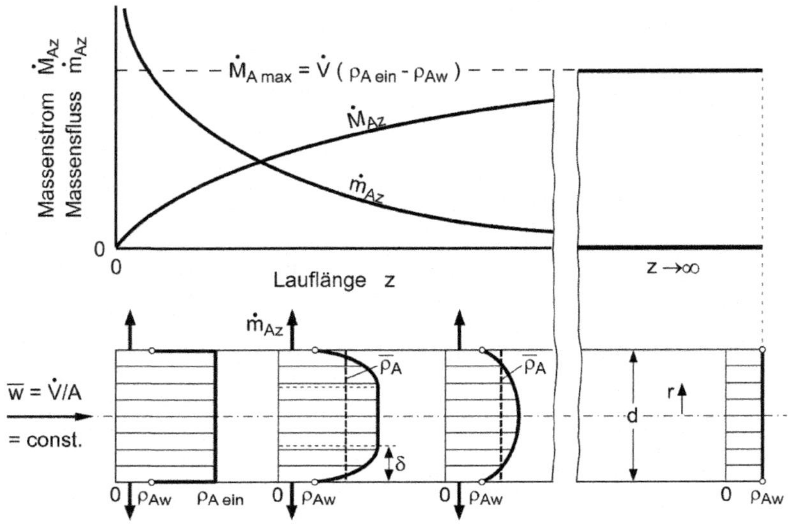

Abb. 5.10 Zur Erläuterung des Stoffübergangs in einem unendlich langen Rohr

5.2 Stoffübergang

5.2.1 Laminare Strömung

Der im Weiteren betrachtete Stoffübergang tritt an der Innenwand eines Rohres mit dem Durchmesser d und der Länge L auf. Die Längskoordinate wird mit z und die radiale Koordinate mit r bezeichnet. Es wird zunächst angenommen, dass die Konzentration der diffundierenden Komponente A an der Wand, sowohl in Längs- als auch in Umfangsrichtung, konstant ist; sie wird mit ρ_{Aw} bezeichnet. Durch das Rohr strömt ein Fluid mit der konstanten mittleren Geschwindigkeit $\overline{w} = \dot{V}/A$. Die Geschwindigkeitsverteilung soll die übliche Parabelform aufweisen. Gemäß Abb. 5.10 ist die Partialdichte ρ_{Aein} der diffundierenden Komponente am Rohreintritt bei $z = 0$ über den Querschnitt konstant. Da ρ_{Aein} größer als ρ_{Aw} ist, wird Stoff A vom Fluid an die für A durchlässige Rohrwand übertragen. An der Stelle z ergibt sich die in Abb. 5.10 dargestellte Verteilung der Partialdichte ρ_A über den Querschnitt. Der zugehörige Querschnittsmittelwert ist $\overline{\rho}_A$. Bei unendlich langem Rohr, also $z \to \infty$, stellt sich im Fluid die Partialdichte ρ_{Aw} ein, so dass $\rho_{A\infty} = \overline{\rho}_{A\infty} = \rho_{Aw}$ gilt. Mit zunehmender Lauflänge z verringern sich die mittlere Partialdichte $\overline{\rho}_A$ und der Dichtegradient $(\partial \rho_A / \partial r\,)_{r=R}$ an der Wand, so dass der örtlich auftretende Stofffluss $\dot{m}_{Az}$ ebenfalls mit z kleiner wird. Der bis zur Stelle z übertragene Stoffstrom $\dot{M}_{Az}$ nimmt mit der Lauflänge zu und erreicht asymptotisch den Maximalwert $\dot{M}_{A\,max}$.

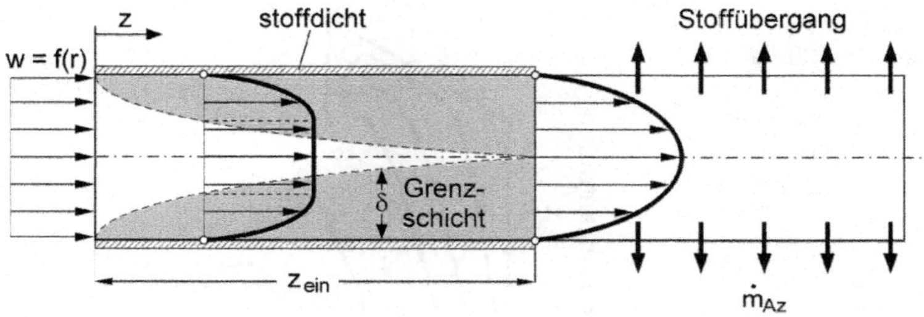

Abb. 5.11 Rohrströmung, bei welcher das Rohr für $z < z_{ein}$ stoffundurchlässig ist und Stoffübertragung nur im Bereich $z > z_{ein}$ auftritt

Die differenzielle Stoffbilanz für dieses System ist in allgemeiner Form in Gl. (1.90) gegeben. Folgende Vereinfachungen sind zu treffen:

1. stationärer Zustand $\partial \rho_A / \partial t = 0$
2. Rotationssymmetrie $w_r = w_\varphi = 0$, Ableitungen nach φ gleich 0
3. keine chemische Reaktion $\dot{r} = 0$
4. Diffusion in axialer Richtung sei vernachlässigbar

Damit ergibt sich aus Gl. (1.90):

$$w(r)\frac{\partial \rho_A}{\partial z} = D_{AB}\left[\frac{1}{r}\left(\frac{\partial \rho_A}{\partial r} + r\frac{\partial^2 \rho_A}{\partial r^2}\right)\right]. \tag{5.41}$$

Für die Geschwindigkeit gilt gemäß Gl. (5.5) und (5.7):

$$w(r) = 2\overline{w}\left[1 - \left(\frac{r}{R}\right)^2\right]. \tag{5.42}$$

In den weiteren Betrachtungen wird unterstellt, dass der fluiddynamische Einlauf bereits abgeschlossen ist, bevor der Stofftransport beginnt (s. Abb. 5.11). Durch Einsetzen von w(r) in Gl. (5.41) ergibt sich die beschreibende Differenzialgleichung:

$$\left[1 - \left(\frac{r}{R}\right)^2\right]\frac{\partial \rho_A}{\partial z} = \frac{D_{AB}}{\overline{w}\,2R}\frac{R}{r}\left(\frac{\partial \rho_A}{\partial r} + r\frac{\partial^2 \rho_A}{\partial r^2}\right). \tag{5.43}$$

Zur Lösung dieser Gleichung sind folgende Randbedingungen erforderlich:

1. RB: $z = 0$ $\quad r < R \quad$ $\rho_A = \rho_{Aein}$
2. RB: $z \geq 0$ $\quad r = 0 \quad$ $\partial \rho_A / \partial r = 0$ $\quad$ (Symmetrie)
3. RB: $z \geq 0$ $\quad r = R \quad$ $\rho_A = \rho_{Aw}$

Gleichung (5.43) kann nur numerisch gelöst werden. In Abb. 5.12 ist diese Lösung in allgemeiner Form dargestellt. Hierzu wurde Gl. (5.43) in folgenden dimensionslosen Zusammenhang überführt:

$$\frac{1}{2}(1 - r^{*2})\frac{\partial \xi}{\partial z^*} = \frac{\partial^2 \xi}{\partial r^{*2}} + \frac{1}{r^*}\frac{\partial \xi}{\partial r^*}. \tag{5.44}$$

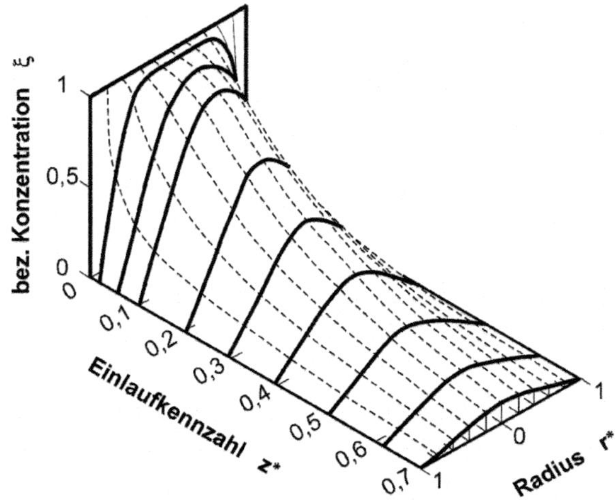

Abb. 5.12 Lokale Konzentration ξ für den Stofftransport bei laminarer Rohrströmung als Funktion von r* und z*. (Brauer 1985)

Dabei werden folgende dimensionslose Größen definiert:

$$Re \equiv \frac{\overline{w}d}{\nu} \text{ Reynoldszahl} \tag{5.45}$$

$$Sc \equiv \frac{\nu}{D_{AB}} \text{Schmidtzahl} \tag{5.46}$$

$$z^* \equiv \frac{z/d}{ReSc} = \frac{z/d}{Pe} \text{ Einlaufkennzahl} \tag{5.47}$$

$$r^* \equiv \frac{r}{R} \text{bezogener Radius} \tag{5.48}$$

$$\xi \equiv \frac{\rho_A - \rho_{Aw}}{\rho_{Aein} - \rho_{Aw}} \text{ bezogene Dichtedifferenz} \tag{5.49}$$

Zur Berechnung des örtlich auftretenden Massenstromes an der Rohrwand dient das Ficksche Gesetz (s. Abschn. 1.1.3):

$$\dot{M}_{Az} = -D_{AB}A_z \left.\frac{\partial \rho_A}{\partial r}\right|_{r=R}. \tag{5.50}$$

Hierin wird mit $A_z = d\,\pi\,\Delta z$ ein kleiner Abschnitt der inneren Oberfläche des Rohres bezeichnet. Die gesamte innere Oberfläche ist $A = d\pi L$. Soll die Berechnung des örtlichen Stoffstromes mittels eines *lokalen Stoffübergangskoeffizienten* β(z) erfolgen, so wird dieser durch die Beziehung

$$\dot{M}_{Az} \equiv A_z\beta(z)(\overline{\rho}_A - \rho_{Aw}) \tag{5.51}$$

definiert. Aus den beiden Gleichungen für $\dot{M}_{Az}$ erhält man für den örtlichen Stoffübergangskoeffizient en β(z) die Berechnungsgleichung:

$$\beta(z) = -\frac{D_{AB}}{\overline{\rho}_A - \rho_{Aw}} \left.\frac{\partial \rho_A}{\partial r}\right|_{r=R}. \tag{5.52}$$

Für die technische Anwendung ist weniger der örtliche Stoffstrom $\dot{M}_{Az}$ als der über die gesamte Rohroberfläche gemittelte Stoffstrom $\dot{M}_A$ von Interesse. Er lässt sich mittels einer integralen Stoffbilanz berechnen:

$$\dot{M}_A = \dot{V}(\rho_{Aein} - \overline{\rho}_A) = \overline{w}\frac{\pi}{4}d^2 \cdot (\rho_{Aein} - \overline{\rho}_A). \tag{5.53}$$

Führt man einen *mittleren Stoffübergangskoeffizienten* β durch die Definitionsgleichung

$$\dot{M}_A \equiv A\beta\Delta\rho_A = \pi d L \beta \Delta\rho_A \tag{5.54}$$

ein, so folgt nach Gleichsetzen mit Gl. (5.53) die Berechnungsgleichung:

$$\beta = \frac{1}{4}\frac{\overline{w}}{L/d}\frac{\rho_{Aein} - \overline{\rho}_A}{\Delta\rho_A}. \tag{5.55}$$

Es ist üblich, Stoffübergangskoeffizienten in Form der dimensionslosen Sherwoodzahl Sh darzustellen:

$$Sh \equiv \frac{\beta d}{D_{AB}}. \tag{5.56}$$

Die mittlere Sherwoodzahl ergibt sich dann durch Integration von Gl. (5.52) zu:

$$Sh = \frac{-\frac{d}{z}\int\limits_0^z \left.\frac{\partial\rho_A}{\partial r}\right|_{r=R} dz}{\Delta\rho_A}. \tag{5.57}$$

$\Delta\rho_A$ bedeutet eine Dichtedifferenz, die in einer geeigneten Weise bestimmt werden muss. Das für den Stoffübergang geltende Gesetz muss also von dieser Definition abhängen (s. Abschn. 1.3). Um Irrtümer auszuschließen, muss zu jedem theoretischen oder empirischen Stoffübergangsgesetz angegeben werden, welches die damit verbundene Dichtedifferenz ist. Bei der Rohrströmung verwendet man üblicherweise die *logarithmische Konzentrationsdifferenz* $\Delta\rho_{A\,\ln}$:

$$\Delta\rho_{A\,\ln} \equiv \frac{(\rho_{Aein} - \rho_{Aw}) - (\overline{\rho}_A - \rho_{Aw})}{\ln\frac{\rho_{Aein} - \rho_{Aw}}{\overline{\rho}_A - \rho_{Aw}}}. \tag{5.58}$$

Bei laminarer Strömung müssen bezüglich des Stofftransportes folgende Fälle unterschieden werden:

1. Weder das Profil der Geschwindigkeit noch das der Konzentration ist ausgebildet.
2. Das fluiddynamische Profil ist zwar ausgebildet, das Konzentrationsprofil jedoch nicht.
3. Sowohl das Geschwindigkeits- wie auch das Konzentrationsprofil ist ausgebildet.

Der Stoffübergang in diesen Fällen wird nun im Einzelnen beschrieben.

Laminare Anlaufströmung Wenn weder das Geschwindigkeits- noch das Konzentrationsprofil ausgebildet ist, also eine Anlaufströmung für Geschwindigkeit und Konzentration vorliegt, ist dieser Fall ähnlich zur laminaren Strömung an der ebenen Platte (s. Kap. 6). Dann erhält man:

$$\boxed{Sh = 0{,}664\sqrt{Re\frac{d}{z}}Sc^{1/3},} \tag{5.59}$$

die allerdings nur für $z < z_{ein}$ gültig ist.

Ausgebildete Laminarströmung mit Konzentrationsanlauf Es gibt technische Anwendungsfälle, bei denen eine nennenswerte Stoffübertragung in Rohren erst auftritt, wenn die laminare Strömung fluiddynamisch ausgebildet ist, s. Abb. 5.11. Stoff wird erst bei $z > z_{ein}$ übertragen. Derartige Fälle treten in der Praxis auf, wenn der fluiddynamische Einlauf wesentlich schneller als der Einlauf des Konzentrationsprofils erfolgt. Dies gilt für Flüssigkeiten mit höherer Viskosität bzw. Schmidtzahl.

Durch einfache Integration der Gl. (5.43) gelangt man zu einer Beschreibung des Konzentrationsgradienten an der Wand $(\partial\rho_A/\partial r)_{r=R}$. Durch Einsetzen in Gl. (5.57) gelangt man durch Integration zu folgendem Zusammenhang für die Sherwoodzahl:

$$Sh = 1{,}615\left(\mathrm{Re}\, Sc\frac{d}{z}\right)^{1/3}. \tag{5.60}$$

der bereits von (Lévêque 1928) hergeleitet wurde. Diese Gleichung gilt allerdings nur für $z^* < 0{,}03$. Denn nur bei kurzen Einlaufkennzahlen z^* sind die Voraussetzungen erfüllt, welche bei der Herleitung der letzten Gleichung angenommen wurden. Für größere Einlaufkennzahlen s. z. B. (Baehr und Stephan 2010).

Vollständig ausgebildete Laminarströmung Mit zunehmender Rohrlänge ist schließlich auch das Konzentrationsprofil ausgebildet. Dies ist dann der Fall, wenn die Dicke der Konzentrationsgrenzschicht dem Rohrradius entspricht. Gilt für die Einlaufkennzahl $z^* > 1{,}365$ (Stephan 1959), wird die Sherwoodzahl konstant, was sich mit Hilfe einer Iterationsrechnung zeigen lässt:

$$Sh = 3{,}66. \tag{5.61}$$

Dies bedeutet, dass dann auch die Stoffstromdichte nicht mehr direkt von der Lauflänge z bzw. der Rohrlänge L abhängt:

$$\dot{m}_A = 3{,}66\frac{D_{AB}}{d}\Delta\rho_{A\,\ln}. \tag{5.62}$$

Hierbei hängt $\rho_{A\,\ln}$ allerdings noch von der Lauflänge ab. Ähnlich wie bei der stationären Diffusion in einer Platte (s. Kap. 2), ist die Molenstromdichte dem Diffusionskoeffizienten D_{AB} und dem Konzentrationsgefälle $\Delta\rho_{A\,\ln}$ direkt und einer Ausdehnung in Richtung der Stoffstromdichte, hier dem Rohrdurchmesser, umgekehrt proportional.

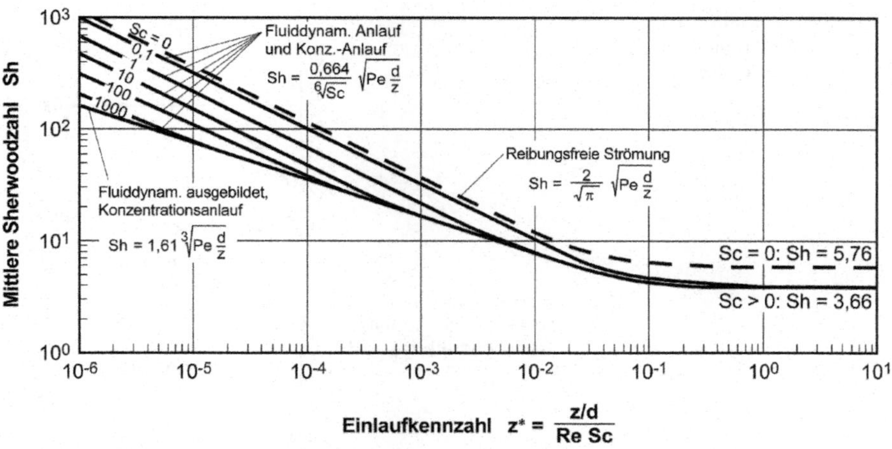

Abb. 5.13 Sherwoodzahl der laminaren Rohrströmung in Abhängigkeit von der dimensionslosen Lauflänge z* mit der Sc-Zahl als Parameter

In Abb. 5.13 ist der gesamte Verlauf der mittleren Sherwoodzahl in Abhängigkeit von der Einlaufkennzahl z* dargestellt. Hierbei wird die Einlaufkennzahl z* als dimensionsloser Parameter gewählt, da der über die gesamte Lauflänge z übertragene Stoffstrom mit Hilfe der dimensionslosen Sherwoodzahl charakterisiert wird. Dieses Bild enthält die Gln. (5.59), (5.60) und (5.61) als Asymptoten der einzelnen Kurven. Mit aufgenommen ist noch der Sonderfall Sc = 0 (reibungsfreie Strömung). Die Einlauflänge zur Ausbildung des Geschwindigkeitsprofiles ist hierbei sehr groß im Vergleich zur Einlauflänge für das Konzentrationsprofil. Diese Grenzkurve gilt demzufolge für ein Fluid, das sich mit einem unveränderlichen Kolbenprofil durch das Rohr bewegt. Für kurze Lauflängen ergeben sich die Gesetzmäßigkeiten der instationären Diffusion gemäß Abschn. 2.2 (Gl. (2.41)). Der Grenzwert für $z \to \infty$ ändert sich auf:

$$Sh_{Sc=0} = 5{,}76.$$

Zur Beschreibung der in Abb. 5.13 dargestellten Kurvenschar eignet sich folgende empirische Gleichung (Brauer 1985):

$$Sh = 3{,}66 + \frac{0{,}188\left(\mathrm{Re}\, Sc\dfrac{d}{z}\right)^{0{,}80}}{1 + 0{,}117\left(\mathrm{Re}\, Sc\dfrac{d}{z}\right)^{0{,}467}}. \tag{5.63}$$

5.2.2 *Turbulente Rohrströmung*

Das Geschwindigkeitsprofil bei turbulenter Rohrströmung ändert sich vom Kolbenprofil am Einlauf bei z = 0 zum turbulenten Profil. Die zunächst laminare

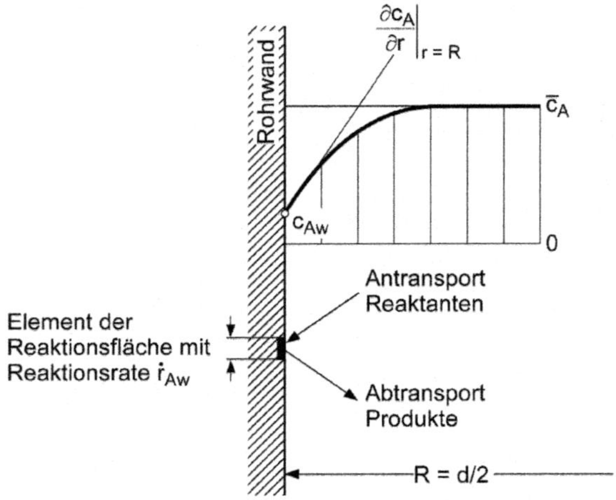

Abb. 5.14 Zusammenhang zwischen Reaktionsstrom $\dot{r}_{Aw}$ und Diffusionsstrom $\dot{n}_A$

Grenzschicht wird nach einer gewissen Länge z_{ein} turbulent. Nur an der Rohrwand existiert noch eine dünne laminare Unterschicht. Für $z > z_{ein}$ liegt ein vollständig ausgebildetes turbulentes Geschwindigkeitsprofil vor. In der Literatur wird häufig eine empirische Gleichung von (Hausen 1959) empfohlen:

$$Sh = 0{,}037\left(\mathrm{Re}^{0{,}75} - 180\right) Sc^{0{,}42}\left(1 + \left(\frac{d}{z}\right)^{2/3}\right). \tag{5.64}$$

Da bei der turbulenten Rohrströmung kein ausgeprägtes radiales Geschwindigkeitsprofil vorliegt, gilt Gl. (5.64) mit praktisch gleicher Genauigkeit sowohl für die fluiddynamisch ausgebildete wie auch die nicht ausgebildete Strömung.

5.3 Stoffübergang mit heterogener chemischer Reaktion

Bereits in Abschn. 2.1.3 wurde die Problematik des Stofftransports mit gleichzeitiger heterogener chemischer Reaktion dargestellt. Im Fall der Rohrströmung ist neben der reinen Diffusion noch der konvektive Stofftransport zu berücksichtigen.

Die mathematische Beschreibung des Problems ist für den laminaren Fall durch Gl. (5.43)

$$2\left(1 - \left(\frac{r}{R}\right)^2\right)\frac{\partial c_A}{\partial z} = \frac{D_{AB}}{\overline{w}r}\left(\frac{\partial c_A}{\partial r} + r\frac{\partial^2 c_A}{\partial r^2}\right) \tag{5.65}$$

gegeben. Gegenüber dem Stofftransport ohne chemische Reaktion ändert sich lediglich die 3. Randbedingung. An der Wand muss nun die Diffusionsstromdichte gleich der Reaktionsstromdichte sein. Für den Fall gemäß Abb. 5.14 dass die Komponente A an der Wand durch Reaktion verbraucht wird, lautet die 3. RB. (r = R):

$$\left.\frac{\partial c_A}{\partial r}\right|_{r=R} = -\frac{k_{Awn}}{D_{AB}}c_{Aw}^n. \tag{5.66}$$

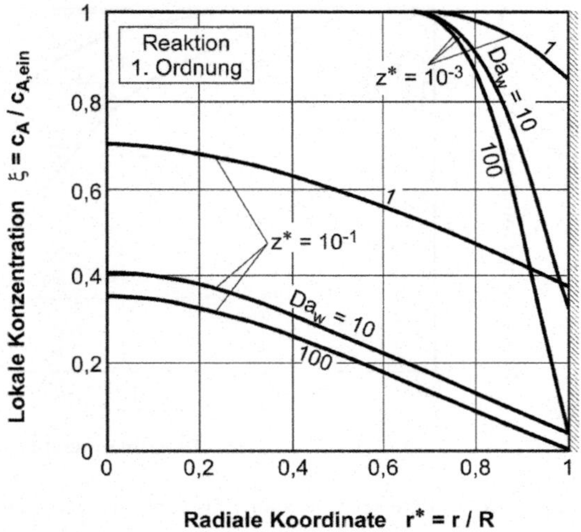

Abb. 5.15 Konzentrationsprofile für verschiedene Werte von z^* und Da_w. (Nach Brauer 1985)

Gleichung (5.65) muss numerisch gelöst werden. Hieraus ergibt sich als Ergebnis $c_A = c_A$ (r, z, n, Da). Die Damköhlerzahl für die Rohrströmung wird mit dem Rohrradius als charakteristischer Länge und c_{Aein} als charakteristischer Konzentration gebildet:

$$Da_w \equiv \frac{k_{Awn} R}{D_{AB}} c_{Aein}^{n-1}. \qquad (5.67)$$

Zur Berechnung einer örtlichen Molstromdichte $\dot{n}_{Az}$ mittels eines örtlichen Stoffübergangskoeffizienten $\beta(z)$ geht man von der Definitionsgleichung

$$\dot{n}_{Az} \equiv \beta(z)\bar{c}_A(z) \qquad (5.68)$$

aus. Hiernach wird die Molstromdichte *nicht*, wie es beim Stoffübergang ohne chemische Reaktion üblich ist, einer Dichtedifferenz, sondern unmittelbar der im betrachteten Querschnitt herrschenden mittleren Konzentration $\bar{c}_A(z)$ proportional gesetzt. Dieses Vorgehen resultiert aus der Tatsache, dass die Wandkonzentration vom Stofftransport selbst im Zusammenwirken mit der Reaktion festgelegt wird. Daher kann c_{Aw} für die Berechnungen nicht ohne weiteres bestimmt werden. Dieser Stoffstrom ist gleich dem durch die Reaktion verbrauchten, woraus für den lokalen Stoffübergangskoeffizienten folgt:

$$\beta(z) = k_{Awn} \frac{c_{Aw}^n}{\bar{c}_A(z)}. \qquad (5.69)$$

Umgeformt ergibt sich aus Gln. (5.67) und (5.69):

$$Sh_z = \frac{\beta(z) d}{D_{AB}} = 2 Da_w \left(\frac{c_{Aw}}{c_{Aein}} \right)^{n-1} \left(\frac{c_{Aw}}{\bar{c}_A(z)} \right). \qquad (5.70)$$

In Abb. 5.15 ist die berechnete Konzentrationsverteilung über dem bezogenen Rohrradius für unterschiedliche Damköhlerzahlen und dimensionslose Lauflängen z^* bei

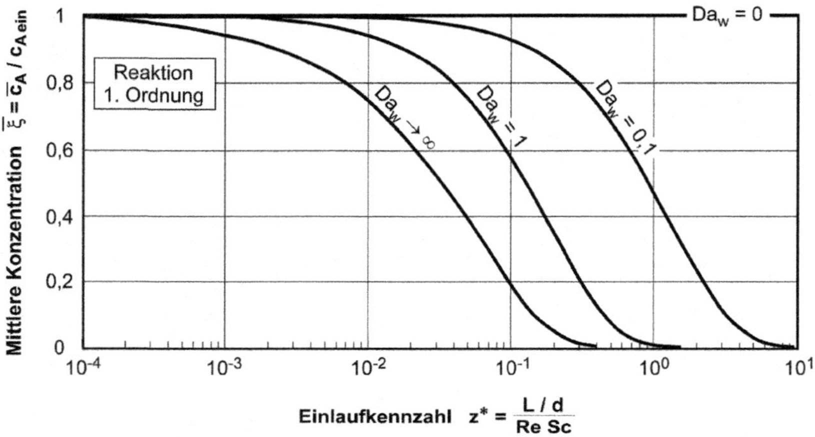

Abb. 5.16 Mittlere Konzentration $\bar{\xi}$ als Funktion von z^* für verschiedene Da_w. (Nach Brauer 1985)

einer Reaktion 1. Ordnung dargestellt. Durch die Kennzahl z^* werden als besonders wichtige Einflussgrößen die mittlere Geschwindigkeit $\overline{w}$ und die Lauflänge z erfasst. Bei $z^* = 0$ gilt gemäß der Voraussetzungen über den ganzen Querschnitt $c_A/c_{Aein} = 1$. Mit wachsenden Werten von z^* nimmt die Wandkonzentration c_{Aw} ab, und das Konzentrationsgefälle dehnt sich über den ganzen Querschnitt aus. Der Gradient an der Wand und somit auch die Reaktionsstromdichte $\dot{r}_A$ sind bei $z^* = 0$ am größten. Sie werden mit steigenden Werten von z^* kleiner und streben für $z^* \to \infty$ gegen null.

Die über den jeweiligen Querschnitt gemittelte Konzentration $\bar{c}_A$ berechnet sich gemäß:

$$\bar{c}_A = \frac{1}{\overline{w}A} \int_0^R c_A w(r) 2\pi r dr. \tag{5.71}$$

Die Abhängigkeit der gemittelten Konzentration $\bar{c}_A/c_{Aein}$ von der Einlaufkennzahl z^* für verschiedene Werte der Da_w-Zahl ist in Abb. 5.16 dargestellt. Alle Werte für $\bar{c}_A/c_{Aein}$ liegen zwischen den Grenzkurven für $Da_w = 0$ und $Da_w \to \infty$. Je größer die Damköhlerzahl ist, desto schneller wird die Komponente A abgebaut. Für $Da_w \to \infty$ ergibt sich der schnellstmögliche Umsatz.

5.4 Strömungen nicht-Newtonscher Flüssigkeiten

5.4.1 Geschwindigkeitsprofile

Bei der Strömung nicht-Newtonscher Flüssigkeiten in Rohren treten sowohl laminare als auch turbulente Zustände auf. Allerdings liegt der Großteil technischer Anwendungsfälle im Bereich der laminaren Strömung, da nicht-Newtonsche Flüssigkeiten üblicherweise relativ hohe Zähigkeiten aufweisen.

Aus der Impulsbilanz für die ausgebildete laminare Strömung in Rohren folgt analog Gl. (5.1):

$$\frac{dp}{dz} = \frac{\Delta p}{\Delta l} = \frac{1}{r}\frac{d}{dr}(r\tau) \quad mit \quad \Delta p = p_2 - p_1. \tag{5.72}$$

Die Randbedingungen lauten:

1. RB: r = R: w = 0 (Wandhaftbedingung)
2. RB: r = 0: dw/dr = 0 (Symmetriebedingung)

Das Einsetzen des *Ostwald-de Waele Ansatzes* gemäß Gl. (1.106) in Gl. (5.72), die anschließende Integration der Gleichung und die Ermittlung der Konstanten aus den Randbedingungen liefern folgende Gleichung für die Geschwindigkeit:

$$w(r) = \left(\frac{-\Delta p/\Delta l}{2k}\right)^{1/n} \frac{R^{1+1/n}}{1+\frac{1}{n}} \left(1 - \left(\frac{r}{R}\right)^{1+1/n}\right). \tag{5.73}$$

Der Druckverlust Δp und die Wandschubspannung τ_w sind über die Kräftebilanz durch folgende Beziehung miteinander verknüpft:

$$|\tau_w| = \frac{-\Delta p}{\Delta l}\frac{R}{2}. \tag{5.74}$$

Das Betragszeichen trägt der Tatsache Rechnung, dass es sich bei τ um eine vektorielle Größe handelt, die im vorliegenden Fall als Folge der Richtung negativ ist.

Fasst man beide Gleichungen zusammen, erhält man:

$$w(r) = \frac{(|\tau_w|/k)^{1/n} R}{1+\frac{1}{n}} \left(1 - \left(\frac{r}{R}\right)^{1+1/n}\right). \tag{5.75}$$

Mit dieser Gleichung lassen sich die mittlere Geschwindigkeit $\overline{w}$ sowie die maximale Geschwindigkeit w_{max} berechnen. Mit

$$\overline{w} = \frac{\dot{V}}{A} = \frac{2}{R^2}\int_0^R w\, r dr \tag{5.76}$$

folgt

$$\overline{w} = \frac{(|\tau_w|/k)^{1/n} R}{3+\frac{1}{n}} \tag{5.77}$$

und:

$$w_{max} = \overline{w}\frac{1+3\,n}{1+n}. \tag{5.78}$$

Hierin ist $\dot{V}$ der Volumenstrom und A die Querschnittsfläche des Rohres.

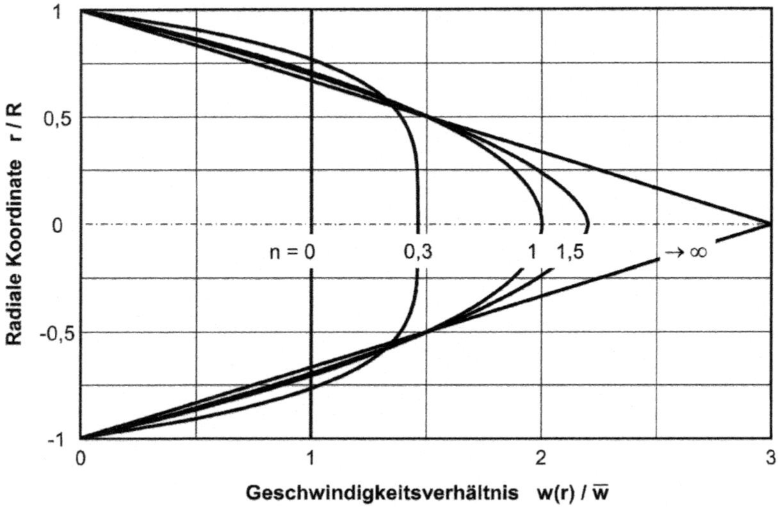

Abb. 5.17 Geschwindigkeitsprofile für verschiedene nicht-Newtonsche Fluide bei laminarer Rohrströmung; n = 0 und n = 0,3 für pseudoplastische Fluide; n = 1 für Newtonsche Fluide; n = 1,5 und $n \to \infty$ für dilatante Fluide

Die Geschwindigkeitsprofile im Rohr bei laminarer Strömung für verschiedene Werte des Fließexponenten n zeigt Abb. 5.17. Für den Grenzfall n = 0 ergibt sich das Profil einer Kolbenströmung, in dem die Geschwindigkeit für alle $r < R$ konstant ist. Infolge der Wandhaftung ergibt sich jedoch ein unendlich großer Geschwindigkeitsgradient an der Wand. Für n = 1 bildet sich das Parabelprofil der Newtonschen Flüssigkeitsströmung, für $n \to \infty$ erhält man ein Kegelprofil, in welchem der Gradient $\partial w/\partial r$ über den Rohrquerschnitt konstant ist.

Für die turbulente Rohrströmung von Ostwald-de Waele-Fluiden sind keine theoretischen Gleichungen zur Berechnung der Geschwindigkeitsfelder verfügbar. Sie zeigen aber grundsätzlich ähnliche Verläufe wie die in Abb. 5.17 dargestellten.

5.4.2 Widerstandsgesetz

Gesetze für die Strömung nicht-Newtonscher Fluide werden so aufgestellt, dass sie formal denen der Newtonschen Fluide entsprechen und für den Fall n = 1 in sie übergehen.

Der Widerstandsbeiwert ζ ist wie folgt definiert:

$$\zeta \equiv \frac{4\,|\tau_w|}{\rho \overline{w}^2/2} = \frac{(p_1 - p_2)}{\rho \overline{w}^2/2}\frac{d}{\Delta l}. \qquad (5.79)$$

Im laminaren Fall soll das Gesetz

$$\zeta = \frac{64}{\mathrm{Re}_{n-N}} \tag{5.80}$$

gelten. $\mathrm{Re}_{\mathrm{n-N}}$ ist die Reynoldszahl für nicht-Newtonsche Fluide, für die eine repräsentative Viskosität η_{repr} festgelegt werden muss. Für die laminare Strömung folgt aus der Hagen-Poiseuille-Gleichung (5.6):

$$\eta = \frac{R^2}{8\overline{w}} \frac{(p_1 - p_2)}{\Delta l} = \frac{d^2}{32\overline{w}} \frac{(p_1 - p_2)}{\Delta l}. \tag{5.81}$$

Mit dem aus Gl. (5.79) folgenden Zusammenhang

$$|\tau_w| = \frac{d}{4} \frac{(p_1 - p_2)}{\Delta l} \tag{5.82}$$

lässt sich die Viskosität eines Newtonschen Fluids bestimmen, dass den gleichen Druckverlust wie die nicht-Newtonsche Flüssigkeit besitzt:

$$\eta_{repr} = \frac{|\tau_w| \, d}{8\overline{w}}. \tag{5.83}$$

Damit ergibt sich für $\mathrm{Re}_{\mathrm{n-N}}$ folgende Definition:

$$Re_{n-N} \equiv \frac{8\rho\overline{w}^2}{|\tau_w|} = \frac{\overline{w}^{(2-n)} d^n \rho}{k\left(\dfrac{1+3n}{4n}\right)^n 8^{n-1}}. \tag{5.84}$$

Es kann gezeigt werden, dass die Interpretation der Reynoldszahl als Verhältnis von Trägheits- zu Reibungskräften auch für den Fall nicht-Newtonscher Fluide gültig ist.

Das vollständige Widerstandsdiagramm, das den laminaren Bereich sowie den turbulenten Bereich wiedergibt, zeigt Abb. 5.18. Hierbei wird für den turbulenten Bereich der Zusammenhang (Dodge und Metzner 1959)

$$\frac{1}{\sqrt{\zeta}} = -\frac{0{,}2}{n^{1{,}2}} + \frac{2}{n^{0{,}75}} \log\left[Re_{n-N}\left(\frac{\zeta}{4}\right)^{1-n/2}\right] \tag{5.85}$$

angesetzt. Diese Beziehung ist an die Gleichung von Prandtl und v. Kármán Gl. (5.34 c) angelehnt, die für Newtonsche Fluide in glatten Rohren gültig ist. Die durchgezogenen Kurven in Abb. 5.18 basieren auf experimentellen Ergebnissen von (Dodge und Metzner 1959), die gestrichelten Kurven stellen Extrapolationen unter Verwendung von Gl. (5.85) dar.

Während bei Newtonschen Fluiden die kritische Reynoldszahl, die den Umschlag von der laminaren zur turbulenten Rohrströmung beschreibt, bei $\mathrm{Re}_{\mathrm{krit}} = 2300$ liegt, ist sie bei nicht-Newtonschen Fluiden eine schwache Funktion des Fließexponenten n.

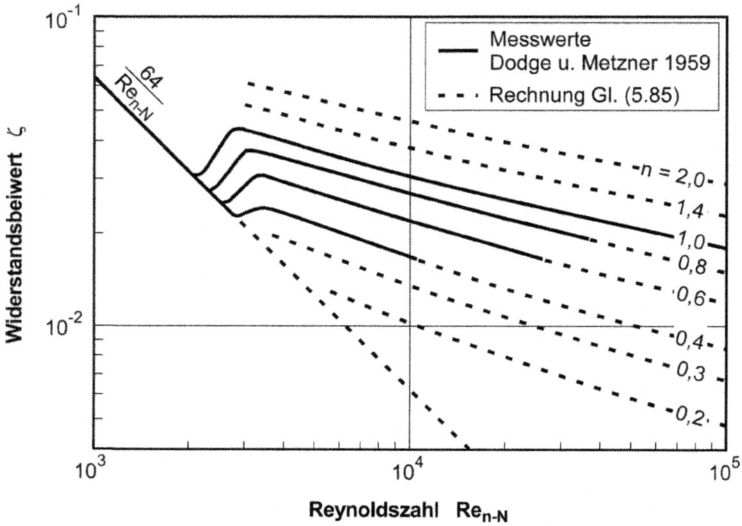

Abb. 5.18 Widerstandsbeiwerte für verschiedene nicht-Newtonsche Fluide bei turbulenter Rohrströmung. (Dodge und Metzner 1959)

5.5 Dispersion in Rohrströmungen

Als Folge der Geschwindigkeitsunterschiede über dem Querschnitt tritt bei Rohrströmungen eine Dispersion (s. Abschn. 4.2.2) auf. Für eine inkompressible *laminare* Strömung lautet die Mengenbilanz unter Einbeziehung der axialen Dispersion:

$$\frac{\partial c_i}{\partial t} = -w_{\max}\left(1 - \frac{r^2}{R^2}\right)\frac{\partial c_i}{\partial x} + D_{ax}\frac{\partial^2 c_i}{\partial x^2}. \tag{5.86}$$

Für den axialen Dispersionskoeffizienten in leeren, geraden Rohren gilt (Taylor 1953):

$$Pe_{ax} = \frac{\overline{w}d}{D_{ax}} = \frac{192}{Re \cdot Sc} = \frac{192 D_{AB}}{\overline{w}d}. \tag{5.87}$$

Jedoch kann Gl. (5.87) nur bei hohen Bodensteinzahlen verwendet werden: $Bo = Pe_{ax}$ $L/d > 200$. Für Gase wird dieser Gültigkeitsbereich nur bei Rohren mit hohem L/d Verhältnis erreicht. Zum Beispiel ist für ein Gas mit $Sc = 1$, wie man aus Abb. 5.19 erkennt, $Pe < 5$. Folglich ist ein Verhältnis $L/d > 40$ nötig um $Bo > 200$ einzuhalten. Für Flüssigkeiten, die höhere Schmidtzahlen und kleine Pecletzahlen aufweisen, sind noch wesentlich höhere L/d-Verhältnisse nötig.

Für die *turbulente* Strömung in freien Rohren ist eine exakte Berechnung des Dispersionskoeffizienten nicht möglich. Bei turbulenter Strömung findet mit dem zunehmend chaotischen Verlauf der Stromlinien eine räumliche Versetzung der Fluidelemente statt. Dabei ist die Dispersion in axialer Richtung größer als in der radialen

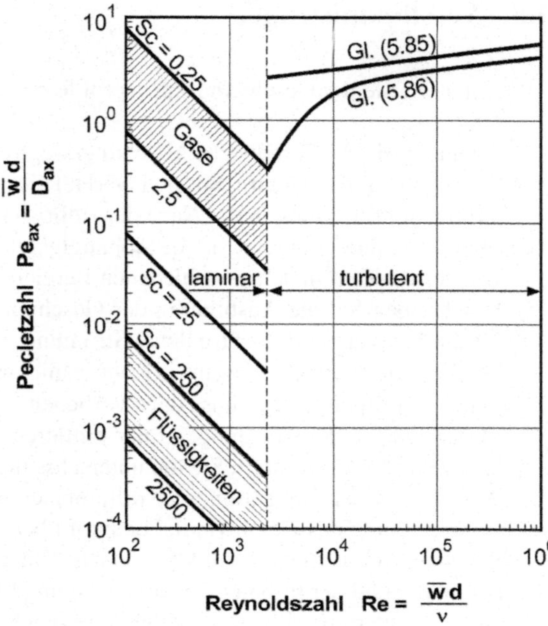

Abb. 5.19 Pe_{ax} als Funktion von Re für einphasige Strömung in leeren Rohren

Richtung. In der Regel ist die radiale Dispersion um den Faktor 5 bis 10 kleiner als die axiale Dispersion. Eine auf theoretischen Betrachtungen basierende Beziehung (Taylor 1954)

$$Pe_{ax} \approx 0{,}56/\sqrt{\zeta} \tag{5.88}$$

stimmt nur für $10^4 < Re < 10^6$ mit Messwerten zufrieden stellend überein. In Gl. (5.88) stellt ζ den Widerstandsbeiwert dar, der mit dem Blasiusschen Gesetz Gl. (5.34a) berechnet werden kann.

Da eine mathematische Behandlung dieser Phänomene trotz bedeutender Fortschritte noch nicht zu praktisch verwertbaren Ergebnissen geführt hat, ist man noch auf die empirische Beschreibung angewiesen. Für Re > 2000 hat sich der Zusammenhang von (Levenspiel 1962) zur Beschreibung der vorliegenden Messdaten bewährt:

$$Pe_{ax} = \frac{\overline{w}d}{D_{ax}} = \left(\frac{3 \cdot 10^7}{\mathrm{Re}^{2,1}} + \frac{1{,}35}{\mathrm{Re}^{0,125}}\right)^{-1}. \tag{5.89}$$

Abbildung 5.19 verdeutlicht, dass Pe_{ax} für die turbulente Strömung in leeren Rohren mit $Re > 10^4$ größer als 2 ist; für ein Verhältnis L/d von z. B. 50 ist dann Bo > 100, womit eine starke Annäherung an das ideale Strömungsrohr vorliegt. (Bo > 100 entspricht gemäß Gl. (4.40) einer Rührkesselkaskade mit etwa 50 Kesseln, die sich annähernd wie ein ideales Strömungsrohr verhält, wie Abb. 4.10 zeigt.) Die Dispersion in Rohren lässt sich durch Einbauten, Lochbleche, Schüttungen u. ä. noch deutlich reduzieren, falls erforderlich (s. auch Abschn. 8.4).

5.6 Verständnisfragen

1. Erläutern Sie die Geschwindigkeitsprofile bei laminarer und turbulenter Rohrströmung.
2. Erläutern Sie die Prandtlsche Mischungsweghypothese.
3. Skizzieren und erläutern Sie den Verlauf der mittleren Geschwindigkeit bei turbulenter Strömung in der Nähe der Rohrwand.
4. Skizzieren und erläutern Sie die Abhängigkeit des Widerstandskoeffizienten ζ von der Re-Zahl in den verschiedenen Bereichen.
5. Beschreiben Sie die Ausbildung der Geschwindigkeitsprofile am Rohreinlauf für die laminare und die turbulente Strömung.
6. Wie lässt sich der Druckverlust in Rohren mit unrundem Querschnitt berechnen? Welche Strömungsform muss dazu vorliegen?
7. Skizzieren Sie die Abhängigkeit der mittleren Sherwoodzahl von der Einlaufkennzahl z^* und erläutern Sie die unterschiedlichen Bereiche.
8. Warum muss für die Lösung der differenziellen Stoffbilanz bei der laminaren Rohrströmung das Geschwindigkeitsprofil bekannt sein?
9. Welchen Einfluss hat der fluiddynamische Einlauf auf den Stofftransport bei der laminaren und der turbulenten Rohrströmung? Begründen Sie Ihre Antwort.
10. Welche Änderung tritt in der mathematischen Beschreibung des Stoffübergangs bei laminarer Rohrströmung durch eine heterogene chemische Reaktion auf?
11. Wie ist der Stoffübergangskoeffizient bei heterogenen chemischen Reaktionen definiert? Wodurch erklärt sich diese Besonderheit?
12. Skizzieren und erläutern Sie die Konzentrationsprofile bei laminarer Rohrströmung mit heterogener chemischer Reaktion für unterschiedliche Lauflängen und Damköhlerzahlen in Abhängigkeit von der radialen Koordinate.
13. Wie berechnet sich die mittlere Konzentration einer Komponente in einem bestimmten Querschnitt?
14. Warum tritt für $\mathrm{Da_w} \to \infty$ beim Stofftransport mit heterogener Reaktion kein unendlicher Konzentrationsgradient an der Rohrwand auf?
15. Stellen Sie den Zusammenhang zwischen dem Widerstandsbeiwert und der Re-Zahl für nicht-Newtonsche Fluide mit unterschiedlichen Fließexponenten schematisch dar.
16. Skizzieren Sie den Zusammenhang zwischen der Pecletzahl und der Reynoldszahl zur Beschreibung der axialen Dispersion.

5.7 Aufgaben

1. Olivenöl soll durch eine 10 m lange horizontale Stahlrohrleitung (gereinigter Zustand) mit 3 cm Durchmesser von einem Kessel zur Flaschenabfüllung transportiert werden. Olivenöl hat eine Dichte von $890\,\mathrm{kg/m^3}$ und eine kinematische Viskosität von $\nu = 110 \times 10^{-5}\,\mathrm{m^2/s}$. Die mittlere Geschwindigkeit beträgt

0,55 m/s. In der Rohrleitung befinden sich zwei 90 °-Krümmer sowie ein Ventil ($\zeta_E = 4{,}6$).

a. Wie viele Flaschen á 0,7 l können pro Stunde gefüllt werden?
b. Berechnen Sie den Druckverlust in der Rohrleitung sowie die benötigte Pumpenleistung.
c. Was kostet der Betrieb der Pumpe pro Tag, wenn eine Kilowattstunde 0,08 € kostet?
d. Wie groß wäre der Leistungsbedarf bei einer Verdopplung der Abfüllkapazität?

2. Nach den Messungen von Nikuradse (Abb. 5.5) weicht der Druckverlust eines technisch rauen Rohres im turbulenten Zustand dann von dem des glatten Rohres ab, wenn die Rauigkeitsspitzen aus der laminaren Unterschicht herausragen.

   Überprüfen Sie diese Tatsache am Beispiel der Kurve für $R/k_s = 126$ durch den Vergleich der Rauigkeitshöhe mit der Dicke der laminaren Unterschicht.

3. Autokatalysatoren bestehen aus keramischen Wabenkörpern als Katalysatorträger. Ein solcher Wabenkörper kann als Bündel quadratischer Kanäle betrachtet werden.

Abgas			Katalysator
Volumenstrom:	$\dot{V} = 0{,}11\,m^3/s$	Kanalanzahl:	$n = 650$
		Kanalbreite:	$B = 2\,mm$
Dichte:	$\rho = 1{,}4\,kg/m^3$	Kanallänge:	$L = 30\,cm$
kin. Viskosität:	$\nu = 1{,}8 \times 10^{-5}\,m^2/s$	Rohrrauigkeit:	$k/d = 0{,}015$

a. Wie groß ist der Leistungsverlust, der durch den Einbau eines Abgas-Katalysators im Auto entsteht?
b. Diskutieren Sie, welche Vereinfachungen getroffen wurden, und wie sie das berechnete Ergebnis beeinflussen.

4. Bei Rohrleitungen – z. B. Überlandleitungen für Wasser, Dampf, Gas und Erdöl – ist eine Optimierung des Rohrdurchmessers von ökonomischer Bedeutung. Mit steigendem Durchmesser sinkt der Widerstand. Es wird also durch einen Mehraufwand an Investitionskosten beim Bau einer Rohrleitung eine Einsparung von Betriebskosten (Pumpenenergie) erreicht. Die niedrigsten Gesamtkosten sind zu ermitteln.
   Durch eine horizontale Rohrleitung von 4 km Länge sollen in einer Stunde 6000 m_N^3 (m_N^3 = Norm-Kubikmeter, p = 1013 hPa, T = 0 °C) Methan bei 20 °C Betriebstemperatur ($\eta = 0{,}0115$ mPas) und einem Druck von 3 bar gefördert werden. Als Material wird gezogener Stahl (gereinigt) verwendet. Die Einzelwiderstände, hervorgerufen durch Rohrleitungseinbauten (Krümmer, Schieber etc.) sollen 10 % des Rohrreibungswiderstandes der geraden Rohrstrecke ausmachen. Der Gesamtwirkungsgrad der Fördereinrichtungen (Gebläse und E-Motor) beträgt 50 %. Es handelt sich um eine isotherme Gasströmung ($\rho \approx$ konst.).

a. Ermitteln Sie den wirtschaftlich günstigsten Rohrleitungsdurchmesser D, wenn folgende Daten bekannt sind:

spez. Kosten für die Elektroenergie (Strompreis):	$k_E = 0{,}08$ €/kWh
spez. Abschreibungskosten der Rohrleitung:	$k_A = 51{,}13$ €/(a m m) (pro Jahr und Meter Rohrlänge und Meter Durchmesser)
spez. Instandhaltungskosten:	$k_I = 15{,}34$ €/(a m m)

Bei der Kostenermittlung ist mit 330 d/a (Arbeitstage pro Jahr) und einer Betriebsdauer von 24 h/d zu rechnen.

Hinweise: Kleinere Rohrdurchmesser bedeuten zwar niedrige Investitions- und Instandhaltungskosten, die Reibungsverluste sind jedoch wegen der höheren mittleren Geschwindigkeit sehr hoch. Höhere Reibungsverluste bedeuten aber Gebläse mit E-Motoren größerer Leistung. Die Kosten für die Elektroenergie steigen also mit kleineren Durchmessern. Die Gesamtkosten müssen über dem Rohrdurchmesser ein Minimum haben.
Ermitteln Sie eine Funktion $K_{ges} = f(D)$ für 4 km Rohrlänge, die sich aus den jährlichen Einzelkosten $K_{ges} = K_E + K_I + K_A$ zusammensetzt.
Bei der Berechnung der Kosten für die Elektroenergie soll folgende Gleichung[9] zur Bestimmung der elektrischen Leistung verwendet werden:

$$P_{el} = \frac{\dot{V} \cdot \Delta p_{ges}}{\eta_{el}}$$

Zu beachten ist, dass sich die Gesamtdruckdifferenz Δp_{ges} näherungsweise aus dem Reibungsdruckverlust und dem Druckverlust durch Einbauten zusammensetzt. Die Schätzung des Rohrdurchmessers liegt bei $D = 0{,}5$ m. Es stehen Rohre $D = 0{,}3$; $0{,}5$; $0{,}7$ m zur Verfügung. Der Durchmesser, der dem errechneten am nächsten kommt, ist auszuwählen.
Nach der Ermittlung des günstigsten Rohrleitungsdurchmessers sind weiterhin zu bestimmen:

b. mittlere Strömungsgeschwindigkeit in der Rohrleitung,
c. Strömungsart,
d. Gesamtdruckverlust in der Rohrleitung (mit allen Anteilen) beim Nennvolumenstrom,
e. elektrische Gebläseleistung und
f. jährliche Gesamtkosten.

5. Der Spalt (Weite 1 mm) zwischen zwei 100 cm² großen horizontalen Platten ist mit einer viskosen Newtonschen Flüssigkeit der Dichte 1000 kg/m³ und der Viskosität 100 Pas gefüllt.[10]

   a. Welche Kraft muss im stationären Zustand aufgewendet werden, um eine Platte mit einer Geschwindigkeit von 1 cm/s parallel zur anderen zu bewegen?
   b. Nach welcher Zeit ist der stationäre Zustand erreicht?

[9] Erläuterung zur Gleichung: $\eta_{el} = P_{mech}/P_{el}$ Wirkungsgrad, $P_{mech} = \dot{V}\Delta p_{ges} \rightarrow P_{el} = \dot{V}\Delta p_{ges}/\eta_{el}$
[10] Nach (Beek et al. 1999).

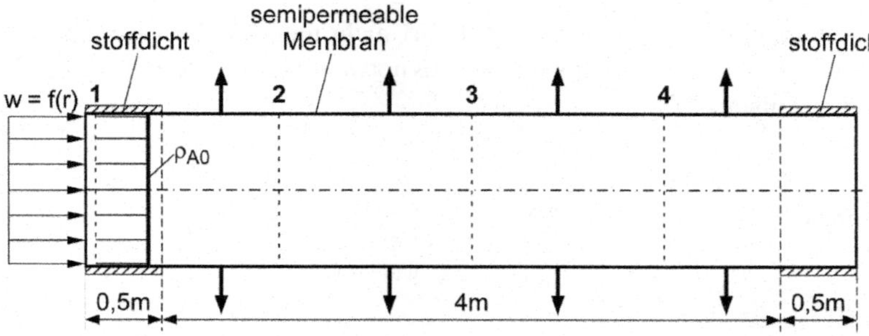

Abb. 5.20 Semipermeable Rohrmembran

6. Über eine semipermeable Rohrmembran soll einem einphasigen flüssigen Zweikomponentengemisch ($D_{AB} = 1 \times 10^{-7}\,m^2/s$, $\nu = 2 \times 10^{-6}\,m^2/s$) die Komponente A entzogen werden. Der Volumenstrom durch das Rohr (d = 5 mm) beträgt 15 cm^3/s. Die Anfangskonzentration beträgt $\rho_{A0} = 0{,}3\,kg/m^3$, die Wandkonzentration liegt bei konstant $\rho_{Aw} = 0{,}01\,kg/m^3$. Vor die Rohrmembran ist eine 0,5 m lange Einlaufstrecke gesetzt.

   a. Um welche Strömungsform handelt es sich, und ist die Strömung nach dem ersten halben Meter der Rohrleitung ausgebildet?
   b. Bestimmen Sie für den Rohrabschnitt mit der Membran den mittleren Stoffübergangskoeffizienten.
   c. Wie viel Rohre dieser Art benötigt man, um pro Stunde 3 kg von Stoff A abzutrennen? (Hinweis: Die mittlere Konzentration kann aus Abb. 5.16 ermittelt werden, wenn man annimmt, dass der Fall unendlich schneller Reaktion quantitativ mit dem Fall rein physikalischer Absorption übereinstimmt.)
   d. Zeichnen Sie die Konzentrationsprofile an den Stellen 2, 3 und 4 in der Abb. qualitativ ein. Zeichnen Sie zusätzlich den Endzustand bei unendlich langer Membran ein. Markieren Sie die Wandkonzentration und die mittlere Konzentration für alle Fälle (Abb. 5.20).

7. Für einen Membranbioreaktor soll die Crossflow-Pumpe ausgesucht werden. Das verwendete keramische Membranmodul hat eine Länge von 1 m und 19 zylindrische Kanäle mit jeweils 3,3 mm Innendurchmesser (k/d = 0,05). Zur Aufrechterhaltung einer zum Deckschichtabtrag ausreichend hohen Scherspannung soll die mittlere Geschwindigkeit mindestens 1,2 m/s betragen. Die Geschwindigkeitsverringerung entlang eines Kanals aufgrund des Permeatabzugs sei vernachlässigbar ($\dot{V}_{feed} \gg \dot{V}_{permeat}$). Zu Beginn des Prozesses liegt wässriges Nährmedium vor. Im weiteren Verlauf verändert sich durch Biomassewachstum das rheologische Verhalten der Suspension ($k_{end} = 110\,mPas^{0{,}6}$, $n_{end} = 0{,}6$), die Dichte kann allerdings noch annähernd als Wasserdichte angesehen werden.

   a. Wie groß ist der Druckverlust im Membranmodul zu Beginn und am Ende des Prozesses?
   b. Welche Förderleistung muss die Pumpe haben?

c. Welche mittlere Geschwindigkeit darf nicht unterschritten werden, um eine zur Deckschichtabtragung mindestens notwendige Scherspannung von 7 N/m^2 zu erzeugen?

Literatur

Allgemein

Baehr HD, Stephan K (2010) Wärme- und Stoffübertragung, 7. Aufl. Springer, Berlin

Beek WJ, Muttzall KM, van Heuven JG (1999) Transport Phenomena, 2. Aufl. Wiley, Chichester

Brauer H (1971a) Grundlagen der Einphasen- und Mehrphasenströmungen. Verlag Sauerländer, Aarau

Brauer H (1971b) Stoffaustausch. Verlag Sauerländer, Aarau

Brauer H (1985) Transport processes in newtonian fluids flowing through tubes. In: Rehm HJ, Reed G (Hrsg) Biotechnology, Bd 2. VCH Verlagsgesellschaft, Weinheim, S 34–47

Eck B (1978) Technische Strömungslehre, 8. Aufl. Springer, Berlin

Mersmann A (1986) Stoffübertragung. Springer, Berlin

Schade H, Kunz E (1989) Strömungslehre, 2. Aufl. Verlag Walter de Gruyter, Berlin

Speziell

Blasius H (1913) Das Ähnlichkeitsgesetz bei Reibungsvorgängen in Flüssigkeiten. Forschungsarbeiten des VDI, Heft 131

Boussinesq VJ (1877) Essai sur la théorie des eaux courantes. Mémoires à l'Académie des Sciences, T. 23 et 24

Dodge DW, Metzner AB (1959) Turbulent flow of non-newtonian systems. AIChE J 5:189–205

Fitzer E, Fritz W (1982) Technische Chemie, 2. Aufl. Springer, Berlin

Galavics F (1936) Mitteilung des Fernheiz-Kraftwerks d. ETH, Zürich

Hausen H (1959) Neue Gleichungen für die Wärmeübertragung bei freier und erzwungener Strömung. Allg Wärmetechn 9:75–79

Jakubith M (1998) Grundoperationen und chemische Reaktionstechnik. Wiley-VCH, Weinheim

v. Kármán T (1921) Über laminare und turbulente Reibung. Z Ang Math Mech 1:233–252

Kast W (2002) Druckverlust bei der Strömung durch Rohre. In: Gesellschaft VDI Gesellschaft (Hrsg) VDI-Wärmeatlas, 9. Aufl. VDI-Verlag, Düsseldorf, S 1–5

Kays WM, Crawford ME (1980) Convective heat and mass transfer. McGraw Hill, New York

Levenspiel O (1962) Chemical reaction engineering. Wiley, New York

Lévêque MA (1928) Les lois de la transmission de charleur par convection. Ann Mines 12:201–299, 305–362, 381–415

Moody LF (1944) Friction factors of pipe flow. Trans Am Soc Mech Eng 66:671–684

Nikuradse J (1933) Strömungsgesetze in rauhen Rohren. VDI Forschungsheft 361. VDI Verlag

Prandtl L (1925) Bericht über Untersuchungen zur ausgebildeten Turbulenz. Z Angew Math Mech 5:136–139

Schiller L (1922) VDI-Heft 248. VDI Verlag

Stephan K (1959) Wärmeübergang und Druckabfall bei nicht ausgebildeter Laminarströmung in Rohren und in ebenen Spalten. Chem Ing Tech 31:772–778

Taylor GI (1953) Dispersion of soluble matter in solvent flowing slowly through a tube. Proc Roy Soc A 219:186–203

Taylor GI (1954) The dispersion of matter in turbulent flow through a pipe. Proc Roy Soc A 223:446–468

Kapitel 6
Strömungen an ebenen Platten

In diesem Kapitel werden Transportvorgänge an ebenen Oberflächen untersucht. Im Gegensatz zur Rohrströmung handelt es sich hier um eine Um- und keine Durchströmung, daher kann die Strömung dem Hindernis ausweichen. Eine erzwungene Strömung, die hier betrachtet wird, kann durch ein Gebläse oder eine Pumpe erzeugt werden. Die besondere Bedeutung dieser speziellen Geometrie liegt nicht allein in den unmittelbaren technischen Anwendungen (z. B. Wärmeübergang in Plattenwärmetauschern und an Rippenflächen oder Stoffübergang bei der Überströmung von Membranoberflächen). Vielmehr ermöglichen die an der Platte zu beobachtenden Phänomene ein grundlegendes und damit auch übertragbares Verständnis für Transportvorgänge. Die Gesetzmäßigkeiten der Platte werden wie die der Rohrströmung entsprechend häufig auf andere komplexere Geometrien angewendet.

Ziel des Kapitels ist die Erläuterung und Berechnung des Geschwindigkeitsfelds an ebenen Platten sowie des dort auftretenden Stoffübergangs. Hierzu werden zuerst die Geschwindigkeitsprofile bei laminarer und turbulenter Überströmung erläutert. Besonderes Augenmerk wird dabei auf die vereinfachende mathematische Beschreibung durch Verwendung der Grenzschichttheorie gelegt. Die Bestimmung des Stoffübergangs erfolgt mittels einer differenziellen Massenbilanz, die zu dimensionslosen Berechnungsgleichungen für die Sherwoodzahlen führt. Die Besonderheiten, die durch den Stoffübergang mit einseitiger Diffusion entstehen, werden anschließend analysiert. Am Kapitelende werden die Konsequenzen heterogener chemischer Reaktionen für den Stoffübergang betrachtet.

6.1 Impulstransport

An der Plattenoberfläche gilt die Wandhaftung, und damit ist die Geschwindigkeit des Fluids dort gleich null. Die Geschwindigkeit w_x parallel zur Plattenoberfläche steigt mit zunehmendem Plattenabstand vom Wert null bis zur konstanten Geschwindigkeit $w_{x\infty}$. Vereinfachend lässt sich das Strömungsgebiet in eine *Grenzschichtströmung* und eine *Außenströmung* aufteilen. Hierbei repräsentiert die Grenzschichtströmung den reibungsbehafteten Teil des Strömungsfelds und die Außenströmung den reibungsfreien Teil. Der Druck kann mit der Längenkoordinate x variieren.

M. Kraume, *Transportvorgänge in der Verfahrenstechnik*,
DOI 10.1007/978-3-642-25149-8_6, © Springer-Verlag Berlin Heidelberg 2012

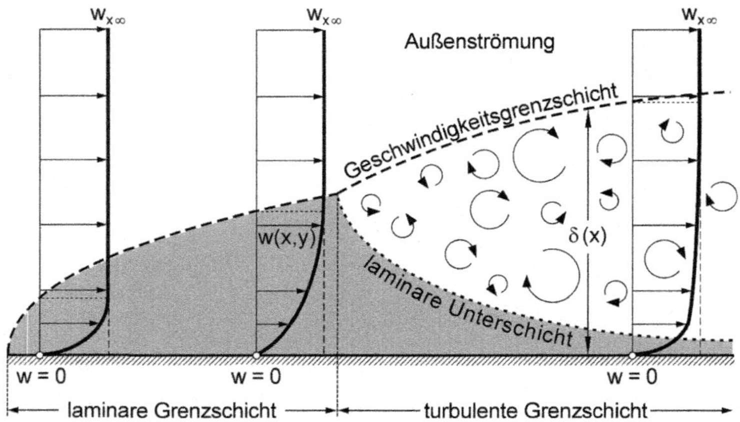

Abb. 6.1 Geschwindigkeitsprofil w(x, y) in Abhängigkeit von der Lauflänge an einer überströmten ebenen Platte bei laminarer und turbulenter Grenzschichtströmung

Von der Plattenvorderkante an bildet sich zunächst eine *laminare Grenzschicht* (s. Abb. 6.1). Diese wird ab einer bestimmten Lauflänge bzw., allgemeiner formuliert, ab einer bestimmten, mit der Lauflänge x gebildeten Reynoldszahl $Re \equiv x \cdot w_{x\infty}/\nu \geq 6 \times 10^4$ instabil. Während unterhalb dieser Reynoldszahl die Strömung immer laminar ist, klingen oberhalb der genannten Reynoldszahl kleine Störungen nicht mehr ab. Die Strömung wird noch nicht vollständig turbulent, sondern auf den laminaren Bereich folgt ein Übergangsbereich mit teils laminarer, teils turbulenter Strömung, und erst ab einer hinreichend großen Reynoldszahl Re_{krit} von

$$Re_{krit} = 10^5 \quad bis \quad 3 \cdot 10^6$$

wird die Strömung voll turbulent. Der Umschlag hängt stark von der Rauigkeit der Platte und dem Zulauf an ihrer Vorderkante ab.

In unmittelbarer Nähe einer festen Wand werden auch in einer vollturbulenten Strömung die turbulenten Schwankungsbewegungen gedämpft. In der dünnen *laminaren Unterschicht* überwiegt die Wirkung der Viskosität ν gegenüber dem turbulenten Impulsaustauschkoeffizienten ν_t (auch scheinbare turbulente Viskosität; s. Abschn. 1.4).

Die mathematische Strömungsberechnung lässt sich bei hohen Reynoldszahlen ($Re_L \equiv w_{x\infty} \cdot L/\nu > 10^2$) unter Verwendung der von Prandtl (1904) aufgestellten *Grenzschichttheorie* durchführen. Diese geht davon aus, dass der Impulstransport von dem Fluid an die Platte lediglich in einer dünnen Grenzschicht, die direkt an der Plattenoberfläche haftet, stattfindet. Außerhalb dieser Grenzschicht bewege sich das Fluid reibungsfrei mit konstanter Geschwindigkeit $w_{x\infty}$, also von der Platte (s. Abb. 6.1) unbeeinflusst (Potenzialströmung). Die Dicke der Grenzschicht δ wird als derjenige Abstand definiert, innerhalb dessen die Geschwindigkeit in x-Richtung w_x 99 % des Wertes der Geschwindigkeit außerhalb der Grenzschicht

$w_{x\infty}$ erreicht. Diese Definition hat den mathematischen Hintergrund, dass die physikalische Beschreibung des Geschwindigkeitsprofils zu dem Ergebnis führt, dass $w_{x\infty}$ erst in unendlicher Entfernung von der Platte erreicht wird. Um trotzdem einen sinnvollen Eindruck von der Zunahme der Geschwindigkeit an der Plattenoberfläche zu bekommen, wird der Wert $w_x(\delta) = 0{,}99\ w_{x\infty}$ für die Definition der Grenzschichtdicke herangezogen. In Abb. 6.1 ist die Ausdehnung der Grenzschicht in y-Richtung drastisch überhöht dargestellt, um die grundsätzlichen Zusammenhänge zu verdeutlichen.

6.1.1 *Laminare Grenzschicht*

Zunächst wird der Impulstransport an der parallel angeströmten ebenen Platte in der laminaren Grenzschicht betrachtet. Es wird angenommen, dass die Geschwindigkeit der Außenströmung bekannt ist. Für die Betrachtungen der laminaren Grenzschicht werden folgende Voraussetzungen getroffen:

- die Strömung sei stationär,
- die Strömung sei zweidimensional (eben),
- die Stoffwerte seien konstant (u. a. $\partial\rho/\partial t = 0$),
- die Temperaturerhöhung in Folge der Dissipation sei vernachlässigbar,
- die Massenkräfte seien vernachlässigbar und
- chemische Reaktionen kommen nicht vor.

Unter den angegebenen Voraussetzungen lauten die Kontinuitätsgleichung (Gl. (1.79)) und die Navier-Stokesschen Gleichungen (Gl. (1.80) und (1.81)):

$$\frac{\partial w_x}{\partial x} + \frac{\partial w_y}{\partial y} = 0, \tag{6.1}$$

$$\rho\left(w_x\frac{\partial w_x}{\partial x} + w_y\frac{\partial w_x}{\partial y}\right) = -\frac{\partial p}{\partial x} + \eta\left(\frac{\partial^2 w_x}{\partial x^2} + \frac{\partial^2 w_x}{\partial y^2}\right), \tag{6.2}$$

$$\rho\left(w_x\frac{\partial w_y}{\partial x} + w_y\frac{\partial w_y}{\partial y}\right) = -\frac{\partial p}{\partial y} + \eta\left(\frac{\partial^2 w_y}{\partial x^2} + \frac{\partial^2 w_y}{\partial y^2}\right). \tag{6.3}$$

Zur Abschätzung der Größenordnung der einzelnen Terme in dem Gleichungssystem (Gl. (6.1) bis (6.3)) werden zunächst dimensionslose Größen eingeführt:

$$Re_L = \frac{w_{x\infty} \cdot L}{\nu}, \quad X = \frac{x}{L}, \quad Y = \frac{y}{\bar{\delta}},$$

mit

$$\bar{\delta} = \frac{L}{\sqrt{\mathrm{Re}_L}} \text{ „mittlere Grenzschichtdicke“}, \ p^* = \frac{p}{\rho w_{x\infty}^2}, w_x^* = \frac{w_x}{w_{x\infty}},$$

$$w_y^* = \frac{w_y}{w_{x\infty}} \cdot \sqrt{\mathrm{Re}_L} \text{ (folgt aus der Kontinuitätsgleichung).}$$

Das obige Gleichungssystem nimmt durch Einführung der dimensionslosen Größen folgende Form an:

$$\frac{\partial w_x^*}{\partial X} + \frac{\partial w_y^*}{\partial Y} = 0, \tag{6.4}$$

$$w_x^* \frac{\partial w_x^*}{\partial X} + w_y^* \frac{\partial w_x^*}{\partial Y} = -\frac{\partial p^*}{\partial X} + \frac{1}{Re_L} \frac{\partial^2 w_x^*}{\partial X^2} + \frac{\partial^2 w_x^*}{\partial Y^2}, \tag{6.5}$$

$$\frac{1}{Re_L} \left(w_x^* \frac{\partial w_y^*}{\partial X} + w_y^* \frac{\partial w_y^*}{\partial Y} \right) = -\frac{\partial p^*}{\partial Y} + \frac{1}{Re_L^2} \frac{\partial^2 w_y^*}{\partial X^2} + \frac{1}{Re_L} \frac{\partial^2 w_y^*}{\partial Y^2}. \tag{6.6}$$

Für große Reynoldszahlen ($Re_L \to \infty$) werden alle Glieder mit den Faktoren $1/Re_L$ bzw. $1/Re_L^2$ vernachlässigbar klein gegenüber den anderen Gleichungstermen. (Anm.: Hierbei wird nicht betrachtet, dass für $Re_L \to \infty$ eigentlich turbulente Verhältnisse bestehen.) Überführt man nach der Vernachlässigung dieser Glieder die Gleichungen wieder in die dimensionsbehaftete Formulierung, so erhält man ein Gleichungssystem, das unter dem Namen *Prandtlsche Grenzschichtgleichungen* bekannt ist:

$$\frac{\partial w_x}{\partial x} + \frac{\partial w_y}{\partial y} = 0, \tag{6.1}$$

$$\rho \left(w_x \frac{\partial w_x}{\partial x} + w_y \frac{\partial w_x}{\partial y} \right) = -\frac{\partial p}{\partial x} + \eta \frac{\partial^2 w_x}{\partial y^2}, \tag{6.7}$$

$$\frac{\partial p}{\partial y} = 0. \tag{6.8}$$

Gleichung (6.8) zeigt ein wesentliches Ergebnis der Grenzschichthypothese, nämlich dass sich der Druck in der Grenzschicht nicht vom Druck in der anschließenden Potenzialströmung unterscheidet, die Außenströmung prägt der Grenzschicht ihren Druck auf. Gleichung (6.7) ist lediglich numerisch oder durch Potenzreihenansätze lösbar (s. z. B. Baehr und Stephan 2010, S. 371 ff.). Für den Gradienten an der Wand lässt sich mit dieser Lösung zeigen, dass gilt:

$$\left(\frac{\partial w_x}{\partial y} \right)_{y=0} = 0,332 \sqrt{\frac{w_{x\infty}^3}{\nu x}}. \tag{6.9}$$

Wählt man, wie üblich, die *Grenzschichtdicke* δ gleich dem Plattenabstand, bei welchem $w_x(\delta) = 0{,}99 \cdot w_{x\infty}$ ist, ergibt sich aus der Rechnung (s. z. B. Schlichting und Gersten 1997):

$$\boxed{\delta = \frac{4{,}9x}{\sqrt{Re_x}}.} \tag{6.10a}$$

Die Grenzschichthypothese ist ein sehr instruktives Hilfsmittel für das grundsätzliche Verständnis von Strömungsvorgängen. Allerdings beinhaltet sie auch eine Reihe

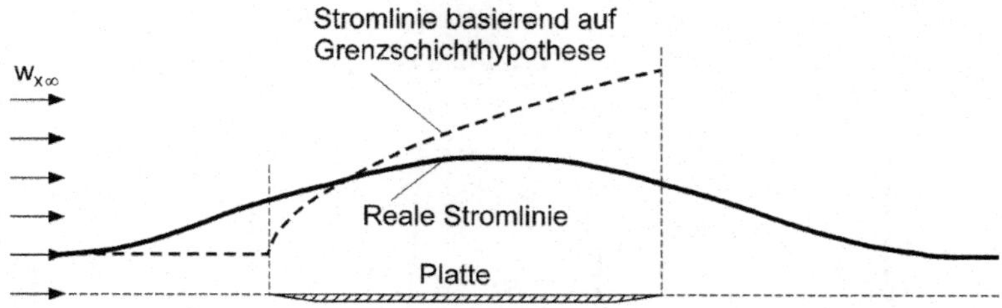

Abb. 6.2 Vergleich von Stromlinien für ein reales Fluid und für eine Fluidströmung gemäß der Grenzschichthypothese. (Nach Brauer und Sucker 1976a)

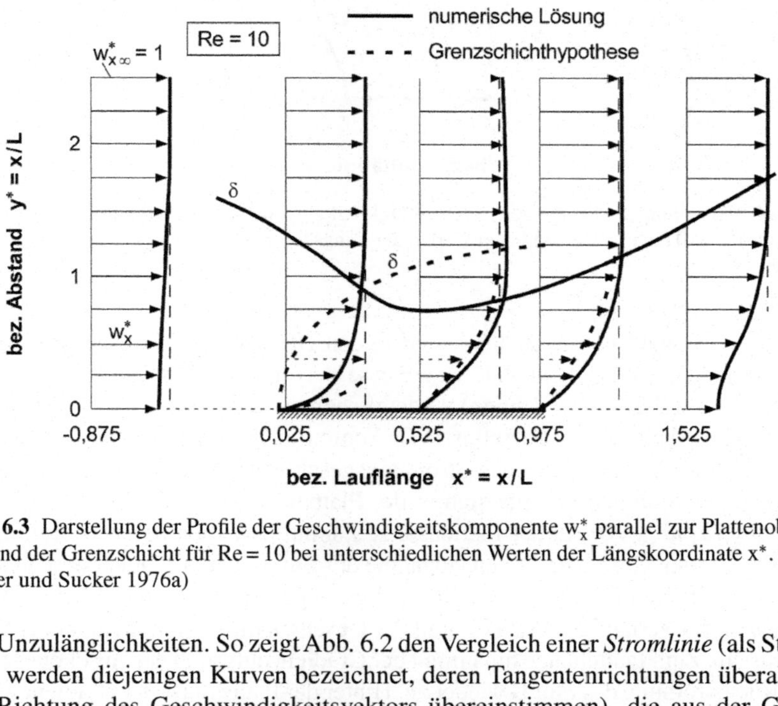

Abb. 6.3 Darstellung der Profile der Geschwindigkeitskomponente w_x^* parallel zur Plattenoberfläche und der Grenzschicht für Re = 10 bei unterschiedlichen Werten der Längskoordinate x*. (Nach Brauer und Sucker 1976a)

von Unzulänglichkeiten. So zeigt Abb. 6.2 den Vergleich einer *Stromlinie* (als Stromlinie werden diejenigen Kurven bezeichnet, deren Tangentenrichtungen überall mit der Richtung des Geschwindigkeitsvektors übereinstimmen), die aus der Grenzschichthypothese resultiert, mit einer tatsächlich auftretenden. Die Abweichung der Stromlinie von der ursprünglichen Richtung erfolgt bei der Grenzschichthypothese plötzlich von der Plattenspitze an. Eine Rückkehr der Stromlinie in die ursprüngliche Richtung hinter der Platte findet nicht statt, da der Bereich hinter der Platte nicht modelliert wird. Die tatsächliche Stromlinie zeigt deutlich, dass die Strömung bereits vor der Platte beeinflusst wird. In einem genügend großen Abstand hinter der Platte kehrt die Stromlinie in ihre ursprüngliche Richtung zurück.

Für die exakte Beschreibung der Strömung muss das Differenzialgleichungssystem (Gln. (6.1), (6.2) und (6.3)) numerisch gelöst werden. Die Abb. 6.3 und 6.4 geben einen Vergleich der berechneten Geschwindigkeitsprofile für w_x und w_y, die aus der Grenzschichthypothese bzw. der numerischen Berechnung für Re = 10

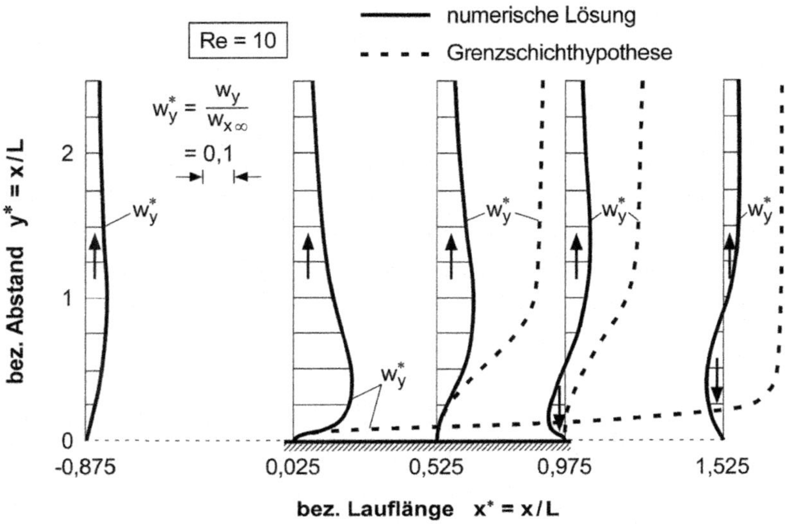

Abb. 6.4 Darstellung der Profile der Geschwindigkeitskomponente w_y^* senkrecht zur Plattenoberfläche für Re = 10 bei unterschiedlichen Werten der Längskoordinate x^*. (Nach Brauer und Sucker 1976a)

resultieren. Sowohl w_x als auch w_y sind in den Darstellungen auf die Anströmgeschwindigkeit $w_{x\infty}$ bezogen. Die Ergebnisse der numerischen Berechnung (Abb. 6.3 und 6.4 durchgezogene Linien) verdeutlichen, dass die Platte die Strömung bereits vor der Plattenspitze beeinflusst. Es kommt zu einem Rückstau, der vor der Platte zu einer Verringerung der Strömungsgeschwindigkeit in x-Richtung führt. Aufgrund der Symmetrie ergibt sich in der Plattenebene vor der Platte die Bedingung $(\partial w_x/\partial y)_{y=0} = 0$. An der Plattenspitze kommt es wegen der Wandhaftung zu einer drastischen Geschwindigkeitsabnahme des Fluids zu der Plattenoberfläche hin auf die Geschwindigkeit $w_x\ (y = 0) = 0$ mit der Folge sehr großer Geschwindigkeitsgradienten. Im Verlauf der Platte nimmt der Geschwindigkeitsgradient an der Wand zunächst ab. Zum Plattenende hin nimmt der Gradient aufgrund der zur Platte gerichteten Rückströmung des Fluids wieder zu. Hinter der Platte muss der Gradient wegen der Symmetrie wiederum den Wert null annehmen. In genügend großer Entfernung von der Platte gleicht sich das Geschwindigkeitsprofil wieder vollständig aus.

Nach den Ergebnissen der Grenzschichthypothese hat die Platte keinen Einfluss auf die Strömung vor der Platte. Entsprechend zeigen die Geschwindigkeitsprofile, die mit Hilfe der Grenzschichthypothese berechnet wurden (Abb. 6.3 und 6.4 gestrichelte Linien), höhere Geschwindigkeitsgradienten am Plattenanfang. Die Gradienten werden mit zunehmender Lauflänge kontinuierlich kleiner, da nach der Grenzschichthypothese keine Rückströmung zur Platte hin auftreten kann. In die Abb. 6.3 ist zusätzlich der Verlauf der Grenzschichtdicken für die reale Strömung und entsprechend der Grenzschichthypothese eingetragen, die sich aus den Profilen für die Geschwindigkeit in x-Richtung ergeben.

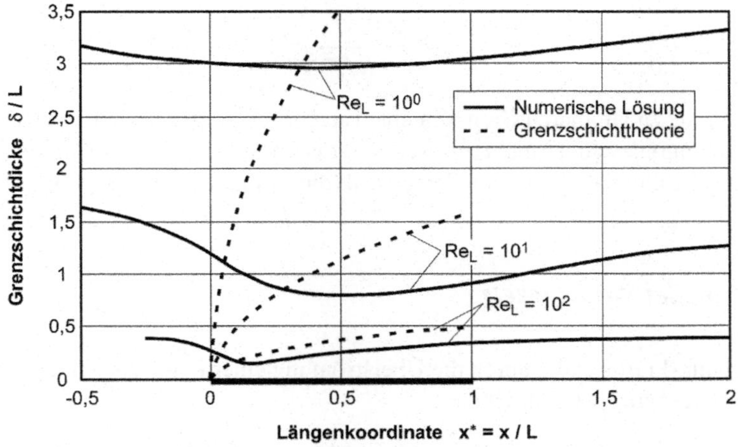

Abb. 6.5 Bezogene Grenzschichtdicke δ/L als Funktion der Längskoordinate x* für ein reales Fluid und für eine Fluidströmung gemäß der Grenzschichthypothese (numerische Ergebnisse von Brauer und Sucker 1976a)

Die Profile der Strömungsgeschwindigkeit in y-Richtung (s. Abb. 6.4) lassen sich aus dem Verlauf der Profile der Strömungsgeschwindigkeit in x-Richtung bzw. aus dem Verlauf der Stromlinien (s. Abb. 6.2) erklären. Eine Abbremsung (bzw. Beschleunigung) der Strömung in x-Richtung hat entsprechend der Kontinuitätsgleichung (6.1) eine Beschleunigung (bzw. Abbremsung) der Strömung in y-Richtung zur Folge. Dieser Effekt wird besonders deutlich durch das Strömungsprofil der Grenzschichthypothese am Plattenanfang. Die im hinteren Plattenbereich zur Platte hin gerichteten Stromlinien der numerisch berechneten realen Strömung bedeuten eine zur Platte gerichtete Geschwindigkeit in y-Richtung. An der Plattenoberfläche ergibt sich für den Gradienten $(\partial w_y/\partial y)_{y=0}$ stets der Wert null, da die Geschwindigkeit w_x an der Plattenoberfläche für alle Werte der Lauflänge aufgrund der Wandhaftung gleich null (w_x $(y=0)=0$) und damit auch der Gradient $(\partial w_x/\partial x)_{y=0}$ gleich null ist (s. Kontinuitätsgleichung (6.1)).

Die Abb. 6.3 und 6.4 verdeutlichen die Ungenauigkeiten, die aus der Anwendung der Grenzschichthypothese entstehen. Dies wird durch Abb. 6.5 nochmals unterstrichen, in der ein Vergleich der Grenzschichtdicken für unterschiedliche Reynoldszahlen erfolgt. Die Diskrepanz zwischen der numerischen Lösung und dem Ergebnis der Grenzschichthypothese Gl. (6.10a) nimmt mit fallender Reynoldszahl deutlich zu. Die bei der Herleitung der Grenzschichtgleichungen vorausgesetzte hohe Reynoldszahl führt zur Zunahme der Abweichungen mit abnehmender Reynoldszahl.

6.1.2 Turbulente Grenzschicht

Für inkompressible, turbulente Strömungen über einer ebenen Platte wird die Grenzschichtdicke näherungsweise durch folgende Beziehung beschrieben (zur Herleitung s. z. B. Kaufmann 1963):

$$\delta = \frac{0{,}37x}{Re_x^{0{,}2}}. \tag{6.10b}$$

Im Gegensatz zu laminaren Grenzschichten an ebenen Platten variiert also die turbulente Plattengrenzschicht nicht mit $Re_x{}^{-0{,}5}$ sondern mit $Re_x{}^{-0{,}2}$. Außerdem wächst die turbulente Grenzschicht schneller mit x als die laminare, nämlich mit $x^{0{,}8}$ statt $x^{0{,}5}$.

6.1.3 Widerstandsgesetz

Die Reibungskraft F_w, die durch die Überströmung einer Platte entsteht, wird durch den *Reibungsbeiwert* beschrieben:

$$\zeta_f \equiv \frac{F_w/A_{Pl}}{\rho w_{x\infty}^2/2}. \tag{6.11}$$

Die Plattenfläche A_{Pl} ergibt sich bei der einseitig überströmten Platte aus dem Produkt Länge L mal Breite B. Die Reibungskraft F_w ergibt sich als Folge der Wandschubspannungen τ_w, die von der Lauflänge x abhängig sind:

$$F_w = B \int\limits_{x=0}^{x=L} \tau_w dx. \tag{6.12}$$

Für Newtonsche Flüssigkeiten kann die Schubspannung aus dem Geschwindigkeitsgradienten ermittelt werden. Aus der Grenzschichthypothese ist $(\partial w_x/\partial y)$ an der Wand bekannt Gl. (6.9), und damit ergibt sich für den Reibungsbeiwert der laminaren Strömung (Blasius 1908):

$$\zeta_f = \frac{1{,}328}{\sqrt{Re}}. \tag{6.13}$$

Die numerische Berechnung führt zu einem etwas anderen Resultat. Der Widerstandsbeiwert ist in Abb. 6.6 als Funktion der Reynoldszahl dargestellt.

Die experimentellen Ergebnisse sowie die Resultate der numerischen Berechnung für die laminare Plattenströmung können mit folgender halbempirischer Gleichung beschrieben werden (Brauer und Sucker 1976a):

$$\zeta_{flam} = \frac{2{,}65}{Re^{7/8}} - \frac{1}{4Re + \dfrac{0{,}008}{Re}} + \frac{1{,}328}{Re^{1/2}}. \tag{6.14}$$

$$\text{Gültigkeitsbereich:}\ 10^{-2} \le Re \le Re_{krit} = 5 \cdot 10^5$$

Die Ergebnisse von Gl. (6.14) weichen mit fallender Reynoldszahl zunehmend von dem Ergebnis der Grenzschichttheorie ab.

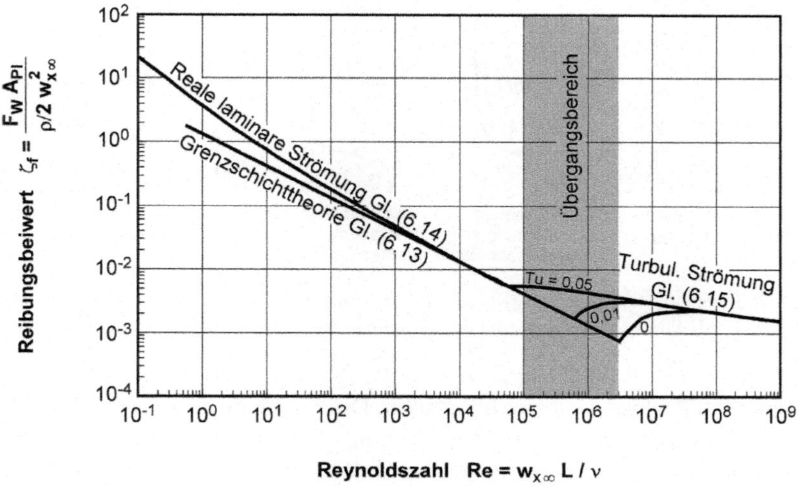

Abb. 6.6 Reibungsbeiwert ζ für laminare und turbulente Plattenströmungen. (Nach Brauer und Sucker 1976a)

Bei der turbulenten Plattenströmung nimmt der Impulsaustausch infolge der Turbulenz deutlich zu. Dies zeigt sich in der verringerten Abhängigkeit des Reibungsbeiwertes ζ_f von der Reynoldszahl. Experimentelle Literaturdaten lassen sich nach folgendem empirischen Widerstandsgesetz (Brauer und Sucker 1976a) beschreiben:

$$\zeta_{fturb} = \frac{0{,}455}{(\log Re)^{2{,}58}} - \frac{1}{Re}\frac{9{,}9\cdot 10^3}{1+10^4 Tu^{1{,}7}}. \tag{6.15}$$

Gültigkeitsbereich: $Re_{krit} \leq Re \leq 10^9, 0 \leq Tu \leq 0{,}1$

Zur Berechnung muss der *Turbulenzgrad* der Strömung

$$Tu = \sqrt{\overline{w'^2_\infty}/w^2_\infty} \tag{6.16}$$

bekannt sein. w^2_∞ stellt hierbei die turbulente Schwankungsgeschwindigkeit dar, entsprechend ist $\overline{w'^2_\infty}$ der zeitliche Mittelwert des Quadrats der turbulenten Schwankungsgeschwindigkeit.

6.2 Stoffübergang

6.2.1 Laminare Strömung

Nachdem das Geschwindigkeitsprofil der laminaren Strömung ermittelt wurde, kann nun die Stoffbilanz gelöst werden. Ein zugehöriges System, welches aus zwei Phasen besteht, zeigt Abb. 6.7. Die untere Phase möge fest oder flüssig sein. Sie wird

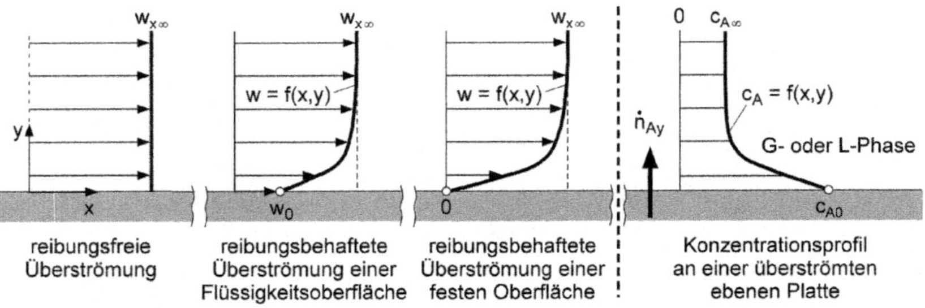

Abb. 6.7 Schematische Darstellung der Stoffübertragung von einer unteren L- oder S-Phase in eine obere G- oder L-Phase, in welcher ein Geschwindigkeits- und ein Konzentrationsprofil vorliegen

von einer fluiden Phase laminar überströmt. Die Komponente A wird aufgrund eines Konzentrationsgefälles von der unteren in die obere Phase übertragen. Die hiermit verbundenen Stoffaustauschvorgänge werden z. T. auch zu Kühlzwecken genutzt, wie Abb. 6.8 anhand einiger typische Beispiele verdeutlicht. Zur Wandkühlung kann eine Durchströmung der Wand mit Kühlluft a) bzw. Kühlflüssigkeit b) eingesetzt werden. Der Übergang eines Feststoffs durch Sublimation bzw. nach vorangegangenem Aufschmelzvorgang c) in eine heiße Gasströmung wird ebenfalls zur Kühlung genutzt. Bei der Strömung von trockener Luft über eine Wasseroberfläche diffundiert Wasserdampf von der Wasseroberfläche in die Luft hinein d). Bei sämtlichen Beispielen ist eine wandnormale Geschwindigkeitskomponente w_y e) vorhanden, die entweder vorgegeben werden kann oder gesucht ist.

Im Folgenden wird angenommen, dass die Konzentration c_{Aw} an der Phasengrenzfläche (s. Abb. 6.7) konstant ist. Es soll am Beispiel eines Desorptionsprozesses die Frage beantwortet werden, wie groß die Stoffstromdichte $\dot{n}_{Aw}$ in die obere Phase hinein ist, in welcher in großer Entfernung von der Phasengrenzfläche die Konzentration $c_{A\infty} < c_{Aw}$ herrscht. Aufgrund der großen Ausdehnung ändert sich $c_{A\infty}$ trotz des übergehenden Stoffstroms nicht.

Die *örtliche Stoffstromdichte* der Komponente A beträgt:

$$\dot{n}_{Aw}(x) = \frac{d\dot{N}_{Aw}}{dA} = -D_{AB}\left(\frac{\partial c_A(x,y)}{\partial y}\right)_{y=0} \equiv \beta(x)(c_{Aw} - c_{A\infty}). \tag{6.17}$$

Durch diese Gleichung ist der *örtliche Stoffübergangskoeffizient* $\beta(x)$ definiert, welcher sich bei bekanntem Konzentrationsgefälle $(c_{Aw} - c_{A\infty})$ und bekanntem Diffusionskoeffizienten D_{AB} dann berechnen lässt, wenn auch die partielle Ableitung $\partial c_A/\partial y$ an der Phasengrenzfläche bekannt ist. Der mittlere Stoffübergangskoeffizient β wird durch folgende Gleichung definiert:

$$\dot{N}_{Aw} \equiv \beta A(c_{Aw} - c_{A\infty}). \tag{6.18}$$

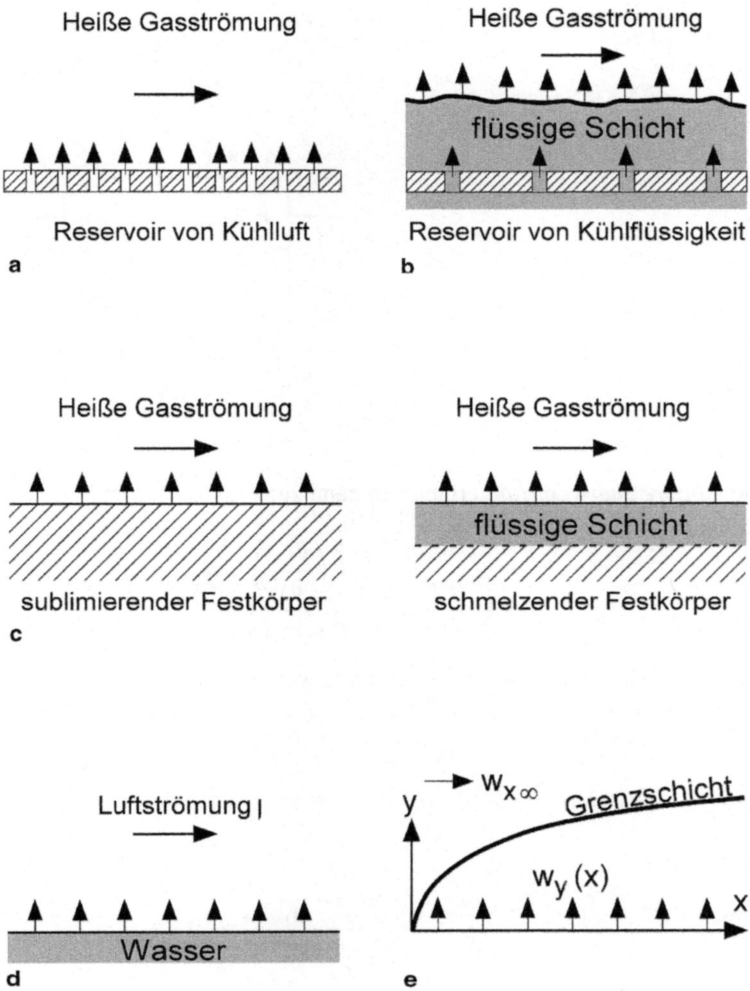

Abb. 6.8 Beispiele zur technischen Nutzung der Stoffaustauschvorgänge an Platten (**a**–**d**) sowie schematische Darstellung der in diesen Fällen auftretenden Strömungen

Die Integration von Gl. (6.17) über die Fläche A liefert mit dA = Bdx, worin B die Breite der Strömung in z-Richtung ist:

$$\dot{N}_{Aw} = -D_{AB} \int_0^A \left(\frac{\partial c_A}{\partial y} \right)_{y=0} dA = -D_{AB} B \int_0^L \left(\frac{\partial c_A}{\partial y} \right)_{y=0} dx. \tag{6.19}$$

Die Größe L ist die Länge der Phasengrenzfläche.

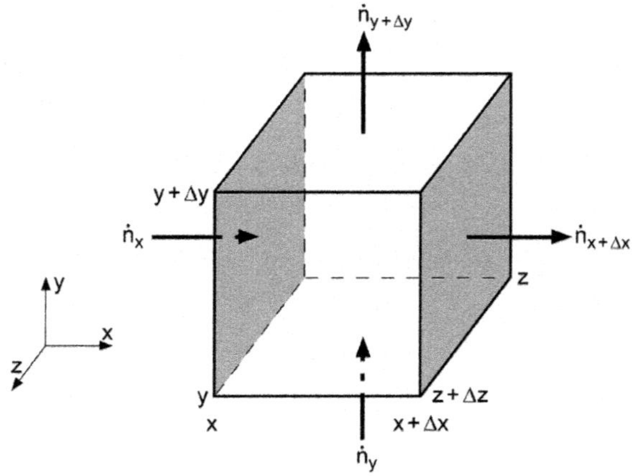

Abb. 6.9 Differenzielle Stoffbilanz bei der Plattenströmung

Die *mittlere Sherwoodzahl* ergibt sich dann zu:

$$Sh_L \equiv \frac{\beta L}{D_{AB}} = \frac{-\int\limits_0^L \left(\frac{\partial c_A}{\partial y}\right)_{y=0} dx}{(c_{Aw} - c_{A\infty})}. \tag{6.20}$$

Zur Bestimmung des Konzentrationsverlaufs wird eine *differenzielle Massenbilanz* über ein infinitesimales Volumenelement (s. Abb. 6.9) durchgeführt. Es wird der stationäre Zustand betrachtet. Die Stoffbilanz ergibt:

$$\dot{n}_x \Delta y \Delta z - \dot{n}_{x+\Delta x} \Delta y \Delta z + \dot{n}_y \Delta x \Delta z - \dot{n}_{y+\Delta y} \Delta x \Delta z = 0. \tag{6.21}$$

Hieraus folgt

$$\frac{\dot{n}_x - \dot{n}_{x+\Delta x}}{\Delta x} + \frac{\dot{n}_y - \dot{n}_{y+\Delta y}}{\Delta y} = 0$$

bzw. durch den Grenzübergang Δx sowie Δy $\to$ 0:

$$\frac{d\dot{n}_x}{dx} + \frac{d\dot{n}_y}{dy} = 0. \tag{6.22}$$

Die Transportströme setzen sich aus einem konvektiven und einem molekularen Anteil zusammen, so dass gilt:

$$\frac{d}{dx}\left(w_x c_A - D_{AB}\frac{\partial c_A}{\partial x}\right) + \frac{d}{dy}\left(w_y c_A - D_{AB}\frac{\partial c_A}{\partial y}\right) = 0$$

und unter Berücksichtigung der Kontinuitätsgleichung Gl. (6.1):

$$w_x \frac{\partial c_A}{\partial x} + w_y \frac{\partial c_A}{\partial y} = D_{AB}\left(\frac{\partial^2 c_A}{\partial x^2} + \frac{\partial^2 c_A}{\partial y^2}\right). \tag{6.23}$$

Zur einfacheren Behandlung dieser Gleichung bietet sich wiederum eine Überführung in die dimensionslose Form an. Da es nur auf Aussagen zur Lösung des Gleichungssystems ankommt, und nicht, wie in Abschn. 6.1.1 bei der Herleitung der Grenzschichtgleichungen, auf eine Abschätzung der Größenordnung der einzelnen Terme in einer bestimmten Gleichung, werden alle Größen in den Gleichungen in gleicher Weise dimensionslos gemacht. Es werden folgende dimensionslose Größen eingeführt:

$$\xi \equiv \frac{c_A - c_{A\infty}}{c_{Aw} - c_{A\infty}},$$

$$x^* \equiv x/L, \quad y^* \equiv y/L, \quad w_x^* \equiv w_x/w_{x\infty}, \quad w_y^* \equiv w_y/w_{x\infty},$$

$$Re_L = \frac{w_{x\infty} L}{\nu}, \quad Sc = \frac{\nu}{D_{AB}}.$$

Durch Einsetzen in Gl. (6.23) folgt:

$$w_x^* \frac{\partial \xi}{\partial x^*} + w_y^* \frac{\partial \xi}{\partial y^*} = \frac{1}{\mathrm{Re}_L Sc} \left(\frac{\partial^2 \xi}{\partial x^{*2}} + \frac{\partial^2 \xi}{\partial y^{*2}} \right). \tag{6.24}$$

Diese Differenzialgleichung kann unter Verwendung der Grenzschichthypothese und einiger vereinfachender Annahmen zur Bestimmung des Konzentrationsgradienten an der Oberfläche genutzt werden (zur Herleitung s. Pohlhausen 1921). Demzufolge gilt für eine starre Oberfläche und $\mathrm{Sc} > 0{,}7$ für die *örtliche* oder *lokale Sherwoodzahl* $\mathrm{Sh_x}$ und für die *mittlere* Sherwoodzahl $\mathrm{Sh_L}$:

$$Sh_x = \frac{\beta(x) \cdot L}{D_{AB}} = 0{,}332 \cdot \sqrt{Re_L} \cdot Sc^{1/3} \left(\frac{L}{x} \right)^{1/2}, \tag{6.25a}$$

$$\boxed{Sh_L = \frac{\beta \cdot L}{D_{AB}} = 0{,}664 \quad \sqrt{Re_L} \cdot Sc^{1/3}.} \tag{6.25b}$$

Wie bereits in Abschn. 6.1 erläutert wurde, führt die Grenzschichthypothese insbesondere bei kleinen $\mathrm{Re_L}$-Zahlen ($\mathrm{Re_L} < 100$) zu größeren Abweichungen von den tatsächlichen physikalischen Verhältnissen. Die numerische Lösung von Gl. (6.24) ermöglicht daher eine exaktere Beschreibung des Stoffübergangs. In Abb. 6.10 wird beispielhaft der so berechnete Verlauf der lokalen Sherwoodzahl $\mathrm{Sh_x}$ über der Lauflänge für $\mathrm{Re_L} = 40$ gezeigt. Ergänzend enthält Abb. 6.11 für den Fall der Absorption an einer Platte einen qualitativen Vergleich der Konzentrationsverläufe, die sich gemäß der numerischen Lösung bzw. der Grenzschichttheorie ergeben. Erwartungsgemäß liegt der höchste Wert von $\mathrm{Sh_x}$ an der Plattenspitze vor, da hier die höchsten Konzentrationsgradienten auftreten. Mit zunehmender Lauflänge wächst die Grenzschichtdicke, der konvektive Stofftransport nimmt ab und der Konzentrationsgradient an der Wand und damit auch $\mathrm{Sh_x}$ werden geringer. Am Ende der Platte führt die zur Platte gerichtete Strömung in y-Richtung (s. Abb. 6.4) zu einem leichten Wiederanstieg der Sherwoodzahl. Der aus der Grenzschichthypothese abgeleitete Zusammenhang für $\mathrm{Sh_x}$ Gl. (6.25a) ist ebenfalls in Abb. 6.10 eingetragen. Unmittelbar an

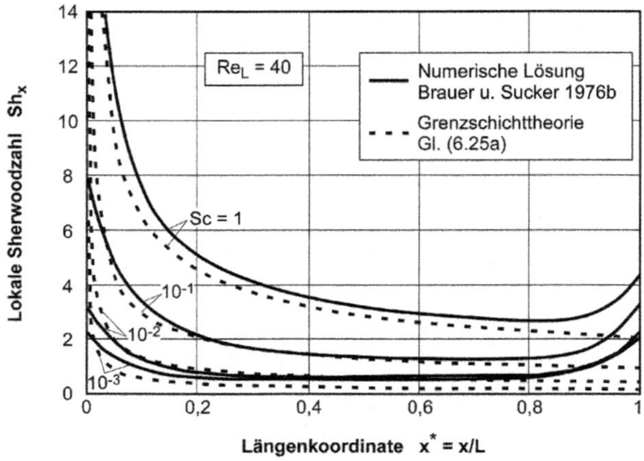

Abb. 6.10 Darstellung der lokalen Sherwoodzahl Sh_x für die laminare Plattenströmung für $Re_L = 40$ und verschiedene Werte der Sc-Zahl

der Plattenspitze ist der lokale Stoffübergangskoeffizient gemäß der Grenzschichthypothese aufgrund eines größeren Konzentrationsgradienten an der Plattenoberfläche (s. Abb. 6.11) höher, danach sinkt er unter den Wert der numerischen Lösung. Es tritt kein Wiederanstieg von Sh_x am Plattenende auf, was zwangsläufig aus den vereinfachenden Annahmen der Grenzschichthypothese resultiert.

Für die mittlere Sherwoodzahl ergibt sich aus einer numerischen Berechnung (Brauer und Sucker 1976b) der Zusammenhang:

$$Sh_L = 0{,}8\ (\mathrm{Re}_L Sc)^{0{,}1} + f_p \frac{\mathrm{Re}_L Sc}{1 + 1{,}30(\mathrm{Re}_L Sc)^{1/2}} \tag{6.26}$$

mit

$$f_p = \frac{1{,}47}{\left[1 + (1{,}67 Sc^{1/6})^2\right]^{1/2}}. \tag{6.27}$$

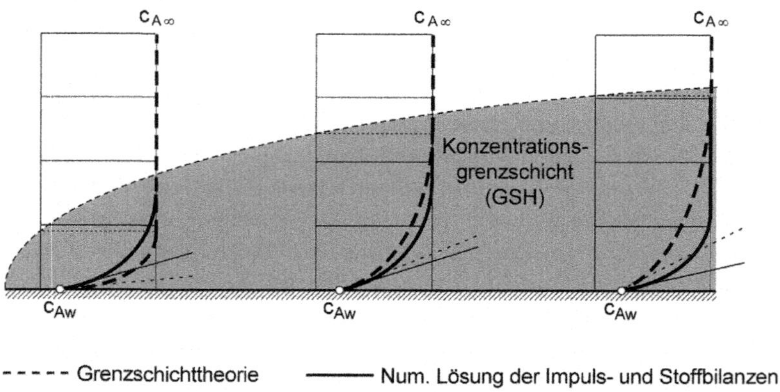

Abb. 6.11 Qualitative Konzentrationsprofile an einer ebenen Platte nach der Grenzschichttheorie bzw. nach numerischer Lösung der Impuls- und Stoffbilanzen

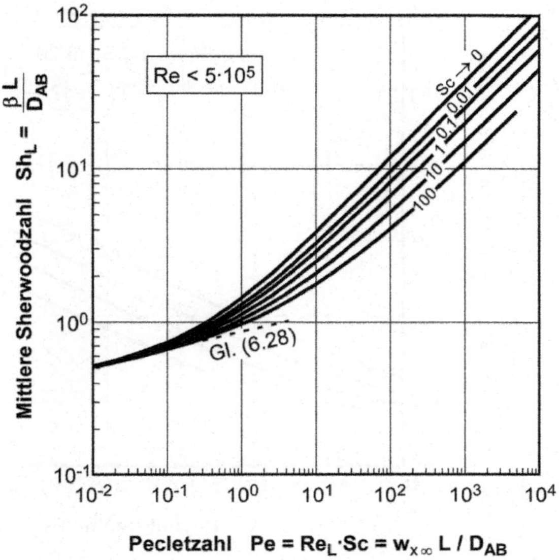

Abb. 6.12 Mittlere Sherwoodzahl bei der laminaren Plattenströmung für verschiedene Werte der Schmidtzahl. (Nach Brauer und Sucker 1976b)

Gültigkeitsbereich: $0 \leq Re_L\ Sc < \infty$ mit
$0 \leq Re_L \leq Re_{krit} \approx 5 \times 10^5$
$0 \leq Sc < \infty$

Gleichung (6.26) enthält zwei wesentliche Grenzgesetze:

$$(Re_L Sc) \to 0: \quad Sh = 0{,}8(Re_L Sc)^{0{,}1}, \tag{6.28}$$

$$(Re_L Sc) \to \infty: \quad Sh = f_p 0{,}77(Re_L Sc)^{1/2} \tag{6.29}$$

mit

$$Re_L \leq Re_{krit}.$$

Das erste Grenzgesetz gemäß Gl. (6.28) ist in Abb. 6.12 wiedergegeben. Das zweite Grenzgesetz nach Gl. (6.29) führt mit der zusätzlichen Bedingung: $Sc \to \infty$ und somit $f_p = 0{,}88/Sc^{1/6}$ auf den mittels der Grenzschichthypothese hergeleiteten Zusammenhang Gl. (6.25b).

6.2.2 *Turbulente Strömung*

Zur Beschreibung des Stofftransports bei turbulenter Strömung hat sich nachstehende empirische Gleichung, die für den Wärmeübergang hergeleitet wurde (Petukhov und Popov 1963), auch für die mittlere Sherwoodzahl bewährt (Brauer und Sucker 1976b):

$$Sh_L = \frac{0{,}037 Re_L{}^{0{,}8} Sc}{1 + 2{,}44 Re_L{}^{-0{,}1}(Sc^{2/3} - 1)} \tag{6.30}$$

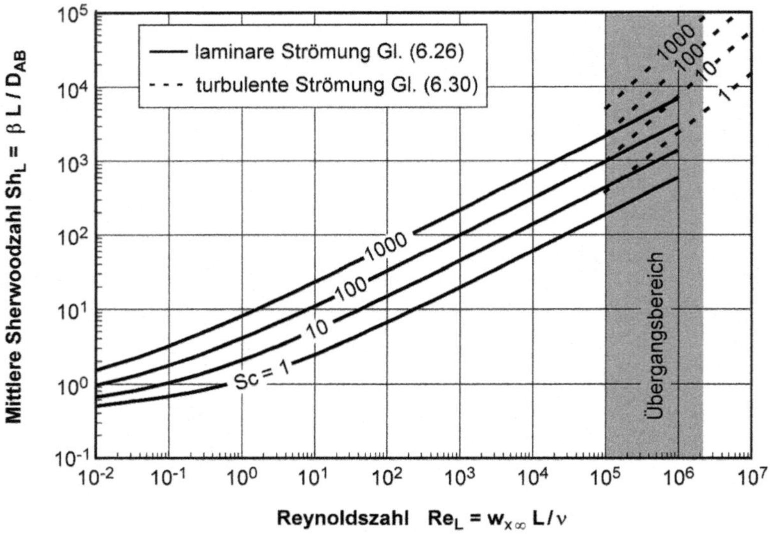

Abb. 6.13 Abhängigkeit der mittleren Sherwoodzahl von der Reynoldszahl für die laminare und die turbulente Plattenströmung bei verschiedenen Schmidtzahlen

Gültigkeitsbereich: $Re_{krit} \leq Re_L < \infty$
$0{,}8 \leq Sc < \infty$

Die Berechnung des übergehenden Stoffstroms erfolgt unter Verwendung der treibenden Konzentrationsdifferenz $c_{Aw} - c_{A\infty}$ (s. Gl. (6.18)). Der Verlauf der mittleren Sherwoodzahl in Abhängigkeit von der Reynoldszahl ist in Abb. 6.13 dargestellt.

6.3 Fluiddynamik und Stofftransport bei hohem Partialdruck

In diesem Abschnitt wird der Fall betrachtet, dass die zwischen der Platte und dem Fluid ausgetauschten Stoffströme (z. B. infolge einer Verdunstung) solche Größenordnungen annehmen, dass die Umströmung der Platte davon beeinflusst wird. Damit unterscheiden sich diese Vorgänge von den bisher betrachteten, in denen die Rückwirkung des Stoff- bzw. Wärmetransports auf das Geschwindigkeitsfeld nicht auftrat bzw. vernachlässigt wurde.

6.3.1 Physikalische Problematik

Die bisherigen Betrachtungen basierten stets auf der Annahme, dass der diffusive Stofftransport gemäß dem Fickschen Ansatz Gl. (1.7) stattfindet. Dies gilt bei äquimolarer Diffusion bzw. bei geringen Stoffströmen. Bei den in diesem Abschnitt betrachteten Systemen tritt dagegen eine *einseitige Diffusion* auf, die von einem nicht zu vernachlässigenden konvektiven Verdrängungsstrom begleitet ist, der im Rahmen der einseitigen Diffusion als *Stefan-Strom* bereits erläutert wurde (s. Abschn. 1.1.3). Im Weiteren wird ein *binäres System zweier Gase* betrachtet, da im Wesentlichen nur in gasförmigen Systemen derartig hohe Stoffstromdichten auftreten können.

Die Stoffstromdichte der Komponente A wird durch folgende Gleichung beschrieben (s. Abschn. 1.1.3):

$$\dot{m}_A^{eins} = -\frac{D_{AB}}{TR/\widetilde{M}_A}\frac{dp_A}{dy} + w_{vy}\frac{p_A}{TR/\widetilde{M}_A}. \tag{6.31}$$

w_{vy} ist die in y-Richtung gerichtete *Verdrängungsgeschwindigkeit*, die sich gemäß Gl. (1.14) berechnet als

$$w_{vy} = -\frac{D_{AB}}{p - p_A}\frac{dp_A}{dy} \tag{1.14}$$

mit dem Gesamtdruck p. Die Verdrängungsgeschwindigkeit ist stets senkrecht zur Platte gerichtet, bei Absorption zur Platte hin, bei Desorption von der Platte weg. Im Fall kleiner Partialdrücke der Komponente A verschwindet die Verdrängungsgeschwindigkeit, und die Stofftransportgleichung (6.31) geht in den Fickschen Ansatz für die molekulare Diffusion über.

Die Untersuchung der Auswirkung des Stofftransportes gilt für die laminare Plattenströmung und basiert auf der Grenzschichttheorie. Die Differenzialgleichung für das Geschwindigkeitsfeld lautet gemäß Gl. (6.7):

$$\rho \cdot \left(w_x\frac{\partial w_x}{\partial x} + w_y\frac{\partial w_x}{\partial y}\right) = -\frac{\partial p}{\partial x} + \eta\frac{\partial^2 w_x}{\partial y^2}. \tag{6.7}$$

Die Kontinuitätsgleichung lautet gemäß Gl. (6.1):

$$\frac{\partial w_x}{\partial x} + \frac{\partial w_y}{\partial y} = 0. \tag{6.1}$$

Der Unterschied zu den Betrachtungen in Abschn. 6.1 ergibt sich aus den veränderten Randbedingungen zur Lösung der Differenzialgleichung (6.7):

$y = 0$, $0 < x < L$:

$$w_x = 0 \text{ (Wandhaftung)} \tag{6.32}$$

$$w_y = w_{vy} = -\frac{D_{AB}}{p - p_{Aw}}\left(\frac{\partial p_A}{\partial y}\right)_w \tag{6.33}$$

$y \to \infty$, $0 \leq x \leq L$:

$$w_x = w_\infty \tag{6.34}$$

$$w_y = w_\infty \tag{6.35}$$

Im Gegensatz zu Abschn. 6.1 tritt hier die von null verschiedene Verdrängungsgeschwindigkeit w_{vy} in y-Richtung auf. Über Gl. (1.14) hängt w_{vy} von dem Konzentrationsfeld ab. Geschwindigkeits- und Konzentrationsprofile sind demzufolge gekoppelt. Die Stoffbilanz für die Komponente A lautet bei Vernachlässigung des diffusiven Stofftransports in x-Richtung ($\partial^2 p_A/\partial x^2 \approx 0$):

$$w_x \frac{\partial p_A}{\partial x} + w_y \frac{\partial p_A}{\partial y} = D_{AB} \frac{\partial^2 p_A}{\partial y^2}. \tag{6.36}$$

Hierfür gelten folgende Randbedingungen:

$$1.\ \text{RB}: y = 0, \quad 0 < x \leq L : p_A = p_{Aw} \tag{6.37}$$

$$2.\ \text{RB}: y \rightarrow \infty, \quad 0 \leq x \leq L : p_A = p_\infty \tag{6.38}$$

6.3.2 Geschwindigkeitsprofil

Zur Lösung von Gl. (6.36) werden die lokalen Geschwindigkeiten benötigt. Damit bilden die Gln. (6.1), (6.7) und (6.36) ein gekoppeltes Differenzialgleichungssystem, das nur simultan gelöst werden kann. Diese Lösung kann auf iterativem Weg erreicht werden (Brauer 1971). Die Darstellung der entsprechenden Ergebnisse wird durch Einführung der sogenannten bezogenen *Oberflächengeschwindigkeit* c besonders instruktiv:

$$c \equiv -\frac{2w_{vy}}{\sqrt{\nu w_{x\infty}/L}} = \frac{2}{\sqrt{\nu w_{x\infty}/L}} \frac{D_{AB}}{p - p_A} \frac{\partial p_A}{\partial y}. \tag{6.39}$$

Im Fall der Absorption bewegt sich der Verdrängungsstrom zur Platte hin ($w_{vy} < 0$, $c > 0$), während er sich bei der Desorption von der Platte entfernt ($w_{vy} > 0$, $c < 0$). Die Größe w_{vy} ist direkt proportional zu dem Partialdruckgradienten an der Wand.

In Abb. 6.14 ist das Ergebnis der numerischen Lösung dargestellt als Abhängigkeit des Geschwindigkeitsverhältnisses $w_x/w_{x\infty}$ von dem dimensionslosen Wandabstand y/δ_w für verschiedene Werte der bezogenen Oberflächengeschwindigkeit c. Man erkennt, dass die Geschwindigkeitsprofile für $y/\delta_w = 1$ definitionsgemäß in den Wert $w_x/w_{x\infty} = 0{,}99$ einlaufen. Das Profil mit dem Parameter $c = 0$ gilt für die äquimolare *Diffusion* oder wenn kein Stoffaustausch mit der Plattenoberfläche stattfindet.

Tritt ein Massenstrom der Komponente A in die Plattenoberfläche ein (Absorption, $c > 0$), so werden die Geschwindigkeitsgradienten an der Plattenoberfläche steiler. Im Grenzfall $c \rightarrow \infty$ ist bei jedem dimensionslosen Wandabstand $y/\delta_w > 0$ das Verhältnis $w_x/w_{x\infty} = 0{,}99$, d. h. es ist keine Grenzschicht mehr vorhanden. Verlässt hingegen die Komponente A die Plattenoberfläche (Desorption, $c < 0$), so geht mit abnehmenden c-Werten der Wandgradient der örtlichen Geschwindigkeit in x-Richtung gegen null. Die dargestellten Geschwindigkeitsprofile zeigen nunmehr einen Wendepunkt. Die bezogene Oberflächengeschwindigkeit $c = -1{,}24$ erweist sich als unterer Grenzwert. Die Geschwindigkeit der Austrittsströmung wird dann so groß, dass demgegenüber die Geschwindigkeit längs der Plattenoberfläche vernachlässigbar ist.

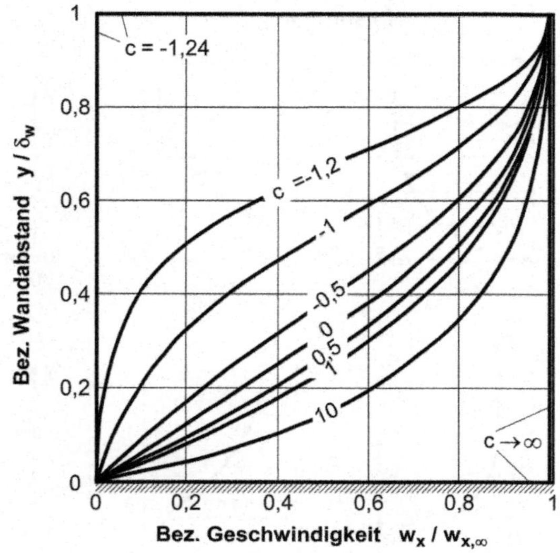

Abb. 6.14 Bezogene Geschwindigkeitskomponente $w_x/w_{x\infty}$ in Abhängigkeit vom bezogenen Wandabstand y/δ_w für verschiedene Werte der bezogenen Oberflächengeschwindigkeit c. (Ergebnisse nach Brauer 1971)

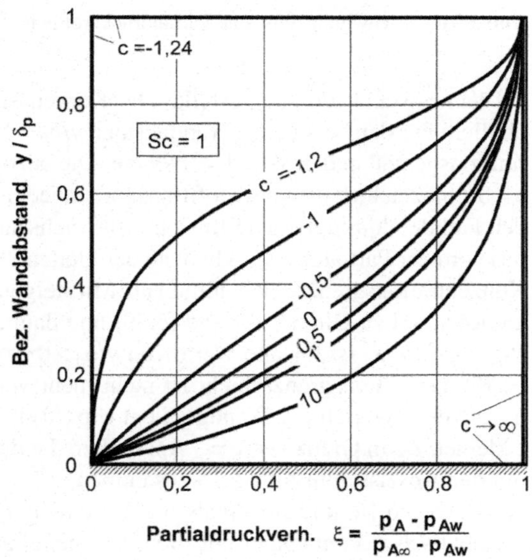

Abb. 6.15 Partialdruckprofile für verschiedene Werte der bezogenen Oberflächengeschwindigkeit c. (Ergebnisse nach Brauer 1971)

6.3.3 Konzentrationsprofil

Durch numerische Berechnung lassen sich die Partialdruckprofile mit der bezogenen Oberflächengeschwindigkeit c als Parameter bestimmen. In Abb. 6.15 sind Partialdruckprofile in Abhängigkeit vom dimensionslosen

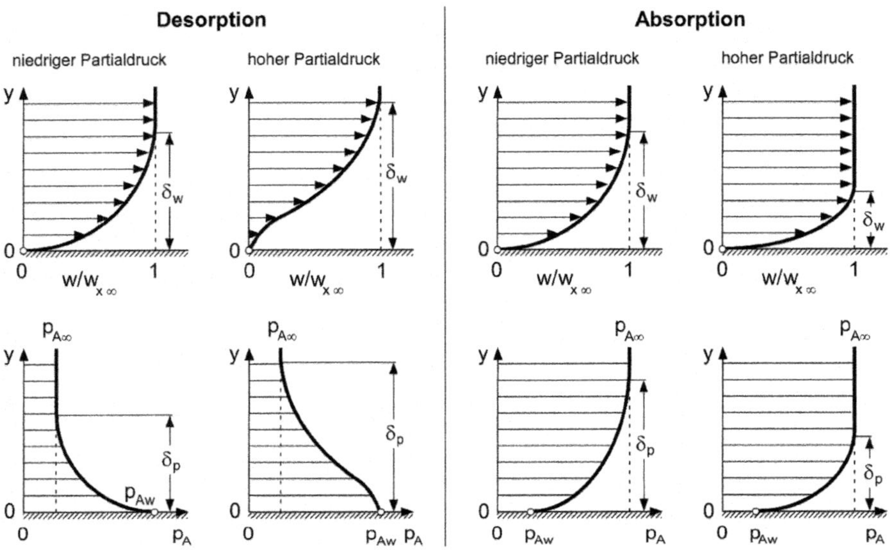

Abb. 6.16 Geschwindigkeits- und Partialdruckprofile bei niedrigen und hohen Partialdrücken

Wandabstand y/δ_p dargestellt. Die Kurven sind den Geschwindigkeitsprofilen ähnlich. Für den bezogenen Wandabstand $y/\delta_p = 1$ laufen alle Partialdruckprofile definitionsgemäß in den Wert $\zeta = 0{,}99$ ein. Die bezogene Oberflächengeschwindigkeit $c = 0$ kennzeichnet die vom Stofftransport unbeeinflusste Grenzschichtströmung oder den Fall der äquimolaren Diffusion. Mit wachsenden positiven c-Werten (Absorption) wird der Partialdruckgradient an der Plattenoberfläche größer, und die Dicke der Konzentrationsgrenzschicht nimmt ab. Mit steigendem c nimmt der Gradient $\partial p_A/\partial y$ an der Wand zu Gln. (6.33) und (6.39) und damit auch der gesamte Stofftransport. Bei c gegen ∞ ist für alle Werte von $y/\delta_p > 0$ der Partialdruck $p_A = p_{A\infty}$, d. h., eine Konzentrationsgrenzschicht ist nicht mehr vorhanden. Demgegenüber wird bei negativen c-Werten der Wandgradient $(\partial p_A/\partial y)_w$ mit fallenden Absolutwerten von c kleiner. Beim Grenzwert $c = -1{,}24$ fallen die dimensionslosen Partialdruckprofile mit den Abszissen in Abb. 6.15 zusammen.

In Abb. 6.16 sind nochmals die Geschwindigkeits- und Konzentrationsprofile schematisch zusammengestellt. Bei niedrigem Partialdruck ergeben sich die bereits bekannten Profile für den Fall des äquimolaren Stofftransportes. Das Geschwindigkeitsfeld ist unabhängig vom Stofftransport. Dagegen wird der Stofftransport durch die konvektiven Ströme sowohl in x- als auch in y-Richtung beeinflusst.

Im Fall der Desorption bei hohem Partialdruck wird durch die Verdrängungsgeschwindigkeit das Geschwindigkeits- und das Konzentrationsfeld von der Platte „weggedrückt". Die Grenzschichtdicken steigen gegenüber der äquimolaren Diffusion an. Beide Profile weisen gegenüber dem Fall kleiner Stoffstromdichte geringere Gradienten auf. Das bedeutet, dass die Widerstandskraft und die molekulare Diffusion verringert wurden. Der Fall der Absorption stellt sich entsprechend umgekehrt dar.

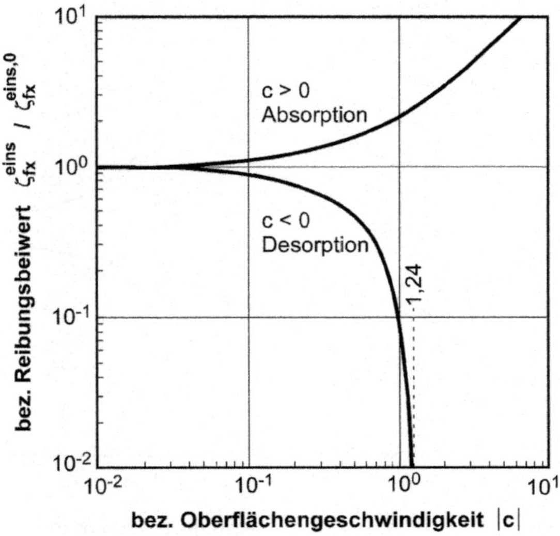

Abb. 6.17 Bezogener örtlicher Reibungsbeiwert $\zeta_{fx}^{eins}/\zeta_{fx}^{eins,0}$ in Abhängigkeit vom Betrag der bezogenen Oberflächengeschwindigkeit c. (Nach Brauer 1971)

6.3.4 Reibungsbeiwert

Der einseitige Stofftransport beeinflusst den Widerstand, den die Strömung durch Reibung an der Plattenoberfläche erfährt. Aus den unter 6.3.2 ermittelten Geschwindigkeitsprofilen ergeben sich auch die Geschwindigkeitsgradienten an der Plattenoberfläche. Zur Darstellung der Vorgänge wird der Reibungsbeiwert bei hohem Partialdruck (oberer Index: eins) auf den bei niedrigem Partialdruck (oberer Index: eins,0) bezogen und über den Betrag der dimensionslosen Oberflächengeschwindigkeit c aufgetragen. Die Definition des *örtlichen Reibungsbeiwertes* lautet:

$$\zeta_{fx} \equiv \frac{\tau_{wx}}{\rho w_{x\infty}^2/2} \tag{6.40}$$

Numerisch berechnete Werte des Widerstandsbeiwerts sind in Abb. 6.17 dargestellt. Die Kurve $c > 0$ gilt für Absorption, $c < 0$ für Desorption. Für $|c| \to 0$ liegt ein niedriger Partialdruck vor, und die Kurven münden in $\zeta_{fx}^{eins}/\zeta_{fx}^{eins,0} = 1$ ein. Für den Fall der Desorption ist der Widerstandsbeiwert stets kleiner als bei niedrigem Partialdruck. Dies liegt daran, dass das Geschwindigkeitsprofil von der Platte „weggeblasen“ wird und der Geschwindigkeitsgradient $\partial w_x/\partial y$ an der Wand sinkt, mit ihm nimmt auch die Wandschubspannung τ_{wx} ab. Im Grenzfall, bei $c \to -1{,}24$, wird der Widerstandsbeiwert null.

Die einseitige Absorption mit hohem Partialdruck erzwingt einen höheren Widerstandsbeiwert, da das Geschwindigkeitsprofil an die Platte „angesaugt“ wird, der Geschwindigkeitsgradient an der Wand ansteigt und die Wandschubspannung wächst. Für $c \to \infty$ geht auch $\zeta_{fx} \to \infty$.

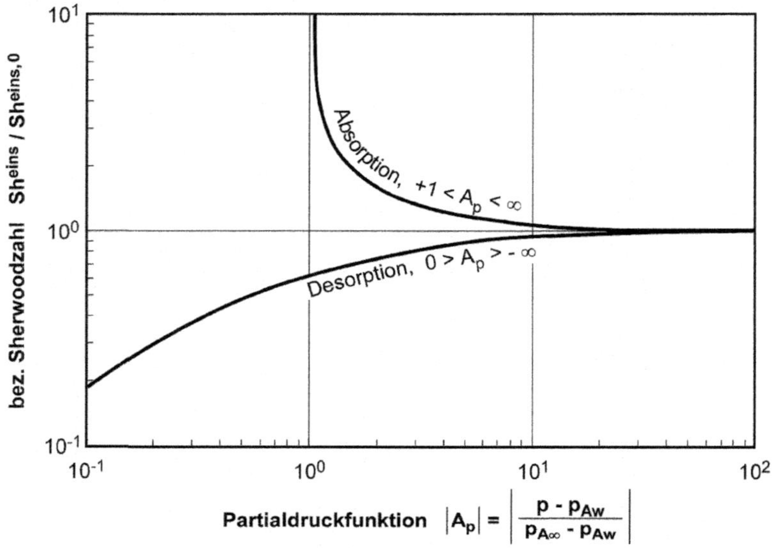

Abb. 6.18 Bezogene mittlere Sherwoodzahl $Sh^{eins}/Sh^{eins,0}$ in Abhängigkeit vom A_P-Wert. (Nach Brauer und Mühle 1967)

6.3.5 Mittlere Sherwoodzahl

Die relative Größe des Partialdruckes der Komponente A wird durch eine bezogene Druckdifferenz ausgedrückt: Die Differenz zwischen dem Partialdruck von A an der Platte zum Gesamtdruck wird auf die Differenz zwischen dem Partialdruck in unendlichem Abstand und dem an der Plattenoberfläche bezogen:

$$A_p \equiv \frac{p - p_{Aw}}{p_{A\infty} - p_{Aw}}. \tag{6.41}$$

Der Zähler drückt gewissermaßen die „Lage“ des Stofftransportes aus, je kleiner die Differenz, desto mehr Stoff A ist vorhanden (s. Abb. 6.18). Der Nenner beschreibt das treibende Partialdruck- bzw. Konzentrationsgefälle. Je geringer der Absolutwert von A_p, umso mehr muss der einseitige Stofftransport berücksichtigt werden. Für A_p lassen sich folgende Grenzen bestimmen:

- Absorption (Kondensation): $1 < A_p \leq \infty$,
- Desorption (Verdunstung): $-\infty \leq A_p \leq 0$.

Zur Bestimmung von Stoffübergangsvorgängen wird der *mittlere Stoffübergangskoeffizient* β benötigt. Analog zu Gl. (6.18) gilt für den transportierten Massenstrom:

$$\dot{M}_A = A \frac{\beta}{TR/\widetilde{M}_A}(p_{Aw} - p_{A\infty}). \tag{6.42}$$

In Abb. 6.18 findet analog zu Abb. 6.17 ein Vergleich der Sherwoodzahl bei hohen Stoffstromdichten mit demjenigen bei niedrigen statt. Es wird laminare Strömung und die Gültigkeit der Grenzschichthypothese vorausgesetzt. Daher gilt für die Sherwoodzahl bei niedrigen Stoffstromdichten in Anlehnung an Gl. (6.25b):

$$Sh_L^{eins,0} = 0{,}664 \frac{p}{p - p_{Aw}} \sqrt{\mathrm{Re}_L} Sc^{1/3}. \tag{6.43a}$$

Bei hohen Partialdrücken lässt sich die mittlere Sherwoodzahl berechnen nach (Brauer und Mühle 1967):

$$Sh_L^{eins} = 0{,}664 \frac{p}{p - p_{Aw}} \left[A_p \ln \left(\frac{A_p}{A_p - 1} \right) \right]^n \sqrt{\mathrm{Re}_L} Sc^{1/3}. \tag{6.43b}$$

- Absorption $1 < A_p < \infty$ $n = 1{,}4$
- Desorption $-\infty < A_p \leq 0$ $n = 1{,}22$

Der Quotient dieser beiden Sherwoodzahlen ist in Abb. 6.18 als Funktion des Partialdruckverhältnisses A_p dargestellt. Die Absorption wird durch die Verdrängungsgeschwindigkeit, die bei hohen Partialdrücken auftritt, dahingehend beeinflusst, dass das Konzentrationsprofil an die Platte gedrückt wird und der Konzentrationsgradient an der Wand steigt, im Grenzfall wird er unendlich groß. Deshalb ist das Verhältnis $Sh^{eins}/Sh^{eins,0}$ stets größer eins. Für $A_p \to 1$ gilt, dass $p_{A\infty} \to p$ geht. Das bedeutet, dass fast nur noch Stoff A über der Platte ist. Die Bedingungen für die Absorption sind somit außerordentlich gut, und Sh^{eins} geht gegen unendlich. Für $A_p \to \infty$ sind die Partialdrücke p_{Aw} und $p_{A\infty}$ bzw. ihre Differenz sehr klein gegenüber dem Gesamtdruck p. Die Sherwoodzahl Sh^{eins} geht in die des Stofftransportes bei niedrigem Partialdruck $Sh^{eins,0}$ über.

Bei der Desorption wird das Konzentrationsprofil „weggeblasen", und der Gradient an der Platte vermindert sich. Entsprechend verschlechtert sich der diffusive Stofftransport, die Sherwoodzahl wird kleiner. Für $A_p \to 0$ gilt, dass $p_{Aw} \to p$ geht. Der Partialdruckgradient an der Plattenoberfläche geht dann wie das Verhältnis $Sh^{eins}/Sh^{eins,0}$ der Sherwoodzahlen gegen null. Für $A_p \to -\infty$ sind die Partialdrücke $p_{A\infty}$ und p_{Aw} wieder sehr klein gegenüber dem Gesamtdruck p, bzw. annähernd gleich groß, und man erhält den Fall einseitigen Stofftransportes mit niedrigen Partialdrücken bzw. des äquimolaren Stofftransportes.

6.4 Stoffübergang mit heterogener chemischer Reaktion

An der Oberfläche ebener Platten können heterogen katalysierte Reaktionen ablaufen. Die Beschreibung der durch diese Reaktionen ausgelösten Stoffübergangsvorgänge erfolgt unter Verwendung der Stoffbilanz Gl. (6.23):

$$w_x \frac{\partial c_A}{\partial x} + w_y \frac{\partial c_A}{\partial y} = D_{AB} \left(\frac{\partial^2 c_A}{\partial x^2} + \frac{\partial^2 c_A}{\partial y^2} \right) \tag{6.23}$$

Im Unterschied zum rein physikalischen Transport ist die Konzentration an der Plattenoberfläche nun keine Konstante mehr. Als Randbedingung zur Lösung von

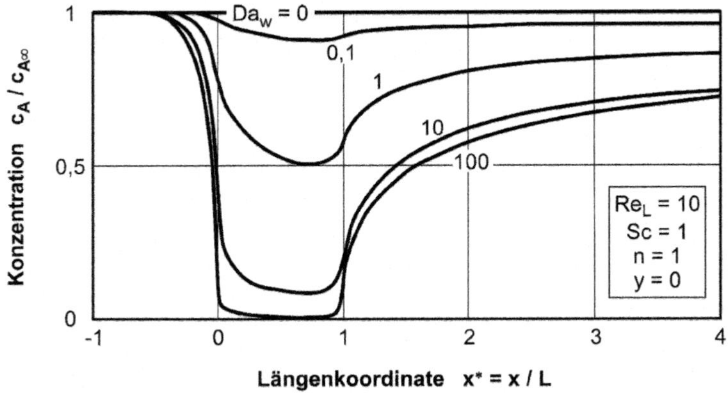

Abb. 6.19 Konzentrationsverlauf einer abreagierenden Komponente A auf Höhe der Oberfläche einer ebenen Platte (y = 0) bei einer heterogenen Reaktion 1. Ordnung. (Nach Sucker und Brauer 1979)

Gl. (6.23) ist jetzt einzusetzen, dass der durch die Reaktion verbrauchte Stoffstrom gleich dem an die Oberfläche antransportierten Stoffstrom ist (Kopplungsbedingung):

$$\left(\frac{\partial c_A}{\partial y}\right)_{y=0} = \frac{k_{Awn}}{D_{AB}} c_{Aw}^n \tag{6.44a}$$

bzw. in dimensionsloser Darstellung

$$\left(\frac{\partial c_A / c_{A\infty}}{\partial y / L}\right) = 2 \quad Da_w \left(\frac{c_{Aw}}{c_{A\infty}}\right)^n \tag{6.44b}$$

Zur Lösung von Gl. (6.23) muss das Geschwindigkeitsfeld w(x, y) ebenfalls bekannt sein. Für die laminare Strömung wurde in Abschn. 6.1.1 die Lösung der Geschwindigkeitsverteilung bei niedrigen Stoffstromdichten bereits dargestellt. Unter Nutzung dieser Ergebnisse sowie der Randbedingungen kann Gl. (6.23) numerisch gelöst werden. Ein Beispiel einer solchen Lösung für verschiedene Damköhlerzahlen veranschaulicht Abb. 6.19:

$$Da_w \equiv \frac{k_{Awn} c_{A\infty}^{n-1} L}{2 D_{AB}}. \tag{6.45}$$

Mit zunehmender Damköhlerzahl sinkt die Konzentration der reagierenden Komponente an der Plattenoberfläche bis auf null ab. Im Nachlaufgebiet hinter der Platte steigt die Konzentration c_A aufgrund des Konzentrationsausgleichs wieder an. Der Konzentrationsabfall vor der Platte ist auf den diffusiven Transport in Strömungsrichtung zurückzuführen, der durch den Konzentrationsgradienten an der Plattenspitze ausgelöst wird.

Für die Berechnung der örtlichen Molstromdichte $\dot{n}_A(x)$ kann folgende Beziehung genutzt werden:

$$\dot{n}_A(x) \equiv \beta(x) c_{A\infty}. \tag{6.46}$$

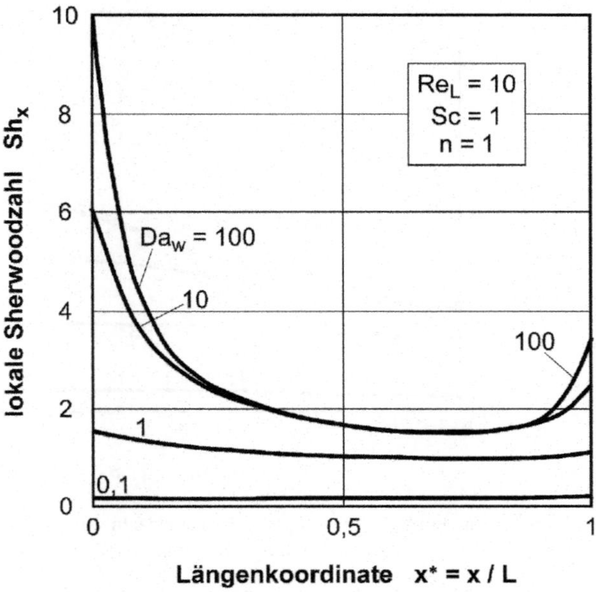

Abb. 6.20 Darstellung der örtlichen Sherwoodzahl Sh_x in Abhängigkeit von der dimensionslosen Längenkoordinate x* bei einer heterogenen Reaktion 1. Ordnung. (Nach Sucker und Brauer 1979)

die gleichzeitig die Definitionsgleichung für den *örtlichen Stoffübergangskoeffizienten* $\beta(x)$ ist. Wie bei der heterogenen Reaktion im durchströmten Rohr (Abschn. 5.3) wird keine Konzentrationsdifferenz zur Bestimmung von $\dot{n}_A(x)$ genutzt, sondern die Konzentration $c_{A\infty}$ allein. Dies ist notwendig, da die Konzentration c_{Aw}, die zur Bestimmung der Konzentrationsdifferenz benötigt würde, unbekannt ist.

Die numerische Bestimmung des Konzentrationsfeldes liefert auch den Konzentrationsgradienten an der Wand. Damit kann der molare Fluss der Komponente A berechnet werden:

$$\dot{n}_A(x) = -D_{AB}\left(\frac{\partial c_A(x)}{\partial y}\right)_{y=0,x}. \tag{6.47}$$

Damit ist es möglich, die lokalen Sherwoodzahlen

$$Sh_x \equiv \frac{\beta(x)L}{D_{AB}} \tag{6.48}$$

in Abhängigkeit von der Damköhlerzahl zu bestimmen. Die Abhängigkeit der Sherwoodzahl Sh_x von der dimensionslosen Längenkoordinate $x^* = x/L$ zeigt Abb. 6.20 für verschiedene Damköhlerzahlen Da_w. Bei niedrigen Damköhlerzahlen nimmt die Sherwoodzahl konstante Werte an, was darauf zurückzuführen ist, dass der Stofftransport nur über die Reaktionsgeschwindigkeit bestimmt wird. Dieser Zustand wird als *reaktionsgehemmt* ($c_{Aw} = c_{A\infty}$) bezeichnet. Dagegen ergeben hohe Damköhlerzahlen einen Verlauf der Sherwoodzahl, der demjenigen des rein physikalischen Transports entspricht (vgl. Abb. 6.20). Hier wird der Stoffübergang nur über die physikalische Transportmechanismen begrenzt, es liegt eine *Diffusionshemmung*

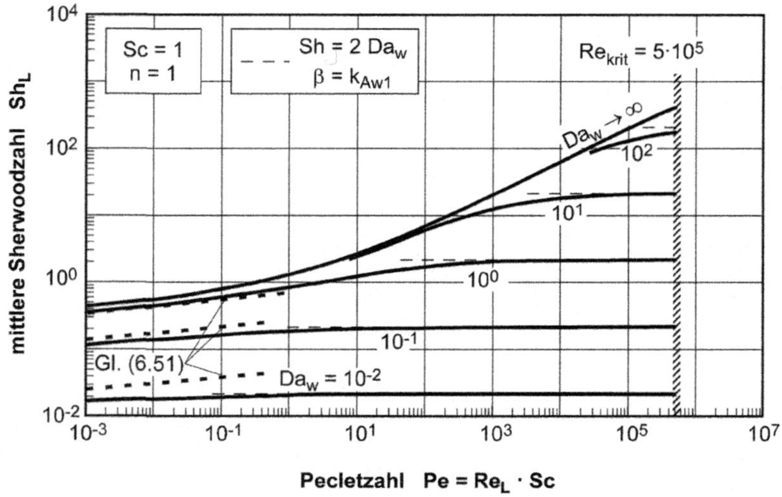

Abb. 6.21 Darstellung der mittleren Sherwoodzahl Sh_L in Abhängigkeit von der Pecletzahl $Pe = Re_L \times Sc$ für verschiedene Werte der Damköhlerzahl. (Nach Brauer 1985)

vor. Dieser Fall ist bei $Da_w \to \infty$ gleichbedeutend mit dem rein physikalischen Stofftransport ohne chemische Reaktion.

Bei der Auslegung von Reaktoren interessiert im Allgemeinen die insgesamt umgesetzte Stoffmenge. Diese hängt von der mittleren molaren Stoffstromdichte $\dot{n}_A$ ab, die berechnet wird gemäß:

$$\dot{n}_A \equiv \beta c_{A\infty}. \tag{6.49}$$

Hierin ist β der *mittlere Stoffübergangskoeffizient*, der sich aus einer Integration des örtlichen Koeffizienten β(x) über die Plattenlänge L ergibt (s. Gl. (6.20)).

Die Ergebnisse entsprechender numerischer Rechnungen in Form einer Auftragung der mittleren Sherwoodzahl in Abhängigkeit von der Konvektionszahl $Pe = Re \cdot Sc$ zeigt Abb. 6.21. Folgende Grenzgesetzmäßigkeiten treten auf:

- $Da_w \to \infty$: Die Reaktionsgeschwindigkeit ist im Vergleich zur Stofftransportgeschwindigkeit unendlich groß. Es liegt Diffusionshemmung vor, und es gelten die für den physikalischen Transport ohne Reaktion abgeleiteten Zusammenhänge (s. Abschn. 6.2, Gl. (6.26)).
- $Pe \to \infty$, Da_w endlich: Der physikalische Stoffübergang ist so gut, dass bis zur Wand die Konzentration $c_{A\infty}$ herrscht. Damit gilt für den Transportstrom:

$$\beta c_{A\infty} = k_{Aw1} c_{A\infty} \to Sh = \frac{\beta \cdot L}{D_{AB}} = 2\frac{k_{Aw1} L}{D_{AB} \cdot 2} = 2 Da_w. \tag{6.50}$$

Der Stoffübergang ist damit reaktionskontrolliert.

- $Pe \rightarrow 0$: Hier gilt:

$$Sh = kPe^{0,1}. \tag{6.51}$$

Für den Faktor k ergeben sich folgende Grenzwerte: $k \rightarrow 0$ für $Da_w \rightarrow 0$ und $k \rightarrow 0{,}8$ für $Da_w \rightarrow \infty$.

Zu beachten ist, dass die sogenannte Reaktionshemmung allein durch die Definitionsgleichung von $\beta(x)$ Gl. (6.46) deutlich wird. Würde die tatsächliche treibende Konzentrationsdifferenz $c_{A\infty} - c_{Aw}$ eingesetzt, so würden sich die Gesetzmäßigkeiten des rein physikalischen Transports ergeben.

Der Einfluss der Reaktionsordnung n ist in den üblichen Bereichen für n gering.

6.5 Verständnisfragen

1. Skizzieren und erläutern Sie das Geschwindigkeitsprofil in Abhängigkeit von der Lauflänge an einer überströmten ebenen Platte bei laminarer und turbulenter Grenzschichtströmung.
2. Von welchen vereinfachenden Annahmen geht die Grenzschichthypothese aus?
3. Wie lautet die Gleichung für die Grenzschichtdicke nach der Grenzschichthypothese?
4. Skizzieren und erläutern Sie die Geschwindigkeitsprofile w_x und w_y an der Oberfläche einer überströmten Platte sowie im Bereich vor und hinter der Platte.
5. Warum werden selbst auf eine infinitesimal dünne Platte von der Strömung Kräfte übertragen?
6. Skizzieren Sie die Abhängigkeit des Widerstandsbeiwerts von der Re-Zahl für die Plattenströmung.
7. Leiten Sie die differenzielle Stoffbilanz für die Plattenströmung ab.
8. Stellen Sie den Zusammenhang zwischen lokaler Sherwoodzahl Sh_x und der Lauflänge dar, wie er sich bei laminarer Strömung gemäß numerischer Berechnung und Grenzschichthypothese ergibt.
9. Skizzieren Sie den Zusammenhang zwischen der Pecletzahl und der mittleren Sherwoodzahl bei der laminaren Plattenströmung. Woraus ergibt sich der Einfluss der Schmidtzahl?
10. Stellen Sie schematisch die Auswirkung eines hohen Partialdrucks der übergehenden Komponente auf das Geschwindigkeits- und das Konzentrationsprofil bei der Ab- und der Desorption dar.
11. Wann und warum nimmt der lokale Widerstandsbeiwert bei hoher Partialdichte der Übergangskomponente ab?
12. Warum nimmt der Stofftransport bei der Desorption ab, wenn eine hohe Partialdichte der übergehenden Komponente vorliegt? Führt der Stefan-Strom zu einer Verschlechterung des Stofftransports?
13. Skizzieren Sie den Konzentrationsverlauf einer abreagierenden Komponente auf Höhe der Oberfläche einer ebenen Platte, wenn diese Komponente durch eine heterogene chemische Reaktion umgesetzt wird. Welchen Einfluss übt die Damköhlerzahl aus?

14. Stellen Sie schematisch den Zusammenhang zwischen der mittleren Sherwoodzahl und der Pecletzahl für den Fall einer heterogenen Oberflächenreaktion dar.

6.6 Aufgaben

1. Eine Platte der Breite $b = 0{,}1$ m, der Dicke $d = 0{,}001$ m und der Länge $L = 0{,}2$ m wird im Fall A) von Wasser mit 2 m/s und im Fall B) von Luft mit 5 m/s angeströmt. Wie groß sind die Reibungskräfte für beide Fälle?
2. Eine Platte der Länge $L = 1$ m und der Breite $B = 0{,}5$ m wird mit zwei Fluiden unterschiedlicher Viskosität angeströmt. Dabei wird die Reibungskraft F_w gemessen.

   Messdaten:

Versuch	η [mPa s]	ρ [kg/m^3]	$w_{x\infty}$ [m/s]	F_w [N]
1	1000	1500	0,1	1,5
2	1000	1500	1	37,5
3	1	1000	0,1	0,025
4	1	1000	1	1
5	1	1000	10	150

   a. Aus den aufgenommenen Messdaten ist der Zusammenhang ζ als Funktion von Re zu berechnen und anschließend grafisch darzustellen.
   b. Wie groß ist die mittlere Abweichung der Widerstandsbeiwerte von demjenigen, der sich aus der Grenzschichttheorie ergibt?

3. Eine halbseitig als unendlich ausgedehnt angenommene Newtonsche Flüssigkeit ruht ($w_{x\infty} = 0$) auf einer ebenen Platte. Zum Zeitpunkt $t = 0$ wird die Platte mit einer konstanten Geschwindigkeit w_0 in Bewegung gesetzt. Hieraus resultiert ein Impulstransport, der sowohl vom Plattenabstand y als auch von der Zeit abhängt.

   a. Es soll das Geschwindigkeitsprofil $w_x(y,t)$ bestimmt werden.
   b. In welcher Entfernung von der Plattenoberfläche $\delta_{0,01}(t)$ erreicht die Geschwindigkeit noch 1 % von der Plattengeschwindigkeit?

      Hinweis: Die auftretende Differenzialgleichung kann mit folgendem Ansatz gelöst werden: $w_x/w_0 = f(y^*)$, in dem die dimensionslose Variable $y^* = y/\sqrt{4\nu t}$ genutzt wird.

   c. Das Geschwindigkeitsprofil soll mit der folgenden vereinfachenden Annahme berechnet werden:
      $w_x/w_0 = f(y^*)$ mit $y^* = y/\delta\ (t)$, wobei $f(y^*)$ jede sinnvolle Funktion sein soll, die gewählt werden kann. Beispielsweise:

$$f(y^*) = 1 - 3/2\ y^* + 1/2\ y^{*3}.$$

d. Statt einer Newtonschen wird eine nicht-Newtonsche Flüssigkeit, die dem Ostwald-de Waale-Ansatz folgt, eingesetzt. Es soll gezeigt werden, dass sich mit dem unter c) praktizierten Vorgehen folgende Schichtdicke ergibt:

$$\delta_{0,01}(t) = \left[\frac{8}{3}\left(\frac{3}{2}\right)^n \frac{k(n+1)w_0^{n-1}}{\rho}\cdot t\right]^{1/n+1}.$$

4. Für die Trocknung von Papier soll ein Gebläse ausgelegt werden. Das Papier wird nach der Herstellung auf lange Bahnen gezogen, denen vor dem Aufwickeln das Restwasser entzogen werden muss. Die Papierbahnen durchlaufen dafür einen Trocknungstunnel (Höhe des Luftkanals 0,4 m; Länge 3 m).

   Papier:

Breite:	$b = 1\,m$
Dicke:	$d = 0{,}1 \times 10^{-3}\,m$
Geschwindigkeit:	$w = 0{,}78\,m/s$
Wassergehalt:	$\rho_{H2O} = 30\,kg/m^3$
Papierdichte am Eintritt:	$\rho_{ein} = 83{,}2\,g/m^2$
Papierdichte am Austritt:	$\rho_{aus} = 80{,}2\,g/m^2$

   Trocknungsluft:

Temperatur:	$T = 80\,°C$
Wasseraufnahme der Luft:	$\Delta\rho_{H_2O} = 0{,}094\,kg/m^3$
Diffusionskoeffizient:	$D_{H_2O/Luft} = 2{,}85\;10^{-5}\,m^2/s$
Schmidtzahl:	$Sc = 0{,}7$

   a. Wie groß ist der in die trockene Luft übergehende Massenstrom $\dot{M}_{H_2O}$?
   b. Welche Geschwindigkeit des Luftvolumenstromes ist zur Erreichung des notwendigen Stoffübergangskoeffizienten erforderlich?
   c. Welcher Luftvolumenstrom ist für den Trocknungsvorgang bei Gegenstrom nötig?

5. Feuchte Luft von 20 °C und einer relativen Feuchte $\varphi = 0{,}5$ strömt über einen See von ebenfalls 20 °C. Der See ist 200 m × 50 m groß, und die Luft strömt über die Längsfläche mit einer Geschwindigkeit von 2 m/s. Gegeben sind der Sättigungsdruck von Wasser p_S (20 °C) = $2{,}337 \times 10^{-3}$ MPa und die Sättigungsdichte $\rho''(20\,°C) = 0{,}01729\,kg/m^3$.

   Wie viel Wasser verdunstet stündlich?

6. Eine Platte von 2 m Länge und 1 m Breite, die mit einer Schicht aus Naphthalin überzogen ist, wird von Luft bei 0 °C und 1,013 bar mit einer Geschwindigkeit von 10 m/s überströmt[1].

[1] Nach (Wronski et al. 1998).

Sättigungsdampfdruck Naphthalin	p_S (0 °C) = 1,07 Pa
Diffusionskoeffizient Naphthalin in Luft	D_{NaLu} (0 °C) = $4{,}9 \times 10^{-6}$ m²/s
Kinematische Viskosität der Luft	ν (0 °C) = $1{,}32 \times 10^{-5}$ m²/s
Molmasse Naphthalin	$\tilde{M}_{Na}$ = 128 g/mol

Welcher Stoffstrom ergibt sich für das sublimierende Naphthalin?

Hinweis: Für die Lösung muss eine mittlere Sherwoodzahl bestimmt werden. Für die lokale Sherwoodzahl bei laminarer Strömung gilt Gl. (6.25a) und bei turbulenter Strömung:

$$Sh_x = 0{,}0292 Re_x^{0,8} Sc.$$

Der Übergang liegt bei $Re = 3 \times 10^5$.

Literatur

Allgemein

Baehr HD, Stephan K (2010) Wärme- und Stoffübertragung. Springer, 7. Aufl. Berlin
Bird RB, Stewart WE, Ligthfoot EN (2002) Transport Phenomena. 2. Aufl. Wiley, New York
Brauer H (1971) Stoffaustausch. Verlag Sauerländer, Aarau
Mersmann A (1986) Stoffübertragung. Springer, Berlin

Speziell

Blasius PH (1908) Grenzschichten in Flüssigkeiten mit kleiner Reibung. Z Math Phys 56:1–37
Brauer H, Mühle J (1967) Stoffübergang bei laminarer Grenzschichtströmung an ebenen Platten. Chem Ing Tech 39:326–334
Brauer H, Sucker D (1976a) Umströmung von Platten, Zylindern und Kugeln. Chem Ing Tech 48:665–671
Brauer H, Sucker D (1976b) Stoff- und Wärmeübergang an umströmten Platten, Zylindern und Kugeln. Chem Ing Tech 48:737–741
Brauer H (1985) Transport processes in fluid flow parallel to plates. In: Rehm HJ, Reed G (Hrsg) Biotechnology, Bd 2. VCH Verlagsgesellschaft, Weinheim, S 62–75
Kaufmann W (1963) Technische Hydro- und Aeromechanik. Springer, Berlin
Petukhov BS, Popov VN (1963) Theoretical calculation of heat exchange and frictional resistance in turbulent flow of an incompressible fluid with variable physical properties. High Temp 1:69–83
Pohlhausen E (1921) Der Wärmeaustausch zwischen festen Körpern und Flüssigkeiten mit kleiner Reibung und kleiner Wärmeleitung. Z ang Math Mech 1:115–131
Prandtl L (1904) Über Flüssigkeitsbewegung bei sehr kleiner Reibung. Verh III Int Math Kongr in Heidelberg. B.G. Teubner, Leipzig, S 484–491
Schlichting H, Gersten K (1997) Grenzschicht-Theorie, 9. Aufl. Springer, Berlin
Sucker D, Brauer H (1979) Stoffübergang mit chemischer Oberflächenreaktion an umströmten Platten. Wärme- und Stoffübertragung 12:35–43
Wronski S, Pohorecki R, Siwinski J (1998) Numerical problems in thermodynamics and kinetics of chemical engineering processes. Begell House, New York

Kapitel 7
Disperse Systeme

In einer unübersehbaren Zahl technischer Anwendungen tritt eine disperse Phase auf, die aus festen oder fluiden Partikeln besteht. Dabei gilt es beispielsweise Teilchen aus einer kontinuierlichen Phase abzutrennen, wie in Absetzbecken, Zentrifugen oder Zyklonen. In anderen Fällen treten zusätzlich Energie- und Stoffaustauschvorgänge auf. Dies gilt für Feststoffe, die z. B. in Lösevorgängen, Kristallisationen, Wirbelschichten oder als Katalysatoren in heterogen katalysierten Reaktionen eingesetzt werden. Tropfen finden u .a. bei Flüssig/flüssig-Extraktionen, Sprühtrocknern oder Gaswäschern einen technischen Einsatz. Gasblasen werden in Absorptions- und Rektifikationsprozessen und in zahlreichen Gas/Flüssigkeits-Reaktoren wie Blasensäulen verwendet.

Die Energie- und Stoffaustauschvorgänge hängen in starkem Maß von der Relativgeschwindigkeit zwischen Partikeln und kontinuierlicher Phase ab, sodass der Partikelbewegung insgesamt eine fundamentale Bedeutung zukommt. Zuverlässige Kenntnisse über die Bewegungsgeschwindigkeiten von Partikeln in ruhenden Fluiden bzw. über die auf Partikeln in strömenden Medien wirkende Widerstandskraft werden daher für eine große Zahl technischer Prozesse benötigt. Zur Berechnung sämtlicher Transportvorgänge an starren oder fluiden Partikeln muss nicht nur die Bewegungsgeschwindigkeit, sondern auch das Strömungsfeld an einer Partikel bekannt sein. Handelt es sich um fluide Partikeln (Blasen, Tropfen), kann auch im Innern der Teilchen eine Strömung auftreten, die für die Transportprozesse z. T. erhebliche Bedeutung aufweist.

Die in den verschiedenen Prozessen zu beobachtenden Partikelformen sind im höchsten Maße unterschiedlich. Dennoch werden in diesem Kapitel vorrangig kugelförmige Teilchen betrachtet, da hierfür die meisten experimentellen und theoretischen Erkenntnisse vorliegen, die sich grundsätzlich auch auf andere Partikelformen übertragen lassen. Andererseits weisen Tropfen und Blasen durchaus zumindest in einigen technischen Anwendungen Kugelform auf.

Ziel des Kapitels ist die Erläuterung und Berechnung des Geschwindigkeitsfelds an und in Partikeln sowie des dort auftretenden Stoffübergangs. Zu Beginn wird die Bewegung einzelner fester und fluider Partikeln mathematisch beschrieben und der zugehörige Widerstandsbeiwert eingeführt. Die quantitative Beschreibung des

M. Kraume, *Transportvorgänge in der Verfahrenstechnik,*
DOI 10.1007/978-3-642-25149-8_7, © Springer-Verlag Berlin Heidelberg 2012

Verhaltens von Partikelschwärmen schließt sich an. Für die Bestimmung des stationären Stoffübergangs an festen und fluiden Partikeln werden abhängig von der Strömungsform dimensionslosen Berechnungsgleichungen erläutert. Abschließend werden der instationäre Stofftransport an und in Partikeln beschrieben und auf Basis differenzieller Bilanzen die resultierenden Berechnungsgleichungen abgeleitet.

7.1 Stationäre Partikelbewegung

7.1.1 Feste Einzelpartikel

Die physikalische Betrachtung feststoffhaltiger Strömungen basiert häufig auf dem vergleichsweise einfachen Widerstandsverhalten der Einzelpartikel, wobei als Modellkörper in der Regel die *feste Kugel* gewählt wird. Daher beginnt dieser Abschnitt mit dem Widerstandsverhalten der Einzelkugel.

Die *stationäre* Partikelbewegung ist auf die Wirkung dreier Kräfte zurückzuführen: die *Gewichtskraft* F_G, die *Auftriebskraft* F_A und die *Widerstandskraft* F_W. Für kugelförmige Partikeln gilt:

$$F_G = g\rho_P \frac{\pi}{6} d_P^3, \tag{7.1}$$

$$F_A = g\rho_f \frac{\pi}{6} d_P^3, \tag{7.2}$$

$$\boxed{F_W \equiv \zeta \rho_f \frac{\pi}{4} d_P^2 \frac{w_P^2}{2}.} \tag{7.3}$$

Gleichung (7.3) stellt die Definitionsgleichung des *Widerstandsbeiwerts* ζ dar. Die Widerstandskraft setzt sich aus zwei Anteilen zusammen, der *Druckkraft* und der *Reibungskraft*. Die Druckkraft resultiert aus der Wirkung der auf die Partikeloberfläche gerichteten Normalkraft. Die Reibungskraft entsteht aufgrund der Wandschubspannungen, die auf die Oberfläche wirken. Die beiden Anteile sind stets gekoppelt. w_P repräsentiert die für den Strömungswiderstand entscheidende *Relativgeschwindigkeit* zwischen Fluid und Partikel. Die *absolute Geschwindigkeit* der Partikelbewegung w_{abs} ergibt sich aus der Überlagerung der Partikelgeschwindigkeit w_P und der Fluidgeschwindigkeit w_f gemäß $\vec{w}_{abs} = \vec{w}_P + \vec{w}_f$.

Aus den Gln. (7.1) bis (7.3) ergibt sich gemäß Kräftegleichgewicht $F_w = F_G - F_A$ die stationäre *Endgeschwindigkeit* für kugelförmige Partikeln, die sogenannte *Bewegungsgleichung*:

$$\boxed{w_P = \sqrt{\frac{4}{3} \frac{|\rho_P - \rho_f|}{\rho_f} g d_P \frac{1}{\zeta}}.} \tag{7.4}$$

Für $\rho_P > \rho_f$ sinkt der Feststoff zu Boden, während er für $\rho_P < \rho_f$ aufsteigt.

Abb. 7.1 Umströmung eines kugelförmigen Feststoffteilchens

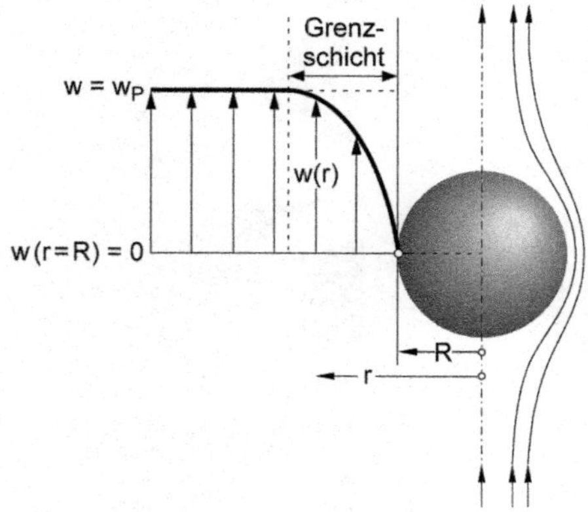

Gleichung (7.4) gilt auch in rotierenden Systemen (z. B. Partikelabscheidung im Zentrifugalfeld einer Zentrifuge). Dort ist die Erdbeschleunigung durch die Zentrifugalbeschleunigung $a_z = \omega^2 R$ zu ersetzen. Außerdem gilt die Bewegungsgleichung allgemein für feste oder fluide Partikeln (Blasen und Tropfen). Während die Phasengrenzfläche bei festen Kugeln unbeweglich ist, kann sie bei fluiden Partikeln beweglich sein. Die besonderen Eigenschaften der Phasengrenzfläche werden durch den Widerstandsbeiwert ζ erfasst (vergleiche z. B. Abb. 7.2 und 7.3.).

Die Umströmung einer festen Kugel zeigt Abb. 7.1 in schematisierter Form. Im dargestellten Fall befindet sich die Kugel in Ruhe und wird von einer Flüssigkeit

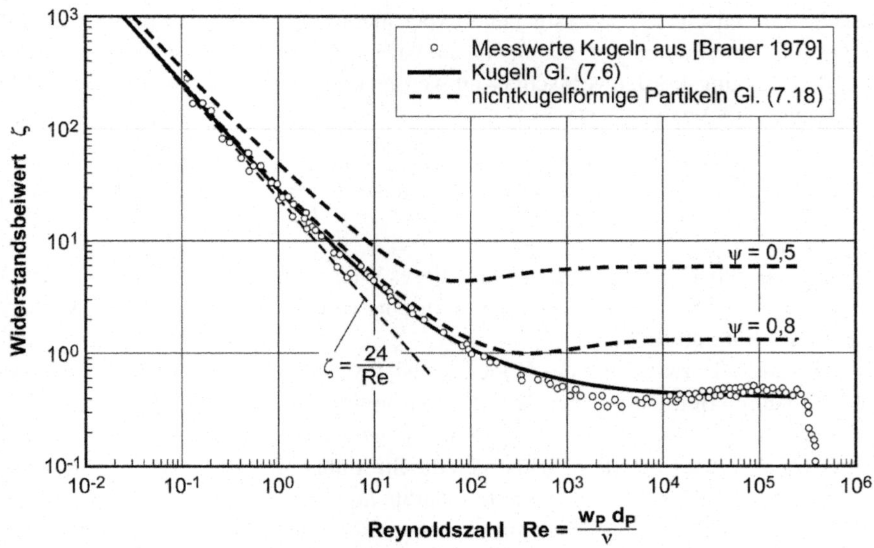

Abb. 7.2 Widerstandsgesetz für kugelförmige und nichtkugelförmige Feststoffteilchen

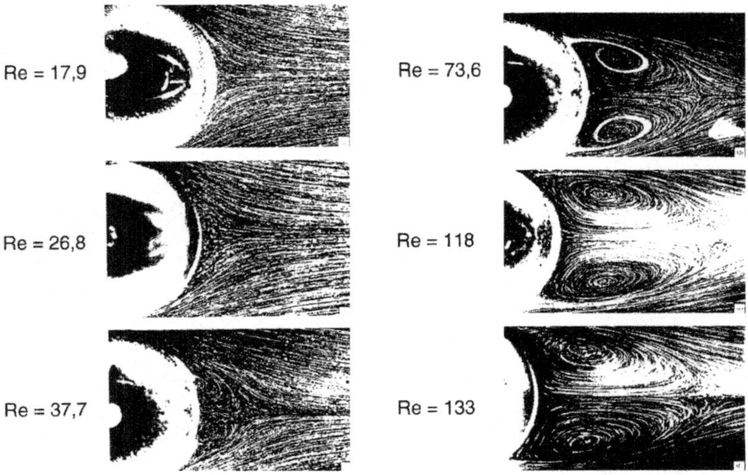

Abb. 7.3 Fotografien der Ausbildung eines Ringwirbels hinter einem kugelförmigen Feststoffteilchen (Taneda 1956 in Clift et al. 1978)

angeströmt. An der Kugelwand gilt aufgrund der *Haftbedingung*, dass die Flüssigkeitsgeschwindigkeit w(r = R) gleich null ist. Dies ist der entscheidende Unterschied bei der Bewegung von festen und fluiden Partikeln. Bei fluiden Partikeln treten i. Allg. endliche Geschwindigkeiten an der Phasengrenzfläche auf (s. Abschn. 7.1.2).

Der Zusammenhang zwischen dem Widerstandsbeiwert und der Reynoldszahl wird als Widerstandsgesetz bezeichnet. Er wurde für die Umströmung fester, glatter Kugeln theoretisch und weitestgehend experimentell ermittelt und ist in Abb. 7.2 dargestellt. Im Bereich der *schleichenden Strömung*, in dem Druckkräfte gegenüber den Reibungskräften vernachlässigt werden können, gilt das von (Stokes 1851) abgeleitete *Widerstandsgesetz:*

$$\boxed{\zeta = \frac{24}{Re}} \quad mit \quad Re = \frac{w_P d_P}{\nu_f}. \tag{7.5}$$

Theoretische Überlegungen zeigen, dass dieses Widerstandsgesetz Gültigkeit nur im Bereich Re $\ll$ 1 besitzt. Messungen liefern eine exakte Übereinstimmung mit der Theorie im Bereich Re $\leq$ 0,25.

Die weitere Entwicklung des Widerstandsbeiwerts mit zunehmender Reynoldszahl wird durch Betrachtung der Partikelumströmung verständlicher. Fotografien der Ausbildung eines Wirbels auf der strömungsabgewandten Seite einer festen Kugel zeigt Abb. 7.3. Etwa von Re = 20 löst sich die Strömung von der Kugeloberfläche ab, und es kommt zur Ausbildung eines stationären, *laminaren Ringwirbels*. Dieser Wirbel verlängert und verbreitert sich mit steigender Reynoldszahl bis zu einem Wert von ca. Re = 130 (s. Abb. 7.3). Oberhalb Re = 130 wird der Wirbel instationär. Es kommt zu pendelnden Bewegungen der Wirbelspitze sowie zur Ablösung einzelner Wirbel. Von etwa Re = 450 wird die Wirbelablösung regelmäßig, es kommt zum Aufbau

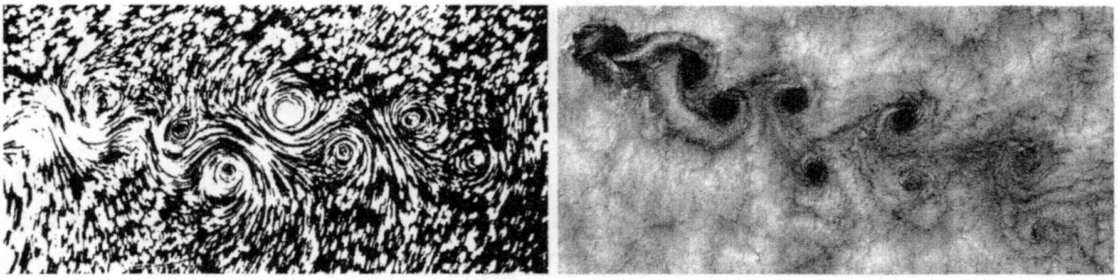

Abb. 7.4 Kármánsche Wirbelstraße. *Links:* Strömungsvisualisierung aus einem Laborversuch. (Aus Eck 1960). *Rechts:* Satellitenbild der Wolkenkonfiguration nach Überströmung der Robinson Crusoe Inseln. (http://eoimages.gsfc.nasa.gov/images/imagerecords/0/625/vortex_lg.jpg)

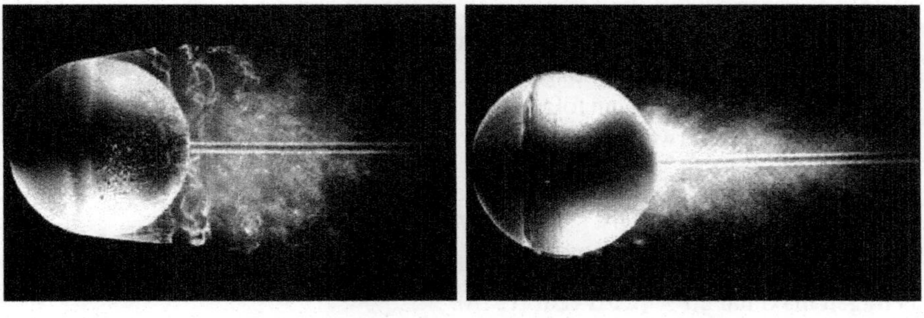

Abb. 7.5 Strömung um eine Kugel bei Re = 15000 *(links)* und bei Re = 30000 mit einem so genannten „Stolperdraht" *(rechts)* (Werlé 1980)

der *Kármánschen Wirbelstraße* (s. Abb. 7.4). Zu diesem Strömungszustand gehört der so genannte *quadratische* oder auch *Newtonsche Bereich* des Widerstandsgesetzes ($10^3 \leq \mathrm{Re} \leq 3 \times 10^5$) (s. Abb. 7.2). Der weit überwiegende Widerstandsanteil resultiert aus den Trägheitskräften. Da der Widerstandsbeiwert als Verhältnis der Widerstandskraft zur Trägheitskraft gedeutet werden kann, folgt daraus, dass der Widerstandsbeiwert konstant sein muss. Messungen zeigen, dass im Newtonschen Bereich etwa gilt:

$$\zeta \approx 0,4.$$

Bis etwa 3×10^5 bleibt der beschriebene Strömungszustand erhalten, lediglich der *Ablösering* bewegt sich geringfügig stromaufwärts in Richtung des Kugeläquators. Oberhalb $\mathrm{Re} = 3 \times 10^5$ wird die Grenzschichtströmung turbulent. Der Ablösering verschiebt sich weit auf die strömungsabgewandte Seite zurück, das Wirbelgebiet verkleinert sich dementsprechend. Der Widerstandsbeiwert fällt von etwa 0,4 bei $\mathrm{Re} = 3 \times 10^5$ auf 0,07 bei $\mathrm{Re} = 4 \times 10^5$ ab. Die turbulent gewordene Grenzschicht nimmt durch Queraustausch mit der Außenströmung Fluidteilchen höherer Geschwindigkeit auf und kann deshalb länger an der Kugel anliegen, bevor sie sich ablöst. Abbildung 7.5 zeigt das qualitative Ergebnis eines berühmten Versuchs von Prandtl. Durch Anlegen eines Drahtrings (Stolperdraht) wurde die Grenzschicht künstlich turbulent gemacht. Der Ablösering verschiebt sich deutlich auf die Kugelrückseite. Durch diese Verschiebung ergibt sich infolge der Verzögerung der Strömung ein Druckrückgewinn auf der Kugelhinterseite, der den Druckwiderstand wesentlich stärker verringert, als der Reibungswiderstand durch die zunehmende Lauflänge bis zum Ablösepunkt zunimmt.

Die bewusste Anfachung der Turbulenz zur Verringerung des Widerstandsbeiwerts lässt sich auch durch eine Oberflächenstrukturierung erreichen. Ein prägnantes Beispiel hierfür sind Golfbälle, deren Kugeloberfläche mit regelmäßigen Vertiefungen versehen ist. Hierdurch tritt der Abfall des Widerstandsbeiwerts auf einen Wert von ca. 0,25 bereits bei einer Reynoldszahl von etwa 5×10^4 auf, die einer Geschwindigkeit von ca. 20 m/s entspricht (Bearman und Harvey 1976). Im Ergebnis fliegen Golfbälle daher erheblich weiter als Kugeln ohne Oberflächenstruktur (z. T. bis um den Faktor 3–4).

Zur Beschreibung des gesamten Verlaufs des Widerstandsbeiwerts existiert eine Reihe von Berechnungsgleichungen (z. Übersicht (Clift et al. 1978)). Für den gesamten Bereich $Re < 10^5$ kann folgende vergleichsweise einfache Beziehung (Brauer und Mewes 1972) verwendet werden:

$$\zeta = \frac{24}{Re} + \frac{4}{Re^{1/2}} + 0,4. \tag{7.6}$$

Die Abweichungen von den Messwerten einer großen Zahl verschiedener Autoren betragen maximal 20 % (Clift et al. 1978).

Der geringfügige Nachteil dieser Gleichung besteht darin, dass die Partikelgeschwindigkeit w_P gemäß Gl. (7.4) nur iterativ bestimmt werden kann, da die Reynoldszahl in Gl. (7.6) von w_P abhängt und w_P selbst von dem Widerstandsbeiwert. Dieses Problem kann mit einer zweiten Gleichung (Martin 1980) umgangen werden

$$\zeta = \frac{1}{3}\left(\sqrt{\frac{72}{Re}} + 1\right)^2 = \frac{1}{3}\left(\sqrt{\frac{72\nu_f}{w_P d_P}} + 1\right)^2, \tag{7.7}$$

die ebenfalls den Messwertverlauf recht gut beschreibt. Gleichung (7.7) besitzt den Vorteil, dass aus der Bewegungsgleichung (Gl. (7.4)), welche sich als

$$Ar \equiv \frac{\rho_P - \rho_f}{\rho_f}\frac{g d_P{}^3}{\nu_f{}^2} = \frac{3}{4} Re^2 \cdot \zeta \tag{7.8}$$

darstellen lässt, direkt die Reynoldszahl errechnet werden kann:

$$Re = \frac{w_P d_P}{\nu_f} = 18\left(\sqrt{1 + \frac{\sqrt{Ar}}{9}} - 1\right)^2. \tag{7.9}$$

Damit ist die Sinkgeschwindigkeit w_P explizit dargestellt.

Sowohl Gl. (7.6) als auch Gl. (7.7) führt für $Re \to 0$ auf das Stokessche Gesetz $\zeta = 24/Re$ und für große Reynoldszahlen auf einen konstanten Endwert, der allerdings leicht differiert.

Insgesamt ergibt sich für die Bewegung fester Partikeln stets ein monotoner Anstieg der Geschwindigkeit w_P mit steigendem Durchmesser d_P. Im Stokesschen Bereich gilt $w_P \sim d_P{}^2$, während im Newtonschen Bereich $w_P \sim d_P^{1/2}$ den Zusammenhang beschreibt.

Um eine zusammenfassende Darstellung der Abhängigkeit der Geschwindigkeit einer festen Kugel vom Partikeldurchmesser unter Einbeziehung sämtlicher Einflussparameter zu erreichen, werden folgende dimensionslosen Kennzahlen gebildet (Mersmann 1977; Wesselingh 1987):

a. dimensionslose Geschwindigkeit

$$w^* \equiv w_P \sqrt[3]{\frac{\rho_f^2}{\eta_f \Delta\rho \cdot g}}, \tag{7.10}$$

b. dimensionsloser Partikeldurchmesser

$$d^* \equiv d_P \sqrt[3]{\frac{\rho_f g \Delta\rho}{\eta_f^2}} = Ar^{1/3}. \tag{7.11}$$

Mit diesen Kennzahlen lassen sich unmittelbar die Bewegungsgeschwindigkeiten fester und fluider Partikeln vergleichen. Mit diesen Größen lässt sich Gl. (7.9) umformen zu:

$$w^* = \frac{18}{d^*}\left(\sqrt{1+\frac{d^{*1,5}}{9}}-1\right)^2. \tag{7.12}$$

Dieser Zusammenhang ist in Abb. 7.6 dargestellt. Deutlich wird, dass im Stokesschen Bereich ($d^* < 1{,}7$) gilt:

$$w^* = \frac{d^{*2}}{18}, \tag{7.13}$$

während im Newtonschen Bereich ($d^* > 60$) die Beziehung

$$w^* = 2d^{*1/2} \tag{7.14}$$

besteht.

Der Widerstand ist i. Allg. stark durch Ablösungserscheinungen bedingt, die wiederum vom *Turbulenzgrad* der Grundströmung abhängig sind (s. beispielhaft Abb. 7.5). Dieser Turbulenzgrad, der das Umschlagen in die turbulente Grenzschicht begünstigen kann, beeinflusst dementsprechend auch die Größe des Widerstandsbeiwertes, im Normalfall allerdings nicht sehr stark. Tatsächlich unterscheidet sich der Widerstand eines Körpers, der sich durch ein ruhendes, turbulenzfreies Medium bewegt, von dem eines angeströmten Körpers, bei dem die Strömung einen merklichen Turbulenzgrad aufweist.

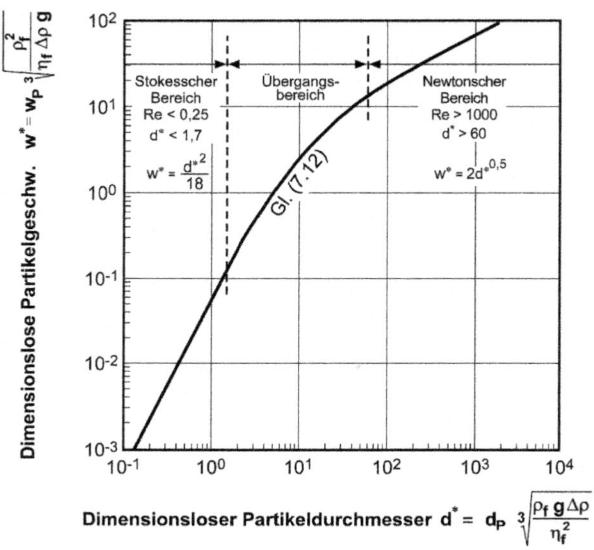

Abb. 7.6 Dimensionslose Sinkgeschwindigkeit fester Kugeln

In der Abb. 7.7 wird die Vertikalgeschwindigkeit w_z bezogen auf die Partikelgeschwindigkeit w_P in der Äquatorialebene für verschiedene Reynoldszahlen in Abhängigkeit von der Radialkoordinate dargestellt. Deutlich wird die Zunahme der Grenzschichtdicke mit abnehmender Reynoldszahl, wie dies analog bei der Plattenströmung (s. Kap. 6) auftritt. Diese Geschwindigkeitsfelder wurden mit einem

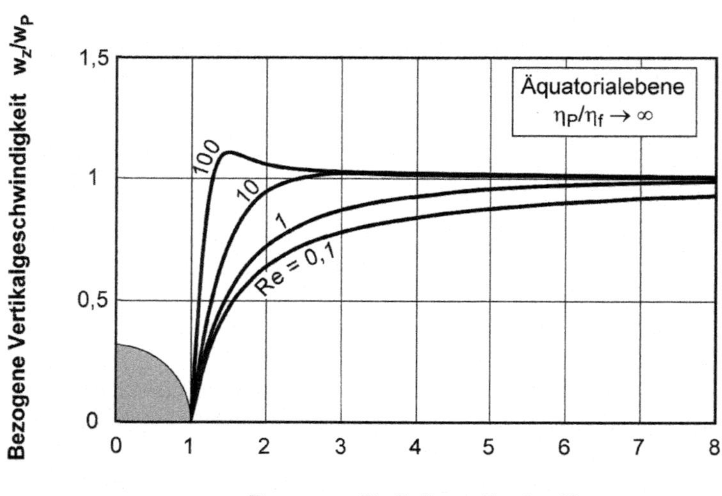

Abb. 7.7 Bezogene Vertikalgeschwindigkeit in der Äquatorialebene bei der Umströmung einer festen Kugel für unterschiedliche Reynoldszahlen

Tab. 7.1 Formkorrekturkoeffizienten k_Ψ für die stationäre Sinkgeschwindigkeit. (Pettyjohn und Christiansen 1948)

Körperform	äquivalenter Kugeldurchmesser d_V	Formfaktor (Sphärizität) Ψ	Formkorrektur-koeffizienten	
			$k_{\Psi,St}$	$k_{\Psi,N}$
Kugel	d	1	1	1
Würfel	1,241a	0,806	0,92	0,56
Parallelepiped				
a × a × 2a	1,563a	0,767	0,90	0,52
a × 2a × 2a	1,970a	0,761	0,89	0,51
a × 2a × 3a	2,253a	0,725	0,88	0,48
a × a × 0,1a	0,576a	0,435	0,70	0,30
a × a × 0,01a	0,267a	0,110	0,19	0,15
Zylinder				
h = 2d	1,442d	0,831	0,93	0,58
h = d	1,145d	0,875	0,95	0,64
h = 0,5d	0,909d	0,826	0,93	0,58
h = 0,15d	0,608d	0,570	0,79	0,38
h = 0,01d	0,247d	0,120	0,22	0,15

d; *h* Durchmesser der Basisfläche bzw. Höhe des Zylinders

Computational Fluid Dynamics (CFD) Programm berechnet, in dem die Kontinuitätsgleichung (1.91) sowie die Navier-Stokes-Gleichungen (1.92–1.94) numerisch gelöst wurden.

In technischen Prozessen spielen kugelförmige Partikeln nur eine untergeordnete Rolle. Wesentlich häufiger treten unregelmäßig geformte Teilchen auf. Um den komplexen Einfluss der Partikelform auf die Bewegungsgeschwindigkeit zu erfassen, existieren zwei Ansätze. Im einfachsten Fall wird der Widerstandsbeiwert für Kugeln um einen bestimmten Betrag korrigiert. Dies kann mithilfe der in Tab. 7.1 zusammengestellten, empirisch ermittelten Korrekturkoeffizienten k_Ψ geschehen (Pettyjohn und Christiansen 1948), indem die für volumengleiche Kugeln berechneten stationären Sinkgeschwindigkeiten mit einem Korrekturkoeffizienten k_Ψ multipliziert werden, und zwar

a. im *Stokes*-Bereich:

$$w_P = k_{\Psi,St} \frac{(\rho_P - \rho_f) {d_V}^2 g}{18\eta}, \tag{7.15a}$$

b. im *Newton*-Bereich:

$$w_P = k_{\Psi,N} \sqrt{\frac{3\, g\, d_V(\rho_P - \rho_f)}{\rho_f}}. \tag{7.15b}$$

Die Berechnungen basieren auf dem *äquivalenten Kugeldurchmesser*:

$$d_V = \left(\frac{6}{\pi} \cdot V_p\right)^{1/3}. \tag{7.16}$$

Der zweite Berechnungsansatz besteht in einer allgemeingültigen Gleichung für den Widerstandsbeiwert *nichtkugelförmiger* Teilchen. Da die Bahnen unregelmäßiger Teilchen sehr kompliziert sein können, man denke nur an herabfallende Blätter und ihre teilweise schaukelnden bzw. taumelnden Bewegungen, ist eine umfassende Beschreibung kaum zu erwarten. Zur Berechnung wird der sogenannte *Formfaktor* oder die *Sphärizität*

$$\Psi \equiv \frac{A_{0K}}{A_{0P}} \tag{7.17}$$

herangezogen, also das Verhältnis der Oberfläche A_{0K} einer volumengleichen Kugel zur tatsächlichen Teilchenoberfläche. Aus der Vielzahl vorliegender Gleichungen (zum Überblick s. z. B. (Chhabra et al. 1999)) kann folgende Beziehung (Haider und Levenspiel 1989) am ehesten empfohlen werden:

$$\begin{aligned}\zeta &= \frac{24}{Re}\left\{1 + [8{,}1716\, exp\,(-4{,}0655\ \Psi)] \cdot Re^{0{,}0964+0{,}5565\Psi}\right\}\\ &+ \frac{73{,}69 \cdot Re \cdot exp\,(-5{,}0748\Psi)}{Re + 5{,}378\ exp\,(6{,}2122\Psi)}.\end{aligned} \tag{7.18}$$

Hierin sind wiederum der äquivalente Kugeldurchmesser (Gl. (7.16)) sowie die Sphärizität (Gl. (7.17)) zu verwenden. Die Genauigkeit der Gleichung nimmt mit geringer werdender Sphärizität ab. In einem breit angelegten Vergleich mit Messdaten (Chhabra et al. 1999) wurde eine mittlere Abweichung von ca. 20 % festgestellt bei Maximalwerten von etwa 100 %. Einen Vergleich mit dem Widerstandsbeiwert einer Kugel zeigt Abb. 7.2 für zwei verschiedene Sphärizitäten.

7.1.2 Fluide Partikeln

Im Gegensatz zu festen Teilchen besitzen fluide Partikeln (Blasen, Tropfen) i. Allg. eine *bewegliche Phasengrenzfläche*. Im Innern der Partikeln kann als Folge der Teilchenumströmung eine *Zirkulationsströmung* ausgelöst werden (s. Abb. 7.8 und 7.9). Des Weiteren ist die geometrische Form fluider Teilchen veränderlich. Bei niedrigen Partikeldurchmessern liegt die Kugelform vor. Wird eine bestimmte, von den Stoffeigenschaften abhängige Größe überschritten, so beginnt die Partikel, sich infolge der durch die Bewegung auftretenden Kräfte zu deformieren und Formschwingungen auszuführen. Hierbei stellen sich zuerst annähernd ellipsoide Partikeln ein, die mit zunehmender Größe in regellos geformte Blasen oder Tropfen übergehen. In Abb. 7.10 sind typische geometrische Formen dargestellt.

Ab einer bestimmten Größe werden die Teilchen schließlich instabil und zerteilen sich. Diese Deformationen, Schwingungen und Zerteilvorgänge werden durch die an der fluiden Partikel angreifenden Kräfte ausgelöst. Neben den dargestellten Formen existieren noch weitere insbesondere für instabile Partikeln (s. Abb. 7.13).

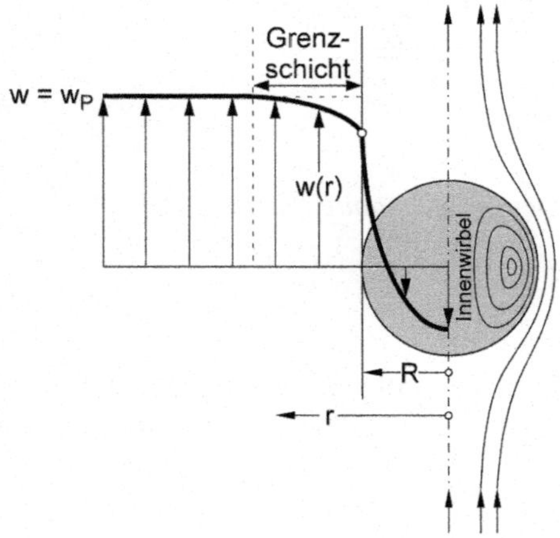

Abb. 7.8 Geschwindigkeitsfeld bei der Umströmung einer kugelförmigen Gasblase

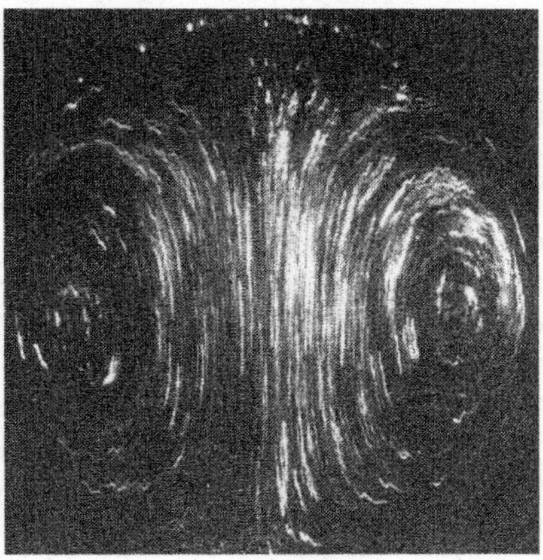

Abb. 7.9 Interne Strömung in einem kugelförmigen Tropfen bei unterschiedlichen Sinkgeschwindigkeiten (Savic 1953 aus Clift et al. 1978), Tropfendurchmesser 17,7 mm; Sinkgeschwindigkeit 1,16 cm/s

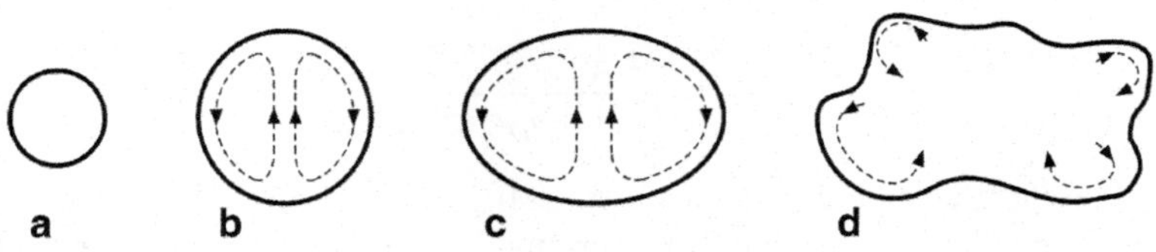

Abb. 7.10 Schematisierte Blasenformen: **a** Kugelblase ohne innere Zirkulation, **b** Kugelblase mit innerer Zirkulation, **c** ellipsoidische Blase, **d** regellos geformte Blase

Die *Stabilität einer fluiden Partikel* hängt vom Verhältnis der Grenzflächenkraft zur Widerstandskraft und damit zur Differenz zwischen Gewichts- und Auftriebskraft ab. Gemäß Kräftegleichgewicht muss für die größte, gerade noch stabile Partikel (Index E) gelten:

Grenzflächenkraft $F\sigma$ = Widerstandskraft F_W = Gewichtskraft-Auftriebskraft ($F_G - F_A$) oder

$$d_E \pi \sigma = \frac{\pi}{6} d_E^3 \Delta\rho g. \tag{7.19}$$

Der *größte stabile Partikeldurchmesser* d_E ergibt sich hieraus zu:

$$d_E = 2{,}45\sqrt{\frac{\sigma}{\Delta\rho \cdot g}}. \tag{7.20}$$

Die Auswertung einer Vielzahl unterschiedlicher Messergebnisse (Mersmann 1977) führt zu einem etwas höheren Wert für den konstanten Faktor (Abb. 7.9 und 7.10):

$$d_E = 3\sqrt{\frac{\sigma}{\Delta\rho \cdot g}}. \tag{7.21}$$

Der Partikeldurchmesser wurde in diesen experimentellen Untersuchungen als der Durchmesser der volumengleichen Kugel (Gl. (7.16)) bestimmt, da die tatsächliche Teilchenform stark unregelmäßig und keine andere repräsentative Längenangabe möglich ist. Grundsätzlich können auch noch Partikeln auftreten, deren Abmessungen größer sind. Die Wahrscheinlichkeit, dass sie im Laufe ihrer Bewegung in der kontinuierlichen Phase zerfallen, ist allerdings hoch. Die Beziehung (7.21) ist für eine niedrigviskose, kontinuierliche Phase gültig. Experimentelle Ergebnisse mit hochviskosen Medien (bis 10.000 mPas) zeigen, dass die berechneten Werte für d_E dann um bis zu 70 % zu niedrig sind (Mersmann 1977).

Die Beschreibung der Partikelbewegung erfolgt wie bei festen Kugeln durch Verwendung der Bewegungsgleichung Gl. (7.4). Die Ermittlung des zugehörigen Widerstandsbeiwertes erfolgt i. Allg. experimentell. Lediglich für den Bereich der schleichenden Strömung lässt sich durch Lösung der Navier-Stokes-Gleichungen folgendes Widerstandsgesetz herleiten (aufgestellt von Hadamard 1911; Rybczynski 1911):

$$\zeta = \frac{24}{Re}\frac{\frac{2}{3} + \eta_P/\eta_c}{1 + \eta_P/\eta_c}. \tag{7.22}$$

Für Gasblasen in einer Flüssigkeit gilt $\eta_c \gg \eta_P$, sodass aufgrund der beweglichen Phasengrenzfläche der Widerstandsbeiwert nur 2/3 des Wertes für starre Kugeln annimmt, also $\zeta = 16/Re$. Für Tropfen in einem Gas bzw. für feste Kugeln gilt $\eta_c \ll \eta_P$ und damit das Stokessche Gesetz (Gl. (7.5)). Die Phasengrenzfläche ist dann unbeweglich, und die Partikel verhält sich wie ein festes Teilchen. Der experimentell bestimmte Widerstandsbeiwert von Gasblasen in Abhängigkeit von der Reynoldszahl ist in Abb. 7.11 aufgetragen. Solange die Blasen Kugelform besitzen, gilt für den Widerstandsbeiwert (Brauer 1979):

$$\zeta_B = \frac{16}{Re_B} + \frac{14{,}9}{Re_B^{0{,}78}}\left(\frac{1}{1 + 10\,Re_B^{-0{,}6}}\right), \quad Re_B = \frac{w_B d_B}{\nu_f}. \tag{7.23}$$

Abb. 7.11 Widerstandsbeiwert für Blasen

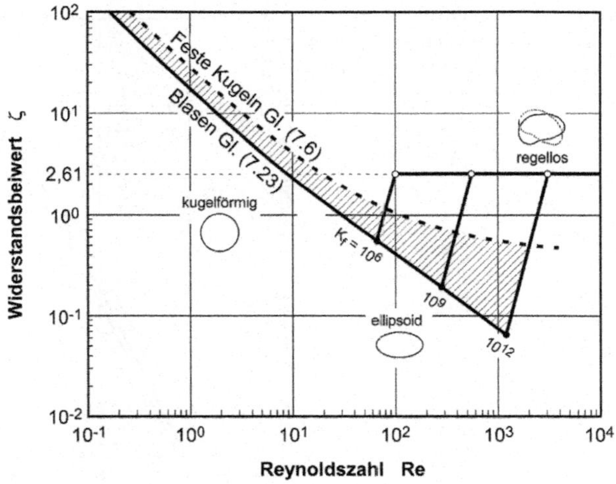

Mit dieser Gleichung werden die größtmöglichen Aufstiegsgeschwindigkeiten fluider Partikel berechnet, was Experimente zahlreicher Autoren bestätigen.

Zum Vergleich ist der Widerstandsbeiwert der festen Kugel ebenfalls in Abb. 7.11 enthalten. Gl. (7.23) ist gültig bis zu einer kritischen Reynoldszahl Re_B, von der an die Blase ihre Kugelgestalt verliert. Für diese kritische Reynoldszahl wurde folgender Zusammenhang ermittelt (Brauer 1979):

$$Re_B = 3{,}73\ K_f^{0{,}209}. \tag{7.24}$$

Die sogenannte *Flüssigkeitskennzahl* K_f ist hierbei definiert als:

$$K_f \equiv \frac{\rho_f \sigma^3}{g\ {\eta_f}^4}. \tag{7.25}$$

Der Kehrwert von K_f wird auch als Kapitzazahl oder im angloamerikanischen Schrifttum als Morton number bezeichnet. Mit der Formänderung ist ein drastischer Anstieg des Widerstands verbunden. Der Widerstandsbeiwert überschreitet dabei den Wert für die feste Kugel. Diese Tatsache erklärt sich durch die zunehmende Querschnittsfläche, die die Blase durch ihre Formänderung der Strömung entgegensetzt. Diese Flächenzunahme wird jedoch nicht bei der rechnerischen Bestimmung von ζ berücksichtigt. Hier wird weiterhin mit dem Durchmesser der volumengleichen Kugel gerechnet. Der so berechnete ζ-Wert muss zwangsläufig drastisch ansteigen. Der maximale ζ-Wert wird von der größten stabilen Einzelblase erreicht ($Re \geq Re_E$) und beträgt (Davies und Taylor 1950):

$$\zeta_E = 2{,}61.$$

Für die obere Grenze des Übergangsbereiches gilt die empirisch ermittelte Gleichung (Peebles und Garber 1953):

$$Re_E = 3{,}1\ K_f^{1/4}. \tag{7.26}$$

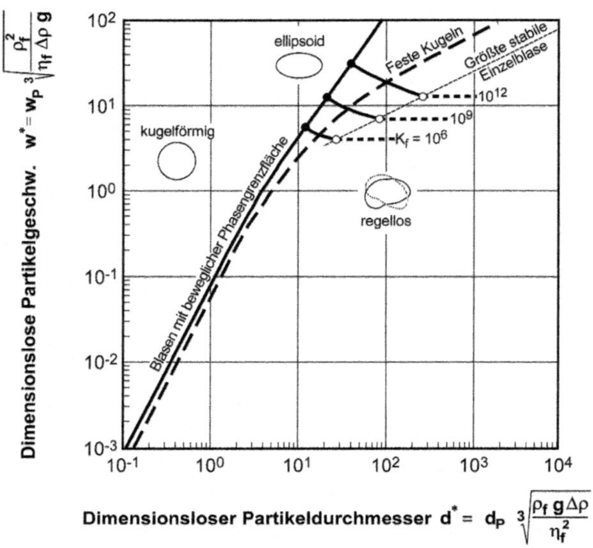

Abb. 7.12 Dimensionslose Aufstiegsgeschwindigkeit von Gasblasen in einer Flüssigkeit

In realen Stoffsystemen treten häufig grenzflächenaktive Substanzen auf (Verunreinigungen, Schmutz, Tenside, Salze). Aufgrund der Molekülstruktur adsorbieren diese Substanzen an der Phasengrenzfläche, wodurch die Beweglichkeit der Grenzfläche reduziert wird. Somit nähert sich der Widerstand der fluiden Partikel (Blase oder Tropfen) demjenigen der festen Kugel an.

Die Endgeschwindigkeit gerade noch stabiler Partikeln ergibt sich aus dem Einsetzen des maximalen stabilen Blasendurchmessers gemäß Gl. (7.21) sowie des zugehörigen Widerstandsbeiwertes von 2,61 in Gl. (7.4):

$$w_E = 1{,}24 \sqrt[4]{\frac{\Delta\rho \cdot g \cdot \sigma}{\rho_f{}^2}}. \tag{7.27}$$

Für die Reynoldszahl der größten stabilen Einzelblase ergibt sich damit:

$$Re_E = \frac{w_E d_E}{\nu_f} = 1{,}24 \sqrt[4]{\frac{\Delta\rho \cdot g \cdot \sigma}{\rho_f{}^2}} \cdot 3\sqrt{\frac{\sigma}{\Delta\rho \cdot g}} \cdot \frac{\rho_f}{\eta_f} = 3{,}7\ K_f^{1/4}. \tag{7.28}$$

Dieses Ergebnis stimmt mit der empirischen Grenzbeziehung, die bereits bei der Erläuterung der Abb. 7.11 für Re_E (s. Gl. (7.26)) angegeben wurde, mit einer geringen Abweichung überein. Da Messungen der Aufstiegsgeschwindigkeit aufgrund der taumelnden Bewegung der unregelmäßig geformten Blasen problematisch sind, spiegelt diese Diskrepanz im Wesentlichen die Messungenauigkeiten wider.

Analog zu den festen Kugeln kann auch für den Blasenaufstieg der Zusammenhang zwischen Aufstiegsgeschwindigkeit und dem Partikeldurchmesser in dimensionsloser Form dargestellt werden (s. Abb. 7.12). Bei geringen Abmessungen findet die Bewegung analog zur Abb. 7.11 gemäß den Gesetzen für kugelförmige Blasen

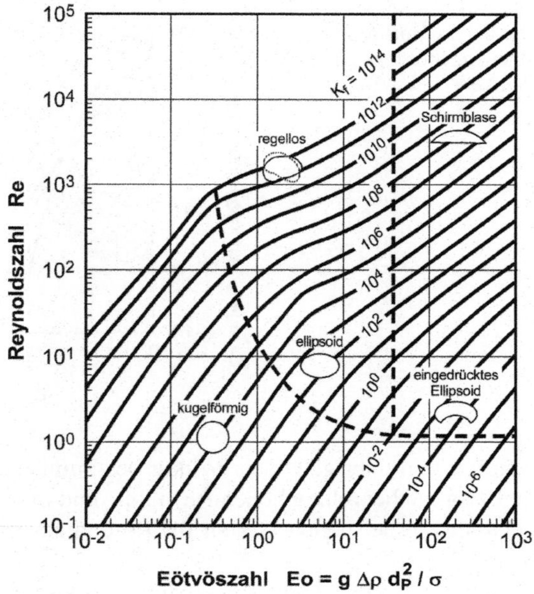

Abb. 7.13 Partikelgestalt von Blasen und Tropfen, die sich in einer Flüssigkeit bewegen. (Nach Grace et al. 1976)

statt, wobei die Größe der Geschwindigkeit von der Beweglichkeit der Phasengrenzfläche abhängt. Mit der Formänderung findet ein Widerstandsanstieg statt, der sich in einer Reduzierung der Aufstiegsgeschwindigkeit ausdrückt. Die Grenzgeschwindigkeit ist durch den Zusammenhang für die größte stabile Einzelblase gegeben. Der Übergang von der einen physikalischen Gesetzmäßigkeit zur anderen hängt, wie bereits anhand der Abb. 7.11 erläutert, von der Flüssigkeitskennzahl K_f ab (Gl. (7.24) und (7.26)). In Abb. 7.12 sind beispielhaft für drei unterschiedliche Werte von K_f die entsprechenden Übergänge eingetragen. Demnach existiert ein deutliches Maximum der Aufstiegsgeschwindigkeit am Beginn des Übergangsbereichs. Dies stellt einen signifikanten Unterschied zur Bewegung fester Kugeln dar.

Der Zusammenhang zwischen Deformation und Bewegung einzelner fluider Partikeln ist Gegenstand zahlreicher wissenschaftlicher Arbeiten (z. B. (Grace et al. 1976; Mersmann et al. 1983)). Die Ergebnisse lassen sich nur in Form von Diagrammen erheblich verdichten. Ein vielfach genutzter Zusammenhang ist in Abb. 7.13 dargestellt (Clift et al. 1978). Die mit der Sinkgeschwindigkeit w_P und dem Durchmesser d_V einer volumengleichen Kugel (Gl. (7.16)) gebildete Partikel-Reynoldszahl ist in Abhängigkeit von der Eötvöszahl[1] $Eo \equiv d_P{}^2\ \Delta\rho\ g/\sigma$ mit der Flüssigkeitskennzahl K_f als Parameter dargestellt. Das Diagramm gilt für Gasblasen oder Tropfen in einer Flüssigkeit und nicht für Tropfen in einem Gas. Angegeben werden die Grenzen zwischen drei grundsätzlichen Bereichen für die Form. Obwohl diese Grenzen von den

[1] Loránd Eötvös 1848–1919, ungarischer Physiker, ihm gelang der Nachweis, dass die Gravitationskraft nur von der Masse der Objekte, nicht von ihrem Stoff abhängt, so dass beim freien Fall im Vakuum alle Körper gleich schnell fallen.

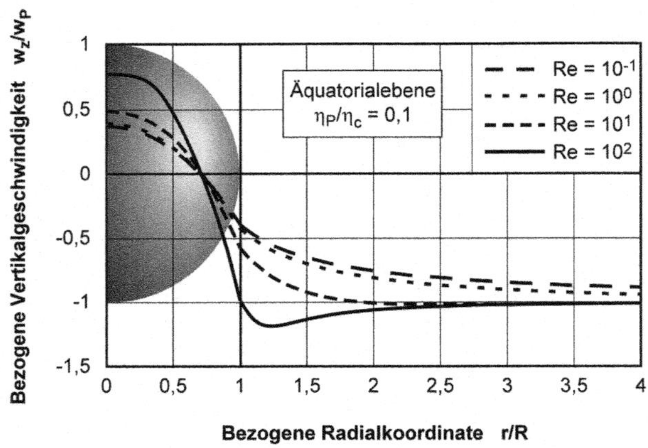

Abb. 7.14 Geschwindigkeitsfeld bei der Umströmung einer kugelförmigen fluiden Partikel

Autoren mit einer gewissen Willkür bestimmt wurden, wird deutlich, dass Blasen und Tropfen bei relativ hohen Reynolds- und mittleren Eötvöszahlen ellipsoid sind, während sie bei hohen Werten für Re und Eo Kugelkalottenform (Schirmblasen) annehmen.

Die Berechnung des Geschwindigkeitsfelds innerhalb und außerhalb fluider Partikeln kann durch numerische Lösung der Navier-Stokes-Gleichung erfolgen, solange kugelförmige Partikeln vorliegen. Analog zur Abb. 7.7 wird in Abb. 7.14 die Tangentialgeschwindigkeit in der Äquatorialebene in Abhängigkeit von der Radialkoordinate für den Fall $\eta_P < \eta_c$ dargestellt. Deutlich wird die Konsequenz der beweglichen Phasengrenzfläche durch die dort vorliegenden endlichen Geschwindigkeiten. Die Randbedingungen an der Partikeloberfläche lauten in diesem Fall identische Tangentialgeschwindigkeiten und Schubspannungen in beiden Phasen. Mit zunehmender Reynoldszahl nimmt auch in diesem Fall die Grenzschichtdicke ab.

Die Bewegung von Tropfen in Gas führt aufgrund der umgekehrten Viskositätsverhältnisse ($\eta_P \gg \eta_c$) gegenüber dem System Blasen in einer Flüssigkeit zu anderen Gesetzmäßigkeiten. Solange

$$d_T \leq 30\sqrt[3]{\frac{\eta_c^2}{\rho_c g \Delta\rho}}$$

gilt, nehmen Tropfen Kugelform an. Größere Tropfen verformen sich und werden bei d_T nach Gl. (7.21) instabil. Die Maximalgeschwindigkeit größter Tropfen berechnet sich nach:

$$w_E = 2\sqrt[4]{\frac{g\Delta\rho\sigma}{\rho_c^2}}. \tag{7.29}$$

Allgemein lässt sich die Sinkgeschwindigkeit kugeliger Tropfen mit den Gesetzmäßigkeiten der festen Kugeln berechnen. Aufgrund der hohen Viskosität der dispersen Phase gegenüber derjenigen des umgebenden Gases kann der Impulstransport über die Phasengrenzfläche vernachlässigt werden.

7.2 Instationäre Partikelbewegung

Für technische Prozesse ist häufig neben der stationären Endgeschwindigkeit auch der instationäre Vorgang der Partikelbeschleunigung bedeutsam. So beispielsweise, wenn zur Abtrennung von Partikeln aus einem Gasstrom eine Änderung der Strömungsrichtung vorgenommen wird, mit dem Ziel, die Teilchen aufgrund ihrer Trägheit abscheiden zu können. Ein weiteres Beispiel ist die Sprühtrocknung (s. Abb. 10.19). In diesem Prozessschritt werden feuchte Partikeln in einen beheizten Gasstrom eingesprüht, um während des Fallweges getrocknet zu werden (s. Abschn. 15.7.1). Derartige Apparate müssen sehr exakt ausgelegt werden, da nicht vollständig getrocknete Teilchen zu einer breiartigen Masse führen würden, die nicht mehr aus dem Apparat gefördert werden könnte. Die genaue Dimensionierung setzt die Berücksichtigung des instationären Fallvorgangs voraus.

Das Kräftegleichgewicht muss bei der *instationären* Bewegung um einen *Trägheitsterm* erweitert werden und lautet daher:

$$F_T = F_G - F_A - F_W,$$

$$\rho_P V_P \frac{dw_P}{dt} = V_P(\rho_P - \rho_f) \cdot g - \zeta_b \frac{\rho_f}{2} w_P^2 A_P. \tag{7.30}$$

Hierbei stellt w_P die Relativgeschwindigkeit zwischen der Partikel und dem umgebenden Fluid dar. Für den hier betrachteten Fall kugelförmiger Teilchen ergibt sich folgende Differenzialgleichung:

$$\frac{dw_P}{dt} = \left(1 - \frac{\rho_f}{\rho_P}\right) \cdot g - \zeta_b \frac{\rho_f}{\rho_P} \frac{3}{4d_P} w_P{}^2. \tag{7.31}$$

Die notwendige Randbedingung zur Lösung dieser Gleichung stellt der Anfangswert $w_P\ (t=0)$ dar.

Die Lösung von Gl. (7.31) hängt allerdings auch von der Bewegung des Fluids ab. Es resultiert hieraus ein System gekoppelter Differenzialgleichungen, die über Anfangs- und Randbedingungen miteinander verknüpft sind. Der Widerstandsbeiwert ζ_b in Gl. (7.30) ist daher derjenige für die instationäre Bewegung und unterscheidet sich demzufolge von dem der stationären Bewegung. Um dennoch zu einer einfach zu handhabenden Gleichung zu kommen, ohne den Aufwand einer Simulation mit einem CFD-Programm, wird bei der zu beschleunigenden Masse noch ein Teil des umgebenden Fluids berücksichtigt. Diese als „scheinbare“ bzw. „virtuelle“ Masse bezeichnete Fluidmasse hängt von der Geometrie und der Orientierung der Teilchen ab. Bei kugelförmigen festen Partikeln entspricht das Volumen des mit beschleunigten Fluids dem halben Teilchenvolumen (Drew et al. 1979). Dieses mit transportierte Fluidvolumen ist grundsätzlich formabhängig, so wird für Blasen in Wasser ein Wert von 0,25 angegeben (Cook und Harlow 1986). Durch Einführung eines Koeffizienten α für den Volumenanteil des mitbeschleunigten Fluids ergibt sich eine leicht modifizierte Differenzialgleichung für die zeitabhängige Partikelbewegung:

$$\frac{dw_P}{dt} = \frac{\rho_P - \rho_f}{\rho_P + \alpha\rho_f} g - \zeta_b \frac{\rho_f}{\rho_P + \alpha\rho_f} \frac{3}{4d_p} w_p{}^2. \tag{7.32}$$

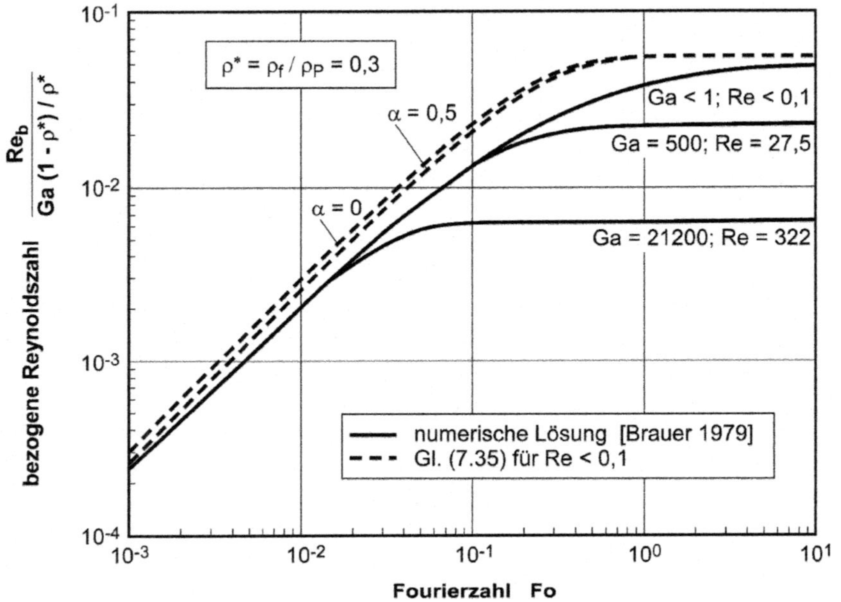

Abb. 7.15 Abhängigkeit der bezogenen Reynoldszahl von der Fourierzahl für die instationäre Partikelbewegung

Gemäß der gewählten Vereinfachungen wird dann der für die stationäre Partikelbewegung ermittelte Widerstandsbeiwert eingesetzt.

Insgesamt ist das Gleichungssystem nur mit numerischen Methoden lösbar. Gleichung (7.31) lässt sich auch dimensionslos darstellen

$$\frac{d\,Re_b}{d\,Fo} + \frac{3}{4}\frac{\rho^* \zeta_b}{(1+\alpha\rho^*)}\,{Re_b}^2 - Ga\,\frac{(1-\rho^*)}{(1+\alpha\rho^*)} = 0, \tag{7.33}$$

wobei folgende Definitionen angewendet werden:

$$Ga \equiv \frac{g{d_P}^3{\rho_f}^2}{{\eta_f}^2} \quad \text{Galileizhl}^2, \tag{7.34a}$$

$$Fo \equiv \frac{\eta_f t}{\rho_f d_P^2} \quad \text{Fourierzahl}, \tag{7.34b}$$

$$\rho^* = \rho_f/\rho_P. \tag{7.34c}$$

Ergebnisse dieser numerischen Rechnung in Form der bezogenen instationären Re_b-Zahl als Funktion der Fourierzahl für unterschiedliche Galileizahlen zeigt Abb. 7.15.

[2] Galileo Galilei 1564–1642, italienischer Philosoph, Mathematiker, Physiker und Astronom, der bahnbrechende Entdeckungen auf mehreren Gebieten der Naturwissenschaften machte.

Der stationäre Endwert ergibt sich aus Gl. (7.4) unter Berücksichtigung von Gl. (7.6) bzw. (7.7). Ausgangspunkt der Berechnung ist die Annahme, dass $w_P(t=0)=0$ ist. Mit steigender Fourierzahl wird demzufolge Re_b zunehmend größer, bis der stationäre Endwert erreicht wird. Eine näherungsweise Berechnung des dargestellten Zusammenhangs lässt sich für den Stokesschen Bereich ausführen, wenn Gl. (7.32) unter Einbeziehung der „scheinbaren Masse" des Teilchens betrachtet wird. Hierzu wird für den Widerstandsbeiwert $24/Re_b$ eingesetzt und die Differenzialgleichung integriert. Als Ergebnis dieser Rechnung folgt:

$$\frac{Re_b \rho^*}{Ga(1-\rho^*)} = \frac{1}{18}\left[1 - exp\left(-18 Fo \frac{\rho^*}{(1+\alpha\rho^*)}\right)\right]. \tag{7.35}$$

Der zugehörige Kurvenverlauf ist in Abb. 7.15 ebenfalls eingezeichnet und unterscheidet sich von demjenigen für $Re \leq 0{,}1$ nicht sehr wesentlich. Generell sind die Werte nach Gl. (7.35) etwas höher als die Ergebnisse der numerischen Rechnung und die stationäre Endgeschwindigkeit wird demzufolge deutlich früher erreicht.

Der von einer Partikel *instationär zurückgelegte* Weg ergibt sich durch Integration der momentanen Partikelgeschwindigkeit bzw. der Reynoldszahl über die Zeit. In dimensionsloser Schreibweise bedeutet dies:

$$\frac{h_b}{d_P} = \int_0^{Fo} Re_b \, dFo. \tag{7.36}$$

Die Bewegungsabläufe von Partikeln werden noch etwas komplexer, wenn außer einer vertikalen noch eine horizontale Geschwindigkeitskomponente auftritt. In diesen Fällen kommt es zu gekrümmten Bahnen. Die Behandlung dieser Bewegung verläuft allerdings vollständig analog zu den vorgestellten Betrachtungen zur vertikalen Bewegung. Auf weitergehende Ausführungen wird deshalb an dieser Stelle verzichtet.

7.3 Bewegung von Partikelschwärmen

Im Rahmen technischer Anwendungen treten Partikeln nur in den seltensten Fällen einzeln auf, üblicherweise liegen sie in Form von *Partikelschwärmen* vor. Diese Feststellung gilt sowohl für gasförmige, flüssige oder feste Teilchen.

7.3.1 Feste Partikeln

Zwischen der Bewegung einer absinkenden einzelnen Partikel und einer in einer Suspension befindlichen Partikel besteht ein wesentlicher Unterschied. Bei einem einzelnen Teilchen kann mit hinreichender Genauigkeit angenommen werden, dass

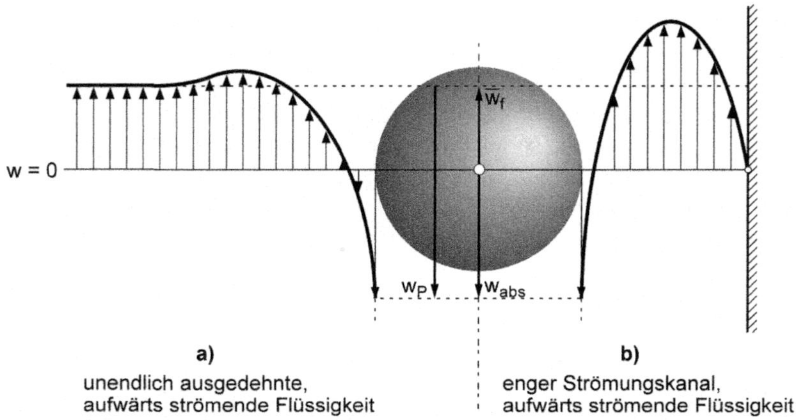

Abb. 7.16 Geschwindigkeitsfeld um eine feste Kugel in einer aufwärtsgerichteten Strömung. **a** bei unendlicher Ausdehnung der Flüssigkeit, **b** in einem engen Strömungsquerschnitt

es sich in einer *ruhenden* Flüssigkeit bewegt. Bei einer sedimentierenden Suspension *verdrängt* indessen der absinkende Feststoff die Flüssigkeit in so starkem Maße, dass jedes Teilchen in einer *aufwärts strömenden* Flüssigkeit absinkt. Daher ist die Sinkgeschwindigkeit w_{ss} einer Partikel, die sich in einer Suspension befindet, kleiner als die stationäre Sinkgeschwindigkeit w_s einer Einzelpartikel, welche sich in einer ruhenden Flüssigkeit bewegt (Abb. 7.16).

Die Sinkgeschwindigkeit der in einer Suspension befindlichen Teilchen wird noch durch einen zweiten Einfluss, den *erhöhten Impulstransport*, behindert. Der Einfluss des Impulstransportes lässt sich am einfachsten erklären, wenn man die Bewegung einer Kugel in einer unendlich und in einer endlich ausgedehnten Flüssigkeit betrachtet. In Abb. 7.16a sind die Sinkbewegung einer Kugel in einer unendlich ausgedehnten Flüssigkeit und die dabei auftretenden Geschwindigkeiten dargestellt. Der Flüssigkeit ist eine Aufwärtsgeschwindigkeit von der Größe $\overline{w}_f$ aufgeprägt, wie sie auch bei der Sedimentation infolge der Verdrängungsströmung vorhanden ist. Es muss rein formal eine mittlere Geschwindigkeit betrachtet werden, da keine konstante Geschwindigkeit der fluiden Phase vorliegt. Dann ist die absolute Sinkgeschwindigkeit der Kugel w_{abs} für einen ortsfesten Beobachter gegeben durch:

$$\vec{w}_{abs} = \vec{w}_P + \vec{\overline{w}}_f. \tag{7.37}$$

Nach unten gerichtete Geschwindigkeiten seien positiv. Betrachtet man nun die Kugelbewegung in einem verhältnismäßig engen Strömungskanal, dann erhält man die in Abb. 7.16b schematisierte Geschwindigkeitsverteilung. Durch die Partikelbewegung wird Flüssigkeit verdrängt, sodass das Geschwindigkeitsprofil in der Flüssigkeit ein wesentlich stärker ausgeprägtes Maximum erhält. Dadurch wird der Geschwindigkeitsgradient an der Partikeloberfläche wesentlich höher, und damit nimmt der Impulstransport zu. Man kann daher die Bewegung der Kugel in dem Kanal auch

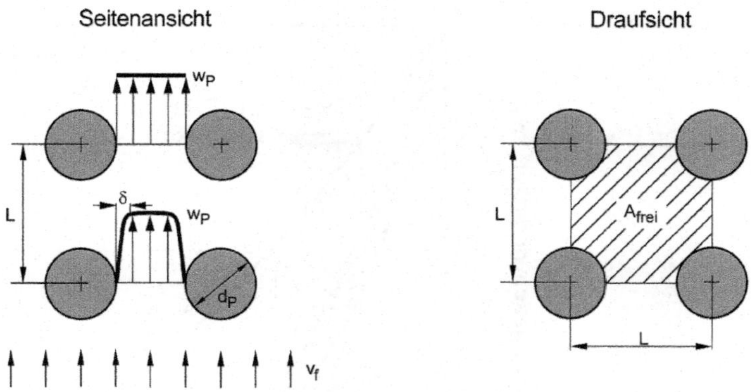

Abb. 7.17 Kubische Ordnung als Modell für die Durchströmung von Partikelschwärmen

so betrachten, als erfolge sie in einer Flüssigkeit mit erhöhter innerer Reibung, also erhöhter Viskosität, sodass die Sinkgeschwindigkeit w_P erniedrigt wird. Diese Vorstellung lässt sich auf die Bewegung der Kugeln innerhalb einer Suspension übertragen. Dabei treten jedoch wesentlich verwickeltere Geschwindigkeitsverteilungen auf, die noch dazu zeitlich veränderlich sind, da die feste, stetige Kontur der Wand durch die nur während begrenzter Zeitabschnitte vorhandenen Kugeloberflächen ersetzt werden muss.

Zum besseren Verständnis der innerhalb des Schwarms ablaufenden physikalischen Vorgänge dient die nachfolgend erläuterte einfache Modellvorstellung (Zehner 1988) zum Absinken eines Schwarms unter alleiniger Berücksichtigung des Verdrängungseffekts. Ausgangspunkt ist ein Partikelschwarm, der von einer Flüssigkeit durchströmt und gerade in der Schwebe gehalten wird. Im Falle eines sedimentierenden Schwarms wird diese Flüssigkeitsströmung durch die Verdrängung des Fluids durch den Feststoff hervorgerufen. Der betrachtete Partikelschwarm sei *monodispers* (d. h. sämtliche Partikeln besitzen denselben Durchmesser) und weise eine gleichmäßige kubische Anordnung auf (s. Abb. 7.17). Es wird angenommen, dass analog zur Einzelkugel die maximale Geschwindigkeit der Partikelumströmung der Sinkgeschwindigkeit der Einzelpartikel w_P entspricht. Diese stellt sich im Schwarm in den kleinsten verbleibenden Flächen zwischen den Partikeln ein. Der kleinste freie Flächenanteil $f \equiv A_{frei}/A_{ges}$ zwischen den Kugeln ergibt sich für die gewählte Anordnung gemäß Abb. 7.17:

$$f \equiv \frac{A_{frei}}{A_{ges}} = 1 - \frac{\pi}{4}\left(\frac{d_P}{L}\right)^2. \tag{7.38}$$

Damit lässt sich das Verhältnis der zur Aufrechterhaltung der dargestellten Schwarmstruktur notwendigen Leerrohrgeschwindigkeit v_f zur Sinkgeschwindigkeit der Einzelkugel aus Kontinuitätsgründen bestimmen:

$$\frac{v_f}{w_P} = 1 - \frac{\pi}{4}\left(\frac{d_P}{L}\right)^2. \tag{7.39}$$

Abb. 7.18 Auswirkungen des Feststoffanteils auf die Schwarmsinkgeschwindigkeit

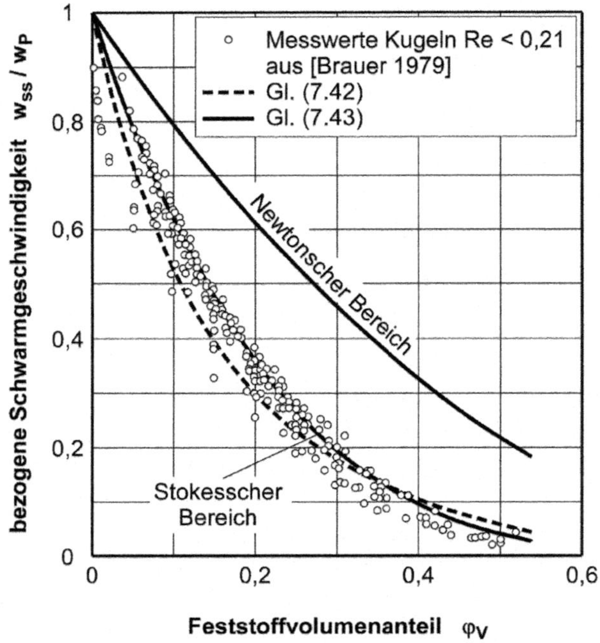

In Verbindung mit dem *Feststoffvolumenanteil* φ_V

$$\varphi_V \equiv \frac{V_P}{V_{ges}} = \frac{\pi}{6}\left(\frac{d_P}{L}\right)^3, \tag{7.40}$$

aus dem sich das Verhältnis d_P/L ermitteln lässt, erhält man den Ausdruck:

$$\frac{v_f}{w_P} = 1 - 1{,}2\ \varphi_V{}^{2/3}. \tag{7.41}$$

Im Fall des absinkenden Partikelschwarms ist für v_f die Schwarmsinkgeschwindigkeit w_{ss} einzusetzen. Tatsächlich liefert Gl. (7.41) lediglich für kleine φ_V sinnvolle Werte. Dies ist aufgrund des stark vereinfachten Ansatzes auch leicht verständlich. Folgende Aspekte, die für den Bewegungsvorgang von Bedeutung sind, wurden nicht berücksichtigt:

- Unregelmäßige Ordnung des Partikelverbandes.
- Erhöhung des Impulstransports im Schwarm durch höhere Geschwindigkeitsgradienten.
- Auswirkungen der Turbulenz in der Fluidströmung.
- Scheinbare Vergrößerung der Partikelabmessungen aufgrund der Grenzschicht, die zu höheren Fluidgeschwindigkeiten in den engsten Querschnitten und damit niedrigere Werte für w_{ss}/w_P führt.
- Polydisperses Partikelsystem.

Für die Erfassung der Schwarmsinkgeschwindigkeit monodisperser Partikeln wurde eine Reihe von Gleichungen abgeleitet. In Abb. 7.18 werden gemessene Werte für w_{ss}/w_P als Funktion der Feststoffkonzentration dargestellt. Ebenfalls eingetragen sind die Ergebnisse einer halbtheoretischen sowie einer empirischen Gleichung (Brauer 1971a)

$$\frac{w_{ss}}{w_P} = \frac{1 - \varphi_V}{\left[1 + \dfrac{\varphi_V}{(1 - \varphi_V)^2}\right]\left[1 + \dfrac{1{,}2}{\sqrt{1 + (\pi/(12\varphi_V))^2} - 0{,}5}\right]} \tag{7.42}$$

bzw. die häufig verwendete, von aufgestellte Beziehung:

$$\frac{w_{ss}}{w_P} = (1 - \varphi_V)^m. \tag{7.43}$$

In Gl. (7.43) ist $m = 4{,}65$ im Stokesschen Bereich bzw. $m = 2{,}2$ für den Newtonschen Bereich und

$$m = 5{,}5\, Ar^{-0{,}06} = 5{,}5\left(\frac{\Delta\rho}{\rho_f}\frac{g d_P{}^3}{\nu_f{}^2}\right)^{-0{,}06} \tag{7.44}$$

im Übergangsbereich. Die unterschiedlichen Exponenten resultieren im Wesentlichen aus den unterschiedlichen Grenzschichtdicken, die die Partikeln scheinbar vergrößern. Die laminare Grenzschicht ist wesentlich dicker als diejenige im turbulenten Fall. Laminar umströmte Partikel bewirken damit eine größere Verdrängung und so ein geringeres Geschwindigkeitsverhältnis w_{ss}/w_P.

7.3.2 *Fluide Partikeln*

Im Fall fluider Partikel ist der Phasenanteil der dispersen Phase φ_v eine *sich selbst einstellende Größe*. Bestimmt wird der Phasenanteil sowohl von der Partikelgeschwindigkeit als auch der Leerrohrgeschwindigkeit der dispersen Phase v_d. Die Aufstiegsgeschwindigkeit fluider Partikeln im Schwarm ergibt sich im stationären Fall aus dem Gleichgewicht zwischen Widerstands- und den um die Gewichtskraft reduzierten Auftriebskräften. Dieses Gleichgewicht wird für den größten Durchmesser d_E formuliert, weil die größten Partikeln die Fluiddynamik in einer solchen *Blasen-* oder *Tropfensäule* bestimmen. Dabei ist zu berücksichtigen, dass die Dichtedifferenz zwischen fluiden Partikeln und der Dispersion sich berechnet gemäß:

$$(\Delta\rho)_{Disp} = \rho_{Disp} - \rho_d = \varphi_v\rho_d + (1 - \varphi_v)\rho_c - \rho_d = (1 - \varphi_v)(\rho_c - \rho_d). \tag{7.45}$$

Hierbei wird die Dichte der Dispersion bestimmt gemäß:

$$\rho_{Disp} = \frac{M_d + M_c}{V_d + V_c} = \frac{\rho_d V_d}{V_d + V_c} + \frac{\rho_c V_c}{V_d + V_c} = \varphi_V \rho_d + (1 - \varphi_V)\rho_c.$$

Das Kräftegleichgewicht (Gln. (7.1) bis (7.3)) lautet demzufolge:

$$\zeta_{ES}\frac{d_E{}^2\pi}{4}\frac{w_P{}^2\rho_c}{2} = \frac{d_E{}^3\pi}{6}(\Delta\rho)_{Disp}\, g = \frac{d_E{}^3\pi}{6}\Delta\rho(1-\varphi_V)g. \tag{7.46}$$

wobei ζ_{ES} den Widerstandsbeiwert der größten stabilen fluiden Partikel im Schwarm kennzeichnet.

Aufgrund der Kontinuitätsbedingung gilt

$$w_P = \frac{v_d}{\varphi_v} \tag{7.47}$$

und damit für den Widerstandsbeiwert im Schwarm:

$$\zeta_{ES} = \frac{4}{3}\frac{\Delta\rho}{\rho_c}gd_E\frac{(1-\varphi_V)\cdot\varphi_V^2}{v_d^2}. \tag{7.48}$$

Unter Verwendung von Gl. (7.4) ergibt sich hieraus

$$\zeta_{ES} = \zeta_E\varphi_V^2(1-\varphi_V)\frac{w_E^2}{v_d^2} \tag{7.49}$$

bzw.

$$\varphi_V(1-\varphi_V)^{1/2} = \frac{v_d}{w_E}\sqrt{\frac{\zeta_{ES}}{\zeta_E}}. \tag{7.50}$$

Da die Aufstiegsgeschwindigkeit im Schwarm w_P kleiner als w_E ist ($\varphi_V > 0$), gilt $w_E \neq v_d/\varphi_V$.

Ein Vergleich gemessener Ergebnisse des Volumenanteils φ_V mit Werten nach Gl. (7.46) unter der Annahme, dass $\zeta_{ES} \approx \zeta_E$ ist, zeigt für das System H_2O/Hg eine befriedigende Übereinstimmung (s. Abb. 7.19). Allerdings ist insbesondere bei größeren Belastungen v_d/w_E der Dispersphasenanteil φ_V des Systems Toluol in Wasser z. B. größer und des Systems Luft in Wasser kleiner als nach Gl. (7.50). Eine genaue Beziehung lässt sich nur durch Anpassen der Messergebnisse erreichen. Dies wird beispielhaft in Kap. 19 (Blasensäulen) dargestellt.

7.4 Stationärer Stoffübergang

Der stationäre Stoffübergang bei festen oder fluiden Partikeln wird analog zu den vorhergehenden Kapiteln mithilfe des Stoffübergangskoeffizienten beschrieben (Abb. 7.20):

$$\dot{m}_A = \beta\cdot(\rho_{A0}-\rho_{A\infty}) \quad bzw. \quad \dot{n}_A = \beta\cdot(c_{A0}-c_{A\infty}).$$

Da das Konzentrationsfeld und damit der Konzentrationsgradient an der Phasengrenzfläche aufgrund der Konvektion i. Allg. ortsabhängig ist, trifft dies auch auf die Stoffübergangskoeffizienten zu.

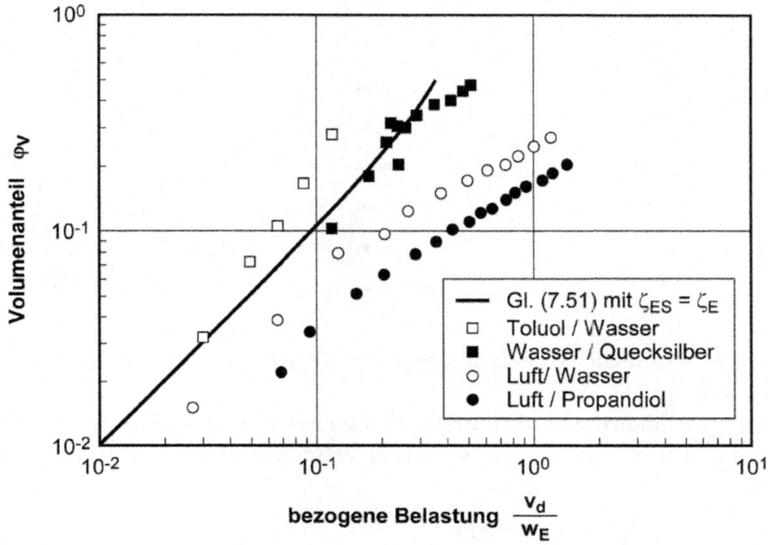

Abb. 7.19 Volumenanteil der dispersen Phase abhängig von der bezogenen Belastung. (Nach Mersmann 1977)

Abb. 7.20 Stationärer Stoffübergang an einer festen Kugel in einem Fluid

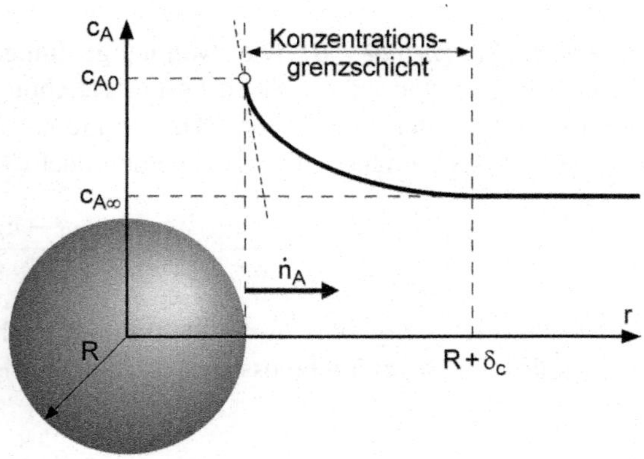

7.4.1 Feste Einzelkörper

In diesem Abschnitt wird zunächst der Stoffübergang an umströmten Einzelkugeln mit starrer Grenzfläche dargestellt. Transportvorgänge im Innern der festen Kugel, wie z. B. Diffusionsprozesse, werden im Weiteren nicht betrachtet. Eine Kugel, die in Umfangsrichtung umströmt wird, zeigt schematisch Abb. 7.21. Mit zunehmender Koordinate θ bildet sich ein Geschwindigkeitsprofil aus. Die Dicke der laminaren Grenzschicht steigt in Umfangsrichtung an. Wird eine kritische Reynoldszahl von 3×10^5 überschritten, so kommt es zu einem Umschlag in die turbulente Grenzschicht. Unmittelbar an der festen Phasengrenzfläche existiert allerdings eine dünne

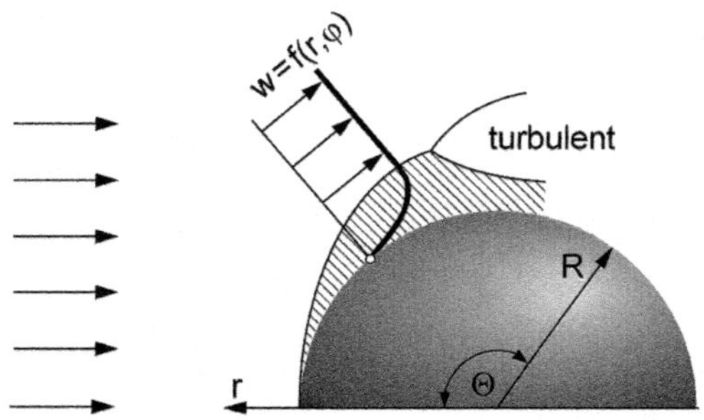

Abb. 7.21 Turbulent umströmte Kugel mit Geschwindigkeitsprofil und Grenzschicht

laminare Unterschicht. Weiterhin kommt es für Re ≥ 20 zur Strömungsablösung (s. Abschnitt 7.1.1).

Aus diesen fluiddynamischen Erkenntnissen heraus lassen sich bei der umströmten Einzelkugel je nach der Reynoldszahl verschiedene Strömungsformen unterscheiden:

a. Re = 0 : Ruhendes System
b. Re < 1 : Schleichende Strömung
c. Re < 3 × 10^5: Laminare Grenzschichtströmung
d. Re > 3 × 10^5: Turbulente Grenzschichtströmung

Ruhendes System (Re = 0) Die zweimalige Integration der in Kugelkoordinaten geschriebenen stationären Stofftransportgleichung (Gl. (1.96)) ergibt bei Vernachlässigung aller Konvektionsterme (reine eindimensionale Diffusion) für den Konzentrationsgradienten an der Kugeloberfläche (s. Abb. 7.20):

$$\left.\frac{dc_A}{dr}\right|_{r=R} = -\frac{c_{A0} - c_{A\infty}}{R}. \tag{7.51}$$

Setzt man dieses Ergebnis in die Definitionsgleichung der Sherwoodzahl ein und verwendet den Kugeldurchmesser d_P als charakteristische Länge, so ergibt sich:

$$Sh = \frac{\beta \cdot d_P}{D_{AB}} = 2. \tag{7.52}$$

Schleichende Strömung (Re < 1) In diesem Strömungsbereich dominieren die Viskositätskräfte gegenüber den Trägheitskräften. Es bildet sich ein laminares Strömungsprofil aus, welches um den ganzen Kugelumfang bis zum hinteren Pol erhalten bleibt. Eine Strömungsablösung findet nicht statt. Theoretische Betrachtungen (Friedländer 1961; Lochiel und Calderbank 1964) führen in diesem Fall zu:

$$Sh = 0{,}991 Pe^{1/3}\,. \tag{7.53}$$

Laminare Grenzschichtströmung (1 < Re < 3 × 10^5) Nach dem Kontakt des Fluids mit dem umströmten Körper bildet sich ein Geschwindigkeitsprofil mit einer laminaren Grenzschicht aus, deren Dicke mit zunehmender Lauflänge wächst, wie dies

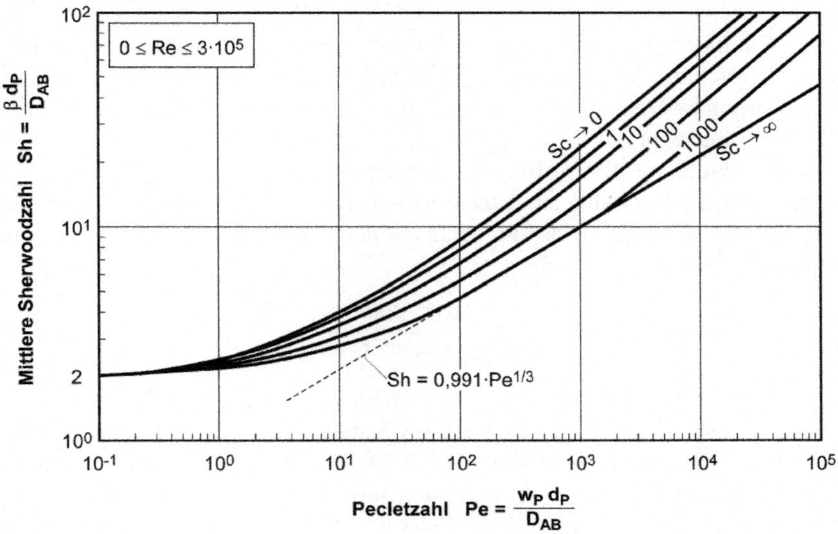

Abb. 7.22 Mittlere Sherwoodzahl der starren Kugel abhängig von der Peclet- und der Schmidtzahl als Parameter. (Nach Brauer 1979)

bereits für die Plattenströmung dargestellt wurde (s. Kap. 6). Hierbei kann die eigentliche Strömung in etwas größerer Entfernung von der Partikel durchaus turbulent sein. Weiterhin tritt ab Re > 20 eine Wirbelbildung auf der strömungsabgewandten Seite auf (s. Abschn. 7.1.1). Die mittlere Sherwoodzahl lässt sich gemäß folgender Beziehung berechnen (Brauer 1979)

$$Sh = 2 + f_k \frac{(Re \cdot Sc)^{1,7}}{1 + (Re \cdot Sc)^{1,2}} \tag{7.54}$$

mit

$$f_k = 0{,}66 \cdot \left[1 + \left(0{,}84 \cdot Sc^{1/6}\right)^3\right]^{-1/3} . \tag{7.55}$$

Die Gln. (7.52) bis (7.54) für den Stoffübergang an festen Kugeln sind jeweils nur für eingeschränkte Reynoldszahlbereiche gültig. Deshalb bietet sich eine grafische Darstellung für eine allgemeine Aussage an. In Abb. 7.22 ist die mit dem Partikeldurchmesser gebildete Sherwoodzahl abhängig von der Konvektions- oder Pecletzahl mit der Schmidtzahl als Parameter dargestellt (Brauer 1979). Dieses Diagramm ist für $0 < Sc < \infty$ und für $0 < Re < 3 \times 10^5$ gültig.

Hieraus ergibt sich das Konzentrationsfeld, aus dem wiederum die treibende Konzentrationsdifferenz sowie der Konzentrationsgradient folgen, die für die Bestimmung des Stoffübergangskoeffizienten und damit der Sherwoodzahl benötigt werden. Das Diagramm zeigt für den Fall der *schleichenden Strömung* ($Sc \to \infty$) einen geringeren Anstieg als im Fall der ausgeprägten *laminaren Grenzschicht* ($Sc \to 0$).

Turbulente Grenzschichtströmung ($Re > 3 \times 10^5$) Oberhalb von $\mathrm{Re} = 3 \times 10^5$ schlägt die Flüssigkeitsgrenzschicht an der Kugeloberfläche in den turbulenten Zustand um. Im Bereich des Staupunktes ist die Grenzschichtströmung noch laminar, während sie stromabwärts turbulent wird (s. Abb. 7.21). Der Ablösering verschiebt sich deutlich stromabwärts.

Zur Beschreibung des Stofftransports kann Gl. (6.30) verwendet werden, die für die turbulente Strömung an ebenen Platten abgeleitet wurde (Krischer und Kast 1978). Hierzu wird anstatt der Plattenlänge der Kugeldurchmesser d_P eingesetzt. Dann lautet die Sherwoodzahl:

$$Sh = \frac{0{,}037\, Re^{0{,}8}\, Sc}{1 + 2{,}44\, Re^{-0{,}1}(Sc^{2/3} - 1)}. \tag{7.56}$$

Heterogene chemische Reaktion an einer Kugeloberfläche Feste Partikeln werden in einer Vielzahl chemischer Reaktoren als Katalysator oder als Katalysatorträger eingesetzt. Die Partikeln bieten ihre reaktive Oberfläche an, zu der die reagierenden Stoffe wandern müssen, um dort umgesetzt zu werden. Eine katalysierte chemische Reaktion hängt von der Diffusion der Reaktionspartner sowie der Endprodukte ab. Diese Problematik wurde bereits in Abschn. 2.1.3 erläutert. Für die rein mathematische Betrachtung ergibt sich aus der katalytischen Reaktion keine Änderung bei der beschreibenden differenziellen Massenbilanz gegenüber der reinen Diffusion. Die Randbedingungen ändern sich allerdings, da an der Partikeloberfläche ein Stofffluss

$$\dot{n}_A = -D_{AB}\left(\frac{\partial c_A}{\partial r}\right)_w \tag{7.57}$$

auftritt, der gleich der flächenbezogenen Reaktionsstromdichte

$$\dot{r}_A = -k_{Awn}\, c_{A0}^n \tag{7.58}$$

ist. Daher gilt für den Konzentrationsgradienten an der Oberfläche:

$$\left(\frac{\partial c_A}{\partial r}\right)_w = \frac{k_{Awn}\, c_{A0}^n}{D_{AB}}. \tag{7.59}$$

Der Konzentrationsgradient ist damit vom Verhältnis aus der Reaktionsgeschwindigkeit $\left(k_{Awn}\, c_{A0}^n\right)$ zur Diffusionsgeschwindigkeit D_{AB} abhängig. Diese Gleichung kann auch dimensionslos dargestellt werden:

$$\frac{\partial(c_A/c_{A\infty})_w}{\partial(r/R)} = \left(\frac{\partial \xi_A}{\partial r^*}\right)_w = \frac{k_{Awn}\cdot R}{D_{AB}} c_{A\infty}^{n-1}\, \xi_{A0}^n = Da_w\, \xi_{A0}^n. \tag{7.60}$$

Hierbei kennzeichnet die Damköhlerzahl

$$Da_w \equiv \frac{k_{Awn}\cdot R}{D_{AB}} c_{A\infty}^{n-1} \tag{7.61}$$

das Verhältnis von Reaktionsgeschwindigkeit zu Diffusionsgeschwindigkeit. Physikalisch heißt dies:

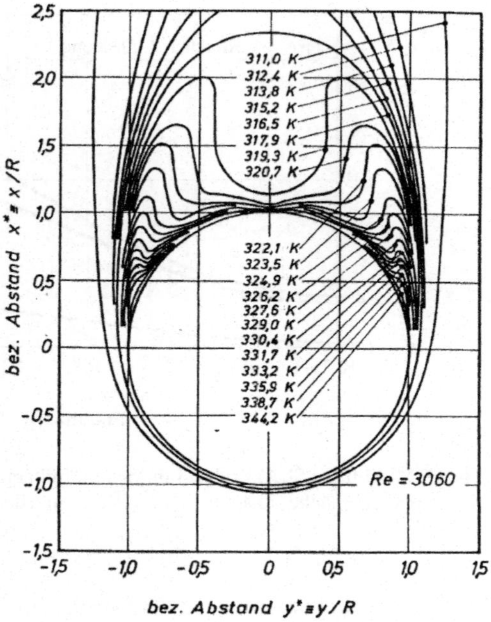

Abb. 7.23 Temperaturverteilung um eine Kugel bei Re = 3060. (Hsu und Sage 1957 zitiert in Brauer 1971b)

$Da_w \to 0$: Reaktion ist geschwindigkeitsbestimmender Schritt:
$(\partial c_A/\partial r)_w \to 0$; c_{A0} bleibt endlich

$Da_w \to \infty$: Diffusion ist geschwindigkeitsbestimmender Schritt:
$(\partial c_A/\partial r)_w$ bleibt endlich; $c_{A0} \to 0$

Die Lösung des Differenzialgleichungssystems kann nur numerisch erfolgen. Bedeutsam ist speziell die *Oberflächenkonzentration* c_{A0}, die zur Bestimmung der Sherwoodzahl erforderlich ist. Diese ist i. Allg. nicht bekannt, daher wird der lokale Stoffübergangskoeffizient definiert durch (s. auch Gln. (5.6) und (6.46)):

$$\beta_{lok} \equiv \frac{\dot{n}_{A\ lok}}{c_{A\infty}}. \tag{7.62}$$

Die Tatsache, dass der lokale Stoffübergangskoeffizient nicht mit einer Konzentrationsdifferenz, sondern lediglich mit der für die Anwendung bekannten mittleren Konzentration $c_{A\infty}$ gebildet wird, resultiert aus der Abhängigkeit der Oberflächenkonzentration c_{A0} von der Lage auf der Kugeloberfläche sowie der Intensität des Stofftransports (s. Abschn. 5.3). Aus der rein fluiddynamischen Betrachtung wird deutlich, dass der Stoffübergang davon abhängig sein muss, ob er z. B. am Staupunkt, am Kugeläquator oder innerhalb des Wirbelgebietes stattfindet. Die Konvektionsgeschwindigkeiten in der Nähe der Partikeloberfläche unterscheiden sich erheblich. Diese Tatsache illustriert beispielhaft Abb. 7.23, in der ein experimentell bestimmtes Temperaturfeld um eine Kugel durch Linien konstanter Temperatur beschrieben ist.

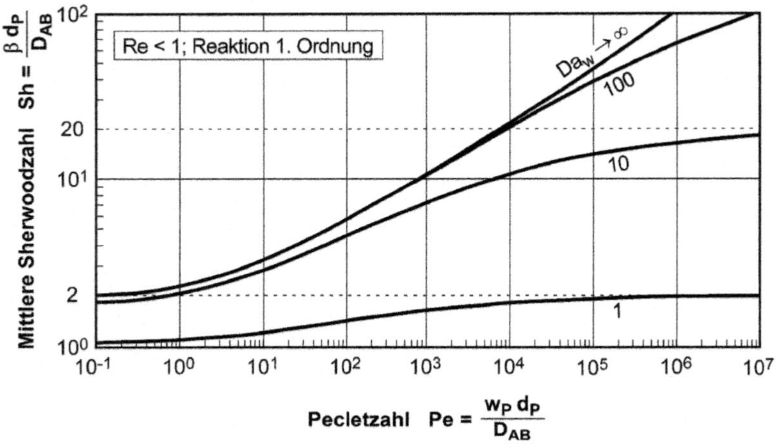

Abb. 7.24 Mittlere Sherwoodzahl für den Stoffübergang mit heterogener chemischer Reaktion an einer Kugeloberfläche abhängig von der Peclet- und der Damköhlerzahl als Parameter. (Nach Brauer 1979)

Die Grenzschichtströmung auf der Vorderseite und die Wirbelströmung auf der Rückseite der Kugel kommen im Temperaturfeld deutlich zum Ausdruck. Daraus folgt, dass die Temperaturgradienten und damit die Wärmeströme stark ortsabhängig sind.

Aus der Bedingung $\dot{n}_{A\,lok} = \dot{r}_{A\,lok}$ folgt für die *lokale* Sherwoodzahl:

$$Sh_{lok} = \frac{\beta_{lok} \cdot d_P}{D_{AB}} = 2Da_w \left(\frac{c_{A0}}{c_{A\infty}} \right)^n . \tag{7.23a}$$

Durch Integration über die gesamte Partikeloberfläche ergibt sich die *mittlere* Sherwoodzahl:

$$Sh = \frac{\beta \cdot d_P}{D_{AB}} = \frac{1}{A} \int_0^A Sh_{lok}\, dA. \tag{7.23b}$$

Beispielhafte Resultate, die die numerische Lösung des beschreibenden Differenzialgleichungssystems darstellen, sind in Abb. 7.24 für eine Reaktion 1. Ordnung in Form mittlerer Sherwoodzahlen in Abhängigkeit von der Pecletzahl bei schleichender Strömung (Re < 1) aufgetragen. Parameter der Kurven ist die Damköhlerzahl.

Der Verlauf der Sherwoodzahl weist drei wesentliche Bereiche auf:

a. $Da_w \to \infty$: Der Umsatz der chemischen Reaktion ist allein durch Diffusion und konvektiven Transport bestimmt, die Oberflächenkonzentration c_{A0} geht gegen null. Die Sherwoodzahl hängt damit von der Peclet- und der Schmidtzahl, in derselben Form wie der Transport ohne chemische Reaktion ab. Diese Kurve stellt den Maximalwert der mittleren Sherwoodzahl dar, der bei heterogenen chemischen Reaktionen möglich ist. Dies ergibt sich aus der speziellen Definition des Stoffübergangskoeffizienten β (s. Gl. (7.62)), in der sozusagen die maximal mögliche Konzentrationsdifferenz

$$\Delta c_A = c_{A\infty} - c_{A0} = c_{A\infty} - 0 = c_{A\infty} \qquad (7.64)$$

für den Stofftransport eingesetzt wird. Für endliche Werte der Damköhlerzahl tritt dagegen eine von null verschiedene Oberflächenkonzentration auf, sodass die tatsächliche Verringerung des treibenden Konzentrationsgefälles, die jedoch bei der Berechnung von β unberücksichtigt bleibt, zu einer *scheinbaren Verschlechterung* des Stoffüberganges führt. Eine Beschleunigung des Stoffüberganges, wie bei homogenen chemischen Reaktionen, findet tatsächlich nicht statt. Die heterogene Reaktion erfolgt ausschließlich an der Oberfläche und bedingt lediglich die Entstehung einer treibenden Konzentrationsdifferenz (s. hierzu z. B. (Heinisch und Schütt 1989).

b. *Pe* $\rightarrow \infty$: Der konvektive Stofftransport wird so gut, dass die Konzentration an A an der Kugeloberfläche gegen $c_{A\infty}$ geht. Die Reaktionsgeschwindigkeit reicht also nicht mehr aus, einen Abbau von c_A an der festen Phasengrenzfläche zu erreichen. Dann gilt gemäß Gl. (7.63a):

$$Sh = 2Da_w \qquad (7.65)$$

für alle Werte der Damköhlerzahl. Da β gemäß Gl. (7.62) nur mit $c_{A\infty}$ und nicht mit Δc_A definiert ist, bleibt auch für $\Delta c_A = (c_{A\infty} - c_{A0}) \rightarrow 0$ ein endlicher Wert für Sh erhalten. Wäre β dagegen wie sonst üblich mit Δc_A definiert, so müsste, da

$$-\dot{r}_{A\,max} = k_{Awn}\, c^n_{A\infty} = \beta \cdot \Delta c_A$$

mit $\Delta c_A \rightarrow 0$ ein nennenswerter Anstieg von β auftreten. Der Absolutwert der Sherwoodzahl ist demzufolge über die Definitionsgleichung des Stoffübergangskoeffizienten (Gl. (7.62)) begrenzt durch 2 Da_w. Physikalisch bedeutet dieses Ergebnis, dass die Konzentrationsgrenzschicht um die Partikel vollständig verschwindet.

c. *Pe* $\rightarrow 0$: Die obere Grenze für die Damköhlerzahl lässt sich in diesem Fall durch eine einfache Differenzialgleichung bestimmen, die für bestimmte Werte der Reaktionsordnung analytisch gelöst werden kann (s. z. B. (Brauer 1979)). Für $Da_w \rightarrow \infty$ ergibt sich der Wert Sh = 2, was wiederum den Maximalwert darstellt.

Konzentrationsverläufe, wie sie sich qualitativ für verschiedene Peclet- und Damköhlerzahlen ergeben, sind in Abb. 7.25 aufgetragen. Mit steigender Pecletzahl wird die Konzentrationsgrenzschicht immer dünner, bis sie für Pe $\rightarrow \infty$ völlig verschwindet.

7.4.2 Fluide Partikeln

In vielen technischen Anwendungen muss bei der Betrachtung des Stofftransports an fluiden Teilchen berücksichtigt werden, dass *im Kugelinneren* ebenfalls ein nennenswerter Stofftransport und damit auch ein zusätzlicher Transportwiderstand auftritt.

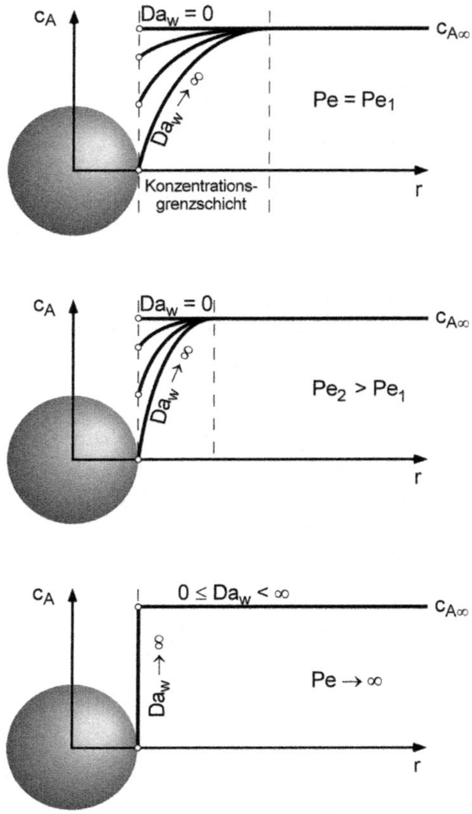

Abb. 7.25 Konzentrationsprofile bei einer heterogenen Reaktion 1. Ordnung für verschiedene Peclet- und Damköhlerzahlen

Der gesamte Stoffaustausch soll am Beispiel einer aufsteigenden Gasblase erläutert werden (s. Abb. 7.26 links). Beim Aufstieg in einer Flüssigkeit gehe Komponente A aus der Blase in die flüssige Phase über. Dies führt dazu, dass die Konzentration c_A in der Blase mit der Zeit abnimmt. Es handelt sich also um einen *instationären Stoffübergang*. Wenn die Gasblase jedoch nur aus der Komponente A besteht, bleibt die Oberflächenkonzentration c_{A0} zeitlich konstant, wobei sich allerdings das Blasenvolumen ändert. Die Stoffstromdichte hängt dann nur vom Transportwiderstand in der kontinuierlichen Phase ab. Ist die Konzentration der Übergangskomponente in der kontinuierlichen Phase konstant, liegt eine stationäre Stoffübertragung vor (s. Abb. 7.26 links). Dabei wird angenommen, dass die Volumenabnahme der Blase klein ist. (Andernfalls nimmt die Aufstiegsgeschwindigkeit der Blase und damit der konvektive Transport ab.)

Das typische Geschwindigkeitsprofil an der fluiden Phasengrenzfläche (s. Abb. 7.14) liegt nur dann vor, wenn sich darin keine oder so gut wie keine *grenzflächenaktiven Stoffe* befinden. Hierbei handelt es sich um Schmutzstoffe, die in der flüssigen Phase vorhanden sein können und welche durch Anlagerung an die Grenzfläche die Grenzflächenspannung beeinflussen. Diese Aussage gilt für Gas/Flüssigkeits- sowie

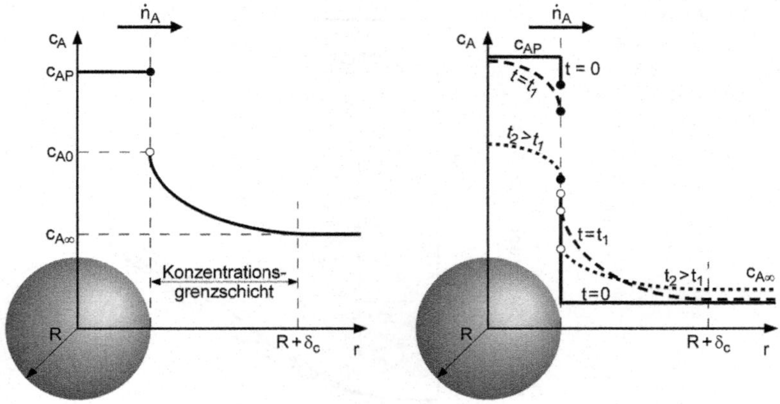

Abb. 7.26 Fluide Partikel mit zeitlich konstanten Konzentrationsprofilen beim stationären Stoffübergang *(links)* sowie zeitlich veränderlichen Konzentrationsprofilen in beiden Phasen *(rechts)*

auch für Flüssig/flüssig-Grenzflächen. Die Grenzflächen-Adsorptionsschichten können so dicht und stabil sein, dass eine starre Grenzfläche vorliegt. Fluide Partikeln mit solchen Adsorptionsschichten verhalten sich bezüglich der Umströmung und der Stoffübertragung wie starre Partikeln. Im Folgenden werden fluide Phasengrenzflächen ohne adsorbierte grenzflächenaktive Stoffe unterstellt. In technischen Systemen treten jedoch häufig solche Stoffe auf, sodass die Stoffstromdichte je nach der Beweglichkeit der Grenzfläche zwischen den Werten für fluide und starre Partikeln liegt.

In Abb. 7.26 links ist das Konzentrationsprofil im Inneren und in der Umgebung einer kugeligen Gasblase für den Fall des stationären Stoffübergangs dargestellt. Dieses Profil möge sich zeitlich nicht ändern. Hierbei wird angenommen, dass der Stofftransport in der Gasphase infolge der hohen Diffusionskoeffizienten so groß ist, dass in der gesamten Blase dieselbe Konzentration c_{AP} auftritt, die sich auch nicht signifikant durch den Stoffübergang ändert.

In Abschn. 7.1.2 wurde gezeigt, dass größere Partikeln je nach den Stoffwerten der beiden Phasen von der Kugelgestalt abweichen. Ihre Oberfläche A ist zeitlich veränderlich und oft nicht bekannt. Dann ist es nicht möglich, das Produkt βA in der Gleichung für den übergehenden Stoffstrom

$$\dot{N}_A = \beta \, \mathrm{A} \, (c_{A0} - c_{A\infty}) \tag{7.66}$$

in die Faktoren β und A aufzutrennen. In diesem Fall wird zweckmäßig die *repräsentative Oberfläche* $A_V = \pi d_V^2$ mit dem Durchmesser d_V einer Kugel verwendet, welche das gleiche Volumen wie die fluide Partikel besitzt (Gl. (7.16)).

Die mittlere Sherwoodzahl für den Stoffübergang in der kontinuierlichen Phase hängt wie bei der festen Kugel von der Art der Umströmung und damit von der Partikel-Reynoldszahl ab. Auch in diesem Fall führen numerische Lösungen zur Quantifizierung der Sherwoodzahl, wie dies in Abb. 7.27 für *kugelförmige Blasen* und damit unter Vernachlässigung eines inneren Stofftransportwiderstands dargestellt ist.

Abb. 7.27 Mittlere Sherwoodzahl für kugelige Blasen abhängig von der Peclet- und der Schmidtzahl. (Nach Brauer 1979)

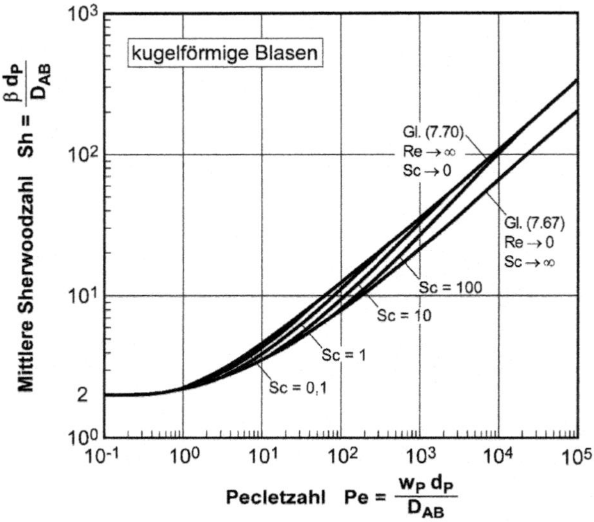

Ruhendes System (Re = 0) Handelt es sich um sehr kleine Partikeln oder Partikeln in hochviskosen Medien, liegt im Grenzfall für Re = 0 reine Diffusion vor. In diesem Fall ergibt sich, wie bereits in Abschn. 7.4.1 erläutert, Sh = 2.

Schleichende Strömung (Re < 1) Für größere Werte der Pecletzahl ergeben sich zwei unterschiedliche Asymptoten. Die untere Grenzkurve charakterisiert die physikalischen Verhältnisse bei schleichender Strömung (Re → 0) bei gleichzeitig großer Schmidtzahl (Sc → ∞). Unter dieser Bedingung bildet sich eine Konzentrationsgrenzschicht, die im Vergleich zur Strömungsgrenzschicht sehr dünn ist. In diesem Fall gilt gemäß numerischer Berechnungen (Brauer 1979):

$$Sh = 2 + \frac{0{,}651\ Pe^{1{,}72}}{1 + Pe^{1{,}22}}. \tag{7.67}$$

Solange Re < 1 ist, kann diese Beziehung verwendet werden (Abb. 7.27).

Potenzialströmung (Re > 1000) Die obere Grenzkurve in Abb. 7.27 kennzeichnet den umgekehrten Fall der *Potenzialströmung*, bei der Viskositätseffekte vernachlässigt werden können (Re → ∞, während Sc → 0). Unter diesen Bedingungen liegt eine vergleichsweise sehr dünne Geschwindigkeitsgrenzschicht vor. Hierfür lässt sich eine analytische Beziehung für den Stoffübergang ableiten (Clift et al. 1978):

$$Sh = \frac{2}{\sqrt{\pi}} Pe^{1/2}. \tag{7.68}$$

Übergangsbereich (1 < Re < 1000) Die Grenzfälle schleichende Strömung bzw. Potenzialströmung sind in diesem Bereich nicht gültig. Mit Hilfe von Abb. 7.27 kann die Sherwoodzahl von Gasblasen ermittelt werden, solange diese kugelig sind und

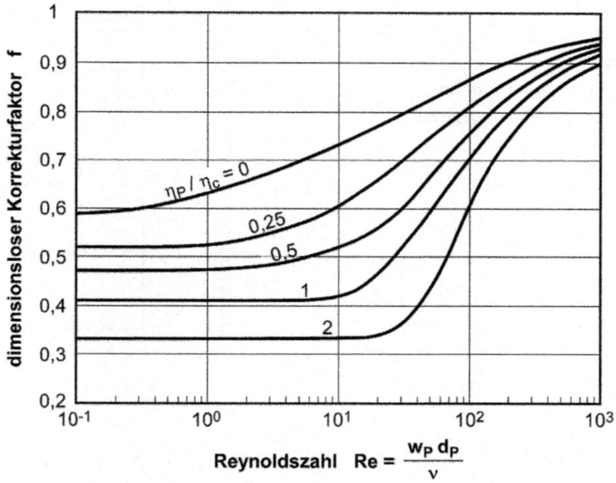

Abb. 7.28 Dimensionsloser Korrekturfaktor f (in Gl. (7.69)) kugeliger fluider Partikeln abhängig von der Partikel-Reynoldszahl mit dem Viskositätsverhältnis η_P/η_c als Parameter. (Nach Clift et al. 1978, aus Mersmann 1986)

$\eta_P/\eta_c \to 0$ gilt. Handelt es sich um beliebige Viskositätsverhältnisse, geht man zweckmäßig von folgender Beziehung aus:

$$Sh = f \frac{2}{\sqrt{\pi}} Pe^{1/2}. \tag{7.69}$$

Hierin ist die Größe f ein Korrekturfaktor, welcher nach theoretischen Überlegungen und empirischen Befunden (Clift et al. 1978) von der Partikel-Reynoldszahl und dem Viskositätsverhältnis η_P/η_c abhängt, s. Abb. 7.28. Ursächlich für den Viskositätseinfluss ist die innere Zirkulation in den fluiden Partikeln, die durch die Partikelbewegung induziert wird. Die internen Geschwindigkeiten hängen vom Impulsaustausch, und damit dem Viskositätsverhältnis, über die Phasengrenzfläche ab und wirken sich entsprechend auf den Stofftransport in der Partikel aus.

Von (Brauer 1979) wurde ebenfalls eine Gleichung angegeben, die auch für kleine Pecletzahlen Gültigkeit besitzt:

$$Sh = 2 + \frac{0{,}232\, Pe^{1{,}72}}{1 + 0{,}205\, Pe^{1{,}22}}. \tag{7.70}$$

(Anwendungsbereich $0 < Re \leq Re_E = 3{,}1\ K_f^{1/4}$, da die Blasen kugelig sein müssen, s. Gl. 7.26).

Die bisher getroffenen Angaben beziehen sich auf kugelige fluide Partikeln. Der Stoffübergang an abgeplattete, elliptische fluide Teilchen, welche keine Formschwingungen ausführen, hängt aufgrund einer theoretischen Herleitung auf der Basis der Potenzialströmung um die Partikel nur von der *Exzentrizität* E ab, die wie folgt definiert ist:

$$E \equiv \frac{vertikaler\ Partikeldurchmesser}{horizontaler\ Partikeldurchmesser}.$$

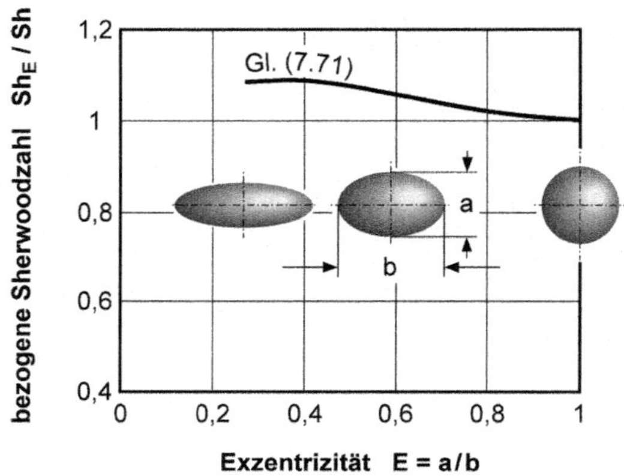

Abb. 7.29 Bezogene Sherwoodzahl elliptischer fluider Partikeln ohne Formschwingungen abhängig von der Exzentrizität. (Clift et al. 1978)

Das Verhältnis Sh_E/Sh der Sherwoodzahlen von elliptischen, nicht oszillierenden zu kugeligen Teilchen ist in Abb. 7.29 abhängig von der Größe E dargestellt. Aufgrund der erforderlichen hohen Reynoldszahlen wird Potenzialströmung unterstellt und für die Kugel Gl. (7.68) verwendet. Nach (Clift et al. 1978) gilt:

$$Sh_E = \frac{2}{\sqrt{\pi}} Pe^{1/2} \left[\frac{2(1-E^2)^{3/2}}{3E\left\{\sin^{-1}[(1-E^2)^{1/2}] - (1-E^2)^{1/2}E\right\}} \right]. \tag{7.71}$$

Es zeigt sich, dass der Einfluss der Exzentrizität gering ist. Dies dürfte damit zusammenhängen, dass der Stoffübergang auf der Rückseite wegen der Wirbelschleppe verbessert wird, aber andererseits die Aufstiegsgeschwindigkeit und damit auch die Reynoldszahl wegen der Abplattung und des vergrößerten Strömungswiderstandes abnehmen.

Der Einfluss der *Formschwingungen* ist viel stärker als derjenige der Deformation. Fluide Partikel beginnen erst ab einem bestimmten kritischen Durchmesser d_{krit} zu schwingen. Handelt es sich um Tropfen mit einer mittleren Exzentrizität ($E > 0{,}33$), ergibt sich dieser Durchmesser zu

$$d_{krit} = \sqrt{\frac{2\sigma}{(\rho_P - \rho_c)g}} \tag{7.72}$$

mit σ als Grenzflächenspannung (Mahendru und Hackl 1981). Diese Gleichung ist nur für niedrigviskose Fluide gültig ($\eta_P < 15$ mPas). Die Schwingungsbewegung der fluiden Partikel führt zu einer Intensivierung des Stofftransports infolge der Deformationsturbulenz. In Abb. 7.30 sind experimentell und theoretisch bestimmte Sherwoodzahlen in Abhängigkeit von der Pecletzahl mit der Schmidtzahl als Parameter dargestellt. Ebenfalls eingetragen sind die Kurven für die schleichende Strömung (Gl. (7.67) für $Re \to 0$, $Sc \to \infty$) sowie für die Potenzialströmung (Gl. (7.68) für $Re \to \infty$, $Sc \to 0$). Folgende Beziehung (Brauer 1979) kann zur Bestimmung der Sherwoodzahl für oszillierende Partikeln verwendet werden:

$$Sh = 2 + 0{,}015\, Re^{0{,}89} Sc^{0{,}7}. \tag{7.73}$$

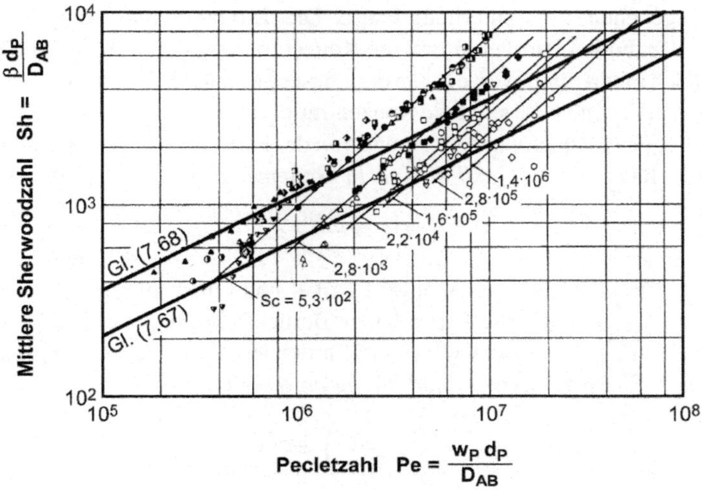

Abb. 7.30 Mittlere Sherwoodzahl für kugelige und regellos geformte Blasen abhängig von der Peclet- und der Schmidtzahl. (Brauer 1979)

7.5 Instationärer Stofftransport bei festen und fluiden Partikeln

Der Stofftransport über die Grenzfläche von Partikeln ist i. Allg. ein zeitabhängiger Vorgang. Die im Folgenden erörterte mathematische Beschreibung umfasst die Diffusion in einem ruhenden System, das aus einer einzelnen Kugel, die sowohl fest als auch fluid sein kann, und der Umgebung besteht, sowie den konvektiven Stofftransport bei einer umströmten Kugel. Dabei wird vorausgesetzt, dass die Stoffwerte konstant sind und dass sich der Durchmesser der Kugel nicht ändert. Es wird in den weiteren Ausführungen lediglich der Transport von der Partikel in das umgebende Fluid betrachtet. Die umgekehrte Richtung ist allerdings ganz analog zu behandeln. Die für beide Fälle maßgebenden mathematischen Grundlagen und Definitionen werden gesondert den weiteren Ausführungen vorangestellt.

Typische technische Anwendungsfälle für solche instationären Vorgänge sind Flüssig/flüssig-Extraktionen, Rektifikationen oder Absorptionsprozesse in Blasensäulen, Rührbehältern oder ähnlichen Apparaten.

7.5.1 Mathematische Grundlagen und Definitionen

Das Konzentrationsfeld umfasst das Innere der Kugel sowie deren Umgebung (s. Abb. 7.26). Die Berechnung des Konzentrationsfeldes erfolgt für beide Phasen getrennt. Die Kopplung der Bereiche an der Phasengrenzfläche erfolgt durch gesonderte Kopplungsbedingungen. Zur Kennzeichnung der in den beiden Phasen auftretenden Größen dienen die Ziffern 1 für das Innere der Kugel und der Index 2 für die umgebende, kontinuierliche Phase. Die diffundierende Komponente ist A. Innerhalb der fluiden Partikel nimmt die Konzentration an A vom Kugelmittelpunkt ab bis auf den niedrigsten Wert c_{A10} an der Phasengrenzfläche, wie Abb. 7.26 zeigt. In der kontinuierlichen Phase sinkt die Konzentration an A vom Wert an der Phasengrenze c_{A20} bis auf $c_{A2\infty}$ in großer Entfernung von der Partikel. Das Gleichgewicht an der Phasengrenzfläche ist bei *Gas/Flüssigkeits-Systemen* gegeben durch die Henryzahl:

$$H^* \equiv \frac{c_{A10}}{c_{A20}}. \tag{7.74}$$

Für den Stofftransport zwischen einer Partikel und einem umgebenden Fluid existieren drei charakteristische Fälle. Unter Berücksichtigung des Zusammenhangs zwischen H^* und m gilt gemäß Gl. (3.32) für den auf die Konzentrationsdifferenz in der dispersen Phase bezogenen *Stoffdurchgangskoeffizienten*:

$$\frac{1}{k_1} = \frac{1}{c_1}\left(\frac{1}{\beta_1} + \frac{mc_1/c_2}{\beta_2}\right) = \frac{1}{c_1}\left(\frac{1}{\beta_1} + \frac{H^*}{\beta_2}\right). \tag{7.75}$$

Da ab etwa $Pe > 10$ die Proportionalität $Sh \sim Pe^{1/2}$ besteht, gilt: $\beta \sim D^{1/2}$. Folgende Fälle sind zu unterscheiden:

- Widerstand in beiden Phasen ist etwa gleich groß (*konjugiertes Problem*): $\beta_1 \approx \beta_2/H^* \rightarrow H^* (D_1/D_2)^{1/2} \approx 1$.
- Widerstand nur in der dispersen Phase (*Innenproblem*): $\beta_1 \ll \beta_2/H^* \rightarrow H^* (D_1/D_2)^{1/2} \ll 1$, damit ist $c_{A2} = c_{A20} = c_{A2\infty} = \text{konst.}$
- Widerstand nur in der kontinuierlichen Phase (*Außenproblem*): $\beta_1 \gg \beta_2/H^* \rightarrow H^* (D_1/D_2)^{1/2} \gg 1$, $c_{A1} = \text{konst.}$ in der gesamten Partikel.

Das Konzentrationsfeld innerhalb und außerhalb der fluiden Partikel wird durch zwei gekoppelte Differenzialgleichungen beschrieben. Dieses System lässt sich numerisch unter Beachtung der Anfangs-, Rand- und Phasengrenzflächenbedingungen lösen. Im kugelsymmetrischen Koordinatensystem (r, φ, θ) ist das Geschwindigkeitsfeld zur φ-Koordinate symmetrisch, ebenso das Konzentrationsfeld. Daher treten in Richtung der Umfangskoordinate keine Konzentrationsänderungen auf: $w = w(r, \theta)$ und das Problem kann als zweidimensional behandelt werden.

Zur Vereinfachung werden folgende dimensionslosen Konzentrationsdifferenzen verwendet:

Partikelphase:

$$\xi_{A1} \equiv \frac{c_{A1} - H^* c_{A2(t\rightarrow\infty)}}{c_{A1(t=0)} - H^* c_{A2(t\rightarrow\infty)}}, \tag{7.76}$$

kontinuierliche Phase:

$$\xi_{A2} \equiv \frac{c_{A2} - c_{A2(t\rightarrow\infty)}}{c_{A1(t=0)}/H^* - c_{A2(t\rightarrow\infty)}}. \tag{7.77}$$

Üblicherweise kann die Zunahme der Konzentration an A in der kontinuierlichen Phase aufgrund des wesentlichen größeren Volumens vernachlässigt werden. Demzufolge kann statt $c_{A2(t\rightarrow\infty)}$ die Konzentration $c_{A2\infty}$ zur Bildung von ξ_{A1} und ξ_{A2}

verwendet werden. Der Nenner von ξ_{A1} stellt die *maximal mögliche Konzentrationsdifferenz* in der Partikel, der Nenner von ξ_{A2} diejenige in der kontinuierlichen Phase dar.

Die dimensionslosen Differenzialgleichungen für das Konzentrationsfeld lauten (Gl. (1.96)), unter Berücksichtigung der Rotationssymmetrie (keine Komponente in φ-Richtung):

Partikelphase:

$$\frac{\partial \xi_{A1}}{\partial Fo_2}\frac{D_2}{D_1}+\left(w_{r1}^{*}\frac{\partial \xi_{A1}}{\partial r^*}+\frac{w_{\Theta 1}^{*}}{r^*}\frac{\partial \xi_{A1}}{\partial \theta}\right)\frac{Pe_2}{2}\frac{D_2}{D_1}$$
$$=\frac{1}{r^{*2}}\left[\frac{\partial}{\partial r^*}\left(r^{*2}\frac{\partial \xi_{A1}}{\partial r^*}\right)+\frac{1}{\sin\theta}\frac{\partial}{\partial \theta}\left(\sin\theta\frac{\partial \xi_{A1}}{\partial \theta}\right)\right]. \quad (7.78)$$

kontinuierliche Phase:

$$\frac{\partial \xi_{A2}}{\partial Fo_2}+\left(w_{r2}^{*}\frac{\partial \xi_{A2}}{\partial r^*}+\frac{w_{\Theta 2}^{*}}{r^*}\frac{\partial \xi_{A2}}{\partial \vartheta}\right)\frac{Pe_2}{2}$$
$$=\frac{1}{r^{*2}}\left[\frac{\partial}{\partial r^*}\left(r^{*2}\frac{\partial \xi_{A2}}{\partial r^*}\right)+\frac{1}{\sin\theta}\frac{\partial}{\partial \theta}\left(\sin\theta\frac{\partial \xi_{A2}}{\partial \theta}\right)\right]. \quad (7.79)$$

Fourier- und Pecletzahl sind dabei folgendermaßen definiert:

$$Fo_2 \equiv \frac{t D_2}{R_P^2}, \quad (7.80)$$

$$Pe_2 \equiv \frac{w_p d_P}{D_2}. \quad (7.81)$$

Für w^* und r^* gilt:

$$\mathrm{w}^* = \frac{\mathrm{w}}{\mathrm{w_P}}, \quad (7.82)$$

$$\mathrm{r}^* = \frac{\mathrm{r}}{\mathrm{R_P}}. \quad (7.83)$$

Der in einem Zeitintervall von t = 0 bis t übergehende mittlere Molenstrom berechnet sich gemäß

$$\dot{N}_A = \beta\, \pi d_P^2 \Delta c_{\ln} \quad (7.84)$$

mit:

$$\Delta c_{\ln} = \frac{(c_{A1(t=0)} - H^* c_{A2(t=0)}) - (\overline{c}_{A1} - H^* c_{A20})}{\ln\dfrac{c_{A1(t=0)} - H^* c_{A2(t=0)}}{\overline{c}_{A1} - H^* c_{A20}}}. \quad (7.85)$$

Als treibende Konzentrationsdifferenz wird die logarithmisch gemittelte Differenz zwischen der mittleren Konzentration in der Partikel und derjenigen an der Phasengrenzfläche zum Zeitpunkt t = 0 und t verwendet. Gl. (7.84) stellt gleichzeitig wiederum die Definitionsgleichung für den mittleren Stoffübergangskoeffizienten β dar.

Die Definition der über die Partikeloberfläche sowie die Zeit gemittelten Sherwoodzahl lautet:

Partikelphase:

$$Sh_1 = \frac{\beta_1 \, d_P}{D_1}, \tag{7.86}$$

kontinuierliche Phase:

$$Sh_2 = \frac{\beta_2 \, d_P}{D_2}. \tag{7.87}$$

Ist nur das Geschwindigkeitsfeld bekannt, so können die Differenzialgleichungen (7.78) und (7.79) unter Berücksichtigung der folgenden Anfangs- und Randbedingungen gelöst werden.

Anfangsbedingungen:

$$\begin{array}{llll} \mathrm{Fo}_1 = \mathrm{Fo}_2 = 0 & r^* < 1, & 0 \le \theta \le \pi & \xi_{A1} = 1 \\ & r^* < 1, & 0 \le \theta \le \pi & \xi_{A2} = 0 \end{array}$$

Randbedingungen:

1. $0 \le r^* < 1, \quad \theta = 0 \;\text{ und }\; \theta = \pi \qquad \dfrac{\partial \xi_{A1}}{\partial \theta} = 0$

2. $r^* = 0 \qquad \dfrac{\partial \xi_{A1}}{\partial r^*} = 0$

3. $1 \le r^* < \infty, \quad \theta = 0 \;\text{ und }\; \theta = \pi \qquad \dfrac{\partial \xi_{A2}}{\partial \theta} = 0$

4. $r^* \to \infty \qquad 0 \le \theta \le \pi \qquad \xi_{A2} = 0$

Die Übergangsbedingungen 5 und 6 lauten:

$$r^* = 1 \qquad 0 \le \theta \le \pi \qquad \begin{array}{c} \xi_{A1} = \xi_{A2} \\ \dfrac{\partial \xi_{A1}}{\partial r^*} = \dfrac{\partial \xi_{A2}}{\partial r^*} \dfrac{D_2}{D_1} \dfrac{1}{H^*} \end{array}$$

Weitere Übergangsbedingungen hängen von der Aufteilung der Stofftransportwiderstände ab.

Widerstand nur in der Partikelphase:

7a. $r^* = 1 \quad 0 \le \theta \le \pi \quad \xi_{A1} = \xi_{A2} = 0$

Widerstand nur in der kontinuierlichen Phase:

7b. $r^* = 1 \quad 0 \leq \theta \leq \pi$ $$\frac{\partial \overline{\xi_{A1}}}{\partial Fo_2} = -\frac{3}{2}\frac{1}{H^*}\int\limits_0^{\pi}\left(\frac{\partial \xi_{A2}}{\partial r^*}\right)_{r^*=1} \sin\theta \, d\theta$$

7.5.2 Diffusiver Transport in einer Kugel

Unter der Annahme, dass lediglich ein rein diffusiver Stofftransport in einer Kugel stattfindet, vereinfacht sich Gl. (7.78) zu:

$$\frac{\partial \xi_{A1}}{\partial Fo_1} = \frac{1}{r^{*2}}\left[\frac{\partial}{\partial r^*}\left(r^{*2}\frac{\partial \xi_{A1}}{\partial r^*}\right)\right]. \tag{7.88}$$

Bei Vorliegen einer konstanten Oberflächenkonzentration ξ_{A10} ergibt sich unter Einbeziehung der relevanten Anfangs- und Randbedingungen gemäß Abschn. 2.2.2 als Lösung dieser Differenzialgleichung:

$$\xi_{A1} = -\frac{2}{\pi r^*}\sum_{n=1}^{\infty}\left[\frac{(-1)^n}{n}\sin(n\pi r^*)\,exp\left(-n^2\pi^2 Fo_1\right)\right]. \tag{2.43}$$

Für Fo $\rightarrow \infty$ verschwindet der Exponentialausdruck, sodass $\xi_{A1} = 0$ wird. Das System befindet sich im Gleichgewicht, und der Stofftransport ist abgeschlossen. Abbildung 7.20 zeigt das Konzentrationsverhältnis ξ_{A1} in Abhängigkeit vom bezogenen Radius r^* mit der Fourierzahl als Parameter.

Für die zeitliche Entwicklung der mittleren Konzentration $\overline{\xi_{A1}}$ wurde bereits in Abschn. 2.2.2 die Beziehung

$$\overline{\xi_{A1}} = \frac{6}{\pi^2}\sum_{n=1}^{\infty}\frac{1}{n^2}\,exp\left(-n^2\pi^2 Fo_1\right) \tag{2.45}$$

abgeleitet sowie die zeitlich gemittelte Sherwoodzahl bestimmt:

$$Sh = \frac{\beta d_P}{D_{AB}} = -\frac{2}{3Fo}\ln\left[\frac{6}{\pi^2}\sum_{n=1}^{\infty}\frac{1}{n^2}\,exp\left(-Fo\pi^2 n^2\right)\right] \tag{2.50}$$

7.5.3 Stoffübergang bei schleichender Umströmung

Für den Fall eines reinen Innenwiderstands kann unter Verwendung der von Hadamard (Hadamard 1911) und Rybczynski (Rybczynski 1911) abgeleiteten internen Zirkulationsgeschwindigkeiten die Stoffbilanz (7.78) gelöst werden. Unter der Annahme, dass der konvektive Transport weitaus stärker als der diffusive ist (bei hohen Pecletzahlen), lässt sich für den Stoffübergangskoeffizienten folgender Zusammenhang herleiten (Kronig und Brink 1950):

$$\beta = -\frac{d_P}{6t} \ln \left[\frac{3}{8} \sum_{n=1}^{\infty} B_n^2 exp\,(-16\lambda_n Fo) \right]. \tag{7.89}$$

Folgende Werte für B_n bzw. λ_n sind zu verwenden (Heerties et al. 1954):

n	1	2	3	4	5	6	7
B_n	1,33	0,6	0,36	0,35	0,28	0,22	0,16
λ_n	1,678	8,48	21,10	38,5	63	89,8	123,8

Aufgrund der Annahme bei der Herleitung von Gl. (7.89) ist deren Gültigkeitsbereich allerdings auf $Pe/(1 - \eta^*) > 1000$ beschränkt.

7.5.4 Spezielle Lösung für sehr kurze Zeiten

Für sehr kurze Zeiten lassen sich die Gleichungen (7.78) und (7.79) soweit vereinfachen, dass sich geschlossene Lösungen ergeben. Bei sehr kurzen Zeiten können sich Konzentrationsgradienten nur unmittelbar an der Phasengrenzfläche ausbilden. In diesem Fall ist das Konzentrationsfeld noch unabhängig vom Geschwindigkeitsfeld. In den Stofftransportgleichungen entfallen dann die konvektiven Terme. Für den Fall, dass der Übertragungswiderstand in der Partikel liegt ($H^* (D_1/D_2)^{1/2} \ll 1$), kann auf die analytische Lösung des rein diffusiven Stofftransports für kurze Zeiten zurückgegriffen werden (s. Abschn. 2.2.2). Auf diese Weise ergibt sich für die Sherwoodzahl in der dispersen Phase aus Gl. (2.50):

$$Sh_1 = \frac{4}{\sqrt{\pi}} \frac{1}{Fo_1^{1/2}} \quad mit \quad Fo_1 = \frac{t \cdot D_1}{R_P^2}. \tag{7.90}$$

Bemerkenswert ist die Unabhängigkeit der Sherwoodzahl von der Henryzahl. Gemäß der gewählten Randbedingungen bleibt in diesem Fall die dimensionslose Konzentration von A in der kontinuierlichen Phase ξ_{A2} gleich null. Damit ist die Phasengrenzflächenkonzentration an A in beiden Phasen zeitunabhängig konstant und es kann kein Einfluss von H^* auftreten.

Der zweite Sonderfall ist dadurch gekennzeichnet, dass der Widerstand in der kontinuierlichen Phase liegt. Mit der Bedingung $H^* (D_1/D_2)^{1/2} \gg 1$ ergibt sich

$$Sh_2 = \frac{4}{H^* \sqrt{\pi}} \frac{1}{Fo_2^{1/2}}. \tag{7.91}$$

Die Phasengrenzflächenkonzentration ist in diesem Fall zeitabhängig, und damit tritt die Henryzahl als Parameter für die Sherwoodzahl auf. Mit abnehmender Henryzahl steigt die treibende Konzentrationsdifferenz in der kontinuierlichen Phase an, weil die Löslichkeit der Komponente in der Flüssigkeit zunimmt.

In realen Stoffsystemen tritt Fall 1, also der Hauptwiderstand in der Partikel z. B. beim Transport von einem Tropfen in eine gasförmige Umgebung auf oder auch

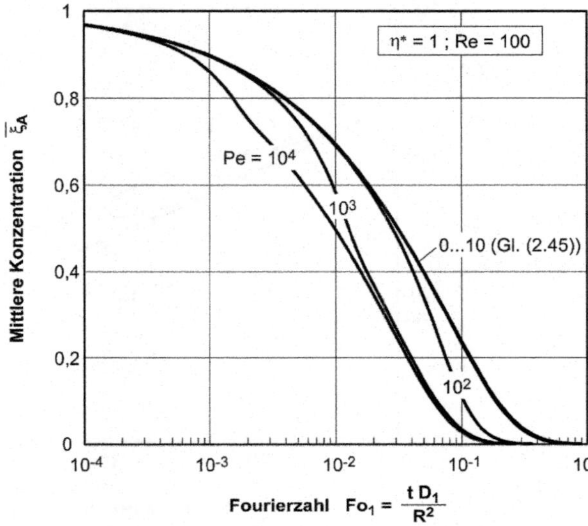

Abb. 7.31 Zeitlicher Verlauf der mittleren Konzentration in einer fluiden Kugel im Fall des kontrollierenden Widerstands in der Kugel für verschiedene Pecletzahlen. (Piarah 2001)

bei der Verdunstung einer reinen Flüssigkeit in eine Blase. Dagegen tritt der Fall 2, Hauptwiderstand in der kontinuierlichen Phase, z. B. beim Stoffübergang von einer Blase in eine umgebende Flüssigkeit auf.

7.5.5 Berechnung der übergehenden Masse für sehr lange Zeiten

Für sehr lange Zeiten ergeben sich asymptotische Grenzwerte für den Stoffübergangskoeffizienten. Für den Fall eines alleinigen Innenwiderstands können für die reine Diffusion bzw. für die schleichende Umströmung bei $Pe/(1+\eta^*) > 1000$ aus den Gln. (2.50) und (7.89) analytisch folgende asymptotische Sherwoodzahlen bestimmt werden:

$$\mathrm{Re} = 0: \quad Sh = \frac{2\pi^2}{3} \approx 6{,}58, \tag{7.92}$$

$$\mathrm{Re} < 1: \quad Sh = 17{,}7. \tag{7.93}$$

7.5.6 Ergebnisse der numerischen Lösung

Stofftransportwiderstand nur in der Partikelphase (Innenproblem) Im Folgenden wird zunächst der Fall behandelt, dass allein in der Partikelphase ein Stofftransportwiderstand (Innenproblem) auftritt. Damit lautet die Phasengrenzflächenbedingung, dass überall an der Partikeloberfläche die Konzentration c_{A10} zeitlich konstant bleibt, da c_{A2} gemäß der Voraussetzungen konstant ist.

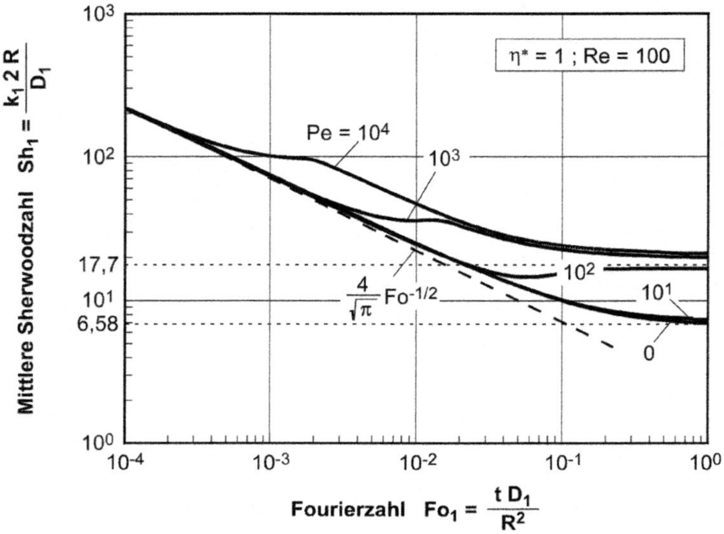

Abb. 7.32 Zeitlicher Verlauf der mittleren Sherwoodzahl in einer fluiden Kugel im Fall des kontrollierenden Widerstands in der Kugel für verschiedene Pecletzahlen. (Piarah 2001)

Den numerisch berechneten zeitlichen Verlauf der mittleren Konzentration in der Partikel zeigt Abb. 7.31 für eine Reynoldszahl von 100 und ein Viskositätsverhältnis von $\eta^* = \eta_1/\eta_2 = 1$. Der Kurvenparameter Pe kennzeichnet die Intensität der inneren Zirkulation in der Partikel. Für kleine Pecletzahlen ist die interne Konvektion für den Stofftransport ohne Bedeutung, sodass der Konzentrationsverlauf demjenigen der reinen Diffusion (Gl. 2.45) vollständig entspricht. Erst bei $\mathrm{Pe} > 10$ führt die innere Strömung zu einem schnellen Konzentrationsabbau. Insgesamt ist der Stoffübergang bei Fo zwischen 0,15 und 0,4 nahezu vollständig abgeschlossen.

Der aus denselben numerischen Ergebnissen berechenbare zeitliche Verlauf der zeitlich und örtlich gemittelten Sherwoodzahl wird in Abb. 7.32 dargestellt. Für kurze Zeiten, also kleine Fourierzahlen, folgen die numerisch berechneten Daten den Ergebnissen der Penetrationstheorie gemäß Gl. (7.90). Für $\mathrm{Pe} < 10$ ergibt sich eine asymptotische Sherwoodzahl gemäß der analytischen Lösung des reinen Diffusionsproblems von 6,58. Höhere Pecletzahlen bedingen aufgrund der intensiveren internen Zirkulationsströmung einen verbesserten konvektiven Stofftransport, der sich in höheren Sherwoodzahlen niederschlägt. Auch bei den hohen Pecletzahlen ergeben sich asymptotische Werte für Sh bei hohen Fourierzahlen. Diese liegen in der Größenordnung des für die schleichende Umströmung hergeleiteten Werts von 17,7.

Mit zunehmendem Viskositätsverhältnis η^* nimmt die interne Zirkulation ab, und der Stoffübergang nähert sich zunehmend dem der reinen Diffusion an.

Stofftransport nur in der kontinuierlichen Phase (Außenproblem) Liegt der Stofftransportwiderstand ausschließlich in der kontinuierlichen Phase (Außenproblem), so tritt bei abnehmender Konzentration in der Partikelphase ebenfalls ein instationäres Problem auf. Die in einem solchen Fall charakteristische zeitliche Entwicklung

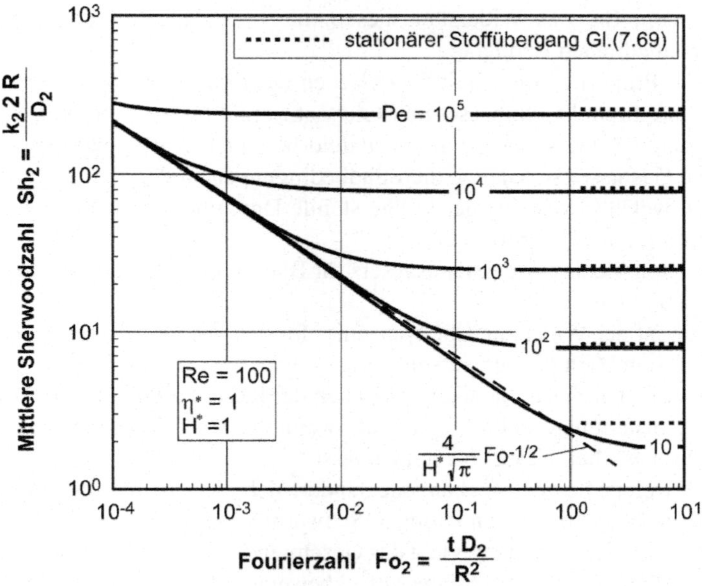

Abb. 7.33 Zeitlicher Verlauf der mittleren Sherwoodzahl an einer fluiden Kugel im Fall des kontrollierenden Widerstands in der kontinuierlichen Phase für verschiedene Pecletzahlen. (Piarah 2001)

der Sherwoodzahl zeigt exemplarisch Abb. 7.33 für verschiedene Pecletzahlen. Im Vergleich zum reinen Innenproblem tritt hier mit der Henryzahl noch ein weiterer Parameter auf. Für kleine Fourierzahlen ergibt sich wiederum der Zusammenhang gemäß Penetrationshypothese (Gl. (7.91)). Mit steigender Pecletzahl nimmt die Sherwoodzahl zu. Die resultierenden asymptotischen Sherwoodzahlen lassen sich unter Verwendung von Abb. 7.28 mittels Gl. (7.69) näherungsweise bestimmen. Die bei hohen Fourierzahlen auftretenden nur noch geringfügigen Konzentrationsänderungen führen demzufolge zu einem nahezu stationären Stofftransport.

Mit zunehmender Henryzahl nimmt der Stofftransport ab. Die in Gl. (7.91) auftretende umgekehrte Proportionalität zwischen Sh und H^* bleibt grundsätzlich auch bei hohen Fourierzahlen erhalten (Piarah 2001).

Im Fall der Bewegung von Tropfen in einer Flüssigkeit müssen i. Allg. die Widerstände in beiden Phasen berücksichtigt werden. Dies führt zu komplexen Zusammenhängen, die nur durch Verwendung numerischer Methoden aufgelöst werden können. Entsprechende Ergebnisse finden sich u. a. bei (Piarah 2001).

7.6 Verständnisfragen

1. Welche Kräfte treten bei der Bewegung von Partikeln auf und wie werden diese Kräfte berechnet?
2. Was beschreibt das Bewegungsgesetz und wie lautet es?

3. Skizzieren Sie das Widerstandsgesetz für feste Kugeln. Erläutern Sie die unterschiedlichen Bereiche.
4. Welche Proportionalität besteht zwischen der Sinkgeschwindigkeit fester Kugeln und ihrem Durchmesser im Stokesschen und im Newtonschen Bereich?
5. Skizzieren Sie das Geschwindigkeitsfeld bei der Umströmung einer kugelförmigen Gasblase. Wie lauten die Randbedingungen an der Phasengrenzfläche?
6. Durch welche Kräfte ist der größte stabile Durchmesser einer fluiden Partikel bestimmt, und wie groß ist er?
7. Skizzieren Sie das Widerstandsgesetz für Blasen und erläutern Sie die verschiedenen Bereiche.
8. Warum ist der Widerstandsbeiwert einer fluiden Kugel geringer als derjenigen einer festen? Gilt dies universell?
9. Leiten Sie den Zusammenhang zwischen der Reynoldszahl und der Fourierzahl für die instationäre Fallbewegung ab, wenn der Widerstandsbeiwert sich nach dem Stokesschen Gesetz berechnen lässt.
10. Durch welche beiden Mechanismen ändert sich die Sinkgeschwindigkeit fester Partikeln, wenn diese sich in einem Schwarm bewegen?
11. Skizzieren Sie die Abhängigkeit des Geschwindigkeitsverhältnisses w_{ss}/w_s vom Feststoffanteil φ_r für die Schwarmsinkbewegung fester Kugeln. Durch welche Gleichung lässt sie sich beschreiben?
12. Welche Strömungsformen sind bei der umströmten festen Kugel zu unterscheiden? Wie lauten die jeweils zugehörigen Reynoldszahlen?
13. Welchen Wert besitzt die Sherwoodzahl bei reiner Diffusion an einer kugelförmigen Partikel? Leiten Sie diesen Zusammenhang her.
14. Skizzieren Sie die Abhängigkeit der mittleren Sherwoodzahl von der Pecletzahl für den physikalischen Stofftransport an festen Partikeln. Welchen Strömungszustand kennzeichnen $\mathrm{Sc} \to 0$ bzw. $\mathrm{Sc} \to \infty$?
15. Skizzieren Sie den Konzentrationsverlauf an einer festen Partikel bei einer heterogenen Reaktion 1. Ordnung für unterschiedliche Damköhlerzahlen.
16. Wann gilt der Zusammenhang $\mathrm{Sh} = 2\,\mathrm{Da}$ und warum?
17. Worin unterscheiden sich die Stofftransportvorgänge an festen und an fluiden Partikeln?
18. Skizzieren Sie die Abhängigkeit der mittleren Sherwoodzahl von der Pecletzahl für den physikalischen Stofftransport an fluiden Partikeln.
19. Welche Bedeutung haben Schwingungsbewegungen für den Stoffübergang an einer fluiden Partikel?
20. Welche charakteristischen Fälle sind beim Stofftransport von einer Partikel an eine umgebende Flüssigkeit zu unterscheiden? Welche physikalischen Größen sind hierfür entscheidend?
21. Wie lautet der Zusammenhang zwischen der Sherwoodzahl und der Fourierzahl bei sehr kurzen und bei sehr langen Zeiten?
22. In welchen realen Fällen tritt der Hauptwiderstand für den Stofftransport in der Partikel bzw. in der kontinuierlichen Phase auf?

7.7 Aufgaben

1. Eine Hohlkugel mit einem Durchmesser von 5 mm und einer Masse von 0,05 g durchsteigt eine Flüssigkeit mit einer Geschwindigkeit von 5×10^{-3} m/s. Die Flüssigkeitsdichte beträgt 900 kg/m^3.

   Berechnen Sie die Zähigkeit der Flüssigkeit, die Widerstandskraft und den Widerstandsbeiwert.

2. Ein kugelförmiges Teilchen mit einem Durchmesser von 3 mm und einer Dichte von $1{,}2 \times 10^3$ kg/m^3 sinkt in Wasser.

   Bestimmen Sie die Sinkgeschwindigkeiten und Widerstandsbeiwerte unter der Annahme, dass die Partikel

   a. fest oder
   b. fluid ist ($\eta_f = 10^{-3)}$ Pas, $\sigma = 0{,}03$ N/m) und
   c. sich in einem monodispersen Schwarm mit einem Feststoffvolumenanteil von 0,1 bewegt.

3. Zum Zeitpunkt $t = 0$ beginnt in einem weiten, mit Glycerin ($\rho_f = 1260$ kg/m^3, $\eta_f = 1{,}47$ kg/(ms)) gefüllten Gefäß eine Glaskugel ($\rho_P = 2500$ kg/m^3) mit dem Durchmesser 0,6 cm unter der Wirkung der Schwerkraft zu sinken. Der Koeffizient α zur Berücksichtigung des mitgeschleppten Flüssigkeitsvolumens beträgt für eine Kugel 0,5.

   Annahme: Die Sinkbewegung findet im Stokesschen Bereich statt.

   a. Stellen Sie anhand der vier wirkenden Hauptkräfte die Bewegungsgleichung auf.
   b. Wie lange dauert es, bis die Geschwindigkeit der Kugel 99 % der Endfallgeschwindigkeit w_∞ erreicht hat?
   c. Welche Zeit benötigt die Kugel, um nach Erreichen der stationären Geschwindigkeit einen Weg von 50 cm zurückzulegen?
   d. Überprüfen Sie die Anwendbarkeit der Stokesschen Widerstandsbeziehung für die berechneten Werte.
   e. Wie groß darf der Durchmesser der Glaskugel höchstens sein, wenn sich die Kugel in einem mit Wasser von 20 °C gefüllten Gefäß im Bereich der schleichenden Strömung bewegen soll.

4. Gemahlene Kohle (kugelförmige Körner mit einem Durchmesser von 10^{-4} m, $\rho_P = 1400$ kg/m^3) soll im Anschluss an einen hydraulischen Fördervorgang in einem Absetzbecken vom Wasser bei 20 °C getrennt werden. Für das Klärbecken steht eine Fläche von $A = 30$ m^2 zur Verfügung. Der Absetzvorgang soll als ideale Sedimentation behandelt werden, wobei der anfängliche Feststoffvolumenanteil der Trübe $\varphi_V = \varphi_{V0}$ im Becken als räumlich und zeitlich konstant angenommen wird. Für den Feststoffvolumenanteil im Sediment soll der Wert $\varphi_{VS} = 0{,}525$ angenommen werden.

Welcher Feststoffvolumenanteil ist zu wählen, damit die Sedimentationsschichthöhe h_S nach vollständiger Trennung des Kohle/Wasser-Gemisches nicht größer als 10 % der Beckenhöhe H wird?

5. In dem Nachklärbecken einer kommunalen Kläranlage ($L \times B = 8\,m \times 2{,}5\,m$) sollen Bakterienflocken (Annahme: kugelig) durch Sedimentation vom gereinigten Wasser getrennt werden. Der wasserfreie Massenanteil der Bakterien am gesamten Schlamm (Trockenstoffgehalt) beträgt im Eintritt 0,5 %. 8 % der Fläche des Nachklärbeckens werden für die Suspensionsverteilung benötigt, sie stehen also nicht als aktive Sedimentationsfläche zur Verfügung. Gesucht ist der maximal zulässige Durchsatz an Suspension in t/h, wenn Flocken der Größe $d_P = 5\,\mu m$ noch abgeschieden werden sollen. Der Trockenstoffgehalt im abgeschiedenen Klärschlamm beträgt 1,2 %; im Ablauf sei kein Klärschlamm mehr vorhanden.

   Hinweis: Bei derart niedrigen Massenanteilen beeinflussen sich die Partikel in ihrer Bewegung nicht.

   Stoffdaten:
   $\rho_P = 1120\,kg/m^3$
   $\rho_{H_2O} = 1000\,kg/m^3$
   $\eta_{H_2O} = 1\,mPa\,s$

   a. Berechnen Sie die Sinkgeschwindigkeit einer Partikel mit $d_P = 50\,\mu m$.

   Hinweis: Beachten Sie die Größe der Partikel (Annahmen für die Rechnung).

   b. Berechnen Sie den maximal zulässigen Eingangsmassenstrom in Abhängigkeit von der Verweilzeit t_v.

6. Eine Luftblase ($\rho_g = 1{,}2\,kg/m^3$, $D_{gf} = 2{,}5 \times 10^{-9)}\,m^2/s$) mit dem Durchmesser der größten stabilen Einzelblase steigt in sauerstofffreiem Wasser ($\rho_f = 1000\,kg/m^3$, $\eta_f = 10^{-3)}$ Pa s, $\sigma = 0{,}072\,N/m$) auf.

   Welche Aufstiegslänge muss die Blase zurücklegen, bis 80 % des O_2 aus der Luft absorbiert sind?

   Hinweise:
   - Der Durchmesser der Luftblase wird vereinfachend als konstant angesehen.
   - Das Problem kann quasistationär als reines Außenproblem unter Vernachlässigung der Druckänderung in der Blase gerechnet werden.

7. Zur Bestimmung des Stoffübergangskoeffizienten werden kugelförmige Harnstoff-Partikeln ($\tilde{M} = 60\,kg/kmol$, $\rho_P = 1335\,kg/m^3$, $D = 1{,}18 \times 10^{-9)}\,m^2/s$) leicht unterschiedlicher Größe in dem abgebildeten Versuchsaufbau in Wasser (20 °C) fallen gelassen und die Fallzeiten zwischen den einzelnen Punkten gemessen. Nach Durchlaufen der Strecke $0 - 0{,}2\,m$ kann der Stofftransport als stationär angesehen werden. (Für die Sättigungskonzentration des Harnstoffs in Wasser gilt $c^*_{\text{Harnstoff f}} = c_{\text{Harnstoff s}}/1{,}11$.)[3].

[3] Messwerte nach (Petrescu et al. 1997).

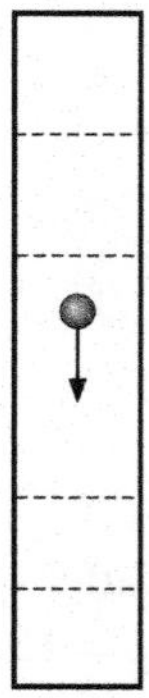

Vers. Nr.	Fallzeit in s		
	AB	BC	CD
1	2,85	5,25	4,55
2	2.1	4,3	2,6
3	2,6	4,2	4,9
4	2,4	5,5	4,5
5	2,2	4,4	3,2

a. Bestimmen Sie für die Abschnitte AB, BC und CD Mittelwerte für die Sinkgeschwindigkeit, den Partikeldurchmesser und den Stoffübergangskoeffizienten.
b. Die Ergebnisse aus a) sind in Form eines Diagramms Sh = f (Pe) darzustellen und mit den bekannten Stoffübergangsbeziehungen zu vergleichen.
c. Wie lange muss eine anfänglich 2 mm große Harnstoffkugel unter stationären Bedingungen fallen, bis 5×10^{-3} g Harnstoff gelöst werden?

8. Von einer festen Kugel wird der Stoff A an ein angrenzendes, ruhendes Fluid übertragen, in dem A in einer homogenen chemischen Reaktion 1. Ordnung abreagiert.

   a. Bestimmen Sie das Konzentrationsfeld über die Aufstellung einer differenziellen Massenbilanz und anschließende Lösung der resultierenden Differenzialgleichung.
   b. Welcher Zusammenhang zwischen Sh und Da korrespondiert mit diesem Konzentrationsfeld?

9. Eine 8-mm-Katalysatorkugel wird bei Umgebungsdruck von einem 180 °C heißen Luft-Propen-Gemisch angeströmt. Die Strömungsgeschwindigkeit beträgt 3,5 mm/s, der Massenanteil des Propens 0,002. An der Katalysatoroberfläche wird das Propen vollständig oxidiert:

$$C_3H_6 + 4{,}5O_2 \rightarrow 3\ CO_2 + 3H_2$$

Wie viel Propen wird in einer Stunde umgesetzt?

Hinweis: Die Temperaturerhöhung infolge der Reaktion und damit die Veränderungen der Stoff- und kinetischen Daten können vernachlässigt werden.

Gegeben:

$\rho_{Kat} = 1400\,kg/m^3$
$\rho_g = 0{,}77\,kg/m^3$
$\eta_g = 2{,}53 \times 10^{-5}\,kg/(ms)$
$D_{Pr/Luft} = 2{,}55 \times 10^{-5}\,m^2/s$
$k_w = 0{,}064\,m/s$
$\widetilde{M}_{Pr} = 42\,kg/kmol$
$\widetilde{M}_{Luft} = 28\,kg/kmol$

10. In einer Kaffeekanne mit ungesüßtem Kaffee ($\rho_f = 1000\,kg/m^3$, $\nu_f = 10^{-6}\,m^2/s$) befindet sich eine Zuckerkugel ($\rho_{Zucker} = 1520\,kg/m^3$, $\widetilde{M}_{Zucker} = 180\,kg/kmol$, $c^*_{Zucker\,f} = 4{,}35\,kmol/m^3$, $D_{Zucker/Kaffee} = 5{,}8 \times 10^{-10}\,m^2/s$), welche aufgelöst werden soll. Es ist die Lösezeit für den folgenden Fall zu bestimmen: Das kugelige Zuckerteilchen wird durch Rühren aufgewirbelt und sinkt danach zu Boden. Beim Absinken löst es sich von einem Durchmesser von 1 mm auf einen Enddurchmesser von 0,1 mm auf. Es zeigt sich, dass der Durchmesser annähernd linear mit der Zeit abnimmt.

    Hinweis: Bezeichnet man die übergehende Komponente Zucker mit A, so beträgt die zeitliche Änderung der Masse M_A des Zuckerkorns mit dem Radius R:

$$\frac{dM_A}{dt} = -\beta A_P(\rho_{A0} - \rho_{A\infty}) \quad mit \quad M_A = \frac{4}{3}\pi R(t)^3 \rho_A.$$

    a. Es ist eine Massenstrombilanz der Kugel mit stationärem Stofftransport aufzustellen.
    b. Welche Gleichung ergibt sich für die Lösezeit aus der Bilanz?
    c. Wie groß ist der mit dem mittleren Partikeldurchmesser berechnete Stoffübergangskoeffizient?
    d. Wie groß sind die Lösezeit und die benötigte Höhe der Kaffeekanne?

11. Eine organische Flüssigkeit soll mit der Komponente A zu 90 % gesättigt werden. Hierzu steht eine gesättigte wässrige Lösung von A zur Verfügung.[4] Die wasserunlösliche organische Flüssigkeit wird in kleinen Tropfen ($d_P = 2\,mm$) dispergiert und steigt in der gesättigten wässrigen Phase auf (Aufstiegsgeschwindigkeit $w_P = 0{,}01\,m/s$). Der Diffusionskoeffizient von A ist in beiden Phasen gleich $D = 10^{-9}\,m^2/s$. Die Löslichkeit von A in der organischen Phase ist 200fach höher als in Wasser. Die Konzentration von A in der wässrigen Phase bleibt unverändert aufgrund des hohen Überschusses. Die Anfangskonzentration von A in der organischen Phase ist gleich null.

    Welche Höhe der Wassersäule ist erforderlich für eine 90 %ige Sättigung in der organischen Phase?

[4] Nach (Beek et al. 1999).

12. Kleine kugelförmige Partikeln aus Benzoesäure ($d_P = 0{,}4$ mm, $\rho_s = 1075\,kg/m^3$, $\tilde{M}_A = 122\,kg/kmol$) werden in Natronlauge ($\rho_f = 1076\,kg/m^3$, $\eta_f = 1{,}5 \times 10^{-3}$ Pa s) aufgelöst. Die chemische Reaktion zwischen der Säure (A) und der Lauge (B) verläuft spontan.

    a. Leiten Sie folgenden Zusammenhang für den Beschleunigungsfaktor

    $$E = 1 + \frac{D_B\ c_{B\infty}}{D_A\ c^*_{Af}}$$

    her unter der Annahme, dass die Relativgeschwindigkeit zwischen Partikeln und Flüssigkeit vernachlässigt werden kann.
    b. Welche Zeit ist für die völlige Auflösung der Partikeln erforderlich?
    c. Ist die Vernachlässigung der Relativbewegung zwischen Partikeln und Flüssigkeit zulässig?

    Gegeben:
    $D_A = 8 \times 10^{-10}\ m^2/s$ $D_B = 2 \times 10^{-9}\ m^2/s$
    Sättigungskonzentration Benzoesäure $c^*_{Af} = 1{,}6 \times 10^{-2}\ kmol/m^3$
    Mittlere Laugenkonzentration $c_{B\infty} = 1{,}7\ kmol/m^3$

Literatur

Allgemein

Bird RB, Stewart WE, Lightfoot EN (2002) Transport phenomena. 2. Aufl. Wiley, New York
Brauer H (1971a) Grundlagen der Einphasen- und Mehrphasenströmungen. Verlag Sauerländer, Aarau
Brauer H (1971b) Stoffaustausch. Verlag Sauerländer, Aarau
Brauer H (1979) Particle/Fluid transport processes. In: Fortschritte der Verfahrenstechnik, Bd. 17. VDI-Verlag, Düsseldorf
Clift R, Grace JR, Weber ME (1978) Bubbles, drops and particles. Academic, New York
Grassmann P (1983) Physikalische Grundlagen der Verfahrenstechnik. 3. Aufl. Verlag Sauerländer, Aarau
Kumar A, Hartland S (1999) Correlations for prediction of mass transfer coefficients in single drop systems and liquid-liquid extraction columns. Trans IChemE 77:372–384
Mersmann A (1977) Auslegung und Maßstabsvergrößerung von Blasen- und Tropfensäulen. Chem Ing Tech 49, 9:679–691
Mersmann A (1986) Stoffübertragung. Springer, Berlin
Räbiger N, Schlüter M (2002) Bildung und Bewegung von Tropfen und Blasen. In: VDI (Hrsg) VDI-Wärmeatlas, 9. Aufl. VDI-Verlag, Düsseldorf, Lda 1–16
Sadhal SS, Ayyaswamy PS, Chung JN (1997) Transport phenomena with drops and bubbles. Springer, Berlin

Speziell

Bearman PW, Harvey JK (1976) Golf ball aerodynamics. Aero Qtrly 27:112–122
Beek WJ, Muttzall KMK, van Heuven JW (1999) Transport phenomena. 2. Aufl. Wiley, Chichester

Brauer H, Mewes D (1972) Strömungswiderstand sowie stationärer und instationärer Stoff- und Wärmeübergang an Kugel. Chem Ing Tech 44:865–868
Chhabra RP, Agarwal L, Sinha NK (1999) Drag on non-spherical particles: an evaluation of available methods. Powder Technol 101:288–295
Cook TL, Harlow FH (1986) Vortices in bubbly two-phase flow. Int J Multiphase Flow 12:35–61
Drew DA, Cheng L, Lahey RT (1979) The analysis of virtual mass effects in two-phase flow. Int J Multiphase Flow 5:233–242
Davies RM, Taylor GI (1950) The mechanics of large bubbles rising through extended liquids in tubes. Proc Roy Soc London Ser A 200:375–390
Eck B (1960) Technische Strömungslehre. Springer, New York
Friedländer SK (1961) A note on transport to spheres in Stokes flow. AIChE J 7:347–348
Grace JR, Wairegi T, Nguyen TH (1976) Shapes and velocities of single drops and bubbles moving freely through immiscible liquids. Trans Instn Chem Engrs 54:167–173
Hadamard J (1911) Mouvement permanent lent d'une sphére liquide et visquese dans un liquide visqueux. C R Acad Sci Paris 152:1735–1743
Haider AM, Levenspiel O (1989) Drag coefficient and terminal velocity of spherical and nonspherical particles. Powder Technol 58:63
Heerties PM, Holve WA, Talsma H (1954) Mass transfer between isobutanol and water in a spray column. Chem Eng Sci 3:122–142
Heinisch R, Schütt E (1989) Zur Verknüpfung von Stoffübergang und physikalischen bzw. chemischen Wandvorgängen in technischen Reaktionen. Wärme- und Stoffübergang 24:311–319
Hsu NT, Sage BH (1957) Thermal and material transfer in turbulent gas streams. Local transports from spheres. AIChE J 3:405–410
Krischer O, Kast W (1978) Die wissenschaftlichen Grundlagen der Trocknungstechnik. Springer, New York
Kronig R, Brink JC (1950) On the theory of extraction from falling drops. Appl Sci Res A 2:142–154
Lochiel AC, Calderbank PH (1964) Mass Transfer in the continuous phase around axisymmetric bodies of revolution. Chem Eng Sci 19:471–484
Mahendru HL, Hackl A (1981) Einfluss der Tropfenoszillation auf die Endgeschwindigkeit von Einzeltropfen. Chem Ing Tech 53:55
Martin H (1980) Wärme- und Stoffübertragung in der Wirbelschicht. Chem Ing Tech 52(3):199–209
Mersmann A, Beyer von Morgenstern I, Deixler A (1983) Deformation, Stabilität und Geschwindigkeit fluider Partikeln. Chem Ing Tech 55:865–867
Peebles FN, Garber HJ (1953) Studies of the motion of gas bubbles in liquids. Chem Eng Progr 49:88–97
Petrescu S, Petrescu J, Lisa C (1997) Mass transfer at solid dissolution. Chem Engng J 66:57–63
Pettyjohn ES, Christiansen EB (1948) Effect of particle shape on free-settling rates of isometric particles. Chem Eng Progr 44(2):157–172
Piarah WH (2001) Numerische Untersuchung des instationären Stofftransports an und in umströmten Einzeltropfen. Verlag Köster, Berlin
Richardson JF, Zaki WN (1954) Sedimentation and fluidization I. Trans Inst Chem Engrs 32:35–53
Rybczynski W (1911) Über die fortschreitende Bewegung einer flüssigen Kugel in einem zähen Medium. Bull Inst Acad Sci Cracovie, A, S 40–46
Savic P (1953) Circulation and distortion of liquid drops falling through a viscous medium. Nat Res Counc Can Rep No MT-22
Stokes CG (1851) On the effect of internal fiction of fluids on the motion of pendulums. Trans Cambr Phil Soc 9:8–106, pf II
Taneda S (1956) Experimental investigation of the wake behind a sphere at low reynolds-numbers. J Phys Soc Japan 11(10):1104–1108
Werlé H (1980) Rech Aérosp 5:35–49
Wesselingh JA (1987) The velocity of particles, drop and bubbles. Chem Eng Process 21:9–14
Zehner P (1988) Flüssigkeits/Feststoff-Strömungen in verfahrenstechnischen Apparaten. Fortschritt Berichte VDI Reihe 3 Nr 160. VDI-Verlag, Düsseldorf

Kapitel 8
Einphasig durchströmte Feststoffschüttungen

Feststoffschüttungen oder *Haufwerke* sind geordnete oder regellose Anordnungen von Einzelkörpern verschiedener Form. Technisch bedeutsame Feststoffschüttungen sind *Festbetten* bzw. *Füllkörperschüttungen*. Festbetten werden in zahlreichen verfahrenstechnischen Apparaten eingesetzt, z. B. in Reaktoren, Adsorbern, Ionenaustauschern, Chromatografiesäulen, Tiefenfilter und Hochöfen, um nur einige Beispiele zu nennen. Auch Füllkörper- sowie Packungskolonnen können vereinfachend als Feststoffschüttungen angesehen werden. Da diese für die thermischen Trennverfahren, Rektifikation und Ab- bzw. Desorption eingesetzt werden, erfolgt ihr Betrieb allerdings zweiphasig (s. Kap. 13). Festbetten können demgegenüber sowohl ein-, zwei- oder mehrphasig betrieben werden. Grundsätzlich stellt der Feststoff zwar bereits eine zweite Phase neben dem strömenden Medium dar, in den weiteren Betrachtungen wird er jedoch analog zur Rohrwand (Kap. 5) bzw. zur Oberfläche einer ebenen Platte (Kap. 6) nicht als weitere Phase angesehen, da er in diesem Kapitel als unbeweglich und inert behandelt wird. In diesem Sinne werden im Weiteren die physikalischen Grundlagen bei der einphasigen Durchströmung von ruhenden Feststoffschüttungen vorgestellt.

Wird der Feststoff durch das von unten nach oben strömende Fluid aufgewirbelt, so spricht man von *Fließbetten* oder *Wirbelschichten* (s. Kap. 15). Die Gesetzmäßigkeiten mehrphasig betriebener Feststoffschüttungen und bewegter Fest/flüssig-Systeme werden in den späteren Kap. 13 und 15 behandelt.

Ziel des Kapitels ist die mathematische Modellierung der gesamten Austauschvorgänge in Feststoffschüttungen basierend auf der Charakterisierung der einzelnen Transportvorgänge. Nach der Einführung der kennzeichnenden Größen wird die Berechnung des Druckverlusts in Analogie zur Rohrströmung abgeleitet, und die zugehörigen Widerstandsbeiwerte werden dargestellt. Ebenfalls in Analogie zur Rohrströmung aber auch zur Umströmung von Partikeln werden anschließend der Wärme- und Stoffübergang in Feststoffschüttungen behandelt. Die mathematische Modellierung des gesamten Stofftransports in einer Feststoffschüttung auf Basis einer differenziellen Bilanz beendet das Kapitel.

M. Kraume, *Transportvorgänge in der Verfahrenstechnik*,
DOI 10.1007/978-3-642-25149-8_8, © Springer-Verlag Berlin Heidelberg 2012

8.1 Kennzeichnende Größen einer Feststoffschüttung

Als kennzeichnende Größen der Feststoffschüttung sind zunächst die Form und die Abmessungen des Feststoffs selbst zu nennen. Die regellose Anordnung der Partikeln innerhalb der Schicht beeinflusst das freie Volumen, welches der flüssigen oder gasförmigen Phase zur Verfügung steht. Dieses freie Volumen wird durch den *Lückengrad* beschrieben. Im Hinblick auf die Strömung in der Schicht dient schließlich der *hydraulische Durchmesser* zur Kennzeichnung der Größe der verfügbaren Strömungskanäle.

8.1.1 Feststoffpartikeln

In nahezu allen technischen Anwendungsfällen soll innerhalb eines gegebenen Volumens eine große Feststoffoberfläche erzeugt werden, um möglichst große Wärme- bzw. Stoffströme übertragen zu können. Eine wichtige Größe ist daher die *spezifische Oberfläche* a_P des Feststoffs. Diese wird auf zwei Arten definiert. Zum einen als Verhältnis der Oberfläche A_P eines Partikels zu seinem Volumen V_P. Für kugelförmige Teilchen gilt:

$$a_P \equiv \frac{A_P}{V_P} = \frac{6}{d_P}. \tag{8.1}$$

Zum anderen wird die gesamte Partikeloberfläche $A_{P_{ges}}$ auf das Gesamtvolumen V_{ges} des betreffenden Systems bezogen, woraus sich die volumenspezifische Oberfläche ergibt:

$$a \equiv \frac{A_{P_{ges}}}{V_{ges}}. \tag{8.2}$$

Die Kugel ist der geometrische Körper mit der kleinsten spezifischen Oberfläche. Insbesondere bei der Entwicklung sehr leistungsfähiger Füllkörper (s. z. B. Mersmann und Deixler 1986) wird hoher Wert auf die Erzeugung großer spezifischer Oberflächen gelegt. In Abb. 8.1 sind einige häufig eingesetzte Füllkörpergeometrien dargestellt. Tabelle 8.1 enthält zugehörige Werte der volumenbezogenen Oberfläche a, die von der charakteristischen Partikelabmessung abhängen.

Handelt es sich um nicht kugelförmige Teilchen, wird der *charakteristische Partikeldurchmesser* d_P als Durchmesser der Kugel mit gleicher volumenbezogener Oberfläche bestimmt:

$$\boxed{d_P \equiv 6\frac{V_P}{A_P}.} \tag{8.3}$$

Stimmen Form und Größe für alle Partikeln überein, so spricht man von *monodispersen* Systemen. Unterscheiden sich die Partikeln hingegen in Form oder Größe,

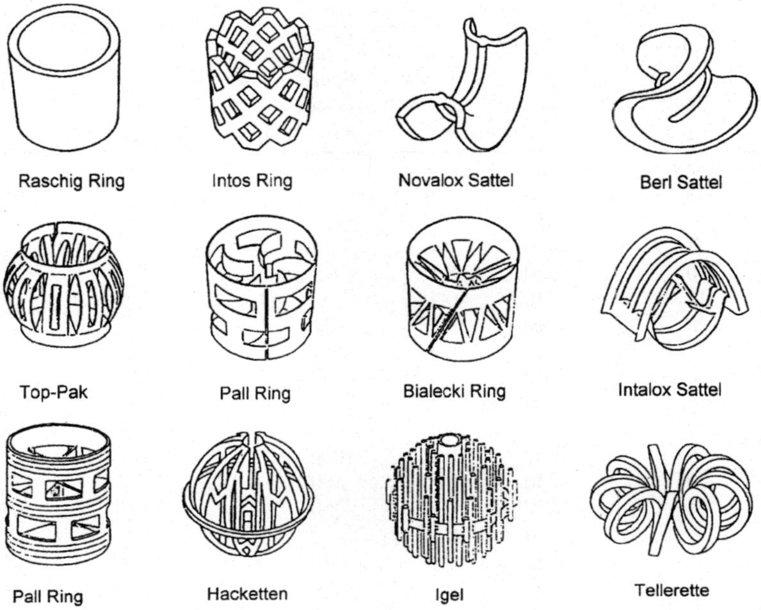

Abb. 8.1 Gebräuchliche Füllkörperformen für regellose Packungen Werkstoffe: oben Keramik, Mitte Metall, unten Kunststoff. (Aus Stichlmair 2002)

bezeichnet man dies als *polydisperses* System. Für Haufwerke mit unterschiedlich großen Partikeln der Gesamtanzahl n wird der sogenannte *Sauterdurchmesser* d_{32} als charakteristischer Partikeldurchmesser für das gesamte Partikelkollektiv ermittelt:

$$\boxed{d_{32} \equiv \frac{\sum_{i=1}^{n} d_{Pi}^3}{\sum_{i=1}^{n} d_{Pi}^3}.} \tag{8.4}$$

Dieser Durchmesser spielt für umströmte Teilchen eine ähnliche Rolle wie der hydraulische Durchmesser für durchströmte Systeme. Die Definition geht auf die Arbeit von Sauter (1926) zur Brennstoffvergasung zurück.

Deutlich gleichmäßigere Phasenverteilungen über den Kolonnenquerschnitt lassen sich mit geordneten oder strukturierten Packungen erreichen. Durch eine zusätzliche Oberflächenstrukturierung lassen sich die Turbulenz erhöhen und der Stofftransport verbessern. Gegenüber Füllkörpern weisen strukturierte Packungen folgende Vorteile auf:

- geringeren Druckverlust und
- geringeres erforderliches Packungsvolumen für Energie- und Stofftransportprozesse.

Tab. 8.1 Herstellerangaben zu Füllkörpern für regellose Packungen. (Aus Stichlmair 2002)

Füllkörper	Charakterist. Durchmesser d_P [mm]	Keramik		Metall		Plastik	
		Spez. Oberfl. a [m²/m³]	Porosität ε [−]	Spez. Oberfl. a [m²/m³]	Porosität ε [−]	Spez. Oberfl. a [m²/m³]	Porosität ε [−]
Kugeln	2	1800	0,4				
	4	900	0,4				
	6	600	0,4				
	8	450	0,4				
	10	360	0,4				
	15	240	0,4				
	20	180	0,4				
	25	144	0,4				
	30	120	0,4				
	35	100	0,4				
	50	72	0,4				
Raschig Ringe	5	1000	0,56	1000	0,87		
	10	440	0,65	500	0,89		
	15	330	0,70	350	0,92	350	0,86
	20	240	0,72			290	0,87
	25	195	0,73	220	0,92	220	0,87
	35	140	0,76	150	0,93	150	0,90
	50	98	0,77	110	0,95	110	0,91
	80	60	0,77	65	0,96	65	0,91
Pall Ringe	10			515	0,92	350	0,88
	15			360	0,93	220	0,91
	25	220	0,73	215	0,94	160	0,93
	35	165	0,76	145	0,94	110	0,93
	50	120	0,77	105	0,95		
	80	75	0,77	78	0,96		
Bialecki Ringe	25			225	0,95		
	35			155	0,95		
	50			110	0,96		
	80			68	0,97		
Torus Sättel	15	450	0,71				
	20	355	0,72				
	25	255	0,74				
	35	166	0,76				
	50	120	0,79				
	75	92	0,80				
Telleretten	No. 1					180	0,87
	No. 2					125	0,93
	No. 3					98	0,92

8.1.2 *Lückengrad*

Der *Lückengrad* bzw. die *Porosität* kennzeichnet das Verhältnis des Lückenvolumens in einer Schüttung zum gesamten Schichtvolumen V_{ges}:

$$\boxed{\varepsilon \equiv \frac{V_{ges} - V_{P_{ges}}}{V_{ges}}.} \tag{8.5}$$

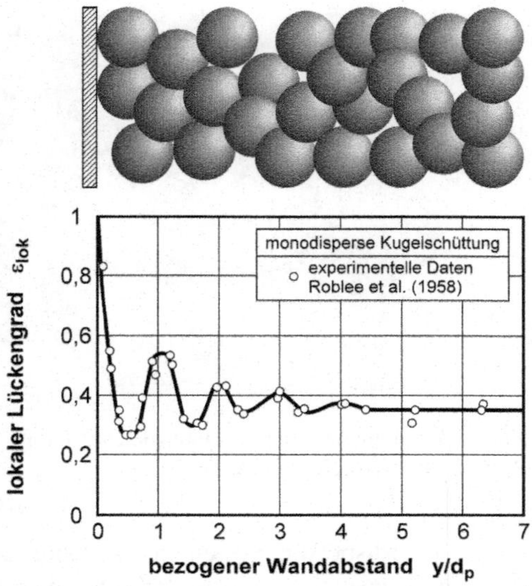

Abb. 8.2 Abhängigkeit des örtlichen Lückengrades ε_{lok} vom bezogenen Wandabstand y/d_P für eine monodisperse Kugelschüttung. (Daten nach Roblee et al. 1958)

Hierbei stellt $V_{P_{ges}}$ das gesamte Partikelvolumen dar. Der Lückengrad gibt Aufschluss über die Struktur einer Feststoffschicht, die von der Form und Größe der Partikeln und deren Orientierung zueinander abhängt. Eine Feststoffschüttung wird in der technischen Praxis fast ausnahmslos durch einen Schüttvorgang erzeugt, der seiner Natur nach ein stochastischer Prozess ist. Die Struktur des Haufwerks hängt also vom Zufall ab und lässt sich daher nur durch Wahrscheinlichkeitsgesetze beschreiben. Hiermit sind lediglich Aussagen über die am häufigsten auftretende Struktur und über den Bereich einer die Struktur kennzeichnenden Größe möglich. Eine solche Größe ist der Lückengrad.

Aussagen über die Abhängigkeit des Lückengrades vom Ort sind für die Behandlung der Strömung und der Wärme- und Stofftransportvorgänge innerhalb einer Füllkörperschicht von großer Bedeutung.

Der technisch übliche Schüttvorgang zur Apparatebefüllung führt immer zu regellosen Anordnungen, die größere Lückengrade und damit geringere Feststoffoberflächen beinhalten, als sie der theoretisch möglichen dichtesten Packung der Partikeln entsprechen. Im Fall einer monodispersen Kugelschüttung ergibt sich ein mittlerer Lückengrad von etwa 0,4. Dieser Wert liegt zwischen dem einer regelmäßigen kubischen Anordnung ($\varepsilon = 1 - \pi/6 = 0{,}48$) und der dichtesten regulären Kugelpackung ($\varepsilon = 0{,}26$).

Lückengrad bzw. Porosität hängen weiterhin von dem Abstand der Feststoffteilchen von der Behälterwand ab. (Eine ausführliche Zusammenstellung der Literatur zu diesem Thema gibt (Tsotsas 1990)). Abbildung 8.2 zeigt ein beispielhaftes experimentelles Ergebnis für diese Abhängigkeit. Unmittelbar an der Wand $y/d_P = 0$ muss der Lückengrad gleich eins sein, da die Partikeln die Wand nur punktuell berühren.

Übliche Werte des Lückengrads können Tab. 8.1 für verschiedene Füllkörper entnommen werden.

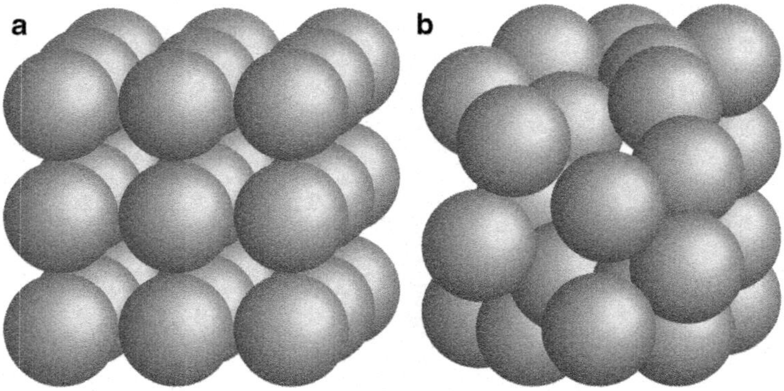

Abb. 8.3 Schüttungen aus Kugeln gleicher Größe und von gleichem Lückengrad **a** kubische Packung, **b** ungeordnete Packung

Bei polydispersen Systemen, in denen sich die Partikeln sowohl hinsichtlich der Größe als auch der Form unterscheiden, können deutlich geringere Porositäten auftreten, da feinere Partikeln die Hohlräume zwischen großen Teilchen auffüllen können.

Die beiden Parameter Lückengrad ε und Partikeldurchmesser d_P bzw. d_{32} sollten grundsätzlich allerdings nicht ausreichen, um die Strömung und damit auch den Wärme- und Stoffübergang eindeutig zu beschreiben. In einer kubischen Packung aus hintereinander liegenden gleich großen Kugeln (s. Abb. 8.3a) kann das Fluid durch die Gassen zwischen den Kugeln strömen. In einer ungeordneten Schüttung gleichen Lückengrades mit Kugeln gleichen Durchmessers können die Gassen, wie Abb. 8.3b zeigt, jedoch teilweise blockiert und die Durchströmung an einigen Stellen stärker behindert sein als an anderen. Trotz gleicher Werte von Lückengrad und Partikeldurchmesser ergeben sich also verschiedene Strömungsbilder. Wenn man dennoch Strömung, Wärme- und Stoffübergang allein durch die beiden Parameter ε und d_P recht gut beschreiben kann, so nur deshalb, weil sich in hinreichend großen Schüttungen im statistischen Mittel ein Ausgleich einstellt.

8.1.3 Hydraulischer Durchmesser

Für die Ermittlung des Druckverlustes einer durchströmten Feststoffschüttung reicht es nicht aus, zu wissen, wie groß das insgesamt verfügbare freie Volumen oder die insgesamt verfügbare freie Querschnittsfläche ist. Stellt man sich das freie Volumen innerhalb einer Schicht aus vielen einzelnen Poren zusammengesetzt vor, dann werden die Poren um so größer sein, je größer die Partikeln sind. Eine aus großen Teilchen gebildete Schicht wird also wenige große Poren und eine aus kleinen Teilchen gebildete Schicht wird entsprechend viele kleine Poren besitzen, obgleich der mittlere Lückengrad für beide Schichten nahezu gleich ist. Die für die Strömung wichtige

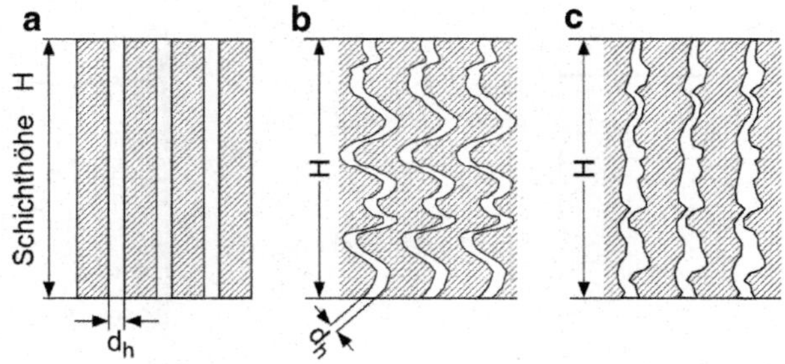

Abb. 8.4 Schematisierte Strömungsmodelle für Feststoffschüttungen. **a** gerade, parallele Kanäle mit konstantem Durchmesser, **b** Kanäle größerer Länge mit konstantem Durchmesser, **c** Kanäle größerer Länge mit wechselndem Durchmesser

Angabe der mittleren Größe der Einzelporen erfolgt durch den *hydraulischen Durchmesser* d_h.

Bei der Einführung des hydraulischen Durchmessers geht man üblicherweise von der Vorstellung aus, dass sich das Lückenvolumen $V_{ges} - V_{P_{ges}}$ der Feststoffschicht in eine begrenzte Zahl von Strömungskanälen unterteilen lässt. Das kann gemäß Abb. 8.4a in der Weise erfolgen, dass man eine Reihe von geraden, parallelen Kanälen annimmt, die alle den gleichen Durchmesser d_h aufweisen und deren Länge gleich der Schichthöhe H ist. Der Volumenanteil der Kanäle ε und die volumenbezogene Phasengrenzfläche a entsprechen denjenigen Werten der realen Schüttung. Die Kanäle können aber auch unregelmäßig wie in Abb. 8.4b verlaufen. Die Länge dieser unregelmäßigen Kanäle ist größer als die Schichthöhe H. Ihre Querschnittsfläche ist längs des Strömungsweges unveränderlich. Schließlich sind auch Kanalformen gemäß Abb. 8.4c denkbar. Hierbei wechseln Abschnitte mit konstanter und veränderlicher Querschnittsfläche einander ab. Obgleich diese Kanalform den wirklichen Verhältnissen in der Feststoffschicht am besten gerecht wird, hat es sich als völlig ausreichend erwiesen, zur Bestimmung des hydraulischen Durchmessers von der einfachen Vorstellung gemäß Abb. 8.4a auszugehen. Der hydraulische Durchmesser wird üblicherweise als Verhältnis des Vierfachen der durchströmten Fläche zu dem benetzten Umfang definiert (s. Gl. (5.36)). Im Fall der Feststoffschüttung muss diese Beziehung sinngemäß durch Erweiterung mit der Schütthöhe modifiziert werden:

$$d_h \equiv 4 \cdot \frac{durchströmtes\ Volumen}{benetzte\ Oberfläche} = 4 \cdot \frac{V_{ges} - V_{P_{ges}}}{A_{P_{ges}}}. \tag{8.6}$$

Hierin ist, neben dem bereits genannten freien Volumen $V_{ges} - V_{P_{ges}}$ der Schicht, $A_{P_{ges}}$ die gesamte Oberfläche aller Füllkörper der Schicht. Mit $V_{ges} = V_{Pges}/(1 - \varepsilon)$ aus Gl. (8.5) erhält man:

$$d_h = 4\ \frac{\varepsilon}{1 - \varepsilon}\ \frac{V_{Pges}}{A_{Pges}}. \tag{8.7}$$

Unter Verwendung von Gl. (8.3) für den charakteristischen Partikeldurchmesser ergibt sich:

$$\boxed{d_h = \frac{2}{3}\ \frac{\varepsilon}{1 - \varepsilon}\ d_P.} \tag{8.8}$$

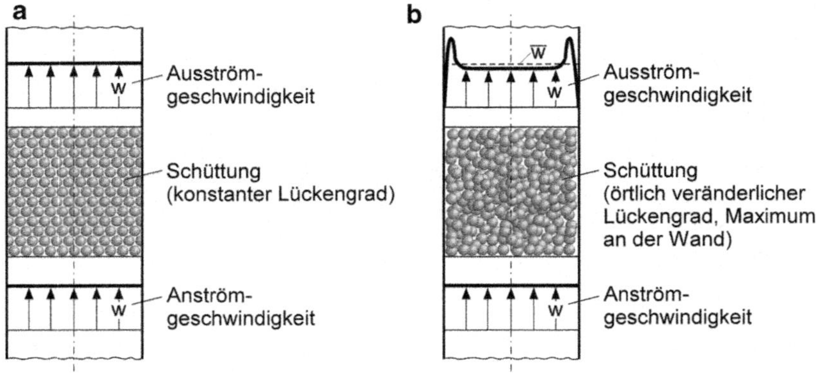

Abb. 8.5 Erläuterung der Geschwindigkeitsverteilung in Füllkörperschichten. **a** bei konstantem Lückengrad und **b** bei örtlich veränderlichem Lückengrad mit einem Maximum nahe der Wand

Der hydraulische Durchmesser ist eine Funktion des Lückengrades ε und des Partikeldurchmessers d_P. Der Lückengrad ε berücksichtigt das gesamte in der Schicht vorhandene Lückenvolumen. Der Partikeldurchmesser d_P ist ein Maß für die über die Schicht gemittelte Größe der einzelnen Poren, da die Poren zwischen benachbarten Partikeln um so größer sind, je größer der Partikeldurchmesser ist.

Die für monodisperse Schüttungen entwickelte Gl. (8.8) des hydraulischen Durchmessers lässt sich auch für polydisperse Systeme verwenden, wenn man den Partikeldurchmesser d_P durch den für polydisperse Systeme geltenden Sauterdurchmesser d_{32} (Gl. (8.4)) ersetzt.

8.1.4 Geschwindigkeitsverteilung innerhalb einer Feststoffschüttung

Die Durchströmung von Schüttungen bzw. porösen Haufwerken tritt nicht allein in verfahrenstechnischen Prozessen auf, sondern stellt auch in vielen anderen technischen wie auch natürlichen Bereichen einen wiederkehrenden Grundvorgang dar. Beispielhaft sei hier das Eindringen von Regenwasser in den Boden oder die Grundwasserströmung genannt.

Die ungleichförmige Verteilung des Lückengrades über dem Säulenquerschnitt führt zu einer ungleichmäßigen Durchströmung der Feststoffschicht. Da der Lückengrad in der Nähe der Behälterwand besonders groß ist, durchströmt in Wandnähe ein hoher Anteil des gesamten Fluidstromes die Schicht. Man spricht in diesem Zusammenhang von der *Randgängigkeit* oder *Bypass* einer Feststoffschüttung, die um so ausgeprägter ist, je größer der örtliche Lückengrad in Wandnähe wird. Abbildung 8.5 zeigt qualitativ die Geschwindigkeitsverteilung in einem durchströmten Haufwerk. Real ist die Geschwindigkeit direkt an der Behälterwand aufgrund der Haftbedingung gleich null (Abb. 8.5b). Mit zunehmendem Wandabstand steigt die Geschwindigkeit zunächst sehr steil an, durchläuft ein örtliches Maximum und sinkt dann auf einen annähernd konstanten, vom Ortsradius also unabhängigen Wert ab. Für die Geschwindigkeitsverteilung ergeben sich demnach eine ausgeprägte Randzone und eine Kernzone. Dieses Verhalten folgt unmittelbar aus dem ortsabhängigen Lückengrad (s. Abb. 8.2). (Eine umfangreiche Literaturübersicht gibt (Tsotsas 1990)).

Die theoretischen und experimentellen Möglichkeiten zur Bestimmung des Geschwindigkeitsprofils sind begrenzt. Analytische Vorausberechnungen sind nur für geordnete Schüttungen möglich und auch dann nur im Bereich der schleichenden Strömung. Eine aufwendige Berechnung wurde von (Sorensen und Stewart 1974) für eine monodisperse Kugelschüttung mit kubischer Packung durchgeführt. Mithilfe der numerischen Strömungssimulation werden allerdings in zunehmendem Maße Strömungsberechnungen erfolgreich durchgeführt. Im Fall der strukturierten Packungen bestehen aufgrund der festgelegten Geometrie kaum mehr Probleme, einphasige Strömungen zu berechnen. Im Fall der zufälligen Schüttungen ergibt sich dagegen das Problem, die Schüttungsgeometrie ausreichend exakt zu erfassen. In diesem Bereich existiert eine Reihe aktueller Forschungsprojekte (s. z. B. Eppinger et al. 2011).

8.2 Druckverlust[1]

Die Geschichte der Erforschung des bei der Durchströmung von Festbetten auftretenden Druckverlusts ist mehr als 140 Jahre alt und umfasst Hunderte von wissenschaftlichen Untersuchungen. Hieraus resultiert eine weitgehende Reife der mathematischen Beschreibung. Der Druckverlust in Schüttungen lässt sich in Analogie zur Durchströmung von Rohren oder Kanälen beschreiben, wenn die Struktur der porösen Schicht durch die Einführung des hydraulischen Durchmessers berücksichtigt wird. Alternativ kann die Beschreibung auch durch die Betrachtung überströmter Einzelpartikeln erfolgen. Gebräuchlicher ist die Analogie zur Rohr- bzw. Kanalströmung, die deshalb hier dargestellt wird. Für den Druckverlust gilt dann analog zu Gl. (5.32):

$$\Delta p = \zeta' \frac{\rho}{2} \overline{w}^2 \frac{H}{d_h}. \tag{8.9}$$

Dabei wurde vereinfachend die tatsächliche Kanallänge L mit der Höhe H der Schicht gleichgesetzt. Der dazwischen liegende Faktor wird vereinfachend dem Widerstandsbeiwert zugeschlagen.

Als charakteristische Geschwindigkeit wird die mittlere *effektive Fluidgeschwindigkeit* $\overline{w}$ in den Kanälen durch die sogenannte *Leerrohrgeschwindigkeit* $v \equiv \dot{V}/A_S$, die sich für den betreffenden Fluidvolumenstrom in der leeren Säule A_S ergeben würde, ersetzt:

$$\overline{w} = \frac{v}{\varepsilon}. \tag{8.10}$$

[1] Speziell hierzu s. Wirth 2002.

Die Ortsabhängigkeit der Strömungsgeschwindigkeit wird demzufolge in seinen Auswirkungen auf den Druckverlust nicht berücksichtigt. Wird zusätzlich der hydraulische Durchmesser gemäß Gl. (8.8) in Gl. (8.9) eingesetzt, so ergibt sich für den auf die Schichthöhe bezogenen Druckverlust:

$$\frac{\Delta p}{H} = \frac{3}{4}\zeta' \frac{1-\varepsilon}{\varepsilon^3} \frac{\rho v^2}{d_{32}}. \tag{8.11}$$

Da der konstante Faktor 3/4 für den Widerstandsbeiwert bedeutungslos ist, ergibt sich der Widerstandsbeiwert ζ als:

$$\zeta = \frac{\varepsilon^3}{1-\varepsilon} \frac{\Delta p}{\rho v^2} \frac{d_{32}}{H}. \tag{8.12}$$

Der Widerstandsbeiwert hängt von der Reynoldszahl der Durchströmung ab. In der Definitionsgleichung für Re werden demzufolge die mittlere Geschwindigkeit $\overline{w}$ und der hydraulische Durchmesser d_h verwendet, die für das Innere der Schüttung charakteristisch sind:

$$Re_{d_h} \equiv \frac{\overline{w} d_h}{\nu} = \frac{v \cdot d_{32}}{\nu} \frac{2}{3} \frac{1}{1-\varepsilon}. \tag{8.13}$$

Streicht man den Faktor 2/3, so ergibt sich als charakteristische Reynoldszahl für die Strömung in Festbetten:

$$Re = \frac{v \cdot d_{32}}{\nu} \frac{1}{1-\varepsilon}. \tag{8.14}$$

Der Zusammenhang zwischen dem Widerstandsbeiwert und der Reynoldszahl, der auch als Widerstandsgesetz bezeichnet wird, ist von der Geometrie der Feststoffpartikeln sowie ihrer Größenverteilung abhängig. So gilt für eine regellose Schüttung von Kugeln gleicher Größe ($d_P = d_{32}$) die empirische Gleichung (Brauer 1960):

$$\zeta = \frac{160}{\mathrm{Re}} + \frac{3{,}1}{\mathrm{Re}^{0{,}1}}, \tag{8.15}$$

die in Abb. 8.6 dargestellt ist.

Für Schichten aus Granulaten gilt das von (Ergun[2] 1952) aufgestellte empirische Widerstandsgesetz:

$$\zeta = \frac{150}{\mathrm{Re}} + 1{,}75. \tag{8.16}$$

Der erste Summand in beiden Gleichungen ist bestimmend für den Widerstandsbeiwert der laminaren Strömung und erfasst die Reibungsverluste, während der zweite

[2] Sabri Ergun 1918–2006, geboren in der Türkei, studierte Chemical Engineering an der Columbia University und promovierte an der Technischen Universität in Wien. Danach lebte er in den USA und forschte an verschiedenen Einrichtungen im Bereich der Festkörperphysik und Brennstoffforschung.

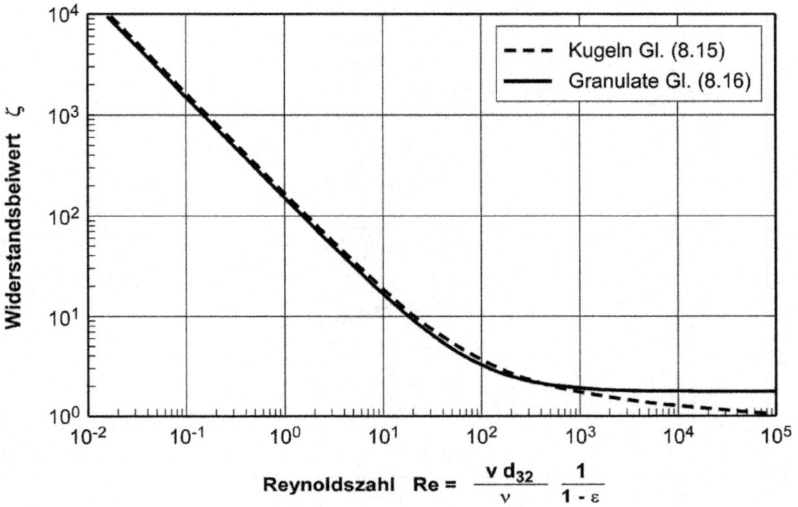

Abb. 8.6 Widerstandsgesetz für Schichten aus Kugeln (Brauer 1971) bzw. Granulaten (Ergun 1952)

Summand für die turbulente Durchströmung gilt. Bei der laminaren Strömung ist der erste Summand in beiden Gleichungen deutlich größer als derjenige der laminaren Rohrströmung (64/Re). Die erhöhten Werte können als eine Korrektur für die Verlängerung des effektiven Strömungswegs im Vergleich zur Höhe der Schüttung H interpretiert werden.

Bei unterschiedlichen Reynoldszahlen setzt sich der Druckverlust aus folgenden Komponenten zusammen: Bis $Re = 2$ ist nur die Reibung durch streng laminare Umströmung der Partikeln wirksam. Für $2 < Re < 10^4$ treten örtlich turbulenzartige Strömungen auf, und es wirkt zunehmend der Carnotsche Stoßverlust[3] infolge der zahlreichen relativ schroffen Änderungen des Strömungsquerschnitts innerhalb der Kanäle. Ab $Re = 10^4$ ist nahezu nur noch der Carnotsche Stoßverlust für den Druckverlust von Bedeutung.

Neben den beiden angegebenen gibt es noch eine Reihe weiterer Widerstandsgesetze für unterschiedliche Partikelformen (s. z. B. Brauer 1971; Reichelt 1972; Achenbach 1982). Insbesondere für die verschiedenen Füllkörper ist auf der Basis experimenteller Ergebnisse eine große Zahl unterschiedlicher Gleichungen aufgestellt worden, die sich in ihrer Struktur allerdings nur unwesentlich von den obigen Gln. (8.15) und (8.16) unterscheiden. Einen Überblick vermittelt Abb. 8.7, in der Widerstandsbeiwerte für unterschiedliche Füllkörper dargestellt sind.

Aus der Gl. (8.12) wird der starke Einfluss der Porosität deutlich. Für Füllkörper werden deshalb hohe Porositäten bei gleichzeitig großer spezifischer Oberfläche

---

[3] Der Carnotsche Stoßverlust entsteht bei der unstetigen Erweiterung eines Strömungsquerschnitts. Infolge starker Wirbelbildung in der Strömung hinter der Erweiterung kommt es zu Druckverlusten.

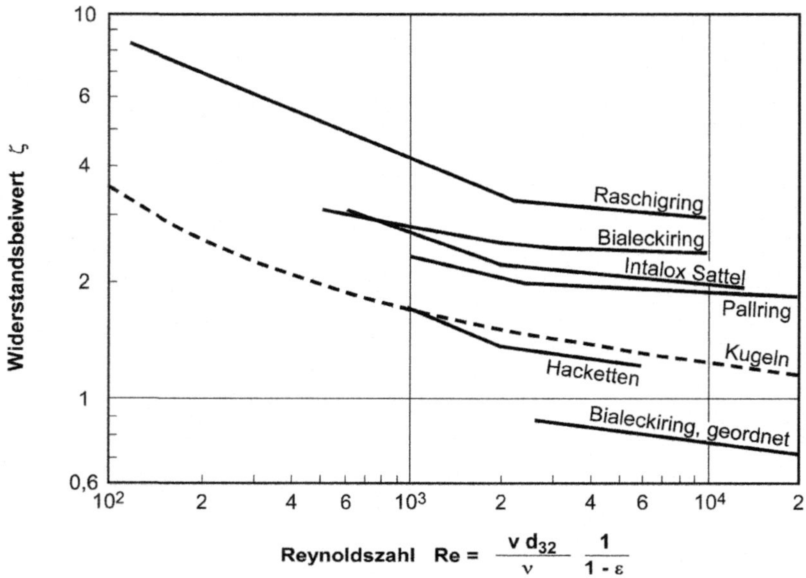

Abb. 8.7 Widerstandsbeiwert ζ als Funktion der Reynoldszahl, gültig für verschiedene Formen. (Nach Mackowiak 1991)

angestrebt (s. Tab. 8.1), um den Druckverlust möglichst gering zu halten. Weiterhin ist für die gleichmäßige Durchströmung des gesamten Apparatequerschnitts auf die sorgfältige Befüllung und damit einheitliche Verteilung des Feststoffs zu achten. Andernfalls treten Bypassströmungen auf (s. z. B. Abb. 8.5b wandnaher Bereich), die beispielsweise in Festbettreaktoren die Reaktorproduktivität nachhaltig beeinträchtigen können.

Die Gln. (8.15) und (8.16) gelten lediglich für Festbetten aus monodispersen Teilchen. Da die Porosität polydisperser Schüttungen kleiner als diejenige monodisperser Systeme ist, ergeben sich erhöhte Druckverluste. Nach (Jeschar 1964) können die Widerstandsbeiwerte polydisperser Schüttungen mit einem Korrekturfaktor aus denjenigen entsprechender monodisperser Schüttungen berechnet werden:

$$\zeta_{polydisp} = \zeta_{monodisp} \left(\frac{\varepsilon_{monodisp}}{\varepsilon_{polydisp}} \right)^{0,75} . \tag{8.17}$$

Der Unterschied wird allerdings erst bei breiten Größenverteilungen signifikant.

8.3 Wärme- und Stoffübergang

Die Wärme- und Stoffübertragung zwischen einem Fluid und den Partikeln einer Feststoffschüttung spielt bei der Auslegung von Regeneratoren, bei Trocknungsprozessen, in Festbettreaktoren und anderen Reaktionsapparaten eine maßgebliche

Rolle. In den ersten Reihen der Packung wachsen die Übergangskoeffizienten α und β rasch an und erreichen dann feste Endwerte (Gillespie et al. 1968). Die Endwerte sind infolge der häufigen Umlenkungen und Verwirbelungen der Strömung in einer Schüttung deutlich größer als die einer umströmten Einzelkugel.

Es gibt zwei Methoden, den Wärme- oder Stoffübergang an Partikeln in einer Schüttung zu berechnen. Die erste Methode orientiert sich an der Einzelkugel und die zweite am Rohr. Da Wärme- und Stofftransport analog zueinander ablaufen, lassen sich beide Analogien sowohl zur Berechnung von β als auch von α heranziehen.

Bei praktischen Problemen empfiehlt es sich, Berechnungen nach beiden Methoden durchzuführen. Dabei dürften durchaus Unterschiede von 20 % und mehr in manchen Sonderfällen auftreten. Anzumerken ist noch, dass der Stoffübergang in sehr fein dispersen Systemen erheblich schlechter als hier angegeben ist (Schlünder 1977). Die beiden Methoden werden im Folgenden am Beispiel einerseits des Wärme- und andererseits des Stoffübergangs erläutert.

8.3.1 Wärmeübergang in Analogie zur Einzelkugel[4]

Der Wärme- und Stoffübergang an einer Einzelkugel (s. Abschn. 7.4) ist gut untersucht worden, weshalb zu dieser Geometrie folgende empirische Gleichungen zur Bestimmung der mittleren Nusseltzahl vorliegen:

$$Nu_K = 2 + \left(Nu_{K_{lam}}^2 + Nu_{K_{turb}}^2\right)^{1/2} \tag{8.18}$$

Im Einzelnen gilt für die mittlere Nusseltzahl der laminaren Strömung

$$Nu_{K_{lam}} = 0{,}664\ Re^{1/2}\ Pr^{1/3} \tag{8.19}$$

bzw. für diejenige der turbulenten Strömung (analog zu Gl. (7.56)):

$$Nu_{K_{turb}} = \frac{0{,}037\ Re^{0{,}8}\,Pr}{1 + 2{,}443\ Re^{-0{,}1}(Pr^{2/3} - 1)}. \tag{8.20}$$

Darin ist die mittlere Nusseltzahl, der mittlere dimensionslose Wärmeübergangskoeffizient, wie folgt definiert:

$$Nu_K \equiv \frac{\alpha d_K}{\lambda}. \tag{8.21}$$

α bezeichnet den mittleren Wärmeübergangskoeffizienten und λ die Wärmeleitfähigkeit des umströmenden Fluids (s. Abschn. 1.3). Zur Berechnung der mittleren Nusseltzahl mit den Gl. (8.18) bis (8.20) werden die Reynoldszahl der Einzelkugel und die Prandtlzahl benötigt, die folgendermaßen definiert sind:

$$Pr \equiv \frac{\nu}{a}, \tag{8.22}$$

[4] Speziell hierzu s. Gnielinski 2002.

Tab. 8.2 Werte des Anordnungsfaktors f_ε für verschiedene Partikeln

Partikel	f_ε	überprüft für
Zylinder, Länge L, Durchmesser d	1,6	$0{,}24 < L/d < 1{,}2$, $0{,}6 \le Pr$ bzw. $Sc \le 1300$
Würfel	1,6	$Pr = 0{,}7$
Raschigringe	2,1	$Sc = 0{,}6$ sowie $Sc = 2{,}5$
Berlsättel	2,3	$Sc = 0{,}6$ sowie $Sc = 2{,}5$

$$Re \equiv \frac{\overline{w} d_K}{\nu}. \tag{8.23}$$

Die Gleichungen gelten im Bereich $0{,}7 < Pr < 600$ und $1 \le Re \le 10^6$

In dieser Herleitung unterstellt Gl. (8.19) die völlige Übereinstimmung der Nusseltzahl bei laminarer Umströmung $Nu_{K_{lam}}$ mit der Sherwoodzahl bei der Rohrströmung (Gl. (5.59)) sowie der Plattenströmung (Gl. (6.25b).

Der Endwert der mittleren Nusseltzahl Nu in einer Kugelschüttung und die mittlere Nusseltzahl Nu_K der umströmten Einzelkugel stehen, wie Versuche zeigten, in einem bestimmten nur vom Lückengrad abhängigen Verhältnis zueinander (Gnielinski 1975, 1978). Es ist

$$Nu = f_\varepsilon \, Nu_K, \tag{8.24}$$

worin f_ε ein nur vom Lückengrad abhängiger *Anordnungsfaktor* ist. In den Rechnungen für eine durchströmte Schüttung ist die Reynoldszahl mit der effektiven mittleren Geschwindigkeit $\overline{w} = v/\varepsilon$ und, bei polydispersen Systemen, mit dem Sauterdurchmesser d_{32} zu bilden.

Der Faktor f_ε lässt sich im Bereich $0{,}26 < \varepsilon < 1$ aus dem einfachen Ansatz (Gnielinski 1975, 1978)

$$f_\varepsilon = 1 + 1{,}5(1 - \varepsilon) \tag{8.25}$$

mit ausreichender Genauigkeit berechnen. Die regellose monodisperse Kugelschüttung stellt den Prototyp eines Haufwerks dar. Gleichung (8.24) gilt auch für Schüttungen aus nichtkugelförmigen Partikeln. Einige Anhaltswerte für den Anordnungsfaktor f_ε enthält die Tab. 8.2. Die Werte gelten im Bereich $10^2 < Re < 10^4$.

Den bei der Durchströmung der Schüttung übertragenen Wärmestrom berechnet man in bekannter Weise aus

$$\dot{Q} = \alpha A_{P_{ges}} \, \Delta\vartheta_{log} \tag{8.26}$$

mit der mittleren logarithmischen Temperaturdifferenz

$$\Delta\vartheta_{log} = \frac{(\vartheta_{w,ein} - \vartheta_{ein}) - (\vartheta_{w,aus} - \vartheta_{aus})}{ln \dfrac{\vartheta_{w,ein} - \vartheta_{ein}}{\vartheta_{w,aus} - \vartheta_{aus}}}, \tag{8.27}$$

wenn ϑ_{ein}, $\vartheta_{w,\,ein}$ die Eintritts-, ϑ_{aus}, $\vartheta_{w,\,aus}$ die Austrittstemperatur des Fluids bzw. die Oberflächentemperatur der Partikel ist. Die Stoffwerte zur Berechnung von Nu, Re und Pr sind bei der mittleren Temperatur des Fluids einzusetzen.

Gleichungen (8.18) bis (8.20) und (8.24) lassen analog auch zur Berechnung des mittleren Stoffübergangskoeffizienten β einer durchströmten Schüttung heranziehen. Die Nusseltzahl Nu ist dann durch die Sherwoodzahl zu ersetzen

$$Sh = \frac{\beta d_K}{D_{AB}} \tag{8.28}$$

und die Prandtlzahl durch die Schmidtzahl:

$$Sc = \frac{\nu}{D_{AB}}. \tag{8.29}$$

Der übergehende Stoffstrom berechnet sich dann analog zu den Gln. (8.26) und (8.27) folgendermaßen:

$$\dot{N} = \beta_m A \frac{(c_{Aw,\,ein} - \overline{c}_{A_{ein}}) - (c_{Aw,\,aus} - \overline{c}_{A_{aus}})}{ln \dfrac{c_{Aw,\,ein} - \overline{c}_{A_{ein}}}{c_{Aw,\,aus} - \overline{c}_{A_{aus}}}}. \tag{8.30}$$

8.3.2 Stoffübergang in Analogie zum durchströmten Rohr

Die vereinfachende physikalische Betrachtungsweise, eine Feststoffschüttung in Analogie zur Durchströmung von Rohren oder Kanälen zu beschreiben, lässt sich ebenfalls für den Wärme- und Stoffübergang nutzen (Krischer und Kast 1992). Das Vorgehen wird hier anhand des Stoffübergangs dargestellt. Die Schüttung wird als ein System paralleler Kanäle mit einem äquivalenten mittleren Kanaldurchmesser d* entsprechend

$$d^* = \left(\frac{16\,\varepsilon^3}{9\pi(1-\varepsilon)^2}\right)^{1/3} d_P \tag{8.31}$$

betrachtet. Bei der Modellbildung wurde von einer regelmäßigen, kubischen Kugelpackung ausgegangen. Der Durchmesser d* ist so definiert, dass das Ersatzsystem und das Partikelsystem dasselbe Lückenvolumen ε und dieselbe volumenbezogene Oberfläche a besitzen. Für eine kubische Kugelpackung entspricht d* daher dem hydraulischen Durchmesser d_h. Das Modell kann aber auch bei unregelmäßigen Schüttungen genutzt werden (Krischer und Kast 1992).

Die Stoffübergangsbeziehungen der Rohrströmung können für Schüttungen verwendet werden, wenn die Kennzahlen mit dem äquivalenten mittleren Kanaldurchmesser d* gebildet werden:

$$Sh_{d^*} \equiv \frac{\beta d^*}{D_{AB}}, \tag{8.32}$$

$$Re_{d^*} \equiv \frac{vd^*}{\nu \cdot \varepsilon}, \tag{8.33}$$

und

$$Pe_{d^*} \equiv \frac{vd^*}{D_{AB}\varepsilon}. \tag{8.34}$$

Es konnte gezeigt werden (Krischer und Kast 1992), dass sich die Gleichungen für die Stoffübertragung bei der Rohrströmung (Rohrlänge z = L) für die laminare Anlaufströmung, für die ausgebildete Laminarströmung mit Konzentrationsanlauf und für die vollständig ausgebildete Laminarströmung auf Partikelsysteme anwenden lassen, wenn zu dem für das Partikelsystem gegebenen Verhältnis d^*/d_P ein entsprechendes Längenverhältnis $(d/L)_R$ der Rohrströmung bekannt ist. Die entsprechenden Sherwood-Gleichungen wurden bereits in Kap. 5 angegeben:

Laminare Anlaufströmung:

$$Sh_{d^*} = 0{,}664\,\sqrt{Re_{d^*}\,\frac{d}{L}}\;Sc^{1/3}. \tag{5.59}$$

Laminarströmung mit Konzentrationsanlauf:

$$Sh_{d^*} = 1{,}61\left(Re_{d^*}\cdot Sc\cdot\frac{d}{L}\right)^{1/3}. \tag{5.60}$$

Vollständig ausgebildete Laminarströmung:

$$Sh_{d^*} = 3{,}66. \tag{5.61}$$

Alternativ für den gesamten Bereich der laminaren Rohrströmung (Brauer 1985):

$$Sh_{d^*} = 3{,}66 + \frac{0{,}188\left(Re_{d^*}Sc\,\frac{d}{z}\right)^{0{,}80}}{1+0{,}117\left(Re_{d^*}Sc\,\frac{d}{z}\right)^{0{,}467}}. \tag{5.63}$$

In Abb. 8.8 ist ein Diagramm für die Parameterzuordnung $(d/L)_R$ als Funktion von (d^*/d_P) dargestellt, welches auf der Basis zahlreicher Versuche aus dem Gebiet der Trocknungstechnik erstellt wurde. Ist das relative Lückenvolumen ε eines Haufwerks bekannt, kann das Verhältnis d^*/d_P gemäß Gl. (8.31) berechnet werden. Dann ergibt sich aus Abb. 8.8 das Verhältnis $(d/L)_R$ der Rohrströmung, welches bei den Gleichungen für die Stoffübertragung einzusetzen ist. Aufgetragen ist das Verhältnis Rohrdurchmesser zu -länge $(d/L)_R$ in Abhängigkeit vom Verhältnis äquivalenter mittlerer Kanaldurchmesser zu Partikeldurchmesser d^*/d_P. Die Länge L, die sich nach Abb. 8.8 als äquivalente Rohrlänge ergibt, ist eine charakteristische Überströmlänge und entspricht nicht der Höhe der Schüttung.

Als treibende Konzentrationsdifferenz ist die mittlere logarithmische analog zu Gl. (8.27) einzusetzen.

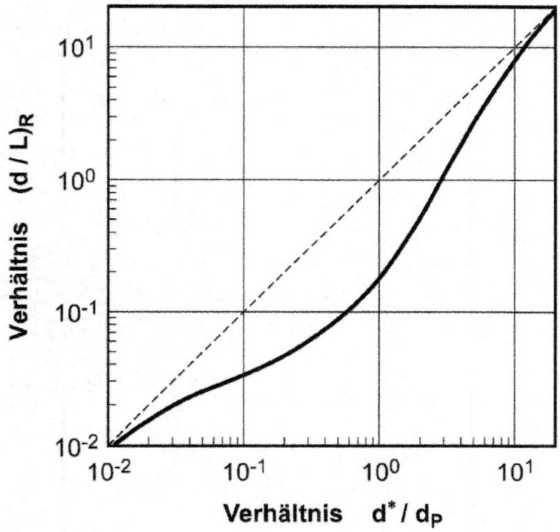

Abb. 8.8 Parameter-zuordnungs-Diagramm. (Nach Krischer und Kast 1992)

Die Rohranalogie kann ebenfalls zur Berechnung des Wärmeübergangs in einer Schüttung genutzt werden. Die Gleichungen (5.59) (5.60) und (5.61) gelten auch für die Berechnung der mittleren Nusseltzahl, wenn statt der Schmidtzahl die Prandtlzahl eingesetzt wird. Diese muss analog zu Gl. (8.32) folgendermaßen gebildet werden.

$$Nu_{d^*} = \frac{\alpha d^*}{\lambda}. \tag{8.35}$$

8.4 Modellierung von Austauschvorgängen in Festbetten

8.4.1 Berechnung des Konzentrationsverlaufs

Festbetten werden überwiegend für Prozesse eingesetzt, in denen Energie- oder Stoffaustauschvorgänge eine entscheidende Rolle spielen. Dabei können parallel auch chemische Reaktionen auftreten, die überwiegend an katalytisch wirkenden Partikeloberflächen stattfinden. Um den Wärme- und/oder Stofftransport in durchströmten Festbetten zu beschreiben, wird gewöhnlich ein sogenanntes *homogenes Modell* verwendet. Dabei wird das zweiphasige Fluid/Feststoff-System als eine kontinuierliche Phase betrachtet (*Einphasenmodell*). Die Ableitung der Stoffbilanz wird für ein differenzielles Volumenelement vorgenommen (s. Abb. 8.9). Es werden zylindrische Koordinaten benutzt und Winkelunabhängigkeit vorausgesetzt. Diese Geometrie bezieht sich auf die für die Praxis wichtigste Bauform von Festbettsystemen, nämlich das Schüttungsrohr. Die Massenbilanz an einem differenziellen Kreisringelement für eine Komponente A in einem Mehrkomponentensystem bei heterogener chemischer Reaktion 1. Ordnung an der Partikeloberfläche lautet:

$$\varepsilon \frac{\partial c_A}{\partial t} = -\frac{1}{r}\frac{\partial (r\dot{n}_r)}{\partial r} - \frac{\partial \dot{n}_z}{\partial z} - v\frac{\partial c_A}{\partial z} - k_{Aw1}\, a c_A. \tag{8.36}$$

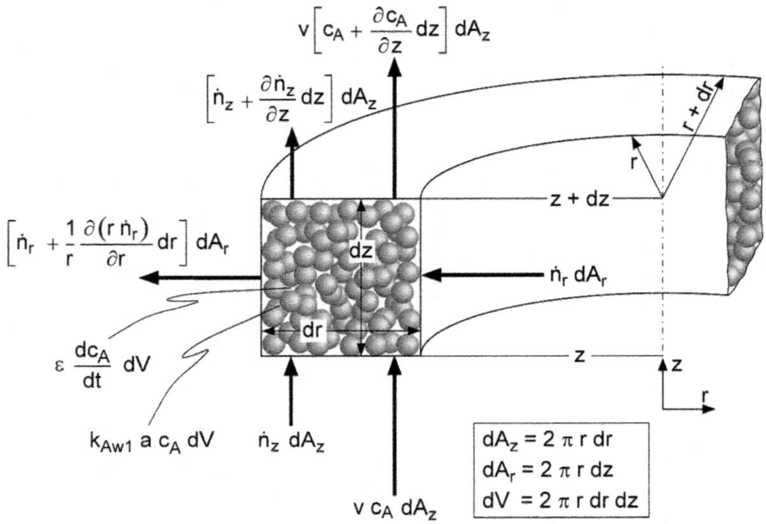

Abb. 8.9 Homogenes Modell zur Ableitung der Stoffbilanz der Komponente A eines Gemisches an einem differenziellen Element eines Schüttungsrohres

Dabei ist v die Leerrohrgeschwindigkeit und c_A die Konzentration der betrachteten Komponente A in der fluiden Phase, die durch eine heterogen katalysierte Reaktion verbraucht wird. k_{Aw1} ist die spezifische Geschwindigkeitskonstante der heterogenen Reaktion für die Komponente A und a die volumenspezifische Katalysatoroberfläche. Hierbei wird vereinfachend angenommen, dass der Transport von A an die Katalysatoroberfläche wesentlich schneller als der Verbrauch durch die chemische Reaktion verläuft (Reaktionslimitierung). Die Konzentration von A an der Katalysatoroberfläche c_{Aw} ist demzufolge gleich der Konzentration c_A in dem strömenden Fluid.

Für den Stofftransport in radialer und in axialer Richtung sind Dispersionseffekte wesentlich. In radialer Richtung ist dies der dominante Transportmechanismus. In axialer Richtung tritt noch die Konvektion hinzu, die je nach Durchströmungsgeschwindigkeit stärker oder schwächer als die Dispersion sein kann. Für den durch Dispersion transportierten Stofffluss gilt in radialer Richtung

$$\dot{n}_r = -D_r \frac{\partial c_A}{\partial r} \tag{8.37}$$

und in axialer Richtung:

$$\dot{n}_z = -D_{ax} \frac{\partial c_A}{\partial z}. \tag{8.38}$$

Die darin auftretenden Transportkoeffizienten D_r und D_{ax} werden als *Dispersionskoeffizienten* (s. Abschn. 4.2.2) bezeichnet. Durch diese Koeffizienten wird der Einfluss der ungleichmäßigen Durchströmung erfasst. Der mathematische Ansatz ist analog zum Fickschen Gesetz. Auf die Ermittlung der Dispersionskoeffizienten wird im folgenden Abschn. 8.4.2 eingegangen.

Durch Einfügen der Gln. (8.37) und (8.38) in die Bilanzgleichungen ergibt sich

$$\varepsilon \frac{\partial c_A}{\partial t} = D_r \left(\frac{1}{r} \frac{\partial c_A}{\partial r} + \frac{\partial^2 c_A}{\partial r^2} \right) + D_{ax} \frac{\partial^2 c_A}{\partial z^2} - v \frac{\partial c_A}{\partial z} - k_{Aw1}\, a\, c_A \tag{8.39}$$

für den Stofftransport. Im stationären Fall folgt:

$$D_r \left(\frac{1}{r} \frac{\partial c_A}{\partial r} + \frac{\partial^2 c_A}{\partial r^2} \right) + D_{ax} \frac{\partial^2 c_A}{\partial z^2} = v \frac{\partial c_A}{\partial z} + k_{Aw1}\, a\, c_A. \tag{8.40}$$

Die Gl. (8.40) lässt sich unter Umständen weiter vereinfachen. Es wird zwischen zwei Fällen unterschieden:

- Vernachlässigung der axialen Dispersion ($D_{ax} = 0$). Es folgt für den Stofftransport:

$$D_r \left(\frac{1}{r} \frac{\partial c_A}{\partial r} + \frac{\partial^2 c_A}{\partial r^2} \right) = v \frac{\partial c_A}{\partial z} + k_{Aw1}\, a\, c_A. \tag{8.41}$$

- Wegfall der radialen Dispersion bei eindimensionalen Vorgängen. Das Problem lässt sich anhand von gewöhnlichen Differenzialgleichungen formulieren. Es gilt:

$$D_{ax} \frac{d^2 c_A}{dz^2} = v \frac{dc_A}{dz} + k_{Aw1}\, a\, c_A. \tag{8.42}$$

Die Leerrohrgeschwindigkeit v wird in der Regel als konstant über dem Radius r angesehen. Die Randbedingungen ergeben sich wie folgt (Abb. 8.10):

1. R.B.: Für $r = R$ (an der Wand) und $0 \leq z \leq H$ gilt:

$$\frac{\partial c_A}{\partial r} = 0, \tag{8.43}$$

   es findet also kein Stofftransport durch die Rohrwand statt.
   Die Randbedingungen am Ein- und Austritt lassen sich anhand einer Massenbilanz, wie in Abb. 8.10 illustriert, ableiten. Lässt man das betrachtete Bilanzvolumen mittels $\Delta z \rightarrow 0$ ebenfalls gegen null gehen, so ergeben die Randbedingungen für $z = 0$ bzw. $z = H$.

2. R.B.: Für $z = 0$ (am Eintritt) und $0 \leq r \leq R$ gilt:

$$v(c_{A,\,ein} - c_A) = -D_{ax} \frac{\partial c_A}{\partial z}. \tag{8.44}$$

   Am Eintritt findet also ein Konzentrationssprung statt, der durch die Dispersion hervorgerufen wird.

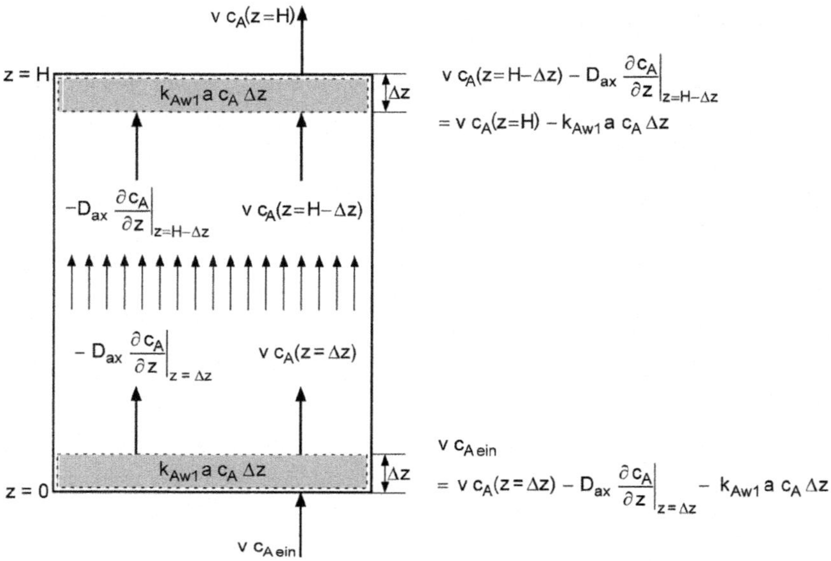

Abb. 8.10 Erläuterung der Randbedingungen bei der Berechnung der Konzentrationsverläufe mit dem homogenen Modell

3. R.B.: Für $z=H$ (am Austritt) und $0 \leq r \leq R$ gilt:

$$\frac{\partial c_A}{\partial z} = 0. \tag{8.45}$$

An der oberen Grenze der Schüttung verschwindet Dispersion demzufolge.

Bei instationären Vorgängen muss zusätzlich das Konzentrationsprofil bei $t=0$ vorgegeben werden (Anfangsbedingung).

Gleichung (8.42) kann mit der Einführung der dimensionslosen Konzentration $\xi_A = c_A/c_{A,ein}$ und der dimensionslosen Länge $z^* = z/H$ als

$$\frac{d^2\xi_A}{dz^{*2}} - Bo\,\frac{d\xi_A}{dz^*} - Da_w\,\xi_A = 0 \tag{8.46}$$

geschrieben werden. Darin ist neben der *Bodensteinzahl* Bo

$$Bo \equiv \frac{v \cdot H}{D_{ax}} \tag{8.47}$$

die Damköhlerzahl Da_w enthalten, die bei dem heterogenen Reaktionsansatz als

$$Da_w \equiv \frac{k_{Aw1} \cdot a \cdot H^2}{D_{ax}} \tag{8.48}$$

definiert ist.

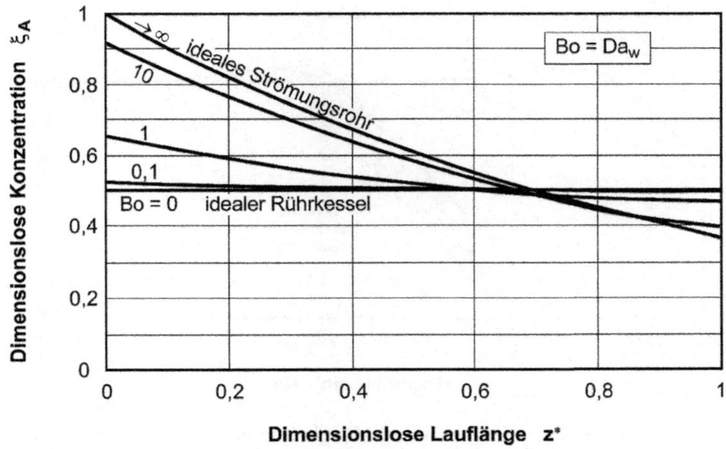

Abb. 8.11 Nach Gl. (8.49) berechnete Konzentrationsverläufe im Festbettreaktor in Abhängigkeit von der dimensionslosen Lauflänge

Unter Einbeziehung der Randbedingungen gemäß Gln. (8.44) und (8.45) ergibt sich folgende Lösung für den Konzentrationsverlauf innerhalb des katalytischen Festbetts

$$\xi_A = c_1 exp\left(\frac{Bo}{2}(1+q)\cdot z^*\right) + c_2\, exp\left(\frac{Bo}{2}(1-q)\cdot z^*\right) \tag{8.49}$$

mit:

$$q = \sqrt{1+\frac{4\,Da_w}{Bo^2}}, \tag{8.50}$$

$$c_1 = \frac{-2(1-q)}{exp\,(Bo\,q)\,(1+q)^2-(1-q)^2}, \tag{8.51}$$

$$c_2 = \frac{2(1+q)}{(1+q)^2 - exp\,(-Bo\,q)\,(1-q)^2}. \tag{8.52}$$

In Abb. 8.11 sind die Verläufe der dimensionslosen Konzentration ξ_A über der dimensionslosen Lauflänge z* dargestellt. Als Scharparameter dient die Bodensteinzahl Bo. Die Werte der Leerrohrgeschwindigkeit v, der Reaktionsgeschwindigkeitskonstante k_{Aw1} und der Reaktorlänge H wurden konstant gehalten. Man erhält mit Bo $\to \infty$ den Grenzfall der Kolbenströmung, der zur niedrigsten Austrittskonzentration führt und mit Bo $\to$ 0 den Grenzfall der idealen Durchmischung. Die Ergebnisse verdeutlichen, dass die axiale Dispersion i. Allg. die chemische Umsetzung reduziert, da sich die Austrittskonzentration mit kleiner werdender Bodensteinzahl erhöht und der Umsatz demzufolge abnimmt.

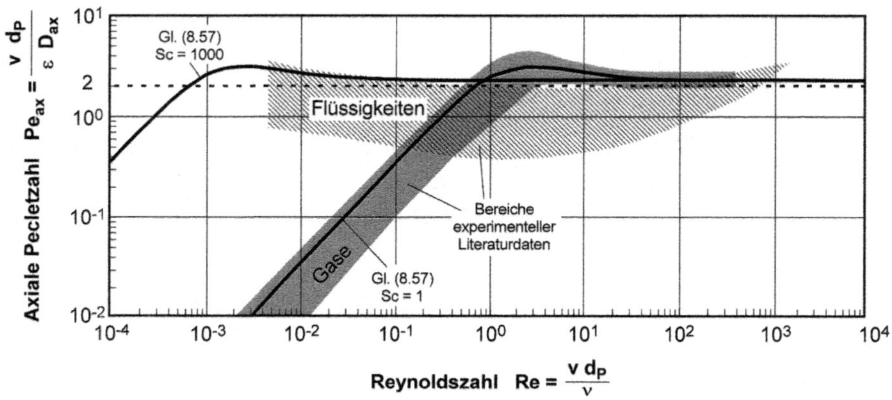

Abb. 8.12 Axiale Pecletzahl in Festbetten für Flüssigkeiten und Gase; Vergleich experimenteller Ergebnisse (Edwards und Richardson 1968) mit Berechnungsgleichungen

8.4.2 Dispersionskoeffizienten in Feststoffschüttungen

Für die Berechnung des Stofftransports mittels der beschreibenden Differenzialgleichungen werden radiale und axiale Dispersionskoeffizienten benötigt. Zur Messung der axialen Dispersionskoeffizienten existieren unterschiedliche Methoden. Eine häufig verwendete Technik besteht in der Ausführung eines Tracerexperimentes. Am Eingang in das Festbett wird die Markierung in Form eines Puls-, Schritt- oder periodischen Signals aufgegeben, wie dies zur Bestimmung einer Verweilzeitverteilung (s. Abschn. 4.3) üblich ist. An einem Querschnitt stromabwärts wird die Konzentration der Tracer-Substanz als Funktion der Zeit aufgenommen. Die resultierende Kurve stellt die Antwort des Systems auf die eingeführte Störung dar und wird als Ausgangssignal, Output oder Response bezeichnet. Aus dem Vergleich des Ausgangssignals mit der analytischen Lösung von Gl. (8.39) wird der gesuchte Dispersionskoeffizient D_{ax} ermittelt. Durch die enorme Weiterentwicklung der Numerik ist es ebenfalls möglich solche Tracerexperimente mittels Computational Fluid Dynamics zu simulieren, um daraus Informationen über die Dispersion zu erhalten (z. B. Freund 2008). So wird der Aufwand für die Ermittlung und Validierung von Korrelationen erheblich reduziert.

Axiale Dispersion Im Bereich kleiner Reynoldszahlen besteht ein linearer Zusammenhang zwischen der axialen Pecletzahl

$$Pe_{ax} = \frac{v\, d_P}{\varepsilon D_{ax}} \tag{8.53}$$

und der Reynoldszahl Re:

$$Re = \frac{v\, d_P}{\nu}. \tag{8.54}$$

Demzufolge sind die Dispersionskoeffizienten unabhängig von der Durchströmungsgeschwindigkeit, wie Abb. 8.12 und Abb. 8.13 verdeutlichen. Interessanterweise ist

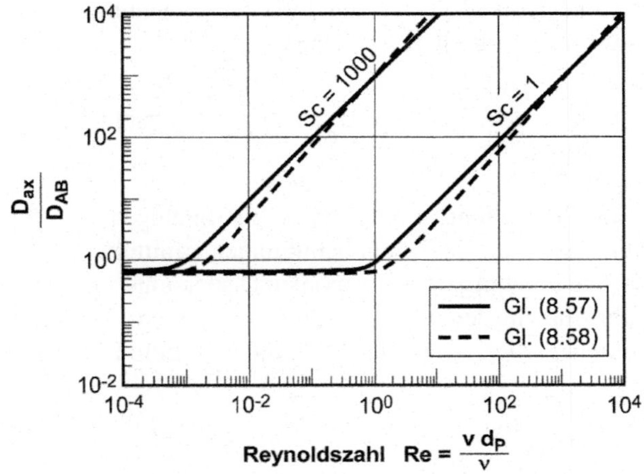

Abb. 8.13 Axialer Dispersionskoeffizient in Festbetten. (Edwards und Richardson 1968; Freund 2008)

der Wert des axialen Dispersionskoeffizienten in Feststoffschüttungen für geringe Reynoldszahlen sogar kleiner als der Diffusionskoeffizient D_{AB}, wie dies Abb. 8.13 zeigt. Dies ist darauf zurückzuführen, dass die Feststoffmatrix die molekulare Diffusion behindert. Der minimale Dispersionskoeffizient wird auch als effektiver Dispersionskoeffizient D_{eff} bezeichnet. Das Verhältnis des effektiven Dispersionskoeffizienten zum Diffusionskoeffizienten drückt die *Tortuosität* τ aus, die quasi ein Maß für die Verwundenheit des Weges durch die Schüttung ist:

$$\frac{1}{\tau} \equiv \frac{D_{eff}}{D_{AB}}. \tag{8.55}$$

Im Bereich großer Reynoldszahlen werden die Dispersionskoeffizienten direkt proportional zur Strömungsgeschwindigkeit. Die Pecletzahlen sind daher unabhängig von der Reynoldszahl.

Im Fall der axialen Dispersion basiert eine Abschätzung für Pe_{ax} auf folgender Überlegung: Betrachtet man die Freiräume in einem Festbett als ideale Rührkessel sowie die Anzahl der Freiräume als annähernd gleich

$$n \approx \frac{H}{d_P}$$

und verwendet die Beziehung $n = Bo/2 = \overline{w}\, H/(2\, D_{ax})$ gemäß Gl. (4.40), dann resultiert hieraus für den axialen Dispersionskoeffizienten:

$$\boxed{Pe_{ax} = \frac{\overline{w} d_P}{D_{ax}} = 2.} \tag{8.56}$$

Ab welcher Reynoldszahl die Pecletzahl konstant wird, ist abhängig von der Schmidtzahl des strömenden Fluids. Im Gegensatz zu Flüssigkeiten gilt Gleichung (8.56) wie in Abb. 8.12 zu sehen bei Gasen erst bei höheren Reynoldszahlen (ca. $Re > 10$).

Im Übergangsgebiet kann folgende Gleichung verwendet werden (Bischoff 1969; Edwards und Richardson 1968):

$$\frac{1}{Pe_{ax}} = \frac{0{,}73 \cdot \varepsilon}{Re \cdot Sc} + \frac{0{,}45}{1 + \dfrac{7{,}3\,\varepsilon}{Re \cdot Sc}}. \tag{8.57}$$

Diese Beziehung wurde für Luftströmungen mit $Sc = 0{,}72$ und $1 < Re < 50$ in verschiedenen regellosen Schüttungen ermittelt.

Die Ergebnisse für den axialen Dispersionskoeffizienten nach Gl. (8.57) stimmen sehr gut mit denen einer Gleichung überein, die für regellose Kugelschüttungen mittels Particle Tracking CFD Studien ermittelt wurde (Freund 2008):

$$\frac{D_{ax}}{D_{AB}} = 0{,}69 + 0{,}005 \cdot (Re \cdot Sc) + 0{,}177 \cdot (Re \cdot Sc) \cdot ln\,(Re \cdot Sc). \tag{8.58}$$

Die Bereiche, in denen experimentell ermittelte Werte von Pe_{ax}-Zahlen für Gase und Flüssigkeiten liegen, verdeutlicht Abb. 8.12. Dazu sind auch die nach Gl. (8.57) berechneten Pe_{ax}-Zahlen in einer regellosen Kugelschüttung ($\varepsilon = 0.4$) für $Sc = 1$ und $Sc = 1000$ eingetragen. Aus der Größenordnung der Pecletzahlen wird deutlich, dass die axiale Dispersion in Festbetten relativ gering ist. Für eine Schüttung mit $H/d_p > 100$ ergibt sich zum Beispiel annähernd das Vermischungsverhalten eines idealen Strömungsrohres.

Radiale Dispersion Radiale Dispersionskoeffizienten sind im Festbett etwa um den Faktor 6 höher als axiale. Dies lässt sich anhand theoretischer Betrachtungen ebenfalls ableiten (s. z. B. Levenspiel und Bischoff 1963). Folglich bilden sich nur geringe Konzentrationsunterschiede über den Radius aus, sodass die radiale Vermischung in den meisten Fällen nur eine untergeordnete Problematik darstellt.

Zur Berechnung radialer Dispersionskoeffizienten können die Gl. (8.59) nach (Edwards und Richardson 1968) oder (8.60) nach (Freund 2008) genutzt werden:

$$\frac{1}{Pe_r} = \frac{0{,}73 \cdot \varepsilon}{Re \cdot Sc} + 0{,}1, \tag{8.59}$$

$$\frac{D_r}{D_{AB}} = 0{,}69 + 0{,}1 \cdot (Re \cdot Sc)^{0{,}85}. \tag{8.60}$$

8.5 Verständnisfragen

1. Welches Verhältnis kennzeichnet die volumenspezifische Oberfläche? In welcher Größenordnung bewegen sich übliche Werte von a?
2. Wie ist der Lückengrad definiert? Wie groß sind übliche Werte von ε?
3. Wie ist der Sauterdurchmesser definiert?
4. Welchen Effekt kennzeichnet die sogenannte Randgängigkeit?
5. Wovon hängt das Verhältnis hydraulischer zu Partikeldurchmesser ab?

6. Welche Analogie wird bei der Herleitung des Druckverlustes in Feststoffschüttungen genutzt?
7. Skizzieren Sie den Zusammenhang zwischen dem Widerstandsbeiwert ζ und der Reynoldszahl. Erläutern Sie die verschiedenen Bereiche. Nennen Sie beschreibende Gleichungen.
8. Wie lässt sich der Stoffübergang in Feststoffschüttungen in Analogie zur Rohrströmung beschreiben?
9. Durch welche mathematischen Ansätze wird die ungleichmäßige Durchströmung von Feststoffschichten in der Massenbilanz erfasst?
10. Welche Randbedingungen gelten für die Bestimmung der Konzentrationsverläufe in Festbettschüttungen?
11. Wie sind die Bodensteinzahl und die Damköhlerzahl definiert?
12. Skizzieren Sie qualitativ den Konzentrationsverlauf einer durch heterogene chemische Reaktion in einem Festbettreaktor verbrauchten Komponente über die Reaktorlänge für unterschiedliche Werte des axialen Dispersionskoeffizienten.

8.6 Aufgaben

1. Eine metallische 50 mm Pallringschüttung besitze die Schüttungsdichte $N = 6690\ 1/m^3$ (Anzahl der Füllkörper pro Volumen)[5].
   Für diese Schüttung sind die geometrische Füllkörperoberfläche a und der Lückengrad ε zu bestimmen.
   Folgende Standardwerte gelten nach Herstellerangaben:

   $$N_0 = 6100\ 1/m^3$$
   $$a_0 = 110\ m^2/m^3$$
   $$\varepsilon_0 = 0{,}952\ m^3/m^3$$

2. Eine Säule von $0{,}1\ m^2$ Querschnitt und 2 m Länge ist mit 2 mm Kugeln gefüllt. Eine Kunststofflösung fließt unter einer Druckdifferenz von $1{,}1 \times 10^6\ kg/(ms^2)$ mit einem Massenstrom von 120 kg/min durch das Haufwerk. Die Lösung besitzt eine Zähigkeit von $\eta = 56{,}5$ m Pas bei einer Dichte von $\rho = 1290\ kg/m^3$.

   a. Wie groß ist die Porosität der Kugelschüttung?
   b. Welcher Druckverlust ergibt sich bei einer Halbierung bzw. Verdoppelung des Volumenstroms?

3. In einem Laborversuch wurde eine Mehrkornschüttung von 1 m Höhe aus kugelförmigen Füllkörpern ($d_{P1} = 9{,}9$ mm; $d_{P2} = 19{,}9$ mm; $d_{P3} = 33{,}6$ mm; $d_{P4} = 80{,}4$ mm; $\rho_{1\text{-}4} = 2{,}3 \times 10^3\ kg/m^3$) in eine Säule von $D = 500$ mm Durchmesser eingebracht. Die Masse der vier Kugelfraktionen wurde zu

   $$m_1 = 75{,}7\ kg;\ m_2 = 81{,}9\ kg;\ m_3 = 75{,}7\ kg;\ m_4 = 81{,}9\ kg$$

---

[5] nach (Mackowiak 1991).

ermittelt. Die Schüttung wird mit Luft von 20 °C ($\rho = 1{,}2045\ kg/m^3$, $\nu = 15{,}11 \times 10^{-6}\ m^2/s$) und einer Geschwindigkeit von $\overline{w} = 0{,}55\ m/s$ (bezogen auf die Fläche der Säule) durchströmt.
Wie groß sind das Lückenvolumen ε_m, der Sauterdurchmesser d_{32} und der Druckverlust der Schüttung?

Hinweis:

Für die Berechnung des Widerstandsbeiwerts der Schüttung muss das polydisperse Verhalten berücksichtigt werden. Hierzu ist der für monodisperse kugelförmige Partikeln berechnete Widerstandsbeiwert noch mit dem Faktor $(\varepsilon/\varepsilon_m)^{0,75}$ zu multiplizieren, mit: $\varepsilon = 0{,}375 + 0{,}34\ d_P/D$, wobei für d_P der Durchmesser der kleinsten Fraktion anzusetzen ist.

4. Eine bestehende Feststoffschüttung (Höhe: 15 m, Durchmesser D = 1,5 m) soll bezüglich ihrer Gasreinigungskapazität erhöht werden. Derzeit werden keramische Kugeln mit d = 35 mm als Füllkörper eingesetzt. Der Gasvolumenstrom beträgt $3400\ m^3/h$, ($\rho_g = 1{,}35\ kg/m^3$, $\eta_g = 17{,}5 \times 10^{-6}$ Pa s, $D_{AB} = 10^{-5}\ m^2/s$). Die Reinigung läuft bei T = 293 K und p = 101,3 kPa ab.
Die Ein- und Ausgangskonzentrationen $c_{A\ ein}$ und $c_{A\ aus}$ des Gases sind nicht bekannt, sollen aber durch die Modifikation nicht verändert werden.

   a. Um welchen Faktor lässt sich der volumenbezogene Stoffdurchgangskoeffizient $\beta \cdot A$ durch

      i. keramische Raschig-Ringe (35 mm)
      ii. keramische Pall-Ringe (35 mm)

      im Vergleich zu den Kugeln verbessern?

   b. Wie stark ändert sich der Druckverlust?
   c. Welche der betrachteten Füllkörper sind für diesen Anwendungsfall die geeignetsten?

5. Aus einem Wassermassenstrom ($\nu_f = 10^{-6}\ m^2/s$) von $1\ m^3/h$ sollen Ca^{2+} Ionen ($D_{Ca^{2+}/H_2O} = 10^{-9} m^2/s$) entfernt werden.[6] Die Konzentration soll von einem Ausgangswert von 500 mg/L auf eine Endkonzentration von 10 mg/L reduziert werden. Dieser Prozess wird in einer Ionenaustauschersäule durchgeführt, die mit annähernd kugelförmigen Partikeln ($d_P = 2$ mm, $\varepsilon = 0{,}4$) gefüllt ist. Die Ca^{2+}-Konzentration in Wasser, die sich im Gleichgewicht mit der Ionenaustauscheroberfläche ergibt, ist annähernd gleich null. Der geschwindigkeitsbestimmende Schritt des Austauschvorgangs ist der Stofftransport aus der Flüssigkeit an die Partikeln.
Wie groß ist das Produkt aus Säulenhöhe und –durchmesser HD, das für diesen Prozess erforderlich ist?

   Hinweis:

   Dispersionseffekte können vernachlässigt werden.

[6] nach (Beek et al. 1999).

6. In einer mit Katalysatorpartikeln ($d_P = 1$ mm) gefüllten Kolonne ($\varepsilon = 0{,}4$) wird eine Komponente ($D_{AB} = 10^{-9}$ m^2/s) eines Flüssigkeitsstroms ($v_f = 0{,}04$ m/s, $\nu = 10^{-}$ m^2/s) durch eine chemische Reaktion umgesetzt. Diese heterogene Reaktion ist irreversibel, 1. Ordnung ($k_{Aw1} = 4 \times 10^{-5}$ m/s) und erfolgt an der Partikeloberfläche.
   Welche Schüttungshöhe wird benötigt, um einen Umsatz von 0,63 ($= 1 - e^{-1}$) zu erreichen?

   Hinweis:

   Die Konzentration der übergehenden Komponente sei an der Partikeloberfläche überall identisch.

7. Um die Konzentration von Wasser in einem organischen Lösungsmittel von ursprünglich 0,1 Massen-% herabzusetzen, wird die Flüssigkeit durch ein Adsorber-Festbett transportiert, das aus 3 mm Kugeln besteht.[7] Die Betthöhe beträgt 0,35 m und der Lückengrad 0,38. Die Flüssigkeitsleerrohrgeschwindigkeit wird auf 1,1 cm/s eingestellt. Unter den Betriebsbedingungen ergeben sich folgende Stoffwerte: Flüssigkeitsdichte $\rho_f = 790$ kg/m^3, -viskosität $\eta_f = 1{,}2$ mPas und Diffusionskoeffizient für Wasser im Lösungsmittel $2{,}6 \times 10^{-9}$ m^2/s.

   a. Wie groß ist der Massenanteil an Wasser am Austritt?
   b. Welche Bedeutung besitzt die axiale Dispersion?

   Hinweise:

   - Die Wasserkonzentration an der Kugeloberfläche kann gleich null gesetzt werden.
   - Die entstehende Differenzialgleichung kann mit dem Ansatz gemäß der Gln. (8.49–8.52) unter Berücksichtigung der Randbedingungen gelöst werden.
   - Zur Berechnung des axialen Dispersionskoeffizienten ist Gl. (8.57) zu verwenden. Der Stoffübergangskoeffizient lässt sich nach Abschn. 8.3 berechnen.

Literatur

Allgemein

Baehr HD, Stephan K (2010) Wärme- und Stoffübertragung. 7. Aufl. Springer, Berlin

Brauer H (1971) Grundlagen der Einphasen- und Mehrphasenströmungen. Verlag Sauerländer, Aarau

Mackowiak J (1991) Fluiddynamik von Kolonnen mit modernen Füllkörpern und Packungen für Gas/Flüssigkeitssysteme. Salle, Frankfurt a. M.

Tsotsas E (1990) Über die Wärme- und Stoffübertragung in durchströmten Festbetten. Fortschr-Ber VDI Reihe 3 Nr 223. VDI-Verlag, Düsseldorf

Westerterp KR, van Swaaij WPM, Beenackers AACM (1984) Chemical reactor design and operation. Wiley

[7] Nach (Wronski et al. 1998).

Speziell

Achenbach E (1982) Druckverlust von durchströmten Kugelschüttungen bei hohen Reynoldszahlen. Chem Ing Tech 54:66–67
Beek WJ, Muttzall KM, van Heuven JG (1999) Transport Phenomena. 2 Aufl. John Wiley & Sons, Chichester
Billet R (1995) Packed towers. Wiley-VCH, Weinheim
Bischoff KB (1969) A note on gas dispersion in packed beds. Chem Eng Sci 24:607
Brauer H (1960) Eigenschaften der Zweiphasen-Strömung bei der Rektifikation in Füllkörpersäulen. Dechema Monographien 37:7–78
Edwards MF, Richardson JF (1968) Gas dispersion in packed beds. Chem Eng Sci 23:109–123
Eppinger T, Seidler K, Kraume M. (2011) DEM-CFD simulations of fixed bed reactors with small tube to particle diameter ratios. Chem Eng J 166:324–331
Ergun S (1952) Fluid flow through packed columns. Chem Eng Program 48(2):89–94
Freund H (2008) Ortsaufgelöste Simulation von Transportprozessen in durchströmten Festbetten. Shaker, Aachen
Gillespie BM, Crandall ED, Carberry JJ (1968) Local and average interphase heat transfer coefficients in a randomly packed bed of spheres. AIChEJ 14:483–490
Gnielinski V (1975) Berechnung mittlerer Wärme- und Stoffübertragungskoeffizienten an laminar und turbulent überströmten Einzelkörpern mit Hilfe einer einheitlichen Gleichung. Forsch Ing Wes 41:145–153
Gnielinski V (1978) Gleichungen zur Berechnung des Wärme- und Stoffaustausches in durchströmten ruhenden Kugelschüttungen bei mittleren und großen Pecletzahlen. Verfahrenstechnik 12:363–366
Gnielinski V (2002) Wärmeübergang Partikel-Fluid in durchströmten Haufwerken. In: Gesellschaft VDI Gesellschaft (Hrsg) VDI-Wärmeatlas, 9. Aufl. VDI Verlag, Düsseldorf, S 1–2
Jeschar R (1964) Druckverlust in Mehrkornschüttungen aus Kugeln. Arch Eisenhüttenwesen 35:91–108
Krischer O, Kast W (1992) Die wissenschaftlichen Grundlagen der Trocknungstechnik, Bd 1, 3. Aufl. Springer, Berlin
Levenspiel O, Bischoff KB (1963) Patterns of flow in chemical process vessels. Advances in Chemical Engineering IV. Academic, London
Mersmann A (1985) Stoffübertragung. Springer, Berlin
Mersmann A, Deixler A (1986) Packungskolonnen. Chem Ing Tech 58:19–31
Reichelt W (1972) Zur Berechnung des Druckverlusts einphasig durchströmter Kugel- und Zylinderschüttungen. Chem Ing Tech 44:1068–1071
Roblee LHS, Baird RM, Tierney JW (1958) Radial porosity variations in packed beds. AIChEJ 4:460–464
Sauter J (1926) Die Größenbestimmung der im Gemischnebel von Verbrennungskraftmaschinen vorhandenen Brennstoffteilchen. Forsch. Geb. Ingenieurwesen, N. 279. VDI-Verlag
Schlünder EU (1977) On the mechanism of mass transfer in heterogeneous systems in particular in fixed beds. Chem Eng Sci 32:845–851
Sorensen JP, Stewart WE (1974) Computation of forced convection in slow flow through ducts and packed beds. Part II: velocity profile in a cubic array of spheres. Chem Eng Sci 29:819–825
Stichlmair J (2002) Distillation and rectification. In: Ullmann's Encyclopedia of Industrial Chemistry, 7. Aufl. Wiley-VCH, Weinheim
Wirth KE (2002) Druckverlust bei der Strömung durch Schüttungen. In: Gesellschaft VDI Gesellschaft (Hrsg) VDI-Wärmeatlas, 9. Aufl, VDI Verlag, Düsseldorf, S 1–5
Wronski S, Pohorecki R, Siwinski J (1998) Numerical problems in thermodynamics and kinetics of chemical engineering processes. Begell House, New York

Teil II
Mehrphasensysteme und apparative Anwendungen

Kapitel 9
Filtration und druckgetriebene Membranverfahren

Die Abtrennung disperser Stoffe aus einem Gas- oder Flüssigkeitsstrom stellt eine häufig auftretende technische Aufgabenstellung dar. Wenn eine einfache Sedimentation aufgrund zu geringer Teilchenabmessungen nicht mehr ökonomisch sinnvoll ist, kommen vielfach Filtrations- oder Membranverfahren zur Anwendung. Obwohl es sich bei dispersen Systemen um typische Zweiphasenströmungen handelt, lassen sich die wesentlichen mathematischen Beschreibungsansätze der Filtration auf Gesetzmäßigkeiten einphasiger Strömungen zurückführen. In diesem Kapitel werden neben dem klassischen Filtrationsverfahren auch die druckgetriebenen Membranverfahren behandelt, die eine Abtrennung von Stoffen bis in den molekularen Bereich hinein ermöglichen. So werden moderne Meerwasserentsalzungsanlagen aufgrund wirtschaftlicher Vorteile überwiegend mit Umkehrosmosemembranen ausgerüstet.

Ziel des Kapitels ist die Erklärung der Funktionsweise von Filtrations- und Membranverfahren sowie ihre mathematische und experimentelle Charakterisierung. Nach der Klassifikation der Filtrationsverfahren werden die Eigenschaften der unterschiedlichen Prozessführungen und die Charakterisierung des Trennerfolgs dargestellt. Für die Kuchenfiltration werden anschließend die Filtergleichung abgeleitet und verschiedene Betriebsweisen erläutert. Abschließend werden die grundlegenden Theorien zu Membranverfahren und die daraus resultierenden Gleichungen vorgestellt.

9.1 Einteilung der Trennverfahren

Unter *Filtration* versteht man das nassmechanische Abtrennen von dispergierten Feststoffen aus Suspensionen bzw. das Abtrennen von Stäuben oder Aerosolen (Flüssigkeitströpfchen) aus Gasen. Merkmal der Filtration ist die Verwendung eines porösen Filtermediums mit Porengrößen zwischen einigen µm und mehreren Millimetern. Eine Klassifikation der Filtrationsverfahren zeigt (Abb. 9.1).

Membranen[1] sind feste oder flüssige, semipermeable Trennwände. Sie trennen Stoffgemische, indem sie mindestens eine Komponente des Gemisches ungehindert

---

[1] lat.: membrana: Häutchen

DOI 10.1007/978-3-642-25149-8_9,

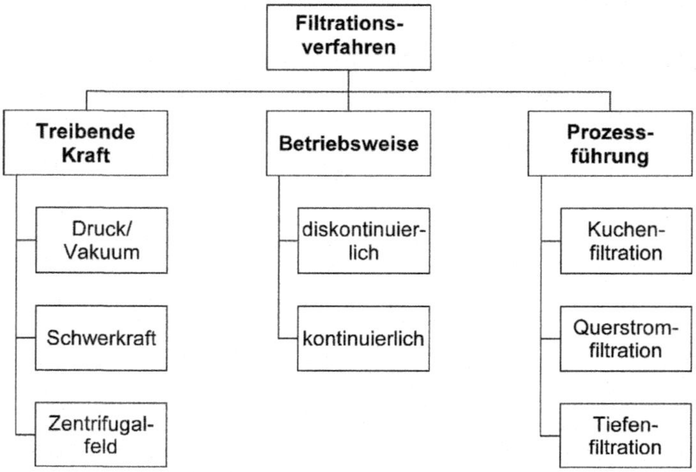

Abb. 9.1 Klassifikation der Filtrationsverfahren

Abb. 9.2 Zuordnung der druckgetriebenen Membranverfahren. (Rautenbach 1997)

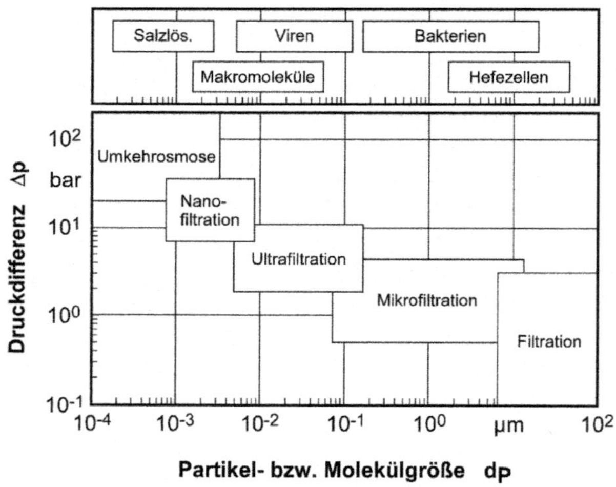

passieren lassen, während andere Komponenten mehr oder weniger stark zurückgehalten werden. Der Unterschied zum herkömmlichen Filter liegt in der Fähigkeit der Membranen, Stoffgemische bis in den molekularen Bereich hinein zu trennen.

In (Abb. 9.2) wird eine Einteilung der druckgetriebenen Trennverfahren Filtration, Mikro- und Ultrafiltration, Nanofiltration und Umkehrosmose in Abhängigkeit vom Trennproblem dargestellt. Darüber hinaus existiert eine Reihe weiterer spezieller Membranprozesse (Dialyse, Elektrodialyse, Gaspermeation und Pervaporation).

In Abhängigkeit von der Aufgabenstellung werden folgende Filtrationsarten unterschieden:

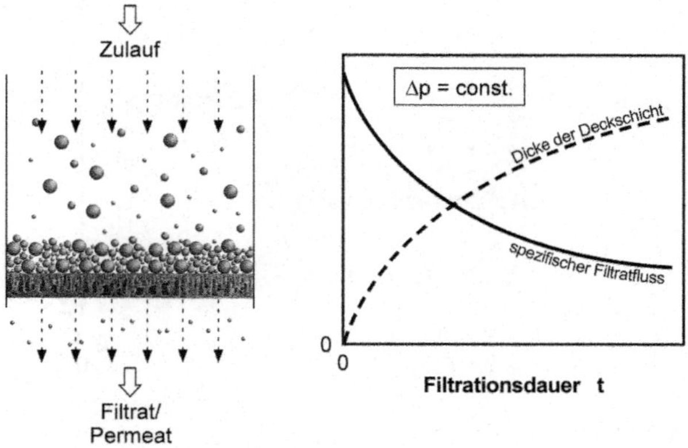

Abb. 9.3 Prinzip der Kuchenfiltration

- *Klärfiltration*. Das Filtrationsziel ist die Gewinnung eines reinen Filtrats.
- *Rückstandsfiltration*. Das Ziel ist die Gewinnung des Feststoffs aus der Trübe.
- *Scheidefiltration*. Hierbei sollen sowohl das Filtrat als auch der in der Suspension enthaltene Feststoff gewonnen werden.

9.2 Prozessführung

Bei der Prozessführung wird zwischen Kuchenfiltration, Querstromfiltration (Crossflow-Filtration) und Tiefenfiltration unterschieden. Die Kuchenfiltration kommt vor allem bei der klassischen Partikelfiltration und z. T. bei der Mikrofiltration zum Einsatz. Die Querstromfiltration stellt im Fall der anderen Membranfiltrationsverfahren praktisch die ausschließliche Betriebsweise dar. Die Tiefenfiltration findet im Innern einer meist relativ dicken Filtermittelschicht aus gröberen Körnern oder auch Fasern statt.

9.2.1 Kuchenfiltration

Bei der *Kuchenfiltration* wird der Filter orthogonal von der Suspension angeströmt, wobei die flüssigen Komponenten den Filter passieren, während die Partikeln auf der Filteroberfläche abgeschieden werden. Kurze Zeit nach dem Anfahren des Filtrationsprozesses bildet sich ein sogenannter *Filterkuchen* aus, der aus dem abgeschiedenen Feststoff aufgebaut ist. An der Oberfläche des Filterkuchens werden fortlaufend weitere Partikel abgeschieden. Es bildet sich also eine mit der Zeit wachsende Deckschicht aus, die den Gesamtfiltrationswiderstand erhöht. Die Zunahme der Deckschicht mit der Filtrationsdauer und die daraus resultierende Abnahme des Filtratflusses zeigt (Abb. 9.3) schematisch.

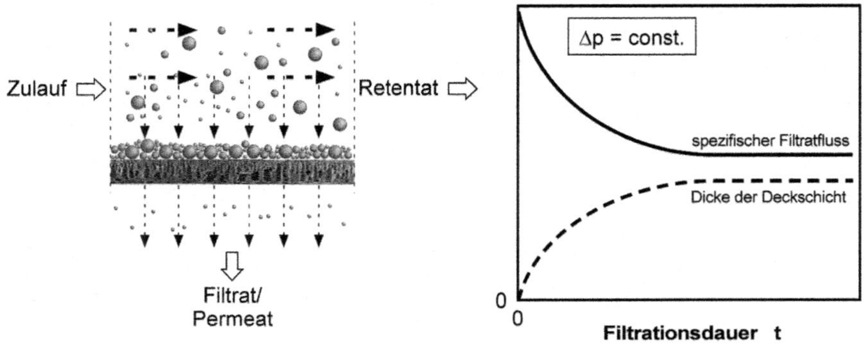

Abb. 9.4 Prinzip der Querstromfiltration

Wenn infolge der fortgeschrittenen Deckschichtbildung auch bei hohen Drücken nur noch sehr geringe Mengen permeieren, muss der Filtrationsvorgang abgebrochen und der Filter gereinigt oder ausgetauscht werden. Es handelt sich also um einen diskontinuierlichen Betrieb, welcher meist nur bei geringen Feststoffkonzentrationen praktikabel ist. Diese auch als *Dead-End-Filtration* bezeichnete Vorgehensweise wird daher oftmals als End- oder Sicherheitsfiltration sowie zur Sterilfiltration in der Lebensmittel- und Biotechnologie eingesetzt. Eine besondere Stellung nimmt die Kuchenfiltration ein: Hier wird die Deckschicht gezielt als Filtermedium eingesetzt.

9.2.2 *Querstromfiltration*

Die *Querstromfiltration* wurde entwickelt, um einen kontinuierlichen Prozess mit längerer Nutzungsdauer der Filtereinheit zu realisieren. Bei diesem Verfahren wird der Filter parallel von der Suspension überströmt (s. Abb. 9.4). Es stehen somit die Überströmungs- und die Filtratflussrichtung kreuzweise zueinander.

Durch die Querströmung werden Scher- und Auftriebskräfte an der Membranoberfläche erzeugt, welche im Gegensatz zur Kuchenfiltration die auf der Membran abgelagerten Partikeln bis auf eine dünne Partikelgrundschicht wieder in die Kernströmung zurückführen. Die Zunahme der Deckschicht mit der Filtrationsdauer und der Verlauf des spezifischen Filtratflusses werden schematisch in dargestellt. Im Idealfall bleibt die Deckschichtdicke nach einer Einfahrzeit konstant und damit auch der Filtratfluss. Tatsächlich zeigt sich in der technischen Anwendung eine schleichende zeitliche Abnahme des spezifischen Filtratflusses. Dies entsteht z. B. durch feine, die Partikeldeckschicht bzw. das Filtermedium blockierende Teilchen.

Die Zusammensetzung und Dicke der Partikelgrundschicht variieren mit den jeweiligen Betriebsbedingungen. Diese Partikelschicht beeinflusst den Gesamtdurchflusswiderstand für das Filtrat erheblich. Da der Filterwiderstand jedoch durch die Verhinderung einer weiteren Kuchenbildung auf geringem Niveau konstant gehalten wird, können auch bei sehr schwer filtrierbaren Suspensionen große Durchflussleistungen erzielt werden.

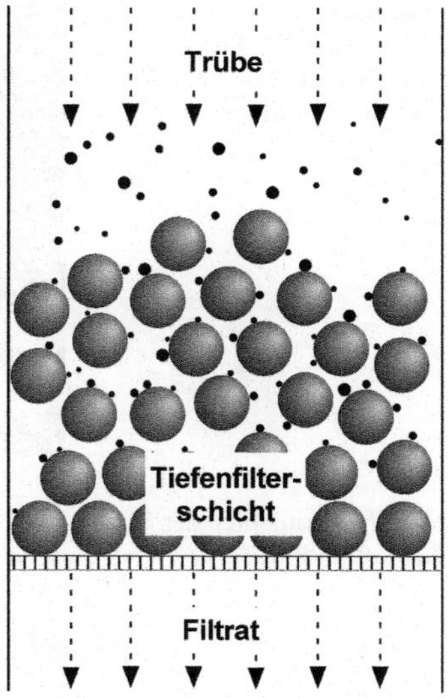

Abb. 9.5 Prinzip der Tiefenfiltration

Die Erzeugung der erforderlichen Querströmung kann auf unterschiedliche Weise realisiert werden. In den meisten Fällen wird die Suspension mit sehr hohen Überströmgeschwindigkeiten (2–5 m/s) entlang der Filter- oder Membranoberfläche gepumpt, weshalb ein gegenüber der Kuchenfiltration deutlich höherer Energieeintrag erforderlich ist.

9.2.3 Tiefenfiltration

Die Filtration kann allgemein als *Oberflächen-* oder *Tiefenfiltration* erfolgen. Bei der Oberflächenfiltration erfolgt die Abtrennung auf der Oberfläche der eingesetzten Filter oder Membranen. Bei der Tiefenfiltration werden die Feststoffpartikeln im Innern grobporiger Filterschichten von der Suspension getrennt und abgelagert (Abb. 9.5). Daher eignet sich die Tiefenfiltration nur für Suspensionen mit geringem Feststoffgehalt. (Die Erfahrung zeigt, dass die Feststoffkonzentration bei üblichen Tiefenfiltern nicht viel mehr als 0,1 g/L betragen sollte) Sie wird in der Regel bei sehr feinem Partikelspektrum eingesetzt, da insbesondere sehr feine Partikeln durch die Anlagerung an die innere Oberfläche des Filters abgeschieden werden.

Die Filter müssen aufgrund des Trennmechanismus wesentlich dicker sein als diejenigen, die zur Oberflächenfiltration eingesetzt werden, denn die Partikel müssen einen ausreichend langen Weg durch das Kapillarsystem zurücklegen können, um sich an die innere Filteroberfläche anzulagern. Filtermedien können Schüttungen (z. B. aus Sand oder Kies) oder eine oder mehrere Lagen faseriger Vliesstoffe sein. Da in den wenigsten Fällen der abgeschiedene Feststoff zurückgewonnen werden kann, dient die Tiefenfiltration nahezu ausschließlich der Klärfiltration. Der größte Anwendungsbereich liegt in der Trinkwasseraufbereitung.

Abb. 9.6 Elektronenmikroskopische Aufnahme von 10 μm Glaskugeln an einer Glasfaser. (Borho et al. 1991)

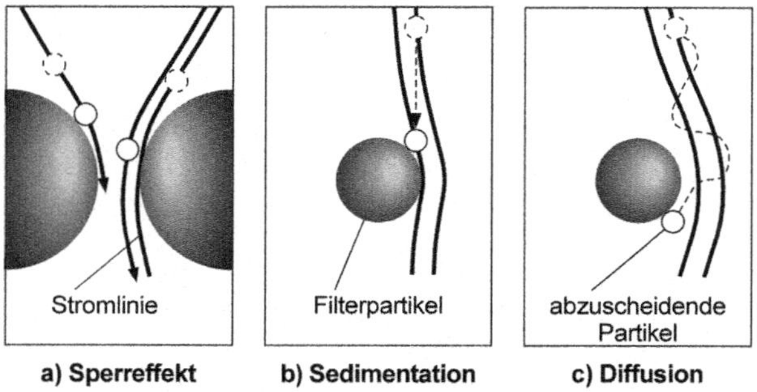

Abb. 9.7 Prinzipien der Tiefenfiltration

Die Porenweite von Tiefenfiltern liegt um ein Vielfaches über dem Durchmesser der abzutrennenden Partikel d_P. Der Filtrationsmechanismus ist im Wesentlichen auf die Wirkung von Haftkräften zurückzuführen. Sie bewirken, dass die eindringenden Partikeln, die mit der großen inneren Oberfläche des Filtermediums in Berührung kommen, an dieser haften bleiben, nachdem die Partikeln durch geeignete Transportvorgänge an die Kornoberfläche herangeführt worden sind. Ein Beispiel für eine derartige Haftung gibt Abb. 9.6. Das Foto zeigt 10 μm Glaskugeln, die auf einer Glasfaser „aufgestäubt" wurden (Borho et al. 1991). Mit Verringerung der freien Strömungsquerschnitte nimmt der Druckverlust bei der Durchströmung zu. Bei Erreichen eines bestimmten Druckverlusts muss das Filtermedium durch Rückspülung regeneriert oder gegebenenfalls ersetzt werden.

Die Abscheidung der Partikeln basiert hauptsächlich auf drei Mechanismen (s. Abb. 9.7).

a. Partikeln werden durch den Verlauf der Stromlinie direkt an ein Filterkorn herangeführt (Sperreffekt)
b. Partikeln sedimentieren aus der Strömung an das Filterkorn ($d_p > 1$ μm)
c. Partikeln werden durch die Brownsche Molekularbewegung an ein Filterkorn herangeführt ($d_p < 1$ μm, Diffusion)

Für die Haftung der Partikeln an der Oberfläche des Filtermediums sind *van der Waalssche Haftkräfte* und elektrostatische Anziehungskräfte maßgebend. Durch zu

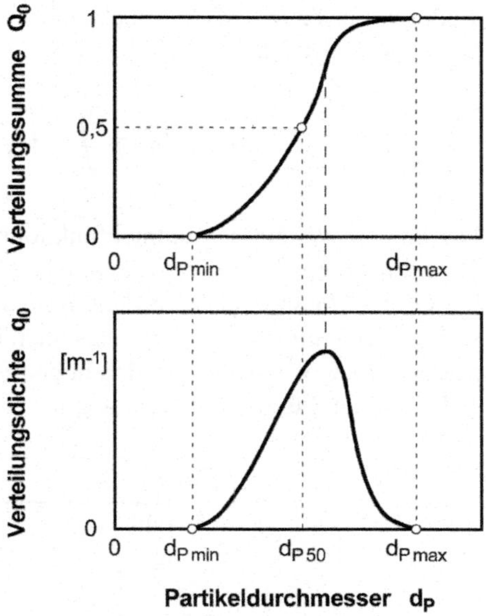

Abb. 9.8 Verteilungssumme Q_0 und Verteilungsdichte q_0 eines Partikelkollektivs

große Scherkräfte der durchströmenden Flüssigkeit können angelagerte Partikeln auch wieder abgerissen werden. Von diesem Effekt macht man beim Rückspülen von Filtern gezielt Gebrauch.

Die Filtration von Suspensionen in Tiefenfiltern ist ein äußerst komplizierter Vorgang, dessen mathematische Beschreibung sehr schwierig ist. Deshalb werden Tiefenfilteranlagen fast nur aufgrund von Erfahrungswerten oder halbtechnischen Versuchen ausgelegt. Typische Flüssigkeitsbelastungen für die Abtrennung von Partikeln $>1\ \mu m$ erreichen Werte bis etwa $15\ m^3/(m^2h)$. Die Durchströmungsgeschwindigkeit muss bei sehr kleinen Partikeln ($\ll 1\ \mu m$) auf etwa 0,1... 0,2 m/h reduziert werden.

9.3 Kennzeichnung des Trennerfolgs

Die Filtration von Partikeln ist maßgeblich vom Durchmesser d_P der Partikeln abhängig. Da die Partikeln im technischen Anwendungsfall nie monodispers, d. h. mit nur *einem* Durchmesser vorliegen, beschreibt man die Verteilung der Durchmesser mit einer *Verteilungssummenfunktion* Q_0 (d_P) oder mit einer *Verteilungsdichtefunktion* q_0 (d_P) (s. Abb. 9.8). Q_0 (d_P) gibt an, welcher Anteil der Gesamtheit der Partikeln kleiner oder gleich d_P ist. Demzufolge ist Q_0 ($d_P = 0$) = 0, da keine Partikel den Durchmesser null besitzt. Auch gilt Q_0 ($d_P \rightarrow \infty$) = 1, da alle Partikeln einen Durchmesser kleiner ∞ besitzen. Zwischen beiden Verteilungsfunktionen besteht der Zusammenhang

$$q_0(d_P) = \frac{d\,Q_0(d_P)}{d d_P}, \tag{9.1}$$

wodurch der Anteil der Partikeln mit einem Durchmesser zwischen d_{P1} und d_{P2} berechnet werden kann:

$$Q_{0,12}(d_P) = \int_{d_{P1}}^{d_{P2}} q_0(d_P) dd_P = Q_{0,2} - Q_{0,1}. \tag{9.2}$$

Der mit den Verteilungssummenfunktionen angegebene Index 0 bezeichnet die zur Quantifizierung der Partikeln verwendete Größe *Anzahl*. Man kann jedoch auch z. B. die Größe *Masse* oder äquivalent *Volumen* verwenden; die Verteilungsfunktionen werden dann mit Index 3 gekennzeichnet. D. h., Q_3 (d_{P1}) bezeichnet demzufolge den Massen- bzw. Volumenanteil derjenigen Partikeln, deren Durchmesser kleiner oder gleich d_{P1} ist. Für die Indizierung gilt:

Anteil	Index
Anzahl	0
Länge	1
Fläche	2
Masse, Volumen	3

Für die Beschreibung von Trennprozessen interessieren praktisch nur Verteilungsfunktionen mit der Masse als verwendete Größe.

Die Trennung der zwei Komponenten *fest* und *fluid* eines Gemisches durch Filtration ist nur in den seltensten Fällen vollständig. Daher wird zur Beurteilung eines Trennverfahrens bzw. -apparates ein Trenn- oder Abscheidegrad definiert. Eine Bilanzierung der Partikelmengen bei der Filtration ergibt

$$M_A = M_R + M_D. \tag{9.3}$$

bzw. bezogen auf M_A:

$$1 = \frac{M_R}{M_A} + \frac{M_D}{M_A} = E + P. \tag{9.4}$$

Dabei ist M_A die Masse des *Aufgabegutes*, M_R die Masse der zurückgehaltenen Partikeln, M_D die Masse der durch den Filter hindurchgetretenen Partikeln, E der *Rückhalteanteil* und P entsprechend der *Durchlassanteil* der Partikelmasse.

Das Verhältnis von abgeschiedener zu aufgegebener Masse E wird als *Gesamttrenngrad* oder *Gesamtabscheidegrad* φ bezeichnet:

$$\varphi \equiv E = \frac{M_R}{M_A}. \tag{9.5}$$

Bei der Beurteilung von Abscheidern anhand des Gesamttrenngrades ist jedoch Vorsicht geboten, da auch eine äußerst geringe durchgelassene Masse einer äußerst großen Anzahl an durchgetretenen Partikeln entsprechen kann. Daher wird ein genaueres Bewertungskriterium definiert, welches den Partikeldurchmesser berücksichtigt,

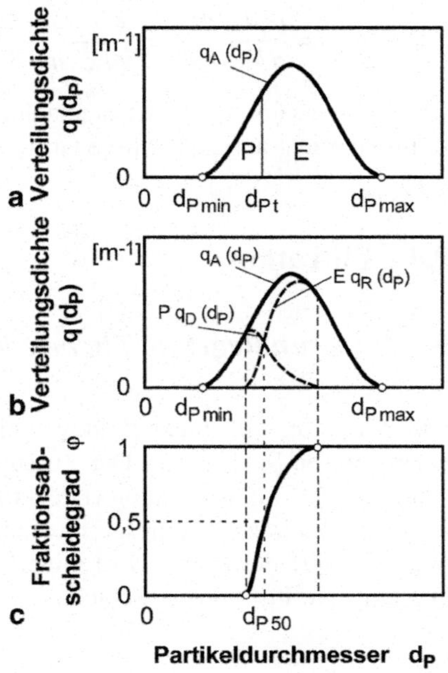

Abb. 9.9 Verteilungsdichtefunktion für eine ideale (**a**) und eine reale (**b**) Trennung sowie den Fraktionsabscheidegrad φ (**c**)

der *Fraktionsabscheidegrad* bzw. *Fraktionstrenngrad* $\varphi(d_P)$. Zur Erläuterung werden zunächst eine ideale, also scharfe Trennung und nachfolgend eine reale Trennung betrachtet. Bei der idealen Trennung werden die Partikeln des Aufgabegutes derart getrennt, dass alle Partikeln mit $d_P \geq d_{P,t}$ abgeschieden werden (Abb. 9.9a). Dann ist

$$\int_{d_{P,\min}}^{d_{P,t}} q_3 \, dd_P = P \quad \text{und} \tag{9.6a}$$

$$\int_{d_{P,t}}^{d_{P,\max}} q_3 \, dd_P = E. \tag{9.6b}$$

Im realen Fall kommt es zur Überlappung der Rückhalte- und Durchlassverteilung (Abb. 9.9b). Damit in der Darstellung die Summe der Rückhalte- und Durchlassverteilung wieder die Verteilung der Gesamtpartikelmasse q_A (d_P) mit der Fläche 1 $(E+P=1)$ ergeben, trägt man neben der Gesamtverteilung $E \cdot q_R$ (d_P) für die Rückstandsverteilung und $P \cdot q_D$ (d_P) für die Durchlassverteilung auf.

In Abb. 9.9c ist die Kurve für den Fraktionsabscheidegrad φ (d_P) dargestellt. Sein Wert wird bei jedem Durchmesser d_P durch das Verhältnis von abgeschiedener zu aufgegebener Partikelmenge gebildet:

$$\varphi(d_P) = \frac{dM_R(d_P)}{dM_A(d_P)} = \frac{M_R \cdot q_R(d_P)dd_P}{M_A \cdot q_A(d_P)dd_P} = \frac{M_R}{M_A}\frac{q_R(d_P)}{q_A(d_P)} = E\frac{q_R(d_P)}{q_A(d_P)}. \tag{9.7}$$

Der Fraktionsabscheidegrad ist unabhängig von der Mengenart (Anzahl, Masse) und somit eine sehr aussagekräftige Größe zur Beurteilung der Abscheideleistung.

9.4 Filtration

9.4.1 Grundlegende Theorie der Filtration

Die Filtration stellt unter fluiddynamischen Gesichtspunkten die Durchströmung einer porösen Schicht dar. Der Zusammenhang zwischen dem energetischen Aufwand für die Durchströmung (Druckdifferenz), dem erzielten Ergebnis (Volumenstrom bzw. Durchströmungsgeschwindigkeit) und den relevanten Eigenschaften der Schicht sowie des Fluids wird mittels der Durchströmungsgleichung beschrieben. Der Druckverlust poröser Schichten berechnet sich nach (s. Abschn. 8.2):

$$\Delta p = \zeta \frac{\rho}{2}\overline{w}^2 \frac{H}{d_h}. \tag{9.8}$$

$\overline{w}$ stellt hier die mittlere Strömungsgeschwindigkeit in der Schicht dar. Als charakteristische Längenabmessung wird der hydraulische Durchmesser d_h (s. Abschn. 8.1.3) eingesetzt. Der Widerstandsbeiwert ζ hängt von der Reynoldszahl ab:

$$Re_h = \frac{d_h \overline{w}}{\nu}. \tag{9.9}$$

Innerhalb der porösen Schicht treten Strömungskanäle auf, die Kapillaren ähneln. Aufgrund der vielfach sehr geringen Porenabmessungen erfolgt die Durchströmung relativ langsam, sodass üblicherweise laminare Strömungsverhältnisse vorliegen.

Stellt man sich die poröse Schicht als Partikelschüttung vor – wie dies zum Beispiel für einen Sandfilter der Fall ist – ergibt sich für den hydraulischen Durchmesser der Strömungskanäle:

$$\begin{aligned} d_h &= 4\frac{\text{durchströmte Fläche}}{\text{benetzter Umfang}} = 4\frac{\text{durchströmtes Volumen}}{\text{benetzte Fläche}} = 4\frac{\varepsilon V_S}{A_P} \\ &= 4\frac{\varepsilon V_P}{(1-\varepsilon)A_P} = 4\frac{\varepsilon}{1-\varepsilon}\frac{1}{a_P} = \frac{2}{3}\frac{\varepsilon}{1-\varepsilon}d_{32}. \end{aligned} \tag{9.10}$$

d_{32} stellt den *Sauterdurchmesser* (Gl. (8.3)) dar. Der in Gl. (9.8) beschriebene Zusammenhang kann unter Verwendung des hydraulischen Durchmessers umgeformt werden. Zusätzlich kann für den Widerstandsbeiwert im laminaren Bereich angesetzt werden:

$$\zeta = \frac{const.(\varepsilon)}{Re_h} = const.(\varepsilon)\frac{\nu}{d_h \overline{w}} = K(\varepsilon) \cdot \frac{64}{Re_h}. \tag{9.11}$$

Hierbei wird angenommen, dass die Konstante K(ε) nur von den geometrischen Parametern, Partikelform, -größe und insbesondere Porosität, aber nicht von der Reynoldszahl abhängt. Sie kann interpretiert werden als das Verhältnis von effektiver Kanallänge zu Schichthöhe. Dieses Verhalten entspricht den bereits in Kap. 8 behandelten Zusammenhängen (s. Gln. (8.14a und b)). Damit ergibt sich

$$\Delta p = K(\varepsilon)\frac{64\,\nu}{4\dfrac{\varepsilon}{1-\varepsilon}\dfrac{1}{a_P}\overline{w}}\cdot\frac{\rho}{2}\overline{w}^2\frac{H}{4\dfrac{\varepsilon}{1-\varepsilon}\dfrac{1}{a_P}} \qquad \Delta p = 2\,K(\varepsilon)\frac{\eta H a_P^2}{\dfrac{\varepsilon^2}{(1-\varepsilon)^2}}\overline{w}, \tag{9.12}$$

beziehungsweise in der nach der Leerrohrgeschwindigkeit $v = \overline{w}\cdot\varepsilon$ aufgelösten Form

$$v = \frac{1}{2K(\varepsilon)}\frac{\varepsilon^3}{(1-\varepsilon)^2}\frac{1}{a_P^2}\frac{1}{\eta}\frac{\Delta p}{H}, \tag{9.13}$$

die als *Kozeny*[2]*-Gleichung* (Kozeny 1927) bezeichnet wird. K(ε) nimmt bei Schüttungen von Partikeln mit einigermaßen kubischer bzw. sphärischer Form und einer Porosität von 0,32–0,47 Werte zwischen 1,7 und 2,8 an (Alt 1972).

Bisweilen ist es nützlich, statt der spezifischen Partikeloberfläche a_P den Sauterdurchmesser zu verwenden. In diesem Fall ergibt sich unter Verwendung der *Ergun-Gleichung* (8.16):

$$v = \frac{1}{150}\frac{\varepsilon^3}{(1-\varepsilon)^2}\,d_{32}^2\,\frac{1}{\eta}\frac{\Delta p}{H}. \tag{9.14}$$

Ein modifizierter Beschreibungsansatz aus einer klassischen Arbeit von *Darcy*[3] (Darcy 1856) basiert auf einem mittleren Partikeldurchmesser d_{32} als charakteristischer Länge und der Leerrohrgeschwindigkeit v als charakteristischer Geschwindigkeit:

$$\Delta p = \frac{C(\varepsilon)}{Re_p}\cdot\frac{\rho}{2}v^2\frac{H}{d_{32}} = \frac{C(\varepsilon)}{2}\cdot\frac{v\eta H}{d_{32}^2} \rightarrow v = \frac{2}{C(\varepsilon)}d_{32}^2\frac{1}{\eta}\frac{\Delta p}{H} \tag{9.15}$$

Der Wert C(ε) stellt eine Größe dar, die lediglich von der Porosität der Schüttung abhängig ist. Die Eigenschaften der Schicht (ε, d_{32}) werden in der *Durchlässigkeit* B zusammengefasst

$$B \equiv \frac{2d_{32}^2}{C(\varepsilon)}, \tag{9.16}$$

sodass für die Leerrohrgeschwindigkeit also den flächenbezogenen Flüssigkeitsvolumenstrom nach Darcy gilt:

$$v = \frac{B}{\eta}\frac{\Delta p}{H} \quad mit \quad B = B\,(\varepsilon, d_{32})\,. \tag{9.17}$$

---

[2] Josef Kozeny 1889–1967, österreichischer Physiker.

[3] Henry Philibert Gaspard Darcy 1803–1858, französischer Ingenieur, neben seinen Untersuchungen an durchströmten Schüttungen entwickelte er das Pitot-Rohr weiter, welches heute noch zur Messung von strömenden Fluiden dient.

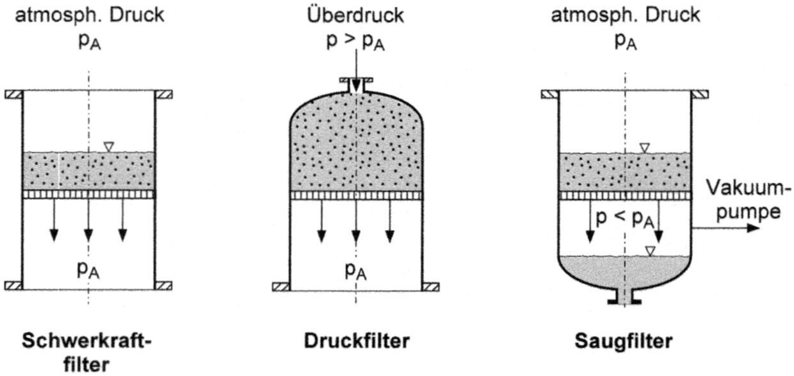

Abb. 9.10 Arbeitsprinzipien der Schwerkraft-, Druck- und Saugfiltration

Die Durchlässigkeit B hängt mit der Beziehung nach Kozeny (Gl. (9.13)) wie folgt zusammen:

$$B\,(\varepsilon, d_{32}) = \frac{1}{2K(\varepsilon)} \frac{\varepsilon^3}{(1-\varepsilon)^2} \frac{1}{a_P^2}. \tag{9.18}$$

Die gesamten theoretischen Überlegungen gelten für Schichten konstanter Porosität. Im praktischen Einsatz trifft dies zu, wenn der Feststoff relativ hart ist (z. B. Sand, Kunststoffgranulat). In der Mehrzahl der Filtrationsaufgaben tritt allerdings aufgrund von Kompressibilitätseffekten eine kontinuierliche Abnahme des Lückenvolumens mit zunehmender Höhe der Feststoffschicht auf. Ein anderer Effekt, der zu einem gravierenden Anstieg des Druckverlustes führt, ist der Verschluss von Poren durch abgelagerte Partikel.

9.4.2 Kuchenfiltration von Suspensionen

Bei der Kuchenfiltration spricht man von *Trübe* für die zulaufende Suspension, *Filtrat* für die geklärte flüssige Phase und *Rückstand* für die zurückgehaltenen Feststoffe. Die für die Kuchenfiltration treibende Kraft in Form einer erforderlichen Druckdifferenz Δp kann entweder durch einen Überdruck auf der Aufgabeseite oder einen Unterdruck auf der Filtratseite erzeugt werden. Mit Unterdruck arbeitende Filter werden *Saug-* oder *Vakuumfilter* genannt (Abb. 9.10). Ihre maximale Druckdifferenz ist begrenzt durch den atmosphärischen Druck und den Dampfdruck der Flüssigkeit. Mit Überdruck betriebene Filter werden als Druckfilter bezeichnet. Der Überdruck kann durch die Kompression des Gaspolsters über der Suspension erzeugt werden, meistens jedoch wird die Suspension durch Pumpen unter Druck gesetzt. Die Druckdifferenz liegt üblicherweise zwischen 1 und 10 bar, bei Filterpressen etwa bei 20 bar. Wird der hydrostatische Druck der Suspension verwendet, so spricht man von

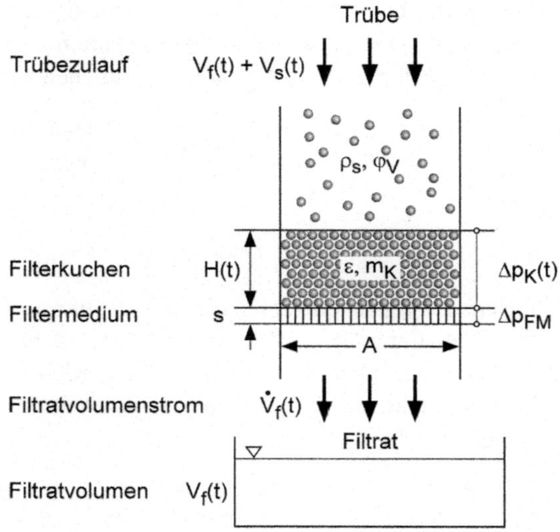

Abb. 9.11 Anordnung zur Ableitung der Filtergleichung. (Nach Stieß 1994)

Schwerkraftfiltern. Bei ihnen steht der atmosphärische Druck oberhalb und unterhalb des Filters an.

Das eigentliche Filtermedium bei der Kuchenfiltration wird durch den anwachsenden Filterkuchen erst gebildet. Zur Vermeidung hoher Druckverluste bzw. Verstopfungen wählt man in der Regel Filter, die einen größeren Porendurchmesser besitzen, als die abzutrennenden Partikeln. Das führt in der Anfahrphase des Filterprozesses dazu, dass zunächst ein kleiner Teil des Feststoffs durchschlägt, bis sich über den Poren des Filtermediums Feststoffbrücken aufgebaut haben. Um einen Durchbruch der Partikeln durch das Filter weitestgehend zu verhindern, schwemmt man *Filterhilfsmittel* an, die eine sogenannte Anschwemmschicht aufbauen. Erst danach belastet man den Filter mit der Trübe. Die Anschwemmschicht ist für die Feststoffteilchen undurchlässig und verhindert die Verstopfung des Filtermediums. Ein weiterer Vorteil solcher Filterhilfsmittel besteht darin, dass sich der Kuchen beim Rückspülen des Filters leichter ablösen lässt.

Die Theorie der Kuchenfiltration basiert auf den klassischen Gesetzen der Strömung durch Schüttungen. Zu ihrer Ableitung wird die Anordnung in Abb. 9.11 betrachtet. Es gelten die folgenden Vereinfachungen:

a. Die Zusammensetzung der Suspension (Konzentrationen ρ_s bzw. φ_v) bleibt zeitlich und örtlich konstant:

$$\rho_s = \frac{M_s(t)}{V_s(t) + V_f(t)} = const. \quad \varphi_v = \frac{V_s(t)}{V_s(t) + V_f(t)} = const. \tag{9.19}$$

b. Kein Feststoff gelangt ins Filtrat, der Feststoff wird durch reine Oberflächenfiltration auf dem Filtermedium bzw. auf der bereits anfiltrierten Schicht angelagert.

c. Der Filterkuchen weist eine homogene und isotrope Struktur auf und ist inkompressibel ($\varepsilon = \text{konst.}$), Sedimentation spielt keine Rolle.
d. Sowohl Filtermedium als auch Filterkuchen werden laminar durchströmt.

Zur Beschreibung der Durchströmung wird der Gesamtdruckverlust in die zwei hintereinanderliegenden Druckverluste des Kuchens (K) und des Filtermediums (FM) aufgeteilt:

$$\Delta p = \Delta p_K(t) + \Delta p_{FM}(t). \tag{9.20}$$

Zur Berechnung der einzelnen Druckverlustterme wird nach der Voraussetzung d) die Darcy-Gleichung Gl. (9.17) verwendet. Mit *Filtermedium* wird hier ausschließlich die unterste zurückhaltende Schicht (Sieb, Tuch, Papier) im Unterschied zum Filterkuchen verstanden. Für das Filtermedium mit der Dicke s und der Durchlässigkeit B_{FM} ergibt sich:

$$\Delta p_{FM} = \frac{s}{B_{FM}} \cdot \eta \cdot \frac{\dot{V}_f}{A}. \tag{9.21}$$

Die Größe s/B_{FM}, die nur Schichtparameter des Filtermediums enthält, fasst man zum *Filtermediumwiderstand* β zusammen

$$\beta \equiv \frac{s}{B_{FM}} \quad \text{in m}^{-1}, \tag{9.22}$$

sodass sich der Druckverlust am Filtermedium darstellt als:

$$\Delta p_{FM}(t) = \eta \cdot \beta \frac{1}{A} \cdot \frac{dV_f}{dt}. \tag{9.23}$$

Der entsprechende Ansatz für den Filterkuchen mit der zeitlich veränderlichen Kuchendicke H(t) und der Kuchendurchlässigkeit B_K lautet:

$$\Delta p_K(t) = \frac{H(t)}{B_K} \cdot \eta \cdot \frac{\dot{V}_f}{A}. \tag{9.24}$$

Sinnvollerweise werden die zeitlich unabhängigen Schichteigenschaften, die in der Durchlässigkeit B_K enthalten sind, von der mit der Zeit zunehmenden Kuchendicke H(t) getrennt. Anstelle der Durchlässigkeit B_K ist in der Filtertechnik ihr Reziprokwert, der *volumenbezogene Filterkuchenwiderstand* α_v, gebräuchlich

$$\alpha_v \equiv 1/B_K \text{ in m}^{-2}.$$

Die Kuchendicke nimmt nach den Voraussetzungen a, b und c direkt proportional zum durchgesetzten Flüssigkeitsvolumen V_f (t) zu. Also ist auch das auf der Filterfläche A gebildete Kuchenvolumen

$$V_K(t) = H(t) \cdot A \tag{9.25}$$

Tab. 9.1 Widerstände verschiedener Filtermedien. (Alt 1972)

Filtermittel	β in m^{-1}
Polyamid (Leinwandgewebe)	$7 \times 10^8 \ldots 5 \times 10^9$
Filterpapiere	$7{,}6 \times 10^9 \ldots 5 \times 10^{11}$
Nadelfilze	$5 \times 10^6 \ldots 7 \times 10^8$
Keramikfilter	$1{,}6 \times 10^8 \ldots 1 \times 10^9$

Tab. 9.2 Kuchenwiderstände verschiedener Feststoffe. (Nach Stieß 1994)

Stoff	α_v in m^{-2}	α_s in m/kg	n
Kohleschlamm	$(7 \ldots 12) \times 10^{12}$		
Gemische ($\varepsilon = 0{,}3$) $\bar{d}_P = 100\ \mu m$	$2{,}5 \times 10^{11}$		
$\bar{d}_P = 10\ \mu m$	$2{,}5 \times 10^{13}$		
$\bar{d}_P = 1\ \mu m$	$2{,}5 \times 10^{15}$		
Holzkohle		$3{,}87 \times 10^8$	0,45
Zinksulfid (ZnS, gefällt, kalt)		$2{,}21 \times 10^9$	0,80
Kalkstein ($CaCO_3$, gefällt)		$4{,}08 \times 10^{10}$	0,14
Aluminiumhydroxid (gallertartig)		$9{,}49 \times 10^{10}$	0,45
Ton		$6{,}56 \times 10^{11}$	0,17
Titandioxid (TiO_2, pH 7,8)		$7{,}32 \times 10^9$	0,34
Titandioxid (TiO_2, pH 3,45)		$8{,}09 \times 10^{12}$	0,067
thixotroper Schlamm		$1{,}47 \times 10^{14}$	–

dem Filtratvolumen V_f (t) proportional, oder ihr Verhältnis eine Konstante:

$$\chi_\nu = \frac{V_K(t)}{V_f(t)} = konst. \tag{9.26}$$

Mit der Kuchendicke

$$H(t) = \chi_\nu \cdot \frac{V_f(t)}{A} \tag{9.27}$$

ergibt sich für den Druckverlust am Filterkuchen nach Gl. (9.24):

$$\Delta p_K(t) = \eta \cdot \alpha_\nu \chi_\nu \cdot \frac{V_f(t)}{A^2} \cdot \frac{dV_f}{dt}. \tag{9.28}$$

Der gesamte Druckverlust bei der Kuchenfiltration nach Gl. (9.20) ergibt daher durch Addition der Gleichungen (9.23, 9.28) die nachstehende Differenzialgleichung, die als *Filtergleichung* bezeichnet wird und von Ruth et al. (Ruth et al. 1933; Ruth 1935) eingeführt wurde:

$$\Delta p(t) = \frac{\eta}{A} \cdot \left\{ \frac{\alpha_\nu \chi_\nu}{A} V_f(t) + \beta \right\} \cdot \frac{dV_f}{dt}. \tag{9.29}$$

Der spezifische Filtermediumwiderstand β des Filtermediums ist üblicherweise um einige Größenordnungen kleiner als derjenige des Filterkuchens. Richtwerte für Filtermediumwiderstände β sind in Tab. 9.1 aufgeführt. Werte für Kuchenwiderstände verschiedener Feststoffe gibt Tab. 9.2. Zum Teil erfolgen die Angaben als massenbezogener Widerstand α_s (in m/kg):

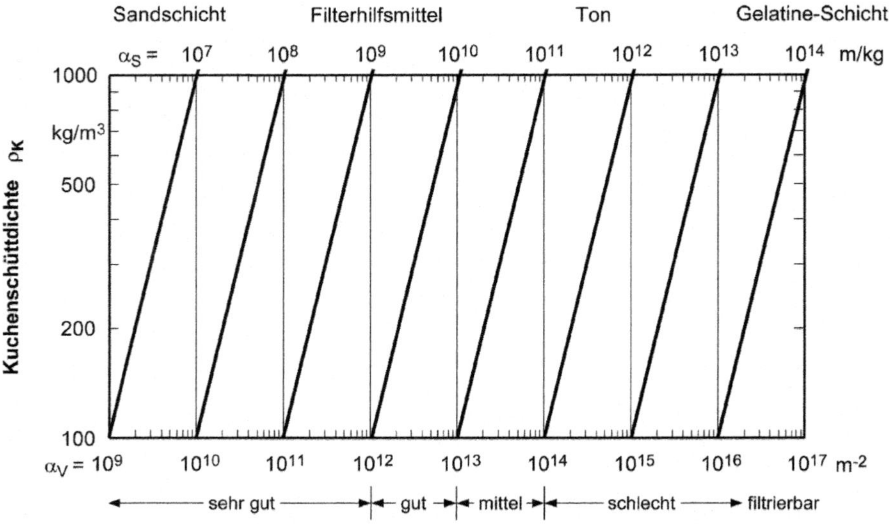

Abb. 9.12 Wertebereiche der spezifischen Filterkuchenwiderstände α_v und α_s und Richtwerte zur Bewertung der Filtrierbarkeit. (Nach Stieß 1994)

$$\alpha_s = \frac{\alpha_v}{\rho_s(1-\varepsilon)} = \frac{\alpha_v}{\rho_K}. \tag{9.30}$$

Der Wert n in Tab. 9.2 ist der für die Kompressibilität stehende Exponent der Druckabhängigkeit entsprechend Gl. (9.34).

Die spezifischen Filterkuchenwiderstände können als Maß für die Filtrierbarkeit einer Suspension bzw. eines Schlammes gelten. Eine grobe Qualifizierung ist die folgende:

$$\begin{array}{lllll} & \alpha_v & < & 10^{12}\,\mathrm{m}^{-2}; & \text{sehr gut filtrierbar,} \\ 10^{12} < & \alpha_v & < & 10^{13}\,\mathrm{m}^{-2}; & \text{gut filtrierbar,} \\ 10^{13} < & \alpha_v & < & 10^{14}\,\mathrm{m}^{-2}; & \text{mäßig filtrierbar,} \\ & \alpha_v & > & 10^{14}\,\mathrm{m}^{-2}; & \text{schlecht filtrierbar.} \end{array}$$

Eine Umrechnung von α_v-Werten in α_S-Werte setzt die Kenntnis der Dichte $\rho_K = \rho_s (1-\varepsilon)$ des (trockenen) Kuchens voraus. Für die meisten Feststoffe liegt sie zwischen ca. 100 kg/m³ und 1000 kg/m³. Für diesen Bereich zeigt Abb. 9.12 eine einfache Darstellung des Wertefeldes dieser drei Größen, in dem auch ungefähre Wertebereiche für einige weitere Stoffe (oben), sowie die Filtrierbarkeit nach dem Kriterium „Widerstand" angegeben ist (unten). Da praktisch jeder Filterkuchen individuell ausfällt, muss α_v in der Regel aus Messungen bestimmt werden.

Betriebsweisen der Kuchenfiltration Man unterscheidet drei Betriebsweisen von Filtern:

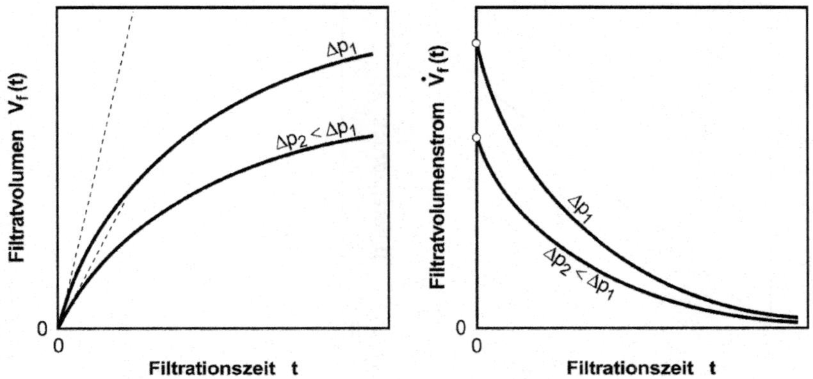

Abb. 9.13 Filterkurve (*links*) und Filtratvolumenstrom (*rechts*) für die Betriebsweise Δp = konst.

a. $\Delta p = konst$. Der Betrieb bei konstantem Druckunterschied zwischen Suspensions- und Filtratseite ist der häufigste. Er wird z. B. durch gleichbleibenden filtratseitigen Unterdruck (Saug- oder Vakuum-Filtration)
oder durch einen konstant gehaltenen Überdruck in der Suspensionszuleitung realisiert. Auch die Schwerkraftfiltration bei gleichbleibendem Flüssigkeitsüberstand gehört dazu. Die Integration der Filtergleichung (9.29) führt in diesem Fall zu

$$t = \frac{\eta\ \alpha_v\ \chi_v}{2\ A^2\ \Delta p} \cdot V_f^2(t) + \frac{\eta\ \beta}{A\ \Delta p} \cdot V_f(t) \tag{9.31}$$

bzw. nach Auflösung der quadratischen Gleichung für $V_f(t)$:

$$V_f(t) = \sqrt{\left(\frac{\beta A}{\alpha_v \chi_v}\right)^2 + \frac{2A^2 \Delta p}{\eta \alpha_v \chi_v} t} - \frac{\beta A}{\alpha_v \chi_v}. \tag{9.32}$$

Den Funktionsverlauf V_f (t), der die sich im Laufe der Zeit ansammelnde Filtratmenge angibt, nennt man allgemein *Filterkurve*. Die spezielle Filterkurve nach Gl. (9.32) ist in Abb. 9.13 dargestellt.

b. $\dot{V}_f = konst$. Konstanter Filtratdurchsatz – und damit praktisch auch konstanter Suspensionsdurchsatz – lässt sich im Prinzip mit Verdrängerpumpen (z. B. Exzenter-Schneckenpumpen, Kolbenpumpen) erreichen, obwohl sie je nach Bauart oft periodische Schwankungen der Fördermenge aufweisen. Durch Einsetzen in die Filtergleichung (9.29) erweist sich der zeitliche Druckverlauf wie der zeitliche Verlauf der Filtratmenge als Gerade (Abb. 9.14):

$$\Delta p(t) = \eta \alpha_v \chi_v \left(\frac{\dot{V}_f}{A}\right)^2 \cdot t + \eta \beta \frac{\dot{V}_f}{A}. \tag{9.33}$$

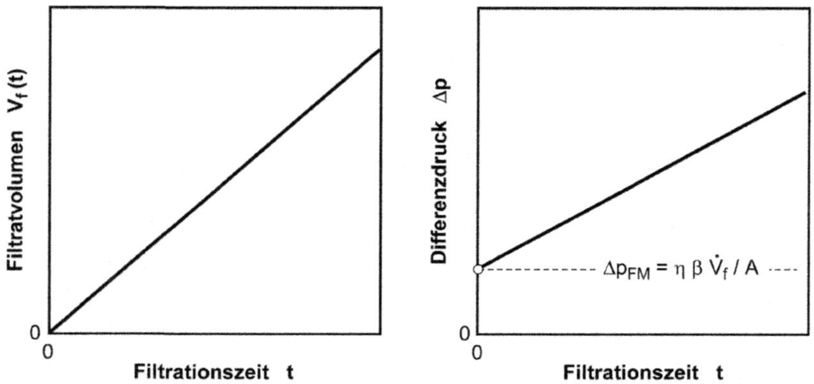

Abb. 9.14 Filterkurve (*links*) und Druckverlauf (*rechts*) für die Betriebsweise $\dot{V}$ = konst.

Abb. 9.15 Zusammenhang zwischen Druckdifferenz und Volumenstrom für verschiedene Betriebsweisen

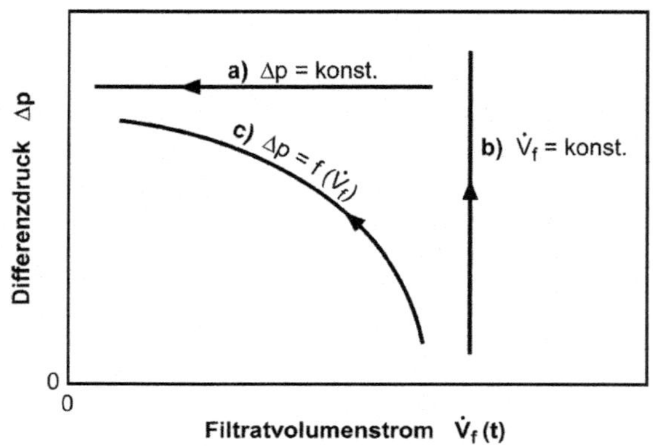

c. $\Delta p(t) = f(\dot{V}_f(t))$. Beide Betriebsgrößen ändern sich geregelt oder ungeregelt im Laufe der Zeit, z. B. indem sich der Betriebspunkt im Kennfeld einer Kreiselpumpe längs der Kennlinie für eine konstante Pumpendrehzahl verschiebt (s. Abschn. 14.4). In Abb. 9.15 sind diese drei Betriebsweisen im Kennfeld $\Delta p = f(\dot{V}_f)$ aufgetragen.

Die Auswirkung der Kompressibilität eines Filterkuchens auf den Filtrationsvorgang lässt sich anhand des Zusammenhangs zwischen der Filtratrate $dV_f(t)/dt$ und dem Druckverlust veranschaulichen, wie dies Abb. 9.16 zeigt. Bei kompressiblen Feststoffen ändert sich der Lückengrad ε und damit auch der spezifische Filterkuchenwiderstand α_v in Abhängigkeit vom Druckabfall Δp_K im Filterkuchen. Das Kompressionsverhalten des Kuchens wird durch die Abhängigkeiten $\alpha_v = f\,(\Delta p_K)$ und $\varepsilon = f\,(\Delta p_K)$ vollständig erfasst. Dieser Zusammenhang muss experimentell bestimmt werden. In manchen Fällen lässt sich $\alpha_v = f\,(\Delta p_K)$ durch den folgenden Ansatz beschreiben, wobei α_0 der Wert bei einer bestimmten Bezugsdruckdifferenz Δp_0 ist:

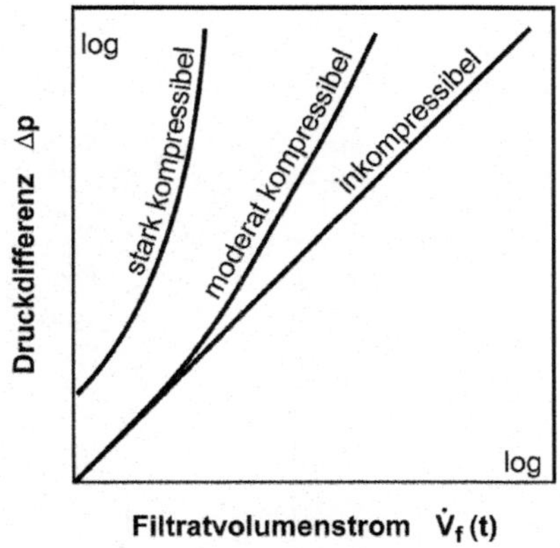

Abb. 9.16 Abhängigkeit der Druckdifferenz von der Filtratmenge für Filterkuchen unterschiedlicher Kompressibilität

$$\alpha_\nu = \alpha_0 \left(\frac{\Delta p_K}{\Delta p_0}\right)^n . \tag{9.34}$$

Für weitergehende Betrachtungen empfiehlt sich die Arbeit von (Tiller und Shirato 1964). In der technischen Anwendung können die theoretischen Betrachtungen allerdings nur selten quantitativ genutzt werden. In der Regel sind hauptsächlich die grundlegenden theoretischen Aussagen verwendbar.

Bauarten von Filtern für die Kuchenfiltration Kuchenfiltrationen werden überwiegend bei höher konzentrierten Suspensionen angewendet, deren Feststoffgehalt mindestens 3...5 Gew.-% beträgt. Aus ökonomischen Gründen werden Vakuumfilter mit einem Fluss von mehr als 200 L/(m^2 h) und Druckfilter mit mindestens 40 L/(m^2 h) betrieben. Der Anwendungsbereich umfasst u. a. die Gewinnung von Rohstoffen und vielfältige Chemieprodukte.

Eine einfache und sinnvolle Übersicht über die Filterapparate zur Kuchenfiltration gewinnt man durch die Einteilung nach zwei Kriterien:

1. Nach der Art der zur Trennung angewandten Kräfte bzw. Druckerzeugung: Schwerkraft, Unterdruck auf der Filtratseite (Vakuum), Überdruck auf der Suspensionsseite, beides zugleich und Auspressen des Filterkuchens.
2. Nach der Betriebsweise: *kontinuierlich* oder *diskontinuierlich*.

In Abb. 9.17 und Abb. 9.18 sind zwei häufig eingesetzte Saugfilter, ein Trommel- sowie ein Bandfilter, dargestellt, die für große kontinuierliche Massendurchsätze geeignet sind.

Typische Druckfilter enthalten die Abb. 9.19 und Abb. 9.20. Kammerfilterpressen werden diskontinuierlich, die Filtertrommel wird kontinuierlich gefahren.

Eine umfassende Übersicht über den aktuellen Stand der industriellen Filterapparate gibt z. B. (Gasper et al. 2000).

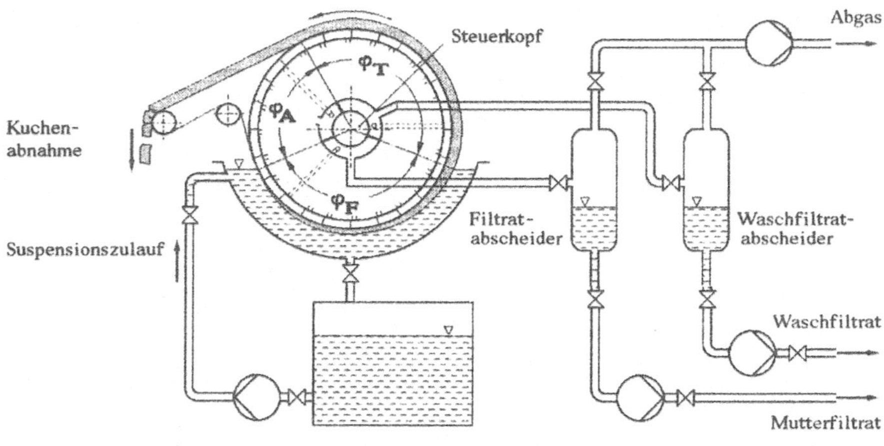

Abb. 9.17 Schematische Darstellung eines Vakuumtrommelfilters. (Aus Stieß 1994)

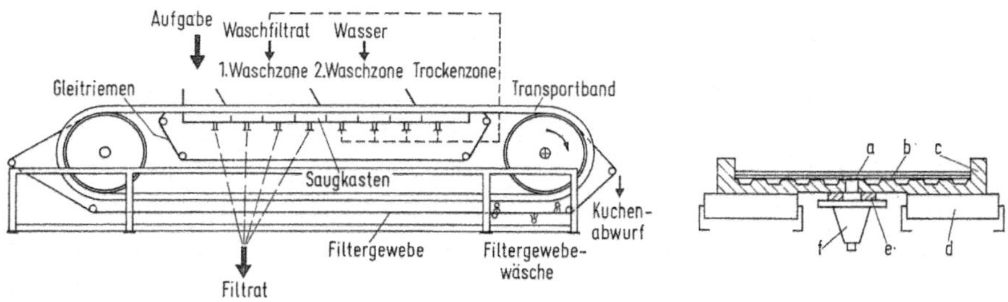

Abb. 9.18 Schematische Darstellung eines Bandfilters (aus Alt 1972) *a* Filtertuch; *b* Kuchenwäsche; *c* Saugstufen; *d* Tuchspanner; *e* Tuchwäsche

9.4.3 Staubabscheidung durch Filtration

Eine große Anzahl industrieller Prozesse ist mit Staubentwicklung verbunden. Als *Stäube* bezeichnet man feste Teilchen und im weitesten Sinn auch Flüssigkeitstropfen mit Partikelgrößen von überwiegend 1–1000 µm. Die Anwendbarkeit verschiedener Verfahren zur Korngrößenbestimmung und zur Entstaubung in Abhängigkeit von der Korngröße zeigt Abb. 9.21.

Neben der Staubabscheidung durch Filtration werden noch folgende Abscheideprinzipien genutzt:

- Schwerkräfte in Absetzkammern (Sedimentationskammern)
- Prall-, Stoß- und Fliehkräfte in Umlenkabscheidern
- Zentrifugalkräfte in Fliehkraftentstaubern (Zyklone)
- Prallwirkung und Haftkräfte in filternden Entstaubern, z. B. Schlauchfiltern
- elektrostatische Kräfte in Elektrofiltern

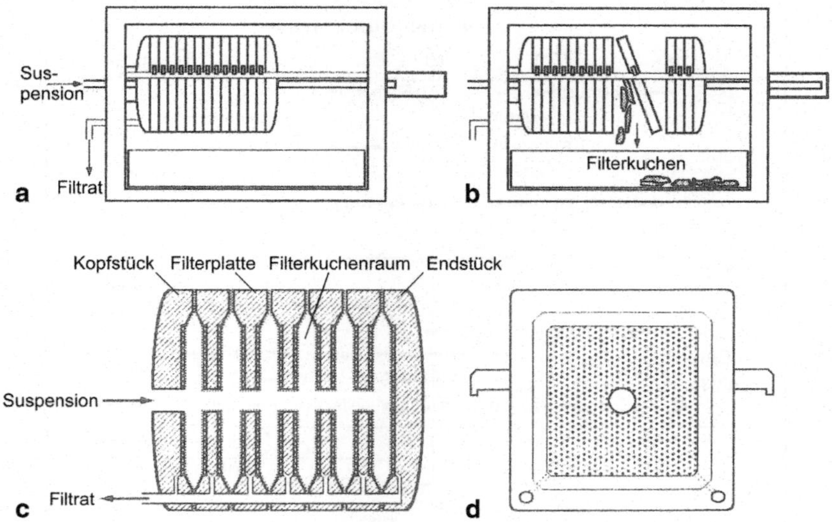

Abb. 9.19 Kammerfilterpresse (**a**) während der Filtration, (**b**) bei der Entleerung, (**c**) Filterpaket im Schnitt und (**d**) Filterplatte von vorn. (Stieß 1994)

Abb. 9.20 Schematische Darstellung eines Druckzellenfilters; Bauart: Fest, BSH. (Aus Alt 1972)
a Trommel; *b* Gehäuse;
c Trennelement;
c′ Trennelement mit Luftanpressung;
d Waschkammer;
d′ Belüftungskammer;
e Zelle; *f* Filtratrohr;
g Filtrationsraum;
h Austragung

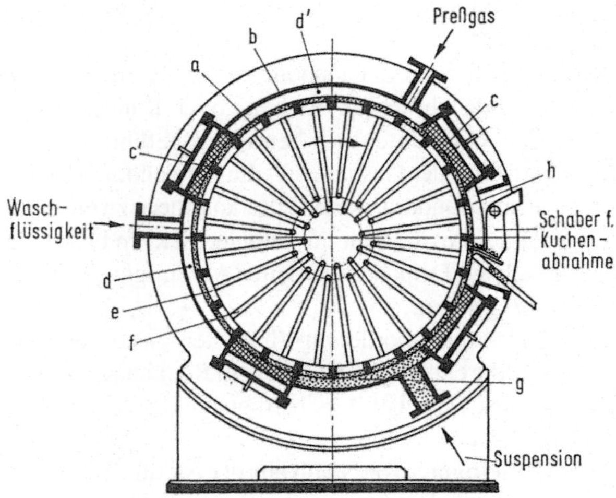

Apparative Umsetzung (Staubfiltration) Filternde Entstauber werden benutzt, wenn hohe Anforderungen an den Reinheitsgrad gestellt werden. Bei richtiger Dimensionierung und Auswahl geeigneter Filterstoffe werden wie beim Elektrofilter Gesamtabscheidegrade von mehr als 99,9 % erreicht, was Reingasstaubgehalten von weniger als 30 mg/m^3 entspricht. Die Abscheidewirkung basiert im Wesentlichen auf Prallwirkung (Stoß der Staubteilchen auf das Filterelement) und Diffusion,

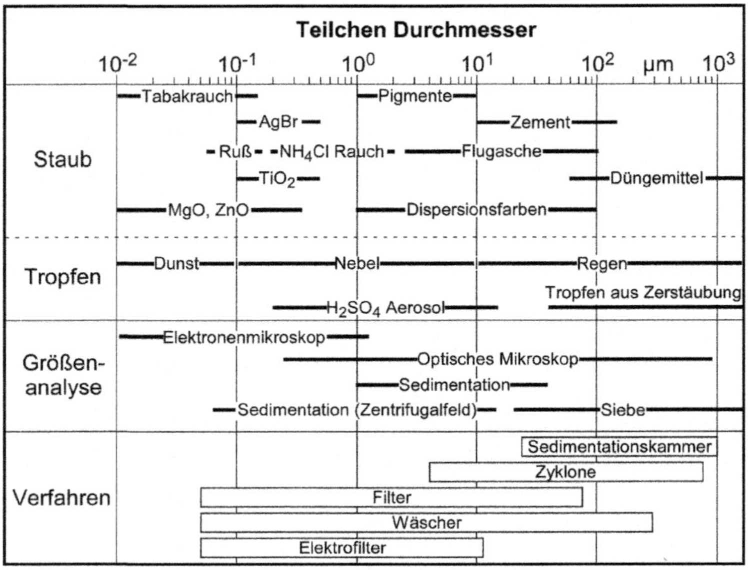

Abb. 9.21 Partikuläre Stoffe, Größenanalyse und Reinigungsverfahren

wobei aber auch andere Faktoren, wie Gravitation und elektrostatische Kräfte von Einfluss sind.

Zur industriellen Entstaubung verwendet man vorwiegend Gewebefilter. Sie werden als Schlauchfilter in Reihen- oder Rundbauweise oder als Flächenfilter für Überdruck- oder Unterdruckbetrieb ausgeführt. Beim Reihenfilter (Abb. 9.22) wird – abhängig von der Gasmenge – die notwendige Filterfläche durch Zusammenfügen einer Anzahl standardisierter Filterkammern zu einer Einheit erreicht. Schlauchfilter der gezeigten Art werden mit Schlauchlängen bis ca. 3 m und Filterflächen bis rund 100 m^2 gebaut. Dank der sehr guten Abreinigung werden Anströmgeschwindigkeiten bis 0,1 m/s erreicht.

Die wichtigste Forderung für Filtergewebe und Faservliese ist eine möglichst große Luftdurchlässigkeit bei hohem Rückhaltevermögen für den Staub. Der Druckverlust eines Gewebefilters beträgt im Dauerbetrieb 8–10 mbar, bei extrem hoher Belastung bis ca. 20 mbar.

Die Beseitigung von Staub aus der Atemluft ist die Aufgabe von Luftfiltern, auch Absolut- oder Schwebstoff-Filter genannt. Die Staubkonzentration in der Außenluft ist erheblich niedriger als in industriellen Abgasen, sodass es sehr lange dauert, bis das Filter gereinigt werden muss. Es ist daher möglich, aus mehreren kleinen Elementen bestehende Filter zu bauen, welche in bestimmten Zeitabständen (z. B. einmal im Monat) schnell und ohne Aufwand gereinigt oder durch neue ersetzt werden können.

Das Filtermaterial soll einen möglichst geringen Druckverlust haben, da meist große Luftmengen zu reinigen sind und die Energiekosten möglichst gering gehalten

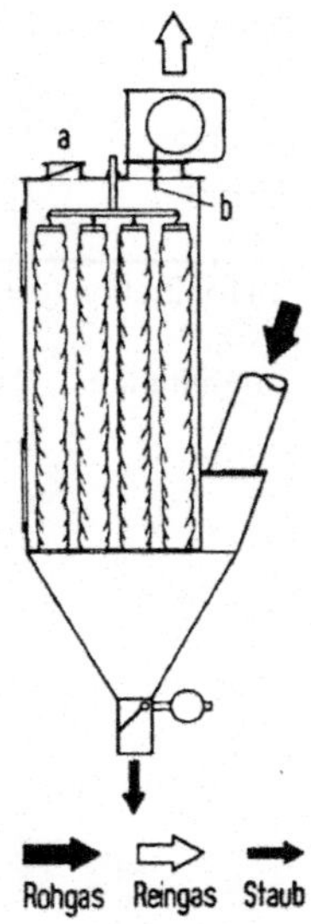

Abb. 9.22 Filterkammer mit Schlauchfiltern; *a* Spüllufteintritt; *b* Reingasklappe. (Arras 1972)

werden sollen. Mit Luftfiltern können bei geeigneter Wahl der Filterstoffe selbst bei Staubgehalten in der Luft von weniger als 50 mg/m^3 noch Gesamtabscheidegrade von über 90 % erreicht werden.

9.5 Druckgetriebene Membranverfahren

Je nach Trennaufgabe werden verschiedene Membranverfahren eingesetzt, die sich aufgrund der verwendeten Membran, der Größenordnung der abzutrennenden Stoffe und des Trennmechanismus unterscheiden. Tab. 9.3, Abb. 9.2 geben einen Überblick über die druckgetriebenen Membranverfahren. Die Übergänge zwischen den einzelnen Membranverfahren sind dabei fließend.

Eine grundlegende Klassifizierung von Membranmaterialien kann hinsichtlich der Herkunft, des Werkstoffes, der Morphologie und der Art der Herstellung vorgenommen werden.

Synthetische, feste Membranen können aus organischem oder anorganischem Material bestehen. Anorganische Membranen, im Wesentlichen aus Keramik, weisen gegenüber den organischen Materialien höhere Temperatur- und Lösungsmittelbeständigkeiten auf, ihr Einsatz ist bislang aber auf wenige Einsatzgebiete in der Mikro- und Ultrafiltration beschränkt. Den organischen Polymermembranen kommt aufgrund ihres enormen Spektrums an variierbaren Eigenschaften eine weitaus größere Bedeutung zu. (Zur Vertiefung des Themas Membranmaterialien s. z. B. (Nunes und Peinemann 2001)).

Nach der Morphologie wird grundlegend eine Einteilung in *poröse* und *nicht poröse* Membranen vorgenommen. Poröse Membranen weisen durchgehende Poren

Tab. 9.3 Gegenüberstellung der druckgetriebenen Membranverfahren. (Nach Melin und Rautenbach 2007)

Membranprozess	Porengröße (nm)	Druckbereich Δp (bar)	Permeatfluxbereich $[L/(m^2 h\, bar)]$	Membrantyp	Anwendung
Mikrofiltration	50–5000	0,1–2	>50	Porenmembran	Abtrennung suspendierter Stoffe
Ultrafiltration	2–200	1–5	10–50	Porenmembran	Konzentrieren, Fraktionieren und Reinigen makromolekularer, wässriger Systeme
Nanofiltration	1–2	5–20	1,4–12	Nanoporöse Membran, + Lösungs-Diffusion	Fraktionierung gelöster Stoffe in, wässrigen Systemen
Umkehrosmose		10–100	0,05–1,4	Lösungs-Diffusions-Membran	Aufkonzentrieren gelöster Stoffe in wässrigen Systemen, Entsalzung

auf, in denen ein konvektiver Stofftransport erfolgt. Bei nicht porösen Membranen spricht man von *Lösungs-Diffusions-Membranen*. Der Stofftransport erfolgt hier rein diffusiv aufgrund von Unterschieden in den chemischen Potenzialen auf der Retentat- und der Permeatseite.

Die Querschnittsstruktur der Membranen kann symmetrisch oder asymmetrisch sein. Symmetrische Membranen haben eine einheitliche Struktur über die gesamte Membrandicke. Asymmetrische Membranen hingegen weisen an Ober- und Unterseite unterschiedliche Strukturen auf (s. Abb. 9.23). Üblicherweise ist die dichtere der beiden Seiten die aktive Trennschicht und dem zu behandelnden System zugewandt.

Aus der Fülle verschiedener Materialien für die Herstellung von Membranen ergibt sich zwangsläufig ein breites Spektrum an Herstellungsverfahren. Der überwiegende Anteil aller Membranen wird als asymmetrische Membran mit möglichst dünner aktiver Trennschicht gefertigt, um die Druckverluste möglichst gering zu halten.

9.5.1 Definitionen

Bei den Membranverfahren spricht man im Gegensatz zur klassischen Partikelfiltration üblicherweise von *Feed*, *Retentat* und *Permeat* (s. Abb. 9.24), wobei der Feed-Volumenstrom durch die Membran in Retentat- und Permeatvolumenstrom aufgeteilt wird.

Ist das Ziel des Membranprozesses eine Aufkonzentrierung, dann handelt es sich beim geforderten Produkt um das Retentat. Oft ist aber auch eine bestimmte Reinheit des Permeats gefordert.

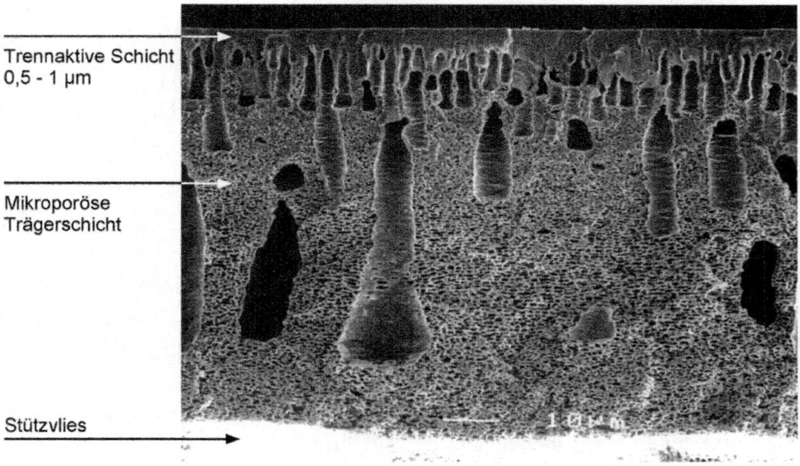

Abb. 9.23 Asymmetrische Membran. (Paul 1998)

Abb. 9.24 Schematische Darstellung eines Membranprozesses

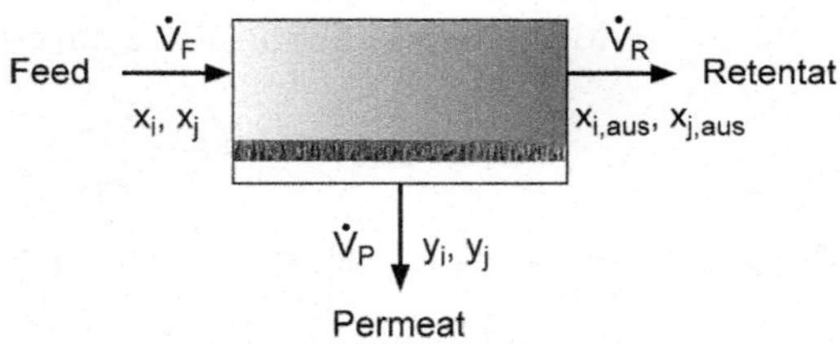

Der Volumenstrom durch die Membran wird als Permeatvolumenstrom $\dot{V}_P$ in L/h angegeben. Häufig werden alternativ der auf die Membranfläche bezogene Volumenstrom, der sogenannte *Fluss* bzw. *Flux* J_P, oder die auf Membranfläche A_M und transmembrane Druckdifferenz Δp_{trans} bezogene *Permeabilität* P verwendet:

$$J_P \equiv \frac{\dot{V}_P}{A_M}, \tag{9.35}$$

$$P \equiv \frac{\dot{V}_P}{A_M \Delta p_{trans}}. \tag{9.36}$$

Dabei ist zwischen dem Gesamtfluss J_p und dem Partialfluss $J_{P,i}$ einer Komponente i zu unterscheiden. Es gilt $J_P = \Sigma J_{P,i}$.

Das Maß für die Trennschärfe einer Membranfiltration bezüglich einer Komponente i ist das *Rückhaltevermögen* R_i, das abhängig von der Konzentration im Feed (x_i) und der Konzentration im Permeat (y_i) wie folgt definiert ist:

$$R_i \equiv \frac{x_i - y_i}{x_i}. \tag{9.37}$$

Die *Selektivität* S_{ij} einer Membran beschreibt ihre Fähigkeit, zwischen zwei Komponenten i und j einer Mischung zu unterscheiden:

$$S_{i,j} \equiv \frac{y_i/y_j}{x_i/x_j}. \tag{9.38}$$

Die Charakterisierung poröser Membranen kann über physikalische Beschaffenheit oder über Trenneigenschaften erfolgen. Zu den physikalischen Charakteristika zählen Porengröße, Porengrößenverteilung, Porosität und die spezifische Oberfläche der Poren.

Es existiert eine Reihe verschiedener Angaben zur Charakterisierung der *Porengröße* und der Porengrößenverteilung, die auf unterschiedlichen Messmethoden basieren. Im Allgemeinen hat sich die Angabe der nominalen Porengröße (bestimmt z. B. durch Latex-Testsuspensionen) und der maximalen Porengröße (bestimmt durch die sogenannte Bubble-Point-Methode) durchgesetzt.

Die *Porosität* ε charakterisiert analog zu Schüttungen (s. Gl. (8.4)) das freie Volumen des Membranmaterials und ist definiert als:

$$\varepsilon \equiv \frac{V_{Poren}}{V_{gesamt}}. \tag{9.39}$$

Die spezifische Oberfläche der Poren a_P beträgt

$$a_P \equiv \frac{A_{Poren}}{V_{ges} - V_{Poren}}, \tag{9.40}$$

wobei A_{Poren} die innere Oberfläche der Poren ist.

Dichte Membranen werden durch physikalische Trenneigenschaften wie den *Molecular Weight Cut Off* (MWCO), das Rückhaltevermögen oder die Selektivität charakterisiert. Der MWCO in Dalton gibt die kleinste Molmasse von Molekülen an, die zu 90 oder 95 % von der Membran zurückgehalten werden.

9.5.2 Grundlegende Theorie zu Membranverfahren

Der Stoffübergang jeder Komponente setzt sich formal aus dem Stofftransport aus der Feedlösung zur Membran, dem Stofftransport durch die Membran und dem Transport von der Membran in das Permeat zusammen. Auf der Feedseite der Membran bildet sich ein Konzentrationsfeld aus, wobei in binären Mischungen die an der Membran anliegenden Konzentrationen im Vergleich zur Feedlösung überhöht sind.

Der Stofftransport durch Membranen wird durch die Schicht mit dem höchsten Druckverlust bestimmt. In der Regel ist dies die aktive Trennschicht, auch wenn sie

Abb. 9.25 Charakteristische Porengeometrien poröser Membranen. (Nach Mulder 1997)

oft nur einige µm dick ist. Im Wesentlichen sind zwei unterschiedliche Mechanismen für den Stofftransport in Membranen verantwortlich: der Transport durch Poren – im einfachsten Fall rein konvektiv – oder ein Transport durch Diffusion, wobei sich die transportierte Komponente aber zunächst in der Membranphase lösen muss. Liegt ein elektrisches Feld an, so kann hierdurch ein weiterer Stoffstrom entstehen.

Der Fluss durch die Membran kann sich also formal i. Allg. aus einem diffusiven und einem konvektiven Anteil zusammensetzen:

$$J_i = J_{i,diff} + J_{i,konv}. \tag{9.41}$$

Die Zielkomponente i ist je nach Anwendung entweder das Lösungsmittel (meist Wasser) oder der gelöste bzw. suspendierte Stoff.

Je nach Membranverfahren überwiegt der konvektive Anteil (Mikro- und Ultrafiltration), treten beide Mechanismen auf (Nanofiltration) oder findet reine Diffusion statt (Umkehrosmose). Idealisierend werden Membranen entweder als reine Porenmembranen oder als reine Lösungs-Diffusions-Membranen („dichte" Membranen) betrachtet.

Transport durch poröse Membranen Der Transport durch poröse Membranen erfolgt konvektiv durch die Membranporen. Der auf die Membranfläche A_M bezogene Fluss J ist abhängig vom mittleren Porendurchmesser, der *transmembranen Druckdifferenz* Δp, der dynamischen Viskosität η und dem Widerstand der Membran R_M:

$$\boxed{J = J_{konv} = \frac{\Delta p}{\eta R_M}.} \tag{9.42}$$

Dieser Zusammenhang entspricht dem Ansatz von Darcy gemäß Gl. (9.17). Je nach Material und Herstellungsverfahren können poröse Membranen eine Vielzahl verschiedener Porengeometrien aufweisen (s. Abb. 9.25).

Für die Bestimmung des Membranwiderstands wird im einfachsten Fall (Abb. 9.25a) angenommen, dass es sich bei den Poren um durchgehende runde Kanäle handelt. (Diese Vorstellung wurde bereits unter Abschn. 8.2 zur Bestimmung des Druckverlustes in Schüttungen herangezogen.) Unter der Annahme, dass alle Kanäle den gleichen hydraulischen Durchmesser d_h und die Membran die Dicke H aufweisen, ergibt die *Hagen-Poiseuille Gleichung*

$$\overline{w} = \frac{d_h^2\ \Delta p}{32\ \eta\ H} \tag{5.7}$$

und damit der Fluss

$$J = \frac{\overline{w}\ A_p\ n_P}{A_M} = \frac{d_h^2\ \Delta p}{32\ \eta\ H\ A_M} n_p \pi \frac{d_h^2}{4} \tag{9.43}$$

bzw. unter Einbeziehung der Membranporosität ε:

$$J = \frac{\varepsilon d_h^2\ \Delta p}{32\ \eta\ H}. \tag{9.44}$$

Handelt es sich bei den Membranporen nicht um durchgehende Kanäle, sondern ähnelt ihre Struktur einer Kugelschüttung (Abb. 9.25b) so wird die *Kozeny-Gleichung* (9.13) zur Beschreibung der mittleren Geschwindigkeit verwendet, wobei die spezifische Oberfläche a_P der Poren gleich der spezifischen Oberfläche a_p der Partikel ist und im Vergleich zu Gl. (9.13) der Faktor 2 mit in die Kozeny-Konstante übernommen wird:

$$\overline{w} = \frac{v}{\varepsilon} = \frac{\varepsilon^2 \Delta p}{K(\varepsilon)\eta H a_p^2 (1-\varepsilon)^2}. \tag{9.45}$$

Es folgt für den Fluss:

$$J = \frac{\varepsilon^3 \Delta p}{K(\varepsilon)\eta H a_p^2 (1-\varepsilon)^2}. \tag{9.46}$$

Im Einsatz mit realen Medien bildet sich auf der Membran sowohl im Dead-End- wie auch im Crossflow-Betrieb eine *Deckschicht* aus, die sowohl die Dicke der aktiven Trennschicht vergrößert als auch den nominalen Porendurchmesser der Membran verändert. Für die Beschreibung des Transportes durch eine belegte Membran existiert eine Reihe von verschiedenen Ansätzen. Beim sogenannten Widerstandsmodell wird der Membranwiderstand R_M in Gl. (9.42) um einen *Deckschichtwiderstand* R_D erweitert. Damit ergibt sich:

$$\boxed{J = \frac{\Delta p}{\eta(R_M + R_D)}.} \tag{9.47}$$

Der Membranwiderstand R_M ist eine materialabhängige Größe, die während des Filtrationsvorganges konstant bleibt. Der Deckschichtwiderstand R_D ist abhängig vom Stoffsystem und den Betriebsbedingungen und kann sowohl reversibel als auch irreversibel sein. Bei der Dead-End-Filtration ergeben sich Abhängigkeiten analog zur Kuchenfiltration.

Bei der Modellierung der Crossflow-Filtration kann vereinfachend rein reversible Deckschichtbildung vorausgesetzt werden. Nach einer Einlaufphase, in der der Permeatfluss infolge des Deckschichtaufbaus zunächst abnimmt, stellt sich ein stationärer Zustand ein (s. Abb. 9.26), bei dem der Massenstrom der an die Deckschicht herantransportierten Teilchen genau dem Massenstrom der durch diffusive oder dynamische Effekte wieder abtransportierten Teilchen entspricht. Die Höhe des stationären Permeatflusses steigt i. Allg. mit steigender transmembraner Druckdifferenz, mit steigender Temperatur, mit steigender Feedüberströmung und mit abnehmender Feedkonzentration. In der Realität tritt allerdings immer eine gewisse Abnahme des Permeatflusses mit der Zeit auf.

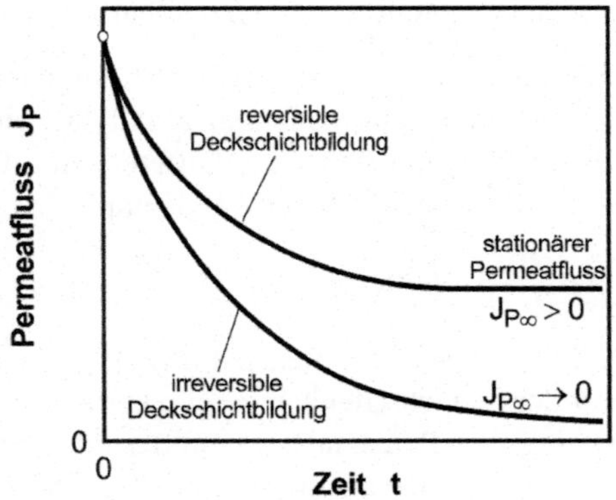

Abb. 9.26 Zeitlicher Verlauf des Permeatflusses bei reversibler und irreversibler Deckschichtbildung für die Crossflow-Filtration

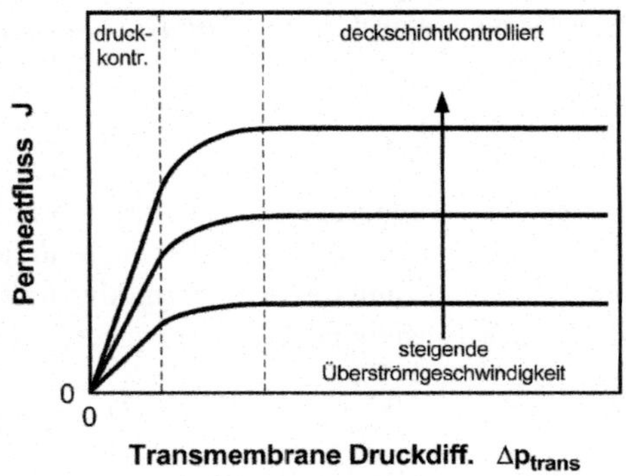

Abb. 9.27 Abhängigkeit des Permeatflusses von der transmembranen Druckdifferenz bei kompressiblen Deckschichten

Bei der Crossflow-Filtration von Medien, die eine kompressible Deckschicht bilden, ist die Steigerung des Membranflusses durch eine Erhöhung der transmembranen Druckdifferenz begrenzt. Die Filtrationskurven (s. Abb. 9.27) weisen einen druckkontrollierten Bereich auf, in dem der Fluss linear mit der transmembranen Druckdifferenz ansteigt, und einen deckschichtkontrollierten Bereich, in dem eine weitere Steigerung der Druckdifferenz keine Verbesserung des Membranflusses mit sich bringt.

Transport durch dichte Membranen Lösungs-Diffusions- oder sogenannte *dichte* Membranen sind meist asymmetrische Membranen, die aus einer dichten trennaktiven Schicht und einer porösen Stützschicht bestehen. In der trennaktiven Schicht, die für den Widerstand gegen den Stofftransport entscheidend ist, erfolgt der Stofftransport rein diffusiv, d. h., das Permeat wird durch die Membran entlang eines Gradienten des chemischen Potenzials transportiert. Das einfachste Modell zur Beschreibung dieses Stofftransportes ist das Lösungs-Diffusions-Modell (s z. B. (Wijmans und Baker 1995)). Es beruht auf folgenden Annahmen:

- Die Membran wird als Kontinuum betrachtet.
- An den Phasengrenzflächen herrscht chemisches Gleichgewicht zwischen der in der Membran gelösten Konzentration und derjenigen im Fluid.

- Die Kopplung zwischen den Partialflüssen der Permeanden wird vernachlässigt.

Triebkraft für die permeierende Komponente i einer Mischung ist ganz allgemein das elektrochemische Potenzial $\Delta\mu_i$ zu beiden Seiten der Membran. In den meisten Fällen reduziert sich diese Differenz auf die Differenz des chemischen Potenzials. Das chemische Potenzial von Komponenten in Flüssigkeiten ist wie folgt definiert:

$$\mu_i(T, p, c_i) = \mu_i^0(T, p^0) + RT \ln a_i(T, p, c_i) + \widetilde{V}_i(p - p^0). \tag{9.48}$$

$\mu_i^0(T, p^0)$ ist das chemische Potenzial beim Standarddruck p^0. Der zweite Summand auf der rechten Gleichungsseite berücksichtigt die Konzentrationsabhängigkeit des chemischen Potenzials, während der dritte Summand die Druckabhängigkeit erfasst.

Geht man davon aus, dass der Transport durch die Membran rein diffusiv erfolgt, so lautet die allgemeine Form der Transportgleichung zur Berechnung des molaren Flusses nach dem *Lösungs-Diffusions-Modell*:

$$\dot{n}_i = -x_{i,M} b_{d,i} \frac{\partial \mu_i}{\partial z}. \tag{9.49}$$

$x_{i,M}$ ist der Molenbruch der in der Membran gelösten Komponente i. Der Faktor $b_{d,i}$, die sogenannte *Beweglichkeit*, ist ein Maß für die Mobilität der Komponente i in der Membran und kann mit dem thermodynamischen Diffusionskoeffizienten $D_{i,o}$ durch die Nernst-Einstein Gleichung ausgedrückt werden:

$$D_{i,o} = RT b_{d,i}. \tag{9.50}$$

Damit folgt für den molaren Permeatfluss:

$$\dot{n}_i = -x_{i,M} \frac{D_{i,o}}{RT} \frac{\partial \mu_i}{\partial z}. \tag{9.51}$$

Deutlich wird an diesem Modell, dass Fluss und Selektivität nicht nur von der Triebkraft, also der Differenz des chemischen Potenzials abhängen, sondern zusätzlich von der Löslichkeit der Komponente in der Membran und von Diffusion dieser Komponente durch die Membran. Das Verhältnis der Produkte aus Löslichkeit und Beweglichkeit für zwei Komponenten einer Mischung ist daher auch ein Maß für die Selektivität der Membran hinsichtlich dieser zwei Komponenten.

9.5.3 *Mikro- und Ultrafiltration*

Sowohl die *Mikrofiltration* als auch die *Ultrafiltration* zählen zu den druckgetriebenen Membranverfahren durch Porenmembranen. Sie trennen Teilchen oder Moleküle nach dem „Siebeffekt" aufgrund von Größenunterschieden ab. Die Mikrofiltration hat eine Trenngrenze im Bereich von 0,05–5 μm, die sich direkt aus dem mittleren Porendurchmesser des Membranmaterials ergibt. Die Porengrößenverteilung der

Membranen weist dabei ein mehr oder weniger breites Spektrum auf. Die angelegten transmembranen Druckdifferenzen für die Mikrofiltration liegen üblicherweise zwischen 0,1 und 2 bar.

Die Trenngrenze der Ultrafiltration wird zumeist als *Molecular Weight Cut Off* (MWCO) angegeben. Mit einer Molmasse der rückgehaltenen Moleküle von 1.000–100.000 Dalton entspricht die Porenweite der UF ca. 0,002–0,2 μm. Der Arbeitsbereich der Ultrafiltration liegt meist bei 1–5 bar.

Die definierte Porenstruktur der Membranen ist ein Grund dafür, dass die Mikro- und Ultrafiltration standardmäßig dort angewendet werden, wo eine sichere Abtrennung erforderlich ist. Typische Einsatzgebiete der Mikrofiltration liegen in der Konzentrierung von Suspensionen, der Erzeugung von reinen Flüssigkeiten und der Sterilfiltration. Die Ultrafiltration wird u. a. zum Aufkonzentrieren von Lösungen und zur Fraktionierung von niedermolekular gelösten Stoffen wie z. B. zur Eiweißgewinnung aus Molke eingesetzt. Mit dem Trend zu höheren Reinheiten der End- und Zwischenprodukte bei der industriellen Produktion und der Verschärfung der Auflagen zum Schutze der Umwelt sind die Mikro- und Ultrafiltration auch für Trennaufgaben im industriellen Produktionsmaßstab interessant geworden. Bei diesen Anwendungen steht meist die hohe Reinheit des Filtrats und die absolute Rückhaltung bestimmter Stoffe oder Mikroorganismen im Vordergrund.

Die mathematische Beschreibung des Permeatflusses erfolgt analog zum Porenmodell (Gl. (9.47)), wobei der veränderliche Widerstand durch die Deckschichtbildung beachtet werden muss. Hierzu existieren in der Literatur eine Reihe von Modellierungsansätzen sowohl für den Crossflow- als auch für den Dead-End-Betrieb (z. B. Melin und Rautenbach 2007; Mulder 1997).

9.5.4 Nanofiltration

Der Begriff *Nanofiltration* wird aus der charakteristischen Porengröße des Materials abgeleitet. Poren von ca. 1 nm Durchmesser sind mikroskopisch nicht mehr erfassbar, daher erfolgt die Bestimmung der charakteristischen Porengröße über die Molmasse der zurückgehaltenen Komponenten. Eine Molmasse von 200 kg/kmol entspricht einer Molekülgröße von etwa einem Nanometer. In der Nanofiltration werden vornehmlich organische Polymere in Form von asymmetrischen, geladenen Membranen eingesetzt. Die trennaktive Schicht wird möglichst dünn gehalten (0,01–0,2 μm), um den Druckverlust beim Passieren der Membran zu minimieren.

Triebkraft für die Nanofiltration sind im Wesentlichen Druck- und Konzentrationsdifferenzen. Der Arbeitsbereich der Nanofiltration liegt bei 5–40 bar. Sie wird vornehmlich eingesetzt, um in wässrigen Lösungen vorliegende Stoffe zu fraktionieren. Dabei setzt sich der Feed aus einem Lösungsmittel (meist Wasser) und gelösten Komponenten zusammen.

Der Permeatfluss einer Komponente i setzt sich aus dem konvektiven Transport der gelösten Komponente mit dem Lösemittel durch die Poren der Membran und dem

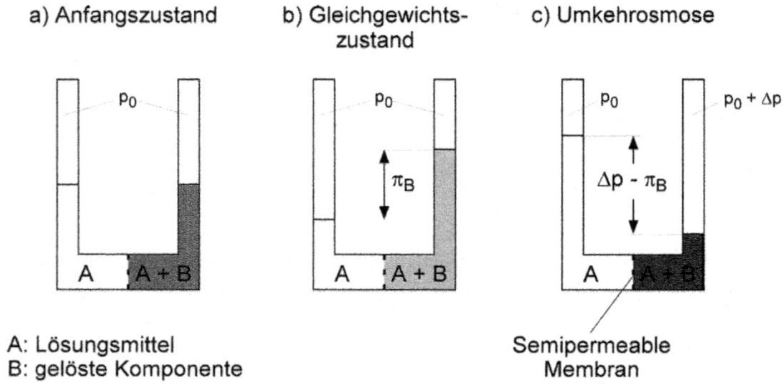

Abb. 9.28 Darstellung osmotischer Druck und Umkehrosmose

diffusiven Transport in Abhängigkeit des Konzentrationsgradienten durch die Membran zusammen. Bei geladenen Membranen kommt zusätzlich noch die Auswirkung der elektrischen Ladung auf die Stofftrennung hinzu

$$J_i = J_{i,konv} + J_{i,diff}(+ J_{i,\psi}), \tag{9.52}$$

wobei der letzte Anteil hier nicht betrachtet werden soll. Diese Gleichung muss sowohl für das Lösungsmittel als auch für die gelöste Komponente aufgestellt werden. Durch den diffusiven Anteil werden sowohl Lösungsmittel als auch gelöste Komponenten je nach ihrer Löslichkeit und Beweglichkeit in der Membran transportiert, während durch den konvektiven Anteil vor allem das Lösungsmittel durch die Nanoporen transportiert wird. Entscheidend für den Stofftransport durch Nanofiltrationsmembranen ist also, dass sich bei Erhöhung des transmembranen Drucks der konvektive Anteil des Permeatflusses erhöht. Damit nimmt der Wasserfluss gegenüber dem Fluss der gelösten Komponente zu, d. h., die Permeatkonzentration sinkt und der Rückhalt der gelösten Komponente steigt.

Die Modellbeschreibung für die Nanofiltration erfolgt durch eine entsprechende Kombination geeigneter konvektiver und diffusiver Gleichungen, wobei die elektrische Ladung möglichst mit betrachtet werden sollte (s. z. B. Melin und Rautenbach 2007; Mulder 1997).

9.5.5 *Umkehrosmose*

Die *Umkehrosmose* (Reverse Osmosis, RO) wird vor allem in der Meerwasserentsalzung, der Herstellung von Reinstwasser und der Aufbereitung von Prozesswässern in der Industrie eingesetzt. Der Stofftransport erfolgt allein diffusiv durch dichte Membranen. Das Verfahren stellt eine Umkehrung des in der Natur für den Stoffaustausch von Zellen essenziellen Phänomens der Osmose dar.

Die *Osmose* ist ein Stofftransportprozess, bei dem das Lösemittel A (i. d. R. Wasser) durch eine semipermeable Membran in eine konzentrierte Lösung A + B diffundiert. Die Triebkraft der Osmose ist der Konzentrationsunterschied zwischen beiden Phasen. Der Vorgang dauert so lange, bis zwischen den Flüssigkeiten beiderseits der Membran ein Ausgleich des chemischen Potenzials stattgefunden hat. Den makroskopisch messbaren hydrostatischen Druck (s. Abb. 9.28b) der Wassersäule bezeichnet man als *osmotischen Druck* π. Der osmotische Druck einer Komponente i ergibt sich aus der Definition des chemischen Potenzials im Gleichgewicht (s. Gl. (9.48)):

$$\pi_\mathrm{i} \equiv -\frac{\mathrm{RT}}{\tilde{\tilde{\mathrm{V}}}_\mathrm{i}} \ln \mathrm{a_i}. \tag{9.53}$$

Wird von außen eine Druckdifferenz auf die konzentrierte Lösung A + B aufgeprägt, so lässt sich dieser Prozess umkehren (s. Abb. 9.28c). Durch die Selektivität der Membran kommt es zum Lösemittelfluss durch die Membran entgegen den Konzentrationsgradienten. Als Triebkraft wirkt die aufgeprägte Druckdifferenz $\Delta p = p_{Feed} - p_{Permeat}$, die allerdings um die Differenz der osmotischen Drücke $\Delta\pi_i = \pi_{i,Feed} - \pi_{i,Permeat}$ reduziert ist. Die Druckdifferenz $\Delta\pi$ ergibt sich aus den auf beiden Seiten der Membran herrschenden osmotischen Drücken, da das Lösungsmittel auf keiner Seite in reiner Form vorliegt. Bei der Umkehrosmose werden die ionisch bzw. molekular gelösten Stoffe im Retentat aufkonzentriert, während das Permeat im Wesentlichen aus dem Lösemittel besteht. Im technischen Einsatz kann damit zum einen Permeat mit hohem Reinheitsgrad gewonnen werden, zum anderen können problematische Abwasserströme aufkonzentriert und somit minimiert werden. Im Idealfall kann die Aufkonzentrierung soweit gehen, dass eine Wiederverwendung der gelösten Stoffe ermöglicht wird. Der Betriebsbereich der transmembranen Druckdifferenz für die Umkehrosmose beträgt meist 20–80 bar, die technische Grenze liegt etwa bei 200 bar. Die heute mit großen Kapazitäten gebauten Meerwasserentsalzungsanlagen auf RO Basis arbeiten mit ca. 70 bar Druckdifferenz.

Der Fluss durch Umkehrosmose-Membranen kann mit dem Lösungs-Diffusions-Modell analog zu Gleichung (9.51) ausgedrückt werden. Für das Lösungsmittel wirken sowohl der Konzentrations- als auch der Druckterm des chemischen Potenzials als Triebkraft. Damit ergibt sich der Fluss (s. Melin und Rautenbach 2007) als:

$$J_i = c_{i,M} \frac{D_{i,o}}{RT} \tilde{\tilde{V}}_i \frac{(\Delta p - \Delta\pi_i)}{H_M}. \tag{9.54}$$

Die Triebkraft für den Salzfluss wird vor allem durch den Aktivitätsterm verursacht, wobei der Druckterm vernachlässigbar ist. Eine Druckerhöhung bei der Trennung von Salzlösungen führt demnach in erster Linie zu einer Steigerung des Lösungsmittelflusses. Damit wird das Permeat stärker „verdünnt“ und der Rückhalt steigt.

9.5.6 *Apparative Umsetzung der Membranfiltration*

Die technische Anordnung von Membranen wird als *Modul* bezeichnet. Im Modul sollen je nach Anwendung optimierte Bedingungen für den Membrantrennprozess realisiert werden. Die Optimierung bei der Entwicklung von Modulen stellt zumeist einen Kompromiss dar, da einige der im Folgenden angeführten Anforderungen im Widerspruch zueinander stehen:

- gute, gleichmäßige Überströmung der Membran,
- geringe Druckverluste,
- große Packungsdichte,
- mechanische, chemische und thermische Stabilität,
- kostengünstige Fertigung,
- gute Reinigungsmöglichkeit.

Im Wesentlichen lassen sich die zurzeit erhältlichen Modultypen auf Module mit Schlauchmembranen und Module mit Flachmembranen zurückführen. Tabelle 9.4 gibt eine Übersicht über technisch gängige Membranmodule.

In den Abb. 9.29, 9.30, 9.31, 9.32 sind beispielhaft Rohrmodule, Hohlfasermembrane, Plattenmodule und ein Wickelmodul abgebildet.

9.6 Verständnisfragen

1. Erläutern Sie die Prinzipien von Kuchen-, Querstrom- und Tiefenfiltration.
2. Was versteht man unter einer Verteilungssummenfunktion bzw. Verteilungsdichtefunktion? Wie hängen beide Funktionen zusammen?
3. Skizzieren Sie die Verteilungsfunktionen für eine ideale und eine reale Trennung.
4. Erläutern Sie die Herleitung der Kozeny-Gleichung.
5. Unter welchen Voraussetzungen gilt die Filtergleichung für die Kuchenfiltration?
6. Skizzieren und erläutern Sie die Filterkurven für die drei Betriebsweisen von Filtern.
7. Welche Auswirkungen besitzt die Kompressibilität eines Filterkuchens?
8. Mit welchen physikalischen Mechanismen können durch Membranen Trennvorgänge bewirkt werden?
9. Wie sind die Größen Fluss, Permeabilität, Rückhaltevermögen und Selektivität definiert?
10. Wodurch ist die Mikrofiltration gekennzeichnet?
11. Was kennzeichnet der Membranwiderstand R_M und der Deckschichtwiderstand R_D?
12. Skizzieren Sie den zeitlichen Verlauf des Permeatflusses bei reversibler und irreversibler Deckschichtbildung.
13. Skizzieren Sie die Abhängigkeit des Permeatflusses von der transmembranen Druckdifferenz bei kompressiblen Deckschichten.
14. Erläutern Sie die Funktionsweise der Umkehrosmose.
15. Welche Anforderungen werden an Membranmodule gestellt?

Tab. 9.4 Modulübersicht

	Beschreibung	Vorteile	Nachteile	Einsatzgebiete
Module mit Schlauchmembranen				
Rohr-Module	– Druckfestes Stützrohr, Membran innen aufgebracht, – d = 6–24 mm, – innen durchströmt, Permeatfluss von innen nach außen, – Packungsdichte: < 80 m^2/m^3	– geringer Druckverlust, – unempfindlich gegen Verstopfungen, – einfache Reinigung	– geringe Packungsdichte, – großer Feedvolumen-strom pro Membranfläche	Mikrofiltration, Ultrafiltration
Kapillar-module	– selbsttragend, aktive Membranfläche innen, – d = 0,5–6 mm, – innen durchströmt, Permeatfluss von innen nach außen, – Packungsdichte: < 10.000 m^2/m^3	– kostengünstige Fertigung, – hohe Packungsdichte	– geringe Druckfestigkeit, – meist nur laminare Strömung (schlechter Stoffaustausch)	Ultrafiltration
Hohfaser-module	– selbsttragend, aktive Membranfläche innen oder außen, – d = 40–500 µm, – innen oder außen durchströmt – Packungsdichte: < 10.000 m^2/m^3	– hohe Druckstabilität, – sehr hohe Packungsdichte, – relativ niedrige Membrankosten	– empfindlich gegen Verstopfungen, – hoher Druckverlust in den Fasern	Mikrofiltration, Ultrafiltration
Module mit Flachmembranen				
Platten-module	– Flachmembranen mit innenliegender Platte zur Stabilisierung, – Membranfläche außen, – Permeatfluss von außen nach innen, – Packungsdichte: < 400 m^2/m^3	– wenig verschmutzungsanfällig, – einfach zu reinigen, – geringer Druckverlust	– rel. geringe Packungsdichte	Mikrofiltration Ultrafiltration
Kissen-module	– Flachmembranen mit innenliegendem Permeatspacer – Membranfläche außen – Permeatfluss von außen nach innen – Packungsdichte: < 400 m^2/m^3	– wenig verschmutzungsanfällig, – geringer Druckverlust	– rel. geringe Packungsdichte, – Membran muss verschweiß- oder klebbar sein	Mikrofiltration, Ultrafiltration, Nanofiltration, Umkehrosmose
Wickel-module	– Flachmembranen mit innenliegendem Permeatspacer, – aufgerollt mit zusätzlichem Feedspacer, – Feedabführung durch innenliegendes Stützrohr, – Packungsdichte: < 1.000 m^2/m^3	– hohe Packungsdichte, – guter Stoffaustausch durch Feedspacer	– schlechte Reinigungsfähigkeit, – Membran muss verschweiß- oder klebbar sein	Nanofiltration, Umkehrosmose

Abb. 9.29 Rohrmodule (Fa. Koch)

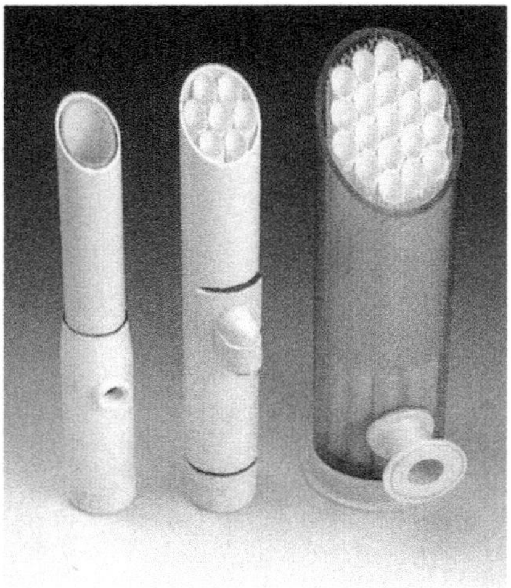

Abb. 9.30 Hohlfasermodule (Fa. GE)

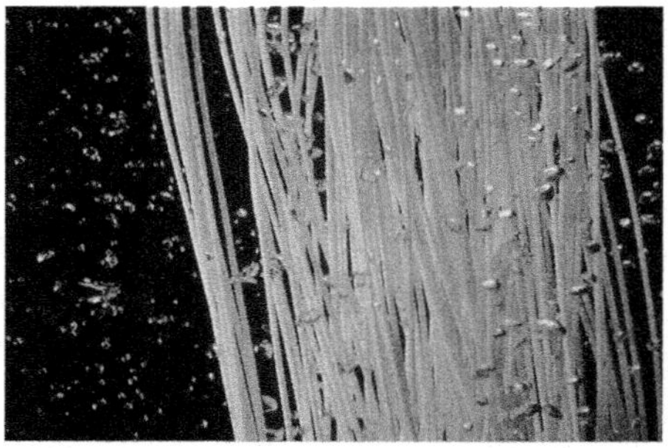

Abb. 9.31 Plattenmodule (Fa. Kubota)

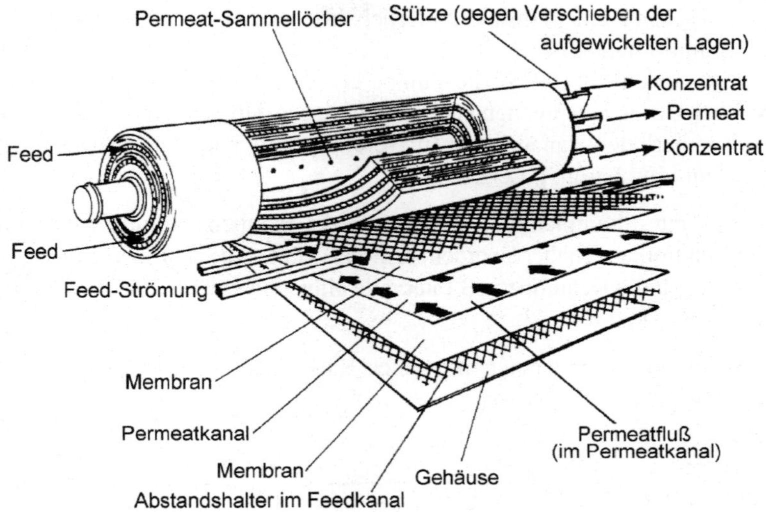

Abb. 9.32 Prinzipskizze eines Wickelmoduls

Abb. 9.33 Kennlinie einer Kreiselpumpe

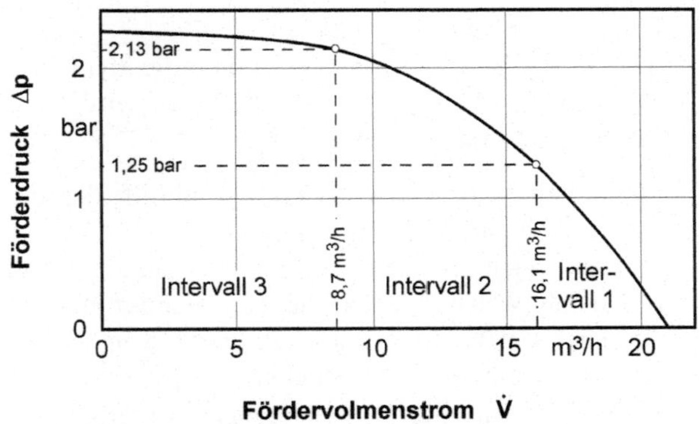

9.7 Aufgaben

1. Es sollen $100\,m^3$ einer Suspension, die eine Feststoffkonzentration von $\rho = 10\,kg/m^3$ und eine Dichte $\rho_{Trübe} \approx \rho_f = 1000\,kg/m^3$ habe, eingedickt werden.

   a. Wie viel Wasser muss zur Eindickung auf $\rho_a = 50\,kg/m^3$ und
   b. zur Eindickung auf $\rho_b = 100\,kg/m^3$ abgeführt werden?
   c. Wie viel Prozent mehr Flüssigkeitsvolumen muss bei (a) gegenüber (b) aufgebracht werden, wenn die Suspension anschließend auf $\rho_c = 400\,kg/m^3$ abgefiltert werden soll?
   d. Um welchen Prozentsatz ist die Filtratmenge zu erhöhen, wenn auf $\rho_d = 450\,kg/m^3$ anstatt auf $\rho_c = 400\,kg/m^3$ abgefiltert wird?

2. Die Grundgleichung der Kuchenfiltration ist für den Fall anzuwenden, dass die obige Suspension einem diskontinuierlich arbeitenden Druckfilter mithilfe einer Kreiselpumpe zugeführt wird[4].
Damit ist sowohl die durch die Pumpe erzeugte Druckdifferenz als auch der Flüssigkeitsstrom entsprechend der Kennlinie der Pumpe (s. Abb. 9.33) während der Filtrierperiode veränderlich. (Zur Vereinfachung wird der Suspensionsstrom gleich dem Filtratstrom gesetzt.)

   Hinweis: Zur vereinfachten Lösung kann die Pumpenkennlinie durch eine lineare Funktion angenähert werden. Um den Fehler dieser Linearisierung klein zu halten, soll die Kennlinie in 3 Intervalle eingeteilt werden, für die jeweils gilt: $\Delta p_i = m_i \dot{V} + b_i$, $i = 1 \ldots 3$.

3. Bei einem Filtrationsversuch mit einer Kalziumkarbonat-Suspension werden folgende Ergebnisse erhalten:

Zeit (s)	V_f (10^{-3} m^3)
18	0,9
146	2,92
595	6,19
888	7,79

   Die Filterfläche beträgt $A = 0{,}1\ m^2$, die dynamische Viskosität des Wassers $\eta = 1{,}14 \times 10^{-3}$ kg/(ms). Der Versuch wird bei einem Filtrationsdruck von $p = 0{,}35$ bar durchgeführt.

   a. Stellen Sie das Versuchsergebnis mithilfe der linearisierten Filtergleichung in der Form $t/V_f = f(V_f)$ grafisch dar.
   b. Berechnen Sie die Parameter α_v χ_v und β der Filtergleichung und schätzen Sie ab, welche Filterfläche man benötigt, um ein Filtratvolumen von $100\ m^3$ einer $CaCO_3$-Suspension innerhalb von 1 h durch Filtration bei gleichen Randbedingungen zu erhalten.
   c. Welche Filterfläche ist bei gleicher Filtermenge ($100\ m^3$) erforderlich, wenn nach jeweils fünf Minuten Filtern fünf Minuten lang der Filterkuchen abgeräumt wird? (Die Gesamtzeit für Filtern und Räumen beträgt eine Stunde.)
   d. Welche der Betriebsweisen (b) oder (c) ist also zu wählen?

4. Bei der Aufbereitung eines Staubes aus einem Elektroabscheider wird der Staub in Wasser suspendiert. Es ist die Filtrierbarkeit dieser wässrigen Suspension zu prüfen[5]. Um den Filter auslegen zu können, müssen die Filterkonstanten ermittelt werden. Dazu wird im Labor eine Vakuumfiltration bei einem Differenzdruck von $\Delta p = 0{,}25$ bar durchgeführt. Die Zähigkeit der Suspension wird mit $\eta = 1{,}0 \times 10^{-3}$ Pa s ermittelt. Bei dem Versuch wird die Zeit gemessen, die

[4] nach (Bockhardt et al. 1993).

[5] Nach (Stieß 1994).

notwendig ist, um ein bestimmtes Filtratvolumen zu bilden. Die Fläche des Filters beträgt 143 cm^2 (Tab. 9.5).

Nach 27,5 min (1650 s) hat der Filterkuchen eine Dicke von 2,5 cm. Es werden in dieser Zeit 450 ml filtriert.

a. Die Filterkonstanten α_v, χ_v und β sollen aus den Versuchsergebnissen bestimmt werden.
b. Welche qualitative Aussage lässt sich zur Filtrierbarkeit der Suspension machen?
c. Das Verhältnis von Filterkuchen- zu Filtermediumwiderstand β nach 100 s und am Ende der Messreihe soll bestimmt werden. Ist das Filtermedium falsch gewählt?
d. Die Laborergebnisse sollen dazu dienen, einen Filterapparat auszulegen. Der Prozess soll unter den gleichen Bedingungen wie der Laborversuch erfolgen. Die kontinuierlich anfallende Suspension mit einem Flüssigkeitsvolumenstrom von 20 m^3/h soll in zwei parallel geschalteten Filtern abwechselnd gefiltert werden. Zur Reinigung eines Filters werden ca. 21 min benötigt. Wie groß ist die erforderliche Filtrierfläche für die beiden Filter zusammen?

5. Für die Filtration von Bariumkarbonat aus Wasser ($\eta = 10^{-3}$ kg/(ms)) soll eine Filternutsche eingesetzt werden. Es fallen 8 m^3/h Klarfiltrat an. Der Feststoffvolumenanteil beträgt 10 %. In einem Versuch sind folgende Werte ermittelt worden: $B_K = 0{,}25 \times 10^{-13}$ m^2, $\beta = 2 \times 10^8$ m^{-1} und $\varepsilon = 0{,}4$. Für den Filtervorgang stehen als Druck 3 bar zur Verfügung.

   a. Welche Filterfläche ergibt sich pro Nutsche, wenn vier Nutschen ständig im Einsatz sind und jede Nutsche alle 30 min entleert werden soll (Entleerungszeiten können vernachlässigt werden)?
   b. Welche Filterfläche ergibt sich bei einer Filtrationszeit von 1 h?
   c. Welche Filterkuchenhöhen ergeben sich für a) und b)?

6. In einem chemischen Betrieb fallen stündlich 20 m^3 Flüssigkeit mit einem Feststoffgehalt von 1 Vol. % bzw. 2 Vol. % an. Zur Filtration dieser Trübe stehen zwei Rahmenfilterpressen zur Verfügung. Die maximale Kuchendicke beträgt 30 mm. Die beiden Filter sollen so ausgelegt werden, dass eine Reinigung der Filter nach jeweils vier Stunden erfolgen soll. Der Feststoff ist ein Korngemisch, für das ein Sauterdurchmesser von 8,3 µm gemessen wurde. Der Lückengrad für den Filterkuchen beträgt $\varepsilon_K = 0{,}25$.

   a. Wie groß ist die notwendige Filterfläche für die beiden Trüben?
   b. Wie groß ist die erforderliche Druckdifferenz?
   Stoffwerte: $\rho_f = 10^3$ kg m^{-3}; $\nu_f = 10^{-6}$ m^2 s^{-1}

   Hinweis: Für die Bestimmung des Filterkuchenwiderstands kann die Ergun-Gleichung herangezogen werden, der Filtermediumwiderstand ist zu vernachlässigen.

Tab. 9.5 Versuchsergebnisse

Nr.	1	2	3	4	5	6	7	8
V (cm^3)	100	150	200	250	300	350	400	450
t (s)	100	206	330	495	690	1005	1255	1650

Abb. 9.34 Trenncharakteristik. (Aus Drews et al. 2003)

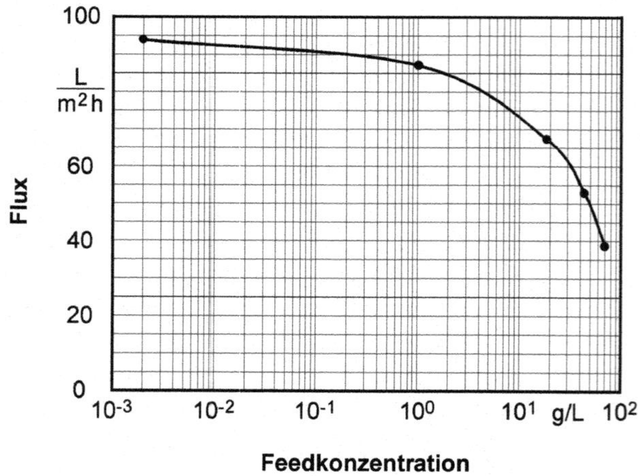

7. Ein Abwasserstrom von 1 m^3/h, der 1 g/L einer organischen Komponente enthält, soll mittels Nanofiltration bis auf < 1 mg/L dieser Komponente gereinigt werden. In Pilotversuchen wurden ein Rückhalt von 99,9 % und die im Diagramm dargestellte Trenncharakteristik ermittelt.[6]
Aus ökonomischen Gründen soll ein Flux von 50 L/m^2h nicht unterschritten werden.

   a. Wie viele Trennstufen sind nötig?
   b. Wie groß ist der Flächenbedarf in jeder Stufe?

   Hinweis: Stellen Sie dazu eine Massenbilanz unter der Annahme auf, dass der gesamte Massenstrom der Komponente in das Konzentrat gehen soll (Abb. 9.34).

Literatur

Allgemein

Alt C (1972) Filtration. Ullmanns Enzyklopädie der technischen Chemie, 4. Aufl, 2, (S 154–198) Verlag Chemie, Weinheim

Alt C (2002) Filtration. Ullmann's Encyclopedia of industrial Chemistry. 7. Aufl, Wiley-VCH, Weinheim

[6] Angelehnt an (Drews et al. 2003).

Melin T, Rautenbach R (2007) Membranverfahren, Grundlagen der Modul- und Anlagenauslegung. 3. Aufl, Springer, Berlin
Müller E (1983) Mechanische Trennverfahren. 2, Salle + Sauerländer
Mulder M (1997) Basic Principles of Membrane Technology. Kluwer Academic Publishers, Dordrecht
Rautenbach R (1997) Membranverfahren, Grundlagen der Modul- und Anlagenauslegung. Springer, Berlin
Ripperger S (1992) Mikrofiltration mit Membranen. VCH, Weinheim
Rushton A, Ward AS, Holdich RG (1999) Solid-Liquid Filtration and Separation Technology. 2. Aufl, Wiley-VCH, Weinheim
Staude E (1992) Membranen und Membranprozesse, Grundlagen und Anwendungen. VCH, Weinheim
Stieß M (1994) Mechanische Verfahrenstechnik 2. Springer, Berlin.

Speziell

Arras K (1972) Entstaubung durch Filter. In: Ullmanns Enzyklopädie der technischen Chemie (S 236–239), 4. Aufl, 2, Verlag Chemie, Weinheim
Bockhardt HD, Güntzschel P, Poetschukat A (1993) Aufgabensammlung zur Verfahrenstechnik für Ingenieure. 3. Aufl, Dt Verlag für Grundstoffindustrie, Leipzig
Borho K, Polke R, Wintermantel K, Schubert H, Sommer K (1991) Produkteigenschaften und Verfahrenstechnik. Chem Ing Tech 63:792–808
Darcy HPG (1856) Les Fontaines Publiques de la Ville de Dijon. Victor Dalmont, Paris
Drews A, Klahm T, Renk B, Saygili M, Baumgarten G, Kraume M (2003) Reinigung jodhaltiger Spülwasser aus der Röntgenkontrastmittelproduktion mittels Nanofiltration: Prozessgestaltung und Modellierung. Chem Ing Tech 75:441–447
Gasper H, Oechsle D, Pongratz E (2000) (Hrsg). Handbuch der industriellen Fest-/Flüssig-Filtration, 2. Aufl, Wiley-VCH, Weinheim
Kozeny J (1927) Über die kapillare Leitung des Wassers im Boden. Sitz Ber Wiener Akad Abt II a, S 271
Nunes SP, Peinemann K-V (2001) (eds) Membrane Technology in the Chemical Industry. Wiley-VCH, Weinheim
Paul D (1998) Polymermembranen für die Stofftrennung. Chemie in unserer Zeit 32:197–205
Ruth BF, Montillon GH, Montonna RE (1933) Studies in filtration. Ind Engng Chem 25:76–82 und 153–161
Ruth BF (1935) Studies in filtration. Ind Engng Chem 27:708–723 und 806–816
Tiller FM, Shirato M (1964) The role of porosity. Part b: New definition of filter resistance. AIChE J 10:61–67
Wijmans JG, Baker RW (1995) The solution-diffusion model: a review. J Membr Sci 107:1–21

Kapitel 10
Trocknung fester Stoffe

Unter Trocknung versteht man üblicherweise die vollständige oder teilweise Entfernung von Flüssigkeit aus einem feuchten *Gut* durch Verdunsten oder Verdampfen. Das Austreiben von Produktfeuchte durch rein mechanische Kräfte ohne Phasenänderung (Schleudern, Pressen) wird im Weiteren ebenso wenig betrachtet wie die Trocknung durch das Eindampfen von Lösungen bzw. durch Adsorption. Der thermische Prozess, die thermische Trocknung, ist energieaufwendiger als die mechanische Entfeuchtung, daher sollten feste Stoffe bevorzugt mechanisch entfeuchtet werden.

Die mathematische Behandlung der thermischen Trocknung stößt auf zwei grundsätzliche Schwierigkeiten. Die eine ist die Vielfalt der zu behandelnden Güter mit ihren teilweise komplexen Stoffeigenschaften, die zusätzlich vom Feuchtigkeitsgehalt abhängen. Viele Güter sind empfindliche Naturprodukte, die durch unsachgemäße Trocknung beschädigt werden können: z. B. wird sich Holz bei zu raschem und ungleichmäßigem Feuchtigkeitsentzug verziehen oder gar reißen. Für die Auswahl eines Trocknungsverfahrens ist der Ausgangszustand, in dem das zu trocknende Gut vorliegt, von großer Bedeutung. Grundsätzlich kann das Gut als

- Feststoff (rieselfähig, stückig, flächenartig),
- Brei bzw. Paste oder
- Flüssigkeit (Lösung, Suspension)

vorliegen. Die zweite Schwierigkeit besteht darin, dass die Trocknung sich aus mehreren Teilvorgängen zusammensetzt, die sich einander überlagern, und dass Energie- und Stoffaustausch komplex miteinander gekoppelt sind.

Ziel des Kapitels ist die Erläuterung der physikalischen Phänomene, die bei der thermischen Trocknung auftreten und demzufolge für die Trocknerauswahl und -dimensionierung entscheidend sind. Dazu gehören zunächst Eigenschaften des feuchten Guts und des feuchten Gases. Daran schließt sich die Verfolgung und quantitative Bewertung von Trocknungsvorgängen unter Verwendung des Mollier-Diagramms an. Danach wird die Kinetik der parallel ablaufenden Energie- und Stofftransportprozesse dargestellt. Abschließend werden häufig eingesetzte Trocknerbauarten für unterschiedliche Anwendungsfälle vorgestellt.

M. Kraume, *Transportvorgänge in der Verfahrenstechnik*,

DOI 10.1007/978-3-642-25149-8_10,

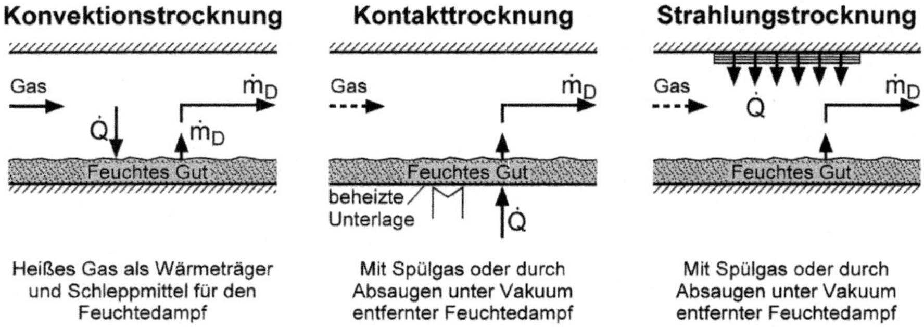

Abb. 10.1 Vereinfachte Varianten der thermischen Trocknung

10.1 Grundbegriffe der thermischen Trocknung

Die zur Trocknung erforderliche Energie wird in der Regel dem Gut von außen zugeführt, es kann aber auch in ihm gespeicherte oder in ihm dissipierte Energie, z. B. durch Mikrowellen, benützt werden. Bei diesem als *thermische Trocknung* bezeichneten Vorgang werden also Energie und Stoff gleichzeitig übertragen.

Wichtige Begriffe bei der Trocknung sind:

- *Trocknungsgut*: Stoff, der von Feuchtigkeit befreit werden soll.
- *Gutsfeuchte*: Feuchtigkeit oder Flüssigkeit im Trocknungsgut.
- *Trocknungsmittel*: Medium, das die aus dem Trocknungsgut verdunstende Gutsfeuchte aufnimmt und abtransportiert.

Für die Entfernung der Feuchtigkeit aus dem Gut existieren grundsätzlich zwei Möglichkeiten: *Verdunstung* und *Verdampfung*. Bei der Verdunstung enthält der Gasraum, in den die Feuchtigkeit als Dampf aus dem Trocknungsgut entweicht, noch mindestens ein weiteres Gas. Dieses andere Gas, meistens Luft, liefert in vielen Fällen die zur Trocknung benötigte Energie in Form der inneren Energie. Der Gesamtdruck im Trockner ist bei Verdunstungstrocknung höher als der Partialdruck des aus dem Gut entweichenden Dampfes. Verdampfung hingegen liegt vor, wenn der Gesamtdruck gleich dem Partialdruck des entweichenden Dampfes ist, da die Gasphase ausschließlich aus der dampfförmigen Gutsfeuchte besteht.

Übliche Varianten der thermischen Trocknung werden vereinfachend in Abb. 10.1 verdeutlicht. Der durch Konvektion, Wärmeleitung oder Strahlung an das zu trocknende Gut übertragene Wärmestrom $\dot{Q}$ dient zur Erwärmung des Guts und zur Verdunstung oder Verdampfung des Feuchtemassenstroms $\dot{m}_D$. Die *Verdunstungs-* oder *Konvektionstrocknung* ist am häufigsten anzutreffen; Kontakt- und Strahlungstrocknung werden hauptsächlich dann angewandt, wenn unter Vakuum getrocknet werden muss. Meistens ist die zu entfernende Komponente in flüssiger Form an das Gut gebunden. Liegt es aber in fester Form vor, so erfolgt die Trocknung durch Sublimation. Man spricht in diesem Fall von *Gefrier-* oder *Sublimationstrocknung*.

Die physikalischen Vorgänge, die den Trocknungsprozess bestimmen, können eingeteilt werden in gutsinterne und äußere Transportvorgänge.

Folgende Grundfragen der thermischen Trocknung müssen für technische Prozesse in allen Fällen beantwortet werden:

1. Wie transportiert man die für die thermische Trocknung notwendige Energie in das Gut?
2. Wie wird der entstehende Dampf abgeführt?
3. Welchen Trocknungsverlauf weist das Produkt auf?

10.2 Eigenschaften feuchter Güter

Der Anteil der dampfförmigen Gutsfeuchte am Gesamtdruck der Gasphase wird durch den Partialdruck p_D repräsentiert, während der Dampfdruck oder auch Sättigungsdampfdruck p_{SD} den Partialdruck der Flüssigkeit im thermodynamischen Gleichgewicht zwischen Gas- und Flüssigphase bezeichnet. Die Werte des Sättigungsdampfdrucks sind für viele Stoffe tabelliert bzw. in entsprechenden Datenbanken verfügbar. Dampfdrücke reiner Stoffe können auch z. B. mit der Antoine-Gleichung berechnet werden. Bei der Trocknung ist der Partialdruck der Flüssigkeit in den meisten Fällen gleich dem Sättigungsdampfdruck bei der zugehörigen Feuchtetemperatur. Eine Ausnahme bilden jedoch z. B. sogenannte *hygroskopische* Stoffe. Allgemein ist ein Trocknungsgut dann hygroskopisch, wenn der Gleichgewichtspartialdruck der Feuchte im Gasraum über dem Gut niedriger ist als ihr auf die gleiche Oberflächentemperatur bezogener Sättigungsdampfdruck. Eine Beeinflussung des Dampfdrucks kann durch verschiedene Mechanismen zustande kommen. Als Ursache für die Dampfdruckveränderung können allgemein sorptive Kräfte genannt werden. Unter diesem Oberbegriff versteht man beispielsweise die Beeinflussung durch Oberflächenspannung, osmotischen Druck, physikalische Adsorption und chemische Absorption (Krischer und Kast 1992).

10.2.1 Arten der Feuchtigkeitsbindung

Die im feuchten Körper enthaltene Flüssigkeit ist entweder eine reine Flüssigkeit oder eine Salzlösung. In den meisten Fällen ist Wasser die vorherrschende Komponente der Flüssigkeit. Diese kann auf folgende Arten physikalisch an das zu trocknende Gut gebunden sein:

1. *Haftflüssigkeit*. Sie bildet auf der äußeren Oberfläche des Gutes einen Flüssigkeitsfilm. Der Partialdruck der Feuchte in der Gasphase entspricht ihrem Sättigungsdampfdruck. Bei Belegung des Guts mit einer monomolekularen Schicht der Flüssigkeit kann es jedoch durch Van-der-Waals-Kräfte zu hygroskopischem Verhalten kommen (hygroskopisches Verhalten durch physikalische Adsorption).

2. *Kapillarflüssigkeit*. Sie benetzt die inneren Poren poröser Körper und wird während des Trocknens durch Kapillarkräfte an die Außenoberfläche gefördert. Während bei vielen Stoffen der Partialdruck der Kapillarflüssigkeit gleich dem Sättigungsdampfdruck ist (*nichthygroskopisches* Verhalten), ist er bei anderen Stoffen unterhalb eines kritischen Feuchtegehaltes geringer. Das Gut wird dann als *hygroskopisch* bezeichnet (hygroskopisches Verhalten durch den Einfluss der Oberflächenspannung).

   Bei engen Poren (ca. 2–30 nm) bilden sich in den Kapillaren konkave Flüssigkeitsoberflächen aus. Wenn die Krümmungsradien dieser Grenzflächen sehr klein werden, stellt sich ein geringerer Partialdruck p_{Kap} als der Sättigungsdampfdruck der Flüssigkeit p_{SD} an dieser Stelle ein. Dieser Partialdruck p_{Kap} kann mit der *Gibbs-Thomson-Beziehung* berechnet werden:

$$\ln \frac{p_{Kap}}{p_{SD}} = -\frac{2 \cdot \sigma \cdot \cos \vartheta}{\rho_f \cdot r_K \cdot \dfrac{R \cdot T}{\widetilde{M}_f}} \qquad \vartheta\text{: Flüssigkeitsrandwinkel} \tag{10.1}$$

   Es lässt sich zeigen, dass die *Dampfdruckerniedrigung* bei Wasser erst bei Kapillardurchmessern $d_K < 10^{-8}$ m einen merklichen Einfluss gewinnt. Der sinkende Partialdruck beginnt dann den Trocknungsvorgang zu erschweren, weil die treibende Partialdruckdifferenz abnimmt.
3. *Quellflüssigkeit*. Sie benetzt nicht nur die zugängliche Oberfläche des Guts, sondern lässt das Gut aufquellen, sodass es eine Volumenvergrößerung erfährt. Während Haft- und Kapillarflüssigkeit nur die äußeren und inneren Gutsoberflächen benetzen, ist die Quellflüssigkeit Bestandteil der Gutsphase, die sie völlig durchdringt. Ihre Entfernung bei der Trocknung führt zur Schrumpfung des Guts.
4. *Kristallwasser*. Die Flüssigkeit stellt einen formbildenden Bestandteil des Guts dar, da sie in das Kristallgitter eingebunden ist. Die Entfernung des Kristallwassers erfolgt erst nach Überschreiten einer kristallspezifischen Zersetzungstemperatur, die bei der thermischen Trocknung nicht erreicht wird (hygroskopisches Verhalten durch chemische Absorption).

Der Feuchteanteil, d. h. das Massenverhältnis von Feuchtigkeit und Trockensubstanz, wird als Gutsfeuchte X

$$X \equiv \frac{\textit{Masse der Gutsfeuchte}}{\textit{Masse des trockenen Feststoffs}}$$

bezeichnet. Es handelt sich dabei stets um den über den gesamten Gutsquerschnitt gemittelten Wert.

Die Beschreibung des Zusammenhangs zwischen dem Flüssigkeitsgehalt des Gutes und dem Partialdruck dieser Flüssigkeit in der umgebenden Gasphase bei konstanter Temperatur im Gleichgewicht wird als *Sorptionsisotherme* bezeichnet. Die Gutsfeuchte ist meist Wasser und das Trocknungsmittel meist Luft; man trägt deshalb häufig auch den Flüssigkeitsgehalt des Gutes als Funktion der relativen Luftfeuchtigkeit (s. Gl. 10.9) auf. In Abb. 10.2 ist der typische Verlauf von Sorptionsisothermen für verschiedene Gutstemperaturen exemplarisch für Kartoffeln nach

Abb. 10.2 Charakteristische Sorptionsisotherme für ein hygroskopisches Gut am Beispiel von Kartoffeln. (Messungen nach Görling 1956)

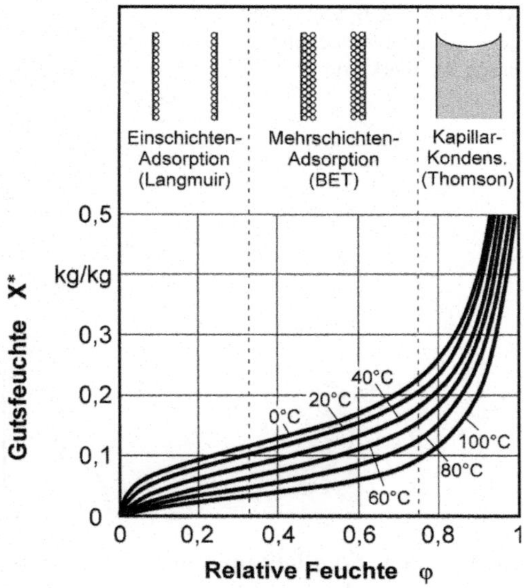

Daten von (Görling 1956) dargestellt. Die Gutsfeuchte X^* stellt hier die Flüssigkeitsbeladung des Gutes im Gleichgewicht dar. Hieraus ergibt sich die kleinstmögliche Restfeuchte des Gutes bei gegebenem Zustand des Trocknungsgases. Bei niedrigen Dampfpartialdrücken lagert sich das Wasser in Form einer annähernd monomolekularen Schicht auf der Gutsoberfläche ab; der entsprechende Zusammenhang zwischen Gutsfeuchte und relativer Luftfeuchte kann mit dem Ansatz nach Langmuir (s. z. B. Grassmann et al. 1997; Mersmann 1980; Sattler 1995) beschrieben werden. Höhere Luftfeuchtigkeiten führen zur Ausbildung von Schichten mit n Moleküllagen; die Sorptionsisotherme kann mit der Brunauer-Emmett-Teller- (kurz BET) Gleichung beschrieben werden. Bei hoher Luftfeuchte kommt es schließlich zur sogenannten Kapillarkondensation im Gut.

10.2.2 *Bewegung der Feuchtigkeit im Gut*

Die Feuchtigkeitsbewegung im Gut während der Trocknung erfolgt auf zwei unterschiedliche Arten:

1. Flüssigkeitsbewegung durch Kapillar- oder Oberflächenkräfte;
2. Dampfbewegung infolge eines Druck- oder Partialdruckgefälles in gas- bzw. dampfgefüllten Poren des Gutes.

Im Folgenden wird die aus dem Gut zu entfernende Flüssigkeit durch den Index W (W = Wasser) und ihr Dampf durch den Index D gekennzeichnet. Dem Gut wird der Index G und der Luft der Index L zugeordnet.

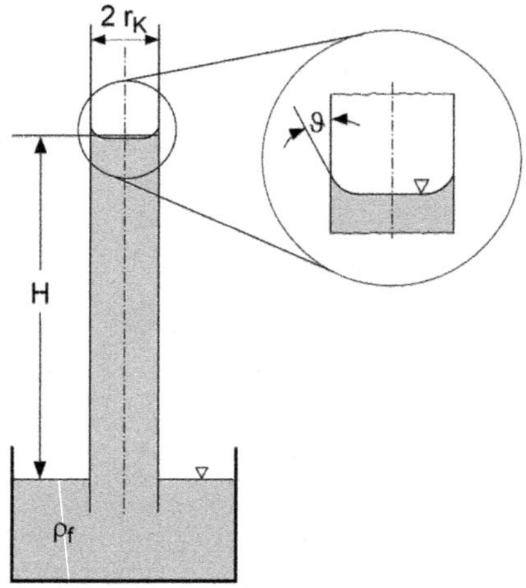

Abb. 10.3 Zur Beschreibung der Flüssigkeitsbewegung durch Kapillarkräfte

Wird eine Kapillare mit einer benetzenden Flüssigkeit gefüllt (s. Abb. 10.3), so steigt diese in der Kapillare aufgrund der Adhäsionskräfte bis zur Höhe H über den Flüssigkeitsspiegel. Im Falle einer nicht benetzenden Flüssigkeit nimmt der Randwinkel ϑ Werte größer 90 ° an, und es kommt zur sogenannten Kapillardepression, wie dies z. B. bei Quecksilber in Glaskapillaren auftritt. Die Flüssigkeit sinkt dann an der Wand der Kapillare gegenüber dem mittleren Spiegel ab. Aus dem Kräftegleichgewicht resultierend aus Oberflächenspannung und hydrostatischem Druck (bei vernachlässigbarer Dichte des Gases)

$$2\pi r_K \cdot \sigma \cdot \cos\vartheta = \rho_f g H \cdot \pi r_K^2$$

ergibt sich:

$$H = \frac{2\sigma \cdot \cos\vartheta}{\rho_f g r_K}. \tag{10.2}$$

Die Steighöhe H nimmt mit kleiner werdendem Kapillarenradius r_K zu. Deshalb saugen enge Kapillaren aus mit ihnen verbundenen weiteren Kapillaren Flüssigkeit an. Auf diese Weise fördern die engen Kapillaren während der Trocknung dauernd neue Flüssigkeit an die Gutsoberfläche. Da im Allgemeinen die Verteilung der Kapillardurchmesser im Gut nicht bekannt ist, sind zur Beschreibung der kapillaren Flüssigkeitsbewegung empirische Ansätze notwendig. Von (Krischer und Kast 1992) wurde vorgeschlagen, die aus der Feuchtigkeitsverteilung resultierende Feuchtigkeitsbewegung folgendermaßen zu beschreiben:

$$\dot{m}_f = -\kappa \rho_{ss} \frac{dX}{ds}. \tag{10.3}$$

Hierbei bezeichnet ρ_{ss} die Schüttdichte des getrockneten Feststoffs und s die Länge senkrecht zur Stoffübergangsfläche. Der *Feuchtigkeitsleitkoeffizient* κ muss für

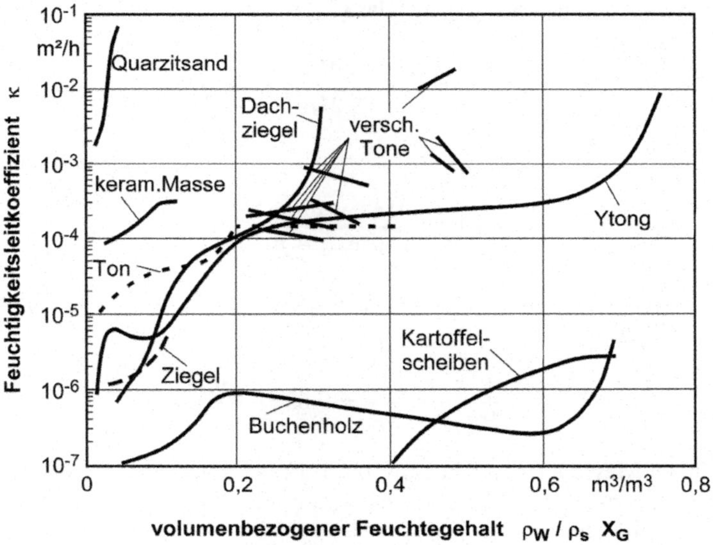

Abb. 10.4 Vergleich der Feuchtigkeitsleitkoeffizienten κ aus verschiedenen Untersuchungen in Abhängigkeit vom Feuchtigkeitsgehalt der Volumeneinheit des Trocknungsgutes. (Daten nach Vogelpohl und Schlünder 1972)

jedes Gut durch Messung bestimmt werden. Mit abnehmendem Feuchtegehalt nimmt κ immer kleinere Werte an. In Abb. 10.4 wird diese Abhängigkeit für einige Stoffe dargestellt. Andererseits hängt der Feuchtigkeitsleitkoeffizient von den Stoffeigenschaften der Flüssigkeit sowie von der Porenradienverteilung ab.

10.3 Eigenschaften des feuchten Gases

In den meisten Trocknungsverfahren wird die aus dem Gut entweichende Feuchtigkeit (vielfach Wasser) durch das Trocknungsmittel Luft, welches über das Gut hinweg streicht oder durch dieses hindurchgeblasen wird, aufgenommen und abtransportiert. Diese Luft liefert in vielen Fällen gleichzeitig die für die Trocknung erforderliche Energie. Dem thermodynamischen Verhalten feuchter Luft kommt daher hohe Bedeutung zu. Die im Folgenden für Luft angegebenen Gesetze können analog auf andere Gase übertragen werden.

Es ist vorteilhaft, als Bezugsgröße nicht die Gesamtmasse der feuchten Luft zu wählen, sondern lediglich diejenige der trockenen Luft, da diese Masse beim Überstreichen des feuchten Gutes konstant bleibt. Man gibt deshalb den absoluten *Dampfgehalt* Y der Luft als *Beladung* in der Form an:

$$Y \equiv \frac{M_D}{M_L}. \qquad (10.4)$$

Unter der Annahme, dass das feuchte Gas sich wie ein ideales Gas verhält, folgt:

$$\frac{p_D}{p_L} = \frac{p_D}{p_{ges} - p_D} = \frac{M_D}{\widetilde{M}_D} \frac{\widetilde{M}_L}{M_L} = \frac{\widetilde{M}_L}{\widetilde{M}_D} Y. \tag{10.5}$$

Hieraus ergibt sich:

$$Y = \frac{\widetilde{M}_D}{\widetilde{M}_L} \frac{p_D}{p_{ges} - p_D}. \tag{10.6}$$

Für das System Wasserdampf-Luft ergibt sich mit $\widetilde{M}_D = 18\,\text{kg}\,\text{kmol}^{-1}$ und $\widetilde{M}_L = 29\,\text{kg}\,\text{kmol}^{-1}$:

$$Y = \frac{18}{29} \frac{p_D}{p_{ges} - p_D} = 0{,}622 \frac{p_D}{p_{ges} - p_D}. \tag{10.7}$$

Die maximale Masse an Wasserdampf, die Luft bei einer bestimmten Temperatur aufzunehmen vermag, ist durch den Sättigungsdampfdruck p_{SD} gegeben, der zu dieser Temperatur gehört:

$$Y_S(T) = 0{,}622 \frac{p_{SD}(T)}{p_{ges} - p_{SD}(T)} \tag{10.8}$$

wobei der Index S den Sättigungszustand kennzeichnet.

Die *relative Feuchtigkeit* φ kennzeichnet das Verhältnis von vorhandenem und maximalem Feuchtegehalt:

$$\varphi \equiv \frac{p_D}{p_{SD}} = \frac{Y}{Y_S} \frac{p_{ges} - p_D}{p_{ges} - p_{SD}}. \tag{10.9}$$

Die Zustandsänderungen feuchter Luft lassen sich anschaulich im Enthalpie-Konzentrations-Diagramm von (Mollier 1923) verfolgen (s. Abb. 10.6). Hier ist die Enthalpie des feuchten Gases h als Funktion des absoluten Dampfgehaltes Y dargestellt; beide Größen bezogen auf 1 kg trockene Luft. Die Gesamtmasse der feuchten Luft beträgt pro kg trockener Luft (1 + Y) kg, ihre Enthalpie ist dann gegeben durch:

$$h_{1+Y} = 1 \cdot h_L + Y \cdot h_D. \tag{10.10}$$

Als Konvention wird die Enthalpie der trockenen Luft von 0 °C und die des flüssigen Wassers von 0 °C gleich null gesetzt. Für eine Temperatur ϑ (in °C) ist dann

$$\boxed{h_{1+Y} = c_{pL}\vartheta + Y(\Delta h_v + c_{pD}\vartheta),} \tag{10.11}$$

wobei Δh_v die Verdampfungsenthalpie des Wassers bei 0 °C ist. (Rein formal müsste in Gl. (10.11) die Temperaturdifferenz $(T - T_{Bezug})$ auftreten. Da die Bezugstemperatur 0 °C gewählt wurde und Temperaturdifferenzen in K und in °C identisch sind, kann statt $(T - T_{Bezug})$ mit der Temperatur in °C gerechnet werden.) Stellt man den Zusammenhang $h_{1+Y} = h_{1+Y}\,(Y, \vartheta)$ in einem Diagramm mit rechtwinkligen Koordinaten

Abb. 10.5 Zur Erläuterung des Aufbaus des Mollier-Diagramms

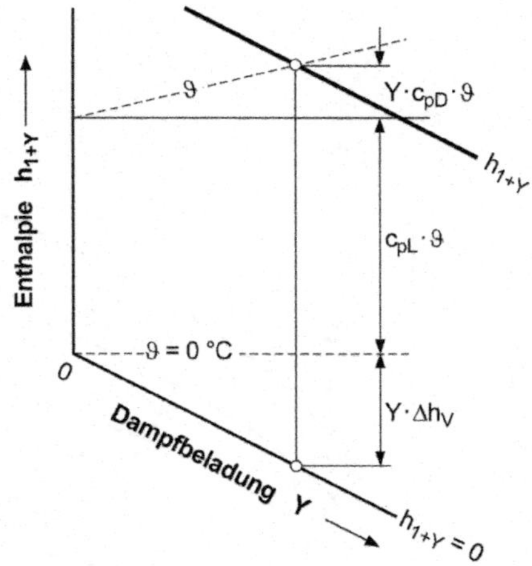

dar, wird der wichtige Bereich der ungesättigten, feuchten Luft in einen schmalen Keil zusammengedrängt. Mollier[1] wählte deshalb ein schiefwinkliges Koordinatensystem, in welchem die Y-Achse so geneigt ist, dass die Isotherme der feuchten, ungesättigten Luft für $\vartheta = 0$ °C horizontal wird. Der Aufbau des Diagramms ist vereinfacht in Abb. 10.5 dargestellt. Mit Gl. (10.11) lassen sich die Enthalpien h_{1+Y} für angenommene Dampfgehalte Y und Temperaturen ϑ berechnen. Es ergeben sich schräg nach unten verlaufende *Isenthalpen* und leicht aufsteigende *Isothermen*.

Das in Abb. 10.6 dargestellte vollständige *Mollier-Diagramm* gilt für den Gesamtdruck von 1 bar. Vergrößert man den Feuchtegehalt bei einer bestimmten Temperatur und einem bestimmten Dampfdruck immer weiter, so steigt auch die relative Sättigung an, bis beim Wert Y_S diese Größe den Wert eins erreicht. Eine weitere Zufuhr von Feuchte kann vom System nicht mehr dampfförmig aufgenommen werden, sondern nur noch in kondensierter Phase. Die Sättigung ist erreicht. Das Enthalpie-Konzentrations-Diagramm enthält die sogenannte *Sättigungslinie*, welche für die relative Feuchte $\varphi = 1$ gilt. Unterhalb dieser Kurve erstreckt sich das *Nassdampf-* oder *Nebelgebiet*, in welchem eine feste oder flüssige Wasserphase mit einer gasförmigen gesättigten Phase im Gleichgewicht steht. Die über Y_S hinausgehende Flüssigkeitsbeladung geht nicht mehr in die Gasphase über, so dass sich im Nebelgebiet die Isothermen nur noch wenig von den Isenthalpen im Steigungsmaß unterscheiden. Schließlich sind im Untersättigungsgebiet Linien gleicher relativer Sättigung $\varphi =$ konst. eingetragen. Hat ein System einen größeren Feuchtegehalt als den Sättigungswert $Y = Y_S$, berechnet sich die Enthalpie nach der Gleichung

$$h_{1+Y} = c_{pL}\vartheta + Y_S(\Delta h_v + c_{pD} \cdot \vartheta) + (Y - Y_S)c_{pW}\vartheta \qquad (10.12)$$

[1] Richard Mollier 1863–1935, österreichischer Professor für angewandte Physik und Maschinenbau in Göttingen und Dresden und Pionier der Erforschung physikalischer Daten für die Wärmelehre, insb. für Wasser, Dampf und feuchte Luft.

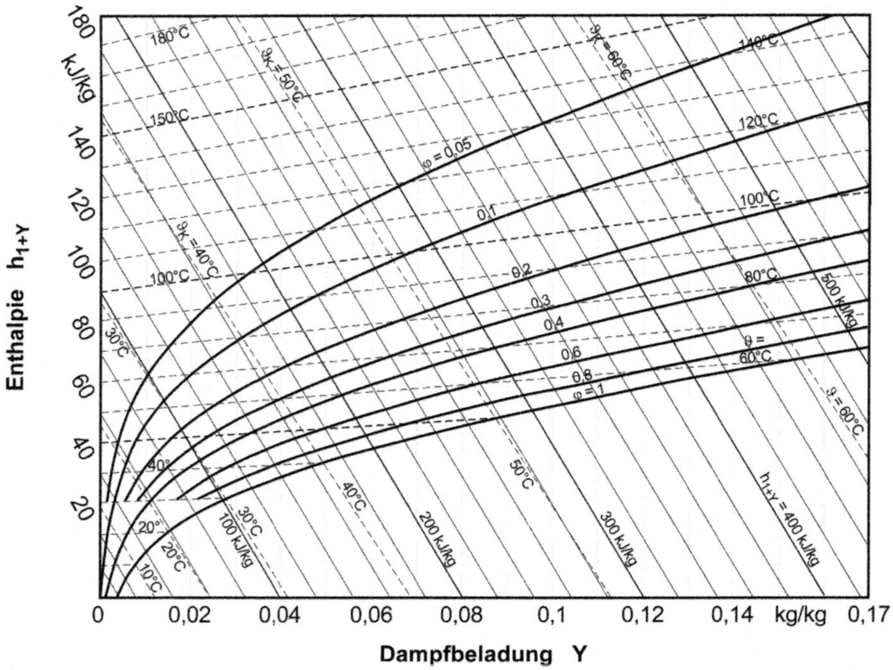

Abb. 10.6 Enthalpie-Konzentrations-Diagramm für feuchte Luft mit einem Gesamtdruck von 1 bar nach Mollier

für flüssiges Wasser. Will man ein derartiges Diagramm für einen anderen Gesamtdruck als 1 bar berechnen, so verschiebt sich vor allem die Sättigungslinie, während die Isenthalpen ihre Lage beibehalten, weil die spezifischen Wärmen im Bereich kleiner Drücke nur wenig druckabhängig sind.

10.4 Darstellung der einstufigen Trocknung im Mollier-Diagramm

10.4.1 Beharrungstemperatur

Eine *kleine* wasserfeuchte Gutsoberfläche werde von Luft mit der Temperatur ϑ_L überströmt. Das Gut möge an einer Stelle zu einem bestimmten Zeitpunkt die Oberflächentemperatur ϑ_0 besitzen. Der von der Luft an das Gut übertragene Wärmestrom $\dot{Q}$ beträgt dann:

$$\dot{Q} = \alpha A(\vartheta_L - \vartheta_0). \tag{10.13}$$

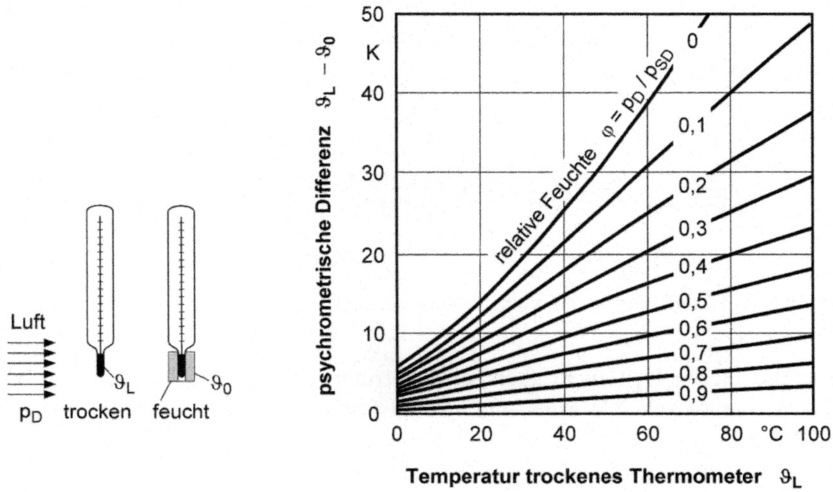

Abb. 10.7 *Links:* Überströmen einer kleinen feuchten Gutsfläche beim Assmann-Psychrometer zur Messung der Beharrungstemperatur; bei Beharrung wird $\vartheta_0 = \vartheta_B$. *Rechts:* Psychrometrische Differenz in Abhängigkeit von der Temperatur des trockenen Thermometers mit der relativen Feuchte als Parameter. (Nach Mersmann 1980)

Während dieser Wärmestrom eine Erhöhung der Gutstemperatur bewirkt, findet gleichzeitig eine Verdunstung des Wassers statt, die zu einer Abnahme der Gutstemperatur führt. Es stellt sich die Frage, welche Oberflächentemperatur ϑ_0 sich nach einer gewissen Zeit einstellt. Eine kleine feuchte Oberfläche liegt z. B. beim Feuchtthermometer des Psychrometers nach Assmann vor, s. Abb. 10.7 links. Daneben ist das trockene Thermometer angeordnet, welches die Lufttemperatur ϑ_L misst. Überströmt eine große Luftmenge eine kleine feuchte Gutsoberfläche, ändert sich der Luftzustand kaum. (Dies ist der wesentliche Unterschied im Vergleich zu den Bedingungen die zur Kühlgrenztemperatur (s. Abschn. 10.4.2) führen.) Die feuchte Gutsoberfläche also das feuchte Thermometer des Psychrometers nimmt dagegen nach kurzer Zeit die *Beharrungstemperatur* ϑ_B an, welche sich mit Hilfe der Überlegung berechnen lässt, dass der zugeführte Wärmestrom $\dot{Q}$ den Massenstrom $\dot{M}$ des Wassers verdunsten muss. Eine Energiebilanz liefert unter Einbeziehung des Wärme- und Stoffübergangs:

$$\alpha A(\vartheta_L - \vartheta_B) = \dot{m} A \Delta h_v = \beta A \frac{\Delta h_v}{RT/\widetilde{M}_D}[p_{SD}(\vartheta_B) - p_D]. \tag{10.14}$$

Die feuchte Luft wird hierbei als ideales Gas behandelt. Die Temperaturdifferenz $\vartheta_L - \vartheta_B$ beträgt:

$$\vartheta_L - \vartheta_B = \frac{\beta}{\alpha}\frac{\Delta h_v p_{SD}(\vartheta_B)}{RT/\widetilde{M}_D}\left(1 - \frac{p_D}{p_{SD}(\vartheta_B)}\right) = \frac{\beta}{\alpha}\frac{\Delta h_v p_{SD}(\vartheta_B)}{RT/\widetilde{M}_D}(1 - \varphi). \tag{10.15}$$

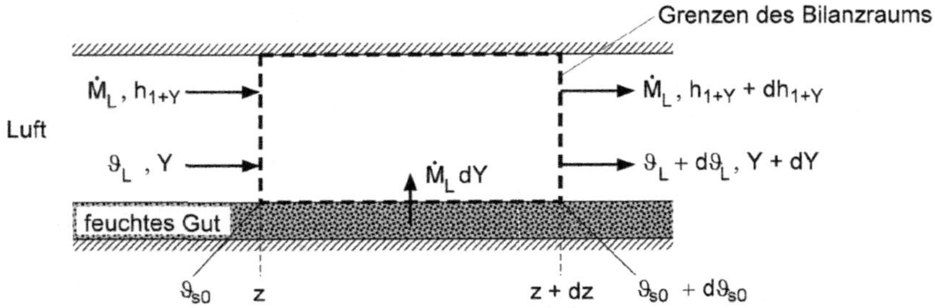

Abb. 10.8 Stoff- und Energiebilanz eines Volumenelements

wobei die relative Luftfeuchtigkeit bei Beharrungstemperatur einzusetzen ist. Wenn die Analogie zwischen Wärme- und Stoffaustausch erfüllt ist, hängt das Verhältnis der Übergangskoeffizienten β/α von der *Lewiszahl* Le $\equiv$ a/D ab. Handelt es sich um eine halbdurchlässige Wand, so gilt (Krischer und Kast 1992):

$$\frac{\alpha}{\beta \rho_L c_{pL}} = Le^{1-n} \left(1 - \frac{(p_D)_m}{p_{ges}} \right) \quad mit \quad (p_D)_m = \frac{p_{SD}(\vartheta_B) + p_D}{2}. \tag{10.16}$$

Der Exponent n hängt von den Strömungsverhältnissen ab. Im Fall der turbulenten Strömung des Trocknungsmittels mit laminarer Grenzschicht gilt n = 1/3. Damit ergibt sich folgende Beziehung für die Temperaturdifferenz:

$$\vartheta_L - \vartheta_B = \frac{p_{SD}(\vartheta_B)}{c_{pL} \rho_L Le^{1-n} \left(1 - \frac{(p_D)_m}{p_{ges}} \right)} \frac{\Delta h_v}{\frac{RT}{\widetilde{M}_D}} (1 - \varphi). \tag{10.17}$$

Hierin ist die Größe $p_{SD}(\vartheta_B)$ der Sättigungsdruck bei der Beharrungstemperatur ϑ_B. In Abb. 10.7 rechts ist die sogenannte *psychrometrische Differenz* $\vartheta_L - \vartheta_B = \vartheta_L - \vartheta_0$ abhängig von der Lufttemperatur ϑ_L mit der relativen Luftfeuchtigkeit φ als Parameter gemäß Gl. (10.17) dargestellt. Beim *Assmann-Psychrometer* ist darauf zu achten, dass der Überzug des feuchten Thermometers reichlich mit sauberem Wasser gefüllt ist und die Luftgeschwindigkeit einen bestimmten Wert überschreitet. Hierfür sorgt ein kleines Gebläse am Kopf des Messgerätes.

10.4.2 Kühlgrenztemperatur

Strömt nun Luft über eine *ausgedehnte* feuchte Gutsoberfläche, herrscht an jeder Stelle eine andere Oberflächentemperatur. Betrachtet man eine differenzielle Gutslänge dz, so tritt das Gas in den Bilanzraum nach Abb. 10.8 mit der Enthalpie h ein und mit der Enthalpie h + dh aus. Die verdunstete Feuchtigkeitsmenge $\dot{M}_L dY$ besitzt die Enthalpie $\dot{M}_L dY c_{pW}(\vartheta_{s0} + d\vartheta_{s0}/2)$. Eine Energiebilanz auf Basis der Enthalpie liefert:

$$\dot{M}_L h_{1+Y} + \dot{M}_L dY c_{pW} \left(\vartheta_{s0} + \frac{d\vartheta_{s0}}{2} \right) = \dot{M}_L (h_{1+Y} + dh_{1+Y}) \tag{10.18}$$

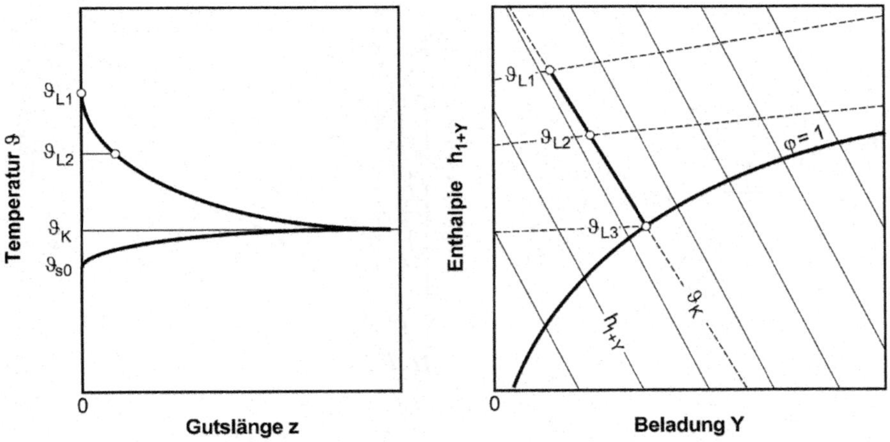

Abb. 10.9 Verlauf der Gas- und Gutstemperatur in Abhängigkeit von der Gutslänge im Enthalpie-Konzentrations-Diagramm für feuchte Luft

oder unter Vernachlässigung des Produktes zweiter Differenziale

$$\frac{dh_{1+Y}}{dY} = c_{pW}\vartheta_{s0}. \tag{10.19}$$

Damit ist es möglich, die Richtung der Zustandsänderung der Luft in einem Enthalpie-Beladungsdiagramm für feuchte Luft anzugeben, s. Abb. 10.9. Beim Überströmen der Gutsoberfläche wird die Luft kälter (um den Energiebedarf für die verdunstende Flüssigkeit aufzubringen) und feuchter, wobei sich die Oberflächentemperatur ϑ_{s0} des feuchten Gutes nur wenig ändert. Streng genommen ist die Kurve der Zustandsänderung der Luft eine gekrümmte Linie, welche man für praktische Rechnungen durch eine Gerade genügend genau beschreiben kann (s. z. B. Kneule 1975), s. Abb. 10.9. Die Art der Krümmung hängt davon ab, ob die Lewiszahl Le größer oder kleiner als eins ist.

Nach einem unendlich langen Weg erreichen Gas und Gut dieselbe Temperatur. Diese sogenannte *Kühlgrenztemperatur* ϑ_K stellt die niedrigste Temperatur dar, auf die Wasser durch einen Luftstrom des betrachteten Anfangszustands abgekühlt werden kann. Das Gas ist dann bis in den Kern hinein gesättigt, d. h., es herrscht der bei der Kühlgrenztemperatur vorhandene Sättigungsdampfdruck des Wassers überall im Gas. Das System ist im thermischen und stofflichen Gleichgewicht. Die Oberflächentemperatur lässt sich für praktische Rechnungen leicht dadurch bestimmen, dass man die entsprechende Nebelisotherme durch den Luftzustandspunkt verlängert. Differenziert man die für die Nebelisothermen gültige Gl. (10.12), so folgt

$$\frac{dh_{1+Y}}{dY} = c_{pW}\,\vartheta$$

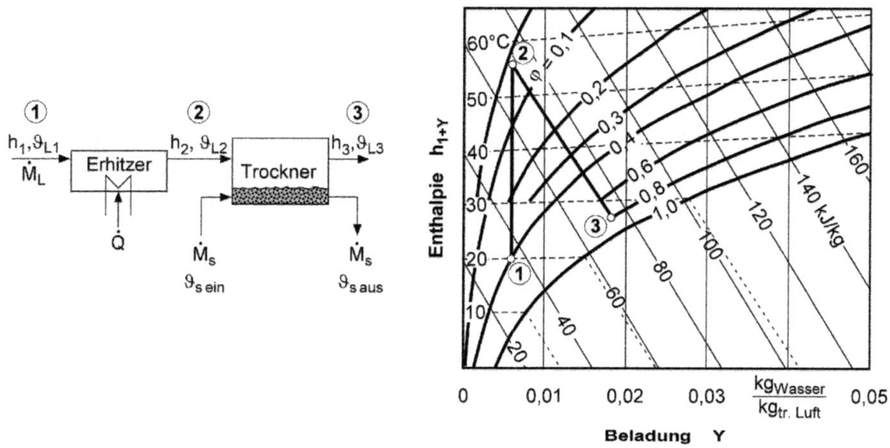

Abb. 10.10 Darstellung des Trocknungsvorgangs in einem einstufigen Trockner im Enthalpie-Konzentrations-Diagramm für feuchte Luft

entsprechend Gl. (10.19). Ist die Oberflächentemperatur ϑ_0 sehr klein, gilt angenähert:

$$\frac{dh_{1+Y}}{dY} \approx 0 \quad oder \quad h \approx konst.$$

Dies bedeutet, dass dann die Kurve der Zustandsänderung der Luft angenähert einer Isenthalpen folgt. Dies lässt sich dadurch erklären, dass der Enthalpieverlust der Luft wegen der Abkühlung ungefähr ausgeglichen wird durch die Zunahme der Enthalpie infolge eines vergrößerten Dampfgehaltes Y entsprechend der Beziehung:

$$h_{1+Y} = c_{pL}\, \vartheta + Y(\Delta h_v + c_{pD}\, \vartheta) \tag{10.20}$$

10.4.3 Einstufiger Trockner

Diese Ergebnisse werden nun auf einen *einstufigen Trockner* angewendet, wie er in Abb. 10.10 dargestellt ist. Dem in den Aufheizer einströmenden Luftstrom $\dot{M}_L$ wird der Wärmestrom $\dot{Q}$ zugeführt. Hierbei wird die Luft von der Temperatur ϑ_{L1} auf die Temperatur ϑ_{L2} erwärmt, wobei sich die Enthalpie ebenfalls von h_1 auf h_2 erhöht. Diese Erwärmung stellt im Mollier-Diagramm das senkrechte Geradenstück von 1 nach 2 dar; die Feuchtebeladung der Luft bleibt beim Erwärmen konstant. Strömt nun das Gas über das zu trocknende wasserfeuchte Gut, erfolgt die Zustandsänderung der Luft nach Abschn. 10.4.2 entlang einer Geraden. Diese Linie ist durch die Kühlgrenztemperatur charakterisiert, d. h. durch die durch den Punkt 2 verlängerte Nebelisotherme. Da die Nebelisotherme etwas flacher verläuft als die Isenthalpe, erhöht sich die Enthalpie der feuchten Luft geringfügig von h_2 auf h_3. Mit der Enthalpie-Differenz Δh von 1 nach 2 errechnet sich der Energiebedarf dann zu:

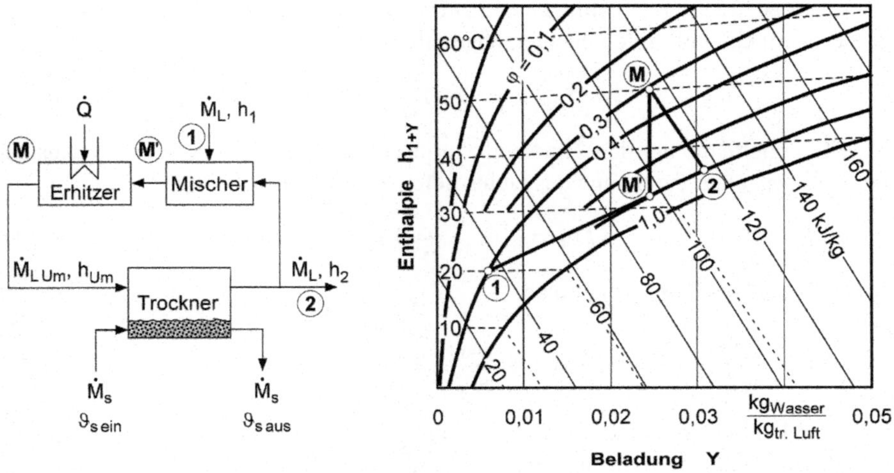

Abb. 10.11 Darstellung des Trocknungsvorgangs im einstufigen Trockner mit Umluftbetrieb im Enthalpie-Konzentrations-Diagramm für feuchte Luft

$$\dot{Q} = \Delta h_{1+Y} \dot{M}_L. \tag{10.21}$$

Der Punkt 1 ist durch den Zustand der angesaugten Luft festgelegt. Die zulässige Erwärmung richtet sich häufig nach der Temperaturbeständigkeit des Gutes; der Punkt 3 der feuchten Luft ergibt sich aus Wirtschaftlichkeitsüberlegungen. Würde dieser Punkt auf der Sättigungslinie $\varphi = 1$ liegen, so wäre ein unendlich langer Trockner erforderlich, denn sowohl das treibende Temperatur- wie auch das Partialdruckgefälle vermindern sich immer weiter, um bei der relativen Sättigung von $\varphi = 1$ den Wert null zu erreichen.

Eine alternative Verschaltung ist in Abb. 10.11 in Form eines *Trockners mit Umluftbetrieb* dargestellt. Die einzelnen Vorgänge lassen sich wiederum effektiv im Enthalpie-Beladungs-Diagramm für feuchte Luft verfolgen. Dem Trockner wird kontinuierlich der Gutsstrom mit der Eintrittstemperatur $\vartheta_{\text{s ein}}$ zugeführt und mit der Austrittstemperatur $\vartheta_{\text{s aus}}$ abgezogen. Der umlaufende Gasstrom $\dot{M}_{\text{LUm}}$ wandert durch den Trockner. Die Zustandsänderung ist als Gerade $\overline{M2}$ im Mollier-Diagramm durch den Punkt M auf der verlängerten Nebelisotherme angegeben. Hier ist wiederum eine Sättigung der Luft von $\varphi = 0{,}8$ angenommen. Luft mit dem Zustandspunkt 2 wird mit Frischluft entsprechend dem Zustandspunkt 1 gemischt. Der Mischungspunkt M′ muss auf der Verbindungsgeraden zwischen 1 und 2 liegen, wobei die Lage sich mit Hilfe der *Mischungsregel* berechnen lässt. Dieses Gasgemisch mit dem Feuchtegehalt Y_M wird nun bei konstanter Beladung im Heizregister erwärmt. Dies entspricht einer Zustandsänderung von M′ nach M.

Die pro kg zu entfernendes Wasser benötigte Wärme ist ein Maß für die Energiekosten des Trockners. Dem Gut und dem Feststoffmassenstrom $\dot{M}_s$ soll insgesamt die Feuchtemenge $\dot{M}_w$ entzogen werden:

$$\dot{M}_W = \dot{M}_s (X_{ein} - X_{aus}). \tag{10.22}$$

Diese Größe lässt sich mit Hilfe einer Stoff- und einer Enthalpiebilanz ermitteln. Für die aus dem Gut entfernte Feuchtemenge gilt:

$$\dot{M}_W = \dot{M}_L(Y_2 - Y_1). \tag{10.23}$$

Eine Energiebilanz um den Trockner ohne Berücksichtigung von Wärmeverlusten bei *vollkommener* Trocknung des Gutes liefert folgende Beziehung:

$$\dot{M}_L h_1 + \dot{M}_s\, c_{ps}\, \vartheta_{s\,ein} + \dot{M}_W\, c_{pW}\, \vartheta_{s\,ein} + \dot{Q} = \dot{M}_L\, h_2 + \dot{M}_s\, c_{ps}\, \vartheta_{s\,aus}. \tag{10.24}$$

Durch eine Umstellung erhält man:

$$\Delta h_L \equiv \frac{\dot{Q}}{\dot{M}_W} = \frac{\dot{M}_L}{\dot{M}_W}(h_2 - h_1) + \frac{\dot{M}_s}{\dot{M}_W} c_{ps}(\vartheta_{s\,aus} - \vartheta_{s\,ein}) - c_{pW}\, \vartheta_{s\,ein}. \tag{10.25}$$

In vielen Fällen unterscheiden sich die Eintritts- und Austrittstemperatur des Gutes nicht wesentlich von der Kühlgrenztemperatur. Mit der Vereinfachung

$$\vartheta_{s\,ein} \approx \vartheta_{s\,aus} \approx \vartheta_K$$

erhält man schließlich für den spezifischen Energieaufwand:

$$\Delta h_L = \frac{h_2 - h_1}{Y_2 - Y_1} - c_{pW}\, \vartheta_K. \tag{10.26}$$

Ein günstiger Energieverbrauch pro kg entferntes Wasser lässt sich dann erreichen, wenn die Gerade $\overline{12}$ eine möglichst kleine Steigung $\mathrm{dh/dY} = (\mathrm{h_2} - \mathrm{h_1})/(\mathrm{Y_2} - \mathrm{Y_1})$ hat, also wenn die austretende Luft weitgehend gesättigt ist. Dies führt aber zu längeren Trocknern und damit zu höheren Investitionskosten. Auch in diesem Falle wird man den Apparat und dessen Betriebsparameter so wählen, dass die Gesamtkosten ein Minimum aufweisen.

Der Umluftbetrieb führt im Vergleich zum einstufigen Trockner zu keiner Änderung des Energieverbrauchs. Dieser hängt lediglich vom Ein- und Austrittszustand der Trocknungsluft (Gl. 10.26) ab. Der Vorzug eines solchen Trockners besteht darin, dass die notwendigen Lufttemperaturen nach der Aufheizung zur Erzielung eines bestimmten Endzustands der Trockenluft geringer sind als beim einstufigen Trockner. Dies ist insbesondere bei temperaturempfindlichen Gütern von Bedeutung.

10.5 Wärmeübertragung an das feuchte Gut

Die Energiezufuhr an das Gut wird technisch auf unterschiedliche Arten realisiert. Im Wesentlichen sind dies die freie und erzwungene Konvektion, die Wärmeleitung, die Wärmestrahlung sowie Kombinationen dieser Phänomene (s. Abb. 10.1). Bisweilen wird auch im Gut gespeicherte innere Energie (adiabate Vakuumtrocknung) oder im Gutsinneren dissipierte Energie (dielektrisches Trocknen, Mikrowellen) herangezogen.

10.5.1 Konvektionstrocknung

In der technischen Anwendung ist die Konvektionstrocknung am weitesten verbreitet. Hierbei überträgt ein heißes Gas (Luft, Inertgase, Rauchgase oder überhitzter Wasserdampf) die Energie an das zu trocknende Gut. Es nimmt dabei zugleich als Trocknungsmittel die aus ihm entweichende Feuchtigkeit auf und führt sie aus dem Trockner fort.

Bei der Konvektionstrocknung wird die Wärmeübertragung mit Hilfe von Wärmeübergangskoeffizienten α berechnet:

$$\dot{Q} = \alpha A (T_L - T_{s0}). \tag{10.27}$$

Die Gesetze der Wärmeübertragung vom Gas an das zu trocknende Gut durch Konvektion sind denen für die Wärme- bzw. Stoffübertragung von einem fluiden Medium an eine feste Wand völlig analog (s. Kap. 6). Für viele in der Trocknungstechnik wichtige Fälle existieren entsprechende Messdaten (s. z. B. Krischer und Kast 1992).

10.5.2 Kontakttrocknung (konduktive Trocknung)

Bei der Kontakttrocknung befindet sich das Gut auf beheizten Flächen, von denen es durch Leitung Energie aufnimmt. Diese Wärmeleitung wird durch die Fourier-Gleichung (Gl. 1.4) beschrieben:

$$\dot{Q} = -\lambda A \frac{dT}{ds}. \tag{10.28}$$

Die Integration dieser Gleichung gestaltet sich schwierig, da die Wärmeleitfähigkeit des Gutes in vielen Fällen nicht konstant ist, sondern stark von seiner Feuchtigkeit und Porosität abhängt. Zusätzlich kann noch eine Richtungsabhängigkeit der Wärmeleitfähigkeit auftreten, wie z. B. bei Holz. Die Wärmeleitfähigkeit poröser Güter liegt zwischen der des homogenen Feststoffes und der des Porengases. In Abb. 10.12 ist der Bereich gemessener Leitfähigkeiten für mineralische porige Stoffe über der Porosität aufgetragen.

Neben der molekularen Wärmeleitung beobachtet man bei feuchten Gütern noch Wärmeleitung durch Diffusion: an wärmeren Stellen verdunstetes Wasser gelangt durch Diffusion in die kälteren Zonen des Gutes, wo es wieder kondensiert und dabei Energie abgibt.

10.6 Kinetik der Trocknung, Trocknungsverlauf

Die Kinetik der Trocknung beschreibt die Veränderung der mittleren Gutsfeuchte und der mittleren Gutstemperatur mit der Trocknungszeit. Der so erfasste *Trocknungsverlauf* wird durch die Art des Feuchteguts und seine Feuchtebindung,

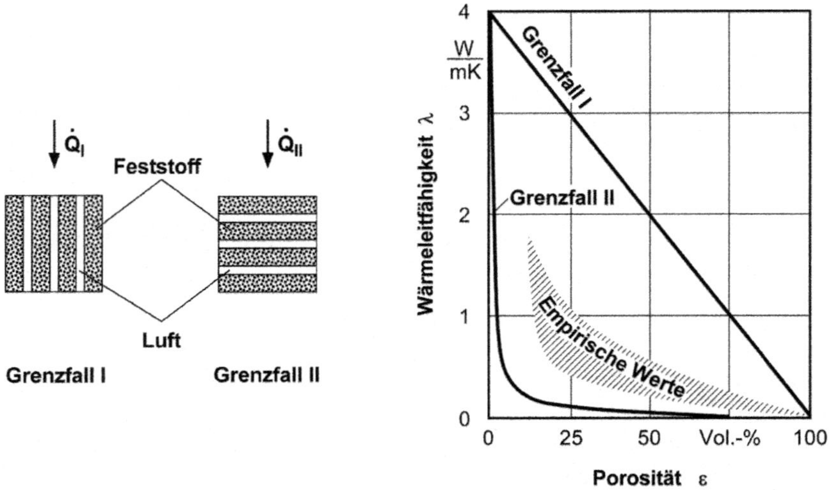

Abb. 10.12 Einordnung der Wärmeleitfähigkeit mineralischer poriger Stoffe zwischen berechenbaren Grenzwerten. (Nach Kirscher und Kast 1992)

Abb. 10.13 Zur Erläuterung der Oberflächenverdunstung, charakteristisch für den I. Trocknungsabschnitt

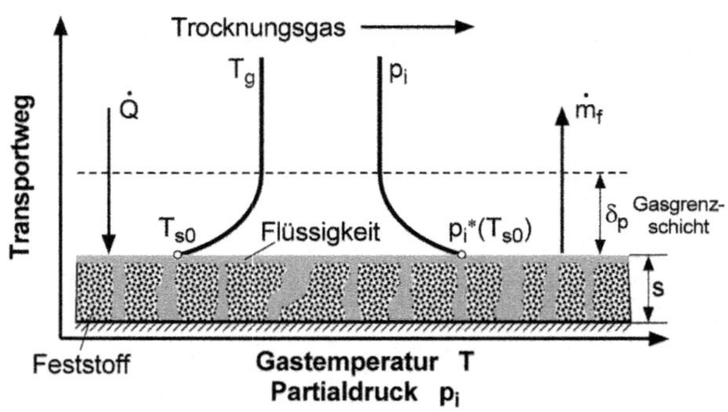

durch das gewählte Trocknungsverfahren und die bei der Trocknung eingestellten Betriebsbedingungen bestimmt.

Zur Trocknung oder Desorption der Flüssigkeit ist es erforderlich, dass der Partialdruck des zu entfernenden Stoffes in der Umgebung des Trocknungsgutes kleiner ist als der Gleichgewichtsdruck p_i^* an der Gutsoberfläche: $p_i < p_i^*$ (s. Abb. 10.13). Hierzu wird das Gut erwärmt, und zwar bei der Kontakttrocknung durch Kontakt mit einer heißen Fläche, während bei der Konvektionstrocknung ein heißes Hilfsgas (häufig Luft) das Gut über- oder durchströmt. Im Allgemeinen besteht eine Trocknungsaufgabe darin, eine Gutsmasse M_S von der Anfangsfeuchte X_{ein} auf eine gewünschte Endfeuchte X_{aus} zu trocknen und dabei die Flüssigkeits- oder Feuchtemenge $M_S\,(X_{ein} - X_{aus})$ zu entfernen. Hierzu ist die *Trocknungszeit* τ erforderlich.

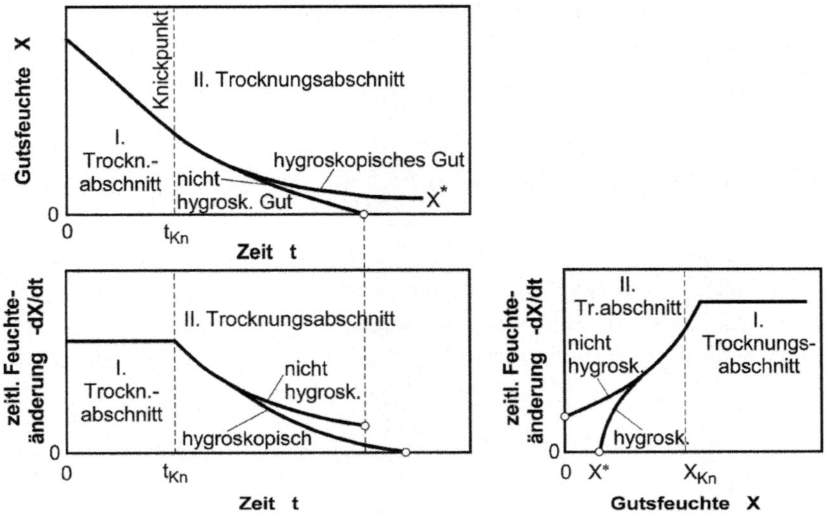

Abb. 10.14 Gutsfeuchte in Abhängigkeit von der Zeit (*oben*); zeitliche Feuchteänderung in Abhängigkeit von der Zeit (*links unten*) und in Abhängigkeit von der Gutsfeuchte (*rechts unten*). (Nach Mersmann 1980)

Den Verlauf der Gutsfeuchte X abhängig von der Zeit t zeigt Abb. 10.14 links oben. Häufig verringert sich die Gutsfeuchte zunächst linear mit der Zeit, um dann von einer bestimmten kritischen Gutsfeuchte an schwächer abzunehmen. Dies hängt damit zusammen, dass zunächst alle Kapillaren des zu trocknenden Gutes bis zur Gutsoberfläche gefüllt sind und evtl. sogar ein Flüssigkeitsfilm auf der Gutsoberfläche besteht, sodass die Oberflächenverdunstung (s. Abb. 10.13) oder allgemein die Intensität des Wärme- und Stoffüberganges zwischen dem Trocknungsmittel und der Oberfläche des Gutes den Trocknungsverlauf bestimmen. Dieser Bereich wird als *I. Trocknungsabschnitt* bezeichnet. Nach Überschreiten der kritischen Gutsfeuchte wird der Trocknungsverlauf auch durch die Vorgänge im Inneren des Gutes bestimmt und hängt dann zusätzlich von bestimmten Gutseigenschaften (Wärme- sowie Feuchteleitfähigkeit, Dampfdurchlässigkeit) ab.

Die Massenstromdichte $\dot{m}_f$ an der Oberfläche eines zu trocknenden Gutes wird als *Trocknungsgeschwindigkeit* bezeichnet. Eine Feuchtebilanz eines Gutes mit der überströmten Oberfläche A und der Schichtdicke s liefert

$$-As\rho_{ss}\,dX = \dot{m}_f A dt \tag{10.29}$$

oder

$$\dot{m}_f = -s\rho_{ss}\,\frac{dX}{dt}. \tag{10.30}$$

Die Trocknungsgeschwindigkeit ist dem Differenzialquotienten −dX/dt der Gutsfeuchte nach der Zeit proportional. Abb. 10.14 zeigt links unten die zeitliche Feuchteänderung abhängig von der Zeit t, während im Bild rechts diese Größe abhängig von der Gutsfeuchte dargestellt ist. Im I. Trocknungsabschnitt ist die Trocknungsgeschwindigkeit konstant. Der Bereich abnehmender Trocknungsgeschwindigkeit wird *II. Trocknungsabschnitt* genannt.

10.6.1 I. Trocknungsabschnitt

Im I. Trocknungsabschnitt wirkt die feuchte Gutsoberfläche mit der Temperatur T_0 wie eine Flüssigkeitsoberfläche. Der übertragene Wärmestrom $\dot{Q}$ dient dazu, den Massenstrom $\dot{M}$ der zu entfernenden Flüssigkeit zu verdunsten. Es gilt für eine bestimmte Stelle mit der Gastemperatur T_g und der Gas/Flüssigkeits-Phasengrenzfläche A_{Gut}

$$\dot{Q} = A_{Gut}\,\dot{q} = \alpha A_{Gut}(T_g - T_{s0}) = \dot{m}_f A_{Gut}\,\Delta h_v$$

oder

$$\dot{q} = \dot{m}_f \Delta h_v. \tag{10.31}$$

Die Wärmestromdichte ist gleich der Massenstromdichte multipliziert mit der Verdampfungswärme.

Die Berechnung von Trocknern im I. Trocknungsabschnitt ist relativ einfach, weil Vorgänge im Inneren des Gutes außer Betracht bleiben können. Die Gastemperatur nimmt in Strömungsrichtung z ab, während die Gasfeuchte Y zunimmt. Die Gutsfeuchte verringert sich in Transportrichtung, während die Gutsoberflächentemperatur T_{s0} annähernd konstant ist und der Kühlgrenztemperatur entspricht. Der Wärmestrom $d\dot{Q}$, der in einem differenziellen Trocknervolumen $A_{Trockner}$ dz, das sich aus der differenziellen Trocknerlänge oder -höhe dz sowie der senkrecht zu z stehenden Querschnittsfläche $A_{Trockner}$ ergibt und in dem die Gas/Flüssigkeits-Phasengrenzfläche gleich dA_{Gut} ist, übertragen wird, beträgt (s. Abb. 10.15)

$$d\dot{Q} = \alpha(T_g - T_{s0})dA_{Gut} = -\dot{M}_g\, c_{pg}\, dT_g \tag{10.32}$$

oder unter Berücksichtigung von $dA_{Gut} = a\,A_{Trockner}\,dz$ mit $a = A_{Gut}/V$ (volumenbezogene Phasengrenzfläche):

$$-\frac{dT_g}{T_g - T_{s0}} = \frac{\alpha\; a\; A_{Trockner}\; dz}{\dot{M}_g c_{pg}}. \tag{10.33}$$

Nach Integration erhält man:

$$Z = \underbrace{\int_0^L dz}_{\substack{\text{Länge oder}\\ \text{Höhe}}} = \underbrace{-\int_{T_{g\,ein}}^{T_{g\,aus}} \frac{dT_g}{T_g - T_{s0}}}_{\substack{\text{Zahl der Übergangs-}\\ \text{einheiten } N_\vartheta}} \; \underbrace{\frac{\dot{M}_g c_{pg}}{\alpha\; a\; A_{Trockner}}}_{\substack{\text{Länge oder Höhe}\\ \text{einer Übergangs-}\\ \text{einheit } H_\vartheta}}. \tag{10.34}$$

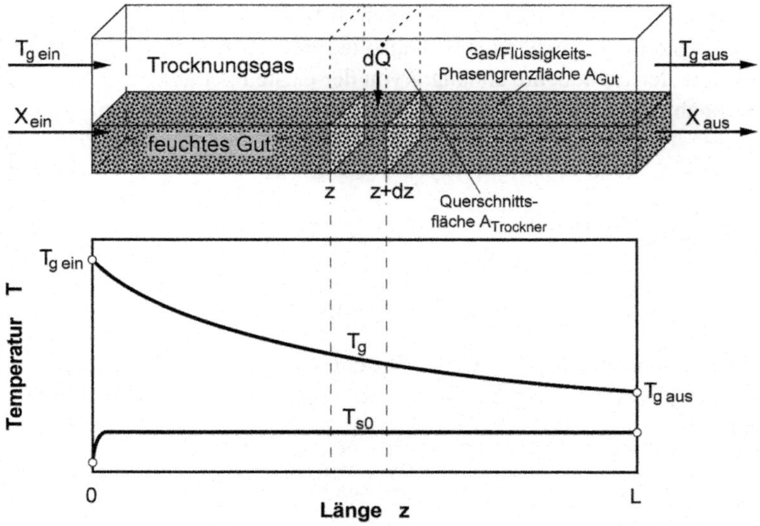

Abb. 10.15 Temperaturverlauf in einem Konvektionstrockner über der Lauflänge innerhalb des I. Trocknungsabschnitts

Analog zur Stoffübertragung ist die Apparatelänge gleich der Zahl der Übergangseinheiten N_ϑ multipliziert mit der Höhe einer Übergangseinheit H_ϑ. Der Temperaturverlauf des Gases im Trockner ergibt sich, wenn T_{s0} konstant ist, zu:

$$T_g(z) - T_{s0} = (T_{g\,ein} - T_{s0})\,\exp\left(-\frac{\alpha\,a\,A_{Trockner}}{\dot{M}_g c_{pg}} z\right). \tag{10.35}$$

In einem Trockner mit der Gesamtlänge L wird der Wärmestrom $\dot{Q}$ übertragen:

$$\dot{Q} = \dot{M}_g c_{pg}(T_{g\,ein} - T_{g\,aus}) = \alpha\,a\,A_{Trockner}\,L\frac{T_{g\,ein} - T_{g\,aus}}{\ln\dfrac{T_{g\,ein} - T_{s0}}{T_{g\,aus} - T_{s0}}}$$

$$= \alpha\,a\,A_{Trockner}\,L\Delta T_{ln}. \tag{10.36}$$

Die örtliche Trocknungsgeschwindigkeit $\dot{m}_I(z)$ im I. Trocknungsabschnitt ergibt sich mit Gl. (10.31) zu:

$$\dot{m}_I(z) = \frac{\alpha}{\Delta h_v}(T_g(z) - T_{s0}) = \frac{\alpha}{\Delta h_v}(T_{g\,ein} - T_{s0})\,exp\left(-\frac{\alpha\,a\,A_{Trockner}}{\dot{M}_g c_{pg}} z\right). \tag{10.37}$$

Die mittlere Trocknungsgeschwindigkeit $\overline{\dot{m}}_I$ im I. Trocknungsabschnitt beträgt schließlich:

$$\overline{\dot{m}}_I = \frac{\alpha}{\Delta h_v}\Delta T_{\ln}. \tag{10.38}$$

Die Änderung des Luftzustandes kann mit Hilfe eines Mollier-Diagramms auf der Verlängerung der entsprechenden Nebelisothermen verfolgt werden und damit auch die Zunahme der Gasfeuchte abhängig von der Gastemperatur.

Die Abnahme der Gutsfeuchte ergibt sich aus einer Stoffbilanz zu

$$-\dot{M}_s dX = \dot{M}_g dY \tag{10.39a}$$

oder in Differenzenform als:

$$\Delta X = -\frac{\dot{M}_g\ \Delta Y}{\dot{M}_s}. \tag{10.39b}$$

Mit dem Massenstrom $\dot{M}_g$ des Gases besteht folgender Zusammenhang zwischen der Trocknungsgeschwindigkeit $\dot{m}_f$ und der Änderung der Gasbeladung bei einer Gutsdicke s:

$$\dot{m}_f = -s\rho_{ss}\frac{dX}{dt} = \frac{d(M_g \cdot Y)}{dt}\frac{1}{A}. \tag{10.40}$$

Unter der Trocknungszeit τ wird bei einem diskontinuierlich betriebenen Trockner die Zeit verstanden, welche erforderlich ist, um das Gut von der Anfangsfeuchte X_{ein} auf die Endfeuchte X_{aus} zu trocknen. Ausgehend von den aufgestellten Gleichungen erhält man hierfür:

$$\tau = \int_0^{\tau} dt = -\int_{X_{ein}}^{X_{aus}} \frac{s\rho_{ss}}{\dot{m}_f}dX. \tag{10.41}$$

Da die örtlich gemittelte Trocknungsgeschwindigkeit $\dot{m}_f = \overline{\dot{m}}_I$ im I. Trocknungsabschnitt zeitlich konstant ist, erhält man schließlich für die einseitig überströmte Platte:

$$\tau = \frac{s\rho_{ss}}{\overline{\dot{m}}_I}(X_{ein} - X_{aus}) = \frac{s\rho_{ss}\ \Delta h_v(X_{ein} - X_{aus})}{\alpha\ \Delta T_{\ln}} = \frac{\rho_{ss}\ \Delta h_v(X_{ein} - X_{aus})}{\alpha\ a\ \Delta T_{\ln}} \tag{10.42}$$

Hiernach ist die Trocknungszeit um so kürzer, je größer der Wärmeübergangskoeffizient α und die mittlere logarithmische Temperaturdifferenz sind. Kurze Trocknungszeiten lassen sich dann erzielen, wenn die Schichtdicke s des Gutes klein oder dessen volumenbezogene Oberfläche a groß ist.

10.6.2 II. Trocknungsabschnitt

Bei der Behandlung des II. Trocknungsabschnittes ist es notwendig, zwischen nichthygroskopischen und hygroskopischen Gütern zu unterscheiden. Bei nichthygroskopischen Gütern ist die Feuchtigkeit nicht sorptiv gebunden. Bei den hygroskopischen Gütern hingegen liegt stets ein Teil der Feuchtigkeit als sorptiv

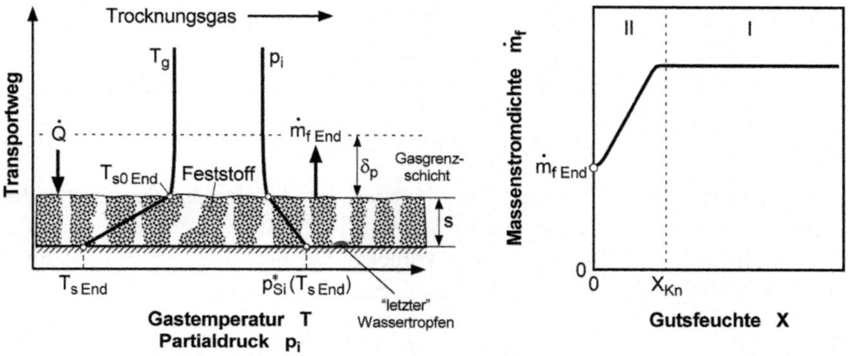

Abb. 10.16 Massenstromdichte in Abhängigkeit von der Gutsfeuchte für ein nichthygroskopisches Gut

Abb. 10.17 Gut im II. Trocknungsabschnitt mit Angabe des Trocknungsspiegels

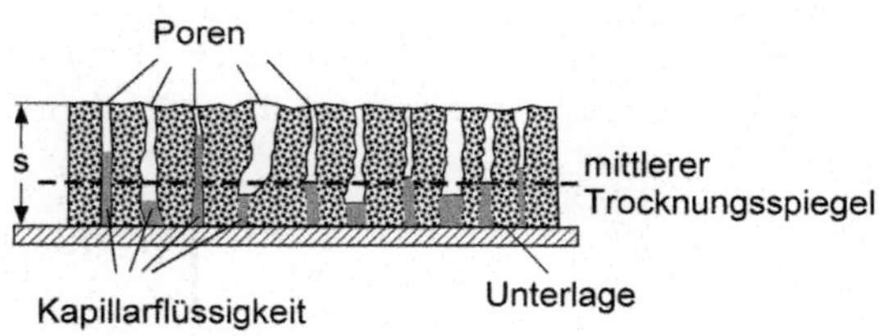

gebundene Flüssigkeit vor. In diesem Fall lässt sich nur die *Gleichgewichtsfeuchte* X^* erreichen, welche zu dem jeweiligen Luftzustand gehört (s. Abschn. 10.2.1). Tatsächlich tritt in allen Stoffsystemen sorptiv gebundene Feuchte auf. In vielen Fällen kann dieser Anteil allerdings aufgrund der geringen Menge für die technische Anwendung vernachlässigt werden.

Nichthygroskopische Güter In Abb. 10.16 ist die Trocknungsgeschwindigkeit abhängig von der Gutsfeuchte für ein nichthygroskopisches Gut dargestellt. Nach Unterschreiten der Knickpunktsfeuchte nimmt die Trocknungsgeschwindigkeit ab, um bei der Gutsfeuchte $X = 0$ die Endtrocknungsgeschwindigkeit $\dot{m}_{f\,End}$ zu erreichen. Der Verlauf der Trocknungsgeschwindigkeit im II. Trocknungsabschnitt ist allgemein nicht im Voraus berechenbar, doch lassen sich Angaben über die Endtrocknungsgeschwindigkeit machen. Ähnlich wie in Abb. 10.17 dargestellt, besteht das Gut aus unterschiedlich weiten Poren. Der Flüssigkeitsstand in den einzelnen Kapillaren sinkt im II. Trocknungsabschnitt kontinuierlich ab. Man spricht vom Absenken des Trocknungsspiegels. Am Ende des Trocknungsvorganges wird die Gutsfeuchte $X = 0$ erreicht. Der Trocknungsspiegel hat sich dann um den Betrag der Gutsdicke s abgesenkt. Der an der Gutsoberfläche einwirkenden Wärmestromdichte entspricht eine aus dem Gut entweichende Massenstromdichte. Der Wärmestrom muss aufgrund eines Wärmeüberganges an der Oberfläche und der Wärmeleitung im trockenen Gut zugeführt werden. Beträgt die Temperatur im Trocknungsspiegel gegen Ende des Trocknungsvorgangs T_{End}, so gilt:

$$\dot{m}_{f\,End} \cdot \Delta h_v = \alpha(T_g - T_{s0\,End}) = \frac{\lambda}{s}\,(T_{s0\,End} - T_{s\,End}) = k_{W\,ges}\,(T_g - T_{s\,End}). \quad (10.43)$$

$k_{W\,ges}$ stellt den Wärmedurchgangskoeffizienten dar, der sich aus den Einzelwiderständen für den Wärmetransport ergibt.

Unter Berücksichtigung der vorher vorgestellten Gleichungen (10.43) für die Massenstromdichte ergibt sich damit für die *Endtrocknungsgeschwindigkeit* $\dot{m}_{f\,End}$:

$$\dot{m}_{f\,End} = \frac{\lambda}{\Delta h_v s}\left(\frac{T_g - T_{s\,End}}{1 + \dfrac{\lambda}{\alpha s}}\right). \quad (10.44)$$

Hierin ist die Größe λ die Wärmeleitfähigkeit des getrockneten Gutes. Andererseits muss diese Stoffstromdichte aufgrund einer Partialdruckdifferenz der übergehenden Komponente transportiert werden. Hierfür erhält man:

$$\dot{m}_{f\,End} = k_{S\,ges}\left(\frac{p_{Si}(T_{s\,End}) - p_i}{\dfrac{RT}{\tilde{M}_i}}\right). \quad (10.45)$$

Der *Stoffdurchgangskoeffizient* $k_{S\,ges}$ setzt sich aus dem Stoffübergangskoeffizienten β_h an der Gutsoberfläche und der Diffusion durch die Gutsschicht zusammen:

$$\frac{1}{k_{S\,ges}} = \frac{1}{\beta_h} + \frac{s}{D_g}\mu_p\left(1 - \frac{(p_i)_m}{p}\right). \quad (10.46)$$

Hierin ist D_g der Diffusionskoeffizient des übergehenden Stoffes im Gas und μ_p eine *Diffusionswiderstandszahl*, welche angibt, um wie viel mal kleiner die Diffusion durch das poröse Gut als durch das Gas ist. Das Druckverhältnis in der Klammer berücksichtigt den einseitigen Stofftransport. Infolge des Stefan-Stroms nimmt, wie in Gl. (1.16) gezeigt, der Stoffstrom im Vergleich zum Fickschen Gesetz um den Faktor $(1 - p_i/p)^{-1}$ zu. Unter Berücksichtigung der Gleichung für $\dot{m}_{f\,End}$ erhält man schließlich für die Endtrocknungsgeschwindigkeit:

$$\dot{m}_{f\,End} = \frac{1}{\dfrac{1}{\beta_h} + \dfrac{s}{D_G}\mu_p\left(1 - \dfrac{(p_i)_m}{p}\right)}\;\frac{p_{Si}(T_{s\,End}) - p_i}{\dfrac{RT}{\tilde{M}}}. \quad (10.47)$$

Die Gl. (10.44) enthält als Unbekannte die Endtemperatur $T_{s\,End}$, zu welcher der in Gl. (10.47) enthaltene Sättigungsdampfdruck $p_{Si}(T_{s\,End})$ gehört. Beide Größen sind

Abb. 10.18 Massenstromdichte in Abhängigkeit von der Gutsfeuchte für ein hygroskopisches Gut

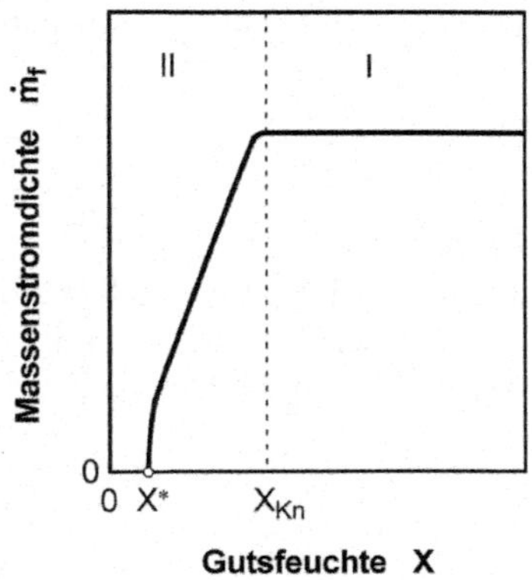

über die Dampfdruckgleichung miteinander verknüpft. Mit dem so erhaltenen Wert $T_{S\,End}$ lässt sich mit Gl. (10.47) die Endtrocknungsgeschwindigkeit $\dot{m}_{f\,End}$ ermitteln.

Es zeigt sich, dass die Größe $\dot{m}_{f\,End}$ von zahlreichen Faktoren abhängt. So spielen einmal die Einflussgrößen außerhalb des Gutes eine Rolle. Hierzu zählen der Wärme- und der Stoffübergangskoeffizient, welche von der Strömungsgeschwindigkeit, der Strömungsart sowie den Stoffeigenschaften des Gases abhängen. Weiterhin sind die Gastemperatur und die relative Gasfeuchtigkeit von Einfluss. Schließlich hängt die Endtrocknungsgeschwindigkeit von der Gutsschichtdicke sowie von bestimmten Gutseigenschaften ab. Hierzu zählen die Wärmeleitfähigkeit der Schüttung sowie die Diffusionswiderstandszahl. Hohe Endtrocknungsgeschwindigkeiten lassen sich erzielen, wenn hohe Strömungsgeschwindigkeiten des Trockungsmittels und kleine Gutsdicken gewählt werden.

Hygroskopisches Gut Bei einem hygroskopischen Gut lässt sich nur die Gleichgewichtsfeuchte X^* erreichen, welche von der relativen Sättigung abhängt. Gemäß Abb. 10.18 wird die Trocknungsgeschwindigkeit immer kleiner und strebt dem Wert null zu. Die Trocknungsgeschwindigkeit sinkt mit abnehmender Gutsfeuchte. Diese Abnahme wird verstärkt, sobald ein hygroskopisches Verhalten des Gutes vorliegt. Dies trifft dann zu, wenn an der trockensten Stelle des Gutes der Flüssigkeitsinhalt erreicht ist, der den Grenzwert zum hygroskopischen Verhalten darstellt. Bis zu diesem Zeitpunkt beträgt die relative Gasfeuchtigkeit an dieser Stelle $\varphi = 1$. Im Weiteren verringert sich der Partialdruck der Feuchte, womit die treibende Kraft für die Verdunstung abnimmt. Der Trocknungsverlauf wird dann vor allem durch die instationäre Diffusion des Dampfes durch die Gutsphase bestimmt. Die Trocknungsgeschwindigkeit ist häufig so klein, dass Wärmetransportvorgänge nicht mehr geschwindigkeitsbestimmend sind. Die Feuchtigkeit wird aufgrund instationärer Diffusion durch das Gut geleitet. Dieser Bereich der Trocknungsgeschwindigkeit wird von manchen Autoren auch als III. Trocknungsabschnitt bezeichnet.

Als treibendes Potenzialgefälle tritt die Differenz aus der Gutsfeuchte X und der Gleichgewichtsfeuchte X^* auf. Es bietet sich an, die Vorgänge durch die partielle

Differenzialgleichung der instationären Diffusion zu beschreiben:

$$\frac{\partial(X - X^*)}{\partial t} = D_{eff} \frac{\partial^2(X - X^*)}{\partial y^2}. \tag{10.48}$$

Hierin ist D_{eff} ein Diffusionskoeffizient im Inneren des Gutes, welcher vom Gut abhängt und experimentell bestimmt werden muss. Für sehr lange Kontaktzeiten bei zweiseitiger Trocknung beträgt die mittlere Beladung $\overline{X}$, wenn zum Zeitpunkt $t = 0$ überall im Gut die gleiche Feuchtigkeitsbeladung X_{Anf} vorliegt:

$$\frac{\overline{X} - X^*}{X_{Anf} - X^*} = \frac{8}{\pi^2} \exp\left(-D_{eff}\, \tau \left(\frac{\pi}{s}\right)^2\right). \tag{10.49}$$

Somit erhält man für die Trocknungszeit, wenn ein Gut von der Anfangsfeuchte X_{Anf} auf die Endfeuchte X_{End} getrocknet werden soll:

$$\tau \approx \left(\frac{s}{\pi}\right)^2 \frac{1}{D_{eff}} \ln \frac{X_{Anf} - X^*}{X_{End} - X^*}. \tag{10.50}$$

Durch Differenzieren von Gl. (10.49) nach der Zeit ergibt sich die Massenstromdichte $\dot{m}_f$ (mit $X = \overline{X}$):

$$\dot{m}_f \equiv -\rho_{ss}\, s \frac{dX}{dt} = \pi^2 \rho_{ss} \frac{D_{eff}}{s}(X - X^*) \tag{10.51}$$

Die Trocknungsgeschwindigkeit ist damit der treibenden Beladungsdifferenz direkt und der Gutsschichtdicke s umgekehrt proportional. Auch in diesem Falle ist es vorteilhaft, kleine Gutsschichtdicken zu verwenden.

10.7 Bauarten von Trocknern[2]

Einen kompletten Überblick über die technisch eingesetzten Trockner zu geben, ist nahezu unmöglich, da es über 500 verschiedene Trocknervarianten gibt, die teilweise auf spezielle Anwendungen zugeschnittene Unikate darstellen. Einen weitreichenden Überblick über gängige Trocknerbauarten geben z. B. (van't Land 1991; Kröll und Kast 1989; Schönherr 2003). Die Charakterisierung von Trocknern erfolgt gemäß:

1. *Art der Energiezufuhr*
   (Konvektionstrockner – Kontakttrockner, Strahlungstrockner)
2. *Druck*
   (Normaldruck – Vakuum)
3. *Betriebsweise*
   (kontinuierlich – diskontinuierlich)

[2] Nach (Schönherr 2003).

4. *Zeit*
   (Kurzzeit – Langzeit)
5. *Formgebung*
   (Mahltrockner – Granuliertrockner)
6. *Führung Dampf-Gut*
   (Gegenstrom – Gleichstrom – Kreuzstrom ideal vermischt)
7. *Feuchtproduktart*
   (z. B. Pastentrockner, Sprühtrockner)
8. *Dampfabfuhr*
   (Lufttrockner, Vakuumtrockner, Heißdampftrockner)

10.7.1 Konvektionstrockner

Bei konvektiven Trocknungsverfahren wird die erforderliche thermische Energie durch einen Gasstrom zugeführt. Dieser besteht in den meisten Fällen aus Umgebungsluft, die durch Brenner oder Dampfwärmeübertrager auf eine möglichst hohe (sicherheitstechnisch noch zulässige) Temperatur gebracht wird. In Sonderfällen, z. B. bei der Entfernung von organischen Lösungsmitteln oder bei extrem zündfähigen Feststoffen, wird die aufwendigere stickstoffinertisierte Kreisgasfahrweise gewählt. In solchen Fällen kann auch über den Einsatz von überhitztem Dampf als Trocknungsgas nachgedacht werden (Heißdampftrocknung).

Die Kosten des Verfahrens hängen unmittelbar vom erforderlichen Gasmassenstrom ab, dieser bestimmt die Größe des Trockners und der Peripherie. Je höher die gewählte Gaseintrittstemperatur desto kleiner ist der erforderliche Gasmassenstrom: Der Festlegung der Gaseintrittstemperatur kommt demzufolge bei der Auslegung des Verfahrens zentrale Bedeutung zu.

Konvektive Trocknungsverfahren werden häufig für die kontinuierliche Trocknung bei großen Durchsätzen eingesetzt – hier ist ein Batchbetrieb i. Allg. unwirtschaftlich. Ein Beispiel dafür ist die Sprühtrocknung von Milch zu Trockenmilch-Pulver. Absatzweise getrocknet wird bei kleinen Mengen oder wenn eine Chargentrennung erforderlich ist. Beispiele dafür sind die Trocknung von Wirkstoffen im Umluft-Trockenschrank oder im diskontinuierlichen Wirbelbett.

Entscheidend für die Verfahrensauswahl und die Apparateauslegung ist die erforderliche Trocknungszeit.

Kurzzeittrocknung Bei flüssigen, schnell trocknenden Edukten kommen Sprühtrockner (Düsenturm (s. Abb. 10.19), Scheibenturm, Sprühtrockner mit integriertem Wirbelbett) zur Herstellung von Pulver bzw. Agglomerat zum Einsatz. Für pastöses Ausgangsmaterial können Pasten-Mahltrockner eingesetzt werden. Diese Trockner werden häufig für Filterkuchen eingesetzt; bei Dosierproblemen kann eine Trocknerprodukt-Rückführung hilfreich sein.

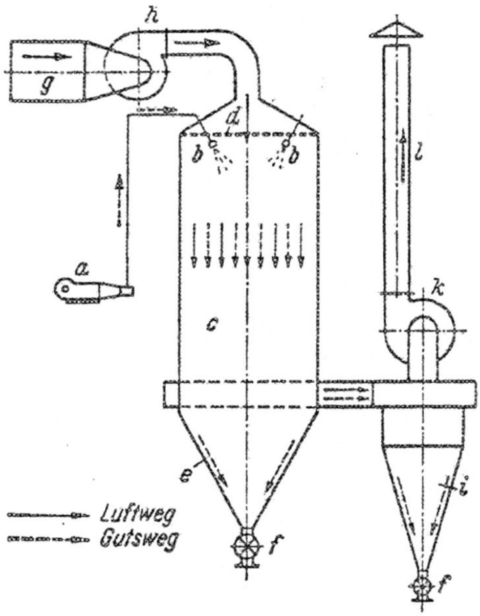

Abb. 10.19 Gleichstrom-Sprühtrockner mit Zerstäubungsdüsen. *a* Pumpe; *b* Zerstäubungsdüsen; *c* Trocknungsraum; *d* Luftverteilgitter; *e* Auffangkonus für das Gut; *f* Austragsvorrichtung; *g* Lufterhitzer; *h* Heißluftventilator; *i* Staubabscheider; *k* Abluftventilator; *l* Abluftrohr. (Aus Grassmann et al. 1997)

Körnige Feuchtgüter werden z. B. im Stromtrockner (Abb. 10.20) getrocknet (oder vorgetrocknet und in einem zweiten Trockner mit längerer Verweilzeit auf Endfeuchte getrocknet).

Mittelzeittrocknung Auch hier ist die Konsistenz des Eduktes für die Wahl des Apparates ausschlaggebend. Flüssigkeiten können im Wirbelschicht-Sprühgranulator kontinuierlich zu staubarmem Granulat verarbeitet werden. Filtrierte Kristalle und andere feuchte Feststoffe mit Partikelgrößen im Bereich von mehreren hundert Mikrometern bis zu wenigen Millimetern können in Wirbelschichttrocknern bei intensivem Kontakt mit dem Trocknungsgas getrocknet werden. Solche Produkte können ebenfalls in Drehrohrtrocknern oder auf Karusselltrocknern verarbeitet werden, vorausgesetzt sie kleben und verkrusten nicht. Größere Partikeln, z. B. Stränglinge nach dem Extrudieren oder Mischergranulate können auf einem Umluft-Bandtrockner (Abb. 10.21) getrocknet werden. Dieser trocknet mechanisch sehr schonend.

Langzeittrocknung Falls lange Trocknungszeiten erforderlich sind – beispielsweise beim Entgasen von Kunststoffgranulat – werden Schachttrockner eingesetzt. Diese können kontinuierlich betrieben werden und haben dann Durchsätze von mehreren Tonnen pro Stunden oder sie werden batchweise betrieben. Kleinere Ansätze werden im Umluft- Trockenschrank getrocknet.

Mit zunehmender Trocknungszeit steigt natürlich auch die Temperaturbeans- pruchung des Produktes. Aus diesem Grund und aus wirtschaftlichen Erwägungen heraus sollte immer ein Trockner mit möglichst kurzer Trocknungszeit und geringem Produktinhalt gewählt werden.

Abb. 10.20 Durchlauf-Stromtrockner. *a* Lufterhitzer; *b* Steigrohr; *c* Zyklon; *d* Ventilator; *e* Abluftrohr; *f* Aufgabevorrichtung; *g* Gutsaustrag. (Aus Grassmann et al. 1997)

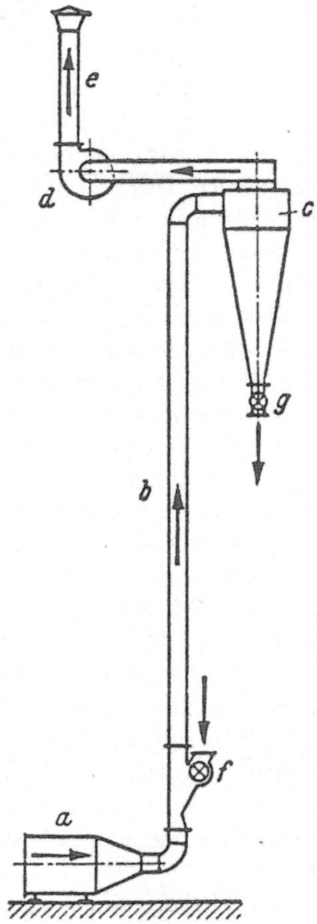

Abb. 10.21 Dreibandtrockner. Bauart Büttner Schilde, Haas. *FG* Feuchtgutzulauf; *TG* Trockengutentnahme; *BA* Endlosband; *GG* Gasgebläse; *HG* Heißgaseintritt; *AG* Abgasaustritt. (Aus Sattler 1995)

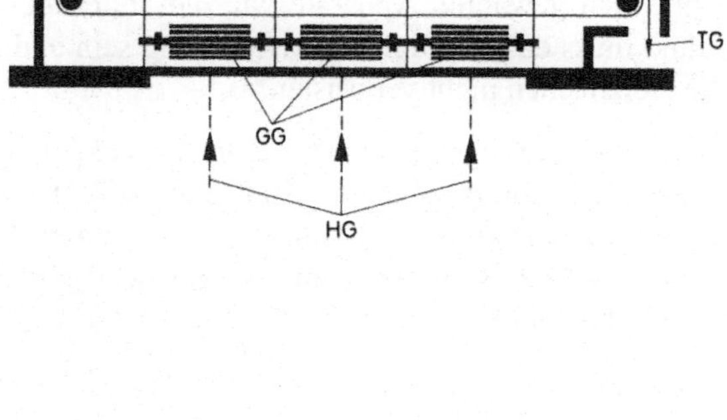

10.7.2 Kontakttrockner

Bei der Kontakttrocknung sind keine großen Luftmengen erforderlich, da die Energiezufuhr durch den Kontakt zwischen feuchtem Produkt und einer beheizten Wand erfolgt. Oft wird nur ein minimaler Schleppgasstrom zum Abtransport des Dampfes vorgesehen. Das bringt im Vergleich zur konvektiven Trocknung den Vorteil, dass der Aufwand zur Abluftreinigung geringer ist.

Auch die Wiedergewinnung organischer Lösungsmittel durch Kondensation gestaltet sich bei der Vakuum-Kontakttrocknung relativ einfach. Da im Vakuum die Siedetemperatur des Lösungsmittels geringer als bei Normaldruck ist, können geringe Restfeuchten schon bei niedrigen Temperaturen erreicht werden. Vakuumapparate sind in der Regel dicht und können somit auch toxische Substanzen kontaminationsfrei trocknen. Demgegenüber steht der Nachteil des erhöhten technischen Aufwands für den Vakuumbetrieb (Dichtungen, Lagerspülung etc.), insbesondere bei kontinuierlicher Fahrweise. So ist der Einsatz von Vakuumapparaten häufig auf diskontinuierlichen Betrieb und kleine Durchsätze begrenzt.

Besondere Bedeutung kommt bei allen Kontakt-Trocknungsverfahren der Durchmischung des Feststoffs und der Belagbildung an den Heizflächen zu. Apparate mit intensiver Mischung erreichen für einen vorgegebenen Produktdurchsatz kürzere Trocknungszeiten und sind oft unempfindlicher gegen Verkrustung der Heizflächen. Neben der Intensität der Mischung ist für die erforderliche Apparategröße die Wandtemperatur (und damit die Temperatur des Heizmediums, in der Regel Heizdampf oder Wärmeträgeröl) entscheidend. Die maximal zulässige Wandtemperatur, die Neigung zur unerwünschten Krustenbildung oder die Bildung zäher Phasen bei bestimmten Feuchtegehalten und Produkttemperaturen ist produktspezifisch und sollte durch Labormessungen bestimmt werden, bevor Auslegungsversuche durchgeführt werden.

Auch bei den Kontakttrocknern ist die erforderliche Trocknungszeit das wesentliche Auswahlkriterium:

Kurzzeittrocknung Ausgesprochene Kurzzeit-Kontakttrockner gibt es nicht. Flüssigkeiten oder pastöse Edukte können auf Walzentrocknern (s. Abb. 10.22) innerhalb relativ kurzer Zeit getrocknet werden, wenn der Film dünn genug aufgetragen wird. Pastöse bis rieselfähige Edukte können auf einem schnelldrehenden Dünnschicht-Kontakttrockner getrocknet werden.

Mittelzeittrocknung Kontinuierliche Betriebsweise mit Trocknungszeiten im Minutenbereich gewähren Apparate wie die Tellertrockner und Scheibentrockner. Das Edukt muss dabei hinreichend rieselfähig sein und für einen störungsfreien Betrieb die Heizflächen nicht verkrusten.

Langzeittrocknung Die meisten Kontakttrockner arbeiten diskontinuierlich und benötigen Trocknungszeiten im Stundenbereich. Ist das Edukt eine Suspension, z. B. nach einer Kristallisation, kann es ohne weiteren Zwischenschritt in einem Nutschtrockner filtriert, gewaschen und anschließend getrocknet werden. So findet keinerlei Produktkontakt bzw. -austausch zwischen den verschiedenen Prozessstufen statt.

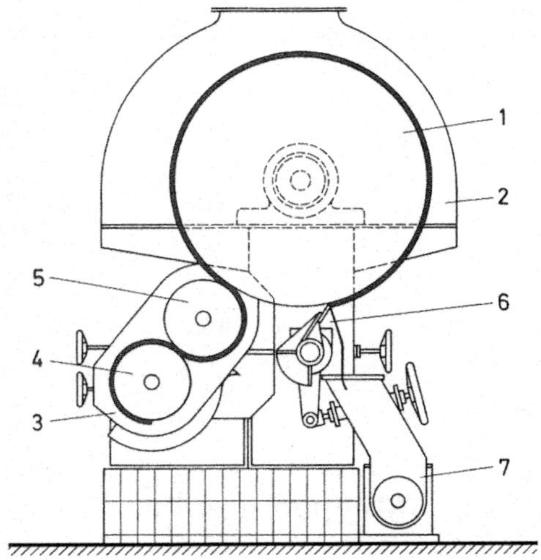

Abb. 10.22 Walzentrockner, Bauform Büttner. (Nach Unterlagen der Fa. Babcock-BSH AG, Krefeld, aus Sattler 1995)
1 Trocknungswalze,
2 Brüdenhaube,
3 Nassguttrog,
4 Nassgutwalze,
5 Aufgabewalze,
6 Trockengutabnahme,
7 Trockengutaustragsschnecke

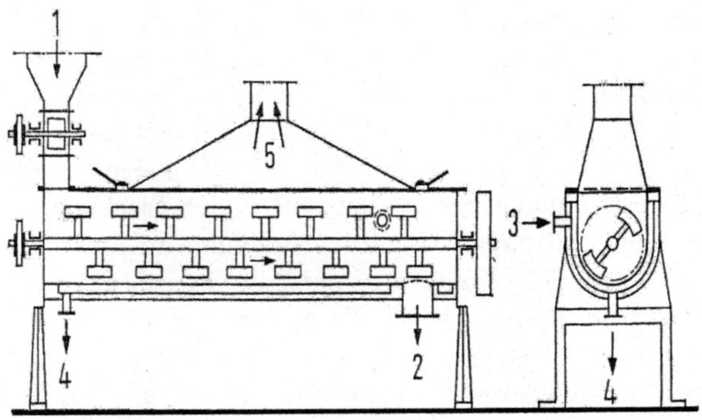

Abb. 10.23 Schaufeltrockner (Bauart Büttner-Schilde-Haas). *1* Gutaufgabe; *2* Gutaustrag; *3*, *4* Zu- und Abführung des Heizmediums; 5 Lösungsmitteldämpfe. (Aus Vogelpohl und Schlünder 1972)

Der häufigste Vertreter der Vakuumkontakttrockner ist wahrscheinlich der Schaufeltrockner (Abb. 10.23). Er verdankt die weite Verbreitung seiner Flexibilität. Er kann sowohl diskontinuierlich als auch kontinuierlich betrieben werden und das sowohl bei Normaldruck als auch im Vakuum. Durch seine Mischwerkzeuge reinigt er die Wände von anhaftendem Produkt ab und so kann er auch klebrige Edukte verarbeiten. Falls das noch nicht genügt, kann der Desagglomerationsprozess auch durch Messermühlen unterstützt werden.

Als letzter Vertreter der Vakuumkontakttrockner sei der aus dem Laborbereich bekannte Vakuum-Trockenschrank erwähnt. Anders als beim Umluft-Trockenschrank kann hier die Wärme nicht durch heiße Luft zugeführt werden, deshalb liegt das Produkt auf Heizflächen, die es von unten durch Kontakt und von oben durch Strahlung erwärmen. Das Produkt wird nicht durchmischt, deshalb darf die Schichtdicke nicht zu hoch sein.

Tab. 10.1 Einteilung der Strahlung in Wellenlänge bzw. Frequenzbereich

Wellenlängenbereich	Frequenzbereich	Bezeichnung
100 … 10 km	3 … 30 kHz	Längstwellen
10 km … 1 m	*30 kHz … 300 MHz*	*Hochfrequenz (HF)*
1 m … 1 mm	*300 MHz … 300 GHz*	*Mikrowelle (MW)*
1 mm … 800 nm	*3×10^{11} … $3{,}75 \times 10^{14}$ Hz*	*Infrarot (IR)*
800 … 400 nm	$3{,}75 \times 10^{14}$ … $7{,}5 \times 10^{14}$ Hz	sichtbares Licht
400 … 10 nm	$7{,}5 \times 10^{14}$ … 3×10^{16} Hz	ultraviolettes Licht

10.7.3 Strahlungstrockner

Das offensichtliche Kennzeichen der Strahlungstrocknung ist, dass dem Feuchtprodukt (Edukt) die zur Trocknung notwendige Energie über Strahlung zugeführt wird. Allgemein bekannte Beispiele für die Energiezufuhr durch Strahlung sind die Sonnenstrahlung, elektrisch oder mit Brenngas betriebene Infrarotstrahler oder die Haushaltsmikrowelle zur Erwärmung von Speisen.

Prinzipiell wird die Strahlung nach ihrer Frequenz bzw. der Wellenlänge eingeteilt. Die für die Trocknung nutzbaren Wellenlängenbereiche sind in Tab. 10.1 kursiv dargestellt und geben den entsprechenden Trocknungsverfahren ihren Namen:

Der prinzipielle Vorteil der Strahlungstrocknung im Vergleich zur konvektiven Trocknung oder Kontakttrocknung ist, dass die Energie nicht über die Oberfläche ins Innere des feuchten Feststoffes gebracht werden muss, sondern im Inneren dort, wo meist eine höhere Feuchtekonzentration vorliegt, dissipiert wird. So wird als Vorteil der Strahlungstrocknungsverfahren meist eine vergleichsweise kurze Trocknungszeit angegeben. Die Strahlungstrocknung wird oft vorteilhaft dort eingesetzt, wo der Feststoff eine geringe Wärmeleitfähigkeit besitzt (z. B. bei Schaum) oder wenn dünne Schichten getrocknet werden sollen. Die Trocknung erfolgt vergleichsweise schonend; wesentliche Verformungen des Gutes oder Schwindungsrisse werden vermieden. Typischerweise werden hochwertige Güter, wie Edelhölzer, keramische Produkte sowie Lebens- und Genussmittel auf diese Weise getrocknet.

Neben den oben genannten Vorteilen weisen Strahlungstrockner jedoch einige Besonderheiten auf, die bei der Auswahl des Trocknungsverfahrens beachtet werden müssen:

- Kosten: Zur Trocknung wird in der Regel elektrische Energie eingesetzt (Ausnahme: gasbefeuerte IR-Strahler). Das kann dort vorteilhaft sein, wo nur gelegentlich geringe Leistungen erforderlich sind oder wo es keine energietechnische Infrastruktur, z. B. ein Dampfnetz, gibt. In der Regel ist die Beheizung mit Elektroenergie jedoch teuer, da sie aus fossilen Quellen gewandelt werden muss.

- Sicherheit: Beim Umgang mit Hochfrequenz- und Mikrowellenstrahlung sind die gesetzlichen Bestimmungen zum Strahlenschutz einzuhalten; das erfordert geeignete Maßnahmen zur Abschirmung und regelmäßige Messungen. Gefährlich wird es, wenn Metallteile ins elektrische Feld des Trockners kommen. Diese können Funken oder Lichtbögen bewirken und damit die Ursache für eine Explosion sein. Hier setzt man zur Absicherung Metalldetektoren ein. Weiterhin kann es bei Mikrowellentrocknern zu lokalen Überhitzungen im Feststoff kommen, sogenannten Hot Spots. Bei IR-Strahlern herrschen hohe Oberflächentemperaturen.

Technische Strahlungstrockner arbeiten bei Normaldruck (z. B. Infrarot-Drehrohrtrockner, Infrarot-Vibrationsrinne) sowie unter Vakuum (z. B. Mikrowellen-Vakuumtrockner). Hinsichtlich der Fahrweise kann in diskontinuierliche Fahrweise (z. B. Mikrowellen-Kammeröfen) und in kontinuierliche Fahrweise (z. B. Mikrowellen-Durchlauftrockner, IR-Tunneltrockner) unterschieden werden.

10.8 Verständnisfragen

1. Auf welche Arten kann Flüssigkeit an das Trocknungsgut gebunden sein?
2. Welchen Zusammenhang beschreibt eine Sorptionsisotherme?
3. Aufgrund welcher Mechanismen erfolgt die Feuchtigkeitsbewegung im Trocknungsgut?
4. Skizzieren Sie ein Mollier-Diagramm einschließlich der Parameter Temperatur ϑ und relative Luftfeuchtigkeit φ.
5. Wodurch ergibt sich die sogenannte Beharrungstemperatur?
6. Welche Zustandsänderung wird durch die Kühlgrenztemperatur erfasst?
7. Skizzieren Sie den Prozess der einstufigen Umlufttrocknung im Mollier-Diagramm.
8. Welche Möglichkeiten der Wärmezufuhr an das Trocknungsgut werden genutzt?
9. Skizzieren Sie die Abhängigkeit der Gutsfeuchte und der Feuchteänderung von der Zeit. Erläutern Sie die unterschiedlichen Bereiche.
10. Wie ändert sich die Gutstemperatur im I. Trocknungsabschnitt?
11. Aufgrund welches physikalischen Phänomens entsteht der Knickpunkt des Trocknungsgeschwindigkeitsverlaufs?
12. Wie lässt sich die Endtrocknungsgeschwindigkeit für nicht hygroskopische Güter berechnen und wovon hängt sie ab?

10.9 Aufgaben

1. Über ein nasses Gut strömt eine im Verhältnis zur Feuchtigkeitsaufnahme große Luftmenge. Es soll sich um vollkommen trockene Luft von 60 °C handeln. Der Strömungszustand sei turbulent mit laminarer Unterschicht. Der Druck sei 1 bar.

   Daten
   Molmassen: $\widetilde{M}_L = 28{,}97$ kg/kmol $\widetilde{M}_D = 18{,}02$ kg/kmol
   universelle Gaskonstante: $R = 8{,}3143$ kJ/kmol K

Abb. 10.24 Kugelförmiger, poröser Körper mit leicht sublimierbarem Feststoff

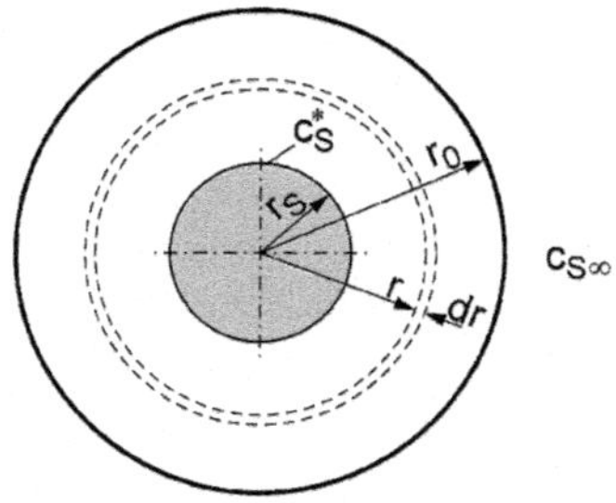

mittlere spezifische Wärmekapazität der Luft (0... 60 °C): $c_{pL} = 1{,}007$ kJ/kg K
spez. Verdampfungsenthalpie: $\Delta h_v = 2450$ kJ/kg

Bestimmen Sie die Oberflächentemperatur des nassen Gutes.

Hinweis Der Wasserdampfpartialdruck kann mit Hilfe der Antoine-Gleichung bestimmt werden:

$$ln\ p_S = A - \frac{B}{T + C}$$

T in K, p_s in mbar,
A = 18,5910,
B = 3816,44,
C = −46,13

2. Ein plattenförmiges Trockengut, dessen Oberfläche feucht sei und getrocknet werden soll, werde durch einen turbulenten Luftstrom mit T = 100 °C, $\varphi = 0{,}05$ in Längsrichtung überströmt. Die Strömungsgeschwindigkeit der Trockenluft beträgt 5 m/s. Der Wärmeübergang an das Gut werde durch die Beziehung

$$Nu = 0{,}037\ Re^{0{,}8}\ Pr \qquad Re = w\,L/\nu \qquad Pr = \nu/a$$

beschrieben. Die Plattenlänge betrage 1 m.

Stoffdaten (gemittelt über den relevanten Temperaturbereich)
$\lambda_L = 3{,}16 \times 10^{-2}$ W/(mK);
$\nu_L = 22{,}5 \times 10^{-6}$ m²/s
$c_{pL} = 1.008$ J/(kg K),
$\rho_L = 0{,}96$ kg/m³

a. Welche Temperatur nimmt die Gutsoberfläche an?
b. Wie groß ist der Wärmeübergangskoeffizient?
c. Wie lautet die entsprechende Gleichung für den Stofftransport?

3. Ein kugelförmiger, poröser Körper enthält in seinen Hohlräumen den leicht sublimierbaren, festen Stoff (s. Abb. 10.24). Diese Substanz soll in einer Vakuumtrocknung entfernt werden.

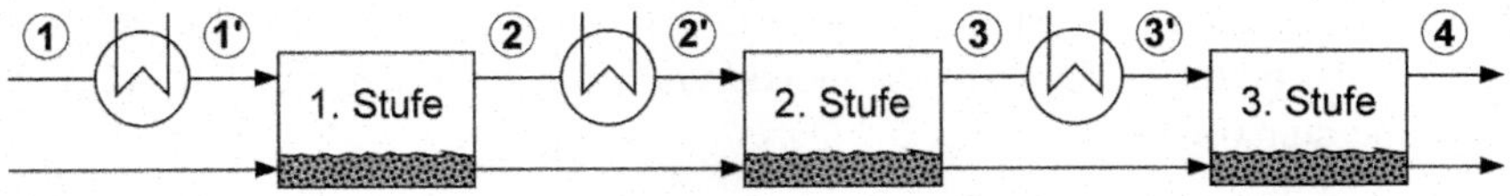

Abb. 10.25 Dreistufiger Trockner

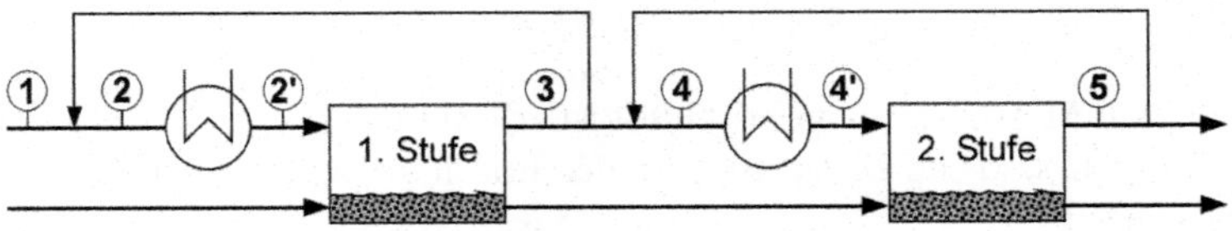

Abb. 10.26 Zweistufige Umlufttrocknungsanlage

Daten
Außenradius der Kugel: r_0
Dichte der Substanz S: ρ_S
Lückengrad, Gehalt an Substanz S: ε_S
Molmasse von S: $\widetilde{M}_S$
Gleichgewichtskonzentration am Sublimat S in der Gasphase: $c_S{}^*$
Sublimatkonzentration im Vakuum: $c_{S\infty}$
effektiver Diffusionskoeffizient für S in dem porösen Körper: D_{Seff}
Stoffübergangskoeffizient an der Körperoberfläche: β_c

Bestimmen Sie die Zeit, um den Stoff S restlos aus dem porösen Körper zu entfernen.

Hinweis: Die äußere Grenze des sublimierenden Stoffes S (Koordinate r_S) zieht sich langsam in das Kugelinnere zurück (quasistationärer Vorgang). Die Temperatur ist als konstant anzunehmen.

4. Ein temperaturempfindliches Gut soll so getrocknet werden, dass die Lufttemperatur 60 °C nicht überschreitet. Die vom Gebläse angesaugte Luft besitzt eine Temperatur von 20 °C und eine relative Feuchtigkeit von $\varphi_1 = 0{,}6$. Es sind 100 kg Wasser aus dem Gut zu entfernen, welches mit Kühlgrenztemperatur in den Trockner gelangt. Der Druck beträgt 1 bar (Abb. 10.25).
Ermitteln Sie die Luftmenge sowie den Energieaufwand für den Fall der einstufigen und den einer dreistufigen Trocknung, wobei die relative Feuchtigkeit der Luft den Wert 80 % nicht überschreiten darf.
5. Ein feuchtes Gut (gesamter Massenstrom 1000 kg/h, $X_{ein} = 0{,}6$) soll in einem idealen zweistufigen Stufenumlufttrockner auf eine Restfeuchtebeladung von 0,1 getrocknet werden. Bei der Stufenumlufttrocknung wird am Ende jeder Trocknungsstufe ein Teil der Luft dem Lufterhitzer der verlassenen Zone wieder zugeführt, während der Rest dem Erhitzer der folgenden Stufe zuströmt und der hier umlaufenden Luftmenge beigemischt wird (s. Abb. 10.26).
Die Frischluft für die erste Stufe hat eine Temperatur von 20 °C und eine relative Feuchte von 40 %. Die Luft darf auf maximal 100 °C erhitzt werden. Sie verlässt den ersten Trockner mit einer Temperatur von 55 °C und einer relativen Feuchte

von 55 %. An keiner Stelle der Anlage soll die relative Luftfeuchtigkeit mehr als 80 % betragen. Das zu trocknende Gut erreicht in der zweiten Stufe eine Temperatur von 60 °C.

a. Die im Fließbild angegebenen Betriebspunkte sind in ein Mollier-Diagramm einzutragen.
b. Welche Kühlgrenztemperatur stellt sich in der ersten und in der zweiten Stufe ein?
c. Welcher Massenstrom an Frischluft ist erforderlich?
d. Wie groß sind die Massenströme der Frischluft und der Umluft in beiden Stufen?
e. Welche Heizleistung wird insgesamt benötigt?

6. In einem Kanaltrockner mit $20\,m^2$ Austauschfläche werden stündlich 160 kg Feuchtgut mit 100 kg Trockensubstanz auf eine Restfeuchte von $X = 0{,}1$ kg/kg getrocknet. Die Trocknung erfolgt im Gleichstrom bei 1 bar. Die Gutstemperatur beträgt gleichbleibend 35 °C. Die Frischluft hat eine Temperatur von 14 °C und eine relative Feuchtigkeit von 40 %. Die Temperaturen der Trockenluft am Ein- und Austritt des Trockners sind 84 und 42 °C.

   a. Stellen Sie den Trocknungsvorgang im h_{1+Y}-Diagramm dar.
   b. Berechnen Sie alle Massenströme.
   c. Wie groß sind die Heizleistung und der spezifische Energieaufwand?
   d. Ermitteln Sie mithilfe einer differenziellen Energiebilanz den Wärmeübergangskoeffizienten α. Hierbei werden α und c_{pL} als konstant angesehen. Die spezifische Wärmekapazität der Luft beträgt $c_{pL} = 1{,}006$ kJ/kg K.

7. In einem theoretischen Trockner werden stündlich 20 kg Trockengut von $X_1 = 0{,}5$ Feuchtebeladung auf $X_2 = 0{,}05$ getrocknet. Der Betriebsdruck sei 1 bar. Das Psychrometer zeigt für die Trocknungsluft am trockenen Thermometer 40 °C und am feuchten Thermometer 20 °C an. Der Taupunkt der Austrittsluft darf 18 °C nicht unterschreiten. Es kann Oberflächenverdunstung mit dem Stoffübergangskoeffizienten $\beta = 0{,}02$ m/s angenommen werden.

   a. Bestimmen Sie den Ein- und Austrittszustand der Luft und die Kühlgrenztemperatur.
   b. Wie groß sind der spezifische und der absolute Luftbedarf des einstufigen Trockners?
   c. Welche aktive Fläche ist notwendig?

8. In einem Gegenstromtrockner werden 0,15 kg/s feuchtes Gut, welches zur Hälfte Wasser enthält, auf ein Zehntel des Feuchtigkeitsgehaltes getrocknet. Die Eintrittstemperatur des Gutes beträgt 15 °C, die Austrittstemperatur 50 °C. Es besitzt eine spezifische Wärmekapazität von 1,7 kJ/kg K. Das Gut wird auf einem Stahlband befördert. Das Massenverhältnis von Transporteinrichtung (spez. Wärmekapazität $c_T = 0{,}46$ kJ/kg K) zu trockenem Gut beträgt 0,75. Die Frischluft hat eine Temperatur von 10 °C und eine relative Feuchtigkeit von 80 %, die Abluft 50 °C und 50 %. Die Wärmeverluste der Trocknungsanlage betragen 10 % der im Lufterhitzer übertragenen Wärmemenge.

a. Ermitteln Sie die Zustandspunkte der Luft und stellen Sie den Trocknungsvorgang im h_{1+Y}-Diagramm dar.
b. Wie groß sind Luft- und Energiebedarf des theoretischen Trockners?
c. Wie groß ist der Energiebedarf des realen Trockners?

Literatur

Allgemein

Grassmann P, Widmer F, Sinn H (1997) Einführung in die thermische Verfahrenstechnik. 3. Aufl. W de Gruyter, Berlin
Kneule F (1975) Das Trocknen. Verlag Sauerländer, Aarau
Mersmann A (1980) Thermische Verfahrenstechnik. Springer, Berlin
Sattler K (1995) Thermische Trennverfahren. VCH, Weinheim
Tsotsas E, Gnielinski V, Schlünder EU (1992) Drying of Solid Materials. In: Ullmann's Encyclopedia of Ind Chemistry, vol B 2. VCH Publishers, Weinheim

Speziell

Görling P (1956) Untersuchungen zur Aufklärung des Trocknungsverhaltens pflanzlicher Stoffe, insbesondere von Kartoffelstücken. VDI-Forschungsheft 458, Düsseldorf
Krischer O, Kast W (1992) Trocknungstechnik. Bd. 1, 3. Aufl. Springer, Heidelberg
Kröll K, Kast W (1989) Trocknen und Trockner in der Produktion. Springer, Heidelberg, New York
Mollier R (1923) Ein neues Diagramm für Dampf-Luft-Gemische. Z VDI 67: 869–872
Schönherr RM (2003) Thermische Trocknung. www.home.t-online.de/home/michael.schoenherr/trocknung_3.html
van't Land CM (1991) Industrial Drying Equipment. Marcel Decker Inc, New York
Vogelpohl A, Schlünder EU (1972) Trocknung fester Stoffe. In: Bartholomé E, Biekert E, Hellmann H, Ley H: Ullmanns Enzyklopädie der technischen Chemie, Bd. 2. Verlag Chemie, Weinheim

Kapitel 11
Strömung von Flüssigkeitsfilmen

Eine große Zahl technischer Problemstellungen beinhaltet den Wärme- und Stoffaustausch in Gas/Flüssigkeits-Systemen. In der Mehrzahl der technischen Anwendungen durchdringen sich Gas und Flüssigkeit, sodass eine *zweiphasige Strömung* entsteht. Die gegenseitige Beeinflussung beider Phasen ist in den sogenannten Rieselfilmen dagegen derart gering, dass die Strömung jeder Phase als weitgehend unabhängig von der jeweils anderen betrachtet werden kann.

Rieselfilme sind Flüssigkeitsströmungen an ebenen oder gekrümmten Flächen, deren Bewegung durch die Schwerkraft ausgelöst wird. Flüssigkeitsfilme, deren Erzeugung und Stabilisierung durch mechanische Einrichtungen (z. B. Wischer) erfolgt, werden als *Dünnschicht* bezeichnet.

In technischen Apparaten wird das Gas sowohl im *Gleich-* als auch im *Gegenstrom* zur Flüssigkeit geführt (s. Abb. 11.1). Hierbei können allerdings nennenswerte Auswirkungen der Gasströmung auf den Flüssigkeitsfilm auftreten, wenn die Schubspannung an der Phasengrenzfläche infolge der Gasgeschwindigkeit ausreichend hoch ist. Flüssigkeitsfilme werden beispielsweise dann technisch eingesetzt, wenn stark endotherme oder exotherme chemische Reaktionen hohe Wärmestromdichten erforderlich machen. Eine weitere typische Anwendung findet sich bei der Verdampfung von temperaturempfindlichen Stoffen, da geringe treibende Temperaturdifferenzen benötigt werden und sehr kurze Verweilzeiten realisiert werden können. Das generelle technische Problem beim Einsatz von Rieselfilmapparaten besteht in der Erzeugung eines gleichmäßigen und über der Lauflänge stabilen Films.

Ziel des Kapitels ist die quantitative Darstellung der oftmals verknüpften Energie-, Impuls- und Stofftransportvorgänge, die bei Anwendungen von Flüssigkeitsfilmen auftreten. Hierbei werden auch die in Rieselfilmreaktoren vorliegenden chemischen Reaktionen einbezogen. Zu Beginn wird die Fluiddynamik von Flüssigkeitsfilmen erläutert. Diese ist nicht allein für die im Folgenden erläuterten Energie- und Stofftransportprozesse bedeutsam, sondern wird auch im Kap. 13 zur Charakterisierung der Fluiddynamik von Packungskolonnen weiter verwendet. Bei der Darstellung des Einflusses homogener chemischer Reaktionen werden neben der ansonsten ausschließlich betrachteten Reaktion 1. Ordnung auch Reaktionen 2. Ordnung berücksichtigt, um die veränderten Zusammenhänge exemplarisch auch für andere Anwendungen zu erklären.

M. Kraume, *Transportvorgänge in der Verfahrenstechnik*,
DOI 10.1007/978-3-642-25149-8_11, © Springer-Verlag Berlin Heidelberg 2012

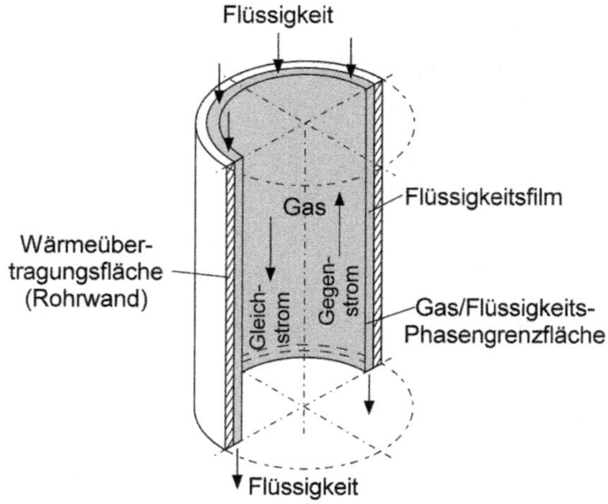

Abb. 11.1 Schematische Darstellung eines Flüssigkeitsfilmapparats

11.1 Fluiddynamik von Rieselfilmen

Besonders einfache Strömungsverhältnisse liegen beim *glatten laminaren* Rieselfilm vor (Nußelt 1916). An ein Flüssigkeitselement gemäß Abb. 11.2 greifen allein die Schwerkraft F_g und die Zähigkeitskraft F_η an. (Tatsächlich wirkt die Schubspannung nicht in Pfeilrichtung, sondern entgegengesetzt. Aus formal mathematischen Gründen ist in der Abb. 11.2 zunächst ein positiver Wert von τ unterstellt worden, da die Vorzeichenumkehr dann aus dem Geschwindigkeitsgradienten resultiert.)

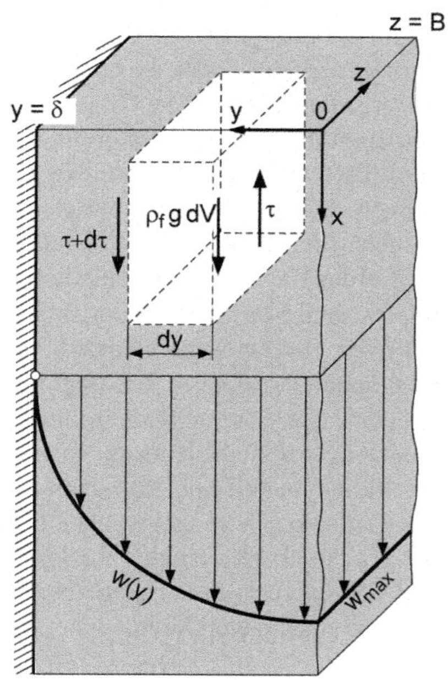

Abb. 11.2 Spannungen an einem Flüssigkeitselement in einem Rieselfilm bei laminarer Strömung

Aus dem Kräftegleichgewicht folgt:

$$\tau dA = \left(\tau + \frac{d\tau}{dy}dy\right) dA + \rho_f g dA\, dy. \tag{11.1}$$

Für Newtonsche Flüssigkeiten resultiert folgende Differenzialgleichung bei ortsunabhängiger Viskosität:

$$\eta_f \frac{d^2 w(y)}{dy^2} + \rho_f g = 0. \tag{11.2}$$

Die Lösung dieser DGL erfolgt unter Anwendung der nachstehenden Randbedingungen:

1. RB $y = \delta:$ $w = 0$ Haftbedingung an der Wand
2. RB $y = 0:$ $\tau(y=0) = \eta_f \left(\frac{dw(y)}{dy}\right)_{y=0} = 0$

Es wird vereinfachend angenommen, dass kein Impulsaustausch zwischen der Gas- und der Flüssigphase stattfindet. Über die Phasengrenzfläche werden demzufolge keine Kräfte übertragen und die Schubspannung ist dort gleich null.

Die Integration von Gl. (11.2) führt unter Berücksichtigung der Randbedingungen zu dem Geschwindigkeitsprofil eines laminaren Rieselfilms:

$$w(y) = \frac{g\delta^2}{2\nu_f}\left(1 - \left(\frac{y}{\delta}\right)^2\right). \tag{11.3}$$

Ein für technische Rieselfilmapparate wichtiger Wert ist die sogenannte *Umfangsbelastung* $\dot{V}_f/B$, also der auf die berieselte Breite B bezogene Flüssigkeitsvolumenstrom. In technischen Apparaten muss ein Minimalwert der Umfangbelastung eingehalten werden, um eine vollständige Benetzung der gesamten Oberfläche zu erreichen. Je nach Apparat und Stoffsystem bewegt sich $\dot{V}_f/B$ in der Größenordnung 0,5–1,5 $m^3/(m \times h)$. Die Umfangsbelastung ergibt sich aus der Integration der Geschwindigkeit w(y) über die Rieselfilmdicke δ:

$$\begin{aligned}\frac{\dot{V}_f}{B} &= \int_0^\delta w(y)dy = \frac{g\delta^2}{2\,\nu_f}\int_0^\delta \left(1 - \left(\frac{y}{\delta}\right)^2\right) dy \\ &= \frac{g\delta^2}{2\nu_f}\left(y - \frac{\delta}{3}\left(\frac{y}{\delta}\right)^3\right)_{y=0}^{y=\delta} = \frac{g\delta^3}{3\nu_f}.\end{aligned} \tag{11.4}$$

Die Reynoldszahl der Filmströmung wird mit der mittleren Filmgeschwindigkeit $\overline{w}$ definiert:

$$Re \equiv \frac{\overline{w}\delta}{\nu_f} = \frac{\frac{\dot{V}_f}{B\delta}\delta}{\nu_f} = \frac{\dot{V}_f/B}{\nu_f} = \frac{\dot{M}_f/B}{\eta_f}. \tag{11.5}$$

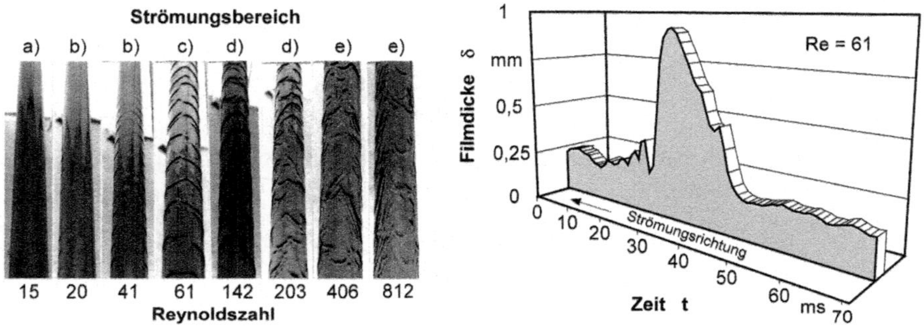

Abb. 11.3 Vertikale Flüssigkeitsfilme an der Außenseite eines 28 mm Rohrs (*links*) (nach Miller und Keyhani 2001); zeitlicher Filmdickenverlauf eines Rieselfilms bei Re = 61 (*rechts*) (Maun und Auracher 2002)

Die *Filmdicke* δ des glatten laminaren Films lässt sich nach Gl. (11.4) durch folgende Beziehung beschreiben:

$$\boxed{\delta = \sqrt[3]{\frac{3\dot{V}_f}{B}\frac{\nu_f}{g}} = \left(\frac{3\nu_f^2}{g}\right)^{1/3} Re^{1/3}.} \tag{11.6}$$

Falls die Wand nicht senkrecht, sondern um den Winkel α gegen die Vertikale geneigt ist, wirkt in Richtung der Senkrechten nur die Komponente der Schwerkraft $F_g \cdot \cos\alpha$, sodass in den Gln. (11.1) bis (11.6) anstelle g das Produkt $g \cdot \cos\alpha$ tritt. Die abgeleitete Beziehung (11.6) gilt streng nur für den glatten, laminaren Film. Ab Reynoldszahlen in der Größenordnung von 3 bis 6 treten *Wellen* auf. Experimentelle Untersuchungen zeigen, dass bei Wasser bis Re = 400 die mittlere Filmdicke trotz der auftretenden Wellen noch recht genau durch Gl. (11.6) dargestellt wird (Brauer 1956). Man spricht daher bis Re = 400 von einem *pseudolaminaren* Film. Bei Reynoldszahlen größer 400 zeigt der Film zunehmend fluiddynamische Instabilitäten, die sich u. a. in einem sprunghaften Anstieg der Schwankungen der Wandschubspannungen widerspiegeln (Alekseenko et al. 1994) Dieser Strömungszustand wird als *turbulent* bezeichnet. Die Filmstruktur lässt sich z. T. mithilfe folgender Beziehung für die jeweilige charakteristische Reynoldszahl (s. Gl. 11.5) vorhersagen:

$$Re = C_i \left(\frac{\rho_f \sigma^3}{\eta_f^4 g}\right)^{1/10} = C_i K_f^{\;1/10}. \tag{11.7}$$

K_f ist die sogenannte *Flüssigkeitskennzahl*, die lediglich Stoffeigenschaften und die Erdbeschleunigung enthält. Von (Ishigai et al. 1972) stammt folgende Bestimmung von fünf Strömungsbereichen (s. Abb. 11.3 links):

a. rein laminar $Re \leq 0{,}47\ K_f^{1/10}$
b. erster Übergangsbereich $0{,}47\ K_f^{1/10} \leq Re \leq 2{,}2\ K_f^{1/10}$
c. stabile Wellen $2{,}2\ K_f^{1/10} \leq Re \leq 75$

d. zweiter Übergangsbereich $75 \leq \mathrm{Re} \leq 400$
e. voll turbulent $\mathrm{Re} \geq 400$

Einen Eindruck von der Struktur des Films im Bereich der stabilen Wellenströmung vermittelt Abb. 11.3 rechts. Die zugrunde liegenden Messungen wurden bei einer Reynoldszahl von 61 durchgeführt.

Im pseudolaminaren Bereich sind zwar angenähert die fluiddynamischen Gesetzmäßigkeiten des laminaren Films gültig, doch die Wellen bewegen sich mit einer anderen als der mittleren Filmgeschwindigkeit. Detailliertere Messungen bzw. numerische Ergebnisse finden sich z. B. bei (Adomeit und Renz 2000) bzw. (Miyara 2000).

Auf der Basis einer Reihe von experimentellen Untersuchungen wurden folgende Gleichungen für die Filmdicke δ und die mittlere Flüssigkeitsgeschwindigkeit $\overline{w}$ eines turbulent strömenden Films ($\mathrm{Re_f} > 400$) ermittelt (Brauer 1956):

$$\delta = 0{,}302\left(\frac{3\nu_f^2}{g}\right)^{1/3} Re^{8/15} \tag{11.8}$$

$$\overline{w} = 3{,}31\left(\frac{g\nu_f}{3}\right)^{1/3} Re^{7/15}\,. \tag{11.9}$$

Das Auftreten der Viskosität in Gl. (11.8) bedeutet, dass noch keine vollständig turbulente Strömung vorliegt. Vollständig turbulente Strömungen sind stets dadurch gekennzeichnet, dass Zähigkeitskräfte gegenüber den durch die Schwankungsgeschwindigkeiten hervorgerufenen Trägheitskräften zu vernachlässigen sind und damit auch kein Einfluss der Reynoldszahl auftritt.

Für den Stoffaustausch zwischen Gas und Flüssigkeit ist das experimentelle Ergebnis bedeutsam, dass die Phasengrenzfläche lediglich wenige Prozent durch die Auswirkung der Oberflächenwellen vergrößert wird. Daher sind die beobachteten hohen Stoffaustauschraten allein auf eine Vergrößerung des Stoffübergangskoeffizienten zurückzuführen. Dies ist eine unmittelbare Folge des durch die Wellen bedingten*Queraustausches* innerhalb des Films.

11.2 Wärmeübertragung zwischen Wand und Flüssigkeit

Der Wärmeübergang an nichtsiedende Rieselfilme ist für innen und außen berieselte Rohre vielfach untersucht worden. Bereits im Jahr 1916 wurde von (Nußelt 1916) eine einfache Theorie zur Berechnung des Wärmeübergangskoeffizienten bei der laminaren Filmkondensation an Rohren und senkrechten bzw. geneigten Wänden entwickelt, die als *Nußeltsche Wasserhauttheorie* bezeichnet wird. Es zeigt sich, dass die für den unbeheizten Film abgeleiteten Gesetze der Fluiddynamik auch für beheizte bzw. gekühlte Flächen Gültigkeit besitzen.

In Abb. 11.4 werden die Temperaturfelder in fluiddynamisch ausgebildeten Rieselfilmen bei konstanter Wandtemperatur T_w qualitativ dargestellt. Erläutert wird die stetige Änderung der Temperatur T(x, y) in dem Rieselfilm von der Eintrittstemperatur T_E auf die Ablauftemperatur $\overline{T}_A$. Bei kleinen Lauflängen x ist der Kern der

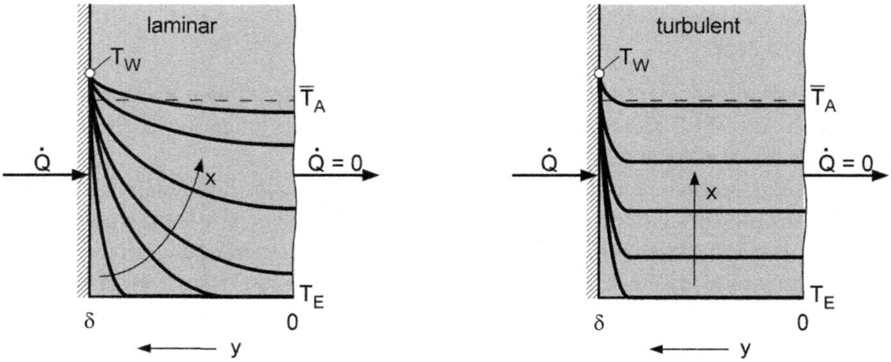

Abb. 11.4 Temperaturprofile im laminaren (*links*) bzw. turbulenten (*rechts*), nichtsiedenden Rieselfilm

Flüssigkeit noch nicht von der Temperaturänderung erfasst. Man bezeichnet dies als *thermischen Anlauf*. Das Temperaturprofil hat zunächst *Grenzschichtcharakter*. Stromabwärts – am Ende der *thermischen Einlauflänge* – verläuft es parabolisch. Für $x \rightarrow \infty$ nimmt die gesamte Flüssigkeit die Temperatur der Wand $T = T_w$ an. Wenn an der freien Oberfläche keine Wärme abgeführt wird, wie dies annähernd bei nichtsiedenden Rieselfilmen der Fall ist, da der konvektive Wärmeübergang an die Luft relativ gering ist, weist das Temperaturprofil an dieser Stelle eine horizontale Tangente auf. Aus den Temperatur- und Geschwindigkeitsprofilen folgt, dass der Hauptwärmedurchgangswiderstand in einer wandnahen Flüssigkeitsschicht liegt.

Zur Berechnung des bei konstanter Wandtemperatur längs einer Strecke L übertragenen Wärmestromes $\dot{Q}$ wird der mittlere *Wärmeübergangskoeffizient* α als

$$\alpha \equiv \frac{\dot{Q}}{A \Delta T_{\log}} = \dot{m} c_p \frac{\delta}{L} ln \frac{T_w - T_E}{T_w - \overline{T}_A}. \tag{11.10}$$

definiert. Umgekehrt dient Gl. (11.10) zur Ermittlung der erforderlichen Rohrlänge L, wenn T_w und α bekannt sind.

Für die Erhitzung oder Abkühlung werden die mittleren Wärmeübergangskoeffizienten α aus den Gleichungen für die Nußeltzahl Nu

$$Nu \equiv \frac{\alpha}{\lambda_f} \left(\frac{\nu_f^2}{g} \right)^{1/3} \tag{11.11}$$

errechnet. Diese lauten über L gemittelt für die verschiedenen Bedingungen (Schnabel und Schlünder 1980):

- bei laminarer, fluiddynamisch und thermisch ausgebildeter Strömung

$$Nu = C_\infty Re^{-1/3} \tag{11.12}$$

mit $C_\infty = 1{,}30$ für eine konst. Wandtemperatur T_w und $C_\infty = 1{,}43$ für eine konst. Wärmestromdichte $\dot{q}$,

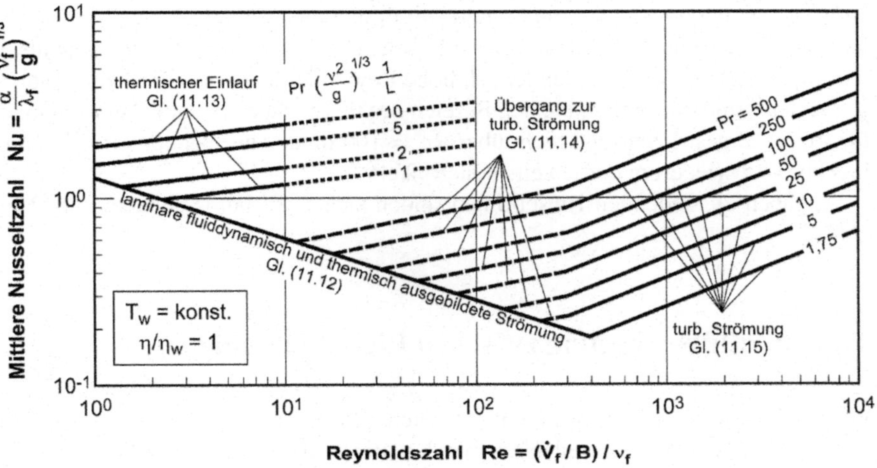

Abb. 11.5 Mittlere Nußeltzahl in Abhängigkeit von Re und den Parametern Pr und Pr $(\nu^2/g)^{1/3}/L$ bei nichtsiedenden Rieselfilmen. (Nach Schnabel und Palen 2006)

- im Bereich der thermischen Einlauflänge

$$Nu = \overline{C}_0 \sqrt[3]{Re^{1/3}\, Pr \left(\frac{\nu_f^2}{g}\right)^{1/3} / L} \tag{11.13}$$

mit $\overline{C}_0 = 0{,}912$ für $T_w = $ konst und $\overline{C}_0 = 1{,}10$ für $\dot{q} = $ konst.,

- im Übergangsbereich zur turbulenten Strömung

$$Nu = 0{,}0425\ Re^{1/5}\ Pr^{0{,}344}, \tag{11.14}$$

- bei turbulenter Strömung

$$Nu = 0{,}0136\ Re^{2/5}\, Pr^{0{,}344}. \tag{11.15}$$

Zur Berechnung des mittleren Wärmeübergangskoeffizienten α verwendet man aus den Gln. (11.12) bis (11.15) den größten Wert von Nu. Insbesondere Gl. (11.12) für die laminare Strömung ist nur für sehr geringe Reynoldszahlen genau, sodass die Beziehung für den Übergang zur turbulenten Strömung (Gl. 11.14) zuverlässigere Werte wiedergibt.

Um den Einfluss einer stark temperaturabhängigen Viskosität auf den Wärmeübergang zu erfassen, sind die rechten Seiten der Gln. (11.12) bis (11.15) mit dem Korrekturfaktor $(\eta/\eta_w)^{0{,}25}$ zu multiplizieren. Dabei ist η die dynamische Viskosität bei der mittleren Filmtemperatur $\overline{T}$ und η_w die bei der Wandtemperatur. Der Korrekturfaktor gilt für die Erwärmung ebenso wie für die Abkühlung.

In Abb. 11.5 sind mittlere Nußeltzahlen Nu über der Reynoldszahl Re des Rieselfilmes für die Randbedingung einer konstanten Wandtemperatur (T_w = konst.)

aufgetragen. Parameter sind die Prandtlzahl Pr und die Größe Pr $(\nu^2/g)^{1/3}/L$ für den Bereich des thermischen Anlaufs, der indessen nur bei sehr zähen Stoffen bedeutsam wird. In diesen Fällen kommen jedoch hohe Reynoldszahlen praktisch kaum vor.

Deshalb sind die Linien, die den Bereich des thermischen Anlaufs kennzeichnen, für $Re > 10$ gestrichelt und nicht über $Re = 100$ hinaus gezeichnet. Abzulesen ist in Abb. 11.5 wiederum der jeweils höhere Wert.

Angaben zu siedenden Rieselfilmen finden sich z. B. bei (Schnabel und Palen 2006).

11.3 Stoffübertragung zwischen Rieselfilm und Gas

Wegen der relativ hohen volumenbezogenen Übertragungsfläche und den kurzen Gas- und Flüssigkeitsverweilzeiten werden Rieselfilmapparate als *Reaktoren für schnelle bzw. spontane chemische Reaktionen* eingesetzt. Der Hauptanteil der Reaktion findet dabei unmittelbar im Bereich der Phasengrenzfläche statt. In diesem speziellen Fall sind Konzentrationen der aus der Gasphase übergehenden Komponente im Kern des Films vernachlässigbar gering. In einer Reihe weiterer Anwendungsfälle dringt die diffundierende Komponente jedoch in den Film ein, sodass bei der mathematischen Modellierung dies auch entsprechend berücksichtigt werden muss.

Das Auftreten der Wellen, das im pseudolaminaren Film ohne nennenswerte Auswirkung auf die mittlere Filmdicke ist, führt aufgrund der hierdurch initiierten Queraustauschvorgänge zu einer deutlichen Verbesserung des Stoffübergangs. Weitere Einflussparameter des Stofftransports sind die Flüssigkeitsaufgabe zur Erzeugung des Films sowie die Lauflänge. Bei der technischen Realisierung muss stark darauf geachtet werden, dass der Film nicht aufreißt, da dies die Stoffaustauschfläche nachhaltig reduzieren kann (Schnabel und Palen 2006).

Einen umfassenden Überblick über den aktuellen Stand des Wissens geben (Killion und Garimella 2001).

11.3.1 Laminare Rieselfilme

Die Ermittlung des flüssigkeitsseitigen Stoffübergangskoeffizienten sei hier an dem Beispiel des laminar strömenden Rieselfilms erläutert (s. Abb. 11.6). Aus dem angrenzenden Gas wird die Komponente A in den Film hinein übertragen. Es wird vereinfachend angenommen, dass Stoff A nur gering in der Flüssigkeit löslich sei und stationäre Bedingungen vorliegen. Weiterhin wird unterstellt, dass an der Stelle $x = 0$ ein vollständig ausgebildetes Geschwindigkeitsprofil vorliegt, das durch die Diffusion nicht verändert wird. Der Stoff A wird dann durch zwei Mechanismen transportiert. Quer zur Strömungsrichtung erfolgt die Diffusion von A in den Film. Dieser Vorgang wird durch den Fickschen Ansatz beschrieben, da A nur wenig löslich

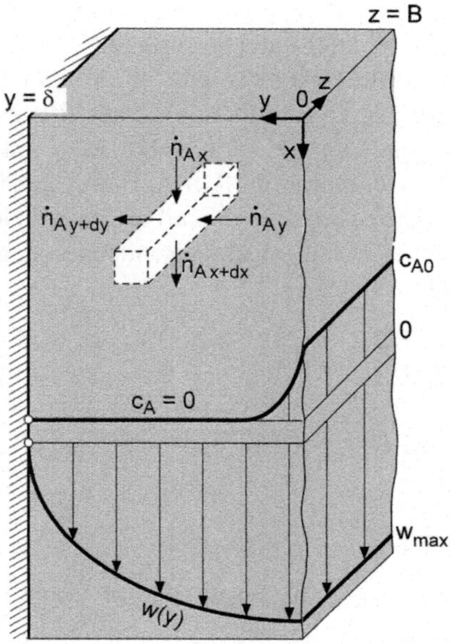

Abb. 11.6 Stoffübergang an einem Flüssigkeitselement in einem Rieselfilm der Breite B

ist:

$$\dot{n}_{Ay} = -D_{AB}\frac{\partial c_A}{\partial y}. \tag{11.16}$$

In Strömungsrichtung wird Stoff A konvektiv mit dem Film transportiert:

$$\dot{n}_{Ax} = c_A \cdot w(y). \tag{11.17}$$

Hierbei wird angenommen, dass der Diffusionsterm in x-Richtung (Strömungsrichtung) sowie der Konvektionsstrom in y-Richtung (quer zur Strömungsrichtung) vernachlässigt werden können (keine Stefan-Diffusion). Eine Stoffbilanz der Komponente A über ein infinitesimales Flüssigkeitselement (Volumen dV = dx dy B) liefert:

$$Bdy\frac{\partial \dot{n}_{Ax}}{\partial x}dx + Bdx\frac{\partial \dot{n}_{Ay}}{\partial y}dy = \frac{\partial \dot{n}_{Ax}}{\partial x} + \frac{\partial \dot{n}_{Ay}}{\partial y} = 0 \tag{11.18}$$

Somit erhält man folgende partielle Differenzialgleichung zur Beschreibung des Stofftransports im Rieselfilm:

$$w(y)\frac{\partial c_A}{\partial x} = D_{AB}\frac{\partial^2 c_A}{\partial y^2}. \tag{11.19}$$

Die Lösung dieser Differenzialgleichung ist nach zwei Betrachtungsweisen unterschiedlichen Vereinfachungsgrads möglich.

Geringe Eindringtiefe der diffundierenden Komponenten Bei der Lösung von Gl. (11.19) kann unter bestimmten Umständen vereinfachend angenommen werden, dass die Filmdicke sehr groß im Vergleich zur Eindringtiefe des Stoffes A ist (analog zur Penetrationstheorie). Dies trifft zum Beispiel für kurze Lauflängen eines Flüssigkeitsfilms zu. Im Innern des Films tritt dementsprechend keine Änderung der Konzentration an A auf. Damit kann auch angenommen werden, dass innerhalb der Eindringtiefe überall die maximale Geschwindigkeit $w_{max} = 1{,}5\overline{w}$ herrscht. Es gelten somit folgende Randbedingungen bei der Lösung der Differenzialgleichung (11.19):

1. RB	$x = 0$	$y > 0$:	$c_A = 0$	
2. RB	$x \geq 0$	$y = 0$:	$c_A = c_{A0} = \text{konst.}$	(es findet keine Abreicherung von der Gasphase statt)
3. RB	$x \geq 0$	$y \to \infty$:	$c_A = 0$	Dies ist die mathematische Formulierung der Tatsache, dass die Eindringtiefe $\delta_c \ll \delta$ ist (s. auch Abschn. 2.2.1).

Aus der analytischen Lösung der Differenzialgleichung (s. z. B. (Mersmann 1986) lässt sich die örtliche Stoffstromdichte $\dot{n}_{Ay}(x)$ in y-Richtung bei der Lauflänge x bestimmen:

$$\dot{n}_{Ay}(x) = -D_{AB}\left(\frac{\partial c_A}{\partial y}\right)_{y=0} = c_{A0}\sqrt{\frac{3D_{AB}\overline{w}}{2\pi x}}. \tag{11.20}$$

Integriert man diese Stoffstromdichte über die gesamte Lauflänge L, so folgt die mittlere Stoffstromdichte:

$$\bar{\dot{n}}_{Ay} = \frac{1}{L}\int_0^L \dot{n}_{Ay}(x)dx = c_{A0}\sqrt{\frac{6D_{AB}\overline{w}}{\pi L}}. \tag{11.21}$$

Für den Stoffübergangskoeffizienten $\beta(x)$ gilt unter der Annahme, dass $c_A = 0$ für $y \to \infty$:

$$\dot{n}_{Ay} = \beta(x)(c_{A0} - c_{Ay\to\infty}) = \beta(x)c_{A0}. \tag{11.22}$$

Daraus folgt mit Gl. (11.20) für den lokalen Stoffübergangskoeffizienten:

$$\beta(x) = \sqrt{\frac{3}{2\pi}}\sqrt{\frac{D_{AB}\overline{w}}{x}} \tag{11.23}$$

und analog für den über die Lauflänge L gemittelten Stoffübergangskoeffizienten:

$$\beta = \sqrt{\frac{6}{\pi}}\sqrt{\frac{D_{AB}\overline{w}}{L}}. \tag{11.24}$$

In dimensionsloser Form gilt für die über die Lauflänge L gemittelte Sherwoodzahl Sh_L

$$Sh_L = 1{,}38 {Pe_L}^{1/2} \tag{11.25}$$

mit:

$$Sh_L \equiv \frac{\beta L}{D_{AB}} \; und \; Pe_L \equiv \frac{\overline{w}L}{D_{AB}} = \frac{\overline{w}L}{\nu}\frac{\nu}{D_{AB}} = Re_L\, Sc. \tag{11.26}$$

Führt man die Dicke δ des laminaren Films gemäß Gl. (11.6) als charakteristische Länge in den Kennzahlen Sh und Pe ein, so erhält man

$$\boxed{Sh_\delta = 1{,}38\sqrt{Pe_\delta \frac{\delta}{L}}} \tag{11.27}$$

mit:

$$Sh_\delta \equiv \frac{\beta\delta}{D_{AB}} \; und \; Pe_\delta \equiv \frac{\overline{w}\delta}{D_{AB}} = Re\; Sc.$$

Gl. (11.27) gilt entsprechend den Randbedingungen nur bei geringer Löslichkeit der übergehenden Komponente sowie für kurze Lauflängen L. Weiterhin stellen die angegebenen Sherwoodzahlen Sh_L und Sh_δ über die gesamte Lauflänge des Films gemittelte Werte dar.

Stofftransport in den gesamten Rieselfilm Kompliziertere Verhältnisse treten ein, wenn A in den gesamten Flüssigkeitsfilm diffundiert und zusätzlich noch eine Abreicherung von A in der Gasphase mit zunehmender Lauflänge auftritt, wie dies schematisch in Abb. 11.7 dargestellt ist. (Genauere Angaben zur Lösung dieses Problems (s. Brauer 1971a) Unter diesen Voraussetzungen gelten folgende Randbedingungen zur Lösung von Gl. (11.19):

1. RB $x = 0, \quad y > 0 \quad : \quad c_A = c_{Af\,ein}$
2. RB $x \geq 0, \quad y = \delta \quad : \quad \frac{\partial c_A}{\partial y} = 0$
3. RB $x > 0, \quad y = 0 \quad : \quad c_{A0f} = c_{A0f}(x)$

Zur Funktion $c_{A0f}(x)$ existiert eine Reihe von Vorschlägen, die hier nicht weiter betrachtet werden sollen, Näheres s. (Brauer 1971a). $c_{A0f}(x)$ steht im thermodynamischen Gleichgewicht zu $c_{A0g}(x)$, das im einfachsten Fall durch das Henrysche Gesetz (s. Abschn. 3.2) beschrieben wird:

$$y_A = H x_A / p. \tag{3.28}$$

Statt des Henry-Koeffizienten H wird im Weiteren die *Henryzahl* H*

$$H^* \equiv \frac{c_{Ag}}{c_{Af}} = H\frac{\widetilde{M}_A}{\rho_f RT} \tag{11.28}$$

verwendet. $c_{A0g}(x)$ hängt i. Allg. aufgrund der Abreicherung von A in der Gasphase von der Lauflänge ab.

Der schematische Geschwindigkeits- und Konzentrationsverlauf im Film und im Gasstrom für unterschiedliche Lauflängen x wird in Abb. 11.7 dargestellt. Unter Vernachlässigung der Abreicherung von A in der Gasphase führt die numerische Lösung

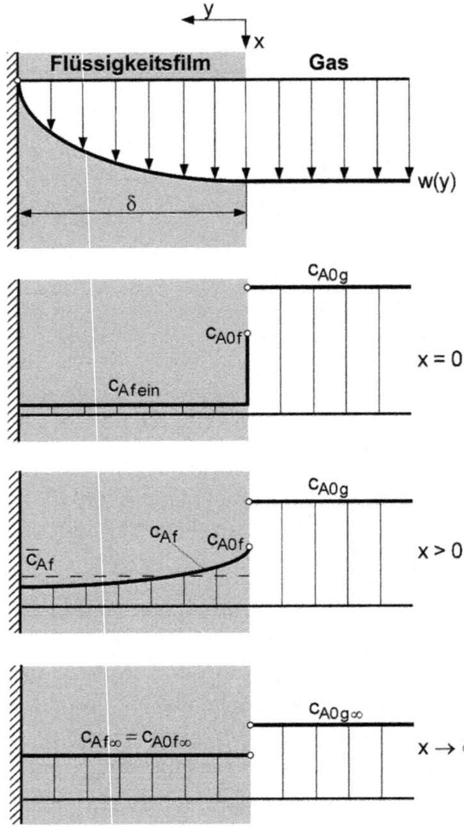

Abb. 11.7 Schematische Darstellung der Geschwindigkeits- und Konzentrationsprofile in Gas- und Flüssigphase bei Gleichstrom im Rieselfilm (Vereinfachende Annahme: Das Gas strömt im gesamten Querschnitt mit der Geschwindigkeit, wie sie an der Filmoberfläche herrscht.)

von Gl. (11.19) zu Konzentrationsverläufen im Film, die in Abb. 11.8 dargestellt sind. Als Kurvenparameter wird die *Einlaufkennzahl*

$$x^* \equiv \frac{1}{Pe_\delta}\frac{x}{\delta} = \left(\frac{\overline{w}\delta}{D_{AB}}\right)^{-1}\frac{x}{\delta} \tag{11.29}$$

verwendet. Mit steigender Lauflänge sättigt sich der Flüssigkeitsfilm immer stärker mit der Übergangskomponente ab. Die mit diesem Ergebnis korrespondierenden mittleren Sherwoodzahlen werden in Abb. 11.9 dargestellt. Bei Zunahme der Einlaufkennzahl x* nimmt die mittlere Sherwoodzahl zunächst bei kurzen Lauflängen ab. Dieser Rückgang ist eine unmittelbare Folge des sinkenden treibenden Konzentrationsgradienten an der Phasengrenze mit steigender Lauflänge. Die Beschreibung der mittleren Sherwoodzahl bei niedrigen Lauflängen x* liefert die oben durchgeführte Betrachtung für geringe Eindringtiefen (s. Gl. 11.27). Bei großen Lauflängen nähert sich dann die Sherwoodzahl asymptotisch einem Endwert von 3,41 (analoges Verhalten zur Rohrströmung). Hier nehmen die treibende Konzentrationsdifferenz

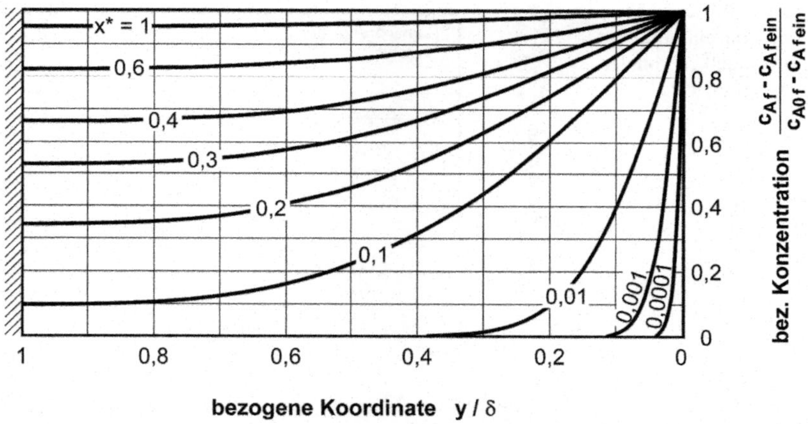

Abb. 11.8 Konzentrationsverlauf in einem laminaren Rieselfilm für verschiedene Einlaufkennzahlen x* unter der Annahme, dass $c_{A0f} \neq f(x^*)$

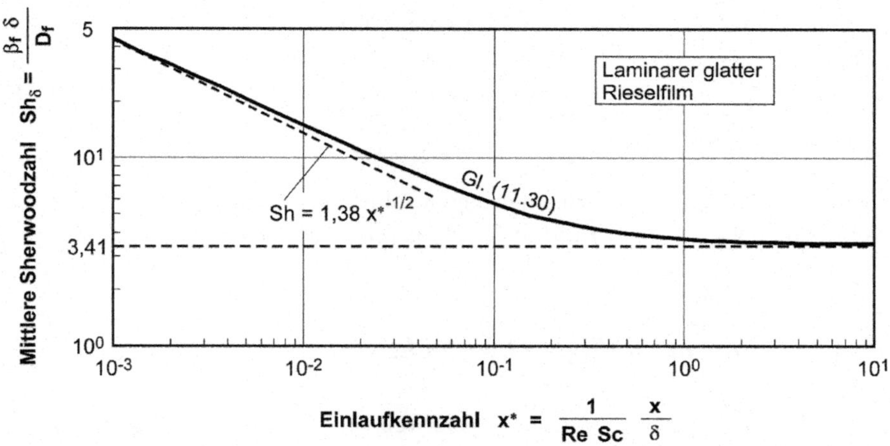

Abb. 11.9 Mittlere Sherwoodzahl in Abhängigkeit von der Einlaufkennzahl x*

und der Konzentrationsgradient an der Phasengrenzfläche gleichmäßig ab und gehen beide ebenso wie der lokale Stofffluss gegen null. Daher ergibt sich eine andere Abhängigkeit der Sherwoodzahl von der Lauflänge als gemäß Gl. (11.27) für kurze Lauflängen.

Für den gesamten Bereich der Einlaufkennzahl x* gilt folgende Beziehung, die auch die beiden genannten Grenzfälle mit einschließt (Brauer 1971a):

$$Sh_\delta = 3{,}41 + \frac{0{,}276\,x^{*\,-1{,}2}}{1 + 0{,}20\,x^{*\,-0{,}7}}. \tag{11.30}$$

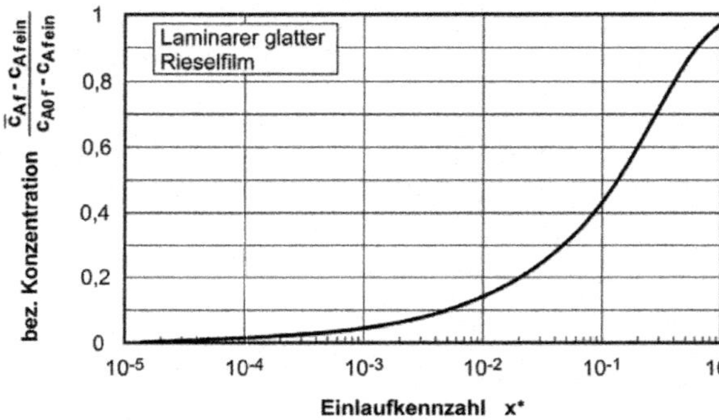

Abb. 11.10 Mittlere bezogene Konzentration von $\bar{c}_{Af}$ in Abhängigkeit von der Einlaufkennzahl x*

Für die mittlere Konzentrationsdifferenz $\Delta\bar{c}_{Af}$ zur Berechnung der mittleren übergehenden Stoffstromdichte

$$\dot{n}_A = \beta \Delta\bar{c}_{Af}.$$

ist die logarithmische Konzentrationsdifferenz einzusetzen:

$$\Delta\bar{c}_{Af} = \frac{(c_{A0f} - \bar{c}_{Af})_{ein} - (c_{A0f} - \bar{c}_{Af})_{aus}}{\ln \dfrac{(c_{A0f} - \bar{c}_{Af})_{ein}}{(c_{A0f} - \bar{c}_{Af})_{aus}}}. \tag{11.31}$$

Die unter den vorgenannten Bedingungen resultierende Abhängigkeit der mittleren Konzentrationen $\bar{c}_{Af}$ von der Länge des Films zeigt Abb. 11.10.

11.3.2 Filme mit welliger Oberfläche

In technischen Anwendungen treten üblicherweise Filme mit welliger Oberfläche auf. Die Quervermischung durch die auftretenden Wellen führt dabei zu einer deutlichen Intensivierung des Stofftransports. Obwohl viele experimentelle und theoretische Untersuchungen für ein besseres Verständnis der auftretenden Phänomene durchgeführt wurden, konnte eine befriedigende theoretische Beschreibung der ablaufenden Transportvorgänge in welligen Rieselfilmen bislang nicht aufgestellt werden.

In Abb. 11.11 wird die mittlere Sherwoodzahl geteilt durch die Wurzel der Schmidtzahl in Abhängigkeit der Reynoldszahl des Films dargestellt (Brauer 1985). Die Geradenstücke stellen Ausgleichsgeraden von Messergebnissen verschiedener Autoren dar. Gemäß den Aussagen der Penetrationstheorie (s. Abschn. 3.1.3) ist Sh_δ stets proportional zu $Sc^{0,5}$. Die angegebenen Werte für Sh_δ stellen den Minimalwert für große Lauflängen ($L \rightarrow \infty$) dar. Die Korrelationen weisen stets dieselbe Form auf:

$$Sh_\delta = \frac{\beta\delta}{D_{AB}} = C Re^a Sc_f^{0,5}. \tag{11.32}$$

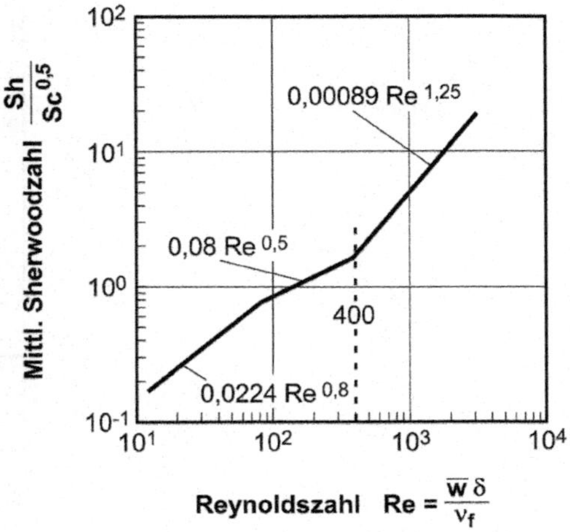

Abb. 11.11 Mittlere Sherwoodzahl für den rein physikalischen Stofftransport in einem welligen Film als Funktion der Reynoldszahl nach experimentellen Ergebnissen verschiedener Autoren. (Nach Brauer 1985)

Tab. 11.1 Koeffizient und Exponent aus Gl. (11.32). (Brauer 1985; Yih und Chen 1982)

Bereich Re	C	a
12–70	0,0224	0,8
70–400	0,08	0,5
>400	$8{,}9 \times 10^{-4}$	1,25

Für die verschiedenen flüssigkeitsseitigen Reynoldszahlen Re ergeben sich die in Tab. 11.1 aufgeführten Werte für den Koeffizienten C und den Exponenten a.

Die in Abb. 11.11 dargestellten Zusammenhänge verdeutlichen die Abhängigkeit des Stofftransportes von der Deformationsturbulenz: Mit steigender Reynoldszahl nimmt die Deformationsturbulenz zu und somit steigt die Sherwoodzahl. Dieser Einfluss wird allerdings erst ab bestimmten Einlaufkennzahlen deutlich. Für $x^* \to 0$ verliert die Deformationsturbulenz ihren Einfluss, und es ist keine Verbesserung des Stofftransportes im welligen Film gegenüber dem Stofftransport im laminaren Film erkennbar. Ähnlich wie beim laminaren Film unterschreitet die Sherwoodzahl den Wert von 3,41 nicht.

11.3.3 Gasseitiger Stoffübergang

Die Nutzung von Rieselfilmapparaten als Reaktoren für sehr schnelle Gas/Flüssigkeits-Reaktionen hat zur Folge, dass häufig der *geschwindigkeitsbestimmende Schritt* der Transport in der Gasphase ist. Die Abb. 11.12 skizziert den zugehörigen Konzentrationsverlauf an der Innenwand eines Rohres. Zur Berechnung dieses Stoffübergangs liegen nur empirische Gleichungen vor, die auf den Resultaten experimenteller Arbeiten basieren. Die umfangreichsten Untersuchungen, die von (Braun und Hiby 1970) an Rieselfilmen in Rohren ausgeführt wurden, führten zu folgenden Beziehungen für die mittlere Sherwoodzahl:

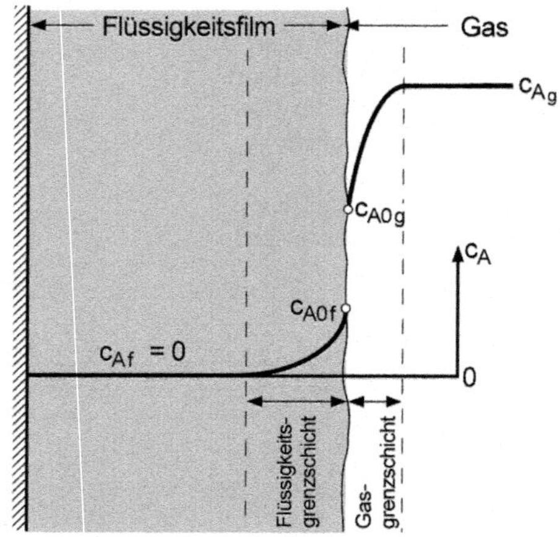

Abb. 11.12 Konzentrationsprofile in einem Dünnfilmreaktor bei schnellen chemischen Reaktionen

Gleichstrom

$$Sh = 0{,}18 Re_g^{0,4} Re_f^{0,16} Sc_g^{0,44} \left[1 + 6{,}4(L/d)^{-0,75}\right] \quad (11.33)$$

Gegenstrom

$$Sh = 0{,}015 Re_g^{0,75} Re_f^{0,16} Sc_g^{0,44} \left[1 + 5{,}2(L/d)^{-0,75}\right] \quad (11.34)$$

Die Kennzahlen sind folgendermaßen definiert:

$$Sh \equiv \frac{\beta_g d}{D_g} \qquad Re_f \equiv \frac{\dot{V}_f}{d\pi \nu_f}$$

$$Re_g \equiv \frac{4\dot{V}_g}{d\pi \nu_g} \qquad Sc_g \equiv \frac{\nu_g}{D_g}$$

D_g: Diffusionskoeffizient für A; Index g: gasseitig

Der Unterschied in der Phasenführung bedingt beim Gegenstrom deutlich höhere Relativgeschwindigkeiten zwischen den Phasen als beim Gleichstrom. Daher ist der Exponent von Re_g bei Gleichstrom niedriger als bei Gegenstrom.

Die Berechnung des zwischen x = 0 und x = L über die Filmoberfläche A transportierten Stoffstroms $\dot{N}_A$ erfolgt nach der Beziehung:

$$\dot{N}_A = \beta_g A \, \Delta c_{Ag}. \quad (11.35)$$

Mit Δc_{Ag} wird die im Gasstrom auftretende mittlere logarithmische Konzentrationsdifferenz bezeichnet.

$$\Delta c_{Ag} = \frac{(c_{A0g} - c_{Ag})_{x=L} - (c_{A0g} - c_{Ag})_{x=0}}{\ln \dfrac{(c_{A0g} - c_{Ag})_{x=L}}{(c_{A0g} - c_{Ag})_{x=0}}} \quad (11.36)$$

11.4 Stofftransport mit homogener chemischer Reaktion

Der in den Flüssigkeitsfilm eindringende Stoffstrom ist direkt proportional zu dem an der Phasengrenzfläche auftretenden Konzentrationsgradienten. Im Gegensatz zum rein physikalischen Transport kann ein Gradient auch für sehr große Werte von x^* erhalten bleiben, wenn durch eine chemische oder biologische Stoffumwandlung die diffundierende Komponente beständig verbraucht wird. Daher ist der Stoffübergangskoeffizient bei Vorliegen einer chemischen oder biologischen Reaktion größer als derjenige für den rein physikalischen Stofftransport (s. Abschn. 3.3).

Beispielhaft werde eine homogene, irreversible Reaktion angenommen, bei der die absorbierte Komponente A mit der im Flüssigkeitsfilm befindlichen Komponente B zu Reaktionsprodukt C umgesetzt wird:

$$\nu_A A + \nu_B B \rightarrow \nu_C C.$$

Für die zeitliche Änderung der jeweiligen Konzentrationen im Film ergibt sich hieraus das Verhältnis:

$$\frac{\partial c_A}{\partial t} = \frac{\nu_A}{\nu_B}\frac{\partial c_B}{\partial t} = \frac{\nu_A}{\nu_C}\frac{\partial c_C}{\partial t}. \tag{11.37}$$

Im hier betrachteten Fall wird eine bimolekulare Reaktion 2. Ordnung (die Konzentrationen beider Edukte tragen zur Reaktionsgeschwindigkeit bei) zugrunde gelegt, für deren volumenspezifische Reaktionsstromdichte bezüglich der Komponente A gilt:

$$\frac{1}{\nu_A}\frac{\partial c_A}{\partial t} = \dot{r} = k_2 c_A c_B \quad \text{(Index 2: Reaktion 2. Ordnung).}$$

Falls die Komponente B in hohem Überschuss vorliegt und sich c_B damit nur vernachlässigbar ändert, ergibt sich eine Reaktion 1. Ordnung:

$$\dot{r} = -\dot{r}_A / \nu_A = -k_1 c_A / \nu_A.$$

Reale Kinetiken von chemischen und biologischen Stoffumwandlungen können sehr komplex sein, sodass auch andere Reaktionsordnungen ohne Weiteres auftreten können.

Die Konzentrationsfelder der Reaktanden A und B lassen sich über eine Stoffbilanz über ein differenzielles Volumenelement bestimmen. Hierzu muss Gl. (11.19) lediglich um den Reaktionsterm erweitert werden. Es ergibt sich das folgende gekoppelte System zweier partieller Differenzialgleichungen:

$$w(y)\frac{\partial c_A}{\partial x} = D_{AB}\frac{\partial^2 c_A}{\partial y^2} - k_{A_2} c_A c_B; \quad k_{A_2} = k_2 \cdot \nu_A. \tag{11.38}$$

$$w(y)\frac{\partial c_B}{\partial x} = D_{BA}\frac{\partial^2 c_B}{\partial y^2} - k_{B_2} c_A c_B; \quad k_{A_2} = k_{B_2}\frac{\nu_A}{\nu_B}. \tag{11.39}$$

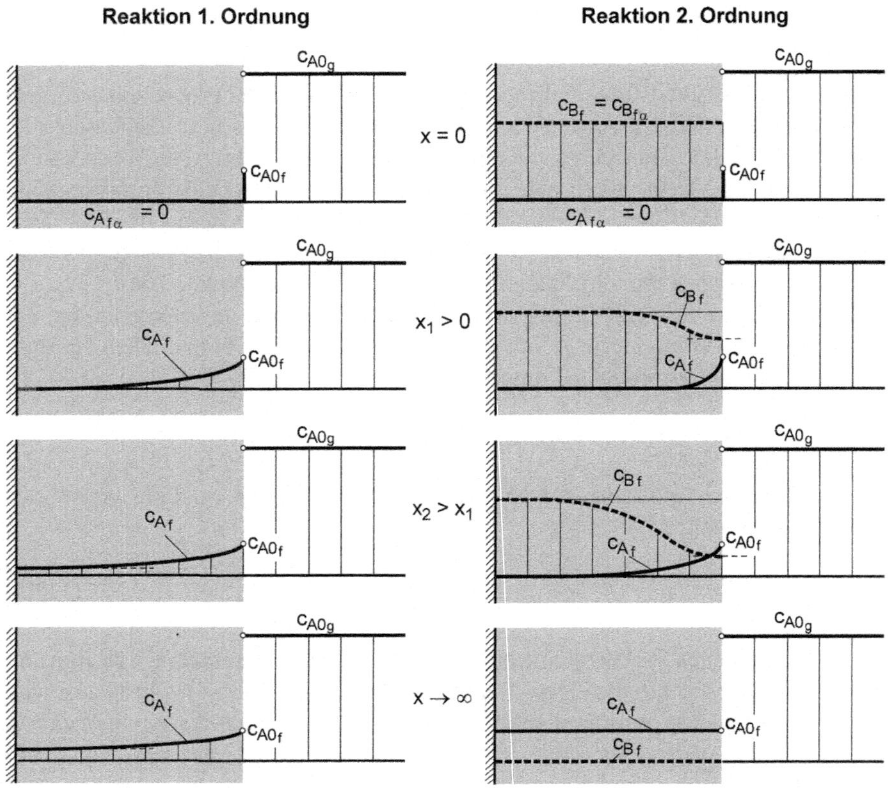

Abb. 11.13 Schematische Darstellung der Konzentrationsprofile in Gas- und Flüssigphase bei einer Reaktion 1. Ordnung (*links*) und einer Reaktion 2. Ordnung (*rechts*)

Die zugehörigen Randbedingungen lauten:

1. RB $x = 0, \quad y = 0 \quad : \quad c_A = c_{A0f}, \quad c_B = c_{B,\alpha}$
2. RB $x = 0, \quad y > 0 \quad : \quad c_A = 0, \quad c_B = c_{B,\alpha}$
3. RB $x > 0, \quad y = 0 \quad : \quad c_A = c_{A0f}, \quad \partial c_B/\partial y = 0$
4. RB $x > 0, \quad y = \delta \quad : \quad \dfrac{\partial c_A}{\partial y} = 0 \quad \dfrac{\partial c_B}{\partial y} = 0$

Alternativ:

4. RB $x > 0, \quad y \to \infty: \quad c_A = 0, \quad c_B = c_{B,\alpha}$

Hierbei wird angenommen, dass die diffundierende Komponente A analog zur Penetrationstheorie nur in eine geringe Filmtiefe vordringt.

Das Gleichungssystem kann numerisch gelöst werden. In qualitativer Form dargestellte Konzentrationsprofile zeigt Abb. 11.13 (rechts), wobei die Bildung der Komponente C unberücksichtigt bleibt und eine konstante Konzentration von A in der Gasphase unterstellt wird. Mit zunehmender Lauflänge x wird die Komponente B kontinuierlich abgebaut.

Wenn B vollständig verbraucht ist, kommt die Reaktion vollständig zum Erliegen. Der Film hat sich mit A bis zur Gleichgewichtskonzentration c_{A0} angereichert.

11.4.1 Reaktion 1. Ordnung

Etwas weniger komplexe Verhältnisse bestehen, wenn B in so hohem Überschuss vorliegt, dass die Reaktionsgeschwindigkeit allein von der Konzentration der Komponente A abhängt, z. B. in Form einer Reaktion 1. Ordnung (s. Abb. 11.13 links):

$$w(y)\frac{\partial c_A}{\partial x} = D_{AB}\frac{\partial^2 c_A}{\partial y^2} - k_1 c_A. \tag{11.40}$$

Diese Gleichung ähnelt der im Zusammenhang mit dem rein physikalischen Stofftransport abgeleiteten Gl. (11.19), wobei hier auf der rechten Gleichungsseite lediglich ein zusätzlicher Reaktionsterm hinzukommt.

Es gelten folgende Randbedingungen:

1. RB $x \geq 0 \quad y = 0 \quad : \quad c_A = c_{A0f}$
2. RB $x = 0 \quad y > 0 \quad : \quad c_A = 0$
3. RB $x \geq 0 \quad y = \delta \quad : \quad \dfrac{\partial c_A}{\partial y} = 0$

Im Fall der Randbedingung 3 findet ein Transport der Komponente A in den gesamten Film statt. Grundsätzlich muss daher bei der Lösung der obigen Differenzialgleichung geprüft werden, wie tief die diffundierende Komponente in den Rieselfilm eindringt. So ist es eventuell alternativ möglich, die bereits mehrfach genutzte Randbedingung einer geringen Penetrationstiefe ($y \to \infty$; $c_A = 0$) als dritte Randbedingung einzusetzen. Diese Problematik wurde bereits bei der Diskussion der Stoffübergangshypothesen Filmtheorie bzw. Penetrationstheorie (s. Abschn. 3.1) sowie der Lösung des Gleichungssystems der Gln. (11.38) und (11.39) angesprochen.

Gleichung (11.40) lässt sich unter Einbeziehung der Randbedingungen durch Anwendung numerischer Methoden lösen. Aus dem Ergebnis $c_A(x, y)$ lässt sich unmittelbar eine mittlere Konzentration über der Filmdicke als Funktion der Lauflänge x bestimmen:

$$\overline{c}_A(x) = \frac{1}{\overline{w}\delta}\int_0^\delta c_A(x, y)\, w\,(y)\, dy. \tag{11.41}$$

Mit dieser Größe lässt sich dann der lokale Stoffübergangskoeffizient ermitteln:

$$\beta(x) = \frac{\dot{n}_A(x)}{c_{A0} - \overline{c}_A(x)}. \tag{11.42}$$

Die lokale Stoffstromdichte ergibt sich aus dem diffusiven Stofftransport an der Phasengrenzfläche

$$\dot{n}_A(x) = -D_{AB}\left(\frac{\partial c_A}{\partial y}\right)_{y=0,x} \tag{11.43}$$

und damit der lokale Stoffübergangskoeffizient β (x),

$$\beta(x) = -\frac{D_{AB}}{c_{A0} - \overline{c}_A(x)}\left(\frac{\partial c_A}{\partial y}\right)_{y=0,x} \tag{11.44}$$

bzw. die lokale Sherwoodzahl:

$$Sh_f = \frac{\beta(x)\delta}{D_{AB}} = -\frac{\delta}{c_{A0} - \overline{c}_A(x)}\left(\frac{\partial c_A}{\partial y}\right)_{y=0,x}. \tag{11.45}$$

Die Wirkung einer biologischen bzw. chemischen Reaktion auf den Stoffübergang besteht darin, dass durch die Abbaureaktion der Konzentrationsgradient der diffundierenden Komponente zunimmt und damit der Stofftransport intensiviert wird. Je höher die Reaktionsgeschwindigkeit bzw. die Damköhlerzahl ist, umso stärker wirkt sich die Reaktion aus.

Dies wird deutlich durch den Beschleunigungsfaktor (s. Abschn. 2.1.2)

$$E = \frac{\beta_{f\ Reaktion}}{\beta_{f\ physikalisch}}, \tag{11.46}$$

in dem der Stoffübergangskoeffizient mit homogener Reaktion auf den Stoffübergangskoeffizienten ohne Reaktion bezogen wird.

Im Fall der homogenen Reaktion 1. Ordnung lassen sich der Stoffübergangskoeffizient $\beta_{f\ Reaktion}$ und damit der *Beschleunigungsfaktor* E wie erwähnt berechnen. Das entsprechende Ergebnis ist in Abb. 11.14 als Funktion der Einlaufkennzahl aufgetragen. Für kleine Werte der Einlaufkennzahl ist kein Einfluss der Reaktion erkennbar, der Beschleunigungsfaktor ist etwa gleich eins. Die Reaktion trägt nicht zur Vergrößerung des Stofftransportes bei. Das treibende Gefälle des rein physikalischen Transports ist dann so groß, dass eine parallele Reaktion keinen zusätzlichen Effekt ausübt. Im Bereich sehr großer Werte von x^* nimmt E einen konstanten Wert an. Die Größe dieses Wertes hängt von dem Verhältnis der Reaktions- zur Diffusionsgeschwindigkeit, also der Damköhlerzahl ab, die für den Film folgendermaßen definiert ist:

$$Da \equiv \frac{k_n \delta^2}{D_{AB}} c_{A0f\alpha}^{n-1}. \tag{11.47}$$

Der hiermit korrespondierende Konzentrationsverlauf der Komponente A über der Lauflänge ist in der Abb. 11.15 qualitativ dargestellt. Bei konstanter Damköhlerzahl nimmt die Konzentration an A mit der Lauflänge zu (Fall a), bis ein Endkonzentrationsprofil erreicht wird, das wiederum von der Damköhlerzahl abhängig ist, wie Fall b veranschaulicht. An der festen Wand ergibt sich stets ein Konzentrationsgradient von null, da dort kein Stofftransport in die Wand stattfindet.

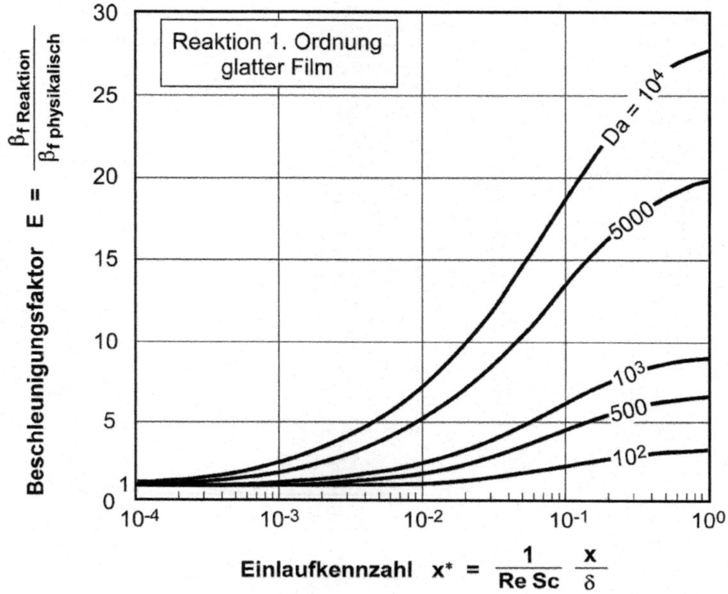

Abb. 11.14 Beschleunigungsfaktor E für eine Reaktion 1. Ordnung in Abhängigkeit von der Einlaufkennzahl x*. (Nach Brauer 1985)

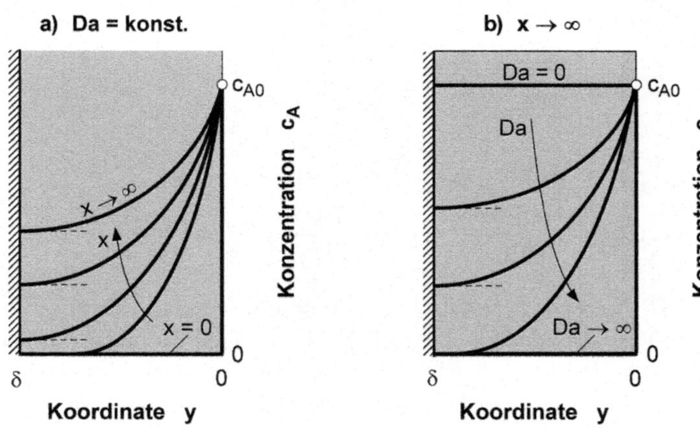

Abb. 11.15 Konzentrationsprofile bei einer homogenen chemischen Reaktion 1. Ordnung

11.4.2 Reaktion 2. Ordnung

Zum Verständnis des Stofftransports müssen in diesem Fall die Konzentrationen der Komponenten A und B in Abhängigkeit von den Geometrieparametern x und y sowie von den Stoff- und Reaktionsgrößen bestimmt werden. Das zugehörige Differenzialgleichungssystem (Gln. 11.38 und 11.39) sowie die Rand- und Anfangsbedingungen

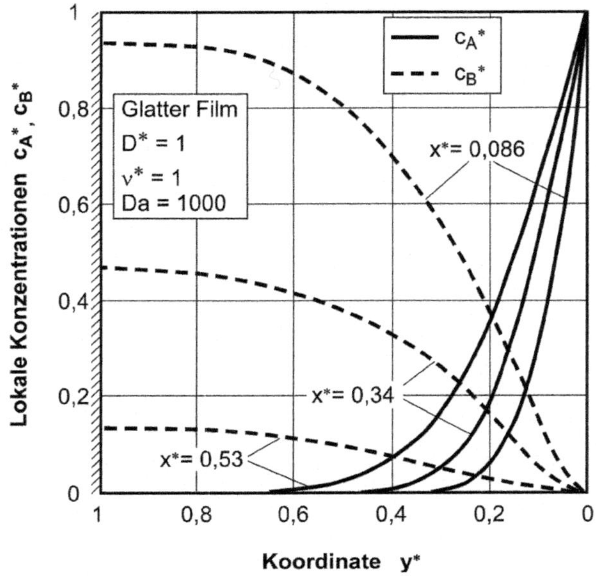

Abb. 11.16 Lokale Konzentrationen der Komponenten A und B für den Stofftransport mit bimolekularer Reaktion 2. Ordnung in einem glatten Film bei Da = 1000 und verschiedenen Einlaufkennzahlen x*. (Nach Brauer 1985)

sind bereits in Abschn. 11.4 aufgeführt. Die resultierenden Lösungen für die Konzentrationsverläufe werden im Weiteren unter Nutzung folgender dimensionsloser Kennzahlen dargestellt:

$$c_A^* \equiv \frac{c_A}{c_{A0f}}, \qquad c_B^* \equiv \frac{c_B}{c_{B,\alpha}}$$

$$x^* \equiv \frac{x/\delta}{ReSc}, \qquad y^* \equiv \frac{y}{\delta}$$

$$Da \equiv \frac{k_2 c_{B,ein}\delta^2}{D_{Af}}, \qquad D^* \equiv \frac{D_{B,f}}{D_{A,f}}, \qquad \nu^* \equiv \frac{\nu_B}{\nu_A}\frac{c_{A0f}}{c_{B,ein}}.$$

In Abb. 11.16 werden berechnete Konzentrationsverläufe für die Parameter Da = 1000, D* = 1 und ν* = 1 für einen glatten Film exemplarisch dargestellt. Aus dem Kurvenverlauf ist zu erkennen, dass der Hauptteil der chemischen Reaktion nahe der Phasengrenzfläche stattfindet. Wenn die Konzentration an A den Wert 0 annimmt, ist keine chemische Reaktion mehr möglich. Mit zunehmender Damköhlerzahl nimmt die Eindringtiefe von A in den Film ab.

Mit Da → ∞ (augenblickliche Reaktion) ergeben sich Konzentrationsprofile wie in Abb. 11.17 aufgetragen. Wegen der extrem hohen Reaktionsgeschwindigkeit werden $c_A{}^*$ und $c_B{}^*$ in derselben Entfernung $y_{Gr}{}^*$ von der Phasengrenzfläche zu null. Das heißt, die Reaktion findet ausschließlich an der Stelle $y_{Gr}{}^*$ statt. Im Bereich unterhalb dieses Wertes von $y_{Gr}{}^*$ liegt kein B mehr vor, sodass dort A auftreten kann. Der Stofftransport von A erfolgt hier allein aufgrund der Diffusion und der Konvektion. Oberhalb des Wertes von $y_{Gr}{}^*$ existiert lediglich B und wird ebenfalls

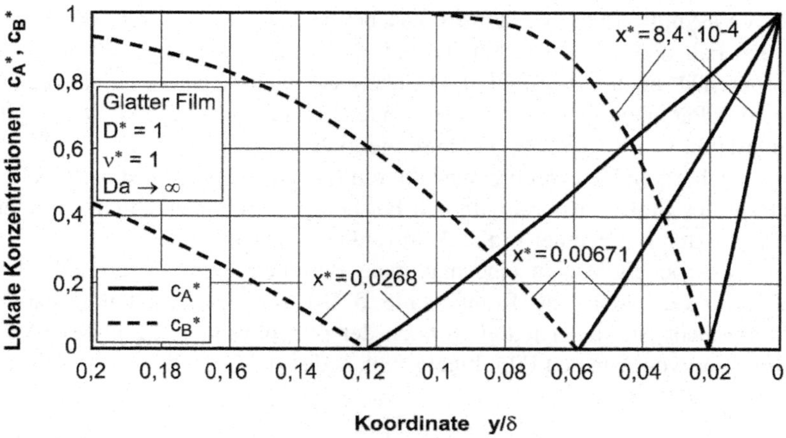

Abb. 11.17 Lokale Konzentrationen der Komponenten A und B für den Stofftransport mit einer Reaktion 2. Ordnung in einem glatten Film bei Da → ∞ sowie verschiedenen Einlaufkennzahlen x*. (Nach Brauer 1985)

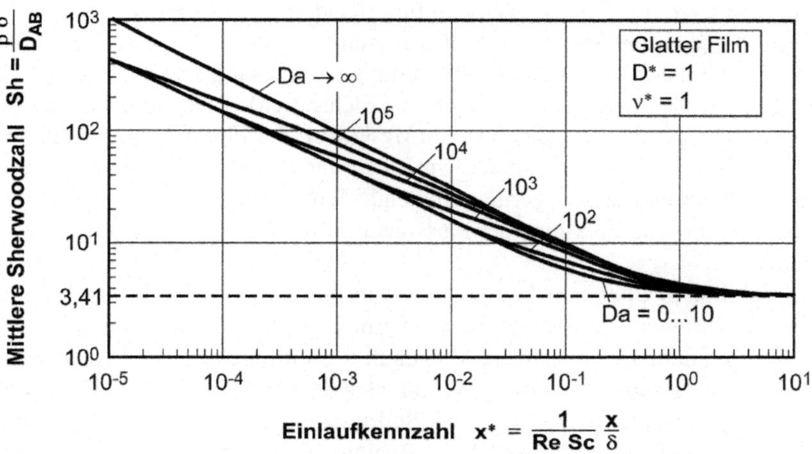

Abb. 11.18 Mittlere Sherwoodzahl für den Stofftransport mit bimolekularer Reaktion 2. Ordnung in einem glatten Film als Funktion der Einlaufkennzahl x* für verschiedene Damköhlerzahlen. (Nach Brauer 1985)

diffusiv und konvektiv an den Ort y_{Gr}^* transportiert, an dem die Konzentrationen beider Komponenten infolge der hohen Reaktionsgeschwindigkeit verschwinden.

Die mittlere Sherwoodzahl für eine Reaktion 2. Ordnung ist in Abb. 11.18 als Funktion der Einlaufkennzahl x* für verschiedene Damköhlerzahlen aufgetragen. Grundsätzlich finden sich stets zwei Grenzkurven für diese Darstellungen, Da = 0 sowie Da → ∞, zwischen die sich alle anderen Kurvenverläufe einfügen. Außerdem laufen sämtliche Sherwoodzahlen für Da < ∞ mit $x^* \to \infty$ in die Kurve für Da = 0 ein, deren asymptotischer Grenzwert 3,41 beträgt. Die untere Grenzkurve $Da = 0$ stellt den Fall rein physikalischen Transports in einem glatten Film dar, sie wird weder durch D^* noch ν^* beeinflusst. Die obere Grenzkurve $Da \to \infty$ hängt dagegen von beiden Parametern ab. Mit zunehmender Einlaufkennzahl x^* fällt die mittlere Konzentration von B stetig ab, bis sie schließlich zu null wird.

Die zugehörigen Beschleunigungsfaktoren E zeigen, dass eine substanzielle Verbesserung des Stofftransports lediglich bei hohen Damköhlerzahlen sowie einem eingeschränkten Bereich der Einlaufkennzahl ($x^* < 1$) auftritt.

Für $Da \to \infty$ ergibt sich eine maximale Beschleunigung, E erreicht als Maximalwert zwei. Wenn die Komponente B bei einer bestimmten Einlaufkennzahl verbraucht ist, findet lediglich noch der rein physikalische unbeschleunigte Stofftransport von A in den Film hinein statt, sodass $E \to 1$ gilt.

11.5 Technische Anwendungen von Rieselfilmapparaten

Rieselfilmapparate werden im Wesentlichen als Verdampfer oder als Chemiereaktoren eingesetzt. Im Fall der Verdampfung handelt es sich in den meisten Fällen um sehr temperaturempfindliche Stoffe, die nur eine möglichst kurze Zeit höheren Temperaturen ausgesetzt werden dürfen, da sie sich ansonsten zersetzen, polymerisieren o. ä. (z. B. Konzentrierung von Fruchtsäften). Rieselfilmapparate bieten hierbei zwei Vorteile. Zum einen ist die *Verweilzeit* der Flüssigkeit im Apparat vergleichsweise niedrig. Zum anderen wird aufgrund der hohen volumenspezifischen Oberfläche nur eine relativ geringe treibende Temperaturdifferenz benötigt. Damit wird die thermische Belastung der Flüssigkeit insbesondere im Wandbereich gering gehalten.

Rieselfilme in Chemiereaktoren werden insbesondere für stark exo- bzw. endotherme Reaktionen eingesetzt, die isotherm geführt werden sollen. Die hierzu notwendigen hohen Wärmeströme können in Rieselfilmreaktoren transportiert werden. Dadurch lassen sich Selektivitätseinbußen durch Neben- bzw. Folgereaktionen minimieren. Haupteinsatzgebiet sind Sulfonierungen organischer Stoffe mittels SO_3. Die Reaktionsenthalpien dieser Reaktionen liegen typischerweise bei ca. -150 kJ/mol (Gutsche et al. 2002). Die organischen Komponenten sind sehr temperaturempfindlich, sodass die freiwerdende Reaktionsenthalpie effizient abgeführt werden muss. Ein Beispiel für die konstruktive Gestaltung eines solchen Reaktors ist in schematischer Form in Abb. 11.19 wiedergegeben. In dem dargestellten Rohrbündelapparat werden Gas und Flüssigkeit im Gleichstrom geführt. Wesentlich für den effektiven Betrieb eines solchen Apparates ist die gleichmäßige Verteilung des Flüssigkeitsfilms über den gesamten Rohrumfang. Viskositätsanstiege, die aus der Stoffumwandlung resultieren, können zu Problemen führen, da hierdurch die Stabilität des Films abnimmt, sodass dieser schließlich aufreißen kann.

Für höher viskose Produkte werden sogenannte *Dünnschichtapparate* eingesetzt. In diesen wird durch rotierende Einbauten (Wischerblätter, Bürsten o.ä.) mechanisch ein gleichmäßiger Film an der Apparatewand aufrechterhalten (s. Abb. 11.20).

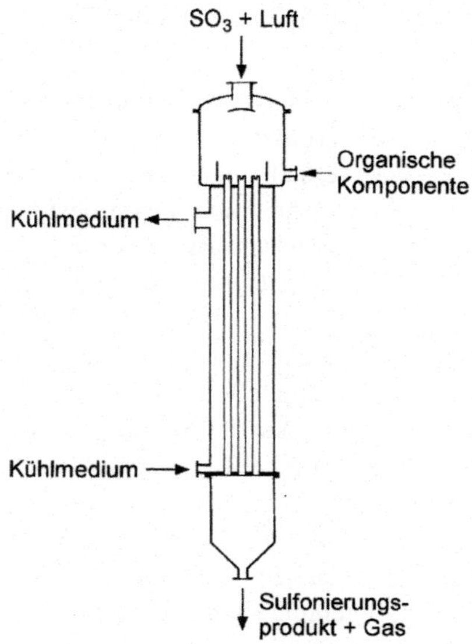

Abb. 11.19 Schematische Darstellung eines Fallfilmreaktors für eine Sulfonierungsreaktion. (Nach Gutsche et al. 2002)

Detaillierte mathematische Modelle wurden für eine Reihe von Reaktionen im Fallfilm entwickelt. Eine sehr präzise Modellierung wird in der Arbeit von (Davies et al. 1979) vorgestellt. Speziell haben sich die Autoren mit dem Temperaturanstieg im unmittelbaren Bereich der Phasengrenzfläche beschäftigt. Derartige Temperaturspitzen können durch Verringerung der Konzentration der übergehenden Komponente, beispielsweise durch Zugabe eines Inertgases, herabgesetzt werden.

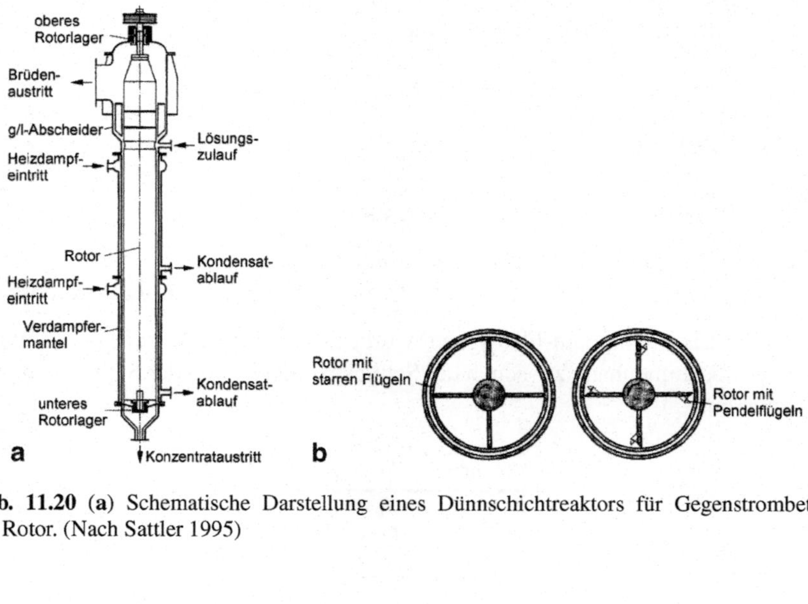

Abb. 11.20 (**a**) Schematische Darstellung eines Dünnschichtreaktors für Gegenstrombetrieb, (**b**) Rotor. (Nach Sattler 1995)

11.6 Verständnisfragen

1. Bei welchen technischen Anwendungsfällen werden Flüssigkeitsfilme eingesetzt und warum?
2. Was versteht man unter einem pseudolaminaren Film, bis wann liegt er vor und welche Änderungen bezüglich Filmdicke und Stofftransport ergeben sich gegenüber dem laminaren Film?
3. Wie groß ist die Filmdicke δ im laminaren und im turbulenten Strömungszustand?
4. Wodurch kommt die Erhöhung der Stoffaustauschraten mit steigender Reynoldszahl zustande?
5. Erläutern Sie den Temperaturverlauf in einem laminaren und einem turbulenten Rieselfilm bei Beheizung über die Wand.
6. Durch welche Mechanismen wird Stoff im laminaren Rieselfilm transportiert? Wie lautet die Differenzialgleichung zur Beschreibung des Stofftransports?
7. Mit welchen zwei unterschiedlichen Modellvorstellungen kann die Differenzialgleichung für den Stofftransport im laminaren Rieselfilm gelöst werden?
8. Wie lautet der Zusammenhang zwischen der mittleren Sherwoodzahl des laminaren Films bei niedrigen und bei hohen Werten der Einlaufkennzahl?
9. Mit welcher Konzentrationsdifferenz wird der Stoffübergangskoeffizient üblicherweise definiert?
10. Unter welchen Bedingungen ist der Stoffübergang in der Gasphase der geschwindigkeitsbestimmende Schritt für den Stofftransport in einem Rieselfilm?
11. Wie ist der lokale Stoffübergangskoeffizient definiert?
12. Wie wirkt sich eine homogene chemische Reaktion in der Flüssigphase auf den Stoffübergang am Rieselfilm aus?
13. Wie hängt der Beschleunigungsfaktor von der Lauflänge und der Damköhlerzahl ab? Wie ist die Damköhlerzahl definiert?

11.7 Aufgaben

1. Für den laminaren Rieselfilm sind zu bestimmen:

   a. die Schubspannung an der ebenen Wand und
   b. der resultierende Widerstandsbeiwert ζ in Abhängigkeit von der Reynoldszahl.

2. Für einen Lack (Bingham-Flüssigkeit) wurde in einem Rotationsviskosimeter folgender Zusammenhang zwischen der Schubspannung τ und der Scherrate dw/dx vermessen:

τ (N/m^2)	dw/dx (s^{-1})
15	6
18	12
21	18

Mit welcher Dicke kann dieser Lack auf eine vertikale Wand aufgetragen werden, ohne dass „Lacknasen" auftreten, d. h. ohne dass die Flüssigkeit ($\rho_{Lack} = 1200\,\text{kg/m}^3$) zu fließen beginnt?

3. Für den laminaren Rieselfilm soll die Verweilzeitsummenverteilung F(t) berechnet werden.
4. In einem senkrechten Edelstahlrohr ($d_i = 23$ mm) laufen $\dot{M} = 58{,}8$ kg/h eines wasserhaltigen Stoffes (z. B. Fruchtsaft, $\rho = 1054\,\text{kg/m}^3$, $\nu = 1{,}66 \times 10^{-6}\,\text{m}^2/\text{s}$) herab, der zum Zweck der Sterilisation bei Überdruck kurzzeitig von $T_E = 25$ °C auf $T_A = 125$ °C erhitzt werden soll[1]. Die Wandtemperatur beträgt $T_W = 130$ °C. Wie groß ist die erforderliche Rohrlänge L?
5. Eine wässrige Polymerlösung besitzt die 500 fache kinematische Zähigkeit von Wasser bei 50 °C. Die übrigen Stoffwerte entsprechen denjenigen von Wasser bei 50 °C. Die Lösung fließt mit einer Umfangsbelastung von $\dot{m} = 0{,}544\,\text{kg/(m} \times \text{s)}$ an einem 1 m langen Rohr herab.
   Wie groß ist die mittlere Nußeltzahl?
6. NH_3 wird an einem Flüssigkeitsfilm (Wasser) bei 20 °C und 1 bar, wie in der Abbildung dargestellt, aus der Luft absorbiert ($D_{NH_3/H_2O} = 1{,}76 \times 10^{-9}\,\text{m}^2/\text{s}$).

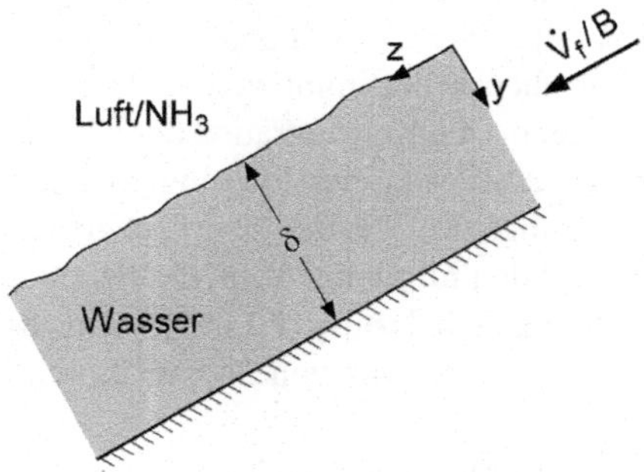

Der auf die Breite der Platte bezogene Volumenstrom des Wassers beträgt:

$$\frac{\dot{V}_f}{B} = 5 \cdot 10^{-4}\,\text{m}^2/\text{s}$$

a. Es soll eine Kräftebilanz für ein Fluidelement in diesem System durchgeführt werden sowie unter der Annahme, dass keine Schubspannung über die Gas/Flüssigkeits-Phasengrenzfläche übertragen wird, das Geschwindigkeitsprofil bestimmt werden.
b. Wie groß ist die Filmdicke δ?
c. Der Stoffübergangskoeffizient β soll unter der Annahme bestimmt werden, dass die berechnete Filmdicke im stationären Fall der Konzentrationsgrenzschicht der Filmtheorie entspricht.

[1] nach (Schnabel und Palen 2006).

7. Rieselfilmapparate werden auch zur Abgasreinigung eingesetzt. Zu diesem Zweck soll der Stofftransport in einem 2 m langen Rohr ($d_i = 50$ mm), in dem ein Volumenstrom von 0,2 m^3/h reinen Wassers bei 34 °C ($\rho_f = 993{,}5$ kg/m^3, $\nu_f = 10^{-6}$ m^2/s) als laminarer Film herabrieselt und dabei reines CO_2 konstant bei 10 bar absorbiert ($D_{CO_2/H_2O} = 1{,}75 \times 10^{-9}$ m^2/s; $\rho_{CO_2} = 17{,}5$ kg/m^3 = konst.), berechnet werden. Der Stofftransportwiderstand der Gasphase kann vernachlässigt werden.

   a. Bestimmen Sie den Massenstrom der im Wasser absorbierten Komponente mithilfe des Stoffübergangskoeffizienten.
   b. Berechnen Sie den Massenstrom unter der Annahme, dass der Rieselfilm nach der halben Rohrlänge (1 m) wieder vollständig vermischt wird und danach weiter fließt.
   c. Berechnen Sie den Massenstrom unter der Annahme, dass der Volumenstrom des Wassers geteilt und parallel über zwei 1 m lange Rieselfilmapparate der gleichen Bauart ($d_i = 5$ cm) geführt wird.
   d. Wie sind die Unterschiede zu erklären?

8. In einem Laborrieselfilmapparat wird reines CO_2 ($D_{CO_2/H_2O} = 1{,}5 \times 10^{-9}$ m^2/s) in Wasser bei 20 °C absorbiert. Der übergehende Stoffstrom soll unter Verwendung der Penetrationstheorie bestimmt werden. Dieser Beschreibungsansatz gilt allerdings nur solange, bis die Konzentration der Übergangskomponente 1 % der Gleichgewichtskonzentration an der Phasengrenzfläche dort im Film erreicht hat, wo die Geschwindigkeit 95 % der Oberflächengeschwindigkeit beträgt.
   Bis zu welcher maximalen Filmlänge kann die Penetrationstheorie angewendet werden, wenn die Umfangsbelastung 1,1 m^3/(m × h) beträgt?
9. Ein Volumenstrom trockener Luft von 24,8 m^3/h soll bei 20 °C zu 99 % mit Wasserdampf
   ($D_{H_2O/Luft} = 2{,}5 \times 10^{-5} m^2/s$) gesättigt werden. Dazu wird die Luft durch ein mit Wasser auf der Innenseite berieseltes Rohr (d = 0,05 m) geführt.
   Für die Berechnung des Stoffübergangskoeffizienten kann folgende Beziehung nach Gilliland und Sherwood benutzt werden:

$$Sh = 0{,}023\, Re^{0{,}83} \times Sc^{0{,}44} \qquad (2 \times 10^3 < Re < 3{,}5 \times 10^4)$$
$$(0{,}6 < Sc < 2{,}5)$$

   a. Welche Rohrlänge wird benötigt?
   b. Welche Rohrlänge ergibt sich, wenn ein Teilstrom der austretenden Luft, der genauso groß wie der Zuluftstrom ist, wieder zurückgeführt wird?

10. Ein Rieselfilm soll als Gaswäscher für SO_2 (Komponente A) ausgelegt werden. Der Widerstand liegt in der Flüssigphase. Es ist zu untersuchen, ob eine Absorption gekoppelt mit einer Reaktion zweiter Ordnung, also A + B → C (NaOH als Reaktant B), besser oder schlechter ist als die rein physikalische Absorption von SO_2 im Rieselfilm. Dem Wäscher wird kontinuierlich SO_2-freies Wasser für den Betrieb des Reaktors zugeführt.

Daten

$\rho_{H_2O} = 1000\,\mathrm{kg/m^3}$	$\rho_{SO_2,g} = 0{,}4\,\mathrm{mg/m^3} = \mathrm{const.}$	$\widetilde{M}_{SO_2} = 64\,\mathrm{kg/kmol}$
$\delta = 0{,}5\,\mathrm{mm}$	$D_{SO_2/H_2O} = 1{,}6 \times 10^{-9}\,\mathrm{m^2/s}$	$H^* = 0{,}126$
$\nu_{H_2O} = 1 \times 10^{-6}\,\mathrm{m^2/s}$	$Da = 1000$	
$B = 50\,\mathrm{m}$	$h = 40\,\mathrm{m}$	

a. Wie groß ist die Konzentration von SO_2 in der Phasengrenzfläche auf der Flüssigkeitsseite (ρ_{SO_2f0}) für beide Systeme?
b. Wie groß ist die mittlere Konzentration von SO_2 am Ende des Films mit Reaktion und ohne Reaktion?
c. Wie viel SO_2 kann der Luft stündlich entnommen werden? Vergleichen und diskutieren Sie beide Systeme.
d. Bestimmen Sie den Verbrauch der Komponente B.

Literatur

Allgemein

Brauer H (1971a) Stoffaustausch. Verlag Sauerländer, Aarau

Brauer H (1971b) Grundlagen der Einphasen- und Mehrphasenströmungen. Verlag Sauerländer, Aarau

Brauer H (1985) Transport Processes in Liquid Films. In: Rehm HJ, Reed G (Hrsg) Biotechnology, Bd 2. VCH, Weinheim

Killion JD, Garimella S (2001) A critical review of models of coupled heat and mass transfer in falling-film absorption. Int J of Refrigeration 24:755–797

Speziell

Adomeit P, Renz U (2000) Hydrodynamics of three-dimensional waves in laminar falling films. Int J Multiphase Flow 26:1183–1208

Alekseenko SV, Nakoryakov VE, Pokusaev BG (1994) Wave Flow of Liquid Films. Begell House, New York

Brauer H (1956) Strömung und Wärmeübergang bei Rieselfilmen, VDI Forsch Heft 457. VDI Verlag, Düsseldorf

Braun D, Hiby JW (1970) Der gasseitige Stoffübergangskoeffizient am Rieselfilm. Chem Ing Tech 42(6):345–349

Davies EJ, van Ouwerkerk M, Venkatesh S (1979) An Analysis of the Falling Film Gas-Liquid Reactor. Chem Eng Sci 34:539–550

Gutsche B, Breucker C, Panthel G (2002) Thin-Film Reactors. In: Ullmann's Encyclopedia of Industrial Chemistry, 7. Aufl. Wiley-VCH, Weinheim

Ishigai S, Nakanisi S, Koizumi T, Oyabi Z (1972) Hydrodynamics and heat transfer of vertical falling films. Bull JSME 15:594–602

Maun AH, Auracher H (2002) Local Heat Transfer and Wave Characteristics of a Water-Ethylene Glycol Falling Film. In: Schindler FP (Hrsg) 1st International Berlin Workshop-IBW1 on Transport Phenomena with Moving Boundaries, Fortschr Ber VDI Reihe 3 Nr. 738. VDI Verlag, Düsseldorf

Mersmann A (1986) Stoffübertragung. Springer, Berlin
Miller WA, Keyhani M (2001) The effect of roll waves on the hydrodynamics of falling films observed in vertical column absorbers. Proc ASME Advanced Energy Systems
Miyara A (2000) Numerical simulation of wavy liquid film flowing down on a vertical wall and an inclined wall. Int J Therm Sci 39:1015–1027
Nußelt W (1916) Die Oberflächenkondensation des Wasserdampfes. VDI-Z 60:542–579
Sattler K (1995) Thermische Trennverfahren. VCH, Weinheim
Schnabel G, Palen JW (2006) Wärmeübergang an senkrecht berieselten Flächen. In: VDI-Wärmeatlas, 10. Aufl. Springer, Heidelberg (Md 1–8)
Schnabel G, Schlünder EU (1980) Wärmeübergang von senkrechten Wänden an nichtsiedende und siedende Rieselfilme. Verfahrenstechnik 14:79–83
Yih SM, Chen KY (1982) Chem Eng Commun 17:123–13

Kapitel 12
Bodenkolonnen

Die Stofftrennprozesse Rektifikation sowie Ab- und Desorption werden in *Boden-*, *Packungs-* oder *Füllkörperkolonnen* durchgeführt. In diesen Apparaten findet zwischen der gas- oder dampfförmigen und der flüssigen Phase ein Stoff- und Wärmeaustausch statt, der bei der Absorption häufig noch von einer chemischen Reaktion begleitet wird. Sowohl der Stoff- als auch der Wärmetransport sind unmittelbar proportional zur Phasengrenzfläche. Zielsetzung aller Kolonnentypen ist die Bildung einer möglichst großen Phasengrenzfläche. In einer Bodenkolonne erfolgt der Stoffaustausch zwischen Gas- und Flüssigkeitsphase auf einzelnen übereinander installierten Trennstufen, den sogenannten Böden.

Die Dimensionierung von Bodenkolonnen hängt einerseits von der Thermodynamik des Stoffsystems und der angestrebten Trennschärfe ab. Hieraus folgt im Wesentlichen die Anzahl der notwendigen Trennstufen. Der Apparatequerschnitt ergibt sich dagegen aus der Fluiddynamik des Systems und dem daraus resultierenden Belastungskennfeld. Weitere bedeutsame Aspekte sind der Druckverlust innerhalb der Kolonne sowie der Gas/Flüssigkeits-Stoffaustausch auf den Böden.

Ziel des Kapitels ist die quantitative Darstellung der Fluiddynamik und des Stofftransports in Bodenkolonnen. Die grundlegenden thermodynamischen Aspekte werden zu Beginn nur kurz gestreift. (Detaillierte Darstellungen finden sich in der Spezialliteratur zur thermischen Verfahrenstechnik, z. B. (Mersmann 1980; Stichlmair 2010; Sattler 1995; Grassmann et al. 1997). Anschließend werden wesentliche konstruktive Merkmale sowie der Belastungsbereich erläutert. Den Abschluss bilden die Bestimmung des Druckverlusts und die Quantifizierung des Stofftransports.

12.1 Thermodynamische Grundlagen

Rektifikation oder Gegenstromdestillation ist die mehrfache Wiederholung der einfachen Verdampfung eines Gemisches mit dem Ziel, eine schärfere Trennung der einzelnen Bestandteile zu erreichen. Dabei wird der thermodynamische Effekt ausgenutzt, dass sich die Zusammensetzungen zweier im Gleichgewicht stehender Phasen, hier Dampf- und Flüssigkeitsphase, bei Mehrstoffsystemen i. A. unterscheiden. Zur Erklärung ist in Abb. 12.1 ein Diagramm für das Phasengleichgewicht eines binären

M. Kraume, *Transportvorgänge in der Verfahrenstechnik*,
DOI 10.1007/978-3-642-25149-8_12, © Springer-Verlag Berlin Heidelberg 2012

Abb. 12.1 Siedediagramm (Siedelinse) für das Phasengleichgewicht eines binären Gemisches

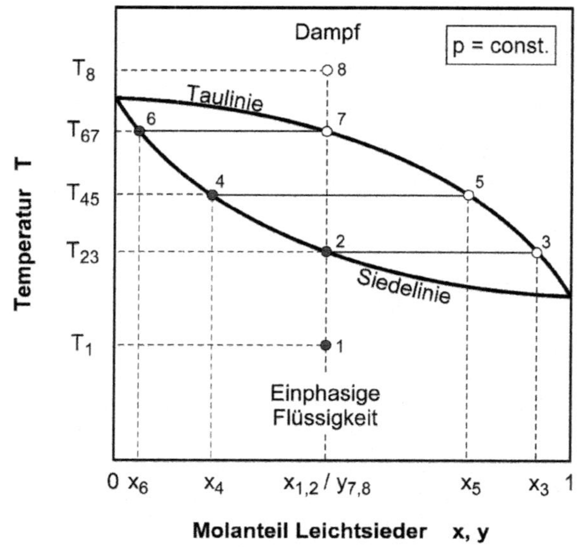

Gemisches aus den Komponenten 1 und 2 dargestellt. Der Molenbruch x der leichtersiedenden Komponente 1 ist auf der Abszisse aufgetragen, die in beiden Phasen gleiche Systemtemperatur ist die Ordinate. Der Druck ist aufgrund der *Gibbsschen Phasenregel* ($Z = K + 2 - P$; Zahl der Freiheitsgrade eines Systems = Zahl der Komponenten −Zahl der Phasen + 2), die besagt, dass ein solches System nur zwei Freiheitsgrade besitzt, konstant.

Im Zustand 1 bei der Temperatur T_1 liegt nur Flüssigkeit vor. Bei Erhöhung der Temperatur auf T_{23} beginnt das Gemisch zu sieden, wobei der erste entstehende Dampf nunmehr die von x_2 verschiedene Zusammensetzung y_3 besitzt. Erhöht man die Temperatur weiter auf T_{45}, wird ein großer Teil des Gemisches verdampft. Da der entstehende Dampf einen höheren Anteil der leichtersiedenden Komponente 1 enthält als das ursprüngliche Gemisch, verarmt die Flüssigkeit an dieser Komponente 1 und ihr Anteil fällt auf x_4. Der mit der Flüssigkeit im Gleichgewicht stehende Dampf besitzt bei dieser Temperatur die Zusammensetzung y_5. Wird die Temperatur weiter auf T_{67} erhöht, verdampft die Flüssigkeit vollständig. Der letzte verdampfende Flüssigkeitsrest besitzt die Zusammensetzung x_6. Die nun einzig vorliegende Dampfphase besitzt zwangsläufig die Zusammensetzung $y_7 = x_1$, die das Gemisch ursprünglich als Flüssigphase besaß. Bei weiterer Erhöhung der Temperatur ändert sich auch die Zusammensetzung der Gasphase nicht mehr.

12.1.1 Stoffbilanz um eine Rektifizierkolonne

In Abb. 12.2 ist eine Rektifikationskolonne mit zwei Böden schematisch so dargestellt, wie sie technisch ausgeführt wird. Sie besteht aus einem Verdampfer, einem Kondensator und zwei eingebauten Böden. Die Flüssigkeit fließt aufgrund

Abb. 12.2 Gegenstromrektifizierkolonne mit zwei Böden

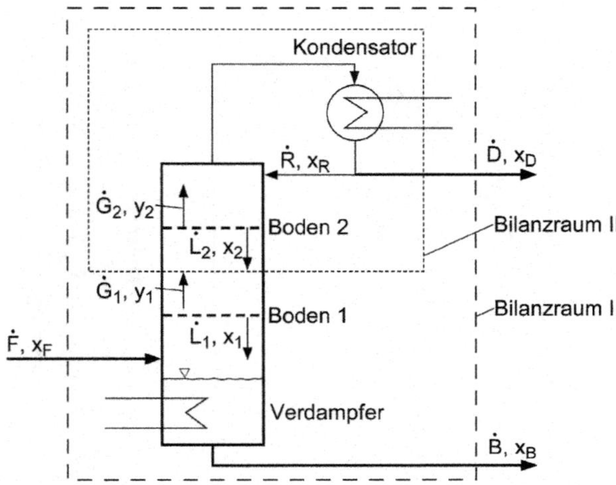

des Erdschwerefelds grundsätzlich von oben nach unten, während der Dampf in Gegenrichtung strömt. Auf den Böden wird auf der einen Seite Flüssigkeit zugeführt, die den Boden überströmt und auf der anderen Seite über ein Wehr abfließt. Der Boden hat zahlreiche Dampfdurchtrittsöffnungen (z. B. Löcher = Siebboden, Glocken = Glockenboden, Ventile = Ventilboden). Insgesamt ergibt sich in der Kolonne ein Kreuzgegenstrom von Flüssigkeit und Dampf. Die Mengenbilanz für die gesamte Kolonne, also den Bilanzraum I gemäß Abb. 12.2 liefert für diese kontinuierliche Rektifiziereinrichtung $\dot{F} = \dot{B} + \dot{D}$, und als Bilanz für das Leichtersiedende ergibt sich $\dot{F}x_F = \dot{B}x_B + \dot{D}x_D$. Für den Bilanzraum II (Kolonnenkopf) in der Abbildung gilt folgende Stoffbilanz für die leichtersiedende Komponente:

$$\dot{G}_1 y_1 = \dot{L}_2 x_2 + \dot{D} x_D. \tag{12.1}$$

Werte von $\dot{L}_2$ und $\dot{G}_1$ sind unter folgenden Voraussetzungen berechenbar:

a. konstante Molströme $\dot{L}$ und $\dot{G}$; da die molaren Verdampfungsenthalpien beider Komponenten als gleich angenommen werden,
b. keine Mischungsenthalpie,
c. Kolonne vollständig isoliert,
d. keine chemische Reaktion.

Da die Flüssigkeits- und Dampfmengen oberhalb des Zulaufes (Feed) im sogenannten *Verstärkungsteil* der Kolonne über der Höhe konstant sind (a), können die Indizes 1 und 2 in Gl. (12.1) weggelassen werden. Man erhält dann die Gleichung der sogenannten *Bilanzlinie* für den Verstärkungsteil:

$$y = \frac{\dot{L}}{\dot{G}} x + \frac{\dot{D}}{\dot{G}} x_D. \tag{12.2a}$$

Die Bezeichnung Bilanzlinie besagt, dass die einzelnen Punkte dieser Linie aufgrund von Mengen- und Stoffbilanzen ermittelt werden. Die Eintragung der Bilanzlinie

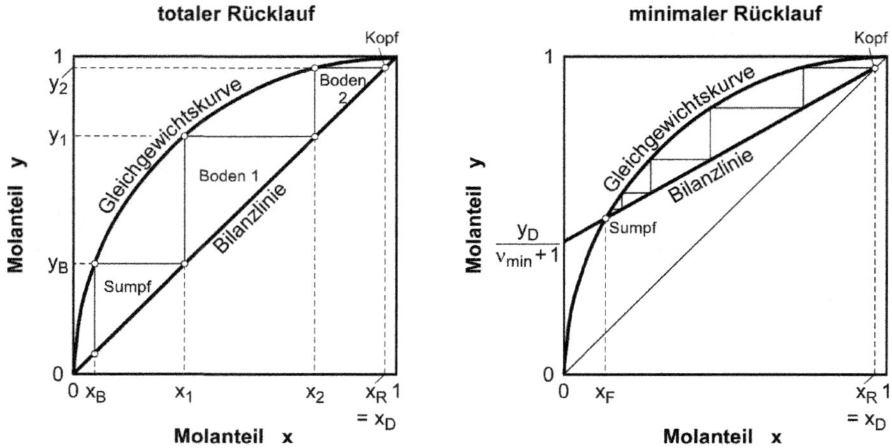

Abb. 12.3 McCabe-Thiele-Diagramm für totalen (*links*) und minimalen (*rechts*) Rücklauf

sowie der Bilanzen für die einzelnen Böden (s. Abschn. 12.7) in das Gleichgewichtsdiagramm führt zu dem in Abb. 12.3 dargestellten *Arbeits-* oder *McCabe-Thiele*[1]*-Diagramm* (McCabe und Thiele 1925). Die Konzentrationsänderung gemäß einer Treppenstufe wird *Trennstufe* genannt bzw. *theoretischer Boden*. Hierbei wird angenommen, dass die den Boden verlassenden Gas- und Flüssigkeitsströme im thermodynamischen Gleichgewicht stehen. Die Abb. 12.3 enthält die Grenzfälle für *totalen Rückfluss* $\dot{D} = 0$ (links) bzw. *minimalen Rückfluss* (rechts). Während bei totalem Rückfluss die kleinste Zahl notwendiger Trennstufen benötigt wird, führt der minimale Rückfluss zu einer unendlichen Zahl erforderlicher Trennstufen. Mit dem *Rücklaufverhältnis* ν als dem Verhältnis von abströmendem Rücklauf $\dot{L} = \dot{R}$ und am Kopf der Kolonne entnommenem Erzeugnis $\dot{D}$

$$\nu \equiv \frac{\dot{R}}{\dot{D}} = \frac{\dot{L}}{\dot{D}} \tag{12.3a}$$

folgt aus Gl. (12.2a) für den Verstärkungsteil der Rektifizierkolonne

$$y = \frac{\nu}{\nu + 1} \cdot x + \frac{x_D}{\nu + 1}. \tag{12.4a}$$

Gleichung (12.4a) stellt in einem x, y-Diagramm dann die *Bilanz- oder Arbeitsgerade* mit der Steigung $\nu/(\nu + 1)$ dar, da ν aufgrund der Voraussetzungen über die Kolonnenhöhe konstant bleibt.

Unter der Voraussetzung, dass im Kondensator der gesamte Dampf kondensiert, ergibt sich mit der für den Kolonnenkopf gültigen Bedingung $y_2 = y_D = x_D$ der erste Punkt (x_D, y_D) der Bilanzlinie, in dem diese sich immer mit der Diagonalen

[1] Die McCabe-Thiele-Methode wurde im Jahr 1925 von den beiden Bachelorstudenten Warren L. McCabe und Ernest W. Thiele am Massachusetts Institute of Technology (MIT) entwickelt.

im McCabe-Thiele-Diagramm schneidet. Der zweite Punkt zur Konstruktion der Bilanzlinie wird durch den Ordinatenabschnitt y_0 $(x = 0) = x_D/(\nu + 1)$ gewonnen. Bei unendlichem Rücklaufverhältnis ν erhält man die Bilanzlinie folglich als Winkelhalbierende. Im Fall der kontinuierlichen Rektifikation wird ein endliches Rücklaufverhältnis gewählt, damit auch ein Kopfprodukt gewonnen werden kann. Dieses Rücklaufverhältnis kann jedoch nicht beliebig klein gewählt werden, da ansonsten im Extremfall des minimalen Rücklaufs ν_{min} die Zahl der erforderlichen Trennstufen gegen unendlich ginge. Für technische Anwendungen wird aus wirtschaftlichen Gründen vielfach ein Wert von etwa 1,2...1,5 ν_{min} für das Rücklaufverhältnis gewählt (Zeck 1990).

Die Steigung der Verstärkungsgeraden ist immer < 1, wenn der Kolonne Kopfprodukt entnommen wird.

Im *Abtriebsteil* der Kolonne, also dem Bereich unterhalb des Zulaufs, treten mit $\dot{L}^*$und $\dot{G}^*$ veränderte Flüssigkeits- und Dampfströme auf, da der Kolonne der Feedstrom $\dot{F}$ zugeführt wird. Aus einer Mengenbilanz erhält man $\dot{L}^* = \dot{L} + f \cdot \dot{F}$ und $\dot{G}^* = \dot{G} + (1 - f) \cdot \dot{F}$, wobei der kalorische Faktor f den thermodynamischen Zustand (unterkühlt, siedend, überhitzt) des Feeds beschreibt. Im Folgenden wird angenommen, dass der Feed siedend flüssig zugeführt wird ($f = 1$). Es ergibt sich für den Abtriebsteil analog zum Verstärkungsteil die Mengenbilanz $\dot{L}^* \cdot x = \dot{G}^* \cdot y + \dot{B} x_B$ und somit

$$y = \frac{\dot{L}^*}{\dot{L}^* - \dot{B}} \cdot x - \frac{\dot{B}}{\dot{L}^* - \dot{B}} \cdot x_B \qquad (12.2b)$$

als Gleichung der Bilanzgeraden für den Abtriebsteil der Kolonne (*Abtriebsgerade*). Führt man das Rücklaufverhältnis ν^* für den Abtriebsteil ein

$$\nu^* = \frac{\dot{L}^*}{\dot{B}}, \qquad (12.3b)$$

so folgt aus Gl. (12.2b) die Abtriebsgerade:

$$y = \frac{\nu^*}{\nu^* - 1} \cdot x - \frac{1}{\nu^* - 1} \cdot x_B. \qquad (12.4b)$$

Ihre Steigung ist bei Entnahme von Sumpfprodukt immer größer als 1. Der erste Punkt der Abtriebsgeraden ist als Schnittpunkt mit der Winkelhalbierenden ($y = x = x_B$) sofort festlegbar. Ihr weiterer Verlauf und damit auch ihr Schnittpunkt mit der Verstärkungsgeraden hängen von den Zulaufbedingungen (Konzentration x_F und thermischer Zustand) der Mischung $\dot{F}$ und vom gewählten Rücklaufverhältnis ν ab.

Ein McCabe-Thiele-Diagramm für eine Kolonne mit Verstärkungs- und Abtriebsteil ist in Abb. 12.4 dargestellt. Der Schnittpunkt von Abtriebs- und Verstärkungsgerade hängt vom thermodynamischen Zustand des Zulaufs ab.

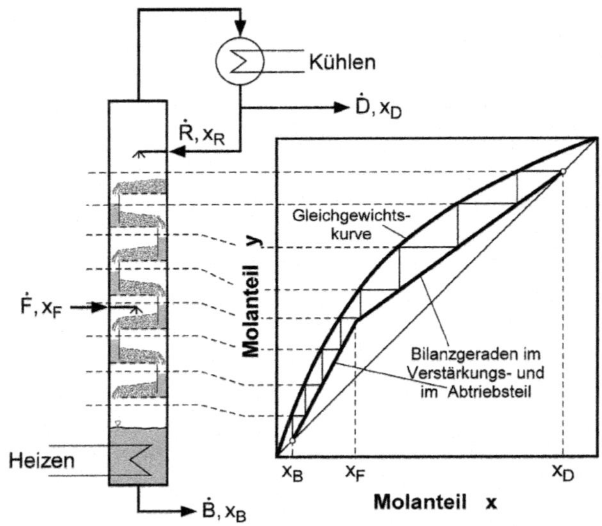

Abb. 12.4 Rektifizierkolonne und McCabe-Thiele-Diagramm mit Verstärkungs- und Abtriebsteil. (Nach Mersmann 1980)

12.1.2 Stoffbilanz um eine Absorptions- oder Desorptionskolonne

Unter *Absorption* versteht man die Aufnahme und Auflösung von Gasen und Dämpfen in Flüssigkeiten. Durch Absorption können Gas- und Dampfgemische teilweise zerlegt werden. Beim Kontakt von Gasgemisch und Lösungsmittel in Absorbern werden möglichst selektiv eine oder mehrere Gaskomponenten, von denen nur geringe Mengen im Ausgangsgemisch vorhanden sind, durch das Lösungsmittel aufgenommen und dadurch vom Gasgemisch abgetrennt. Die zwischen Abgeber- und Aufnehmerphase ausgetauschte Komponente wird *Absorptiv* genannt; das aufnehmende Waschmittel bezeichnet man als *Absorbens*.

Das bei der Absorption erhaltene, mit dem aufgenommenen Gas beladene Lösungsmittel wird meist in einem Umkehrvorgang zur Absorption, der *Desorption*, ggf. *Strippung*, regeneriert. Es wird dadurch wieder für die Absorption verwendbar. Zur Regenerierung des Lösungsmittels ist dem Absorber ein Desorber (s. Abb. 12.5) nachgeschaltet, in dem das Beladungsgas aus dem Lösungsmittel wieder entfernt wird. (Index A bedeutet im Folgenden Absorber, Index S dagegen Stripper = Desorber.)

Bei De- und Absorption wird die Flüssigkeit am Kolonnenkopf zugegeben. (Dagegen richtet sich die Einspeisestelle einer kontinuierlichen Rektifizierkolonne nach der Zusammensetzung des Ausgangsgemisches und den gewünschten Reinheiten vom Kopf- und Sumpfprodukt.)

Bei der Absorption erhält man die Bilanzlinie in einem Arbeitsdiagramm aufgrund einer Stoffbilanz des Absorptivs. Wenn nur eine kleine Absorptivmenge in einer großen Flüssigkeitsmenge absorbiert wird und überdies die Phasenumwandlungswärme klein ist, nähert man sich dem Grenzfall der *isothermen Absorption*. Häufig besitzt die Waschflüssigkeit einen so niedrigen Dampfdruck, dass nur sehr

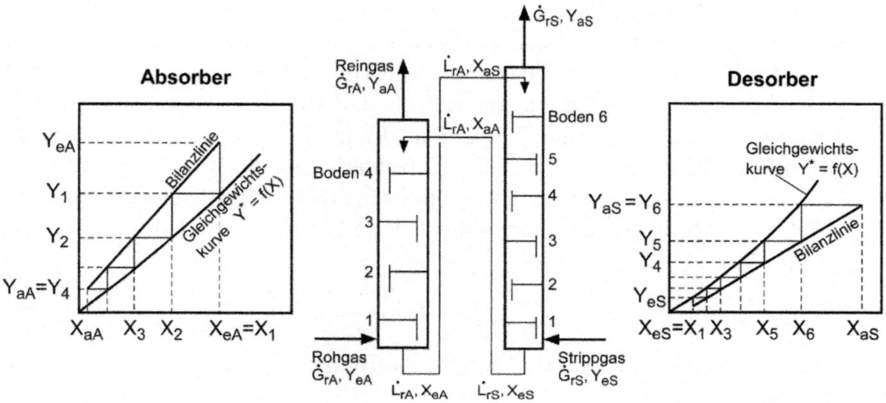

Abb. 12.5 Absorber mit nachgeschaltetem Desorber. Arbeitsdiagramm für den Absorber (*links*) sowie den Desorber (*rechts*). (Nach Mersmann 1980)

wenig Flüssigkeit verdunstet. In diesem Fall lassen sich die Stoffbilanzen besonders einfach formulieren. Da sowohl die reine Absorptionsflüssigkeitsmenge $\dot{L}_r$ (auch Wasch- oder Lösungsmittel genannt) wie auch die reine Trägergasmenge $\dot{G}_r$ längs der Kolonne konstant bleiben, ist es vorteilhaft, *Beladungen* zu verwenden:

$$Y \equiv \frac{kg\ oder\ kmol\ Absorptiv}{kg\ oder\ kmol\ reines\ Trägergas},$$

$$X \equiv \frac{kg\ oder\ kmol\ Absorptiv}{kg\ oder\ kmol\ reine\ Waschflüssigkeit}.$$

Das Schema eines 4-stufigen, kontinuierlich betriebenen Gegenstromabsorbers zeigt Abb. 12.5. Das Rohgas wird von der Beladung Y_{eA} auf die Beladung Y_{aA} abgereichert, während die Waschflüssigkeit von der Beladung X_{aA} auf den Wert X_{eA} angereichert wird. Die Stoffbilanz für das Absorptiv um die ganze Kolonne lautet:

$$\dot{G}_{rA}(Y_{eA} - Y_{aA}) = \dot{L}_{rA}(X_{eA} - X_{aA}). \tag{12.5}$$

Aus der Stoffbilanz um das eine oder andere Kolonnenende ergeben sich folgende Bilanzgleichungen

$$Y = Y_{eA} + \frac{\dot{L}_{rA}}{\dot{G}_{rA}}(X - X_{eA}), \tag{12.6}$$

$$Y = Y_{aA} + \frac{\dot{L}_{rA}}{\dot{G}_{rA}}(X - X_{aA}). \tag{12.7}$$

Analog kann man auch den Desorber bilanzieren.

Werden diese Bilanzgleichungen mit der Gleichgewichtskurve $Y^* = f(X)$ grafisch dargestellt, erhält man gemäß Abb. 12.5 die Arbeitsdiagramme für die Absorption (links) und Desorption (rechts). Die Trennschwierigkeit wird wiederum durch die Zahl der Trennstufen angegeben. In Abb. 12.5 gilt die Gleichgewichtskurve für eine bestimmte Temperatur, die in der Kolonne konstant bleiben möge. Das Verhältnis $\dot{L}_r/\dot{G}_r$ ist stets so zu wählen, dass die Bilanzgerade bei der Absorption oberhalb und bei der Desorption unterhalb der Gleichgewichtskurve liegt. Die Gleichgewichtskurve kann beispielsweise durch das Henrysche Gesetz (s. Abschn. 3.2)

$$y_A p = H x_A \tag{3.28}$$

gegeben sein. Im Allgemeinen sind sowohl die Bilanz- als auch die Gleichgewichtskurve gekrümmt.

12.2 Konstruktive Merkmale

Die wesentlichen konstruktiven Merkmale einer Bodenkolonne für eine Anwendung als Rektifizierapparat zeigt Abb. 12.6. Eine Absorptionskolonne unterscheidet sich nur geringfügig von diesem Aufbau. Der Dampf (bei der Ab-/Desorption: Gas) bewegt sich in dem Apparat aufwärts durch horizontale Böden, die zahlreiche Durchtrittsöffnungen aufweisen. Im Gegenstrom zum Dampf strömt die Flüssigkeit abwärts. Auf dem Boden kommt es zu einem Kreuzstrom beider Phasen. Die aufsteigende Gasphase bildet beim Durchtritt durch die Flüssigkeit auf dem Boden Blasen und damit eine große Phasengrenzfläche. Die Flüssigkeit wird über ein Wehr aufgestaut, um eine ausreichende Höhe für die Dampfdurchströmung aufzubauen. Dies ist notwendig, um für den Stofftransport zwischen Gas und Flüssigkeit die ausreichende Fläche aufbauen zu können. Ursächlich für den Stofftransport ist die Tatsache, dass die beiden Phasen nicht miteinander im Gleichgewicht stehen. Hierauf beruht die Trennwirkung des Bodens. Die Flüssigkeit fließt häufig in Schächten von einem Boden zum anderen.

Es gibt eine große Zahl verschiedener Bodenarten. Häufig werden *Sieb-*, *Ventil-* und *Glockenböden* eingesetzt. In Abb. 12.7 sind einige Glockenformen und Ventilarten schematisch dargestellt. Daneben gibt es eine Vielzahl von Sonderbauarten.

Orientierungswerte für die Dimensionierung von Siebböden enthält Tab. 12.1. Kleinere Lochteilungen und damit größere freie Querschnitte werden bei Vakuumbetrieb bevorzugt, um den Druckverlust des Dampfes klein zu halten.

Beim Glockenboden strömt der Dampf oder das Gas zunächst von unten durch den Glockenhals, wird unter der Glocke umgelenkt und durchdringt dann die auf dem Boden befindliche Sprudelschicht. Typische Geometrie- und Betriebsdaten finden sich in Tab. 12.2. Böden mit einem Glockenhals haben gegenüber dem Siebboden den Vorteil, dass auch bei kleinen Gas- und Flüssigkeitsbelastungen ein gewisser Flüssigkeitsstand auf dem Boden erhalten bleibt. Nachteilig sind der relativ hohe Druckverlust und die hohen Investitionskosten.

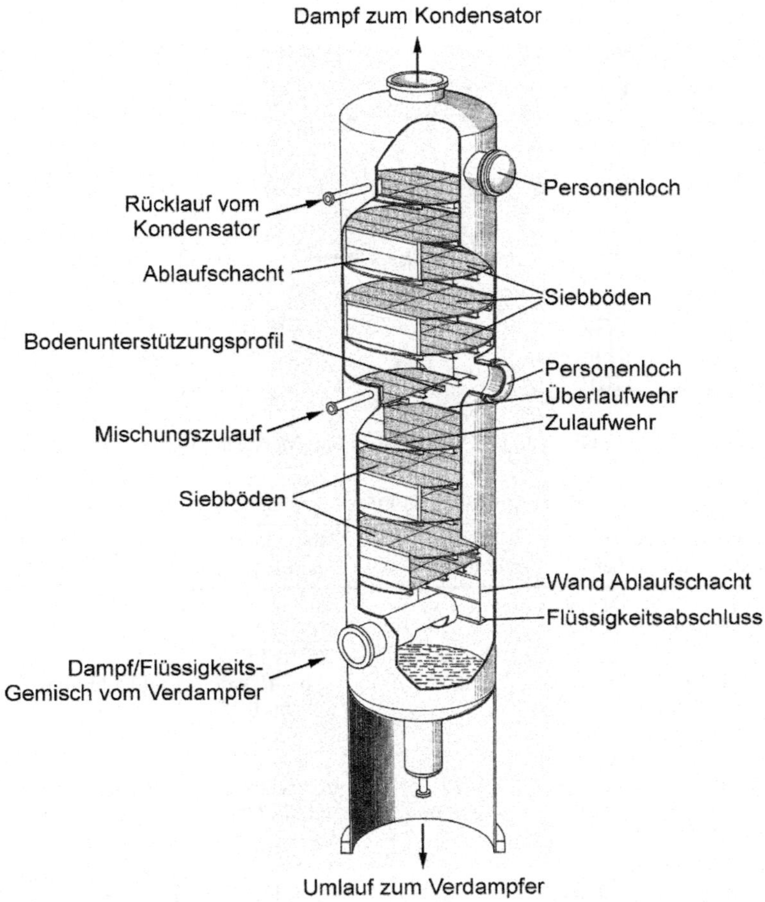

Abb. 12.6 Aufbau einer Bodenkolonne. (Aus Sattler 1995; nach Stichlmair 2010)

Da der Siebboden bei sehr kleinen Gasbelastungen stark durchregnen kann, ist es naheliegend, die Öffnungen durch Ventile abzudecken. Auf diese Weise gelangt man zum Ventilboden (Daten s. Tab. 12.3). Mit zunehmender Dampfbelastung öffnen sich die Ventile immer weiter, um von einer bestimmten Belastung an eine obere Stellung mit maximaler Öffnung zu erreichen. Glocken- und Ventilböden haben mit Rücksicht auf die Erweiterungsmöglichkeit der Dampfdurchtrittsöffnungen durch Flüssigkeitsverdrängung einen größeren Belastungsbereich als Siebböden.

Schematische Darstellungen der Querschnittsflächen von Glocken-, Ventil- und Siebböden gibt Abb. 12.8 zusammen mit wesentlichen Parametern. In Tab. 12.1–12.3 sind geometrische und fluiddynamische Richtwerte der aufgeführten Kolonnenböden detaillierter aufgeführt.

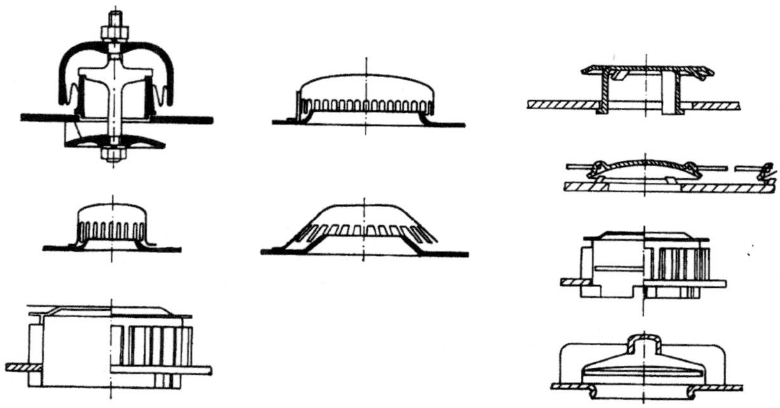

Abb. 12.7 Verschiedene Glocken- und Ventilformen (aus Mersmann 1980)

Tab. 12.1 Richtwerte für Siebböden. (Sattler 1995)

Bodentyp, Abmessungen (mm) und Betriebsgrößen	Vakuum-rektifikation	Normaldruck-rektifikation	Absorption, Überdruckrektifikation
Siebboden			
Bodendurchmesser D	500 bis 4000	500 bis 4000	500 bis 4000
Bohrungsdurchmesser d_L	2,5 bis 15	2,5 bis 15	2,5 bis 15
Bohrungsabstand (Teilung) t	(2,5 bis 3) × d_L	(3 bis 4) × d_L	(3,5 bis 4,5) × d_L
Bohrungsfläche/aktive Bodenfläche (Öffnungsverhältnis)	0,12 bis 0,20	0,08 bis 0,15	0,06 bis 0,10
Ablaufwehrhöhe h_w	10 bis 20	20 bis 50	40 bis 80
Bodenabstand Δz	500 bis 800	400 bis 600	300 bis 400
Minimaler F-Faktor F_{Lm} in den Bohrungen	10	10	9
Gas-(Dampf-)Geschwindigkeit in den Bohrungen w_{gL} (m/s)	$1{,}8 \times F_{Lm} \times \rho_g^{-0{,}5}$	$1{,}8 \times F_{Lm} \times \rho_g^{-0{,}5}$	$1{,}8 \times F_{Lm} \times \rho_g^{-0{,}5}$
Druckverlust Δp			
Trocken (kN/m²)	0,08 bis 0,20	0,08 bis 0,30	0,08 bis 0,35
Gesamt (kN/m²)	0,20 bis 0,30	0,35 bis 0,60	0,55 bis 0,90

12.3 Belastungsbereich und Belastungskennfeld von Kolonnenböden

Von großer Bedeutung für Planung und Betrieb ist die Kenntnis des Belastungsbereiches von Bodenkolonnen. Im Vordergrund steht dabei oft die wirtschaftliche Fragestellung nach den maximal möglichen Durchsätzen, da man entweder in einer vorhandenen Kolonne einen möglichst hohen Durchsatz erzielen will oder aber für einen gegebenen Durchsatz eine möglichst preisgünstige, d. h. möglichst schlanke Kolonne bauen möchte.

Tab. 12.2 Richtwerte für Glockenböden. (Sattler 1995)

Bodentyp, Abmessungen (mm) und Betriebsgrößen	Vakuum-rektifikation	Normaldruck-rektifikation	Absorption, Überdruckrektifikation
Glockenboden			
Bodendurchmesser D	500 bis 8000	500 bis 8000	500 bis 8000
Bohrungsdurchmesser d_{Gl}	80 bis 160	80 bis 160	80 bis 160
Glockenabstand (Teilung) t	$1{,}25 \times d_{Gl}$	$1{,}25$ bis $1{,}4 \times d_{Gl}$	$1{,}5 \times d_{Gl}$
Wehrlänge l_w	$(0{,}5$ bis $0{,}6) \times D$	$(0{,}6$ bis $0{,}75) \times D$	$0{,}85 \times D$
Ablaufwehrhöhe h_w	20 bis 30	30 bis 70	40 bis 100
Wehrauslaufhöhe h_z	$0{,}7 \times h_w$	$0{,}8 \times h_w$	$0{,}9 \times h_w$
Bodenabstand Δz	500 bis 800	400 bis 600	300 bis 400
F-Faktor F_g	0,7 bis 1,2	0,7 bis 1,5	0,6 bis 1,4
Gas-(Dampf-) Geschwindigkeit im Kamin w_{eff} (m/s)	$(5{,}5$ bis $8{,}4) \times v_g$	$(8{,}4$ bis $12{,}5) \times v_g$	$(10$ bis $16) \times v_g$
Druckverlust Δp			
Trocken (kN/m^2)	0,05 bis 0,15	0,10 bis 0,30	0,15 bis 0,40
Gesamt (kN/m^2)	0,20 bis 0,30	0,35 bis 0,75	0,55 bis 1,0

Tab. 12.3 Richtwerte für Ventilböden. (Sattler 1995)

Bodentyp, Abmessungen (mm) und Betriebsgrößen	Vakuum-rektifikation	Normaldruck-rektifikation	Absorption, Überdruckrektifikation
Ventilboden			
Bodendurchmesser D	500 bis 10000	500 bis 10000	500 bis 10000
Ventildurchmesser d_v	50 bis 150	50 bis 150	50 bis 150
Ventilhub	8 bis 20	8 bis 20	8 bis 20
Ablaufwehrhöhe h_w	20 bis 40	30 bis 50	40 bis 70
Ventilabstand (Teilung) t	$1{,}5 \times d_v$	$(1{,}7$ bis $2{,}2) \times d_v$	$(2$ bis $3) \times d_v$
Ventilfläche/Bodenfläche (Maß für aktive Bodenfläche)	0,22 bis 0,32	0,16 bis 0,24	0,12 bis 0,16
Bodenabstand Δz			
maximaler F-Faktor F_L in den	500 bis 800	400 bis 600	300 bis 500
Bohrungen	8 bis 14	10 bis 18	8 bis 14
Druckverlust Δp			
Trocken (kN/m^2)	0,20 bis 0,30	0,30 bis 0,40	0,35 bis 0,50
Gesamt (kN/m^2)	0,30 bis 0,40	0,40 bis 0,65	0,50 bis 0,90

Aber auch die Kenntnis der minimalen Belastung, bei der die Kolonne noch einwandfrei arbeitet, ist wichtig, um die Kolonne gegebenenfalls auch bei *Teillast* betreiben zu können. Für eine sichere Betriebsweise ist ein ausreichender Belastungsbereich erforderlich, um Betriebsschwankungen beherrschen zu können. Die Belastungsgrenzen hängen von Art und Abmessungen der Kolonneneinbauten sowie von den physikalischen Eigenschaften der strömenden Stoffe ab (detailliertere Angaben z. B. in Molzahn und Schmidt 1975). Zur anschaulichen Darstellung des Arbeitsbereichs eignet sich ein *Belastungskennfeld*. Der Belastungsbereich ist in Abb. 12.9 beispielhaft dargestellt, durch die Auftragung des Gasvolumenstroms $\dot{V}_g$ als Funktion des Flüssigkeitsvolumenstroms, wobei beide Ströme auf die aktive Bodenfläche A_{ak} bezogen sind. Eine Reihe physikalischer Phänomene grenzt den Arbeitsbereich ein. Dabei ist zu unterscheiden nach *absoluter* und *relativer* Grenze. Das Verletzen einer

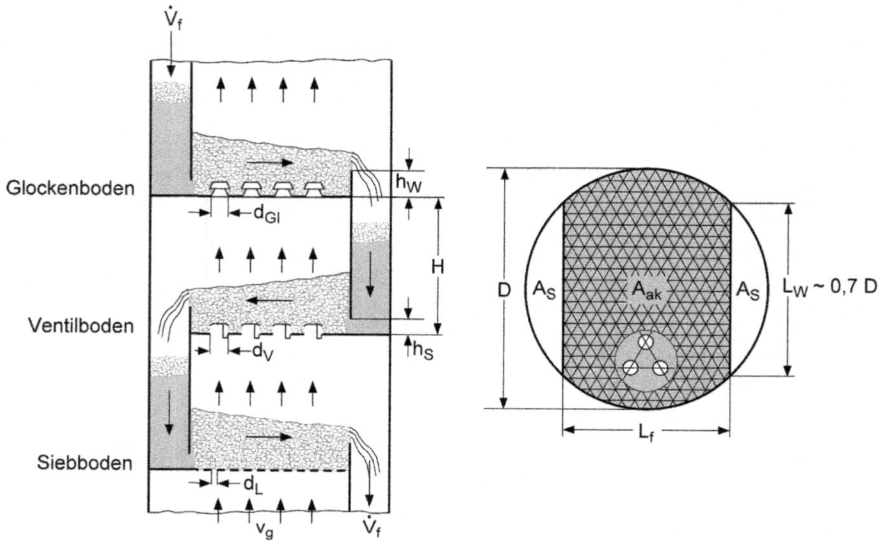

Abb. 12.8 Schematische Darstellung einer Bodenkolonne mit den wesentlichen Parametern. (Nach Stichlmair 1978)

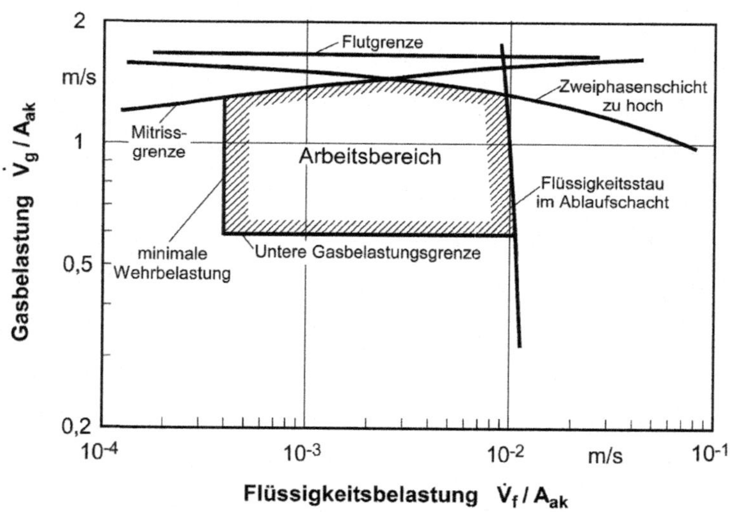

Abb. 12.9 Arbeitsbereich einer Bodenkolonne. Berechnet für eine Siebbodenkolonne, die mit dem System Benzol/Toluol bei 1 bar betrieben wird. Daten: $D = 1{,}6$ m; $\varphi = 0{,}1$; $d_L = 8$ mm; $h_W = 0{,}05$ m; $H = 0{,}5$ m; $h_S = 0{,}03$ m. (Nach Stichlmair 1978)

absoluten Grenze führt zum unmittelbaren Kolonnenversagen; die Kolonne kann so nicht betrieben werden. Wird eine relative Grenze verletzt, so ist mit einer meist nur schwer vorhersagbaren Beeinträchtigung der Trennwirkung zu rechnen. Da jedoch die Spanne zwischen beginnender Verschlechterung und totalem Ausfall sehr vom Einzelfall abhängt, dürfen auch relative Grenzen nicht ohne Not verletzt werden.

12.3.1 Maximale Gasbelastung

Bei Inkaufnahme eines hohen Druckverlustes lassen sich hohe Gasmengen durch eine Bodenkolonne fördern. Die obere Belastungsgrenze ist allerdings dann erreicht, wenn die Flüssigkeit aufgrund der hohen Druckverluste bei der Durchströmung der Böden bis zum Überfluten im Ablaufschacht aufgestaut wird bzw. vollständig vom Gas auf den nächsthöheren Boden mitgerissen wird. Diese Belastungsgrenze wird als *Flutgrenze* bezeichnet. Für die Trennwirkung bedeutet das Mitreißen von Tropfen grundsätzlich eine unerwünschte Flüssigkeitsrückvermischung, da dies zu einer Abnahme der Trennleistung führt. Daher wird die gegenüber der Flutgrenze niedrigere *Mitreißgrenze* eingeführt, die als diejenige Gasbelastung definiert ist, bei der ein bestimmter Anteil der dem Boden zuströmenden Flüssigkeit (i. A. 10 %) wieder zum nächsthöheren Boden mitgerissen wird.

Bei höheren Flüssigkeitsbelastungen lässt sich nur eine geringere als die Mitreißbelastung realisieren, da die Höhe der Zweiphasenschicht auf dem Boden maximal nur gleich dem Bodenabstand sein darf. Diese Bedingung verlangt – besonders bei kleinen Bodenabständen von weniger als 0,4 m – oft eine erhebliche Reduzierung der maximal möglichen Gasbelastung. Eine wichtige Einflussgröße stellt hierbei die Flüssigkeitsbelastung dar, da die Höhe der Zweiphasenschicht auf dem Boden maßgeblich von der Flüssigkeitsmenge abhängt.

Die maximale Gasbelastung kann durch eine einfache Modellbildung – Kräftegleichgewicht an einem Flüssigkeitstropfen zwischen der Widerstandskraft und der um den Auftrieb verminderten Schwerkraft – ermittelt werden:

$$\frac{d_T^2\pi}{4}\zeta_T\frac{\rho_g}{2}v_g^2 = \frac{d_T^3\pi}{6}(\rho_f - \rho_g)\cdot g. \tag{12.8}$$

Hieraus folgt die maximale Gasgeschwindigkeit v_{gmax}, die auf die aktive Bodenfläche A_{ak} bezogen wird:

$$v_{gmax} = \sqrt{\frac{4d_T g}{3\zeta_T}}\ \sqrt{(\rho_f - \rho_g)/\rho_g}. \tag{12.9}$$

Da der Tropfendurchmesser d_T im ersten Wurzelausdruck unbekannt ist, fasst man diesen Term zum sogenannten *Gasbelastungsfaktor* K_V zusammen (Souders und Brown 1934):

$$v_{gmax} = K_V\cdot\sqrt{(\rho_f - \rho_g)/\rho_g}. \tag{12.10}$$

Häufig charakterisiert man die Gasbelastung durch den sogenannten *F-Faktor* F, dessen Definition wie folgt lautet:

$$F \equiv v_g\cdot\sqrt{\rho_g}. \tag{12.11}$$

Der F-Faktor repräsentiert die Wurzel aus der Impulsstromdichte des Gases. Es erweist sich, dass diese Größe ein sehr viel aussagekräftigeres Maß für die Gasbelastung ist als etwa die Leerrohrgeschwindigkeit v_g. Die Gleichung (12.10) lautet

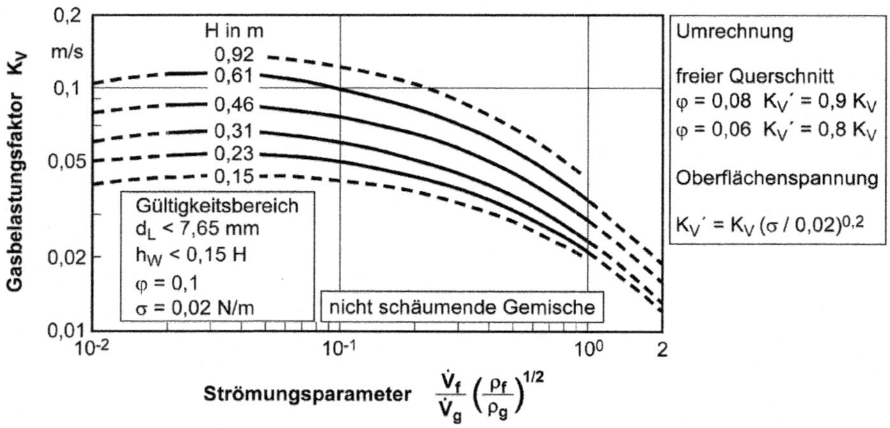

Abb. 12.10 Korrelation des Gasbelastungsfaktors K_V nach (Fair 1961) gültig für Siebböden. (Nach Stichlmair 1978)

damit:

$$F_{\max} = K_V \cdot \sqrt{(\rho_f - \rho_g)}. \tag{12.12}$$

Der Wert des Gasbelastungsfaktors K_V muss experimentell bestimmt werden. Daneben existiert eine Reihe von Korrelationen zur Berechnung. Das Ergebnis einer sehr häufig genutzten Gleichung (Fair 1961) zeigt Abb. 12.10. Hierin wird K_V als Funktion der Wurzel des Verhältnisses der kinetischen Energie der Flüssigkeit zu derjenigen des Gases dargestellt. Als Parameter wird der Bodenabstand H verwendet.

Bei höheren Flüssigkeitsbelastungen dehnt sich vor der Mitreißgrenze die Zweiphasenschicht auf dem Boden bereits so weit aus, dass eine nicht tolerierbare Vermischung mit dem Inhalt des darüber liegenden Bodens auftritt. Da die Höhe der Zweiphasenschicht sowohl mit steigendem Gas- als auch Flüssigkeitsdurchsatz anwächst (s. Gl. 12.23), verringert sich bei dieser Belastungsgrenze die zulässige Gasbelastung mit zunehmendem Flüssigkeitsdurchsatz.

12.3.2 *Minimale Gasbelastung*

Vermindert man die Gasbelastung eines Kolonnenbodens (z. B. Siebboden), so tritt ein Betriebsbereich auf, in dem der Boden entweder nicht vollständig begast wird oder die Flüssigkeit durch die Löcher hindurchregnet. Beide Zustände können auch nebeneinander auftreten.

Die *ungleichmäßige Begasung* des Bodens, die vorwiegend bei kleinen Lochdurchmessern zu beobachten ist, bildet sich dabei so aus, dass nur ein bestimmter Teil der Bodenfläche, dort aber jedes Loch, begast ist, während der Rest des Bodens überhaupt nicht begast wird. Der Boden besitzt dann inaktive Zonen, in welchen kein

Abb. 12.11 Minimale Gasbelastung von Siebböden für drei Stoffsysteme. (Nach Stichlmair 1978)

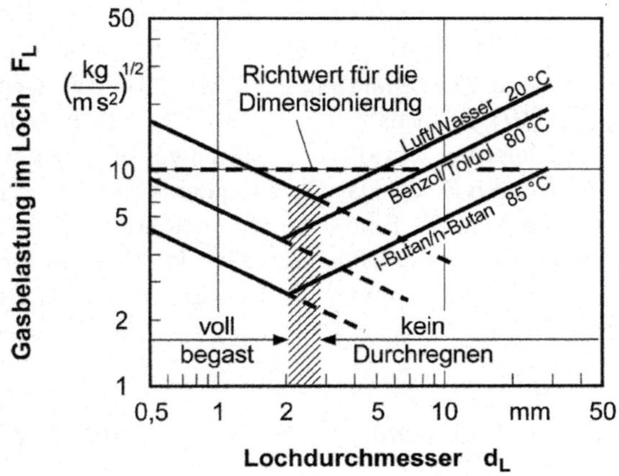

Stoffaustausch stattfindet. Das *Durchregnen* von Flüssigkeit durch die – begasten – Löcher tritt vor allem bei großen Lochdurchmessern d_L auf.

Die Grenze für gleichmäßiges Begasen eines Siebbodens lässt sich mithilfe einer Weberzahl beschreiben. Die Weberzahl gibt das Verhältnis der Trägheits- zur Oberflächenkraft wieder. Die Definitionsgleichung lautet mit w_{gL} als effektiver Lochgeschwindigkeit:

$$We \equiv d_L \cdot w_{gL}^2 \cdot \rho_g/\sigma = d_L \cdot F_L^2/\sigma. \tag{12.13}$$

Gleichmäßiges Begasen der gesamten Bodenfläche ist gemäß experimenteller Ergebnisse dann gewährleistet, wenn die Weberzahl größer als der kritische Wert 2 ist. Somit gilt:

$$F_L = \sqrt{\rho_g} w_{gL} \geq \sqrt{2 \cdot \sigma/d_L}. \tag{12.14}$$

Die sogenannte *Regengrenze* kann mithilfe einer Froudezahl beschrieben werden, deren Definition lautet:

$$Fr' \equiv \frac{\rho_g}{(\rho_f - \rho_g)} \frac{w_{gL}^2}{g \cdot d_L} = \frac{F_L^2}{d_L \cdot (\rho_f - \rho_g) \cdot g}. \tag{12.15}$$

Das Durchregnen lässt sich dann weitgehend verhindern, wenn diese Froudezahl folgenden kritischen Wert überschreitet (Ruff 1974):

$$Fr' \geq 0{,}37\ ((\rho_f - \rho_g)/\rho_g)^{1/4}. \tag{12.16}$$

Damit ergibt sich für den notwendigen F-Faktor:

$$F_L \geq \sqrt{0{,}37\ d_L\ g\ (\rho_f - \rho_g)^{1{,}25}/\rho_g{}^{0{,}25}}. \tag{12.17}$$

Die grafische Darstellung der Gln. (12.14) und (12.16) für drei Stoffsysteme zeigt Abb. 12.11. Die Forderung „Boden voll begast" führt mit zunehmendem Lochdurchmesser zu einer abnehmenden minimalen Gasbelastung in den Löchern. Ab einem

Lochdurchmesser von etwa 2 bis 3 mm wird die Forderung „kein Durchregnen“ zur schärferen Bedingung. In diesem Bereich steigt die minimale Gasbelastung mit zunehmendem Lochdurchmesser an. In Abb. 12.11 ist auch der empirische Richtwert $F_L = 10\,kg^{1/2}/(ms^2)^{1/2}$ (s. Tab. 12.1) eingezeichnet, der bei der praktischen Dimensionierung sehr oft als Minimalwert verwendet wird. Man liegt damit meist auf der sicheren Seite. Das Durchregnen von Flüssigkeit ist nicht in allen Anwendungen unerwünscht. Eine spezielle Ausführungsform einer Siebbodenkolonne stellt die sogenannte *Dualflowbodenkolonne* dar. Diese Kolonnen werden ohne Ablaufschächte gebaut, sodass durch die Bohrungen sowohl Gas als auch Flüssigkeit strömen müssen.

12.3.3 Maximale Flüssigkeitsbelastung

Die maximale Flüssigkeitsbelastung wird dann erreicht, wenn sich die Flüssigkeit im Ablaufschacht bis zum nächsten Boden staut (*Schachtstau*). Bei noch größerer Belastung kann die Flüssigkeit vom Boden nicht mehr ablaufen, sodass die Kolonne flutet. Fluten tritt nicht ein, solange der hydrostatische Druck Δp der Flüssigkeitssäule im Ablaufschacht den Druckverlust der Flüssigkeit beim Durchströmen des Schachtes und des engen Zulaufquerschnittes unterhalb der Schachtwand sowie den Druckverlust des Bodens überwindet.

Die Verhältnisse können allerdings dadurch komplizierter sein, dass sich in der Flüssigkeit mitgerissene Gasblasen befinden. Schließlich kann sogar der Fall eintreten, dass das Gas/Flüssigkeits-Gemisch im Ablaufschacht unter dem Zulaufwehr hindurch auf den darunterliegenden Boden gelangt. Dies ist in hohem Maße unerwünscht, da es eine Gasrückführung darstellt, die eine Verminderung der Trennleistung bewirkt. Ist der gesamte Schacht mit einem Gas/Flüssigkeits-Gemisch mit dem relativen Flüssigkeitsinhalt ε_{fS} gefüllt, ergibt sich die auf die Wehrlänge l_w bezogene maximale Flüssigkeitsbelastung aus folgender Beziehung, wenn die Größe $\dot{V}_f$ der Flüssigkeitsvolumenstrom ist (Stichlmair 1978; Volpert und Stichlmair 1986):

$$\frac{\dot{V}_f}{l_w} = 0{,}61\ \varepsilon_{fS}\ h_S \sqrt{2gH(\rho_f - \rho_g)/\rho_f \cdot \left(1 - \frac{h_p + h_f}{\varepsilon_{fS} \cdot H}\right)}. \qquad (12.18)$$

Diese Gleichung basiert auf dem einfachen Modell einer homogenen Zweiphasenströmung. Näherungsweise kann mit einem Wert $\varepsilon_{fS} \approx 0{,}4$ gerechnet werden, solange es sich um nichtschäumende Gemische handelt. Hierin bedeuten H den Bodenabstand, h_p die Druckverlusthöhe $\Delta p/(\rho_f \times g)$, h_S die Wehrauslaufhöhe und h_f die Höhe der reinen Flüssigkeit auf dem Boden.

12.3.4 Minimale Flüssigkeitsbelastung

Grundsätzlich lässt sich eine Bodenkolonne mit fast beliebig kleiner Flüssigkeitsbelastung betreiben, da durch das Ablaufwehr stets eine ausreichende Höhe der klaren Flüssigkeit auf dem Boden gewährleistet werden kann. Trotzdem sollte eine Mindestflüssigkeitsbelastung möglichst nicht unterschritten werden.

Durch das Gas wird stets etwas Flüssigkeit mitgerissen (*Entrainment*). Für einen einwandfreien Betrieb einer Bodenkolonne muss gewährleistet sein, dass dem Boden mehr Flüssigkeit zugeführt wird, als vom Gas mitgerissen werden kann.

Bei geringer Flüssigkeitsbelastung strömt die Flüssigkeit sehr ungleichmäßig über den Boden. Es bilden sich Bereiche mit hoher Verweilzeit der Flüssigkeit, wie mehrere Untersuchungen zeigten. Dadurch geht die Trennleistung deutlich zurück. Für die praktische Dimensionierung hat sich als Richtwert eine minimale Wehrüberlaufhöhe $h_{WÜ}$ von 5 mm bewährt. Dies entspricht einer minimalen Wehrbelastung $\dot{V}_f/l_W$ von etwa 2 $m^3/(m\ h)$.

12.3.5 Belastungskennfeld

Mit den angegebenen Beziehungen für die maximalen und minimalen Durchsätze lässt sich der Belastungsbereich einer Bodenkolonne festlegen, wie beispielhaft in Abb. 12.9 geschehen. Das gezeigte Belastungskennfeld gilt für die Rektifikation des Stoffsystems Aceton/Benzol bei einem Druck von 1 bar. Für die Bodenkolonne wurde ein Durchmesser von 1,6 m angenommen.

Bei den bisher definierten Belastungsgrenzen handelt es sich um *strömungstechnische Grenzen*. Es bestätigt sich zumeist die empirische Erfahrung, dass eine Kolonne, die strömungstechnisch einwandfrei arbeitet, in der Regel auch eine gute Stoffübergangsleistung erbringt.

Eine *absolute Belastungsgrenze* stellt der Flüssigkeitsstau im Ablaufschacht dar. Man kann diese Grenze im Betrieb zwar nicht überschreiten, eine beliebige Annäherung ist jedoch möglich, ohne einen Abfall der Trennleistung in Kauf nehmen zu müssen.

Dagegen ist die Grenze für die minimale Flüssigkeitsbelastung beinahe willkürlich definiert. Diese Grenze lässt sich ohne Weiteres unterschreiten, wobei mit einer allmählichen Abnahme der Trennleistung zu rechnen ist.

Die Grenzen für den maximalen Gasdurchsatz sind relativ scharf ausgebildet. Der Bereich, in dem das Mitreißen der Flüssigkeit limitierend ist, kann keinesfalls überschritten werden. Durch das Mitreißen von Flüssigkeit wird der Gegenstrom in der Kolonne beeinträchtigt, was mit einer Verminderung der Trennleistung verbunden ist. Bei hohen Flüssigkeitsbelastungen wird die Ausbildung der Zweiphasenschicht der den Gasdurchsatz limitierende Vorgang. Die in Abb. 12.9 eingezeichnete Belastungsgrenze stellt die Gasbelastung dar, bei der die Höhe der Zweiphasenschicht gleich dem Bodenabstand ist. In diesem Bereich lässt sich die Gasbelastung noch etwas steigern, wobei jedoch der Druckverlust der Gasströmung durch die Kolonne stark ansteigt.

Die Grenze für die minimale Gasbelastung ist relativ unscharf; sie kann im Betrieb noch unterschritten werden. Bei kleinem Lochdurchmesser kommt es dabei zu einem ungleichmäßigen Begasen, was meist nicht schädlich ist. Bei großem

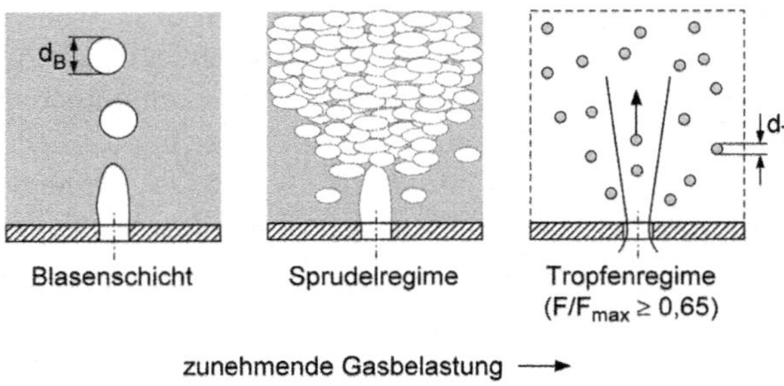

Abb. 12.12 Strömungsbedingungen an einer einzelnen Begasungsöffnung bei unterschiedlichen Strukturen der Zweiphasenschicht. (Nach Stichlmair 1978)

Lochdurchmesser wird nach Unterschreiten der Belastungsgrenze die Flüssigkeit auf den darunterliegenden Boden durchregnen, was jedoch den Gegenstrom in der Kolonne nicht beeinträchtigt, da die Flüssigkeit ohnehin auf den darunterliegenden Boden strömen muss.

12.4 Zweiphasenströmung in Bodenkolonnen

Die Struktur der Zweiphasenschicht auf einem Boden hängt von der Wehrhöhe h_w und von der Gasbelastung ab. Je größer die Wehrhöhe ist, um so höher sind auch die Zweiphasenschicht und der Druckverlust des Gases oder Dampfes darin. Deshalb wählt man bei Vakuumkolonnen häufig eine Wehrhöhe von etwa 20 mm, während bei Druckkolonnen diese bis maximal 100 mm betragen kann. Dies hängt mit dem Bestreben zusammen, den Druckverlust des Bodens im Vergleich zum Gesamtdruck stets klein zu halten. Unter Normaldruck betriebene Kolonnen besitzen häufig eine Wehrhöhe von 30–50 mm (s. Tabelle 12.1–3).

Grundsätzlich lassen sich drei Strömungsstrukturen der Zweiphasenschicht unterscheiden (s. Abb. 12.12):

- *Blasenregime*: Hier bildet die Flüssigkeit die kontinuierliche Phase, das Gas steigt darin in Form von einzelnen Blasen auf.
- *Tropfenregime*: Hier bildet das Gas die kontinuierliche Phase, die Flüssigkeit ist darin in einzelne Tropfen dispergiert.
- *Sprudelregime*: Diese Struktur bildet sich beim Übergang vom Blasenregime zum Tropfenregime aus. Die Zweiphasenschicht ist hier intensiv bewegt, wobei sich eine disperse Phase nicht eindeutig angeben lässt.

Im Folgenden sollen zunächst die Eigenschaften der verschiedenen Strukturen der Zweiphasenschicht qualitativ beschrieben werden.

Die Aufstiegsgeschwindigkeit w_B einer einzelnen Blase kann durch Gleichung (7.27) für die größte stabile Einzelblase w_E ermittelt werden; dabei ergeben sich Werte in der Größenordnung von 0,1. . . 0,2 m/s.

Im Blasenregime sind nur kleine Gasbelastungen möglich. Das Blasenregime existiert nur selten auf Kolonnenböden. Die gemäß Abschn. 12.3.2 minimal erforderliche Gasbelastung ist meist deutlich größer als die Belastung, bei der das

Blasenregime bestehen kann. Nur bei sehr hoher Dichte des Gases (d. h. bei hohem Druck) tritt das Blasenregime auf.

In der Mehrzahl der Anwendungsfälle arbeitet man im Sprudelregime. Der Transport des Gases durch die Zweiphasenschicht erfolgt hier nicht mehr ausschließlich durch Auftriebskräfte. Die Vorgänge an einer einzelnen Begasungsöffnung werden in Abb. 12.12 verdeutlicht. Das Gas dringt durch die Bohrung in der Bodenplatte mit hoher Geschwindigkeit (z. B. 5 oder 10 m/s) in die Zweiphasenschicht ein. Die am Ende des Strahles gebildeten Blasen steigen nur mit einer Geschwindigkeit von etwa 0,2 m/s auf. Die Blasen stauen sich also an der Begasungsöffnung. Im Sprudelregime ist die Zweiphasenschicht heftig bewegt.

Bei sehr großen Gasbelastungen bildet sich auf dem Boden das Tropfenregime aus. Die Flüssigkeit ist dabei in Tropfen von etwa 0,5 bis 1 mm Durchmesser dispergiert. Der relative Flüssigkeitsinhalt wird jedoch sehr klein, sodass in diesem Bereich die auf das Volumen der Zweiphasenschicht bezogene Phasengrenzfläche a stark abfällt. Die Eigenschaften der Zweiphasenschicht können in diesem Bereich durch die relative Gasbelastung F/F_{max} erfasst werden. Hierbei stellt F_{max} den F-Faktor bei maximaler Gasgeschwindigkeit dar (Gl. 12.12). Die maximale Gasgeschwindigkeit ist erreicht, wenn die Flüssigkeit in Tropfen zerkleinert und vom Gas ausgetragen wird. Ab einer bestimmten Höhe der klaren Flüssigkeit auf dem Boden erfolgt der Umschlag zum Tropfenregime bei einer relativen Gasbelastung F/F_{max} von etwa 0,65 (Stichlmair 1978). Ist die Flüssigkeitshöhe allerdings niedriger, so kann die Phaseninversion bereits bei deutlich geringeren Gasbelastungen erfolgen. Bei der praktischen Dimensionierung wird dies dadurch berücksichtigt, dass eine minimale Flüssigkeitshöhe von ca. 20 mm in allen Fällen eingehalten wird.

Das Mitreißen von Tröpfchen durch den Gasstrom wird als Entrainment bezeichnet. Dieses Entrainment ist grundsätzlich unerwünscht, da es den angestrebten Gegenstrom von Gas und Flüssigkeit stört und damit die Trennwirkung erniedrigt. Die Haupteinflussgröße für das Mitreißen stellt die Gasbelastung dar. Eine Änderung des Gasdurchsatzes um eine Zehnerpotenz kann das Entrainment um 3 bis 4 Zehnerpotenzen verändern.

12.5 Druckverlust des Gases am Boden

Das Gas erfährt beim Durchströmen des Bodens einen Druckverlust, der durch folgenden einfachen Ansatz erfasst wird, der auf der Addition dreier Einzelanteile basiert:

$$\Delta p = \Delta p_t + \Delta p_f + \Delta p_R. \tag{12.19}$$

Der erste Term Δp_t stellt hierbei den sogenannten *trockenen Druckverlust* dar, den das Gas beim Durchströmen der Bodenplatte erleidet. Handelt es sich um Siebböden, so ist der trockene Druckverlust bekannten Zusammenhängen für die Durchströmung von Öffnungen aus der Literatur zu entnehmen (z. B. Mersmann 1980). Der Druckverlust ist einer Widerstandszahl und dem Staudruck des Gases proportional, der mit

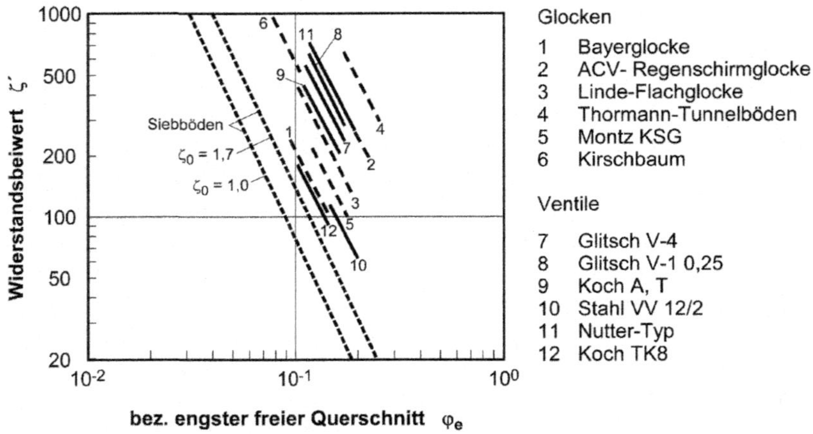

Abb. 12.13 Widerstandsbeiwert abhängig vom relativen engsten, freien Querschnitt für verschiedene Böden. (Nach Stichlmair 2010), Die engste Fläche kann hierbei auch z. B. innerhalb einer Glocke auftreten und muss demzufolge nicht durch die Bohrungen am Boden bestimmt sein.)

der Geschwindigkeit w_L in den Löchern des Bodens gebildet ist. Die Widerstandszahl hängt davon ab, ob es sich um eine Blende mit einer scharfen Kante oder um eine abgerundete Düsendurchtrittsöffnung handelt.

Werden auf die Öffnungen eines Siebbodens Glocken oder Ventile aufgesetzt, ist der Druckverlust stets größer. Der Druckverlust Δp_t eines Gases beim Durchströmen eines trockenen Siebbodens lässt sich aus folgender Beziehung berechnen:

$$\Delta p_t = \zeta_0 \frac{w_L^2 \rho_g}{2}. \tag{12.20a}$$

Dabei kommt es nur auf die Geschwindigkeit in den Löchern und nicht auf die Zahl der Löcher an. Bei einem Boden möchte man jedoch erreichen, dass der Druckverlust der gesamten Gasmenge bezogen auf die aktive Bodenfläche klein ist. Deshalb bietet es sich an, einen modifizierten Widerstandsbeiwert gemäß folgender Beziehung zu verwenden:

$$\Delta p_t = \zeta' \frac{v_g^2 \cdot \rho_g}{2} = \zeta' \frac{F^2}{2} = \zeta' \frac{w_L^2 \rho_g}{2} \varphi^2 \tag{12.20b}$$
$$\text{Entsprechend: } \zeta_0 = \zeta' \varphi^2$$

Hierbei ist der Druckverlust auf den Staudruck des Gases bezogen, der mit der Geschwindigkeit v_g über der aktiven Bodenfläche gebildet ist. Damit spielt die Anzahl und der Durchmesser der Löcher keine Rolle mehr, diese Einflüsse werden durch die relative freie Querschnittsfläche φ zusammengefasst. In Abb. 12.13 ist der modifizierte Widerstandsbeiwert ζ' abhängig vom relativen Verengungsquerschnitt für zwei Siebböden und eine Reihe von Glocken- und Ventilböden dargestellt. Danach ist ein Boden um so günstiger, je kleiner der Widerstandsbeiwert bei einem bestimmten relativen Verengungsquerschnitt ist.

Der zweite Term Δp_f in Gl. (12.19) berücksichtigt den Anteil des Druckverlustes, der aus der hydrostatischen Höhe h_f der klaren Flüssigkeit auf dem Boden entsteht:

$$\Delta p_f = h_f\ \rho_f\ g = h_{2ph}\ \varepsilon_f\ \rho_f\ g. \qquad (12.21)$$

Im Tropfenregime kann der Volumenanteil ε_f der dispergierten flüssigen Phase bestimmt werden mit dem empirischen Zusammenhang

$$\varepsilon_f = 1 - (F/F_{\max})^{0,28} \qquad (12.22)$$

mit F_{max} nach Gl. (12.12).

Die Höhe der Zweiphasenschicht h_{2ph} wird im Wesentlichen bestimmt durch die Gas- und Flüssigkeitsbelastungen sowie die Bedingungen am Ablaufwehr und kann wie folgt berechnet werden (Stichlmair 1978):

$$h_{2ph} = h_w + \frac{1{,}45}{g^{1/3}}\left(\frac{\dot{V}_f/l_w}{\varepsilon_f}\right)^{2/3} + \frac{125}{(\rho_f - \rho_g)g}\left(\frac{F - w_B\sqrt{\rho_g}}{1 - \varepsilon_f}\right)^2. \qquad (12.23)$$

Für die Blasenaufstiegsgeschwindigkeit w_B kann der Wert 0,2 m/s eingesetzt werden.

Der dritte Term Δp_R beinhaltet mehrere Nebeneinflüsse (z. B. Blasenbildung, vertikale Beschleunigung der Flüssigkeit durch Tröpfchenmitriss). Üblicherweise ist Δp_R deutlich geringer als die beiden anderen Anteile und kann deshalb in den meisten Fällen vernachlässigt werden.

12.6 Phasengrenzfläche in der Zweiphasenschicht

Eine entscheidende Eigenschaft der Zweiphasenschicht auf Kolonnenböden ist ihre Phasengrenzfläche. Zweckmäßigerweise bezieht man die Phasengrenzfläche auf das Volumen der Zweiphasenschicht und gibt die bezogene Phasengrenzfläche a an. Die messtechnische Bestimmung der Phasengrenzfläche bereitet erhebliche Probleme, sodass bis heute trotz vieler Versuche noch keine zufriedenstellenden, allgemeingültigen Aussagen möglich sind. Vielmehr differieren die experimentellen Ergebnisse etwa bis zum Faktor 3.

Daher lässt sich rechnerisch nur eine Abschätzung der Phasengrenzfläche in der Zweiphasenschicht auf Kolonnenböden vornehmen (Stichlmair 1978), die auf den definierten Strukturen der Blasenschicht bzw. des Tropfenregimes (s. Abb. 12.12) basiert. Grundlage für die Berechnung ist dabei folgende Beziehung

$$a \equiv \frac{A_{Phasengrenze}}{V_{Zweiphasenschicht}} = 6 \cdot \varepsilon_d/d_P, \qquad (12.24)$$

wobei ε_d den Volumenanteil der dispersen Phase darstellt. Diese Gleichung gilt für den Fall, dass sich in der Zweiphasenschicht kugelförmige Partikeln in einer kontinuierlichen Phase befinden. Diese Bedingungen liegen im Tropfenregime und im Blasenregime vor, nicht jedoch im technisch relevanten Übergangsbereich (Sprudelregime).

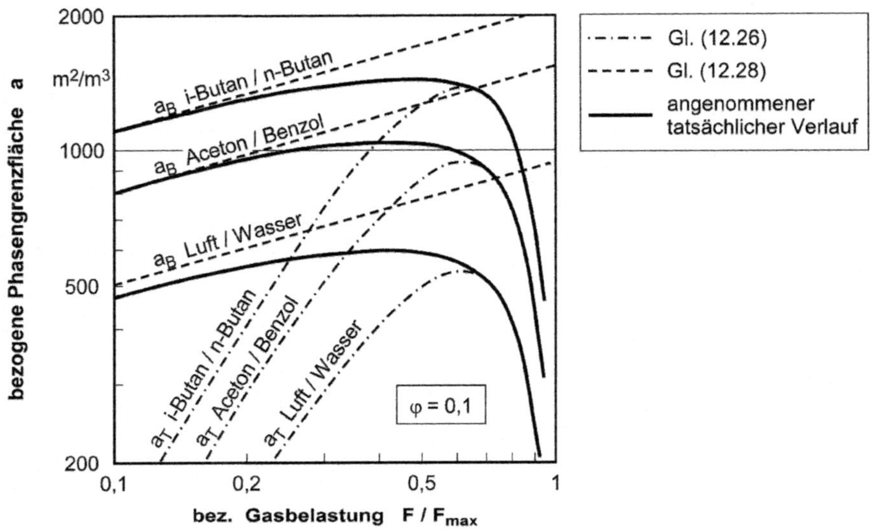

Abb. 12.14 Bezogene Phasengrenzfläche a in der Zweiphasenschicht auf Kolonnenböden. (Nach Stichlmair 1978)

Der Tropfendurchmesser lässt sich mithilfe der kritischen Weberzahl des Gases, bis zu der ein Tropfen stabil ist, abschätzen:

$$d_T = We_{krit} \cdot \sigma / F_L^2 = We_{krit} \cdot \sigma\varphi^2 / F^2. \tag{12.25}$$

Die kritische Weberzahl beträgt etwa 12. Zusammen mit den Gln. (12.22) und (12.24) ist damit eine Berechnung der Phasengrenzfläche im Tropfenregime nach folgender Beziehung möglich:

$$a_T = \frac{F^2}{2 \cdot \sigma \cdot \varphi^2} \cdot (1 - (F/F_{\max})^{0,28}). \tag{12.26}$$

Im Blasenregime ist eine analoge Vorgehensweise möglich. Der Volumenanteil ε_g des dispergierten Gases errechnet sich nach Gl. (12.22) zu:

$$\varepsilon_g = 1 - \varepsilon_f = (F/F_{\max})^{0,28}. \tag{12.27}$$

Als Durchmesser der Gasblasen wird der größte stabile Blasendurchmesser d_E (Gl. 7.21) eingesetzt. Daraus ergibt sich die Beziehung

$$a_B = 6\left(\frac{\Delta\rho \cdot g}{6\sigma}\right)^{1/2}\left(\frac{F}{F_{\max}}\right)^{0,28} \tag{12.28}$$

für das Blasenregime. Im Bereich der Sprudelschicht lässt sich eine Interpolation durchführen. Damit kommt man zu Ergebnissen, wie sie in Abb. 12.14 dargestellt sind. Das Diagramm zeigt die volumenbezogene Phasengrenzfläche abhängig von der bezogenen Gasbelastung für drei Stoffsysteme.

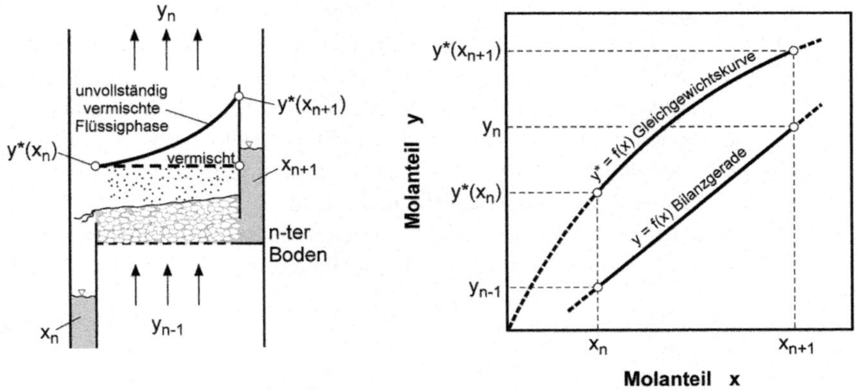

Abb. 12.15 Unvollständige Flüssigkeitsvermischung auf einem Kolonnenboden mit einem Bodenverstärkungsverhältnis größer als eins (*links*); Darstellung im McCabe-Thiele-Diagramm (*rechts*)

12.7 Stoffübergang in der Zweiphasenschicht

Strömt Dampf oder ein Gas durch die Zweiphasenschicht eines Kolonnenbodens und befinden sich die beiden Phasen nicht im Gleichgewicht, tritt ein Stoffaustausch auf. Bei der Rektifikation geht die leichter siedende Komponente aus der flüssigen Phase in die Dampfphase, während die schwerer siedende Komponente aus dem Dampf in die Flüssigkeit übergeht. Bei der Absorption wird das Absorptiv aus der Gasphase in die Flüssigkeit übertragen. Bei der Desorption wandert Stoff in die entgegengesetzte Richtung.

Würde das Gas sehr langsam durch die Zweiphasenschicht strömen und würde der Stoff sehr schnell übertragen, könnte im Grenzfall der Dampf oder das Gas die Gleichgewichtskonzentration der Flüssigkeit an der Durchströmungsstelle annehmen. Dies ist die größtmögliche Änderung in der Gasphase

$$\Delta y_{\max} = y^*(x_n) - y_{n-1}, \tag{12.29}$$

wenn angenommen wird, dass die Flüssigkeit über die Höhe der Zweiphasenschicht vollkommen vermischt ist (s. Abb. 12.15).

Es ist üblich, Abweichungen hiervon durch das von (Murphree 1925) eingeführte *Verstärkungsverhältnis* E zu berücksichtigen. Das Verstärkungsverhältnis ist definiert als die reale Konzentrationsänderung einer Phase bezogen auf die maximal mögliche. Grundsätzlich kann man das Verstärkungsverhältnis für die Gas- und Flüssigphase formulieren. Es hat sich eingebürgert, bei der Rektifikation und Absorption gasseitige Verstärkungsverhältnisse zu verwenden. In diesen Fällen liegt der Hauptwiderstand für den Stofftransport in der Gasphase, da hier die limitierende Konzentrationsänderung stattfindet. Bei der Desorption benutzt man auch flüssigkeitsseitige Verstärkungsverhältnisse.

Da die Annäherung an das Gleichgewicht an jeder Stelle auf dem Boden einen anderen Wert aufweisen kann, gilt dies auch für das Verstärkungsverhältnis. Deshalb muss man zwischen dem lokalen und dem Bodenverstärkungsverhältnis unterscheiden. Beim lokalen oder *Punktverstärkungsverhältnis* wird die Änderung der Gas- oder Dampfzusammensetzung eines Stromfadens an einer Stelle des Bodens betrachtet, beim *Bodenverstärkungsverhältnis* dagegen die Änderung der Zusammensetzung des Gases oder der Flüssigkeit eines vollständigen Bodens.

Das Punktverstärkungsverhältnis ist das Verhältnis der tatsächlichen Änderung der Zusammensetzung des Gases zur maximal möglichen an einem beliebigen Punkt des Bodens:

$$E_g \equiv \frac{y - y_{n-1}}{y^*(x) - y_{n-1}}. \tag{12.30}$$

$y\text{-}y_{n-1}$ ist die Änderung der Konzentration der Bezugskomponente in der Gasphase längs des betrachteten Stromfadens.

Das Punktverstärkungsverhältnis ist physikalisch sinnvoll ein echter Wirkungsgrad, weil sein Wert stets nur kleiner als eins sein kann. Will man allerdings auf der Basis der Trennstufenzahl die Zahl der einzubauenden Böden ermitteln, so sind hierzu die Bodenverstärkungsverhältnisse erforderlich. Diese lauten für die Gasphase des n-ten Bodens:

$$\boxed{E_{gM} \equiv \frac{y_n - y_{n-1}}{y^*(x_n) - y_{n-1}}.} \tag{12.31}$$

Beim gasseitigen Verstärkungsverhältnis wird unterstellt, dass das Gas oder der Dampf zwischen der Zweiphasenschicht und dem nächsten Boden stets voll durchmischt wird.

Wird nun die tatsächliche Konzentrationsänderung $y_n - y_{n-1}$ auf die maximal mögliche Änderung $y^*(x_n) - y_{n-1}$ für den Fall bezogen, dass die Flüssigkeit auf dem Boden ideal vermischt ist, dann läuft in den Ablaufschacht eine Flüssigkeit mit der Zusammensetzung ab, wie sie überall auf dem Boden herrscht. In diesem Sonderfall ist das Bodenverstärkungsverhältnis E_{gM} gleich dem Punktverstärkungsverhältnis E_g.

Viele Untersuchungen haben jedoch gezeigt, dass selbst auf kleinen Kolonnenböden, mit einer kurzen Lauflänge von nur einigen Zentimetern, die Flüssigkeit nicht voll durchmischt ist (s. z. B. Stichlmair 1973). Wegen der etwas willkürlichen Definition des Bodenverstärkungsverhältnisses können Werte größer als eins auftreten. Deshalb ist es nicht sehr sinnvoll, von einem Bodenwirkungsgrad zu sprechen. Dieses lässt sich von Abb. 12.15 erläutern. Durch die Öffnungen des n-ten Bodens dringt Gas mit der Zusammensetzung y_{n-1}. Wegen der unvollständigen Vermischung ändert sich die Flüssigkeitskonzentration über den Boden stetig von der Zusammensetzung x_{n+1} bis x_n. Dies führt dazu, dass der Dampf an jeder Stelle die Flüssigkeit mit einer anderen Konzentration durchdringt und damit die Dampfkonzentration von der Lauflänge der Flüssigkeit abhängt. Wird jeweils das thermodynamische Gleichgewicht erreicht, so treten in der Gasphase Konzentrationen zwischen $y^*(x_{n+1})$ und $y^*(x_n)$ auf.

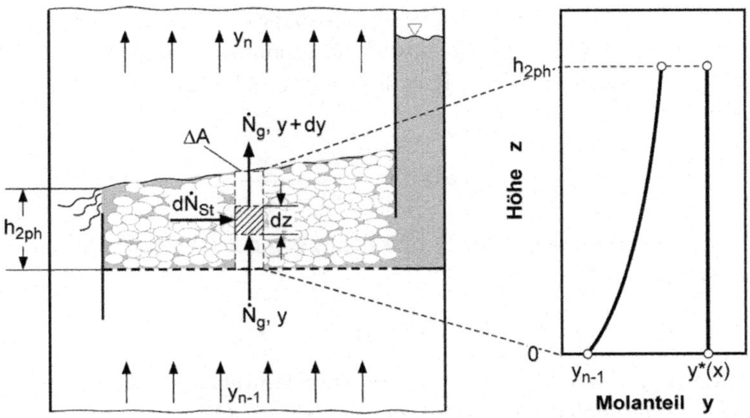

Abb. 12.16 Massenbilanz für einen differenziellen Höhenabschnitt der Sprudelschicht

Rechts im Bild ist das Arbeitsdiagramm dargestellt. In diesem Falle kann das Bodenverstärkungsverhältnis wesentlich größer als eins werden, weil die reale Konzentrationsänderung des Dampfes auf die maximal mögliche Differenz an der Stelle des Überlaufwehres bezogen ist.

Berechnung des Punktverstärkungsverhältnisses[2] Zur Ermittlung des Punktverstärkungsverhältnisses ist eine Stoffbilanz erforderlich. Hierzu wird ein Kolonnenboden mit einer darauf befindlichen Zweiphasenschicht betrachtet. Auf einer kleinen Teilfläche des gesamten Bodens ΔA durchströmt das Gas eine Sprudelschicht mit der differenziellen Höhe dz. Hierbei ändert sich seine Konzentration um den Betrag dy (s. Abb. 12.16). Mit der volumenbezogenen Phasengrenzfläche a erhält man folgende Beziehung für die Austauschfläche in einem differenziellen Volumen:

$$dA = a\ \Delta A\ dz. \tag{12.32}$$

Die in diesem Volumen übertragene Stoffmenge $\dot{N}_g$dy ist gleich dem übergegangenen Stoffstrom $d\dot{N}_{St}$, also dem Produkt aus dem Stoffdurchgangskoeffizienten k_g, dem treibenden Konzentrationsgefälle $(y^* - y)$ und der differenziellen Fläche dA, also

$$\dot{N}_g dy = d\dot{N}_{St} = k_g(y^* - y)dA = k_g(y^* - y)a\Delta A dz \tag{12.33}$$

oder:

$$N_{og} \equiv \int\limits_{y_{n-1}}^{y} \frac{dy}{y^* - y} = \int\limits_{0}^{h_{2ph}} \frac{k_g a \Delta A}{\dot{N}_g} dz = \frac{k_g a \Delta A h_{2ph}}{\dot{N}_g}. \tag{12.34}$$

Hierin ist N_{og} die sogenannte *Zahl der gasseitigen Übergangseinheiten* und h_{2ph} die Sprudelschichthöhe. Wenn die Flüssigkeit an der betrachteten Stelle über der

[2] nach (Mersmann 1980).

Höhe ideal vermischt ist und somit überall die gleiche Flüssigkeitszusammensetzung x herrscht, ist die dazugehörige Gleichgewichtszusammensetzung des Dampfes konstant ($y^*(x) = \text{konst.}$). In diesem Falle lässt sich das Integral in den Grenzen y_{n-1} bis y lösen:

$$N_{og} = -\ln \frac{y^*(x) - y}{y^*(x) - y_{n-1}} \tag{12.35}$$

oder nach der Umformung unter Berücksichtigung der Gleichung für das Verstärkungsverhältnis:

$$E_g = 1 - exp\,(-N_{og}). \tag{12.36}$$

Der Stoffdurchgangskoeffizient lässt sich aus den Stoffübergangskoeffizienten in der Gas- und der Flüssigphase bestimmen (s. Abschn. 3.2, Gl. 3.32):

$$\frac{1}{k_g} = \frac{1}{\beta_g c_g} + \frac{m}{\beta_f c_f} \tag{12.37}$$

Hierbei sind c_g und c_f die Gesamtzahl der Mole je m^3 Gas bzw. Flüssigkeit. Somit erhält man folgende Beziehung:

$$E_g = 1 - exp\left(-\frac{\dfrac{\beta_g a h_{2ph}}{v_g}}{1 + m\dfrac{c_g}{c_f} \cdot \dfrac{\beta_g}{\beta_f}} \right) \tag{12.38}$$

Da bei wurde nachstehender Zusammenhang berücksichtigt:

$$\frac{\dot{N}_g}{c_g \Delta A} = v_g$$

Demzufolge geht das Punktverstärkungsverhältnis gegen eins, wenn bei vorwiegend gasseitigem Widerstand der Stoffübergangskoeffizient β_g, die volumenbezogene Phasengrenzfläche a und die Höhe der Zweiphasenschicht h_{2ph} sehr groß und die Gasgeschwindigkeit entsprechend klein werden. Ist das Verhältnis β_g/β_f der Stoffübergangskoeffizienten sehr klein, so liegt der Widerstand weitgehend auf der Gasseite. Der flüssigkeitsseitige Stoffübergangskoeffizient ist dann sehr groß verglichen mit dem gasseitigen, sodass er in die Rechnung nicht eingeht. Dagegen ist es bei großen Verhältnissen β_g/β_f gerade umgekehrt. In diesem Falle kann man den Summanden eins im Nenner des Exponenten der Exponentialfunktion vernachlässigen, sodass sich Gl. (12.38) folgendermaßen vereinfachen lässt:

$$E_g = 1 - exp\left(-\frac{\beta_f \cdot a \cdot h_{2ph} \cdot c_f}{m v_g c_g} \right). \tag{12.39}$$

Infolge der hohen Eintrittsgeschwindigkeit des Gases in eine Zweiphasenschicht transportiert ein gasförmiges Fluidelement ein Flüssigkeitselement nach oben. Während der Aufstiegsbewegung tritt ein instationärer Stofftransport auf. Als Lösung der Differenzialgleichung für die instationäre Diffusion erhält man für kleine Fourierzahlen gemäß Penetrationstheorie (s. Abschn. 3.1.3):

$$\beta_f = 2\sqrt{\frac{D_f}{\tau\pi}} \quad \text{sowie} \quad \beta_g = 2\sqrt{\frac{D_g}{\tau\pi}}.$$

Die maßgebliche Kontaktzeit ist die Verweilzeit des Gases in der Zweiphasenschicht und aus folgender Beziehung berechenbar:

$$\tau = \frac{h_{2ph} - h_f}{v_g} = \frac{h_{2ph}}{v_g}\varepsilon_g. \tag{12.40}$$

Somit erhält man aus Gl. (12.38) für das gasseitige Punktverstärkungsverhältnis von Kolonnenböden:

$$E_g = 1 - exp\left(-\frac{2a\sqrt{\dfrac{D_g h_{2ph}}{\pi \cdot v_g \cdot \varepsilon_g}}}{1 + m\dfrac{c_g}{c_f}\sqrt{\dfrac{D_g}{D_f}}}\right). \tag{12.41}$$

Der Unterschied zwischen dem Punktverstärkungsverhältnis E_g und dem des Bodens E_{gM} wird durch die Vermischung in den beiden Phasen bestimmt. Im Allgemeinen geht man davon aus, dass das Gas die Sprudelschicht kolbenförmig durchströmt. Dies trifft zwar nicht exakt zu, ist jedoch weitgehend erfüllt. Bei der Flüssigkeitsvermischung lassen sich zwei Grenzfälle unterscheiden. Der erste Grenzfall der idealen Flüssigkeitsvermischung wurde bereits betrachtet. Beim zweiten Grenzfall, der Kolbenströmung, findet überhaupt keine Vermischung statt. Hierbei hängt der Unterschied zwischen dem Boden- und dem Punktverstärkungsverhältnis vom Verhältnis $m \cdot \dot{N}_g/\dot{N}_f$ ab. In diesem Fall lässt sich zeigen, dass folgender Zusammenhang besteht (Lewis 1936):

$$E_{gM} = \frac{\dot{N}_f/\dot{N}_g}{m}\left[exp\left(\frac{m}{\dot{N}_f/\dot{N}_g} \cdot E_g\right) - 1\right]. \tag{12.42}$$

In Abb. 12.17 ist dieser Zusammenhang grafisch dargestellt. Ist das Verhältnis $m \cdot \dot{N}_g/\dot{N}_f$ gleich null, so sind die beiden Verstärkungsverhältnisse einander gleich. Je größer das Verhältnis $m \cdot \dot{N}_g/\dot{N}_f$ ist, um so größer ist das Bodenverstärkungsverhältnis im Vergleich zum lokalen. In der Mehrzahl der Fälle wird die Flüssigkeitsvermischung zwischen den beiden Grenzfällen liegen.

Das Bodenverstärkungsverhältnis wird erheblich vermindert, wenn ein nennenswerter Anteil der Flüssigkeit unmittelbar hinter dem Zulauf durchregnet. Nachteilig ist auf jeden Fall eine ungleichmäßige Überströmung des Bodens. In Totzonen kann die Flüssigkeit nahezu das Gleichgewicht erreichen, sodass dort kaum noch Stoff übergeht. In besonders ungünstigen Fällen ist das Bodenverstärkungsverhältnis noch kleiner als das lokale. Deshalb kommt der genauen waagerechten Ausrichtung der Kolonnenböden betriebstechnisch eine große Bedeutung zu.

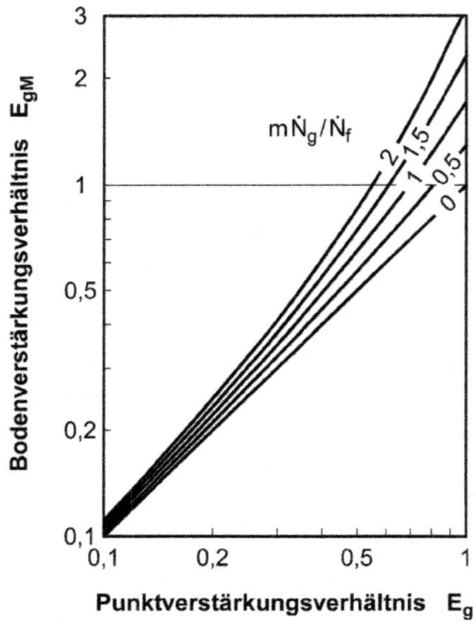

Abb. 12.17 Bodenverstärkungsverhältnis in Abhängigkeit vom Punktverstärkungsverhältnis für den Fall der Kolbenströmung der Flüssigkeit (Der Dampf wird unter jedem Boden vollständig vermischt). (Nach Mersmann 1980)

12.8 Verständnisfragen

1. Leiten Sie die Gleichung für die Bilanzlinie bei einer Rektifikation her.
2. Unter welchen Voraussetzungen bleibt das Rücklaufverhältnis ν über der Kolonnenhöhe konstant?
3. Skizzieren Sie das Arbeitsdiagramm für einen Absorber und einen Desorber.
4. Erläutern Sie den Aufbau eines Kolonnenbodens und die herrschenden Strömungsverhältnisse.
5. Skizzieren Sie den Belastungsbereich eines Kolonnenbodens. Woraus resultieren die einzelnen Eingrenzungen?
6. Wie ist der F-Faktor definiert, und was stellt er physikalisch dar?
7. Charakterisieren Sie die Strömungszustände, die in einer Zweiphasenschicht auf einem Boden auftreten können.
8. Skizzieren und erläutern Sie die Abhängigkeit der spezifischen Phasengrenzfläche a von der relativen Gasbelastung F/F_{max}.
9. Erläutern Sie die einzelnen Anteile, aus denen sich der Druckverlust beim Durchströmen eines Bodens zusammensetzt.
10. Was kennzeichnet das Verstärkungsverhältnis? Wie sind das Punkt- und das Bodenverstärkungsverhältnis definiert?
11. Weisen Sie unter Zuhilfenahme des McCabe-Thiele-Diagramms nach, dass das Bodenverstärkungsverhältnis Werte größer eins annehmen kann. Warum trifft dies nicht für das Punktverstärkungsverhältnis zu?
12. Wie ist die Zahl der gasseitigen Übergangseinheiten definiert?

12.9 Aufgaben

1. Aus Kohlegas (B) soll Leichtöldampf (A) mit Waschöl (C) durch Absorption in einer Absorptionskolonne abgetrennt werden.
Bestimmen Sie für eine Bodenkolonne die erforderliche Waschmittelmenge und die Anzahl der theoretischen Böden, wenn 95 % des Leichtöldampfes entfernt werden sollen.

Daten

Molenstrom des eintretenden Gases	$\dot{N}_g = 10{,}75$ mol/s
Gaseintrittsmolenbruch	$y_{ein} = 0{,}02$
Waschmitteleintrittsmolenbruch	$x_{ein} = 0{,}005$
Waschmittelaustrittsmolenbruch	$x_{aus} = 0{,}12$

a. Stellen Sie die Gesamtmol- und die Komponentenbilanz für A auf.
b. Bestimmen Sie den Verlauf der Betriebsgeraden und tragen ihn zusammen mit der Gleichgewichtskurve in ein Diagramm ein.
c. Welcher Flüssigkeitsmolenstrom ist erforderlich?
d. Bestimmen Sie die Anzahl der theoretischen Böden für die Trennaufgabe.

Annahmen

- Isothermer Prozesse mit nicht-flüchtigem Waschmittel.
- Das thermodynamische Gleichgewicht kann mit einem linearen Ansatz beschrieben werden: $y = m \cdot x$ mit $m = 0{,}06$.

2. In einer Siebbodenkolonne sollen Acetatdämpfe aus Luft ($\rho_g = 1{,}2$ kg/m^3, $\eta_g = 18{,}2$ m Pas) unter Verwendung von Wasser bei 20 °C ($\rho_f = 1000$ kg/m^3, $\eta_f = 1$ m Pas, $\sigma = 0{,}072$ N/m) ausgewaschen werden. Durch die Kolonne strömen 3000 m_{N^3}/h Luft. Die Höhe des Ablaufwehres h_w beträgt 40 mm. Die Flüssigkeit strömt mit einem längenbezogenen Volumenstrom von 4,2 m^3/(hm) über das Wehr. Der Anteil der aktiven Bodenfläche an der gesamten Kolonnenquerschnittsfläche ist 80 %. Die Löcher ($d_L = 3$ mm) sind in einer Dreiecksteilung mit $t/d_L = 3$ angeordnet. Der Widerstandsbeiwert ζ_o beträgt 1,0. Der Bodenabstand beträgt 0,31 m.

a. Welcher Kolonnendurchmesser ergibt sich, wenn die Geschwindigkeit im aktiven Kolonnenbereich 50 % der an der Mitreißgrenze auftretenden maximalen Gasgeschwindigkeit betragen soll?
b. Wird mit dem Ergebnis von a) die Mindestgasbelastung überschritten?
c. Wie groß ist der gesamte Druckverlust eines Bodens?

3. Eine als Verstärkerkolonne betriebene Rektifikationskolonne mit einem Durchmesser von 800 mm soll im Vakuum betrieben werden. In der Kolonne sind 20 Glockenböden eingesetzt. Jeder dieser Böden trägt 16 Bayer-Glocken mit einem Durchmesser von jeweils 80 mm. Am Kopf der Kolonne soll ein Druck von 10 mbar eingehalten werden. Der Dampf besitzt eine Dichte von 0,038 kg/m^3,

die Flüssigkeit 950 kg/m^3. Die Volumenströme betragen $\dot{V}_g = 9000$ m^3/h und $\dot{V}_f = 1$ m^3/h. Der Gasbelastungsfaktor K_v beträgt 0,07 m/s. Als engster freier Querschnitt ist der Bohrungsquerschnitt einzusetzen.

a. Berechnen Sie die einzelnen Terme des Druckverlustes über einen Boden.
b. Berechnen Sie den Druck am Boden der Kolonne.

4. Gasseitige und flüssigkeitsseitige Bodenverstärkungsverhältnisse lassen sich bei Kolbenströmung der Flüssigkeit über den Boden durch folgende Beziehung ineinander umrechnen:

$$E_{gM} = \frac{E_{fM}}{E_{fM} + \frac{m\dot{N}_g}{\dot{N}_f}(1 - E_{fM})}$$

Leiten Sie diesen Zusammenhang her.

Annahmen

- Die Konzentration in der Flüssigkeit verändert sich während der Überströmung des Bodens, bleibt jedoch an jeder Stelle des Bodens über der Höhe konstant.
- Das thermodynamische Gleichgewicht lässt sich mit einem konstanten Verteilungskoeffizienten m beschreiben.

5. Leiten Sie den gemäß Gl. (12.42) geltenden Zusammenhang zwischen Punkt- und Bodenverstärkungsverhältnis für den Fall der reinen Kolbenströmung der Flüssigkeit über den Boden her. Die Flüssigkeitskonzentration ändere sich also nicht über der Schichthöhe, sondern allein mit der Überströmungslänge.

Literatur

Allgemein

Brauer H (1971) Grundlagen der Einphasen- und Mehrphasenströmungen. Verlag Sauerländer, Aarau

Grassmann P, Widmer F, Sinn H (1997) Einführung in die thermische Verfahrenstechnik, 3 Aufl. Walter de Gruyter, Berlin

Mersmann A (1980) Thermische Verfahrenstechnik. Springer, Heidelberg

Stichlmair J (1978) Grundlagen der Dimensionierung des Gas/Flüssigkeit-Kontaktapparates Bodenkolonne. Verlag Chemie, Weinheim

Sattler K (1995) Thermische Trennverfahren. VCH, Weinheim, 2. Aufl

Speziell

Fair J (1961) Petro/Chem Eng, S 45–52

Lewis WK (1936) Rectification of binary mixtures. Ind Eng Chem 28:399–402

McCabe WL, Thiele EW (1925) Graphical design of fractioning columns. Ind Eng Chem 17:605–611

Mersmann A (1963) Wann werden alle Löcher einer Siebboden-Lochplatte durchströmt? Chem Ing Tech 35:103–107

Molzahn M, Schmidt R (1975) Belastungskennfelder von Trennkolonnen. Verfahrenstechnik 9:388–395

Murphree EV (1925) Rectifying Column Calculations. Ind Chem Eng 17:747–750

Ruff K (1974) Grenze zwischen Blasengasen und Strahlgasen bei niedrigviskosen Flüssigkeiten und hohem Gasdurchsatz. Chem Ing Tech 46:769–771

Souders M, Brown GG (1934) Design of Fractionating Columns. Ind Eng Chem 26:98–103

Stichlmair J (2010) Distillation, 2. Equipment. In: Ullmann's Encyclopedia of Industrial Chemistry. Wiley-VCH, Weinheim

Stichlmair J, Weisshuhn E (1973) Untersuchungen zum Bodenwirkungsgrad unter besonderer Berücksichtigung der Flüssigkeitsvermischung. Chem Ing Tech 45:242–247

Volpert M, Stichlmair J (1986) Fluiddynamische Untersuchungen zur Ermittlung des Flüssigkeitsdurchsatzes durch die Ablaufschächte von Bodenkolonnen. Chem Ing Tech 58:606–607

Zeck S (1990) Einfluss von thermophysikalischen Stoffdaten auf die Auslegung und den Betrieb von Destillationskolonnen. Chem Ing Tech 62:707–717

Kapitel 13
Packungskolonnen

Neben Böden werden Kolonnen auch mit strukturierten Packungen bzw. regellos verteilten oder auch geordneten Schüttungen aus Füllkörpern ausgerüstet. Diese Apparate werden i. Allg. für Gas/Flüssigkeits-Systeme eingesetzt, die im Gegen- oder Gleichstrom durch die Kolonne geführt werden. Dabei handelt es sich überwiegend um Wärme- und Stoffaustauschprozesse der thermischen Verfahrenstechnik:

- Destillation bzw. Rektifikation,
- Absorption (Gaswäsche), Desorption,
- Kühlung von Gasen und Flüssigkeiten.

Für heterogen katalysierte Gas/Flüssigkeits-Reaktionen werden Kolonnen mit Katalysatorschüttungen oder katalytisch wirkenden Packungen verwendet.

Ein weiteres Einsatzfeld stellen biologische Verfahren dar, bei denen Biomasse auf Packungs- bzw. Partikeloberflächen immobilisiert wird. Über eine Berieselung wird Wasser mit entsprechenden Inhaltsstoffen am Kolonnenkopf aufgegeben. Die i. Allg. notwendige Sauerstoffversorgung der Mikroorganismen erfolgt durch einen Luftstrom, der im Gegen- oder Gleichstrom zur Flüssigkeit durch den Apparat geführt wird. Eine weitverbreitete apparativ einfache Anwendung stellen die sogenannten Tropfkörper zur Abwasserreinigung dar.

In Füllkörper- bzw. Packungskolonnen bewegt sich die Flüssigkeit in Form eines Rieselfilms bzw. in Gestalt von Tropfen gravitationsbedingt durch die regellose Schüttung bzw. geordnete Packung abwärts. Sie zeichnen sich durch einen niedrigen Druckverlust und hohe fluiddynamische Belastungsgrenzen aus.

Ziel des Kapitels ist die Bereitstellung der physikalischen und mathematischen Grundlagen für die Dimensionierung von Packungs- oder Füllkörperkolonnen. Dazu ist zunächst das Verständnis der Fluiddynamik erforderlich, insbesondere die Kenntnis des Flüssigkeitsinhalts der Kolonnen. Der Druckverlust als eine zentrale Größe wird in seinen Ursachen analysiert und berechnet. Hieran schließt sich die Erläuterung des für den Kolonnenbetrieb essenziellen Arbeitsbereichs an. Wesentliche Aspekte des Stofftransports, speziell Höhe und Anzahl der Übergangseinheiten, werden im Folgenden vermittelt. Abschließend erfolgt eine Gegenüberstellung wesentlicher Eigenschaften von Boden- und Packungs- bzw. Füllkörperkolonnen.

M. Kraume, *Transportvorgänge in der Verfahrenstechnik*,
DOI 10.1007/978-3-642-25149-8_13, © Springer-Verlag Berlin Heidelberg 2012

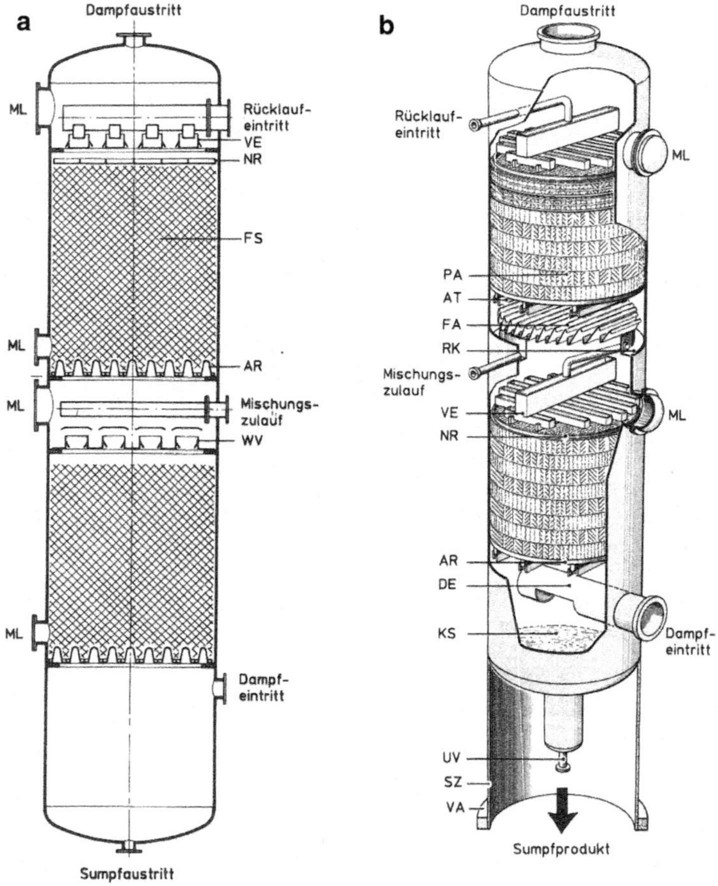

Abb. 13.1 Aufbau von Packungskolonnen. **a** Füllkörperkolonne, **b** Kolonne mit regelmäßig strukturierten Packungselementen, *VE* Flüssigkeitsverteiler, *NR* Niederhalterost, *FS* Füllkörperschüttung, *AR* Tragrost, *WV* Wiederverteiler mit Füllkörperrückhaltesperren, *PA* Packungselemente, *AT* Auflageträger, *FA* Flüssigkeitssammler, *RK* Ringkanal, *DE* Dampfeintrittsrohr, *KS* Kolonnensumpf, *UV* Umwälzleitung zum Verdampfer, *SZ* Standzarge, *VA* Verankerung, *ML* Personenloch. (Aus Sattler 1995)

13.1 Aufbau und Funktionsweise

In Abb. 13.1 ist der schematische Aufbau einer Packungskolonne dargestellt. Die Unterschiede zu Bodenkolonnen ergeben sich aus den Einbauten und der Strömungsführung. Im Fall des zweiphasigen Betriebs strömt die Flüssigkeit als Rieselfilm entlang der Oberfläche der Füllkörper vom Kopf der Kolonne abwärts bis zum Fuß bzw. der Blase der Kolonne. Das Gas wird in der Regel im Gegenstrom geführt,

d. h. am Fuß der Kolonne eingeleitet und am Kolonnenkopf abgezogen. Je nach Aufgabenstellung werden Kolonnen mit *strukturierten Packungen* oder Schüttungen aus regellos verteilten *Füllkörpern* bzw. Feststoffpartikeln verwendet. Ziel ist in jedem Fall eine gute Phasenverteilung sowie eine möglichst große Flüssigkeitsoberfläche für den Wärme- und Stoffaustausch. Packungen wie auch Füllkörper sind in verschiedenen, auf den jeweiligen Anwendungsfall optimierten Ausführungen und Materialien erhältlich. Die strukturierten Packungen können in Form von Kastenprofilen durch Personenlöcher in die Kolonne eingeführt und dort zusammengesetzt werden. Typische Ausführungsformen solcher Packungen zeigt Abb. 13.2.

Die für regellose Schüttungen verwendeten Füllkörper werden aus Metall, Kunststoff oder Keramik gefertigt, im letzteren Fall muss die Befüllung unter größerer Vorsicht erfolgen, um die Zerstörung von Füllkörpern zu verhindern. Es gibt eine Vielzahl verschiedener Formen, die mit dem Ziel entwickelt wurden, große benetzte Oberflächen bei gleichzeitig geringem Druckverlust zu erzeugen (s. z. B. Mersmann und Deixler 1986). In Abb. 13.3 sind verschiedene Ausführungen dargestellt. Über die Auswahl des Werkstoffes entscheiden im Wesentlichen korrosive Eigenschaften des Stoffsystems sowie die Betriebstemperatur und letztendlich Kostengesichtspunkte. Werden z. B. wässrige Lösungen von Alkoholen getrennt, so kann bei mäßigen Temperaturen unterhalb von 100 °C als vergleichsweise kostengünstiger Werkstoff Polypropylen eingesetzt werden. Sehr aggressive Substanzen erfordern Materialien wie Edelstahl, Nickel, Keramik bzw. Kunststoffe wie Polypropylen, PTFE oder PVDF.

Der wesentliche physikalische Unterschied zwischen den Boden- und Packungskolonnen besteht in der Führung der Phasen. In den Bodenkolonnen findet der Stoffaustausch üblicherweise in der Form statt, dass die Flüssigkeit als kontinuierliche Phase vorliegt, die von dem Gas blasenförmig und damit diskontinuierlich durchströmt wird. Im Gegensatz dazu liegen in Packungskolonnen beide Phasen wie auch die Phasengrenzfläche zusammenhängend vor.

Um eine möglichst gleichmäßige Verteilung beider Phasen über den gesamten Kolonnenquerschnitt zu erreichen, müssen in bestimmten Abständen *Flüssigkeitsverteiler* in der Kolonne angeordnet werden (üblicherweise nach 1 bis 3 m). Diese bestehen jeweils aus einer Auffangvorrichtung (Abb. 13.1, FA) mit nachgeschaltetem Verteiler (VE). Hierdurch werden Probleme, die infolge der *Randgängigkeit* auftreten, reduziert. Die Neuverteilung ist auch wegen der sogenannten *Bachbildung* erforderlich. Damit ist das Zusammenlaufen von Flüssigkeit zu einzelnen Strähnen, Bächen gemeint, wodurch die angebotene Schüttungsoberfläche nur zum Teil genutzt wird.

Packungskolonnen zeichnen sich gegenüber Bodenkolonnen durch eine deutlich höhere maximale Flüssigkeitsbelastung, kleineren Flüssigkeitsinhalt sowie einen niedrigeren Druckverlust und damit auch geringere Temperaturen im Kolonnensumpf aus. Niedrigere Temperaturen im Sumpf sind die Voraussetzung für die Trennung thermisch instabiler Stoffgemische. Sie bewirken weiterhin eine erhöhte Temperaturdifferenz zwischen Heizmedium und Flüssigkeitsgemisch. Schließlich wird bisweilen auch die Nutzung preiswerteren Niederdruckdampfs zur Beheizung des Verdampfers möglich.

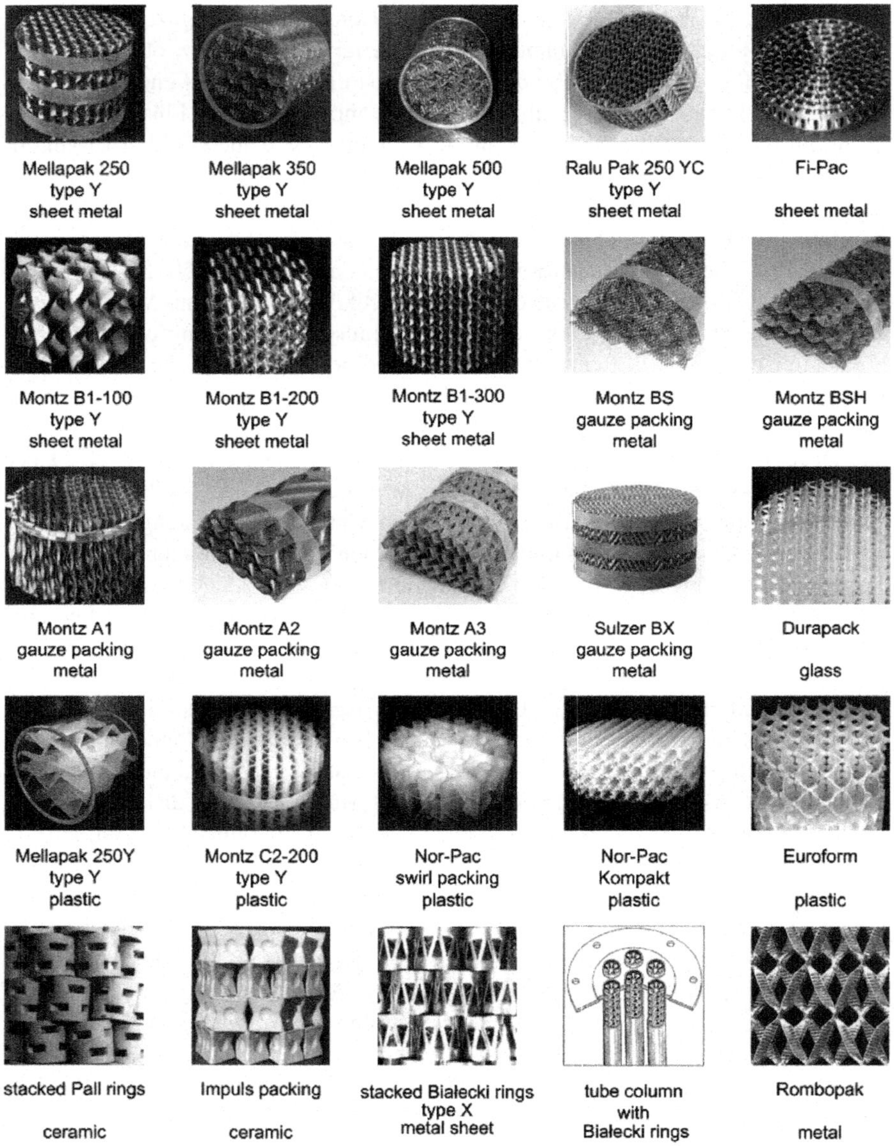

Abb. 13.2 Unterschiedliche Bauformen technischer Packungen. (Maćkowiak 2003)

Bei der Auslegung von Packungskolonnen geht es um die Bestimmung des Kolonnendurchmessers D und der Schüttungshöhe H sowie des gesamten Druckverlustes Δp am Betriebs- und am Flutpunkt. Hierzu müssen für die einzusetzenden Packungen oder Füllkörper folgende Größen bekannt sein:

Abb. 13.3 Unterschiedliche Formen technischer Füllkörper. (Maćkowiak 2003)

a. Belastungsbereich, d. h. die Flutgrenze und die untere Belastungsgrenze
b. Höhenbezogener Druckverlust $\Delta p/H$ der berieselten Schüttung
c. Flüssigkeitsinhalt V_f
d. Höhe einer Übergangseinheit H_{og} (s. Abschn. 13.4)

Zur Berechnung der Schüttungshöhe wird noch die Anzahl der zur Trennung eines Stoffgemisches erforderlichen theoretischen Trennstufen benötigt.

Für die Berechnung des Flüssigkeitsinhaltes, des Druckverlustes und der Belastungsgrenzen für die Gas- und Flüssigkeitsströme in einer Packungskolonne sind Kennzahlen zur Bewertung des freien Strömungsquerschnittes erforderlich.

Der Lückengrad der trockenen Packung wird mit

$$\varepsilon \equiv \frac{V_{ges} - V_P}{V_{ges}} \tag{8.5}$$

definiert (s. Abschn. 8.1.2). Dabei wird die Differenz aus dem Gesamtvolumen der Kolonne V_{ges} und dem Füll-körper- bzw. Packungsvolumen V_P auf das Schichtvolumen (entspricht hier Gesamtvolumen) bezogen. Im Fall der berieselten Füllkörperschicht wird das für die Gasströmung zur Verfügung stehende Volumen um das in der Schüttung befindliche Flüssigkeitsvolumen V_f vermindert. Der Lückengrad der berieselten Füllkörperschicht wird daher bestimmt als:

$$\varepsilon_{nass} \equiv \frac{V_{ges} - (V_P + V_f)_{ges}}{V_{ges}} \tag{13.1}$$

Mit d_P wird der charakteristische Partikeldurchmesser bezeichnet, der für nicht kugelförmige Partikeln vereinbarungsgemäß mit der Gleichung

$$d_P \equiv 6\frac{V_P}{A_P} \tag{8.3}$$

berechnet wird (s. Abschn. 8.1.1).

Der Quotient aus der auf das Gesamtvolumen V_{ges} bezogenen Füllkörperoberfläche A_P berechnet sich gemäß obiger Definition mit:

$$a \equiv \frac{A_{Pges}}{V_{ges}} = 6\,(1-\varepsilon)\frac{1}{d_P}. \tag{13.2}$$

13.2 Fluiddynamik

Eine genaue Beschreibung der Flüssigkeitsströmung innerhalb der Füllkörperschicht müsste Aufschluss über die Geschwindigkeitsverteilung innerhalb des Flüssigkeitsfilmes und an dessen Oberfläche sowie über die Dicke des Filmes geben. Da jedoch z. B. die zufällige Verteilung der Füllkörper zu geometrisch unbestimmten Strömungskanälen führt und darüber hinaus die Geschwindigkeit an der Oberfläche des Flüssigkeitsfilmes auch zeitabhängig ist, können nur Angaben über das makroskopische, d. h. gemittelte Verhalten der Fluidströme gemacht werden. Diese Angaben betreffen den Flüssigkeitsinhalt der Schicht und die Verteilung der Flüssigkeit über den Kolonnenquerschnitt. Letztere lässt sich in einfacher Weise am unteren Ende der Kolonne messen. Dabei treten grundsätzlich ähnliche Verteilungsprofile wie bei einphasiger Durchströmung (s. Abschn. 8.1.4) auf, d. h., es besteht die Neigung der Flüssigkeit, an den Rand der Schüttung bzw. Packung zu gelangen, da dort der

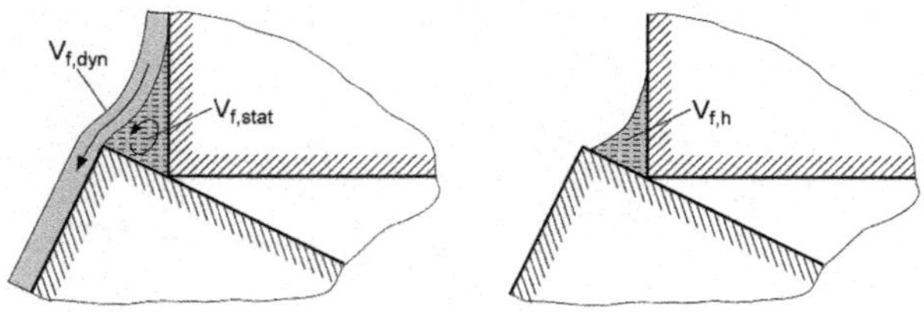

Abb. 13.4 Dynamischer und statischer Anteil des Flüssigkeitsinhalts (*links*) sowie Haftinhalt (*rechts*) in einer Füllkörperschicht. (Nach Brauer 1971a)

Lückengrad am größten ist. Dieses als *Randgängigkeit* bezeichnete Verhalten der Flüssigkeit hängt von der Form der Füllkörper bzw. der Genauigkeit des Einbaus der Packung ab. Sie ist bei den „massiven" Bauformen wie den Raschigringen ausgeprägter als z. B. bei Pallringen, deren Oberfläche gelocht ist und die deshalb auch in horizontaler Lage eine Flüssigkeitsdurchströmung erlauben. Packungen müssen sehr genau an die Apparateinnenwand angepasst werden, um freie Spalten und damit deutliche Randgängigkeit zu minimieren. Des weiteren nimmt die Randgängigkeit deutlich mit der Schichthöhe zu. Dieser Effekt zwingt in technischen Apparaten zur Installation der bereits erläuterten Zwischenverteilungen (s. Abb. 13.1).

13.2.1 Flüssigkeitsinhalt

Unter dem *Flüssigkeitsinhalt* V_f versteht man das in der Füllkörperschicht befindliche Flüssigkeitsvolumen. Die Kenntnis dieser Größe innerhalb des gesamten Belastungsbereichs einer Packungskolonne besitzt sowohl für die Vorausberechnung des Druckverlustes als auch für die konstruktive Dimensionierung einer Kolonne hohe Bedeutung. So bestimmt die Größe des Flüssigkeitsinhalts am Flutpunkt die konstruktive Auslegung des Tragrostes einer Füllkörperkolonne.

Der Flüssigkeitsinhalt unter konstanten Durchflussbedingungen setzt sich aus einem *dynamischen Anteil* $V_{f,dyn}$ und einem *statischen Anteil* $V_{f,stat}$ zusammen:

$$V_f = V_{f,dyn} + V_{f,stat}. \tag{13.3}$$

Als statischen Anteil bezeichnet man die in Poren, Zwickeln und sonstigen Strömungstoträumen befindliche Flüssigkeit. Dieser Flüssigkeitsanteil steht nur in schwachem Austausch mit dem dynamischen Anteil, der über die in den Toträumen befindliche Flüssigkeit hinweggleitet. In stark schematischer Form vermittelt Abb. 13.4 eine Vorstellung von der Verteilung beider Anteile des Flüssigkeitsinhalts.

Untersuchungen zeigen, dass die Flüssigkeit in den Strömungstoträumen spätestens nach 5 bis 10 min vollkommen erneuert ist. Derart lange Erneuerungszeiten treten aber auch nur dann auf, wenn eine sehr geringe oder auch zeitlich unterbrochene Verbindung zwischen dem statischen und dynamischen Anteil besteht. Mit zunehmender Flüssigkeitsbelastung wird der Austausch zwischen dem dynamischen und dem statischen Anteil des Flüssigkeitsinhalts stetig größer. Oberhalb einer kritischen Belastung, die von Form und Material der Packung bzw. Füllkörper sowie

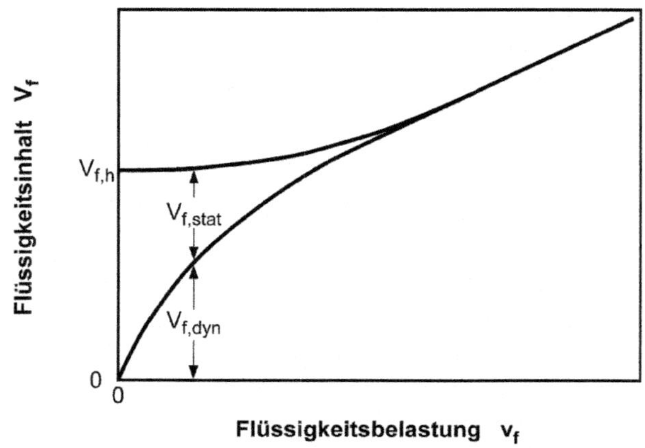

Abb. 13.5 Abhängigkeit des Flüssigkeitsinhalts sowie seiner Anteil $V_{f,dyn}$ und $V_{f,stat}$ von der Flüssigkeitsbelastung v_f

den Stoffeigenschaften der Flüssigkeit abhängt, verschwindet der statische Anteil vollständig.

Ermittelt man den statischen Anteil $V_{f,stat}$ in Abhängigkeit von der Flüssigkeitsbelastung, so stellt man fest, dass sich $V_{f,stat}$ mit abnehmender Belastung $v_f = \dot{V}_f/A_s$ einem Grenzwert nähert. Dieser Grenzwert kennzeichnet den *Haftinhalt* $V_{f,h}$:

$$\lim_{v_f \to 0} V_{f,stat} = \lim_{v_f \to 0} V_f = V_{f,h}. \tag{13.4}$$

Da für $v_f = 0$ der dynamische Anteil $V_{f,dyn}$ verschwindet, muss der Grenzwert für $V_{f,stat}$ gleich dem Haftinhalt $V_{f,h}$ sein. Somit ergibt sich für den Flüssigkeitsinhalt V_f und seine Anteile $V_{f,dyn}$ und $V_{f,stat}$, abhängig von v_f, der in Abb. 13.5 skizzierte Kurvenverlauf. Für $v_f = 0$ ist der dynamische Anteil $V_{f,dyn} = 0$, und der statische Anteil $V_{f,stat}$ ist gleich dem Haftinhalt $V_{f,h}$. Mit zunehmender Flüssigkeitsbelastung wird $V_{f,stat}$ kleiner, und bei einer bestimmten Belastung ist $V_{f,stat} = 0$, sodass der Flüssigkeitsinhalt nur noch aus dem dynamischen Anteil besteht.

Haftinhalt Der Haftinhalt hängt vom Verhältnis der Schwerkraft zur Oberflächenspannungskraft, also von der Kennzahl

$$\frac{We_f}{Fr_f} = \frac{\rho_f \cdot g}{\sigma} \cdot \left[\frac{\varepsilon \cdot d_P}{1-\varepsilon}\right]^2 \tag{13.5}$$

ab (Mersmann und Deixler 1986). Einflussparameter sind demzufolge die Stoffwerte σ, ρ_f und die packungsspezifischen Größen d_P und ε. In Abb. 13.6 wird der bezogene Haftinhalt $V_{f,h}/V_{ges}$ auf der Basis verschiedener Messergebnisse für zylindrische Hohlfüllkörper dargestellt. Zunächst bleibt der bezogene Haftinhalt konstant und nimmt erst bei Werten $We_f/Fr_f > 10$ ab. Daraus ergibt sich, dass große Füllkörper mit hohem Lückengrad (wie z. B. Hiflow-Ringe oder Telleretten), die heutzutage verstärkt eingesetzt werden, einen geringen Haftinhalt von ca. 1 % und darunter erwarten lassen, da diese Kennzahlen We_f/Fr_f im Bereich von ca. 70–1300 aufweisen (Maćkowiak 2003).

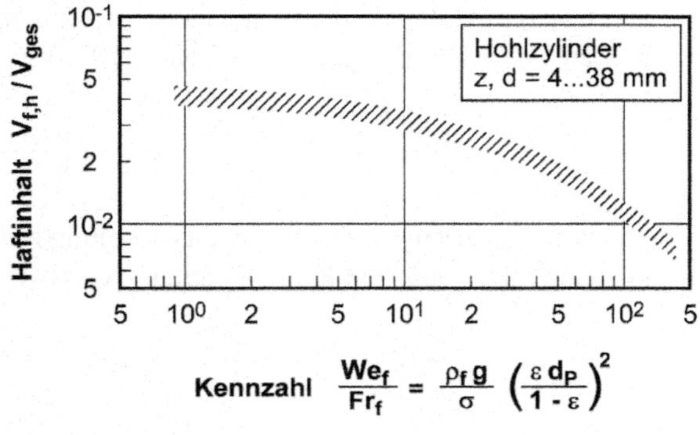

Abb. 13.6 Haftinhalt als Funktion der Kennzahl We_f/Fr_f. (Nach Mersmann und Deixler 1986)

Dynamischer Flüssigkeitsinhalt Werden große Füllkörper mit niedrigviskosen Flüssigkeiten berieselt, dominiert der dynamische Flüssigkeitsanteil. Unterhalb der Staugrenze steigt der dynamische Flüssigkeitsinhalt unbeeinflusst vom Gas mit der Berieselungsdichte an.

Bei der Ableitung der Berechnungsansätze für den dynamischen Flüssigkeitsinhalt wird üblicherweise angenommen, dass der Flüssigkeitsanteil allein aus dem in der Packung oder der Schüttung auftretenden Rieselfilm besteht. Es wird weiterhin vorausgesetzt, dass keine Tropfen auftreten und etwaige Flüssigkeitsstrahlen dem Rieselfilm zugerechnet werden können. Auf die in Füllkörperkolonnen vorliegenden Flüssigkeitsfilme wirken drei Kräfte: Schwerkraft F_g, Viskositätskraft F_η und Widerstandskraft F_w. Die Schwerkraft stellt stets die Triebkraft dar. Daher sind für die Berechnung des dynamischen Flüssigkeitsinhalts ohne Wechselwirkungseffekte mit der Gasphase (*unterhalb der Staugrenze*) je nach Betrag der anderen beiden Kräfte zwei Strömungsbereiche zu unterscheiden:

1. *Laminarer Bereich*, in welchem die Viskositätskraft F_η die Flüssigkeitsströmung entscheidend beeinflusst. Laminare Verhältnisse werden in verschiedenen Untersuchungen beobachtet bis:

$$\mathrm{Re}_f = \frac{v_f \rho_f}{\eta_f a_t} \leq 1 - 10. \tag{13.6}$$

2. *Turbulenter Bereich*, in dem die Viskositätskraft F_η durch die Widerstandskraft F_w überlagert wird, $\mathrm{Re}_f \geq 1\text{–}10$.

Bei der laminaren Filmströmung im senkrechten Rohr gilt für die mittlere Filmdicke δ_{lam} (s. Gl. (11.5)), wenn $\dot{V}_f/b = v_f/a_t$ eingesetzt wird:

$$\delta_{lam} = \left(\frac{3\eta_f \cdot v_f}{\rho_f \cdot g \cdot a_t}\right)^{1/3}. \tag{13.7}$$

Setzt man vollständige Benetzung der Oberfläche voraus, so kann für die Filmdicke abgeleitet werden

$$\delta = \frac{V_f}{A_{P_{ges}}} = \frac{\varepsilon_f \cdot V_{ges}}{A_{P_{ges}}} = \frac{\varepsilon_f}{a_t}, \quad \varepsilon_f \equiv V_f/V_{ges}, \tag{13.8}$$

wodurch sich mit Gl. (13.7) folgender Zusammenhang für den Flüssigkeitsanteil im laminaren Bereich ergibt (Bemer und Kalis 1978):

$$\varepsilon_{f,lam} = \left(\frac{3}{g}\right)^{1/3} \cdot {a_t}^{2/3} \cdot \left(\frac{\eta_f \cdot v_f}{\rho_f}\right)^{1/3}. \tag{13.9}$$

Für den Fall der turbulenten Flüssigkeitsströmung folgt durch Vernachlässigung von Viskositätskräften aus dem Kräftegleichgewicht zwischen Widerstandskraft F_w

$$F_w = \zeta \frac{\rho_f}{2} w_f^2 \frac{H}{d_h} b\, \delta_{turb} = \frac{\zeta}{8} w_f^2 \rho_f \cdot Hb$$

$$\left(d_h = \frac{4 \cdot b\delta}{b} = 4\delta\right)$$

und Schwerkraft F_g

$$F_g = H \cdot b \cdot \rho_f \cdot g \cdot \delta_{turb}$$

die Gleichung

$$\frac{1}{8}\zeta \cdot w_f^2 \cdot \rho_f = \rho_f \cdot g \cdot \delta_{turb} \tag{13.10}$$

und mit $w_f = v_f/\varepsilon_f$ und Gl. (13.8) kann die Beziehung

$$\varepsilon_{f,turb} = \left(\frac{\zeta}{8}\right)^{1/3} \cdot \left(\frac{a_t \cdot v_f^2}{g}\right)^{1/3} = \left(\frac{\zeta}{8}\right)^{1/3} Fr_f^{1/3} \tag{13.11}$$

hergeleitet werden, die nur bis zum Staupunkt Gültigkeit besitzt.

Für beliebige, regellose Schüttungen ($d_P = 0{,}015 \ldots 0{,}09$ m) und Packungen unterschiedlicher Bauart ($a_t = 100 \ldots 430\ m^2/m^3$) gibt Maćkowiak (2003) auf Basis von mehr als 1000 Messdaten für $(\zeta/8)^{1/3}$ einen Wert von 0,57 an. Damit werden mehr als 80 % Messwerte mit einem relativen Fehler von weniger als ±20 % wiedergegeben.

Beispielhafte Ergebnisse zum dynamischen Flüssigkeitsinhalt zeigt Abb. 13.7, in der die *Flüssigkeitsfüllzahl* für Kugel- bzw. Raschigringschüttungen bei unterschiedlichen Flüssigkeitsbelastungen dargestellt wird. Die Flüssigkeitsfüllzahl stellt das auf das Lückenvolumen der trockenen Packung bezogene Flüssigkeitsvolumen dar:

$$\frac{V_f}{V_{ges} - V_P} = \frac{V_f}{\varepsilon V_{ges}}. \tag{13.12}$$

Neben Messwerten sind auch die Ergebnisse der einfachen Beschreibungsansätze gemäß der Gln. (13.9) und (13.11) aufgetragen. Im Bereich niedriger Flüssigkeitsbelastungen zeigen die Messdaten annähernd eine Zunahme mit $v_f^{1/3}$. Bei höheren

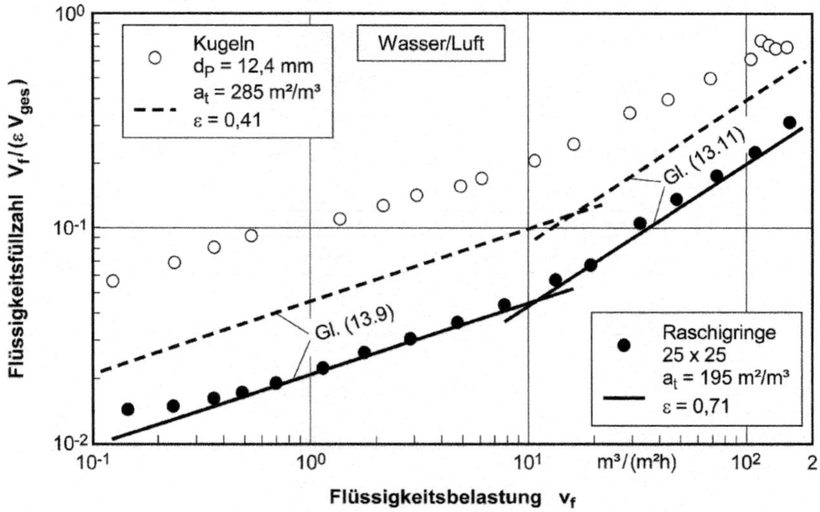

Abb. 13.7 Flüssigkeitsfüllzahl unterhalb der Staugrenze in Abhängigkeit von der Flüssigkeitsbelastung bei Gegenstrom von Wasser und Luft. Vergleich von Messdaten (nach Deiters zit. in (Brauer 1971a)) und Berechnungsgleichungen

Belastungen liegt der Exponent von v_f zwischen 0,5 und 0,67. Dies ist in guter Übereinstimmung mit den Vorhersagen auf Basis der Analogie zum Rieselfilm. Tatsächlich werden die Messwerte für die Raschigringe durch die Gln. (13.9) und (13.11) sehr gut wiedergegeben. Bei der Kugelschüttung trifft dies nicht zu, hier sind offensichtlich die geometrischen Unterschiede im Vergleich zum Rieselfilm zu ausgeprägt.

Sowohl für den laminaren als auch für den turbulenten Bereich gilt folgende Gleichung (Buchanan 1969), die das Ergebnis einer umfangreichen Studie darstellt:

$$\varepsilon_f = 2{,}2\left(\frac{Fr'_f}{Re'_f}\right)^{1/3} + 1{,}8 \cdot {Fr'_f}^{1/3} \tag{13.13}$$

mit:

$$Fr'_f = \frac{v_f^2}{g \cdot d_P} \quad \text{und} \quad Re'_f = \frac{v_f \cdot d_P \cdot \rho_f}{\eta_f}. \tag{13.14}$$

Die Genauigkeit von Gl. (13.13) liegt im Bereich ±20 %.

Maćkowiak (2003) und Bornhütter (1991) haben umfangreiche Recherchen sowie eigene Messungen zum Flüssigkeitsinhalt angestellt und dabei auch den Flüssigkeitsinhalt zwischen Stau- und Flutpunkt für einige Füllkörperarten vermessen. Weitere Berechnungsansätze für die dynamischen Flüssigkeitsinhalte finden sich z. B. bei (Stein 2001; Mersmann und Bornhütter 2002). Eine Übersicht über Berechnungsgleichungen und Messergebnisse gibt Maćkowiak (2003).

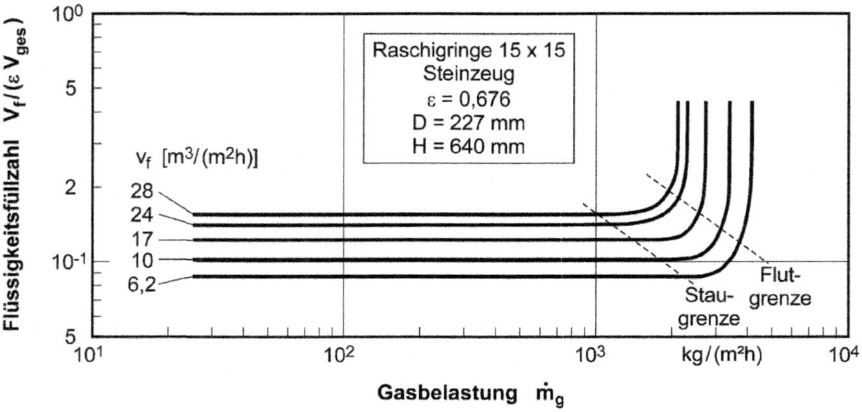

Abb. 13.8 Flüssigkeitsfüllzahl in Abhängigkeit von der Gasbelastung $\dot{m}_g$ mit der Flüssigkeitsbelastung als Parameter. (Nach Brauer 1971a)

Der dynamische Flüssigkeitsinhalt wird auch von der Gasbelastung beeinflusst, wenn diese einen bestimmten Wert überschreitet. In Abb. 13.8 ist die typische Abhängigkeit der Flüssigkeitsfüllzahl von der Gasbelastung für fünf Werte der Flüssigkeitsbelastung dargestellt. Die dem Bild zugrunde liegenden Messwerte wurden an einer mit Raschigringen befüllten Kolonne mit dem System Wasser/Luft aufgenommen. Bis zur sogenannten *Staugrenze* ist die Flüssigkeitsfüllzahl unabhängig von der Gasbelastung. Bei Überschreiten der Staugrenze steigt die Flüssigkeitsfüllzahl zunächst nur wenig und dann in der Nähe der *Flutgrenze* sehr steil an. Der steile Anstieg ist darauf zurückzuführen, dass die Flüssigkeit die Kolonne infolge der hohen Gasgeschwindigkeit nicht mehr durchströmen kann, die Kolonne wird geflutet. Stau- und Flutgrenze lassen sich mit großer Genauigkeit aus Druckverlustmessungen bestimmen. Dabei wurde ermittelt, dass die Gasbelastung an der Flutgrenze um etwa den Faktor 1,7 größer ist als an der Staugrenze (Brauer 1971a).

Bei hohen Gasdurchsätzen wird der Impulsaustausch zwischen Gas und Flüssigkeit bedeutsam. Die aufwärtsgerichtete Gasströmung führt zu einer Verringerung der Geschwindigkeit des abfließenden Flüssigkeitsfilms. Damit der gesamte Flüssigkeitsvolumenstrom dennoch unverändert durch die Kolonne strömen kann, wächst die Filmdicke und damit der Flüssigkeitsinhalt. Demzufolge nimmt der freie Strömungsquerschnitt für die Gasphase ab und damit die effektive Strömungsgeschwindigkeit des Gases zu. Weitere Erhöhungen des Gasdurchsatzes führen schnell zum Erreichen der Flutgrenze.

13.2.2 Druckverlust

Für die Auslegung von Füllkörperkolonnen für Gas/Flüssigkeits-Systeme ist die Kenntnis des Druckverlusts der gesamten Schüttung von essenzieller Bedeutung.

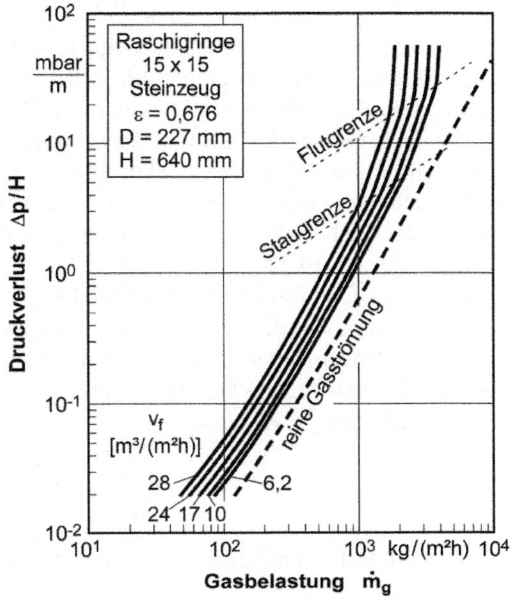

Abb. 13.9 Abhängigkeit des Druckverlustes von der Gasbelastung $\dot{m}_g$ für verschiedene Werte der Flüssigkeitsbelastung. (Nach Brauer 1971a)

Bei der Absorption und Desorption wird die Gebläseleistung durch den Druckverlust bestimmt und damit auch der Hauptanteil der Betriebskosten des Trennprozesses. Bei Rektifikationen resultiert aus der Addition von Kopfdruck und Druckverlust der Sumpfdruck in der Kolonne und damit die Sumpftemperatur. Diese bestimmt bei gegebener Heizmitteltemperatur die treibende Temperaturdifferenz, mit welcher der Verdampfer der Kolonne betrieben wird.

Grundlegende Aspekte des Druckverlusts bei einphasigen Strömungen durch Packungen oder Schüttungen wurden bereits in Abschn. 8.2 erläutert. Durch die Berieselung mit einer zweiten strömenden Phase werden die Zusammenhänge noch etwas komplexer. Den charakteristischen Verlauf des Druckverlusts in Abhängigkeit von der Gasbelastung zeigt Abb. 13.9 für verschiedene Berieselungsdichten. Der Druckverlust der trockenen Schüttung lässt sich mit Gl. (8.11) in Verbindung mit Abb. 8.7 berechnen. Mit zunehmender Gasbelastung steigt der zweiphasige Druckverlust parallel zum einphasigen. Es besteht keine gegenseitige Beeinflussung der beiden Phasen, und der Flüssigkeitsinhalt ist unabhängig vom Gasdurchsatz (s. Abb. 13.8). Der zweiphasige Druckverlust ist, bedingt durch die Abnahme der für die Gasphase verfügbaren Durchtrittsfläche, in der Packung etwas höher als der trockene Druckverlust und steigt mit der Berieselungsdichte.

Bei Überschreiten der Staugrenze erhöht sich die Steigung der Druckverlustkurven signifikant. Wie bereits erläutert, wird im Staubereich der Flüssigkeitsinhalt größer.

Visuelle Beobachtungen zeigen, dass die Flüssigkeit an den Berührungsstellen benachbarter Füllkörper in eine intensive, schwingende Bewegung gerät, die der Wellenströmung von Rieselfilmen vergleichbar ist. Für den Gasstrom ergibt sich dadurch eine fluktuierende Berandung. In beiden Phasen tritt als Folge des intensiven Impulstransports in Grenzflächennähe eine starke Querbewegung auf, die den Energie- und Stoffaustausch erhöht. Daher ist der Staubereich für den technischen Betrieb berieselter Füllkörperkolonnen von besonderem Interesse.

Die obere Grenze des Staubereiches repräsentiert die Flutgrenze. Bei ihrem Überschreiten steigen der Druckverlust und der Flüssigkeitsinhalt steil an. Im Staubereich ändert sich der Druckverlust etwa um den Faktor 5, sodass $(\Delta p/H)_{Fl} \approx 5\ (\Delta p/H)_{St}$ ist, und die Gasbelastung ändert sich etwa um den Faktor 1,7, sodass $\dot{m}_{Fl} \approx 1{,}7\dot{m}_{St}$ wird (s. Abschn. 13.3).

Im Folgenden wird ein einfacher Modellansatz zur Bestimmung des Druckverlustes für die turbulente und die laminare Flüssigkeitsströmung vorgestellt (Maćkowiak 2003). Für den Druckverlust in den Strömungskanälen der Schüttung wird die Druckverlustgleichung für die Durchströmung von Rohren herangezogen. Im trockenen Zustand gilt dann (s. Abschn. 8.2):

$$\frac{\Delta p_t}{H} = \zeta \frac{\rho_g}{2} \overline{w}_g^2 \frac{1}{d_h}. \tag{13.15}$$

Hierin stellt H die Schichthöhe dar, und der hydraulische Durchmesser d_h (s. Abschn. 5.1.3) ist als

$$d_h \equiv 4 \cdot \frac{\textit{durchströmte Querschnittsfläche}}{\textit{benetzter Umfang des Strömungskanals}} \tag{13.16}$$

definiert. Er lässt sich mit

$$d_h \equiv 4 \cdot \frac{V_{ges} \cdot \varepsilon / H}{A_{P_{ges}}/H} = 4\frac{\varepsilon}{a_t} = \frac{2}{3}\frac{\varepsilon}{1-\varepsilon} d_P \tag{13.17}$$

auf das relative Lückenvolumen und die spezifische Oberfläche bzw. den charakteristischen Partikeldurchmesser d_P zurückführen.

Bei der Aufgabe von Flüssigkeit ändert sich die Gleichung durch die Einengung des freien Querschnitts:

$$\frac{\Delta p_f}{H} = \zeta_f \cdot \frac{\overline{w}_g'^2 \cdot \rho_g}{2(d_h - 2\delta_f)}. \tag{13.18}$$

Wird Gl. (13.18) durch Gl. (13.15) dividiert, so folgt:

$$\frac{\Delta p_f}{\Delta p_t} = \frac{\zeta_f}{\zeta} \frac{\overline{w}_g'^2}{\overline{w}_g^2} \cdot \frac{d_h}{d_h - 2\delta_f}. \tag{13.19}$$

Die mittlere Gasgeschwindigkeit $\overline{w}'_g$ im eingeengten Querschnitt kann durch das Verhältnis der Strömungsquerschnitte mit

$$\overline{w}'_g = \overline{w}_g \cdot \frac{d_h^2}{(d_h - 2\delta_f)^2} \tag{13.20}$$

berechnet werden. Setzt man diese Gasgeschwindigkeit in Gl. (13.19) ein, so folgt die Beziehung:

$$\frac{\Delta p_f}{\Delta p_t} = \frac{\zeta_f}{\zeta} \cdot \left(\frac{d_h}{d_h - 2\delta_f}\right)^5 \approx \left(1 - \frac{2\delta_f}{d_h}\right)^{-5}. \tag{13.21}$$

Bei Annahme vollständiger Benetzung und eines gleichmäßigen Flüssigkeitsfilms kann die Filmdicke δ_f aus dem Flüssigkeitsanteil ε_f und der spezifischen Oberfläche über den angenommenen Zusammenhang

$$\varepsilon_f V_{ges} = V_f = A_{P_{ges}} \cdot \delta_f$$

mit

$$\delta_f = \frac{\varepsilon_f}{a_t} \tag{13.22}$$

berechnet werden, womit Gl. (13.21) als

$$\frac{\Delta p_f}{\Delta p_t} \approx \left(1 - \frac{2\varepsilon_f}{a_t \cdot d_h}\right)^{-5} \tag{13.23}$$

geschrieben werden kann. Mit dem hydraulischen Durchmesser gemäß Gl. (13.17) ergibt sich

$$\frac{\Delta p_f}{\Delta p_t} \approx \left(1 - \frac{\varepsilon_f}{2 \cdot \varepsilon}\right)^{-5} \tag{13.24}$$

bzw. verallgemeinernd nach (Buchanan 1969):

$$\frac{\Delta p_f}{\Delta p_t} = \left(1 - C\frac{\varepsilon_f}{\varepsilon}\right)^{-5}. \tag{13.25}$$

Die Konstante C enthält die Abweichungen vom realen Sachverhalt, die durch die einfache Modellbildung verursacht werden. Von (Buchanan 1969) wurde mit 16 mm Raschigringen ein Zahlenwert von 2,1 für C/ε ermittelt.

Mit der Gl. (13.11) für den Flüssigkeitsanteil bei turbulenter Flüssigkeitsströmung ergibt sich:

$$\frac{\Delta p_f}{\Delta p_t} = \left(1 - \frac{C}{\varepsilon} \cdot \left(\frac{\zeta}{8_g}\right)^{1/3} \cdot {a_t}^{1/3} \cdot {v_f}^{2/3}\right)^{-5}. \tag{13.26}$$

Der Term $(\zeta/8)^{1/3}$ kann mit C zu einer Konstanten C_{turb} zusammengefasst werden, und man erhält für den *turbulenten Bereich* ($Re_f \geq 1$–10) mit

$$\frac{\Delta p_f}{\Delta p_t} = \left(1 - \frac{C_{turb}}{\varepsilon} \cdot \frac{{a_t}^{1/3} \cdot {v_f}^{2/3}}{g^{1/3}}\right)^{-5} \tag{13.27}$$

Abb. 13.10 Größe $C_{turb}/g^{1/3}$ einer Pallringschüttung in Abhängigkeit von der relativen Gasbelastung mit der Flüssigkeitsbelastung als Parameter. (Nach Maćkowiak 2003)

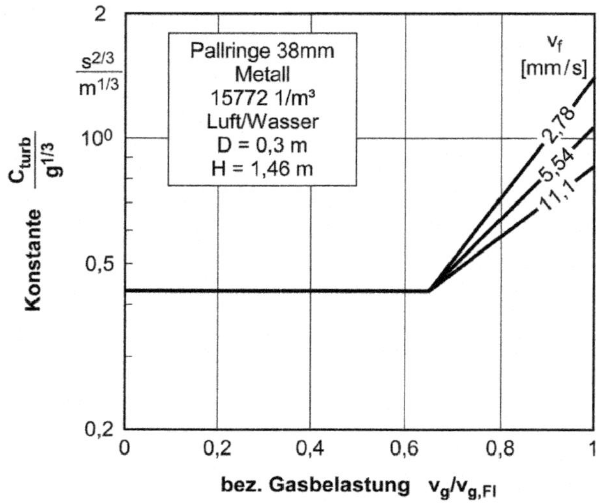

eine Gleichung für das Verhältnis der Druckverluste der berieselten und der trockenen Schüttung, bei der nur noch ein Parameter empirisch zu bestimmen ist.

Analog verläuft die Herleitung des Druckverlustverhältnisses bei laminarer Flüssigkeitsströmung. Es wird lediglich in Gl. (13.25) die Gl. (13.9) für den Flüssigkeitsanteil bei *laminarer Filmströmung* eingesetzt, woraus die Gleichung resultiert.

$$\frac{\Delta p_f}{\Delta p_t} = \left(1 - C_{lam} \cdot \left(\frac{3}{g}\right)^{1/3} \cdot \frac{a_t^{2/3}}{\varepsilon} \cdot \left(\frac{\eta_f \cdot v_f}{\rho_f}\right)^{1/3}\right)^{-5} \tag{13.28}$$

Die Konstanten C_{turb} oder C_{lam} müssen aus Druckverlustmessungen der unberieselten und der berieselten Schüttung bestimmt werden.

Messungen an Pall- und Bialeckiringen sowie anderen Füllkörpern unterschiedlicher Größen mit verschiedenen Gas/Flüssigkeits-Systemen ergaben $C_{lam} = 1$ (Maćkowiak 2003). Dem turbulenten Strömungsbereich $Re_f \geq 1$–10 ist aus praktischen Gründen die größte Bedeutung beizumessen, da die Füllkörperkolonnen mit großen Füllkörpern bei der Rektifikation unter Normaldruck oder Vakuum sowie bei der Absorption mit mäßigen Flüssigkeitsbelastungen meist in diesem Strömungsbereich der Flüssigkeit betrieben werden.

Bei Untersuchungen über den Flüssigkeitsinhalt unterhalb der Staugrenze wurde für ζ ein konstanter Zahlenwert gefunden. Daher kann auch für $C_{turb} \sim (\zeta/8)^{1/3}$ ein konstanter Wert bis zur Staugrenze erwartet werden. Trägt man, wie in Abb. 13.10 dargestellt, $C_{turb}/g^{1/3}$ über der relativen Gasbelastung $v_g/v_{g,Fl}$ auf, so erfolgt beim untersuchten System der Anstieg der Größe $C_{turb}/g^{1/3}$ erst nach dem Überschreiten von 65 % der Flutbelastung oberhalb der Staugrenze. Dann tritt neben der Gasbelastung als Parameter noch die Flüssigkeitsbelastung v_f in Erscheinung. Dies resultiert aus dem Ansatz (13.11) für den Flüssigkeitsanteil, der nur bis zur Staugrenze gilt.

Oberhalb der Staugrenze ist ε_f nicht mehr proportional $v_f^{2/3}$, sondern der Exponent der Flüssigkeitsbelastung steigt in Abhängigkeit von den Betriebsbedingungen über den Wert 2/3.

Für die Konstante C_{turb} unterhalb der Staugrenze wurde von (Maćkowiak 2003) auf Basis einer umfangreichen Messdatenanalyse mit unterschiedlichen Stoffsystemen sowie Füllkörpern und Packungen ein Wert von $C_{turb} = 0{,}86$ mit einer Abweichung von ca. ±20 % bestimmt.

13.3 Belastungsgrenzen, Belastungskennfeld, Arbeitsbereich

Die Gas- und Flüssigkeitsbelastungen von Packungs- und Füllkörperkolonnen sind durch verschiedene Effekte eingeschränkt. Die technisch bedeutsamste Belastungsgrenze ist die Flutgrenze, bei deren Erreichen die Flüssigkeit gerade nicht mehr abfließen kann. Dies geschieht bei hohen Phasendurchsatzverhältnissen $(v_f/v_g)_{Fl}$ durch Füllen der Kolonne mit Flüssigkeit, bei kleinen Durchsatzverhältnissen infolge des Mitreißens von Tropfen durch das Gas. In diesem Zusammenhang ist zunächst die Gasgeschwindigkeit $v_{g,Fl}$ am Flutpunkt von besonderer Bedeutung, da sich hieraus die maximal zulässige Belastbarkeit bei vorgegebener Flüssigkeitsbelastung v_f ergibt. Je höher eine Kolonne belastet werden kann, d. h. je größer die Flutpunktgeschwindigkeit ist, desto kleiner ist der erforderliche Kolonnenquerschnitt und somit der Kolonnendurchmesser. An der Staugrenze wird der Impulsaustausch zwischen Flüssigkeits- und Gasstrom erheblich stärker. Schließlich tritt, wie bei allen Gas/Flüssigkeitsströmungen, auch in berieselten Packungskolonnen eine untere Grenzgeschwindigkeit auf. Dies ist die *Mindestflüssigkeitsgeschwindigkeit* $v_{f,min}$, die zur vollständigen Benetzung der Packungsoberfläche erforderlich ist. Bei Unterschreiten von $v_{f,min}$ wird die durch die Geometrie der Packung bzw. der Füllkörper gegebene Phasengrenzfläche nicht mehr ausgenutzt.

Die genaue Ermittlung der Gasgeschwindigkeit am Flutpunkt ist aus den Druckverlustkurven, wie in Abb. 13.9 gezeigt wird, möglich. Die Berechnungsansätze für die Flutpunktgeschwindigkeit $v_{g,Fl}$ gehen zum einen von dem Austrag von Tropfen durch das Gas aus, wie dies ähnlich bei Bodenkolonnen der Fall ist (s. Abschn. 12.3.1). Zum anderen wird das Rieselfilm-Gas-Schubspannungs-Modell verwendet, das im Weiteren vorgestellt wird. Dieser Berechnungsansatz basiert auf der Betrachtung der Schüttung als Bündel von Strömungskanälen gleichen Durchmessers. Für die Bestimmung der maximalen Gasbelastung können auf Grundlage der bekannten physikalischen Zusammenhänge für die Filmströmung in senkrechten Rohren physikalisch begründete Kennzahlen hergeleitet werden (Mersmann 1965). Dies ist zum einen die dimensionslose Gasbelastung, die sich unter Verwendung von Gl. (8.12) ergibt als:

$$\frac{\Delta p_t}{\rho_f g H} \equiv \zeta_t \frac{1-\varepsilon}{\varepsilon^3} \frac{\rho_g}{\rho_f} \frac{v_{g,Fl}^2}{g d_P}. \tag{13.29}$$

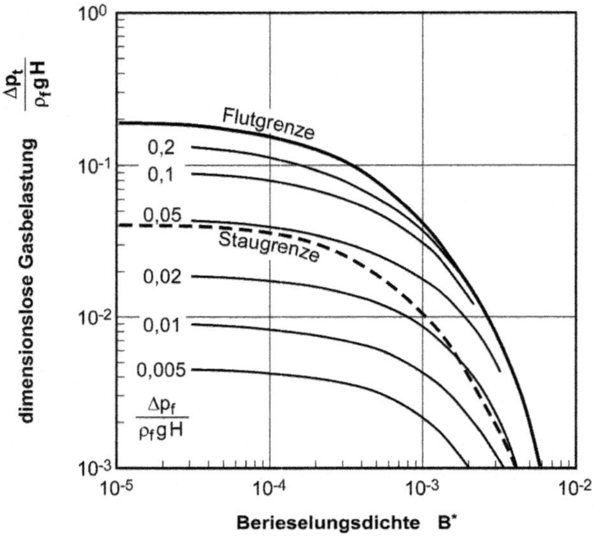

Abb. 13.11 Diagramm zur Bestimmung von Druckverlust sowie Flut- und Staugrenze in berieselten Füllkörperschüttungen. (Nach Mersmann und Deixler 1986)

Zum anderen wird die *Berieselungsdichte* als dimensionslose Flüssigkeitsbelastung

$$B^* \equiv \left(\frac{\nu_f}{g^2}\right)^{1/3} \frac{v_{f,Fl}}{d_P} \frac{1-\varepsilon}{\varepsilon^2}, \tag{13.30}$$

verwendet, die das Verhältnis der mittleren Filmdicke zum hydraulischen Durchmesser darstellt. Beide dimensionslosen Kennzahlen sind in Abb. 13.11 dargestellt, welche die Bestimmung des trockenen Druckverlusts und damit der Gasbelastung am Flutpunkt und am Staupunkt in Abhängigkeit von der Berieselungsstärke erlaubt. Die in dem Diagramm dargestellte Abhängigkeit wurde durch eine Vielzahl von Versuchen mit verschiedenen Füllkörpern und Stoffgemischen experimentell ermittelt. Die Ermittlung der Staugrenze ist vielfach problematisch, sodass die Berechnung große Ungenauigkeiten aufweist.

Es wurde bereits gezeigt, dass der nasse Druckverlust sowohl mit der Gasleerrohrgeschwindigkeit als auch mit der Berieselungsdichte der Flüssigkeit ansteigt. Auch hier bietet sich an, den Druckverlust eines Gases beim Durchströmen der berieselten Packung auf den größtmöglichen hydrostatischen Druck der Flüssigkeit bei gefüllter Säule zu beziehen. Der dimensionslose nasse Druckverlust ist wie folgt definiert:

$$\frac{\Delta p_f}{\rho_f g H} = \frac{\textit{Druckverlust der Zweiphasenströmung}}{\textit{größtmöglicher hydrostatischer Druck}}.$$

In Abb. 13.11 sind Linien gleichen dimensionslosen nassen Druckverlustes eingetragen. Das Diagramm gestattet somit, sowohl den nassen Druckverlust als auch die Flutgrenze zu bestimmen. Insgesamt gilt das Diagramm für Raschigringe aus Steinzeug oder Porzellan und liefert auch für andere Schüttungen brauchbare Richtwerte. Systematische Messungen (Mersmann und Bornhütter 2002) haben gezeigt, dass zur Erhöhung der Allgemeingültigkeit der Abb. 13.11 noch geringe Verfeinerungen notwendig sind.

Der maximale Durchsatz bei Packungskolonnen steigt mit zunehmender Flüssigkeitsdichte. Die Gasbelastung kann umso höher sein, je größer das relative Lückenvolumen ε sowie der Partikeldurchmesser ist. Dagegen ist die volumenbezogene Füllkörperoberfläche a_t dem Partikeldurchmesser umgekehrt proportional. Die gewählte Füllkörperart stellt daher stets einen Kompromiss zwischen den Forderungen nach hohem Gasdurchsatz und guter Trennwirkung infolge großer Phasengrenzfläche dar.

Unter Verwendung von Abb. 13.11 kann auch die Konstante C_{turb} aus der Gl. (13.27) für das Druckverlustverhältnis von berieselter zu trockener Schicht am Flutpunkt berechnet werden (Maćkowiak 2003)

$$C_{turb,Fl} = 0{,}87 \cdot \alpha^{-0{,}16} \tag{13.31}$$

mit dem Belastungsverhältnis α von Flüssigkeits- zu Gasbelastung:

$$\alpha = \frac{v_f}{v_g}. \tag{13.32}$$

Der Flüssigkeitsinhalt am Flutpunkt $\varepsilon_{f,Fl}$ ergibt sich für die turbulente Flüssigkeitsströmung $Re_f > 1$–10 aus (Maćkowiak 2003):

$$\varepsilon_{f,Fl} = \varepsilon \cdot \frac{\sqrt{1{,}44\alpha^2 + 0{,}8\alpha(1-\alpha)} - 1{,}2\alpha}{0{,}4(1-\alpha)}. \tag{13.33}$$

Die *untere Belastungsgrenze (Entnetzungsgrenze)* ist jene minimale Flüssigkeitsbelastung, die gerade noch eine gleichmäßige Beaufschlagung der Füllkörper und damit deren vollständige Benetzung sicherstellt. Eine Unterschreitung der unteren Belastungsgrenze führt zu einer schnellen Verringerung der benetzten Füllkörperoberfläche und damit zu einem Abfall der Trennwirkung. Physikalische Eigenschaften des zu trennenden Gemischs, des Materials und der geometrischen Abmessungen der Füllkörper besitzen großen Einfluss auf die untere Belastungsgrenze.

Die minimale Flüssigkeitsbelastung zur vollständigen Benetzung der Füllkörper- bzw. Packungsoberflächen $v_{f,min}$ kann mit

$$v_{f,\min} = 7{,}7 \cdot 10^{-6} \frac{K_f^{2/9}}{(1-T_f)^{1/2}} \cdot \left(\frac{g}{a_t}\right)^{1/2} \tag{13.34}$$

berechnet werden (Schmidt 1979). Der relative Fehler der Gleichung wird mit ±20 % angegeben. Der Gültigkeitsbereich erstreckt sich auf Drücke von 0,02 ... 1 bar sowie Flüssigkeit/Dampf-Verhältnisse $\dot{N}_f/\dot{N}_g = 0{,}5 \ldots 1{,}25$. Sie wurde aufgestellt für 25–50 mm keramische Raschigringe und metallische Pallringe. Dabei ist K_f die bereits in Abschn. 7.1.2 eingeführte *Flüssigkeitskennzahl*

$$K_f = \frac{\rho_f \cdot \sigma_f^3}{\eta_f^4 \cdot g} \tag{7.25}$$

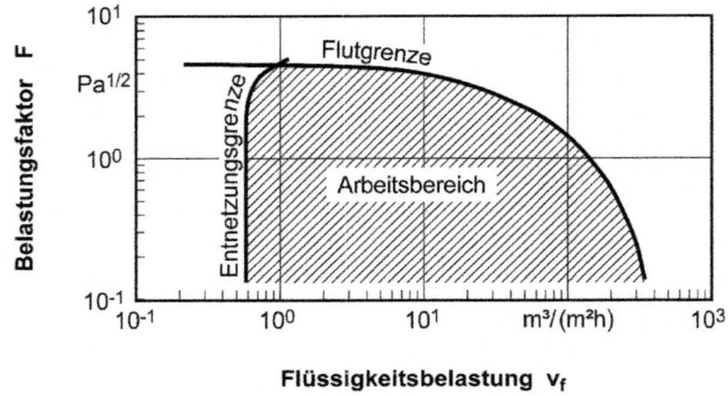

Abb. 13.12 Belastungskennfeld einer Füllkörperkolonne

und T_f die *Schubspannungskennzahl*:

$$T_f = 0{,}9 \left(\frac{v_g}{v_{g,Fl}} \right)^{2{,}8}. \tag{13.35}$$

Durch Herabsetzen der Flüssigkeitskennzahl K_f, z. B. durch Verminderung der Oberflächenspannung, kann somit die minimale Flüssigkeitsbelastung weiter reduziert werden, was sich positiv auf die Elastizität der Kolonne auswirkt. Hierdurch können Zulaufschwankungen besser abgefangen werden.

In der technischen Anwendung bewegen sich die minimalen Flüssigkeitsbelastungen für Zufallsschüttungen bei 10 $m^3/(m^2h)$ für wässrige Systeme und 5 $m^3/(m^2h)$ für organische Systeme. Kolonnen mit Packungseinbauten können mit organischen Medien sogar bei 0,2 $m^3/(m^2h)$ betrieben werden.

Der Arbeits- oder Belastungsbereich einer Packungskolonne wird durch Belastungsgrenzen eingefasst, die von Packungstyp und -geometrie und von den Eigenschaften der Gegenstromphasen abhängen. Die Abb. 13.12 zeigt das *Belastungskennfeld* und, in vereinfachter schematischer Darstellung, den Arbeitsbereich einer Füllkörperkolonne. Die beste Trennwirkung der Füllkörperschüttung wird in der Nähe der oberen Belastungsgrenze erzielt. In diesem Bereich überströmt die Gasphase nicht mehr ungehindert die Rieselflüssigkeit; sie beginnt, diese aufzustauen und wird in ihr dispergiert.

Das Belastungskennfeld wird durch den jeweiligen Flüssigkeitsverteiler weiter deutlich eingeschränkt. Für eine gleichmäßige Flüssigkeitsverteilung existieren sowohl eine Mindest- als auch eine Maximalbelastung. Hierbei liegt die Maximalbelastung um etwa den Faktor 10 höher als die minimale.

Aus Gl. (13.34) wird deutlich, dass sich für Gemische mit abnehmender Flüssigkeitskennzahl K_f die untere Belastungsgrenze zu niedrigeren Mindestbelastungen verschiebt, was sich positiv auf die Elastizität der Kolonne auswirkt. Der Belastungsbereich derartiger Systeme ist demzufolge entsprechend groß, wie dies Abb. 13.13 zeigt. Bei der Verwendung von Stoffsystemen mit kleiner Viskosität η_f und hoher Oberflächenspannung σ, wie dies bei wässrigen Gemischen der Fall ist, kann die Flüssigkeitsbelastung am Flutpunkt $v_{f,Fl}$ unterhalb der unteren

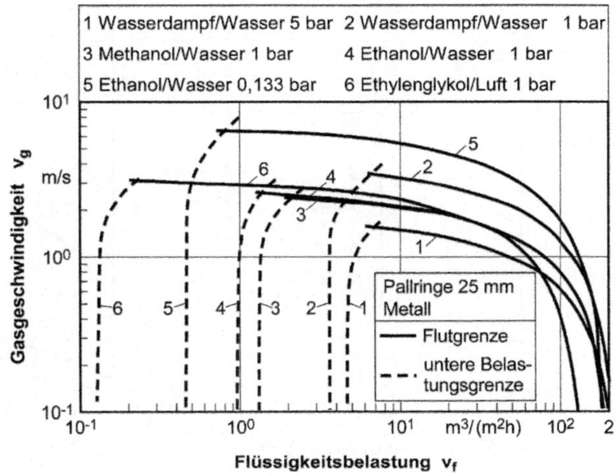

Abb. 13.13 Untere Belastungsgrenze und Flutgrenze für ein gegebenes System zur Darstellung des Belastungsbereichs. (Nach Schmidt 1979)

Belastungsgrenze $v_{f,min}$ liegen (s. Abb. 13.12 und Abb. 13.13). Bei solchen Betriebsbedingungen wird die in der Kolonne herabfließende Flüssigkeit aufgestaut und vom Gas mitgerissen, ohne eine genügende Benetzung der Füllkörperoberfläche zu gewährleisten. Mit der Kenntnis der minimalen Flüssigkeitsbelastung kann der Flüssigkeitsinhalt unter Verwendung der Gl. (13.13) berechnet werden. Es wird dann für die Flüssigkeitsbelastung v_f der Wert der minimalen Flüssigkeitsbelastung $v_{f,min}$ eingesetzt.

13.4 Stoffübergang

Die Berechnung des Stofftransports erfolgt unter der Annahme, dass Gas und Flüssigkeit rückvermischungsfrei durch die Kolonne strömen. Weiterhin seien beide Phasen gleichmäßig über das gesamte Volumen verteilt. Zur Bestimmung des Stoffübergangs wird ein differenzielles Höhenelement der Packungskolonne bilanziert (s. Abb. 13.14):

$$\dot{N}_g\,dy = k_g(y - y^*)a_f \cdot A \cdot dz \tag{13.36}$$

mit:

$$a_f = \frac{Gas/Flüssigkeits - Phasengrenzfläche}{Kolonnenvolumen}.$$

Zielgröße der Betrachtung des Stofftransports ist die *erforderliche Kolonnenhöhe* zur Lösung eines konkreten Trennproblems. Im dargestellten Fall soll aus einem Gasstrom $\dot{N}_g$ eine Komponente vom anfänglichen Molanteil y_b auf y_a abgereichert

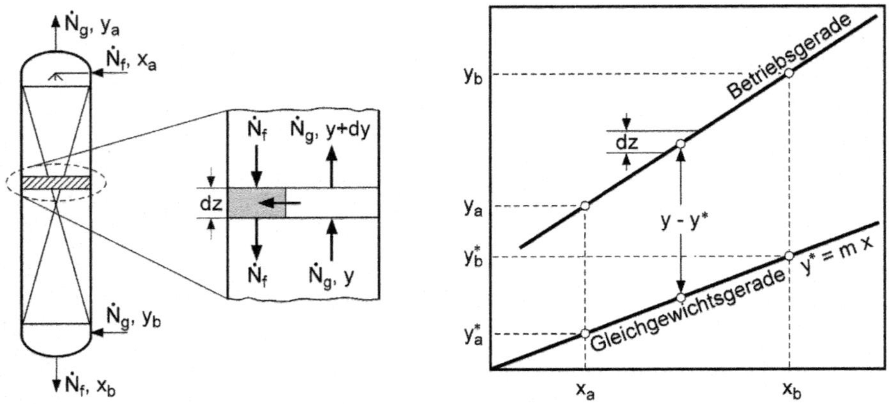

Abb. 13.14 Zur Erläuterung des Stofftransports in berieselten Packungskolonnen

werden. Der Molenstrom $\dot{N}_g$ ändert sich wegen des geringen Molanteils der übergehenden Komponente nicht. Die Kolonnenhöhe ergibt sich durch Integration von Gl. (13.36):

$$H = \int_{y_b}^{y_a} \frac{dy}{y - y^*} \cdot \frac{\dot{N}_g}{k_g a_f \cdot A}. \qquad (13.37)$$

Die beiden Terme der rechten Gleichungsseite lassen sich interpretieren als:

$$H = N_{og} \cdot H_{og}. \qquad (13.38)$$

Die Kolonnenhöhe resultiert damit aus dem Produkt aus der *Zahl* N_{og} und der *Höhe* H_{og} *der gasseitigen Übergangseinheiten*. Verlaufen Bilanz- und Gleichgewichtslinie annähernd linear, dann kann die Triebkraft $y - y^*$ unter dem Integral hinreichend genau durch den logarithmischen Mittelwert $(y - y^*)_{ln}$ der entsprechenden Werte an den Kolonnenenden ersetzt werden:

$$(y - y^*)_{ln} = \frac{(y - y^*)_b - (y - y^*)_a}{ln \dfrac{(y - y^*)_b}{(y - y^*)_a}} \qquad (13.39)$$

Hieraus folgt:

$$N_{og} = \int_{y_b}^{y_a} \frac{dy}{y - y^*} = \frac{y_b - y_a}{(y - y^*)_{ln}}. \qquad (13.40)$$

Die Zahl der Übergangseinheiten gibt die Änderung der Konzentration im Gasstrom als Vielfaches der mittleren Konzentrationsdifferenz an. Der Index og (overall gas)

Tab. 13.1 Werte für die Konstante k gemäß Gl. (13.42) für verschiedene Füllkörper. (Mersmann 1980)

Füllkörperart	k
Kugeln	3,2
Raschigringe (Steinzeug)	4,6
Pallringe (Steinzeug)	5,8
Pallringe (Stahl)	5,5
Berlsättel	6,8
Torus-, Intalox-, Novaloxsättel	6,5

deutet darauf hin, dass der Gesamtstoffdurchgangswiderstand k_g berücksichtigt wird, der auf die Gasphase bezogen ist. Die Beziehung (13.40) verdeutlicht, dass genau eine Übergangseinheit dann vorliegt, wenn die Konzentrationsänderung $y_b - y_a$ gleich der gemittelten Triebkraft ist, die diese Änderung hervorruft.

Werden statt des *Stoffdurchgangskoeffizienten* k_g die Stoffübergangskoeffizienten in beiden Phasen eingesetzt (s. Gl. (12.37)), so ergibt sich für die Höhe der Übergangseinheit:

$$H_{og} \equiv \frac{\dot{N}_g}{k_g a_f \cdot A} = \frac{\dot{N}_g}{a_f \cdot A}\left(\frac{1}{\beta_g c_g} + \frac{m}{\beta_f c_f}\right). \tag{13.41}$$

Die Übergangshöhe hängt demzufolge von drei unbekannten Größen ab: der spezifischen Oberfläche a_f sowie den Stoffübergangskoeffizienten in der Gas- und der Flüssigphase.

Die Stoffübergangsfläche ist häufig kleiner als die Füllkörperoberfläche, da keine vollständige Benetzung stattfindet. Die volumenbezogene Oberfläche a_t der trockenen Füllkörper ergibt sich gemäß:

$$a_t = \frac{A_{P,t}}{V_{ges}} = \frac{k}{d_r}. \tag{13.42}$$

Die Werte des als Formfaktor anzusehenden Parameters k sind Tab. 13.1 zu entnehmen; d_r ist der Außendurchmesser (Nenndurchmesser) eines einzelnen Körpers.

Eine Reihe experimenteller Untersuchungen hat zu folgender Beziehung für das Verhältnis aus wirksamer Phasengrenzfläche a_f und trockener Füllkörperoberfläche a_t geführt (Zech und Mersmann 1979):

$$\frac{a_f}{a_t} = \frac{1}{\sqrt[4]{1 + \left(\frac{k}{C_a}\right)^4 \left(\frac{\nu_f\,\sigma}{\nu_f\, d_r^3\, \rho_f\, g}\right)^2}} \tag{13.43}$$

Werte für C_a stehen in Tab. 13.2. (Weitere Modellansätze finden sich in (Engel 1999)).

Der *gasseitige* Stoffübergangskoeffizient in verschiedenen Packungen wurde häufig untersucht und lässt sich wie folgt berechnen:

$$\beta_g = C_g \left[\frac{\rho_g D_g^2 v_g^2}{\eta_g d_r}\right]^{1/3} \quad \textit{für}\ Re_g = \frac{v_g d_r}{\varepsilon \nu_g} > 1000. \tag{13.44}$$

Tab. 13.2 Werte der Konstanten C_a (Gl. 13.43), C_g (Gl. 13.44) und C_f (Gl. 13.45) für verschiedene Füllkörper. (Mersmann 1980)

Füllkörperart	C_a	C_g	C_f
keramische Raschigringe	0,0155	0,417	4,00
Sattelkörper	0,022	0,73	3,55
Kugeln	0,0082	0,673	4,96
metallische Raschigringe	-	0,417	-
Sattelkörper	-	0,73	-

Die Größe C_g ist abhängig von der Füllkörperart und kann der Tab. 13.2 entnommen werden.

Zur Ermittlung der Höhe einer Übergangseinheit ist schließlich noch der flüssigkeitsseitige Stoffübergangskoeffizient β_f erforderlich. Dieser Koeffizient lässt sich berechnen, wenn man annimmt, dass es sich um einen instationären Stoffübergang handelt und die Verweilzeit eines Oberflächenelementes des Flüssigkeitsfilms auf einem einzelnen Füllkörper die maßgebende Kontaktzeit ist. Dieser Vorstellung, die sich an der Penetrationstheorie (s. Abschn. 3.1.3) orientiert, liegt die Annahme zugrunde, dass die Flüssigkeit im Wulst zwischen zwei Füllkörpern immer wieder neu vermischt wird. Nimmt man weiterhin laminare Filmströmung an, so ergibt sich folgende Beziehung für den *flüssigkeitsseitigen* Stoffübergangskoeffizienten (Zech und Mersmann 1979):

$$\beta_f = C_f \sqrt{\frac{6D_f}{\pi d_r}} \left(\frac{\nu_f \sigma}{3 d_r \rho_f} \right)^{1/6}. \tag{13.45}$$

Werte für die Konstante C_f finden sich in Tab. 13.2.

Die Berechnung der Höhe einer Durchgangseinheit entsprechend dem hier aufgezeigten Weg kann nur bei Packungskolonnen mit kleinen Durchmessern zu einem befriedigenden Ergebnis führen, da sich mit zunehmendem Kolonnendurchmesser die den Stoffübergang verschlechternde Wirkung der *Maldistribution* stark erhöht. Maldistribution zeigt sich als ungleichmäßige Flüssigkeitsverteilung über dem Kolonnenquerschnitt (Randgängigkeit, Bachbildung) und wird durch eine schlechte Ausgangs-Flüssigkeitsverteilung über der Packung, durch unregelmäßige Schüttdichten innerhalb der Packung oder durch eine Schiefstellung der Kolonne verursacht.

Die Maldistribution in einer Packungskolonne kann durch Verwendung eines speziellen Stoffsystems gemessen werden, bei dem aufgrund des Stoffübergangs eine merkliche Temperaturänderung auftritt. Die Temperatur wird mit einer Vielzahl von Thermoelementen in der Kolonne gemessen, und das so erhaltene Temperaturprofil wird in Form von Isothermen dargestellt. Die Abb. 13.15 gibt auf Basis dieser Messtechnik einen optischen Eindruck über die durch unterschiedliche Flüssigkeitsaufgaben verursachte Maldistribution in einer Packung aus keramischen Sattelkörpern der Nennabmessung $d_N = 35$ mm. Bei punktförmiger Flüssigkeitsaufgabe ist hier die notwendige Höhe einer Übergangseinheit mit 0,57 m mehr als doppelt so hoch wie bei gleichmäßiger Flüssigkeitsaufgabe unter sonst gleichen Bedingungen.

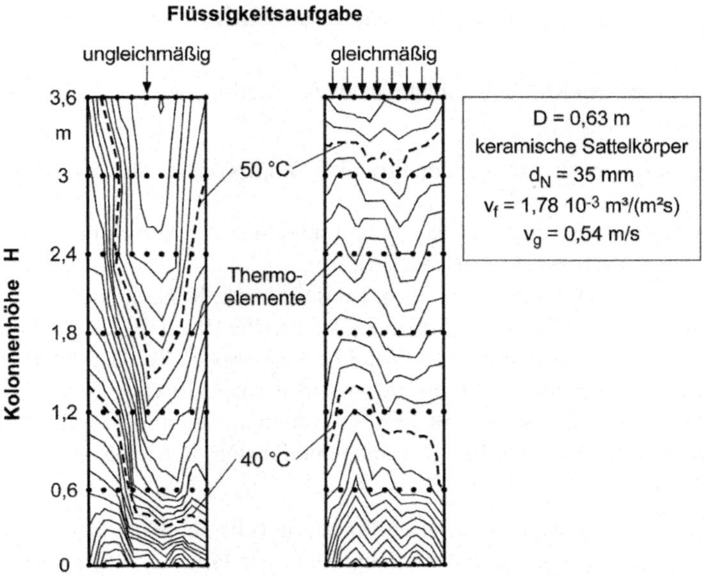

Abb. 13.15 Temperaturverteilung in einer Füllkörperpackung. (Mersmann und Deixler 1986)

Aufgrund der Probleme mit ungleichmäßiger Flüssigkeitsverteilung werden aufwendige Flüssigkeitsverteiler in Packungs-und Füllkörperkolonnen verwendet, die bis zu mehreren 100 Berieselungsstellen pro m^2 aufweisen.

13.5 Axiale Dispersion

Bei der Berechnung des Stoffübergangs im vorigen Abschnitt liegt die Annahme einer rückvermischungsfreien Strömung zugrunde. Tatsächlich zeigen entsprechende Messungen, dass Packungskolonnen im Produktionsmaßstab annähernd rückvermischungsfrei sind (Froment et al. 1994; Elnashaie und Elshishini 1993). In kleineren Laborapparaten treten infolge von Wandeffekten bzw. Ungleichverteilungen der Flüssigkeit Dispersionseffekte auf. In diesen Fällen sind sowohl die flüssige als auch die gasförmige Phase hiervon betroffen, wobei die gasseitigen Effekte i. Allg. ohne Bedeutung sind. Da Laborapparate üblicherweise zur Maßstabsübertragung herangezogen werden, müssen die dort festgestellten Dispersionseffekte berücksichtigt werden. Experimentelle Ergebnisse sind beispielsweise bei (Stiegel und Shah 1977; van Gelder und Westerterp 1990) zu finden.

Im Vergleich zur axialen ist die radiale Dispersion (Elnashaie und Elshishini 1993) sowohl für Produktions- als auch Laborapparate bedeutungslos.

13.6. Auswahlkriterien für Kolonneneinbauten[1]

Für die Auswahl von Kolonneneinbauten spielen zahlreiche Aspekte eine Rolle, wie beispielsweise:

- Spezifikation der zu erzeugenden Produkte (Kopfprodukt, Sumpfprodukt, Seitenströme),
- Gemischverhalten (thermische Empfindlichkeit, Verschmutzungsneigung, Schaumverhalten, Stoffeigenschaften),
- Betriebsbedingungen (Betriebsform, Betriebsdruck, Rücklaufverhältnis),
- Leistungsdaten der Kolonneneinbauten, technische Daten (Flüssigkeitsbelastung, Dampfbelastung (Belastungsfaktor, Belastungsbereich), Teillastverhalten, Trennwirkung (theoretische Stufen pro m), trennstufenspezifischer Druckverlust, spezifisch notwendiges Kolonnenvolumen (Kolonnenvolumen/Dampfdurchsatz)),
- Kosten (Kolonnenkosten, Peripheranlagenteilkosten, Betriebskosten),
- Betriebssicherheit.

Hierdurch ergeben sich auch Kriterien für den jeweils zu wählenden Kolonnentyp. Tab. 13.3 enthält eine Zusammenstellung wichtiger Prozess- und Systemeinflüsse und die jeweils zugehörige Eignung von Boden- und Packungskolonnen.

13.7 Verständnisfragen

1. Welchen physikalischen Effekt kennzeichnet der Begriff Randgängigkeit?
2. Aus welchen Anteilen setzt sich der Flüssigkeitsinhalt in einer Füllkörperkolonne zusammen, und wie hängt er vom Flüssigkeitsdurchsatz ab?
3. Erläutern Sie den Zusammenhang zwischen der Flüssigkeitsfüllzahl und der Gasbelastung.
4. Welche physikalischen Vorgänge treten an der Staugrenze bzw. am Flutpunkt auf?
5. Skizzieren Sie den Zusammenhang zwischen dem Haftinhalt und der Größe We_f/Fr_f.
6. Skizzieren Sie die Abhängigkeit des Druckverlusts von der Gasbelastung für unterschiedliche Flüssigkeitsdurchsätze. Erläutern Sie die unterschiedlichen Bereiche.
7. Warum ist eine Mindestflüssigkeitsgeschwindigkeit erforderlich? Von welchen Größen hängt sie ab?
8. Stellen Sie schematisch den Zusammenhang zwischen Flüssigkeits- und Gasbelastung am Staupunkt dar.
9. Erläutern Sie die Stoffbilanz für ein differenzielles Höhenelement einer Packungskolonne. Welche Annahmen werden dabei zugrunde gelegt?
10. Wie sind die Zahl und die Höhe der gasseitigen Übergangseinheiten definiert?
11. Wie lässt sich die Zahl der gasseitigen Übergangseinheiten bei linearen Bilanz- und Gleichgewichtslinien berechnen?

[1] nach (Sattler 1995).

Tab. 13.3 Gegenüberstellung der Eignungen von Boden-, Packungs- und Füllkörperkolonnen für unterschiedliche Bedingungen (Sattler 1995)

	Bodenkolonne	Packungs- und Füllkörperkolonne
Prozess- und Systemeinflüsse		
Übergangsvorgang mit Hauptwiderstand		
in der Flüssigkeit	x	o
im Gas, Dampf	o	x
Abnahme von Zwischenfraktionen erforderlich	x	o
Temperaturkonstanz längs des Apparats erforderlich	o	x
Neigung zur Schaumbildung	o	x
Neigung zur Verstopfung (suspendierter Feststoff)	x	o
Entnetzungsneigung	x	o
Korrosive Medien	o	x
zähe Flüssigkeiten	o	x
Energiezu- oder -abfuhr erforderlich	(x)	x FK-Rohrapparat
Strömungstechnische Größen		
kleiner Flüssigkeitsinhalt zulässig	o	x
kleiner Druckverlust zulässig	o	x
stark veränderliche Gas- und Flüssigkeitsdurchsätze	x	o
hohe Gasbelastung	x	o
sehr kleine Flüssigkeitsbelastung	(x)	x Packungskolonne
Apparative Anforderungen		
Reinigung häufig erforderlich	x	o
geringes Gewicht zulässig	x	o
kleine Bauhöhe	o	x
kleine Grundfläche	x	o

o weniger gut geeignet x gut geeignet

13.8 Aufgaben

1. Eine Kolonne mit einem Durchmesser D = 0,15 m ist mit regellos geschütteten 25 mm metallischen Bialeckiringen gefüllt[2]. Die Kolonne wird bei einer Gasgeschwindigkeit von $v_g = 1$ m/s und mit der spezifischen Flüssigkeitsbelastung $v_f = 0{,}011$ m/s betrieben. Es wird das Stoffsystem Luft/Wasser bei 1 bar und 293 K verwendet. Die technischen Daten der eingesetzten Bialeckiringe sind Tab. 13.1 zu entnehmen.

   Stoffwerte (für 1 bar und 293 K)

   $\eta_g = 18{,}2 \times 10^{-6}$ Pa · s $\quad \rho_g = 1{,}2$ kg/m³
   $\eta_f = 10^{-3}$ Pa · s $\quad \rho_f = 998{,}2$ kg/m³
   $\sigma = 72{,}4 \times 10^{-3}$ N/m

[2] nach Maćkowiak 2003

a. Wie groß ist der Druckverlust $\Delta p/H$ je 1 m Schüttungshöhe?
b. Wie groß ist die Gasbelastung am Flutpunkt $v_{g,Fl}$?

2. In einer mit metallischen 50 mm Pallringen ($a_t = 105\ m^2/m^3$, $\varepsilon = 0{,}95$) gefüllten Kolonne sollen stündlich 1000 kg des Gemisches Ethylbenzol ($\widetilde{M} = 106$ kg/kmol)/Styrol ($\widetilde{M} = 104$ kg/kmol) mit $x_F = 0{,}5895$ mol/mol bei einem Kopfdruck von $p_T = 66{,}7$ mbar derart getrennt werden, dass das Kopfprodukt einen Molanteil an leichtersiedendem Ethylbenzol von $x_D = 0{,}9618$ und das Sumpfprodukt einen Molanteil von $x_W = 0{,}0018$ aufweist[3].

   Daten (Stoffwerte gelten für den Kopfdruck $p_T = 66{,}7$ mbar)

Dampfdichte	$\rho_g = 0{,}257$	kg/m^3
Flüssigkeitsdichte	$\rho_f = 835{,}2$	kg/m^3
Oberflächenspannung	$\sigma_f = 25{,}1 \times 10^{-3}$	N/m
Viskosität der Flüssigkeit	$\eta_f = 0{,}437 \times 10^{-3}$	$kg/(m \cdot s)$
Viskosität des Dampfgemisches	$\eta_g = 7{,}14 \times 10^{-6}$	$kg/(m \cdot s)$

   Welchen Durchmesser muss die Kolonne haben, wenn sie bei 46,3 % der Flutbelastung betrieben wird und das Rücklaufverhältnis $\nu = 6{,}28$ beträgt?

3. Eine berieselte 25 mm Bialeckiringschüttung wird mit einer spezifischen Flüssigkeitsbelastung von $v_f = 0{,}011$ m/s betrieben. Die Gasgeschwindigkeit $v_{g,Fl}$ beträgt 1,8 m/s. Die Stoffwerte für das Stoffpaar Luft/Wasser bei 1 bar und 293 K (s. Aufgabe 1) können verwendet werden[4].
   Wie groß ist der Druckverlust

   a. bei 80 % der Flutbelastung und
   b. am Flutpunkt?

4. Eine 2 m hohe Schüttung aus 50 mm Polypropylen Hiflow-Ringen ($a_t = 114\ m^2/m^3$, $\varepsilon = 0{,}93$) wird von Luft mit einer Geschwindigkeit $v_g = 3$ m/s bei einer Flüssigkeitsbelastung (Wasser) $v_f = 5{,}55 \times 10^{-3}\ m^3/m^2s$ durchströmt.
   Wie groß ist der Druckverlust Δp der Luft?
5. Eine Füllkörperkolonne soll bei Raumbedingungen als Absorber für HCl betrieben werden. Sie wird mit 1000 mol/h reinem H_2O berieselt, der Gasmolenstrom beträgt 20 mol/h und enthält einen Molanteil von 2 % HCl.
   Wie viele Stoffübergangseinheiten sind erforderlich, wenn der Molanteil im austretenden Gas 0,2 % betragen darf? Zeichnen Sie dazu die Gleichgewichts- und die Betriebskurve ein und ermitteln Sie N_{og} grafisch.

   Hinweis:
   Vereinfachend soll angenommen werden, dass sich das thermodynamische Gleichgewicht zwischen HCl und H_2O durch das Henrysche Gesetz beschreiben lässt.

[3] nach Maćkowiak 2003
[4] nach Maćkowiak 2003

Literatur

Allgemein

Billet R (1995) Packed towers. Wiley-VCH, Weinheim
Brauer H (1971a) Grundlagen der Einphasen- und Mehrphasenströmung. Verlag Sauerländer, Aarau
Grassmann P, Widmer F, Sinn H (1997) Einführung in die thermische Verfahrenstechnik. 3. Aufl. Walter de Gruyter, Berlin
Kirschbaum E (1969) Destillier- und Rektifiziertechnik, 4. Aufl. Springer, Berlin
Maćkowiak J (2003) Fluiddynamik von Füllkörpern und Packungen, 2. Aufl. Springer, Berlin
Mersmann A (1980) Thermische Verfahrenstechnik. Springer, Berlin
Mersmann A, Deixler A (1986) Packungskolonnen. Chem Ing Tech 56:19–31
Sattler K (1995) Thermische Trennverfahren, 2. Aufl. VCH, Weinheim
Stichlmair J (2002) Distillation and rectification. In: Ullmann's encyclopedia of industrial chemistry, 7. Aufl. Wiley-VCH, Weinheim
Strigle RF (1987) Random packings and packed towers. Gulf Publishing Company, Houston

Speziell

Bemer GG, Kalis GAJ (1978) A new method to predict hold-up and pressure drop in packed columns. Trans I Chem Eng 56:200–205
Bornhütter K (1991) Stoffaustauschleistungen von Füllkörperschüttungen unter Berücksichtigung der Flüssigkeitsströmungsform. Dissertation TU München
Brauer H (1971a) Stoffaustausch einschließlich chemischer Reaktionen. Verlag Sauerländer, Aarau
Buchanan JE (1969) Pressure gradients and liquid hold-up in irrigated packed towers. Ind Eng Chem Fundam 8:502–511
Elnashaie SSEH, Elshishini SS (1993) Modelling, simulation and optimization of industrial fixed bed catalytic reactors. Gordon and Breach Science Publishers, London
Engel V (1999) Fluiddynamik in Packungskolonnen für Gas-Flüssig-Systeme. Fortschr Ber VDI Reihe 3 Nr 605, VDI Verlag, Düsseldorf
Froment GF, Depauw GA, Vanrysselberghe V (1994) Kinetic modeling and reactor simulation in hydrodesulfurization of oil fractions. Ind Eng Chem 33:2975–2988
Gelder KB van, Westerterp KR (1990) Residence time distribution and holdup in a cocurrent upflow packed bed reactor at elevated pressure. Chem Eng Technol 13:27–40
Mersmann A (1965) Zur Berechnung des Flutpunkts in Füllkörperschüttungen. Chem Ing Tech 37:218–226
Mersmann A, Bornhütter K (2002) Druckverlust und Flutpunkt berieselter Packungen. In: VDI (Hrsg) VDI-Wärmeatlas, 9. Aufl. VDI-Verlag, Düsseldorf, Lbf 1–7
Schmidt R (1979) Instit Chem Eng, Symp Ser 56. EFCE Publications Series No 3, Bd. 2, S 3.1/1–3.1/13
Stein WA (2001) Der dynamische Flüssigkeitsanteil in Packungskolonnen. Fortschr Ber VDI Reihe 3 Nr 702. VDI Verlag, Düsseldorf
Stiegel GJ, Shah YT (1977) Backmixing and liquid holdup in a gas-liquid cocurrent upflow packed column. Ind Eng Chem Process Des Dev, 16:1
Zech JB, Mersmann A (1979) Liquid flow and liquid phase mass transfer in irrigated packed columns. Distillation Vol 2, Symp Ser No 56, Inst Chem Eng

Kapitel 14
Förderung von Fluiden

Der Förderung fluider Medien kommt in verfahrenstechnischen Prozessen eine außerordentlich große Bedeutung zu. Bereits 1600 v. Chr. sind in Babylon Pumpen zur Förderung von Wasser in Form von Wasserschöpfrädern und tiergetriebenen Schöpfwerken bekannt. Ein wesentlicher Antrieb für die Entwicklung leistungsfähigerer Pumpen resultierte aus dem Bergbau infolge der dort vielfach erforderlichen Grubenentwässerungen. Die erste schriftliche Erwähnung einer Kolbenpumpe findet sich 1450 bei Taccola (Hill 1996) und später ausführlicher bei (Agricola 1556). Da die Einsatzmöglichkeiten von Kolbenpumpen beschränkt sind, wurden zahlreiche weitere Pumpentypen entwickelt. So erfand Denis Papin[1] 1689 die Kreiselpumpe.

In nahezu allen technischen Verfahren kommen flüssige oder gasförmigen Fluide zum Einsatz und müssen gegen Drücke transportiert werden, die bis zu mehrere 1000 bar betragen können. Dazu werden Maschinen verschiedener Bauarten und Funktionsweisen eingesetzt. Förderorgane für flüssige Medien werden als *Pumpen* bezeichnet, solche für gasförmige Medien als *Gebläse* oder *Verdichter (Kompressor)*. Dabei wird der Begriff Gebläse dann verwendet, wenn die Dichteänderung des Gases aufgrund geringer Druckdifferenzen vernachlässigt werden kann. Zu den fluiden Fördermedien zählen Substanzen, die unterschiedlichste Eigenschaften aufweisen, wie zum Beispiel Wasser, Gase, Dämpfe, flüssige Gase, Säuren, Öle, Schlämme, Pasten, Polymerschmelzen, sämtliche Milchprodukte, Honig, Soßen und Salate (Vetter 2006). Die Anwendungen von Pumpen umfassen also weite Viskositäts- und Durchsatzbereiche. Die große Vielfalt von Pumpenbauarten, die heute verfügbar ist, geht auf die vielen verschiedenen Anforderungen zurück. Man unterscheidet im Wesentlichen die sogenannten *Strömungs-* und *Verdrängungsmaschinen*, die sich in ihren Förderprinzipien und der Art der Energieumsetzung unterscheiden (Menny 2006; Hirschberg 1999). Weiterhin gibt es eine Reihe von weiteren Bauformen, die für ganz spezielle Anwendungen Einsatz finden, wie z. B. Mammutpumpen oder der hydraulische Widder.

Ziel des Kapitels ist die Erklärung der Funktionsweise von Strömungs- und Verdrängungsmaschinen sowie ihre Charakterisierung, wobei der Schwerpunkt auf die

---

[1] Denis Papin, 1647–1712 (vermutlich), Physiker, Mathematiker und Erfinder, erlangte Bekanntheit für seine Pionierarbeiten zur Entwicklung der Dampfmaschine, des Schnellkochtopfes und des U-Bootes

M. Kraume, *Transportvorgänge in der Verfahrenstechnik*,
DOI 10.1007/978-3-642-25149-8_14,

Strömungsmaschinen gelegt wird. Nach der Erläuterung bestehender Bauformen wird als wesentliches Ergebnis die Eulersche Hauptgleichung der Strömungsmaschinen aus dem Impulssatz hergeleitet. Auf Basis theoretischer Überlegungen erfolgt anschließend die Ableitung des grundsätzlichen Verlaufs der Kennlinien von Kreiselmaschinen. Schließlich werden die Betriebspunkte von einzelnen und verschalteten Strömungsmaschinen im Zusammenspiel mit einer Anlagenkennlinie erläutert.

14.1 Einteilung und Anwendungsfelder von Förderorganen

Strömungs- und Verdrängungsmaschinen unterscheiden sich im Wesentlichen in der Art des Energieumsatzes. Bei den nach dem *Verdrängerprinzip* arbeitenden Maschinen wirkt der Fluiddruck direkt auf die Kolbenfläche, wobei zwischen *oszillierenden* und *rotierenden* Verdrängungsmaschinen unterschieden wird. Die resultierende Kraft überträgt zusammen mit dem Kolbenweg die Energie zwischen Fluid und Maschine, die Energie wird also direkt durch Verdrängung des Fluids übertragen. Die dabei geleistete Arbeit ist eine Volumenarbeit $dW = pdV$. Oszillierende Verdrängerpumpen (z. B. Kolbenpumpen) werden hauptsächlich zur Dosierung und Förderung im Hochdruckbereich, rotierende (u. a. *Schrauben-* und *Schneckenmaschinen)* für Transport- und Umwälzaufgaben eingesetzt. Kolbenmaschinen besitzen noch immer die größte praktische Relevanz, doch der Anteil der rotierenden Verdrängungsmaschinen nimmt durch Verbesserung der Werkstoffe beständig zu. Einige Arten von Verdrängungsmaschinen sind in Abb. 14.1 gezeigt.

Zu den *Strömungsmaschinen* gehören die sogenannten *Kreiselmaschinen* (*Kreiselpumpe* und *Kreiselverdichter*) und Sonderbauformen wie die *Treibstrahlpumpe*. Da die Kreiselmaschinen bei Weitem die größte Gruppe innerhalb der Strömungsmaschinen bilden (Menny 2006), werden die Begriffe üblicherweise synonym verwendet. So wird auch im Folgenden der allgemeinere Begriff Strömungsmaschinen benutzt. Die Energieumsetzung in diesen Maschinen ist indirekt und arbeitet nach dem Prinzip der Geschwindigkeitsänderung, wie in Abschn. 14.3 näher beschrieben wird. Die geleistete Arbeit ist eine technische Arbeit $dW = Vdp$. Strömungsmaschinen, die mit inkompressiblen Medien arbeiten, werden üblicherweise *hydraulische Strömungsmaschinen* genannt und Strömungsmaschinen, die kompressible Medien fördern, *thermische Strömungsmaschinen*.

Sowohl Kolben- als auch Strömungsmaschinen haben ihre bevorzugten Anwendungsfelder. Im Allgemeinen sind Strömungsmaschinen einzusetzen, wenn es um den Transport großer Volumenströme geht (Menny 2006). Die erreichbare Druckdifferenz einstufiger Strömungsmaschinen ist jedoch begrenzt und mehrstufige Maschinen sind sehr kostenintensiv bei nur mäßigen Wirkungsgraden (Hirschberg 1999). Kolbenmaschinen werden dagegen vorzugsweise bei höheren Druckdifferenzen verwendet, wobei sie allerdings in den erreichbaren Volumenströmen limitiert sind (Pfleiderer und Petermann 2005).

Weiterhin ist es auch vom Fördermedium selbst abhängig, welche Pumpe eingesetzt werden muss. Zum Beispiel sind Kreiselpumpen nicht für sehr hohe Viskositäten

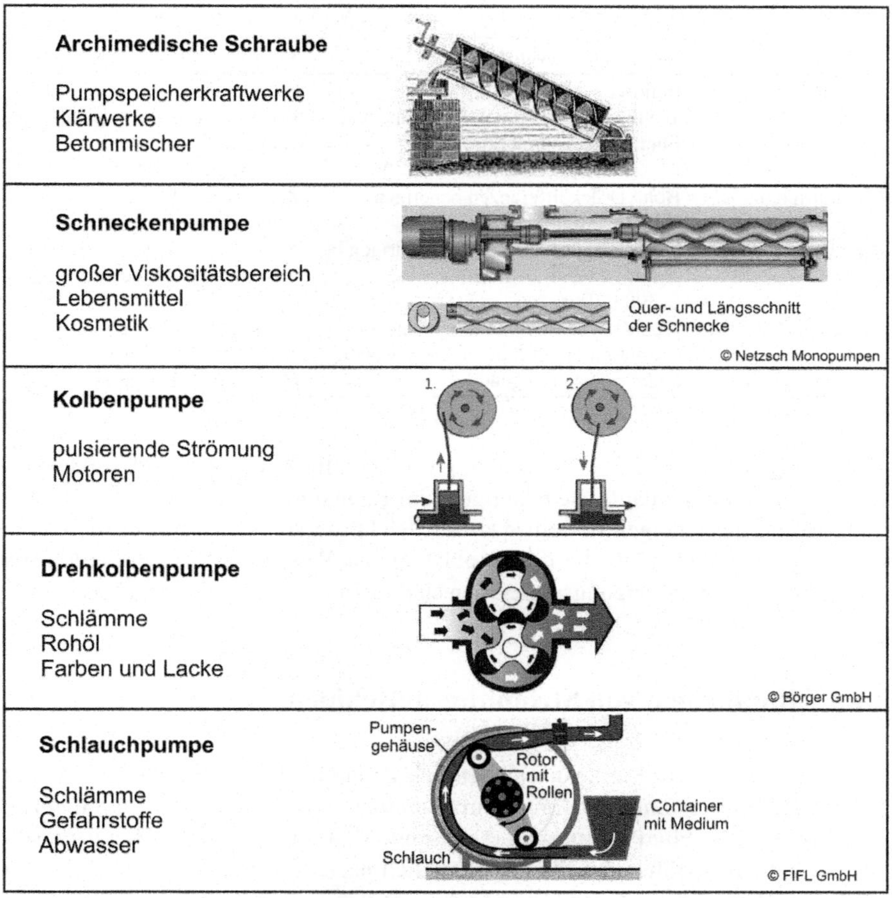

Abb. 14.1 Verschiedene Verdrängungsmaschinen mit typischen Anwendungsfeldern

geeignet, da der Strömungsdruckverlust in der Pumpe dann so groß wäre, dass der Transport des Fördermediums zum Erliegen kommt. Darüber hinaus können Kreiselpumpen nur sehr begrenzt für inhomogene Medien verwendet werden, da Pumpe oder Medium Schaden nehmen können.

Die inneren Verluste in Strömungsmaschinen sind meist höher als bei Kolbenmaschinen, da stets eine Umwandlung von kinetischer Energie in Druckenergie und umgekehrt erfolgt. Andererseits sind Strömungsmaschinen konstruktiv einfacher und weniger verschleißanfällig, da das Laufrad als einziges Bauteil in einer gleichförmigen Bewegung rotiert, während bei einer Kolbenmaschine mehrere Bauteile in einer oszillierenden Bewegung immer wieder beschleunigt und verzögert werden müssen (Menny 2006).

Weitere Vorteile der Strömungsmaschinen sind eine kompakte Bauart, ein geringer Wartungsaufwand und vergleichsweise niedrige Kosten (Hirschberg 1999).

Tab. 14.1 Wesentliche Eigenschaften von Strömungs- und Verdrängungsmaschinen

	Strömungsmaschinen	Verdrängungsmaschinen
Energieübertragung	Indirekt	Direkt
Geleistete Arbeit	Technische Arbeit: $dW = V \cdot dp$	Volumenrbeit: $dW = p \cdot dV$
Volumenstrom	Eher große Volumenströme	Vorzugsweise geringe Volumenströme
Druckdifferenz	Hohe Druckdifferenzen benötigen mehrstufige Maschinen	Zur Überwindung großer Druckdifferenzen geeignet
Viskositäten	Für homogene Medien mit niedrigen bis mittleren Viskositäten (bis ca. 300 mPas)	Auch für inhomogene und hochviskose Medien
Konstruktive Aspekte	Weniger verschleißanfällig wegen kontinuierlich rotierender Bewegung	Konstruktiv schwierig, wegen oszillierender Bauteile
Zulauf	Nicht selbstansaugend	Meist selbstansaugend

Von Nachteil ist jedoch, dass Kreiselpumpen nicht selbstansaugend sind, sondern eine gewisse Mindestzulaufhöhe benötigen, um Kavitation zu vermeiden (s. Abschn. 14.6). Weiterhin erzeugen sie keinen konstanten Fördervolumenstrom, da dieser von der zu überwindenden Druckdifferenz abhängig ist. Wesentliche Eigenschaften von Strömungs- und Verdrängungsmaschinen sind in Tab. 14.1 zusammengefasst.

14.2 Bauformen von Strömungsmaschinen

Eine Strömungsmaschine kennzeichnet sich dadurch, dass ein umlaufendes, mit Schaufeln besetztes *Laufrad*, von einem Fluid umströmt wird. Durch das rotierende Laufrad wird das Fluid selbst in eine kreisende Bewegung versetzt. Hieraus resultieren Zentrifugalkräfte, das Fluid bewegt sich nach außen und als Folge entsteht im Innen-/Ansaugbereich ein Unterdruck, der das Ansaugen der Flüssigkeit und damit den Flüssigkeitstransport durch die Pumpe (Arbeitsmaschine) bewirkt. Die Geschwindigkeit wird beim Durchströmen eines fest stehenden, ebenfalls mit Schaufeln besetzten *Leitrades* wieder reduziert (Druckaufbau), indem es der Strömung einen gegensinnigen Drall verleiht. Lauf- und Leitrad sind grundsätzlich in allen Strömungsmaschinen vorhanden. Ausnahmen davon bilden nur einige Turbinen, in denen das Leitrad durch einen glatten Leitring ersetzt wurde, um Stoßverluste zu reduzieren, und offene Strömungsmaschinen wie z. B. Schiffsschrauben und Rührer (s. Kap. 18), die hier aber nicht behandelt, sondern nur der Vollständigkeit halber erwähnt werden.

Ein wesentliches Merkmal von Strömungsmaschinen ist die Hauptströmungsrichtung im Laufrad. Danach unterscheidet man im Wesentlichen *radial* und *axial* fördernde Maschinen. Es existieren aber auch *halbaxiale* und *diagonale* Ausführungen (Menny 2006). In Abb. 14.2 und Abb. 14.3 sind Schnitte einer radialen und einer axialen Maschine dargestellt. Das Leitrad ist meist an der Druckseite des Laufrades angebracht, d. h. bei einer Pumpe austrittsseitig und bei einer Turbine eintrittsseitig.

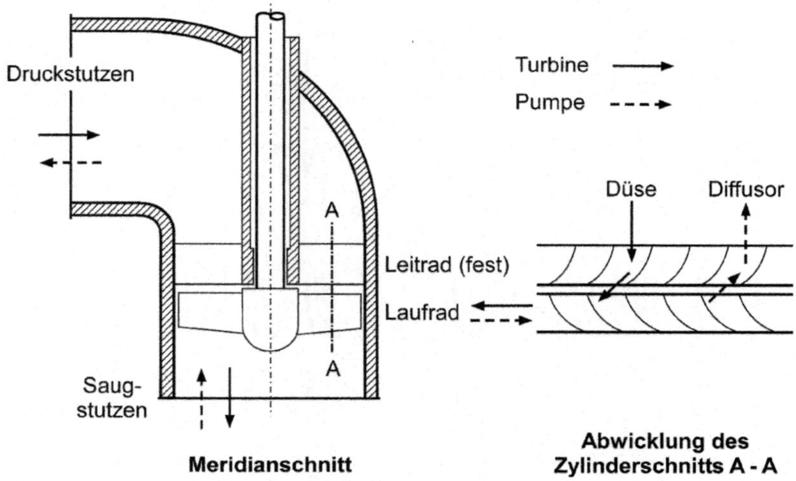

Abb. 14.2 Axialmaschine (z. B. Kaplan-Turbine)

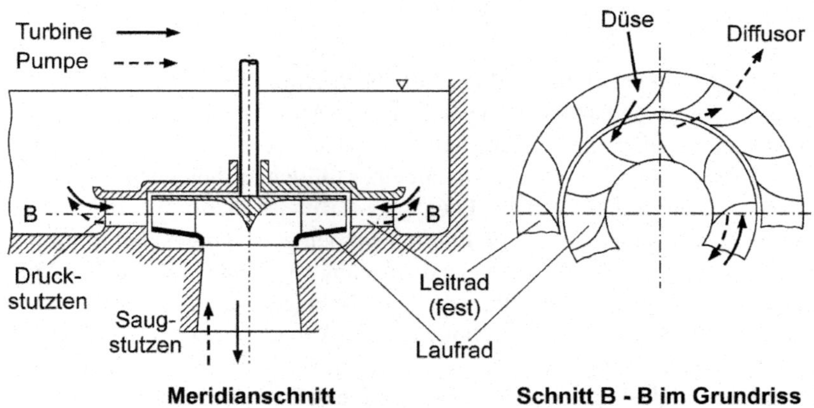

Abb. 14.3 Radialmaschine (z. B. Francis-Turbine)

Eine Strömungsmaschine hat die Aufgabe entweder als *Kraftmaschine* einem Fluid Energie zu entziehen oder als *Arbeitsmaschine* ihm Energie zuzuführen. Zu den *Strömungskraftmaschinen* zählen Turbinen, zu den *Strömungsarbeitsmaschinen* Pumpen, Verdichter und Gebläse. Lauf- und Leitrad sind bei Pumpen und Turbinen zwar in gleicher Gestalt vorhanden, werden aber in umgekehrter Richtung durchflossen und wirken auch im umgekehrten Sinn. Durch die düsenförmigen Kanäle wird das Fluid je nach Strömungsrichtung beschleunigt bzw. gebremst. Im Turbinenbetrieb wird das Fluid in den Leitschaufeln beschleunigt, d. h., der Druck wird geringer. Im Pumpbetrieb ist es umgekehrt. Auf die Energieumsetzung im Laufrad wird in Abschn. 14.3 detailliert eingegangen.

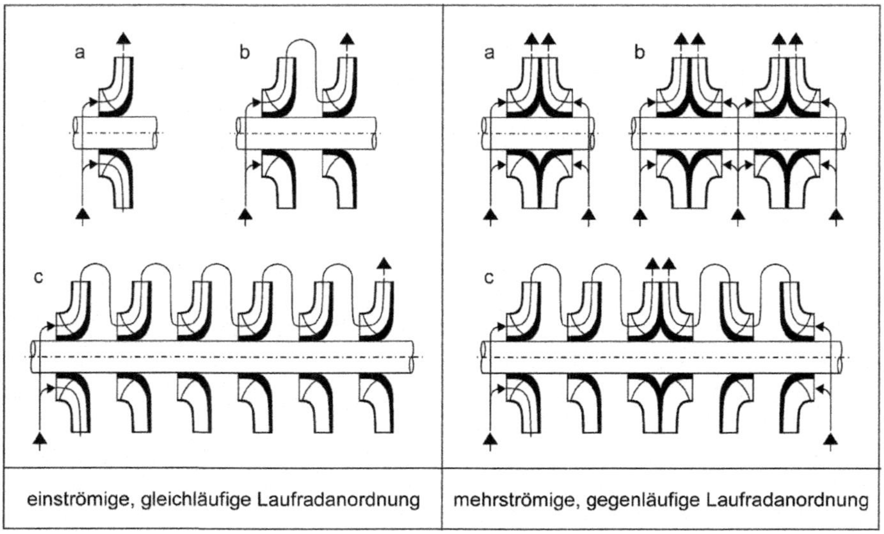

Abb. 14.4 Laufradanordnungen. (Nach KSB 1989)

Tatsächlich ist es ebenfalls möglich, dieselbe Maschine sowohl als Pumpe als auch als Turbine zu verwenden. Allerdings ist dies mit Abstrichen im Wirkungsgrad verbunden, denn mit einer Kreiselpumpe, die als Turbine verwendet wird, werden keine so hohen Wirkungsgrade erreicht, wie mit einer für den Turbinenbetrieb gestalteten Maschine und umgekehrt (Menny 2006).[2]

Strömungsmaschinen mit einem Laufrad werden *einstufig* genannt (s. Abb. 14.4 links a). Um hohe Druckdifferenzen zu realisieren, werden in *mehrstufigen* Maschinen mehrere Laufräder auf derselben Welle in Reihe geschaltet (s. Abb. 14.4 links b und c). Zur Verarbeitung hoher Volumenströme können mehrere Laufräder parallel geschaltet werden, was *mehrflutig* oder *mehrströmig* genannt wird (s. Abb. 14.4 rechts). Mehrflutigkeit kann auch mit Mehrstufigkeit kombiniert werden (s. Abb. 14.4 rechts b und c)).

Die verschiedenen Bauformen sind für unterschiedliche Anwendungsbereiche geeignet, wie das in Abb. 14.5 dargestellte, sogenannte *Arbeitsdiagramm* zeigt. In dem Arbeitsdiagramm ist die Förderhöhe der Pumpe über dem Volumenstrom aufgetragen. Die *Förderhöhe* H definiert sich als Quotient der spezifischen Arbeit Y, die den

[2] Trotzdem kann es wirtschaftlich sein, dieselbe Maschine als Pumpe und Turbine zu verwenden. In einem Pumpspeicherkraftwerk wird zum Laden des Speichers elektrische Energie aus dem Verbundnetz entnommen und Wasser mithilfe einer Pumpe von einem niedrig gelegenen Becken in ein höher gelegenes Becken gefördert. Bei Bedarf wird Energie zurück gewonnen, indem das Wasser durch eine Turbine aus dem oberen ins untere Becken fließt. Wenn dieselbe Kreiselmaschine für beide Vorgänge verwendet wird, reduzieren sich der Bauaufwand, die Investitionskosten und der Platzbedarf erheblich (Menny 2006). Dieser Einsparung der Kapitalkosten steht jedoch eine Erhöhung der Betriebskosten gegenüber, da die Kreiselmaschine im kombinierten Betrieb nur geringere Wirkungsgrade erreicht.

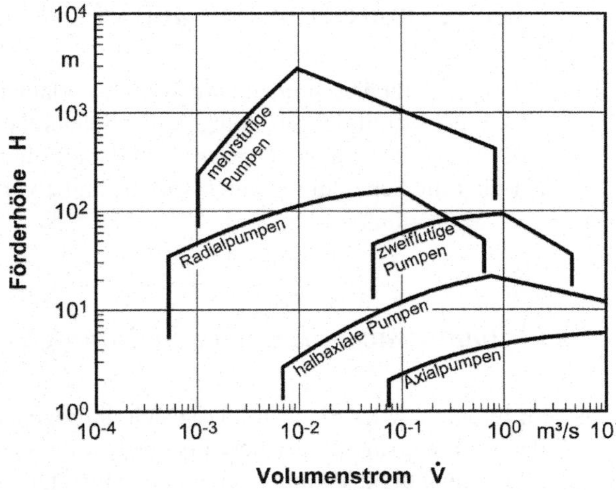

Abb. 14.5 Anwendungsbereiche von Kreiselpumpen. (Nach Menny 2006)

auf die Masse bezogenen Energieeintrag darstellt, und der Erdbeschleunigung g:

$$\boxed{H = \frac{Y}{g}.} \tag{14.1}$$

Die *spezifische Arbeit* Y einer Pumpe ist weiterhin die auf den Massenstrom bezogene Leistung:

$$\boxed{Y = \frac{P}{\rho \dot{V}}.} \tag{14.2}$$

Die Förderhöhe wird häufig als charakteristische Größe bei der Darstellung von Kennlinien verwendet, da sie anschaulicher ist als die spezifische Arbeit: Eine Kreiselpumpe fördert, wenn Drehzahl und Fördervolumenstrom gegeben sind sowie Reibungseffekte keine Rolle spielen, eine Flüssigkeit unabhängig von ihrer Dichte stets auf die gleiche Höhe. Wenn die zugeführte Arbeit hauptsächlich eine Druckerhöhung bewirkt, lässt sich die Förderhöhe auch schreiben als:

$$H = \frac{\Delta p}{g \cdot \rho}. \tag{14.3}$$

Aus Abb. 14.5 wird deutlich, dass Axialpumpen eher für große Volumenströme und geringe Förderhöhen geeignet sind als Radialpumpen. Halbaxiale Ausführungen liegen dazwischen. Mehrflutige Pumpen sind für die Realisierung hoher Volumenströme und mehrstufige für die hoher Druckdifferenzen (Förderhöhen) anzuwenden. Alternativ zu mehrstufigen und mehrflutigen Maschinen können auch mehrere einstufige Strömungsmaschinen miteinander verschaltet werden, wie in Abschn. 14.5.3 besprochen wird.

14.3 Energieumsetzung im Laufrad

In den folgenden drei Abschnitten wird zunächst erläutert, wie die rotierende Bewegung des Laufrades mit der Strömung in den Schaufelkanälen zusammenhängt und dass beides einander bedingt. Danach wird darauf eingegangen, warum die Energiezufuhr über die Schaufeln in einer Kreiselpumpe vor allem eine Druckerhöhung bewirkt.

14.3.1 Impulssatz und Eulersche Hauptgleichung

Aus dem Impulssatz der Mechanik lässt sich die sogenannte *Eulersche*[3] *Hauptgleichung* der Strömungsmaschinen herleiten, welche die *spezifische Schaufelarbeit* Y_{Sch} mit den Geschwindigkeitskomponenten der Masseteilchen am Eintritt und Austritt des Laufrades in Beziehung setzt. Die spezifische Schaufelarbeit ist die auf den Massenstrom bezogene Schaufelleistung P_{Sch}. Die Schaufelleistung ist eng mit der Bewegung des Fluids im Laufrad verknüpft: Sie muss von den Schaufeln einer Pumpe aufgebracht werden, um die Änderung der Bewegung des Fluids zu bewirken ($P_{Sch} > 0$) und wird in einer Turbine vom Fluid auf die Schaufeln übertragen, während es seine Bewegung ändert ($P_{Sch} < 0$). In der Schaufelleistung sind nur die Strömungsverluste, die im Laufrad auftreten, berücksichtigt.

Die absolute Geschwindigkeit eines Masseteilchens im Laufrad $\vec{w}$ wird in zwei Geschwindigkeitskomponenten zerlegt: die Relativgeschwindigkeit zum Laufrad $\vec{v}$ und die Umfangsgeschwindigkeit $\vec{u}$. Die relative Bewegung zum Laufrad folgt einer Bahnkurve, die nahezu kongruent zur Schaufelform ist. Die absolute Bewegung des Teilchens resultiert daraus, dass sich die Relativbewegung und die Rotation des Laufrades überlagern (s. Abb. 14.6), woraus folgt:

$$\vec{w} = \vec{v} + \vec{u}. \tag{14.4}$$

Betrachtet man ein Masseteilchen von einem Standpunkt außerhalb der Pumpe, so sieht der Betrachter, dass sich das Teilchen von innen nach außen sowie umlaufend bewegt.

Im Laufrad nehmen sowohl die Umfangsgeschwindigkeit u als auch die absolute Geschwindigkeit w zu, während die Relativgeschwindigkeit v aufgrund des sich erweiternden Strömungskanals abnimmt. Die Meridiankomponenten der Relativgeschwindigkeit und der Absolutgeschwindigkeit eines Masseteilchens sind gleich groß und beschreiben letztendlich den Volumenstrom. Bei einem radial fördernden Laufrad ist die Meridiankomponente die radiale Geschwindigkeit, bei einem axial fördernden Laufrad ist es die axiale Geschwindigkeit. Diese Geschwindigkeit resultiert aus der Kontinuitätsbeziehung. Am Eintritt (Punkt 1, Querschnittsfläche A_1, Laufradhöhe b_1, *Verengungsfaktor* ($k_i > 1$) zur Berücksichtigung der Schaufeldicke

[3] Leonhard Euler 1707–1783, schweizer Mathematiker, u. v. a. eigentlicher Begründer der Analysis

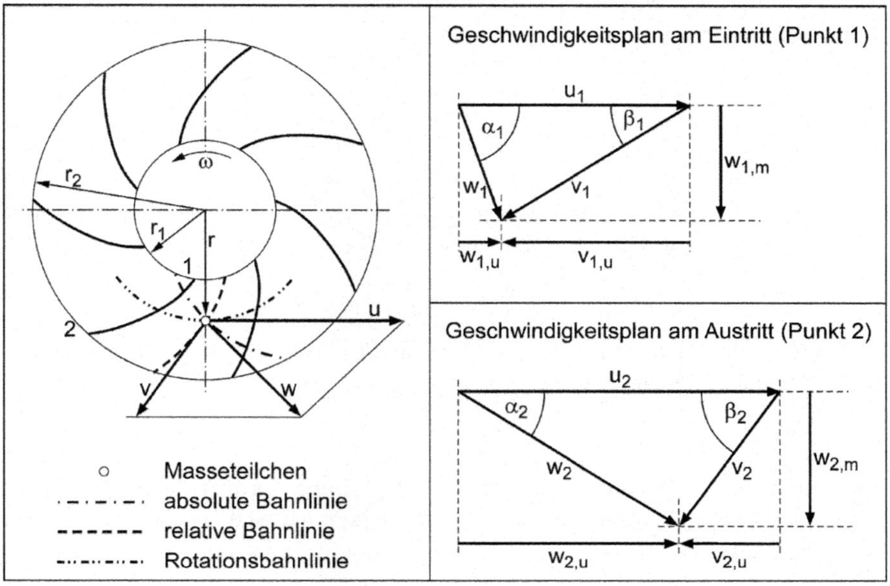

Abb. 14.6 Bewegung eines Masseteilchens in einem radial fördernden Laufrad. (Nach Menny 2006)

k_1) und Austritt (Punkt 2, A_2, b_2, k_2) des Laufrades gilt:

$$w_{1m} = v_{1m} = \frac{\dot{V}_1}{A_1} k_1 = \frac{\dot{V}}{2\pi r_1 b_1} k_1 \quad \text{und} \quad w_{2m} = v_{2m} = \frac{\dot{V}_2}{A_2} k_2 = \frac{\dot{V}}{2\pi r_2 b_2} k_2. \tag{14.5}$$

Gemäß Impulssatz der Mechanik ist eine Änderung der Geschwindigkeit auf eine äußere Kraft zurückzuführen:

$$d\vec{F}_R = \dot{M} d\vec{w}. \tag{14.6}$$

Aus dieser Kraft und dem Abstandsvektor $\vec{r}$ resultiert das Moment $\vec{M}_R$ für die Bewegung:

$$d\vec{M}_R = \vec{r} \times d\vec{F}_R = \dot{M}(\vec{r} \times d\vec{w}). \tag{14.7}$$

Bei Strömungsmaschinen ist $\vec{r}$ sinnvoll als Abstand des Masseelementes zur Achsenmitte zu wählen (s. Abb. 14.6). Mithilfe der Produktregel und der Betrachtung, dass $d\vec{r}$ und $\vec{w} = d\vec{r}/dt$ parallel verlaufen (d. h. $d\vec{r} \times \vec{w} = 0$), lässt sich schreiben:

$$d\vec{M}_R = \dot{M}\, d(\vec{r} \times \vec{w}). \tag{14.8}$$

Integriert man diese Gleichung vom Schaufelanfang (Punkt 1) bis zum Schaufelende (Punkt 2) ergibt sich:

$$\vec{M}_R = \dot{M}(\vec{r}_2 \times \vec{w}_2 - \vec{r}_1 \times \vec{w}_1). \tag{14.9}$$

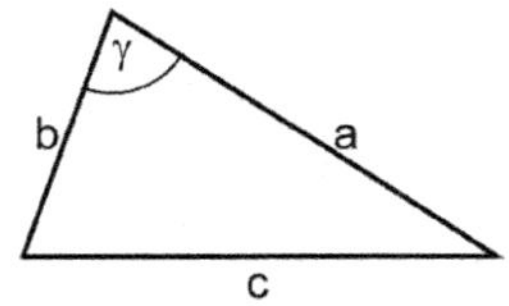

Abb. 14.7 Dreieck zur Veranschaulichung des Kosinussatzes

Da die Vektoren $\vec{r}_i$ und die Meridiankomponente der Absolutgeschwindigkeit $\vec{w}_{i,m}$ parallel sind, ergibt sich der Absolutbetrag des Moments gemäß:

$$M_R = \pm \dot{M}(r_2 \cdot w_{2,u} - r_1 \cdot w_{1,u}). \tag{14.10}$$

Die Leistung der Bewegung ergibt sich aus dem Produkt dieses Reaktionsmomentes mit der Winkelgeschwindigkeit ω:

$$P = M_R \omega. \tag{14.11}$$

In einer Strömungsmaschine ist dies die *Schaufelleistung*. Da die Umfangsgeschwindigkeit u das Produkt aus der Winkelgeschwindigkeit ω und dem Radius r ist, folgt für die Leistung

$$P_{Sch} = \pm \dot{M}(u_2 \cdot w_{2,u} - u_1 \cdot w_{1,u}) \tag{14.12}$$

und für die spezifische Schaufelarbeit Y_{Sch}:

$$\boxed{Y_{Sch} = \pm(u_2 \cdot w_{2,u} - u_1 \cdot w_{1,u}).} \tag{14.13}$$

Diese auf Euler zurückgehende Gleichung wird als *Eulersche Hauptgleichung der Strömungsmaschinen* bezeichnet. Aus der Beziehung folgt, dass die Schaufelarbeit, d. h. der spezifische Energieeintrag und damit auch die Förderhöhe, allein aus den Umfangsgeschwindigkeiten und den Umfangskomponenten der Absolutgeschwindigkeit berechnet werden kann. Wie man leicht nachweisen kann, trifft dies auch für den Volumenstrom zu. Hierin besteht die besondere Qualität der Eulerschen Hauptgleichung.

Im Fall einer *drallfreien Saugseitenströmung*, also $\alpha_1 = 90°$, wird $w_{1,u}$ zu null und $Y_{Sch} = \pm u_2 \times w_{2,u}$.

Die Gln. (14.12) und (14.13) lassen sich mithilfe trigonometrischer Regeln noch einmal umschreiben:

Nach dem Kosinussatz gilt für ein Dreieck mit Abmessungen wie in Abb. 14.7:

$$c^2 = a^2 + b^2 - 2ab \cdot \cos\gamma. \tag{14.14}$$

Aus den Geschwindigkeitsdreiecken am Eintritt und am Austritt folgt daher:

$$v_1^2 = u_1^2 + w_1^2 - 2u_1 w_1 \cdot \cos\alpha_1 \quad \text{und} \quad v_2^2 = u_2^2 + w_2^2 - 2u_2 w_2 \cdot \cos\alpha_2. \tag{14.15}$$

Des Weiteren lässt sich aus den Geschwindigkeitsdreiecken ablesen, dass gilt:

$$w_{1,u} = w_1 \cdot \cos\alpha_1 \quad \text{und} \quad w_{2,u} = w_2 \cdot \cos\alpha_2. \tag{14.16}$$

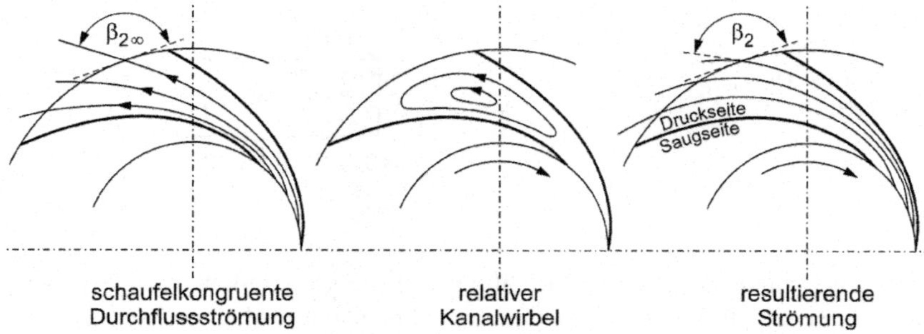

Abb. 14.8 Strömung im Schaufelkanal. (Nach Menny 2006)

Durch Einsetzen der Gln. (14.16) in die Gln. (14.15) folgen die Zusammenhänge:

$$u_1 w_{1,u} = \frac{1}{2}(w_1^2 + u_1^2 - v_1^2) \quad \text{und} \quad u_2 w_{2,u} = \frac{1}{2}(w_2^2 + u_2^2 - v_2^2). \tag{14.17}$$

Die Gln. (14.12) und (14.13) lassen sich daher auch folgendermaßen schreiben:

$$\boxed{P_{Sch} = \pm \dot{M}\, \frac{1}{2}(w_2^2 - w_1^2 + u_2^2 - u_1^2 - v_2^2 + v_1^2),} \tag{14.18}$$

$$\boxed{Y_{Sch} = \pm \frac{1}{2}\left(w_2^2 - w_1^2 + u_2^2 - u_1^2 - v_2^2 + v_1^2\right).} \tag{14.19}$$

Die Gln. (14.13) und (14.19) stellen zwei weitere Schreibweisen der *Eulerschen Hauptgleichung* der Strömungsmaschinen dar. Die Hauptgleichung gilt sowohl für inkompressible als auch für kompressible Medien. Ebenso für axiale, halbaxiale und radiale Räder. Auch Verluste innerhalb des Laufrades durch Reibung oder Stoß beeinflussen die Gültigkeit des Impulssatzes und somit der Hauptgleichung nicht (Pfleiderer und Petermann 2005).

14.3.2 Kanalwirbel und Kraftübertragung

Die Relativströmung in den Schaufelkanälen ist nur im Grenzfall von unendlich vielen Schaufeln vollständig kongruent zur Schaufelform. In allen anderen Fällen besteht sie aus einer schaufelkongruenten Strömung und einem überlagerten Kanalwirbel. In Abb. 14.8 ist die Relativströmung in den Schaufelkanälen dargestellt. Bei der Rotation eines reibungsfreien Mediums in einem Laufrad mit verhindertem Durchfluss (Abb. 14.8 Mitte)) entsteht eine Wirbelbewegung mit zum Laufrad entgegen gesetztem Drehsinn. Wegen der Reibungsfreiheit kann die Rotation des Rades nicht auf die Flüssigkeit übertragen werden, sodass die Absolutströmung drehungsfrei bleiben muss. Auf der einen Schaufelseite liegen die Stromlinien des

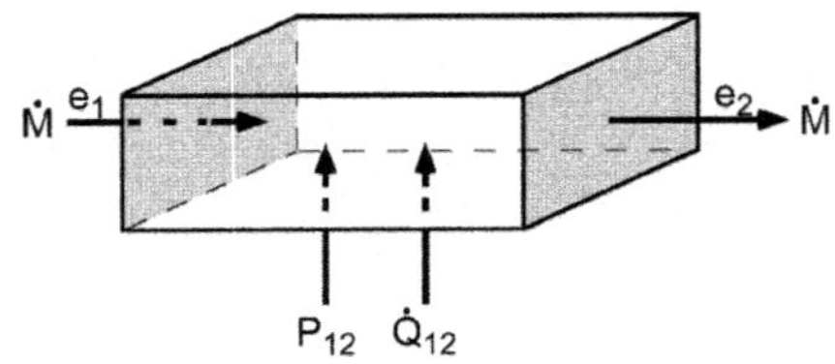

Abb. 14.9 Bilanzraum eines stationären Fließprozesses mit den zugehörigen Energieströmen

Kanalwirbels daher in derselben Richtung wie die schaufelkongruente Strömung, wodurch eine erhöhte resultierende Geschwindigkeit und deshalb auch ein geringerer Druck entstehen (*Saugseite*). Auf der anderen Schaufelseite verlaufen die Stromlinien des Kanalwirbels entgegengesetzt zur schaufelkongruenten Strömung, sodass die resultierende Geschwindigkeit dort kleiner und der Druck größer ist (*Druckseite*). Die Existenz des Kanalwirbels ist daher direkt mit der Kraftwirkung auf die Schaufeln verknüpft (Menny 2006).

14.3.3 Energiebilanz und Druckerhöhung

Mithilfe einer integralen Energiebilanz lässt sich sehr anschaulich zeigen, in welcher Form die zugeführte Energie im Fluid gespeichert werden kann und warum in einer Kreiselpumpe vor allem eine Druckerhöhung realisiert wird. Die Energiebilanz eines stationären Fließprozesses lautet gemäß Abb. 14.9:

$$P_{12} + \dot{Q}_{12} = \dot{M}\,(e_2 - e_1). \tag{14.20}$$

Wobei e_1 und e_2 die massenspezifischen Energien des eintretenden und des austretenden Stromes sind. Da sich diese aus der Enthalpie, der kinetischen Energie und der potenziellen Energie zusammensetzen (s. Abschn. 1.6.2), kann die Gleichung umgeschrieben werden zu:

$$\underbrace{P_{12}}_{\substack{\text{mechanische}\\ \text{Leistung}}} + \underbrace{\dot{Q}_{12}}_{\substack{\text{Energiezu-}\\ \text{bzw.-abfuhr}}} = \dot{M}[\underbrace{h_2 - h_1}_{\text{Enthalpie}} + \underbrace{\tfrac{1}{2}(w_2^2 - w_1^2)}_{\text{kin. Energie}} + \underbrace{g(z_2 - z_1)}_{\text{pot. Energie}}]. \tag{14.21}$$

Die kinetischen Energien E_{kin} werden mit der mittleren Geschwindigkeit des Fluids gebildet, d. h. $w = \dot{V}/A$. Bezieht man Gl. (14.21) auf den Massenstrom, enthält sie nur noch spezifische Größen:

$$Y_{12} + q_{12} = h_2 - h_1 + \tfrac{1}{2}(w_2^2 - w_1^2) + g(z_2 - z_1). \tag{14.22}$$

Die spezifische Arbeit Y wird bei Strömungsprozessen allgemein *technische Arbeit* genannt. Mithilfe einer Fundamentalgleichung und dem 2. Hauptsatz der Thermodynamik lässt sich die Enthalpiedifferenz umschreiben. Es gilt

$$dh = Tds + vdp \tag{14.23}$$

und:

$$Tds = dq + Tds_{irr}. \tag{14.24}$$

Tds_{irr} ist die *spezifische Dissipationsenergie* und wird im Folgenden dj genannt. Sie ist immer größer null:

$$Tds_{irr} = dj > 0. \tag{14.25}$$

Einsetzen der Gln. (14.24) und (14.25) in Gl. (14.23) und deren Integration in den Grenzen 1 und 2 liefert für die Enthalpiedifferenz:

$$h_2 - h_1 = q_{12} + j_{12} + \int_1^2 v\,dp. \tag{14.26}$$

Nach Einfügung in die Energiebilanz (14.22) folgt für die spezifische Arbeit:

$$\boxed{Y_{12} = \int_1^2 v\,dp + \frac{1}{2}\left(w_2^2 - w_1^2\right) + g(z_2 - z_1) + j_{12}.} \tag{14.27}$$

Die Zufuhr technischer Arbeit an ein Fluid bewirkt demnach eine Steigerung des Druckes, der kinetischen und/oder potenziellen Energie vermindert um den Anteil der Dissipation. Bemerkenswert ist, dass Gl. (14.27) nicht von den kalorischen Größen Wärme q_{12} und Enthalpie abhängt, sondern abgesehen von j_{12} nur von mechanischen Größen (Baehr 2005). Im Folgenden werden die vier Anteile auf der rechten Seite von Gl. (14.27) für eine Kreiselpumpe kurz erläutert.

Integral $\int_1^2 v\,dp$ Diese Arbeit stellt den Mindestaufwand an technischer Arbeit dar, der nötig ist, um den Druck des Fluids von p_1 auf p_2 zu erhöhen, bzw. die maximale Arbeit, die in einer Turbine gewonnen werden kann, wenn das Fluid von p_2 auf p_1 entspannt wird. In Abb. 14.10 ist das Integral $v \cdot dp$ für zwei verschiedene Fälle in einem pv-Diagramm dargestellt. Bei inkompressiblen Fluiden verläuft die Druckänderung entlang einer senkrechten Linie, da sich das spezifische Volumen v nicht ändert. Bei kompressiblen Fluiden ist eine Druckänderung mit einer Volumenänderung verbunden.

Differenz der potenziellen Energien $g(z_1 - z_2)$ Bei Kreiselmaschinen ist der Höhenunterschied zwischen Eintritts- und Austrittsstutzen meist so gering, dass die Änderung der potenziellen Energie vernachlässigt werden kann.

Differenz der kinetischen Energien $(w_1^2 - w_2^2)/2$ Auch die Differenz der kinetischen Energie ist in den meisten Fällen vernachlässigbar klein gegenüber der Enthalpieänderung (Baehr 2005). Die kinetische Energie ist über die absolute Strömungsgeschwindigkeit w direkt mit dem Massenstrom verknüpft:

$$\dot{M} = \rho w A \quad \text{und} \quad e_{kin} = \frac{1}{2}\rho w^2.$$

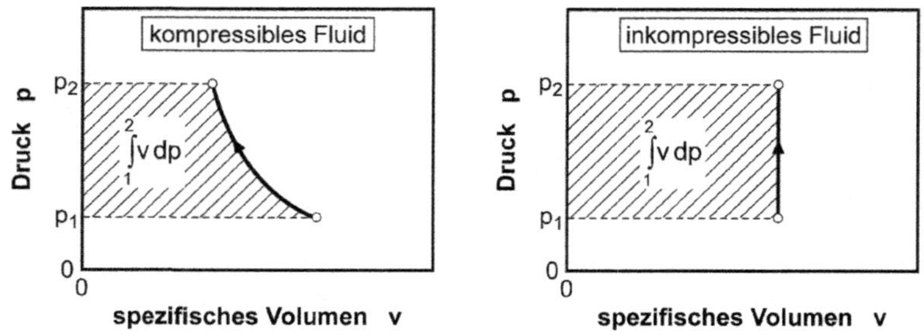

Abb. 14.10 Darstellung des Integrals vdp im pv-Diagramm für ein kompressibles und ein inkompressibles Fluid

Aus Kontinuitätsgründen kann bei der Förderung inkompressibler Medien in geschlossenen Maschinen die Strömungsgeschwindigkeit und somit die kinetische Energie nur durch eine Änderung des durchströmten Querschnitts variieren. Solche Änderungen sind aber sehr gering, wenn sie überhaupt vorhanden sind.

Bei der Förderung kompressibler Fluide ist dies etwas komplizierter, da mit der Druckänderung eine Dichteänderung einhergeht, die einen Unterschied zwischen Eintritts- und Austrittsgeschwindigkeit bewirkt. Die daraus folgende Änderung der kinetischen Energie ist aber meist vernachlässigbar klein und muss nur bei großen Dampfturbinen mit sehr hohen Austrittsgeschwindigkeiten (100–200 m/s) beachtet werden (Baehr 2005). In einem Verdichter erhöht sich die Enthalpie üblicherweise um 150 bis 300 kJ/kg, in einer Turbine sinkt sie um 300 bis 800 kJ/kg. Die spezifische kinetische Energie ist auch bei hohen Strömungsgeschwindigkeiten wesentlich geringer.

Dissipationsenergie j_{12} Die Energiedissipation steht in direktem Zusammenhang mit der Entropieerhöhung. Die Dissipationsenergie j kommt durch Reibungs- und Stoßeffekte bei der irreversiblen Verformung der Fluidelemente zustande und wirkt auf die Entropieänderung wie eine zugeführte Wärme. Durch Energiedissipation erhöht sich die Temperatur des Fluids und der Maschine. Energiedissipation erhöht die zu leistende Arbeit einer Pumpe und verringert den Arbeitsgewinn einer Turbine.

14.4 Kennlinien

Bei Kreiselmaschinen hängen die spezifische Arbeit Y und die Förderhöhe H charakteristisch von Volumenstrom und Drehzahl ab. Die grafische Darstellung der Arbeit oder der Förderhöhe über dem Volumenstrom bei konstanter Drehzahl wird als *Kennlinie* oder *Drosselkurve* bezeichnet. Die Darstellung mehrerer Kennlinien in einem Diagramm bildet ein sogenanntes *Kennfeld*. Die Drosselkurve einer Kreiselmaschine kann mit der erforderlichen Genauigkeit nur experimentell bestimmt werden. Zum besseren Verständnis grundlegender Tatsachen ist aber eine theoretische Betrachtung von Nutzen (Menny 2006).

14.4.1 *Theoretische Konstruktion einer Drosselkurve*

Zur Konstruktion einer *Drosselkurve* ist die spezifische Arbeit Y für verschiedene Durchsätze $\dot{V}_x$ (der Index x steht im Folgenden für variabel), die vom Durchsatz im Auslegungspunkt $\dot{V}_A$ abweichen, zu berechnen. Die spezifische Arbeit ergibt sich aus der spezifischen Schaufelarbeit Y_{Sch} durch Abzug der spezifischen Verluste Z:

$$Y_x = \underbrace{Y_{Sch,x}}_{Zufuhr} - \underbrace{\sum Z_x}_{Verluste} . \tag{14.28}$$

In der folgenden theoretischen Berechnung einer Drosselkurve werden die sogenannten Kanalreibungsverluste der Strömung, die in der ganzen Pumpe auftreten, also in Lauf- und Leitrad sowie in den Verbindungskanälen mit dem Saug- und Druckstutzen, Z_R und die Stoßverluste beim Eintritt in das Lauf- und Leitrad Z_{St} berücksichtigt. Die spezifische Arbeit berechnet sich dann nach

$$Y_x = Y_{Sch,x} - Z_{R,x} - Z_{St,x} \tag{14.29}$$

und erfolgt in vier Schritten (Menny 2006):

1. Berechnung der spezifischen Schaufelarbeit bei unendlicher Schaufelanzahl (schaufelkongruente Strömung),
2. Berechnung der spezifischen Schaufelarbeit bei endlicher Schaufelanzahl,
3. Abzug der spezifischen Kanalreibungsverluste Z_R,
4. Abzug der spezifischen Stoßverluste Z_{St}.

In einer realen Strömungsmaschine treten noch weitere Verluste auf, die bei dieser theoretischen Berechnung der Kennlinie nicht modelliert werden. Dazu zählen zum einen alle Reibungsverluste, die keine Strömungsverluste sind und effektiv eine Temperaturerhöhung des Fluids und der Maschine bewirken, z. B. Reibung an der Außenseite des Rades (sogenannte Radseitenreibung), in den Lagern und Dichtungen. Dazu zählt andererseits auch der sogenannte *Spaltverlust.* Dies ist ein Mengenverlust, der dadurch entsteht, dass aufgrund des Druckunterschiedes ein Teil des Fördermediums durch den Spalt zwischen Laufrad und Gehäuse von der Druckseite auf die Saugseite fließt. Bei Kreiselpumpen vergrößert dies den zu verdichtenden Massenstrom und somit auch die nötige Leistung. Bei Turbinen vermindert es den Massenstrom, welcher Arbeit am Laufrad verrichtet, und somit auch die nutzbare Leistung.

Berechnung der Schaufelarbeit bei unendlicher Schaufelanzahl (Pfleiderer und Petermann 2005) Bei unendlicher Schaufelanzahl ist die Strömung schaufelkongruent. Das heißt, der relative Abströmwinkel entspricht dem Schaufelwinkel β_2 und es gibt keinen Stoßverlust an der Abströmkante. Außerdem sei die Zuströmung des Fluids senkrecht, sodass die Geschwindigkeitskomponente in Umfangsrichtung am Eintritt $w_{1,u}$ null ist. Aus der Hauptgleichung (14.13) folgt dann:

$$Y_{Sch,\infty} = u_2 w_{2,u}. \tag{14.30}$$

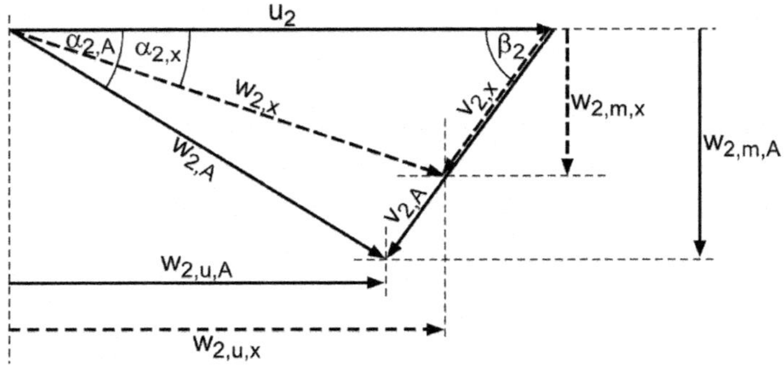

Abb. 14.11 Geschwindigkeitsplan für die Druckkante eines Pumpenrads für Normal- und Teillast bei schaufelkongruenter Strömung. (Nach Pfleiderer und Petermann 2005)

Die Umfangsgeschwindigkeit u_2 bleibt aber für alle Durchsätze gleich, wenn die Drehzahl konstant ist:

$$Y_{Sch,\infty,x} = u_2 w_{2,u,x}. \tag{14.31}$$

In Abb. 14.11 ist das Geschwindigkeitsdreieck an der Druckkante eines Pumpenrades für eine schaufelkongruente Strömung dargestellt. Man kann darin erkennen, dass sich die Geschwindigkeitskomponente $w_{2,u,x}$ als Funktion des Abströmwinkels schreiben lässt:

$$w_{2,u,x} = u_2 - w_{2,m,x} \cdot \cot \beta_2. \tag{14.32}$$

Die Meridiangeschwindigkeit in einem Lastfall hängt aus Kontinuitätsgründen linear von der Geschwindigkeit im Auslegungspunkt ab:

$$w_{2,m,x} = \frac{\dot{V}_x}{\dot{V}_A} w_{2,m,A}. \tag{14.33}$$

Aus den Gln. (14.31), (14.32) und (14.33) folgt für die Schaufelleistung bei schaufelkongruenter Strömung:

$$Y_{Sch,\infty,x} = u_2 \left(u_2 - \frac{\dot{V}_x}{\dot{V}_A} w_{2,m,A} \cdot \cot \beta_2 \right). \tag{14.34}$$

In einem Y, $\dot{V}$ -Diagramm ist dies eine Gerade. Die Steigung ist positiv für $\beta_2 > 90°$ (vorwärts gekrümmte Schaufeln) und negativ für $\beta_2 < 90°$ (rückwärts gekrümmte Schaufeln). Für $\beta_2 = 90°$ (radial endende Schaufeln) verläuft die Gerade waagerecht (s. Abb. 14.12 links). Außerdem ist der Achsenabschnitt konstant und unabhängig vom Schaufelwinkel β_2. Der Wert wird als *Anfahr-* oder *Nullförderhöhe* bezeichnet:

$$Y(\dot{V} = 0) = u_2^2 \qquad H(\dot{V} = 0) = \frac{u_2^2}{g}. \tag{14.35}$$

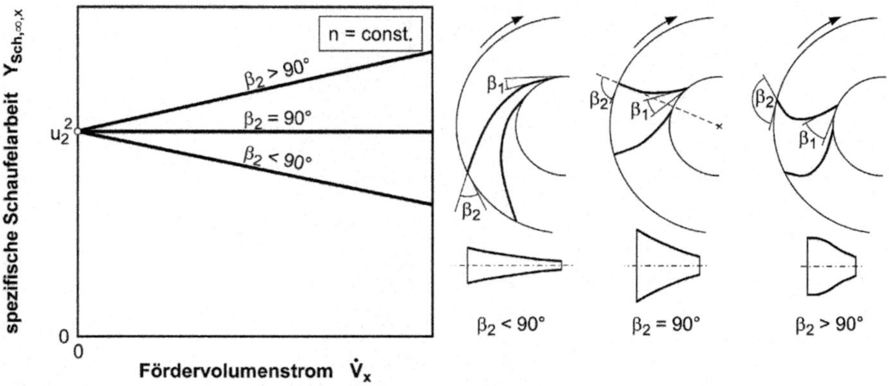

Abb. 14.12 *Links*: Spezifische Schaufelarbeit bei unendlich vielen Schaufeln als Funktion des Durchsatzes. *Rechts*: Schaufelformen im Fall radialer Beschaufelung mit verschiedenen Austrittswinkeln β_2 zusammen mit der abgewickelten Darstellung der Kanalbreite mit zunehmendem Radius. (Nach Pfleiderer und Petermann 2005)

Auf der rechten Seite von Abb. 14.12 ist dargestellt, wie sich der Winkel β_2 auf die Form der Schaufelräder und der Strömungskanäle zwischen den Schaufeln auswirkt. Bei nach vorne gekrümmten Schaufeln ändert sich der Strömungsquerschnitt stärker als bei nach hinten gekrümmten Schaufeln. Kreiselpumpen werden meist mit nach hinten gekrümmten Schaufeln gebaut, da bei einer Pumpe das Fluid von innen nach außen fließt. In einem Kanal, dessen Querschnitt sich stark erweitert, löst sich die Strömung fast immer ab, und es treten höhere Druckverluste auf als in einem Kanal, dessen Querschnitt sich langsam erweitert. Andererseits sind mit vorwärts gekrümmten Schaufeln größere Druckhöhen erreichbar. Üblicherweise werden allerdings in Kreiselpumpen Winkel β_2 zwischen 20° und 40° eingesetzt. Die folgenden Rechnungen werden daher nur für den Fall $\beta_2 < 90°$ durchgeführt.

Berechnung der Schaufelarbeit bei endlicher Schaufelanzahl (Sigloch 2006) Bei einer endlichen Schaufelzahl wird das Fluid in geringerem Maße abgelenkt und erfährt eine geringere Dralländerung als (theoretisch) bei unendlicher Schaufelanzahl. Daraus resultiert, dass die spezifische Schaufelarbeit Y_{Sch} bei endlich vielen Schaufeln geringer ist als bei unendlich vielen Schaufeln. Die Differenz ist die sogenannte Minderleistung Y_M. Auf Pfleiderer geht der Ansatz zurück, dass die Minderleistung proportional zu der Schaufelleistung ist (Sigloch 2006):

$$Y_M = Y_{Sch,\infty} - Y_{Sch} = p \cdot Y_{Sch}. \tag{14.36}$$

Für die Schaufelarbeit folgt dann:

$$Y_{Sch} = \frac{1}{1+p} \cdot Y_{Sch,\infty} = k_m \cdot Y_{Sch,\infty}. \tag{14.37}$$

Der Faktor k_m wird *Minderleistungsfaktor* genannt, p ist die *Minderleistungszahl* (oder *Arbeitsminderungszahl*). Beide Parameter können für dieselbe Pumpe als konstant betrachtet werden (Pfleiderer und Petermann 2005), woraus sich ergibt, dass

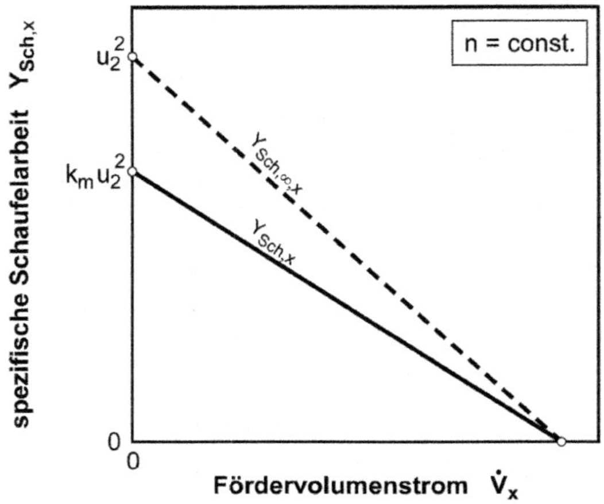

Abb. 14.13 Theoretische Kennlinie bei verlustfreier Strömung, in einer Strömungsmaschine mit rückwärts gekrümmten Schaufeln bei endlicher und unendlicher Schaufelanzahl. (Nach Menny 2006)

Y_{Sch} über $\dot{V}$ ebenfalls linear verläuft und die x-Achse im selben Punkt schneidet wie $Y_{Sch,\infty}$ (s. Abb. 14.13). Für niedrig viskose Medien ist dies hinreichend erfüllt. Zähigkeitseinflüsse bewirken jedoch ein mehr oder weniger starkes Abweichen vom linearen Verlauf (Pfleiderer und Petermann 2005). Der Minderleistungsfaktor k_m ist stets kleiner oder gleich eins. Bei Kreiselpumpen liegt er im Bereich $k_m^{Pumpe} = 0{,}6 \ldots 0{,}85$. Bei Turbinen kann die Minderleistung meist vernachlässigt werden: $k_m^{Turbine} = 1$ (Sigloch 2006).

Berechnung der Kanalreibungsverluste Kanalreibungsverluste treten in jedem Lastfall und innerhalb der ganzen Pumpe auf, also im Lauf- und Leitrad sowie in den Verbindungskanälen (Pfleiderer und Petermann 2005; Sigloch 2006). Die Kanalreibung beträgt am Auslegungspunkt:

$$Z_R = (1 - \eta_r) Y_{Sch}. \tag{14.38}$$

η_r kann darin als Wirkungsgrad betrachtet werden. Der Reibungsverlust Z_R ändert sich mit dem Durchsatz annähernd quadratisch. Dabei wird angenommen, dass die Kanalreibungsverluste in der Strömungsmaschine ebenso vom Volumenstrom abhängen, wie in einem ruhenden Kanal, da es keine anderen geeigneten Berechnungsansätze gibt (Pfleiderer und Petermann 2005; Sigloch 2006):

$$Z_{R,x} = (1 - \eta_r) Y_{Sch} \cdot (\dot{V}_x / \dot{V}_A)^2. \tag{14.39}$$

In Abb. 14.14 sind schematisch der Verlauf der Kanalreibungsverluste und die Drosselkurve nach Abzug dieser Verluste gezeigt.

Berechnung der Stoßverluste Stoßverluste treten auf, wenn die Zuströmungsrichtung von der Anfangsrichtung des Schaufelgitters abweicht. Im Allgemeinen ist dies der Fall, wenn die Maschine nicht im Auslegungspunkt arbeitet. Bei Teillast treten Stoßverluste an den Schaufelvorderseiten, bei Überlast an den Schaufelrückseiten auf (Sigloch 2006). Stoßverluste hängen ebenfalls quadratisch vom

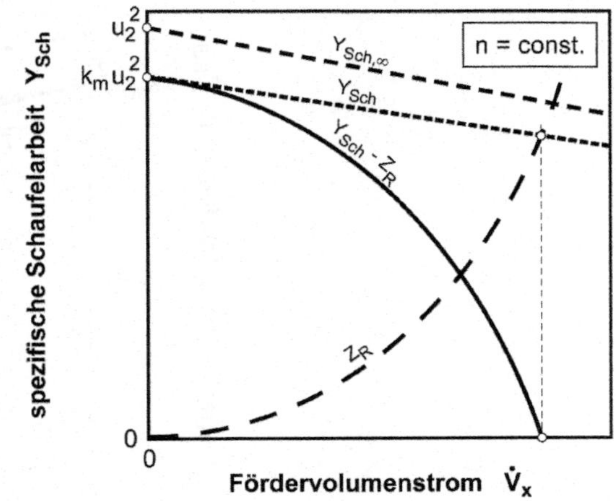

Abb. 14.14 Theoretische Kennlinie unter Berücksichtigung der Kanalreibungsverluste. (Nach Pfleiderer und Petermann 2005)

Volumenstrom ab, wobei der Scheitelpunkt der Parabel der Durchsatz im Auslegungspunkt $\dot{V}_A$ ist. Der gesamte Stoßverlust setzt sich aus dem Laufradstoßverlust und dem Leitradstoßverlust zusammen (Sigloch 2006; Pfleiderer und Petermann 2005):

$$Z_{St,x} = \underbrace{\frac{\zeta_{St}}{2} \cdot \left(1 - \frac{\dot{V}_x}{\dot{V}_A}\right)^2 u_1^2}_{Laufrad} + \underbrace{\frac{\zeta_{St}}{2} \cdot \left(1 - \frac{\dot{V}_x}{\dot{V}_A}\right)^2 u_2^2 \left(k_m \frac{R_2}{R_{Leitrad}}\right)^2}_{Leitrad}. \tag{14.40}$$

Meist ist der Abstand (Spalt) zwischen Lauf- und Leitrad gering, sodass $R_{Leitrad} \approx R_2$ gesetzt werden kann. k_m ist der in Gl. (14.37) eingeführte Minderleistungsfaktor. Der *Stoßbeiwert* ζ_{St} beträgt nach Hansen (zit. von Sigloch 2006):

$$\zeta_{St} = 0{,}3 + 0{,}6 \frac{\beta_2}{90°}. \tag{14.41}$$

Andere Autoren geben einen Bereich $\zeta_{St} = 0{,}5$ bis 0,7 an (Pfleiderer; Sigloch 2006). In Abb. 14.15 ist die Abhängigkeit der Stoßverluste vom Durchsatz dargestellt. Das Diagramm zeigt auch den Verlauf der somit theoretisch hergeleiteten Drosselkurve.

14.4.2 *Stabile und instabile Kennlinien*

Die Drosselkurve einer Kreiselpumpe wird als *stabil* bezeichnet, wenn die Kurve stets eine negative Steigung der Förderhöhe bzw. Stutzenarbeit gegenüber dem Volumenstrom aufweist (KSB 1989). D. h., die Nullförderhöhe ist am größten und die Kennlinie fällt mit zunehmendem Volumenstrom stetig ab (s. Abb. 14.16

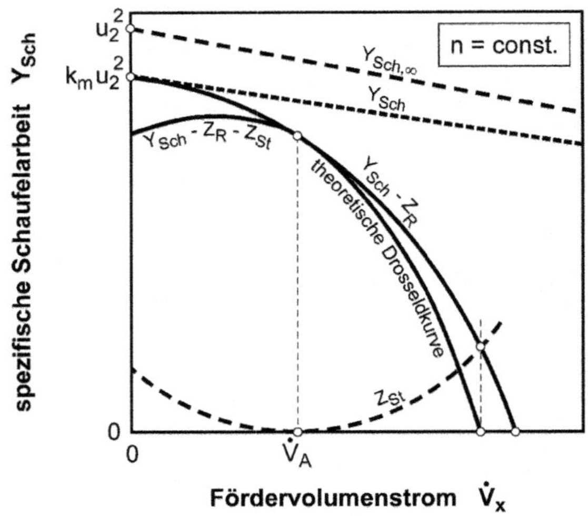

Abb. 14.15 Theoretische Kennlinie nach Berücksichtigung der Stoßverluste. (Nach Pfleiderer und Petermann 2005)

links). Bei stabilen Drosselkurven besteht ein eindeutiger Zusammenhang zwischen Förderstrom und Förderhöhe (Sigloch 2006).

Eine Drosselkurve gilt in einem Förderstrombereich als *instabil*, wenn ihre Steigung in diesem Bereich positiv ist (KSB 1989). Die häufigsten Formen instabiler Drosselkurven sind in Abb. 14.16 Mitte und rechts dargestellt. Diese Drosselkurven haben sowohl stabile Äste (negative Steigung) als auch instabile Äste (positive Steigung). Wenn der Förderstrom einer Kreiselpumpe mit instabiler Drosselkurve unter einen kritischen Wert sinkt, arbeitet die Pumpe im instabilen Bereich, in dem Volumenstrom und Förderhöhe nicht mehr eindeutig zuzuordnen sind. Dadurch ergibt sich, dass die Pumpe zwischen verschiedenen Betriebspunkten sprunghaft wechselt. Diese labile Arbeitsweise wird als *Pumpen* bezeichnet. Das Pumpen geht mit lauten, schlagenden Geräuschen einher, löst Schwingungen aus und kann sowohl die Maschine als auch das Rohrsystem beschädigen. Wenn aber der Förderstrom hinreichend groß ist, arbeitet auch eine Pumpe mit instabiler Kennlinie stabil. Der

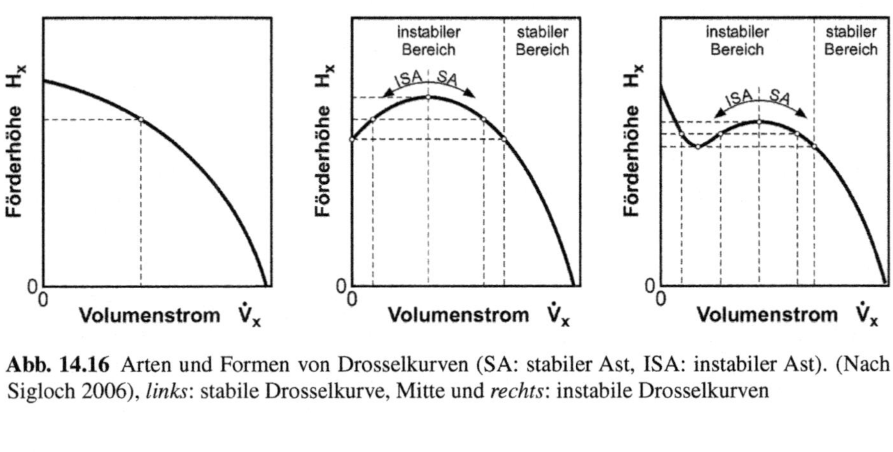

Abb. 14.16 Arten und Formen von Drosselkurven (SA: stabiler Ast, ISA: instabiler Ast). (Nach Sigloch 2006), *links*: stabile Drosselkurve, Mitte und *rechts*: instabile Drosselkurven

kritische Wert des Förderstroms wird als *Pumpgrenze* bezeichnet und üblicherweise in das Kennfeld der Pumpe mit eingezeichnet.

Der instabile Ast der Drosselkurve bei geringen Volumenströmen wird durch Stoßverluste gemäß Gl. (14.40) verursacht. Durch bestimmte konstruktive Maßnahmen ist es möglich, die Stoßverluste gering zu halten und die Instabilitäten einzudämmen.

14.4.3 Kennfeld

Setzt man in die theoretische Drosselkurve (s. Abschn. 14.4.1)

$$Y_x = Y_{Sch,x} - Z_{R,x} - Z_{St,x} \tag{14.29}$$

die für die einzelnen Terme hergeleiteten Gln. (14.34), (14.39) und (14.40) ein und berücksichtigt, dass $u_2^2 \sim n^2$ und $w_{2,m,A} \sim n$ gilt, so erhält man eine quadratische Abhängigkeit der spezifischen Arbeit vom Volumenstrom:

$$Y_x = k_1 n^2 + 2k_2 n \dot{V}_x - k_3 \dot{V}_x^2. \tag{14.42}$$

Darin sind n die Drehzahl und die Parameter k_1, k_2 sowie k von den Abmessungen des Lauf- und Leitrades abhängige Werte. Hieraus folgt der wichtige *Kongruenzsatz*: Die Drosselkurven einer Pumpe sind für sämtliche Drehzahlen kongruent, falls die Drosselkurven Parabeln sind (Pfleiderer und Petermann 2005). Erfahrungsgemäß trifft der Kongruenzsatz der Drosselkurven in weitem Bereich genügend genau zu (Sigloch 2006). Bei Änderung der Drehzahl verschiebt sich jeder Punkt der alten Kennlinie entlang einer Ursprungsparabel zur neuen Kennlinie der geänderten Drehzahl. Die Ursprungsparabeln werden auch als *Stoßparabeln* bezeichnet, da die Geschwindigkeitspläne entlang der Parabeln ähnlich bleiben, also gleiche Strömungsrichtungen und gleiche Stoßzustände vorliegen. In Abb. 14.17 wird u. a. eine Schar kongruenter Drosselkurven für verschiedene Drehzahlen gezeigt.

Auch der *Wirkungsgrad* einer Kreiselpumpe ist vom Durchsatz und von der Drehzahl abhängig. Der effektive Wirkungsgrad η ist definiert als theoretische Leistung durch effektive, tatsächliche Leistung bzw. als theoretische spezifische Arbeit Y_{th} durch effektive Arbeit Y_e:

$$\eta \equiv \frac{P_{th}}{P_e} = \frac{Y_{th}}{Y_e}. \tag{14.43}$$

Wie in Abb. 14.17 dargestellt, bilden die Linien gleichen Wirkungsgrades in dem Koordinatensystem einer Drosselkurve muschelförmige Linien. Das Kennfeld, in dem Linien gleicher Drehzahl und gleichen Wirkungsgrades eingezeichnet sind, wird daher auch *Muscheldiagramm* genannt. Solch ein Diagramm hat hohen Informationswert, da für jeden Kennfeldpunkt Volumenstrom, Stutzenarbeit (Förderhöhe), Drehzahl und Wirkungsgrad direkt abgelesen werden können und die Leistung mit $P = \rho \dot{V} Y / \eta$ einfach zu berechnen ist (Menny 2006). Im Bereich hoher Drehzahlen schließen sich die Muschelkurven nicht mehr.

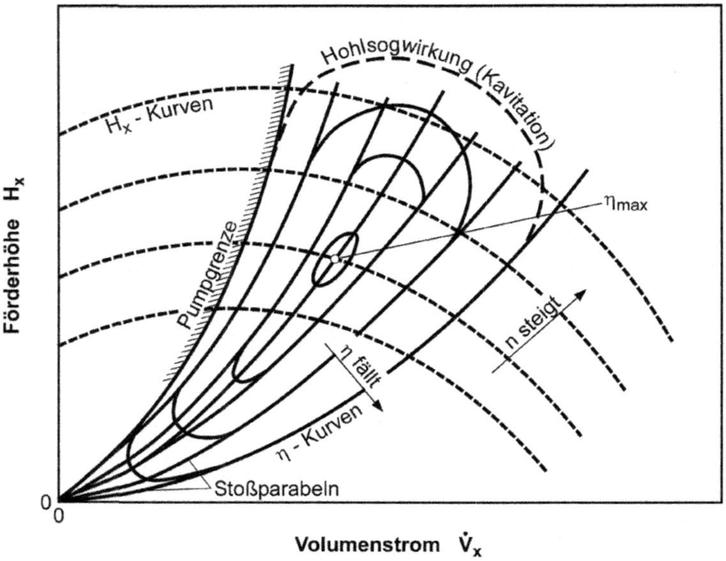

Abb. 14.17 Muscheldiagramm einer Kreiselpumpe. (Nach Sigloch 2006)

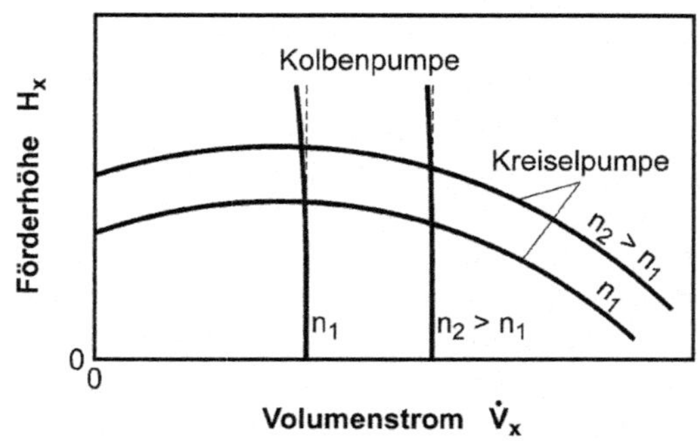

Abb. 14.18 Gegenüberstellung der Grundkennlinien von Kreisel- und Kolbenpumpe. (Nach Sigloch 2006)

14.4.4 Kennlinie einer Kolbenpumpe

Bei einer Kolbenpumpe ist der erreichbare Druck von der Kolbenkraft abhängig und keine Funktion des Durchsatzes. Bei stabiler Auslegung können Kolbenmaschinen auch in einstufiger Bauart sehr hohe Drücke von bis zu 15000 bar realisieren. Der Förderstrom ist jedoch nur vom Kolbenvolumen und der Drehzahl abhängig. Die Grundkennlinie einer Kolbenpumpe verläuft daher senkrecht zur $\dot{V}$ -Achse und ist für thermische Maschinen leicht nach links gekrümmt, wie Abb. 14.18 in dargestellt ist. Es wird zum einen deutlich, dass Verdrängerpumpen zur Realisierung sehr hoher Druckdifferenzen besser geeignet sind als Kreiselpumpen. Zum anderen kann der Durchsatz und damit der Betriebspunkt von Kolbenpumpen im Gegensatz zu Kreiselmaschinen nur über die Drehzahl angepasst werden.

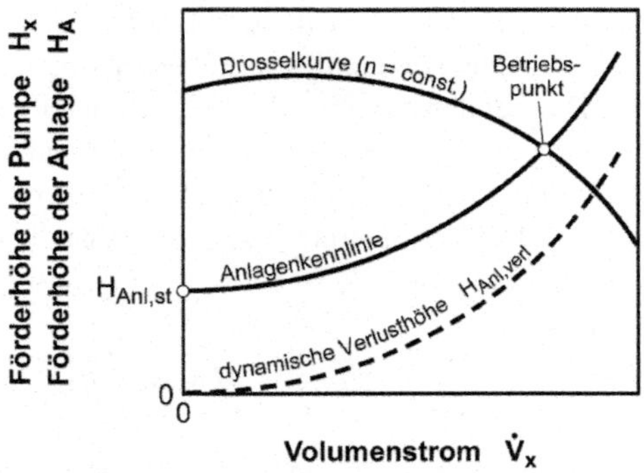

Abb. 14.19 Zur Definition des Betriebspunktes einer Kreiselpumpe

Auf der Druckseite muss eine Kolbenpumpe unbedingt mit einem Überdruckbegrenzungsventil ausgestattet sein, um Schäden zu vermeiden. Dies ist bei Kreiselpumpen nicht nötig, da Kreiselpumpen den Durchsatz dynamisch dem Gegendruck anpassen. Es ist sogar möglich, eine Kreiselpumpe gegen einen geschlossenen Druckschieber anzufahren. (Sigloch 2006)

14.5 Betriebspunkte von Kreiselpumpen

14.5.1 Anlagenkennlinie

Der Betriebspunkt einer Kreiselpumpe ergibt sich als Schnittpunkt der Drosselkurve und der sogenannten *Anlagenkennlinie*. Dies ist in Abb. 14.19 schematisch dargestellt. Die Anlagenkennlinie gibt für jeden Volumenstrom an, welche spezifische Arbeit bzw. Förderhöhe benötigt wird, um das Fluid durch die Anlage zu fördern. Am Betriebspunkt stimmen die von der Pumpe erzeugte und die von der Anlage geforderte Arbeit bzw. Förderhöhe überein. Da es sich im Wesentlichen um Rohrleitungswiderstände handelt, wird die Anlagenkennlinie auch *Rohrleitungskennlinie* genannt. Für die Anlagenkennlinie gilt:

$$H_{Anl} = \frac{Y_{Anl}}{g} = \underbrace{\underbrace{\frac{p_{OW} - p_{UW}}{\rho \cdot g}}_{techno\,log\,ische\ Vorgabe} + \underbrace{z_{OW} - z_{UW}}_{H_{geo}=geod\ddot{a}tische\ H\ddot{o}he}}_{H_{Anl,st}} + \underbrace{\underbrace{\frac{w_{OW}^2 - w_{UW}^2}{2 \cdot g}}_{H_B=Beschleunigungsh\ddot{o}he} + \underbrace{H_{Anl,verl}}_{Verlusth\ddot{o}he}}_{H_{dyn}}. \tag{14.44}$$

Die Indizes OW (oberer Flüssigkeitsspiegel) bzw. UW (unterer Flüssigkeitsspiegel) kennzeichnen die Größen am Ein- (UW) bzw. Austritt (OW) der betrachteten Anlage. Die beiden ersten Terme sind weitgehend unabhängig vom Durchfluss und werden daher als statischer Teil der *Anlagenförderhöhe* bezeichnet (KSB 1989):

$$H_{Anl,st} = \frac{p_{OW} - p_{UW}}{\rho \cdot g} + z_{OW} - z_{UW}. \tag{14.45}$$

Sind die Drücke am Aus- und Eintritt der Anlage gleich ($p_{OW} = p_{UW}$), so entspricht die statische Anlagenförderhöhe der sogenannten *geodätischen Höhe* $z_{OW} - p_{UW}$.

Der bei den dynamischen Verlusten auftretende Term $(w_{aus}^2 - w_{ein}^2)/(2g)$ ist in den meisten praktischen Anwendungen vernachlässigbar klein, da Ein- und Austrittsgeschwindigkeit quasi gleich groß sind, wenn sich der durchströmte Querschnitt nicht ändert. Die Verlusthöhe $H_{Anl,ver}$ umfasst die Reibung in der Rohrleitung, welche über den Ansatz

$$H_{Anl,verl} = \left(\zeta \frac{l}{d} + \zeta_E\right) \frac{w^2}{2 \cdot g} \tag{14.46}$$

berechnet wird. Bei hinreichend hohen Reynoldszahlen ist die Strömung turbulent und der Widerstandsbeiwert ζ konstant. Der Beiwert ζ_E, der den Druckverlust in den Rohrleitungseinbauten repräsentiert, ist ebenfalls konstant (s. Abschn. 5.1.4). Die Anlagenkennlinie besteht folglich aus einem konstanten Teil und einem, der quadratisch mit dem Volumenstrom ansteigt:

$$H_{Anl} = H_{Anl,st} + \alpha \cdot \dot{V}^2. \tag{14.47}$$

Die Anlagenkennlinie charakterisiert demzufolge das Verhalten der Anlage, also die Drücke, die notwendig sind, um die Aufgabenstellung zu erfüllen. Die Pumpenkennlinie kennzeichnet die Pumpe, sie beschreibt deren Vermögen zum Aufbau der benötigten Drücke. Daher muss die Pumpenkennlinie immer oberhalb der Anlagenkennlinie verlaufen ($H_x > H_A$). Der sogenannte *Betriebspunkt*, in dem sich beide Kennlinien schneiden, stellt sich bei Kreiselpumpen selbstständig ein. Dies bedeutet, dass Kreiselpumpen keine konstanten Volumenstrom realisieren, er ist vielmehr abhängig vom zu erbringenden Druck. In der Regel wird der größte Druck erreicht, wenn der Volumenstrom null ist (Nullförderhöhe). Dies hat insofern auch praktische Konsequenzen, da Kreiselpumpen häufig gegen ein geschlossenes Absperrorgan in der Druckleitung in Betrieb genommen werden, um auf diese Weise die elektrische Anlaufleistung zu mindern. Wegen des druckabhängigen Volumenstromes können Kreiselpumpen nicht als Dosierpumpen verwendet werden. Schließlich können Kreiselpumpen nur dann Saugwirkung realisieren, wenn die Pumpe mit Flüssigkeit gefüllt ist.

14.5.2 Regelung von Strömungsmaschinen

Im praktischen Betrieb von Pumpen ergibt sich vielfach die Notwendigkeit, den Förderstrom an wechselnde Bedingungen anzupassen bzw. bei schwankenden Systemdrücken konstant zu halten. Hierzu muss entweder das Anlagenverhalten oder das Pumpverhalten modifiziert werden.

Drosselregelung (Veränderung der Anlagenkennlinie) Die Anlagenkennlinie kann verschoben werden, indem hinter der Pumpe (Druckseite) eine Drossel (Schieber,

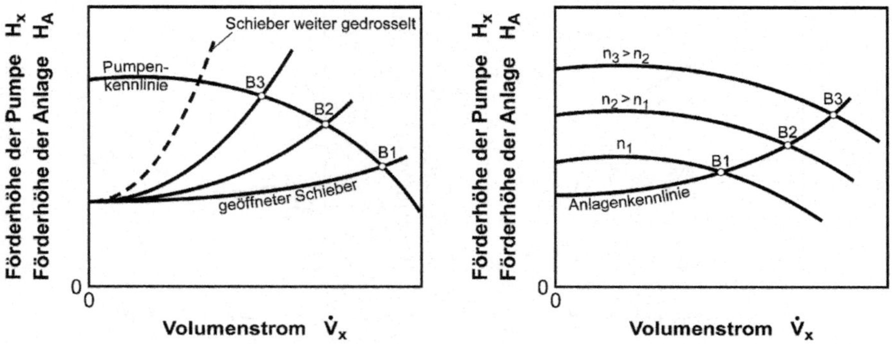

Abb. 14.20 Änderung des Betriebspunktes. *Links*: Drosselregelung, *rechts*: Drehzahlregelung. (Nach KSB 1989)

Ventil) eingebaut wird. Infolge der durch die künstliche Querschnittsverengung bewirkten Strömungsverluste (Wirbelbildung, Reibung) steigt der Strömungswiderstand, weshalb der Durchsatz zurückgeht und der Betriebspunkt sich zu kleineren Durchsätzen hin verschiebt. (s. Abb. 14.20 links). Die von der Pumpe zu viel erzeugte Förderhöhe wird demzufolge abgedrosselt. Diese Regelung ist zwar technisch einfach zu realisieren, führt jedoch zu niedrigen Wirkungsgraden und birgt die Gefahr einer unzulässigen Aufheizung des Fördermediums durch die Energiedissipation.

Drehzahlregelung (Veränderung der Pumpenkennlinie) Eine Verschiebung der Pumpenkennlinie ist zum Beispiel durch eine *Drehzahlregelung* möglich (s. Abb. 14.20 rechts). Eine Drehzahlerhöhung verschiebt den Betriebspunkt bei unveränderter Anlagenkennlinie zu höheren Durchsätzen und Förderhöhen. Die Drehzahländerung stellt die beste und energieeffizienteste Möglichkeit der Pumpenregelung dar. Da dies heute durch Frequenzänderung sehr einfach realisiert werden kann, wird in den meisten Fällen auf diese Methode zurückgegriffen.

Weitere Regelungsmöglichkeiten Neben den beiden erläuterten Regelungsmöglichkeiten lässt sich die Drosselkurve über die Stellung verstellbarer Schaufeln im Saugstutzen verändern. Hierdurch wird der Vordrall des dem Laufrad zuströmenden Fluids geändert und dadurch sowohl Durchsatz als auch Förderhöhe beeinflusst. Dies wird vor allem bei Turbinen angewendet. Bei Pumpen ist eine solche *Vordrallregelung* weniger effektiv (Menny 2006). Bei großen Maschinen werden bisweilen die Leit- oder die Laufschaufeln verstellbar ausgeführt, sodass eine Anpassung auf veränderte Betriebsbedingungen möglich ist.

Welche Regelungsart eingesetzt wird, hängt vom Anwendungsfall (Dauer- bzw. Kurzzeitbetrieb, Maschinengröße) und von den Energiekosten ab. Insbesondere bei Dauerbetrieb lohnen sich teure aber energiesparende Regelungseinrichtungen.

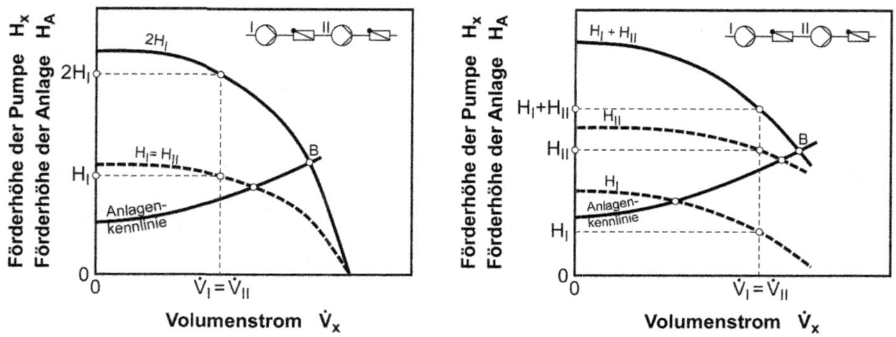

Abb. 14.21 Reihenschaltung von Kreiselpumpen. *Links*: Kennlinie der Reihenschaltung zweier gleicher Maschinen, *rechts*: Kennlinien der Reihenschaltung zweier verschiedener Maschinen

14.5.3 Verschaltungen mehrerer Kreiselpumpen

Von besonderer Wichtigkeit ist die Bestimmung des Betriebspunktes, wenn gleichzeitig mehrere Pumpen in dasselbe Netz arbeiten. Eine *Reihenschaltung* verhält sich dabei anders als eine *Parallelschaltung*. Im Prinzip entsprechen mehrere in Reihe geschaltete Kreiselpumpen einer mehrstufigen Kreiselpumpe und beide Varianten sind gegeneinander ersetzbar. Da mehrstufige Kreiselpumpen nur bis zu einer bestimmten Stufenzahl gebaut werden und mit hohen Kosten verbunden sind, müssen zur Realisierung hoher Druckdifferenzen häufig mehrere Pumpen hintereinander geschaltet werden. Durch alle Maschinen fließt dabei derselbe Volumenstrom:

$$\dot{V}_{1,2} = \dot{V}_1 = \dot{V}_2. \tag{14.48}$$

Die Förderhöhen (Druckdifferenzen) der Pumpen addieren sich in erster Näherung:

$$H_{1,2} = H_1 + H_2. \tag{14.49}$$

Die gesamte Drosselkurve der Serienschaltung ergibt sich durch Addition der einzelnen Kennlinien bezüglich der Förderhöhe (s. Abb. 14.21).

Wenn mehrere Pumpen parallel betrieben werden, setzt sich der insgesamt geförderte Volumenstrom aus den einzelnen Volumenströmen zusammen, aber die Förderhöhe bleibt annähernd gleich:

$$\dot{V}_{1,2} = \dot{V}_1 + \dot{V}_2 \tag{14.50}$$

$$H_{1,2} = H_1 = H_2. \tag{14.51}$$

Damit entspricht die Parallelschaltung mehrerer einflutiger Pumpen vom Prinzip her einer entsprechend mehrflutigen Pumpe. Mit einer Parallelschaltung können hohe Volumenströme realisiert werden. Die gesamte Drosselkurve der Parallelschaltung ergibt sich durch Addition der einzelnen Kennlinien bezüglich des Durchsatzes, wie in Abb. 14.22 dargestellt.

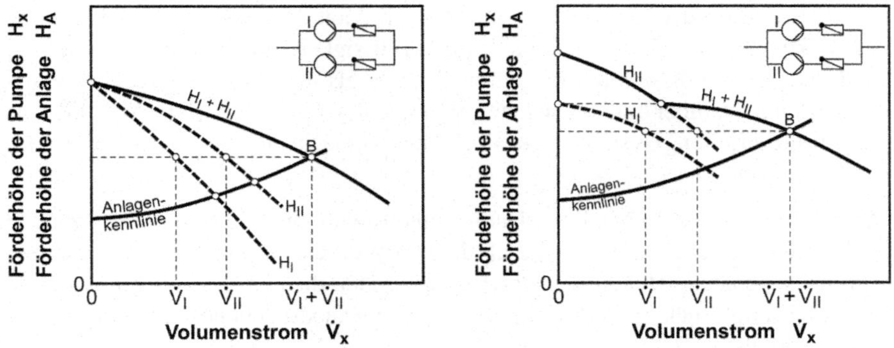

Abb. 14.22 Parallelschaltung von unterschiedlich großer Kreiselpumpen. *Links*: zwei Pumpen mit gleicher Nullförderhöhe, *rechts*: zwei Pumpen mit verschiedenen Nullförderhöhen

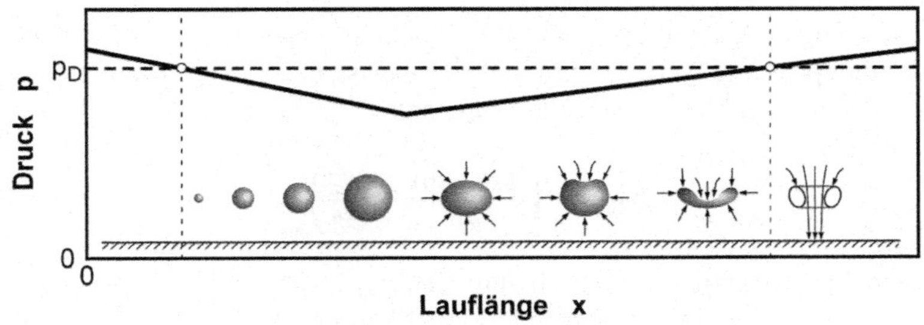

Abb. 14.23 Kavitation in Wandnähe mit Druckverlauf

14.6 Kavitation

Das Auftreten von *Kavitation* ist eine wichtige Betriebsgrenze für den Betrieb hydraulischer Strömungsmaschinen. Kavitation kommt zustande, wenn der Druck in der Flüssigkeit deren Dampfdruck unterschreitet und anschließend wieder überschreitet. Bei der Unterschreitung des Dampfdruckes in Strömungsbereichen mit niedrigem Druck findet eine spontane Verdampfung der Flüssigkeit unter Bildung von Dampfblasen statt. Die Blasen kondensieren schlagartig (*Stoßkondensation*) (Sigloch 2006), wenn sich der Druck wieder erhöht, bzw. die Blasen in Bereiche höheren Druckes transportiert werden. Bei der implosionsartigen Kondensation wird die umgebende Flüssigkeit stark beschleunigt, sodass Mikrostrahlen entstehen (Menny 2006), die mit hoher Geschwindigkeit auf die Oberflächen treffen und diese beschädigen. Der Kavitationsvorgang ist in Abb. 14.23 schematisch dargestellt. Kavitation tritt zum einen dort auf, wo der Druck ohnehin besonders niedrig ist (saugseitig), zum anderen dort, wo aufgrund hoher Geschwindigkeiten der statische Druckanteil der Strömung gering ist (an den Schaufelkanten). Als Blasenkeime wirken Oberflächenrauigkeiten, Schmutzpartikeln und bereits vorhandene Bläschen, die entstehen, wenn gelöste Gase aus der Flüssigkeit ausgasen. Kavitation hat mehrere

Nachteile. Neben der Materialkorrosion führt Kavitation auch zu einer Absenkung des Wirkungsgrades, da die Verdampfung der Flüssigkeit Energie verbraucht, die bei der Kondensation dissipiert wird und nicht mehr als mechanische Energie genutzt werden kann. Darüber hinaus entstehen Schwingungen, die sowohl die Maschine als auch das Rohrleitungssystem belasten. Kavitation macht sich durch ein prasselndes Geräusch bemerkbar.

Haltedruckhöhe und NPSH-Wert Damit keine Kavitation auftritt, darf der Druck in der Flüssigkeit nicht kleiner werden als der Dampfdruck. Als kennzeichnende Größe wird die sogenannte *Haltedruckhöhe* H_H verwendet, die den saugseitigen Druck p_s mit dem Dampfdruck p_D in Beziehung setzt. Die Haltedruckhöhe der Anlage $H_{H,Anl}$ ist definiert als:

$$H_{H,Anl} = \frac{p_s - p_D}{g\rho} + \frac{1}{2} \cdot \frac{w_s^2}{g}. \tag{14.52}$$

Darin ist w_s die Geschwindigkeit am Mittelpunkt des Saugstutzens. Die Haltedruckhöhe der Pumpe ist der Wert, der minimal zulässig ist, bevor es zur Kavitation kommt. Sie wird daher auch *Mindestzulaufhöhe* genannt:

$$H_{H,P} = \left(\frac{p_s - p_D}{g\rho} + \frac{w_s^2}{2g} \right)_{\min} \tag{14.53}$$

Für einen kavitationsfreien Betrieb muss $H_{H,Anl} > H_{H,P}$ gelten, aus Sicherheitsgründen wird eine Reserve von mindestens 0,5 m empfohlen (Sigloch 2006). Die Mindestzulaufhöhe ist ein pumpenspezifischer Wert, der experimentell ermittelt werden kann (Menny 2006) und vom Hersteller und für einen definierten Betriebszustand angegeben wird (Hirschberg 1999). Neben dem Experiment wird auch folgender theoretischer Ansatz benutzt (Menny 2006):

$$H_{H,P} = \lambda_1 \frac{v_{1a}^2}{2} + \lambda_2 \frac{w_s^2}{2}. \tag{14.54}$$

Darin ist v_{1a} die Relativgeschwindigkeit am äußersten Punkt des Laufradeintritts. Die Parameter λ_1 und λ_2 sind Erfahrungswerte, die von der Pumpe und dem Betriebspunkt abhängen. Ein anderer Ansatz gibt für die Abschätzung der Förderhöhe der Pumpe auch eine Abhängigkeit von Drehzahl und Förderstrom an (Hirschberg 1999):

$$H_{H,P} \approx n^{4/3}\, \dot{V}^{2/3}. \tag{14.55}$$

Statt der Haltedruckhöhe wird häufig, vor allem in englischsprachigen Raum, der *NPSH-Wert* (*Net Positive Suction Head*) verwendet. Die beiden Kenngrößen entsprechen einander bis auf den für p_s und w_s gewählten Bezugspunkt. Bei der Haltedruckhöhe ist der Bezugspunkt der Mittelpunkt des Saugstutzens, beim NPSH-Wert ist es der Mittelpunkt an der Eintrittskante des Laufrades. Der Unterschied ist meist sehr gering, bei Pumpen mit waagerechter Wellenlage besteht gar kein Unterschied.

14.7 Ähnlichkeitsgesetze und dimensionslose Kennzahlen

14.7.1 Ähnlichkeitsbeziehungen

Zur Beurteilung von Strömungsmaschinen sind Ähnlichkeitsbeziehungen nützlich, da mit ihnen die Einflüsse von Drehzahländerungen und Änderungen der Maschinengröße auf Betriebsgrößen wie Volumenstrom, Stutzenarbeit und Leistung einfach berechnet werden können. Dies ist besonders wichtig, wenn experimentelle Untersuchungen mit einem verkleinerten Modell durchgeführt und auf einen großen Maßstab übertragen werden (*Scale-up*) (Menny 2006). Darüber hinaus können die Beziehungen verwendet werden, um das Kennfeld einer Pumpe zu konstruieren, indem man von Betriebsparametern, die für eine Drehzahl bekannt sind, auf die Betriebsparameter bei einer anderen Drehzahl schließt.

Um die Ähnlichkeitsbeziehungen verwenden zu können, müssen die folgenden drei Bedingungen erfüllt sein:

Geometrische Ähnlichkeit:	Die Abmessungen aller strömungstechnisch wichtigen Teile zweier Maschinen stehen im gleichen Längenverhältnis zueinander.
Kinematische Ähnlichkeit:	Einander entsprechende Geschwindigkeiten zweier Maschinen stehen im gleichen Verhältnis zueinander, d. h., die Geschwindigkeitsdreiecke sind ähnlich.
Dynamische Ähnlichkeit:	Die auftretenden Kräfte (Trägheitskraft, Schwerkraft, Druckkraft, Reibungskraft) stehen im gleichen Verhältnis zueinander, d. h. gleiche Kennzahlen.

Bei Erfüllungen dieser Bedingungen gelten folgende Proportionalitäten:

$$\dot{V} \sim nD^3 \quad Y \sim n^2D^2 \quad P \sim \rho n^3 D^5. \tag{14.56}$$

Aus diesen Proportionalitäten leiten sich drei *Ähnlichkeitsbeziehungen* zwischen Maschinen unterschiedlicher Maßstäbe ab, die zum Scale-up verwendet werden können:

$$\frac{\dot{V}}{\dot{V}_M} = \frac{nD^3}{n_M D_M^3} \quad \frac{Y}{Y_M} = \frac{n^2D^2}{n_M^2 D_M^2} \quad \frac{P}{P_M} = \frac{\rho n^3 D^5}{\rho n_M^3 D_M^5}. \tag{14.57}$$

Ebenso ergeben sich für Drehzahländerungen an ein und derselben Maschine die folgenden Beziehungen, welche auch *Affinitätsgesetze* genannt werden:

$$\frac{\dot{V}_1}{\dot{V}_2} = \frac{n_1}{n_2} \quad \frac{Y_1}{Y_2} = \frac{n_1^2}{n_2^2} \quad \frac{P_1}{P_2} = \frac{n_1^3}{n_2^3}. \tag{14.58}$$

14.7.2 Dimensionslose Kennzahlen

Mithilfe von dimensionslosen Kennzahlen ist es möglich, eine Maschine unabhängig von Drehzahl und Baugröße zu charakterisieren. Die Kennzahlen geben das für die jeweilige Maschine Typische wieder (Menny 2006). So können zum Beispiel die verschiedenen Drosselkurven einer Kreiselmaschine in einer einzelnen, dimensionslosen Kennlinie dargestellt werden, wenn die *Druckzahl* Ψ über der *Lieferzahl* φ aufgetragen wird. Die Druckzahl Ψ kann als Verhältnis von spezifischer Arbeit zu kinetischer Energie gedeutet werden:

$$\Psi \equiv \frac{Y}{\frac{u_2^2}{2}} = \frac{Y}{\frac{1}{2}\pi \cdot n \cdot D_2}. \tag{14.59}$$

Die Lieferzahl φ ist ein dimensionsloser Volumenstrom, der folgendermaßen gebildet wird:

$$\varphi \equiv \frac{\dot{V}}{A_D \cdot u_2} = \frac{4 \cdot \dot{V}}{\pi^2 \cdot D_2^3 \cdot n}. \tag{14.60}$$

Als charakteristische Länge wird meist der größte Durchmesser der Laufradbeschaufelung D_2, manchmal aber auch deren mittlerer Durchmesser eingesetzt. Die dimensionslosen φ, Ψ-Diagramme werden aus Speicherplatzgründen zur Hinterlegung der Kennlinie in Datenbanken verwendet. Für praktische Anwendungen sind aber Drosselkurven besser geeignet, weil die relevanten Größen Y, n, $\dot{V}$ direkt abgelesen werden können. Abweichungen von der dimensionslosen Kennlinie können durch Kavitation, Spaltveränderungen und unstetes Verhalten zustande kommen.

Neben der Druck- und der Lieferzahl existiert eine Reihe weiterer bedeutsamer Kennzahlen. Bedauerlicherweise hat sich die Fachliteratur bisher auf keine einheitliche Definition der Kennzahlen einigen können. Hier werden die Definitionen nach (Menny 2006) genannt:

Leistungszahl

$$\lambda \equiv \varphi\ \Psi\ \eta \text{ (Kraftmaschine)}$$
$$\lambda \equiv \frac{\varphi\ \Psi}{\eta} \text{ (Arbeitsmaschine)} \tag{14.61}$$

Schnellläufigkeit (oder Laufzahl)

$$\sigma \equiv \frac{\varphi^{1/2}}{\psi^{3/4}} = \frac{2n\sqrt{\pi \dot{V}}}{(2Y)^{3/4}} \tag{14.62}$$

Durchmesserzahl

$$\delta \equiv \frac{\Psi^{1/4}}{\varphi^{1/2}} = \frac{\sqrt{\pi}D_2}{2}\frac{(2Y)^{1/4}}{\dot{V}^{1/2}} \tag{14.63}$$

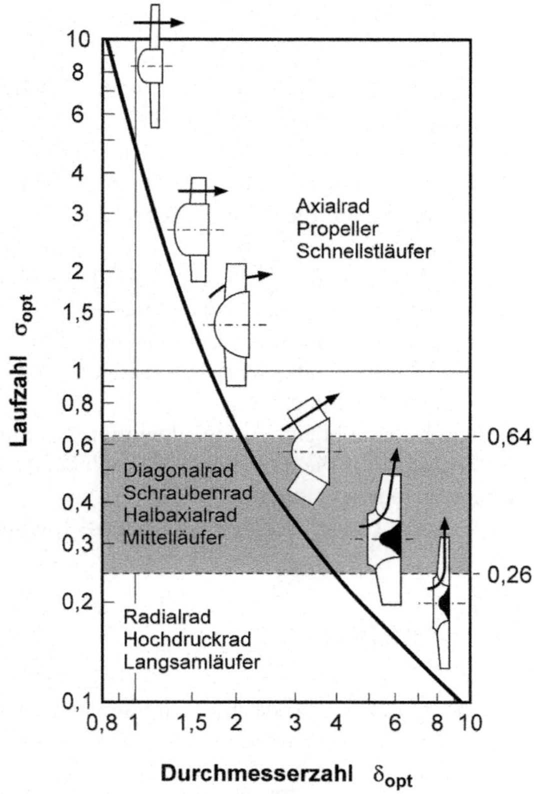

Abb. 14.24 Cordier-Diagramm einstufiger Kreiselpumpen. (Nach Bohl 2008)

Die ersten drei Kennzahlen beinhalten im Wesentlichen verfahrenstechnische Größen (Ψ, Druck; φ, Volumen- oder Massenstrom; λ, Leistung), die Schnellläufigkeit oder Laufzahl sowie die Durchmesserzahl stehen letztlich für Betriebsweise und Baugröße. Die Kennzahlen sind für die *Maßstabsübertragung* aber auch die *Auswahl* von Kreiselpumpen einschließlich der Abschätzung der Baugröße (Laufradaußendurchmesser) wesentlich. Für diesen Zweck wird das sogenannte *Cordier-Diagramm* (s. Abb. 14.24) eingesetzt, in dem die Optimalwerte von Laufzahl σ_{opt} und Durchmesserzahl δ_{opt} sorgfältig ausgelegter Kreiselpumpen, die bei bestem Wirkungsgrad arbeiten, dargestellt sind. Bei der Auswahl bzw. Auslegung muss zunächst entschieden werden, ob eine Pumpe mit axialem, radialem oder diagonalem Laufrad zu benutzen ist. Die Entscheidung wird über die Laufzahl gefällt. In der Regel sind der Volumenstrom und der notwendige Druck Vorgabegrößen, die Drehzahl wird gewählt (in Abhängigkeit vom notwendigen Rohrleitungs- und damit Druckstutzendurchmesser). Aus diesen Größen wird die Laufzahl berechnet und aus dieser mit Hilfe des Cordier-Diagramms oder gleichwertiger Tabellen die entsprechende Pumpe ausgewählt. Durch Ablesen der Durchmesserzahl kann unter Verwendung der Definitionsgleichung (14.63) für diese der Laufraddurchmesser abgeschätzt werden.

Das Cordier-Diagramm erlaubt neben der Auslegung auch die Überprüfung bereits installierter Pumpen, ob diese für ihre Anwendung optimal ausgelegt sind.

14.8 Verständnisfragen

1. Worin unterscheiden sich Verdrängungs- und Strömungsmaschinen? Nennen Sie typische Vertreter beider Gruppen.
2. Was sind einstufige, mehrstufige und mehrflutige Strömungsmaschinen?
3. Was beschreibt die Eulersche Hauptgleichung der Strömungsmaschinen?
4. Wovon hängt die technische Arbeit ab? Erläutern Sie die entsprechende Gleichung.
5. Welcher Zusammenhang wird als Drosselkurve bezeichnet? Skizzieren und erläutern Sie eine theoretische Kurve.
6. Wodurch ergeben sich der stabile und der instabile Bereich einer Kreiselpumpe?
7. Was beschreibt das Muscheldiagramm und wozu wird es genutzt? Skizzieren Sie den Zusammenhang.
8. Was beschreibt eine Anlagenkennlinie? Wodurch ergibt sich der Betriebspunkt?
9. Erläutern Sie die Kennlinien, die sich bei der Parallel- und Serienschaltung von Kreiselpumpen ergeben.
10. Welchen Effekt beschreibt der Begriff Kavitation?

14.9 Aufgaben

1. Eine radial fördernde Kreiselpumpe mit gegebenen Abmessungen wird mit drallfreien Saugseitenströmung ($\alpha_1 = 90°$) betrieben.

Gegeben		
Durchmesser	$d_1 = 50$ mm	$d_2 = 250$ mm
Schaufelbreiten	$b_1 = 10$ mm	$b_2 = 5$ mm
Winkel	$\beta_1 = 30°$	$\beta_2 = 25°$
Verengungsfaktoren	$k_1 = 1{,}2$	$k_2 = 1{,}05$
Drehzahl	$n = 30\ s^{-1}$	

Bestimmen Sie aus den Abmessungen der Pumpe und der Drehzahl den geförderten Volumenstrom sowie die theoretische Schaufelarbeit.

2. Das Laufrad einer Radialpumpe mit konstanter Breite b senkrecht zur Zeichenebene besteht aus einer Reihe sehr eng stehender dünner Schaufeln ($k \approx 1$).[4] Die Schaufeleintritts- und -austrittsrichtung sind durch die Winkel β_1 und β_2 gegeben. Flüssigkeit der Dichte ρ strömt dem Schaufelrad von innen in radialer Richtung (drallfrei) zu. Die Strömungsrichtung im mitdrehenden System stimme überall mit der Schaufelrichtung überein. Das Rad dreht sich mit der Drehzahl n.

[4] Nach (Becker und Piltz 1971).

Gegeben b, n, r_1, r_2, β_1, β_2, ρ

a. Wie groß sind die absolute Eintrittsgeschwindigkeit v_1 und die relative Austrittsgeschwindigkeit v_2?
b. Welcher Volumenstrom $\dot{V}$ strömt durch das Rad?
c. Mit welchem Moment muss das Rad angetrieben werden?
d. Um welchen Betrag Δp_g ändert sich der Gesamtdruck der Flüssigkeit beim Durchgang durch das Rad?

Hinweis: Die gesuchte Gesamtdruckerhöhung Δp_g ist gegeben durch $\Delta p_g = (p_2 + \rho v_2^2/2) - (p_1 + \rho v_1^2/2)$. Die Druckdifferenz $(p_1 - p_2)$ erhält man aus der Bernoulli-Gleichung in einem mitrotierenden Bezugssystem, in dem die Strömung stationär ist („Relativsystem"). Man betrachtet in diesem System eine zwischen zwei Schaufeln von einem Punkt im Abstand r_1 zu einem Punkt im Abstand r_2 von der Achse führende Stromlinie. Im vorliegenden Fall ist es allerdings einfacher, die Gesamtdruckdifferenz nach Lösung der Fragen a) bis c) aus der Beziehung $2\pi n M_R = \dot{V}\Delta p_g$ zu bestimmen.

3. Eine Radialpumpe besitze folgende Betriebsdaten: $\dot{V} = 100\ \text{m}^3/\text{h}$, $Y = 500$ J/kg und $P = 17{,}5$ kW.
Wie groß sind $\dot{V}$, Y und P einer geometrisch ähnlichen Pumpe, wenn der Durchmesser um 25 % vergrößert, die Drehzahl um 50 % verkleinert und das gleiche Medium gefördert wird?

4. Eine Pumpe, deren Kennlinie durch die Beziehung $\Delta p_g = \Delta p_0(1 - \dot{V}^2/\dot{V}_0^2)$ gegeben ist (p_0 und $\dot{V}_0$ sind Konstanten, die für die Pumpe bei vorgegebener Drehzahl typisch sind), saugt Flüssigkeit der Dichte ρ aus einem großen Behälter an und fördert sie durch getrennte Leitungen zu zwei Verbrauchern. Diese liegen in der Höhe h über dem Flüssigkeitsspiegel im Behälter. Die Verbraucherzuleitungen besitzen die Querschnittsflächen A_1 und A_2. Die Reibungsdruckverluste in den Leitungen und alle übrigen Verluste sind durch die Widerstandsbeiwerte ζ_1 und ζ_2 zu berücksichtigen.

Gegeben A_1, A_2, $\dot{V}_0$, h, Δp_0, ρ, ζ_1, ζ_2

a. Welche Volumenströme $\dot{V}_1$ und $\dot{V}_2$ werden gefördert?
b. Welche Leistung P gibt die Pumpe an die Flüssigkeit ab?

Literatur

Allgemein

Baehr H D (2005) Thermodynamik, 12. Aufl. Springer, Heidelberg
Bohl W (2008) Strömungsmaschinen 1, 10. Aufl. Vogel Buchverlag, Würzburg
Hirschberg H G (1999) Handbuch Verfahrenstechnik und Anlagenbau. Springer, Heidelberg
KSB (1989) KSB Kreiselpumpenlexikon, 3. Aufl. Frankenthal

Menny K (2006) Strömungsmaschinen – Hydraulische und thermische Kraft- und Arbeitsmaschinen, 5. Aufl. B.G. Teubner Verlag, Wiesbaden
Pfleiderer C, Petermann H (2005) Strömungsmaschinen, 7. Aufl. Springer, Heidelberg
Prager R (1999) Oszillierende Verdrängerpumpen. W.H. Faragallah Verlag, Sulzbach
Sigloch H (2006) Strömungsmaschinen – Grundlagen und Anwendungen, 3. Aufl. Carl-Hanser Verlag, München
Vetter G. (2006) Rotierende Verdrängerpumpen für die Prozesstechnik. Vulkan-Verlag GmbH, Essen

Speziell

Agricola, G (1556) De Re Metallica. Basel
Becker E., Piltz E (1971) Übungen zur technischen Strömungslehre. B.G. Teubner, Stuttgart
Hill D R (1996) A history of engineering in classical and medieval times. Routledge, London

Kapitel 15
Wirbelschichten

In einer sogenannten *Wirbelschicht* findet eine Aufwirbelung bzw. *Fluidisierung* fester Partikeln, die im Ruhezustand in Form einer Feststoffschüttung vorliegen, durch eine aufwärtsgerichtete Gas- oder Flüssigkeitsströmung statt. Dieses Kontaktverfahren zeigt einige Besonderheiten, die für eine Reihe technischer Prozesse vorteilhaft genutzt werden können. Seit Einführung dieser Technologie in die großtechnische Produktion durch Winkler[1] im Jahre 1926 zur Kohlevergasung haben Wirbelschichten daher Einzug in eine Vielzahl weiterer Anwendungsbereiche gehalten. Neben zahlreichen chemischen Produktionsprozessen werden u. a. Trocknungsverfahren und Adsorptionsvorgänge ebenso wie Verbrennungen und biotechnologische Prozesse industriell unter Verwendung von Wirbelschichten betrieben (s. z. B. Kunii und Levenspiel 1991).

Wirbelschichten können auch dreiphasig als g/s/f-System betrieben werden. Auf diese Anwendung wird in diesem Kapitel allerdings nicht weiter eingegangen.

Ziel des Kapitels ist die Vermittlung des quantitativen Verständnisses für das Betriebsverhalten von Wirbelschichten. Hierzu gehört die Bestimmung des Duckverlusts, der Lockerungsgeschwindigkeit und des Expansionsverhaltens. Daran anschließend wird das Durchmischungsverhalten der festen Phase und der Gasphase sowie der Stoffübergang zwischen Fluid und Partikeln beschrieben. Abschließend werden einige typische Anwendungsfälle dargestellt.

15.1 Erscheinungsformen von Wirbelschichten

Um Feststoffpartikeln aus einer Schüttung aufwirbeln zu können, ist das Überschreiten eines *minimalen Fluidvolumenstromes* $\dot{V}_L$ bzw. der *Lockerungsleerrohrgeschwindigkeit* v_L erforderlich. In der Wirbelschicht werden die Partikeln durch den Fluidstrom in Schwebe gehalten. Hierbei ist der Strömungsdruckverlust Δp_{WS} gleich dem um den Auftrieb verminderten Gewicht des Feststoffs, welches auf die

[1] Fritz Winkler 1888–1950, deutscher Chemiker, entwickelte das Prinzip der Wirbelschichtvergasung von feinkörniger Braunkohle, das heute als Hochdruckverfahren auch zur Vergasung anderer organischer Stoffe, wie Siedlungsabfälle, eingesetzt wird.

DOI 10.1007/978-3-642-25149-8_15,

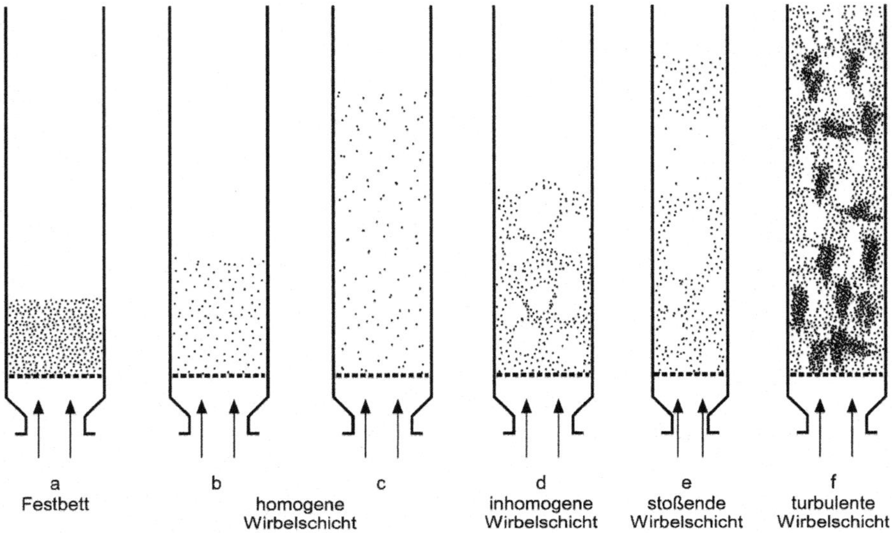

Abb. 15.1 Charakteristische Strömungszustände in Wirbelschichten

gesamte Querschnittsfläche des Apparates bezogen wird:

$$\Delta p_{WS} = \frac{F_G - F_A}{A} = \frac{V_s(\rho_s - \rho_f) \cdot g}{A} = \frac{AH(1-\varepsilon)(\rho_s - \rho_f) \cdot g}{A}. \tag{15.1}$$

Mit ε wird die sogenannte Porosität oder das Lückenvolumen (s. Abschn. 8.1) bezeichnet:

$$\varepsilon = \frac{V_{ges} - V_s}{V_{ges}}. \tag{15.2}$$

Hierbei ist V_{ges} das zu einer bestimmten Fluidgeschwindigkeit gehörende Volumen der Wirbelschicht (Fluid und Partikeln). Bei niedrigeren Geschwindigkeiten als v_L liegt die Feststoffschüttung als Festbett vor (s. Abb. 15.1a). Wird eine Flüssigkeit zur Fluidisierung eingesetzt, so expandiert das vormalige Festbett gleichmäßig (*Fließbett* oder *homogene Wirbelschicht* s. Abb. 15.1b und 15.1c). Wird dagegen zum Aufwirbeln ein Gas verwendet, bilden sich ab einer gewissen Gasbelastung nahezu feststofffreie Gasblasen aus (*inhomogene* oder *heterogene Wirbelschicht*, s. Abb. 15.1d). Hierbei nimmt die Blasengröße mit zunehmender Steighöhe deutlich zu. Wenn der Apparatedurchmesser gering ist (Laborapparat), wachsen die Gasblasen u. U. bis zur Größe des Querschnitts an. Wie in Abb. 15.1e dargestellt, steigen dann Gaskolben im Apparat nach oben, der Feststoff wird periodisch und stoßartig angehoben und fällt wieder zurück (*stoßende Wirbelschicht*). Von einer bestimmten Geschwindigkeit an kommt es zu einem wachsenden Austrag von Feststoff aus dem Apparat. Die ursprünglich vorhandene scharfe Trennlinie zwischen Wirbelschicht und freiem Gasraum verschwindet. Außerdem nimmt die Feststoffkonzentration mit

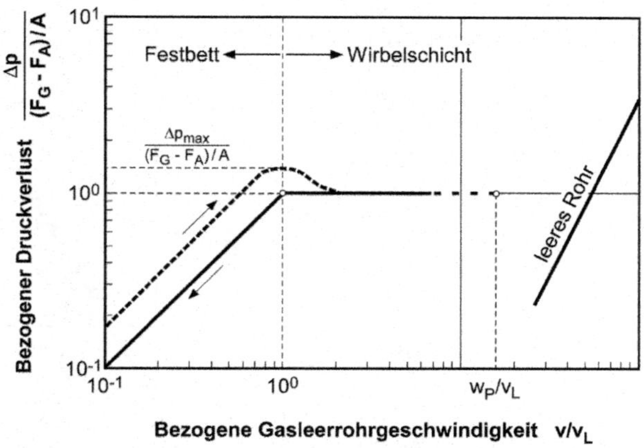

Abb. 15.2 Druckverlustverlauf in einer gut fluidisierbaren Gas/Feststoff-Wirbelschicht bestehend aus nicht zu kleinen annähernd monodispersen Partikeln

steigender Höhe kontinuierlich ab. Lediglich in dem idealisierten Fall eines monodispersen Systems wäre die Partikelkonzentration unabhängig von der Höhe. Statt der Gasblasen treten turbulent sich bewegende Feststoffballen auf, zwischen denen sich Hohlräume unterschiedlicher Größe und Form befinden (Abb. 15.1f). Dieser Zustand wird als *turbulente* Wirbelschicht bezeichnet. Zur Aufrechterhaltung eines stationären Betriebs muss der aus dem Apparat ausgetragene Feststoff unter Zuhilfenahme apparativer Zusatzeinrichtungen (z. B. Zyklone) wieder zurückgeführt werden. Auf diese Weise gelangt man zur sogenannten *zirkulierenden Wirbelschicht*.

15.2 Fluiddynamische Grundlagen

15.2.1 Druckverlustcharakteristik

Für ein gut fluidisierendes, wenig kohäsives Gut von annähernd einheitlicher Korngröße ergibt sich die Abhängigkeit des Druckverlustes von der Gasbelastung in idealisierter Form gemäß Abb. 15.2. Bei entsprechend feinkörnigem Gut und damit laminarer Durchströmung des Festbetts ergibt sich im Festbettbereich die Proportionalität $\Delta p \sim v$ (s. Abschn. 8.2). Vor Einsetzen der Fluidisierung wird abhängig vom eingesetzten Stoffsystem ein Wert $\Delta p_{max} > \Delta p_{WS}$ aufgrund der Ursprungsverfestigung des Gutes infolge des Eigengewichts oder aktiver Verdichtung erreicht. Beim Überschreiten des *Lockerungspunktes* wird durch die einsetzende Fluidisierung die Anfangsverfestigung zerstört, und der Druckverlust fällt im Wirbelschichtbereich auf den Gleichgewichtswert Δp_{WS}. Der Druckverlust Δp_{WS} bleibt für zunehmende Gasbelastung konstant, solange die Höhe der Wirbelschicht geringer als die Apparatehöhe ist und demzufolge auch keine Partikeln ausgetragen werden können. Mit Hilfe von Gl. (15.2) lässt sich zeigen, dass Gl. (15.1) konstant sein muss, da $V_S = (1 - \varepsilon) V_{ges} = \text{konst.}$ Sobald die Leerrohrgeschwindigkeit die Schwarmsinkgeschwindigkeit überschreitet, kommt es zum Austrag von Partikeln. Jedoch ist zu

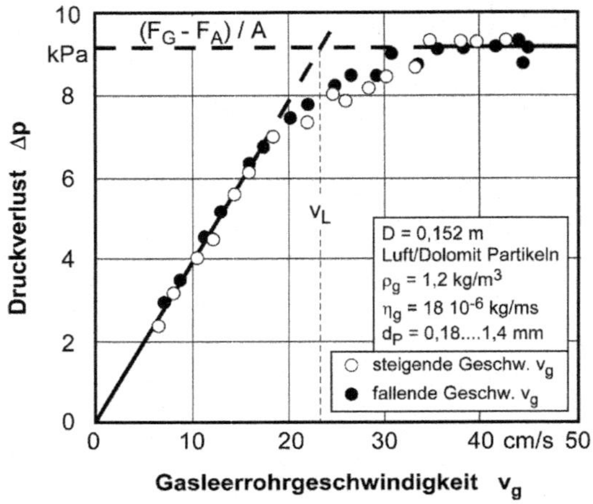

Abb. 15.3 Auswirkung der Gasleerrohrgeschwindigkeit auf den Druckverlust einer Wirbelschicht aus Partikeln mit deutlich unterschiedlichen Durchmessern. (Saxena und Vogel 1977)

beachten, dass diese von der Partikelkonzentration und damit der Porosität abhängt, die sich ebenfalls mit der Leerrohrgeschwindigkeit ändert. Spätestens wenn die Leerrohrgeschwindigkeit v_L die Sinkgeschwindigkeit der Einzelpartikel w_P überschreitet, findet ein vollständiger Austrag des Feststoffs statt, die Porosität geht demzufolge gegen eins. Der Druckverlust entspricht dann demjenigen des leeren Rohres und steigt mit dem Quadrat der Leerrohrgeschwindigkeit an, da die Strömung i. Allg. turbulent ist.

Bei Absenkung der Anströmgeschwindigkeit unter v_L zeigt das dann lockerere Festbett ($\varepsilon = \varepsilon_L$) einen geringeren Druckverlust. Der Lockerungspunkt wird daher zweckmäßig durch den Schnittpunkt zwischen dem Festbettdruckverlust bei Absenkung der Anströmgeschwindigkeit und dem konstanten Druckverlust der Wirbelschicht festgelegt.

Tatsächlich tritt eine scharf definierte Lockerungsgeschwindigkeit nur bei sehr engen Partikelgrößenverteilungen auf. Die bei realen Anwendungen auftretenden breiten Größenverteilungen zeigen dagegen einen unscharfen Übergang (s. Abb. 15.3). Die kleineren Partikeln werden bereits bei Geschwindigkeiten fluidisiert, bei denen die größeren noch unbeweglich sind. Sie befinden sich dann in den Hohlräumen zwischen den großen Teilchen bereits im Schwebezustand. In diesen Fällen werden keine Hystereseeffekte wie bei monodispersen Systemen beobachtet. Die Lockerungsgeschwindigkeit ergibt sich aus dem Schnittpunkt der verlängerten Geraden des Festbettdruckverlusts mit der Horizontalen $(F_G - F_A)/A$.

15.2.2 Lockerungsgeschwindigkeit

Der Berechnungsweg für die Lockerungsgeschwindigkeit v_L und damit der Minimalfluidisierung basiert auf der Überlegung, dass der Lockerungspunkt auf der Grenze zwischen ruhender und wirbelnder Partikelschicht liegt. Die von dem aufwärts strömenden Fluid erbrachten Widerstandskräfte auf die Partikeln müssen gleich der um

Tab. 15.1 Experimentell ermittelte Werte der Lockerungsporosität ε_L. (Nach Leva 1959)

Partikel	Sphärizität Ψ	mittlere Partikelgröße in µm d_P						
		20	50	70	100	200	300	400
Scharfkantiger Sand	0,67	–	0,60	0,59	0,58	0,54	0,50	0,49
Abgerundeter Sand	0,86	–	0,56	0,52	0,48	0,44	0,42	–
Sandmischung (runde Partikeln)	–	–	–	0,42	0,42	0,41	–	–
Kohle- und Glaspulver	–	0,72	0,67	0,64	0,62	0,57	0,56	–
Anthrazit	0,63	–	0,62	0,61	0,60	0,56	0,53	0,51
Aktivkohle	–	0,74	0,72	0,71	0,69	–	–	–
Fischer-Tropsch-Katalysator	0,58	–	–	–	0,58	0,56	0,55	–
Karborundum	–	–	0,61	0,59	0,56	0,48	–	–

den Auftrieb verminderten Gewichtskraft sein. Daher gelten sowohl die Gesetze der ruhenden als auch der wirbelnden Schicht, sodass die Druckverluste gleich gesetzt werden können. Der Druckverlust bei der Durchströmung eines polydispersen Festbetts mit einer Geschwindigkeit von v_L berechnet sich gemäß der *Ergun-Gleichung* (Gl. (8.16)), die umgestellt zu folgendem Zusammenhang führt:

$$\frac{\Delta p}{H} = 4{,}17\, a_P^2 \frac{(1-\varepsilon)^2}{\varepsilon^3}\, \eta_g v_L + 0{,}29\, a_P \frac{1-\varepsilon}{\varepsilon^3}\, \rho_g v_L^2. \tag{15.3}$$

Dieser Druckverlust muss gleich dem durch Gl. (15.1) gegebenen sein. Damit lässt sich v_L berechnen:

$$v_L = 7{,}14\,(1-\varepsilon_L)\nu_g a_P \left[\sqrt{1 + 0{,}067 \frac{\varepsilon_L^3}{(1-\varepsilon_L)^2} \cdot \frac{(\rho_s - \rho_g)\cdot g}{\rho_g \nu_g^2} \frac{1}{a_P^3}} - 1\right]. \tag{15.4}$$

Demzufolge müssen zur Berechnung der Lockerungsgeschwindigkeit v_L die charakteristischen Stoffwerte des Gases (ρ_g, ν_g), die Feststoffdichte ρ_S, die Porosität ε_L am Lockerungspunkt und die volumenspezifische Oberfläche a der Partikeln bekannt sein. Die spezifische Oberfläche der Partikeln ist definiert durch

$$a_P \equiv \frac{\textit{Summe aller Partikeloberflächen im Festbett}}{\textit{Volumen aller Partikeln im Festbett}},$$

wobei nur die äußere Oberfläche summiert wird, die für den Durchströmungswiderstand maßgeblich ist. Innere Oberflächen (Poren) werden nicht berücksichtigt. Tatsächlich kann a_P in der Praxis nicht sehr genau bestimmt werden. Dies ist einer der Gründe, weshalb v_L nicht auf der Basis gemessener Partikelgrößenverteilungen aus dem Festbett unter Nutzung entsprechender Gleichungen wie Gl. (15.4) berechnet, sondern direkt gemessen werden sollte.

Wie Tab. 15.1 zeigt, steigt der Zahlenwert ε_L mit abnehmender mittlerer Teilchengröße und abnehmender *Sphärizität* Ψ. Die Sphärizität ist definiert als (s. Abschn. 7.1):

$$\Psi \equiv \frac{\textit{Oberfläche der Kugel gleichen Volumens}}{\textit{Teilchenoberfläche}} = \frac{A_{OK}}{A_{OP}}. \tag{7.17}$$

Darüber hinaus hängt die Porosität im Lockerungspunkt von der Kornverteilung ab, wie z. B. der Vergleich der Zahlen „abgerundeter Sand $\Psi = 0{,}86$“ und „Sandmischung“ (runde Partikeln) aus Tab. 15.1 verdeutlicht.

Der eigentliche Nutzen von Gl. (15.4) besteht darin, dass auf der Grundlage gemessener v_L-Werte aus einem Technikumsmaßstab v_L für einen großtechnischen Apparat unter gleichen Bedingungen berechnet werden kann. Bei bekannten Stoffdaten und gemessener Porosität ε_L lässt sich mit gemessenem v_L die spezifische Oberfläche a_P bestimmen. Mit diesen Daten kann dann Gl. (15.4) dazu dienen, die Lockerungsgeschwindigkeit für andersartige Betriebsbedingungen (Druck, Temperatur, Gasart) zu berechnen (Werther 2007).

Da die Lockerungsgeschwindigkeit die wesentliche Größe für die Auslegung einer Wirbelschicht darstellt, wurde eine große Zahl experimenteller Untersuchungen zu deren Bestimmung unter verschiedensten Bedingungen durchgeführt. Hieraus resultieren zahlreiche Korrelationsgleichungen, die von (Couderec 1985) bzw. für höhere Temperaturen und Drücke von (Yang et al. 1985) zusammengefasst wurden.

15.2.3 Expansion von Fließbetten

Die gleichmäßige Expansion eines Fließbettes, das mit einer Flüssigkeit fluidisiert wird, lässt sich durch den Rückgriff auf die Gesetzmäßigkeiten der Bewegung von Partikelschwärmen beschreiben. Die Sinkgeschwindigkeit der Einzelpartikeln kann mit den Angaben aus Abschn. 7.1 berechnet werden. Gemäß der Beziehung nach Richardson und Zaki (s. Abschn. 7.3) gilt für die Sinkgeschwindigkeit im Schwarm:

$$\frac{w_{ss}}{w_P} = \varepsilon^m = (1 - \varphi_v)^m. \tag{7.43}$$

Der Exponent m wird gegeben durch:

$$m = 5{,}5Ar^{-0{,}06} = 5{,}5\left(\frac{\Delta\rho}{\rho_f}\frac{gd_P^3}{\nu_f^2}\right)^{-0{,}06} \tag{7.44}$$

bzw. im Stokesschen Bereich gilt $m = 4{,}65$, während für den Newtonschen Bereich $m = 2{,}2$ einzusetzen ist.

Im Fall der Fließbetten ist für w_{ss} die Flüssigkeitsleerrohrgeschwindigkeit v_f einzusetzen. In Abb. 15.4 werden für den Stokesschen Bereich Messwerte des Verhältnisses v_f/w_P abhängig von der Porosität gezeigt, die durch Gl. (7.43) mit $m = 4{,}65$ sehr gut beschrieben werden.

Das Expansionsverhalten von Gas-Feststoff-Wirbelschichten wird stark durch die auftretenden Gasblasen bestimmt. Da die minimale Blasengeschwindigkeit, von der an dies der Fall ist, von dem aufzuwirbelnden Partikelsystem in komplexer Weise abhängt, kann eine allgemeingültige Beziehung zwischen Anströmgeschwindigkeit und Expansion der Wirbelschicht nicht angegeben werden.

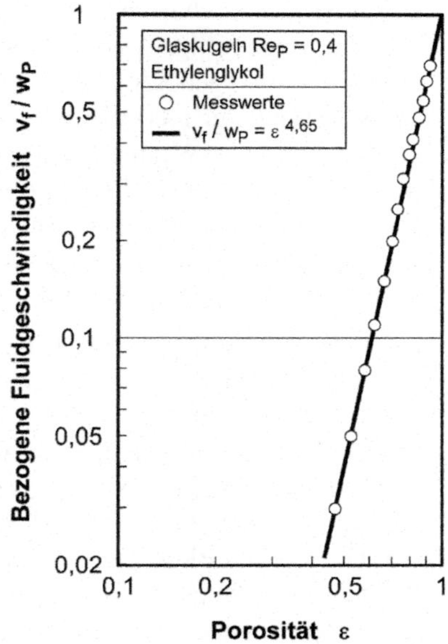

Abb. 15.4 Ausdehungsverhalten homogener Wirbelschichten im Bereich $Re_P \ll 1$ (Molerus 1982)

15.2.4 Feststoffverhalten bei der Fluidisierung mit einem Gasstrom

Das Betriebsverhalten von Gas/Feststoff-Wirbelschichten wird durch Feststoffeigenschaften nachhaltig beeinflusst. Folgende Klassifikation nach Geldart (Geldart 1986) (s. Abb. 15.5) hat sich aufgrund ihrer Klarheit und Einfachheit bewährt:

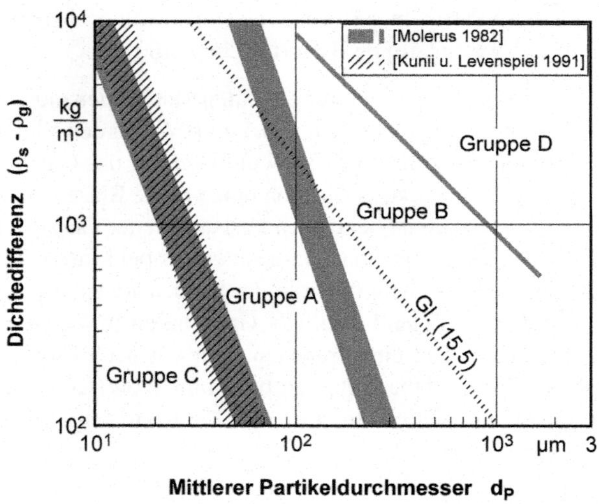

Abb. 15.5 Unterscheidung verschiedener Typen von Gas-fluidisierten Feststoffen nach Geldart, Fluidisierungsgas Luft bei Umgebungsbedingungen. (Grenzen nach (Molerus 1982; Kunii und Levenspiel 1991))

Gruppe A: Materialien mit kleiner Korngröße (ca. 0,1 mm) und/oder niedriger Feststoffdichte zeigen folgendes Verhalten: Wirbelschichten mit derartigen Feststoffen (zu diesen Stoffen gehören z. B. Katalysatoren, die in Fließbett-Crackern eingesetzt werden) expandieren merklich oberhalb der Lockerungsgeschwindigkeit, bevor Blasenbildung einsetzt. Wenn die Gaszufuhr schlagartig abgestellt wird, kollabiert das Bett langsam mit einer Geschwindigkeit von 0,3–0,6 cm/s, die der Leerrohrgeschwindigkeit in der Suspensionsphase entspricht. Alle Gasblasen steigen schneller als das Gas zwischen den Partikeln auf. Es existiert ein maximaler Blasendurchmesser von üblicherweise weniger als 10 cm.

Gruppe B: Diese Gruppe enthält die meisten Materialien im Bereich mittlerer Korngrößen und Dichten, d. h. im Bereich 40 μm $\leq d_p \leq$ 500 μm bzw. $1{,}4 \times 10^3$ kg/m^3 $\leq \rho_S \leq 4 \times 10^3$ kg/m^3.

Im Gegensatz zu Feststoffen der Gruppe A setzt bei diesen Materialien Blasenbildung direkt oberhalb der Lockerungsgeschwindigkeit ein. Die Bettausdehnung ist gering, und bei plötzlichem Abschalten der Gaszufuhr kollabiert das Bett sehr rasch. Die meisten Blasen steigen schneller als das Gas zwischen den Partikeln auf. Während des Aufstiegs wachsen die anfänglich kleinen Blasen durch Koaleszenz. Eine Begrenzung der maximalen Blasengröße scheint nicht zu existieren.

Gruppe C: Zur Gruppe C gehören feinkörnige Materialien, die in irgendeiner Weise *kohäsiv* sind (z. B. Stäube, die in Zyklonen und Elektrofiltern abgeschieden werden). Die übliche Fluidisation derartiger Feststoffe ist extrem schwierig. Die Schüttung wird in kleinen, glatten Rohren als Ganzes vom durchströmenden Gas als Kolben angehoben, bzw. das Gas bläst lediglich einzelne Kanäle frei, die vom Anströmboden bis an die Bettoberfläche reichen. Diese Schwierigkeit rührt daher, dass die zwischen den Partikeln wirksamen Haftkräfte merklich größer sind als die, welche das Gas auf die Partikeln auszuüben vermag. Lediglich durch den Einsatz mechanischer Rührer lässt sich eine Verbesserung der Fluidisation erzwingen. Ebenso lassen sich diese Partikeln verwenden, wenn sie mit gröberen Teilchen desselben Materials (vorzugsweise Gruppe B) vermischt werden.

Gruppe D: Zu dieser Gruppe zählen Materialien mit großen und/oder sehr schweren Partikeln (z. B. Sandkörner > 0,5 mm). Außer den allergrößten Gasblasen steigen die meisten mit geringerer Geschwindigkeit als das Gas im Zwischenraum der Suspensionsphase auf, sodass Gas von unten in die Blasen ein- und am oberen Ende wieder austritt. Deshalb ist bei diesen Feststoffen der Gasaustauschmechanismus zwischen Blasen- und Suspensionsphase anders als bei Materialien der Gruppe A oder Gruppe B. Die Gasgeschwindigkeit in der Suspensionsphase ist vergleichsweise hoch.

In Abb. 15.5 sind ebenfalls Grenzlinien bzw. -bereiche zwischen den Gruppen eingetragen. Die eingetragenen Grenzen nach (Molerus 1982) wurden auf Basis physikalischer Überlegungen bestimmt. Von (Kunii und Levenspiel 1991) werden folgende Beziehungen für die Grenzen angegeben (dimensionsbehaftet mit Gl. (15.7)).

- Grenze AB

$$d^*_{P_{AB}} = 101(\rho_g/(\rho_s - \rho_g))^{0{,}425} \qquad (15.5)$$

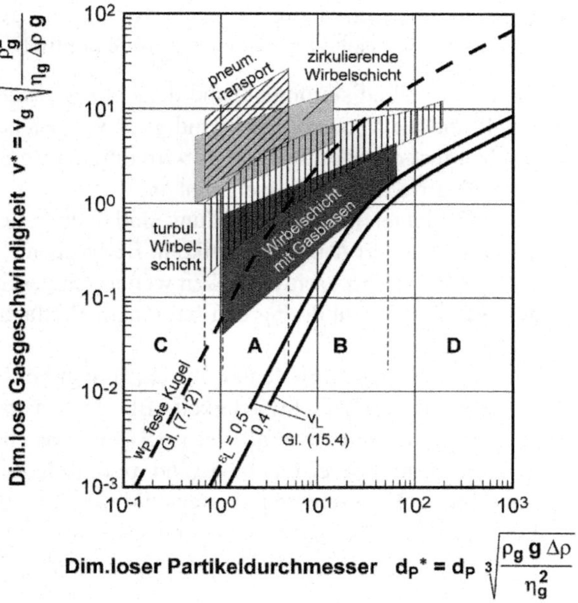

Abb. 15.6 Allgemeines Zustandsdiagramm für die Strömungen in Gas/Feststoff-Systemen basierend auf (Grace 1986) mit zusätzlichen Angaben. (Nach Kunii und Levenspiel 1991)

- Grenzbereich CA

$$d^*_{P_{CA}} = 0{,}68 \ldots 1 \tag{15.6}$$

Die CA-Grenze ist weniger genau bestimmbar, da sie von den Kohäsionskräften zwischen den Partikeln abhängt.

15.2.5 *Betriebszustände in Wirbelschichten*

Während der Beginn der Aufwirbelung durch die Lockerungsgeschwindigkeit v_L beschrieben wird, lässt sich der Arbeitsbereich, also derjenige Parameterbereich, in dem eine Wirbelschicht technisch betrieben werden kann, und die benötigte Gasgeschwindigkeit für einen bestimmten Betriebszustand mithilfe der Abb. 15.6 bestimmen. Auf der Abszisse wird dabei der dimensionslose Partikeldurchmesser

$$d^*_P = d_P \sqrt[3]{\frac{\rho_g(\rho_s - \rho_g) \cdot g}{\eta_g^2}} = Ar^{1/3} \tag{15.7}$$

und auf der Ordinate die dimensionslose Gasgeschwindigkeit

$$v^* = v_g \sqrt[3]{\frac{\rho_g^2}{\eta_g(\rho_s - \rho_g) \cdot g}} \tag{15.8}$$

aufgetragen. Dieselben dimensionslosen Kennzahlen wurden bereits in Abschn. 7.1 benutzt, um die Bewegung von Einzelpartikeln zu beschreiben. In Abb. 15.6 ist die Bewegungsgeschwindigkeit fester Kugeln w_P gemäß Gl. (7.12) eingetragen. Folgende physikalische Phänomene werden deutlich:

- Beginn der Fluidisierung anhand der Lockerungsgeschwindigkeit v_L gemäß Gl. (15.4) und die Maximalgeschwindigkeit $v = w_P$ bei monodispersen Systemen.
- Der Einfluss des Partikelsystems wird durch die eingezeichneten Grenzen gemäß der Geldart-Klassifikation erkennbar.
- Wirbelschichten mit Blasenbildung sind über weite Bereiche und Partikelgrößen stabil bei Geldart A und B Partikeln. Bei großen Partikeln ist der Arbeitsbereich bezüglich der Gasgeschwindigkeit weitaus eingeschränkter. Bei kleinen Partikeln beginnt die Blasenbildung erst bei einem Vielfachen der Lockerungsgeschwindigkeit.
- Das Einsetzen des turbulenten Zustands liegt bei kleinen Partikeln oberhalb der Einzelpartikelsinkgeschwindigkeit. Bei großen Partikeln ist dieser Betriebszustand bereits wenig oberhalb der Lockerungsgeschwindigkeit erreicht.
- Zirkulierende Wirbelschichten sind praktisch nur bei sehr kleinen Partikeln und hohen Gasgeschwindigkeiten, die um etwa den Faktor 10^3 größer als die Lockerungsgeschwindigkeit v_L sind, erreichbar.

15.3 Gasblasen in Wirbelschichten

Die charakteristische Eigenschaft der Gas/Feststoff-Wirbelschicht ist das Auftreten von Gasblasen. Oberhalb der minimalen Blasengeschwindigkeit durchströmt nur ein bestimmter Anteil des Fluidisiergases die dichte Suspensionsphase. Das übrige Gas passiert die Wirbelschicht in Form von praktisch feststofffreien Gasblasen, deren Aufstiegsgeschwindigkeit sich nennenswert von der Durchströmungsgeschwindigkeit des restlichen Anteils der Gasphase unterscheiden kann. Auf der einen Seite ist die Existenz der Blasen vorteilhaft, da die Mischwirkung der Blasen Ursache der intensiven *Feststoffvermischung* in der Wirbelschicht ist. Die intensive Feststoffbewegung ist maßgeblich sowohl für die Temperaturkonstanz innerhalb des Bettes als auch für die vergleichsweise hohen Wärmeübergangszahlen zwischen Bett und Wärmetauscherflächen (Martin 2002). Andererseits kann die Existenz der Blasen auch nachteilig sein. In einem katalytischen Wirbelschichtreaktor, in dem der Feststoff eine Gasphasen-Reaktion katalysiert, kann die Bypasswirkung der Blasen den Gesamtumsatz des Reaktors merklich beeinflussen.

Die nachstehend mitgeteilten Ergebnisse gelten im Wesentlichen für Partikeln der Gruppe B, d. h. für solche, bei denen die Blasenbildung unmittelbar nach Überschreiten des Lockerungspunkts einsetzt und bei denen unbegrenztes Blasenwachstum beobachtet wird.

Wegen der mangelnden optischen Zugänglichkeit der Wirbelschicht ist die Erfassung des lokalen Zustands im Innern einer ausgedehnten Schicht außerordentlich schwierig. Die wesentlichen Wirkungen der Gasblasen auf die Eigenschaften einer Wirbelschicht lassen sich aus der Beobachtung einzelner Blasen bei gering über den Lockerungspunkt fluidisierten Betten erklären. Die verschiedenen theoretischen

Abb. 15.7 Druckverlauf im Nahbereich einer einzeln aufsteigenden Gasblase

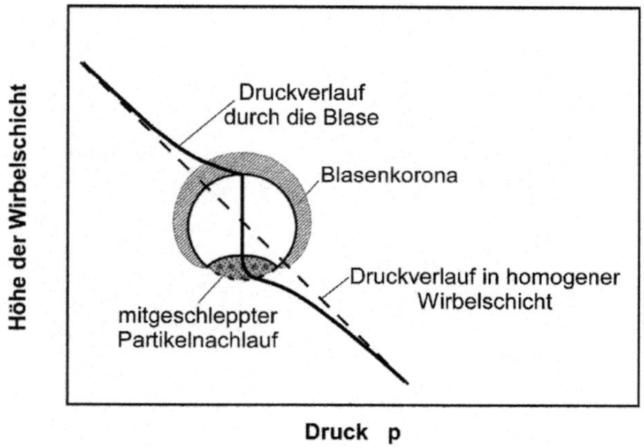

und experimentellen Befunde lassen sich zu folgendem Bild zusammenfassen (vgl. Abb. 15.7). Die aufsteigenden Blasen besitzen in der oberen Hälfte Kugelform. Die Partikeln an der Blasenoberfläche werden im Verlauf des Blasenaufstiegs fortlaufend erneuert. Ähnlich der fluidumströmten Feststoffkugel ab Re > 20 bildet sich eine *Wirbelschleppe* am unteren Blasenende aus, in der Partikeln mit nach oben geschleppt werden. Dieser Effekt wird besonders anschaulich durch Abb. 15.8, in der eine Sequenz von Fotos eines Blasenaufstiegs schematisch dargestellt ist.

Dieser Partikelbewegung entspricht der Druckverlauf innerhalb der Blase. Die gestrichelte Linie in Abb. 15.7 kennzeichnet den Druckverlauf in der ungestörten Suspensionsphase, der sich analog zum hydrostatischen Druck von Flüssigkeiten linear mit der Höhe verändert. Gemäß Gl. (15.1) hängt der Druck in einer Wirbelschicht von der Gewichtskraft abzüglich Auftrieb der darüber befindlichen Feststoffmenge ab. Die ausgezogene Kurve in Abb. 15.7 beschreibt den Druckverlauf in der Blase längs der vertikalen Symmetrielinie. Dem Druckgradienten folgend strömt Gas von unten in die Blase ein und nimmt dabei Partikeln von unten in den Nachlauf hinein. Aus diesem Grund sind die Gasblasen unten abgeplattet mit einer Erhöhung in der vertikalen Achse. Da sich der Nachlauf nicht beliebig mit Partikeln anreichern kann, trennen sich nach einer gewissen Lauflänge Partikeln aus dem Nachlauf ab.

Entsprechend dem Druckgradienten strömt im oberen Blasenanteil Gas aus der Blase in die Suspensionsphase. Außer bei sehr kleinen Blasen ist die Blasenaufstiegsgeschwindigkeit erheblich größer als die Gasgeschwindigkeit in der

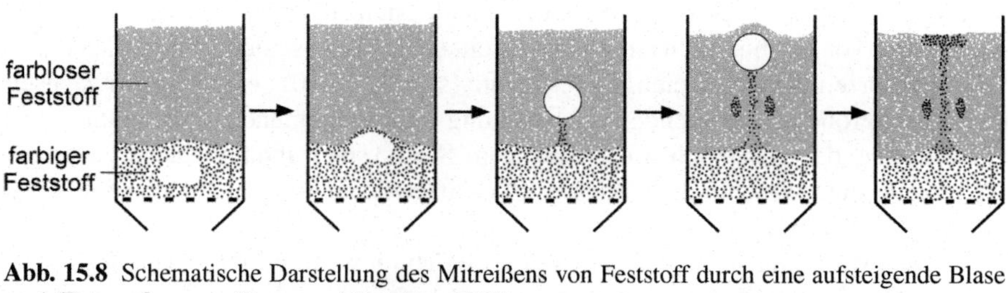

Abb. 15.8 Schematische Darstellung des Mitreißens von Feststoff durch eine aufsteigende Blase nach Fotografien von. (Rowe und Partridge 1965)

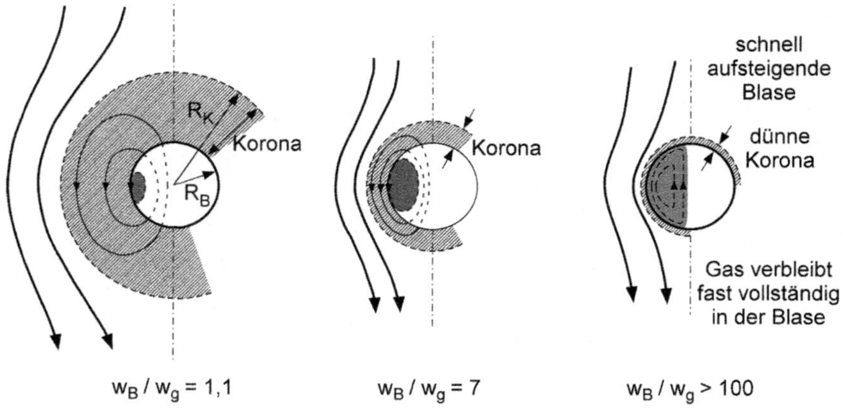

Abb. 15.9 Gasstromlinien im Nahbereich einer aufsteigenden Gasblase. Lediglich die linke Seite wird dargestellt, die rechte ist symmetrisch. (Nach (Kunii und Levenspiel 1991)

Suspensionsphase. Das austretende Gas tritt daher relativ zur schnell aufsteigenden Blase nach unten und tritt am unteren Ende wieder in die Blase ein (s. Abb. 15.9). Der um die Blase befindliche Bereich, in den das zirkulierende Gas eindringt, wird als *Blasenkorona* bezeichnet. Mit wachsender Blasengeschwindigkeit wird die relative Eindringtiefe des Blasengases in die Suspensionsphase immer geringer. Das Geschwindigkeitsfeld um die Blase hängt ausschließlich vom Verhältnis der relativen Aufstiegsgeschwindigkeit der Blase w_B zur Geschwindigkeit des zwischen den Partikeln aufsteigenden Gases $w_g = v_g/\varepsilon$ ab.

Diese an Einzelblasen gewonnenen Befunde liefern folgende wichtige Einsichten in das Verhalten von Gas/Feststoff-Wirbelschichten:

a. Die Gasblasen transportieren Partikeln in der Wirbelschicht durch Mitnahme im Nachlauf aufwärts.
b. Die Zirkulationsströmung des Gases innerhalb der Blasen ist für eine erhebliche *Bypasswirkung* der Blasen verantwortlich, da kaum Gasaustausch stattfindet.
c. Infolge des Unterdruckes am unteren Blasenende saugen größere schnellere Blasen kleinere, langsamere Blasen nach dem Überholen von unten ein und koaleszieren mit diesen. Die Folge dieser *Koaleszenz* ist ein rasches *Blasenwachstum* in Steigrichtung.

Unter realen Betriebsbedingungen findet in der Wirbelschicht eine deutliche Blasenkoaleszenz statt. Dieser Vorgang unterscheidet sich allerdings nachhaltig von der Koaleszenz von Gasblasen in einer Flüssigkeit, da in Wirbelschichten oberflächenaktive Substanzen nicht auftreten. Experimente (s. Abb. 15.10) zeigen ein Anwachsen der Blasengröße mit steigender Gasbelastung und zunehmender Entfernung vom Gasverteiler, das zusätzlich noch stark vom Stoffsystem abhängt. Dies ist zu erwarten, da eine wesentliche Variable, die Differenz $v_g - v_L$ nicht in Abb. 15.10 berücksichtigt wird.

Für das Wachstum von Blasen in Wirbelschichten während ihres Aufstiegs wurde von (Werther 1982) folgende dimensionsbehaftete Gleichung für den mittleren

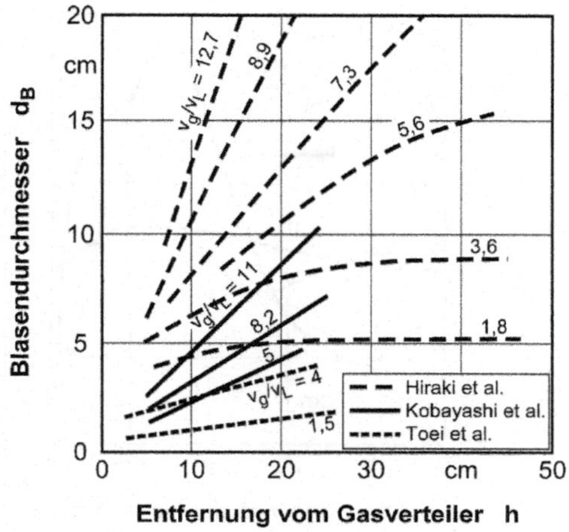

Abb. 15.10 Abhängigkeit der mittleren Blasengröße von der Höhe über dem Gasverteiler in Wirbelschichten aus Geldart A und B Partikeln. (Nach Kunii und Levenspiel 1991) (Literaturzitate s. dort)

Blasendurchmesser angegeben:

$$\left(\frac{\bar{d}_B}{m}\right) = 0{,}0085\left[1 + 27\left(\frac{v_g - v_L}{m/s}\right)\right]^{1/3}\left(1 + 6{,}8\frac{H}{m}\right)^{1{,}2} \tag{15.9}$$

mit folgendem Gültigkeitsbereich:

$D > 0{,}2$ m; $\quad 0{,}01 \leq v_L \leq 0{,}08$ m/s
$0{,}1 \leq d_P < 0{,}35$ mm; $\quad 0{,}05 \leq v_g - v_L \leq 0{,}3$ m/s.

Das lokale Geschehen in Wirbelschichten erweist sich als derart komplex, dass es – wenigstens zum gegenwärtigen Zeitpunkt – bestenfalls durch empirische Korrelationen wie Gl. (15.9) beschreibbar ist. Das Ausmaß der Volumenzunahme der aufsteigenden Blasen wird durch Abb. 15.10 illustriert. Während des Steigwegs von weniger als einem Meter kann das Blasenvolumen um zwei oder mehr Zehnerpotenzen zunehmen.

15.4 Feststoffmischung in Wirbelschichten

In der Wirbelschleppe aufsteigender Blasen werden Partikeln aufwärts transportiert. Während des Blasenaufstiegs werden immer wieder Teile der Wirbelschleppe abgeworfen (s. Abb. 15.8). Im Zuge des weiteren Aufstiegs füllt sich das Nachlaufgebiet dann erneut mit Partikeln. Dieser Feststofftransportmechanismus in der Wirbelschleppe ist ausschlaggebend dafür, dass die vertikale Feststoffmischung um ein bis zwei Zehnerpotenzen besser als die horizontale ist.

Aus Kontinuitätsgründen ist mit dem Aufwärtstransport eine lokale Abwärtsbewegung verbunden. Messungen zeigen, dass eine charakteristische Ungleichverteilung der Blasen über den Querschnitt der Wirbelschicht vorliegt, wie dies Abb. 15.11 links zeigt. Mit zunehmender Entfernung vom Verteilerboden prägt sich die Ungleichverteilung stärker aus. Hieraus resultiert zwangsläufig eine Feststoffzirkulation, wie sie in Abb. 15.11 rechts schematisch dargestellt ist.

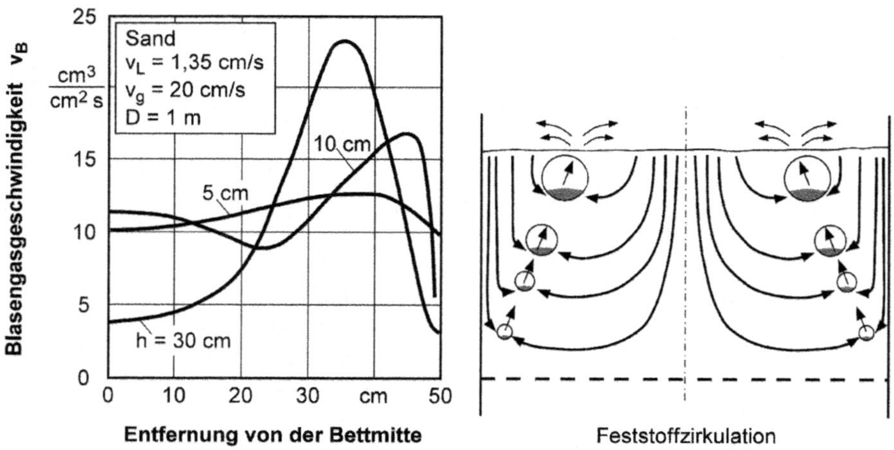

Abb. 15.11 Räumliche Verteilung der Blasen in einer Wirbelschicht und daraus abgeleiteter Feststoffumlauf. (Nach Werther 1977)

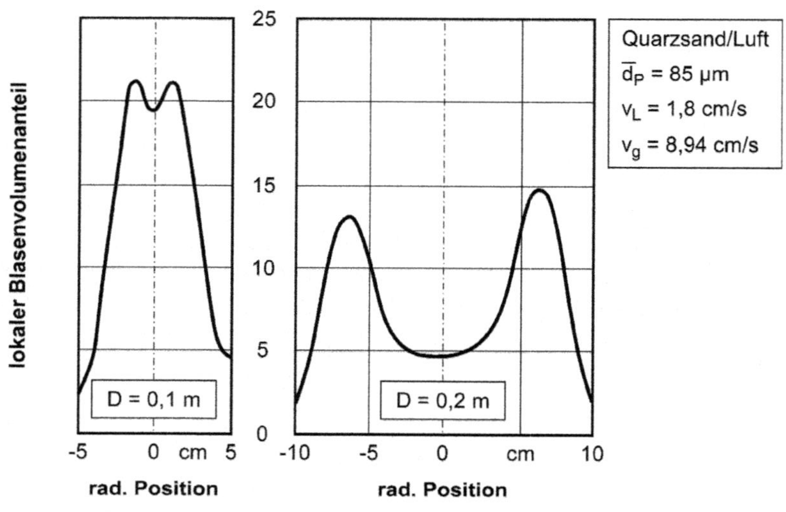

Abb. 15.12 Abhängigkeit des lokalen Blasenvolumens vom Abstand r von der Rohrachse in einer Höhe von 15 cm oberhalb des Aufgabebodens in Wirbelschichten unterschiedlicher Durchmesser. (Nach Wirth 2006)

Weiterhin wird der Fluidisationszustand stark vom Apparatedurchmesser beeinflusst. In Abb. 15.12 wird der in einem Abstand von 15 cm vom Aufgabeboden gemessene lokale Blasenvolumenanteil φ_v in Wirbelschichten von 100 und 200 mm Durchmesser dargestellt. Der mit den Blasen an die Bettoberfläche geschleppte Feststoff strömt anschließend bevorzugt in Zonen verringerter Blasenentwicklung wieder abwärts. Hierdurch wird die Ungleichverteilung der Blasen über den Bettquerschnitt weiter verstärkt und stabilisiert. Die Existenz der Feststoffzirkulation ist

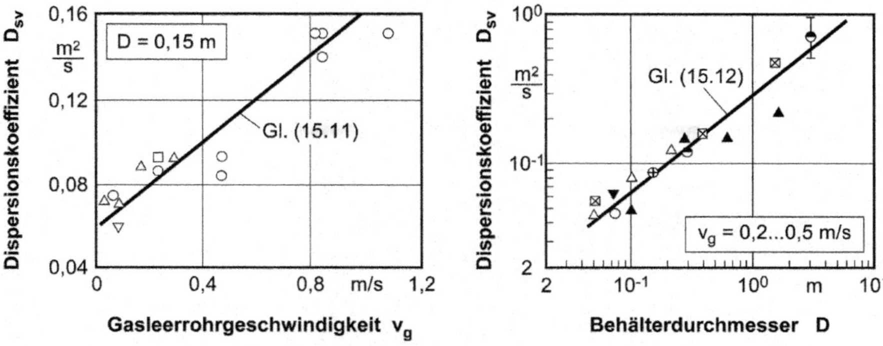

Abb. 15.13 Vertikale Dispersion von feinen Feststoffpartikeln nach Angaben verschiedener Autoren. (Kunii und Levenspiel 1991) (Literaturzitate s. dort)

zwar für katalytische Wirbelschichtreaktionen nachteilig, da durch die Abwärtsströmung der Suspensionsphase bereits ausreagiertes Gas rückvermischt wird, für andere Anwendungen aufgrund der intensiven Feststoffdurchmischung aber durchaus von Vorteil.

Mathematische Beschreibung der Feststoffvermischung Die Vermischung des Feststoffs findet durch vertikale und horizontale Bewegungen des Feststoffs statt. Bei der modellmäßigen Beschreibung müssen diese Richtungen separat betrachtet werden. Üblicherweise wird die Feststoffmischung unter Anwendung des sogenannten *Dispersionsmodells* (s. Abschn. 4.2.2) beschrieben, welches analog zum Fickschen Gesetz aufgebaut ist:

$$\dot{n}_s \equiv -D_s \frac{\partial c_s}{\partial x}. \tag{15.10}$$

Mit zunehmender Gasbelastung und steigenden Apparateabmessungen steigt der Dispersionskoeffizient D_s aufgrund des intensivierten Transports sowohl in vertikaler als auch in horizontaler Richtung an.

Die vertikale Feststoffvermischung in Apparaten ohne Einbauten wurde vielfach untersucht. Für Feststoffe der Gruppe A und B kann, wie Abb. 15.13 links zeigt, folgende empirische Gleichung (Kunii und Levenspiel 1991) für schlanke Apparate verwendet werden:

$$\left(\frac{D_{sv}}{m^2/s}\right) = 0{,}06 + 0{,}1\left(\frac{v_g}{m/s}\right). \tag{15.11}$$

Da die Feststoffzirkulation sich umso deutlicher ausbildet je größer der Apparatedurchmesser D ist, steigt der Dispersionskoeffizient mit den Behälterabmessungen (s. Abb. 15.13 rechts). Für diesen Fall wurde experimentell gefunden (Kunii und Levenspiel 1991):

$$\left(\frac{D_{sv}}{m^2/s}\right) = 0{,}3\left(\frac{D}{m}\right)^{0{,}65}. \tag{15.12}$$

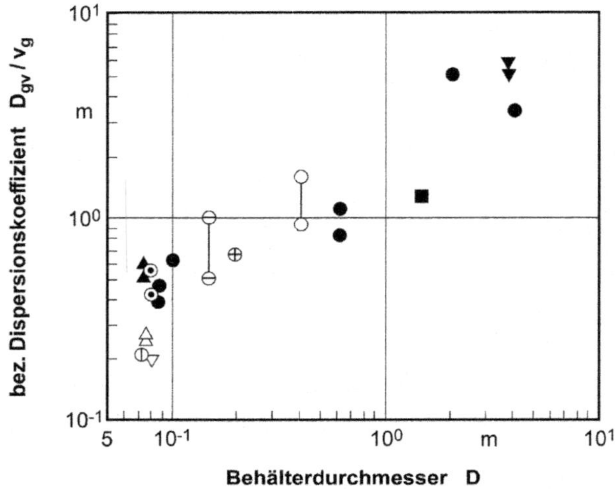

Abb. 15.14 Dispersionskoeffizient für die vertikale Gasrückvermischung in einer Wirbelschicht in Abhängigkeit vom Bettdurchmesser nach Angaben verschiedener Autoren. (Miyauchi et al. 1981) sowie (Kunii und Levenspiel 1991)

Hiermit wird allerdings nur ein recht grober Anhaltswert bestimmt. So werden in der Praxis deutliche Auswirkungen der Partikelgrößenverteilung und Apparateeinbauten beobachtet. Der horizontale Dispersionskoeffizient ist etwa um den Faktor 10 bis 100 niedriger als der vertikale.

15.5 Gasphasenvermischung in Wirbelschichten

Wird die Strömung und die Durchmischung des Gases in Wirbelschichten durch das Dispersionsmodell beschrieben, erreichen die entsprechenden Koeffizienten D_{gv} und D_{gh} der Gasphasendispersion in senkrechter und horizontaler Richtung Werte gleicher Größenordnung wie diejenigen der Feststoffdispersion. Den Einfluss des Bettdurchmessers D auf den vertikalen Dispersionskoeffizienten D_{gv} verdeutlicht Abb. 15.14. Die Zunahme des Dispersionskoeffizienten mit steigenden Bettabmessungen ist analog zur Feststoffdispersion auf die Ausbildung einer großräumigen Feststoffzirkulation zurückzuführen, die sich in größeren Apparaten stärker ausprägt.

Die Durchmischung ist demzufolge in größeren Apparaten höher als in kleineren. Wie bei der Feststoffvermischung liegen die Koeffizienten der horizontalen Dispersion um den Faktor 10 bis 100 niedriger als diejenigen der vertikalen Gasdispersion.

15.6 Stoffübergang zwischen Fluid und Partikeln

Wärme- und Stoffübergangskoeffizienten zwischen Fluid und Partikeln fügen sich gut zwischen die entsprechenden Werte für das Festbett (s. Abschn. 8.3) einerseits und die einzelne überströmte Kugel (s. Abschn. 7.4) andererseits. Der Stoffübergang an eine feste Einzelkugel mit der Anströmgeschwindigkeit w_P lässt sich mit

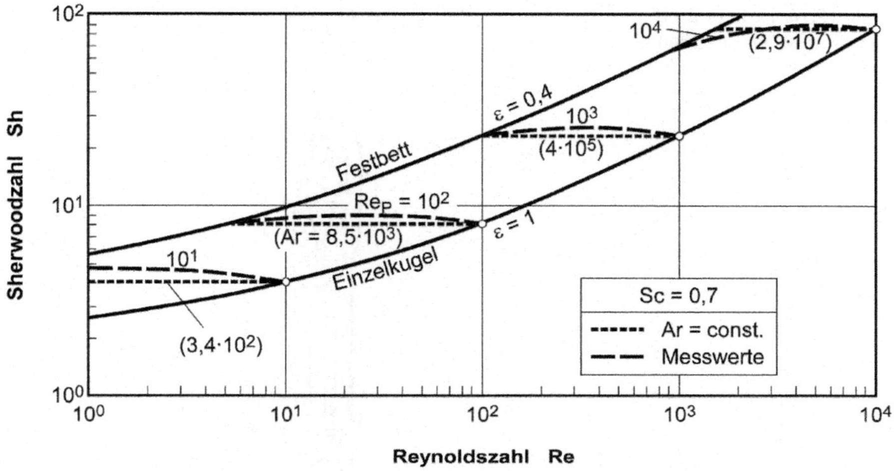

Abb. 15.15 Stoffübergang Fluid/Partikel in einer Wirbelschicht. (Nach Martin 1980)

den Gln. (7.53 bis 7.56) berechnen. Für durchströmte Festbetten berechnen sich die Stoffübergangskoeffizienten z. B. mit den Gln. (8.16 bis 8.18). Die Abhängigkeit der Sherwoodzahl von der Reynoldszahl für die feste Einzelkugel sowie das Festbett zeigt Abb. 15.15 (Martin 1980). Zusätzlich sind die Kurven für konstante Archimedeszahlen eingetragen, die einen vorgegebenen Partikeldurchmesser kennzeichnen. Charakteristisch für Wirbelschichten ist die weitgehende Unabhängigkeit des Stoffübergangskoeffizienten vom Durchsatz und damit von der Reynoldszahl. Daher reicht es für die praktische Anwendung meist aus, die Sherwoodzahl für die überströmte Einzelkugel (gestrichelte waagerechte Linien in Abb. 15.15) bei der zugehörigen Sinkgeschwindigkeit w_P und der damit korrespondierenden Reynoldszahl Re_P (s. Gl. (7.5)) zu berechnen (Martin 1980):

$$Sh_{Wirbelschicht} \cong Sh_{Einzelkugel}(\mathrm{Re}_P) \tag{15.13}$$

Tatsächlich zeigen einige experimentelle Ergebnisse für Wirbelschichten leicht nach oben gekrümmte Kurven mit einem flachen Maximum bei mittleren Porositäten von $\varepsilon_g = 0{,}6$ bis 0,8.

15.7 Modellierung von Wirbelschichtreaktoren

Modelle zur Beschreibung von Wirbelschichtreaktoren müssen sowohl die Fluiddynamik, den Stoffaustausch zwischen Fluid und Feststoff sowie die Reaktionskinetik erfassen. Dies wird im Rahmen neuerer Modelle unter Nutzung leistungsfähiger Rechner ausgeführt. Ausgangspunkt sind die lokalen Stoffaustauschbeziehungen, die in Bilanzgleichungen für ein differenzielles Volumenelement eingesetzt werden.

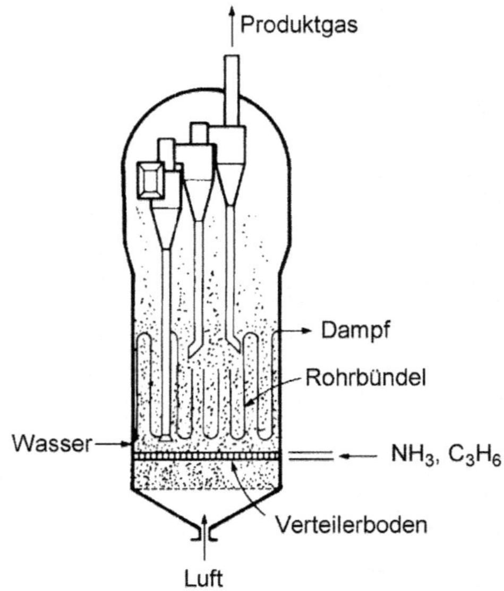

Abb. 15.16 Reaktor für die Acrylnitrilsynthese. (Nach Kunii und Levenspiel 1991)

Die resultierende Gleichung wird numerisch integriert. Diese Vorgehensweise wird am parallel gelagerten Beispiel der Blasensäulen in Abschn. 19.5 erläutert.

15.8 Technische Anwendungen

Die Anwendungsfelder von Wirbelschichten sind breit gestreut und umfassen physikalische Prozesse wie Feststofftrocknungen, Adsorptionen, Oberflächenbeschichtungen oder Wärmeaustauschvorgänge. Im Bereich der chemischen Synthese werden Wirbelschichten i. Allg. eingesetzt, um eine möglichst konstante Temperaturführung zu realisieren. Der Feststoff kann dabei ein Katalysator oder ein Reaktionsedukt sowie ein -produkt sein. Zwei charakteristische Beispiele werden nachstehend erläutert. Zahlreiche weitere Anwendungen finden sich z. B. in (Kunii und Levenspiel 1991; Werther 2007).

15.8.1 Acrylnitrilsynthese

Der entscheidende Faktor für den Einsatz eines Wirbelschichtreaktors für die heterogen katalysierte Acrylnitrilsynthese (s. Abb. 15.16) im Sohio Prozess ist die Beherrschung der freigesetzten hohen Reaktionsenthalpie ($\Delta h_R = -515$ kJ/Mol). Die Reaktion muss aus Selektivitätsgründen bei 400–500 °C und Gaskontaktzeiten von 5–20 s durchgeführt werden. Anderenfalls werden zu viele Neben- und Folgeprodukte gebildet. Die Reaktionsenergie wird über vertikale Rohrbündel, die

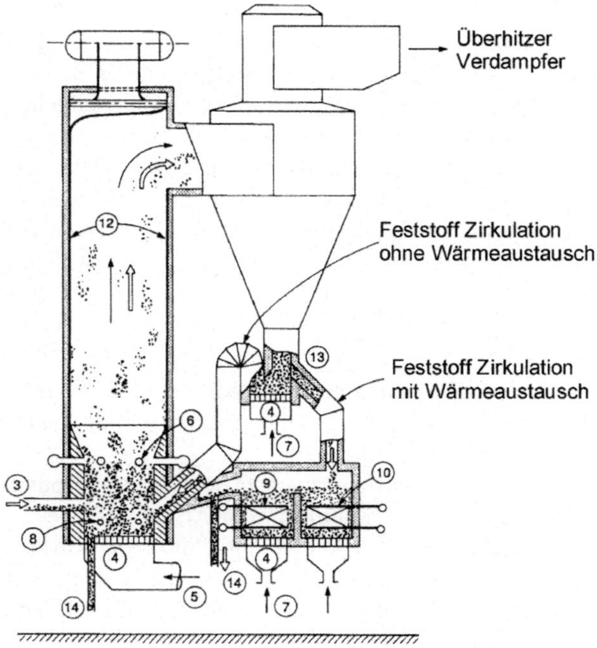

Abb. 15.17 Wirbelschichtfeuerung. *3* Kohle/Kalkstein Zufuhr, *4* Luftverteiler, *5* Primärluft Einlass, *6* Sekundärluft Stutzen, *7* Wirbelluft, *8* Heißgas Erzeuger, *9* Verdampfer, *10* Überhitzer, *12* wassergekühlte Wand, *13* Syphon, *14* Auslassrohr. (Nach Fujima zit. in (Kunii und Levenspiel 1991))

innerhalb des Betts angeordnet sind, abgeführt und zur Erzeugung von Hochdruckdampf genutzt. Um den Feststoffaustrag mit dem gasförmigen Reaktionsprodukt zu begrenzen, werden in den Apparat Zyklone integriert. Technisch übliche Reaktordurchmesser liegen zwischen 3 bis 8 m, Partikelgrößen zwischen 10 und 200 µm, Gasleerrohrgeschwindigkeiten zwischen 0,4 und 0,7 m/s. Die Katalysatorregeneration, die zur Entfernung des sich ablagernden Kohlenstoffs erforderlich ist, wird durch Abbrand realisiert. Dieser findet in dem Bereich zwischen dem Gasverteiler für das Gemisch aus NH_3 und Propylen und dem Lufteintritt statt.

15.8.2 Verbrennung von Kohle

Die gute Durchmischung und die hohe Wärmekapazität von Wirbelschichten erlauben eine stabile Verbrennung von Kohle bei niedrigen Temperaturen (ca. 850 °C), wodurch die Emission von Stickoxiden reduziert werden kann. Kohlepartikeln zwischen 3–6 mm werden pneumatisch in die Wirbelschicht eingeblasen. Die zusätzliche Zugabe von Kalkstein bewirkt eine Bindung des entstehenden SO_2 durch Bildung von $CaSO_4$. Die Abb. 15.17 zeigt eine Wirbelschichtfeuerung für die Anwendung in einem Kraftwerk in Form einer zirkulierenden Wirbelschicht.

Die stufenweise Zufuhr von Verbrennungsluft (übliche Gasgeschwindigkeiten betragen mehrere m/s) minimiert die NO-Bildung im unteren Bereich der Brennkammer. Die Luftzugabe im oberen Teil der Brennkammer vervollständigt die

Verbrennung durch Oxidation des größten Teils des CO. Ein Teil des zirkulierenden Feststoffs wird durch einen externen Kühler geführt, der die Flexibilität der Regelung erhöht und Laständerungen in breiten Bereichen ermöglicht. Entscheidendes Merkmal dieses Feuerungsofens ist die weitgehend gleichmäßige Temperatur im gesamten Feuerungsraum. Um eine Bypassströmung durch den Zyklon zu vermeiden, befindet sich am unteren Ende des Zyklons ein Syphon. Die Begasung des Wärmetauschers sowie des Syphons dient zur Aufrechterhaltung des fluidisierten Zustands, da sich der Feststoff andernfalls absetzen würde.

15.9 Verständnisfragen

1. Was versteht man unter einer Wirbelschicht? Wann tritt sie auf?
2. Warum nimmt die Ausdehnung einer Wirbelschicht mit steigendem Fluiddurchsatz zu?
3. Welchen Zustand kennzeichnet der Lockerungspunkt? Wie kann die Lockerungsgeschwindigkeit bestimmt werden?
4. Welche Materialien werden durch die Geldart Klassifikation unterschieden?
5. Wie ist das Betriebsdiagramm für Wirbelschichten aufgebaut?
6. Erläutern Sie den Druckverlauf im Bereich einer einzelnen aufsteigenden Gasblase.
7. Durch welchen Mechanismus kommt es zur Durchmischung der Feststoffphase?
8. Erläutern Sie die Bewegung des Gases im Nahbereich schnell aufsteigender Gasblasen.
9. Erläutern Sie die Funktionsweise einer zirkulierenden Wirbelschicht am Beispiel einer Wirbelschichtfeuerung.

15.10 Aufgaben

1. Für die in Abb. 15.3 dargestellte Wirbelschicht soll der Bereich ermittelt werden, in dem die Gasleerrohrgeschwindigkeit variiert werden kann, wenn der Betrieb der Wirbelschicht ohne Verlust von Feststoff erfolgen soll[2].
   Dazu soll bestimmt werden:

   a. In welchem Bereich der Gasleerrohrgeschwindigkeit tritt die Aufwirbelung der Partikeln abhängig von deren Größe auf?
   b. Wie hoch ist die Sinkgeschwindigkeit der feinsten und der größten Feststoffteilchen?

   Hinweis: Zur Bestimmung der Lockerungsgeschwindigkeit sollen der kleinste und der größte Partikeldurchmesser verwendet werden. Die Sphärizität der Partikel beträgt 0,67 und die Lockerungsporosität 0,62 für die feinen und 0,45 für die größten Partikeln bei einer Dichte von 2600 kg/m^3.

[2] nach (Kunii und Levenspiel 1991).

2. Bestimmen Sie den Strömungszustand eines Kollektivs aus Feststoffteilchen der Dichte 1500 kg/m³ für Gasleerrohrgeschwindigkeiten von 0,4 m/s bzw. 0,8 m/s. Zwei Fälle sind zu unterscheiden[3]:

   a. $d_P = 60\ \mu m$; $\rho_g = 1{,}5\ kg/m^3$; $\eta_g = 20 \times 10^{-6}\ kg/(ms)$,
   b. $d_P = 450\ \mu m$; $\rho_g = 1\ kg/m^3$; $\eta_g = 25 \times 10^{-6}\ kg/(ms)$.

3. Eine Schüttung aus Anthrazit-Kohlepartikeln ($\rho_P = 2000\ kg/m^3$, $d_P = 100\ \mu m$, $\Psi = 0{,}63$) soll durch einen Gasstrom ($\rho_g = 1{,}22\ kg/m^3$, $\eta_g = 18 \times 10^{-6}\ kg/(ms)$) aufgewirbelt werden.

   a. Bestimmen Sie die Sinkgeschwindigkeit eines einzelnen Korns.
   b. Wie groß ist die Lockerungsgeschwindigkeit v_L? (Verwenden Sie Tab. 13.1.)
   c. Welcher Geldart-Gruppe sind die Partikeln zuzurechnen?

4. Die Höhe einer Wirbelschicht beträgt $H = 0{,}7$ m. In dieser Schicht werden Granulatpartikeln ($d_P = 1$ mm; $\varepsilon_L = 0{,}4$; $\rho_P = 1{,}4 \times 10^3\ kg/m^3$) mit Luft ($\rho_L = 1{,}204\ kg/m^3$ bei 20 °C; $\nu_L = 15{,}11 \times 10^{-6}\ m^2\ s^{-1}$) aufgewirbelt.

   a. Stellen Sie die Kräftebilanz am Lockerungspunkt auf und berechnen Sie hieraus den Druckverlust am Lockerungspunkt (Annahme: $H = H_L$)
   b. Wie groß ist die Geschwindigkeit am Lockerungspunkt v_L, wenn laminare Strömungsverhältnisse vorliegen?
   c. Aus technischen Gründen soll die Höhe der Wirbelschicht um 20 % gegenüber der Höhe am Auflockerungspunkt zunehmen. Wie verändern sich der Lückengrad, die Geschwindigkeit und der Druckverlust am Lockerungspunkt unter der Annahme gleicher Strömungsverhältnisse? Diskutieren Sie dieses Ergebnis für Δp anhand einer Skizze.

5. Eine aus Mikrokugeln ($\rho_P = 1830\ kg/m^3$, $\varepsilon_L = 0{,}45$) bestehende Katalysatorschicht soll von einem Gasstrom ($\rho_g = 1\ kg/m^3$, $\eta_g = 17 \times 10^{-6}\ kg/(ms)$) aufgewirbelt werden. Die Kugeln weisen folgende Partikelgrößenverteilung auf[4]:

d_P in µm	5	8	10	12	14	15	16	17	18	20	22	24	26
E in Anzahl/cm	5	13	23	45	95	135	145	115	88	50	22	12	1

   a. Berechnen Sie die Lockerungsgeschwindigkeit und vergleichen Sie das Ergebnis mit dem experimentellen Wert von $v_L = 0{,}026$ m/s.
   b. Wie groß sind die Sinkgeschwindigkeiten der feinsten und größten Partikeln?

6. In einer am Lockerungspunkt betriebenen Wirbelschicht von 5 m Durchmesser und 3 m Höhe sollen kugelförmige Partikeln ($\rho_P = 3000\ kg/m^3$, $\bar{d}_P = 100\ \mu m$, $\varepsilon_L = 0{,}4$) mit einem Gas ($\rho_g = 1\ kg/m^3$, $\eta_g = 15 \times 10^{-6}\ kg/(ms)$) aufgewirbelt werden.

   a. Welcher Wert der Gasleerrohrgeschwindigkeit ist einzustellen, wenn $v_g = 10\ v_L$ sein soll?

---

[3] nach (Kunii und Levenspiel 1991).

[4] nach (Kunii und Levenspiel 1991).

b. Liegt der Betriebszustand innerhalb des Arbeitsbereichs einer Wirbelschicht?
c. Wie groß ist der Druckverlust der Wirbelschicht?

7. Ein feinkörniges Kunststoffgranulat ($d_P = 0{,}1$ mm; $\varepsilon_L = 0{,}45$; $\rho_P = 1350$ kg/m^3) soll in einem zylindrischen Wirbelbett getrocknet werden. Zur Ermittlung von Betriebsdaten soll ein Versuchsapparat erstellt werden, der überschlägig zu berechnen ist. Der Durchmesser des Wirbelbettes sei 0,3 m. Als Trocknungsgas wird Luft bei 20 °C eingesetzt. Die Höhe am Auflockerungspunkt soll 0,4 m betragen. Es ist ein Zuwachs der Schichthöhe von 25 % im Vergleich zum Auflockerungspunkt zugelassen.

   a. Wie groß ist die Auflockerungsgeschwindigkeit v_L und die Partikelsinkgeschwindigkeit w_P?
   b. Wie groß ist der Lückengrad ε?
   c. Welche Luftgeschwindigkeit und welcher Volumenstrom $\dot{V}$ sind dann in dem Apparat einzustellen?

Literatur

Allgemein

Geldart D (Hrsg) (1986) Gas fluidization technology. Wiley, Chichester
Kunii D, Levenspiel O (1991) Fluidization engineering, 2. Aufl. Butterworth-Heinemann, Boston
Molerus O (1982) Fluid-Feststoff-Strömungen. Springer, Heidelberg
Werther J (2007) Fluidized-bed reactors. In: Ullmann's Encyclopedia of Industrial Chemistry, 7. Aufl. Wiley-VCH, Weinheim

Speziell

Couderec JP (1985) In: Davidson JF et al. (Hrsg) Fluidization, Kap. 1. Academic Press, New York
Grace JR (1986) Contacting mode and behaviour classification of gas-solid and other two-phase suspension. Can J Chem Eng 64:353
Leva M (1959) Fluidization. McGraw-Hill, New York
Martin H (1980) Wärme- und Stoffübertragung in der Wirbelschicht. Chem Ing Tech 52:199–209
Martin H (2002) Wärmeübertragung in Wirbelschichten. In: VDI (Hrsg) VDI-Wärmeatlas, 9. Aufl. VDI-Verlag, Düsseldorf (Mf 1–8)
Miyauchi T, Furnsaki S, Morooka S, Ikeda (1981) Transport phenomena and reaction in fluidized catalyst beds. Adv Chem Eng 11:275–448
Rowe PN, Partridge BA (1965) An X-Ray study of bubbles in fluidised beds. Trans Inst Chem Eng 43:T 157–T 175
Saxena SC, Vogel GJ (1977) Chem Eng J 14:59
Werther J (1977) Strömungsmechanische Grundlagen der Wirbelschichttechnik. Chem Ing Tech 49:193–202
Werther J (1982) Grundlagen der Wirbelschichttechnik. Chem Ing Tech 54:876–883
Wirth KE (2006) Strömungszustände und Druckverlust in Wirbelschichten. In: VDI-Wärmeatlas, 10. Aufl. VDI-Verlag, Heidelberg, (Lcb 1–11)
Yang WC et al. (1985) AIChE J 31:1085

Kapitel 16
Feststofftransport in Rohrleitungen

Für den effektiven Betrieb großtechnischer Produktionsanlagen ist die Fähigkeit, Feststoffe (Rohstoffe, Zwischen- oder Endprodukte) transportieren zu können, von hoher Bedeutung. Die Auswahl geeigneter Fördersysteme richtet sich primär nach dem Fließverhalten des vorliegenden Produkts. Danach sind die zurückzulegende Entfernung sowie der Massendurchsatz die entscheidenden Größen. Für betriebsinterne Transportsysteme gibt es eine Reihe von technischen Möglichkeiten, deren Anwendungsbereiche in Abb. 16.1 umrissen sind. Letztlich muss allerdings immer anhand der Produkteigenschaften überprüft werden, ob das jeweilige Fördersystem auch tatsächlich geeignet ist.

Im Rahmen dieses Kapitels wird lediglich der Feststofftransport durch hydraulischen und insbesondere pneumatischen Transport betrachtet.

Ziel des Kapitels ist die Erläuterung der Grundlagen für die Auslegung von pneumatischen Fördersystemen. Nach der Darstellung der verschiedenen Förderzustände werden die unterschiedlichen Anteile des Druckverlusts bei der Flugförderung analysiert und hieraus die Transportgeschwindigkeit des Feststoffs als wesentliche Auslegungsgröße bestimmt. Abschließend werden grundlegende Charakteristika technischer Fördersysteme wiedergegeben.

16.1 Physikalische Grundlagen des Feststofftransports

Bei der aufwärtsgerichteten Förderung in vertikalen Rohren ergeben sich besonders einfache Verhältnisse. An jeder Partikel besteht Gleichgewicht zwischen der abwärtsgerichteten Schwerkraft und den aufwärtsgerichteten Auftriebs- und Widerstandskräften. Erhöht man die Fluidgeschwindigkeit v über den Wert der Schwebegeschwindigkeit hinaus, dann wird die Partikel gefördert. Die Bedingung für den Partikeltransport in vertikalen Rohrleitungen lautet also: $v > w_P$.

Aus diesen Überlegungen ergibt sich, dass der Feststofftransport durch vertikale Rohre sowohl bei laminarem als auch bei turbulentem Zustand des Fördermediums

M. Kraume, *Transportvorgänge in der Verfahrenstechnik*,
DOI 10.1007/978-3-642-25149-8_16, © Springer-Verlag Berlin Heidelberg 2012

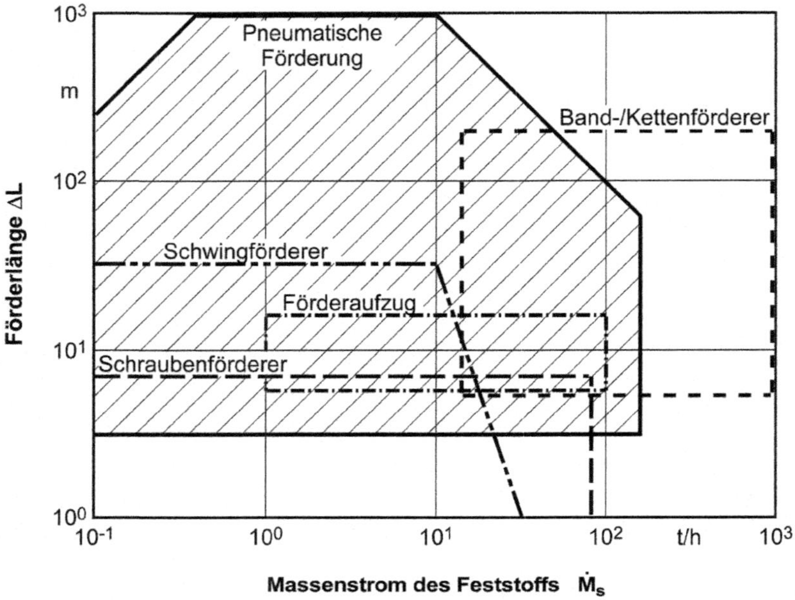

Abb. 16.1 Betriebsbereiche unterschiedlicher Fördersysteme. (Nach Marcus et al. 2002)

möglich ist. Die für die Fördermöglichkeit entscheidende Kraft ist die Widerstandskraft. Förderung der Partikeln tritt ein, sobald die Fluidgeschwindigkeit größer als die Schwebegeschwindigkeit ist.

Zu wesentlich verwickelteren Verhältnissen gelangt man, wenn die Partikelbewegung in horizontalen Rohren betrachtet wird. Die Bewegung lässt sich in eine horizontale und eine vertikale Komponente unterteilen. Für die horizontale Bewegungskomponente ist wieder die Widerstandskraft die entscheidende Kraft. Für die Bewegung in vertikaler Richtung sind bei laminarem Strömungszustand des Fördermediums die Schwerkraft, die Trägheitskraft, die Auftriebskraft und die Widerstandskraft maßgebend. Die Partikel bewegt sich mit der aus diesen Kräften folgenden Sinkgeschwindigkeit nach unten. Da kein aufwärtsgerichteter Fluidstrom vorhanden ist, kann die Sinkbewegung nicht verhindert werden. Die von einer einzelnen Partikel durchlaufene Bahnkurve muss daher bei einer beliebigen Axialgeschwindigkeit des Fluids gemäß der in Abb. 16.2 schematisch dargestellten Kurve verlaufen.

Die Sinkbewegung der Partikel lässt sich nur durch eine Kraftwirkung verhindern, die senkrecht aufwärtsgerichtet ist. Hierfür sind die in turbulenten Strömungen auftretenden Turbulenzballen verfügbar. Deren Größe und Richtung sind statistischen Schwankungen unterworfen. Zur Vereinfachung der Überlegungen soll nur die vertikale Schwankungskomponente betrachtet und angenommen werden, dass sie im periodischen Wechsel nach oben und unten gerichtet ist und jeweils die gleiche Größe hat. Da zum Erreichen des turbulenten Strömungszustands höhere Fluidgeschwindigkeiten v erforderlich sind, wird die Förderstrecke bis zum Auftreffen auf die

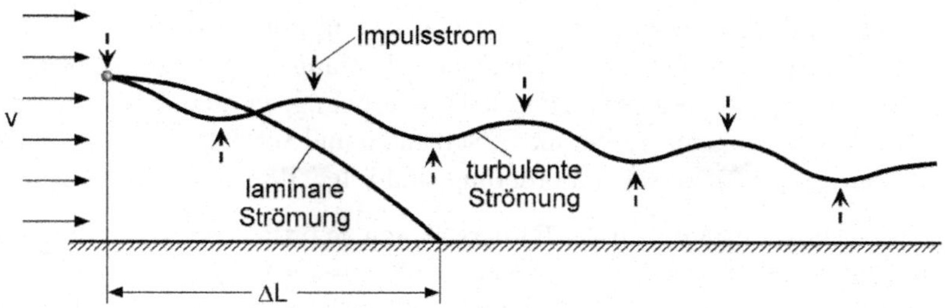

Abb. 16.2 Bewegung einer Einzelpartikel in einem Fluidstrom

Abb. 16.3 Stabile Konzentrationsverteilung für körnigen Feststoff beim Transport im Fluidstrom durch horizontale Rohre

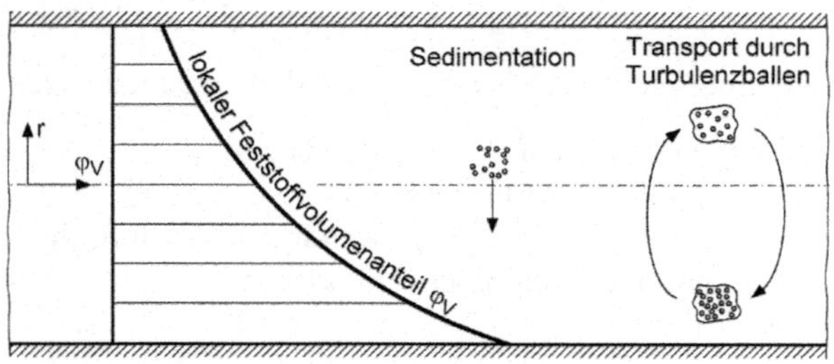

Rohrwand bei turbulenter Strömung verlängert. Grundsätzlich wird das Absinken selbst jedoch nicht verhindert (Abb. 16.2).

Ein schwebender Transport ist nur möglich, wenn sich in einer turbulenten Strömung ein Partikelschwarm befindet. Im Gleichgewichtszustand des schwebenden Transportes müssen sich im statistischen Mittel gleich viele Körner nach oben und nach unten bewegen. Die Abwärtsbewegung der Körner ist sowohl durch die normale Sedimentation als auch durch den turbulenten Impulsstrom bedingt, während die Aufwärtsbewegung allein auf dem turbulenten Impulsstrom beruht. Der nach oben gerichtete Impulsstrom muss daher im Mittel mehr Körner transportieren als der nach unten gerichtete. Diese Forderung ist nur dann erfüllbar, wenn die Feststoffkonzentration zum Rohrboden ansteigt. Dieses ist die stabile Konzentrationsverteilung. Sie ist in Abb. 16.3 in schematisierter Form angegeben. Diese Betrachtungen gelten sowohl für den hydraulischen als auch für den pneumatischen Transport.

16.2 Pneumatische Förderung

Die erste dokumentierte pneumatische Förderanlage wurde von der Firma Peugeot 1847 zur Abführung des Staubs von 14 Schleifsteinen installiert (Dinglers 1847 zit. in Molerus 1996). Betrachtet man die reine Aufgabe des Transports von Feststoffen, so wurde das erste pneumatische Fördersystem für den Transport von Getreide in Lagersilos im Jahr 1878 in Betrieb genommen (Dinglers 1878 zit. in Molerus 1996). Tatsächlich förderte man zu Beginn der Nutzung pneumatischer Förderanlagen in der Landwirtschaftstechnik vorwiegend Weizen. Im Laufe der Zeit fand der pneumatische Feststofftransport in zunehmendem Umfang Eingang in Mühlenbetriebe, in Kraftwerke für die Staubfeuerung und Entaschung, in die Chemische Industrie und in die Verladeanlagen des Straßen-, Schienen- und Schiffsverkehrs. Für die weite Verbreitung der pneumatischen Förderung sind folgende Vorteile verantwortlich:

- hohe Anpassungsfähigkeit der Förderstrecken an örtliche Gegebenheiten,
- umweltfreundliche Gestaltung (keine Staubemission),
- Vielfalt an Schaltungsmöglichkeiten durch Rohrweichen,
- geringer Wartungsaufwand für die Förderleitung,
- Verwendung von Schutzgas bei luftempfindlichen Feststoffen,
- breite Anwendbarkeit für unterschiedlichste Feststoffe.

Allerdings sind auch Nachteile mit dem pneumatischen Transport verbunden:

- Vergleichsweise hoher Leistungsbedarf,
- Verschleiß von Rohrleitungen,
- Produktabrieb, der ggf. aufwendige Förderluftreinigungen erforderlich macht,
- Gefährdung durch Staubexplosionen.

16.2.1 Einteilung der pneumatischen Förderung

Die Einteilung pneumatischer Fördersysteme kann anhand von *Zustandsdiagrammen* (s. Abb. 16.4) erfolgen, in denen der Druckgradient $\Delta p/L$ oder die Druckdifferenz Δp für das Gas/Feststoff-Gemisch als Funktion der Gasleerrohrgeschwindigkeit v_g aufgetragen wird. Diese Zustandsdiagramme können nur durch Messung des Druckverlustes der ausgebildeten Gas/Feststoff-Strömung (nach Beschleunigung des Feststoffs) bestimmt werden.

Die Strömungszustände in einem horizontalen Rohr beinhaltet Abb. 16.4 sowie z. T. Abb. 16.5. Deutlich zu unterscheiden sind die *Dichtstrom-* und die *Dünnstromförderung*. Die *Feststoffbeladung* μ stellt in diesem Zusammenhang einen wesentlichen Parameter dar, sie ist definiert als:

$$\mu \equiv \frac{Massenstrom\ Feststoff}{Massenstrom\ Transportgas} = \frac{\dot{M}_s}{\dot{M}_g} \tag{16.1}$$

Beide Abbildungen verdeutlichen auch die bei Reduzierung des Gasdurchsatzes zu beobachtenden Förderzustände in horizontalen Rohren:

a. *Flugförderung*: Bei hohen Fördergasgeschwindigkeiten bewegen sich die Partikeln über den Rohrquerschnitt verteilt fliegend und gelegentlich andere Partikeln bzw. die Rohrwand treffend durch das Förderrohr. Flugförderung wird i. A. bei der Förderung von grobem Gut mit Korngrößen >1 mm und bei höheren Luftgeschwindigkeiten als 20 m/s angewandt. Die Feststoffbeladung μ beträgt zwischen eins und zehn.

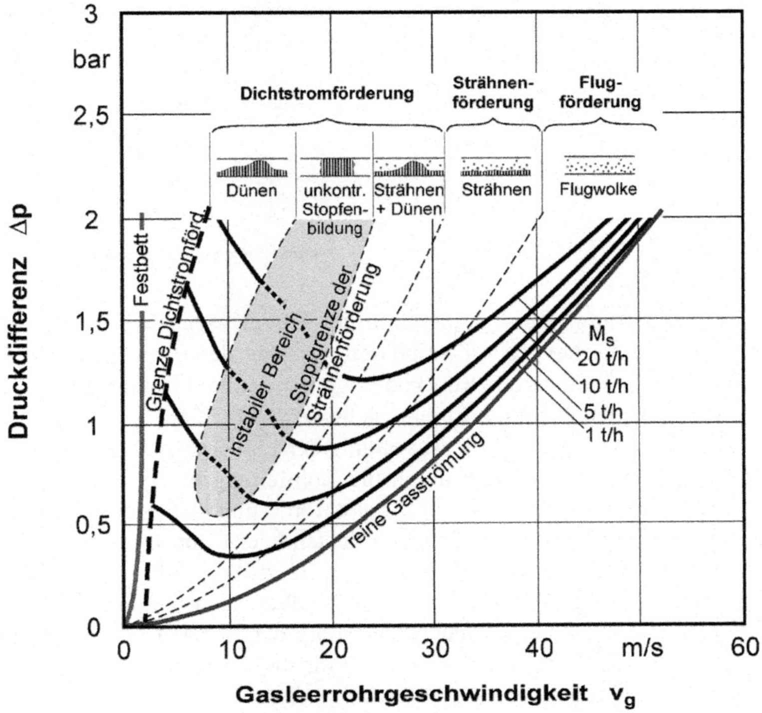

Abb. 16.4 Zustandsdiagramm der pneumatischen Förderung. Anhaltswerte für D = 150 mm und Luft 1,5 bar, rieselfähige Schüttgüter für Korngrößen > 10 µm. (Nach Muschelknautz et al. 2002)

a) Flugförderung

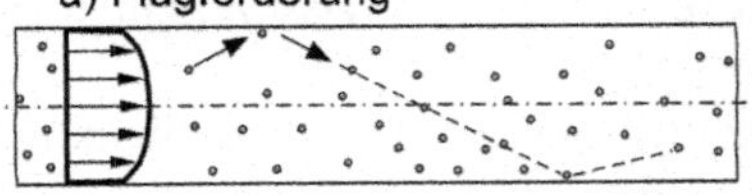

μ kg/kg	d_{50} mm	v_g m/s	w_s/w_g	Δp/L bar/100 m
1 bis 10	0,1	20	0,8	0,15 bis 0,5
	1	30	0,65	
	10	40	0,5	

b) Strähnenförderung

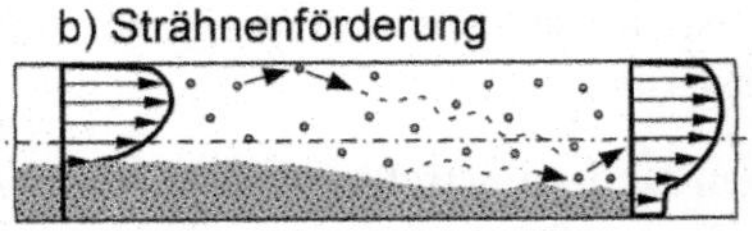

10 bis 50	0,01	20	≈1	0,75 bis 2
	0,1	25	0,3	
	0,5	30	0,4	

c) Strähnen- und Ballenförderung

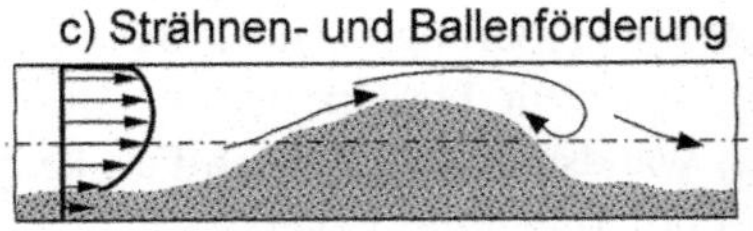

20 bis 50	0,01	15	≈1	0,4 bis 0,8
	0,1	20	0,3	
	1	25	0,5	

Abb. 16.5 Verschiedene Förderzustände mit Anhaltswerten für einige Parameter. (Nach Muschelknautz et al. 2002), w_g ist die effektive Gasgeschwindigkeit $w_g = \dot{V}_g/(\varepsilon A)$

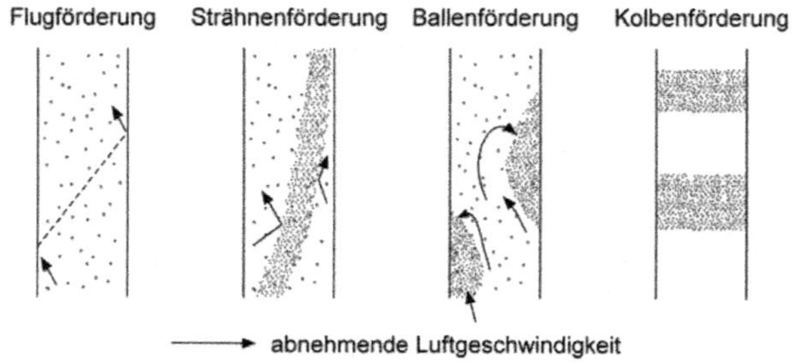

Abb. 16.6 Förderzustände bei der Förderung vertikal-aufwärts. (Nach Wirth 1983)

b. *Strähnenförderung*: Bei Verringerung der Fördergasgeschwindigkeit setzt zunehmend Entmischung der Zweiphasenströmung derart ein, dass ein Teil des Feststoffes als Strähne am Rohrboden gleitet, während nur noch ein Teil des Feststoffes fliegend über der Strähne gefördert wird.
c. *Ballenförderung*: Bei weiterer Absenkung der Fördergasgeschwindigkeit bilden sich Ballen aus, die langsam durch die Rohrleitung transportiert werden. Der Übergang zwischen Strähnen- und Ballenförderung stellt ebenfalls den Wechsel vom stationären zum instationären Zustand der Dünnstromförderung dar. Er kennzeichnet auch die sogenannte *Stopfgrenze*, da bei niedrigeren Gasgeschwindigkeiten eine große Empfindlichkeit gegenüber Schwankungen der Gut- bzw. Luftzufuhr besteht, die zu einer Verstopfung der Rohrleitung führen. Dies gilt insbesondere dann, wenn ein Verdichter für die Gasförderung eingesetzt wird, dessen Kennlinie flach ist. Für Geschwindigkeiten unterhalb $v_{g\ Stopf}$ muss generell mit Feststoffablagerungen gerechnet werden.
d. *Förderung über ruhender Ablagerung* (bzw. unkontrollierte Stopfenbildung): Bei nochmaliger Absenkung der Fördergasgeschwindigkeit bilden sich ruhende Ablagerungen am Rohrboden aus, sodass nur noch ein Bruchteil des Rohrquerschnittes tatsächlich zur Förderung genutzt wird. Zum Teil treten auch unkontrolliert Stopfen auf, die mit großen Druckschwankungen verbunden sind. Das Verhalten ist insgesamt sehr instabil.
e. *Pfropfenförderung*: Schließlich kann bei ganz niedrigen Fördergasgeschwindigkeiten, aber hohem Druckverlust unter Umständen ein Förderzustand erreicht werden, bei dem einzelne, den gesamten Rohrquerschnitt ausfüllende Feststoffpfropfen gefördert werden. Dieser Förderzustand ist charakteristisch für die technisch ebenfalls eingesetzte Dichtstromförderung.

Bei der vertikal aufwärtsgerichteten pneumatischen Förderung treten analoge Förderzustände wie bei der horizontalen auf (Abb. 16.6). Bei großen Luftgeschwindigkeiten wird das Fördermaterial homogen über den Rohrquerschnitt verteilt durch die Förderleitung transportiert. Wie bei der horizontalen Förderung besitzen die Feststoffpartikeln eine Geschwindigkeitskomponente quer zur Förderrichtung. Diese wird bei groben Partikeln im Wesentlichen durch Wandstöße, bei kleinen Partikeln hingegen hauptsächlich durch die Turbulenz des Fördermediums bewirkt.

Bei kleineren Luftgeschwindigkeiten geht die Flugförderung in die Strähnenförderung über. Dabei ist wegen der im Vergleich zur Sinkgeschwindigkeit eines Einzelteilchens größeren Sinkgeschwindigkeit der Strähnen eine örtliche Rückströmung des Feststoffes möglich. Der Feststoff kann dennoch im zeitlichen Mittel vertikal gefördert werden, da die Strähnen sich ständig auflösen und die Feststoffpartikeln einzeln von der Luftströmung nach oben transportiert werden.

Bei einer weiteren Verkleinerung der Luftgeschwindigkeit wird der Feststoff in Form von Ballen gefördert. Diesen Förderzustand nennt man analog der horizontalen Förderung Ballenförderung. Eine Verkleinerung der Luftgeschwindigkeit unter die Sinkgeschwindigkeit der Einzelteilchen führt schließlich zur Propfenförderung.

Das Zustandsdiagramm Abb. 16.4 zeigt, dass der Druckabfall beim Übergang von der Ballen- zur Strähnenförderung einen Minimalwert Δp_{min} annimmt. Bei der Dünnstromförderung wird dieser Punkt geringsten Druckverlusts angestrebt. Die Dichtstromförderung findet demgegenüber bei weitaus höherem Druckgradienten und geringeren Gasdurchsätzen statt.

Mit zunehmendem Massendurchsatz steigt der Druckverlust an, und die Stopfgrenze verschiebt sich zu höheren Gasgeschwindigkeiten. In der Praxis führt dies bei einer Steigerung des Massendurchflusses zu folgenden Konsequenzen: Der Gasverdichter muss dann sowohl einen höheren Differenzdruck aufbauen, als auch eine größere Fördermenge liefern können. Wird der Gasdurchsatz nicht erhöht, so ist es denkbar, dass das System von der Dünnstromförderung bei kleiner Gutbeladung zur Dichtstromförderung bei hoher Gutbeladung übergeht.

Mit zunehmender Fördergeschwindigkeit nähern sich die Kurven für unterschiedliche Feststoffbeladungen der Kurve der reinen Gasströmung, da die Zahl der im Rohrvolumen befindlichen Partikeln abnimmt.

Zwischen horizontaler und vertikaler Förderung besteht eine große Zahl von Gemeinsamkeiten, es existieren allerdings auch wichtige Unterschiede. Im Mittel ist die Stopfgrenze bei vertikaler Strömung zu deutlich niedrigeren Gasgeschwindigkeiten verschoben. Weiterhin ist der längenbezogene Druckverlust in vertikalen Rohren deutlich geringer als in horizontalen. Diese Unterschiede sind auf unterschiedliche Wand/Partikel-Wechselwirkungen zurückzuführen. Bei der horizontalen Strömung muss die Förderluft ausreichend Energie liefern, um die Absetzneigung der Partikeln zu überwinden. Bei der Auslegung einer Förderleistung sind demzufolge horizontale und vertikale Abschnitte unterschiedlich bezüglich ihrer Anteile zum Gesamtdruckverlust zu bewerten.

16.2.2 Bestimmung des Druckverlustes

Bewegungsgleichung der pneumatischen Förderung Bei der pneumatischen Förderung geht man von der vereinfachenden Annahme aus, dass sich der an einer Förderanlage einstellende Gesamtdruckverlust Δp additiv aus dem Druckverlust der Gasströmung Δp_g, hervorgerufen durch die Wandreibung des Fluids, und dem durch den Feststofftransport hervorgerufenen *Zusatzdruckverlust* Δp_Z zusammensetzt (Abb. 16.7):

$$\Delta p = \Delta p_g + \Delta p_Z.$$

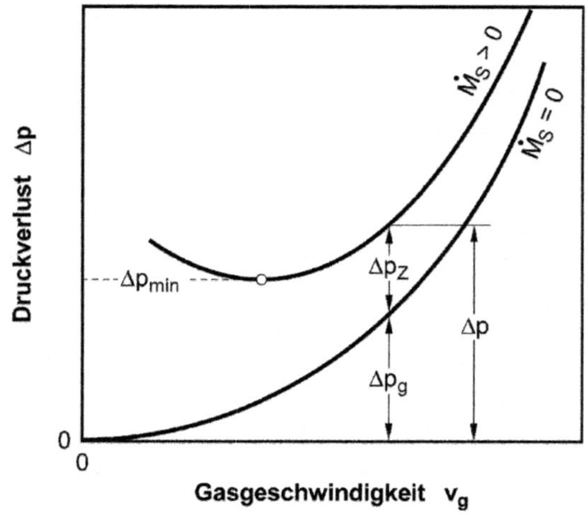

Abb. 16.7 Gas- und Zusatzdruckverlust bei der pneumatischen Förderung

Da nach dieser Vorstellung die im Förderrohr befindlichen Feststoffpartikeln die Luftströmung nicht beeinflussen, berechnet sich der Gasdruckverlust Δp_g mit den bekannten Gleichungen der einphasigen Rohrströmung:

$$\Delta p_g = \zeta_g \frac{\rho_g}{2} v_g^2 \frac{\Delta L}{d}. \tag{5.32}$$

Tatsächlich verändern die Feststoffteilchen das Geschwindigkeitsprofil gegenüber der reinen Gasströmung beispielsweise durch Dämpfung der Strömungsturbulenz. Hieraus folgt eine leichte Abnahme des Widerstandsbeiwerts ζ mit zunehmender Feststoffbeladung, die im Weiteren allerdings vernachlässigt wird.

Zur Ermittlung des durch den Feststoff verursachten zusätzlichen Zusatzdruckverlusts Δp_Z existiert die nachfolgend vorgestellte Modellvorstellung, in der folgende Kräfte berücksichtigt werden:

- Partikelstöße an der Wand F_{WS}
- Hub und Wandreibung des Fördergutes F_{HR}
- Massenträgheit bei der Gutbeschleunigung F_b

Diese Kräfte verzögern die Partikeln beim Durchströmen der Förderleitung. Damit die Geschwindigkeit der Partikeln aufrechterhalten oder nach der Aufgabe in die Förderleitung erhöht werden kann, muss den verzögernden Kräften eine beschleunigende Kraft entgegenwirken. Diese Widerstandskraft F_{PW} resultiert aus der Geschwindigkeitsdifferenz zwischen Fördermedium und Fördergut (s. Abb. 16.8). Es gilt also:

$$F_{PW} = F_{WS} + F_{HR} + F_b = F_{WS} + F_{HR} + M_s \frac{dw_s}{dt}. \tag{16.2}$$

Bezieht man die auf alle Partikeln wirkenden Kräfte jeweils auf die Querschnittsfläche der Förderleitung, so erhält man die entsprechenden Druckverlustterme:

$$\Delta p_Z = \Delta p_{PW} = \Delta p_{WS} + \Delta p_{HR} + \Delta p_b.$$

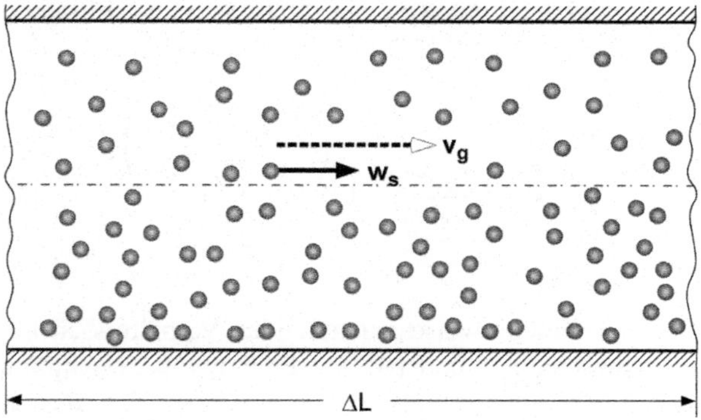

Abb. 16.8 Transport einer Gutwolke als Folge der Durchströmung des Fördergases (da bei Flugförderung $\varepsilon \to 1$ gilt $v_g \approx w_g$)

Der Zusatzdruckverlust Δp_Z resultiert aus dem Luftwiderstand F_{PW} der langsamer als das Gas fliegenden Fördergutteilchen:

$$\Delta p_Z = \Delta p_{PW} = \frac{F_{PW}}{d^2\pi/4}. \tag{16.3}$$

16.2.2.1 Widerstandskraft bei der Durchströmung der Gutwolke

Für den Strömungswiderstand der Gutwolke gilt entsprechend:

$$F_{PW} = \Sigma\zeta_{PW}\frac{d_{Pi}^2\pi}{4}\frac{\rho_g}{2}(v_g - w_s)^2, \tag{16.4}$$

hierbei ist w_s die mittlere Transportgeschwindigkeit des Feststoffs in Förderrichtung:

$$w_s = \frac{\dot{M}_s}{\varphi_V \rho_P \frac{\pi}{4} d^2}. \tag{16.5}$$

Unter Verwendung der Feststoffmasse je Rohrabschnitt

$$M_s = \dot{M}_s \frac{\Delta L}{w_s} = n_P \cdot \frac{\pi d_p^3}{6} \cdot \rho_P \tag{16.6}$$

und der mittleren Sinkgeschwindigkeit w_P (s. Gl. (7.4)) ihrer Teilchen folgt für die Widerstandskraft in einem monodispersen System:

$$F_{PW} = \zeta_{PW} n_p \frac{d_P^2\pi}{4}\frac{\rho_g}{2}(v_g - w_s)^2 = \zeta_{PW} M_s g \frac{(v_g - w_s)^2}{\frac{4}{3} g d_P \frac{\rho_p}{\rho_g}} \quad \left(\frac{\rho_P - \rho_f}{\rho_f} \approx \frac{\rho_P}{\rho_f}\right)$$

$$\to \quad F_{PW} = \frac{\zeta_{PW}}{\zeta_P} M_s \cdot g \left(\frac{v_g - w_s}{w_P}\right)^2 \quad \text{mit } w_P \text{ gemäß Gl. (7.4)}. \tag{16.7}$$

Unter der Annahme, dass ζ_{PW} umgekehrt proportional zur Reynoldszahl hoch einem Festwert k gesetzt werden kann, ergibt sich:

$$F_{PW} = M_s g \left(\frac{v_g - w_s}{w_P} \right)^2 \frac{\left(\frac{d_P \left| v_g - w_s \right|}{v_g} \right)^{-k}}{\left(\frac{d_P w_P}{v_g} \right)^{-k}} = M_s g \left(\frac{\left| v_g - w_s \right|}{w_P} \right)^{2-k}. \quad (16.8)$$

Bei den üblicherweise existierenden Verhältnissen liegt $Re_{PW} = |v_g - w_s| d_P / v_g$ etwa zwischen 10 und 10^3. Da die Gutwolke i. Allg. nur eine geringe Feststoffkonzentration aufweist, ist davon auszugehen, dass der physikalische Zusammenhang $\zeta = f$ (Re) der Einzelpartikel mit ausreichender Genauigkeit übernommen werden kann. Bei laminarer Teilchenströmung ist $k = 1$, im Übergangsbereich $k = 0{,}5$ und bei turbulenter Strömung $k = 0$.

16.2.2.2 Druckverlust durch Partikelstöße an der Wand Δp_{WS}

Von den drei Anteilen des Zusatzdruckverlustes gemäß Gl. (16.2) ist der durch die Partikelstöße mit der Wand verursachte Druckverlust Δp_{WS} die wesentliche Größe. Im Bereich der Flugförderung wird für den Reibungsverlust an der Wand infolge des Aufpralls der Teilchen eine Proportionalität zu den Massenträgheitskräften des Gutes angenommen

$$\Delta p_{WS} = \frac{\dot{M}_S w_s}{A} \frac{\Delta L}{d} \frac{\lambda_s^*}{2} = \mu \frac{\rho_g}{2} v_g^2 \frac{\Delta L}{d} C \lambda_s^*, \quad (16.9)$$

mit der Beladung μ (Gl. (16.1)) und dem dimensionslosen Geschwindigkeitsverhältnis:

$$C \equiv \frac{w_s}{v_g}. \quad (16.10)$$

Dieser Ansatz entspricht demjenigen für den Reibungswiderstand von Fluiden. Als maßgeblicher Staudruck wird hier $\rho_P w_s^2/2$ eingesetzt. λ_s^* kennzeichnet die Anzahl der Wandstöße je Flächeneinheit, ihre Intensität und den dabei stattfindenden Impulsverlust der Partikeln. Werte für λ_s^* können Tab. 16.1 entnommen werden. Der Beiwert λ_s^* hängt von der Werkstoffpaarung, dem Verhältnis des Teilchendurchmessers zur Wanddicke sowie der Kornform ab. Allgemein liegt λ_s^* zwischen 10^{-3} und 10^{-2}. Als mittleren Wert verwendet man $\lambda_s^* \approx 2 \times 10^{-3}$.

16.2.2.3 Druckverlust durch Hub und Wandreibung des Förderguts Δp_{HR}

Der zweite wesentliche Zusatzdruckverlust resultiert aus dem erforderlichen Hub der Partikeln sowie den Reibungsverlusten an der Rohrwand.

Tab. 16.1 Widerstandsbeiwert λ_S^* für verschiedene Stoffpaarungen. (Aus Wirth 1983)

Fördergut	Werkstoff der Scheibe	Widerstandsbeiwert λ_S^*
Glaskugeln (4 mm Dmr.)	Stahl (gehärtet)	0,0025
	Stahl (ungehärtet)	0,0032
	Aluminium (hart)	0,0051
	Kupfer (weich)	0,0053
Weizen	Stahl (gehärtet)	0,0032
	Stahl (ungehärtet)	0,0024
	Aluminium (hart)	0,0032
	Kupfer (weich)	0,0030
Steinkohle (3 bis 5 mm Korngröße)	Stahl (gehärtet)	0,0023
	Stahl (ungehärtet)	0,0019
	Aluminium (hart)	0,0007
	Kupfer (weich)	0,0012
Koks-Teilchen (zylindrisch, 5 mm lang, 4,5 mm Dmr.)	Stahl (gehärtet)	0,0014
	Stahl (ungehärtet)	0,0034
	Aluminium (hart)	0,0040
	Kupfer (weich)	0,0019
Quarz (3 bis 5 mm Korngröße)	Stahl (gehärtet)	0,0060
	Stahl (ungehärtet)	0,0072
	Aluminium (hart)	0,0185
	Kupfer (weich)	0,0310
Carborund (ca. 3 mm Korngröße)	Aluminium (hart)	0,0360
zerbrochene Glaskugeln*	Stahl (ungehärtet)	0,0123

*Kugeln von 8 mm Dmr. in Bruchstücken von etwa einem Drittel der Kugel

Die aus dem Partikelhub resultierende Druckdifferenz Δp_H lässt sich aus dem Kräftegleichgewicht zwischen Feststoffgewicht und Druckverlust mal Rohrquerschnitt beim Anheben der Feststoffmasse M_s um die Höhe $\Delta L \cdot \sin\alpha$ (Länge der vertikalen Rohrstrecke) berechnen:

$$\Delta p_H A = M_s \cdot g \cdot sin\,\alpha \begin{cases} \alpha = 0^\circ \text{ horizontale Förderung} \\ \alpha = 90^\circ \text{ Förderung vertikal aufwärts} \\ \alpha = -90^\circ \text{ Förderung vertikal abwärts} \end{cases} \tag{16.11}$$

Der Hubdruckverlust ergibt sich mit

$$M_s = \dot{M}_s \frac{\Delta L}{w_s} = \mu \dot{M}_g \frac{\Delta L}{w_s} \tag{16.12}$$

und durch Erweitern mit $\dot{M}_g = A \cdot \rho_g v_g$ als

$$\Delta p_H = \mu \rho_g \frac{v_g}{w_s} \Delta L \cdot g \cdot sin\,\alpha \tag{16.13}$$

bzw.

$$\Delta p_H = \mu \frac{\rho_g}{2} v_g^2 \frac{\Delta L}{d} \left(\frac{2 \sin \alpha}{C \cdot v_g^2 / g \cdot d} \right) = \mu \frac{\rho_g}{2} v_g^2 \frac{\Delta L}{d} \frac{2}{C \cdot Fr} \cdot sin\,\alpha \tag{16.14}$$

Mit:

$$Fr \equiv \frac{v_g^2}{g \cdot d}.$$

Zur Beschreibung des Verlustes aus der Reibung des Feststoffs an der Rohrwand dient der Beiwert f. Dieser erfasst bei gleichmäßiger Verteilung mit

$$f = w_P / v_g \tag{16.15}$$

auch die pneumatisch aufzubringende Leistung, um die Partikeln in Schwebe zu halten. f ist jedoch nicht größer zu wählen, als es dem Reibungsbeiwert des Gutes beim Gleiten an der Wand entspricht. Bei springender Feststoffbewegung (f = 0,3 bis f = 0,6 für schwach und stark springende Teilchen) und bei Strähnen steht f für die durch das Gewicht verursachte Wandreibung. Letztere ist wegen der viskosen Reibung des mitgezogenen Gaspolsters sowie der rollenden und stoßenden Bewegung der Einzelteilchen der Strähnen wesentlich größer als die reine Gleitreibung eines festen Körpers. Man rechnet mit f = 0,6 bis 1,2 im Mittel mit f = 0,8. Der so entstehende Reibungsdruckverlust lässt sich berechnen durch:

$$\begin{aligned} F_R = \Delta p_R \cdot A = M_S \cdot gf\ cos\,\alpha &= \dot{M}_S \frac{\Delta L}{w_S} gf\ cos\,\alpha \\ &= \mu \cdot \rho_g v_g A \frac{\Delta L}{w_S} gf\ cos\,\alpha. \end{aligned} \tag{16.16}$$

Hieraus folgt

$$\Delta p_R = \mu \rho_g v_g^2 \frac{\Delta L}{d} \frac{d \cdot g}{v_g^2} \frac{v_g}{w_s} f\ cos\,\alpha \tag{16.17}$$

und damit für die Summe der Druckverluste aus Hub und Reibung:

$$\Delta p_{HR} = \Delta p_H + \Delta p_R = \mu \rho_g v_g^2 \frac{\Delta L}{d} \frac{1}{C \cdot Fr} (sin\,\alpha + f\ cos\,\alpha). \tag{16.18}$$

Der durch den Feststofftransport verursachte Zusatzdruckverlust Δp_Z ergibt sich demzufolge für die stationäre Strömung als:

$$\begin{aligned} \Delta p_Z &= \qquad \Delta p_{WS} \quad + \qquad \Delta p_H \quad + \quad \Delta p_R \\ \Delta p_Z &= \mu \frac{\rho_g}{2} v_g^2 \frac{\Delta L}{d} \Big(\overbrace{C \lambda_s^*} + \frac{2}{C \cdot Fr} \big(\overbrace{sin\,\alpha} + \overbrace{f\ cos\,\alpha} \big) \Big). \end{aligned} \tag{16.19}$$

Üblicherweise wird folgende Abkürzung genutzt:

$$\beta \equiv \sin\alpha + f\cos\alpha. \qquad (16.20)$$

Bei der Ableitung des Zusammenhangs (Gl. (16.19)) wird vorausgesetzt, dass die Förderluft als abschnittsweise inkompressibel angesehen werden kann.

16.2.2.4 Druckverlust durch Massenträgheit bei der Gutbeschleunigung

Für die instationäre Bewegung ist die Summe der auf das Gut wirkenden Kräfte gleich dem Produkt aus Masse und Beschleunigung. Für ein differenzielles Volumenelement der Länge dl gilt daher:

$$dF_{PW} - dF_{HR} - dF_{WS} = dM_s \frac{dw_s}{dt}. \qquad (16.21)$$

Werden die Gl. (16.8), (16.9), (16.18) für die einzelnen Terme eingesetzt, so ergibt sich unter Nutzung von Gl. (16.2) die *Bewegungsgleichung der pneumatischen Förderung*

$$dM_s g \left(\frac{v_g - w_s}{w_P}\right)^{2-k} - dM_s g(\sin\alpha + f\cos\alpha) - A\frac{\dot{M}_s w_s}{2\,d} \cdot \frac{w_s}{\dot{M}_s} dM_s \lambda_s^* = dM_s \frac{dw_s}{dl/w_s} \qquad (16.22)$$

$$\frac{dC}{dL} = \frac{(1-C)^{2-k}}{C} - \frac{1}{C}\underbrace{\beta\left(\frac{w_P}{v_g}\right)^{2-k}}_{B} - C \cdot \underbrace{\frac{w_P{}^{2-k} v_g{}^k}{gd}\frac{\lambda_s^*}{2}}_{F*} \qquad (16.23)$$

mit der dimensionslosen Wegzahl:

$$L = \frac{l \cdot g}{v_g{}^k w_P{}^{2-k}}. \qquad (16.24)$$

In Abb. 16.9 sind die mit Gl. (16.23) numerisch berechneten Endgeschwindigkeitsverhältnisse $C_{end} = w_{send}/v_g$ in Abhängigkeit von den übrigen Kenngrößen aufgetragen. Hierbei wird für k ein Wert von 0,5 eingesetzt, der die technisch auftretenden Bedingungen recht gut wiedergibt. (Analoge Lösungsdiagramme für $k = 0$ und $k = 1$ finden sich bei Muschelknautz et al. 2002.) In senkrecht nach oben führenden Leitungen ist nach Gl. (16.20) $\beta = 1$. Dann ist bei $v_g/w_P = 1$ keine Förderung möglich. Die von unten nach oben ansteigenden Kurven zeigen, dass ab etwa $v_g/w_P = 3$ eine Förderung mit Geschwindigkeitsverhältnissen um 0,5 möglich wird. Unter 0,5 ist Flugförderung im klassischen Sinn nicht gegeben.

Bei senkrecht nach unten führenden Leitungen ist $\beta = -1$. Die Gewichtskraft wirkt zusammen mit dem Luftwiderstand nach unten, und man erreicht beim Abszissenwert 1, also $v_g = w_P$, eine Endgeschwindigkeit des maximal Zweifachen der

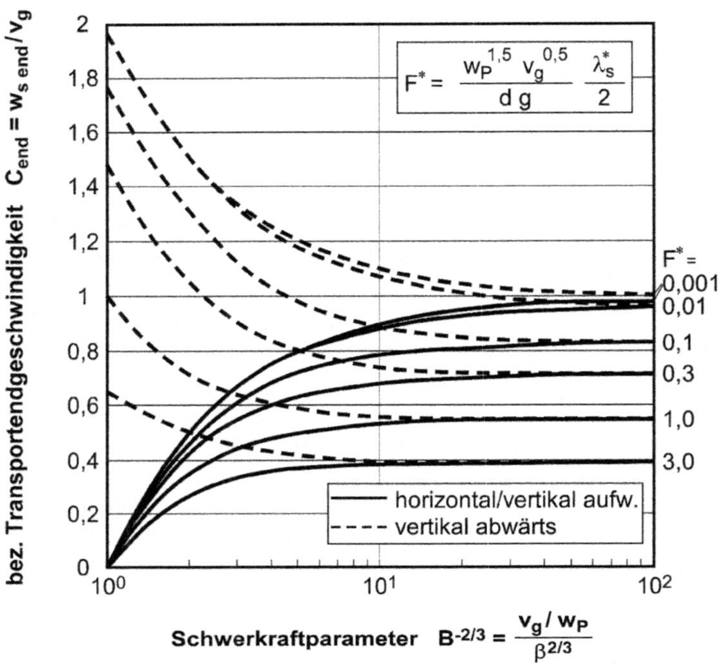

Abb. 16.9 Bezogene Feststoff-Endgeschwindigkeit in Abhängigkeit vom Schwerkraftparameter B und vom Wandreibungsparameter F* im Übergangsbereich (k = 0,5). (Nach Muschelknautz et al. 2002)

Luftgeschwindigkeit. Ist der Stoßreibungsbeiwert λ_s^* groß und der Rohrdurchmesser klein, kann das Geschwindigkeitsverhältnis auch unter 1 absinken.

Die Weglänge für eine Beschleunigung oder Verzögerung des Förderguts relativ zur Endgeschwindigkeit zeigt Abb. 16.10. Hierbei ist die örtliche längs L herrschende Geschwindigkeit w_s jeweils auf den aus Abb. 16.9 zu entnehmenden Endwert $w_{s\,end}$ bezogen.

Analyse des Zusatzdruckverlusts bei horizontaler Förderung In Abb. 16.11 ist der gesamte gemessene Zusatzdruckverlust bei stationärer Strömung

$$\Delta p_Z \equiv \zeta_Z \frac{\rho_g}{2} v_g^2 \frac{\Delta L}{d} \cdot \mu \tag{16.25}$$

dargestellt als dimensionsloser Widerstandsbeiwert ζ_Z, in Abhängigkeit von der Wurzel der dimensionslosen Rohr-Froudezahl Fr mit dem Rohrdurchmesser d als Parameter für die horizontale Förderung von Weizen. Gemäß Gl. (16.19) gilt:

$$\zeta_Z = \frac{2\beta}{C \cdot Fr} + C\lambda_s^*. \tag{16.26}$$

Bei kleinen Rohr-Froudezahlen, bei denen der Übergang von der Flug- bzw. Strähnenförderung zur Ballenförderung vorliegt, steigt der Zusatzdruckverlust stark an.

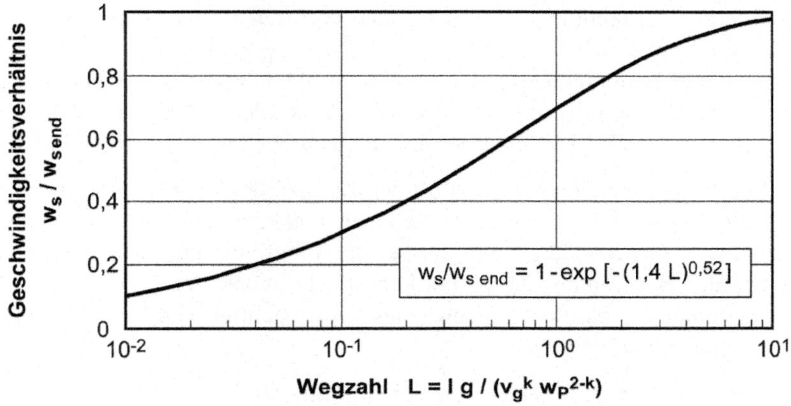

Abb. 16.10 Geschwindigkeitsverhältnis $w_s/w_{s\,end}$ während der Beschleunigung in Abhängigkeit von der Wegzahl L

Abb. 16.11 Widerstandsbeiwert ζ_Z in Abhängigkeit von der Rohr-Froudezahl bei der Förderung von Weizen für drei verschiedene Rohrdurchmesser. (Messdaten von Siegel 1970)

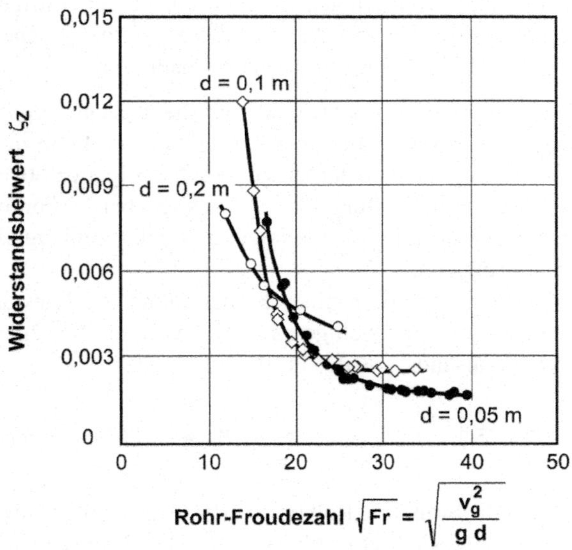

Bei großen Rohr-Froudezahlen bleibt hingegen der dimensionslose Widerstandsbeiwert ζ_Z nahezu konstant.

Aus dem Vergleich von Messwerten für grobkörnige und für feinkörnige Partikeln mit Gl. (16.19) lässt sich folgende Tendenz ablesen:

1. ζ_Z ist für grobe Partikeln (>1 mm) bei hohen Fördergasgeschwindigkeiten nahezu unabhängig von der Rohr-Froudezahl (Abb. 16.11) – der Term C λ_S^* in Gl. (16.26) überwiegt gegenüber dem Term 2 β/(Fr C). Dies bedeutet, dass die groben Partikeln nach dem Stoßvorgang mit der Wand noch soviel Energie besitzen, dass sie nicht an der Wand rutschen, sondern in den Strömungsraum reflektiert werden.

2. Bei feinen Partikeln (<100 µm) gilt dagegen für den Widerstandsbeiwert $\zeta_Z \sim 1/\mathrm{Fr}$ – der Term 2 $\beta/(\mathrm{Fr}C)$ in Gl. (16.19) überwiegt gegenüber dem Term C λ_S^*. Dies bedeutet, dass die feinen Partikeln in Wandnähe hängen bleiben und als Strähne durch die Rohrleitung rutschen. Die Stoßverluste der Teilchen mit der Wand sind bei nicht zu großen Fördergasgeschwindigkeiten vernachlässigbar klein.

Die Berechnungsgleichung (16.19) für den Zusatzdruckverlust wurde für die Flugförderung abgeleitet. Für die Ballen-, Strähnen- und Pfropfenförderung gelten andere physikalische Gesetzmäßigkeiten als bei der Flugförderung, was zur Folge hat, dass bei der Berechnung dieser Förderzustände andere bzw. zusätzliche Kräfte beim Erstellen des Kräftegleichgewichtes berücksichtigt werden müssen (s. z. B. Muschelknautz und Wojahn 1974).

Zusatzdruckverlust bei der Förderung vertikal-aufwärts Ein Vergleich der Messwerte mit Gl. (16.19) zeigt, dass, wie bei der horizontalen Förderung grobkörniger Partikeln, der Widerstandsbeiwert ζ_Z bei größeren Rohr-Froudezahlen nahezu unabhängig von der Rohr-Froudezahl ist. Demnach überwiegen auch bei der vertikalen Förderung grobkörniger Teilchen bei großen Luftgeschwindigkeiten die Verluste aufgrund der Partikel/Wand-Stöße gegenüber jenen, die aus dem Gewicht der im Förderrohr befindlichen Partikeln resultieren.

Beschleunigungsdruckverlust Für die Auslegung pneumatischer Förderanlagen ist neben dem zu erwartenden Zusatzdruckverlust in den horizontalen und vertikalen Beharrungsstrecken der zur Gutbeschleunigung notwendige Zusatzdruckverlust von besonderer Bedeutung. Dies ist vor allem bei der Förderung über kurze Entfernungen der Fall, wenn die Beschleunigungsstrecken im Vergleich zu den Beharrungsstrecken sehr groß sind.

Wird Feststoff in einer Förderleitung bei konstanter Luftgeschwindigkeit beschleunigt, ergibt sich gemäß Gl. (16.23) ein Beschleunigungsdruckverlust, der aus der Impulsänderung des Förderguts entsteht

$$\Delta p_b = \frac{\dot{I}_{s\,end} - \dot{I}_{s\,anf}}{\frac{\pi}{4} d^2} = \frac{\dot{M}_s}{\frac{\pi}{4} d^2}(w_{s\,end} - w_{s\,anf}) = \mu\ \rho_g\ v_g\ (w_{s\,end} - w_{s\,anf}), \qquad (16.27)$$

wobei die Stoß- und Reibungsverluste des Fördergutes während der Beschleunigung nicht berücksichtigt worden sind. Die bei der beschleunigten Bewegung auftretenden Geschwindigkeiten können Abb. 16.10 entnommen werden.

Krümmerdruckverlust In Krümmern wird der Feststoff durch Reibung abgebremst und hinter dem Krümmer von der Luftströmung beschleunigt (s. Abb. 16.12). Diese Beschleunigung von der Austrittsgeschwindigkeit nach dem Krümmer w_{s2} auf die stationäre Endgeschwindigkeit w_{s1} verbraucht Energie und verursacht dementsprechend den Druckverlust Δp_K. Er lässt sich analog zum Beschleunigungsdruckverlust berechnen, wenn man eine Annahme für die Geschwindigkeit w_{s2} trifft, auf die abgebremst wird. Angenommen werden kann, dass $w_{s2} \approx 0{,}5\ w_{s1}$ ist, demzufolge gilt:

$$\Delta p_K = 0{,}5\ \mu\ \rho_g\ v_g\ w_s = \mu\ C \frac{\rho_g}{2}\ v_g^2 \qquad (16.28)$$

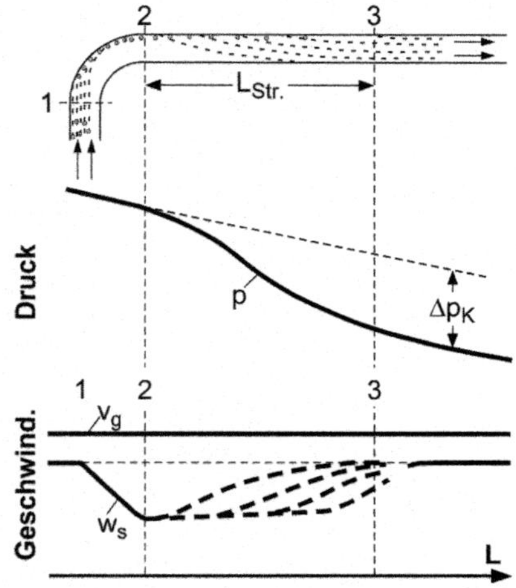

Abb. 16.12 Strähnenauflösung nach einem Rohrkrümmer (schematisch): Druck- und Geschwindigkeitsverlauf. (Nach Muschelknautz et al. 2002)

16.2.3 Luftexpansion entlang des Förderwegs

Mit den bisher wiedergegebenen Gleichungen und Diagrammen ist der bei der Flugförderung zu erwartende Zusatzdruckverlust berechenbar. Man muss allerdings beachten, dass alle Druckverlustgleichungen nur so lange gelten, wie das Fördermedium als inkompressibel angesehen werden kann. Dies ist aber gerade in längeren Förderleitungen nicht mehr der Fall. Hier expandiert die Förderluft längs des Förderweges. Eine längere Förderleitung muss deshalb abschnittsweise berechnet werden, wobei die Fördergasdichte iterativ bestimmt wird.

Wegen der Luftexpansion erhöht sich die Fördergasgeschwindigkeit, und der Betriebspunkt wandert längs der Förderleitung zu größeren Druckverlusten (Abb. 16.13). Wenn Δp größer als 10 % des absoluten Drucks ist, rechnet man iterativ und isotherm mit der Luftdichte ρ_g und der Geschwindigkeit v_g beim mittleren Druck:

$$p_m = \frac{p_1 + p_2}{2}.$$

In der ganzen Leitung bleiben die Beladung μ und λ_S^* in erster Näherung konstant. Für den ersten Summanden in Gl. (16.26) verwendet man die mittlere Froudezahl:

$$Fr_m = \frac{v_{g1} v_{g2}}{gd}.$$

16.2.4 Fördergeschwindigkeit

Für die Auslegung von pneumatischen Förderanlagen ist neben dem zu erwartenden Druckverlust die zur Förderung notwendige Luftgeschwindigkeit von entscheidender Bedeutung. Der Verschleiß der Rohrwand, wie auch der Abrieb des Schüttgutes,

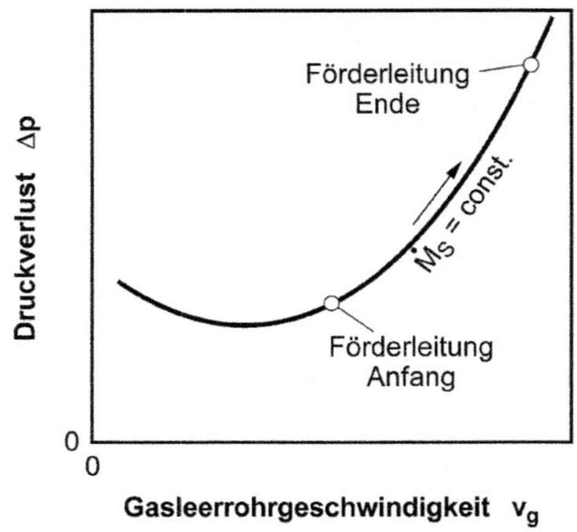

Abb. 16.13 Expansion der Förderluft längs der Förderleitung

nimmt bei der pneumatischen Förderung mit der dritten bis vierten Potenz der Geschwindigkeit zu. Eine Verringerung der Fördergeschwindigkeit um 20 % führt demnach zu einer Senkung des Rohrwandverschleißes und des Produktabriebes um ca. 50 %. Eine kleinere Luftgeschwindigkeit bewirkt auch eine Verringerung der Investitionskosten, da die gleiche Förderaufgabe dann in einer Anlage mit kleinerem Druckluftgebläse und kleinerer Abluftreinigungsanlage durchgeführt werden kann. Bei der Förderung unter Inertgas hat ein kleineres Fördergasvolumen eine zusätzliche Verringerung der Kosten zur Folge. Es besteht somit ein großes wirtschaftliches Interesse, die pneumatische Förderung bei möglichst kleinen Luftgeschwindigkeiten durchzuführen. Die Fördergasgeschwindigkeit kann allerdings nicht beliebig weit gesenkt werden, da für den sicheren Betrieb einer Förderanlage eine bestimmte Mindestgasgeschwindigkeit eingehalten werden muss. Eine kleinere Luftgeschwindigkeit hätte das Verstopfen der Anlage zur Folge. Geht man bei der vertikalen Förderung davon aus, dass die zur Förderung notwendige Mindestluftgeschwindigkeit auf jeden Fall größer als die Sinkgeschwindigkeit der Einzelteilchen sein muss, kann jene für die horizontale Förderung nur aus Versuchen erhalten werden.

Ein quantitatives Beispiel für gemessene Mindestluftgeschwindigkeiten bei horizontaler Förderung zeigt Abb. 16.14. Der gemessene Druckverlust ist über der Vergleichsgeschwindigkeit v_{g0} aufgetragen, wobei sich v_{g0} wie folgt berechnen lässt:

$$v_{g0} = v_g \sqrt{\frac{\rho_g}{\rho_{g0}}} \quad mit \quad \rho_{g0} = 1{,}2\ kg/m^3. \tag{16.29}$$

Diese Vergleichsgeschwindigkeit führt aufgrund der Dichtekorrektur zu einem identischen Staudruck. Die Verbindungslinie der gemessenen Mindestluftgeschwindigkeiten für die jeweiligen Massenströme wird, wie bereits erläutert, Stopfgrenze genannt. Diese Grenze kennzeichnet den Übergang von der stabilen pneumatischen Förderung mit stationärem Druckverlust (a) zur instationären Förderung, wie z. B. der Ballenförderung (b) oder Pfropfenförderung (c), welcher kein stationärer Druckverlust zugeordnet werden kann, oder zur Förderung über einer am Rohrboden liegenden

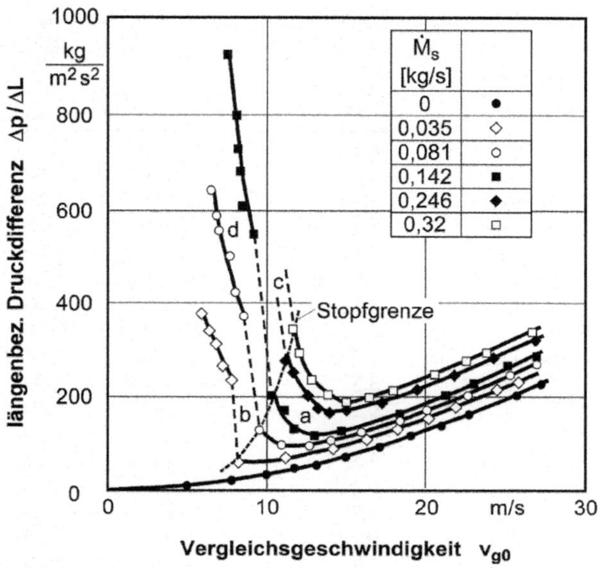

Abb. 16.14 Gemessene Stopfgrenze bei horizontaler pneumatischer Förderung von Polystyrol ($d_P = 2300\,\mu m$, $d = 0{,}04$ m). (Nach Wirth 1983)

Strähne (d), die bei einer kleinen Störung instabil wird und ein Verstopfen der Anlage zur Folge haben kann.

Die Stopfgrenze ist allein durch eine Verknüpfung der Luftgeschwindigkeit mit dem Feststoff-Massenstrom gegeben. Ein Einfluss des Rohrdurchmessers konnte nicht beobachtet werden.

Bei grobkörnigen Fördergütern ist i. Allg. mit einer stabilen Förderung zu rechnen, wenn die Fördergeschwindigkeit doppelt so groß, wie die Sinkgeschwindigkeit der Partikeln ist. Da die Mindestluftgeschwindigkeit bei vertikaler Förderung der Sinkgeschwindigkeit der Feststoffteilchen entspricht und deshalb nur halb so groß, wie die Fördergeschwindigkeit ist, bedeutet dies, dass – von den Krümmern abgesehen – im Allgemeinen die horizontale Förderleitung bezüglich der Verstopfung der Anlage die kritische Förderstrecke ist.

Flugförderung ist möglich, solange im horizontalen Rohr die Beladung kleiner als die *Grenzbeladung* μ_{Grenz} bleibt (Muschelknautz und Wojahn 1974):

$$\mu_{Grenz} = 0{,}02\ bis\ 0{,}04\ \frac{\zeta_g v_g^3}{g d\ w_P}\left(1 + \frac{w_P}{v_g}\right)^{2-k}. \tag{16.30}$$

Die kleinere Konstante dieser Gleichung gilt bei enger Kornverteilung und kugelförmigen Partikeln, die größere bei breiten Verteilungen und unregelmäßiger aber kompakter Form.

Es existiert eine Reihe meist empirischer Beziehungen zur Berechnung der Stopfgrenze, z. B. für feinkörnige Feststoffe in horizontalen Rohren (Muschelknautz und Krambrock 1969)

$$v_{g\ Stopf} \approx 0{,}25 \frac{\sqrt{gd}}{\sqrt{\dfrac{\rho_g}{\rho_{ss}}}} \tag{16.31}$$

Tab. 16.2 Schüttgutdaten für die pneumatische Flugförderung sowie Erfahrungswerte für die Luftgeschwindigkeit v_{g0} (Gl. (16.29)) sowie den Widerstandsbeiwert ($L_0 = 1$ m Bezugslänge). (Aus Siegel 1991)

Fördergut	Partikelgröße mm	ρ_s kg/m³	ρ_{ss} kg/m³	v_{g0} m/s	$\zeta_Z \times L_0/d$
Ackerbohnen	8,1	1390	830	23...27	0,04
Aktivkohle	3	1860	340	20...23	0,06
Bentonit	0,04	2680	720	25...27	0,10
Glaskugeln	1,14	2990	1780	22...27	0,06
Holzspäne	50 × 20 × 1	470	150...400	22...25	0,04
Kartoffelflocken	10 × 10 × 1	1200	300	20...23	0,04
Mais, feucht	8,7	1250	680	22...27	0,06
Malz	3,7	1370	540	20...22	0,04
Natriumbicarbonat	0,063	2700	1070	22...25	0,10
PE-Granulat	3,5	1070	500	20...25	0,04
PP-Pulver	0,25	1070	450	20...25	0,10
Polyesterchips	6 × 4 × 2	1400	700	23...27	0,06
PP-Granulat	3,5	1000	500	20...25	0,04
PP-Pulver	0,22	1000	570	20...25	0,10
PS-Granulat	2,7	1070	600	20...25	0,04
PVC-Pulver	0,2	1320	570	20...25	0,10
Reis	2,7	1620	800	20...25	0,06
Reishülsen	2,5	1280	105	18...20	0,04
Sojabohnen	6,3	1270	690	22...25	0,04
Stahlkugeln	1,08	7850	4420	25...35	0,12
Steinsalz	1,6	2190	1200	22...27	0,08
Weizen	3,9	1380	730	22...27	0,04
Weizenmehl	0,09	1470	540	18...23	0,08
Zement	0,05	3100	1420	20...25	0,18
Zinkoxid	0,1	4850	2000	25...30	0,15

mit der Nebenbedingung

$$\mu \frac{\rho_g}{\rho_{ss}} < 0{,}75,$$

wobei ρ_{ss} die Schüttdichte der Strähne bedeutet. Zu Daten ρ_s bzw. ρ_{ss} unterschiedlicher Fördergüter s. Tab. 16.2.

Zum Problemkreis der Stopfgrenze ist jedoch grundsätzlich anzumerken, dass im Prinzip jede verstopfte Förderleitung bei einem entsprechend hohen Druckgradienten frei geblasen werden kann. Die zur Förderung eingesetzten Gebläse und Kompressoren werden jedoch nach einem festgelegten Betriebspunkt ausgewählt (Punkt A in Abb. 16.15). Die mit diesen Verdichtern erreichbaren Druckgefälle reichen dann allerdings z. T. nicht mehr aus, eine verstopfte Förderleitung frei zu blasen. So führt die flache Kennlinie des Gebläses dazu, dass eine Massenstromerhöhung von $\dot{M}_{s1}$ auf $\dot{M}_{s2}$ von dem Gebläse nicht verkraftet werden kann. Die Leitung verstopft. Beladungsschwankungen wirken sich umso weniger aus, je steiler die Verdichterkennlinie ist. Die Stopfgrenze ist deshalb immer in Verbindung mit dem eingesetzten Gebläse und dem damit zur Verfügung stehenden Druckgefälle zu sehen. Steht ein genügend großes Druckgefälle zur Verfügung, so ist auch bei kleineren Luftgeschwindigkeiten

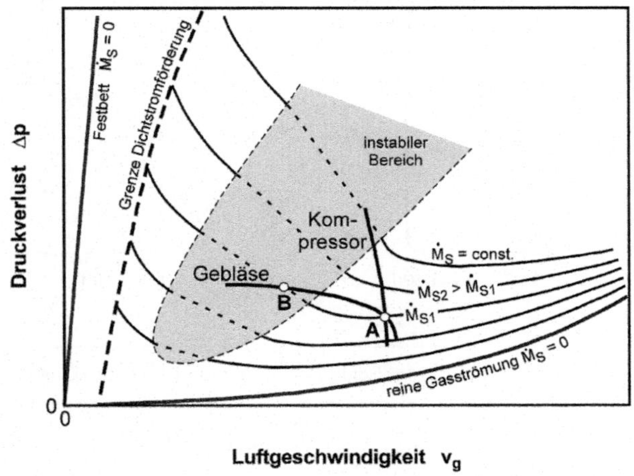

Abb. 16.15 Zustandsdiagramm mit Gebläse- bzw. Kompressorkennlinie. (Nach Stieß 1994)

als der Stopfgrenze eine Förderung möglich. Es stellt sich dann eine Förderung in Form der Pfropfen- und Ballenförderung ein. Dies ist das Arbeitsgebiet der *Dichtstromförderer*. In diesen Fällen werden Beladungen zwischen 10 und 150 eingesetzt. Die Gasgeschwindigkeiten liegen zwischen 2 und 15 m/s und sind oft niedriger als die Sinkgeschwindigkeiten. Die Rohrdurchmesser variieren von 50 bis 300 mm. Dichtstromförderung ist bei fast allen Schüttgütern von 1 μm bis 10 mm Korngröße möglich.

Förderanlagen, die im Bereich der Flug- und Strähnenförderung arbeiten, werden nicht in unmittelbarer Nähe der oben definierten Stopfgrenze betrieben, da schon eine kleine Verringerung der Luftgeschwindigkeit reicht, um die Anlage zu verstopfen. Aus Sicherheitsgründen werden deshalb Förderanlagen mit größeren Luftgeschwindigkeiten als jenen an der Stopfgrenze betrieben. Aus wirtschaftlichen Gründen sollte ein Betriebspunkt mit minimaler Förderleistung gewählt werden. Dies ist annähernd in der Nähe des Druckverlustminimums gegeben. Die Betriebspunkte praktisch ausgeführter Förderanlagen liegen dagegen i. Allg. aus Gründen der Betriebssicherheit bei höheren Fördergeschwindigkeiten als am Druckverlustminimum.

16.3 Technische Fördersysteme

Ein System für die pneumatische Förderung besteht aus folgenden Grundkomponenten:

a. *Antrieb*: bei Druckförderung Ventilator bis Kompressor, bei Saugförderung Vakuumpumpe.
b. *Dosiersystem* (Schleuse): zur Einführung von Feststoff in ein unter Über- bzw. Unterdruck stehendes System.
c. *Rohrleitung*, die insbesondere von Verschleiß geschützt werden muss.

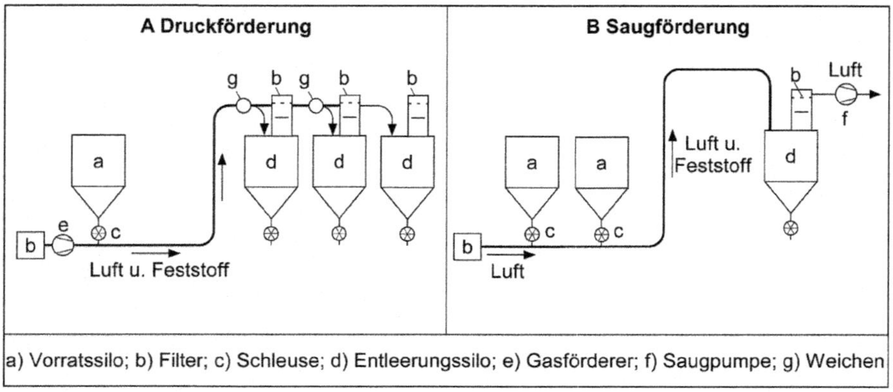

Abb. 16.16 Pneumatische Fördersysteme. (Nach Marcus et al. 2002)

d. *Gas/Feststoff-Filter*: Einsatzfeld erstreckt sich von Zyklonen bis hin zu selbstreinigenden Filtersystemen.

Druckförderung Bei der Druckförderung (s. Abb. 16.16 links) steht die Förderleitung unter Überdruck. Derartige Systeme werden üblicherweise eingesetzt, wenn Feststoff von einem Punkt auf verschiedene Endpunkte verteilt werden muss, wie z. B. ein Silolager.

Nach Druckbereichen unterscheidet man *Niederdruckförderung* ($\Delta p < 0{,}2$ bar), *Mitteldruckförderung* (0,2 bar $< \Delta p <$ 1 bar) und *Hochdruckförderung* (1 bar $< \Delta p <$ 10 bar). Für die Niederdruckförderung werden Ventilatoren als Luftverdichter eingesetzt, die Luftströmung hat bis zu 30 m/s Geschwindigkeit und kann damit bis zu ca. 5 kg Feststoff je kg Luft fördern.

Mitteldruckförderung arbeitet üblicherweise mit Drehkolbengebläsen bei Beladungen zwischen 5 und 20 kg Feststoff je kg Luft und Geschwindigkeiten von 15–40 m/s. Hochdruckförderung schließlich erfordert Schrauben- oder Kolbenverdichter. Damit können bei mittleren Beladungen und größeren Geschwindigkeiten weite Strecken (große Druckverluste) überwunden, oder hohe Beladungen bis zu 150 (in Extremfällen bis 400) kg Feststoff je kg Luft (Dichtstromförderung) auch bei niedrigen Luftgeschwindigkeiten (2–10 m/s) erreicht werden.

Saugförderung Die Saugförderung (s. Abb. 16.16 rechts) ist geeignet, wenn von mehreren Punkten Feststoff in einen gemeinsamen Behälter transportiert werden muss. Solche Fördersysteme sind aufgrund des Vakuums in ihrer Kapazität und Förderstrecke beschränkt.

16.4 Hydraulische Förderung

Es existieren zwei Kategorien von Suspensionen: sedimentierende bzw. nichtsedimentierende. Das Fließverhalten von Suspensionen unterscheidet sich von Newtonschen Flüssigkeiten, da durch die Anwesenheit der festen Partikeln der Impulstransport innerhalb des Fluids verändert wird.

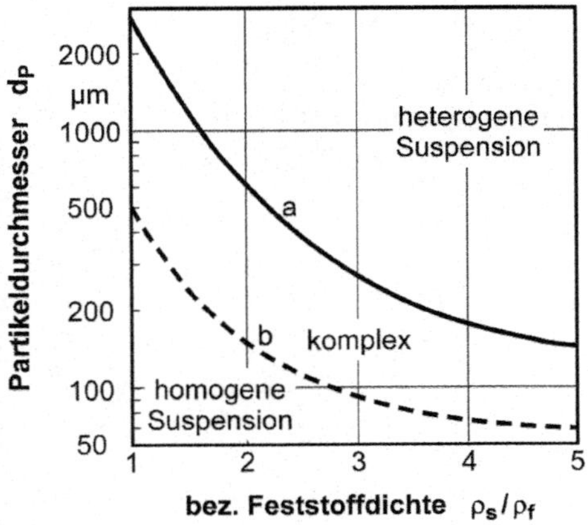

Abb. 16.17 Strömungszustände von Suspensionen (Geschwindigkeitsbereich: 1,2 ... 2,1 m/s) als Funktion der Partikelgröße und der Feststoffdichte. (Nach Marcus et al. 2002) *a* für hohe Feststoffkonzentrationen; *b* für niedrige Feststoffkonzentrationen

Bei den sedimentierenden Suspensionen sind vier Regime zu unterscheiden:

a. *Homogene Suspension*: Der Feststoff ist annähernd gleichmäßig im gesamten Rohrvolumen verteilt.
b. *Heterogene Suspensionen:* Die Feststoffkonzentration nimmt zum unteren Bereich des Rohres zu. Es existiert eine kritische Ablagerungsgeschwindigkeit, oberhalb derer die Partikeln in Schwebe gehalten werden können.
c. *Strähnenbildung*. Unterschreitet die Energie der Partikeln die kritische Untergrenze, so sedimentieren sie aus. Die Feststoffteilchen bewegen sich strähnenförmig am Boden des Rohres.
d. *Rutschende Bewegung*. Der Feststoff befindet sich am Boden und bewegt sich rutschend durch das Rohr.

Die Klassifizierung des Strömungszustandes lässt sich anhand der Abb. 16.17 durchführen, indem Partikeldurchmesser d_P und Feststoffdichte ρ_s betrachtet werden. Der qualitative Einfluss der Flüssigkeitsgeschwindigkeit auf den Druckverlust sowie die sich einstellenden Transportregime (s. Abb. 16.18) entsprechen nahezu vollständig den Zusammenhängen des pneumatischen Transports, wie sie in Abb. 16.4 dargestellt sind. In der Praxis liegen häufig sehr breite Partikelgrößenverteilungen vor, sodass sowohl homogene als auch heterogene Zustände auftreten können.

Durch die anwesenden Partikeln unterscheidet sich das Fließverhalten der Suspension vielfach von dem der reinen Transportflüssigkeit. Es tritt nicht-Newtonsches Fließverhalten auf, das sowohl dilatant als auch pseudoplastisch sein kann, ebenso wie auch Eigenschaften von Bingham Fluiden in Erscheinung treten. Schließlich kann das Fließverhalten auch noch zeitabhängig sein. Die grundsätzlichen physikalischen Abhängigkeiten unterscheiden sich nicht von denen der pneumatischen Förderung.

Wegen der im Vergleich zu Gasen wesentlich höheren Schleppwirkung von Flüssigkeiten arbeitet man bei der hydraulischen Förderung üblicherweise mit

Abb. 16.18 Längenbezogener Druckverlust als Funktion der Strömungsgeschwindigkeit. (Nach Marcus et al. 2002)

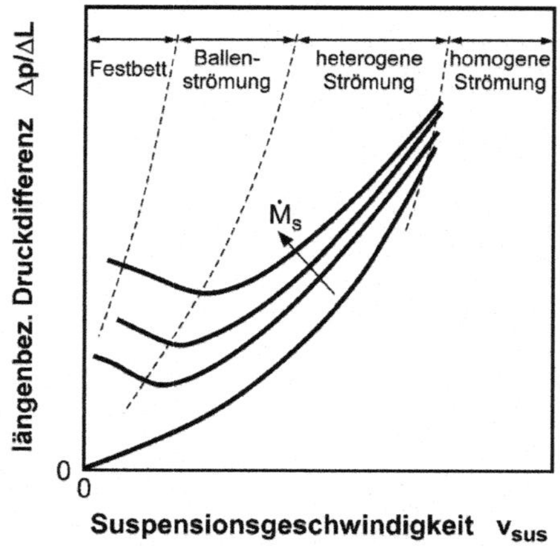

Geschwindigkeiten zwischen 1–3 m/s. Das Dichteverhältnis ρ_s/ρ_f liegt beim hydraulischen Transport in der Größenordnung von 1–4 und damit um etwa drei Zehnerpotenzen niedriger als bei pneumatischer Förderung. Demzufolge ist der Feststoffvolumenanteil φ_V beim pneumatischen.

Transport um eine oder auch mehrere Zehnerpotenzen kleiner als beim hydraulischen. Die aufzubringende Leistung $P = \Delta p\, \dot{V}/\eta$ (η: Wirkungsgrad des Verdichters bzw. der Pumpe, Δp: Druckverlust in der Leitung) ist, auf einen vorgegebenen zu fördernden Massenstrom $\dot{M}_s$ bezogen, bei der pneumatischen Förderung merklich höher als bei der hydraulischen. Über lange Förderstrecken würde der Druckverlust zu einer starken Expansion des Gases und damit zu steigenden Geschwindigkeiten führen (s. Abb. 16.13). Andererseits ist die Abtrennung des geförderten Gutes vom Förderstrom beim pneumatischen Transport einfacher und effektiver als beim hydraulischen, bei dem immer ein wasserhaltiges Gut anfällt. Dementsprechend dient der pneumatische Transport zur Überbrückung kleiner Entfernungen bis etwa 10^3 m, während beim hydraulischen Transport schon Entfernungen von mehr als 100 km überwunden wurden.

16.5 Verständnisfragen

1. Unter welchen Bedingungen ist der pneumatische Transport von Feststoffen in horizontalen Rohren möglich?
2. Charakterisieren Sie die Förderzustände, die in horizontalen Rohren auftreten können. Skizzieren Sie das Zustandsdiagramm.
3. Welche Kräfte wirken bei der pneumatischen Förderung auf den Feststoff? Wie werden sie berechnet?
4. Welchen Zusammenhang charakterisiert die Bewegungsgleichung der pneumatischen Förderung?

5. Skizzieren und erläutern Sie den Zusammenhang zwischen der bezogenen Produkt-Endgeschwindigkeit und dem Schwerkraftparameter.
6. Skizzieren und erläutern Sie die Abhängigkeit des Widerstandsbeiwerts ζ_z von der Rohr-Froudezahl.
7. Welcher Effekt muss bei Auftreten sehr großer Druckverluste berücksichtigt werden? Wie erfolgt in einem solchen Fall die Berechnung?
8. Welchen Zustand kennzeichnet die Stopfgrenze? Ist eine Feststoffförderung unterhalb der Stopfgrenze möglich?
9. Erläutern Sie die Druck- und die Saugförderung.
10. Beschreiben Sie die Förderzustände beim hydraulischen Transport.

16.6 Aufgaben

1. In einer pneumatischen Förderanlage sollen 6,2 th Steinkohle mit einer mittleren Korngröße von 4 mm horizontal über eine Strecke von 100 m gefördert werden. Die Leitungen sollen aus gehärtetem Stahl bestehen. Vor dem Bau müssen Rohre und Verdichter dimensioniert werden.

   Gegeben:
   $k = 0,17\,\text{mm}$ (Rohrrauigkeit)
   $\mu = 9 = \dot{M}_s/\dot{M}_g$
   $\rho_g = 1,2\,\text{kg/m}^3$
   $\rho_s = 1900\,\text{kg/m}^3$
   $\eta_g = 1,8 \times 10^{-5}$ Pa s

   a. Wie groß muss der Durchmesser d des Förderrohres sein, wenn die mittlere Luftgeschwindigkeit bezogen auf den freien Querschnitt 20 m/s betragen soll?
   b. Berechnen Sie den Gesamtdruckverlust Δp_{ges} bei stationärer Förderung.
   c. Welche Verdichterleistung ist erforderlich?

2. Durch die in der Abb. 16.19 skizzierte Rohrleitung sollen 1,8 th PE-Granulat mit $\mu \approx 10$ gefördert werden.

   Gegeben:
   Partikelgröße: $d_P = 3,5\,\text{mm}$
   Feststoffdichte: $\rho_s = 1070\,\text{kg/m}^3$
   Gasdichte: $\rho_{g0} = 1,2\,\text{kg/m}^3$
   Zähigkeit: $\eta_g = 1,8 \times 10^{-5}$ Pa s

   Der Zyklon hat einen Verlustbeiwert von $\zeta_{ges} = 25$ Abb. 16.19.

   Wie groß sind der erforderliche Luftvolumenstrom, der Rohrdurchmesser und die Netto-Gebläseleistung?

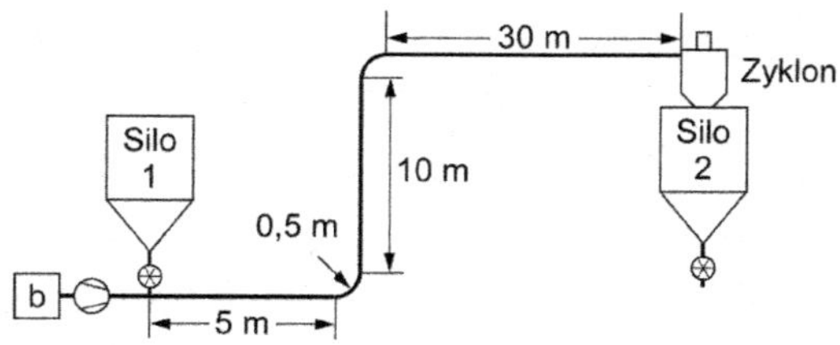

Abb. 16.19 Pneumatische Förderanlage

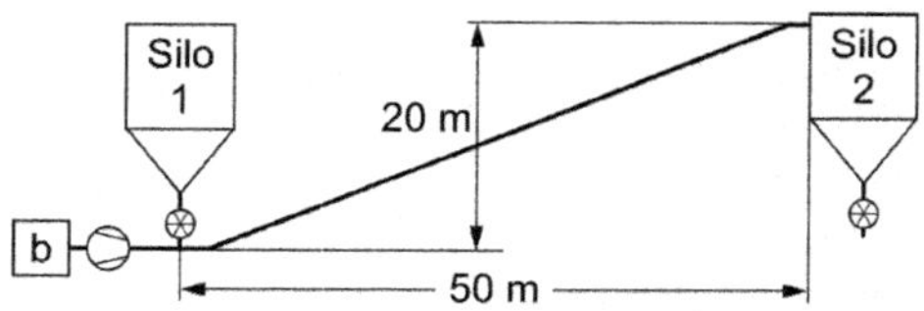

Abb. 16.20 Pneumatische Förderanlage

3. In einem landwirtschaftlichen Betrieb soll ein Massenstrom von 2 th Weizen ($\Psi = 0{,}87$, $f = 0{,}3$) pneumatisch durch eine Leitung (d = 60 mm) aus gehärtetem Stahl in ein Vorratssilo gemäß Abb. 16.20 gefördert werden.

   Gegeben:

   Mittlerer Partikeldurchmesser d_P =3,9 mm
   Beladung $\mu = 11$
   Fördergas: Luft $\rho_g = 1{,}2\,\text{kg/m}^3$, $\eta_g = 18{,}2 \times 10^{-6}$ Pa s

   a. Wie groß ist die Transportgeschwindigkeit des Feststoffs?
   b. Welcher Feststoffvolumenanteil stellt sich ein?
   c. Liegt die Beladung unterhalb der Grenzbeladung für die Flugförderung?
   d. Welche Verdichterleistung ist erforderlich?

4. Um die Liegezeiten großer Überseeschiffe mit mehreren 100.000 t Ladung kurz zu halten, müssen große Gutmassenströme bei der Entladung realisiert werden können.[1] Im Hafen von Lissabon wurde eine Schiffsentladeanlage für 600 t/h Sojabohnen gebaut ($\Psi = 0{,}87$, $f = 0{,}3$) mit folgenden wesentlichen Daten:

vertikaler Förderweg:	max. 25 m
horizontaler Förderweg:	max. 32 m
Rohrdurchmesser:	600 mm

   a. Überprüfen Sie den gewählten Rohrdurchmesser.
   b. Welche Antriebsleistung benötigt der eingesetzte Turboverdichter?

   Hinweis: Schüttgutdaten für Sojabohnen sind Tab. 16.2 zu entnehmen.

[1] Weitere Details zur Förderanlage (s. Siegel 1991)

Literatur

Allgemein

Bohnet M (1983) Fortschritte bei der Auslegung pneumatischer Förderanlagen. Chem Ing Tech 55:524–539
Brauer H (1971) Grundlagen der Einphasen- und Mehrphasenströmung. Sauerländer, Aarau
Marcus RD, Rizk F, Meijers SJ (2002) Solids handling. In: Ullmann's Encyclopedia of industrial chemistry, 7. Aufl, Wiley-VCH, Weinheim
Molerus O (1982) Fluid-Feststoff-Strömungen. Springer, Berlin
Muschelknautz U (2006) Druckverlust bei der pneumatischen Förderung. In: VDI-Wärmeatlas, 10. Aufl, Springer, Heidelberg, Lcc 1–17
Siegel W (1991) Pneumatische Förderung: Grundlagen, Auslegung, Anlagenbau, Betrieb. Vogel Fachbuch-Verlag, Würzburg
Stieß M (1994) Mechanische Verfahrenstechnik. Springer, Berlin
Wirth K-E (1983) Die Grundlagen der pneumatischen Förderung. Chem Ing Tech 55(2):110–122

Speziell

Dinglers (1847) Polytech J 407
Dinglers (1878) Polytech J 132
Molerus O (1996) Overview: Pneumatic transport of solids. Powder Technol 88:309–321
Muschelknautz E, Krambrock W (1969) Vereinfachte Berechnung horizontaler pneumatischer Förderleitungen bei hoher Gutbeladung mit feinkörnigen Produkten. Chem Ing Tech 41:1164–1172
Muschelknautz E, Wojahn H (1974) Auslegung pneumatischer Förderanlagen. Chem Ing Tech 46:223–235
Siegel W (1970) Experimentelle Untersuchungen zur pneumatischen Förderung körniger Stoffe in waagerechten Rohren und Überprüfung der Ähnlichkeitsgesetze. VDI-Forschungsheft Nr 538

Kapitel 17
Gas/Flüssigkeits-Strömungen in Rohren

In einer Vielzahl verfahrenstechnischer Anlagen werden Rohrleitungen gleichzeitig von einer gasförmigen und einer flüssigen Phase durchströmt. Beispielhaft seien hier Verdampfer, Kondensatoren oder Pipelines für den parallelen Transport von Erdöl und Erdgas genannt. Die entscheidende Aufgabe bei der Dimensionierung derartiger Rohrleitungen sowie der zugehörigen Antriebsaggregate besteht in der Bestimmung des Druckabfalls der zweiphasigen Strömung. Für diese Berechnungen ist eine zuverlässige Vorhersage der sich einstellenden *Strömungsform* sowie der Volumenanteile von Gas und Flüssigkeit erforderlich. Während bei der einphasigen Strömung in erster Linie der Turbulenzgrad und die Wandrauigkeit den Druckverlust charakterisieren, ist bei Gas/Flüssigkeits-Strömungen vor allem die fluiddynamische Wechselwirkung zwischen den Phasen maßgebend. Grundsätzlich ist in vertikalen oder geneigten Rohren auch ein Gegenstrom zwischen Gas und Flüssigkeit möglich, bei dem das Gas aufwärts und die Flüssigkeit abwärts strömen. In diesem Kapitel wird jedoch ausschließlich der Gleichstrom betrachtet, bei dem sich die beiden Phasen i. Allg. mit unterschiedlichen Geschwindigkeiten bewegen.

Ziel des Kapitels ist die quantitative Beschreibung des Druckverlusts von Gas/Flüssigkeits-Strömungen. Hierzu werden zunächst die Strömungsformen charakterisiert und mittels mathematischer Beschreibungsansätze erfasst. Anschließend werden zwei einfache Berechnungsverfahren zur Druckverlustbestimmung erläutert.

17.1 Strömungs- und Phasenverteilungszustände

Die Kenntnis des Strömungszustandes einer Gas/Flüssigkeits-Rohrströmung ist von entscheidender Bedeutung, da sämtliche Transportprozesse und damit auch die Phasengeschwindigkeiten sowie der Druckabfall stark von der Strömungsform beeinflusst werden. Aus diesem Grund ist auch eine Vielzahl von Berechnungsgleichungen für die Phasenverteilung und den auftretenden Druckabfall lediglich für eine bestimmte Strömungsform gültig.

M. Kraume, *Transportvorgänge in der Verfahrenstechnik*, 533
DOI 10.1007/978-3-642-25149-8_17, © Springer-Verlag Berlin Heidelberg 2012

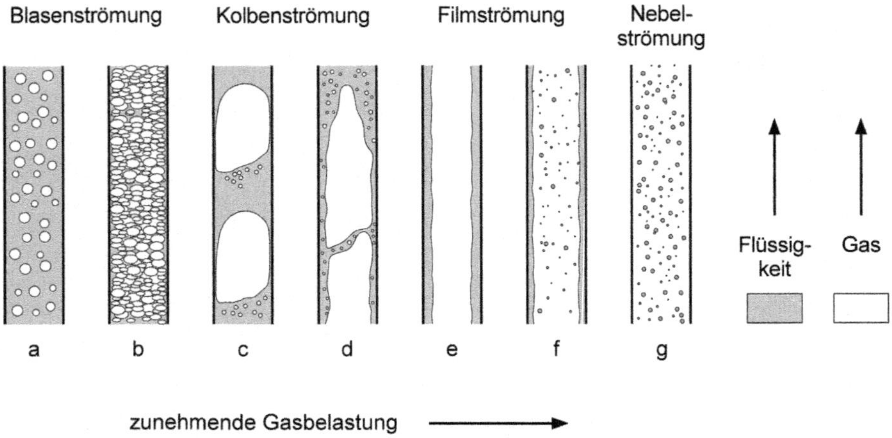

Abb. 17.1 Phasenverteilung in vertikalen Rohren für die aufwärtsgerichtete Strömung

17.1.1 Strömungen in vertikalen Rohren

In Abb. 17.1 sind die Phasenverteilungszustände dargestellt, die bei der aufwärtsgerichteten Gas/Flüssigkeits-Strömung in vertikalen Rohren mit wachsender Gasbelastung auftreten. Ist der Gasvolumenstrom gegenüber dem Flüssigkeitsvolumenstrom klein (Gasgehalt $\varepsilon_g \leq 0,3$), so wird in der sogenannten *Blasenströmung* das Gas in Form von Kugelblasen im Bereich des Querschnittszentrums transportiert (a). Die Schubspannungen in der Flüssigkeit sind im Bereich des Rohrzentrums gegenüber der Oberflächenspannung an der Blase klein und beeinflussen die Blasenform nur unwesentlich. Mit zunehmendem Gasvolumenstrom wächst die Anzahl der Gasblasen sowie ihre Größe (b), bis sie nahezu den gesamten Rohrquerschnitt ausfüllen. Das Gas bewegt sich bei weiterer Durchsatzsteigerung dann als *Pfropfen* oder *Kolben* durch das Rohr (c). Mit der Zunahme des Gasvolumenstroms erhöhen sich auch die örtlichen Geschwindigkeiten und damit die Schubspannungen in der Flüssigkeit. Die Form der Pfropfen passt sich dem Geschwindigkeitsprofil der Flüssigkeitsströmung an. Die Grenzflächenspannung ist jedoch noch groß genug, die einzelnen Gaskolben voneinander zu trennen. Wächst die Gasbelastung weiter, so nimmt das Volumen der Gaspfropfen zu, bis die einzelnen Pfropfen nur noch durch eine dünne Flüssigkeitsmembran voneinander getrennt sind (d). Die Flüssigkeitsmembranen werden vom Gas durch das Rohr geschoben. Bei einer weiteren Zunahme der Gasbelastung führt der Druckunterschied zwischen zwei Gaspfropfen zu einer Zerstörung der Membranen. Es entsteht eine *Ring-* oder *Filmströmung* (e). Wird der Gasvolumenstrom weiter gesteigert, dann erreicht die Schubspannung in der Phasengrenzfläche so hohe Werte, dass Tropfen aus der Flüssigkeitsoberfläche herausgerissen und im Gasstrom transportiert werden (f). Wenn die gesamte Flüssigkeit als Tropfen im Gasstrom transportiert wird, spricht man von *Tropfenströmung* oder auch *Nebelströmung* (g). Mit diesem Zustand wird der Übergang zur

Abb. 17.2 Strömungsformen in horizontalen Rohren. (Nach Brauer 1971)

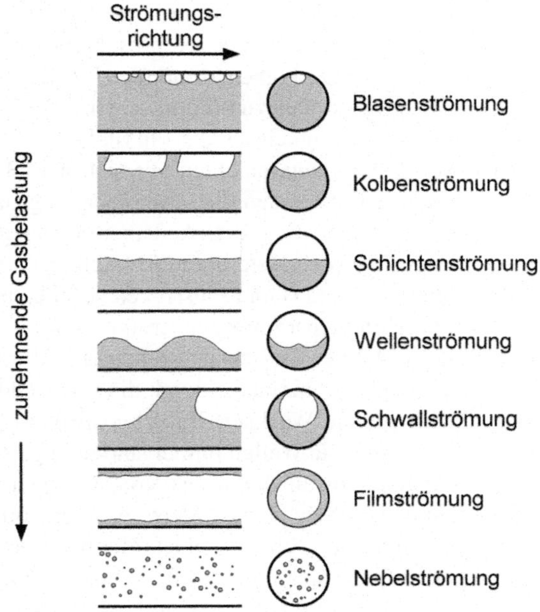

reinen Gasströmung erreicht. Ein wesentlicher Teil des Druckverlusts entsteht hierbei durch die wiederkehrenden Beschleunigungsvorgänge der Tropfen, wofür dem Gaskern Energie entzogen wird.

Die Form der Phasenverteilung bei der Gas/Flüssigkeits-Strömung in vertikalen Rohren wird durch das Zusammenwirken von Schubspannungskräften, Trägheitskräften, Druckkräften und Oberflächenkräften in Gas und Flüssigkeit bestimmt. Die Schwerkraft, die in Richtung der Rohrachse wirkt, ist vernachlässigbar, da sie parallel zu den Strömungskräften verläuft. Der Einfluss der verschiedenen Kräfte ist bei den einzelnen Phasenverteilungszuständen von unterschiedlicher Wichtigkeit.

17.1.2 Strömungen in horizontalen Rohren

Die charakteristischen Phasenverteilungszustände bei der Strömung in einem horizontalen Rohr zeigt in stark schematisierter Form Abb. 17.2. Mit wachsendem Gasvolumenstrom beobachtet man die folgenden Phasenverteilungszustände:

Blasenströmung, Kolbenströmung, Schichtenströmung, Wellenströmung, Schwallströmung, Filmströmung und *Nebelströmung*. Gegenüber der Strömung in vertikalen Rohren sind durch den Einfluss der Schwerkraft die Schichtenströmung, die Wellenströmung und die Schwallströmung als zusätzliche Phasenverteilungszustände hinzugekommen. Prinzipiell begünstigt die zur Strömungsrichtung senkrechte Schwerkraft eine waagerechte Schichtung der Phasen.

Bei kleinem Gasvolumenstrom bewegt sich das Gas in Form von Blasen an der höchsten Querschnittsstelle des Rohres. Nimmt der Gasvolumenstrom zu, so wachsen die Blasen zu Gaskolben zusammen, wodurch die Phasengrenzfläche zwischen Gas und Flüssigkeit nahezu minimiert wird. Die Gaskolben bewegen sich mit einer höheren Geschwindigkeit als die Flüssigkeit durch das Rohr und schieben die sie trennenden Flüssigkeitsschichten vor sich her. Bei einer weiteren Steigerung des Gasvolumenstroms werden die Gaskolben so groß, dass die Oberflächenspannung nicht mehr ausreicht, die Flüssigkeitsmembranen gegen die Druckdifferenz, die aufgrund der Reibungsverluste über die Lauflänge entsteht, zwischen den Gaskolben aufrechtzuerhalten. Gas und Flüssigkeit strömen in zwei Schichten durch das Rohr. Wird der Gasvolumenstrom weiter erhöht, so stellt sich schließlich nach Durchschreiten einiger instabiler Zwischenzustände die Filmströmung ein. Zunächst entstehen auf der Flüssigkeitsoberfläche durch die wachsende Schubspannung in der Phasengrenzfläche Wellen. Wachsen die Schubspannungskräfte in der Phasengrenzfläche weiter, so werden die Wellen immer stärker angeregt, bis sich einzelne Wellenberge als Flüssigkeitsschwall durch das Rohr bewegen. Diese Strömungsform ist technisch gefürchtet, da sie insbesondere bei der Erdölförderung über lange waagerechte Pipelines durch die großen Impulskräfte eines Schwalls Probleme verursacht. Die auftretenden Schubspannungskräfte sind so groß, dass die Schwerkraft an Bedeutung verliert. Der minimale Strömungsverlust stellt sich ein, wenn das Gas, das bei diesem Strömungszustand im Wesentlichen die auftretenden Druckverluste verursacht, in einem Kreisquerschnitt im Rohrinneren strömt. Die Flüssigkeit wird in einem Kreisringquerschnitt an die Rohrwand gedrängt. Diesen Phasenverteilungszustand bezeichnet man als Filmströmung oder auch als Ringströmung. Wie bei der Strömung in vertikalen Rohren führt der Grenzfall sehr hoher Gasvolumenströme zur Nebelströmung. Die Flüssigkeit wird in Form von Tropfen in der Gasphase transportiert.

Bei der Gas/Flüssigkeits-Strömung in horizontalen Rohren wird die Form der Phasenverteilung von den Schubspannungskräften, den Trägheitskräften, den Druckkräften und den Oberflächenkräften in Gas und Flüssigkeit sowie von der Schwerkraft bestimmt. Allerdings hat jedoch immer nur ein Teil der Kräfte maßgebenden Einfluss auf die Phasenverteilungszustände.

17.2 Grundlegende Beziehungen und Definitionen

Zur Beschreibung fluiddynamischer Vorgänge in einem Rohr, durch das Gas und Flüssigkeit strömen, werden einige spezifische Parameter benötigt. Vereinfachend wird angenommen, dass die Systemeigenschaften quer zur Strömungsrichtung konstant sind. Außerdem ist zu beachten, dass alle Größen zeitabhängig sind und um einen Mittelwert schwanken. Dieser wird als stationärer Mittelwert in die Betrachtungen eingeführt.

Eine charakteristische Eigenschaft der Gas/Flüssigkeits-Strömung ist, dass Gas und Flüssigkeit mit unterschiedlichen Geschwindigkeiten durch das Rohr strömen.

Massen- und Volumenströme von Gas und Flüssigkeit stehen daher in einem anderen Verhältnis zueinander als die Massen und Volumina von Gas und Flüssigkeit innerhalb eines Rohrabschnitts.

Folgende Beziehungen und Definitionen sind bedeutsam:

$$\text{Gesamtvolumen} \quad V_{ges} = V_g + V_f \tag{17.1}$$

$$\text{Gesamtmasse} \quad M_{ges} = M_g + M_f \tag{17.2}$$

$$\text{Gasgehalt} \quad \varepsilon_g \equiv \frac{V_g}{V_{ges}} \tag{17.3}$$

$$\text{Massengasgehalt} \quad x_g \equiv \frac{M_g}{M_{ges}} \tag{17.4}$$

$$\text{Gesamtvolumenstrom} \quad \dot{V}_{ges} = \dot{V}_g + \dot{V}_f \tag{17.5}$$

$$\text{Gesamtmassenstrom} \quad \dot{M}_{ges} = \dot{M}_g + \dot{M}_f \tag{17.6}$$

$$\text{Massenstromdichte} \quad \dot{m}_{ges} = \frac{\dot{M}_{ges}}{A} = \dot{m}_g + \dot{m}_f \tag{17.7}$$

$$\text{Strömungsgasgehalt} \quad \dot{\varepsilon}_g \equiv \frac{\dot{V}_g}{\dot{V}_{ges}} \tag{17.8}$$

$$\text{Strömungsmassengasgehalt} \quad \dot{x}_g \equiv \frac{\dot{M}_g}{\dot{M}_{ges}} \tag{17.9}$$

Das Verhältnis der jeweiligen Volumenströme $\dot{V}_g$ und $\dot{V}_f$ zur Querschnittsfläche A wird als Leerrohrgeschwindigkeit oder auch als Volumenstromdichte bezeichnet:

$$v_g \equiv \frac{\dot{V}_g}{A} = \frac{\dot{M}_g}{\rho_g A} = \frac{\dot{x}_g\, \dot{m}_{ges}}{\rho_g}, \tag{17.10}$$

$$v_f \equiv \frac{\dot{V}_f}{A} = \frac{\dot{M}_f}{\rho_f A} = \frac{(1-\dot{x}_g)\, \dot{m}_{ges}}{\rho_f}. \tag{17.11}$$

Da die Dichten über den Querschnitt gemittelte Größen darstellen, berechnet man für jede Phase folgende mittlere Geschwindigkeit im von ihr durchströmten Querschnittsanteil:

$$\overline{w}_g \equiv \frac{\dot{V}_g}{\varepsilon_g A} = \frac{v_g}{\varepsilon_g} = \frac{\dot{M}_g}{\rho_g\, \varepsilon_g\, A} = \frac{\dot{x}_g\, \dot{m}_{ges}}{\varepsilon_g\, \rho_g}, \tag{17.12}$$

$$\overline{w}_f \equiv \frac{\dot{V}_f}{(1-\varepsilon_g)\, A} = \frac{v_f}{(1-\varepsilon_g)} = \frac{\dot{M}_f}{\rho_f(1-\varepsilon_g)\, A} = \frac{(1-\dot{x}_g)\, \dot{m}_{ges}}{(1-\varepsilon_g)\, \rho_f}. \tag{17.13}$$

In einer vertikalen, aufwärtsgerichteten Strömung bewegt sich das Gas schon aufgrund des Auftriebs schneller als die Flüssigkeit. Beobachtungen zeigen jedoch, dass das Gas auch in horizontaler sowie in abwärtsgerichteter Strömung der Flüssigkeit voreilt. Diese Geschwindigkeitsdifferenz zwischen den Phasen erklärt sich mit einer einfachen Kräftebetrachtung aus dem Dichteunterschied zwischen Flüssigkeit und Gas. Man kann i. Allg. davon ausgehen, dass der Druck jeweils über den Querschnitt des Rohres konstant ist. Der Druckabfall längs des Strömungsweges übt auf das Gas aufgrund seiner größeren Volumenzunahme mit fallendem Druck eine größere Beschleunigung aus als auf die Flüssigkeit. Das Geschwindigkeitsverhältnis der beiden Phasen bezeichnet man als *Schlupf*:

$$S \equiv \frac{\overline{w}_g}{\overline{w}_f}. \tag{17.14}$$

Der volumenbezogene Gasgehalt ε_g (Gl. (17.3)) steht in folgendem Zusammenhang mit dem Schlupf S und dem Strömungsmassengasgehalt $\dot{x}_g$ (Gl. (17.9)):

$$\varepsilon_g = \left(1 + \frac{1-\dot{x}_g}{\dot{x}_g}\frac{\rho_g}{\rho_f}S\right)^{-1} = \left(1 + \frac{1-\dot{\varepsilon}_g}{\dot{\varepsilon}_g}S\right)^{-1}. \tag{17.15}$$

Die Gl. (17.15) verdeutlicht, dass der volumenbezogene Gasgehalt nicht allein durch den Strömungsmassengasgehalt $\dot{x}_g$ und die Dichten festgelegt ist. Das Verhältnis der Phasengeschwindigkeiten, also der Schlupf, muss darüber hinaus bekannt sein. Der Druckabfall längs der Strömungsachse stellt die zur Erzeugung des Schlupfes maßgebende Kraft dar, dem Auftrieb kommt nur untergeordnete Bedeutung zu. Dagegen vermindert der Impulsaustausch zwischen den Phasen die Geschwindigkeitsunterschiede. Insgesamt nimmt die Gasphase deshalb einen geringeren Anteil der Querschnittsfläche ein, als es aufgrund des Strömungsgehalts zu erwarten wäre.

17.3 Bestimmung der Strömungsform

Die Bestimmung der sich einstellenden Strömungsform unter gegebenen Betriebsparametern geschieht zumeist anhand empirischer oder halbtheoretisch gewonnener sogenannter *Strömungsbilderkarten* oder auch *Strömungsformkarten* (s. Abb. 17.3). In dieser zweidimensionalen Darstellung werden die Grenzen zwischen den möglichen Strömungsformen z. T. vereinfachend als Linien dargestellt, obwohl sie als Übergangsbereiche anzusehen sind, wie in Abb. 17.3 angedeutet. So beträgt die Größe der Übergangsbereiche in einer Darstellung mithilfe der Leerrohrgeschwindigkeiten der Phasen bis zu einer halben Zehnerpotenz. Darüber hinaus können in der durch die zweidimensionale Darstellung beschränkten Strömungsbilderkarte oft nicht alle Einflussgrößen berücksichtigt werden. Unter der Annahme, dass die Übergangsbereiche der Strömungsformen durch

- die Leerrohrgeschwindigkeiten der Phasen v_g und v_f,
- die Dichten der Phasen ρ_g und ρ_f,

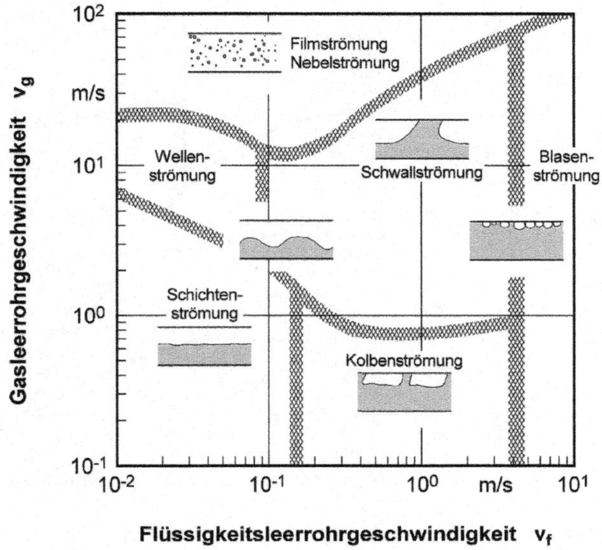

Abb. 17.3 Strömungsformen in einer Luft/Wasser-Strömung im horizontalen Rohr. (Nach Mayinger 1982)

- die Viskositäten der Phasen η_g und η_f,
- die Grenzflächenspannung σ,
- den Rohrdurchmesser d, die Rohrrauigkeit k und den Neigungswinkel β des Rohres zur Horizontalen sowie
- die Erdbeschleunigung g

vollständig bestimmt sind, lassen sich mittels der Dimensionsanalyse acht dimensionslose Kennzahlen finden, mit denen die Grenzen zwischen den Strömungsformen beschreibbar sind. Eine Strömungsbilderkarte kann jedoch nur zwei dieser Kennzahlen beinhalten, sodass die Gültigkeit oft auf die im Experiment variierten Bereiche beschränkt bleibt. Eine ausführliche Darstellung der aus der Literatur bekannten Strömungsbilderkarten bieten (Taitel und Dukler 1976).

17.3.1 Strömungsformen in horizontalen Rohren

In einem horizontalen Rohr sind die Möglichkeiten der Phasenverteilung einer zweiphasigen Strömung zahlreicher als in vertikalen Rohren, da die senkrecht zur Strömung stehende Schwerkraft asymmetrische Verteilungen hervorruft, während die reinen Strömungskräfte symmetrische Strömungsformen begünstigen. Eine schematische Übersicht über die sich einstellenden Phasenverteilungen einer Luft/Wasser-Strömung in einem horizontalen Rohr ist in Abb. 17.3 angegeben, wobei die Einteilung mithilfe der Leerrohrgeschwindigkeiten erfolgt.

Aufbauend auf theoretischen Modellvorstellungen zu den Übergängen wurde ein Verfahren zur Bestimmung der Strömungsform entwickelt (Taitel und Dukler 1976).

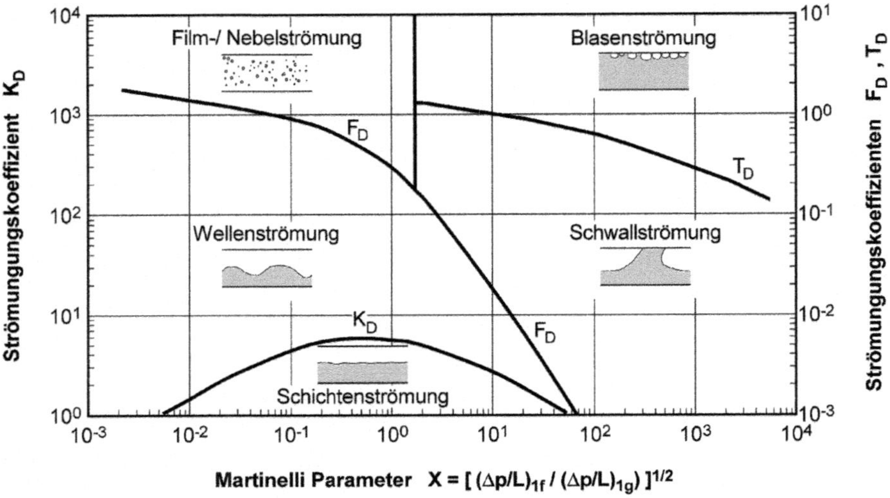

Abb. 17.4 Strömungsbilderkarte für horizontale Rohre; Grenzen nach. (Taitel und Dukler 1976)

Diese Vorstellung wird im Folgenden kurz erläutert, um eine Berechnungsmöglichkeit zur Ermittlung der Strömungsform als Hilfsmittel vorzustellen und zum Nachschlagen bereitzustellen. Die in Abb. 17.4 dargestellten Grenzkurven zwischen den Strömungsformen folgen unterschiedlichen Funktionen. Mit dem sogenannten *Martinelli Parameter* X (s. Abschn. 17.4.2) wird dabei das Verhältnis der Druckverluste bezeichnet, die sich ergäben, wenn Gas oder Flüssigkeit allein einphasig im gesamten Rohr strömen würden:

$$X \equiv \sqrt{(\Delta p/L)_{1f}/(\Delta p/L)_{1g}}. \tag{17.16}$$

Die einphasigen Druckverluste werden mit Gl. (5.32) berechnet, wobei für die Geschwindigkeit $\overline{w}$ die Leerrohrgeschwindigkeit der jeweiligen Phase einzusetzen ist.

Den Übergang zwischen welliger Strömung und Schwall- bzw. Filmströmung gibt die Funktion F_D an. Sie ist definiert als

$$F_D \equiv \left(\frac{\rho_g}{\rho_f - \rho_g}\right)^{1/2} \frac{\dot{m}_{ges}\,\dot{x}_g}{\rho_g\sqrt{d\,g}} \tag{17.17}$$

und stellt das Produkt aus einem Dichteverhältnis und der Froudezahl

$$Fr_g \equiv \frac{{v_g}^2}{g\,d}$$

(Verhältnis Trägheits- zu Gewichtskraft) dar.

Die beginnende Wellenbildung in einer Schichtenströmung lässt sich mit der Funktion K_D

$$K_D = F_D\sqrt{Re_f}, \quad Re_f \equiv \frac{v_f\ \rho_f d}{\eta_f} \tag{17.18}$$

vorhersagen. Dies basiert auf der Annahme, dass eine Welle entsteht, wenn die angreifenden Druck- und Scherkräfte die Trägheitskraft überwinden können.

Die Grenze zwischen Blasen- und Schwallströmung wird mittels des Strömungskoeffizienten T_D

$$T_D = \left(\frac{\left(\frac{\Delta p}{L}\right)_{1f}}{(\rho_f - \rho_g)g} \right)^{1/2} \tag{17.19}$$

erfasst, der die turbulenten Scherkräfte mit dem Auftrieb der Gasphase in Beziehung setzt. Diese Betrachtung geht von einer Zunahme der Scherkräfte aus, bis sie die Auftriebskräfte kompensieren, die sonst zur Ausbildung einer zusammenhängenden Gasphase im oberen Rohrbereich führen würden. Die in Abb. 17.4 eingetragene Kurve gibt den kritischen Wert für T_D an, oberhalb dessen eine Blasenströmung und unterhalb dessen eine Schwallströmung vorliegt.

Für den Übergang von der Blasen- bzw. Schwallströmung zur Film- oder Nebelströmung wird von (Taitel und Dukler 1976) ein fester Wert von $X = 1{,}4$ angegeben.

Ein umfassender Vergleich von Messwerten und Modellen führt zu dem Schluss, dass der Ansatz von (Taitel und Dukler 1976), die Übergangsbereiche mittels physikalischer Ansätze beschreiben zu wollen, die Strömungsform mit guter Genauigkeit wiedergibt. Eine Vorhersage der Strömungsform beispielsweise in Rohren großen Durchmessers ist allerdings bis heute kaum mit einer zufriedenstellenden Genauigkeit möglich.

17.3.2 Strömungsformen in vertikalen Rohren

Einen Überblick über die verschiedenen Phasenverteilungsformen einer Wasser/Luft-Strömung in einem vertikalen Rohr mit 0,1 m Durchmesser gibt Abb. 17.5, wobei die auf den Rohrquerschnitt bezogenen Volumenströme beider Phasen v_g und v_f die Koordinatenachsen bilden. Für die als Koordinaten zu wählenden Parameter dieser Strömungsbilderkarten gibt es verschiedene Vorschläge. Sie haben das Ziel, eine möglichst umfassend gültige Form der Darstellung zu erhalten. Eine allgemeine Aussagekraft hat die von (Hewitt und Roberts 1969) vorgeschlagene Darstellungsweise in Abb. 17.6 für vertikale Gas/Flüssigkeits-Strömungen.

Als Abszisse wird dabei die Impulsstromdichte der reinen flüssigen Phase $\dot{m}^2(1-\dot{x}_g)^2/\rho_f$ und als Ordinate die der gasförmigen Phase $\dot{m}^2\dot{x}_g^2/\rho_g$ aufgetragen.

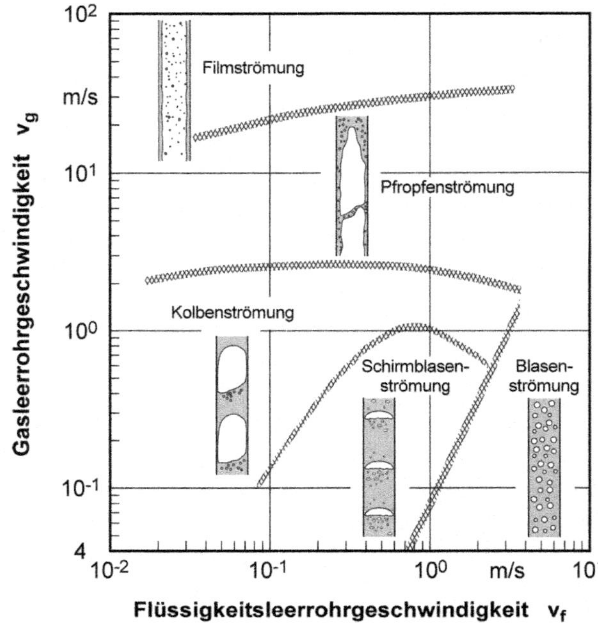

Abb. 17.5 Strömungsformen in einer Luft/Wasser-Strömung im vertikalen Rohr (d = 0,1 m). (Nach Mayinger 1982)

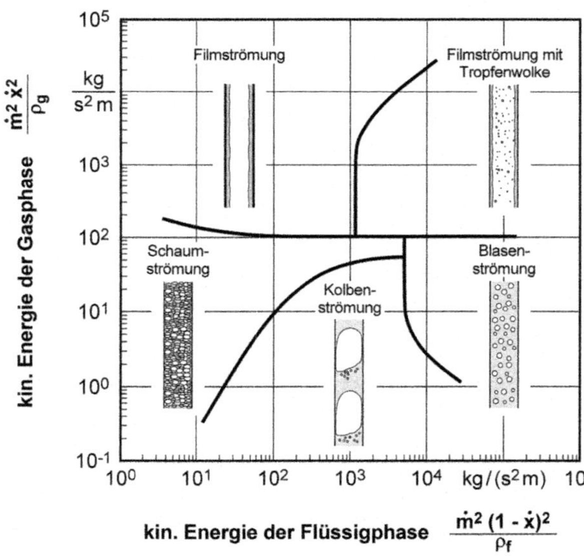

Abb. 17.6 Strömungsbilderkarte nach (Hewitt und Roberts 1969) für vertikale Gas/Flüssigkeits-Strömungen. (Aus Muschelknautz und Wellenhofer 2006)

Es ergeben sich dann die in Abb. 17.6 abgegrenzten Gebiete für die verschiedenen Strömungsformen. Experimentell wurde Abb. 17.6 für Wasser/Luft-Gemische bis 6 bar und für Wasser/Dampf-Gemische bis zu 70 bar bestätigt. Für die Massenstromdichte $\dot{m} = \dot{M}_{ges}/(\pi d^2/4)$ und für den Strömungsmassengasgehalt $\dot{x}_g$ sind

Mittelwerte einzusetzen, indem das Gemisch als gleichmäßig über den Querschnitt verteilt angenommen wird.

Für die abwärtsgerichtete Strömung in vertikalen Rohren, bei der sowohl die Flüssigkeit als auch das Gas nach unten strömen, wurden ähnliche Strömungsformen beobachtet wie bei der Aufwärtsströmung, also auch Blasen-, Kolbenblasen-, Schaum- und Ringströmung. Bei der Blasenströmung sind allerdings die Blasen mehr in der Kanalmitte konzentriert, und bei der Kolbenblasenströmung sind die Gaskolben an der Unterseite stärker abgeflacht und die obere halbkugelförmige Spitze symmetrischer ausgebildet als bei der Aufwärtsströmung.

17.3.3 Schlupf

Der Schlupf zwischen den Phasen ist unter anderem zur Bestimmung des Gasgehaltes ε_g mit Gl. (17.15) wesentlich. Im Schrifttum gibt es zahlreiche Ansätze zur Berechnung des Schlupfes.

Hier soll nur der Schlupfansatz von (Ahmad 1970) genannt werden, der für die praktische Anwendung Überschlagswerte liefert:

$$S = \left(\frac{\rho_f}{\rho_g}\right)^{0{,}205} \left(\frac{\dot{m}_{ges} \cdot d}{\eta_f}\right)^{-0{,}016} . \tag{17.20}$$

Gleichung (17.20) ist auf einfache Weise explizit lösbar. Bei einer Ringströmung mit hohem Tropfenanteil im Gaskern führt diese einfache Beziehung allerdings zu irreführenden Ergebnissen.

17.4 Berechnungsverfahren für Gas/Flüssigkeits-Strömungen

Die verschiedenen Berechnungsverfahren zur Bestimmung des Druckverlusts von Gas/Flüssigkeits-Strömungen gehen üblicherweise auf unterschiedliche Mittelungen der abhängigen Variablen zurück. Dem Verfahren der Mittelung kommt deshalb große Bedeutung zu. Dies soll am Beispiel der Ringströmung zweier Phasen, die in gleicher Richtung in einem vertikalen Rohr aufwärts strömen, verdeutlicht werden. Bisher wurde jeder der Phasen eine repräsentative Geschwindigkeit, die mittlere Geschwindigkeit $\overline{w}_g$ bzw. $\overline{w}_f$ (Gln. (17.12), (17.13)), zugeordnet. Tatsächlich weist sowohl der Gaskern als auch der Flüssigkeitsring ein Geschwindigkeitsprofil über den Querschnitt auf, und die Gasströmung ist nicht frei von Flüssigkeitstropfen. Der örtliche Verlauf der Geschwindigkeit über den Querschnitt ist in Abb. 17.7 am Beispiel der Ringströmung für verschiedene Gasgehalte qualitativ dargestellt. Lokale Werte der Strömungsgeschwindigkeiten für Gas und Flüssigkeit können erheblich von den Mittelwerten abweichen.

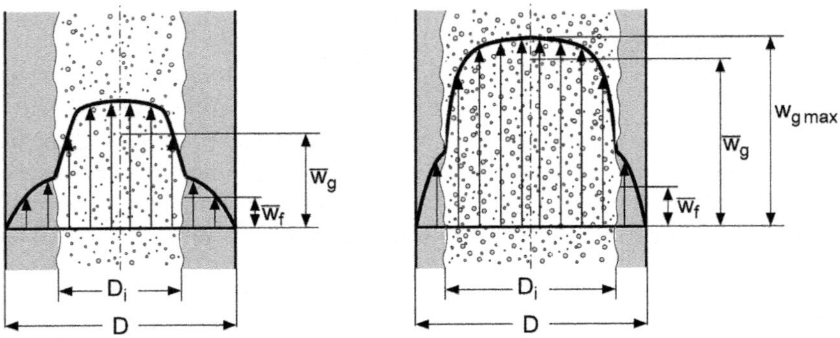

Abb. 17.7 Geschwindigkeitsverteilung in der Ringströmung für niedrigen Gasgehalt (*links*) und hohen Gasgehalt (*rechts*)

Eine korrekte Mittelung muss aber nicht nur über den Querschnitt, sondern auch über die Länge des Strömungskanals und über die Zeit erfolgen. Die Situation wird noch komplizierter, wenn man bedenkt, dass die in Abb. 17.7 skizzierte Phasenverteilung eine der einfachen Strömungsformen darstellt. Andere Gas/Flüssigkeits-Verteilungen, wie Blasenströmung, Kolbenblasenströmung oder der Übergangsbereich zwischen Blasen- und Ringströmung, weisen wesentlich größere zeitliche und örtliche Geschwindigkeitsänderungen auf.

Bei der Mittelung muss man zwischen den Mittelwerten über die Zeit, über eine Fläche – z. B. den Strömungsquerschnitt – und über ein Volumen unterscheiden. Häufig muss auch die Mittelung auf das jeweilige Gebiet einer Phase beschränkt bleiben, nämlich immer dann, wenn auf beiden Seiten in unmittelbarer Nähe der Phasengrenze große Unterschiede in der Geschwindigkeit vorhanden sind. So ändert sich die Dichte des Fluides an der Phasengrenze immer sprunghaft. Der Mittelwertbildung muss eine Vorstellung – ein sogenanntes Modell – für das physikalische Verhalten der Strömung zugrunde liegen.

Zwei elementare Modelle der Zweiphasenströmung werden im Folgenden kurz dargestellt.

17.4.1 Homogenes Modell

Die einfachste und mathematisch am leichtesten zu handhabende, aber von den physikalischen Realitäten meist am weitesten entfernte Annahme ist die, dass Flüssigkeit und Gas mit derselben und darüber hinaus im gesamten Querschnitt konstanten Geschwindigkeit fließen. Man spricht dann von dem *eindimensionalen Eingeschwindigkeitsmodell* bzw. *homogenen Modell*. Unter diesen Annahmen gilt, dass die volumenbezogenen Größen ε_g, x_g sich nicht von den auf die Strömung bezogenen Größen $\dot{\varepsilon}_g$, $\dot{x}_g$ unterscheiden:

$$\varepsilon_g = \dot{\varepsilon}_g \quad und \quad x_g = \dot{x}_g .$$

Die Dichte des homogenen Gemisches berechnet sich zu:

$$\rho_{hom} = \dot{\varepsilon}_g \rho_g + (1 - \dot{\varepsilon}_g)\rho_f = \frac{\rho_f\ \rho_g}{\rho_g + \dot{x}_g(\rho_f - \rho_g)}. \tag{17.21}$$

Für die mittlere Geschwindigkeit gilt dann:

$$\overline{w}_{hom} = \frac{\dot{m}_{ges}}{\rho_{hom}}. \tag{17.22}$$

Die Bestimmung einer charakteristischen Viskosität beinhaltet deutlich mehr Probleme. Für die homogene dynamische Viskosität werden in der Literatur verschiedene Mittelwertbildungen angegeben, so nach (Mc Adams et al. 1942)

$$\eta_{\mathrm{hom}} = \frac{\eta_g \eta_f}{\dot{x}_g(\eta_f - \eta_g) + \eta_g} = \frac{1}{\dfrac{\dot{x}_g}{\eta_g} + \dfrac{1 - \dot{x}_g}{\eta_f}}, \tag{17.23}$$

nach (Cicchitti et al. 1960)

$$\eta_{hom} = \dot{x}_g \eta_g + (1 - \dot{x}_g)\eta_f \tag{17.24}$$

und nach (Dukler et al. 1964a):

$$\eta_{hom} = \rho_{hom}\left(\dot{x}_g \frac{\eta_g}{\rho_g} + (1 - \dot{x}_g)\frac{\eta_f}{\rho_f}\right) = \rho_{hom}(\dot{x}_g \nu_g + (1 - \dot{x}_g)\nu_f). \tag{17.25}$$

Diese Mittelwertbildungen führen zu sehr unterschiedlichen Ergebnissen. Da die Berechnung von mittleren Viskositäten schon bei einphasigen Flüssigkeitsgemischen auf große Schwierigkeiten stößt, ist die Bildung von Mittelwerten für Gas/Flüssigkeits-Gemische ausgesprochen problematisch. So zeigen auch Ergebnisse für den Druckverlust, die mit verschiedenen Definitionen für η_{hom} berechnet werden, zum Teil beträchtliche Abweichungen voneinander.

Das homogene Modell eignet sich zur Beschreibung der Blasenströmung mit kleinen Blasen, der Ringströmung mit hoher Tropfenbeladung des Gaskerns und der Nebelströmung. Es liefert umso genauere Ergebnisse, je mehr sich die Zweiphasenströmung den Grenzwerten der Einphasenströmung ($\dot{x}_g \rightarrow 0$ oder $\dot{x}_g \rightarrow 1$) nähert und je geringer der Dichteunterschied zwischen den beiden Phasen ($\rho_f/\rho_g \rightarrow 1$) ist. Dagegen wird das homogene Modell umso ungenauer, je stärker sich die Strömungsgeschwindigkeiten beider Phasen voneinander unterscheiden. Es ist z. B. gänzlich ungeeignet zur Beschreibung des Gegenstroms zweier Phasen in einem vertikalen Rohr.

Mit den Mittelwerten des homogenen Modells lassen sich die Erhaltungssätze der Zweiphasenströmung wie für eine Einphasenströmung aufstellen. Unter Annahme einer stationären Strömung sowie einer konstanten Schubspannung über den Kanalumfang lauten diese Gleichungen für den betrachteten eindimensionalen Fall in einem geneigten Rohr mit konstantem Querschnitt A (Abb. 17.8) wie folgt:

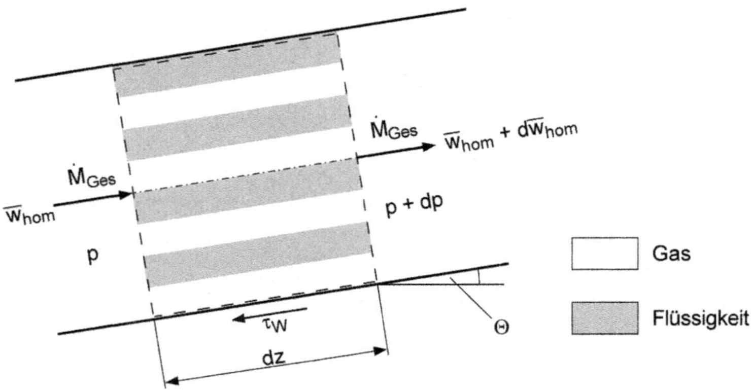

Abb. 17.8 Kontrollvolumen einer Zweiphasenströmung in einem geneigten Rohr (homogenes Modell)

Kontinuitätsgleichung:

$$\dot{M}_{ges} = \rho_{hom}\overline{w}_{hom}A = konst. \tag{17.26}$$

Impulsgleichung (Navier-Stokes-Gleichung) in z-Richtung für den vereinfachten Fall des homogenen Geschwindigkeitsmodells:

$$\dot{M}_{ges}d\overline{w}_{hom} = -A\ dp - U\tau_w dz - \rho_{hom}g\ sin\ \Theta\ A\ dz. \tag{17.27}$$

Die Impulsgleichung gibt an, dass die Trägheitskraft (Masse × Beschleunigung) gleich der Summe von Druckkraft, Reibungskraft an der Wand und Schwerkraft ist. Aus der Impulsgleichung ergibt sich durch einfache Umformungen für den Druckgradienten:

$$-\frac{dp}{dz} = \frac{U}{A}\tau_w + \rho_{hom}g\ sin\ \Theta + \dot{m}_{ges}\frac{d\overline{w}_{hom}}{dz} \tag{17.28}$$

$$\left(\frac{\Delta p}{L}\right)_{ges} = \left(\frac{\Delta p}{L}\right)_{2ph} + \left(\frac{\Delta p}{L}\right)_h + \left(\frac{\Delta p}{L}\right)_b. \tag{17.29}$$

Der Gesamtdruckverlust ergibt sich somit als Summe aus dem Reibungsdruckverlust der Zweiphasenströmung $(\Delta p/L)_{2ph}$, der Druckänderung durch Höhenunterschiede $(\Delta p/L)_h$ und dem Beschleunigungsdruckverlust $(\Delta p/L)_b$. Auf die Berechnung des Reibungs- und Beschleunigungsdruckverlustes wird im Folgenden näher eingegangen.

Reibungsdruckverlust Mit den Mittelwerten des homogenen Modells berechnet sich der zweiphasige Reibungsdruckverlust zu:

$$\left(\frac{\Delta p}{L}\right)_{2ph} = \zeta_{2ph}\frac{\rho_{hom}}{2}\overline{w}_{hom}^2\frac{1}{d} = \zeta_{2ph}\frac{\dot{m}_{ges}^2}{2\rho_{hom}d}. \tag{17.30}$$

Im Gegensatz zur Einphasenströmung wird in einer Zweiphasenströmung der Reibungsdruckabfall nicht nur durch die Impulsübertragung an der Wand, sondern auch durch die Impulsübertragung zwischen den Phasen verursacht. Es ergeben sich deshalb zu kleine Werte für den Reibungsdruckverlust, wenn lediglich die bekannten Beziehungen der Einphasenströmung verwendet werden.

Zur Berechnung des Widerstandsbeiwerts ζ_{2ph} kann folgende Beziehung (Dukler et al. 1964b) herangezogen werden:

$$\zeta_{2ph} = 0{,}0056 + 0{,}5\ \mathrm{Re}^{-0{,}32}, \tag{17.31}$$

die meist zufriedenstellende Ergebnisse liefert. Die Reynoldszahl wird berechnet gemäß:

$$Re = \frac{\dot{m}_{ges} d}{\eta_{\mathrm{hom}}}. \tag{17.32}$$

Beschleunigungsdruckverlust Infolge des Reibungsdruckverlustes nimmt der Druck längs des Strömungsweges ab. Mit fallendem Druck wird das spezifische Volumen der kompressiblen Gasphase größer und die Strömungsgeschwindigkeit steigt an, was einen Beschleunigungsdruckverlust zur Folge hat. Da die Reibungsdruckverluste einer Zweiphasenströmung meist wesentlich höher liegen als bei einer Einphasenströmung, und zusätzlich das zu beschleunigende Zweiphasengemisch wegen des Flüssigkeitsanteils eine deutlich größere Dichte aufweist als eine kompressible Gasströmung, beträgt der Beschleunigungsdruckverlust einer Zweiphasenströmung im Allgemeinen ein Mehrfaches dessen einer vergleichbaren Gasströmung. Deshalb kann bei einer adiabaten Zweiphasenströmung der Beschleunigungsdruckverlust nicht von vornherein vernachlässigt werden, sondern muss abgeschätzt werden. Besonders bei niedrigen Systemdrücken ist sein Anteil am Gesamtdruck erheblich, da der Druckabfall dann in besonders starkem Maße zu einer Vergrößerung des Gasvolumenstroms führt, was wiederum eine zwangsweise Beschleunigung der Zweiphasenströmung nach sich zieht. Für eine überschlägige Berechnung muss der Beschleunigungsdruckverlust allerdings nicht immer berücksichtigt werden, da er für ein adiabates System meist innerhalb der Genauigkeitsgrenzen der Berechnungsverfahren für den Reibungsdruckverlust liegt. Dagegen ist die Berechnung des Beschleunigungsdruckverlustes für eine Zweiphasenströmung mit Stoffübergang (z. B. Verdampfung/Kondensation) stets notwendig.

Für den Beschleunigungsdruckabfall gilt nach Gl. (17.28):

$$\left(\frac{dp}{dz}\right)_b = \dot{m}_{ges}\,\frac{d\overline{w}_{hom}}{dz} = \dot{m}_{ges}^2\,\frac{d}{dz}\left(\frac{1}{\rho_{hom}}\right). \tag{17.33}$$

Mit Gl. (17.21) für die homogene Dichte einer Zweiphasenströmung erhält man für den Beschleunigungsdruckverlust zwischen den Stellen 1 und 2 nach Integration von Gl. (17.33):

$$(p_1 - p_2)_b = \dot{m}_{ges}^2 \left(\frac{\dot{x}_{g2}}{\rho_{g,2}} - \frac{\dot{x}_{g1}}{\rho_{g,1}} + \frac{1-\dot{x}_{g2}}{\rho_{f,2}} - \frac{1-\dot{x}_{g1}}{\rho_{f,1}}\right). \tag{17.34}$$

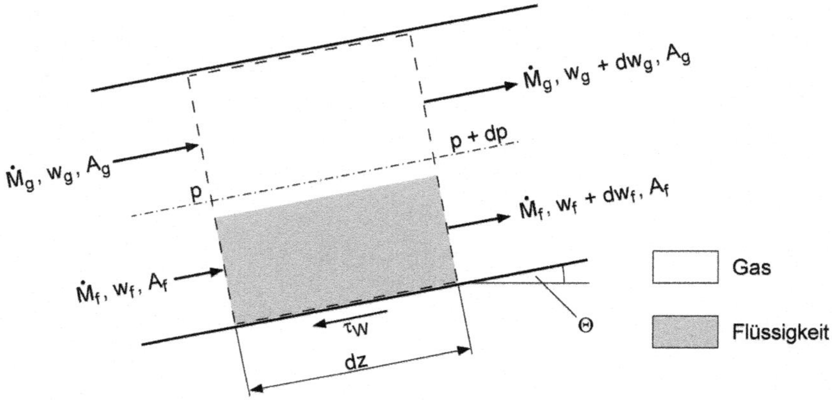

Abb. 17.9 Kontrollvolumen einer Zweiphasenströmung in einem geneigten Rohr (Schlupf- oder heterogenes Modell)

Da die Dichte ρ_2 in Gl. (17.34) von dem sich einstellenden Druck abhängig ist, muss der Beschleunigungsdruckverlust iterativ berechnet werden. Für eine Zweikomponentenströmung ohne Stoffübergang gilt $\dot{x}_{g1} = \dot{x}_{g2}$.

17.4.2 Heterogenes Modell (Schlupfmodell)

Für viele technische Aufgaben, z. B. für die Berechnung der Druckänderung infolge von Höhenunterschieden oder die Berechnung der Verweilzeit der einzelnen Phasen in einem Rohr, in dem ein Wärme- oder Stoffübergang stattfindet, ist die Kenntnis des Schlupfes zwischen der Gas- und der Flüssigphase notwendig.

Das gegenüber dem homogenen Modell deutlich realistischere *Schlupf*- oder *heterogene Modell* (eindimensionales *Zweigeschwindigkeitsmodell*) geht davon aus, dass die beiden Phasen getrennt voneinander im Kanal strömen und unterschiedliche Geschwindigkeiten aufweisen. Für jede Phase wird mit mittleren Werten der Geschwindigkeit und konstanten Stoffwerten gerechnet. Mit den Annahmen einer stationären, eindimensionalen Strömung, einer konstanten Schubspannung über den Kanalumfang und einem konstanten Kanalquerschnitt lauten die Bilanzgleichungen für das in Abb. 17.9 dargestellte Kontrollvolumen:

Kontinuitätsgleichung:

$$\dot{M}_{ges} = \rho_g \overline{w}_g\ \varepsilon_g A + \rho_f \overline{w}_f (1-\varepsilon_g) A = const. \tag{17.35}$$

Impulsgleichung:

$$\underbrace{\dot{M}_{ges} d(\dot{x}_g \overline{w}_g + (1-\dot{x}_g)\overline{w}_f)}_{Impulsänderung} = -\underbrace{A\ dp}_{Druckdifferenz} \underbrace{-U\ \tau_w\ dz}_{Reibung}$$

$$\underbrace{-(\varepsilon_g \rho_g + (1-\varepsilon_g)\rho_f) g\ \sin\ \Theta\ A\ dz}_{hydrostatische Höhe} \tag{17.36}$$

Analog zu Gl. (17.28) ergibt sich für den Druckgradienten bzw. den Druckverlust:

$$\underbrace{-\frac{dp}{dz}}= \underbrace{\frac{U}{A}}\tau_w + \underbrace{(\varepsilon_g\rho_g + (1-\varepsilon_g)\rho_f)g\ sin\ \Theta} + \underbrace{\dot{m}_{ges}\frac{d}{dz}(\dot{x}_g\overline{w}_g + (1-\dot{x}_g)\overline{w}_f)} \tag{17.37}$$

$$\left(\frac{\Delta p}{L}\right)_{ges} = \left(\frac{\Delta p}{L}\right)_{2ph} + \left(\frac{\Delta p}{L}\right)_{h} + \left(\frac{\Delta p}{L}\right)_{b}. \tag{17.38}$$

Reibungsdruckverlust nach Lockhart und Martinelli (Lockhart und Martinelli 1949) haben ein Verfahren zur Berechnung des durch Wandreibung hervorgerufenen Druckverlusts in Gas/Flüssigkeits-Strömungen entwickelt. Dieser Berechnung liegt die vom tatsächlichen physikalischen Geschehen sehr stark abstrahierte Vorstellung zugrunde, dass beide Phasen völlig voneinander getrennt, d. h. ohne gegenseitige Beeinflussung durch die Rohrleitung strömen und dabei die Reibungsgesetze erfüllen, die von der einphasigen Rohrströmung her bekannt sind (s. Abschn. 5.1.3). Die so entstandenen Korrelationen weisen zwei wesentliche Vorzüge auf: Sie sind vergleichsweise genau und einfach anwendbar.

Ausgehend vom heterogenen Modell leiten (Lockhart und Martinelli 1949) folgende Gleichungen für den Reibungsdruckverlust ab:

$$\left(\frac{\Delta p}{L}\right)_{2ph} = \Psi_{Kg}\left(\frac{\Delta p}{L}\right)_{1g} \tag{17.39}$$

$$\left(\frac{\Delta p}{L}\right)_{2ph} = \Psi_{Kf}\left(\frac{\Delta p}{L}\right)_{1f} \tag{17.40}$$

Der Reibungsdruckverlust der zweiphasigen Strömung $(\Delta p/L)_{2ph}$ wird in Abhängigkeit von den Reibungsdruckverlusten einer Phase $(\Delta p/L)_{lg}$ oder $(\Delta p/L)_{lf}$ dargestellt, die auftreten, wenn Gas oder Flüssigkeit allein im Rohr strömen, also mit den jeweiligen Leerrohrgeschwindigkeiten. Die einphasigen Druckverluste werden mit den bekannten Gesetzen für die laminare bzw. turbulente einphasige Strömung berechnet (s. Abschn. 5.1.3). Eine Korrekturfunktion ψ_{Kg} berücksichtigt den Einfluss der flüssigen Phase, wenn auf den Reibungsdruckverlust der Gasphase Bezug genommen wird. Wird der Reibungsdruckverlust der flüssigen Phase zugrunde gelegt, so gibt eine Korrekturfunktion ψ_{Kf} den Einfluss der Gasphase wieder. Die Korrekturfunktionen werden auch als *Zweiphasenmultiplikatoren* bezeichnet.

Nach der Vorstellung von Lockhart und Martinelli lassen sich die Korrekturfunktionen abhängig vom Verhältnis der beiden Einphasendruckverluste, charakterisiert durch den Martinelli Parameter X (s. Gl. (17.5)), darstellen. Sie ermittelten aus Messungen mit Wasser/Luft- sowie Öl/Luft-Gemischen die Korrekturfunktionen ψ_{Kf} und ψ_{Kg} für Strömungen in horizontalen Rohren. In Abb. 17.10 sind die Korrekturfunktionen als Kurven dargestellt. Für die vier Kombinationsmöglichkeiten zwischen laminarem und turbulentem Strömungszustand von Gas und Flüssigkeit bestimmten Lockhart und Martinelli vier Kurven für die Korrekturfunktionen. Der Index l bezeichnet die laminare Strömung, der Index t die turbulente Strömung. Mit dem ersten Index wird stets die Gasströmung gekennzeichnet.

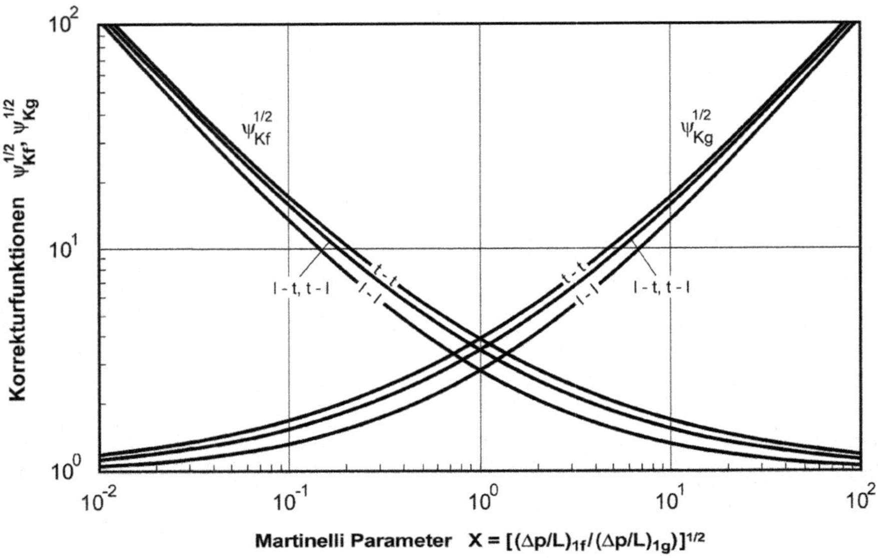

Abb. 17.10 Korrekturfunktionen ψ_{Kf} und ψ_{Kg} nach. (Lockhart und Martinelli 1949)

Die Korrekturfunktionen nach Lockhart und Martinelli können mit den in Tab. 17.1 angegebenen Approximationsgleichungen berechnet werden. Auf eine Unterscheidung zwischen den Strömungszuständen $t-1$ und $1-t$ wurde bei der Aufstellung der Approximationsgleichung verzichtet, da die von Lockhart und Martinelli angegebenen Kurven Ausgleichskurven durch Messwerte mit großer Streuung sind. In Abb. 17.10 ist der Verlauf der Korrekturfunktionen nach Tab. 17.1 in Abhängigkeit vom Martinelli Parameter dargestellt.

Insgesamt ist festzustellen, dass die Messergebnisse im turbulenten Bereich eine andere Abhängigkeit des Druckverlusts der Zweiphasenströmung vom Rohrdurchmesser und der Massenstromdichte zeigen als die Einphasenströmung. Da die Gleichungen nach Lockhart-Martinelli die funktionale Abhängigkeit von $\dot{m}$ und d aus der Einphasenströmung übernehmen, treten in gewissen Parameterbereichen erhebliche systematische Abweichungen zwischen berechneten und gemessenen Werten auf. Unabhängig vom Anwendungsfall liefert das Verfahren Werte des Druckabfalls innerhalb eines Unsicherheitsbereichs von etwa $\pm 50\ \%$. Größere Abweichungen sind bei Rohrdurchmessern $d > 100\,\text{mm}$ zu erwarten. Ferner ist zu berücksichtigen, dass die Zweiphasenmultiplikatoren aus Messungen bei niedrigen Drücken ermittelt wurden. Dies führt zu einer Reihe von weiteren Berechnungsansätzen, die eine Modifikation des Lockhart-Martinelli Ansatzes beinhalten.

Für genauere Auslegungsrechnungen sind u. a. von (Chisholm 1973) und (Friedel 1979) empirische Druckverlust-Korrelationen entwickelt worden, die auf einer großen Datenbasis (25.000 Messwerte) beruhen und weitere spezifische Abhängigkeiten von der Massenstromdichte (Reynoldszahl), der Oberflächenspannung (Weberzahl) und von der Schwerkraft (Froudezahl) einbeziehen. Sie stellen komplexe

Tab. 17.1 Berechnung der Korrekturfunktionen ψ_{Kf} und ψ_{Kg}. (Nach Lockhart und Martinelli 1949)

$$\Psi_{Kg} = (1 + X^i)^{2j} \qquad \Psi_{Kf} = \frac{(1 + X^i)^{2j}}{X^2} \qquad X = \left[\frac{\left(\frac{\Delta p}{L}\right)_{1f}}{\left(\frac{\Delta p}{L}\right)_{1g}}\right]^{1/2}$$

Strömungszustand	i	j
Laminar-laminar		
$Re_g \leq 2000$; $Re_f \leq 2000$	0,66	1,51
Laminar-turbulent		
$Re_g \leq 2000$; $Re_f > 2000$	0,55	1,815
$Re_g > 2000$, $Re_f \leq 2000$		
Turbulent-turbulent		
$Re_g > 2000$; $Re_f > 2000$	0,504	1,98

funktionale Zusammenhänge zwischen dimensionslosen, das physikalische Geschehen erfassenden Kennzahlen dar. Für die Anwendungsbereiche der verschiedenen Druckverlustbeziehungen werden aufgrund umfangreicher Vergleichsrechnungen Empfehlungen ausgesprochen (s. auch Mayinger 1982; Schlünder 1986).

Ermittlung des Gasgehaltes Sowohl der Beschleunigungsdruckverlust als auch die hydrostatische Druckänderung einer zweiphasigen Strömung können gemäß Gl. (17.37) nur dann korrekt ermittelt werden, wenn der Gasgehalt ε_g bekannt ist. Analytische Vorausberechnungen dieser Größe sind aufgrund der komplexen Zusammenhänge bisher noch nicht gelungen. Physikalisch anschaulicher ist der Schlupf S. Schlupf und Gasgehalt können mit Gl. (17.15) ineinander überführt werden, sodass es ausreicht, eine der beiden Größen berechnen zu können. In der Literatur existiert eine Reihe von Berechnungsansätzen, auf die hier nicht näher eingegangen werden soll (s. Friedel 1978; Mayinger 1982).

17.5 Verständnisfragen

1. Welche Strömungsformen treten bei aufwärtsgerichteten Gas/Flüssigkeits-Strömungen auf?
2. Welche Größe wird als Schlupf bezeichnet und durch welche physikalischen Ursachen kommt er zustande?
3. Was stellen Strömungsbilderkarten oder Strömungsformkarten dar?
4. Erläutern Sie die Problematik bei der Ermittlung repräsentativer Geschwindigkeiten für die Gas- und die Flüssigphase.
5. Beschreiben Sie das homogene Modell für die Zweiphasenströmung. Wann ist es mit guter Genauigkeit anwendbar?
6. Welche Anteile beinhaltet der Druckverlust der Zweiphasenströmung?
7. Beschreiben Sie das heterogene Modell für die Zweiphasenströmung. Wann ist es mit guter Genauigkeit anwendbar?
8. Welche prinzipielle Zerlegung liegt dem Ansatz von Lockhart und Martinelli zur Beschreibung des Reibungsdruckverlusts zugrunde?

17.6 Aufgaben

1. Unter der Annahme einer homogenen Gas/Flüssigkeits-Strömung ist für den Druckverlust einer horizontalen Rohrströmung (Rohrlänge L) ein Zusammenhang zwischen der resultierenden Korrekturfunktion ψ_{Kf} und dem Martinelli Parameter X herzuleiten.
2. Ein Wassermassenstrom von 100 t/h wird in einer Leitung DN 200 bei 4 bar und 140 °C ($c'_p = 4{,}29$ kJ/kgK, $\Delta h_v = 2140$ kJ/kg) einphasig in ein Ventil geführt und auf 3,4 bar entspannt. Hierbei findet eine Entspannungsverdampfung statt, bis die Siedetemperatur von 137,9 °C erreicht ist ($\rho' = 926\,kg/m^3$, $\rho'' = 1{,}86\,kg/m^3$, $\eta' = 0{,}196 \times 10^{-3}$ kg/ms, $\eta'' = 0{,}0137 \times 10^{-3}$ kg/ms).

   a. Bestimmen Sie die Rohrlänge, die mit einem Druckabfall von 0,2 bar zurückgelegt werden kann. Verwenden Sie hierzu das homogene Modell.
   b. Welche Strömungsform stellt sich hierbei ein?
   c. Welcher Druckverlust ergibt sich, wenn mit der unter a) bestimmten Rohrlänge das heterogene Modell verwendet wird?

3. Ein Gemisch aus Wasser und Wasserdampf mit einem Strömungsmassengasgehalt von 0,1 wird bei einer Temperatur von 130 °C und einem Druck von 2,7 bar horizontal durch eine Rohrleitung mit einem Durchmesser von 2,5 cm transportiert. Dichte und Viskosität betragen bei diesen Bedingungen 935 kg/m^3 und 0,211 mPas für das flüssige Wasser sowie 1,5 kg/m^3 und $13{,}2 \times 10^{-6}$ Pas für den Dampf. Der Massenstrom beträgt 88 kg/h.

   a. Berechnen Sie den Reibungsdruckverlust mit dem heterogenen Modell.
   b. Messungen ergaben einen Reibungsdruckverlust von 1 mbar/m. Diskutieren Sie die Ergebnisse.

4. Ein Kühlkreislauf wird mit einem Gesamtmassenstrom von 12,5 kg/s CCl_2F_2 betrieben. Nach der Durchströmung eines Drosselorgans und der daraus resultierenden Entspannungsverdampfung tritt das Kältemittel als Gas/Flüssigkeits-Gemisch in eine 10 m lange isolierte horizontale Leitung DN 150 bei $p = 1{,}5$ bar und $T = 253$ K ein ($\rho_f = 1460\,kg/m^3$, $\rho_g = 9{,}1\,kg/m^3$, $\eta_f = 0{,}3 \times 10^{-3}$ Pas, $\eta_g = 9{,}3 \times 10^{-6}$ Pas, $c_{pf} = 0{,}94$ kJ/kgK, $\Delta h_v = 162$ kJ/kg). Der Strömungsmassengasgehalt beträgt 0,02.

   a. Berechnen Sie den Schlupf S, den Gasgehalt ε_g und die mittleren Phasengeschwindigkeiten $\overline{w}_g$ und $\overline{w}_f$.
   b. Bestimmen Sie die Strömungsform.
   c. Welcher Beschleunigungsdruckverlust ergibt sich aus der Entspannungsverdampfung entlang der Rohrleitung?
   d. Bestimmen Sie den Gesamtdruckverlust der Zweiphasenströmung.

   Hinweis:

   Unter den vorliegenden Bedingungen ergibt sich bei einer Druckänderung von 10 mbar eine Änderung der Siedetemperatur von 0,25 K.

5. Ein Gemisch aus Glycerin ($\rho_f = 1260\,\text{kg/m}^3$, $\eta_f = 1{,}48$ Pas) und Luft ($\rho_g = 1{,}3\,\text{kg/m}^3$, $\eta_g = 17 \times 10^{-6}$ Pas) strömt durch eine Rohrleitung (d = 5 mm). Der Volumenstrom der Luft beträgt 10^{-5} m^3/s. Der Wert des Martinelli Parameters X am gesuchten Betriebspunkt beträgt 7,23 $\times$ 10^3.
Für die Gas/Flüssigkeits-Strömung soll bestimmt werden, ob eine Schwall- oder Blasenströmung vorliegt.

Literatur

Allgemein

Brauer H (1971) Grundlagen der Einphasen- und Mehrphasenströmungen. Sauerländer, Aarau

Mayinger F (1982) Strömungen und Wärmeübertragung in Gas-Flüssigkeits-Gemischen. Springer, Wien

Muschelknautz S, Wellenhofer A (2006) Druckverlust von Gas-Flüssigkeitsströmungen in Rohren, Leitungselementen und Armaturen. In: VDI-Wärmeatlas, 10. Aufl., Springer, Heidelberg Lbb 1–15

Speziell

Ahmad SY (1970) Axial distribution of bulk temperature and void fraction in a heated channel with inlet subcooling. Trans ASME J Heat Transfer 92:595–609

Cicchitti A et al. (1960) Two-phase cooling experiments-pressure drop, heat transfer and burnout measurements. Energia Nucleare 7:407–425

Chisholm D (1973) Pressure gradients due to friction during the flow of evaporating two-phase mixtures in smooth tubes and channels. Int J Heat Mass Transfer 16:347–355

Dukler AE, Wicks M, Cleveland RG (1964a) Frictional pressure drop in two-phase flow: Part A: A comparison of existing correlations, Part B: An approach through similarity analysis. AIChE J 10:38–43

Dukler AE, Wicks M, Cleveland RG (1964b) Frictional pressure drop in two-phase flow: Part B: An approach through similarity analysis. AIChE J 10:44–51

Friedel L (1978) Druckabfall bei der Strömung von Gas/Dampf-Flüssigkeits-Gemischen in Rohren. Chem Ing Tech 50:167–180

Friedel L (1979) Improved friction pressure drop correlations for horizontal and vertical two-phase pipe flow. Paper E 2, European Two-Phase Flow Group Meeting, Ispra, Italy

Hewitt GF, Roberts DN (1969) Studies of two phase flow patterns by simultaneous X-ray and flash photographic. AERE-M 2159

Lockhart RW, Martinelli RC (1949) Proposed correlation data for isothermal two-phase, two-component flow in pipes. Chem Eng Progr 45:38–48

Mc Adams WH, Wood WK, Heroman LC (1942) Vaporization inside horizontal tubes – II Benzene-oil mixtures. Trans Am Soc Mech Eng 64:193–200

Schlünder EU (Hrsg.) (1986) Heat Exchanger Design Handbook. Hemisphere Publishing, Washington, 2. Bd., Kap. 2.3

Taitel Y, Dukler AE (1976) A model for predicting flow regime transitions in horizontal and near horizontal gas-liquid flow. AIChE J 22:47–55

Kapitel 18
Mischen und Rühren

Unter *Mischen* versteht man das Verteilen von Masseteilchen in einem vorgegebenen Volumen, wobei sich die Teilchen in wenigstens einer Eigenschaft unterscheiden. Solche Eigenschaften können sein:

- chemische Zusammensetzung
- Temperatur
- Aggregatzustand
- Viskosität
- Partikelgröße, Partikelform
- Farbe
- Tropfengröße, Blasengröße
- Dichte usw.

Ziel des Vermischens ist eine Vergleichmäßigung der Komponenten zum Erhöhen der Produktqualität, des chemischen bzw. biologischen Umsatzes und/oder zum Beschleunigen des Stoffübergangs und des Wärmetransports. Verteilen bedeutet, dass eine Relativbewegung zwischen den Komponenten erfolgen muss. Diese kann ganz allgemein durch reine Molekularbewegung, durch freie bzw. erzwungene Konvektion geschehen.

Das Mischen gehört schon seit jeher zu den wichtigsten verfahrenstechnischen Operationen. So müssen z. B. zur Durchführung von chemischen Reaktionen einerseits Lösungen und Mischungen angesetzt werden, damit die Reaktionspartner in der für die Reaktion geeigneten Konzentration vorliegen. Andererseits muss während der Reaktion durch eine geeignete Mischoperation dafür gesorgt werden, dass zwischen Reaktionspartnern, die in unterschiedlichen Phasen vorliegen, stets ein intensiver Kontakt besteht. Auch in vielen Bereichen des täglichen Lebens gibt es zahlreiche Beispiele für Mischvorgänge. Dies gilt für die Herstellung von Kuchenteig ebenso wie für das Unterrühren von Eischnee zur Zubereitung eines Desserts oder das Mischen von Farben.

Zur Durchführung von Mischaufgaben wird eine große Zahl unterschiedlicher Apparate und Maschinen eingesetzt. Stark differierende Stoffeigenschaften (u. a. Viskosität, Phasenzustand) stellen die Randbedingungen dar, für die der jeweilige

M. Kraume, *Transportvorgänge in der Verfahrenstechnik*,
DOI 10.1007/978-3-642-25149-8_18, © Springer-Verlag Berlin Heidelberg 2012

Mischer geeignet sein muss. Der bekannteste und am häufigsten eingesetzte Mischapparat ist der Rührbehälter, der für zahlreiche Mischaufgaben zumindest einsetzbar ist, ohne dabei immer die jeweils effizienteste Lösung darzustellen.

Ziel des Kapitels ist die Darstellung und Quantifizierung der Gesetzmäßigkeiten von ein- und mehrphasigen Mischvorgängen. Dabei spielen die erforderlichen Leistungseinträge für die Aufrechterhaltung zweiphasiger Zustände sowie die erreichbaren Mischzeiten oder –längen eine wesentliche Rolle. Das Hauptaugenmerk wird wegen seiner branchenübergreifenden, hohen Bedeutung auf den Rührbehälter gelegt. Daneben werden auch noch statische Mischer und Mikromischer bezüglich ihrer wesentlichen Eigenschaften charakterisiert.

18.1 Definitionen und Einteilungen

Beim *distributiven Mischen* reichen geringe Scherkräfte aus, um durch Verschiebung von Volumina gegeneinander nach einer genügend langen Zeit eine ausreichende Mischgüte zu erreichen. Dies ist üblicherweise bei ineinander löslichen Fluiden und rieselfähigen Schüttgütern der Fall. In Bioreaktoren sind vielfach nur möglichst gleich verteilte, geringe Scherkräfte tolerabel, andernfalls würde die Biomasse unzulässig geschädigt. Das *disperse Mischen* beinhaltet neben dem Verteilen noch ein Zerteilen sowie ein Inschwebehalten von Teilchen unterschiedlicher Dichte und/oder das Benetzen. Dazu werden höhere Scherkräfte oder Umwälzgeschwindigkeiten benötigt. Beispiele hierfür sind das Begasen, Emulgieren, Desagglomerieren und das Suspendieren. Für schnelle Mischaufgaben sind kleine Volumina, geringe Viskositäten und/oder hohe Schergeschwindigkeiten vorteilhaft. Wird ein hochviskoses Fluidelement zusätzlich durch Normalkräfte verformt, so spricht man vom Kneten. Findet der Mischprozess in einer Rührmaschine statt, so bezeichnet man diesen Vorgang als *Rühren*. Beim *turbulenten Mischen* erzeugt die Förderwirkung einer Düse oder eines Rührers vorwiegend die Längsvermischung, während die Turbulenz die Quervermischung bewirkt. Das laminare Mischen zäher Flüssigkeiten, Pasten und Cremes ist deutlich schwieriger als das turbulente Mischen, da die turbulente Quervermischung fehlt. Der Konzentrationsausgleich durch Diffusion, das sogenannte *diffusive Mischen*, ist i. Allg. sehr langsam (s. Kap. 2).

Der eigentliche Mischvorgang und die eingesetzten Maschinen werden sehr stark durch den Aggregatzustand und die Stoffpaarung bestimmt. Eine Einteilung der unterschiedlichen Mischaufgaben gibt Tab. 18.1. Dabei werden die Verfahren danach unterschieden, welcher Aggregatzustand überwiegt (Hauptphase, häufig kontinuierliche Phase) und welcher darin verteilt ist (Zusatzkomponente, häufig disperse Phase).

Der Vielfalt der technisch zu vermischenden Stoffe entspricht eine kaum überschaubare Zahl von Mischerbauarten. Allein zum Homogenisieren hochviskoser Stoffe werden mehr als 100 verschiedene Mischertypen gebaut. Ein Überblick über die wichtigsten Mischer und Kneter für zähflüssige Stoffe wie spezielle Rührwerke, Planetenmischer, Mischer mit rotierenden Behältern, Scherscheibenmischer, Schleudermischer, Trogkneter, Walzwerke und Schneckenmaschinen findet sich in (Todd 2002; Pahl 2003).

Tab. 18.1 Bezeichnungen der Mischaufgaben bei unterschiedlichem Aggregatzustand. (Pahl 2003)

<table>
<tr><th colspan="2">Zusatzphase / Hauptphase</th><th>Gas</th><th>Flüssigkeit</th><th>Feststoffpartikeln</th></tr>
<tr><td colspan="2">Gas</td><td>Homogenisieren</td><td>Zerstäuben</td><td>Zerstäuben, Verwirbeln</td></tr>
<tr><td rowspan="2">Flüssig-keit</td><td>löslich</td><td rowspan="2">Begasen</td><td>Homogenisieren</td><td rowspan="2">Suspendieren, Aufwirbeln</td></tr>
<tr><td>nicht löslich</td><td>Dispergieren, Emulgieren</td></tr>
<tr><td colspan="2">Feststoffpartikeln</td><td>pneumatisches Mischen, Fluidisieren</td><td>Befeuchten, Coaten</td><td>Feststoffmischen, Pudern</td></tr>
</table>

Dieses Kapitel beschränkt sich auf die Beschreibung von Mischvorgängen in Rührbehältern, statischen Mischern und Mikromischern, da sie technisch eine herausragende Relevanz besitzen und die dort vorliegenden Gesetzmäßigkeiten zumindest teilweise auf zahlreiche andere Mischapparate und –maschinen übertragbar sind. Die betrachteten Stoffsysteme sind dadurch gekennzeichnet, dass nahezu immer eine Flüssigkeit die kontinuierliche Phase darstellt. Vereinzelt werden statische Mischer auch zur Vermischung von Gasen eingesetzt.

Weitere Mischertypen, die zur kontinuierlichen Mischung fluider Medien eingesetzt werden, wie z. B. Düsensysteme oder dynamische Mischer finden sich in (Kraume et al. 2010).

Vorgänge des Vermischens fester Stoffe laufen grundsätzlich ähnlich ab, sind in ihrer physikalischen Beschreibung allerdings deutlich komplexer, da Partikel-Partikel-Kräfte eine entscheidende Rolle spielen. Ein Überblick über das Feststoffmischen und die eingesetzten Apparate findet sich z. B. in (Kaye 1997; Sommer 2002; Weineкötter und Gericke 1995).

18.2 Rühren

Rührapparate werden für eine große Zahl technischer Aufgaben eingesetzt. Es lassen sich folgende fünf grundlegende Rühraufgaben definieren:

a. *Homogenisieren*, d. h. Ausgleichen von Konzentrations- und Temperaturunterschieden; es soll eine einheitliche Phase erzeugt werden, z. B. homogene Vermischung mehrerer ineinander löslicher Flüssigkeiten;
b. Intensivieren des *Wärmeaustausches* zwischen der Flüssigkeit und der Wärmeübertragungsfläche;
c. Aufwirbeln (und ggf. Lösen) bzw. *Suspendieren* eines Feststoffes in der Flüssigkeit;
d. *Dispergieren* (ggf. *Emulgieren*) zweier ineinander nicht löslicher Flüssigkeiten;
e. *Dispergieren* eines Gases in der Flüssigkeit.

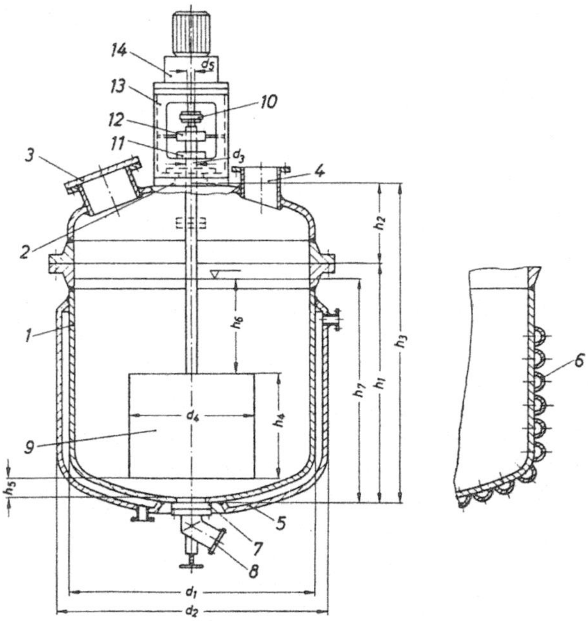

Abb. 18.1 Rührwerk nach DIN 28130 (aus (Wilke und Weber 1991)); *1* Rührbehälter, *2* Rührwerksflansch, *3* Mannlochstutzen mit Deckel, *4* Flanschstutzen, *5* Außenmantel, *6* Halbrohrschlange, *7* Auslaufstutzen, *8* Auslaufarmatur, *9* Rührer, *10* Kupplung, *11* Rührwellendichtung, *12* Rührwellenlager, *13* Laterne, *14* Rührwerksantrieb (Motor, Getriebe)

18.2.1 Technische Rührsysteme

In den allermeisten Fällen wird in geschlossenen Behältern gerührt. Bevor einzelne Rührertypen und deren Wirkungsweise dargestellt werden, ist es deshalb sinnvoll, die Beeinflussung des Rührvorgangs durch die Form des Rührbehälters und seiner Einbauten zu erläutern. Ein technisches Rührwerk gemäß DIN 28130 ist in Abb. 18.1 dargestellt.

Wird in einen zylindrischen Behälter ohne Einbauten, insbesondere Strombrecher, ein Rührer zentrisch eingebaut, so wird die Flüssigkeit beim Rühren in Rotation versetzt, und es bildet sich eine Verformung der Flüssigkeitsoberfläche, die sogenannte *Flüssigkeitstrombe* aus (s. Abb. 18.2). Die Kontur der Flüssigkeitsoberfläche ist das Resultat mehrerer Kräfte. Der statische Druck an der Oberfläche der Trombe ist überall konstant. Wenn Reibungskräfte vernachlässigt werden können, dann setzt sich die an einem Oberflächenelement mit der Masse dm angreifende, resultierende Kraft dF, die stets senkrecht zur Oberfläche stehen muss, additiv aus der senkrecht nach unten gerichteten Schwerkraft $dF_g = dm \cdot g$ und der in radialer Richtung wirkenden Zentrifugalkraft $dF_r = dm \cdot \omega^2 \cdot r$ zusammen. Der Winkel α der lokalen Oberflächenneigung berechnet sich dann als $\tan \alpha = dF_r/dF_g$.

Bei schnellaufenden Rührern und niedrigviskosen Flüssigkeiten kann die Trombe das Rührorgan bei einer bestimmten Drehfrequenz (Zlokarnik 1971) erreichen, was zur Folge hat, dass der Rührer die Luft in die Flüssigkeit einrührt („Trombenbegasung“). Das ist bei den meisten Rühraufgaben unerwünscht. Außerdem rotiert hierbei der Rührer teilweise in der Luft, wodurch die „Flüssigkeitslagerung“ fehlt,

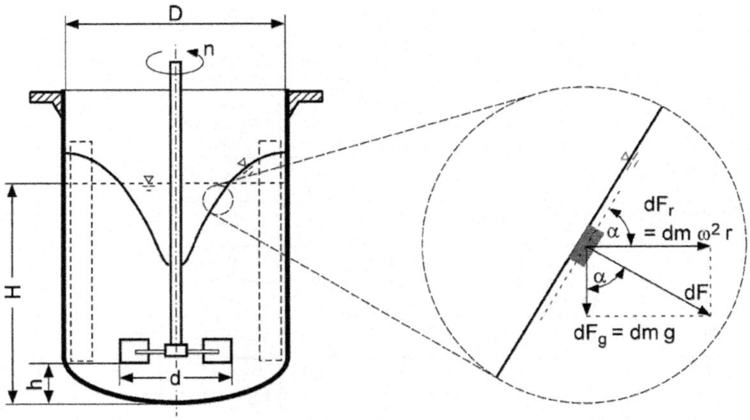

Abb. 18.2 Zur Erläuterung der Form der freien Oberfläche und der an ein Flüssigkeitselement mit der Masse dm angreifenden Kräfte

was die Rührwelle sowie deren Lagerung und Abdichtung außerordentlich starken mechanischen Beanspruchungen aussetzt. Kleinere Unwuchten der Rührerwelle, die praktisch unvermeidbar sind, werden in ihren dynamischen Auswirkungen auf die Biegespannungen in der Welle durch eine Flüssigkeit wesentlich stärker gedämpft, als bei der Bewegung in einem Gas.

Auch beim Ausbleiben einer Trombenbegasung ist das alleinige Rotieren der Flüssigkeit im Behälter zur Lösung von Rühraufgaben nur selten ausreichend. Insbesondere wenn ein Zweiphasensystem mit Dichteunterschieden vorliegt, wirken die Fliehkräfte dem angestrebten Ziel des Rührvorgangs entgegen. Durch eine Flüssigkeitsrotation werden auf Partikeln, die sich in der Flüssigkeit befinden, Zentrifugalkräfte ausgeübt. Diese führen bei Gasblasen zu einer Bewegung der Blasen in Richtung Rührerachse, während Feststoffpartikeln, mit einer höheren Dichte als die der Flüssigkeit an die Behälterwand transportiert werden. In beiden Fällen tritt also eine unerwünschte Entmischung auf.

Die Rotation der Flüssigkeit in zylindrischen Behältern wird durch den Einbau von *Strombrechern* (auch als Stromstörer bezeichnet) reduziert. Eine sogenannte „vollständige Flüssigkeitsbewehrung" wird üblicherweise mit vier Strombrechern erreicht, welche senkrecht entlang der gesamten Behälterwand verlegt werden und deren Breite D/10 beträgt. Lediglich sehr großflächige Rührer, wie der Blattrührer (große Werte für d/D und b/d, s. Abb. 18.7), benötigen eine größere Anzahl von Stromstörern, um eine vollständige Bewehrung zu erreichen. Zur Vermeidung von Toträumen in Strömungsrichtung hinter den Strombrechern werden die Leisten vielfach in einem Abstand von D/50 von der Wand angebracht.

Die eingangs besprochenen Rühraufgaben können nicht mit einem einzigen Rührertyp bewältigt werden; es gibt eine überaus breite Auswahl von Rührertypen, die für die jeweilige Rühraufgabe und das gegebene Stoffsystem geeignet sind. Im Folgenden werden nur diejenigen Rührertypen besprochen, die in der

Position	wandfern				Wandnah	
Förderrichtung	axial	radial		axial/radial	radial	Axial
Fördermenge		hoch	niedrig			
Typische Rührorgane	Propeller	Scheiben-rührer	Zahn-scheibe	Schrägblatt-rührer	Anker-rührer	Wendel-Rührer
bez. Rührerdurch-messer d/D	0,1–0,5	0,2–0,5	0,2–0,5	0,2–0,5	0,9–0,98	0,9–0,98
bez. Rührerboden-abstand h/d	0,3–3	0,3–3	0,3–3	0,3–3		
w_{tip} **[m/s]**	3–15	3–7	8–30	3–15	bis 2	bis 2
η **[mPa·s]**	bis 8 000	bis 10^4	bis 10^4	bis $2 \cdot 10^4$	bis 10^6	bis 10^6
Strömungs-Zustand	turbulent Re > 10 000			Übergang Re > 50		laminar Re < 50
Blattanzahl	3	6	-	4/6	-	-
Stufenzahl	1	1	1	1	-	-
Stromstöreranzahl	3/4	2/(4)	(0)/2/(4)	2/3/4	1/2	-
Rühraufgabe:	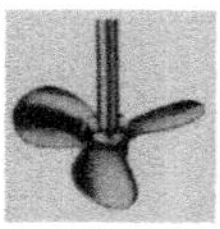		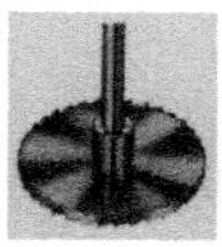		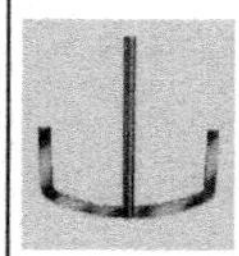	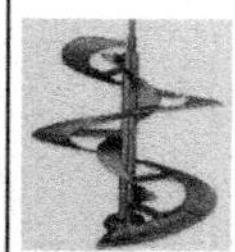
Homogenisieren	•			•	•	•
Suspendieren	•					
Begasen		•				
Emulgieren		•	•			
Desagglomerieren			•			
Wärmeübergang				•	•	•

Abb. 18.3 Merkmale und Einsatzgebiete gängiger Rührsysteme. (Nach Ekato 2000)

Praxis üblich sind und für die auch gesicherte Auslegungsunterlagen vorliegen. In Abb. 18.3 sind die gebräuchlichen Rührertypen mit ihren wesentlichen Merkmalen und Einsatzgebieten angegeben.

Von den axial fördernden Rührern sind der Propellerrührer und der Schrägblattrührer als schnelllaufend zu bezeichnen. Beide werden in der Regel nur bei relativ niedrigviskosen Flüssigkeiten und in bewehrten Behältern verwendet. Sie eignen sich zum Homogenisieren sowie zum Aufwirbeln von Feststoffen vom Behälterboden. Von den Rührertypen, die die Flüssigkeit in eine radiale bzw. bei höherer Zähigkeit in eine tangentiale Strömung versetzen, gehört nur der Scheibenrührer (sechs Blätter an einer Scheibe) zu den schnelllaufenden Rührern. Seine Verwendung ist bei niedrigviskosen Flüssigkeiten und in bewehrten Behältern sinnvoll. Der Scheibenrührer erzeugt beim Rotieren hohe Scherkräfte und eignet sich vornehmlich für Dispergierprozesse.

Zahnscheiben führen zu einer Beschleunigung der Flüssigkeit nach außen innerhalb eines schmalen Rings mit einer schnellen Abbremsung der Flüssigkeit außerhalb

Abb. 18.4 Stromlinien bei laminarer Strömung in einem Rührbehälter mit Zylinderrührer. (Nach Brauer 1971a). *Links*: Primärströmung mit radialem Profil der Tangentialgeschwindigkeit; *Rechts*: Sekundärströmung

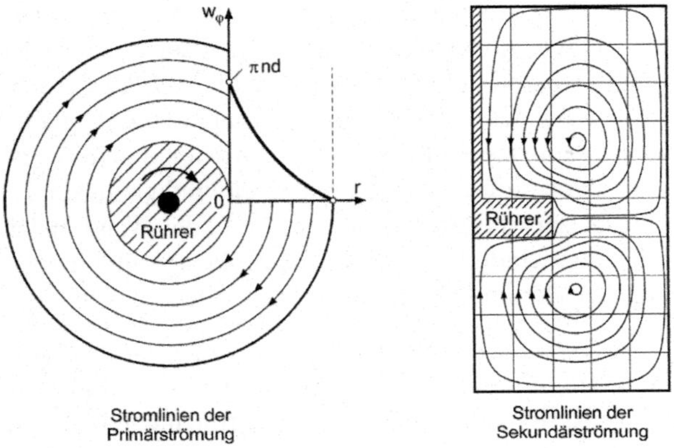

dieses Gebiets. Hierbei entstehen hohe Scherungen, die insbesondere für Emulgier- und Dispergieraufgaben in einem breiten Viskositätsbereich genutzt werden (z. B. Herstellung von Pigmentanstrichen, Kosmetika, Zahnpasta).

Der langsam laufende Ankerrührer wird in der Regel wandgängig ($D/d \approx 1{,}05$) ausgeführt und wird vor allem zur Intensivierung des Wärmeaustausches bei hochzähen Flüssigkeiten eingesetzt. Der Wendelrührer wird ebenfalls randgängig ($D/d \approx 1{,}05$) ausgeführt und so betrieben, dass er die Flüssigkeit an der Wand nach unten fördert; unter diesen Bedingungen ist er zum Homogenisieren hochzäher Flüssigkeiten von allen Rührertypen am besten geeignet.

Außer diesen Rührertypen gibt es noch zahlreiche Spezialausführungen, wie sie beispielsweise (Ekato 2000) und (Wilke et al. 1991) zu entnehmen sind.

18.2.2 Impulstransport

Laminarer Strömungsbereich (Re < 10)
Laminare Strömungen liegen vor, solange die Rührer-Reynoldszahl

$$\mathrm{Re} \equiv nd^2/\nu \tag{18.1}$$

kleiner als 10 ist. Durch den Eintrag mechanischer Energie in die Flüssigkeit wird diese in eine rotierende Bewegung gebracht, die als *Primärströmung* bezeichnet wird (s. Abb. 18.4 links). Im dargestellten Fall eines einfachen Zylinderrührers entsteht die Rotationsbewegung durch die Haftung der Flüssigkeit an der rotierenden Zylinderoberfläche. Bei rein laminaren Strömungen werden keine Stromstörer eingesetzt, da die Tangentialgeschwindigkeiten an der Wand zu gering sind, um nennenswerte Verbesserungen durch die Strömungsumlenkung erreichen zu können. Infolge der Zentrifugalkraft wird in der Rührerebene eine radial nach außen gerichtete Strömung erzeugt, die an der Behälterwand nach oben und unten umgelenkt wird. Diese sogenannte *Sekundärströmung* (s. Abb. 18.4 rechts) führt in der dargestellten Geometrie zur Ausbildung zweier torusförmiger Ringwirbel.

Ausgehend von den Navier-Stokes-Gleichungen (s. Tab. 18.1–18.3) können die Strömungen im laminaren Strömungszustand unter Verwendung von Computational Fluid Dynamics (CFD) Codes exakt berechnet werden. So zeigt Abb. 18.4 qualitativ den radialen Verlauf der Tangentialgeschwindigkeit bei laminarer Strömung. Als Randbedingung tritt zum einen am Rührer und an der Wand die Haftbedingung auf. Demzufolge ist die Fluidgeschwindigkeit am Rührer gleich der Rührerumfangsgeschwindigkeit, während sie an der Wand gleich null ist. Zum anderen sind die Geschwindigkeitsgradienten am Rührer und an der Wand durch die Bedingung gleicher Drehmomente, die auf diese Oberflächen wirken, miteinander verknüpft.

Turbulenter Strömungsbereich (Re > 10^4) Wesentlich mehr Daten liegen über die Verteilung der mittleren Flüssigkeitsgeschwindigkeit und der turbulenten Schwankungsgeschwindigkeiten durch experimentelle Messungen und numerische Berechnungen im turbulenten Zustand vor. Insbesondere für hochturbulente Strömungen mit Re > 10^4 konnte nachgewiesen werden, dass sowohl die mittleren Geschwindigkeitswerte $\overline{w}$ als auch die turbulenten Schwankungsgeschwindigkeiten w' an jedem Ort im Behälter der Geschwindigkeit der äußeren Blattspitzen des Rührers w_{tip}

$$w_{tip} = \pi n d \tag{18.2}$$

proportional sind:

$$\overline{w} \sim \pi n d, \tag{18.3}$$

$$w' \sim \pi n d. \tag{18.4}$$

Die Proportionalitätsfaktoren nehmen mit steigender Entfernung vom Rührer ab. Für die *Maßstabsübertragung*, also die Dimensionierung von Großapparaten auf der Basis von Versuchen im Labor- oder Technikumsmaßstab, ist von hoher Bedeutung, dass in Behältern unterschiedlicher Baugröße aber gleichen Geometrieverhältnissen (H/D, d/D, h/D, b/D (bez. Rührerblatthöhe) etc.) die Proportionalitätsfaktoren an geometrisch ähnlichen Orten identisch sind. Daher sind beispielsweise Geschwindigkeitsmessungen aus einem Labor- oder Technikumsrührbehälter auf größere Rührapparate im industriellen Maßstab übertragbar.

Exemplarisch sind in Abb. 18.5 für einen Schrägblatt- und einen Scheibenrührer die bezogenen, zeitlich gemittelten vektoriellen Geschwindigkeiten in radialer und axialer Richtung aufgetragen (der Ansatzpunkt des Pfeils kennzeichnet den jeweiligen Messort). Für den Schrägblattrührer ist die typische, im Wesentlichen axial ausgerichtete Großraumströmung zu erkennen. Die größten Geschwindigkeiten liegen wie bei allen anderen Rührerformen im Rührerausströmbereich vor.

Die für den Scheibenrührer charakteristische nach außen gerichtete radiale Strömung wird ebenfalls deutlich. Weiterhin ergeben sich im Fall des Scheibenrührers bei turbulenter Strömung zwei torusförmige Wirbelzonen, oberhalb und unterhalb der Rührerebene. Der vom Rührer geförderte Flüssigkeitsstrom wird in der Nähe der Behälterwand nach oben und unten umgelenkt. Aus der Vektordarstellung der gemittelten Geschwindigkeiten lassen sich Bereiche erkennen, die eine

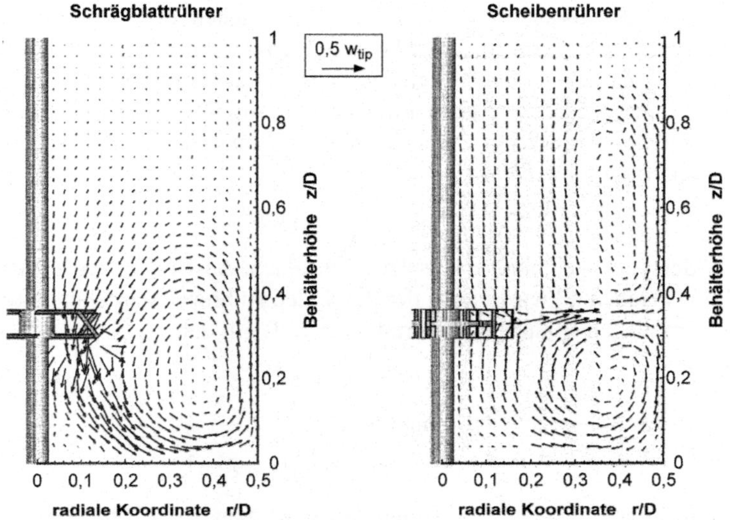

Abb. 18.5 Vektordarstellung der Großraumströmung für einen Schrägblattrührer (d = 0,050 m, *links*) sowie einen 6-Blatt-Scheibenrührer (d = 0,050 m, *rechts*) in einem Rührbehälter mit D = 0,15 m. (Nach Schäfer 2001)

sehr geringe Durchströmung und Totzonen aufweisen. Vor allem in der Nähe der Flüssigkeitsoberfläche und am Übergang vom Boden zur Behälterwand können derartige Bereiche auftreten, die insbesondere bei vollständiger Homogenisierung und schnellen Mischzeiten im Rührkessel vermieden werden müssen. Eine Verbesserung des Vermischungsverhaltens ist durch Variation der Rührer- und Behältergeometrie (Durchmesserverhältnis, Einbauhöhe, Rührerart, ein/mehrstufige Anordnungen) möglich.

18.2.3 Leistungscharakteristik

Bei der Dimensionierung eines Rührsystems stellt sich die Frage nach dem Leistungsbedarf. Entscheidend ist die Effizienz des Rührers, das heißt die erforderliche Antriebsleistung für die Erfüllung einer verfahrenstechnischen Aufgabe, z. B. das Einhalten einer vorbestimmten Mischzeit beim Homogenisieren. Das dreidimensionale Strömungsfeld mit den Energiedissipationsverteilungen resultiert aus der Rührerleistung.

Dieser Leistungseintrag ist proportional zur Widerstandskraft

$$F_w = \zeta \frac{\rho w^2}{2} A, \tag{18.5}$$

die sich aus der Relativgeschwindigkeit w zwischen dem Rührorgan und der umgebenden Flüssigkeit errechnen lässt. Allgemein entsteht die Widerstandskraft aufgrund von Zähigkeits- und Trägheitskräften (Druckkräften).

Da die Relativgeschwindigkeit aufgrund der komplexen Strömungsvorgänge im Rührbehälter nicht exakt angegeben werden kann, ist die hierzu proportionale Rührerumfangsgeschwindigkeit

$$w \sim w_{tip} = \pi n d \tag{18.6}$$

in die Widerstandsgleichung einzusetzen. Die Fläche A ist die für den Rührer typische Projektionsfläche und wird gleich der durch den Rührer beschriebenen Kreisfläche gesetzt. Für die am Rührerblatt angreifende Kraft gilt daher:

$$F_w \sim \zeta \rho n^2 d^4. \tag{18.7}$$

Die Rührerleistung ergibt sich dann durch:

$$P = F_w w \sim \zeta \rho n^2 d^4 n d \sim \zeta \rho n^3 d^5. \tag{18.8}$$

Die vom Rührer eingebrachte Leistung berechnet man in der Rührtechnik daher mit der *Leistungsgleichung*:

$$\boxed{P \equiv Ne \rho n^3 d^5.} \tag{18.9}$$

Mit dieser Gleichung wird die *Newtonzahl* Ne definiert. Diese dimensionslose Leistungskennzahl hängt neben der Geometrie vor allem von der Reynoldszahl ab. Kommt es in unbewehrten Behältern zur Ausbildung von Tromben (Re > 300), so ist auch noch die *Froudezahl*[1] Fr

$$Fr \equiv \frac{n^2 d}{g} \tag{18.10}$$

von Bedeutung.

Als *Leistungscharakteristik* bezeichnet man i. Allg. die funktionale Abhängigkeit der Leistungskennzahl von der Reynoldszahl. In Abb. 18.6 werden die Leistungscharakteristiken für verschiedene Rührertypen gemäß Abb. 18.7 aufgetragen. Die dargestellten Kurven wurden experimentell durch Messung des Rührerdrehmoments ermittelt. Über die Beziehung P = M · ω wurde dann die Leistung bestimmt. Man erhält für unterschiedliche Rühranordnungen (Variation des Bodenabstands des Rührers, der Stromstöreranzahl, der Rühreranzahl, der Behälterfüllhöhe usw.) jeweils eine eigene Leistungscharakteristik. Dies bedeutet, dass zur Berechnung der Rührleistung alle Einflüsse der gewählten Rühranordnung auf die Leistungscharakteristik bekannt sein müssen, um Fehlauslegungen zu verhindern. Da jede Charakteristik eines Rührers nur für die geometrischen Gegebenheiten gilt, unter denen sie aufgenommen wurde, sind in Abb. 18.7 die geometrischen Verhältnisse aller Rührertypen angegeben, deren Leistungs- und Mischzeitcharakteristiken nachfolgend dargestellt werden.

[1] William Froude 1810–1879, englischer Schiffbauingenieur und Forscher auf dem Gebiet der Hydrodynamik, erstellte als Erster zuverlässige Formeln auf für den Widerstand, den das Wasser der Bewegung eines Schiffs entgegensetzt.

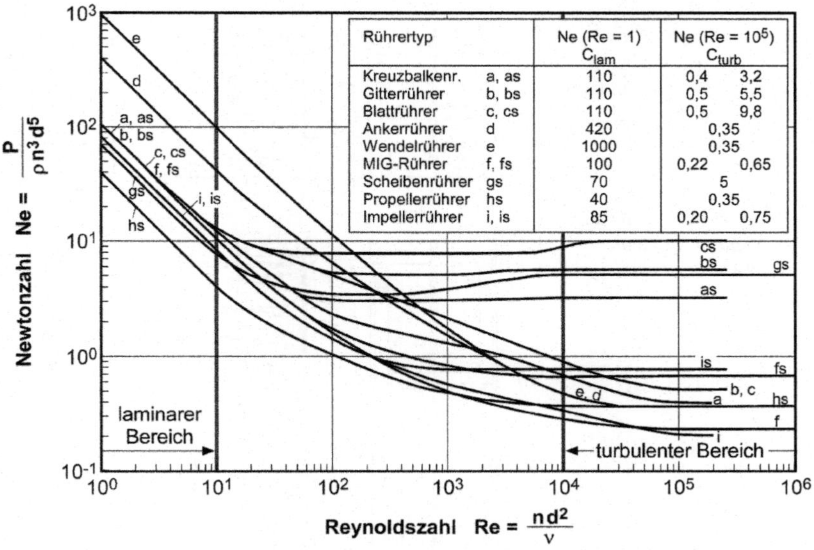

Abb. 18.6 Leistungscharakteristiken verschiedener Rührertypen, s bedeutet mit Strombrechern. (Nach Zlokarnik 1999)

Prinzipiell lassen sich drei Bereiche unterscheiden (s. Abb. 18.6):

- $Re < 10$: laminarer Strömungsbereich, der durch den Zusammenhang $Ne = C_{lam}/Re$ charakterisiert ist.
- $10 < Re < 10^4$: Übergangsbereich, in dem die laminare in eine turbulente Strömung übergeht.
- $Re > 10^4$: turbulenter Strömungsbereich, in dem die Leistungskennzahl in der Regel konstant $Ne = C_{turb}$, d. h. unabhängig von der Reynoldszahl ist.

Weitere Angaben zu Leistungscharakteristiken unterschiedlicher Rührer sind z. B. (Gaddis 2002) zu entnehmen.

18.2.4 *Rühren von nicht-Newtonschen Flüssigkeiten*

Alle bislang dargestellten Zusammenhänge gelten nur für Newtonsche Flüssigkeiten. Beim Rühren nicht-Newtonscher Flüssigkeiten ergeben sich veränderte Gesetzmäßigkeiten. Im Weiteren werden lediglich strukturviskose Flüssigkeiten betrachtet, da diese die weitaus größte Gruppe nicht-Newtonscher Flüssigkeiten darstellen.

Da die Scherraten dw/dr im Rührbehälter starke lokale Unterschiede aufweisen, bereitet die Bestimmung *einer* charakteristischen Viskosität, die zur Berechnung der Reynoldszahl notwendig ist, ein grundsätzliches Problem. Von *Metzner* und *Otto* (Metzner und Otto 1957) wurde ein Verfahren entwickelt, mit dem eine für einen

Abb. 18.7 Abmessungen und Einbaubedingungen der üblicherweise verwendeten Rührertypen, Behälter mit H/D = 1. (Zlokarnik 1999) (durch Striche angedeutete Strombrecher besagen, dass der betreffende Rührer sowohl im bewehrten als auch im unbewehrten Behälter eingesetzt werden kann)

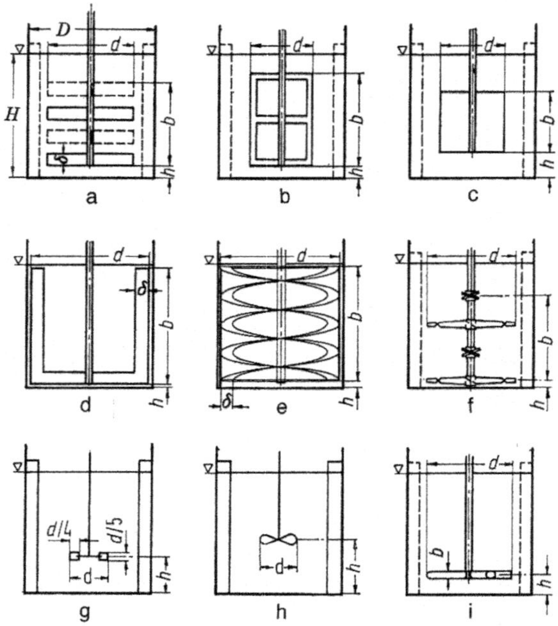

	Rührertyp	D/d	h/d	b/d	δ/d	
a	Kreuzbalken-R.	1,5	0,15	1,0	0,15	
b	Gitterrührer	2	0,2	1,5	0,1	
c	Blattrührer	2	0,4	1,0		
d	Ankerrührer	1,02	0,01	1,0	0,1	
e	Wendelrührer	1,02	0,01	1,0	0,1	doppelgängig
f	MIG-Rührer	1,43	0,15	1,0		4 Balken
g	Scheibenrührer	3,33	1,0			6 Schaufeln
h	Propellerrührer	3,33	1,5			3 Flügel, α = 25°
i	Impellerrührer	1,5	0,25	0,15		

konkreten Rührbehälter charakteristische Scherrate für strukturviskose Flüssigkeiten in Abhängigkeit von der Rührerdrehfrequenz bestimmt wird. Dieses basiert auf der Annahme, dass die mit Newtonschen Flüssigkeiten gemessene Leistungscharakteristik auch auf nicht-Newtonsche Flüssigkeiten übertragen werden kann, wenn Re mit einer *repräsentativen Viskosität* gebildet wird. Das Verfahren verläuft wie folgt:

1. Mit der strukturviskosen Flüssigkeit wird der Leistungseintrag in Abhängigkeit von der Drehfrequenz in einem Rührkessel vermessen und hieraus die Newtonzahl bestimmt. Zu dieser Leistungszahl Ne lässt sich aus der Leistungscharakteristik (z. B. aus Abb. 18.7) die Reynoldszahl $Re = nd^2\rho/\eta$ und daraus eine repräsentative Viskosität bestimmen. Hiermit kann ein Diagramm erstellt werden, in welchem diese repräsentative Viskosität η_{repr} in Abhängigkeit von der Drehfrequenz n aufgetragen wird (Abb. 18.8 links).
2. Mithilfe z. B. eines Rotationsviskosimeters, mit dem die Viskosität eines Mediums bei verschiedenen Scherraten gemessen werden kann, wird das Fließverhalten $\eta = f\ (dw/dr)$ der Flüssigkeit bestimmt (Abb. 18.8 Mitte). Unter

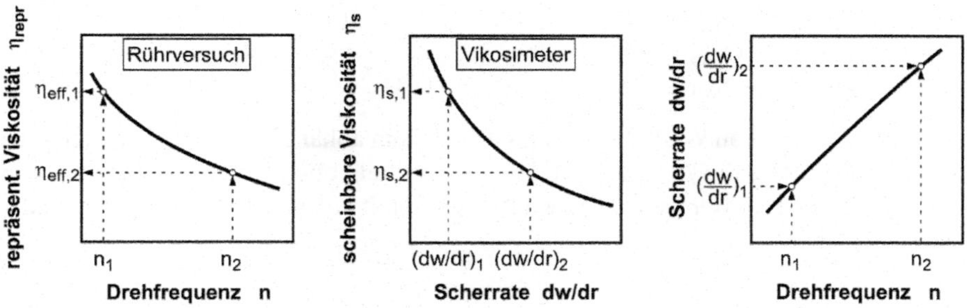

Abb. 18.8 Ermittlung des Diagramms dw/dr = f(n) aus den beiden Diagrammen $\eta_{repr} = f(n)$ und $\eta_s = f(dw/dr)$

Verwendung des Fließgesetzes nach Ostwald-de Waele (der Exponent n stellt nicht die Drehfrequenz dar)

$$\tau = k\left(\frac{\partial w}{\partial r}\right)^n \tag{18.11}$$

ergibt sich die scheinbare Viskosität (s. Abschn. 1.7.1) als:

$$\eta_s \equiv \frac{\tau}{\left(\frac{\partial w}{\partial r}\right)} = k\left(\frac{\partial w}{\partial r}\right)^{n-1}. \tag{18.12}$$

3. Unter der Annahme, dass $\eta_s \approx \eta_{repr}$ ist, ergibt der Vergleich der Versuchsergebnisse aus dem Rührkessel und dem Viskosimeter folgenden Zusammenhang:

$$\frac{\partial w}{\partial r} = f(n). \tag{18.13}$$

Experimentelle Ergebnisse zeigen in erster Näherung einen linearen Zusammenhang gemäß:

$$\left|\frac{\partial w}{\partial r}\right| = C_{MO} \cdot n. \tag{18.14}$$

Die Proportionalitätskonstante C_{MO} lässt sich aus dem Diagramm rechts in Abb. 18.8 als Steigung

$$C_{MO} = \frac{\partial}{\partial n}\left|\frac{\partial w}{\partial r}\right| \tag{18.15}$$

entnehmen. C_{MO}-Anhaltswerte für typische Rührsystemkonfigurationen sind:

Propellerrührer $C_{MO} = 10$
Scheibenrührer $C_{MO} = 12$

Schrägblattrührer $C_{MO} = 11,5$
Wendelrührer $C_{MO} = 30$
Ankerrührer $C_{MO} = 25$

Mit einem bekannten Wert von C_{MO} lässt sich dann abhängig von der Drehfrequenz n das Schergefälle $|\partial w/\partial r|$ nach Gl. (18.14) ermitteln und damit unter Nutzung von Gl. (18.12) die repräsentative Viskosität η_{repr}. Somit kann auch die Rührerreynoldszahl

$$Re = \frac{nd^2\rho}{\eta_{repr}} \tag{18.16}$$

berechnet werden. Diese Reynoldszahl wird dann dazu verwendet, aus der Leistungscharakteristik die Newtonzahl zur Bestimmung der Rührerleistung zu entnehmen.

Es muss betont werden, dass dieses Verfahren nur eine grobe Abschätzung des Leistungsbedarfs ermöglicht und ausschließlich für den rein laminaren Strömungsbereich anzuwenden ist. Darüber hinaus existiert in der Literatur noch eine Reihe weiterer Beschreibungsansätze (z. B. (Knoch 2003)).

18.2.5 Wärmetransport

Zur Durchführung von Prozessen in Rührbehältern ist es vielfach notwendig, Wärme zu- oder abzuführen. Technisch besteht hierzu eine Vielzahl von Möglichkeiten. So beinhaltet Abb. 18.1 einen Doppelmantel bzw. alternativ aufgeschweißte Halbrohre, wodurch die Apparatewand als Wärmeübertragungsfläche genutzt wird. Weiterhin können Rohrschlangen in den Behälter eingebaut werden, durch die zusätzliche Wärmeübertragungsfläche installiert werden kann.

Für Newtonsche Fluide lässt sich der Wärmeübergang an der Behälterinnenwand eines Rührbehälters im turbulenten Bereich durch Gleichungen der Form

$$Nu = \frac{\alpha D}{\lambda} = C_{turb}\, Re^a Pr^b (\eta/\eta_{T=T_w})^e \tag{18.17}$$

berechnen. (Hinweis: Die charakteristische Länge D in der Nußeltzahl unterscheidet sich von derjenigen in der Reynoldszahl.) Die Exponenten nehmen im turbulenten Bereich annähernd folgende Werte an:

- Reynoldszahl $a \approx 2/3$
- Prandtlzahl $b \approx 1/3$
- Viskositätsverhältnis $e \approx 0{,}14$

Mit der Konstanten C_{turb} werden die Einflüsse der Geometrien von Rührbehälter und Rührer erfasst. Anhaltswerte für C_{turb} enthält Tab. 18.2. Der jeweils angegebene Bereich von C_{turb} resultiert aus unterschiedlichen Geometrien.

Im laminaren Strömungsbereich ($Re < 10$), in dem überwiegend wandnahe Rührer (Anker- bzw. Wendelrührer) eingesetzt werden, dominiert die Wärmeleitung der an

Tab. 18.2 Überschlägige Werte der Konstanten C_{turb} in Gl. (18.17) für einige gängige Rührertypen. (Zlokarnik 1999)

Rührertyp	C_{turb}
Scheibenrührer	0,4–1
Propellerrührer	0,5–1
Blattrührer	0,4–0,8
Ankerrührer	0,4–0,8

der Wand haftenden Schicht den Wärmetransport. Der Einfluss der Dichte und der Viskosität verschwindet völlig. Es gilt für die Wärmetransport-Charakteristik:

$$Nu = C_{lam} Re^a Pr^a (d/D)^b (\eta/\eta_{T=T_w})^e. \quad (18.18)$$

In diesem Bereich findet man für a Werte von 1/3 und für e wiederum von ca. 0,14. Das Viskositätsverhältnis $\eta/\eta_{T=Tw}$ berücksichtigt auch in diesem Fall den Einfluss der Wärmetransportrichtung.

Umfangreiche Zusammenstellungen der in der Literatur veröffentlichten Berechnungsgleichungen zum Wärmetransport finden sich in (Gaddis 2002; Poggemann et al. 1979; Judat und Sperling 2003).

Analog zum Impulstransport werden vielfach die gefundenen Korrelationen für Newtonsche Fluide auf nicht-Newtonsche Fluide übertragen. Die Newtonsche Viskosität in der Reynoldszahl, der Prandtlzahl und dem Viskositätsverhältnis wird durch die effektive Viskosität η_{repr} ersetzt. Der Gradient $\partial w/\partial r$ wird proportional zur Rührerdrehfrequenz n (Gl. 18.14) angenommen. Dieses Vorgehen ist allerdings höchst problematisch, da die Viskosität im Rührerbereich nennenswert von derjenigen an der Wand verschieden ist. Erstere wird für den Leistungseintrag benötigt, Letztere für den Wärmeübergang. Die Auslegung von Rührwerken mit dieser Vorgehensweise führt zu falschen Ergebnissen.

18.2.6 Homogenisieren in Rührbehältern

Bei diesem allgemein als „Rühren" bezeichneten Vorgang geht es um das Vermischen von ineinander löslichen Flüssigkeiten bis zum erforderlichen Mischungs- oder Homogenitätsgrad (s. Abschn. 4.2.1). Die übliche ingenieurtechnische Aufgabenstellung besteht in der Auswahl des Rührertyps und der Rührbedingungen, unter denen diese Rühraufgabe mit dem kleinsten Aufwand (kostengünstiger Rührer, kleine Mischarbeit) bewerkstelligt werden kann. Zur Lösung dieser Aufgabe ist es notwendig, die Mischzeit- und die Leistungscharakteristiken der infrage kommenden Rührer zu kennen. Unter laminaren Strömungsbedingungen erfolgt im Rührbehälter im Gegensatz zu statischen Mischern, bei denen das distributive Mischen den entscheidenden Mechanismus darstellt, die Homogenisierung des Behälterinhalts durch das *konvektive Mischen*. Unter turbulenten Strömungsbedingungen dominieren in beiden Systemen turbulente Austauschvorgänge.

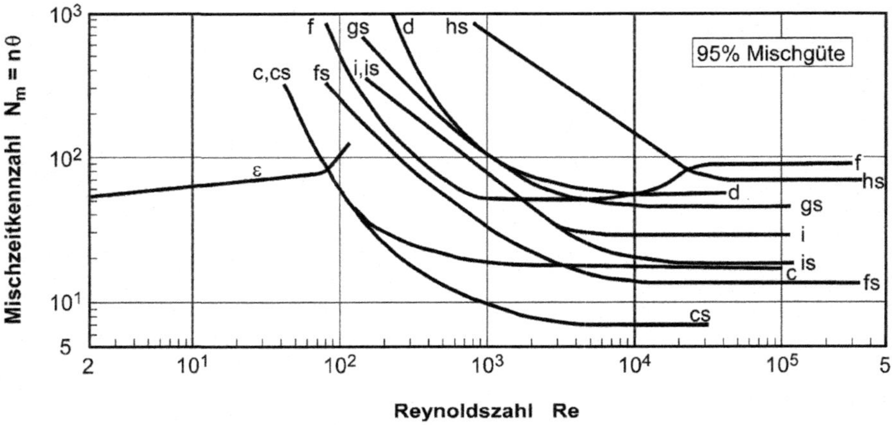

Abb. 18.9 Mischzeitcharakteristiken verschiedener Rührertypen (s. Abb. 18.7); s bedeutet mit Strombrechern. (Zlokarnik 1999)

Das Rühren ist strömungstechnisch ein komplexer Vorgang, bei dem man zur Beantwortung verfahrenstechnischer Fragen trotz großer Fortschritte bei der Strömungssimulation nach wie vor auf Versuche angewiesen ist. Umfangreiche Grundlagenuntersuchungen vieler Autoren sowie Messungen in Betriebsbehältern ergaben, dass für mit Stromstörern versehene Rührbehälter die *Mischzeitkennzahl* $N_m = n \cdot \theta$ im turbulenten Bereich eine Konstante ist (s. Abb. 18.9), wobei θ die erforderliche *Mischzeit* darstellt. Der Zahlenwert dieser Konstante hängt im Wesentlichen vom Rührertyp und dem Durchmesserverhältnis ab. Er kennzeichnet die Anzahl der notwendigen Rührerumdrehungen, die zum Erreichen der geforderten *Mischgüte* (Definition s. Abschn. 4.2.1) führen. Für $Re < 10^3$ gilt überschlagsmäßig $n \cdot \theta \sim Re^{-1}$, während für $Re > 10^4$ die Mischzeitkennzahl konstant wird.

Die Mischzeitkennzahlen N_m in Abb. 18.9 wurden bei einer Mischgüte von 95 % bestimmt. Eine Umrechnung der Mischzeitkennzahlen auf andere Mischgüten $(1 - \delta)$ wird durch folgenden Zusammenhang möglich (Henzler 1978):

$$\frac{(n \cdot \theta)_{1-\delta}}{(n \cdot \theta)_{0,95}} \approx 1 + 0,56 \log \left[\frac{0,05}{\delta}\right]. \tag{18.19}$$

Wie auch in anderen Mischern nehmen die Inhomogenitäten exponentiell mit der Zeit ab (s. Abschn. 4.2.1).

Eine systematische Auswertung einer Vielzahl von Mischzeit- und Leistungscharakteristiken unterschiedlicher Rührer liefert folgenden Zusammenhang für die dabei festgestellte minimale Anzahl von Rührerumdrehungen $n \cdot \theta$ zur Lösung einer Mischaufgabe im turbulenten Bereich (Mersmann et al. 1975):

$$n \cdot \theta = 6,7\left(\frac{d}{D}\right)^{-5/3} Ne^{-1/3}. \tag{18.20}$$

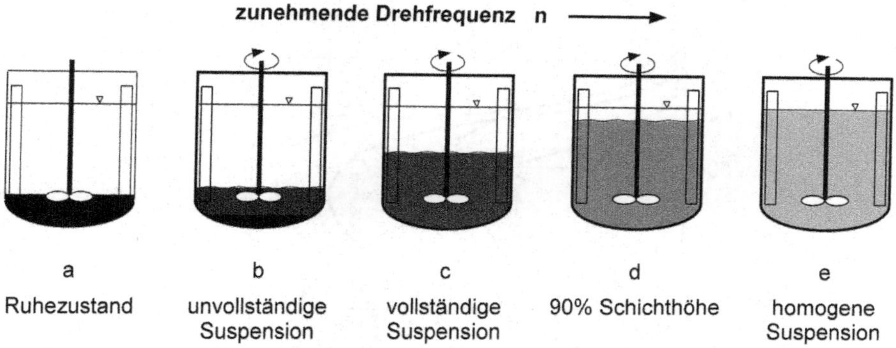

Abb. 18.10 Auftretende Suspendierzustände

Empfehlenswerte Rührertypen, die für die Homogenisierung den geringsten Leistungseintrag benötigen, sind in diesem Zusammenhang der Propeller- und Gitterrührer mit Stromstörern, der Blattrührer mit und ohne Stromstörer und die Wendelrührer in ihren jeweiligen Anwendungsbereichen.

18.2.7 Suspendieren von Feststoffen

In dispersen Systemen kann die Entmischung der Phasen infolge der Dichtedifferenz grundsätzlich nur durch permanentes Rühren verhindert werden. Durch den Leistungseintrag wird die disperse Phase in der kontinuierlichen verteilt, sodass u. a. ein intensiver Stoffaustausch zwischen beiden Phasen möglich wird.

Unter *Suspendieren* wird das Mischen von Feststoffen und Flüssigkeiten verstanden. Suspendiervorgänge werden in der Verfahrenstechnik häufig in Rührwerken durchgeführt. Typische Anwendungsfälle zweiphasiger Fest/flüssig-Rührwerke sind:

- Erzaufbereitung
- Suspendieren zum hydraulischen Transport
- Suspensionen bei der heterogenen Katalyse
- Suspensionspolymerisationen
- Suspendieren in der Biotechnologie

Dabei werden z. B. in der Aufbereitungsindustrie sehr große Suspendierrührwerke eingesetzt. Bei einer Behältergröße von z. B. 3.500 m^3 kommt einer genauen Maßstabsübertragung (Scale-up) eine zentrale Bedeutung zu. Wegen der Komplexität der Fluiddynamik beim Suspendieren und der Vielfalt der Stoffsysteme ist es bis heute nicht möglich, ohne Modellversuche ein Großrührwerk sicher auszulegen.

Suspendierzustände Die grundsätzlichen Zusammenhänge zwischen der Drehfrequenz und der Feststoffaufwirbelung werden in Abb. 18.10 schematisch veranschaulicht. (In aller Regel besitzen die Partikeln eine höhere Dichte als das Fluid.

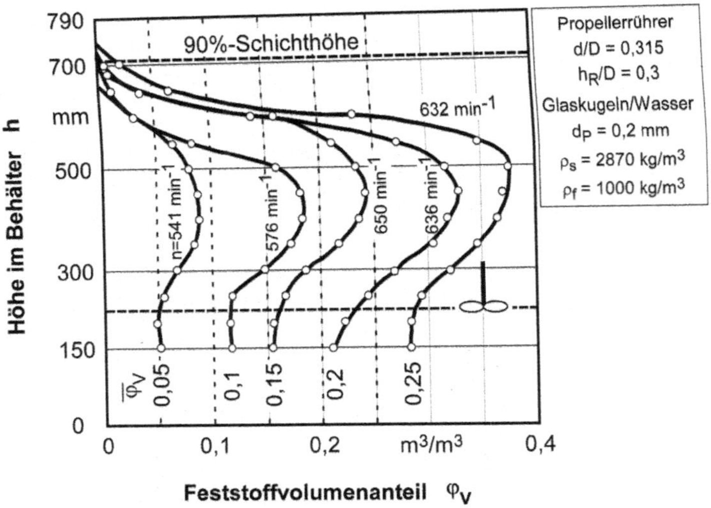

Abb. 18.11 Verlauf des lokalen Feststoffvolumenanteils $\varphi_{V,\,lok}$ längs der Höhe h im Behälter. (Nach Einenkel 1979)

In einigen technischen Anwendungen muss allerdings der Feststoff von der Flüssigkeitsoberfläche in das Fluid eingetragen werden. Es treten dann ganz analoge Zustände auf.) Unterhalb einer bestimmten Drehfrequenz des Rührers bleibt der gesamte Feststoff am Behälterboden liegen. Darüber werden die Partikeln in zunehmendem Maß von der Strömung erfasst, aufgewirbelt und bis zu einer gewissen Höhe in der Flüssigkeit verteilt. Der Zustand der sogenannten *vollständigen Suspension* wird erreicht, wenn alle Partikeln vom Boden aufgewirbelt sind. Üblicherweise wird dieser Zustand durch das *1-s-Kriterium* erfasst. Hiernach dürfen Partikeln nicht länger als 1 s am Behälterboden verweilen. Eine weitere Steigerung der Drehfrequenz lässt die mehr oder weniger deutlich ausgeprägte Grenzfläche zwischen der unteren Suspensionsphase und der darüber befindlichen klaren Flüssigkeit ansteigen. Beim *90 %-Schichthöhenkriterium* erreicht die Suspensionsphase im Mittel die 0,9-fache Füllhöhe. In seltenen Fällen stellt sich allerdings das 90 %-Schichthöhenkriterium schon vor dem 1-s-Kriterium ein. Dies bedeutet, dass Partikeln nahezu im gesamten Flüssigkeitsinhalt verteilt werden, obwohl noch ein Teil des Feststoffs am Behälterboden liegt. Noch höhere Drehfrequenzen führen zu einer Verteilung des Feststoffs im gesamten Behältervolumen. Dieser Zustand wird als *homogene Suspension* bezeichnet. In technischen Prozessen sind die meisten verfahrenstechnischen Aufgabenstellungen mit der Verteilung des Feststoffs in der Flüssigkeit bis zur 90 %-Schichthöhe lösbar, evtl. ist bereits die vollständige Suspension ausreichend.

Eine nahezu gleichmäßige Verteilung des Feststoffs ist nur bei höheren Viskositäten bzw. kleinen Partikeln erreichbar. So zeigt Abb. 18.11 den experimentell bestimmten Verlauf des lokalen Feststoffanteils über der Höhe im Behälter.

Aus wirtschaftlichen Gründen sollten möglichst niedrige Drehfrequenzen verwendet werden. Im Fall des Suspendierens reicht es vielfach aus, eine vollständige Suspension zu erreichen, also den gesamten Feststoff gerade vom Boden aufzuwirbeln. Damit ist, wie Abb. 18.13 zeigt, ein ausreichender Fest/flüssig-Stoffübergang bei günstigem Leistungseintrag gewährleistet. Offensichtlich müssen die Feststoffteilchen vor allem vom Behälterboden aufgewirbelt werden, um am Stofftransport teilnehmen zu können. Bei geringen Drehfrequenzen wird nicht die gesamte Feststoffoberfläche von der Flüssigkeit umströmt.

Rührleistung beim Suspendieren Versuche ergaben, dass Suspensionen bis zu einem Volumenanteil $\varphi_v = V_s/V_{ges}$ des Feststoffes im Gemisch von etwa 25–30 % annähernd Newtonsches Fließverhalten aufweisen. In diesem φ_v-Bereich lässt sich die Rührleistung für Suspensionen aus der Leistungscharakteristik Ne = f(Re) für homogene Flüssigkeiten berechnen, wenn die Stoffwerte ρ und η der homogenen Flüssigkeit durch die effektiven Stoffwerte ρ_{Sus} und η_{Sus} der Suspension ersetzt werden (Weinspach 1969):

$$\rho_{Sus} = \rho_f + \varphi_v(\rho_s - \rho_f), \tag{18.21}$$

$$\eta_{Sus} = \eta_f[1 + 1{,}25\varphi_v/(1 - \varphi_v/\varphi_{v\,max})]^2. \tag{18.22}$$

Im Falle gleich großer kugeliger Partikeln ist $\varphi_{v\,max} = 0{,}74$. Im turbulenten Strömungsbereich kann die Rührleistung mit der Beziehung

$$P = Ne\rho_{Sus}n^3d^5 \tag{18.23}$$

berechnet werden. Hierbei ist allerdings zu berücksichtigen, dass infolge der teilweise sehr ungleichmäßigen Feststoffverteilung im Bereich des Rührers signifikant höhere Feststoffanteile auftreten können, die zu deutlich größeren Leistungseinträgen führen.

Messergebnisse zeigen, dass Axialrührer einen wesentlich geringeren Energiebedarf für die Aufwirbelung von Feststoff aufweisen als Radialrührer. So benötigt ein Scheibenrührer eine um bis zum Faktor 3 größere Rührerleistung als ein Propellerrührer (bei sonst identischen Parametern).

Modellvorstellung zum Suspendieren von Feststoffpartikeln in einer Flüssigkeit Für die Suspendierung ist es zunächst erforderlich, die Partikeln vom Behälterboden aufzuwirbeln. Über den physikalischen Mechanismus existieren recht widersprüchliche Modellvorstellungen. Nach der Aufwirbelung können diese Partikeln von der Zirkulationsströmung erfasst und in der Flüssigkeit verteilt werden. Aus energetischen Gründen muss hierbei die Rührerleistung größer als die Sinkleistung des Partikelschwarms sein:

$$P_{Schwarm} = (F_G - F_A)w_{ss} = (\rho_s - \rho_f)gV_{ges}\varphi_v w_{ss}. \tag{18.24}$$

Tatsächlich ist zum Erreichen einer Verteilung des Feststoffs in der gesamten Flüssigkeit eine um den Faktor 10 und mehr höhere Rührerleistung erforderlich (Kraume und Zehner 1992).

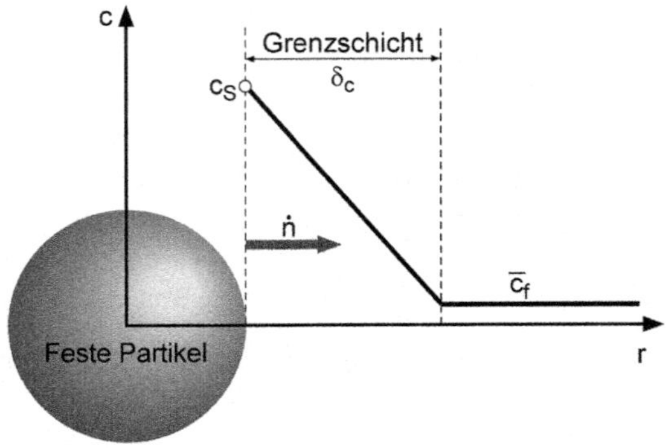

Abb. 18.12 Konzentrationsgefälle beim Stoffübergang in gerührten Suspensionen

Stoffübergang in gerührten Suspensionen Der Stofftransport wird durch den üblichen Zusammenhang

$$\dot{N} = \beta A \Delta c = \beta A (c_s - \overline{c}_f). \tag{18.25}$$

beschrieben. Δc ist die Differenz der Konzentration der betrachteten Komponente an der Partikeloberfläche c_s (Sättigungskonzentration) und im Kern der Flüssigkeit $\overline{c}_f$ (s. Abb. 18.12).

Messergebnisse, wie in Abb. 18.13 dargestellt, verdeutlichen, dass ein effizienter Stoffübergang nur bei vollständiger Suspension der Partikeln erreichbar ist. Solange die Partikeln am Boden liegen, können nur „scheinbare" Stoffübergangskoeffizienten gemessen werden, da die am Stoffaustausch teilnehmende Phasengrenzfläche unbekannt, jedoch kleiner als die gesamte Feststoffoberfläche ist. Steigende Drehfrequenzen führen zu einer zunehmenden Partikelaufwirbelung, sodass mehr Partikeln am Stoffaustausch teilnehmen, wodurch eine deutliche Erhöhung der Stoffübergangskoeffizienten entsteht.

Im vollständig suspendierten Zustand wird infolge steigender Turbulenz die Konzentrationsgrenzschicht δ_c um die Partikeln verkleinert, und der Stoffübergangskoeffizient wächst entsprechend an. Dieser Anstieg ist allerdings deutlich geringer, als derjenige der im Bereich der unvollständigen Suspension auftritt. Der aus der Relativgeschwindigkeit zwischen Partikel und Flüssigkeit resultierende Stofftransport (s. Abschn. 7.4.1) wird durch die Turbulenz vergrößert. Die Überlagerung der beiden Effekte lässt sich für Partikelreynoldszahlen Re_P im Bereich $1 < Re_P < 10^3$ durch folgende Gleichung (Herdl 1982) beschreiben:

$$Sh = 2 + 0,46 \left(\frac{\varepsilon\, d_P^4}{\nu^3} \right)^{2/9} Sc^{1/3} \,. \tag{18.26}$$

Hierin repräsentiert ε die auf die Masse bezogene Rührerleistung:

$$\varepsilon = \frac{P}{M_{ges}} = \frac{Ne n^3 d^5}{V_{ges}}. \tag{18.27}$$

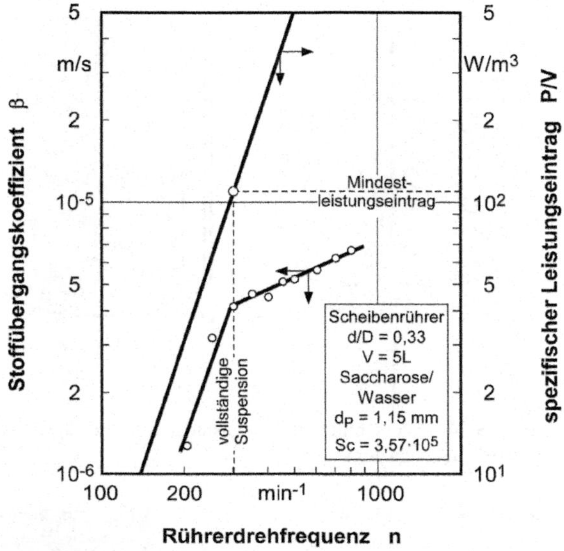

Abb. 18.13 Stoffübergang in gerührten Suspensionen. (Messwerte aus (Herdl 1982))

18.2.8 Begasen

Generell wird mit *Dispergieren* die Zerkleinerung eines Stoffes und seine Verteilung in einer Flüssigkeit beschrieben. Das Ziel dieser Aufgabe besteht in der Vergrößerung der Phasengrenzfläche zwischen disperser und kontinuierlicher Phase. Die disperse Phase kann dabei sowohl gasförmig als auch flüssig sein. Zunächst soll hier die *Begasung* von Flüssigkeiten behandelt werden.

Der Rührer ist sowohl Dispergier- als auch Förderorgan und kann folgende Aufgaben übernehmen:

1. Umwandlung des kontinuierlich zugeführten Gasstromes in einen Strom von Blasen vorgeschriebener Größe.
2. Kreislaufförderung der Blasen mit Erneuerung der Blasen am Rührer.
3. Verteilung der Blasen im Flüssigkeitsvolumen.
4. Erzeugung einer das gesamte Flüssigkeitsvolumen möglichst gleichmäßig erfassenden Strömung.

Die Begasung kann als Zwangsbegasung oder als Saugbegasung erfolgen.

- *Zwangsbegasung (Fremdbegasung)*: Das Gas wird den Dispergierorganen von außen direkt dem Rührer zugeführt, s. Abb. 18.14a. Durch die am Rührer auftretenden hohen Schergradienten wird das Gas in Blasen dispergiert.
- *Saugbegasung*: Dispergierorgane saugen das Gas von außen selbsttätig durch eine Hohlwelle (Hohlrührer, s. Abb. 18.14b) oder über die Flüssigkeitsoberfläche an (*Oberflächenbegasung*, s. Abb. 18.14c). Der Volumenstrom des Gases ist i. Allg. gering und abhängig von der Drehfrequenz.

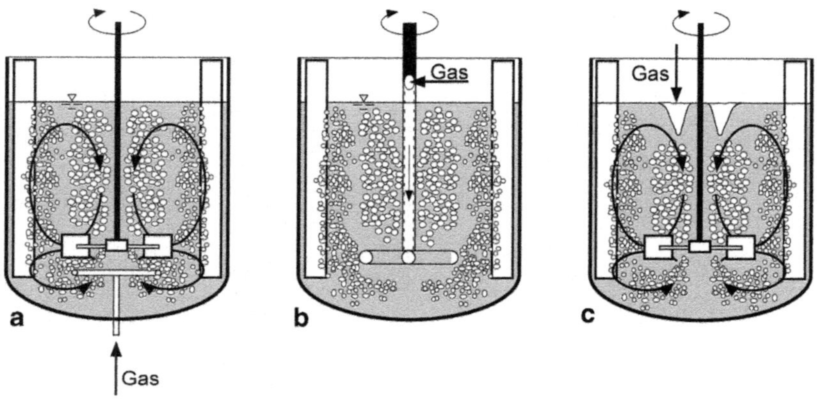

Abb. 18.14 Unterschiedliche Begasungsarten: **a** Zwangsbegasung; **b** Hohlrührerbegasung; **c** Oberflächenbegasung

Abb. 18.15 Dispergierung der Gasblasen an den Blättern eines Scheibenrührers. (Ekato 2000)

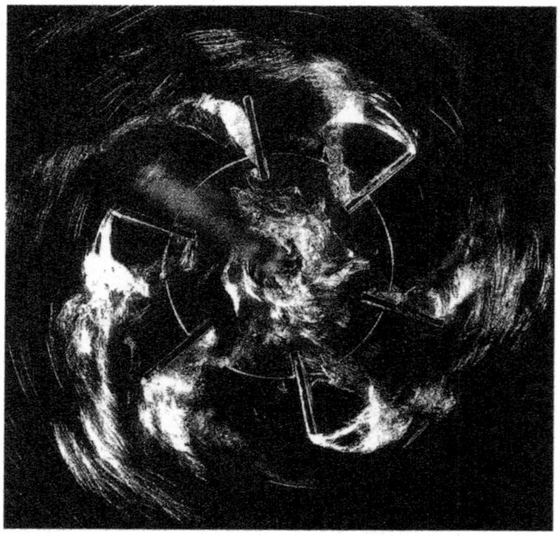

Von den drei Begasungsarten ist die Zwangsbegasung die weitaus häufigste in großtechnischen Anlagen realisierte Lösung. Übliche Dispergierorgane für die Druckbegasung sind radial fördernde Rührer, wie z. B. Scheibenrührer.

Betriebszustände Die nachfolgenden Ausführungen über die auftretenden Betriebszustände beziehen sich auf den am weitesten verbreiteten Begasungsrührer, den Scheibenrührer. (Die geschilderten Phänomene treten jedoch analog auch bei anderen Rührertypen auf.) Aufgrund der im Rührer integrierten Scheibe wird das von unten eingeleitete Gas an deren Rand gezwungen, wo es von den Rührerblättern erfasst und zerteilt wird (s. Abb. 18.15). Auf diese Weise durchläuft die gesamte Gasmenge zwangsläufig die im Außenbereich des Rührers befindlichen Zonen hoher Geschwindigkeitsgradienten (hohe Umfangsgeschwindigkeit), was zu kleinen Blasen und damit großen Phasengrenzflächen führt.

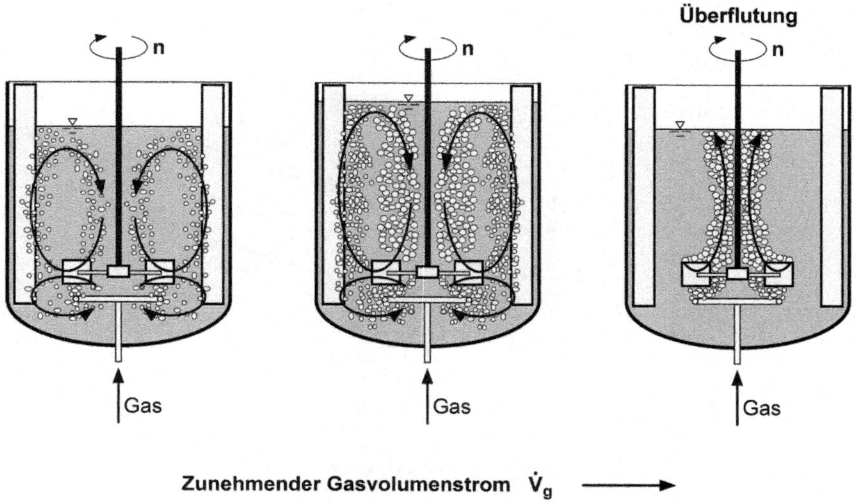

Abb. 18.16 Typische Strömungsformen in einem begasten Rührkessel; der Gasdurchsatz wird gesteigert, während die Drehfrequenz unverändert bleibt

Abhängig von dem Verhältnis Gasbelastung – Rührerdrehfrequenz lassen sich in einem fremdbegasten Rührbehälter unterschiedliche Betriebszustände beobachten (s. Abb. 18.16). Bei konstanter Drehfrequenz verteilt sich das in geringen Mengen angebotene Gas über das gesamte Behältervolumen. Wird die Gaszufuhr gesteigert, so nimmt der Gasgehalt zu, erkennbar an einer Erhöhung des Füllstands. Übersteigt die Gasbelastung einen Grenzwert, so bricht das Gas in Form großer Blasen im Bereich der Rührerwelle durch. Eine gleichmäßige Dispergierung ist dann nicht mehr gewährleistet. Diesen Zustand bezeichnet man als geflutet, den zugehörigen Grenzwert als *Flutpunkt*.

Die in diesem Grenzzustand auftretenden maximalen Gasvolumenströme $\dot{V}_{max}$ bei verschiedenen Drehfrequenzen n sind in Abb. 18.17 dargestellt. (Auch die Sichtweise, dass ein Gasvolumenstrom $\dot{V}$ eine minimale Drehfrequenz n_{min} erfordert, ist anzutreffen.) Bei gleicher Drehfrequenz ist ein größerer Rührer in der Lage, größere Gasmengen zu dispergieren als ein kleiner. Bedeutsam am Flutpunkt ist letztendlich die Tatsache, dass die zugeführte Gasmenge nur noch sehr unvollständig in der Flüssigkeit verteilt wird, sodass insbesondere der Stofftransport nicht mehr gesteigert werden kann.

Folgende, auf Basis einer physikalischen Modellvorstellung hergeleitete Gleichung kann zur Berechnung der Drehfrequenz am Flutpunkt n_D verwendet werden (Zehner 2003):

$$\frac{v_g w_E}{g(D-d)} = \left(0{,}1 + \frac{n_D^2 d^2}{g(D-d)} \cdot \frac{d}{D}\right) \frac{n_D^2 d^2}{g(D-d)} \left(\frac{d}{D}\right)^3. \qquad (18.28)$$

Hierin stellt w_E die nach Gl. (7.27) zu bestimmende Aufstiegsgeschwindigkeit der größten stabilen Einzelblase dar.

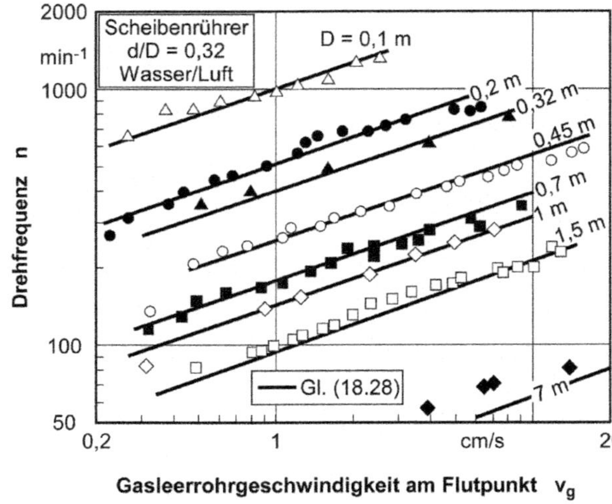

Abb. 18.17 Zusammenhang zwischen Gasleerrohrgeschwindigkeit und Drehfrequenz am Flutpunkt für unterschiedlich große Behälter. (Zehner 2003)

Beim Begasen höherviskoser Flüssigkeiten ist ein Flutpunkt noch bis zu einer Viskosität von $\nu_f \approx 3 \times 10^{-4} m^2/s$ deutlich erkennbar. Bei noch höheren Viskositäten verändert sich jedoch die Fluiddynamik und damit der Dispergiervorgang dermaßen, dass ein Flutpunkt nicht mehr definiert werden kann.

Leistungseintrag Die Kenntnis der Rührerleistung beim Dispergieren ist von besonderem Interesse, da die volumenspezifische Leistung P/V die Größe der volumenbezogenen Phasengrenzfläche a und damit den übergehenden Stoffstrom bestimmt. Der Leistungseintrag des Rührers wird durch die Anwesenheit der Gasblasen gegenüber dem einphasigen Zustand (s. Abschn. 18.2.3) reduziert. Bei der Dispergierung entstehen Gasschleppen hinter den Blättern des Rührers (s. Abb. 18.15). Aus diesen lösen sich die Gasblasen ab, die dann von der Radialströmung des Rührers in den Behälter hinausgetragen werden. Die Gasschleppen werden mit wachsendem Gasvolumenstrom größer und bewirken eine Abnahme der Druckdifferenz über dem Blatt, sodass die Leistungsaufnahme durch den Rührer und damit auch die Newtonzahl mit steigendem Gasdurchsatz bzw. fallender Drehfrequenz abnehmen (s. beispielhaft Abb. 18.18). Die in der Abbildung verwendete dimensionslose Gasbelastung Q stellt den wesentlichen Parameter zur Berücksichtigung der beiden Betriebsparameter Drehfrequenz und Gasdurchsatz dar. Für die dargestellten Bedingungen konnte (Zlokarnik 1973) seine Messdaten für den Scheibenrührer mit folgender Gleichung zusammenfassen:

$$Ne = 1{,}5 + \left(0{,}5\,Q^{0{,}075} + 1600\,Q^{2{,}6}\right)^{-1}. \tag{18.29}$$

Sie hat folgenden experimentell abgesicherten Gültigkeitsbereich:

$$1{,}8 \cdot 10^{-4} \le Q \le 0{,}5; \quad Fr \ge 0{,}65; \quad Re \ge 10^4; \quad D/D = 0{,}33.$$

Für andere geometrische Verhältnisse werden in (Zlokarnik 1999, Zehner 2003) entsprechende Gleichungen mitgeteilt.

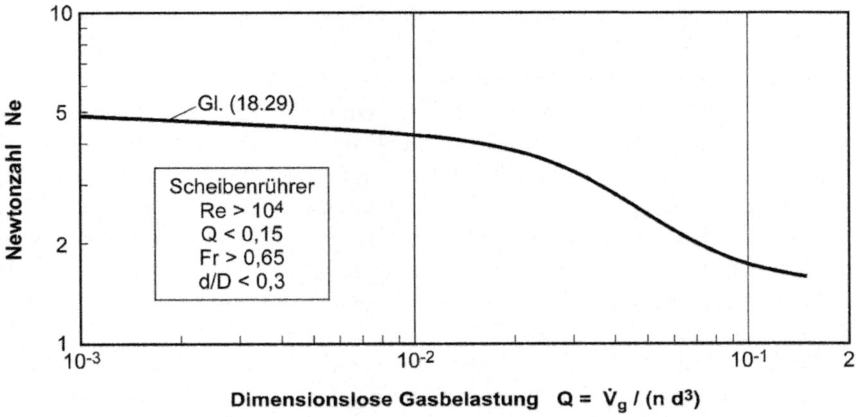

Abb. 18.18 Leistungscharakteristik in Form des Zusammenhangs zwischen Newtonzahl Ne und dimensionsloser Gasbelastung Q für einen begasten Scheibenrührer. (Zlokarnik 1973)

Abb. 18.19 Idealisierte Verhältnisse beim Stoffübergang in einem begasten Rührkessel unter Verwendung der Zweifilmtheorie; beide Phasen werden als vollständig vermischt betrachtet

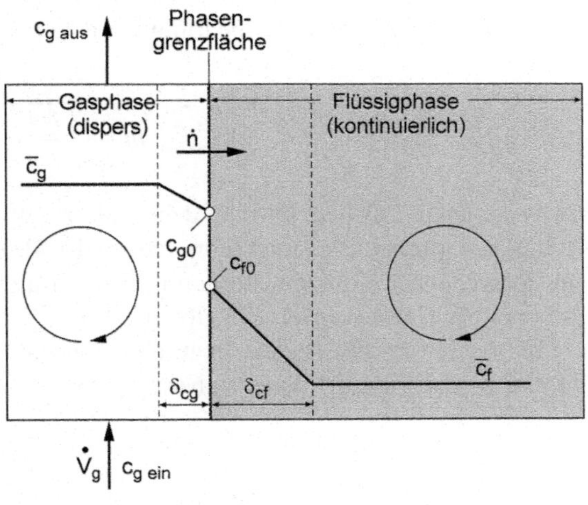

Stoffübergang Die Begasung im Rührwerk zur Erzeugung eines Stoffübergangs zwischen gasförmiger und flüssiger Phase hat u. a. durch die Fortschritte in der Biotechnologie entscheidend an Bedeutung gewonnen. Neben biotechnologischen stellen chemische Prozesse das Hauptanwendungsfeld begaster Rührbehälter dar.

Die idealisierten Verhältnisse beim Stoffübergang in einem begasten Rührkessel zeigt Abb. 18.19. Da das Gas mit einem konstanten Volumenstrom durch den Reaktor geschleust wird und sich im Kern der Flüssigphase meist eine Stoffquelle bzw. -senke in Form einer chemischen oder biochemischen Reaktion (z. B. in Mikroorganismen) befindet, kann eine quasi-stationäre Betrachtungsweise gewählt werden.

Die Gasphase tritt mit der Konzentration $c_{g\,\mathrm{ein}}$ in den Reaktor ein und verlässt diesen mit der Konzentration $c_{g\,\mathrm{aus}}$. Durch das Rührorgan wird eine bestimmte

Phasengrenzfläche A oder, bezogen auf das Flüssigvolumen V, eine bestimmte spezifische Phasengrenzfläche a = A/V erzeugt. Zur Berechnung des Stoffübergangs ist das mittlere treibende Konzentrationsgefälle $\Delta\overline{c}$ erforderlich.

In den meisten Anwendungsfällen, vor allem bei schlecht löslichen Gasen, liegt der Hauptwiderstand des Stofftransports durch die Phasengrenzfläche in der flüssigen Phase ($\overline{c}_g \approx c_{g0}$). Es genügt deshalb, nur den flüssigkeitsseitigen Stoffübergangskoeffizienten β_f zu berücksichtigen. An der Phasengrenzfläche stellt sich dann in der Flüssigkeit die zur Konzentration c_g der betrachteten Komponente in der Gasphase im thermodynamischen Gleichgewicht stehende Konzentration c_{f0} ein. (Bei gering löslichen Gasen kann hier vielfach das Henrysche Gesetz (s. Gl. 3.28) angewendet werden.)

Problematisch ist die Ermittlung der Verweilzeitverteilung der Gasphase. Bei kleinen Reaktoren kann man hier näherungsweise *vollständige Vermischung* annehmen, also eine konstante Gaskonzentration $c_{g\,aus} = c_g$ im gesamten Behälter. Bei großen und insbesondere schlanken Reaktoren ist es realistischer, mit einer *Kolbenströmung* des Gases zu rechnen. Dies gilt auch für stark koaleszenzgehemmte Systeme, in denen die Gasblasen nur geringfügig koaleszieren. In diesen Fällen ist für die treibende Konzentrationsdifferenz die logarithmische Konzentrationsdifferenz

$$\Delta c_{f\,ln} = \frac{c_{g\,ein}/m - c_{g\,aus}/m}{ln\dfrac{c_{g\,ein}/m - \overline{c}_f}{c_{g\,aus}/m - \overline{c}_f}} \tag{18.30}$$

zu verwenden. Oft betreibt man den Reaktor mit Gasüberschuss, was zwar zu erhöhter Kompressionsleistung führt, jedoch die Ab- bzw. Anreicherung der Gasphase an übergehender Komponente gering hält. In diesem Fall verschwindet dann der Einfluss der Gasphasenverweilzeitverteilung.

Im Kern der Flüssigkeit liegt die Konzentration $\overline{c}_f$ vor. Der übergehende Stoffstrom ist wie folgt berechenbar:

$$\dot{N} = V \cdot \beta_f \cdot a \cdot \Delta c_{f\,ln}. \tag{18.31}$$

Die volumenspezifische Oberfläche a wurde in einer Reihe von Arbeiten bestimmt, die zu leicht differierenden Ergebnissen führten. Die am häufigsten verwendeten Angaben stammen von (Calderbank 1958), der folgende Beziehung für a mitteilt:

$$a = 1{,}44 \left(\frac{(P/V)^{0{,}4} \rho_f^{0{,}2}}{\sigma^{0{,}6}} \right) \left(\frac{v_g}{w_B} \right)^{0{,}5}. \tag{18.32}$$

w_B bedeutet die stationäre Aufstiegsgeschwindigkeit der Gasblase, die bei einem Blasendurchmesser von d_B zwischen 2 und 5 mm von (Calderbank 1958) mit $w_B = 0{,}265$ m/s angegeben wird. (Dieser Wert stimmt annähernd mit demjenigen überein, der sich unter Verwendung der (Gln. 7.4 und 7.23) für niedrigviskose Flüssigkeiten ergibt.)

Durch Steigerung der Rührerdrehfrequenz wird im Flüssigkeitsvolumen immer mehr Rührleistung dissipiert, wodurch die Blasengröße immer kleiner und die volumenbezogene Phasengrenzfläche a immer größer wird. Durch ausführliche experimentelle Untersuchungen wurde festgestellt (Calderbank und Moo-Young 1961), dass sich hierbei der Stoffübergangskoeffizient β_f praktisch nicht ändert. Erst wenn die Blasengröße d_{32} kleiner als 2,5 mm wird, beginnen die β_f-Werte abzunehmen. In dem Übergangsbereich $0{,}8\,mm < d_{32} < 2{,}5\,mm$ fällt der β_f-Wert um etwa den Faktor 4 und bleibt dann wieder konstant, obwohl durch weitere Steigerung der Rührleistung die Blasengröße weiter abnimmt. Die Ursache für die starke Abnahme der β_f-Werte im Bereich $d_{32} < 2{,}5\,mm$ liegt in zunehmender Behinderung der Konvektion sowie der Turbulenz in der Grenzschicht. In Bezug auf den Stofftransport ist allerdings zu berücksichtigen, dass die Stoffübertragungsfläche mit abnehmendem d_{32} zunimmt.

Dieser Sachverhalt wird durch folgende experimentell ermittelte Beziehungen (Calderbank und Moo-Young 1961) beschrieben:

- *$d_{32} > 2{,}5\,mm$:* Dieser Gasblasenbereich liegt i. Allg. bei der Begasung von reinen Flüssigkeiten (koaleszierendes Stoffsystem) in Rührkesseln vor. Hierfür gilt in den Grenzen $Sc > 1$ folgende Beziehung:

$$Sh/Ar^{1/3} = 0{,}42 Sc^{1/2} \quad \text{mit} \quad Ar = g d_{32}^3 \Delta\rho / \nu_f^2 \rho_f. \tag{18.33}$$

  Nach β_f aufgelöst, folgt

$$\beta_f = 0{,}42 (D_{AB}/\nu_f)^{1/2} (\Delta\rho g \nu_f / \rho_f)^{1/3}, \tag{18.34}$$

  d. h., β_f ist sowohl vom Strömungszustand als auch von d_{32} unabhängig und ausschließlich durch die Stoffwerte des Systems bedingt.
- *$d_{32} \ll 2{,}5\,mm$:* In diesem Größenbereich liegen i. Allg. die Gasblasen, welche beim Begasen von Flüssigkeitsgemischen oder in Anwesenheit von oberflächenaktiven Substanzen (nicht-koaleszierende Stoffsysteme) entstehen. Hier gilt folgende Gesetzmäßigkeit:

$$Sh/Ar^{1/3} = 0{,}31 Sc^{1/3} \tag{18.35}$$

  mit dem Gültigkeitsbereich $Sc > 1$. Wird diese dimensionslose Beziehung nach β_f aufgelöst, so folgt:

$$\beta_f = 0{,}31 (D_{AB}/\nu_f)^{2/3} (\Delta\rho g \nu_f / \rho_f)^{1/3}. \tag{18.36}$$

  In diesem Bereich ist $\beta_f \sim D^{2/3}$ (gegenüber $\beta_f \sim D^{1/2}$ im Bereich $d_{32} > 2{,}5\,mm$). Im erweiterten Gültigkeitsbereich $0{,}1 < Ar \cdot Sc < 10^{12}$ lässt sich die Stoffaustauschcharakteristik für feine Gasblasen $d_{32} \ll 2{,}5\,mm$ durch die Beziehung

$$Sh = 2 + 0{,}31 (Ar \cdot Sc)^{1/3} \tag{18.37}$$

  präziser darstellen.

  Im Übergang vom kleinen zum großen Blasendurchmesser ($0{,}8\,mm \leq d_{32} \leq 2{,}5\,mm$) ergibt sich eine direkte Proportionalität zwischen β_f und d_{32}.

  Da bei experimentellen Untersuchungen eine getrennte Bestimmung von β_f und a in der Regel sehr schwierig und aufwendig ist, werden diese Größen

Tab. 18.3 Konstanten in Gleichung (18.38) sowie Gültigkeitsbereiche der Sorptionscharakteristiken. (Henzler 1982)

Flüssigkeit	Konstanten			Gültigkeitsbereich	
	C_1	C_2	η (m Pas)	v_g (m/h)	P/V (kW/m^3)
Wasser	$7{,}5 \times 10^{-5}$	0,43	1	2,4–64	0,01–16,7
wässrige 6,7 g/l	$7{,}2 \times 10^{-5}$	0,68	1	4,2–17	0,15–16
Salzlösung 18–36 g/l	$8{,}3 \times 10^{-5}$	0,71	1	4,3–64	0,23–18
wässrige Glucoselösung	9×10^{-5}	0,7	12–267	–	–
Hirsebrei	$2{,}65 \times 10^{-5}$	0,7	1,3–70,2	7–28	0,23–2,2
wässrige CMC-Lösung n = 0,4–0,82	$3{,}6 \times 10^{-4}$	0,55	16–1500	8–68	0,06–6,2

meist zusammengefasst gemessen und korreliert. Man bezeichnet β_f a auch als volumenbezogenen *Stofftransportkoeffizienten*.

Der Stofftransportkoeffizient hängt von den Stoffeigenschaften der Flüssigkeit sowie insbesondere von den Betriebsparametern Begasungsrate und volumenbezogener Leistungseintrag ab. Dagegen besteht innerhalb der üblichen Grenzen kaum ein Einfluss von der Geometrie des Rührers, des Gasverteilers und des Behälters. Weiterhin ist bei niedrigviskosen Flüssigkeiten die *Gasleerrohrgeschwindigkeit*

$$v_g = \dot{V}_g / A$$

und nicht die Begasungsrate die relevante Größe zur Beschreibung des Stofftransportes im Rührkessel.

Der Stofftransportkoeffizient $\beta_f a$ lässt sich für eine größere Zahl von Stoffsystemen dimensionslos darstellen (Henzler 1982):

$$\frac{\beta_f a}{v_g} \left(\frac{v_f^2}{g} \right)^{1/3} = C_1 \left(\frac{P}{V v_g \rho_f g} \right)^{C_2}. \qquad (18.38)$$

Der Term $P/(V v_g \rho_f g)$ stellt das Verhältnis der massenbezogenen Leistungseinträge durch den Rührer $P/(V\ \rho_f)$ und durch den Gaseintrag $v_g \cdot g$ dar. Aus den mathematischen Beziehungen für a (Gl. 18.32) sowie β_f (Gl. 18.34) ergibt sich gemäß (Gl. 18.38) folgende Proportionalität:

$$\frac{\beta_f a}{v_g} \sim \left(\frac{P}{V \rho_f v_g} \right)^{0,4} v_g^{-0,1}. \qquad (18.39)$$

Die Konstanten C_1 und C_2 in (Gl. 18.38) sind abhängig vom Stoffsystem und im Wesentlichen nur für Modellsubstanzen bekannt. Die Unterschiede sind insbesondere auf das noch nicht allgemeingültig beschreibbare *Koaleszenzverhalten* von Zweiphasensystemen zurückzuführen. In Tab. 18.3 sind die Konstanten C_1 und C_2 für untersuchte Modellstoffsysteme aufgelistet, und Abb. 18.20 zeigt eine Zusammenfassung entsprechender Messdaten. Eine auf physikalischen Grundlagen beruhende Modellierung des Vorganges ist trotz verschiedener Ansätze noch nicht gelungen.

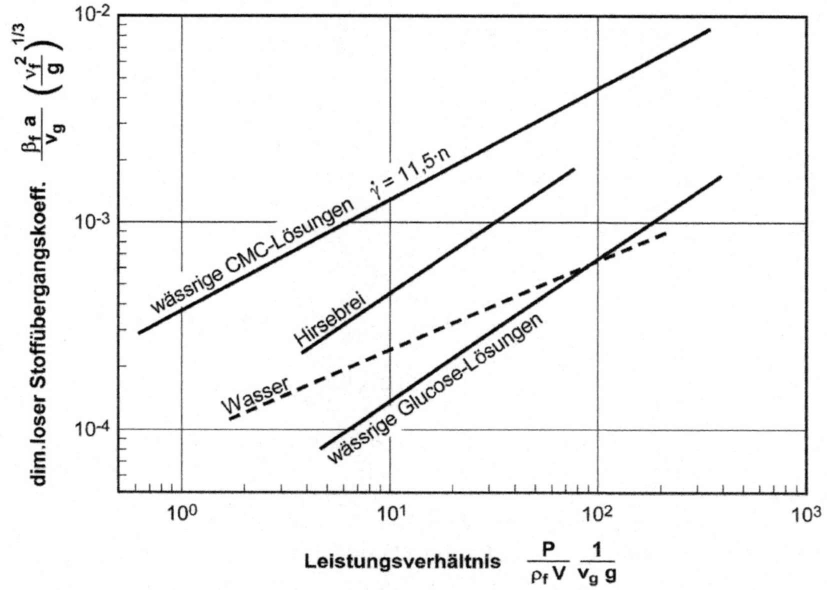

Abb. 18.20 Abhängigkeit des dimensionslosen Stofftransportkoeffizienten vom Leistungsverhältnis. (Nach Henzler 1982)

Messergebnisse aus Stoffübergangsmessungen sind allgemein sehr fehlerbehaftet und von der Messmethode abhängig. Insofern ist eine Vorhersage des Stofftransportkoeffizienten nur mit Abweichungen in der Größenordnung ± 50 % möglich. Die Einflüsse des Stoffsystems, vor allem bei Stoffgemischen, wie in technischen Anwendungen üblich, sind noch nicht vorhersagbar. So können zum Beispiel schon kleine Mengen oberflächenaktiver Substanzen zu einer wesentlichen Verminderung des Stofftransportkoeffizienten führen.

Die Auswirkung der Überflutung auf den Stoffübergang wird in Abb. 18.21 verdeutlicht. Während bei Begasungsraten unterhalb des Flutpunktes ein eindeutiger Anstieg des Stofftransportkoeffizienten mit der Gasleerrohrgeschwindigkeit bei konstantem Rührerleistungseintrag P/V (aber nicht konstanter Drehfrequenz) zu beobachten ist, ist bei Eintritt der Überflutung durch zusätzliches Gas (und damit zusätzlichem Kompressionsaufwand) keine Steigerung des Stoffübergangs mehr erzielbar. Damit sinkt die Effizienz des Energieeintrags.

18.2.9 Dispergieren von Flüssig/flüssig-Systemen

Beim Dispergieren von Flüssig/flüssig-Systemen geht es i. Allg. um die gezielte Vergrößerung der Phasengrenzfläche zwischen zwei teilweise ineinander unlöslichen Flüssigkeiten, damit beispielsweise ein Extraktionsvorgang oder eine chemische

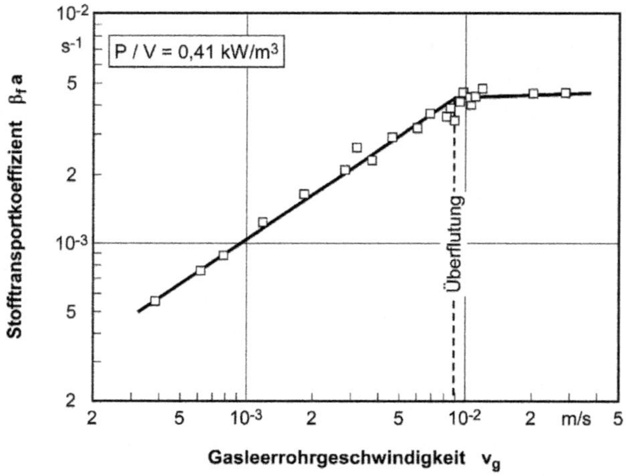

Abb. 18.21 Abhängigkeit des Stofftransportkoeffizienten von der Gasleerrohrgeschwindigkeit. (Nach Judat 1976)

Reaktion (Verseifung, Perlpolymerisation usw.) schnell ablaufen kann. An dieser Stelle wird ausschließlich von der Vergrößerung der Phasengrenzfläche allein durch Rühren die Rede sein; wird dies durch Zusatz von oberflächenaktiven Substanzen unterstützt, so spricht man vom *Emulgieren.* Hierfür gelten in der Regel gänzlich andere Gesetzmäßigkeiten, da wesentlich kleinere Tropfengrößen angestrebt werden (Größenordnung $\leq 1\ \mu m$), woraus sich auch die Anwendung gänzlich anderer Apparate ergibt. Unter einer *Emulsion* versteht man ein stabiles Flüssig/flüssig-System, in welchem es trotz bestehender Dichtedifferenzen nicht zu einer Entmischung kommt, auch wenn keine mechanische Leistung eingetragen wird (z. B. Milch).

Im Allgemeinen wird die Phase mit dem kleineren Volumen in die andere, zusammenhängende Phase eingerührt und in dieser zu Tröpfchen zerteilt (disperse Phase). Bei vergleichbaren Volumenanteilen beider Phasen besteht allerdings die Möglichkeit der *Phasenumkehr* (*Inversion*); welche Phase die kontinuierliche wird, hängt hier von den Startbedingungen beim Dispergieren sowie von den Stoffwerten des Systems ab.

Beim Dispergieren in einem Flüssig/flüssig-System interessiert die niedrigste Drehfrequenz, bei der eine Phase vollständig in die andere eingerührt wird, sowie die Größe der Phasengrenzfläche (Tropfengröße) und des Stoffübergangskoeffizienten.

Tropfengrößenverteilung und Sauterdurchmesser Beim Dispergieren stellt sich ein Beharrungszustand ein, in dem die gebildeten Tropfen immer wieder zu größeren koaleszieren und vom Rührer erneut zerteilt werden. Die Tropfengrößenverteilung der beim Rühren erzeugten Dispersion wird durch eine mittlere Tropfengröße, den Sauterdurchmesser d_{32} charakterisiert, welcher durch die Beziehung

$$d_{32} \equiv \sum_{i=1}^{n} d_{Pi}^{3} / \sum_{i=1}^{n} d_{Pi}^{2} \qquad (8.4)$$

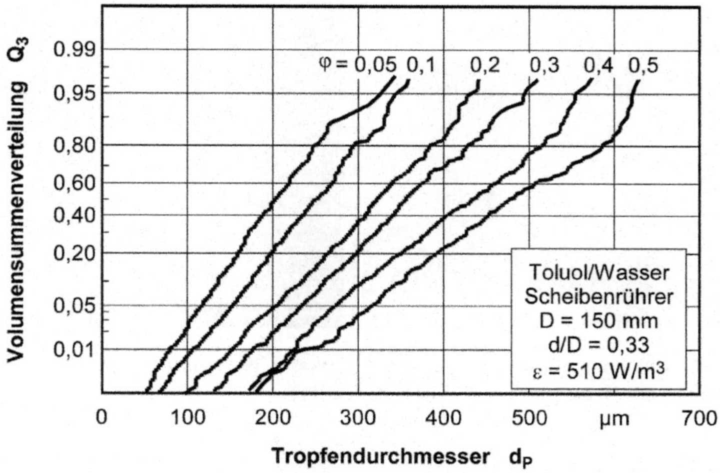

Abb. 18.22 Volumensummenverteilungen für unterschiedliche Dispersphasenanteile. (Schulze et al. 2000)

definiert wird (n - Anzahl der Tropfen). Zwischen d_{32} und der auf das Volumen der dispersen Phase bezogenen Phasengrenzfläche

$$a_P \equiv A_{P,\,ges}/V_{P,\,ges} = \sum_{i=1}^{n} \left(\pi d_{Pi}^2\right) / \sum_{i=1}^{n} \left(\pi d_{Pi}^3/6\right) \tag{18.40}$$

besteht daher die Beziehung $a_P = 6/d_{32}$. Das heißt, ein monodisperses System mit dem Partikeldurchmesser d_{32} hat dieselbe volumenbezogene Austauschfläche wie das reale System.

Tatsächliche Tropfengrößenverteilungen lassen sich i. Allg. entweder durch die lineare Normalverteilung (koaleszierende Systeme) oder die logarithmische Normalverteilung (nicht-koaleszierende Systeme) charakterisieren. So zeigt Abb. 18.22 Messergebnisse, die mit einem koaleszierenden System bestimmt wurden, in einem Wahrscheinlichkeitsnetz mit linearer Abszissenteilung. Die auftretenden Geraden zeigen, dass die Tropfengröße normalverteilt ist. Mit steigendem Dispersphasenanteil werden die Tropfengrößenverteilungen in Richtung zunehmender Durchmesser verschoben. Die Tropfen sind auch bei hohen Phasenanteilen kugelförmig (s. Abb. 18.23), wie entsprechende fotografische Aufnahmen in einem gerührten Behälter zeigen (Maaß et al. 2011).

Im Beharrungszustand gilt bei gegebenem Rührertyp und gegebenem Rührereinbau im Behälter für d_{32} bzw. a_P folgende Abhängigkeit:

$$d_{32}\ bzw.\ a_P = f(n, d, g, \rho_d, \rho_c, \nu_d, \nu_c, \sigma, \phi_{vd}).$$

Für den Sauterdurchmesser wird üblicherweise im Fall der turbulenten Strömung folgender Zusammenhang, der sich auf Basis der Turbulenztheorie herleiten

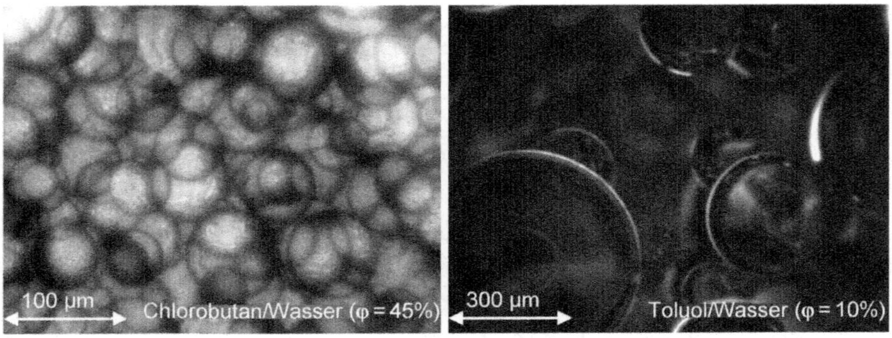

Abb. 18.23 Chlorbutan- und Toluoltropfen in Wasser bei verschiedenen Phasenanteilen φ, aufgenommen mit einem Endoskop. (Maaß et al. 2011)

lässt, verwendet:

$$d_{32}/d = CWe^{-0,6}(1 + b\varphi_{vd}), \quad We \equiv \frac{\rho_c n^2 d^3}{\sigma}. \tag{18.41}$$

Für den Scheibenrührer liegen die meisten Literaturangaben für die Konstante C zwischen 0,03–0,08 und für b zwischen 1 und 23. Steigende Drehfrequenzen bzw. abnehmende Phasenanteile führen zu einer Verringerung der Tropfengrößen.

Rührleistung beim Dispergieren Auch beim Dispergieren in Flüssig/flüssig-System gelten dieselben Leistungscharakteristiken wie beim Rühren im homogenen Stoffsystem, wenn für die Flüssigkeitsdichte die mittlere Dichte der Dispersion

$$\rho_{Disp} = \rho_c + \varphi_{vd} \Delta\rho \tag{18.42}$$

und für die Viskosität der Flüssigkeit

$$\eta_{Disp} = [\eta_c/(1 - \varphi_{vd})] \cdot [1 + 1{,}5\varphi_{vd}\eta_d/(\eta_d + \eta_c)] \tag{18.43}$$

verwendet werden.

Maßstabsübertragung beim Dispergieren Bei der Maßstabsvergrößerung wird darauf gezielt, in Modellversuchen (Mod) die gleichen Sauterdurchmesser wie in der technischen Hauptausführung (HA) zu erhalten. Ausgehend von der Proportionalität $d_{32}/d \sim We^{-0,6}$ gemäß (Gl. 18.41) folgt für die Maßstabsübertragung das Übertragungskriterium[2]:

$$(d_{32}/d) \cdot We^{0,6} = d_{32}(\rho_c/\sigma)^{0,6}(n^3 d^2)^{0,4} = idem. \tag{18.44}$$

Daraus ergibt sich die Übertragungsregel für die Betriebsdrehfrequenz der Hauptausführung n_{HA} aus der in Modellversuchen ermittelten Modelldrehfrequenz n_{Mod} zu:

$$n_{HA} = n_{Mod}\left(\frac{D_{HA}}{D_{Mod}}\right)^{-2/3}. \tag{18.45}$$

[2] Der Begriff *idem* bedeutet, dass die dimensionslosen Größen den gleichen Zahlenwert besitzen.

Wird in dem Übertragungskriterium der Ausdruck n^3d^2 durch den für den turbulenten Strömungsbereich gültigen äquivalenten Ausdruck $P/\rho V$ ersetzt, so folgt die Beziehung

$$d_{32}(\rho^{0,2}/\sigma^{0,6})(P/V)^{0,4} = idem, \tag{18.46}$$

welche besagt, dass die gleiche mittlere Tropfengröße und damit die gleiche volumenbezogene Phasengrenzfläche a erhalten bleibt, wenn im Modell wie in der Großausführung die gleiche volumenbezogene Rührerleistung P/V aufgewendet wird.

Stoff- und Wärmeaustausch Der Stofftransport in Flüssig/flüssig-Systemen weist zwei mögliche Widerstände auf. Einerseits ist der Transport in der Grenzschicht der kontinuierlichen Phase, die um die Tröpfchen herum vorliegt, zu berücksichtigen, gekennzeichnet durch den Stoffübergangskoeffizienten β_c. Dieser hängt von der Fluiddynamik, der Tropfengröße und den Stoffwerten der kontinuierlichen Phase ab. Andererseits muss auch der Transport in dem Tropfen berücksichtigt werden (s. Abschn. 7.5), der vielfach geschwindigkeitsbestimmend ist.

Stoffübergangskoeffizienten β_c sind in vielen Arbeiten vermessen worden. Von (Skelland und Jai Moon Lee 1981) wurde folgende Beziehung auf Basis einer experimentellen Untersuchung mitgeteilt:

$$\frac{\beta_c}{\sqrt{n D_{AB}}} = 2{,}3 \cdot 10^{-7} \mathrm{Re}^{1,39} \varphi_v^{-0,53} \left(\frac{d}{D}\right)^{0,7}. \tag{18.47}$$

Diese Gleichung wird auch durch theoretische Betrachtungen bestätigt.

18.3 Statische Mischer

Bei kontinuierlich betriebenen Großanlagen werden ineinander lösliche Flüssigkeiten oft in den Rohrleitungen selbst vermischt. Da die Homogenisierwirkung einer turbulenten Rohrströmung nicht sonderlich intensiv ist – bei Flüssigkeitsgemischen ohne Dichteunterschiede bedarf es einer Rohrstrecke von etwa 50 … 100 Rohrdurchmessern, damit die relativen Konzentrationsschwankungen auf 1 % herabgesetzt werden (Hartung und Hiby 1972) – verbessert man die Mischwirkung damit, dass sogenannte *statische Mischer* eingebaut werden. Diese Mischer verfügen über keine beweglichen Teile, sondern erreichen ihre Mischwirkung durch das wiederholte Auftrennen, Verschieben und erneute Zusammenführen von Flüssigkeitsteilströmen. Dieser Mischungsmechanismus, der unter laminaren Strömungsbedingungen der entscheidende ist, ist typisch für das *distributive Mischen.* Die statischen Mischer bilden parallel verlaufende Strömungskanäle, die zunächst die Aufteilung des Fluidstroms bewirken. Anschließend werden die Teilströme nun in anderer geometrischer Anordnung wieder vereint. Die Abb. 18.24 verdeutlicht schematisch den Mischvorgang am Beispiel des Multiflux-Mischers, mit dem erstmalig (Sluitjers 1965) dieses

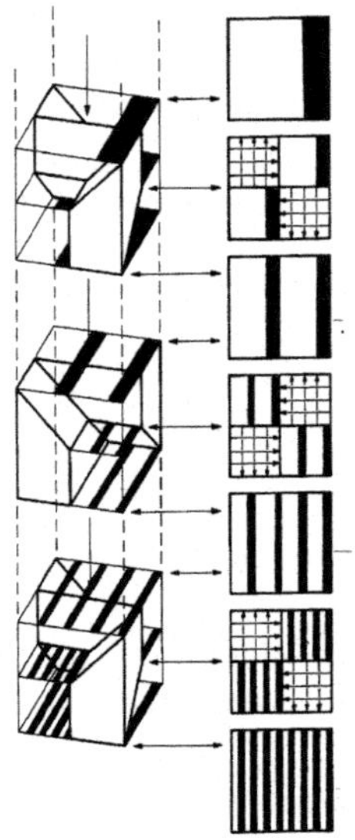

Abb. 18.24 Multiflux-Mischer mit Mischungsablauf. (Aus (Streiff 2003) nach (Schilo und Ostertag 1972))

Prinzip technisch umgesetzt wurde. Natürlich tritt ein distributiver Mischvorgang nicht in dieser isolierten Form allein auf. In jeder Strömung mit Reibungseinfluss werden Fluidelemente auch deformiert. Durch statische Mischer wird der *Queraustausch* intensiviert, während die axiale Durchmischung annähernd unverändert bleibt. Gegenüber dynamischen Mischern operieren sie wartungsärmer; die Investitions- und Betriebskosten sind geringer (Schütz und Grosz-Röll 1978); das Produkt wird mechanisch weniger beansprucht; es ist meist kein zusätzlicher Platzbedarf erforderlich, da statische Mischer in vorhandene Rohrsysteme eingebaut werden können.

Zuerst wurden statische Mischer für die laminare Vermischung (vielfache Schichtenbildung wie beim Multiflux-Mischer) hochviskoser Schmelzen in der Faserindustrie entwickelt. Zwischenzeitlich wurde eine Vielzahl unterschiedlichster Mischer auch für turbulente Mischaufgaben entwickelt. Einige Grundtypen zeigt Abb. 18.25. Den Mischvorgang veranschaulicht Abb. 18.26 exemplarisch für einen SMX-Mischer. Die Zunahme der gebildeten Schichten mit steigender Mischerlänge wird durch Epoxidharzschnittbilder deutlich. In dem Mischer wurden zwei unterschiedlich gefärbte Epoxidharzströme gemischt, und nach dem Aushärten des Mischerinhalts wurden die dargestellten Schnitte erstellt.

18.3.1 Druckverlust

Die Energie, die für die vielfachen Strömungsumlenkungen erforderlich ist, wird der Strömung in Form von Druckenergie entnommen. Wesentlich für den Einsatz statischer Mischer ist daher die zur Erzielung einer bestimmten Mischgüte notwendige

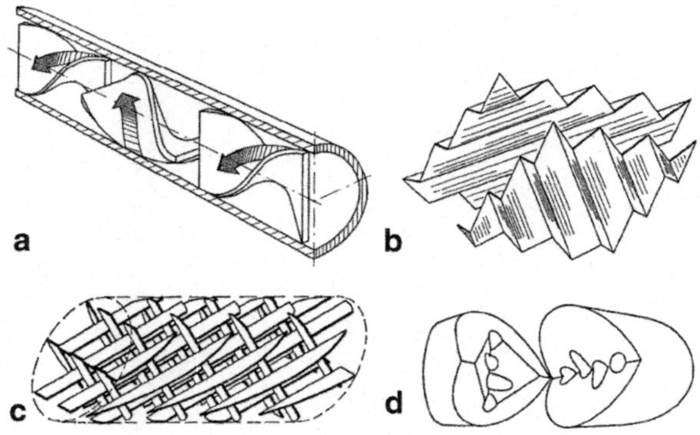

Abb. 18.25 Bauformen statischer Mischer: **a** Wendel-(Kenics)-Mischer; **b** SMV-Mischer; **c** SMX-Mischer und **d** Ross-ISG-Mischer. (In (Zlokarnik 1999) aus (Pahl und Muschelknautz 1979))

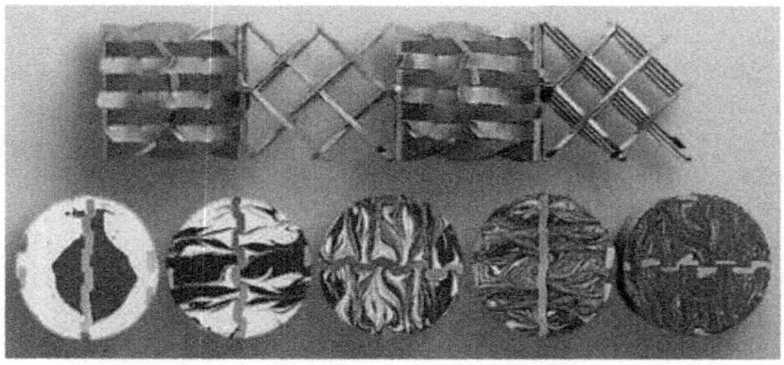

Abb. 18.26 Epoxidharzschnittbilder des SMX-Mischers. (Fa. Koch-Glitsch AG, Winterthur)

Energie. Die Mischgüte und der Druckverlust hängen bei vorgegebener Strömungsgeschwindigkeit entscheidend von der Länge des statischen Mischers und seiner Geometrie ab. Der Druckverlust berechnet sich analog zur Rohrströmung gemäß

$$\frac{\Delta p}{\rho \overline{w}^2/2} \frac{D}{L} = \zeta(\mathrm{Re}_D, Geometrie), \tag{18.48}$$

mit $\overline{\mathrm{w}} = 4\dot{\mathrm{V}}/(\pi\, \mathrm{D}^2)$ und $\mathrm{Re_D} = \overline{\mathrm{w}}\, \mathrm{D}/\nu$.

Der Zusammenhang zwischen dem Druckverlustbeiwert ζ und der Reynoldszahl kann für jeweils einen Mischertyp als

$$\zeta = \frac{C_{lam}}{Re_D} + C_{turb} \tag{18.49}$$

dargestellt werden. Bei turbulenter Strömung wird $\zeta = \mathrm{C_{turb}}$. Der Übergang von laminarer zu turbulenter Strömung setzt durch Einbauten bereits bei $\mathrm{Re_D} \approx 200$ ein. Bei laminarer Strömung ($\mathrm{Re_D} < 20$) wird $\zeta \times \mathrm{Re_D} = \mathrm{C_{lam}}$. Vergleicht man den Druckabfall bei laminarer Strömung mit dem leeren Rohr (Hagen-Poiseuille-Gleichung (5.7)), erhält man das Druckverlustvielfache $\mathrm{z} = \mathrm{C_{lam}}/64$. Abb. 18.27 zeigt die Druckverlustcharakteristik für die statischen Mischer nach Abb. 18.25 im Vergleich zum leeren Rohr.

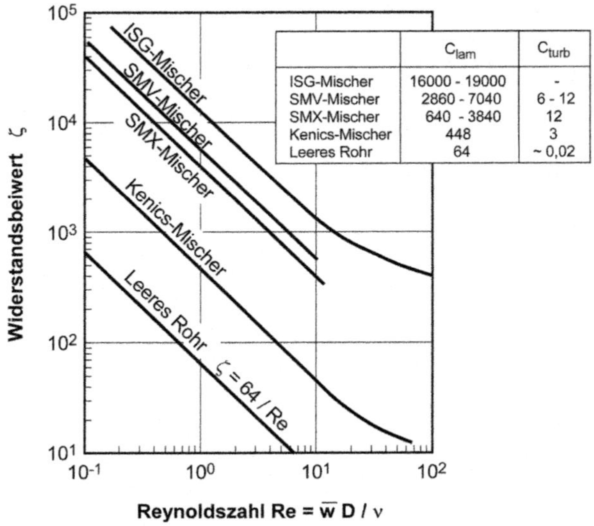

Abb. 18.27 Druckverlustcharakteristik $\zeta\,(Re_D)$ einiger statischer Mischer. (Nach Pahl und Muschelknautz 1979)

18.3.2 Mischgüte[3]

Üblicherweise wird als Mischgütemaß der *Variationskoeffizient* $\sigma/\overline{c}$ verwendet, der als Verhältnis der Standardabweichung σ zur mittleren Konzentration $\overline{c}$ definiert ist (s. Gl. 4.5) für die mittlere Abweichung):

$$\frac{\sigma}{\overline{c}} = \frac{\sqrt{\overline{(c-\overline{c})^2}}}{\overline{c}}. \qquad (18.50)$$

Ein System wird bei $\sigma/\overline{c} < 0{,}05$ üblicherweise als homogen angesehen (Grosz-Röll 1980). Dieser Wert ist allerdings willkürlich und unzureichend beispielsweise bei der Vermischung von Farben bis zur optischen Einheitlichkeit, für die der Variationskoeffizient kleiner als 0,01 sein muss. Bei der Extrusion von Kunststoffen werden z. T. noch kleinere Werte für die Temperaturhomogenität benötigt.

Die Abhängigkeit des Variationskoeffizienten und damit der Mischgüte von der bezogenen Mischerlänge L_m/D wird durch folgenden Zusammenhang beschrieben:

$$\frac{\sigma}{\overline{c}} = b \cdot \exp\left(-Z'\frac{L_m}{D}\right), \qquad (18.51)$$

wobei b und Z′ anzupassende Konstanten darstellen. Diese Beziehung gilt sowohl für turbulente als auch laminare Strömungen. In erster Näherung kann unter laminaren Bedingungen angenommen werden, dass b nur vom Verhältnis der zu mischenden Volumenströme abhängt. Dagegen wird Z′ ausschließlich durch die Mischergeometrie beeinflusst. Werte der Parameter b und Z für kommerzielle statische Mischer finden sich bei (Nauman et al. 2002).

[3] (s. auch Abschn. 4.2.1).

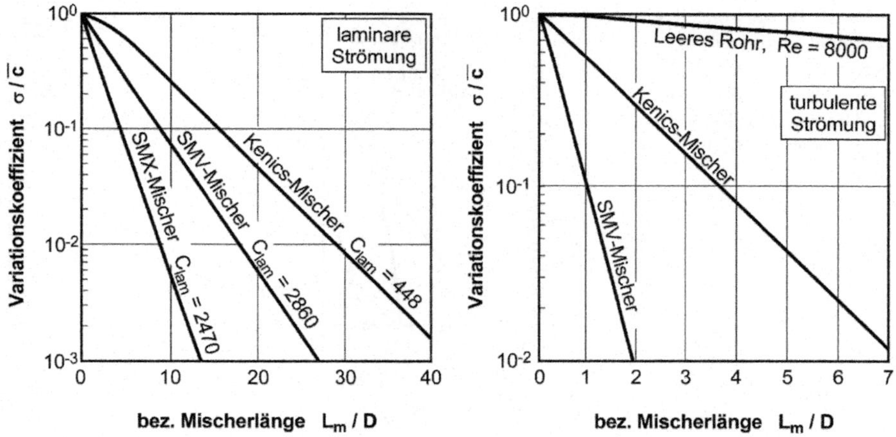

Abb. 18.28 Variationskoeffizient $\sigma/\bar{c}$ oft verwendeter statischer Mischer bei laminarer (*links*) und turbulenter (*rechts*) Strömung in Abhängigkeit von der bezogenen Mischerlänge L_m/D. (Nach (Zlokarnik 1999) aus (Streiff 2003, Henzler 1992))

In Abb. 18.28 ist der Variationskoeffizient einer Reihe statischer Mischer als Funktion des L_m/D-Verhältnisses bei laminarer (links, mit Angabe der Konstanten C_{lam} für den jeweiligen Mischertyp) und turbulenter Strömung (rechts) aufgetragen. Die Abnahme des Variationskoeffizienten mit dem Längenverhältnis L_m/D erfolgt gemäß (Gl. 18.51) exponentiell. Lediglich im Bereich der beiden ersten Mischelemente, in denen die Schichtdicken noch groß im Vergleich zur Probengröße sind, ergibt sich ein etwas anderer Zusammenhang. Die Darstellungen verdeutlichen, dass sich die Mischerlänge durch Anheben des Verhältnisses $\Delta p/\overline{w} \sim C_{lam}$ für eine gegebene Mischgüte verkürzen lässt. Allerdings stellt der dargestellte SMV-Mischer eine Ausnahme dar, datrotz eines hohen Werts von C_{lam} die erforderliche Mischerlänge diejenige des SMX-Mischers übersteigt. Diesliegt daran, dass der SMV für turbulente Anwendungen gestaltet ist und seine große Oberfläche unter laminaren Bedingungen zu relativ schlechten Mischerergebnissen führt. Ausführlichere Hinweise auf die Berechnung der Mischgüte finden sich z. B. bei (Streiff 2003).

Grundsätzlich wird unter turbulenten Bedingungen die Homogenität ($\sigma/\bar{c} < 0{,}01$) mit kurzen Mischerlängen ($L_m/D = 2 - 8$) erreicht. Bei laminarer Strömung sind die erforderlichen Mischerlängen dagegen um den Faktor 4 – 8 länger.

In Reaktionssystemen ist die Kenntnis der mittleren Verweilzeit sowie der Verweilzeitverteilung von hoher Bedeutung (s. Kap. 4). Das breite Verweilzeitspektrum der laminaren Rohrströmung kann durch statische Mischer wesentlich eingeengt werden. Die Verweilzeitverteilung von SMX- und Kenics-Mischern entspricht derjenigen einer Rührkesselkaskade (s. Abschn. 4.3) mit ca. 20 Kesseln; für SMV-Mischer ergeben sich etwa 5 Kessel. Für einen weiteren Vergleich stellt Abb. 18.29 Verweilzeitverteilungen der gerade erwähnten Mischer denjenigen anderer Systeme, wie dem laminar durchströmten Rohr oder einer aus Raschigringen bestehenden Feststoffschüttung, gegenüber.

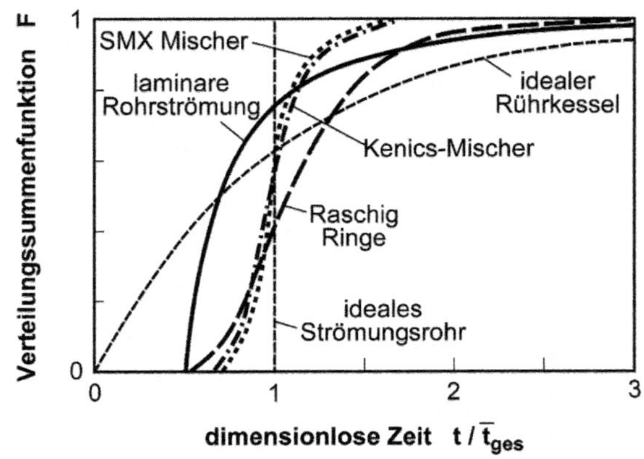

Abb. 18.29 Verweilzeitverteilungen laminarer Strömungen im Vergleich zum idealen Strömungsrohr und dem idealen Rührkessel. (Kraume et al. 2010)

18.4 Mikromischer[4]

Der Begriff mikrofluides System bezieht sich auf Systeme, bei denen die Größenordnung der charakteristischen Längen im Mikrometerbereich liegt. In diesen Systemen ist der Mikromischer die wichtigste Komponente (Elmabruk et al. 2008). Mikromischer sind im Bereich der chemischen, biologischen und medizinischen Analytik sehr verbreitet, wo diese sogenannten Mikroanalysesysteme die Vorteile kleiner Probe- und Reagenzmengen, geringen Zeitbedarfs, niedriger Kosten sowie eines hohen Durchsatzes aufweisen (Nguyen und Wu 2005). Mikromischer werden weiterhin eingesetzt, um herkömmliche Mischaufgaben u. a. in reagierenden Systemen, bei der Gasabsorption, der Emulgierung und dem Aufschäumen zu erfüllen (Hessel et al. 2005). Hier führen die großen volumenspezifischen Oberflächen ($>10{,}000\,m^2/m^3$) bei Systemen mit strukturierten Oberflächen zu einer Effizienz des Wärme- und Stoffübergangs, die diejenige in konventionellen Reaktoren um mehrere Größenordnungen übersteigt. Im Hinblick auf chemische Reaktionen stellen höhere Reaktionsumsätze, reduzierte Reaktionszeiten, verringerte Nebenproduktbildungen, die prozessimmanente Sicherheit sowie die Nutzung völlig neuer Prozessverläufe einige der Vorteile dar, die mit der Verwendung von mikrofluiden Systemen verbunden sind (Kakuta et al. 2001). Während der Schwerpunkt in diesem Abschnitt auf mischbare Flüssigkeiten gelegt wird, können Mikromischer auch zur Dispersion nicht mischbarer Phasen verwendet werden.

Als Folge der kleinen Dimensionen arbeiten Mikromischer i. Allg. im laminaren Strömungsregime, in dem die Vermischung hauptsächlich durch Diffusion erfolgt. Das Ziel des Mischens ist demzufolge die Verstärkung der Diffusion durch konvektives Mischen, die Vergrößerung der Grenzfläche zwischen den zu mischenden Phasen sowie die Vergrößerung von Konzentrationsgradienten. Weiterhin werden die Weglängen für die Difusion durch die Verringerung der Schichtdicken verkleinert.

[4] nach (Kraume et al. 2010).

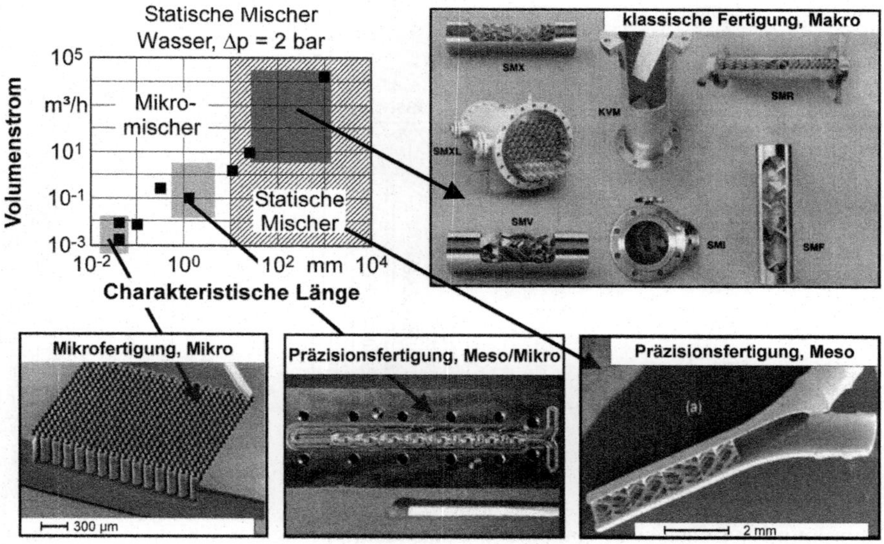

Abb. 18.30 Durchsatzbereiche und Abmessungen von Mikromischern und statischen Mischern. (Nach Bayer et al. 2003)

Dadurch kann schnelles diffusives Mischen innerhalb von etwa 100 µs erreicht werden (Elmabruk et al. 2008). Im Allgemeinen werden mit Mischerlängen im Bereich von mm bis cm Mischzeiten in der Größenordnung von ms bis s erreicht (Nguyen und Wu 2005; Hessel et al. 2005). Anders als im makroskopischen Bereich wird die viskose Dissipation in Mikrokanälen mit Abmessungen unter 100 µm so entscheidend, dass sie nicht vernachlässigt werden kann. In diesem Fall müssen der Temperaturanstieg und die damit verbundene Änderung der Stoffeigenschaften berücksichtigt werden (Elmabruk et al. 2008).

18.4.1 Einteilung

Mikromischerelemente (verwendet in der Analytik), Mikromischer (Labormaßstab) und Mischer mit mikrostrukturierten Oberflächen (Pilotmaßstab) weisen typischerweise eine große Bandbreite von Durchsätzen auf, weshalb sie den gesamten Strömungsbereich bis hin zu den konventionellen statischen Mischern abdecken und daher in der Analytik bis hin zur chemischen Produktion einsetzbar sind. Wie in Abb. 18.30 illustriert, lässt sich eine grobe Einteilung der Mischerklassen anhand der charakteristischen Längen vornehmen: < 0,1 mm (< 1 L/h), etwa 1 mm (10 L/h–100 L/h) und > 1 mm (100 L/h–10 m^3/h). Wenn sie an der Obergrenze des Durchsatzes betrieben werden, können mikrostrukturierte Mischer zur Prozessintensivierung eingesetzt werden (Hessel et al. 2005). Für diese ist eine modulare

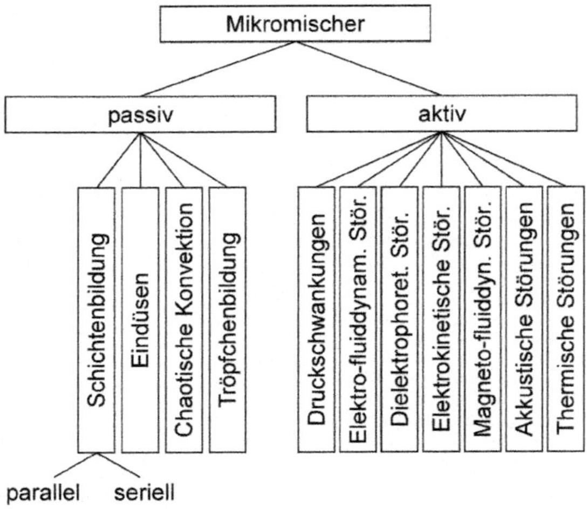

Abb. 18.31 Einteilung in aktive und passive Mikromischer. (Nach Nguyen und Wu 2005)

Anordnung erstrebenswert, um eine Maßstabsübertragung durch einfache Erhöhung der Mischerzahl („numbering-up") realisieren zu können.

Die wichtigste Einteilung von Mikromischern stellt jene in passive und aktive Apparate dar (s. Abb. 18.31). Bei passiven Mikromischern wird keine externe Energie für den Mischvorgang benötigt, da die notwendige Energie dem strömenden Fluid entzogen wird. Dieses Konzept ist in Ausführung und Regelung einfacher als das der aktiven Mikromischer, die eine externe Energiequelle erfordern. Passive Mikromischer basieren häufig auf dem Prinzip der Schichtenbildung, bei dem durch Verminderung der Schichtdicken die Phasengrenzfläche vergrößert und der Diffusionsweg verringert wird. Das kann entweder durch parallel oder seriell geschaltete Schichtbildung erreicht werden. Die einfachste parallele Schichtbildung kann mit T- oder Y-Mischern erreicht werden (Abb. 18.32a), die in ihrer Außenform den konventionellen T-Mischern ähnlich sind. Jedoch ist zu beachten, dass diese lediglich zwei Schichten erzeugen, sodass die Mischwege vergleichbar lang bleiben.

Mehrfache parallele Schichtenbildung wird durch Aufspalten und Rekombination von Lösungsmittelströmen und zu lösenden Strömen in n parallele Teilströme erreicht (Abb. 18.32b). Ein ähnliches Prinzip zur Erzeugung multipler Ströme stellt die Eindüsung von einem oder mehreren Teilströmen in einen Hauptstrom dar (Abb. 18.32c). Der Effekt der parallelen Schichtenbildung kann durch fluiddynamische Fokussierung weiter intensiviert werden, was durch eine Verengung des Strömungsquerschnitts erreicht wird (Abb. 18.32d). Serielle Schichtenbildung wird grundsätzlich durch drei Schritte erreicht (Hessel et al. 2005): Aufspaltung, Rekombination und Neuordnung des Stroms (Abb. 18.32e). Werden interne 3D-Strukturen verwendet, sind diese sogenannten Split- and Recombine Mixers (SAR) den herkömmlichen statischen Mischern sehr ähnlich. Ein weiterer Mechanismus zur Verbesserung der Durchmischung ist die Erzeugung chaotischer Konvektionsströme, die im Wesentlichen einen exponentiellen Anstieg der Phasengrenzfläche bei gleichzeitiger Abnahme der Schichtdicke bewirken. Dies kann durch die Platzierung

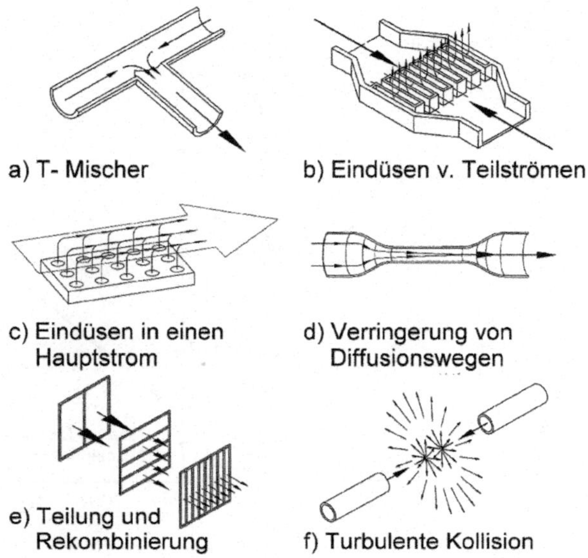

Abb. 18.32 Schematische Darstellung ausgewählter Prinzipien passiver Mikromischer. (Nach Hessel et al. 2005)

mikrostrukturierter Teile im Mikrokanal wie beispielsweise Fischgrät-Strukturen erreicht werden (Stroock et al. 2002). Mäandrierende oder zickzack-förmige Kanäle sind ebenfalls bekannt dafür, Sekundärströmungen zu induzieren, beispielsweise Rezirkulationen, die ab einer bestimmten Strömungsgeschwindigkeit das Mischverhalten effizient begünstigen (Mengeaud et al. 2002). Das Mischen durch turbulente Kollision kann durch das Zusammentreffen zweier Strahlen, die durch Düsen geformt werden (Abb. 18.32f), erreicht werden. Dieses Tropfen-Mikromischer-Design nutzt die Tatsache, dass die Tropfenbildung den Mischungsweg verringert (Nguyen und Wu 2005).

Bei aktiven Mikromischern werden zahlreiche Energiequellen zur Aktivierung eingesetzt (s. Abb. 18.31). Diese beinhalten Störungen des Druckfeldes durch periodische Strömungsänderung, elektro- oder magneto-fluiddynamische Störungen, dielektrophoretische, elektrokinetische, akustische oder thermische Störungen (Nguyen und Wu 2005). Außerdem können auch stark verkleinerte Rührer verwendet werden (Hessel et al. 2005).

Im Vergleich zu den passiven Mikromischern weisen die aktiven Apparate einige Nachteile auf, wie einen komplexeren Herstellungsprozess, hohe Kosten für die aktive Regelung sowie generell einen hohen Energiebedarf. Zudem können einige aktive Mischmechanismen biologische Zellen schädigen, sodass diese nicht mehr für biologische Prozesse geeignet sind. Dementsprechend wird der Gebrauch passiver Mischer i. Allg. bevorzugt (Elmabruk et al. 2008; Nguyen und Wu 2005).

Detaillierte Übersichten und weitere Informationen über verschiedene Mischergeometrien sowie -prinzipien finden sich z. B. in (Nguyen und Wu 2005; Hessel et al. 2005).

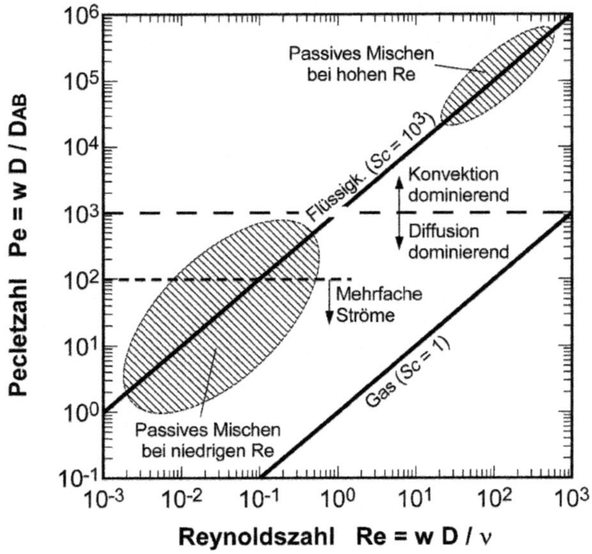

Abb. 18.33 Typische Betriebsbereiche für Mikromischer. (Nach Nguyen und Wu 2005)

18.4.2 Arbeitsbereiche von Mikromischern

Die Arbeitspunkte von Mikromischern fallen in die Bereiche von $Pe \approx Re$ (für Gase: $Sc \approx 1$) sowie $Pe \approx 1000\ Re$ (für Flüssigkeiten: $Sc \approx 1000$), abhängig davon, ob Gase oder Flüssigkeiten gemischt werden (Abb. 18.33). Während passive Mikromischer entweder bei niedrigen Peclet- und Reynoldszahlen oder bei hohen Peclet- und Reynoldszahlen im Übergangsbereich zur Turbulenz arbeiten, decken die auf Basis der chaotischen Konvektion arbeitenden Mischer sowie aktive Mischer einen großen Bereich von Reynoldszahlen ab. Überdies ist das Mischen mit chaotischer Konvektion nicht von der Pecletzahl abhängig. Passive Schichtmischer mit zahlreichen Strömen sind typischerweise diffusionsdominiert und arbeiten bei Pecletzahlen von $Pe < 100$. Im Allgemeinen ist die Dominanz der Diffusion bis etwa $Pe \approx 1000$ vorherrschend (Nguyen und Wu 2005).

18.5 Verständnisfragen

1. Welche Aufgabe versteht man unter dem Begriff Mischen?
2. Für welche typischen Aufgabenstellungen werden Rührbehälter eingesetzt?
3. Durch die Wirkung welcher Kräfte ergibt sich die Oberflächenneigung bei einer Trombe?
4. Erläutern Sie die Strömungsstruktur in einem Rührbehälter im laminaren Strömungsbereich.

5. Skizzieren Sie die typische Leistungscharakteristik eines Rührers, und erläutern Sie die unterschiedlichen Bereiche.
6. In welcher Größenordnung liegen Newtonzahlen der häufig verwendeten Rührer im turbulenten Zustand?
7. Erläutern Sie die Vorgehensweise zur Ermittlung des Leistungsbedarfs bei nicht-Newtonschen Flüssigkeiten.
8. Skizzieren Sie die Abhängigkeit des Produkts $n \cdot \theta$ von der Rührerreynoldszahl.
9. Wie können Mischzeiten bei verschiedenem Mischungsgrad ineinander umgerechnet werden?
10. Welche Suspendierzustände treten bei der Aufwirbelung von Feststoff im Rührbehälter auf?
11. Wie ändert sich der Leistungseintrag durch einen Rührer bei Anwesenheit von Feststoff?
12. Wie berechnet sich die Sinkleistung eines Partikelschwarms?
13. Welchen Zustand kennzeichnet der Flutpunkt?
14. Wie ändert sich der Leistungseintrag durch einen Rührer bei Begasung?
15. Wie ändert sich die Konzentration in der Gasphase bei gerührten Gas/Flüssigkeits-Systemen?
16. Wie ist der Sauterdurchmesser definiert und welches Verhältnis kennzeichnet er?
17. Welche Proportionalität herrscht zwischen dem Sauterdurchmesser und der Drehfrequenz in gerührten Flüssig/flüssig-Systemen?
18. Welche Größe muss konstant gehalten werden, um in einem Flüssig/flüssig-System in einem Modellbehälter und einem großtechnischen Behälter die gleichen Sauterdurchmesser zu erhalten?
19. Erläutern Sie die Wirkungsweise statischer Mischer.
20. Skizzieren Sie die Druckverlustcharakteristik statischer Mischer.
21. Wie hängt der Variationskoeffizient von der Länge statischer Mischer ab?
22. Nach welchen Prinzipien arbeiten Mikromischer? Geben Sie jeweils zwei Beispiele an.
23. In welchen Arbeitsbereichen werden Mikromischer üblicherweise eingesetzt?

18.6 Aufgaben

1. Mit einem SMX-Mischer soll ein Pigment-Masterbatch mit 120 kg/h ($\rho = 1200\,kg/m^3$) in 900 kg/h ($\rho = 1000\,kg/m^3$) eines Polymers eingemischt werden.[5] Die maximal zulässige Konzentrationsabweichung im Endprodukt beträgt 0,1 Gew.-%. Die Viskosität der Ausgangsstoffe und der Mischung beträgt 10 Pas. Für zwei unterschiedliche Mischerdurchmesser von 50 mm und 80 mm sollen folgende Größen bestimmt werden:

   a. notwendige Mischerlänge,
   b. mittlere Strömungsgeschwindigkeit,

[5] Nach (Streiff 2003).

c. Druckverlust über den gesamten Mischer,
d. erforderliche Leistung.

2. Zwei zähflüssige Komponenten sollen in einem Rührbehälter mit vier Stromstörern und D = 1 m homogenisiert werden. Die homogene Mischung besitzt eine dynamische Viskosität von 1,5 kg/(ms) und eine Dichte von 1070 kg/m³. Die angestrebte Mischgüte beträgt 99,5 %. Als Rührer stehen ein Propeller- sowie ein Scheibenrührer (Geometrie entsprechend Abb. 18.7) zur Verfügung. Die angestrebte Mischzeit beträgt 100 s.

   Bestimmen Sie für beide Rührer den notwendigen Leistungseintrag.

3. Ein emaillierter Rührkesselreaktor (D = 1,76 m) ist mit einem Impellerrührer (gem. Abb. 18.7 mit d = 1,17 m) ausgerüstet, der mit $n = 90\,\text{min}^{-1}$ betrieben wird. Die Reaktorflüssigkeit besitzt folgende Stoffdaten: $\rho = 1496\,\text{kg/m}^3$, $\eta = 1{,}85 \times 10^{-3}$ kg/(ms), $c_P = 2303$ J/(kgK) und $\lambda = 0{,}488$ W/(mK).[6] Die Schichtdicke des Emails beträgt 1,3 mm mit einer Wärmeleitfähigkeit von 1,16 W/(mK). Die Stahlwand besitzt eine Dicke von 20 mm bei einer Wärmeleitfähigkeit von 52 W/(mK). Der Behälter ist mit einem Doppelmantel ausgeführt und muss gekühlt werden mit einer mittleren Temperaturdifferenz von 60 K. Der Wärmeübergangskoeffizient im Mantelraum beträgt 1000 W/(m²K). Die Konstante C_{turb} des Impellerrührers besitzt einen Wert von 0,33.

   a. Wie groß ist der Leistungseintrag durch den Rührer?
   b. Bestimmen Sie den Wärmeübergangskoeffizienten α_i an der Behälterinnenwand. (Der Einfluss des Viskositätsverhältnisses η/η_{Tw} kann vernachlässigt werden.)
   c. Berechnen Sie den Wärmedurchgangskoeffizienten.
   d. Wie groß ist der gesamte abführbare Wärmestrom und wie groß der Reaktionswärmestrom?

4. Für eine Suspension aus gleich großen Aluminiumhydroxidkugeln ($d_P = 0{,}1$ mm, $\rho_p = 2400\,\text{kg/m}^3$) mit einem Feststoffvolumenanteil von 30 % soll ein Rührwerk ausgelegt werden. Als Rührer wird ein MIG mit Strombrechern eingesetzt. Der Rührbehälter soll einen Durchmesser von 10 m besitzen, die Füllhöhe soll 10 m betragen. Die reine Flüssigkeit besitzt eine Dichte von 1300 kg/m³ und eine dynamische Viskosität von 10^3 kg/(ms).

   Im Vorfeld der Auslegung wurden Versuche an einem geometrisch ähnlichen Technikumsrührwerk (Behälterdurchmesser 0,5 m) mit dem Kriterium der vollständigen Suspension durchgeführt. Die hierfür erforderliche Drehfrequenz betrug $1{,}61\ \text{s}^{-1}$ und der massenspezifische Leistungseintrag $\bar{\varepsilon} = 0{,}143\,\text{W/kg}$. Zur Auslegung der Hauptausführung sollen folgende Scale-up-Kriterien verwendet werden:

[6] Nach (Judat und Sperling 2003).

a. konstante Rührerumfangsgeschwindigkeit $w_{tip} = \pi \cdot n \cdot d$
b. Proportionalität der massenspezifischen Rührerleistung

$$\overline{\varepsilon} \sim D^{-1} \quad mit \quad \overline{\varepsilon} = \frac{P}{M}.$$

Bestimmen Sie die Rührerleistung der Hauptausführung für beide Scale-up-Kriterien.

5. Ein flachbödiger Rührbehälter (D = 1 m, H = 1 m), der mit vier Stromstörern und einem Scheibenrührer (Geometrie nach Abb. 18.7) ausgerüstet ist, wird mit Wasser gefüllt und belüftet.[7] Die Gasleerrohrgeschwindigkeit beträgt 0,015 m/s und die Rührerdrehfrequenz $380\,min^{-1}$.

   a. Bestimmen Sie den Leistungseintrag.
   b. Befindet sich das System im Bereich der Überflutung?
   c. Bestimmen Sie den volumenbezogenen Stofftransportkoeffizienten, die spezifische Phasengrenzfläche und aus diesen beiden Größen den Stoffübergangskoeffizienten.
   d. Berechnen Sie zum Vergleich zu c) den Stoffübergangskoeffizienten aus den Stoffdaten ($D_{AB} = 2 \times 10^{-9} m^2/s$).

6. Der volumenbezogene Stoffdurchgangskoeffizient β_f a im begasten Rührbehälter kann u. a. mit einer dynamischen Messmethode bestimmt werden. Hierbei wird die Ab- oder Desorption von O_2 in oder aus Wasser bzw. wässrigen Lösungen mit einer Messsonde verfolgt. Mit Stickstoff wird zunächst der gelöste Sauerstoff aus der Flüssigkeit gestrippt. Anschließend wird ein konstanter Luftstrom eingestellt und der Anstieg der O_2-Konzentration in der Flüssigphase gemessen. Aus der zeitlichen Konzentrationsänderung kann über eine Massenbilanz $\beta_f a$ berechnet werden.

   Annahmen

   - ideale Vermischung in beiden Phasen
   - keine O_2-Abreicherung in der Gasphase
   - keine zeitliche Verzögerung des Aufbaus der Phasengrenzfläche
   - Vernachlässigung der Sondenträgheit

   Im Rahmen einer solchen Messung wurden für $v_g = 10$ cm/s mit einem Scheibenrührer folgende Messdaten ermittelt:

t in s	25	50	75	100	125	150	175	200
$c_{O_2}/c_{Sättigung}$	0,2	0,38	0,51	0,61	0,7	0,76	0,81	0,86

   Wie groß ist der volumenbezogene Stofftransportkoeffizient $\beta_f a$ dieser Versuchsreihe?

[7] Nach (Zehner 2003).

Literatur

Allgemein

Brauer H (1971a) Grundlagen der Einphasen- und Mehrphasenströmungen. Verlag Sauerländer, Aarau
EKATO (2000) Handbuch der Rührtechnik. 2. Aufl, EKATO Rühr- und Mischtechnik GmbH, Schopfheim
Kneule F (1986) Rühren. Dechema, Frankfurt am Main
Kraume M (Hrsg) (2003) Mischen und Rühren – Grundlagen und moderne Verfahren. Wiley-VCH Verlag, Weinheim
Liepe F, Sperling R, Jembere S (1998) Rührwerke. Eigenverlag Hochschule Köthen, Köthen
Paul EL, Atiemo-Obeng VA, Kresta SM (2004) Handbook of Industrial Mixing. John Wiley & Sons, Hoboken
Wilke HP, Weber Ch, Fries Th (1991) Rührtechnik; verfahrenstechnische und apparative Grundlagen. 2. Aufl, Hüthig Buch Verlag, Heidelberg
Zlokarnik M (1999) Rührtechnik. Springer, Berlin
Zlokarnik M (2002) Stirring. In: Ullmann's Encyclopedia of Industrial Chemistry, 7. Aufl, Wiley-VCH, Weinheim

Speziell

Bayer T, Himmler K, Hessel V (2003) Don't be baffled by static mixers. Chem Engng 110:50–57
Brauer H (1971b) Stoffaustausch. Verlag Sauerländer, Aarau
Calderbank PH (1958) Physical rate processes in industrial fermentation. Part I: The Interfacial Area in Gas-Liquid Contacting with Mechanical Agitation. Trans Instn Chem Engrs 36:443–463
Calderbank PH, Moo-Young MB (1961) The continuous phase heat and mass transfer properties of dispersions. Chem Eng Sci 16:39–54
Einenkel WD (1979) Beschreibung der fluiddynamischen Vorgänge beim Suspendieren im Rührwerk. VDI-Forschungsheft 595
Elmabruk AM, Ye M, Wang Y, Dai Y (2008) A State-of-the-Art Review of Mixing in Microfluidic Mixers. Chin J Chem Eng 16:503–516
Gaddis ES (2006) Wärmeübergang und Rührleistung in Rührbehältern. In: VDI-Wärmeatlas, 10. Aufl, Springer, Heidelberg, Ma 1–27
Grosz-Röll F (1980) Assessing homogeneity in motionless mixers. Int Chem Eng 20:542–549
Hartung KH, Hiby JW (1972) Beschleunigung der turbulenten Mischung in Rohren. Chem Ing Tech 44:1051–1056
Henzler HJ (1978) Untersuchungen zum Homogenisieren von Flüssigkeiten und Gasen. VDI-Forschungsheft 587, VDI-Verlag, Düsseldorf
Henzler HJ (1982) Verfahrenstechnische Auslegungsunterlagen für Rührbehälter als Fermenter. Chem Ing Tech 54:461–476
Herdl G (1982) Suspendieren. Fortschr d Verfahrenstechnik 20:137–162
Hessel V, Löwe H, Schönfeld F (2005) Micromixers – a review on passive and active mixing principles. Chem Eng Sci 60: 2479–2501
Judat H (1976) Zum Dispergieren von Gasen. Dissertation Universität Dortmund
Judat H, Sperling R (2003) Wärmeübergang im Rührkessel. In: Kraume M (Hrsg.): Mischen und Rühren – Grundlagen und moderne Verfahren. Wiley-VCH Verlag, Weinheim
Kakuta M, Bessoth FG, Manz A (2001) Microfabricated devices for fluid mixing and their application for chemical synthesis. Chem Rec 1:395–405

Kaye BH (1997) Powder Mixing. Chapman & Hall, London
Knoch A (2003) Rühren nicht-Newtonscher Flüssigkeiten. In: Kraume M (Hrsg.): Mischen und Rühren – Grundlagen und moderne Verfahren. Wiley-VCH Verlag, Weinheim
Kraume M, Zehner P (1992) Konzept zur Maßstabsübertragung beim Suspendieren im Rührbehälter. Chem Ing Tech 64:275–278
Kraume M, Merz C, Henzler HJ (2010) Continuous Mixing of Fluids. In: Ullmann's Encyclopedia of Industrial Chemistry, Wiley-VCH, Weinheim, DOI: 10.1002/14356007.b04_561.pub2
Maaß S, Wollny S, Voigt A, Kraume M. (2011) Experimental comparison of measurement technique for drop size distributions in liquid/liquid dispersions. Exp Fluids 50:259–269
Mengeaud V, Josserand J, Girault HH (2002) Mixing processes in a zigzag microchannel: finite element simulation and optical study. Anal. Chem. 74:4279–4286
Mersmann A, Einenkel WD, Käppel N (1975) Auslegung und Maßstabsvergrößerung von Rührapparaten. Chem Ing Tech 47: 953–964
Metzner AB, Otto RE (1957) Agitation of Non-Newtonian Fluids. AIChE J 3:3–10
Nauman EB, Kothari D, Nigam KDP (2002) Static mixers to promote axial mixing. Trans IChemE 80 (Part A):681–685
Nguyen NT, Wu Z (2005) Micromixers – a review. J Micromech Microeng 15:R1-R16
Pahl M (2003) Dynamische Mischer für hochviskose Medien. In: Kraume M (Hrsg.): Mischen und Rühren – Grundlagen und moderne Verfahren. Wiley-VCH Verlag, Weinheim
Pahl M, Muschelknautz E (1979) Einsatz und Auslegung statischer Mischer. Chem Ing Tech 51:347–364
Poggemann R, Steiff A, Weinspach PM (1979) Wärmeübergang in Rührkesseln mit einphasigen Flüssigkeiten. Chem Ing Tech 51:948–959
Schäfer M (2001) Charakterisierung, Auslegung und Verbesserung des Makro- und Mikromischens in gerührten Behältern. Diss. Univ. Erlangen
Schilo D, Ostertag K (1972) Vergleichende Untersuchung statischer Mischer. Verfahrenstechnik 6:45–47
Schütz G, Grosz-Röll F (1978) Ausnutzen rheologischer Phänomene bei statischen Mischern. Aus: Praktische Rheologie der Kunststoffe. VDI-Verlag, Düsseldorf
Schulze K, Ritter J, Kraume M (2000) Investigations of local drop size distributions and scale-up in stirred liquid-liquid dispersions. In: van den Acker HEA, Derksen JJ (Hrsg.): 10th European Conference on Mixing, Elsevier, Amsterdam
Skelland AHP, Jai Moon Lee (1981) Drop Size and Continuous-Phase Mass Transfer in Agitated Vessels. AIChE J 27:99–111
Sluitjers R (1965) Het principle van de multiflux menger. De Ingenieur 77, 15:33–36
Sommer K (2002) Mixing of solids. In: Ullmann's Encyclopedia of Industrial Chemistry, 7. Aufl, Wiley-VCH, Weinheim
Streiff F (1991) Statisches Mischen. In: VDI-Gesellschaft Kunststofftechnik (Hrsg.): Mischen von Kunststoff- und Kautschukprodukten. VDI-Verlag, Düsseldorf, S 351–392
Streiff F (2003) Statisches Mischen. In: Kraume M (Hrsg.): Mischen und Rühren – Grundlagen und moderne Verfahren. Wiley-VCH Verlag, Weinheim
Stroock AD, Dertinger SKW, Ajdari A, Mezic I, Stone HA, Whitesides GM (2002) Chaotic mixer for microchannels. Science 295:647–651
Todd DB (2002) Mixing of Highly Viscous Media. In: Ullmann's Encyclopedia of Industrial Chemistry, 7. Aufl, Wiley-VCH, Weinheim
Weinekötter R, Gericke H (1995) Mischen von Feststoffen. Springer, Heidelberg
Weinspach PM (1969) Hydrodynamisches Verhalten von Suspensionen im Rührgefäß. Chem Ing Tech 41:260–265
Zehner P (2003) Begasen im Rührbehälter. In: Kraume M (Hrsg.): Mischen und Rühren – Grundlagen und moderne Verfahren. Wiley-VCH Verlag, Weinheim
Zlokarnik M (1971) Trombentiefe beim Rühren in unbewehrten Behältern. Chem Ing Tech 43:1028–1030
Zlokarnik M (1973) Rührerleistung in begasten Flüssigkeiten. Chem Ing Tech 45:689–692

Kapitel 19
Blasensäulen

Blasensäulen sind im weitesten Sinne Apparate, in denen Gas in Form von Blasen mit einer kontinuierlichen Flüssigkeit in Kontakt gebracht wird. Das kann schon allein zur Vermischung der flüssigen Phase zweckmäßig sein. Viel häufiger jedoch werden Stoffe bei gleichzeitiger Änderung des Aggregatzustandes von der einen in die andere Phase transportiert. Das ist beispielsweise beim Lösen gasförmiger Reaktionskomponenten in der Flüssigkeit oder bei der Desorption (Strippen) flüssiger Reaktionsprodukte der Fall. Beide Vorgänge können auch simultan ablaufen. Fast immer findet dabei eine chemische oder biologische Umsetzung in der flüssigen Phase statt. Je nach Art der Aufgabenstellung kann es sinnvoll sein, durch besondere Maßnahmen den Stoffaustausch zwischen beiden Phasen zu intensivieren oder aber eine gezielte Verweilzeitverteilung einer oder beider Phasen anzustreben. In der Flüssigkeit können zusätzlich inerte, katalytisch wirksame oder reaktive Partikel suspendiert sein.

Technische Reaktoren haben für Massenprodukte 30 bis 300 m^3 Inhalt. Noch größere Blasensäulen bis zu 3000 m^3 Inhalt werden z. B. als Fermenter zur Protein-Erzeugung aus Methanol eingesetzt. Die größten Einheiten mit ca. 20.000 m^3 sind für die Abwasserreinigung gebaut worden.

Die Vermischung zweier oder mehrerer ineinander nur teilweise löslicher Phasen zählt zu den verfahrenstechnischen Grundoperationen. Entsprechend Abb. 19.1 können prinzipiell drei Grundverfahren unterschieden werden, wenn kein Eintrag mechanischer Energie wie z. B. im Rührbehälter erfolgt. Im einfachsten Fall entspricht die Blasensäule einer begasten Flüssigkeitssäule, in der sich bis auf die Begasungseinrichtung keinerlei Einbauten befinden. Wie in Abb. 19.1a gezeigt, steigt das am Boden zugeführte Gas in der Flüssigkeit auf und verlässt diese je nach Intensität der Stoffübertragung und der chemischen Umsetzung mehr oder weniger verbraucht. Immer dann, wenn das Abgas noch wertvolle Einsatzstoffe in hoher Konzentration enthält, bietet sich eine teilweise Rückführung in den Reaktor an. Diese *Kreisgasfahrweise* wirkt sich jedoch negativ auf den Konzentrationsverlauf in der Blasensäule aus, da das treibende Konzentrationsgefälle erniedrigt wird, und muss nach wirtschaftlichen Gesichtspunkten optimiert werden. Die Flüssigkeit wird mit großer Verweilzeit (vielfach in der Größenordnung von Stunden) entweder im

M. Kraume, *Transportvorgänge in der Verfahrenstechnik,*
DOI 10.1007/978-3-642-25149-8_19, © Springer-Verlag Berlin Heidelberg 2012

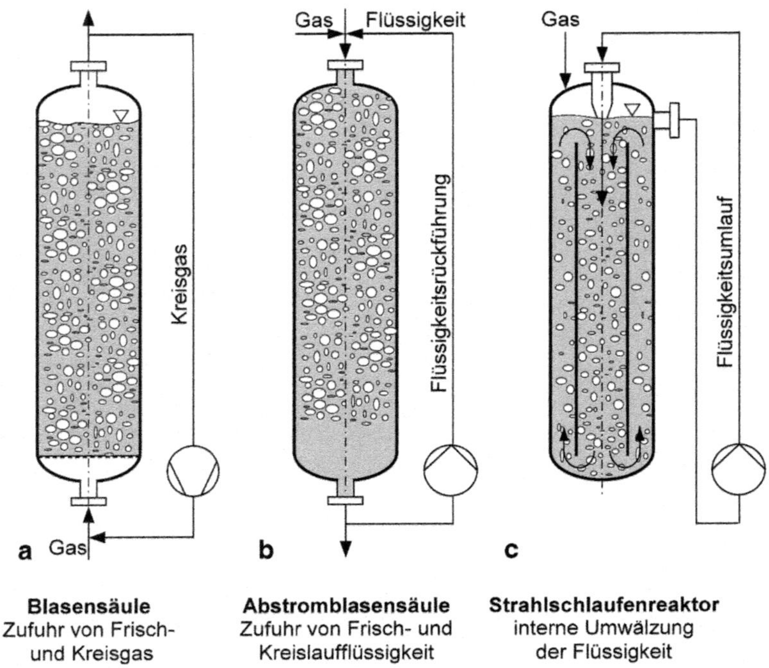

Abb. 19.1 Methoden der Vermischung von Gas und Flüssigkeit

Gegen- oder Gleichstrom zu der von unten nach oben gerichteten Gasströmung geführt. Die Verweilzeit der Gasphase wird davon nicht nennenswert beeinflusst und ist üblicherweise vergleichsweise klein (Größenordnung 10–100 s).

Größere Verweilzeiten der Gasphase können mit der in Abb. 19.1b skizzierten Abstromblasensäule erreicht werden. Die Flüssigkeit wird hier mit einer Geschwindigkeit von mehr als 20 cm/s von oben nach unten durch die Säule gepumpt. Dadurch wird das am Kopf zugeführte Gas nach unten gerissen und kann sogar nahezu in der Schwebe gehalten werden, bis es abreagiert. Die *Abstromblasensäule* kommt vor allem dann zum Einsatz, wenn große Flüssigkeitsvolumenströme mit kurzer Verweilzeit mit kleinen Gasvolumenströmen in Kontakt gebracht werden sollen. Nicht immer kann mit der dem Reaktor zugeführten Flüssigkeit die notwendige Geschwindigkeit erzeugt werden. Ähnlich wie das Gas bei der normalen Blasensäule kann hier die Flüssigkeit über einen externen Kreislauf zurückgeführt werden.

Beim *Schlaufenreaktor* (Abb. 19.1c) hingegen wird ein anderer Mechanismus ausgenutzt. Hier werden keine Volumenströme von Gas oder Flüssigkeit in Längsrichtung durch den Apparat geschleust, sondern direkt eine interne Zirkulationsströmung erzeugt. Für den Antrieb dieser Umlaufströmung kann beispielsweise auch ein Rührer eingesetzt werden. Bei dem am häufigsten eingesetzten Schlaufenreaktor, dem Strahlschlaufenreaktor, wird der Antrieb durch den Impuls eines schnellen Flüssigkeitsstrahls (ca. 10–30 m/s) erzeugt. Wie bei der Abstromblasensäule

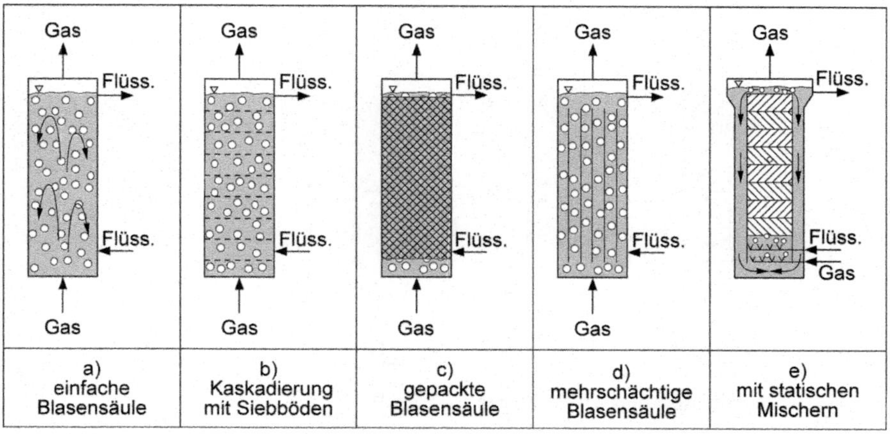

Abb. 19.2 Bauarten von Blasensäulen

erfolgt hier die Begasung von oben, in diesem Fall durch den Strahl. Die Blasen können nur dann im gesamten Reaktorvolumen verteilt werden, wenn die nach unten gerichtete Strömungsgeschwindigkeit der Flüssigkeit im Einsteckrohr größer als die Schlupfgeschwindigkeit des Blasenschwarms ist. Es muss also eine bestimmte Mindestanforderung an den Leistungseintrag gestellt werden.

Strahlschlaufenreaktoren werden in diesem Kapitel nicht behandelt. Zusammenfassende Darstellungen zu diesem Apparatetyp finden sich z. B. bei (Blenke 1979; Räbiger 1988; Middleton und Carpenter 2010).

Das Ziel des Kapitels besteht in der Vermittlung der erforderlichen Kenntnisse zur Charakterisierung und mathematischen Modellierung von Blasensäulenreaktoren. Dazu werden nach einigen konstruktiven Details die Fluiddynamik, der Energie- und Stofftransport sowie die Vermischung in Blasensäulen qualitativ und quantitativ beschrieben. Besondere Eigenschaften von Suspensionsblasensäulen, Airlift-Schlaufenapparten sowie Abstromblasensäulen werden gesondert betrachtet. Die Aufstellung und exemplarische Lösung der Modellgleichungen zur Beschreibung des Umsatzes in Blasensäulenreaktoren beschließt das Kapitel.

19.1 Blasensäulen mit und ohne Einbauten

19.1.1 Bauarten

Blasensäulen stellen sehr anpassungsfähige Gas/Flüssigkeits-Kontaktapparate dar, wie Abb. 19.2 anhand verschiedener Ausführungsformen verdeutlicht. Die einfachste Bauform einer Blasensäule (a) besteht aus einem senkrecht stehenden leeren Rohr. Das Gas wird am Boden zugeführt, und die Flüssigkeit wird durch den Apparat im Gleich- oder Gegenstrom geleitet. Nahezu in allen großtechnischen Anwendungen

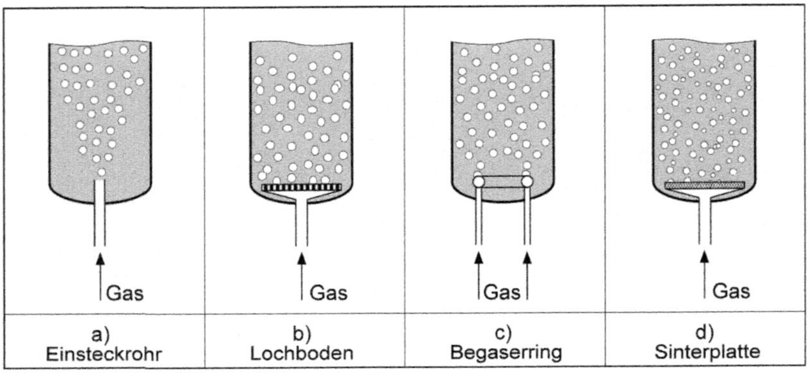

Abb. 19.3 Statische Begasungseinrichtungen

insbesondere im Bereich chemischer und biologischer Reaktoren wird eine Reihe von Modifikationen zur Anpassung an die spezifischen reaktionstechnischen Anforderungen genutzt. Die in der einfachen Blasensäule auftretende Rückvermischung (s. Abschn. 19.1.4) von Gas- und Flüssigphase sowie die ungleichmäßige Verteilung der Gasblasen über den Querschnitt kann durch Einbau von Böden (b) nachhaltig reduziert werden. Dies ist ebenfalls durch die Installation einer Packung (c) bzw. von Schächten (d) zu erreichen. Sämtliche Apparate können sowohl im Gegen- als auch im Gleichstrom arbeiten. Im Gegensatz zur Füllkörperkolonne liegt die Gasphase in Blasensäulen stets in disperser Form als Blasen vor. Zum Aufbau einer möglichst homogenen Blasenströmung können im Aufstromteil auch statische Mischelemente eingesetzt werden (e).

Gasdispergierung Das Ziel der Gasdispergierung durch entsprechende *Gasverteiler* besteht üblicherweise in der Erzeugung kleiner Blasen sowie deren gleichmäßiger Verteilung über den Apparatequerschnitt, um einen möglichst intensiven Stoffaustausch realisieren zu können. Die Bildung feiner Blasen ist vor allem bei *koaleszenzgehemmten* Stoffsystemen und im homogenen Strömungsbereich sinnvoll (s. Abschn. 19.1.2).

In den meisten Fällen werden die Gasblasen durch Poren oder Löcher oder im Scherfeld von Flüssigkeitsstrahlen erzeugt. Typische Formen von sogenannten *statischen* Begasungseinrichtungen, bei denen die Blasenbildung ohne Zufuhr zusätzlicher äußerer Energie erfolgt, zeigt Abb. 19.3. Die einfachste Form der Gaseinleitung über ein Einsteckrohr (a) führt erst in einem gewissen Abstand oberhalb des Verteilers zu einer akzeptablen Gleichverteilung des Gases über den Querschnitt. Effizienter sind Lochböden (b) bzw. mit Bohrungen (c) versehene Begaserringe oder -rohre. Bei diesen beiden Dispergierorganen müssen analog zu Kolonnenböden (s. Abschn. 12.3.2) bestimmte Mindestbelastungen eingehalten werden, um eine gleichmäßige Begasung zu erreichen, bzw. das Durchregnen der Flüssigkeit zu verhindern. Durch die Verwendung von Sinterplatten lassen sich sehr feine Blasen erzeugen.

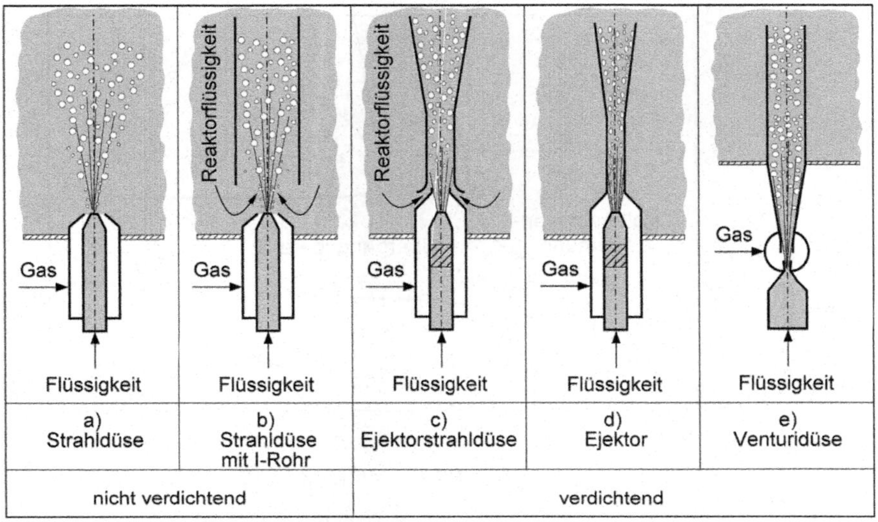

Abb. 19.4 Dynamische Begasungseinrichtungen

Allerdings sind die Poren verschmutzungsanfällig und finden daher in großtechnischen Apparaten nur selten Verwendung.

Alternativ zu den statischen werden *dynamische* Begaser eingesetzt. Hierbei wird die Leistung eines Flüssigkeitstreibstrahls genutzt, um in einer Zone hoher Energiedissipationsdichte das Gas zu dispergieren. Einige häufig genutzte Begasungsdüsen enthält Abb. 19.4. Die Strahldüse ohne (a) und mit (b) aufgesetztem Impulsaustauschrohr ist nicht in der Lage, neben der Dispergierung auch gleichzeitig noch Gas anzusaugen. Dies ist dagegen sowohl mit der Ejektorstrahldüse (c), wie mit dem Ejektor (d) als auch der Venturidüse (e) möglich. Bei der Auswahl der Düsen ist stets das Volumenstromverhältnis von Gas und Flüssigkeit zu berücksichtigen. Übliche Werte liegen zwischen 0,5 und 2.

19.1.2 Fluiddynamik

Die Aufwärtsbewegung des Blasenschwarms führt zum Auftreten dreier unterschiedlicher Strömungszustände. Die entscheidende Größe für das Strömungsregime stellt die Gasleerrohrgeschwindigkeit dar. Der sogenannte *homogene Strömungsbereich* ist durch ein enges Blasengrößenspektrum gekennzeichnet. Die Blasen sind relativ gleichmäßig über den Apparatequerschnitt verteilt. Dieser Strömungszustand bleibt je nach Stoffsystem und Begasungseinrichtung bis zu Gasleerrohrgeschwindigkeiten von 0,03 bis 0,08 m/s erhalten.

Bei höheren Gasbelastungen verschwindet die gleichförmige Verteilung der Gasblasen. Es entsteht eine stark turbulente Strömungsstruktur. In diesem *heterogenen*

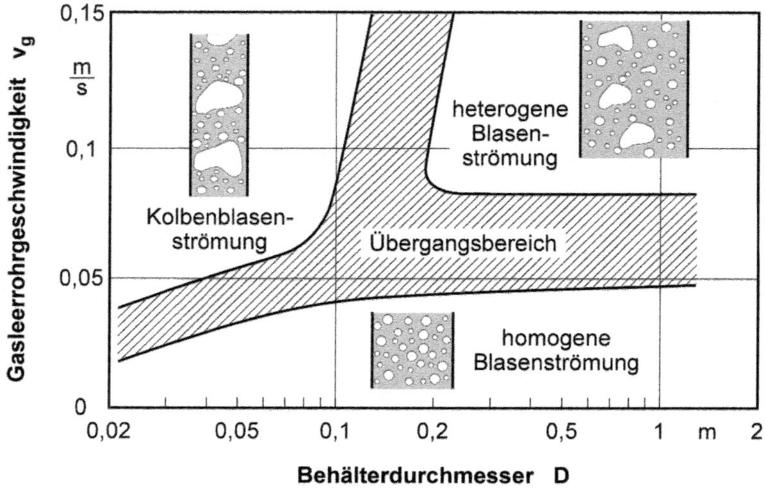

Abb. 19.5 Strömungsbereiche in Blasensäulen. (Nach Shah et al. 1982)

Strömungsbereich kommt es zur Bildung von Großblasen bzw. Blasenagglomeraten, die mit hoher Geschwindigkeit (s. Abschn. 19.1.3) bevorzugt in der Säulenmitte aufsteigen. Dadurch kommt es teilweise zu so heftigen Zirkulationsströmungen, dass Blasen der Größe wie im homogenen Strömungszustand in der Nähe der Behälterwand wieder nach unten transportiert werden.

In Säulen geringen Durchmessers, die häufig als Laborapparaturen u. a. bei der Verfahrensentwicklung eingesetzt werden, tritt bei hohen Gasbelastungen die *Kolbenblasenströmung* auf. Die entstehenden großen Blasen werden durch die Apparatewand stabilisiert und bilden so die charakteristische Kolbenform aus.

Der Zusammenhang zwischen Gasleerrohrgeschwindigkeit und Apparatedurchmesser wird durch Abb. 19.5 in Form einer *Strömungskarte* wiedergegeben. Die breiten Übergangsbereiche erklären sich aus den Einflüssen des Gasverteilers, des Stoffsystems und der Flüssigkeitsbelastung. Die Kenntnis der Strömungsform ist von besonderer Bedeutung, da die Produktivität von Blasensäulenreaktoren entscheidend vom Strömungsbereich bestimmt wird.

Da Gasblasen bevorzugt in der Säulenmitte aufsteigen, entsteht ein entsprechend hoher Gasgehalt in Achsennähe im Vergleich zu den wandnahen Bereichen. Die so entstehende Dichtedifferenz bewirkt eine abwärtsgerichtete Strömung in Wandnähe und eine aufwärtsgerichtete in der Mitte des Apparates. Auf diese Weise bildet sich eine *Zellenstruktur* in der Blasensäule aus, wie sie stark schematisiert in Abb. 19.6 links dargestellt ist. In schlanken Blasensäulen treten Zirkulationszellen auf, deren Höhe in etwa gleich dem Apparatedurchmesser D ist. Die Zirkulationsgeschwindigkeit hängt dabei ab von den Parametern Gasleerrohrgeschwindigkeit, Apparatedurchmesser, Gasgehalt, Blasendurchmesser und -aufstiegsgeschwindigkeit, Flüssigkeitsviskosität und Flüssigkeitsstand. Veröffentlichte Untersuchungen betrachten sowohl

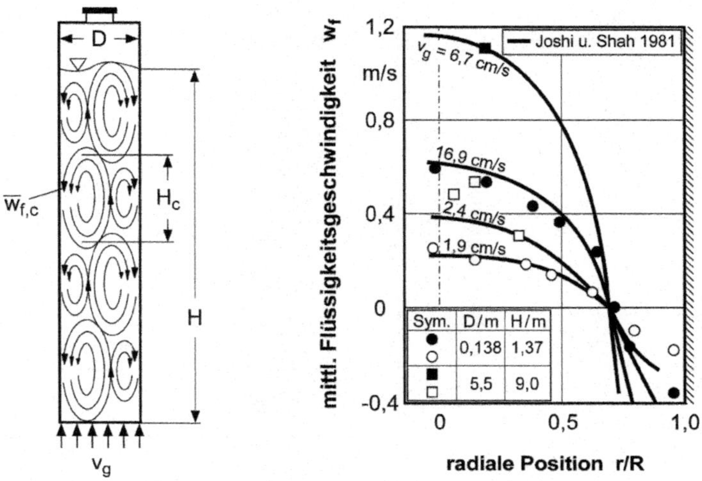

Abb. 19.6 Schematische Darstellung der Zellenstruktur in Blasensäulen (*links*) und radiale Geschwindigkeitsprofile. (Nach Joshi und Shah 1981 (*rechts*))

laminare als auch turbulente Zirkulationsströmungen. Für die technisch ausschließlich interessante turbulente Zirkulation wurden vielfach mathematische Modelle zur Beschreibung des Geschwindigkeitsprofils aufgestellt. Ein bekanntes Beispiel zeigt Abb. 19.6 rechts, in der Messwerte mit den Ergebnissen eines Modells von (Joshi und Shah 1981) gegenübergestellt werden. Deutlich werden die im Vergleich zur Gasleerrohrgeschwindigkeit um eine Größenordnung höhere Zirkulationsgeschwindigkeit in der Behälterachse sowie die ausgeprägte Abwärtsströmung in Wandnähe. Die zeitlich gemittelte *Zirkulationsgeschwindigkeit* in den Zellen lässt sich mit einer Kräftebilanz herleiten (Zehner 1982a):

$$w_{f,c} = \sqrt[3]{\frac{1}{2{,}5}\frac{\Delta\rho}{\rho_f} g\, D\, v_g}. \tag{19.1}$$

$w_{f,c}$ repräsentiert die Geschwindigkeit in der Säulenmitte und dient dazu, essenzielle fluiddynamische Kenngrößen in Blasensäulen zu berechnen.

19.1.3 Blasengröße und -bewegung

Bei der Betrachtung der Blasengröße in Blasensäulen muss zwischen der Blasengrößenverteilung unmittelbar nach ihrem Entstehen am Dispergierorgan und der Größenverteilung unterschieden werden, welche sich in einem größeren Abstand vom Verteiler einstellt. Infolge von Zerteilungs- und Koaleszenzeffekten (s. z. B. Blass 1988), denen die aufsteigenden Blasen unterliegen, können sich die beiden

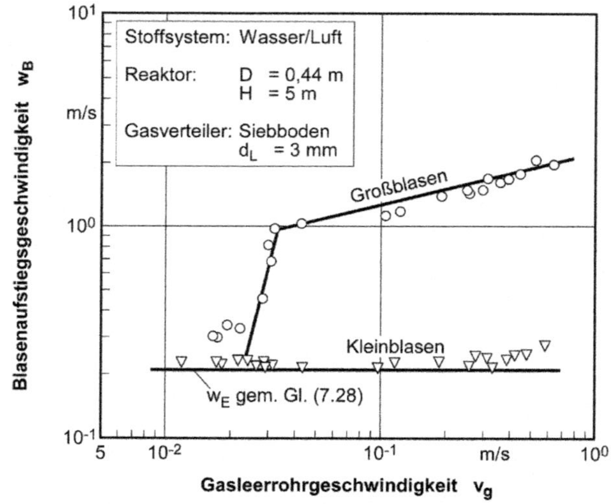

Abb. 19.7 Blasenaufstiegsgeschwindigkeiten im System Wasser/Luft. (Wezorke et al. 1988)

Verteilungen deutlich unterscheiden. Im Wesentlichen entscheiden die Blasen im größeren Abstand zum Gasverteiler über die Effizienz technischer Blasensäulen.

Bei der Begasung mit statischen Dispergierorganen zeigt sich eine nur geringfügige Abhängigkeit des Blasendurchmessers von der Gasgeschwindigkeit (z. B. Miyahara et al. 1983; Shah et al. 1982). Eine allgemeingültige Beschreibung der Blasengröße liegt bislang nicht vor. Eine Abschätzung ist unter Verwendung des maximalen Blasendurchmessers d_E (s. Abschn. 7.1.2) möglich. Für niedrigviskose Flüssigkeiten lässt sich der maximale Blasendurchmesser durch

$$d_E = 3 \sqrt{\frac{\sigma}{g\,\rho_f}} \qquad (Ann.\ \rho_f \gg \rho_g,\ \Delta\rho \approx \rho_f). \tag{7.21}$$

beschreiben.

Im homogenen Betriebszustand steigen die Blasen in Form eines über dem Säulenquerschnitt annähernd gleichmäßig verteilten Schwarms mit nahezu einheitlicher Blasengröße und -form auf. Die Aufstiegsgeschwindigkeit entspricht in etwa derjenigen der größten stabilen Einzelblase (s. Abschn. 7.1.2):

$$w_E = 1{,}24 \sqrt[4]{\frac{\Delta\rho \cdot g \cdot \sigma}{\rho_f^2}}. \tag{7.27}$$

Mit dem Wechsel des Strömungszustands kommt es neben den bereits vorhandenen Blasen zur Bildung von sogenannten *Großblasen* oder *Blasenagglomeraten*. Diese Zusammenballungen steigen mit einer gegenüber den Kleinblasen deutlich höheren Geschwindigkeit auf, wie dies Abb. 19.7 anhand experimentell bestimmter Aufstiegsgeschwindigkeiten zeigt. Demzufolge treten Großblasen schon ab Gasleerrohrgeschwindigkeiten von etwa 2 cm/s auf. Die Bildung der Großblasen ist allerdings stark von der gewählten Begasungseinrichtung abhängig. So werden bei

Abb. 19.8 Zusammenstellung flüssigkeitsseitiger Dispersionskoeffizienten nach Messungen verschiedener Autoren. (Zehner und Schuch 1984, Literaturzitate s. dort)

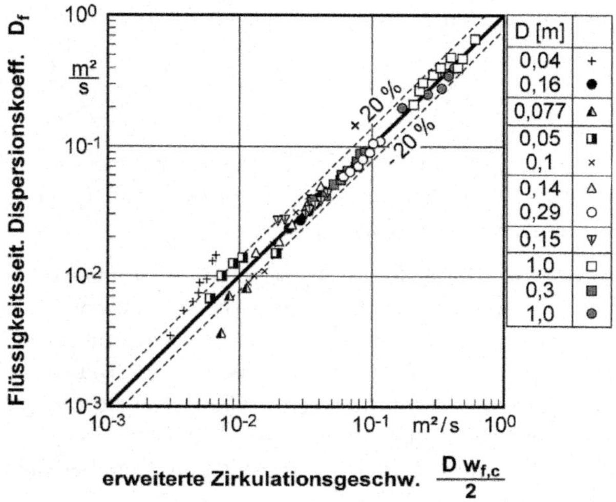

Verwendung von Sinterplatten zur Begasung Großblasen erst bei Gasbelastungen von ca. 10 cm/s beobachtet. Aus der Abbildung wird auch die um den Faktor vier und mehr größere Aufstiegsgeschwindigkeit der Großblasen deutlich. Insgesamt erfolgt im heterogenen Strömungszustand der überwiegende Teil des Gastransports durch die Großblasen.

19.1.4 Dispersion

Flüssigphase Infolge der großräumigen Zirkulationsströmungen tritt in beiden Phasen eine *Rückvermischung* auf. Wie bei anderen Geometrien auch (Rohr, Festbett, Wirbelschicht) wird der so entstehende Dispersionsstrom analog zum 1. Fickschen Gesetz für molekulare Diffusion bestimmt (s. Abschn. 4.2.2). Für den eindimensionalen Fall der axialen Dispersion, der in aller Regel zur Beschreibung ausreicht, bedeutet dies:

$$\dot{n}_D \equiv -D_f \frac{dc}{dz}. \tag{19.2}$$

Im Wesentlichen ergeben sich für den Dispersionskoeffizienten D_f der flüssigen Phase funktionale Abhängigkeiten der Form:

$$D_f = f(v_g,\ v_f,\ D,\ \nu_f,\ Einbauten).$$

Der Dispersionskoeffizient lässt sich anhand der Zirkulationsgeschwindigkeit in Säulenmitte $\overline{w}_{f,c}$ (Gl. (19.1)) für den turbulenten Strömungszustand in Säulen ohne Einbauten recht genau abschätzen. Beispielhaft zeigt Abb. 19.8 den Vergleich experimenteller Ergebnisse verschiedener Autoren mit dem theoretisch abgeleiteten

Zusammenhang (Zehner und Schuch 1984):

$$D_f = \frac{Dw_{f,c}}{2} = \frac{D}{2}\sqrt[3]{\frac{1}{2{,}5}\frac{\Delta\rho}{\rho_f} g\, Dv_g}. \tag{19.3}$$

Die Gleichung verdeutlicht die starke Durchmesserabhängigkeit.

Eine Zusammenstellung weiterer Beziehungen für den Dispersionskoeffizienten findet sich z. B. bei (Schlüter 1992).

Gasphase Durch die großräumigen Zirkulationsströmungen wird neben der Flüssigphase auch die Gasphase einer Dispersion unterworfen. Außerdem findet durch die Bildung von Groß- und Kleinblasen sowie deren Koaleszenz und Zerfall ein weiterer Austausch in der Gasphase statt. Während in Blasensäulen kleineren Durchmessers die Gasphase nahezu rückvermischungsfrei strömt, liegt in großen Apparaten eher eine Rührkesselcharakteristik vor. Der Dispersionskoeffizient der Gasphase hängt deutlich stärker von der Gasbelastung und dem Säulendurchmesser ab, als derjenige der Flüssigphase.

Der gasseitige Dispersionskoeffizient lässt sich für nicht zu große Gasgeschwindigkeiten berechnen nach (Zehner und Schuch 1984):

$$\varepsilon_g D_g = 0{,}2\ Dv_g \frac{\frac{\Delta\rho}{\rho_f} g\, D\, v_g}{w_{Bs}^3}. \tag{19.4}$$

Hierbei ist w_{Bs} die Schwarmgeschwindigkeit der Gasblasen.

Eine Auflistung weiterer Beschreibungsansätze für den gasseitigen Dispersionskoeffizienten findet sich z. B. bei (Schlüter 1992).

19.1.5 Gasgehalt

Der *Gasgehalt* ist einer der zentralen Betriebsparameter, da er nicht nur die Phasenanteile und die Gasphasenverweilzeit kennzeichnet, sondern auch für den Stoffübergang zwischen Flüssigkeit und Gas entscheidend ist. Der Gasgehalt wird vor allem von der Gasbelastung bestimmt, ist jedoch auch in starkem Maß vom Stoffsystem abhängig. Demzufolge existiert eine Fülle von Korrelationen, die jedoch nur für die speziell untersuchten Stoffsysteme gültig sind (zum Überblick Schlüter 1992; Shah et al. 1982).

Der Gasgehalt ist definiert als Anteil der Gasphase am Gesamtvolumen der Dispersion:

$$\boxed{\varepsilon_g \equiv \frac{V_g}{V_g + V_f}.} \tag{19.5}$$

Für Apparatedurchmesser größer als 0,15 m zeigt sich keine Abhängigkeit des Gasgehalts von den Behälterabmessungen, wie Messungen in Blasensäulen bis 5,5 m Durchmesser gezeigt haben (Shah et al. 1982; Zehner und Kraume 2005).

Abb. 19.9 Integraler Gasgehalt und Großblasengehalt. (Wezorke et al. 1988)

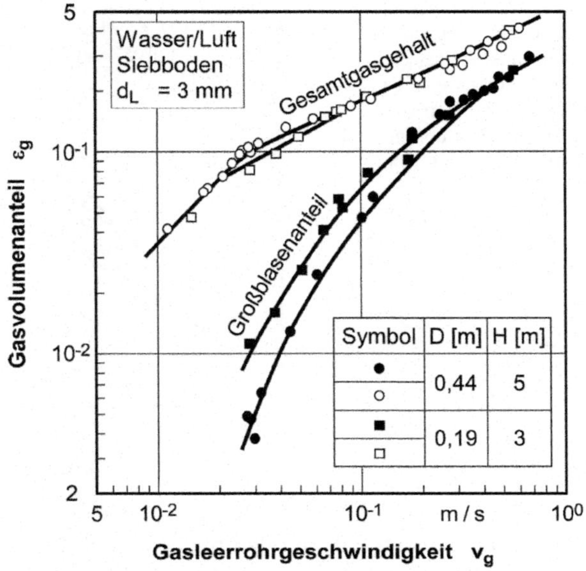

Der Zusammenhang zwischen Gasgehalt und Gasbelastung lässt sich in aller Regel durch die Proportionalität

$$\varepsilon_g \sim {v_g}^n$$

darstellen. Im homogenen Strömungsbereich nimmt n einen Wert von etwa eins an. Dies ergibt sich vereinfachend aus der Kontinuitätsbeziehung für unbeeinflusst voneinander aufsteigenden Gasblasen in einer ruhenden Flüssigkeit:

$$\dot{V}_g = A\, v_g = A_B\, w_B = \varepsilon_g\, A\, w_B \rightarrow \varepsilon_g = \frac{v_g}{w_B}.$$

Mit dem Auftreten von Großblasen sinkt der Exponent n von v_g ab, d. h., der Gasgehalt wächst nur noch unterproportional mit der Gasbelastung (s. Abb. 19.9). Im ausgeprägten heterogenen Bereich nimmt n je nach Stoffsystem schließlich Werte zwischen 0,4 bis 0,7 an.

Für eine abschätzende Berechnung des mittleren Gasgehalts, die in der Praxis häufig benötigt wird, eignet sich die nachstehende Beziehung, die auf der Untersuchung einer größeren Zahl von Stoffsystemen basiert (Akita und Yoshida 1973):

$$\frac{\varepsilon_g}{(1-\varepsilon_g)^4} = C_1 \left(\frac{g\, D^2\, \rho_f}{\sigma}\right)^{1/8} \left(\frac{g\, D^3\, \rho_f^2}{\eta_f^2}\right)^{1/12} \left(\frac{v_g}{\sqrt{g\, D}}\right). \tag{19.6}$$

Die Konstante C_1 nimmt für reine Flüssigkeiten und unpolare Lösungen den Wert 0,2 und für Elektrolytlösungen den Wert 0,25 an. (Für genaue Auslegungen müssen experimentelle Bestimmungen des Gasgehalts erfolgen, da die Auswirkungen

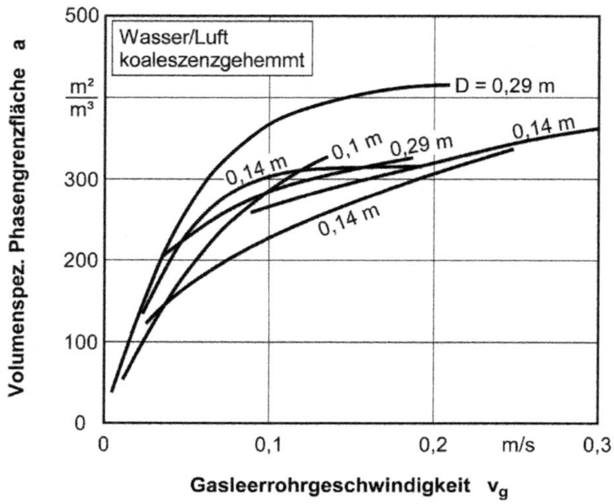

Abb. 19.10 Spezifische Phasengrenzflächen als Funktion der Gasleerrohrgeschwindigkeit aus Messungen unterschiedlicher Autoren. (Nach Shah et al. 1982, Literaturzitate s. dort)

des Stoffsystems gravierend und mathematisch bisher nicht exakt erfassbar sind.) Die Gleichung beinhaltet eine gewisse Abhängigkeit des Gasgehalts vom Apparatedurchmesser ($\varepsilon_g \sim D^{-7/24}$). Allerdings ist für $D > 0{,}6$ m stets ein Wert von 0,6 m einzusetzen, sodass sich der Durchmessereinfluss dann auch in dieser Gleichung verliert.

Generell liegt eine örtliche Verteilung des Gasgehalts in der Blasensäule vor. Es ergeben sich Unterschiede im Gasgehalt sowohl in axialer als auch in radialer Richtung.

19.1.6 Stofftransport

Volumenspezifische Phasengrenzfläche Die Phasengrenzfläche zwischen Flüssigkeit und Gas hängt wie der Gasgehalt von Geometriegrößen, Betriebsbedingungen und dem Stoffsystem ab. Zwischen dem Gasgehalt und der volumenspezifischen Phasengrenzfläche besteht außerdem folgender Zusammenhang:

$$\boxed{a = \frac{A}{V_{ges}} = \frac{6\,\varepsilon_g}{d_{32}}.} \qquad (19.7)$$

Wie Abb. 19.10 anhand experimenteller Ergebnisse zeigt, steigt die Phasengrenzfläche mit zunehmender Gasbelastung an. (Die Untersuchungen wurden mit dem Stoffsystem Wasser/Luft durchgeführt. Aufgrund der Messtechnik war die Koaleszenz der Blasen stark gehemmt.) Grundsätzlich ist der Zuwachs der Phasengrenzfläche im homogenen Strömungsbereich mit steigender Gasbelastung größer als im heterogenen Bereich. Dies liegt an der Großblasenbildung im heterogenen Bereich, da die volumenspezifische Phasengrenzfläche der Großblasen deutlich geringer als die der übrigen Blasen ist.

Abb. 19.11 Volumenspezifische Phasengrenzfläche als Funktion des volumenbezogenen Leistungseintrags. (Nach Oels et al. 1978)

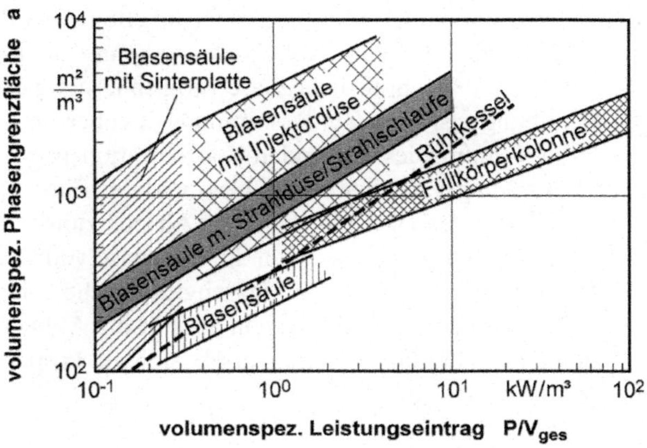

Von (Akita und Yoshida 1974) stammt folgende Korrelation zur Berechnung der spezifischen Phasengrenzfläche:

$$aD = \frac{1}{3}\left(\frac{gD^2\,\rho_f}{\sigma}\right)^{0,5}\left(\frac{g\,D^3}{\nu_f^2}\right)^{0,1}\varepsilon_g{}^{1,13}. \tag{19.8}$$

Der aus dieser Beziehung folgende Einfluss des Behälterdurchmessers $a \sim D^{0,3}$ verschwindet allerdings gemäß einer Reihe von experimentellen Untersuchungen bei größeren Kolonnendurchmessern oberhalb ca. 0,3 m. Die Korrelation kann als konservative Abschätzung bei niedrigen Gasbelastungen verwendet werden (Shah et al. 1982).

Ein Vergleich der in verschiedenen Gas/Flüssig-Reaktoren erreichbaren volumenspezifischen Phasengrenzflächen ist auf der Basis der zugeführten volumenspezifischen Leistung durchführbar. Der Leistungseintrag ergibt sich bei einer Blasensäule durch die freiwerdende Kompressionsenergie des Gases gemäß:

$$P \approx \rho_f(1-\varepsilon_g)\,g\,H\dot{V}_g = \rho_f(1-\varepsilon_g)\,g\,v_g\,V_{ges}.$$

Die experimentellen Werte lassen sich durch die Proportionalität

$$a \sim \left(\frac{P}{V_{ges}}\right)^m \varepsilon_g{}^n$$

wiedergeben (Nagel et al. 1978). Der Exponent m liegt zwischen 0,4 und 1. Einen direkten Vergleich unterschiedlicher Reaktoren bezüglich des erforderlichen Energieaufwands zur Erzeugung einer bestimmten Phasengrenzfläche zeigt Abb. 19.11.

Volumenbezogener Stofftransportkoeffizient Der in Blasensäulen zwischen Gas und Flüssigkeit ausgetauschte Stoffstrom lässt sich in den meisten Fällen durch den volumenspezifischen Stofftransportkoeffizienten $\beta_f a$ beschreiben, der das Produkt aus dem flüssigkeitsseitigen Stoffübergangskoeffizienten β_f und der spezifischen Phasengrenzfläche a darstellt. Üblicherweise kann der Stofftransportwiderstand in der Gasphase für schlecht lösliche Gase vernachlässigt werden, sodass der β_fa-Wert zur Beschreibung ausreicht. Zur Bestimmung des übertragenen Stoffstroms ist allerdings noch die Kenntnis des treibenden Konzentrationsprofils notwendig. Dazu muss das Durchmischungsverhalten in der Gas- und der Flüssigphase bekannt sein. In technischen Apparaten (D > 1 m) kann für Abschätzungen davon ausgegangen werden, dass sowohl die Flüssig- als auch die Gasphase vollständig vermischt sind.

Wie der Gasgehalt bzw. die Phasengrenzfläche hängt auch der β_fa-Wert von der Gasbelastung und dem Stoffsystem ab. Für die Abhängigkeit des Stofftransportkoeffizienten von der Gasbelastung ergibt sich die Proportionalität

$$\beta_f a \sim v_g^n,$$

wobei hier n nach den Ergebnissen verschiedener Autoren Werte zwischen 0,7 bis 0,92 annimmt. Nachstehende Gleichung (Akita und Yoshida 1973) stellt eine gut durch experimentelle Ergebnisse abgestützte konservative Beschreibung des β_fa-Wertes dar:

$$\frac{\beta_f\, a\, D^2}{D_{gf}} = 0{,}6 \left(\frac{\nu_f}{D_{gf}}\right)^{0,5} \left(\frac{g D^2\, \rho_f}{\sigma}\right)^{0,62} \left(\frac{g D^3}{\nu_f^2}\right)^{0,31} \varepsilon_g^{1,1} \tag{19.9}$$

Behälterdurchmesser oberhalb von 0,6 m führen zu keiner Änderung des β_fa-Wertes mehr. Daher ist für D als Maximalwert 0,6 m einzusetzen. Allerdings sind im homogenen Strömungsbereich durch die Begasung mit Sinterplatten infolge der höheren volumenspezifischen Phasengrenzfläche a um den Faktor 2 bis 3 höhere Stoffübergangskoeffizienten β_fa erreichbar, wie dies in Abb. 19.12 gezeigt wird.

Weitere Berechnungsansätze für β_fa sind in (Schlüter 1992; Shah et al. 1982) zusammengestellt.

Bei koaleszenzgehemmten Stoffsystemen sind höhere volumenspezifische Stofftransportkoeffizienten β_fa als in koaleszierenden Systemen zu beobachten. Diese Zunahme hängt von dem jeweiligen Stoffsystem und der Konzentration der koaleszenzhemmenden Substanz ab.

Der volumenspezifische Stofftransportkoeffizient β_fa reicht zur Beschreibung rein physikalischer Stoffübergangsprozesse normalerweise aus. Im Fall von schnellen chemischen Reaktionen in der flüssigkeitsseitigen Grenzschicht wird jedoch zusätzlich die Größe des flüssigkeitsseitigen Stoffübergangskoeffizienten β_f (bzw. die Grenzschichtdicke $\delta_f = D_{gf}/\beta_f$ gemäß Gl. (3.4)) benötigt. Zur Abschätzung von β_f steht z. B. die von (Calderbank und Moo-Young 1961) mitgeteilte empirische Korrelation zur Verfügung

$$\beta_f = C_1 \left(\frac{g\, \eta_f}{\rho_f}\right)^{1/3} \left(\frac{D_{gf}\, \rho_f}{\eta_f}\right)^{C_2}. \tag{19.10}$$

mit $C_1 = 0{,}42$ und $C_2 = 0{,}5$ für $d_B \geq 2{,}5$ mm bzw. $C_1 = 0{,}3$ und $C_2 = 2/3$ für $d_B \ll 2{,}5$ mm. Diese Zusammenhänge wurden auch schon für begaste Rührbehälter in Abschn. 18.2.8 (s. Gln. 18.34 und (18.36)) beschrieben.

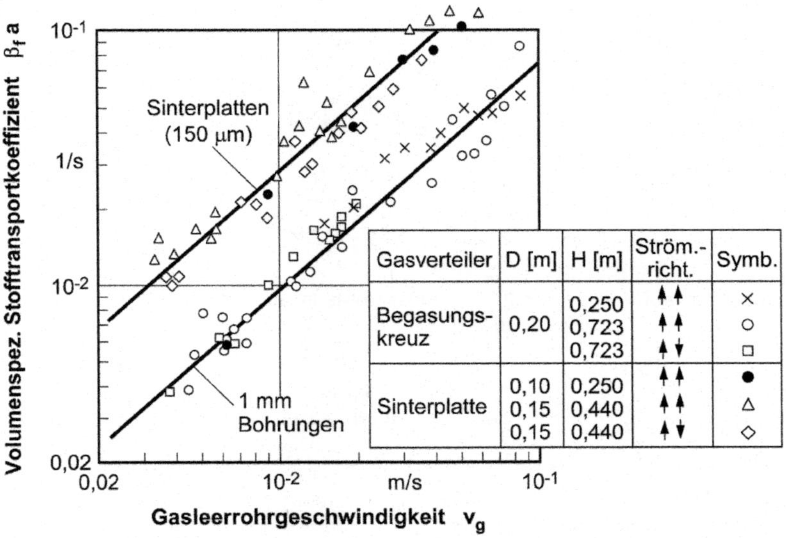

Abb. 19.12 Stoffdurchgangskoeffizienten in Abhängigkeit von der Gasleerrohrgeschwindigkeit für Wasser – O_2 (Luft). (Nach Deckwer 1985)

19.1.7 Wärmeübergang

In zahlreichen Anwendungsfällen muss beim Betrieb von Blasensäulen Energie zu- oder abgeführt werden. Eine besonders einfache Lösung für die Wärmeabfuhr stellt die Nutzung der Verdampfungs- bzw. Verdunstungswärme durch die sogenannte Siedekühlung dar, die jedoch nur selten realisiert werden kann. Lediglich bei kleinen Apparaten oder kleinen Wärmemengen reicht die Behälterwand als Wärmeübertragungsfläche aus. Darüber hinaus existiert eine Vielzahl von Möglichkeiten für eine Wärmeübertragung durch zusätzliche, beheizte oder gekühlte Flächen, wie das exemplarisch in Abb. 19.13 dargestellt wird. Auf diese Weise können bis zu etwa $30\,m^2/m^3$ Wärmeübertragungsfläche in Blasensäulen installiert werden.

Der von den aufsteigenden Gasblasen erzeugte turbulente Strömungszustand führt zu einer starken Intensivierung des Wärmeübergangs. Dieser Effekt lässt sich bereits bei niedrigen Gasbelastungen beobachten, wie Abb. 19.14 verdeutlicht. Der Wärmeübergangskoeffizient α steigt im Bereich des homogenen Strömungszustands deutlicher mit dem Gasdurchsatz an als im heterogenen Bereich.

Für die Beschreibung des Wärmeübergangskoeffizienten an der Wand kann wiederum die Zirkulationsgeschwindigkeit zur physikalischen Modellierung herangezogen werden. In Verbindung mit dem mittleren Abstand der Blasen l wurde die Beziehung (Zehner 1982b) hergeleitet:

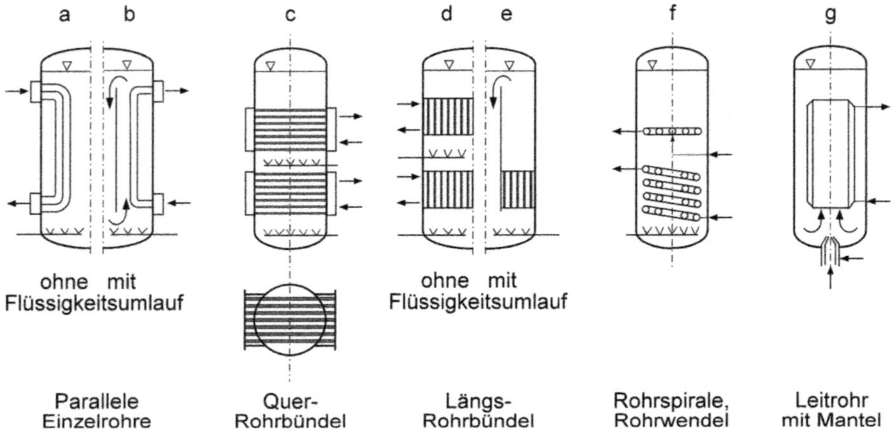

Abb. 19.13 Beispiele innenliegender Wärmeaustauscher. (Nach Gerstenberg 1979)

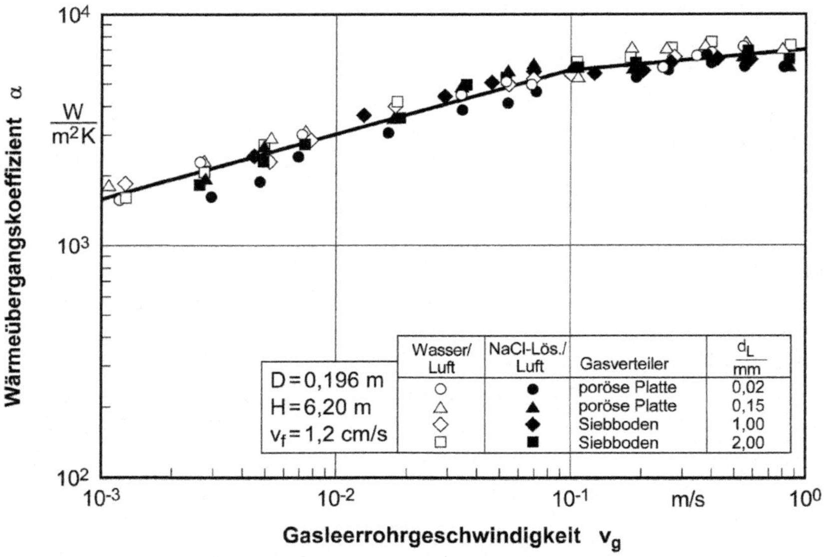

Abb. 19.14 Wärmeübergangskoeffizient an der Reaktorwand. (Nach Korte et al. 1988)

$$\alpha = 0{,}18(1-\varepsilon_g)\left(\lambda_f^2\,\rho_f\,c_{pf}\frac{w_{f,c}^2}{l v_f}\right)^{1/3} \quad mit \quad l = d_B\left(\frac{\pi}{6\,\varepsilon_g}\right)^{1/3}. \qquad (19.11)$$

Dabei ist $w_{f,c}$ gemäß Gl. (19.1) einzusetzen.

Eine ausführliche Übersicht über vorgeschlagene Korrelationen für den Wärmeübergangskoeffizienten in zwei- und dreiphasig betriebenen Blasensäulen gibt z. B.

Tab. 19.1 Variationsbereich der Exponenten in Gl. (19.12) aus Literaturdaten. (Westermeyer-Benz 1992)

Exponent	Variationsbereich
a	−0,87 ... −0,65
b	+1,94 ... +2,50
e	0 ... +0,42

(Westermeyer-Benz 1992). Die Mehrzahl der Ansätze lässt sich zurückführen auf:

$$St = \frac{\alpha}{v_g\,\rho_f\,c_{pf}} = C\left[\left(\frac{v_g\,d_B}{\nu_f}\cdot\frac{v_g^2}{g d_B}\cdot\left(\frac{\nu_f}{a}\right)^b\right)^{1/3}\right]^a\left(\frac{\eta_f}{\eta_{fw}}\right)^e$$

$$= C\left[\left(Re\,Fr_g\,Pr_f^b\right)^{1/3}\right]^a\left(\frac{\eta_f}{\eta_{fw}}\right)^e \qquad (19.12)$$

Tabelle 19.1 gibt eine Zusammenstellung der von verschiedenen Forschergruppen ermittelten Exponenten a, b und e.

Der Einbau von Rohrbündeln führt zu einer Veränderung der fluiddynamischen Bedingungen und damit auch des Vermischungsverhaltens. So behindern horizontal installierte Rohrbündel die vertikalen Zirkulationsbewegungen und reduzieren damit die axiale Dispersion. Im Gegensatz hierzu verstärken vertikal eingebaute Rohrbündel die axiale Vermischung durch Intensivierung der Zirkulationsströmungen und Unterdrückung der Quervermischung.

19.2 Suspensionsblasensäulen

Bei einer Reihe unterschiedlichster Prozesse werden in Blasensäulen feste Partikeln eingesetzt (Fermenter, heterogene Katalyse). Diese müssen durch die bereits erläuterte intensive Flüssigkeitszirkulation suspendiert werden. Das Verhalten sämtlicher verfahrenstechnischer Parameter innerhalb einer Suspensionsblasensäule wird durch die Anwesenheit der festen Phase im Vergleich zur zweiphasigen Blasensäule verändert und deutlich komplexer.

Die zur Feststoffsuspendierung erforderliche *Mindestgasbelastung* nimmt mit steigender Feststoffkonzentration und -dichte zu. Allerdings hängt der Anstieg von den Stoffeigenschaften der festen und flüssigen Phase ab. Viele empirische Gleichungen für die minimale Gasbelastung zeigen eine deutliche Zunahme mit wachsender Einzelpartikelsinkgeschwindigkeit. Für Auslegungszwecke kann folgende Gleichung (Koide et al. 1983) verwendet werden:

$$\frac{v_{g,\min}}{w_{ss}} = 0{,}8\left(\frac{\rho_P-\rho_f}{\rho_f}\right)^{0,6}\varphi_{Vs}^{0,146}\left(\frac{\sqrt{gD}}{w_{ss}}\right)^{0,24}\left[1+807\left(\frac{g\eta_f^4}{\rho_f\,\sigma^3}\right)^{0,578}\right]. \qquad (19.13)$$

Für den Einfluss des Feststoffs auf den Gasgehalt ergeben sich keine eindeutigen Abhängigkeiten, da Parameter wie Benetzbarkeit, Partikelgröße, Partikeldichte und Feststoffart grundsätzlich Bedeutung besitzen können und entsprechend umfassende Untersuchungen wegen des enormen Aufwands nicht durchgeführt wurden. Folgende Tendenzen lassen sich allerdings erkennen (Bansini et al. 1995):

- Sehr kleine Partikeln ($d_P < 10\ \mu m$) können bei geringen Feststoffanteilen ($\varphi_{Vs} < 0,6$ Vol.-%) eine Erhöhung der Gasgehalte bewirken.
- Sehr große Partikeln ($d_P > 2000\ \mu m$) können bei hohen Feststoffanteilen ($\varphi_{Vs} > 10$ Vol.-%) über die Zerteilung von Großblasen ebenfalls eine Erhöhung des Gasgehalts verursachen.
- Mittlere Partikelgrößen ($10 \leq d_P \leq 2000\ \mu m$) führen bei Feststoffanteilen oberhalb von $\varphi_{Vs} = 3$ Vol.-% zu einer Verminderung des Gasgehalts.

Nachstehende Gasgehaltsbeziehung (Koide et al. 1984)

$$\frac{\varepsilon_g}{(1-\varepsilon_g)^4} = \frac{0{,}277 \left(\frac{v_g\,\eta_f}{\sigma}\right)^{0{,}918} \left(\frac{g\,\eta_f{}^4}{\rho_f \sigma^3}\right)^{-0{,}252}}{1 + 4{,}35\,\varphi_{Vs}{}^{0{,}748} \left(\frac{\rho_P - \rho_f}{\rho_f}\right)^{0{,}881} \left(\frac{D v_g\,\rho_f}{\eta_f}\right)^{-0{,}168}}. \tag{19.14}$$

wurde für einen breiten Bereich von Feststoffkonzentrationen und Flüssigkeitseigenschaften überprüft und als geeignet empfohlen. Für koaleszenzgehemmte Elektrolytlösungen muss der Faktor 0,277 in Gl. (19.14) durch 0,364 ersetzt werden.

Das Durchmischungsverhalten der Flüssigkeit und der Gasphase ähnelt sehr stark dem der zweiphasigen Blasensäule. Der Feststoffdispersionskoeffizient ist generell kleiner als der korrespondierende Flüssigkeitsdispersionskoeffizient. Die Diskrepanz zwischen beiden nimmt mit steigender stationärer Sinkgeschwindigkeit der Einzelpartikel sehr stark zu.

Der Einfluss des Feststoffs auf den volumenbezogenen Stoffübergangskoeffizienten hängt im Wesentlichen von den Partikeleigenschaften, dem Feststoffanteil und den Stoffdaten der Flüssigkeit ab. Bei geringen Feststoffkonzentrationen bis etwa 3–5 Gew.-% stimmt der Stoffübergangskoeffizient mit demjenigen der zweiphasigen Blasensäule überein. Höhere Feststoffanteile führen ebenso wie zunehmende Partikelabmessungen zu einer Abnahme des $\beta_f a$-Werts gegenüber dem feststofffreien Zustand. Diese Abhängigkeit resultiert aus der Bildung größerer Blasen infolge des anwesenden Feststoffs.

19.3 Airlift-Schlaufenapparate

Airlift-Schlaufenapparate (Joshi et al. 1990; Chisty 1989) weisen im Gegensatz zu Blasensäulen einen determinierten Flüssigkeitsumlauf auf. Dies wird durch eine Aufteilung des Reaktors in einen begasten und einen unbegasten Teil erreicht. Die Gasgehaltsdifferenz zwischen beiden Zonen stellt den Antrieb für die Flüssigkeitszirkulation dar. Prinzipiell können zwei Arten von Airlift-Schlaufen unterschieden werden (s. Abb. 19.15). Zum einen Schlaufen mit *internem Umlauf*, die durch den

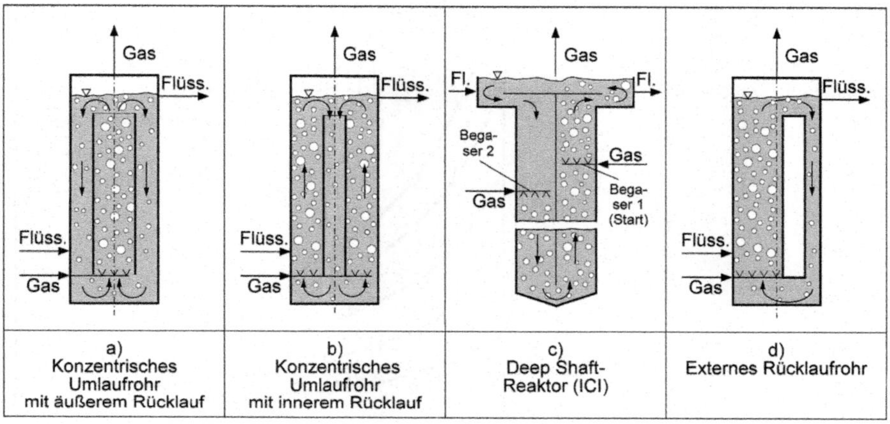

Abb. 19.15 Unterschiedliche Geometrien von Airlift Schlaufenapparaten

Einbau eines konzentrischen Umlaufrohres (a, b) oder eines ebenen Trennblechs (c) in einen Aufstrom- und einen Abstrombereich aufgeteilt werden. Zum anderen Schlaufen mit *externem Umlauf* (d) bei denen Aufstrom- und Abstromteil zwei getrennte Rohre darstellen, die am Boden und am Kopf durch zwei horizontale Bereiche miteinander verbunden sind.

Die *Umlaufgeschwindigkeit* der Flüssigkeit hängt gemäß der rein empirischen Beziehung

$$\overline{w}_{f,c} = C_1 \, v_g^{C_2}. \tag{19.15}$$

von der Gasleerrohrgeschwindigkeit ab. Theoretische Überlegungen auf der Basis einer Energiebilanz führen zu dem Zusammenhang:

$$\overline{w}_{f,c} = C \, \sqrt[3]{g \;\; H \, v_g}, \tag{19.16}$$

der experimentell vielfach bestätigt wurde.

Schlaufenreaktoren mit externem Umlauf werden üblicherweise bei deutlich höheren Gasbelastungen und damit auch größeren Flüssigkeitsdurchsätzen betrieben als konventionelle Blasensäulen. Als Konsequenz der hohen Flüssigkeitsgeschwindigkeiten ändert sich das Verhalten der zweiphasigen Strömung erheblich.

Die Abnahme des Gasgehalts mit steigender Umlaufgeschwindigkeit veranschaulicht Abb. 19.16. (Die Zirkulationsgeschwindigkeit wurde hier durch Drosselung des Umlaufs variiert.) Die zunehmende Flüssigkeitsbelastung führt aufgrund des Gleichstroms mit den aufsteigenden Blasen zu einer kürzer werdenden Verweilzeit des Gases in der Flüssigkeit. Der höchste Gasgehalt tritt demzufolge in der Blasensäule ohne Durchströmung ($v_f = 0$) auf, da die Transportgeschwindigkeit der Blasen durch den Apparat hier aufgrund der fehlenden Flüssigkeitsgeschwindigkeit am niedrigsten ist.

In Airlift-Schlaufen mit internem Umlauf treten Gasgehalte auf, die nur geringfügig unterhalb derjenigen in Blasensäulen liegen. Hier wird die Abnahme

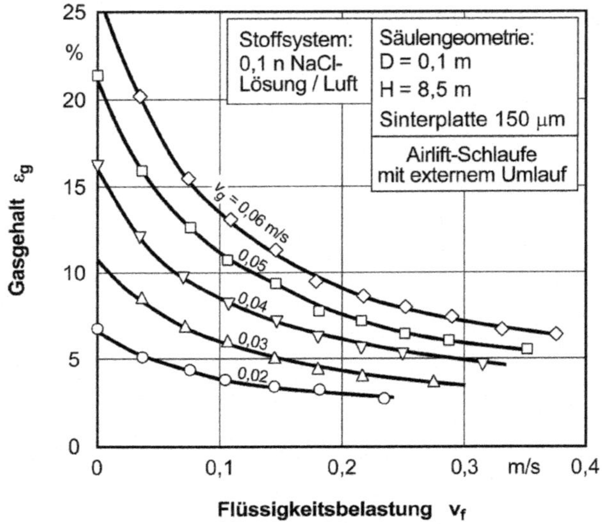

Abb. 19.16 Gasgehalt in Airlift-Schlaufenapparaten mit externem Umlauf. (Nach Weiland und Onken 1980)

des Gasanteils im Aufstrombereich durch eine Steigerung des Gasgehalts im Abstrombereich zum Teil kompensiert.

Analog zur Blasensäule steigt der volumenbezogene Stoffdurchgangskoeffizient mit wachsender Gasbelastung an. Da die flüssigkeitsseitigen Stoffübergangskoeffizienten β_f in Blasensäulen und Schlaufenreaktoren übereinstimmen, resultieren unterschiedliche $\beta_f a$-Werte aus differierenden Phasengrenzflächen. In Airlift-Schlaufen mit externem Umlauf treten stets geringere Stoffübergangskoeffizienten $\beta_f a$ als in Blasensäulen auf, da als Konsequenz des geringeren Gasgehalts eine kleinere Stofaustauschfläche vorliegt. Die $\beta_f a$-Werte von Schlaufen mit innerem Umlauf liegen dagegen, wie Abb. 19.17 zeigt, im gleichen Bereich wie die Werte der Blasensäule, da sich auch die Gasgehalte nur geringfügig unterscheiden.

Der Flüssigkeitsumlauf in Airlift-Schlaufen mit den zugehörigen hohen Umlaufgeschwindigkeiten führt zu höheren Wärmeübergangskoeffizienten als in Blasensäulen. Analog zu den Blasensäulen nimmt auch in der Airlift-Schlaufe der Wärmeübergangskoeffizient mit der Gasbelastung zu.

19.4 Abstromblasensäulen

In Abschn. 19.1 wurden Blasensäulen beschrieben, bei denen das Gas von unten nach oben mit kleiner Verweilzeit strömt (s. Abb. 19.1a). Bei Abstromblasensäulen hingegen wird das Gas mit der Flüssigkeit von oben nach unten transportiert (Begasungsmethode b, Abb. 19.1). Hierfür sind effektive Flüssigkeitsgeschwindigkeiten w_f erforderlich, die größer als die relative Geschwindigkeit w_{Bs} zwischen beiden Phasen sind. Je nach Größe der gewählten Flüssigkeitsgeschwindigkeit können sehr

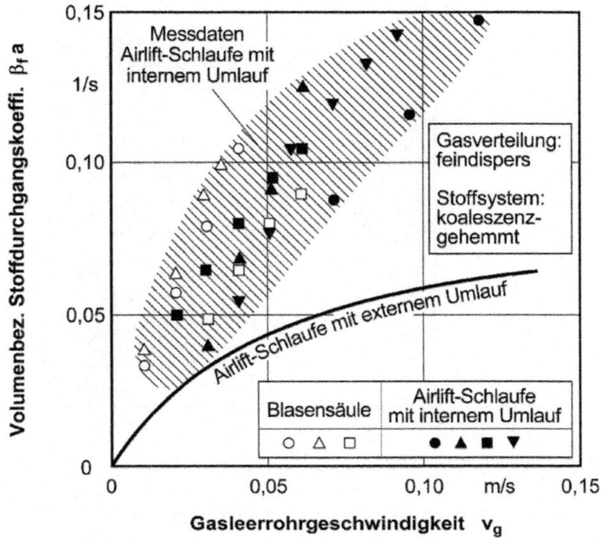

Abb. 19.17 Gegenüberstellung der Stoffübergangskoeffizienten in Airlift-Schlaufen und Blasensäulen. (Nach Weiland und Onken 1980)

kleine *absolute* Gasgeschwindigkeiten

$$w_g = w_f - w_{Bs}. \tag{19.17}$$

bzw. große Verweilzeiten $\tau = H/w_g$ erzeugt werden. Diese verfahrenstechnischen Besonderheiten der Abstromblasensäulen sind besonders dann von Vorteil, wenn große Flüssigkeitsvolumenströme mit kleinen Gasvolumenströmen in Kontakt gebracht werden sollen. Im Extremfall lässt sich nahezu ein *Schwebezustand* der Blasen ($w_g = 0$) mit beinah beliebig großen Verweilzeiten realisieren.

19.4.1 Bauarten und Einsatzgebiete

Wie bei Blasensäulen gibt es für Abstromblasensäulen verschiedene Ausführungsformen. Diese unterscheiden sich vor allem durch die Art der Gaszufuhr und Blasenerzeugung sowie durch die Ausschleusung der Restgase. In Abb. 19.18 sind einige Beispiele aufgeführt.

Die einfache Abstromblasensäule eignet sich besonders gut für lösliche Gase und (oder) schnelle Reaktionen. Restgase können in der Säule nicht abgeschieden werden. Das kann einen nachgeschalteten *Phasenabscheider* erforderlich machen. Die externe Flüssigkeitsrückführung eröffnet hierbei vielfältige verfahrenstechnische Möglichkeiten. Die damit verbundene, aber meist unerwünschte Rückvermischung muss hierbei in Kauf genommen werden. Die Abstromblasensäule kann so auch mit kleinen Flüssigkeits-Feedströmen betrieben werden. In dem Flüssigkeitskreislauf lässt sich durch Installation eines Wärmetauschers auf einfache Weise Energie zu- oder abführen.

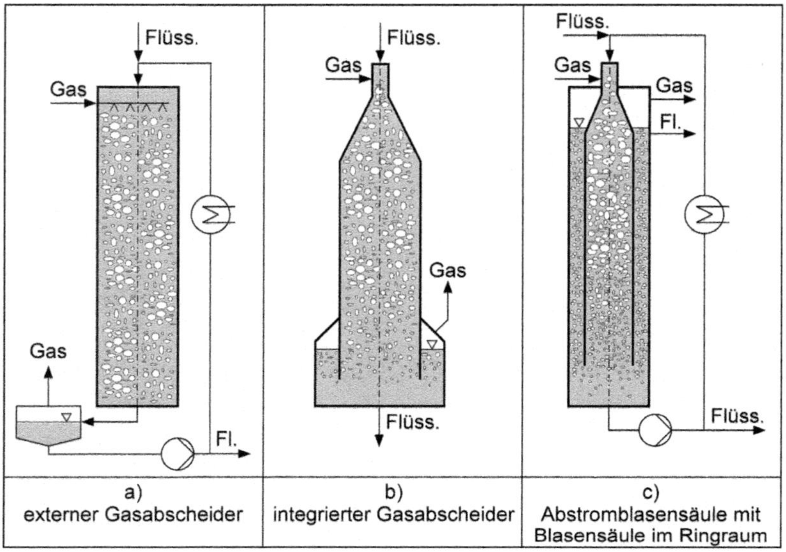

Abb. 19.18 Bauformen von Abstromblasensäulen

Ein integrierter Abscheider (Abb. 19.18b) bietet sich für größere Abgasmengen an. Diese Lösung ist apparativ sehr aufwendig und wird entsprechend selten genutzt.

In der Abstrom/Aufstromblasensäule (Abb. 19.18c) sind die Abstromblasensäule und die Blasensäule miteinander kombiniert. Es sind besonders lange Gasverweilzeiten möglich. Die skizzierte Flüssigkeitsführung erzeugt eine häufig angestrebte Verweilzeitverteilung. Die Abstromblasensäule wird durch den Pumpenstrom vermischt und weist deshalb eine ähnliche gute Vermischung wie ein Rührkessel auf. Die Blasensäule im Ringspalt hingegen wird nur vom ablaufenden Flüssigkeitsstrom durchflossen. Die Rückvermischung in dieser Zone kann durch Einbauten (Füllkörper, Siebböden) noch unterbunden werden.

19.4.2 Betriebsbedingungen und Gasgehalt

Das Gas wird am Kopf der Säule möglichst gleichmäßig über den Querschnitt verteilt zugeführt. So ist es möglich, bei koaleszierenden Stoffsystemen große Gasvolumenanteile von bis zu $\varepsilon_g \approx 0{,}3 \ldots 0{,}35$ zu erreichen. Bei nicht koaleszierendem Stoffverhalten können sogar Werte bis $\varepsilon_g = 0{,}45$ realisiert werden. Die sich einstellenden Gasvolumenanteile lassen sich mit der Gleichung

$$\varepsilon_g = \frac{v_g}{w_f - w_{Bs}} = \frac{v_g}{w_g}. \tag{19.18}$$

abschätzen. Die effektive Flüssigkeitsgeschwindigkeit w_f kann aus der Belastung v_f und dem Gasvolumenanteil ε_g mit

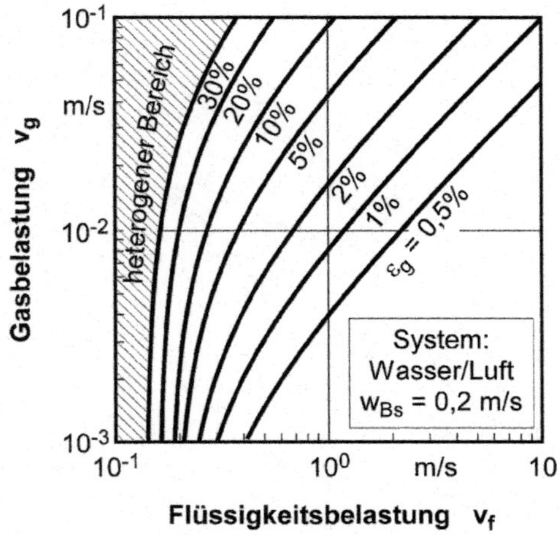

Abb. 19.19 Belastungsdiagramm einer Abstromblasensäule basierend auf Gl. (19.22)

$$w_f = \frac{v_f}{1-\varepsilon_g}. \tag{19.19}$$

aufgrund der Kontinuitätsbeziehung berechnet werden. Hieraus erhält man für den Gasvolumenanteil den Ausdruck:

$$\varepsilon_g = \frac{v_g}{\dfrac{v_f}{1-\varepsilon_g} - w_{Bs}}. \tag{19.20}$$

Bei gegebenen Gas- und Flüssigkeitsbelastungen ergibt sich daraus der Gasvolumenanteil:

$$\varepsilon_g = \frac{B}{2}\left\{\sqrt{\left(\frac{2}{B}\right)^2 \frac{v_g}{w_{Bs}} + 1} - 1\right\} \quad mit \quad B = \frac{v_f + v_g}{w_{Bs}} - 1. \tag{19.21}$$

Schließlich kann mit der Umformung von Gl. (19.20) nach der Flüssigkeitsbelastung

$$v_f = (1-\varepsilon_g)\left(\frac{v_g}{\varepsilon_g} + w_{Bs}\right) \tag{19.22}$$

eine *Strömungskarte* für das Stoffsystem Wasser/Luft (w_{Bs} = 0,2 m/s, berechnet nach Gl. (7.27) als Geschwindigkeit der größten stabilen Einzelblase w_E) gezeichnet werden. In Abb. 19.19 ist der Zusammenhang zwischen Gas- und Flüssigkeitsbelastung sowie Gasgehalt dargestellt. Oberhalb eines Wertes von $\varepsilon_g \approx 0{,}3$ muss mit einem heterogenen Strömungszustand gerechnet werden. Es tritt dann eine hochturbulente Zweiphasenströmung mit einer starken Rückvermischung von Flüssigkeit und Gas auf.

Nicht-koaleszierende Stoffsysteme erfordern zur Ermittlung solcher Werte normalerweise Versuche. Das gilt auch für andere verfahrenstechnische Parameter. Die weiteren Angaben gelten nur für koaleszierende Systeme.

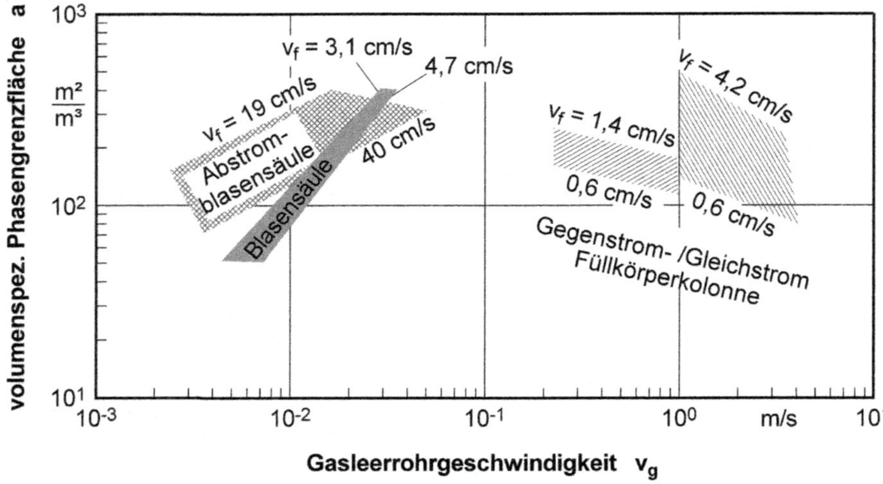

Abb. 19.20 Vergleich volumenbezogener Stoffaustauschflächen in unterschiedlichen Gas/Flüssigkeits-Kontaktapparaten in Abhängigkeit von der Gasleerrohrgeschwindigkeit. (Nach Herbrechtsmeier et al. 1984)

19.4.3 Stoffübertragung

Die Blasen in Abstromblasensäulen sind im homogenen Strömungsbereich fast gleich groß. Es werden Durchmesser im Bereich $3\,\text{mm} \leq d_B \leq 4\,\text{mm}$ beobachtet. In Verbindung mit dem Gasgehalt lässt sich die spezifische Phasengrenzfläche $a = 6\,\varepsilon_g/d_B$ abschätzen, die hiernach Werte von bis zu $a = 450\ldots 700\,\text{m}^2/\text{m}^3$ annimmt. In Abb. 19.20 wird ein Vergleich mit den spezifischen Phasengrenzflächen in einfachen Blasensäulen und Füllkörperkolonnen durchgeführt (hier jedoch nicht auf das Gesamtvolumen V_{ges}, sondern auf das reine Flüssigkeitsvolumen V_f bezogen). Es werden die Vorteile von Abstromblasensäulen sichtbar, die bei kleinen Gasbelastungen die höheren a-Werte aufweisen.

Der Stoffübergangskoeffizient β_f liegt in wässrigen oder niedrigviskosen organischen Medien etwa bei $\beta_f \approx 3{,}7 \times 10^{-4}$ m/s für die oben angegebene Blasengröße. Es ist mit größeren Ungenauigkeiten zu rechnen.

19.5 Modellgleichungen zur Beschreibung von Blasensäulenreaktoren

Zur realistischen Beschreibung der Reaktorleistung bzw. für die Vorhersage der Konzentrationsverläufe in beiden Phasen kann das axiale Dispersionsmodell (Details finden sich z. B. bei (Deckwer 1985; Schlüter 1992) verwendet werden. Die stoffliche Bilanzierung erfolgt hierbei in einem Volumenelement mit der differenziellen Höhe dz (s. Fehler! Verweisquelle konnte nicht gefunden werden.). Die Stoffbilanz muss für beide Phasen getrennt erfolgen. Die Gleichungen sind durch den übergehenden Stoffstrom gekoppelt.

Die weiteren Betrachtungen beziehen sich vereinfachend lediglich auf die Flüssigphase. Aus der Gasphase wird eine Komponente in die flüssige Phase transportiert, die dort mit einer Reaktion n-ter Ordnung verbraucht wird. Dabei soll sich die Konzentration in der Gasphase nur unwesentlich verändern, wie sich dies entweder aus der vollständigen Vermischung der Gasphase oder dem Übergang schlecht löslicher Gase ergibt. Andernfalls müssen beide Phasen parallel bilanziert werden. Die Lösung des dann entstehenden Differenzialgleichungssystems ist aufwendiger, aber trotzdem relativ leicht mittels numerischer Verfahren möglich. Weiterhin wird angenommen, dass keine radialen Konzentrationsprofile auftreten. Mit der Massenbilanz wird demzufolge lediglich der Konzentrationsverlauf über der Höhe z beschrieben.

Grundsätzlich treten flüssigkeitsseitig vier Arten von Stoffströmen für übergehende Komponenten auf:

1. Stoffübergang von der Gasphase in die Flüssigkeit

$$\dot{N}_{ST} = \beta_f \, a \, (c_{f0} - c_f) \, A_B \cdot dz. \tag{19.23}$$

2. Dispersion (Rückvermischung)

$$\dot{N}_{RV} = -(1 - \varepsilon_g) \, A_B \, D_f \, \frac{dc_f}{dz}. \tag{19.24}$$

(Die radialen Konzentrationsgradienten werden vernachlässigt.)

3. Konvektion

$$\dot{N}_K = A_B \, v_f \, c_f. \tag{19.25}$$

4. Reaktion (Die übergehende Komponente wird verbraucht).

$$\dot{N}_R = -k_n \, {c_f}^n \cdot (1 - \varepsilon_g) \cdot A_B \cdot dz. \tag{19.26}$$

Das Zusammenwirken dieser Ströme an einem angepassten differenziellen Bilanzelement ist in der Abb. 19.21 skizziert. Ein- und austretende Stoffströme der flüssigen Phase bilanzieren sich gemäß:

$$\dot{N}_K(z) + \dot{N}_{RV}(z) + \dot{N}_{ST}(z) - \dot{N}_R(z) = \dot{N}_K(z + dz) + \dot{N}_{RV}(z + dz). \tag{19.27}$$

Nach Einsetzen der verschiedenen Terme ergibt sich die Stoffbilanz für die flüssige Phase mit Reaktion n-ter Ordnung:

$$\begin{aligned} A_B v_f \frac{dc_f(z)}{dz} dz - (1 - \varepsilon_g) \, A_B \, D_f \, \frac{d{c_f}^2(z)}{dz^2} \, dz & \\ - \beta_f a [c_{f0}(z) - c_f(z)] A_B \, dz + k_n \, {c_f}^n(z) \, (1 - \varepsilon_g) \, A_B \, dz = 0 & \end{aligned} \tag{19.28}$$

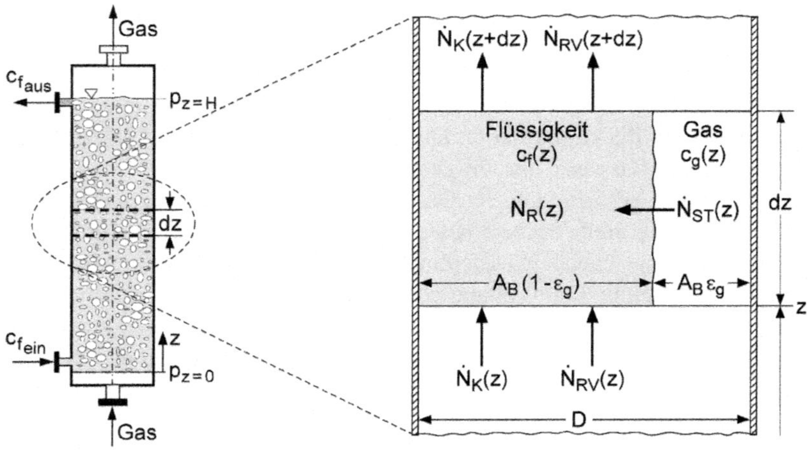

Abb. 19.21 Bilanzierung der auftretenden Stoffströme

und nach Umstellen:

$$\frac{d^2c_f(z)}{dz^2} - \frac{v_f}{(1-\varepsilon_g)D_f}\frac{dc_f(z)}{dz} + \frac{\beta_f a}{(1-\varepsilon_g)D_f}(c_{f0}(z) - c_f(z)) - \frac{k_n}{D_f}{c_f}^n(z) = 0. \tag{19.29}$$

Über die Konzentration c_{f0} an der Phasengrenzfläche besteht die Kopplung zum Konzentrationsverlauf in der Gasphase durch die thermodynamische Gleichgewichtsbedingung. In der Gasphase können unterschiedliche Beschreibungen des Konzentrationsverlaufs genutzt werden. Neben der Annahme vollständiger Vermischung kann auch die Charakteristik eines idealen Strömungsrohrs oder das axiale Dispersionsmodell verwendet werden. Da Blasensäulen vielfach mit großen Füllhöhen betrieben werden, muss z. T. der Druckeinfluss auf die Gasphasenkonzentration einbezogen werden. In solchen Fällen ist die Gleichgewichtskonzentration c_{f0} dem höhenabhängigen hydrostatischen Druck entsprechend zu berücksichtigen:

$$c_{f0}(z) = c_{f0_{z=H}}\left(1 + \frac{\rho_f g(1-\varepsilon_g)H}{p_{z=H}}\left(1 - \frac{z}{H}\right)\right). \tag{19.30}$$

Hierbei wird vorausgesetzt, dass sich der Gasgehalt über der Höhe nicht ändert.

Die Lösung der Differenzialgleichung (19.29) erfolgt unter Berücksichtigung folgender Randbedingungen für Gleichstromfahrweise:

$$1.\ \text{R. B. } z = 0: c_f\big|_{z=0} = c_{f\,ein} + \frac{D_f(1-\varepsilon_g)}{v_f}\left(\frac{dc_f}{dz}\right)_{z=0}, \tag{19.31}$$

$$2.\ \text{R. B. } z = H: \frac{dc_f}{dz}\big|_{z=H} = 0. \tag{19.32}$$

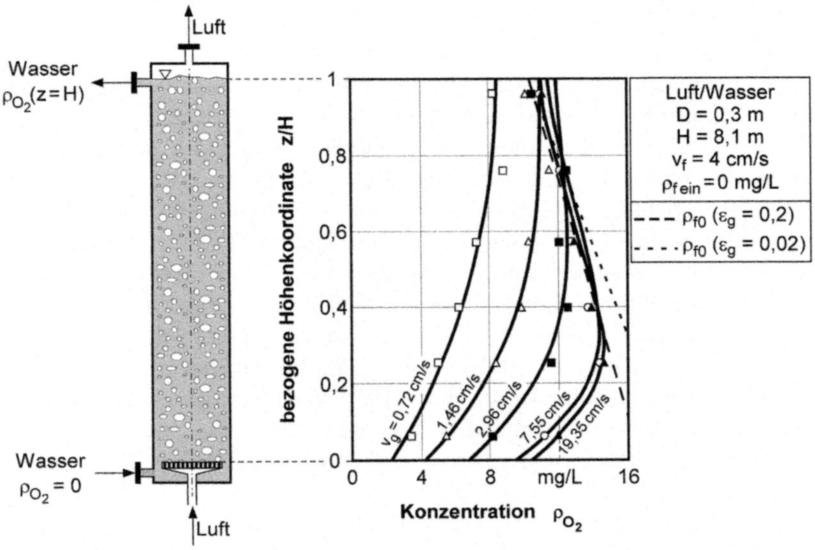

Abb. 19.22 Gemessenes und berechnetes Sauerstoffkonzentrationsprofil

Diese Gleichungen wurden bereits bei der Modellierung von Festbettreaktoren hergeleitet (s. Abschn. 8.4, Gln. (8.44) und (8.45)), die in ganz ähnlicher Weise erfolgt.

Im Allgemeinen müssen nichtlineare gewöhnliche Differenzialgleichungen gelöst werden. Zusätzliche Differenzialgleichungen zur Erfassung des lokalen Wärmetransports o. ä. können aus verfahrenstechnischer Sicht ebenfalls noch erforderlich sein. Die Lösung ist mittels numerischer Rechenverfahren weitgehend problemlos möglich, allerdings müssen die Modellparameter (Geometriegrößen, v_f, v_g, $\beta_f a$, D_{gf}, ε_g, Stoffdaten, c_{f0}, k_n, n) bekannt sein.

In Abb. 19.22 ist eine solche Lösung für das Beispiel der physikalischen Absorption von Sauerstoff in Wasser mit korrespondierenden Messungen in Form eines Konzentrationsprofils verglichen. (Für diesen Fall lässt sich auch eine analytische Lösung finden Schlüter 1992.) Das Wasser wird sauerstofffrei der Blasensäule kontinuierlich zugeführt und durchströmt den Apparat im Gleichstrom zur Gasphase (Luft). Der hydrostatische Druckgradient, der in der unter Umgebungsdruck betriebenen Blasensäule auftritt, führt zu einer linear mit der Säulenhöhe abnehmenden Gleichgewichtskonzentration an Sauerstoff in der Flüssigphase. Eine chemische Reaktion tritt hier nicht auf. Die Werte für ε_g, D_f und $\beta_f a$ können mit den oben vorgestellten Korrelationsgleichungen (19.3) und (19.9) berechnet werden.

Für den in Abb. 19.22 dargestellten relativ hohen Flüssigkeitsdurchsatz (v_f = 0,04 m/s) ergibt sich bis auf die niedrigste Gasbelastung annähernd das Erreichen des Sättigungszustands am Kopf der Säule. Tatsächlich wird sogar eine leichte Übersättigung beobachtet. Dieser Effekt erklärt sich aus der Wirkung der Dispersion, Konvektion und der vorhandenen höhenabhängigen Gleichgewichtskonzentrationen. Die Berechnungen führen zu einer sehr guten Wiedergabe der Messwerte.

19.6 Anwendungsbereiche

Blasensäulen stellen sehr kostengünstige und anpassungsfähige Apparate dar, die auch in sehr großen Abmessungen realisiert werden können. Hauptanwendungsgebiete sind chemische oder biologische Reaktoren. Es zeigt sich, dass konventionelle Blasensäulen ohne Einbauten in der industriellen Praxis eher unterrepräsentiert sind. Neben Airlift-Schlaufen werden kaskadierte Blasensäulen und Blasensäulen mit äußerem Flüssigkeitseinlauf am häufigsten eingesetzt. Die Abfuhr größerer Wärmeströme wird vorzugsweise über äußere Flüssigkeitsumläufe realisiert. Quer- oder längs angeströmte Rohrbündeleinbauten werden dagegen nur selten genutzt.

Der wesentliche Unterschied im Anwendungsprofil gegenüber anderen Gas/Flüssigkeits-Kontaktapparaten (Füllkörperkolonnen, begaster Rührbehälter u. a.) besteht in der üblicherweise langen Flüssigkeitsverweilzeit (Ausnahme: Abstromblasensäule). Die ablaufenden Reaktionen sind also stets vergleichsweise langsam, sodass die Reaktionsgeschwindigkeit und nicht der Stofftransport die für die Auslegung entscheidende Größe darstellt.

Umfassende Übersichten über Einsatzbeispiele von Blasensäulenreaktoren geben z. B. (Deckwer 1985; Schlüter 1992).

19.7 Verständnisfragen

1. Erläutern Sie Methoden zur Vermischung von Gas und Flüssigkeit in zweiphasig betriebenen Apparaten.
2. Erläutern Sie die Funktionsweise unterschiedlicher Begasungseinrichtungen.
3. Skizzieren Sie die Strömungszustände in einer Blasensäule. Von welchen Parametern ist das Auftreten eines bestimmten Strömungszustands abhängig?
4. Skizzieren Sie die fluiddynamischen Verhältnisse in einer Blasensäule.
5. Wodurch erklärt sich das Auftreten einer Rückvermischung in der flüssigen Phase, und wie wird dieser Effekt mathematisch beschrieben?
6. Wodurch entsteht die Rückvermischung in der Gasphase?
7. Skizzieren Sie den Zusammenhang zwischen dem Gasgehalt und der Gasleerrohrgeschwindigkeit. Warum nimmt der Gasgehalt bei hohen Gasleerrohrgeschwindigkeiten nur noch unterproportional mit v_g zu?
8. Wie wirkt sich die Koaleszenzneigung qualitativ auf den volumenspezifischen Stoffübergangskoeffizienten aus?
9. Durch welchen Mechanismus können feste Partikeln in einer Blasensäule suspendiert werden? Was ist hierzu notwendig?
10. Erläutern Sie die Funktionsweise eines Airlift-Schlaufenapparats.
11. Erläutern Sie das Belastungsdiagramm einer Abstromblasensäule.
12. Welche Stoffströme müssen bei einer Stoffbilanz in einer Blasensäule berücksichtigt werden?

19.8 Aufgaben

1. Für ein C_{10}–C_{14} Paraffingemisch ($\rho_f = 715\,kg/m^3, \eta_f = 0,81\,mPas, \sigma = 0,0218$ N/m) soll bei einer Temperatur von 60 °C der Gasgehalt bei Stickstoffbegasung mit einer Leerrohrgeschwindigkeit von 1 bis 4 cm/s abgeschätzt werden[1]. Der Säulendurchmesser beträgt 98 mm und die Gemischhöhe etwa 80 cm. Die Ergebnisse sollen mit folgenden Messwerten verglichen werden:

v_g (cm/s)	ε_g (-)
1	0,045
2	0,092
3	0,124
4	0,151

   a. Welche Gasgehalte ergeben sich, wenn der Blasenschwarm als Kollektiv von größten stabilen Einzelblasen ohne gegenseitige Beeinflussung betrachtet wird?
   b. Welche Gasgehalte folgen aus der Gl. (19.6) von (Akita und Yoshida 1973)?

2. In einer Blasensäule von 0,14 m Durchmesser und einer Gemischhöhe von 2,7 m wurden mit dem Stoffsystem wässrige Salzlösung/Luft (σ = 0,072 N/m, ρ_f = $1087\,kg/m^3$, $\eta_f = 1,3\,mPas$) Phasengrenzflächen ermittelt[1]:

v_g (cm/s)	ε_g (–)	a (m^2/m^3)
2	0,072	60
4	0,15	125
6	0,235	195
10	0,28	225
15	0,33	300

   Für Xylol wurden bei 60 °C ($\sigma = 0,0249\,N/m$, $\rho_f = 829\,kg/m^3$, η_f = 0,442 mPas) in einer Blasensäule von 0,095 m Durchmesser (Gemischhöhe 0,6 m) folgende Phasengrenzflächen bestimmt:

v_g (cm/s)	ε_g (-)	a (m^2/m^3)
1	0,035	56
2	0,073	145
3	0,112	240
4	0,155	300

   a. Es ist zu überprüfen, inwieweit Gl. (19.8) geeignet ist, die Phasengrenzfläche für die beiden Stoffsysteme abzuschätzen.
   b. Im homogenen Strömungsbereich ($v_g < 3 \ldots 5$ cm/s) beeinflussen sich die Gasblasen nur schwach. Welche Phasengrenzflächen ergeben sich, wenn

[1] nach (Deckwer 1985).

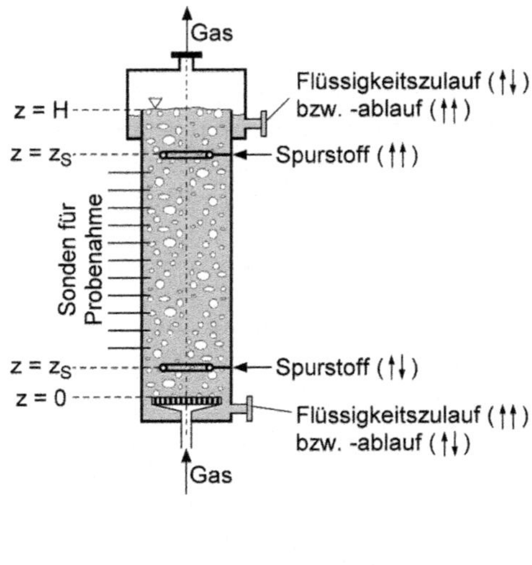

Abb. 19.23 Messaufbau zur Bestimmung von flüssigkeitsseitigen Dispersionskoeffizienten in einer Blasensäule

die Eigenschaften der größten stabilen Einzelblase als repräsentativ für den Blasenschwarm angenommen werden?

3. In einer Blasensäule (D = 0,2 m, $H_{ges} = 1,5$ m) wird der Stoffübergang von Sauerstoff aus Luft in Wasser untersucht. Bei einem Flüssigkeitsdurchsatz von 2,4 m^3/h wird am Boden eine Eintrittskonzentration von 0,9 ppm O_2 in der flüssigen Phase gemessen, während die Austrittskonzentration 6,8 ppm beträgt. Die über der Höhe gemittelte Sättigungskonzentration beträgt 8,3 ppm.
   Wie groß ist der $\beta_f a$-Wert unter folgenden Annahmen:

   a. die flüssige Phase ist vollkommen vermischt,
   b. die flüssige Phase zeigt eine ideale Kolbenströmung?

4. Dispersionskoeffizienten in der flüssigen Phase können beispielsweise mit einer einfachen stationären Methode bestimmt werden (s. Abb. 19.23). Dazu wird der Apparat kontinuierlich von Flüssigkeit durchströmt. An einer bestimmten Stelle wird konstant ein Spurstoff zudosiert, dessen Verteilung stromaufwärts von der Quelle gemessen wird. Die Abbildung zeigt den grundsätzlichen Versuchsaufbau bei Gleich- bzw. Gegenstrom der beiden Phasen. Die Spurstoffdosierung sollte streng genommen über eine Flächenquelle erfolgen, um radiale Austauschvorgänge nicht einbeziehen zu müssen.
   Unter der Annahme konstanter Bedingungen über den Querschnitt ist die Gleichung für den axialen Konzentrationsverlauf des Spurstoffs für den Gleichstrombetrieb der Blasensäule herzuleiten.

5. In einer mit Wasser und Luft betriebenen Technikumsblasensäule (D = 0,3 m) werden Dispersionskoeffizienten unter Verwendung des unter Aufg. 4 dargestellten Messaufbaus bestimmt. Der Spurstoff wird in der Höhe z = 7,75 m

gleichmäßig über den Querschnitt zugeführt. Der Volumenstrom der wässrigen Lösung beträgt 50 L/h bei einer Konzentration des Spurstoffs von 50 g/L. Die Messungen werden bei unterschiedlichen Gasdurchsätzen und einer Flüssigkeitsleerrohrgeschwindigkeit von 1 cm/s durchgeführt. Die Konzentration des Spurstoffs wird in sieben verschiedenen Höhen bestimmt. Folgende Ergebnisse der Konzentrationsmessungen des Spurstoffs in g/L liegen vor.

v_g (cm/s)	Höhe z in m						
	0,75	1,75	2,75	4,75	5,75	6,25	7,25
0,7	0,108	0,154	0,200	0,415	0,539	0,646	0,815
3,0	0,246	0,292	0,385	0,569	0,692	0,769	0,877
6,0	0,231	0,292	0,354	0,508	0,600	0,723	0,862
11,4	0,308	0,354	0,415	0,600	0,692	0,769	0,908
19,4	0,354	0,415	0,477	0,662	0,723	0,800	0,923

Hinweis: Zur Bestimmung der jeweiligen Gasgehalte kann Gl. (19.6) genutzt werden mit $\sigma = 0,072$ N/m. Das System kann noch als reine Flüssigkeit behandelt werden.

a. Bestimmen Sie die flüssigkeitsseitigen Dispersionskoeffizienten für die vorliegende Messreihe.
b. Vergleichen Sie die Ergebnisse mit den Vorhersagen durch die Gl. (19.3). Wie groß sind die Abweichungen?

6. Die Blasensäule von 1 m Durchmesser und 5 m Füllhöhe wird mit dem Stoffsystem Wasser/Luft bei 20 °C betrieben. Die Gasleerrohrgeschwindigkeit beträgt 6 cm/s und die Flüssigkeitsleerrohrgeschwindigkeit 0,1 cm/s.
Überprüfen Sie, ob vereinfachend mit vollständiger Vermischung der Gas- und Flüssigkeitsphase gerechnet werden kann.

Hinweis: Zur Lösung sind die entsprechenden Bodensteinzahlen für beide Phasen zu bilden und bezüglich des Vermischungsgrads zu bewerten.

7. In einer 3 m hohen Blasensäule mit einem Durchmesser von 0,2 m soll reiner Sauerstoff in reines, am Eintritt O_2-freies Wasser (20 °C) eingetragen werden. Als Leerrohrgeschwindigkeiten werden $3{,}5 \times 10^{-2}$ m/s für das Wasser und 0,01 m/s für das Gas eingestellt. Der Druck am Kopf beträgt 1 bar. Für den Stoffübergangskoeffizienten wurde $\beta_f\ a = 0{,}01\ s^{-1}$ ermittelt. Die Dichte des Zweiphasengemisches beträgt 950 kg/m^3.

a. Leiten Sie die Austrittskonzentration $c_{O_2 f,aus}$ unter Annahme vollständiger Durchmischung der Flüssigphase her.
b. Berechnen Sie den Verlauf der Sättigungskonzentration sowie die Austrittskonzentration unter der Annahme

– vollständiger Durchmischung bzw.
– einer Kolbenströmung.

c. Berechnen Sie den übergehenden Stoffstrom unter der Annahme

- vollständiger Durchmischung bzw.
- einer Kolbenströmung.

d. Wodurch sind die Unterschiede zu erklären?
e. Erstellen Sie ein Diagramm mit den jeweiligen c_{O_2f}-Profilen.

Literatur

Allgemein

Deckwer WD (1985) Reaktionstechnik in Blasensäulenreaktoren. Verl. Sauerländer, Aarau
Deen NG, Mudde RF, Kuipers JAM, Zehner P, Kraume M (2010) Bubble Columns. In: Ullmann's Encyclopedia of industrial chemistry. Wiley-VCH, Weinheim. (doi: 10.1002/14356007.b04_275.pub2)
Joshi JB, Shah YT (1981) Hydrodynamic and mixing models for bubble column reactors. Chem Eng Commun 11:165–199
Mersmann A (1977) Auslegung und Maßstabsvergrößerung von Blasen- und Tropfensäulen. Chem Ing Tech 49:679–691
Shah YT, Kelkar BG, Godbole SP, Deckwer WD (1982) Design Parameters Estimations for Bubble Column reactors. AIChE J 28:353–379
Zehner P, Kraume M (2005) Bubble Columns. In: Ullmann's Encyclopedia of industrial chemistry. Wiley-VCH, Weinheim. (doi: 10.1002/14356007.b04 275)

Speziell

Akita K, Yoshida F (1973) Gas Holdup and Volumetric Mass Transfer Coefficient in Bubble Columns. Ind Eng Chem Proc Des Dev 12:76–80
Akita K, Yoshida F (1974) Bubble Size, Interfacial Area and Liquid Phase Mass Transfer-Coefficient in Bubble Columns. Ind Eng Chem Proc Des Dev 13:517–523
Bansini S, Finch JA, Laplante AR, Weber ME (1995) Effect of Solid Particles on Gas Holdup in Flotation Columns – 1 Measurement. Chem Eng Sci 50:2329–2334
Blass E (1988) Bildung und Koaleszenz von Blasen und Tropfen. Chem Ing Tech 60:935–947
Blenke H (1979) Loop Reactors. In: Advances in Biochemical Engineering 13. Springer, Berlin
Calderbank PH, Moo-Young MB (1961) The Continuous Phase Heat and Mass Transfer Properties of Dispersions. Chem Eng Sci 16:39–54
Chisty MY (1989) Airlift Bioreactors. Elsevier Science Publishers, London
Gerstenberg H (1979) Blasensäulen-Reaktoren. Chem Ing Tech 51:208–216
Herbrechtsmeier P, Schäfer H, Steiner R (1984) Einfluss von Be-triebsparametern auf die Phasengrenzfläche in Blasensäulen-Abstromreaktoren. Chem Ing Tech MS 1221/84
Joshi JB, Ranade VV, Gharat SD, Lele SS (1990) Sparged Loop Reactors. Can J Chem Eng 68:705–741
Koide K, Yasuda T, Iwatomo S, Fukuda E (1983) Critical Gas Velocity Required for Complete Suspension of Solid Particles in Solid-Suspended Bubble Columns. J Chem Eng Jpn 16:7–12
Koide K, Takazawa A, Komura M, Matsunaga H (1984) Gas Holdup and Volumetric Liquid-Phase Mass Transfer Coefficient in Solid-Suspended Bubble Columns. J Chem Eng Jpn 17:459–466

Koide K (1996) Design Parameters of Bubble Column Reactors with and without Solids Suspensions. J Chem Eng Jpn 29:745–759
Korte HJ, Steiff A, Weinspach PM (1988) Heat Transfer in Bubble Columns. Preprints German/Japanese Symposium Bubble Columns, Schwerte
Middleton JC, Carpenter KJ (2010) Loop Reactors. In: Ullmann's Encyclopedia of industrial chemistry, Wiley-VCH, Weinheim. (doi: 10.1002/14356007.n15_n01)
Miyahara T, Matsuba Y, Takahasi T (1983) The size of bubbles generated from perforated plates. Int Chem Engng 23:517–523
Nagel O, Kürten H, Hegner B (1978) Kriterien für die Auswahl und die Auslegung von Gas/Flüssigkeits-Reaktoren. Chem Ing Tech 50:934
Oels U, Lücke J, Buchholz R, Schügerl K (1978) Influence of Gas Distributor Type and Composition of Liquid on the Behaviour of a Bubble Column Bioreactor. Ger Chem Eng 1: 115–129
Räbiger N (1988) Hydrodynamik und Stoffaustausch in strahlangetriebenen Schlaufenreaktoren. Praxiswissen thermische Verfahrenstechnik, Verlag TÜV Rheinland, Köln
Schlüter S (1992) Modellierung und Simulation von Blasensäulenreaktoren. Dissertation Universität Dortmund
Weiland P, Onken U (1980) Vergleich des Verhaltens von Blasensäulen und Airlift-Schlaufenreaktoren. Chem Ing Tech MS 858/80
Westermeyer-Benz H (1992) Wärmeübergang und Gasgehalt in zwei- und dreiphasig betriebenen Blasensäulenreaktoren. Dissertation Universität Dortmund
Wezorke H, Steiff A, Weinspach PM (1988) Zum Einfluss von Großblasen in Blasensäulenreaktoren. Chem Ing Tech 60:918–919
Zehner P (1982a) Impuls-, Stoff- und Wärmetransport in Blasensäulen, Teil 1: Strömungsmodelle der Blasensäule und Flüssigkeitsgeschwindigkeiten. Verfa-hrenstechnik 16:347–351
Zehner P (1982b) Impuls-, Stoff- und Wärmetransport in Blasensäulen, Teil 2: Axiale Durchmischung und Wärmeübergang. Verfahrenstechnik 16:514–517
Zehner P, Schuch G (1984) Konzept zur Beschreibung der Vermischung der Gasphase in Blasensäulen. Chem Ing Tech 56:934–935

Sachverzeichnis

DOI 10.1007/978-3-642-25149-8,

T